トンネル・ライブラリー
第34号

都市における近接トンネル
― 設計・施工法に関する検討 ―

土木学会

Tunnel Library 34

Adjacent tunnels in urban areas
-Investigation of design and construction methods-

January,2025

Japan Society of Civil Engineers

まえがき

　都市内および郊外における狭隘，過密な高度利用地区等において，地上，地下に限らず，鉄道，道路，インフラ設備等に近接して構築するトンネル構造物は多い．地下空間においても，近年地下空間の有効利用の観点から，トンネル構造物間，トンネル構造物と地上構造物および交差構造物等の近接度はますます高まる傾向にある．シールド工法では，道路や鉄道トンネルの併設および分岐部・合流部の構築，切開きによるトンネル同士の接合など，用地の制約や地上部への影響最小化の観点から，近接離隔が小さい施工事例が増加している．また，特殊トンネル工法においても，鉄道や道路の立体交差のためのアンダーパス工事にさまざまな施工法が適用され，事業合理化の観点から近接離隔が小さい施工事例が増加している．

　これらの施工に対する近接施工影響程度，予測，計測，影響低減対策については，各々施工条件が異なるため，一概に整理できるものではないが，多くの事例を集め，傾向を把握することは，これからの計画および実施工に対して大変参考になるものである．特に，事業者，施工者においては，過去の事例を参照し，今後の施工に対して，どの程度影響があるのか，対策が必要なのかを検討することが求められる場合もあり，類似の参考例として整理したものがあると大変有効であると考える．

　このような背景から，土木学会トンネル工学委員会では，2019年から技術小委員会に「都市において構造物に近接したトンネルの設計・施工法に関する検討部会」を設置し，特にシールドトンネル，特殊トンネルを主な対象として，施工事例を収集するとともに，その設計法，施工方法，近接した構造物に対する対策工法を整理し，また，施工事例における構造物の挙動について，施工結果と事前予測との比較をするなど検討を重ねてきた．得られた施工事例から，各工法について，構造，施工タイプ別に分類し，近接影響の予測手法，計測手法，低減対策といった視点で最近の傾向を把握し，取りまとめた．本部会では，全体部会の他に幹事会，シールドトンネル WG（WG1），特殊トンネル WG（WG2），シールド事例分析 WG，編集 WG を設置し，方針，活動の運営，事例収集・分析，まとめを進めた．本書はこの活動の成果をとりまとめたものである．

　本書の構成は，本編および資料編の2部構成とした．本書では，シールドトンネル，特殊トンネルを中心に扱うため，第I編として全体的な総論，近接影響検討に関する内容等を記載し，第II編でシールドトンネルに対して，第III編で特殊トンネルに対して記載する構成としている．第II編，第III編では，1章序論で概説した後，2章で各工法について，各構造，施工タイプ別に分類している．3章～5章では，近接影響の予測手法，計測手法，低減対策としてそれぞれとりまとめているが，6章では，調査事例からピックアップし，詳細事例として特徴的な事例を詳しく記載している．7章では，これらの事例の最近の傾向，特徴等も含めてそれぞれの工法に対する近接施工のまとめ，今後の課題としてとりまとめた．巻末資料は，1次調査結果を近接施工事例一覧表（巻末資料1，4），2次調査結果を近接施工事例概要調査票（巻末資料2，5）として取りまとめており，近年における近接施工の傾向を把握する上での参考資料として，また踏み込んだ内容を検討する際の参考文献リストとして広く活用していただくことを期待する．

　本書の特徴として，近接施工の手順上での3章～5章の各項目に対して，どの近接施工事例が参照となるかを把握できるように，項目毎に参照事例がある場合は，事例番号を付記し，すぐ参照できるような事例 INDEX（例えば S2016 ，T303 など：S はシールド事例，T は特殊トンネル事例）を本文中にも取り入れた．本文内容をより的確に，あるいはより具体的に把握をするために

事例 INDEX を付すことで，関連する事例も見ながらさらに理解を深める手助けとなる構成とした．

なお，本編の 3 章〜5 章にて引用されている事例 INDEX については，6 章にて紹介する詳細な近接施工事例や巻末の近接施工事例概要調査票の記載箇所がわかるように，巻末資料-3,6 に事例（INDEX）一覧表として整理したので活用されたい．

最後に，ライブラリーを作成するにあたっては，膨大な施工事例の収集から，内容整理，傾向分析，ライブラリー原稿の作成等，部会の各委員に多大なるご協力をいただいた．また，各 WG においては，中川 WG1 主査，池本 WG2 主査，近藤編集 WG 主査，青山シールド事例分析 WG 主査には各 WG の運営，とりまとめ等で貢献していただいた．部会全体の運営については，本田副部会長，津野幹事長をはじめとして部会幹事にはご相談しながら進めることができた．真下，小西，清水アドバイザーには部会立上時から，随所で適切かつ有益なアドバイスをいただいた．ここに，部会各委員，アドバイザーに深く感謝の意を表すものである．（敬称略）

2024 年 6 月 21 日

土木学会トンネル工学委員会　技術小委員会
都市において構造物に近接したトンネルの設計・施工法に関する検討部会
部会長　田嶋　仁志

トンネル工学委員会　技術小委員会
都市において構造物に近接したトンネルの設計・施工法に関する検討部会
委員構成

（敬称略）

部会長	田嶋　仁志	（株）IHI インフラシステム	
副部会長	本田　諭	東日本旅客鉄道（株）東京建設プロジェクトマネジメントオフィス 羽田プロジェクトセンター	
幹事長	津野　究	（公財）鉄道総合技術研究所 構造物技術研究部	
委員兼幹事	中川　雅由	鹿島建設（株）土木管理本部	
委員兼幹事	池本　宏文	東日本旅客鉄道（株）東京建設プロジェクトマネジメントオフィス 鉄道建設技術ユニット	
（前任）	小泉　秀之	東日本旅客鉄道（株）構造技術センター 地下・トンネル構造ユニット	
委員兼幹事	内海　和仁	首都高速道路（株）更新・建設局 品川工事事務所	
委員兼幹事	橋本　祐貴	東日本高速道路（株）技術本部 技術・環境部 道路技術課	
（前任）	上杉　亮	東日本高速道路（株）技術本部 技術・環境部 道路技術課	
（前任）	遠藤　皓介	東日本高速道路（株）技術本部 技術・環境部 道路技術課	
（前任）	中田　主税	東日本高速道路（株）建設・技術本部 技術環境部 技術企画課	
委員	津野　和宏	国士舘大学 理工学部理工学科 まちづくり学系	
委員	森本　智	（国研）土木研究所 つくば中央研究所 道路技術研究グループ（トンネル）	
委員	山本　浩平	（独）鉄道建設・運輸施設整備支援機構 鉄道技術センター 設計部 地下構造課	
（前任）	吉森　佑介	（独）鉄道建設・運輸施設整備支援機構 設計部 設計第二課	
（前任）	渡辺　和之	（独）鉄道建設・運輸施設整備支援機構 設計部 設計第二課	
委員	金子　雅	ジェイアール西日本コンサルタンツ（株）土木設計本部 技術統括部	
委員	志村　敦	阪神高速道路（株）建設事業本部 大阪建設部	
委員	橋口　弘明	東京地下鉄（株）鉄道本部 改良建設部 設計第一課	
（前任）	吉村　正	メトロ開発（株）（東京地下鉄から出向中）	
（前任）	大塚　努	東京地下鉄（株）鉄道本部 改良建設部	
委員	泉谷　信夫	東京都下水道局 総務部（（公財）日本下水道新技術機構（出向））	
（前任）	西山　達也	東京都下水道局 東部第一下水道事務所	
委員	谷口　敦	大成建設（株）土木本部 土木技術部	
委員	松原　健太	（株）大林組 生産技術本部	
（前任）	髙橋　正登	（株）大林組 生産技術本部	
委員	辻　奈津子	（株）大林組 生産技術本部 設計第四部	
委員	青山　哲也	清水建設（株）土木技術本部 シールド統括部	
委員	井上　隆広	（株）安藤・間 建設本部 土木技術統括部	
委員	安竹　馨	（株）奥村組 土木本部 土木・リニューアル技術部 技術2課	
委員	早川　淳一	佐藤工業（株）技術センター	

委員	河越　勝	（株）熊谷組　土木事業本部　土木技術統括部　シールド技術部
委員	近藤　智人	大成建設（株）土木本部　土木設計部　土木設計第2部
		都市土木設計室
委員	山田　宣彦	鉄建建設（株）土木本部　地下・基礎技術部
委員	中村　智哉	植村技研工業（株）立体交差事業部
委員	田中　亮介	JR東日本コンサルタンツ（株）技術本部　技術第二部
委員	中谷　紘也	ジェイアール西日本コンサルタンツ（株）土木設計本部
		プロジェクト設計部　プロジェクト設計1課
委員	高木　勝央	メトロ開発（株）技術部　土木設計課
委員	木谷　努	パシフィックコンサルタンツ（株）交通基盤事業本部トンネル部
委員	山根　勝悟	日本シビックコンサルタント（株）技術統括本部　設計第4部
委員	稲垣　祐輔	（株）地域地盤環境研究所　地盤解析部
アドバイザー	真下　英人	（一社）日本建設機械施工協会　施工技術総合研究所
アドバイザー	小西　真治	株式会社　アサノ大成基礎エンジニアリング　事業推進本部
アドバイザー	清水　満	JR東日本コンサルタンツ（株）技術本部　技術企画室

シールドトンネル WG

主査	中川　雅由	鹿島建設（株）土木管理本部
委員	田嶋　仁志	（株）IHIインフラシステム
委員	本田　諭	東日本旅客鉄道（株）東京建設プロジェクトマネジメントオフィス
		羽田プロジェクトセンター
委員	津野　究	（公財）鉄道総合技術研究所　構造物技術研究部
委員	内海　和仁	首都高速道路（株）更新・建設局　品川工事事務所
委員	橋本　祐貴	東日本高速道路（株）技術本部　技術・環境部　道路技術課
委員	津野　和宏	国士舘大学　理工学部理工学科　まちづくり学系
委員	森本　智	（国研）土木研究所　つくば中央研究所
		道路技術研究グループ（トンネル）
委員	山本　浩平	（独）鉄道建設・運輸施設整備支援機構　鉄道技術センター　設計部
		地下構造課
委員	金子　雅	ジェイアール西日本コンサルタンツ（株）土木設計本部　技術統括部
委員	志村　敦	阪神高速道路（株）建設事業本部　大阪建設部
委員	橋口　弘明	東京地下鉄（株）鉄道本部　改良建設部　設計第一課
委員	泉谷　信夫	東京都下水道局　総務部（（公財）日本下水道新技術機構（出向））
委員	谷口　敦	大成建設（株）土木本部　土木技術部
委員	松原　健太	（株）大林組　生産技術本部
委員	青山　哲也	清水建設（株）土木技術本部　シールド統括部
委員	井上　隆広	（株）安藤・間　建設本部　土木技術統括部
委員	安竹　馨	（株）奥村組　土木本部　土木・リニューアル技術部　技術2課
委員	早川　淳一	佐藤工業（株）技術センター
委員	河越　勝	（株）熊谷組　土木事業本部　土木技術統括部　シールド技術部

委員	高木　勝央	メトロ開発（株）技術部　土木設計課
委員	木谷　努	パシフィックコンサルタンツ（株）交通基盤事業本部トンネル部
委員	山根　勝悟	日本シビックコンサルタント（株）技術統括本部　設計第4部
委員	稲垣　祐輔	（株）地域地盤環境研究所　地盤解析部

前委員	上杉　亮	東日本高速道路（株）技術本部　技術・環境部　道路技術課
前委員	遠藤　皓介	東日本高速道路（株）技術本部　技術・環境部　道路技術課
前委員	中田　主税	東日本高速道路（株）建設・技術本部　技術環境部　技術企画課
前委員	吉森　佑介	（独）鉄道建設・運輸施設整備支援機構　設計部　設計第二課
前委員	渡辺　和之	（独）鉄道建設・運輸施設整備支援機構　設計部　設計第二課
前委員	吉村　正	メトロ開発（株）（東京地下鉄から出向中）
前委員	大塚　努	東京地下鉄（株）鉄道本部　改良建設部
前委員	西山　達也	東京都下水道局　東部第一下水道事務所
前委員	髙橋　正登	（株）大林組　生産技術本部

特殊トンネル WG

主査	池本　宏文	東日本旅客鉄道（株）東京建設プロジェクトマネジメントオフィス　鉄道建設技術ユニット
委員	田嶋　仁志	（株）IHI インフラシステム
委員	本田　諭	東日本旅客鉄道（株）東京建設プロジェクトマネジメントオフィス　羽田プロジェクトセンター
委員	津野　究	（公財）鉄道総合技術研究所　構造物技術研究部
委員	橋本　祐貴	東日本高速道路（株）技術本部　技術・環境部　道路技術課
委員	金子　雅	ジェイアール西日本コンサルタンツ（株）土木設計本部　技術統括部
委員	辻　奈津子	（株）大林組　生産技術本部　設計第四部
委員	近藤　智人	大成建設（株）土木本部　土木設計部　土木設計第2部　都市土木設計室
委員	山田　宣彦	鉄建建設（株）土木本部　地下・基礎技術部
委員	中村　智哉	植村技研工業（株）立体交差事業部
委員	田中　亮介	JR 東日本コンサルタンツ（株）技術本部　技術第二部
委員	中谷　紘也	ジェイアール西日本コンサルタンツ（株）土木設計本部　プロジェクト設計部　プロジェクト設計1課
前主査	小泉　秀之	東日本旅客鉄道（株）構造技術センター　地下・トンネル構造ユニット
前委員	上杉　亮	東日本高速道路（株）技術本部　技術・環境部　道路技術課
前委員	遠藤　皓介	東日本高速道路（株）技術本部　技術・環境部　道路技術課
前委員	中田　主税	東日本高速道路（株）建設・技術本部　技術環境部　技術企画課
前委員	髙橋　正登	（株）大林組　生産技術本部

シールド事例分析 WG

主査	青山　哲也	清水建設（株）土木技術本部　シールド統括部
副主査	高木　勝央	メトロ開発（株）技術部　土木設計課
委員	田嶋　仁志	（株）IHI インフラシステム
委員	津野　究	（公財）鉄道総合技術研究所　構造物技術研究部
委員	中川　雅由	鹿島建設（株）土木管理本部

編集 WG

主査	近藤　智人	大成建設（株）土木本部　土木設計部　土木設計第 2 部 都市土木設計室
副主査	井上　隆広	（株）安藤・間　建設本部　土木技術統括部
委員	田嶋　仁志	（株）IHI インフラシステム
委員	本田　諭	東日本旅客鉄道（株）東京建設プロジェクトマネジメントオフィス 羽田プロジェクトセンター
委員	津野　究	（公財）鉄道総合技術研究所　構造物技術研究部
委員	中川　雅由	鹿島建設（株）土木管理本部
委員	池本　宏文	東日本旅客鉄道（株）東京建設プロジェクトマネジメントオフィス 鉄道建設技術ユニット
委員	内海　和仁	首都高速道路（株）更新・建設局　品川工事事務所
委員	橋本　祐貴	東日本高速道路（株）技術本部　技術・環境部　道路技術課
委員	松原　健太	（株）大林組　生産技術本部
委員	山田　宣彦	鉄建建設（株）土木本部　地下・基礎技術部
委員	中村　智哉	植村技研工業（株）立体交差事業部
委員	中谷　紘也	ジェイアール西日本コンサルタンツ（株）土木設計本部 プロジェクト設計部　プロジェクト設計 1 課
委員	山根　勝悟	日本シビックコンサルタント（株）技術統括本部　設計第 4 部
委員	稲垣　祐輔	（株）地域地盤環境研究所　地盤解析部
前委員	上杉　亮	東日本高速道路（株）技術本部　技術・環境部　道路技術課

トンネル・ライブラリー　第34号

【都市における近接トンネル—設計・施工法に関する検討—】

目　次

【第Ⅰ編　総論】

1. 序論‥‥‥‥‥‥‥‥‥‥‥‥‥‥‥‥‥‥‥‥‥‥‥‥‥‥‥‥‥‥‥‥‥‥‥‥‥ Ⅰ-1
　1.1 はじめに‥‥‥‥‥‥‥‥‥‥‥‥‥‥‥‥‥‥‥‥‥‥‥‥‥‥‥‥‥‥‥‥ Ⅰ-1
　1.2 背景と目的‥‥‥‥‥‥‥‥‥‥‥‥‥‥‥‥‥‥‥‥‥‥‥‥‥‥‥‥‥‥ Ⅰ-1
　1.3 適用範囲‥‥‥‥‥‥‥‥‥‥‥‥‥‥‥‥‥‥‥‥‥‥‥‥‥‥‥‥‥‥‥ Ⅰ-2
　1.4 本書の構成，特徴，使用方法‥‥‥‥‥‥‥‥‥‥‥‥‥‥‥‥‥‥‥‥‥ Ⅰ-2
　　1.4.1 本書の構成‥‥‥‥‥‥‥‥‥‥‥‥‥‥‥‥‥‥‥‥‥‥‥‥‥‥‥ Ⅰ-2
　　1.4.2 特徴および使用方法‥‥‥‥‥‥‥‥‥‥‥‥‥‥‥‥‥‥‥‥‥‥‥ Ⅰ-3
　1.5 用語の定義‥‥‥‥‥‥‥‥‥‥‥‥‥‥‥‥‥‥‥‥‥‥‥‥‥‥‥‥‥ Ⅰ-4

2. 近接影響検討‥‥‥‥‥‥‥‥‥‥‥‥‥‥‥‥‥‥‥‥‥‥‥‥‥‥‥‥‥‥ Ⅰ-6
　2.1 概要‥‥‥‥‥‥‥‥‥‥‥‥‥‥‥‥‥‥‥‥‥‥‥‥‥‥‥‥‥‥‥‥‥ Ⅰ-6
　2.2 調査‥‥‥‥‥‥‥‥‥‥‥‥‥‥‥‥‥‥‥‥‥‥‥‥‥‥‥‥‥‥‥‥‥ Ⅰ-8
　　2.2.1 先行構造物の調査‥‥‥‥‥‥‥‥‥‥‥‥‥‥‥‥‥‥‥‥‥‥‥‥ Ⅰ-8
　　2.2.2 既往近接工事の調査‥‥‥‥‥‥‥‥‥‥‥‥‥‥‥‥‥‥‥‥‥‥‥ Ⅰ-9
　　2.2.3 法令・規制に関する調査‥‥‥‥‥‥‥‥‥‥‥‥‥‥‥‥‥‥‥‥‥ Ⅰ-9
　　2.2.4 地盤調査‥‥‥‥‥‥‥‥‥‥‥‥‥‥‥‥‥‥‥‥‥‥‥‥‥‥‥‥ Ⅰ-9
　2.3 近接程度の区分・判定‥‥‥‥‥‥‥‥‥‥‥‥‥‥‥‥‥‥‥‥‥‥‥‥ Ⅰ-14
　　2.3.1 近接程度の区分・判定‥‥‥‥‥‥‥‥‥‥‥‥‥‥‥‥‥‥‥‥‥‥ Ⅰ-14
　2.4 近接影響の予測手法‥‥‥‥‥‥‥‥‥‥‥‥‥‥‥‥‥‥‥‥‥‥‥‥‥ Ⅰ-16
　　2.4.1 近接影響の評価方法‥‥‥‥‥‥‥‥‥‥‥‥‥‥‥‥‥‥‥‥‥‥‥ Ⅰ-16
　　2.4.2 先行構造物の照査‥‥‥‥‥‥‥‥‥‥‥‥‥‥‥‥‥‥‥‥‥‥‥‥ Ⅰ-18
　2.5 計測管理の実施‥‥‥‥‥‥‥‥‥‥‥‥‥‥‥‥‥‥‥‥‥‥‥‥‥‥‥ Ⅰ-18
　2.6 近接影響低減（対策工）の実施‥‥‥‥‥‥‥‥‥‥‥‥‥‥‥‥‥‥‥ Ⅰ-19

【第Ⅱ編　シールドトンネル】

1. 序論 ·· II-1
　1.1 シールド工法の概要および近年の動向 ·················· II-1
　　1.1.1 シールド工法の概要 ···························· II-1
　　1.1.2 シールド工法に関する近年の動向 ················ II-2
　1.2 シールドトンネルの近接施工 ························ II-6
　　1.2.1 適用範囲の拡大に伴うシールドトンネル近接施工環境の変化 ·········· II-6
　　1.2.2 シールドトンネルの周辺影響のメカニズム ·········· II-9
　　1.2.3 シールドトンネル近接施工の留意点と対応技術の進歩 ·········· II-10

2. 近接施工タイプの分類 ································ II-15
　2.1 近接施工タイプの分類 ···························· II-15
　　2.1.1 タイプ1：既設構造物の影響範囲内をシールドトンネルで施工した事例 ··· II-15
　　2.1.2 タイプ2：施工中のシールドトンネルが近接影響を受ける近接施工事例 ··· II-16
　　2.1.3 タイプ3：供用中のシールドトンネルの影響範囲内で施工した事例 ······ II-17
　2.2 シールドトンネル近接施工タイプの概要 ············ II-17
　2.3 近接施工事例の概説と実態調査・分析 ·············· II-19
　　2.3.1 近接施工事例の収集と実態調査・分析の概説 ········ II-19
　　2.3.2 近接施工事例の実態調査基礎分析 ················ II-20
　　2.3.3 近接施工事例の実態調査関連分析 ················ II-26
　　2.3.4 近接施工事例の解析値と計測値の比較分析（タイプ1，タイプ2） ······ II-32
　　2.3.5 近接施工事例の解析値と計測値の比較分析（タイプ3） ·············· II-44

3. 近接影響の予測手法 ································ II-46
　3.1 近接影響度判定 ································ II-46
　　3.1.1 近接程度の区分 ···························· II-46
　　3.1.2 近接程度の判定の基本 ························ II-46
　　3.1.3 各事業者の近接影響度判定の例 ················ II-47
　3.2 近接影響の予測手法 ···························· II-51
　　3.2.1 解析手法 ································ II-51
　　3.2.2 解析モデル ································ II-53
　　3.2.3 地盤パラメータの設定方法 ···················· II-55
　　3.2.4 構造物の剛性 ······························ II-58
　　3.2.5 応力解放率 ································ II-59
　　3.2.6 許容値の設定 ······························ II-60
　3.3 近接影響予測に関する事例 ························ II-62
　　3.3.1 シールド近接施工の代表解析事例 ················ II-62
　　3.3.2 シールド近接施工における施工時荷重の影響検討事例 ·········· II-64
　　3.3.3 シールドトンネルの開口・接続部の近接影響事例 ·········· II-74

4. 近接影響計測手法 ··· II-78
　4.1 近接影響計測の目的 ··· II-78
　4.2 近接影響計測の計画 ··· II-78
　　4.2.1 計測項目 ··· II-78
　　4.2.2 計測管理値および管理体制 ····································· II-80
　　4.2.3 計測期間 ··· II-82
　　4.2.4 計測頻度 ··· II-82
　4.3 近接影響計測の事例と留意点 ··· II-82
　4.4 近接影響計測における留意点のまとめ ································· II-86

5. 近接影響低減対策 ··· II-88
　5.1 近接影響低減対策について ··· II-88
　　5.1.1 本章の内容 ··· II-88
　　5.1.2 近接影響低減対策の分類 ······································· II-88
　5.2 近接影響低減対策の考え方 ··· II-89
　　5.2.1 シールド近接施工における影響検討および対策工の基本的な考え方 ······ II-89
　　5.2.2 調査・基本計画（計画時の近接影響低減対策） ··················· II-90
　　5.2.3 シールドの施工法による対策（Step-1:掘進管理による影響低減対策） ···· II-90
　　5.2.4 補助工法による対策（Step-2:地盤の強化，地盤変状の遮断） ········· II-93
　　5.2.5 既設構造物の補強による対策（Step-3:直接補強，アンダーピニング，小土被り対策） · II-94
　　5.2.6 開削工法が既設シールドに近接する場合の影響低減対策 ············· II-96
　5.3 対策工の具体事例 ··· II-97
　　5.3.1 対策事例：近接形態タイプ1-1 ································· II-97
　　5.3.2 対策事例：近接形態タイプ1-2 ································· II-102
　　5.3.3 対策事例：近接形態タイプ2-1 ································· II-103
　　5.3.4 対策事例：近接形態タイプ2-2 ································· II-104
　　5.3.5 対策事例：近接形態タイプ3 ··································· II-105
　5.4 影響低減ニーズと技術課題 ··· II-107
　　5.4.1 近接影響低減対策における留意点 ······························· II-107
　　5.4.2 近接影響低減対策における今後の技術課題 ······················· II-110

6. シールドトンネル近接施工事例 ··· II-114
　6.1 シールドトンネルの施工による近接構造物への影響 ····················· II-114
　6.2 施工中のシールドトンネルに及ぼす近接施工の影響 ····················· II-137
　6.3 供用中のシールドトンネルに及ぼす近接施工の影響 ····················· II-181

7. まとめ ··· II-194
　7.1 シールドトンネル近接施工における計画・設計上の留意点 ··············· II-194
　7.2 シールドトンネル近接施工における計測管理・施工管理上の留意点 ········· II-198
　7.3 シールドトンネル近接施工における影響低減対策上の留意点 ············· II-201
　7.4 シールドトンネル近接施工における技術データ蓄積の必要性と課題 ········· II-204
　7.5 シールドトンネル近接施工における技術課題と今後の展望 ··············· II-204

【第Ⅲ編　特殊トンネル】

1. 序論 ･･ Ⅲ-1
　1.1 特殊トンネル工法の概要 ･･････････････････････････････････････ Ⅲ-1
　　1.1.1 特殊トンネル工法とは ･･････････････････････････････････ Ⅲ-1
　　1.1.2 構造形式の選定 ･･････････････････････････････････････ Ⅲ-1
　　1.1.3 特殊トンネル工法の位置づけ ･･････････････････････････ Ⅲ-3
　1.2 特殊トンネル工法の計画 ･･････････････････････････････････ Ⅲ-4
　1.3 近接程度の判定方法 ･･････････････････････････････････････ Ⅲ-4
　1.4 近接施工の影響検討 ･･････････････････････････････････････ Ⅲ-4
　1.5 施工時のリスク評価 ･･････････････････････････････････････ Ⅲ-4
　1.6 特殊トンネル直上の構造物と日常管理 ･･････････････････････ Ⅲ-5
　　1.6.1 鉄道 ･･ Ⅲ-5
　　1.6.2 道路 ･･ Ⅲ-8
　1.7 施工時間の制約条件 ･･････････････････････････････････････ Ⅲ-12
　　1.7.1 鉄道 ･･ Ⅲ-12
　　1.7.2 道路 ･･ Ⅲ-12

2. 施工方法ごとの近接影響程度 ･･････････････････････････････････ Ⅲ-13
　2.1 共通事項 ･･ Ⅲ-13
　　2.1.1 特殊トンネルの分類 ･･････････････････････････････････ Ⅲ-13
　　2.1.2 特殊トンネル（切羽開放型施工方法）における近接施工時のリスク ･････ Ⅲ-15
　2.2 タイプⅠ ･･ Ⅲ-19
　　2.2.1 概要 ･･ Ⅲ-19
　　2.2.2 各工法の概要 ･･ Ⅲ-19
　　2.2.3 施工順序 ･･ Ⅲ-22
　　2.2.4 各工法の特徴 ･･ Ⅲ-23
　　2.2.5 近接施工時の変状リスク ･･････････････････････････････ Ⅲ-24
　　2.2.6 施工事例 ･･ Ⅲ-24
　2.3 タイプⅡ ･･ Ⅲ-27
　　2.3.1 概要 ･･ Ⅲ-27
　　2.3.2 各工法の概要 ･･ Ⅲ-27
　　2.3.3 施工順序 ･･ Ⅲ-28
　　2.3.4 各工法の特徴 ･･ Ⅲ-29
　　2.3.5 近接施工時の変状リスク ･･････････････････････････････ Ⅲ-30
　　2.3.6 施工事例 ･･ Ⅲ-31
　2.4 タイプⅢ ･･ Ⅲ-32
　　2.4.1 タイプⅢの概要 ･･････････････････････････････････････ Ⅲ-32
　　2.4.2 各工法の概要 ･･ Ⅲ-32
　　2.4.3 各工法の特徴 ･･ Ⅲ-36
　　2.4.4 近接施工時の変状リスク ･･････････････････････････････ Ⅲ-38
　　2.4.5 各工法の実績 ･･ Ⅲ-39

2.5 タイプⅣ ·· Ⅲ-42

  2.5.1 概要 ·· Ⅲ-42

  2.5.2 各工法の概要 ·· Ⅲ-42

  2.5.3 施工順序 ·· Ⅲ-44

  2.5.4 各工法の特徴 ·· Ⅲ-45

  2.5.5 近接施工時の変状リスク ·· Ⅲ-46

  2.5.6 施工事例 ·· Ⅲ-47

2.6 事例調査 ·· Ⅲ-50

  2.6.1 調査概要 ·· Ⅲ-50

3. 近接影響の予測手法 ·· Ⅲ-54

3.1 共通事項（一般） ·· Ⅲ-54

3.2 解析方法 ·· Ⅲ-54

3.3 近接影響予測における留意点（解析以外のリスク検討） ······························ Ⅲ-57

4. 計測管理 ·· Ⅲ-58

4.1 一般 ·· Ⅲ-58

4.2 計測項目 ·· Ⅲ-58

4.3 計測管理値および管理体制 ·· Ⅲ-59

4.4 鉄道における計測 ·· Ⅲ-59

  4.4.1 管理基準と管理体制 ·· Ⅲ-59

  4.4.2 軌道監視方法 ·· Ⅲ-61

  4.4.3 軌道監視機器の例 ·· Ⅲ-64

4.5 道路における計測 ·· Ⅲ-66

  4.5.1 管理基準値と管理体制 ·· Ⅲ-66

  4.5.2 路面監視方法 ·· Ⅲ-68

4.6 既設構造物の計測 ·· Ⅲ-68

5. 近接影響低減対策 ·· Ⅲ-70

5.1 特殊トンネルの近接影響低減対策について ·· Ⅲ-70

5.2 近接影響低減対策の考え方と分類 ·· Ⅲ-70

5.3 近接影響低減対策の具体事例と留意点 ·· Ⅲ-70

  5.3.1 新設の施工で対策を施す場合 ·· Ⅲ-70

  5.3.2 既設構造物との間に対策を施す場合 ·· Ⅲ-75

  5.3.3 既設構造物に対策を施す場合 ·· Ⅲ-77

6. 特殊トンネルの近接施工事例 ·· Ⅲ-81

6.1 タイプⅠの事例 ·· Ⅲ-81

6.2 タイプⅡの事例 ·· Ⅲ-100

6.3 タイプⅢの事例 ·· Ⅲ-103

6.4 タイプⅣの事例 ·· Ⅲ-112

7. まとめ･･･ III-135

7.1 特殊トンネル近接施工における計画・設計段階の留意点･････････････ III-135

7.2 特殊トンネル近接施工における施工段階の留意点････････････････ III-136

7.3 特殊トンネル近接施工における技術データ蓄積の必要性と課題･････････ III-136

7.4 特殊トンネル近接施工における今後の展望･･･････････････････ III-136

巻末資料1 シールドトンネル　近接施工事例一覧表 ･････････････････ 巻末-2

巻末資料2 シールドトンネル　近接施工事例概要調査票 ･･･････････････ 巻末-26

巻末資料3 シールドトンネル　概要調査票，近接施工事例　番号一覧表（INDEX）･･･ 巻末-97

巻末資料4 特殊トンネル　　　近接施工事例一覧表 ･･･････････････････ 巻末-99

巻末資料5 特殊トンネル　　　近接施工事例概要調査票 ･････････････････ 巻末-111

巻末資料6 特殊トンネル　　　概要調査票，近接施工事例　番号一覧表（INDEX）･･･ 巻末-143

第Ⅰ編　総論

1. 序論

1.1 はじめに

　都市内および郊外における狭隘，過密な高度利用地区等において，地上，地下に限らず，鉄道，道路，インフラ設備等に近接して構築するトンネル構造物は多い．本検討部会では，それらの事例において，施工事例を収集するとともに，その設計法，施工方法（近接した構造物に対する対策工法も含む）を整理し，また，施工事例における構造物の挙動について，施工結果と事前予測との比較などを紹介するものである．都市部の地下工事では，開削工法，シールド工法，ケーソン工法およびアンダーパス工事等で用いられる特殊トンネル工法などが用いられるが，本書では，非開削で施工されるシールド工法と特殊トンネル工法に主眼を置き，シールドトンネルや特殊トンネルに近接して施工される開削トンネル工法，ケーソン工法による近接施工事例も含めて整理した．

　近接した構造物には，既設構造物のみならず，トンネル仮設工事，トンネル切開き工事，トンネル接続工事等同一プロジェクト工事で複数の工種を並行して行う工事の中で先行工事に対する近接工事も含むものとしている．この場合，同一プロジェクト工事として施工するため，近接影響を受ける構造物の挙動について綿密な影響解析や挙動計測を実施する場合が多いことから，より精度の高い検討が可能となる場合があり，貴重な事例として参照されたい．

1.2 背景と目的

　近年地下空間有効利用の観点から，トンネル構造物間，トンネル構造物と地上構造物および交差構造物等の近接度はますます高まる傾向にある．シールド工法では，道路や鉄道トンネルの併設および分岐部・合流部の構築，切開きによるトンネル同士の接合など，用地の制約や地上部への影響最小化の観点から，近接離隔が小さい施工事例が増加している．また，特殊トンネル工法においても，鉄道や道路の立体交差のためのアンダーパス工事にさまざまな施工法が適用され，事業合理化の観点から近接離隔が小さい施工事例が増加している．これらの施工に対する近接施工影響程度，予測，計測，必要に応じた対策方法についても各々施工条件が異なるため，一概に整理できるものではないが，多くの事例を集め，傾向を把握することは，これからの計画および実施工に対して大変参考になるものである．特に，事業者においては，過去の事例を参照し，今後の施工に対して，どの程度影響があるのか，対策が必要なのかを検討することが求められる場合もあり，類似の参考例をして整理したものがあると大変有効であると考える．

　トンネルを計画するにあたって，近接施工の条件として施工可能か，施工可能としてどのぐらいの形状，大きさになるか，あるいは具体的な対策工法（トンネル設計を含む）としてどのような選択肢があるかについて過去の事例を把握することは，非常に重要であり，場合によりトンネルの計画，線形，構造および概略施工法等，より上流側から選定し決定して行く上でのポイントとなることが多い．

　近接施工は，影響を受ける側と，近接施工を行う側で立場や見方が異なるが，近接影響の予測手法，計測手法，低減対策の事例を整理しておくことは，両者が共通の認識を持ち，全体を俯瞰して対応することの一助になると考える．特に影響を受ける側の場合，類似事例がないか，事例にそって判断していきたいという状況があり，近接施工事業者がそれらの事例を集める必要がある場合も多い．このような状況に対応するためにも事例を系統的に，着目点毎に整理することは貴重な資料となり得ると考えられる．

　トンネルの近接施工は，既設構造物（あるいは先行構造物）を保護するという意味で，いわゆ

T.L.34 都市における近接トンネル

る「守り」がまず基本であり，この上で計測監視や対策を適切に行って影響を小さくするということに主眼が置かれる．しかしながら，都市内の狭隘な地下の有効利用という観点から，シールド切拡げ，コンパクトな立坑からの複数トンネル施工など，同時期に施工する複数のトンネル間の近接施工に関しては，「守り」を基本としつつも，工事費縮減等のメリットを勘案して，場合により，近接度が高い近接施工計画により合理的なインフラ整備を実現できる可能性があるため，このような近接施工事例における貴重なデータの蓄積は，地下空間の有効利用方法の選択肢拡大にも寄与するものと考える．

　本書では，これらを目的にして，特にシールドトンネル，特殊トンネルを主な対象として近接施工の計画，設計，施工について参考となるようなライブラリーを作成した．

1.3 適用範囲

　本ライブラリーにおいては，都市内および郊外の狭隘，過密な地域におけるシールド工法，特殊トンネル工法によるトンネル工事，およびそれらの施工に伴う立坑等の近接施工工事，あるいはシールドトンネルおよび特殊トンネルに近接して施工する地下工事を対象とする．また，近接影響対象は，既設構造物の他に，併設シールドトンネル，シールドトンネルの切拡げ工事等，同一のプロジェクト工事で先行して施工される構造物も対象とする．

1.4 本書の構成，特徴，使用方法

1.4.1 本書の構成

　本書の構成としては，以下である．

①本書は，本編および資料編の2部構成とした．

②本書では，シールドトンネル，特殊トンネルを中心に扱うため，本編の第I編として全体的な総論，近接影響検討に関する内容等を記載し，第II編でシールドトンネルに対して，第III編で特殊トンネルに対して記載する構成としている．

③第II編と第III編では，両工法では共通する部分もあるが，施工方法としては異なる部分も多く，体系的にそれぞれで整理して，通しで記載した方がわかりやすいと判断し，以上のような構成とした．

④本書では，両工法とも既発表論文を中心に数多くの最新の事例を抽出しているが，今後の参考となる貴重な近接施工事例として，まず近接施工タイプ別に分類し，基本事項を中心に近接施工事例一覧表として一覧に整理した．また，その中から特徴的かつ今後の役に立つと思われる事例を1～2頁程度に整理し近接施工事例概要調査票としてとりまとめた．これらの近接施工事例一覧表，近接施工事例概要調査票は，資料編として巻末に掲載している．

⑤第I編総論では，1章序論で，本書作成の背景と目的，適用範囲，構成と使用方法，用語の定義を概説している．2章近接施工影響検討として，近接施工程度の区分・判定，近接影響の評価方法，先行構造物の調査，計測管理の実施，近接施工を実施するための調査等，近接施工を実施するための一般的な必要事項を整理している．

⑥第II編，第III編では，シールドトンネル，特殊トンネルをそれぞれ扱い，1章序論で概説した後，2章で各工法について，各構造，施工タイプ別に分類している．3章～5章では，近接影響の予測手法，計測手法，低減対策としてそれぞれとりまとめているが，6章では，先の近接施工事例概要調査票からピックアップし，さらに代表事例として特徴的な事例を詳しく記載している．7章では，これらの事例の最近の傾向，特徴等も含めてそれぞれの工法に対する近接施工のまとめ，今後の課題としてとりまとめた．

第 I 編　総　論　　　1. 序論

1.4.2 特徴および使用方法

本書の特徴および使用方法は以下である.

①まず第I編総論では，本書の背景，目的を理解した上で，近接影響検討として，近接施工の検討手順，検討する上での調査項目，近接程度の区分・判定，近接影響の評価方法，先行構造物の照査，計測管理等を記載している．これらの内容は一般的な内容ではあるが，他の文献，各機関の近接施工要領，マニュアル等に掲載しているものを，見やすくまとめたものであり，近接施工の基本的事項として押さえておきたい事項でもある.

②第II編シールドトンネル，第III編特殊トンネルでは，各編の 1 章序論で概説した後，2 章近接施工タイプの分類において，まず，第II編では近接施工タイプ別の分類，第III編では特殊トンネルの各工法の構造，施工法についてタイプ別に分類している．これら分類により近接施工を検討する上で，ある程度類似の事例検索として使用できる他，そのタイプ別に検証を可能としている．3〜5 章では，シールドトンネル，特殊トンネルに対応した，検討を進める上での近接影響の予測手法，計測手法，低減対策といった項目毎に整理されているため，検討手順毎に参照されると有効である.

③第II編，第III編の 6 章の近接施工事例では，特徴的な近接施工事例を近接施工のタイプ別に整理しているので，今後検討しようとしている工法により近い例として参照にすると有効である．もちろん，各タイプ別，あるいは全体として，最近の近接施工事例として一通りの情報収集等で参考にすることも可能である．最近の傾向，特徴は 7 章でも簡単に整理しているため，その部分だけで見ても全体傾向がわかるようにしている.

④第II編，第III編の 6 章の近接施工事例は，各タイプの代表事例であるとともに，近接施工手順に従い各段階の検討内容が比較的多く記載されている文献を中心に選定した．6 章以外にも特徴的な事例は数多く掲載しており，記載内容が各段階の一部の報告であったり，6 章の事例と似たような事例であるものについては，巻末資料の近接施工事例一覧表，近接施工事例概要調査票にまとめ，検討目的とする対象に似た事例を参照できるようにしている.

⑤また，巻末資料の近接施工事例一覧表，近接施工事例概要調査票は最近の近接施工の傾向を把握する上でも参考となり，さらに踏み込んだ内容を検討されたい場合には，文献リストとして活用する方法もある.

⑥本書の特徴として，近接施工の手順上での 3 章〜5 章の各項目に対して，どの近接施工事例が参照となるかを把握できるように，項目毎に参照事例がある場合は，事例番号を付記し，すぐ参照できるような事例 INDEX（例えば S2016，T303 など：S はシールド事例，T は特殊トンネル事例）を取り入れた．事例がある図書の場合は，とかく本文は本文，事例は事例として別々に整理する傾向にあるが，本文内容をより的確に，あるいはより具体的な把握をするために事例 INDEX を付すことで，関連する事例も見ながらさらに理解を深める手出すけとなるような構成とした．もちろん従来の参考文献番号による参照も可能としている．なお，本編の 3 章〜5 章にて引用されている事例 INDEX については，6 章にて紹介する詳細な近接施工事例や巻末の近接施工事例概要調査票の記載箇所がわかるように，巻末資料-3,6 に番号一覧表（INDEX）として整理したので活用されたい.

T.L.34 都市における近接トンネル

1.5 用語の定義

本書では，次のように用語を定義する.

	用語	定義
○近接施工関係		
1	新設構造物	シールド工法，特殊トンネル工法によって構築するトンネル，トンネル構築に伴う立坑，仮設構造物，トンネルの開口，切開き，切拡げ施工を伴って構築する新たな地中構造物.
2	既設構造物	新設構造物の近くにある既に建設された構造物.
3	先行構造物	新設構造物により近接影響を受けると考えられる構造物. 既設構造物の他に，併設シールドトンネル，シールドトンネル切拡げ工事等，同一のプロジェクト工事で先行して施工される構造物等も含まれる.
4	変状	新設構造物の建設に伴って周辺地盤や既設構造物あるいは先行構造物に生じる変位，変形，応力の変動.
5	近接影響，近接施工	新設構造物の施工によって周辺地盤に変状等を生じ，既設構造物あるいは先行構造物の安全性や機能に影響を与えること，および影響を与える工事.
6	一般工事	既設構造物あるいは先行構造物の安全性や機能に影響を与えるおそれがなく，一般範囲もしくは対策不要と判断されて近接施工として取り扱わない工事.
7	協議	管理者と近接施工事業者が書面等により合議し，結論を得ること.「計画協議」，「設計協議」，「施工協議」がある.
8	近接程度の区分	新設構造物と既設構造物あるいは先行構造物の近接程度を工学的にあらわしたもの.
9	一般範囲	新設構造物の施工により既設構造物あるいは先行構造物に変状の影響がおよばないと考えられる範囲.
10	要検討範囲	新設構造物の施工により既設構造物あるいは先行構造物に変状の影響がおよぶと考えられる範囲.
11	予測値	既設構造物あるいは先行構造物に近接する工事の実施に先立ち，近接影響低減対策工や計測計画等の検討のために，新設構造物の施工に伴う既設構造物や先行構造物の変状を理論式，解析または実績等により予測した値.
12	限界値	既設構造物あるいは先行構造物の機能，構造安全性および長期耐久性を損ねる変位量もしくは耐力（応力度）の値.
13	許容値	既設構造物あるいは先行構造物の機能，構造安全性および長期耐久性を確保するよう設定する変状の制限値. 許容値の設定として以下の例がある. ○構造耐力の限界値を用いる場合（長期耐久性を考慮して，許容応力度を低減した場合等も含む） ○機能性の許容値として許容変位量等が定められている場合の許容変位量等を用いる場合 ○事前解析等における解析値を用いる場合
14	管理値	（既設構造物あるいは）先行構造物の変状について，工事の各段階で管理の目標値として許容値に対してある一定の低減率（安全率）を考慮し設定した値. 場合により，管理体制に応じ1次管理値，2次管理値，あるいは警戒値，工事

第I編　総　論　　　1. 序論

		中止値などが使われる場合がある.
15	計測管理	近接施工において地盤や構造物の挙動を計測，分析し，そのデータを当該工事の施工に反映させること.
16	近接影響低減対策	近接施工において既設構造物あるいは先行構造物におよぼす影響を軽減する目的で実施する工法，補助工法等
17	情報化施工	近接施工において地盤や構造物の計測管理を行い，近接対象物の挙動モニタリング結果に基づいて近接影響を分析・判断して，迅速に次施工に反映すること.
18	土被り	一般的には，地表面からトンネル上部までの深さのこと. 土被りが大きい場合には大土被り，小さい場合には小土被りという. なお，特殊トンネルについては，基本，施工基面からの深さを指す.
○シールドトンネル関係		
1	シールド工法	泥土あるいは泥水で切羽の土圧と水圧に対抗して切羽の安定を図りながら，シールドを掘進させ，覆工を組み立てて地山を保持し，トンネルを構築する工法.
2	切開き	既設シールドトンネルの覆工を開口すること.
3	切拡げ	切り開いた既設シールドトンネル（先行施工のシールドトンネル）の外側に新たに構造物を追加して，内空間を拡幅すること.
4	非開削切拡げ工法	地表面から掘削することなく，既設シールドトンネル（先行施工のシールドトンネル）内部から切り拡げる工法.
5	開削切拡げ工法	地表面から掘削して，既設シールドトンネル（先行施工のシールドトンネル）内部から切り拡げる工法.
○特殊トンネル関係		
1	特殊トンネル工法	鉄道や道路の直下，あるいは既設構造物に近接して施工されるもので，直上部の鉄道や道路および近接する既設構造物などへの影響を最小化にするために，各工法の技術を追加した非開削工法による施工法.
2	エレメント推進・けん引工法	推進・けん引圧入したエレメントを本体に利用して，トンネル函体を構築する工法およびエレメントを土留めの仮設材として用いてその下にトンネル函体を構築する工法.
3	函体推進・けん引工法	明かりまたは立坑内で構築したトンネル函体やプレキャストボックスカルバートを接合しながら推進・けん引圧入し，トンネルを構築する工法.
4	施工基面	道路，鉄道における基準面であり，道路では舗装上面，鉄道では路盤上面を示す.

　なお，ここで示していない用語については，土木学会「トンネル標準示方書（山岳工法編，シールド工法編，開削工法編）」による.

2. 近接影響検討

2.1 概要

　本ライブラリーで扱う「近接施工」とは，新設構造物の施工により周辺地盤に変位や変形等が生じ，それにより間接的に既設構造物の安全性，安定性，耐久性，機能に影響を与える恐れのある工事である．直接的に通行中の人や車両ならびに既設構造物に損傷を与えるものは対象としていないが，別途検討を行い適切に対処しなければならない．あわせて，近接工事の影響の検討では，適切な施工管理が行われることを前提とするが，不適切な施工管理や施工ミスは，甚大なトラブルの原因となる．これに対して，リスクを洗い出し，万が一の場合のリスク対策についても別途検討を進めることが必要である．

　既設構造物とは，新設構造物の近傍にある既に建設された構造物である．近年では，高速道路の建設において，上下線を別のシールドトンネルとして構築する場合やランプ部のように分岐する線形でトンネルを構築する場合など，一連の建設プロジェクトにおいて先行施工したシールドトンネルに近接して，新たにシールドトンネルを施工するケースもある．このような場合には，先行施工されたトンネルは，後から施工するトンネルの施工による影響を受ける可能性があるため，既設構造物と同様に影響を検討し，必要により対策を講じる必要がある．本ライブラリーでは，このような場合を踏まえて，既存構造物および先行施工された構造物を総じて「先行構造物」と称することとした．

　近接影響検討の流れを**図-2.1.1**に示す．先行構造物と近接して新設構造物を計画する場合は，新設構造物の施工中ならびに完成後の既設構造物に与える影響を考慮して，新設構造物の位置，構造形式，施工法ならびに補助工法を選定する必要がある．新設構造物は，先行構造物への影響ができるだけ小さくなるように，相互の離隔距離をできるだけ大きく確保することが望ましい．一般に離隔距離が大きいほど既設構造物に及ぼす影響が小さく，対策のための費用も減ずることができる．一方で，用地確保が困難である場合や用途に応じた線形が確保できなくなるなど，既設構造物と十分な離隔距離を確保できないことも多いため，離隔距離の大小による得失を勘案して，適切な設置位置等の計画を決定する必要がある．

　断面的な位置関係では，一般に，既設構造物に対して下方に位置する場合に近接施工に伴う影響が最も大きく，側方，上方の順に影響が小さくなる．また，平面的な位置関係では平行する場合が最も影響区間が長くなり，次に斜交，直交の順に影響区間が小さくなる．

　近接施工の影響検討にあたっては，近接構造物の管理者と新設構造物の企業者および施工業者と協議を進めながら方針を決めていくことが必要である．基本としては，近接構造物の管理者に近接施工に関するマニュアル等があればそれに従って決定していく．あるいは設計施工の技術としては，各示方書または管理者の設計基準等がある場合はそれに従うこととする．よって，これらの近接施工に関するマニュアル，示方書等を把握することが重要になるため，例えば，都市部近接施工ガイドライン[1]等に整理された内容を参考にするとよい．

第Ⅰ編　総　論　　　2. 近接影響検討

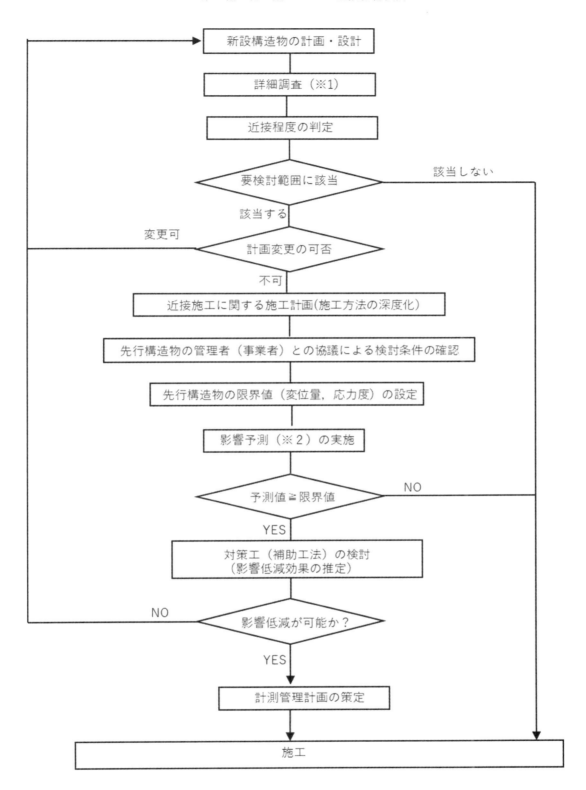

※1：既設構造物の構造，地質物性値の調査等
※2：数値解析，施工実績（同一条件）等による推定

図-2.1.1 近接影響検討の流れ

T.L.34　都市における近接トンネル

2.2 調査

2.2.1 先行構造物の調査

　近接工事においては，先行構造物に与える影響の種類と程度を把握することが不可欠である．先行構造物の影響度合いは，近接程度や地盤条件等によって大きく異なる．そのため，先行構造物の位置，形状，寸法の調査を行う必要があるが，あわせて先行構造物の構造，用途および維持管理状況についても調査を行うことが必要である．近接程度の判定の結果，既設構造物に影響が及ぶと想定される場合には，より詳細な調査が必要となる．詳細調査は，構造物の設計等に関する資料調査と機能や形状等に関する実態調査に大別できる．

　主な調査項目と内容の例を，**表-2.2.1**に示す．既設構造物の資料類の調査は，協議を通じて構造物の管理者から貸与を受けることが一般的であるが，施工後に存置された仮設物の情報などは当時の施工者の記録を通じて入手する必要がある．これらの情報は，近接工事の検討を行うための基本となるものであるが，必要な資料がすべて整理されていることは少なく，特に古い構造物や一般建築物では入手が困難な場合も多い．そのため，類似した構造物や建設年次の近い構造物などの情報から類推せざるを得ない場合もある．また，特殊な施工方法などは，工事誌や関連する専門誌などに工事記録が記載されている場合もある．

　資料調査のみで必要な情報がすべて入手できない場合も多いため，管理者との協議のうえ，できる限り現地調査を実施することが望ましい．例えば，入手できた図面等に工事途中での変更や仮設物（土留め，配管等）の存置の有無（仮に存置された場合には正確な位置）の情報が反映されていない場合もあることや，構造物の施工誤差などの情報は把握することが難しい場合がある．現地調査は，資料調査により得られた情報を確認し，資料の不足を補うことを目的とするが，構造物の変状や補修状況など実際に現地を確認しなければ把握できないものもある．

表-2.2.1　近接構造物の調査項目の例

	調査項目	調査内容
既存資料の調査	建設時の設計図書類	① 建設年次 ② 構造物の設計図，設計計算書 ③ 使用材料の品質 ④ 準拠した技術基準類（計算手法，許容応力度，安全係数等） ⑤ 地質調査報告書 ⑥ 基礎工，下部工，上部工等の施工記録 ⑦ 特殊な工法，仮設物等
	維持管理（保守）状況の記録	① 検査記録（特に変状，地震被害，火災被害，水害，洗掘等の記録） ② 補強，補修，修繕，増改築等の履歴 ③ 管理体制（組織，連絡体制） ④ 管理基準（関連法令，基準，規程，管理基準値） ⑤ 検査内容（項目，頻度，方法）
	その他	① 社会的重要度 ② 機器類，管路等の設置，敷設の状況
現地調査	既存構造物の機能，形状等の実態調査	① 新設構造物と先行構造物の位置関係（平面，断面） ② 用途，利用状況 ③ 使用上の機能確保の制約条件 ④ 老朽度（材令，傾斜，変位，変形，ひびわれ，腐食，漏水） ⑤ 付帯もしくは接続している地下埋設物等の関係施設 ⑥ 残存構造物または存置された仮設物

I-8

第 I 編　総　論　　2. 近接影響検討

2.2.2 既往近接工事の調査

　類似した既往の近接工事について，その工事内容を可能な限り詳細に調査し，当該近接工事の設計，施工に反映させることは重要である．①施工内容，②地盤条件，③計測管理の方法と管理値，④環境保全対策（工事公害対策），⑤施工データ（計測，影響の有無，実害の有無，程度），⑥実績の評価（影響検討と実績の比較，対策工の効果）などを広く収集することが望ましい．

表-2.2.2　既存近接工事の調査

	調査項目	調査内容
既存近接工事の調査	工事の全体概要および近接対称部分の調査	①　工事件名 ②　工事の関係者 ③　工事場所 ④　工期 ⑤　工事の全体概要（主要数量，主要寸法，主要工種，図面） ⑥　近接工事部分の工事内容（数量，工法，対策工，仮設工，補助工法）
	近接工事に関する実績	①　施工（計画）の前提条件（地質，作業時間帯，スペース） ②　施工（計画）の方針と施工手順（工程表） ③　施工要領（対策工法，使用機械，作業手順） ④　計測管理の方法と管理基準 ⑤　環境の保全対策（工事公害対策） ⑥　実績データ（計測，影響の有無，実害の有無・程度） ⑦　実績の評価（変位の推定方法と対策工） ⑧　施工記録・写真 ⑨　各種施工図

2.2.3 法令・規制に関する調査

　埋設物等の現況と計画，騒音規制等の施工を規制する法律等の調査，河川管理者や道路管理者等との協議，用地の権利関係など，施工に制約を受ける法令や規制を事前に把握し，必要な協議を行う必要がある．

2.2.4 地盤調査

　新設構造物の設計，施工，先行構造物対する影響予測，対策工，計測管理等のために，必要な地盤調査を実施する．地盤調査は，**図 2.2.1** に示すように，地形・地質に関する調査，地盤の土質特性に関する調査（物理特性，力学特性等）および地下水に関する調査に大別できる．地形・地質に関する調査は，施工箇所付近の周辺地盤について，地形および地層の分布状況を極力正確に把握する目的で実施する．地盤の土質特性に関する調査は，近接工事による先行構造物への影響予測解析および対策工の設計等のために土質物性（内部摩擦角，粘着力，変形係数，ポアソン比，単位体積重量）を得る目的で実施する．地下水に関する調査は，近接工事による地下水の変動が先行構造物に与える影響を推定するために実施する．

　地盤調査は，予備調査と本調査にわけて段階的に実施し，さらに必要により補足調査を行う．

①予備調査

　　主として地質図等の既存資料の収集整理，現地踏査等による調査である．調査地点の地盤がどのような経過で生成されたか（地歴調査），堆積後に地下水位がどのような履歴を経ているか把握することが重要となる．

②本調査

　　ボーリングを主体とした調査であるが，新設構造物の建設に伴って発生する地盤の変位を予測するために必要な地盤物性を把握することが重要となる．なお，先行調査を実施し構造形

式の選定，概略設計および本調査の計画立案を行うための資料を得て，その後に本調査として先行調査で得られなかった土質諸数値の追加や調査間隔の追加を行う場合もある．

③補足調査

本調査までの結果では，土質諸数値等の把握が不十分な場合，あるいは施工段階において必要となる調査を実施する．特殊条件（地盤沈下，断層，地すべり，凍上，特殊土，振動など）に該当する地域においては，それらが設計や施工に及ぼす影響度合いを判定する場合，本調査で漏れのあった項目や数量不足，施工手順等が設計の前提条件と異なる場合などでも追加試験を実施する場合がある．

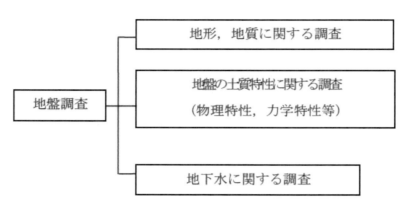

図-2.2.1 地盤調査の内容[2]

（出典：東日本旅客鉄道（株），近接工事設計施工マニュアル，p.9, 2004.）

必要となる地盤調査の内容は，近接工事に伴う影響予測に用いる解析手法（モデル）との関連で決めることが重要である．具体的には，影響を与える要因を洗い出し，どのような解析方法および解析モデルを用いて予測するかを決めることにより，必要となる地盤物性が明確化され，それに伴い調査項目や調査方法を検討することができる．同じ地盤物性値でも試験方法により求まる数値が異なるため，地盤変形を引き起こさせる要因や，必要な予測精度に応じて適切に決定する必要がある．例えば，構造物の設計で用いる地盤物性（粘着力，内部摩擦角，変形係数等）は，比較的簡易に設計できるようサウンディング調査のデータ（N値など）から推定できるようまとめられているが，実験データのばらつきなどを考慮して安全側となるよう設定されているものが多い．より地盤物性値の精度を高めるため，ボーリング調査において不攪乱のサンプリングを行い三軸試験等の室内試験，および孔内水平載荷試験等の現地試験を行うことで，より精度の高い土質物性値を得ることが可能となる．影響検討に用いる土質物性値の精度を高めることで，影響予測の精度を向上させることができ，より合理的な対策工の検討につなげることが可能となる．

第 I 編 総 論 　 2. 近接影響検討

表-2.2.3 地盤調査項目と調査方法 [2]

調査項目		調査で得たいもの	調査方法
地形・地質に関する調査	地 形	・低地の分布状況 (現在，過去) ・背後の山地の状況	資料調査 現地調査
	地 質	・地質構成 ・地質の分布状況	現地調査 ボーリング調査 標準貫入試験 サウンディング
地盤の土質特性に関する調査	物理特性	・γ_t，粒度，ρ_s，w_s，w_L，w_P	湿潤密度試験，含水比試験，液性・塑性限界試験，土粒子の密度試験，粒度試験
	せん断強度 (原地盤の強度)	・q_u ・s_u ・c，ϕ	一軸圧縮試験 三軸圧縮試験，ベーン，孔内水平載荷試験 三軸圧縮試験，標準貫入試験，スェーデン式サウンディング，コーン貫入試験
	その他のせん断特性	・強度増加率 ・吸水膨張による強度低下率	三軸圧縮試験(CU) 三軸圧縮試験(CRU)
	圧密特性	・$e\sim\log P$，C_c ・P_c，m_v ・C_v	圧密試験
	変形特性	・変形係数(E_0) ・ポアソン比(ν)	平板載荷試験，一軸，三軸圧縮試験 孔内水平載荷試験 標準貫入試験，スェーデン式サウンディング コーン貫入試験 ポアソン比測定
	土 圧	・主働土圧係数 ・静止土圧係数 ・受働土圧係数	(内部摩擦角より求める) (内部摩擦角より求める) K_0圧密試験，標準貫入試験 (内部摩擦角より求める)
	間隙水圧	・間隙水圧	間隙水圧測定(電気式，ピエゾメータ法)
地下水に関する調査	地下水の調査	・地下水位 ・流向流速 ・水質	地下水位測定 周辺の既設井戸調査 多数孔の地下水測定，トレーサー法 単孔式の流向流速測定 水質分析
	滞水層の調査	・滞水層厚と分布状況 ・透水係数(k) ・貯留係数	ボーリング調査，電気検層 電気探査 現場透水試験 揚水試験 粒度試験，室内透水試験 揚水試験

(出典：東日本旅客鉄道（株），近接工事設計施工マニュアル，p.12，2004.)

I-11

表-2.2.4　地盤項目の例（砂質土系）[2]

調査・試験方法	検討事項 地盤の成層状態	圧縮沈下	湧水量・被圧地下水	支持層の選定	土質物性値 支持力特性	変形特性	工法別必要物性 掘削土留工に関する検討 ボイリング	盤ぶくれ	ケーソン工法の沈設時周面抵抗により生じる引込み沈下	トンネル工法シールド，都市NATMに関する検討	地下水低下による沈下	FEM解析に関する検討
ボーリング	◎	○	○				○	○	○	○	○	
サンプリング	○	○	○				○	○	○	○	○	
原位置試験 標準貫入試験	○	○		◎	◎	○	○(ϕ,E)	(ϕ,E)	(f,ϕ,E)	(ϕ,E)	(ϕ)	○(ϕ,c,E)
孔内水平載荷試験						○	△(E,K)	△(E,K)				△(E)
平板載荷試験		△			△	△						△(E)
地下水調査 地下水位調査	○		○				○(u_w)	○(u_w)	△(u_w)	△(u_w)	○(u_w)	
間隙水圧測定			○				○(u_w)	○(u_w)	○(u_w)	○(u_w)	○(u_w)	
現場揚水試験			△				△(k)	△(k)		○(k)	○(k)	
室内土質試験 物理試験 土粒子の密度試験		△								△(ρ_s)	△(ρ_s)	
土の含水比試験	○	○								△(W)	△(W)	
土の粒度試験	○		○							○(U_c)	△(U_c)	
液塑性限界試験												
土の湿潤密度試験		○			○		○(γ)	○(γ)	○(γ)	○(γ)	○(γ)	○(γ)
力学試験 一軸圧縮試験												
三軸圧縮試験 UU												
CU												
CU												
CD		○			△		○(ϕ)	○(ϕ)			○(ϕ,c)	○(ϕ,c)
圧密試験												
その他 透気試験										○(k')		
既存の資料その他調査	◎									○(ν)	○(ν)	○(ν)

凡例
◎：最もよく用いられる調査　　　○：原則として，その調査で求めるのが望ましい
○：よく用いられる調査　　　　　△：状況に応じて求める
△：状況に応じて用いられる調査　　　　　　　　　　　　　　　　　同左

記号　ϕ：内部摩擦角　c：粘着力度　u_w：間隙水圧　k：透水係数　ρ_s：土粒子の密度(比重)　W：含水比　U_c：均等係数　I_p：塑性指数　γ：単位体積重量　E：変形係数　ν：ポアソン比　f：周面摩擦力度　K：地盤反力係数　k'：透気係数　P_c：圧密降伏応力度　C_c：圧縮指数　C_v：圧密係数　m：強度増加率

（出典：東日本旅客鉄道（株），近接工事設計施工マニュアル，p.15，2004.）

第Ⅰ編　総　論　　　2. 近接影響検討

表-2.2.5　地盤項目の例（粘性土系）[2]

調査項目その他／調査・試験方法	検討事項：地盤の成層状態	圧縮沈下	ヒービング	湧水量・被圧地下水	支持層の選定	土質物性値：支持力特性	変形特性	工法別必要物性：掘削土留工に関する検討 ヒービング	盤ぶくれ	ケーソンの沈設時周面抵抗により生じる引込み沈下	トンネル工法シールド，都市NATMに関する検討	地下水低下による沈下	FEM解析に関する検討
ボーリング	◎	○	○	○	○			○	○	○	○	○	
サンプリング	○	○	○	○				○	○	○	○	○	
原位置試験：標準貫入試験	○	○			◎	◎	○	○(ϕ,E)	○(ϕ,E)	○(f,ϕ,E)	○(ϕ,E)	○(ϕ,E)	○(ϕ,c,E)
孔内水平載荷試験							◎						△(E)
平板載荷試験		△				△	△						△(E)
地下水調査：地下水位調査	○			○					○(u_w)	△(u_w)	△(u_w)	○(u_w)	
間隙水圧測定				○					○(u_w)	○(u_w)	○(u_w)	○(u_w)	
現場揚水試験								△(k)			○(k)	○(k)	
室内土質試験 物理試験：土粒子の密度試験		△									△(ρ_s)	△(ρ_s)	
土の含水比試験	○	○	△								△(W)	△(W)	
土の粒度試験											△(Uc)	△(Uc)	
液塑性限界試験	△	△	△										
土の湿潤密度試験	△	○				○		○(γ)	○(γ)	○(γ)	○(γ)	○(γ)	○(γ)
力学試験：一軸圧縮試験		○	◎			◎	○	○(c)	○(c)	○(c)	○(c)	○(c,E)	○(c)
三軸圧縮試験 UU		○	△				△	○(c)					
三軸圧縮試験 CU		○					△	△(m)					
三軸圧縮試験 $\overline{CU}$						△	△						
三軸圧縮試験 CD							△	○(P_c,C_c,C_v)	○(P_c,C_c,C_v)	○(P_c,C_c,C_v)	○(P_c,C_c,C_v)	○(P_c,C_c,C_v)	
圧密試験		◎										○	
その他：透気試験										○(k')	○(k')		
既存の資料その他調査	◎										○(ν)	○(ν)	○(ν)

凡例

◎：最もよく用いられる調査　　○：原則として，その調査で求めるのが望ましい
○：よく用いられる調査　　　　△：状況に応じて求める
△：状況に応じて用いられる調査　　　　　　　　　　　　　　　　同左

記号　ϕ：内部摩擦角　c：粘着力度　u_w：間隙水圧　k：透水係数　ρ_s：土粒子の密度(比重)　W：含水比　Uc：均等係数
Ip：塑性指数　γ：単位体積重量　E：変形係数　ν：ポアソン比　f：周面摩擦力度　K：地盤反力係数
k'：透気係数　P_c：圧密降伏応力度　C_c：圧縮指数　C_v：圧密係数　m：強度増加率

（出典：東日本旅客鉄道（株），近接工事設計施工マニュアル，p.16，2004.）

T.L.34　都市における近接トンネル

2.3 近接程度の区分・判定

2.3.1 近接程度の区分・判定

　当該工事が先行構造物の近接工事に該当するかどうかは，新設構造物の構造，先行構造物と新設構造物との離隔および地盤条件等を考慮して工学的に近接程度を判定することで判断する．近接程度の定義や範囲の設定は，一般的に先行構造物を管理する事業者がマニュアル等により定めているため，協議により近接区分の内容，判定方法や基準値等を確認する必要がある．また，近接影響の検討方法，対策の策定について，あらかじめ事業者と確認のうえ進めることが望ましい．

　近接程度区分の定義と対応の例を**表-2.3.1**，**表-2.3.2**に示す．近接程度は，表に記載のとおり一般範囲と要検討範囲の二段階，または無条件範囲，要検討範囲，制限範囲（要対策範囲）の三段階に区分されることが多い．新設構造物が先行構造物の一般範囲（無条件範囲）に位置する場合には，近接施工による先行構造物が受ける影響はない（もしくは些少）として扱うが，近接程度の区分は変状事例，経験的検討，理論的検討など様々な手法により推定した範囲の目安を示したものである（**表-2.3.3 参照**）ため，場合によっては変状を起こす可能性もある．したがって，相互の位置関係だけではなく現場毎の地質条件や施工の条件を適切に考慮することも必要である．

表-2.3.1 近接程度区分の定義と対応の例（二段階の場合）[1]

近接程度の区分		対策内容
区分	定義	
一般範囲	新設構造物の施工による変状が，先行構造物に対して影響を及ぼさないと考えられる範囲	一般に，影響予測，計測および対策工等，近接施工としての特別な対策を必要としない
要検討範囲	新設構造物の施工による変状が先行構造物に対して影響を及ぼすと考えられる範囲	先行構造物の変状を適切な手法で予測し，許容値との比較を行うなど影響度を検討する． 　計測および対策工は，影響度の検討結果に基づいて，要否および程度を判断する．

（出典：日本トンネル技術協会，都市部近接施工ガイドライン，P.17，2016.）

表-2.3.2 近接程度区分の定義と対応の例（三段階の場合）

近接程度の区分		対策内容
区分	定義	
無条件範囲	先行構造物に対して，新設構造物の施工が影響を及ぼさないと考えられる範囲	一般に，影響予測，計測および対策工等，近接施工としての特別な対策を必要としない
要検討範囲	先行構造物に対して，新設構造物の施工が，通常は変位や変状等の有害な影響を及ぼさないと考えられるが，まれに影響があると考えられる範囲	影響予測を実施し，先行構造物に対して有害な影響が生じる可能性がある場合には対策工を実施する．先行構造物に影響が生じる可能性があるため，原則として計測管理を実施する．
制限範囲	先行構造物に対して，新設構造物の施工により，変状や変位等の有害な影響が及ぶと考えられる範囲	新設構造物の施工における対策は必ず実施する．先行構造物は，影響検討を行い必要な補強等の対策工を実施する．新設構造物の施工を安全に進めるため，対象となる既設構造物および周辺地盤や新設構造物の計測管理をする必要がある．

I-14

第Ⅰ編　総　論　　　2. 近接影響検討

表-2.3.3　近接程度の判定の例 [1] を参考に作成

	判定条件Ⅰ	判定条件Ⅱ	判定結果
	先行構造物から見た場合	新設構造物から見た場合	
先行構造物が地上構造物および基礎構造物の場合			判定条件Ⅰおよび判定条件Ⅱより，要検討範囲，または，制限範囲
			無条件範囲
先行構造物が地中構造物の場合			判定条件Ⅰおよび判定条件Ⅱより，要検討範囲，または，制限範囲
			無条件範囲

(出典：トンネル技術協会，都市部近接施工ガイドライン，p.19，2016)

2.4 近接影響の予測手法

2.4.1 近接影響の評価方法

近接程度区分において「影響あり」と判定される場合には，その近接程度を考慮したうえで，数値解析等の手法を用いて先行構造物が受ける影響を詳細に検討する必要がある．その際，先行構造物に既変状や劣化が生じている場合には，現地調査において状態を確認および評価し，先行構造物のモデル化や部材の剛性低下などにより，適切かつ安全側に考慮する必要がある．

近接影響の検討では，常時状態の作用により算定される断面力（もしくは変位量）に近接施工により付加される断面力（もしくは変位量）を足し合わせて照査を行う（図-2.4.1）．近接施工の影響の推定については，有限要素法（FEM 解析）が用いられることが多く，先行構造物の規模，近接程度等を勘案して，以下(1)(2)のいずれかで検討が行われることが一般的である．

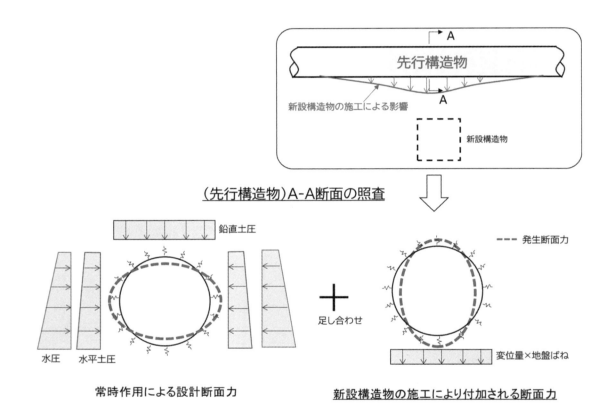

図-2.4.1 近接施工の評価のイメージ

(1) 地盤と先行構造物を含む一体の FEM モデルにより解析する手法

FEM 解析において先行構造物を周辺地盤と一体でモデル化し，先行構造物が受ける影響を評価する方法である．施工の影響は，解析において応力解放や要素の除去等により考慮する場合（図-2.4.2(a)）や，掘削の影響等を別途解析により求めて（掘削における土留めの変位やリバウンドによる地盤変位など），解析モデルに強制変位や解放力として入力する場合（図-2.4.2(b)）がある．

FEM 解析で先行構造物をモデル化する際，剛性一様な梁要素（もしくは平面ひずみ要素）でモデル化することが一般的であるため，例えばシールドトンネルにおけるセグメント継手などの複雑な構造を適切にモデル化することが難しい．また，構造部の経年状態や損傷状況を適切に評価しモデル化することも重要となる．

第Ⅰ編　総　論　　　2. 近接影響検討

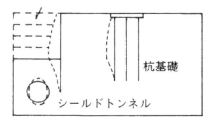

(a) 施工の影響を解析モデルの要素の除去等により評価する例

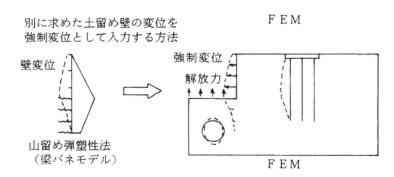

(b) 施工の影響を別に求め強制変位や解放力として解析モデルに入力する例

図-2.4.2 先行構造物もモデル化し影響を評価する方法[2]
（既設のシールドトンネルおよび杭基礎への影響解析の例）
(出典：東日本旅客鉄道(株), 近接工事設計施工マニュアル, p.114, 2004.)

(2) FEM解析により求めた地盤変位量を先行構造物の解析モデルで評価する方法（図-2.4.3）

先行構造物をモデル化に入れずに施工の影響を解析し，先行構造物の位置における地盤変位量あるいは地盤応力の変化分を抽出する．先行構造物の影響は，別の解析モデル（例えば，骨組み解析等）を用いて，FEM解析により算出した地盤変量を地盤ばねを介して入力することにより断面力などを算出する方法である．

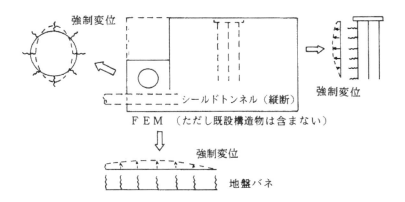

図-2.4.3 先行構造物を別の解析により影響を評価する方法[2]
(出典：東日本旅客鉄道(株), 近接工事設計施工マニュアル, p.114, 2004.)

2.4.2 先行構造物の照査

先行構造物の照査では，以下の(1)(2)について照査項目を洗い出し，照査項目毎に許容値（設計限界値）を設定し，検討により算出した変位量や応力度を限界値と比較する．影響が許容値以下とならない場合には，計画の変更を行うか，必要な対策工を追加する．

照査においては，許容応力度設計法や限界状態設計法などが用いられるが，一般に先行構造物の当初設計で用いられた手法により照査を行うことが多い．なお，許容応力度設計法を適用する場合は，一時的な荷重に対する検討において，許容応力度の割り増しを考慮する場合もある．

なお，許容値（設計限界値）の設定においては，先行構造物の管理者と協議のうえ構造物の構造（構造形式，配筋等の設計内容,維持管理状態など）に関する情報を確認する必要がある．特に，先行構造物に既変状や劣化が生じている場合では，状態を適切に考慮しなければならない．

(1) 先行構造物の機能確保に関する照査

先行構造物の機能（使用性）を基に設定された許容値に対して照査を行う．例えば，鉄道構造物や道路構造物であれば乗り心地や走行安全性に対する許容変位量や許容変位角，水路等では勾配の確保，建物であれば居住性や設備の安全性などがあり，一般に先行構造物の管理者が定めている．また，先行構造物がトンネルである場合には，鉄道や道路構造物の内空に対して建築限界等を支障しないこと，既設構造物が橋りょうである場合には桁下空間の確保など，使用上の必要な空間が保持できることに対して許容変位量が定まる．

(2) 先行構造物の構造安全性に対する照査

近接施工より直接的,間接的に既設構造物に生じる作用を付加して，許容値を超過しないことを照査する．この場合，限界値は構造物の設計計算書から読み取るか，財産図を基に再現計算を行うことで設定する必要がある．

先行構造物の基礎に近接する場合には，支持力や傾斜など安定性に対する照査が必要となる．

2.5 計測管理の実施

影響予測により推定した影響や変位量は，検討に用いた地盤の物性値の不確実性や施工の状況により仮定した条件が必ずしも再現されるとは限らないことから，周辺地盤や先行構造物の挙動をできる限り正確かつ早期に把握するため計測管理を実施する．

施工中は，常に計測値を管理値と対比し，計測値が管理値を超える場合には，事前に定めた対策工を段階的に実施する必要がある．一方で，計測値を事前の影響検討により算出した予測値を比較することで予測の精度を確認するとともに，逆解析等により予測精度を高めることが可能となる．これにより，事前に計画していた対策工の簡素化や要否を再度検討することも可能となる．

計測管理では，構造設計から求まる耐力，構造物の機能維持の観点から求まる変位量，もしくは影響検討において実施した数値解析から求まる変位量を限界値として設定し，限界値に一定の低減率を考慮して計測管理値を設定する．計測により計測管理値を超過しないことを確認しながら施工を進め，計測管理値を超過した場合には施工中断や施工方法の見直し等を行うことが必要となる．計測管理値は，事業者毎に定めており，二段階（一次管理値，二次管理値）もしくは三段階（警戒値，工事中止値，限界値など）として，各管理値は限界値に低減率を乗じて設定されることが一般的である（**表-2.5.1**）．

計測管理値の設定においては，各事業者との協議により確認するとともに，計測値が計測管理値に達した場合の対処方法や関係箇所との連絡体制について確認が必要である（**表-2.5.2**）．

第Ⅰ編　総　論　　　2. 近接影響検討

表-2.5.1 変位・変形量に対する管理値の設定例

管理区分	管理値
警戒値	B×0.4
工事中止値	B×0.7
限界値	B

表-2.5.2 管理値の区分と対応例 [2)に一部加筆]

管理値の区分		管理値に達した場合の対応
区分	定義	
警戒値	施工法の妥当性を検討するとともに管理体制を強化する値	①構造物の点検を行うとともに関係箇所に連絡する. ②施工条件の点検および変状原因の究明を行い，工事の最終段階で限界値を超える恐れがある場合は，変状を抑止する施工法に変更する.
工事中止値	施工中の工事を一旦中止する値	①直ちに工事を中止するとともに関係個所に連絡する. ②構造物ならびに施工状況の点検，変状原因の究明を行い，工事の最終段階で限界値を超える恐れがある場合は，補強対策もしくは変状を抑止する施工法への抜本的な変更を行う. ③構造物の変状を修復した後，関係個所の承認を受けて工事を再開する.
限界値	施工中の工事を直に中止とともに，必要により構造物の機能を制限する値	①直ちに工事を中止し，関係個所に連絡する. ②構造物の機能維持に必要な許容変位量を超えた場合は直ちに使用制限する.（列車の徐行もしくは抑止，道路の通行止めなど） ③関係箇所と打ち合わせを行い変状原因を究明し，必要な対策，構造物の補強もしくは変状の抑止をする施工法への変更を検討する.

（出典：東日本旅客鉄道（株），近接工事設計施工マニュアル，p.150，2004.）

　計測管理は，計測器の精度や設置の容易さから，変位量を対象とすることが一般的である．構造の安全性に対しては，設計計算により設計限界値に対応した変位量を算定し，これらを基に計測管理値を設定する．変位量の計測以外に，ひび割れの発生など外観を監視しなければ把握できない変状等もあるため，定期的な目視確認を行う場合もある.

　計測は，自動計測装置を設置し連続的な計測を実施する場合，もしくは近接影響が短期的もしくは近接程度が低く影響度合いが小さいと想定される場合などにおいては，定期的に測量等で対応する場合もある.

2.6 近接影響低減（対策工）の実施

　影響解析により先行構造物の影響の予測値と許容値を比較した結果により，許容値を満足できない場合には，先行構造物への影響を低減させる対策工を検討する．主な対策工の分類を**図-2.6.1**に示す．対策工の選定においては，数値解析等により実施した場合の効果を定量的に確認するとともに，対策工の施工が先行構造物に与える影響についても考慮する必要がある.

T.L.34 都市における近接トンネル

図-2.6.1 対策工の分類

a) 地盤の強化・改良工
薬液注入工もしくは地盤改良工により地盤の強化・改良を図る方法であり，先行構造物の周囲を直接強化して変形抑制を図る方法，新設構造物側の変形を抑制する方法，および遮断防護工も兼ねて先行構造物と新設構造物の間に地盤改良により強化する方法がある．

b) 遮断防護工
先行構造物と新設構造物の間の地盤に鋼矢板，地中連続壁，地盤改良体などを設け，変状の伝播を抑止する方法である．

c) 先行構造物の補強
先行構造物の補強と基礎の補強がある．先行構造物の構造特性を十分に把握したうえで実施する必要がある．

d) 施工管理の強化による対策
新設構造物の施工による変更などの低減を目的として，新設構造物の施工法に配慮する対策である．日常の施工管理として，管理手法の改善，検査・点検等の頻度の増大，施工管理基準値の高度化および変状の確認や予測を目的とした計測管理の導入などがある．また，トライアル計測のデータと解析による影響予測を組み合わせて，既設構造に与える影響が大きいと判断される場合には施工管理値や管理幅を見直すなどの対策もある．

e) 新設構造物の補強
設計において新設構造物の剛性を高めることで変形を抑制し，周辺地盤への影響を低減する方法である．また，先行構造物の基礎（杭基礎，直接基礎等）の近傍を施工する場合には，施工時の影響のほか長期的に先行構造物の支持力を失わないよう新設構造物の設計に付加荷重も考慮する必要がある．また，将来的な増加荷重に対しても配慮する必要がある（区分地上権等により上限荷重を設ける場合もある）．

参考文献
1) 一般社団法人日本トンネル技術協会：都市部近接施工ガイドライン，2016年1月
2) 東日本旅客鉄道（株）：近接工事設計施工マニュアル，2004年12月

第Ⅱ編　シールドトンネル

1. 序論

1.1 シールド工法の概要および近年の動向

1.1.1 シールド工法の概要

シールド工法は，主に土砂地盤中にトンネルを構築する工法であり，「シールド」と呼ばれるトンネル掘進機で土砂の崩壊を防ぎながら掘進し，その内部で安全に掘削作業，覆工作業を行なって地山を保持し，トンネルを築造していく工法である．

シールド工法は，我が国に導入されて以来，1960年代半ばに手掘り式シールド，機械掘りシールドが適用され，ブラインド式シールド，半機械掘りシールドを経て，1970年代に実用化された密閉型シールドの登場により，都市部のトンネル施工法として急速に普及し活用・展開された．

ここでは，主流となっている密閉型シールドのうち，「泥水式シールド工法」，および土圧式シールドの中で多用されている「泥土圧シールド工法」の概要と特徴を**表-1.1.1**に示す．

表-1.1.1 泥水式シールド工法・泥土圧シールド工法の概要

項目	泥水式シールド工法	泥土圧シールド工法
概念図[1]	出典：株式会社大林組提供	出典：株式会社大林組提供
工法概要	チャンバー内に泥水を送り，切羽に作用する土水圧よりやや高めの泥水圧をかけて切羽の安定を図る工法．排泥は配管による流体輸送（ポンプ圧送）であり，切羽から地上設備まで密閉されている．	切羽の土砂そのものでは十分な流動性を確保できない場合，水や泥水，添加材等を加えて掘削土砂の流動化を図り，泥土圧の作用により切羽安定と円滑な排土を図る工法．排土はスクリューコンベヤーによる．
構造概要	カッターにより切羽断面を掘削しながら推進する掘進機構，泥水を切羽に送り切羽安定に必要な泥水圧を保持する切羽安定機構，シールド掘進に合わせて切羽の安定を図りつつ掘削土砂の排出を行う送排泥機構から成る．	地山を切削した土砂と添加材を撹拌・混錬し塑性流動性を図りながら推進する掘進機構，カッターチャンバー内に泥土を充満・加圧する切羽安定機構，シールド掘進に合わせて円滑に連続排土する排土機構から成る．
切羽安定機構	泥水が切羽面に不透水性の膜を作り，切羽の土圧および水圧に対抗し，泥水が切羽面からある程度の範囲の地盤に浸透して切羽地盤に粘着力を付与することで安定を確保する．	切羽の土圧および水圧に対抗できるように，カッターチャンバー内に充満させた泥土の圧力を保持しつつ，掘進速度に応じた排土量の調整をすることで切羽の安定を確保する．
排土機構	流体輸送設備から泥水を切羽に送る送泥管，掘削土砂を泥水とともにカッターチャンバーから流体輸送設備まで排出する排泥管により構成される．円滑な排泥のためにバイパスラインや礫処理装置を設置することもある．	❶添加材注入機構，❷混錬機構，❸排土機構を装備しており，❶は掘削土砂の塑性流動性と止水性を確保する注入設備，❷は掘削土砂を均一に混錬する設備，❸は坑内に排土する設備である．
適用土質	固結度が低い軟弱層や含水比が高い沖積地盤，洪積地盤や互層など広く適用可能．透水係数が大きな地盤は逸泥対策が必要．	固結度が低い沖積地盤（砂礫，砂，シルト，粘土），洪積地盤，硬軟混じった互層地盤など広く適用可能．高水圧地盤は対策が必要．

II-1

1.1.2 シールド工法に関する近年の動向

　我が国におけるシールド工事の件数は，1990年代前半をピークとして減少し，2010年以降は工事件数がピーク時の1/5程度（約40～50件/年）となっているのが現況である．

　一方，都市部の地下インフラが輻輳する中，かつてない厳しい施工条件を課せられたシールド工事が増加している．具体的には，トンネル断面の大断面化，小土被りでの発進・到達や大深度・高水圧下での掘進，急曲線・急勾配施工，長距離施工，既設構造物との超近接施工，シールドトンネル同士の併設施工やトンネルの切拡げ，切開きなどである．ここでは，近年のシールドトンネル施工条件の変遷と特徴について概要を紹介する．

(1) シールドトンネルの大断面化および長距離化

　我が国のシールドトンネルは外径φ5mまでが件数の9割以上を占めている．当初は下水道や水道・電力・ガスなど小口径の地下管路の整備に活用されてきたシールド工法も1980年代には地下鉄複線トンネルや地下水路・雨水貯留管などφ10m程度の大断面トンネルに適用され，φ11mを超える地下調節池やφ12mを超える大断面の新幹線トンネルへの適用を経て，1990年代にはφ14mの地下河川，海底道路トンネル，地下鉄駅舎部トンネルへ適用されるなど，世界に先駆けてシールドトンネルの大断面化を実現した．また，海外では，2000年以降，道路・鉄道などの交通インフラ増強の手段としてφ14m～φ16mのシールドトンネルが続々と整備され，2015年時点ではφ17mを超える巨大な超大断面シールドトンネルが実用化される状況となった．

　一方，我が国では1995年以降の20年間はφ14mを超える大断面シールドの適用機会は無かったが，道路トンネルやガス導管など1台のシールド機で掘進延長が5km～8kmに及ぶようなシールドトンネルの長距離化が進んだ．そのような中，2013年には我が国で最大の断面となるφ16mの3車線トンネルにシールド工法が適用され，国内のシールドトンネル大断面化も新たな局面に突入した．我が国における主な長距離シールド工事実績の推移を図-1.1.1に示す．

　なお，図中の円の大きさはトンネル掘削断面の大きさを示している（最大掘削径：φ16.1m）．

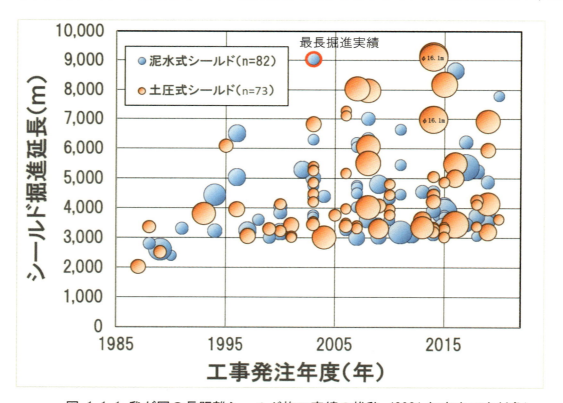

図-1.1.1　我が国の長距離シールド施工実績の推移（2021年度までを対象）

シールドトンネルは，大断面化および長距離化に伴い，切羽地盤が砂質土・粘性土・砂礫など複数の土層で構成される場合や掘進と共に土質や土層構成も刻々と変化する場合が想定されるため，切羽地盤の安定管理が困難となること，切羽地盤の安定や円滑な排土が損なわれた場合に周辺地盤への変状影響が増大することに注意する必要がある．なお，大断面シールドは掘削土量が膨大であることから，例えば数％の掘削土量収支誤差や計測・計器誤差が周辺地盤に及ぼす影響が大きくなる傾向にある．このため，"大断面トンネルのスケールデメリットというリスク認識を持つべき"とされている．

このように，シールドトンネルの掘削断面が大きくなることで，シールド掘進に伴う周辺地盤や近接構造物への影響は大きくなり，また，トンネル掘進延長が長くなることにより多様で変化する地盤の掘進となり注意が必要である．

(2) 大断面シールドの併設施工

近年，道路トンネルや鉄道トンネルの併設施工において，双方のトンネル間の離隔が小さい事例が増加している．背景として，単線の鉄道トンネルや1方通行の道路トンネル2本を道路の直下に左右に併設して構築する際，左右の官民境界を考慮すると既設の道路幅に余裕が無いために両トンネル間の離隔を狭める必要が生じるケースが増えたことが挙げられる．

また，当初計画段階では新設の鉄道路線や道路を高架構造や開削トンネルで計画していたが，環境アセスや沿線住民の方々の要望により，施工中における地上交通や周辺環境への影響が小さい非開削工法への施工法変更が決定され，横併設のシールドトンネルに変更されたケースもある．この場合，公共用地の都市計画幅によっては，シールドトンネルは建築限界を包含する円形断面形状となり，計画されていた道路の官民境界を侵さずにトンネル2本を構築するために，両トンネル間の離隔が小さい状況が生じる．さらに，最近は道路トンネルのランプ部における分岐・合流部を地下に構築する事例も増えてきており，これに伴って本線トンネルとランプトンネルの離隔が分岐・合流部に近くなると小さく計画される併設事例が出てきている．このような道路の分岐・合流部付近では，場合によっては4本以上のトンネルが小離隔（トンネル離隔が0.1D以下）で併設施工する場合もある．

我が国における併設・近接シールド施工実績（離隔0.5D以下）の推移を図-1.1.2に示す．

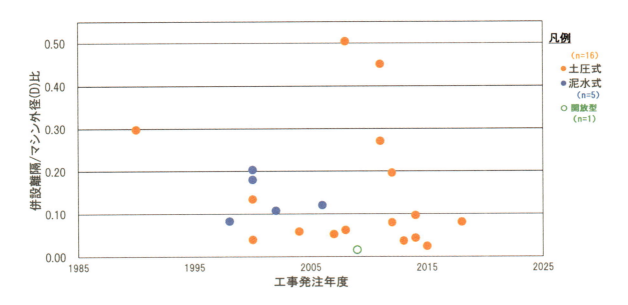

図-1.1.2 我が国における併設近接シールド施工実績の推移（2021年度までを対象）

図は土圧式シールド工法，泥水式シールド工法，開放型シールド工法に分けて記載しているが，近年における併設シールドで併設離隔が2m未満という小離隔の施工実績は土圧式シールド工法（ほとんどが泥土圧シールド工法）が多くなっている傾向がある．

大断面シールドトンネル2本以上が併設施工となる場合においては，掘削地盤やトンネル同士の離隔を考慮した影響検討が必要であり，相互影響を軽減するための影響低減対策も検討するなど，品質・安全を確保した上で合理的な併設トンネルの計画・設計を進める必要がある．

(3) 小土被りでのシールド発進・到達および既設構造物との近接施工

輻輳した都市部では，地上交通や周辺生活環境への影響が大きな開削トンネルに変えて，地表面付近まで小土被りでシールドトンネルを構築するケースが多くなっている．

小土被りでシールドを発進および到達する場合，地表面や周辺構造物へのシールド掘進影響の程度は大きくなる．また，浅層地下にインフラが輻輳している場合には，新設するシールドトンネルは急曲線や急勾配として既設構造物を避けるようにトンネル線形を計画することが多く，既設構造物とシールドトンネルとの離隔が小さいケースが増えてくる．

また，小土被りでシールドが掘進をする場合，一般に表層付近の地盤が軟弱である場合が多いこともあり，地上への泥水や泥土の噴出や浮力の作用やシールドのノーズダウンおよびセグメントの移動を原因とするシールド掘進時の姿勢方向制御の困難さによりトンネルの蛇行や浮上りの影響から近接対象物に思わぬ影響を及ぼすリスクがあるため注意が必要となる．

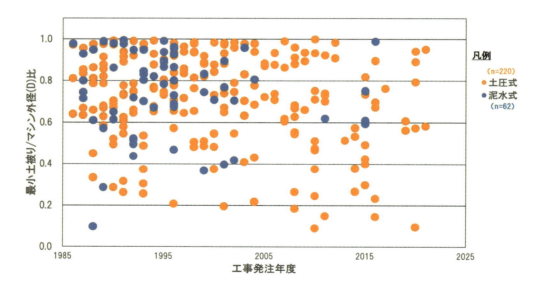

図-1.1.3 我が国における小土被りシールド施工実績の推移（2021年度までを対象）

特に，シールドが埋立地盤を小土被りで掘進する場合では，地中に残置された仮設物や埋立支障物などと干渉することもあるため，近接対象物との離隔について調査するだけではなく，掘進障害物の有無についても事前に確認することが望ましい（埋立地盤では，地中障害物との遭遇によりシールドが掘進不能となった事例や，地上に泥水や泥土が噴出した事例もある）．

我が国における小土被りシールド施工実績の推移を**図-1.1.3**に示す．図はシールド機外径以下（1D以下）の小土被り施工実績について，土圧式シールド（実績のほとんどは泥土圧シールド）と泥水式シールドに分けて記載しているが，土圧式シールドの方が小土被り施工の実績が多いこと，近年の極小土被り施工実績はほとんどが土圧式シールドであることが分かる．これは，泥水式シールド工法で小土被り施工する場合，地上への泥水噴出により切羽圧力を保持することが困難になるリスクを考慮した結果が工法選定の要因の一つとなっている．

（4）トンネルの分岐・合流部の切開き・切拡げ

　シールドトンネル施工後にセグメントに開口を開ける切開き施工は，従来から雨水貯留管や地下調節池，下水道幹線の接続等で実施されており，鉄道トンネルにおいても，トンネル間の連絡孔やポンプ所との間を繋ぐ連絡孔の構築などで適用されてきた．

　一方，トンネル断面を大きく切拡げる施工は，鉄道では，島式ホームに対してかんざし桁工法等の採用により採用されてきた．その後，2000年代に入ると道路トンネルの分岐・合流部においても切拡げ工法が採用されるようになってきた．鉄道の駅舎部等の切開きは，シールド切開き部分に一定間隔で柱等を設置し，リング形状を維持した構造であるのに対し，道路トンネル等の分岐・合流部ではテーパー区間にはリング延長線上に柱を設置できないことを考慮してシールドトンネルの補強構造となるため，高い剛性と耐力を有したトンネル覆工とする必要がある．

　こうしたトンネル切拡げに関するニーズの変化に対して，新たな覆工構造や施工法の開発検討がなされ，実用化を通じてブラッシュアップが進められてきた結果，切拡げ工法による分岐・合流部の構築技術は確立されたものと判断している．これにより，これまで開削トンネル工法で構築されてきた分岐・合流部の構築に対して，地上交通や周辺環境に及ぼす影響を最小化できるトンネル切拡げ工法の適用が合理的であると判断されるようになってきた．

　道路トンネルや鉄道トンネルの分岐・合流部では，トンネル同士の断面が大きいことから，トンネルの切開き形状も非常に大きくなるため，分岐・合流に伴う切開き時には構築したシールドトンネルに大きな施工影響を及ぼすことになる．

　このように，トンネルの分岐・合流部構築，開口部や接続トンネルの構築など，安定した円形トンネルに対してシールドトンネルを切拡げる場合や開口を設ける場合には，当該箇所を構築する過程において，シールドトンネルには施工ステップごとにさまざまな施工影響が生じる．

　したがって，シールドトンネルの分岐・合流部の構築，開口・接続部の構築においては，完成時，施工時の構造安定性の確保と安全な施工に欠かせない地盤改良工などの補助工法による影響，仮設支保工の仕様や設置手順など，施工手順を踏まえた影響検討と影響低減策検討を実施した上で，品質と安全を担保した工期となるよう，影響予測結果を踏まえた詳細な施工計画と緻密な施工管理計画を立案することが必要である．

（5）大深度・高水圧作用地盤におけるシールド施工

　大深度にシールドトンネルを構築する場合，土被りが大きく，かつシールド掘進地盤は堅固なことが多いため，一般に地上や周辺の対象物への近接度は低くなる．

　一方，大深度のシールドトンネルでは，発進立坑や到達立坑における深度も大きくなることから，シールド発進時や到達時における坑口からの出水や土砂取込みによる地盤変状を生じる場合があるため注意が必要となる．また，大深度におけるシールドの発進や到達においては，発進防護工や到達防護工として適用される地盤改良体の施工精度確保の問題，砂礫・玉石などの存在による均一な改良品質確保が困難と想定される場合などもあるため，シールドにより直接切削が可能な土留め壁や立坑躯体を採用する"シールド直接切削工法"が適用される場合も増えている．

　シールド直接切削工法を適用する場合，シールドで切削した切削対象部材が大割れして閉塞する，切削屑が円滑に排土されずにチャンバー内で固結する，といったトラブルも報告されており，施工上の注意点である．

　我が国における土被り40m以上の大深度シールドの施工実績推移を**図-1.1.4**に示す．図より，高水圧が作用する大深度シールドでは，掘削土砂を密閉配管で地上まで搬送する泥水式シールド工法の実績が多くなっていることが分かる．ただし，近年では土圧式シールド工法においても泥土の噴発対策として，スクリューコンベヤーの長尺化や掘削土砂性状改善などにより，土被り100mを超えるような施工実績も出てきている．

T.L.34 都市における近接トンネル

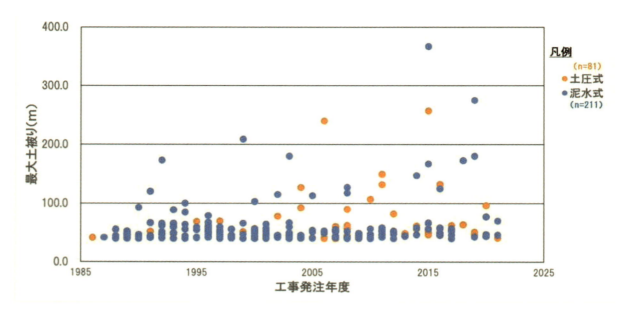

図-1.1.4 我が国における大深度シールド施工実績の推移（2021年度までを対象）

1.2 シールドトンネルの近接施工

1.2.1 適用範囲の拡大に伴うシールドトンネル近接施工環境の変化

　シールド工法は，トンネルの基本断面形状が円形であり密閉型のシールドで地盤を掘削すること，トンネル完成後の躯体も安定したリング構造となることから，輻輳した都市部の地下空間に新たなトンネルを構築する方法として，他のトンネル施工法と比べて周辺環境影響が比較的小さい工法として位置付けられている．

　また，従来は，トンネルの掘削外径1D程度の離隔があれば顕著な近接影響は及ぼさないという経験則に基づき，重要な近接構造物との離隔は一般に1D程度以上の離隔を確保したトンネル線形とするケースがほとんどであり，シールドトンネルの土被りも同様に1D程度以上を確保するケースがほとんどであった．

　しかしながら，1990年代の半ば以降は，輻輳した都市部の地下空間の有効利用という観点から，近接影響解析技術，近接影響低減対策技術，シールド掘進時の計測管理技術の工夫や高度化などにより，併設するシールドトンネル同士の離隔や近接対象物との離隔を縮小したシールドトンネルの計画が増加し，時代とともに離隔が小さいシールドトンネルの施工実績も増加してきた．

　近接度が高くなる環境要因としては，後述するとおり，シールドトンネルの大断面化，小土被り下の施工，併設シールドトンネルの施工，トンネルの分岐・合流部の施工等による影響が大きいと考えられるが，この他にも立坑のコンパクト化，比較的硬質な地盤での施工等が挙げられる．

　以降，シールドトンネルの近接施工環境の変化についての傾向と施工事例について紹介する．

(1) シールドトンネルの大断面化および併設施工の多用化

　道路トンネルの新設にシールド工法が適用されるようになった2000年代に入ると，幹線道路などの公共用地の地下空間に大断面トンネルを併設施工する必要があるため，限られた道路幅の中で大断面トンネルを構築することから，併設トンネル同士の離隔は数メートル（0.5D未満）という事例が増加した．

　道路構造を考慮すると，2車線の場合でシールドトンネルの外径は12～13m程度，3車線の場合には外径が16m程度の大断面となるため，都市内トンネルとして従来の開削工法で上下線を一体構築する矩形断面トンネルと比較すると，シールドトンネルの幅，高さはともに大きくなる．

したがって，公共用地下にトンネルを計画する場合，都市計画上の道路幅等の制約により自ずと上下線のトンネルは近接度が高くなるため，従来3m程度までであった近接度が最近は1m程度の離隔での施工例も出てきている．

大断面の道路トンネル上下線を併設施工した併設・近接施工事例を図-1.2.1に示す．

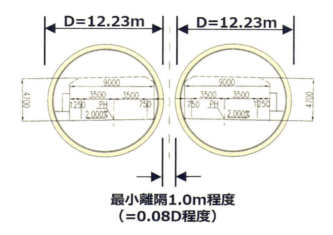

図-1.2.1 大断面シールドトンネルの併設・近接施工例（阪神高速道路大和川線）[2]
（出典：阪神高速道路株式会社提供）

一方，鉄道トンネルにおいても，新幹線トンネル，保守通路のある複線トンネルの採用により大断面トンネルの事例が増加しており，中央新幹線の複線断面では外径14m程度となっている．

このように，シールドトンネルの大断面化に伴い，トンネルの高さや幅が従来の開削トンネルより大きくなる（例えば2車線道路トンネルの場合，開削トンネルでは10m程度の高さ・幅がシールドトンネルの場合には13m程度となる）ため，他の地下構造物の交差物件に対する近接度が高まる事例も増加している．また，上下線のシールドトンネルを併設施工する場合には，都市計画幅に収めるために，官民境界近くに隣接する近接構造物との離隔も小さくなる事例も増加している．

(2) 小土被りにおけるシールドトンネルの施工

小土被り下のシールド施工は，地上交通や生活環境に及ぼす影響の最小化という観点から，土被りも0.5D未満でシールドを発進・到達することにより，できるだけ非開削施工区間延長を延伸するという施工事例が増加してきた．

このように，近年では，シールドと近接対象物との離隔が非常に小さい事例，トンネルの土被りが非常に小さい事例が増えており，最近ではトンネルの併設離隔が0.1D未満，最小土被りが0.1D未満の事例も施工されるようになってきた．

特に，道路トンネル等において半地下部，地上部に接続する区間など，計画線形上，土被りが小さくなる場合，シールドマシンの有効活用の観点からシールドトンネル区間を長くするため，立坑をできるだけ浅い地点に設置してシールドを発進，到達させる，あるいは立坑なしに地上から発進，地上部に到達する事例も出てきた．この場合，シールド発進部，到達部の土被りは非常に小さくなり，地表面の地盤変状，浅い位置の地下埋設物への影響が大きくなるため，シールド掘進においては特に注意を要する．

(3) トンネルの分岐・合流部におけるシールドトンネルの施工

トンネルの分岐・合流部の施工では，シールドトンネルの有効活用という観点から，鉄道における駅舎，換気ダクト等の切開き施工，道路トンネルにおけるランプトンネル分合流部等において，施工したシールドを拡幅する切拡げ施工等が多く採用されるようになってきた．

T.L.34 都市における近接トンネル

　道路トンネルの分岐・合流部は，シールドトンネルの拡幅の困難さから開削工法を採用する例がほとんどであったが，シールドを施工してからシールド内空を広げる切拡げ施工法の開発・実用化により，より合理的なシールド工法の適用が可能となった．この場合，本線シールドと出入口（支線）シールドを並列して施工して切拡げる際には，両トンネルをできるだけ近づけて非開削で構築する方が合理的な構造，施工となる場合が多いため，お互いのシールドトンネルの近接度はより高くなり，場合によっては離隔が数10cmの超近接施工事例もある．さらに分岐・合流区間は150mから400m程度になることもあり，この場合，近接区間延長は非常に長く，近接影響範囲も広範囲となるため，近接影響範囲内の切拡げ構造，シールドの掘進管理等は特に重要となる．
　道路トンネルにおけるシールド切拡げ工法の施工事例を図-1.2.2に示す．

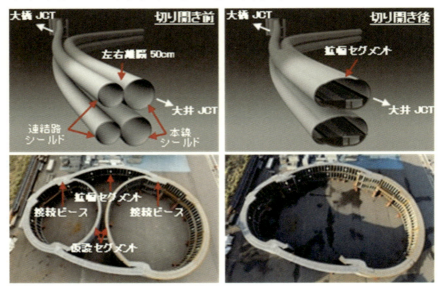

図-1.2.2 道路トンネルにおけるシールド切拡げ施工事例（首都高速道路大橋JCT）[3]
（出典：株式会社安藤・間提供）

(4) シールド発進・到達立坑のコンパクト化

　複数のシールドを同一立坑から発進，到達させる場合においては，シールド同士の離隔を小さくすることにより，立坑構造をコンパクト化して施工できるメリットがある．近年はシールドマシンの離隔が1m程度，あるいは1m以下の離隔で隣接するシールドを発進，到達する事例もあり，立坑付近での近接度が高い事例が増えている．鉄道の駅舎付近において路線分岐線等がある場合は，複数のシールドトンネルを近接して構築するケースが多く，お互いの近接度が高くなる．
　鉄道トンネル駅舎付近におけるシールド発進・到達部の近接施工事例を図-1.2.3に示す．

図-1.2.3 鉄道トンネル駅舎付近におけるシールド併設・近接施工事例（京王線調布駅）[4]
（出典：清水建設株式会社提供）

(5) 比較的硬質な地盤におけるシールドトンネルの近接施工

シールド工法は従来，地盤条件が悪い軟弱地盤等を対象として，周辺地盤，構造物への影響を極力小さくできる非開削工法として適用するケースが多く見られたが，大深度や郊外の比較的硬質な良好地盤で適用されるケースも増加している．砂礫地盤や硬質粘土（土丹）等の硬質地盤の場合は，地盤のゆるみ影響範囲や変形が少ないため，地盤条件の悪い軟弱地盤等に比べて，多少小さめの切羽圧，裏込注入圧となっても周辺地盤の変形を抑制できる傾向にあり，近接構造物への影響も比較的小さいため，地盤変状影響を小さく抑える，あるいは近接構造物との離隔を小さくできるなど，シールドトンネルの近接施工影響という観点からは有利な条件となる場合が多い．

(6) シールド近接施工環境の変化に伴う留意点

これまで(1)～(5)にて述べたとおり，都市内の狭隘な地下空間に多種多様で数多くの交差物件がある中で，十分な離隔を確保して施工できる環境は少なくなってきており，より厳しい近接施工条件でシールドトンネルを計画せざるを得ない状況が生じているものと判断する．このことは，地下空間の有効利用という観点から考えると，近接対象物との離隔をなるべく少なくして効率的な配置をすることが，限られた国土の有効利用という点で合理的にインフラ整備を進める効果的な方策であるということを示していると言える．

したがって，より厳しい条件となっているシールド工事の近接施工環境を踏まえ，類似の実績を参考としてシールドトンネル近接施工に関する計画・設計・施工を合理的かつ慎重に進めることは非常に重要であると考えられる．

1.2.2 シールドトンネルの周辺影響のメカニズム

シールドの掘進に伴って周辺地盤や近接構造物に影響を与える場合，掘進するシールドと周辺地盤や近接構造物との位置関係により，一般に図-1.2.4に示すような周辺地盤影響があることから，近接対象物もシールド掘進位置や施工状況の影響を受けることになる．

つまり，シールド掘進に伴う切羽圧力と土砂掘削の影響による先行沈下(隆起)および切羽沈下(隆起)，シールド外周のオーバーカットで生じるマシン通過時沈下(隆起)，シールド通過時のテールボイド発生と裏込め充填に伴って発生するテールボイド沈下(隆起)，シールド通過後の間隙水圧変化による圧密沈下などの後続沈下の影響を受けて挙動することになる．

したがって，シールド施工に伴う近接対象物の挙動計測を行う場合，シールドの施工法や近接程度，位置関係を考慮した上で，近接影響計測の実施タイミング，計測頻度，計測期間などについて検討する必要がある．なお，周辺影響メカニズムを踏まえた対応技術も進展してきている．

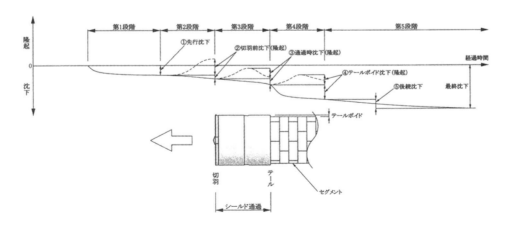

図-1.2.4 シールド掘進による縦断方向地盤変位の経時変位模式図 [5]
(出典：土木学会，トンネル標準示方書[共通編]・同解説／[シールド編]・同解説, pp.217-219, 2016.)

T.L.34　都市における近接トンネル

1.2.3 シールドトンネル近接施工の留意点と対応技術の進歩

(1) 近接施工に関するシールド技術の変遷

シールドの技術は日進月歩であるが，近接施工対策としての技術の変遷について概説する．

シールド形式としては，1970～80年代から1.1.1に記載した密閉型の泥水シールド，泥土圧シールドの適用が多くを占めてきた．それらの工法が採用され始めた年代では，シールド掘進に伴う地表面沈下は20～60mm程度というオーダーであったが，シールド掘進システムのハード対策，ソフト対策およびその改良，掘進実績による技術集約により徐々に地表面沈下等周辺地盤変状を小さくする技術が向上してきた．

近接施工対策に寄与してきたと考えられる技術として大きくはシールド掘進前面に対する地盤変状対策としての切羽の安定技術，シールド掘進後面におけるテールボイドに対して十分な充填行って地盤変状を抑止していくテールボイド対策が主であった．

切羽の安定技術としては，泥水式シールドに対しては，切羽前面の泥水圧管理，送泥・排泥の比重差，偏差流量等の管理，チャンバー内の急激な上昇を抑止する技術，礫層の場合の礫粉砕システムの導入等がある．一方泥土圧シールドに対しては，切羽前面の泥土圧管理，均一で流動可能な泥土作成のための塑性流動化の管理，排土重量，容積の管理システムなどがある．

一方テールボイド対策としては，ワイヤーブラシを材料としてグリス充填方式のテールシール止水技術，曲線部等の掘進に使われる余堀対策としてコピーカッターの導入，同じく中折れ装置としての中折れジャッキの後胴押し方式，同時裏込など，周辺地盤への影響を低減する技術が採用されてきた．

それらの技術に合わせて，ソフト面として，シールド技術に伴う地盤変状を予測する解析技術も進展し，施工実績と合わせて，予測技術として整合性が確認されてきた．これらの予測技術により近接施工の施工可否，近接施工対策等が計画できるようになってきたことが重要な要素でもある．

(2) 密閉型シールド施工時における近接施工時の影響リスクとリスク対応策

近年，輻輳した都市の地下空間を有効活用するためのトンネル構築工法として多用されている密閉型シールドのうち，泥土圧シールド工法と泥水式シールド工法について，近接施工を実施する上の影響リスクとリスク対応策について**表-1.2.1**に整理した．

(3) 多様化するシールド工法に対する近接施工関連技術の進歩

2000年代に入ると，シールド工法も1.1.2，1.2.1 (1)，(2)に記載したように大断面化，長距離化，およびそれに伴う施工の高速化等の傾向が顕在化してきた．また，円形以外のトンネル断面形状の適用によるシールド掘削断面形状の最適化，あるいはシールド施工後のトンネル切開き，切拡げなど，トンネル特殊部へのシールド非開削技術の適用など，シールド工法はますます多様化，高度化してきた．

以下，シールド工法の多用化を支える要素技術について，主に近接施工対策という視点に立って，着目した項目別に関連技術の進歩，進展状況について概説する．

a) シールドの施工精度の向上

近接度が高まると，シールド位置をいかに計画位置に精度よく施工できるかが重要となる．特に，長距離シールドでは，例えば発進位置から数km先の位置においても，数cmの精度が求められることがある．また，併設シールドの場合，想定以上に施工位置誤差が大きくなった場合，シールド同士が干渉し，施工不能となるので注意が必要である．これらに対して，シールドの位置制御に関しては，測量技術の高精度化，複数手段による位置確認の実施，情報化施工の進歩等により，かなりの精度を確保できるようになってきた．

第Ⅱ編　シールドトンネル　　　1. 序論

表-1.2.1 泥水式シールド工法と泥土圧シールド工法の近接施工時のリスクと対応策

項目	近接施工で考慮すべき影響リスク	近接施工時のリスク対応策
両工法に共通の事項	切羽圧が適正でない状態でシールド掘進をした場合，近接構造物に過大な圧力を及ぼし，切羽圧が小さい場合，切羽地盤の緩みが拡大し地盤変状を生じることがある．	シールド掘進時の切羽圧が適正であるかについて，地盤変状を監視しながら周辺影響を最小化する適正な切羽圧の管理値（上下限）を早期に把握して掘進管理に反映することが重要．
	裏込め注入量が不足している状態でシールド掘進をした場合，シールド通過後に過大なテールボイド沈下を生じて周辺環境に影響を及ぼし，注入量が過大な場合，近接構造物に過大な圧力を及ぼすことがある．	シールド掘進と同時に実施する裏込め注入工は，掘進ストロークに伴う注入のタイミング，注入圧，注入量が適切であるかについて，地盤変状を監視しながら施工に迅速にフィードバックすることが重要．
	計画排土量に対して掘削土を過大に排出した場合，切羽地盤の緩みが拡大して地盤変状を生じて周辺環境に影響を及ぼし，排土量が過小の場合，近接構造物に過大な圧力を及ぼすことがある．	シールド掘進に伴う排土量を把握し，掘進量に応じた排土量の変動を監視して，急激な排土量の変動がないようにシールド掘進管理を行うことが重要．
	土被りが小さい場合，泥水や泥土および裏込め注入材が地上に噴出し，切羽地盤やテールボイドを保持出来ずに周辺地盤に影響を及ぼすことがある．	地表部の変状や泥水・加泥材，裏込め材の噴出有無などのモニタリングを強化し，急激な圧力変動の兆候がないかシールド掘進状況を監視しながら慎重に施工することが重要．
	軟弱な沖積粘性土や腐植土層がある場合，過大な切羽圧や裏込め注入圧を作用させると周辺地盤の間隙水圧上昇によりシールド掘進後に圧密沈下を生じることがある．	軟弱地盤が存在する場合，過大な切羽圧や裏込め注入圧による間隙水圧上昇や地盤変状がないか監視を強化し，切羽圧・裏込め注入圧の上下限管理を徹底しながらモニタリング結果を迅速に掘進管理へのフィードバックすることが重要．
泥水式シールド工法	地盤に応じた適正な泥水性状を保持することができない場合，逸泥などにより切羽地盤の保持が出来ずに周辺環境に影響を及ぼすことがある（特に透水性が高い砂礫・砂地盤）．	近接施工時には，特に泥水性状と切羽圧の確保に留意し，周辺地盤影響の監視を強化した上で，モニタリング結果をシールド掘進管理へ迅速にフィードバックすることが重要．
	礫層の玉石，粘性の高い土塊，切羽切削屑などを含む掘削土砂の排泥による配管閉塞により，切羽圧が急激な変動（急降下）することにより，地盤変状が生じ周辺環境に影響を及ぼすことがある．	掘進ルートに残置支障物がないか事前調査を徹底する（特に埋め立て土や民地）とともに，土塊や異物による配管閉塞時に急激な圧力変動を緩和できるアキュムレーター（衝撃圧緩和装置）や礫取り箱などの装備について検討することが重要．
	砂礫地盤や均等係数・細粒分含有率が小さい崩壊性が高い砂質地盤では，切羽やテールボイドでの地盤の緩み，崩壊により近接構造物，周辺地盤に影響を及ぼすことがある．	近接施工時には，特に泥水性状と切羽圧の確保に留意し，周辺地盤影響の監視を強化するとともに，泥水比重，偏差流量，テールボイド量等のチェックをして情報化施工により周辺環境影響の最小化を図ることが重要．
	掘進停止時において，時間経過に伴う切羽圧低下や泥水品質の劣化により切羽安定を確保できないことがあるため，崩落性の高い砂礫・砂地盤では特に注意が必要である．	泥水品質の劣化が懸念される塩分を含んだ地下水条件や逸泥が懸念される崩落性の高い砂礫・砂地盤では，掘進停止時の泥水性状変化を監視し，泥水調整により切羽圧の安定を確保できていることを監視する泥水性状管理が重要．
泥土圧シールド工法	地盤に応じた適正な泥土性状を保持するため，チャンバー内泥土の塑性流動性，止水性確保は重要であるが，流動性・止水性が悪化した場合，切羽の保持が出来ずに周辺環境に影響を及ぼすことがある．	土質（地盤）に応じた適正な泥土の塑性流動性・止水性確保のため，掘削地盤に応じた適切な添加材の選定・注入を行って泥土性状を適切に保つことが重要．掘進地盤に応じた事前配合試験を行って確認することは必須である．
	ズリ鋼車やベルトコンベヤーでの排土時，掘削土量を正確に把握することが重要であり，排土量の過小，過大で近接構造物，周辺地盤に影響を及ぼすことがある．	土質変化や切羽圧変動に伴う掘削土量変化に迅速に対応できるように，排土量計測手法の確立，近接施工時には地盤変状監視の強化，掘進管理への迅速なフィードバックを行うことが重要．
	高水圧が作用する大深度帯水地盤を掘進する場合，スクリューコンベヤーからの掘削土や地下水の噴発により切羽圧が急激に低下して切羽地盤に影響することがある．	スクリューコンベヤーからの排土性状や切羽圧の変動を監視し，スクリューからの噴発が懸念される排出状況や土砂性状を確認するとともに，場合により改質剤の注入による噴発防止を図る．
	掘進停止時において，時間経過に伴うチャンバー内泥土性状の悪化や分離沈降により，泥土の塑性流動性・止水性を確保できずに切羽地盤に影響を及ぼすことがある．	チャンバー内土砂性状を監視し，塑性流動性や止水性の低下が確認された場合には，添加材の種類や注入量を調整することにより切羽地盤の安定とマシン負荷の低減を図ることが重要．

II-11

T.L.34 都市における近接トンネル

b）近接構造物，周辺地盤への影響を小さくするシールド掘進制御

周辺地盤や近接対象物への影響を抑制するためのシールド掘進制御としては，切羽圧や掘削排土量の管理，裏込注入圧や注入量の管理，および曲線部の掘進や蛇行修正に伴う余堀り（掘削ボイド）の管理等が挙げられる．これらについては，シールド掘進状況や周辺環境影響の可視化技術の進展もあり，計測結果を掘進制御に適宜フィードバックするといった適切な掘進管理の実施により，近接する構造物，あるいは周辺地盤や地表面への影響を最小化するように掘進制御することが可能となってきた．ただし，場合によっては，近接施工対策として実施する事項が周辺環境影響におよぼす影響が相反することもあり，例えば，近接構造物への影響を小さくする目的で切羽圧や裏込注入圧を下げたために，地上地盤面の沈下を起こすということもあり得るため，シールド掘進が及ぼすさまざまな影響に対してバランスのよい制御を行う必要がある．

c）シールド構造（カタービットの耐久性）

シールドの大断面化，長距離掘進に対しては，メインビットの延命化技術（E3種ビットの開発），カッタービット交換技術等の進展がある．掘進途中においてカッタービットが破損したり，過度に摩耗したりすると掘進不能に陥る場合もあるため，特に，近接対象物との近接影響範囲内で掘進不能とならないよう，カッタービットの摩耗検知や近接影響範囲外でのビット交換計画の策定など，カッタービットの材質や機械式ビット交換方法の適用検討と合わせて，事前に綿密な計画を立てておく必要がある．

d）セグメント構造

セグメント構造としては，トンネルの大断面化に伴う変形抑止や継手面の目開き・目違いを抑止する観点から，高剛性のボルトレス継手や，セグメント組立時におけるテール内形状保持装置等が適用されている．また，継手面止水シール材の進歩，セグメント組立精度の向上，内面平滑化構造，耐火機能一体化セグメント等の適用による2次覆工省略型のシングルシェル構造も一般化しており，これによるトンネル外径縮小（合理化）も，間接的ではあるが近接構造物に対する離隔を確保することにつながっている（近接影響低減に対して有利に働いている）．

また，トンネルの開口や切開き，切拡げに対するトンネル覆工の耐荷力や剛性を高めた特殊形状の鋼製セグメントや合成セグメントも開発され，工事への適用が進められてきた．

e）施工時荷重を考慮した影響対策

近接構造物との離隔が小さい場合には，シールド通過後のテールボイド発生に伴う応力解放による影響のみならず，シールド掘進中（通過中）に切羽圧，裏込め注入圧，曲線部掘進時における掘進反力（側圧）等により近接構造物が押されるような力が働くこともあり，近接構造物に対する施工時の作用等について明らかになりつつある．

既設構造物に近接してシールド掘進を行う場合には，施工時荷重（作用）に対する近接構造物への影響を考慮して安全性を確認する必要がある．

f）トンネル切開き・切拡げ施工対応技術

これまで，シールドトンネルは，山岳トンネルと比較して，トンネル覆工の開口や部分的なトンネル内空断面の拡大を伴うトンネルの切開きや切拡げの施工は困難とされてきた．これは，シールドトンネルの覆工が周辺地盤を支える（作用する土水圧を受ける）リングとして安定した構造であるのに対し，トンネルの開口や切開き，切拡げに伴ってリング構造が崩れた場合には，覆工に作用する土水圧に対して内空を確保した安定構造の確立が困難であり，周辺地盤の安定確保も困難になるためであった．

これに対し，トンネルの開口や切開き，切拡げを安全に実施するため，周辺地盤の崩落や変形を抑止するための補助工法（坑内から地盤改良を行う地盤凍結工法，インナー注入工法，フォアポーリング，パイプルーフ等）の適用やトンネル内部支保工の工夫とともに，施工時の挙動モニ

第Ⅱ編　シールドトンネル　　　1. 序論

タリング技術や施工ステップを考慮した逐次解析技術の進展により，周辺地盤の安定を確保しながらシールドトンネルの切開き，切拡げを行う事例が増えてきた．これらの構造は，まさに近接施工としては究極の形態であり，トンネル覆工の背面を掘削する場合には"離隔ゼロ"での近接施工とも言える．このようなトンネル切開き・切拡げの計画・設計を行う際には，施工ステップを考慮した構造成立性，施工の実現性について見極めることが大事である．

g）計測管理，情報化施工による近接施工対策

　シールド施工時の計測技術，計測管理技術の進歩，トライアル計測結果のシールド掘進へのフィードバック（近接構造物に近づく前に掘進管理値を設定し，掘進管理状況と地盤変状等挙動モニタリング結果の関係を把握することにより近接影響を最小化する掘進管理を行う）など，リアルタイムの施工状況可視化技術の開発・適用により，近接影響の少ない施工を可能としている．

　これらの技術は，どこまでの近接施工が可能か（周辺に影響を与えないように施工できるか）といった，より近接度の高い構造，施工を可能とするための鍵となる．

(4)　シールド工法における近接施工対応要素技術の動向

　シールド工法の適用にあたり，切羽地盤の安定，掘削土砂の円滑な排出，シールドの耐久性・止水性向上，多様な地盤への対応，作業安全性の向上，省力化・生産性向上，周辺環境影響低減，建設工事費の縮減などを目的として，これまでに数多くの要素技術が開発・適用されてきた．

　ここでは，近接施工における影響の評価・把握・低減対策技術の概要を**表-1.2.2**に示す．

表-1.2.2　近接影響の評価・把握・低減対策技術の概要

種別	技術名称	概要
影響評価	3次元弾塑性FEM解析	シールドと近接対象物との3次元的な位置関係を考慮した地盤挙動を評価でき，地盤の非線形挙動を考慮できる影響予測解析ツール
	地盤〜水連成3次元FEM解析	シールド掘進に伴う掘削解放や加圧の影響だけでなく，間隙水圧の変動影響（水位変動に伴う圧密など）も考慮できる影響予測解析ツール
影響把握	レーザー距離計による自動計測	高所や空間の挙動を安全に自動で計測可能な自動計測ツール 回転式レーザー距離計による真円度計測による併設影響計測も可能
	人工衛星による地表面変動計測	SAR（合成開口レーダー）衛星による地表面挙動の広域計測ツール 計測頻度，精度を把握した上で適用性について判断する必要がある
	音響トモグラフィーによる地盤内計測	ボーリング孔に設置した発振器からP波を発振，地中を伝播した波を受信機で受信し，波形や到達時間等から地層を判別する地盤探査方法
影響低減	シールド掘進状況の可視化	膨大なシールド掘進データを分かり易く可視化する掘進管理ツール システム適用により，データ変調を多くの眼で監視・情報共有して対処
	切羽圧力の安定管理	切羽泥水圧の急激な変動を抑制する装置，添加材や土砂撹拌装置による泥土性状改善装置により，適正な圧力制御を可能とする技術
	掘削土量計測管理の高精度化	密度計，流量計，ベルトスケール，3次元スキャナなどの多様なセンシングシステムの適用，掘進停止時の取込み土量把握を可能とする技術
	掘削泥土性状の可視化	チャンバー内撹拌抵抗，チャンバー内移動速度，チャンバー内温度，土圧分布などから掘削泥土性状を把握するセンシング技術
	施工時における異常の早期察知	膨大な掘進時の施工データを統計処理して変動兆候を早期に把握して迅速な対処を促すシステム，AIを活用したシステムなど
	近接施工状況・影響の可視化	CIMによる近接構造物や地盤とシールドとの位置関係の3次元的かつリアルタイムの把握ができ，各種影響計測結果も可視化するシステム

II-13

T.L.34　都市における近接トンネル

参考文献

1) 株式会社大林組提供
2) 阪神高速道路株式会社提供
3) 株式会社安藤・間提供
4) 清水建設株式会社提供
5) 土木学会：トンネル標準示方書［共通編］・同解説／［シールド編］・同解説，pp.217-219，2016.

2. 近接施工タイプの分類

2.1 近接施工タイプの分類

本書では，シールドトンネルに関する近接施工の事例について，近接施工により影響を受ける構造物がシールドトンネルか否か，また，供用中の既設構造物なのか仮設構造物なのか，影響を与える要因がシールドの掘進なのかシールドトンネルの切拡げ・開口および接続なのか，に着目して近接施工タイプを次の3つに分類した．本節では，分類した3つのカテゴリ別に，近接施工事例の特徴について概説する．

①タイプ1：既設構造物の影響範囲内をシールドトンネルで施工した事例
 ・タイプ1-1：供用中の既設構造物の影響範囲内を掘進する場合
 ・タイプ1-2：施工中の仮設構造物の影響範囲内を掘進する場合
②タイプ2：施工中のシールドトンネルが近接影響を受ける近接施工事例
 ・タイプ2-1：シールドトンネル同士で併設・近接掘進する場合
 ・タイプ2-2：シールドトンネルの切拡げ，開口および接続を実施する場合
③タイプ3：供用中のシールドトンネルの影響範囲内で近接施工(開削工法等)した事例

2.1.1 タイプ1：既設構造物の影響範囲内をシールドトンネルで施工した事例

本タイプは，供用中の既設構造物や施工中の仮設構造物の影響範囲内をシールドトンネルで施工した事例である．本タイプのうち，シールド掘進が供用中の既設構造物の影響範囲内を掘進する事例をタイプ1-1とし，シールド掘進が施工中の仮設構造物の影響範囲内を掘進する事例をタイプ1-2とした．

タイプ1-1に分類した既設構造物への近接施工事例として，既設構造物の直上，直下，側方をシールド掘進した事例，および道路や河川の直下をシールド掘進した事例が多数確認された．図-2.1.1に電力鉄塔基礎直下を掘進した施工事例を示す．

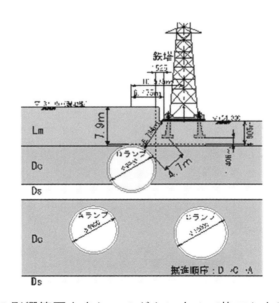

図-2.1.1 既設構造物の影響範囲内をシールドトンネルで施工した事例（タイプ1-1）[1]
（出典：西田充ら，小土被り・急曲線・急勾配，重要構造物近接などの条件下における大断面シールド施工－横浜環状北線 馬場出入口シールド－，第83回（都市）施工体験発表会，pp.1-8，日本トンネル技術協会，2018．）

また，タイプ 1-2 に分類した仮設構造物への近接施工事例としては，施工中の開削トンネルの側方，下方をシールド掘進した事例が確認された．図-2.1.2 に施工中の開削トンネル側方をシールド掘進した事例を示す．

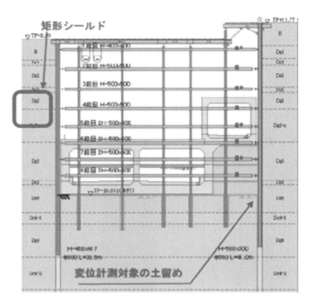

図-2.1.2 仮設構造物の影響範囲内をシールドトンネルで施工した事例（タイプ 1-2）[2]
（出典：真鍋智ら，矩形シールド工法による小土被り発進，既設土留め壁近接併走掘進の実績，トンネル工学報告集，第 27 巻，II-12，pp.1-11，土木学会，2017．）

2.1.2 タイプ 2：施工中のシールドトンネルが近接影響を受ける近接施工事例

本タイプは，シールドトンネル同士の近接施工事例である．本タイプのうち，シールドトンネル同士で併設・近接掘進を実施した事例をタイプ 2-1 とし，シールドトンネルの切拡げ，開口および接続を実施した事例をタイプ 2-2 とした．

タイプ 2-1 に分類した近接施工事例として，シールドトンネル 2 本以上の併設に伴う併走掘進を実施した事例，およびシールドトンネル同士の Y 字分合流に向けた近接・併走掘進した事例が確認された．図-2.1.3 に高速道路におけるランプトンネルおよび本線トンネルの併設・近接掘進事例を示す．

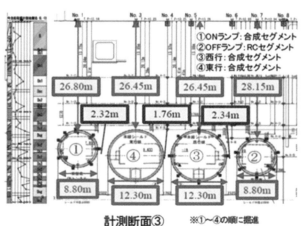

図-2.1.3 シールドトンネル同士の併走・近接掘進事例（タイプ 2-1）[3]
（出典：伊佐政晃ら，大断面シールドトンネル覆工挙動に与える超近接併設影響の検討，トンネル工学報告集，第 28 巻，II-7，pp.1-8，土木学会，2018．）

また，タイプ2-2に分類した近接施工事例として，シールドトンネル間およびその他躯体との連絡部・躯体構築に伴うトンネル切拡げを実施した事例，シールドトンネル同士のT字接続部構築に伴うトンネル切拡げを実施した事例，およびシールドトンネル同士のY字分合流部構築に伴うトンネル切拡げを実施した事例が確認された．図-2.1.4に高速道路における併設シールドトンネルと換気所躯体とを切拡げにより接続した事例を示す．

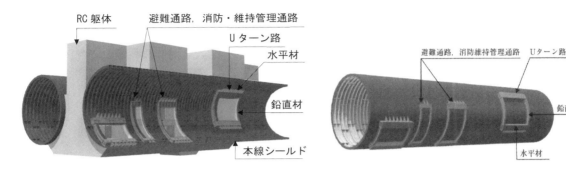

図-2.1.4 シールドトンネルの切拡げ，開口，接続事例（タイプ2-2）[4]
（出典：佐藤成禎ら，本線シールドと接続する馬場換気所の設計施工，基礎工，第45巻，第3号，pp.48-51，2017．）

2.1.3 タイプ3：供用中のシールドトンネルの影響範囲内で施工した事例

本タイプは，開削工法，ケーソン工法等で施工される新設構造物が，供用中のシールドトンネルの影響範囲内で施工された事例である．具体的な代表事例として，図-2.1.5に供用中のシールドトンネルの上部に近接して開削工事を実施した事例を示す．

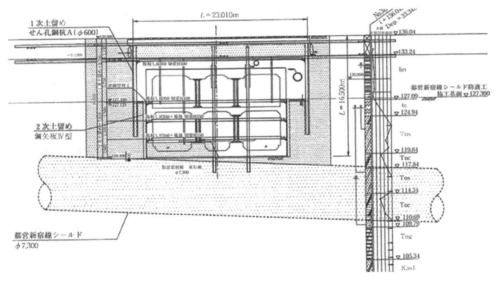

図-2.1.5 施工中のシールドトンネルに近接して新設構造物を施工した事例（タイプ3）[5]
（出典：岡田龍二，シールドトンネル直上での開削工事 －副都心線新宿三丁目駅－，基礎工，2月号，pp.80-84，2009．）

2.2 シールドトンネル近接施工タイプの概要

2.1 近接施工タイプの分類にて説明した本書におけるシールドトンネル近接施工タイプの分類を表-2.2.1に示す．表中にはタイプ分けの指標とした「影響を受ける構造物」，「影響を及ぼす構造物（施工法）」を明記し，タイプごとに「考慮すべき近接影響因子」，「主な近接影響評価手法」，「主な計測項目」，「主な着目点」を記載した．

T.L.34　都市における近接トンネル

表-2.2.1　本書における近接施工タイプの分類

タイプ		タイプ1		タイプ2		タイプ3
		タイプ1-1	タイプ1-2	タイプ2-1	タイプ2-2	
分類	概要	シールドトンネルの施工による近接構造物への影響		施工中のシールドトンネルに及ぼす近接施工の影響		シールドトンネルへの近接施工
	影響を受ける構造物	既設構造物（供用中・シールドトンネルを含む）	仮設構造物（施工中）	シールドトンネル（施工中）	シールドトンネル（施工中）	シールドトンネル（供用中）
	影響を及ぼす構造物（施工法）	シールドトンネル（シールド工法）	シールドトンネル（シールド工法）	シールドトンネル（シールド工法）	断面変化部・開口・接合部躯体（非開削工法）	新設構造物（開削工法、ケーソン工法等）
代表的な事例		既設鉄塔に対するシールド掘進時の影響1)	開削工法で施工中の分合流部に対するシールド掘進時の影響2)	施工中のシールドトンネルの影響（本線×2、ランプ×2）の併設影響3)	上下の道路トンネルと換気所との接合部における開口影響4)	供用中の地下鉄の上部を開削工法で掘削する際の影響5)
考慮すべき影響因子		・シールド掘進時の影響（掘削解放力、切羽圧、掘削ボイド発生、裏込め注入圧等）	・シールド掘進時の影響（掘削解放力、切羽圧、掘削ボイド発生、裏込め注入圧等）	・シールド掘進時の影響（掘削解放力、切羽圧、掘削ボイド発生、裏込め注入圧等）	・施工中のシールドトンネルに対する開口、切拡げ、分岐、接合部施工時の作用荷重（地盤改良時の注入圧等を含む）	・近接構造物施工時の作用荷重（掘削解放力、シールド施工時荷重、ケーソン施工時荷重、地盤改良時の注入圧等）
主な影響評価手法		・2次元FEM解析 ・3次元FEM解析	・2次元FEM解析 ・弾塑性山留め解析	・2次元FEM解析 ・地盤バネモデル	・2次元FEM解析 ・3次元FEM解析 ・地盤バネ-梁モデル	・2次元FEM解析 ・3次元FEM解析 ・地盤バネ-梁モデル
主な計測項目		・既設構造物の変位（沈下、傾斜） ・地盤変位（地表面、周辺地盤）	・土留め支保工の変位・応力 ・地盤変位（地表面、周辺地盤）	・先行トンネルの変形・応力 ・地盤変位（地表面、周辺地盤）	・トンネル覆工・支保工の変形・応力 ・地盤変位（地表面、周辺地盤）	・既設構造物の変位（沈下、傾斜） ・地盤変位（地表面、周辺地盤）
主な着目点		・近接影響が大きい大断面、小土被り、特殊断面等の事例	・大規模開削など施工中の不安定な状況での近接施工事例	・離隔が小さい近接・併設シールドの事例	・近年の大規模な開口・分岐接合事例	・供用中トンネルに近接施工する開削（駅改良）、ケーソン等
備考		近年、近接対象物件都の離隔が小さい事例や、特殊断面等の事例が増加	近年、開削部ランプに近接施工した道路トンネル事例が増加	近年、シールドトンネル同士の離隔が小さい事例が増加	近年、シールドトンネルの分合流に伴う切開きの事例が増加	

1) 西田充ら：小土被り・急曲線・急勾配、重要構造物近接などの条件下における大断面シールド施工 ー横浜環状北線馬場出入口シールドー、第83回（都市）施工体験発表会、pp.1-8、日本トンネル技術協会、2018.
2) 黄鎬ら：矩形シールド工法による小土被り発進、既設土留め壁発進、トンネル工学報告集、第27巻、II-12、pp.1-11、土木学会、2017.
3) 伊佐政尚ら：大断面シールドと接続する馬場換気所の設計施工、トンネル工学報告集、第28巻、II-7、pp.1-8、土木学会、2018.
4) 佐藤成陽ら：本線シールドと接続する馬場換気所の設計施工、基礎工、第45巻、第3号、pp.48-51、2017.
5) 岡田龍ら：シールドトンネル直上での開削工事 ー副都心線新宿三丁目駅ー、基礎工、2月号、pp.80-84、2009.

2.3 近接施工事例の概説と実態調査・分析

2.3.1 近接施工事例の収集と実態調査・分析の概説

　近接施工事例を近接施工タイプ毎に分類し，実態調査および分析を行った．実態調査および分析に用いたデータ数は278件であり，近接施工タイプ別の事例件数の内訳は以下のとおりである．
　①タイプ1：既設構造物の影響範囲内をシールド工法で施工した事例
　　・タイプ1-1：供用中の既設構造物の影響範囲内を掘進する場合　220件
　　・タイプ1-2：施工中の仮設構造物の影響範囲内を掘進する場合　3件
　②タイプ2：施工中のシールドトンネルが近接影響を受ける近接施工事例
　　・タイプ2-1：シールドトンネル同士で併設・近接掘進する場合　25件
　　・タイプ2-2：シールドトンネルの切拡げ，開口および接続を実施する場合　20件
　③タイプ3：供用中のシールドトンネルの影響範囲内で施工した事例　10件

　既往の近接施工事例は，巻末資料1に掲載した「シールドトンネル近接施工事例一覧表」に記載の基本項目について整理し，その中から特徴的な事例を巻末資料2の「シールドトンネル近接施工の事例概要」，および6章に掲載事例として整理した．また，2〜5章の内容に関連する事例についても参照できるように，本文中にも対象となる近接施工事例の番号を付した．

　調査は文献調査とし，文献に記載のある項目について整理を行った．なお，文献に記載がない項目については実態が不明であるため，不明と表記した．

　分析手法としては，まず，近接施工事例の実態を把握することを目的として，調査項目に関する基礎分析を実施した．また，調査項目のうち，特に近接施工に関連が高い項目について，各項目の相関分析を実施した．

　次に，近接施工事例のうち，解析値や計測値などのデータが示されている事例を対象として，事前予測値（解析値）と計測結果（計測値）との関係について分析を行った．

　今回調査した事例について，近接施工タイプ毎の事例件数の割合を**図-2.3.1**に示す．今回調査対象とした事例においては，タイプ1-1の事例件数が約80％程度と大半を占めており，次にタイプ2-1の事例件数が9％程度，タイプ2-2の事例件数が7％程度となっていることがわかる．

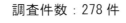
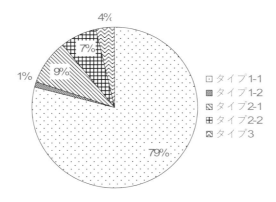

図-2.3.1　シールド近接施工事例のタイプ毎の件数の割合

2.3.2 近接施工事例の実態調査基礎分析

ここでは，近接施工事例の実態調査として，収集した事例をデータベース化し，データ調査・分析を行った．調査項目は以下のとおりである．

- 施工時期
- 新設構造物の種類（用途，構造）
- 新設構造物の施工法（工法，シールド外径）
- 既設構造物の種類（用途，構造）
- 位置関係（上方下方などの位置，離隔）
- 地盤条件
- 対策工
- 解析（手法，解析値）
- 計測（手法，計測値）

今回収集したデータを着工年別，シールド工法の種類別，新設構造物の用途別，近接する既設構造物の用途別，既設構造物の構造別，および新設〜既設構造物の位置関係について，事例件数の比率を図-2.3.2〜図-2.3.7に整理した．

図-2.3.2より，収集データの着工年は2000年以降のものが85%程度，2010年以降のものが45%程度を占めていることがわかる．

図-2.3.3より，施工法は，泥土圧シールド工法が52%，泥水式シールド工法が34%であった．

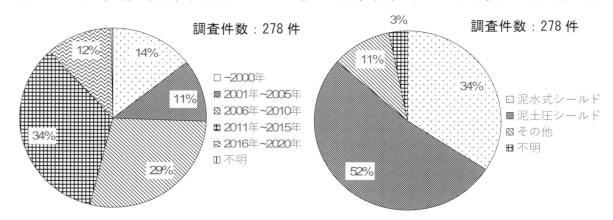

図-2.3.2 着工年別件数の比率　　　　図-2.3.3 シールドの施工方法別件数の比率

図-2.3.4より，新設構造物の用途は，道路と鉄道の割合が50%以上あり，シールド工事全体に占める割合からすると大きな値となっている．また，図-2.3.5より，既設構造物の用途も新設構造物同様，道路と鉄道の割合が多くなっている．

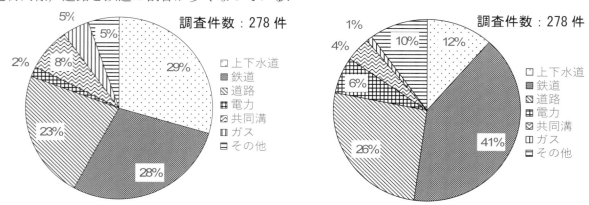

図-2.3.4 新設構造物の用途別件数の比率　　　図-2.3.5 既設構造物の用途別件数の比率

図-2.3.6 より，既設構造物の構造は，シールドトンネルが 39%，地下構造物（開削構造など）や構造物の基礎等含めると 2/3 ぐらいの件数になっていることから，今回収集した事例における近接対象構造物は地下構造物が多いことがわかる．

図-2.3.7 より，既設構造物と新設構造物との位置関係に着目すると，既設構造物が上方にあるケースが半数以上の 61%となっている．

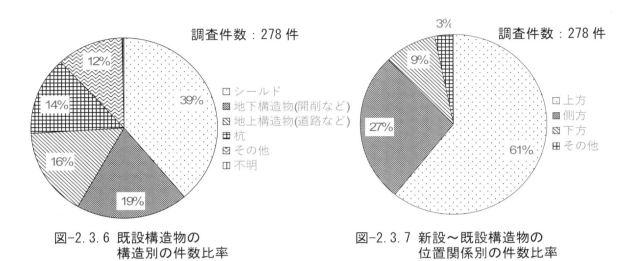

図-2.3.6 既設構造物の構造別の件数比率

図-2.3.7 新設～既設構造物の位置関係別の件数比率

既設構造物との離隔別，離隔径比（離隔/シールド径）別の件数比率を図-2.3.8，図-2.3.9 に示す．

図-2.3.8 より，既設構造物との離隔 1m 以下の事例が 14%，5m 未満の事例で約 50%，図-2.3.9 より離隔径比（離隔/シールド径）が 0.1 以下となるデータが 12%，0.5 以下のデータが 40%程度となっており，近接条件の厳しい事例が多数あることがわかる．また，近接施工の影響があるとされる離隔 1D 以下のケースが半数以上を占めている．

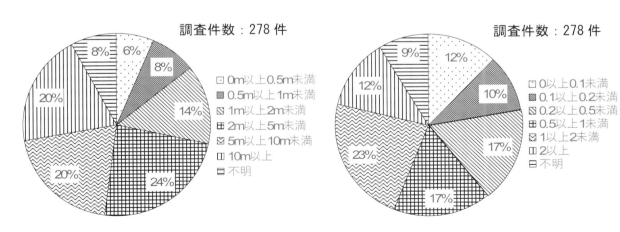

図-2.3.8 既設構造物との離隔別の件数比率

図-2.3.9 新設～既設構造物の離隔径比別の件数比率

新設構造物について，トンネル外径別，事前予測解析手法別の件数比率を，図-2.3.10, 図-2.3.11 にそれぞれ示す．

図-2.3.10 より，新設構造物のトンネル外径は，φ6m 以上が約 60％を，φ9m 以上の事例が 30％以上を占め，大断面シールドの収集事例が多いことがわかる．

図-2.3.11 より，事前予測解析手法としては，二次元 FEM 解析によるものが最も多く 44％となっているが，文献中では事前解析を実施したかどうか不明な例も多く，不明，その他を除く件数に対しては約 85％と大半を占める．また，三次元 FEM，多リングはりーばねモデル等高度な解析を実施した件数も 7％程度あった．

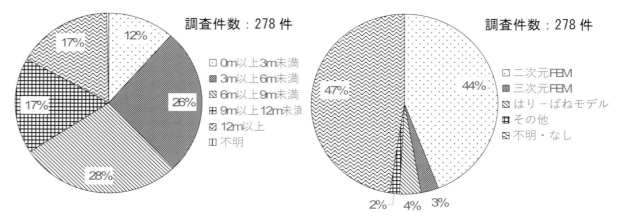

図-2.3.10 新設構造物の
　　　　　トンネル外径別の件数比率

図-2.3.11 近接施工影響に関する
　　　　　予測解析手法別の件数比率

計測項目別，計測手法別の件数比率を，図-2.3.12, 図-2.3.13 にそれぞれ示す．

図-2.3.12 より，計測項目は，構造物変位，地盤変位を対象としたものが多く，約 80％と大半を占めている．

図-2.3.13 より，計測手法としては，沈下計，トータルステーションを適用した事例が多く，傾斜計，変位計，ひずみ計を適用した事例が続いている．また，最近は，自動計測としてトータルステーションを使用するケースが多いことが確認できる．

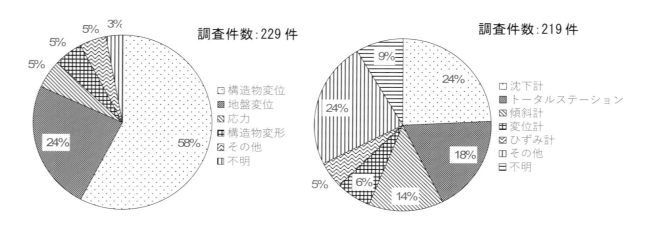

図-2.3.12 計測項目別の件数比率　　　図-2.3.13 計測手法別の件数比率

調査対象とした近接施工事例について，地盤種別に着目した件数比率を図-2.3.14に示す．

地盤種別は，洪積層や自立性の高い地盤が65%を占め，良好な地盤条件での近接施工事例が多いことがわかる．

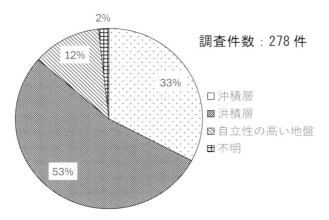

図2.3.14 地盤種別の比率（全体）

近接対象物との離隔径比（近接程度）によって，対象とする地盤種別の件数比率がどのようになっているかについて整理した図を，図-2.3.15～図-2.3.17にそれぞれ示す．

各離隔径比における地盤種別の比率は，全体の比率と概ね同じであり，離隔径比の違いによる顕著な差は見受けられない．

また，図-2.3.15から，離隔径比が0.2以下と小さい超近接施工を実施した事例のうち，軟弱地盤の事例が37%程度あることがわかる．

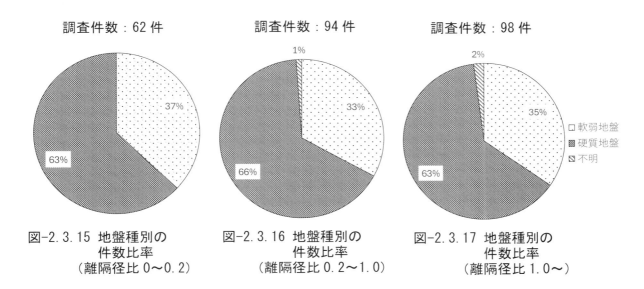

図-2.3.15 地盤種別の件数比率（離隔径比0～0.2）

図-2.3.16 地盤種別の件数比率（離隔径比0.2～1.0）

図-2.3.17 地盤種別の件数比率（離隔径比1.0～）

近接影響低減対策工別の件数比率を，図-2.3.18に示す．

防護工，補強といった対策工と掘進管理制御を併用したケースが30%程度ある．一方，不明orなしの事例を除くと，近接影響低減対策工は防護工，補強工といった対策の併用を含めると掘進管理制御で対応した事例がほとんどである．ここで言う掘進管理制御による影響低減対策とは，シールド掘進時における施工管理技術であり，掘進管理制御に関するハード，ソフト技術と近接構造物に対する影響を計測して確認しながら影響を抑制する目的で掘進管理にフィードバックする対策である．近接離隔や離隔径比が小さい事例が増えている近年は，さらに高度な掘進管理制御技術の適用や技術のブラッシュアップが求められる．

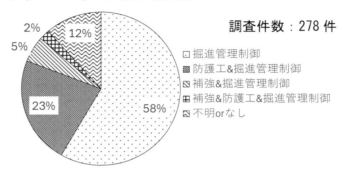

図-2.3.18 近接影響低減対策工別の件数比率（全体）

近接対象物との離隔径比（近接程度）によって，対策工の比率がどのようになっているかについて整理した図を，図-2.3.19～図-2.3.21に示す．

掘進管理制御のみで対応した事例の比率は，離隔径比が小さいほど減少しているが，離隔径比0.2以下の場合でも，不明orなしを除くと半分以上と大半を占めている．

特に，シールド掘進の影響が小さいとされる1D以上では，掘進管理制御のみによる対策が約80%程度となっており，その他の対策工はあまり実施されていないことがわかる．

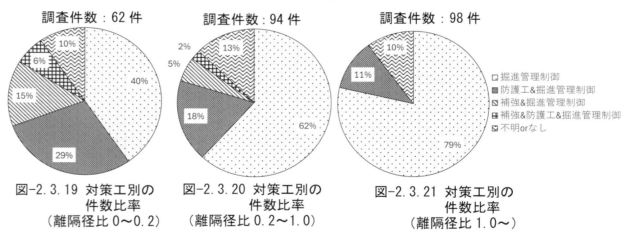

図-2.3.19 対策工別の件数比率（離隔径比0～0.2）　　図-2.3.20 対策工別の件数比率（離隔径比0.2～1.0）　　図-2.3.21 対策工別の件数比率（離隔径比1.0～）

さらに，地盤種別（軟弱地盤と硬質地盤），離隔径比別に対策工の比率を整理した図を図-2.3.22～図-2.3.27に示す．

離隔径比が小さいほど，あるいは地盤が軟弱なほど，対策工として防護工，補強工などを掘進管理制御と併用した対策工が増加している．軟弱地盤で離隔径比が0.2以下の場合，掘進管理制御と併用し対策工を実施した比率は47%で約半分ぐらいの事例があるが，硬質地盤で離隔径比1.0以上の場合では比率5%と非常に少なくなっている．一方で，軟弱地盤では，離隔径比1.0以上は23%あり，シールドの影響が少ないとされる1D以上のケースでも一定程度の対策工が実施されたことがわかる．

第Ⅱ編　シールドトンネル　　2. 近接施工タイプの分類

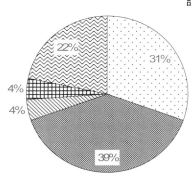

図-2.3.22 対策工別の
件数比率
（離隔径比 0〜0.2，軟弱地盤）

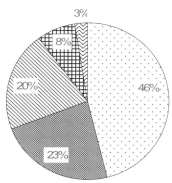

図-2.3.23 対策工別の
件数比率
（離隔径比 0〜0.2，硬質地盤）

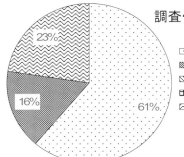

図-2.3.24 対策工別の
件数比率
（離隔径比 0.2〜1.0，軟弱地盤）

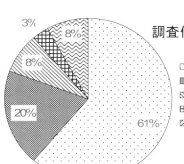

図-2.3.25 対策工別の
件数比率
（離隔径比 0.2〜1.0，硬質地盤）

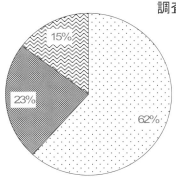

図-2.3.26 対策工別の
件数比率
（離隔径比 1.0〜，軟弱地盤）

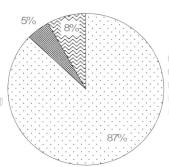

図-2.3.27 対策工別の
件数比率
（離隔径比 1.0〜，硬質地盤）

2.3.3 近接施工事例の実態調査関連分析

本項では,近接施工事例の調査項目で関連が深いと考えられる項目について相関分析を行った.

(1) 年代と離隔径比,離隔の関係(外径による分類):調査範囲 1-1,1-2,2-1

外径をパラメータとして,離隔径比と離隔が年代でどのように分布しているのか,図-2.3.28,図-2.3.29 に整理した.収集事例の多い 2000 年以降は,年代,外径に関わらず離隔 1m 以下,離隔比 0.1 以下の超近接事例も多く見受けられ,年代の違いによる顕著な傾向は見受けられない.

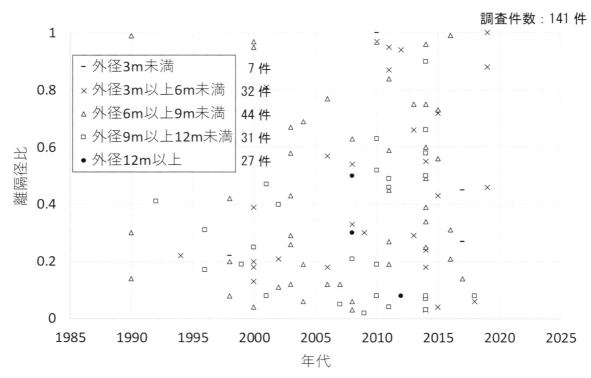

図-2.3.28 年代別の離隔径比の分布(外径による分類)

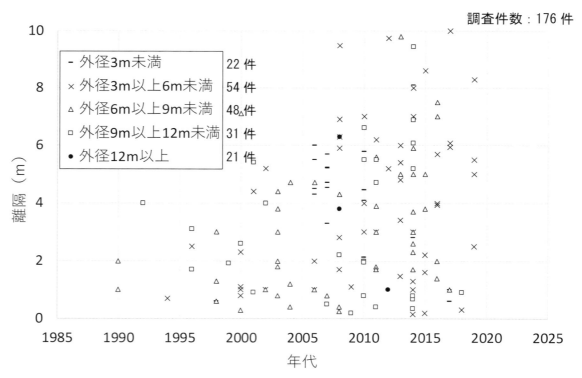

図-2.3.29 年代別の離隔の分布(外径による分類)

(2) シールド外径と離隔径比の関係（予測解析手法による分類）：調査範囲 1-1，1-2，2-1

シールド外径と離隔径比の関係について，予測解析手法別に**図-2.3.30**のとおり整理した．

シールド外径と離隔径比との相関は小さく，10m を超える大断面シールドにおいても離隔径比 0.2 以下の事例が多数ある．近接影響の予測解析手法については，その他，不明の事例が多数あったが，三次元 FEM 解析やはり-ばねモデル解析は，離隔径比が小さい範囲での適用事例が多く，二次元 FEM 解析は離隔径比に関係なく実施しているようである．

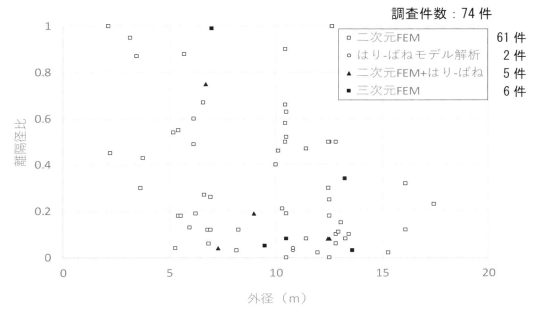

図-2.3.30 外径と離隔径比の関係（予測解析手法による分類）

(3) シールド外径と離隔の関係（予測解析手法による分類）：調査範囲 1-1，1-2，2-1

シールド外径と離隔の関係について，予測解析手法別に**図-2.3.31**のとおり整理した．

外径 10m を超える大断面においても離隔 1m 以下の事例が多数あり，外径と離隔との相関は見受けられない．この図からも，近接影響の予測解析手法について，離隔が小さいほど三次元 FEM 解析とはり－ばねモデル解析を実施した割合が多いことがわかる．特に，離隔が 1m 以下の範囲での比率は大きくなっており，より精緻な予測解析手法の適用が求められたことが伺える．

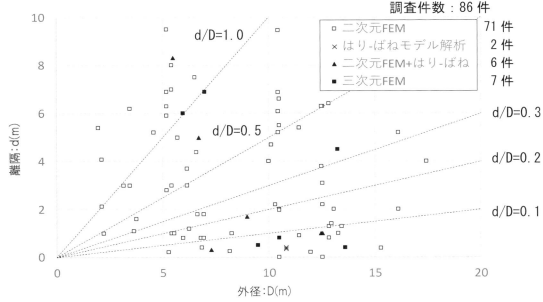

図-2.3.31 外径と離隔の関係（予測解析手法による分類）

(4) 年代と離隔径比の関係（地盤種別による分類）：調査範囲 1-1，1-2，2-1

地盤種別をパラメータとした，離隔径比の年代別分布を**図-2.3.32**に示す．

2000年頃から離隔径比の小さい事例が多数見受けられる．地盤種別でみると，離隔比0.2以下の超近接施工は，軟弱地盤における事例はあるものの，硬質地盤での事例が多いことがわかる．

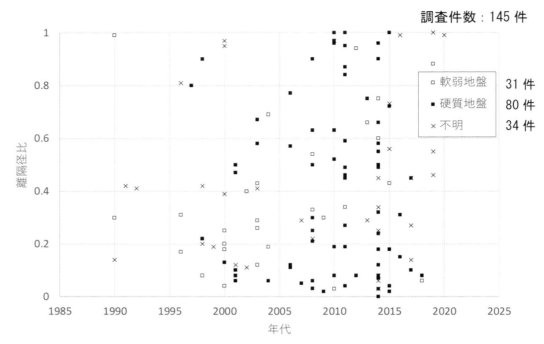

図-2.3.32 年代別の離隔径比の分布（地盤種別による分類）

(5) 年代と離隔の関係（地盤種別による分類）：調査範囲 1-1，1-2，2-1

地盤種別をパラメータとした，離隔の年代別分布を**図-2.3.33**に示す．

離隔に関しても，2000年頃から離隔1m以下の近接施工事例が多数見受けられる．地盤種別に着目すると，やはり離隔1m以下の超近接施工は硬質地盤での事例が多いことがわかる．

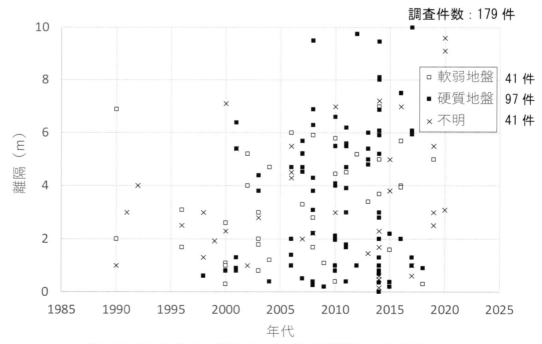

図-2.3.33 年代別の離隔の分布（地盤種別による分類）

(6) シールド外径と離隔径比の関係（対策工による分類）：調査範囲 1-1，1-2，2-1

シールド外径と離隔径比との関係について，影響低減対策工別に図-2.3.34 のとおり整理した．
小口径（外径 5m 以下）では，掘進管理制御のみで対処した事例がほとんどである．また，離隔径比が小さいほど，掘進管理制御に加えて防護工や補強等の対策を併用する事例が多い傾向がある．

調査件数：106 件

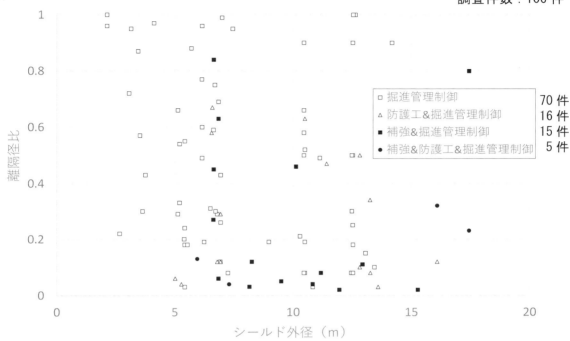

図-2.3.34 外径と離隔径比の関係（近接影響低減対策工別による分類）

(7) シールド外径と離隔の関係（対策工による分類）：調査範囲 1-1，1-2，2-1

シールド外径と離隔との関係について，影響低減対策工別に図-2.3.35 のとおり整理した．
外径が大きく，離隔が小さいものほど，補強や防護工による対策事例が多い傾向がある．

調査件数：136 件

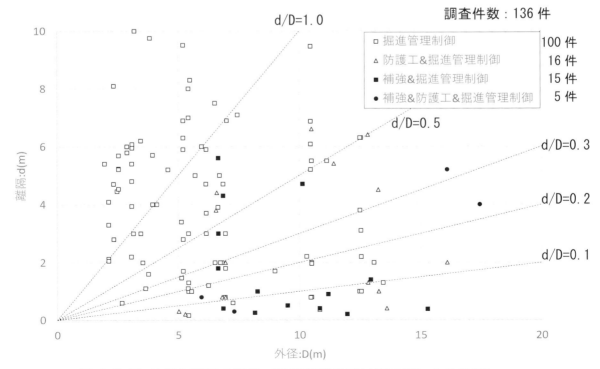

図-2.3.35 外径と離隔の関係（近接影響低減対策工別による分類）

(8) 予測解析値と計測値の比較（地盤種別による分類）：調査範囲 1-1, 1-2, 2-1

地盤種別をパラメータとして，予測解析値と計測値との関係を**図-2.3.36**に整理した．

解析値より計測値が小さくなった事例が多いものの，計測値の方が大きくなっている事例も見受けられる．なお，計測値が解析値より大きい事例は，硬質地盤で変位量が 4mm 程度以下と小さいケースとなっており，計測値と解析値の差も 1mm 程度と小さいケースが多い．

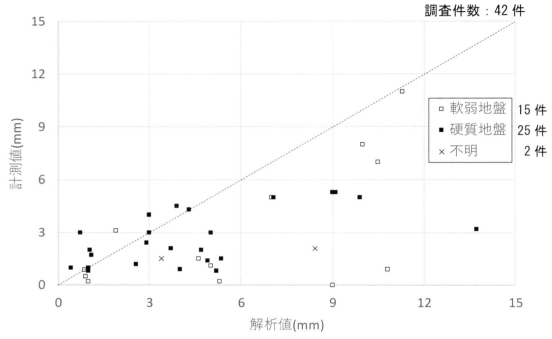

図-2.3.36 事前予測解析値と計測値の比較（地盤種別による分類）

(9) 予測解析値と計測値の比較（外径による分類）：調査範囲 1-1, 1-2, 2-1

トンネル外径をパラメータとして，予測解析値と計測値との関係を**図-2.3.37**に整理した．

外径 6m 未満の事例では，解析値より計測値の方が大きくなっている事例が目立つが，計測値は 3mm 以下と小さな値となっている．

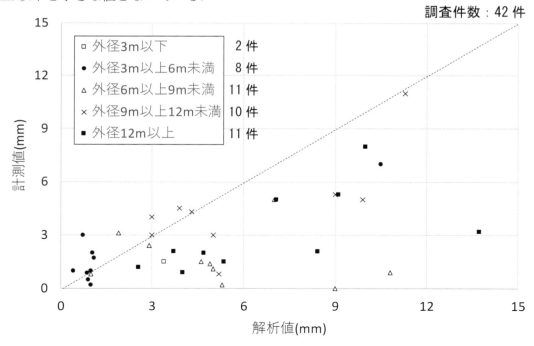

図-2.3.37 事前予測解析値と計測値の比較（外径による分類）

(10) 解析値と計測値の比較（離隔径比による分類）：調査範囲 1-1，1-2，2-1

離隔径比をパラメータとして，予測解析値と計測値との関係を**図-2.3.38**に整理した．
離隔径比の違いによる顕著な傾向の差はみられない．

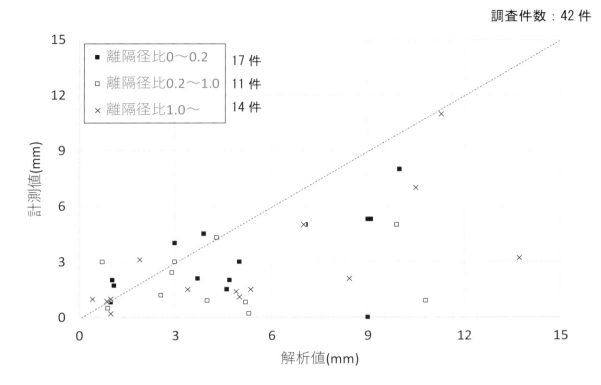

図-2.3.38 事前予測解析値と計測値の比較（離隔径比による分類）

2.3.4 近接施工事例の解析値と計測値の比較分析（タイプ1，タイプ2）

収集した事例のうち，構造物あるいは地盤変位について解析値と計測値がわかっている事例において，解析値と計測値の比率（計測値/解析値），および解析値と計測値との差分（誤差）の分析を行った．なお，比較対象としたのは，解析値と計測値が既知であり，かつ対象とする箇所，項目が同じであるものとした．比較対象とした事例数は49事例である．

比較対象事例のうち，タイプ1，タイプ2と，タイプ3は傾向が異なると考え，主たる分析はタイプ1とタイプ2の42事例を対象として実施した．タイプ3については，事例数が7事例と少ないこともあり，参考として別途分析を実施した．

なお，42事例を対象とした比較分析は，解析値と計測値の比率（計測値/解析値）について全データの傾向を分析するともに，地盤種別，シールド種別，シールドマシン外径，近接構造物との位置関係，離隔距離，離隔径比，対策工の種類の違い，変位の解析値をパラメータとした分析を実施した．

また，解析値と計測値の比率に関する分析結果を把握した上で，解析値と計測値との差分（誤差）についての分析も実施した．

(1) 解析値と計測値比率（計測値/解析値）の分析

分析対象数は，タイプ1，タイプ2の42事例である．対象とした事例に関する解析値と計測値の散布図については，前述の**図-2.3.36～図-2.3.38**を参照されたい．

ここでは，解析値，計測値の比率（計測値/解析値）を0.2刻みで度数をカウントするとともに，0からの累積グラフを重ねた累積相対度数付きヒストグラム（度数分布）を作成した．

すなわち，計測値/解析値≦1であれば，予測解析で得られた変位に対して，施工時に計測された変位値が小さいということになり，安全側の照査であったことがわかる．

したがって，本分析では，計測値/解析値がどの程度の度数分布になっているのか，あるいは，事例全体に対してどの程度の割合で（％）が計測値/解析値≦1となっているのかを指標として分析を実施した．また，計測値/解析値＞1であっても，1に近いのか，それ以上離れた数値となっているのかについても評価した．

a) 全データ分析

タイプ1，タイプ2の42件を対象とした計測値/解析値の累積相対度数付きヒストグラム（度数分布）を**図-2.3.39**に示す．

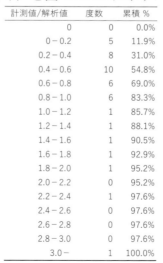
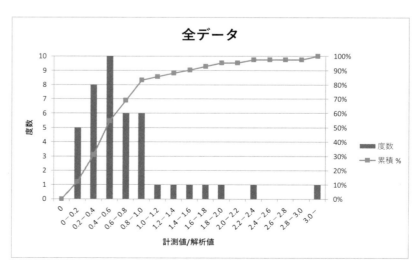

図-2.3.39 計測値/解析値の累積相対度数付きヒストグラム（全データ）

図より,計測値/解析値≦1は度数で約83%あり,解析は概ね安全側の予測をしていると言える.また,度数分布のピークは0.4～0.6であり,計測値は解析値の約半分程度となっていることがわかる.

ただし,計測値/解析値>1となる度数も約17%あり,かつ計測値/解析値の比率が高いケースもあるため,その要因等を分析するため要因毎に傾向分析を実施した.

b) 地盤種別

タイプ1,タイプ2の有効データのうち,地盤種別を軟弱地盤と硬質地盤に分類して整理した累積相対度数付きヒストグラムを**図-2.3.40**に示す.

計測値/解析値	度数	累積%
0	0	0.0%
0 - 0.2	4	26.7%
0.2 - 0.4	3	46.7%
0.4 - 0.6	1	53.3%
0.6 - 0.8	4	80.0%
0.8 - 1.0	2	93.3%
1.0 - 1.2	0	93.3%
1.2 - 1.4	0	93.3%
1.4 - 1.6	0	93.3%
1.6 - 1.8	1	100.0%
1.8 - 2.0	0	100.0%
2.0 - 2.2	0	100.0%
2.2 - 2.4	0	100.0%
2.4 - 2.6	0	100.0%
2.6 - 2.8	0	100.0%
2.8 - 3.0	0	100.0%
3.0 -	0	100.0%

度数合計　15

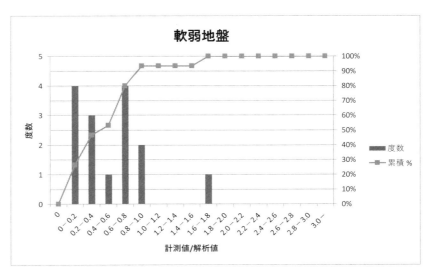

計測値/解析値	度数	累積%
0	0	0.0%
0 - 0.2	1	4.0%
0.2 - 0.4	4	20.0%
0.4 - 0.6	8	52.0%
0.6 - 0.8	2	60.0%
0.8 - 1.0	4	76.0%
1.0 - 1.2	1	80.0%
1.2 - 1.4	1	84.0%
1.4 - 1.6	1	88.0%
1.6 - 1.8	0	88.0%
1.8 - 2.0	1	92.0%
2.0 - 2.2	0	92.0%
2.2 - 2.4	1	96.0%
2.4 - 2.6	0	96.0%
2.6 - 2.8	0	96.0%
2.8 - 3.0	0	96.0%
3.0 -	1	100.0%

度数合計　25

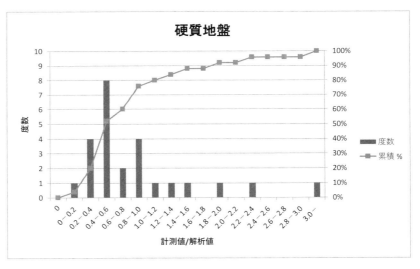

図-2.3.40　計測値/解析値の累積相対度数付きヒストグラム（地盤種別ごと）

軟弱地盤では,計測値/解析値≦1となる度数は約93%であり,ほぼ安全側の予測となっているのに対し,硬質地盤では,約76%とやや比率が下がっており,計測値/解析値の比率が大きな値となる事例も散見される.

硬質地盤では,地盤が堅固なために変位自体が小さいことから,絶対値の差は小さいにもかかわらず比率が大きくなっていることが原因となっている可能性がある.

c) シールド種別

タイプ1,タイプ2の有効データのうち,施工法を泥水式シールド工法と泥土圧シールド工法に分類して整理した累積相対度数付きヒストグラムを図-2.3.41に示す.

なお,泥土圧シールド工法のうち,SENSについては覆工の施工法等が異なるため,ここでは分析対象から除外した.

計測値/解析値	度数	累積 %
0	0	0.0%
0 – 0.2	0	0.0%
0.2 – 0.4	2	16.7%
0.4 – 0.6	3	41.7%
0.6 – 0.8	3	66.7%
0.8 – 1.0	3	91.7%
1.0 – 1.2	0	91.7%
1.2 – 1.4	0	91.7%
1.4 – 1.6	0	91.7%
1.6 – 1.8	1	100.0%
1.8 – 2.0	0	100.0%
2.0 – 2.2	0	100.0%
2.2 – 2.4	0	100.0%
2.4 – 2.6	0	100.0%
2.6 – 2.8	0	100.0%
2.8 – 3.0	0	100.0%
3.0 –	0	100.0%
度数合計	12	

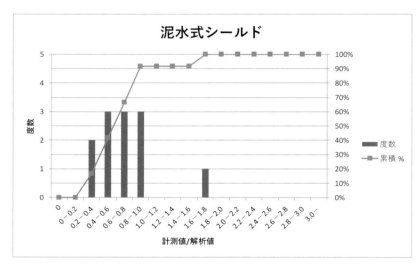

計測値/解析値	度数	累積 %
0	0	0.0%
0 – 0.2	4	17.4%
0.2 – 0.4	6	43.5%
0.4 – 0.6	4	60.9%
0.6 – 0.8	3	73.9%
0.8 – 1.0	2	82.6%
1.0 – 1.2	0	82.6%
1.2 – 1.4	0	82.6%
1.4 – 1.6	1	87.0%
1.6 – 1.8	0	87.0%
1.8 – 2.0	1	91.3%
2.0 – 2.2	0	91.3%
2.2 – 2.4	1	95.7%
2.4 – 2.6	0	95.7%
2.6 – 2.8	0	95.7%
2.8 – 3.0	0	95.7%
3.0 –	1	100.0%
度数合計	23	

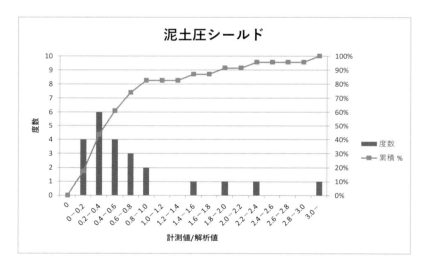

図-2.3.41 計測値/解析値の累積相対度数付きヒストグラム（シールド工法別）

泥水シールド工法は,計測値/解析値≦1となる度数は約92%であり,ほぼ安全側の予測となっており,1以上をみてもばらつきが少ない.一方,泥土圧シールド工法は,計測値/解析値≦1となる度数が約82%とやや比率が下がっているが,これは,b) **地盤種別**にて考察したとおり,泥土圧シールド工法で計測値/解析値＞1となっている事例が全て硬質地盤における事例であることが大きく影響しているものと判断されるため,シールド工法による有意な差は確認できないものと判断する.

d) シールドマシン外径

タイプ1，タイプ2の有効データのうち，シールド外径を6m未満と6m以上に分類して整理した累積相対度数付きヒストグラムを**図-2.3.42**に示す．

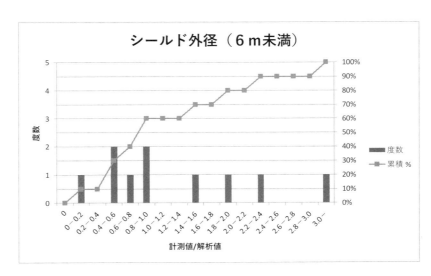

計測値/解析値	度数	累積 %
0	0	0.0%
0 – 0.2	1	10.0%
0.2 – 0.4	0	10.0%
0.4 – 0.6	2	30.0%
0.6 – 0.8	1	40.0%
0.8 – 1.0	2	60.0%
1.0 – 1.2	0	60.0%
1.2 – 1.4	0	60.0%
1.4 – 1.6	1	70.0%
1.6 – 1.8	0	70.0%
1.8 – 2.0	1	80.0%
2.0 – 2.2	0	80.0%
2.2 – 2.4	1	90.0%
2.4 – 2.6	0	90.0%
2.6 – 2.8	0	90.0%
2.8 – 3.0	0	90.0%
3.0 –	1	100.0%

度数合計　10

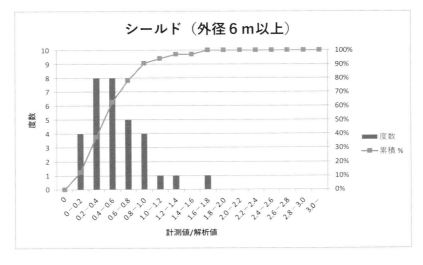

計測値/解析値	度数	累積 %
0	0	0.0%
0 – 0.2	4	12.5%
0.2 – 0.4	8	37.5%
0.4 – 0.6	8	62.5%
0.6 – 0.8	5	78.1%
0.8 – 1.0	4	90.6%
1.0 – 1.2	1	93.8%
1.2 – 1.4	1	96.9%
1.4 – 1.6	0	96.9%
1.6 – 1.8	1	100.0%
1.8 – 2.0	0	100.0%
2.0 – 2.2	0	100.0%
2.2 – 2.4	0	100.0%
2.4 – 2.6	0	100.0%
2.6 – 2.8	0	100.0%
2.8 – 3.0	0	100.0%
3.0 –	0	100.0%

度数合計　32

図-2.3.42 計測値/解析値の累積相対度数付きヒストグラム（シールド外径別）

シールド外径が6m以上の事例では，計測値/解析値≦1の度数は約91%とほぼ安全側の予測となっており，1を大きく超える事例以上も少ないのに対して，シールド外径が6m未満の事例では，計測値/解析値≦1の度数は約60%と大きく比率が下がっており，1を大きく超える事例も40%と多くなっている．これは，b) **地盤種別**にて考察したとおり，シールド外径6m未満で計測値/解析値>1となっている事例が全て硬質地盤における事例であることが大きく影響しているものと判断される．一方で，シールド外径が相対的に小さい方が変位の絶対値も小さくなることから，解析値と計測値の比率が大きくばらつく要因となっている可能性もある．

いずれにしても，6m未満のシールドは分析件数も少ないため，今後のデータ蓄積によるさらなる分析が望まれる．

e）近接対象物との位置関係

タイプ 1，タイプ 2 の有効データのうち，近接構造物との位置関係により，近接対象物が上方に位置する場合と，側方または下方に位置する場合に分類して整理した累積相対度数付きヒストグラムを図-2.3.43 に示す．

計測値/解析値	度数	累積 %
0	0	0.0%
0 – 0.2	3	10.3%
0.2 – 0.4	6	31.0%
0.4 – 0.6	8	58.6%
0.6 – 0.8	2	65.5%
0.8 – 1.0	4	79.3%
1.0 – 1.2	1	82.8%
1.2 – 1.4	0	82.8%
1.4 – 1.6	1	86.2%
1.6 – 1.8	1	89.7%
1.8 – 2.0	1	93.1%
2.0 – 2.2	0	93.1%
2.2 – 2.4	1	96.6%
2.4 – 2.6	0	96.6%
2.6 – 2.8	0	96.6%
2.8 – 3.0	0	96.6%
3.0 –	1	100.0%
度数合計	29	

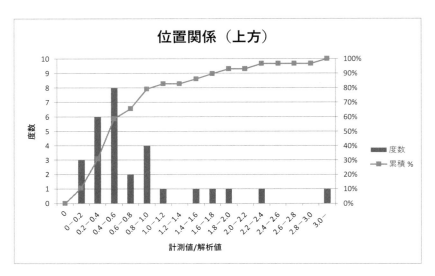

計測値/解析値	度数	累積 %
0	0	0.0%
0 – 0.2	2	18.2%
0.2 – 0.4	2	36.4%
0.4 – 0.6	2	54.5%
0.6 – 0.8	2	72.7%
0.8 – 1.0	2	90.9%
1.0 – 1.2	0	90.9%
1.2 – 1.4	1	100.0%
1.4 – 1.6	0	100.0%
1.6 – 1.8	0	100.0%
1.8 – 2.0	0	100.0%
2.0 – 2.2	0	100.0%
2.2 – 2.4	0	100.0%
2.4 – 2.6	0	100.0%
2.6 – 2.8	0	100.0%
2.8 – 3.0	0	100.0%
3.0 –	0	100.0%
度数合計	11	

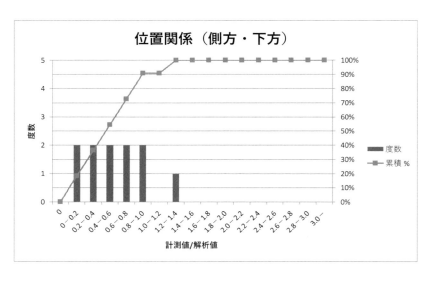

図-2.3.43 計測値/解析値の累積相対度数付きヒストグラム（近接対象物との位置関係別）

近接対象物とシールドとの位置関係に着目すると，近接対象物が側方または下方にある場合，計測値/解析値≦1 となる度数は約 90%とほぼ安全側の予測となっており，1 を大きく超える事例はほとんどないのに対して，近接対象物が上方にある場合では，計測値/解析値≦1 となる度数は約 79%と比率が下がっており，1 を大きく超える事例も散見される．

近接対象物が上方にある場合，シールド掘進に伴う地盤の掘削解放による影響とともに，裏込め注入やリバウンドの影響等により，周辺地盤が複雑に挙動する場合もあることから，地盤変形係数の設定や掘削解放率の設定等の変位予測に対する不確定要因が多くなること，切羽圧や裏込め注入圧・量の変動による影響が相対的に大きくなること等の原因が考えられる．

f) 離隔距離

タイプ1，タイプ2の有効データのうち，近接対象物との離隔により，離隔が2m未満の場合と，離隔が2m以上の場合に分類して整理した累積相対度数付きヒストグラムを図-2.3.44に示す．

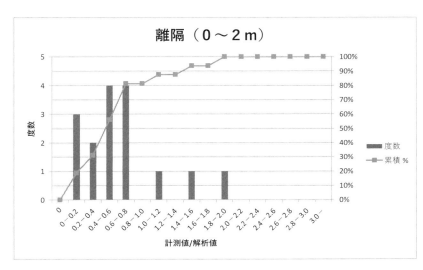

計測値/解析値	度数	累積%
0	0	0.0%
0 – 0.2	3	18.8%
0.2 – 0.4	2	31.3%
0.4 – 0.6	4	56.3%
0.6 – 0.8	4	81.3%
0.8 – 1.0	0	81.3%
1.0 – 1.2	1	87.5%
1.2 – 1.4	0	87.5%
1.4 – 1.6	1	93.8%
1.6 – 1.8	0	93.8%
1.8 – 2.0	1	100.0%
2.0 – 2.2	0	100.0%
2.2 – 2.4	0	100.0%
2.4 – 2.6	0	100.0%
2.6 – 2.8	0	100.0%
2.8 – 3.0	0	100.0%
3.0 –	0	100.0%

度数合計　16

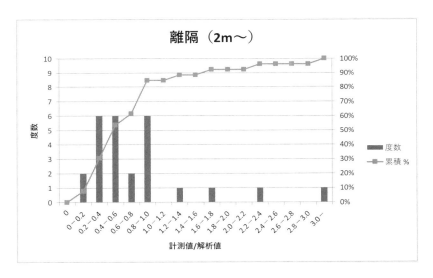

計測値/解析値	度数	累積%
0	0	0.0%
0 – 0.2	2	7.7%
0.2 – 0.4	6	30.8%
0.4 – 0.6	6	53.8%
0.6 – 0.8	2	61.5%
0.8 – 1.0	6	84.6%
1.0 – 1.2	0	84.6%
1.2 – 1.4	1	88.5%
1.4 – 1.6	0	88.5%
1.6 – 1.8	1	92.3%
1.8 – 2.0	0	92.3%
2.0 – 2.2	0	92.3%
2.2 – 2.4	1	96.2%
2.4 – 2.6	0	96.2%
2.6 – 2.8	0	96.2%
2.8 – 3.0	0	96.2%
3.0 –	1	100.0%

度数合計　26

図-2.3.44 計測値/解析値の累積相対度数付きヒストグラム（近接構造物との離隔別）

シールド掘進時に近接施工となる近接対象物との離隔が 2m 未満となる近接度が高い場合，計測値/解析値≦1 となる度数は約 81%となっている．これに対し，離隔が 2m 以上の場合でも計測値/解析値≦1 となる度数は約 84%と比率が大きくなっていることから，その差は同程度であり，離隔によって有意な差があるとは言い難い．

なお，近接対象物との離隔が小さい場合には，近接対象物への影響が大きくなるため，特に今後は，近接度が高い場合のデータ蓄積による予測解析精度の向上，および効果的な影響抑止対策工の実施効果の情報共有と水平展開が望まれる．

g) 離隔径比

タイプ1，タイプ2の有効データのうち，近接対象物との離隔径比（近接構造部との離隔（d）/シールドマシン外径（D））d/Dが0.2m未満，0.2以上の場合に分類して整理した累積相対度数付きヒストグラムを**図-2.3.45**に示す．

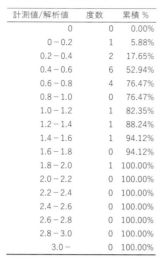
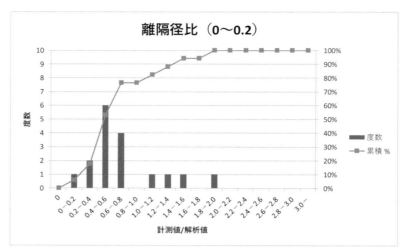

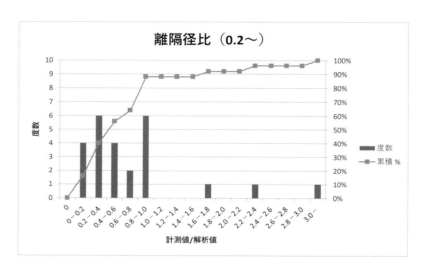

図-2.3.45 計測値/解析値の累積相対度数付きヒストグラム（近接構造物との離隔径比別）

近接対象物とシールドとの離隔径比に着目して計測値と解析値の傾向を整理した結果，計測値/解析値≦1の度数は，近接度が高い0.2未満で約76%，0.2以上で約88%の比率となっているが，それぞれ1以上と大きな比率になっている事例も散見され，離隔径比によって有意な差があるとは言い難い．

なお，近接対象物との離隔径比が小さい場合には，近接対象物への影響が大きくなるため，特に今後は，近接度が高い場合のデータ蓄積による予測解析精度の向上，および効果的な影響抑止対策工の実施効果の情報共有と水平展開が望まれる．

h) 近接影響低減対策工の種類

タイプ1,タイプ2の有効データのうち,近接影響対策工として掘進管理制御のみで対処した場合,掘進管理制御に加えて地盤改良工等の防護工や補強工等の対策工を併用した場合に分類して整理した累積相対度数付きヒストグラムを図-2.3.46に示す.

計測値/解析値	度数	累積 %
0	0	0.0%
0 – 0.2	4	20.0%
0.2 – 0.4	3	35.0%
0.4 – 0.6	6	65.0%
0.6 – 0.8	0	65.0%
0.8 – 1.0	3	80.0%
1.0 – 1.2	0	80.0%
1.2 – 1.4	1	85.0%
1.4 – 1.6	0	85.0%
1.6 – 1.8	0	85.0%
1.8 – 2.0	1	90.0%
2.0 – 2.2	0	90.0%
2.2 – 2.4	1	95.0%
2.4 – 2.6	0	95.0%
2.6 – 2.8	0	95.0%
2.8 – 3.0	0	95.0%
3.0 –	1	100.0%
度数合計	20	

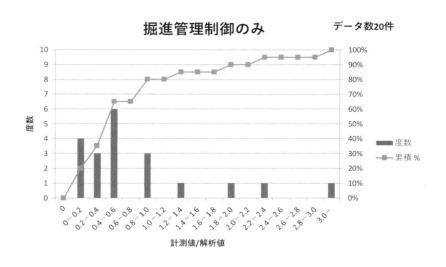

計測値/解析値	度数	累積 %
0	0	0.0%
0 – 0.2	1	6.7%
0.2 – 0.4	2	20.0%
0.4 – 0.6	3	40.0%
0.6 – 0.8	4	66.7%
0.8 – 1.0	3	86.7%
1.0 – 1.2	1	93.3%
1.2 – 1.4	0	93.3%
1.4 – 1.6	1	100.0%
1.6 – 1.8	0	100.0%
1.8 – 2.0	0	100.0%
2.0 – 2.2	0	100.0%
2.2 – 2.4	0	100.0%
2.4 – 2.6	0	100.0%
2.6 – 2.8	0	100.0%
2.8 – 3.0	0	100.0%
3.0 –	0	100.0%
度数合計	15	

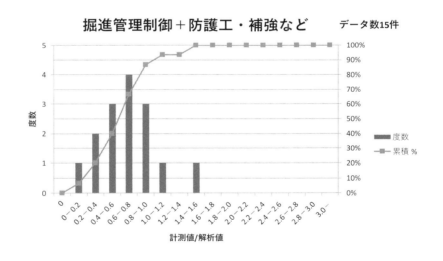

図-2.3.46 計測値/解析値の累積相対度数付きヒストグラム(近接影響低減対策工別)

近接影響低減対策として,掘進管理制御に加えて防護工・補強など具体的な対策工事を実施している場合,計測値/解析値≦1の度数は約87%とほぼ安全側の予測をしており,1を大きく超える事例もほとんどないのに対して,掘進管理制御のみで対処した場合は,計測値/解析値≦1の度数が約80%と比率が下がっており,1を大きく超える事例も散見される.

これは,掘進管理制御に加えて防護工や補強工などの具体的な対策工事を実施した場合には,地盤物性や近接対象物の剛性等を適切に評価でき,バラつきが小さくなるためと考えられる.

i) 変位の予測解析値

タイプ1，タイプ2の有効データのうち，近接影響の予測解析値が5mm未満の場合，5mm以上の場合に分類して整理した累積相対度数付きヒストグラムを図-2.3.47に示す.

計測値/解析値	度数	累積 %
0	0	0.0%
0 - 0.2	1	4.3%
0.2 - 0.4	4	21.7%
0.4 - 0.6	5	43.5%
0.6 - 0.8	1	47.8%
0.8 - 1.0	5	69.6%
1.0 - 1.2	1	73.9%
1.2 - 1.4	1	78.3%
1.4 - 1.6	1	82.6%
1.6 - 1.8	1	87.0%
1.8 - 2.0	1	91.3%
2.0 - 2.2	0	91.3%
2.2 - 2.4	1	95.7%
2.4 - 2.6	0	95.7%
2.6 - 2.8	0	95.7%
2.8 - 3.0	0	95.7%
3.0 -	1	100.0%

度数合計　23

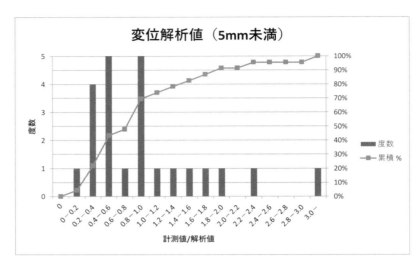

計測値/解析値	度数	累積 %
0	0	0.0%
0 - 0.2	4	21.1%
0.2 - 0.4	4	42.1%
0.4 - 0.6	5	68.4%
0.6 - 0.8	5	94.7%
0.8 - 1.0	1	100.0%
1.0 - 1.2	0	100.0%
1.2 - 1.4	0	100.0%
1.4 - 1.6	0	100.0%
1.6 - 1.8	0	100.0%
1.8 - 2.0	0	100.0%
2.0 - 2.2	0	100.0%
2.2 - 2.4	0	100.0%
2.4 - 2.6	0	100.0%
2.6 - 2.8	0	100.0%
2.8 - 3.0	0	100.0%
3.0 -	0	100.0%

度数合計　19

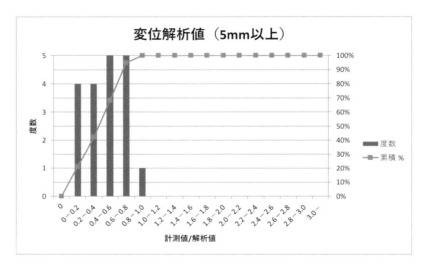

図-2.3.47 計測値/解析値の累積相対度数付きヒストグラム（変位予測解析値の範囲別）

変位予測解析値に着目すると，予測変位が5mm未満と比較的小さい場合，計測値/解析値≦1の度数は約70%と誤差が大きい結果となっており，1を大きく超える事例も散見される.

これに対し，予測変位が5mm以上の場合では，計測値/解析値≦1の度数は100%であり，分析対象とした範囲は全ての事例で安全側の予測値となっている.

変位予測値が小さい場合には，解析条件，地盤条件，施工条件，計測精度等の誤差が同等であっても，計測値と解析値の比率は相対的に大きくなるため，予測値を上回る可能性があることを示唆していると考えられる.

第Ⅱ編　シールドトンネル　　2. 近接施工タイプの分類

j）要因まとめ

タイプ 1，タイプ 2 の 42 事例を対象とし，解析値と計測値の比率（計測値/解析値）について全データの傾向を分析するともに，要因として地盤種別，シールド種別，シールドマシン外径，近接構造物との位置関係，離隔距離，離隔径比，対策工の種類の違い，変位の解析値による分析を行った．

計測値が解析値を上回る（計測値/解析値＞1），つまり解析値が危険側になる対象が，全データのうち約 17%認められた．そこで，そのような傾向を示す要因の分析を行うために，各種条件をパラメータとした相関分析を実施した結果，要因である可能性として浮かび上がったのは，地盤種別，シールド外径，対策工の種類，変位の解析値の 4 項目であった．

具体的には，硬質地盤における事例，シールド外径 6m 未満の事例，近接影響低減対策として掘進管理制御以外の防護工や補強工を実施していない事例，変位の予測解析値が 5mm 未満の事例，の 4 つの条件において，予測解析値が危険側の評価となる可能性があることが確認された．

逆に言うと，軟弱地盤における事例，シールド外径 6m 以上の事例，近接影響低減対策工として施工管理に加えて地盤改良や補強等を行った事例，変位の解析値が 5mm 以上の事例，の 4 つの条件においては，計測値/解析値≦1，すなわち計測値が解析値より小さくなる安全側の事例となる確率が大きく，予測精度は相対的に高くなっていることが分かった．

今回の分析において，要因として浮かび上がった地盤種別，シールド外径，対策工の種類，変位の解析値の 4 項目に関しては，どの項目においても"近接影響が小さいと判断される条件であるほど，解析値に対して計測値が大きな値となる確率は大きくなる"ことを示していることがわかる．

今回はじめて分析手法として累積度数付きヒストグラム手法を用いた．本解析を実施した結果，本手法の特徴としては，以下であることがわかった．

① 計測値/予測解析値＞1（危険側の予測）の割合の確認

② 各ヒストグラムの分散状況の確認，すなわち計測値が解析値に対してどの程度の分散となっているかの確認．

③ 計測値/予測解析値＞1（危険側の予測）のケースにおいてどの程度の差異があるかの確認

今回収集した事例だけでは，対象件数が少ないものもあるため，さらなるデータの蓄積により，上記特徴を有する本分析手法を用いることにより，分析精度の向上を図ることが望まれる．

(2) 解析値と計測値の差（解析値－計測値）に着目した分析

変位解析値に関して，その解析値の大小により明確な差が認められたため，解析値と計測値の差（変位絶対値）に着目して分析を実施した．

a) 解析値と計測値の差（解析値－計測値）と解析値との関係

タイプ 1，タイプ 2 の 42 事例を対象とし，横軸に「解析値-計測値」，縦軸に「解析値」をプロットした相関図を**図-2.3.48**に示す．

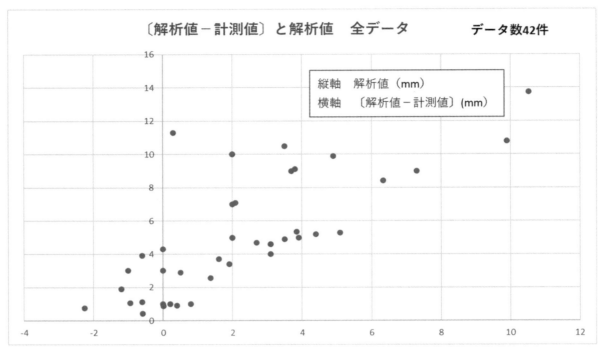

図-2.3.48 〔解析値－計測値〕と解析値との関係（全データ）

全体として，計測値よりも解析値の方が大きくなっており，安全側の予測解析であった事例が大半を占めていることがわかる．

特に，解析値が 4mm 程度以上となっている事例においては，計測結果は予測解析値よりも同程度以下になっており，安全側の予測解析であったことが確認できる．

一方，解析値と計測値の差がマイナスになっている点は，計測値＞解析値となっている事例を示しており，予測解析に対して危険側の計測結果が出た事例ということになるが，解析値は比較的小さい値（概ね 4mm 以下）であり，かつ解析値と計測値の差は 1mm 以下がほとんどであるため，予測解析の誤差は小さいと言える．

b) 解析値と計測値の差（解析値－計測値）と計測値/解析値との関係

タイプ1，タイプ2の42事例を対象とし，横軸に「解析値-計測値」，縦軸に「計測値/解析値」をプロットした相関図を図-2.3.49に示す．

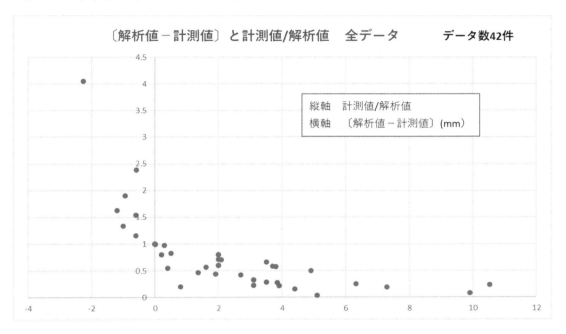

図-2.3.49 〔解析値－計測値〕と計測値/解析値との関係（全データ）

計測値/解析値が1を上回り，その比率が比較的大きい場合においても，解析値と計測値の差はほぼ1mm程度に収まっていることから，その誤差は小さいといえる．この要因は，このような傾向を示す事例の予測解析値の値が小さい場合が多いためと考えられる．

c) 解析値と計測値の差（解析値－計測値）の度数分布

予測解析値と計測値の差について，度数分布と累積相対度数のグラフを図-2.3.50に示す．

解析値と計測値の差（解析値－計測値）がマイナスとなる（解析値＜計測値）比率は17%程度であり，多いとは言えない．また，そのうちの大半の事例で差は1mm以内であり，計測値が予測解析値よりも1mm以上大きくなる比率は，わずか7%にすぎない．したがって，現在の予測解析の精度としては，概ね実用に耐え得るレベルにあるものと判断できる．

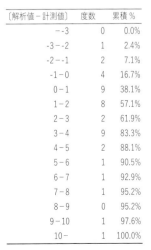
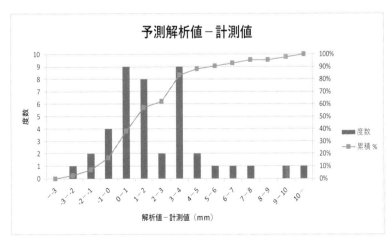

図-2.3.50 〔解析値－計測値〕の累積相対度数付きヒストグラム（全データ）

2.3.5 近接施工事例の解析値と計測値の比較分析（タイプ3）

供用中のシールドトンネルに対するシールド掘進以外の近接施工事例であるタイプ3に関する解析および計測事例は7件のみであった．データは少ないが，参考として，タイプ3における予測解析値と計測値の相関図および累積相対度数付きヒストグラムを図-2.3.51～図-2.3.53に示す．

図-2.3.51より，タイプ3では計測値が解析値を上回っている事例が多いことがわかる．

また，図-2.3.52および図-2.3.53より，解析値と計測値の比率や差に対する相関は確認できない．

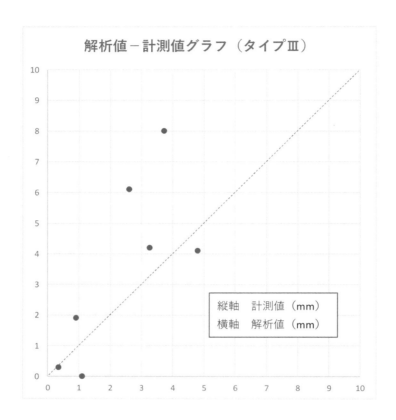

図-2.3.51 解析値と計測値の関係（タイプ3）

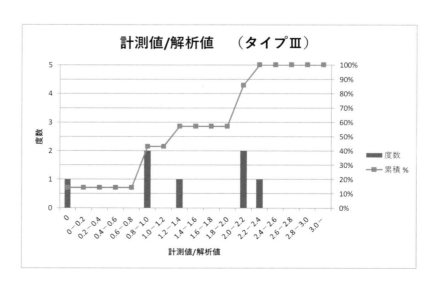

図-2.3.52 計測値/解析値の度数，累積分析（タイプⅢ）

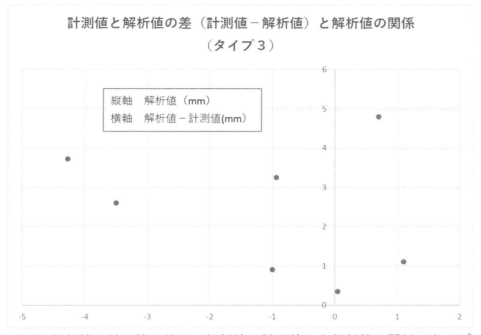

図-2.3.53 解析値と計測値の差分（解析値－計測値）と解析値の関係（タイプⅢ）

タイプ3は，供用中のシールドトンネルに対する近接施工事例であり，影響範囲内で施工する開削工事等にともなう地盤のリバウンド挙動や地下水位や間隙水圧の変動に伴う地盤の挙動等も含んだ複合的な挙動を示すこともあることから，地盤の変形係数の適切な設定や実態に合致した解析ステップの設定等に留意し，予測解析の精度を向上することが求められる．

参考文献

1) 西田充，西丸知範，菊地勇気，小島太朗：小土被り・急曲線・急勾配，重要構造物近接などの条件下における大断面シールド施工－横浜環状北線　馬場出入口シールド－，第83回(都市)施工体験発表会，pp.1-8，日本トンネル技術協会，2018.
2) 真鍋智，吉田潔，渡辺幹広，戸川敬，馬目広幸，吉迫和生，牛垣勝，志村敦：矩形シールド工法による小土被り発進，既設土留め壁近接併走掘進の実績，トンネル工学報告集，第27巻，II-12，pp.1-11，土木学会，2017.
3) 伊佐政晃，藤原勝也，陣野員久，石原悟志，橋本正，長屋淳一，出射知佳：大断面シールドトンネル覆工挙動に与える超近接併設影響の検討，トンネル工学報告集，第28巻，II-7，pp.1-8，土木学会，2018.
4) 佐藤成禎，栗林怜二，杉本高，波多野正邦：本線シールドと接続する馬場換気所の設計施工，基礎工，第45巻，第3号，pp.48-51，2017.
5) 岡田龍二：シールドトンネル直上での開削工事　－副都心線新宿三丁目駅－，基礎工，2月号，pp.80-84，2009.

3. 近接影響の予測手法

3.1 近接影響度判定

3.1.1 近接程度の区分

　近接程度は，二段階もしくは三段階に区分され，三段階の場合は「無条件範囲，要検討範囲，制限範囲」とされることが多い．

　無条件範囲は，シールドの施工による変状が既設構造物に対して変位や変状等の影響をおよぼさないと考えられる範囲である．

　要検討範囲は，既設構造物に対して通常のシールドの施工では変位や変状等の有害な影響はないがまれに影響があると考え，原則としてシールドの施工に際して対策を実施し，既設構造物に対しては計測管理を実施する範囲である．

　制限範囲は，シールドの施工による変状が既設構造物に対し，変状や変位等の有害な影響をおよぼすと考えられ，シールドの施工側の対策を必ず実施し，既設構造物の変位・変形量を推定し許容限界量との比較を行う等の影響度を検討したうえで，原則として既設構造物側の対策を実施する範囲である．また，本範囲では，シールドの施工を安全に進めるため，対象となる既設構造物および周辺地盤やシールドを計測管理する必要がある．

　なお，近接程度は，既設構造物の管理者と協議のうえ決定することを基本とし，近接程度の区分の定義と対応をシールドの施工前に合意することが重要である．

3.1.2 近接程度の判定の基本

　近接程度は，シールドの施工方法，シールドと既設構造物の離隔，既設構造物の建設年代・規模・形態および地盤条件等を総合的に勘案し判定する．近接程度の判定の基本的考え方は，2.3.2に示した．近接程度を判定する場合，近接して実施する工事における既設構造物および新設構造物は，図-3.1.1に示す位置関係となる．ここでは，それらの関係について記号で表わす．

　なお，企業者の近接判定における記号とは違う場合があるので注意されたい．

D_1：地表面から既設構造物上面までの深さ，　D_2：地表面から新設構造物下端までの深さ
B_0：既設構造物と新設構造物との間隔，　B_1：既設構造物の基礎幅・構造物幅
B_2：新設構造物の幅（トンネルの外径），　H：既設構造物（地中構造物）の高さ

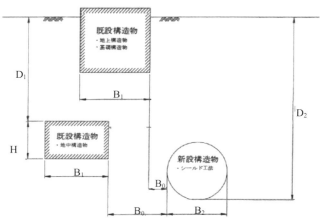

図-3.1.1 既設構造物と新設構造物の位置関係 [1]を改変
（出典：日本トンネル技術協会，都市部近接施工ガイドライン，p.22, 2016.）

3.1.3 各事業者の近接影響度判定の例
(1) 既設構造物からみた影響範囲

シールドトンネルを既設構造物に近接して施工する場合の影響範囲は，シールドトンネルの施工方法，地盤条件等の特徴を理解し，適切に判定するものとする．

a) 鉄道の場合
①既設構造物が直接基礎（盛土・素地含む），杭基礎・ケーソン基礎の場合

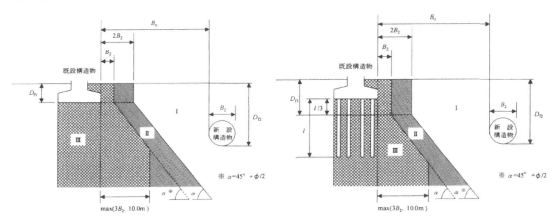

図-3.1.2 盛土・直接基礎の場合 [2]　　　図-3.1.3 杭基礎の場合 [2]

（出典：鉄道総合技術研究所，都市部鉄道構造物の近接施工対策マニュアル，pp.154-156，2007.）

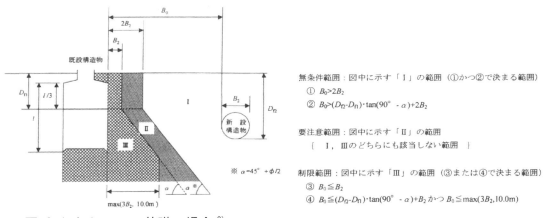

無条件範囲：図中に示す「Ⅰ」の範囲（①かつ②で決まる範囲）
① $B_0 > 2B_2$
② $B_0 > (D_{f2} - D_{f1}) \cdot \tan(90° - \alpha) + 2B_2$

要注意範囲：図中に示す「Ⅱ」の範囲
　{ Ⅰ，Ⅲのどちらにも該当しない範囲 }

制限範囲：図中に示す「Ⅲ」の範囲（③または④で決まる範囲）
③ $B_0 \leq B_2$
④ $B_0 \leq (D_{f2} - D_{f1}) \cdot \tan(90° - \alpha) + B_2$ かつ $B_0 \leq \max(3B_2, 10.0m)$

図-3.1.4 ケーソン基礎の場合 [2]

（出典：鉄道総合技術研究所，都市部鉄道構造物の近接施工対策マニュアル，pp.154-156，2007.）

②既設構造物が地中構造物の場合

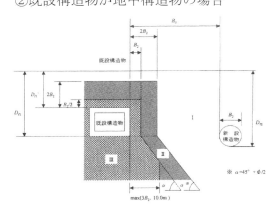

無条件範囲：図中に示す「Ⅰ」の範囲（①または②で決まる範囲）
① $B_0 \leq 2B_2$ かつ $D_{f2} < D_{f1}' - 2B_2$
② $B_0 > 2B_2$ かつ $B_0 > (D_{f2} - D_{f1}) \cdot \tan(90° - \alpha) + 2B_2$

要注意範囲：図中に示す「Ⅱ」の範囲
　{ Ⅰ，Ⅲのどちらにも該当しない範囲 }

制限範囲：図中に示す「Ⅲ」の範囲（③または④で決まる範囲）
③ $B_0 \leq B_2$ かつ $D_{f2} \geq D_{f1}' - B_2/2$
④ $B_2 < B_0 \leq \max(3B_2, 10.0m)$ かつ $B_0 \leq (D_{f2} - D_{f1}) \cdot \tan(90° - \alpha) + B_2$

図-3.1.5 地中構造物の場合 [2]

（出典：鉄道総合技術研究所，都市部鉄道構造物の近接施工対策マニュアル，pp.154-156，2007.）

T.L.34 都市における近接トンネル

近接程度の判定にあたって用いる記号の定義は,以下のとおりとする.

- D_{f1} ：地表面からの既設構造物の根入れあるいは底面の高さ
- $D_{f1'}$ ：地表面から既設構造物上面までの深さ
- D_{f0} ：地表面から既設構造物の基礎の先端までの根入れ深さ
- D_{f2} ：地表面から新設構造物の根入れ深さ（全長）あるいは底面の深さ
- B_0 ：既設構造物と新設構造物との間隔
- B_1 ：既設構造物の幅
- B_2 ：新設構造物の幅
- H_1 ：既設構造物（地中構造物）の高さ

b) 道路の場合

①既設構造物が直接基礎（盛土・素地含む）・杭基礎・ケーソン基礎の場合

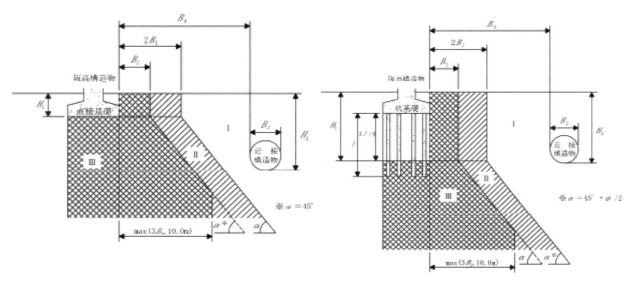

図-3.1.6 盛土・直接基礎の場合[3]　　　　図-3.1.7 杭基礎の場合[3]

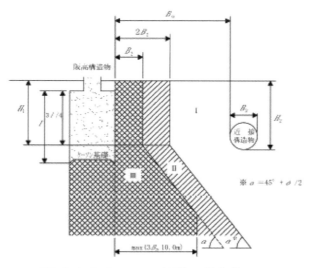

図-3.1.8 ケーソン基礎の場合[3]

（出典：阪神高速道路株式会社,近接工事に関する設計施工指導要領書 平成 21 年 6 月,pp.62-64, 2009.）

II-48

②既設構造物が地中構造物の場合

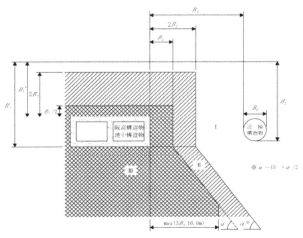

図-3.1.9 地中構造物の場合 [3)]

(出典：阪神高速道路株式会社，近接工事に関する設計施工指導要領書 平成21年6月，pp.62-64, 2009.)

近接程度の判定にあたって用いる記号の定義は，以下のとおりとする．
- H_1 : 地表面からの既設構造物の根入れあるいは底面の高さ
- H_1' : 地表面から既設構造物上面までの深さ
- H_2 : 地表面から近接構造物の根入れ深さ（全長）あるいは底面の深さ
- H_0 : 地表面から既設構造物の基礎の先端までの根入れ深さ
- B_1 : 既設構造物の基礎幅あるいは構築幅
- B_2 : 新設構造物の基礎幅，構造幅，開削幅，またはシールド直径
- B_0 : 既設構造物と新設構造物との間隔，あるいは既設構造物と凍結面，またはシールドトンネルとの間隔
- h_1 : 既設構造物の高さ
- h_2 : 新設構造物の高さ

(2) 新設構造物からみた影響範囲

シールドの施工が地盤に与える変状は，粘性土と砂質土では異なるが，通常の施工条件の場合，シールドトンネル下面の水平面から$(45°+\phi/2)$に伸ばした線の内側の範囲に入るとの考えが一般的である．シールドトンネルが深い場合には，地表付近にまで影響がおよばないと考えられる．よって，図-3.1.10の例では，ゆるみ高さの最小値$2B_2$の高さより上方では水平方向への影響の拡がりはほとんどないものと考え，影響範囲を設定することが適当である．

また，新設構造物の側方および下方においては，周囲B_2の範囲を影響範囲とした．

T.L.34 都市における近接トンネル

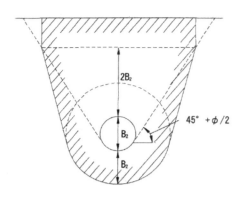

図-3.1.10 シールドトンネルの場合 [4]
(出典：日本トンネル技術協会，都市部近接施工ガイドライン，p.30, 2016.)

近接程度の判定にあたって用いる記号の定義は，以下のとおりとする．

B_2 ： 新設構造物の直径

3.2 近接影響の予測手法

3.2.1 解析手法
(1) 地盤変状の影響範囲

シールド施工に伴う地盤変位は，シールド径やトンネル線形，土被り，土質条件などの現場条件と，シールド工法や補助工法，切羽圧，裏込め注入などの施工条件が大きく関係する．これらの条件は複雑に関連し，時として地下水位低下，切羽の崩壊および押込み，ボイド発生などの地盤変状の原因を発生させる．

シールド掘進による縦断方向地盤変位の経時変位模式図を図-3.2.1に示す．施工プロセスごとの地盤変位は，シールド掘進位置により5段階に分類され，①②はシールド通過前，③は通過中，④⑤は通過後に生じる地盤変位である．それぞれの地盤変状の影響要因として，シールド掘進前では泥水式シールドにおける泥水性能の不良や泥水圧の変動，土圧式シールドにおける掘削土量と排土量のアンバランスや排土口の止水不良をあげることができる．また，通過中ではシールド外周面と地山の摩擦や蛇行修正を，通過後では裏込め注入の不良による空洞発生などをあげることができる．

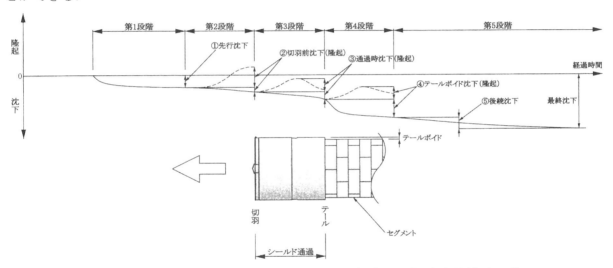

図-3.2.1 シールド掘進による縦断方向地盤変位の経時変位模式図 [5]

（出典：土木学会，トンネル標準示方書[共通編]・同解説／[シールド編]・同解説，pp.217-219，2016.）

シールド掘進による横断方向地盤変位の一般的傾向を図-3.2.2に示す．横断方向には，トンネル中心線の直上で最大沈下量となるような正規分布曲線を逆にした曲線で近似させた形となる．砂質土地盤では，体積変化やアーチ作用が生じるため，地中の変位量が地上に伝播する過程で粘性土地盤よりも軽減される．これにより，地表面における地盤変位の影響範囲は粘性土地盤より小さく，側方の影響幅はおおむねシールド機下端から$45°+\phi/2$の範囲となる．

これらのシールド掘進に伴う地盤変状を精度よく予測することは，対策工の必要の有無や具体的な対策方法の検討，計測管理計画の策定の前提となり，さらには既設構造物に与える影響度を把握する上で，極めて重要である．

T.L.34 都市における近接トンネル

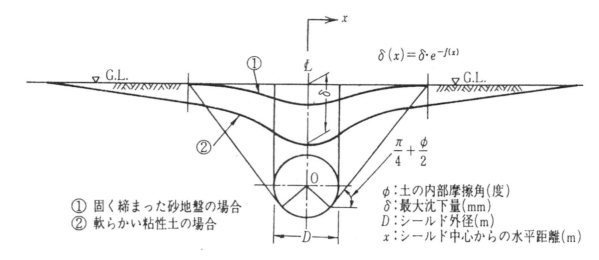

図-3.2.2 シールド掘進による横断方向地盤変位の一般的傾向[6]
(出典:土木学会,トンネル標準示方書[シールド編]・同解説,1986.)

(2) 地盤変状の予測解析方法

シールド掘進に伴う地盤変状を予測する手法は,簡易的な弾性理論解析や有限要素法等の数値解析,また,統計データおよび模型実験による予測方法が提案されている(図-3.2.3).

a) 理論的な解析による予測

理論的な解析による予測では,Jeffery(ジェフリー)が半無限長の弾性体の変形として地表面変位の分布を算定する弾性理論式を提案した.ま

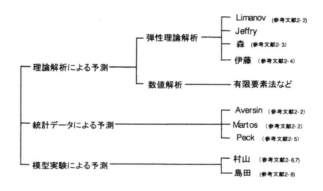

図-3.2.3 地盤変状予測解析法の分類[7]
(出典:トンネル技術協会,地中構造物の建設に伴う近接施工指針,p.132,1999.)

た,Limanov(リマノフ)は,Jefferyの式からトンネル直上の最大沈下量の予測式を導き出している.これらはチェッキーの著書[8]の中で示されている.日本では粘性土地盤でのシールド工事において,地表面沈下量に着目した森の研究[9]がある.

b) 統計データによる予測

統計データに基づく予測には,Peck(ペック)[10],Aversin(アバーシン)[8],Attewell(アテウェル)[11],O'Reilly-New(オライリー・ニュー)[12],半谷[13],藤田[14]らの方法がある.このうち,有名なPeckの方法は,地盤を粘土,砂,岩盤の3パターンに分け,沈下トラフの形状を正規分布曲線と仮定することで,沈下トラフの幅をトンネル径と深さとの関係から無次元量で与えている.

c) 模型実験による予測

模型実験による予測には,シールドトンネルおよび土被りの浅い山岳トンネルを対象とした,村山[15],島田[16]の方法がある.これらの研究は,乾燥砂を箱につめて底板の一部を降下させる降下床模型実験を基にしたものである.村山らは,降下床の降下量と積層体の沈下量の関係から,地表面および地盤中の沈下量算定式を誘導している.島田は模型実験結果と実測データを対比し,地表面沈下形状と沈下量を予測する式を提案している.この時の沈下形状は,Peckの方法と同じで正規分布曲線に近似するとしている.

d) 数値解析による予測

a)～c)の予測手法は,地表変位の概略値を算出することはできるが,地盤条件等を考慮できな

第Ⅱ編　シールドトンネル　　3. 近接影響の予測手法

いこと，任意の方向への地盤変状を算出できないこと，施工条件を反映できないことから，都市部における各種重要構造物に対して近接・交差して施工する影響検討に用いることは難しい．そのため，最近の傾向としては，様々な施工条件を加味することができる有限要素法（FEM）による解析が主流となっている．

したがって，今後とも多用されることが予想される有限要素解析について，設定例および主な留意点を次節以降に示す．

3.2.2　解析モデル

(1) 解析方法

近接施工における地盤変形の予測を目的とした数値解析法の選択フローチャートを図-3.2.4に示す．

フローチャートの最初には，"地盤の破壊を考慮するか"の判定があるが，ここで扱う有限要素法は地盤の変形挙動が連続している必要がある．以下では，地盤や構造物の挙動が連続な場合について説明する．

シールド掘進による地盤変形解析において，はじめに考慮すべき項目は地盤の応力履歴を適切に評価するか，つまりは地盤や構造物を弾性体として取り扱うか，弾塑性体として取り扱うかということである（図-3.2.5）．一般に，シールドトンネルの掘削を対象とする解析では，密閉型シールド工法を想定し，地山をある程度拘束した施工を対象とする．その場合，地山の応力解放は限定的であり，その変形挙動は弾性範囲内に収まることが多い．さらに，入力物性値が簡便であることもあり，実用上，地山を線形弾性体として取り扱う場合が多い．しかし，地山の強度が著しく小さい場合や，近接構造物の施工履歴などを表現するために適切な地盤内応力を考慮する場合には，弾塑性体として取り扱うことが望ましい．また，杭基礎の下をシールド掘進する場合，掘進に伴ってせん断ひずみが杭下端に向かって発達する事例もあるが，これを弾性体で表現するのは難しい．

次に考慮すべき項目は，間隙水の移動をどう評価するかということである．シールドトンネルは地下水位下で施工され，シールド掘進した瞬間は非排水状態に近いと考えられるが，時間経過とともに排水状態に移行する．そのため，地山の応力状態を有効応力状態，水圧を荷重として考慮する場合もあるが，近年では地山と水を一体として解析する全応力解析にて解析される場合も多い．一方，シールド掘進の周辺地盤において，粘性土層が存在する場合，シールド掘進後の排水過程で圧密沈下する可能性も考えられることから，これらを表現するためには土～水連成を考慮する必要がある．

上記以外では，二次元解析で用いることが多い応力解放率を適用しない場合，シールド掘進による地盤変状は三次元的な現象であることから，三次元モデルで取り扱うかという選択肢もある．これらについては，施工条件や地盤条件等によって適切に考慮する必要がある．

(2) 解析領域

解析結果は，解析領域，地盤の物性値，応力解放率などの入力値の組合せによって大きく変化する．このうち，解析領域については，特に弾性解析においてトンネル下方領域の設定には十分注意する必要がある．

「都市部鉄道構造物の近接施工対策マニュアル」[19]では概ね掘削外径の2倍程度としている実績が多いとし，小山ら[20]，水谷ら[21]はトンネル外径の1倍とすることで，設計上安全側の地表面沈下量が求められると報告している．また，水平方向の解析領域の幅については，文献25)において最低でもトンネル底部までの深さの4倍以上は必要であるとしている（図-3.2.6）．このときの境界条件について，明確に規定している文献は少ないが，たとえば土木研究所資料[22]では側方境界：

T.L.34 都市における近接トンネル

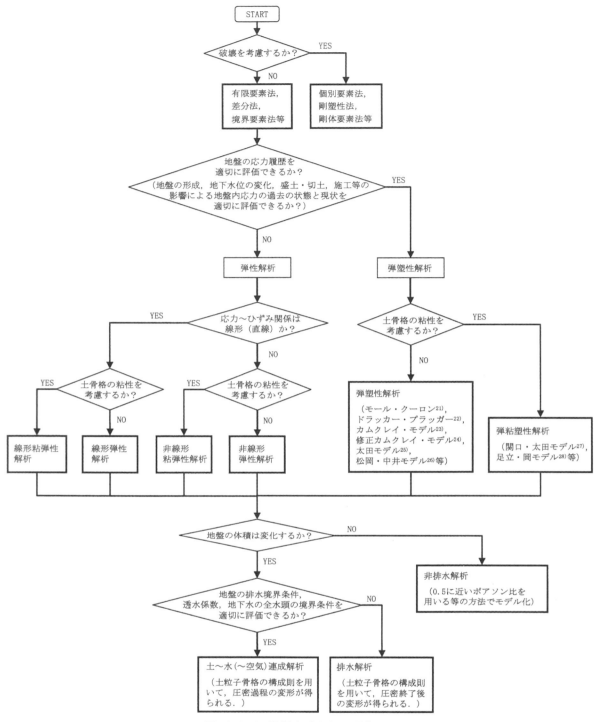

図-3.2.4 数値解析法の選択 [17]

(出典:地盤工学会,地盤工学・実務シリーズ28,近接施工,pp.27-36, 2011.)

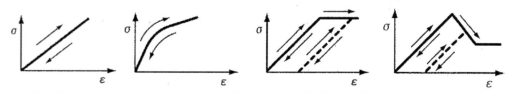

(a)線形弾性モデル (b)非線形弾性モデル (c)完全弾塑性モデル (d)残留強度モデル

図-3.2.5 地山材料の解析モデル [18] を基に改変転載(一部抜粋して作図)

(出典:土木学会,トンネルライブラリー24 実務者のための山岳トンネルにおける地表面沈下の予測評価と合理的対策工の選定, p.145, 2012)

II-54

第Ⅱ編　シールドトンネル　　3. 近接影響の予測手法

鉛直ローラー（鉛直方向：自由，水平方向：固定），底面境界：完全固定（鉛直方向：固定，水平方向：固定）としている．

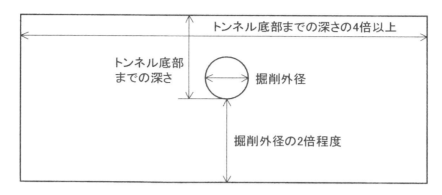

図-3.2.6　解析領域の設定方法例 [19]
（出典：鉄道総合技術研究所，都市部鉄道構造物の近接施工対策マニュアル，p.160，2007.）

3.2.3　地盤パラメータの設定方法

前述のようにシールド工法を対象とする場合，地山を線形弾性体でモデル化することが多い．その場合，変形予測の解析に用いる物性値は，変形係数とポアソン比である．また，掘削のモデル化である掘削相当外力の算定には，掘削前の初期応力状態が必要で，その際の側圧係数も変形挙動に影響を及ぼす．

(1) 変形係数 E

地山を線形弾性体でモデル化する場合，入力する変形特性としては変形係数やポアソン比が挙げられる．地山の変形係数は，変形が生じるひずみレベルや載荷・変形範囲，応力履歴，地山の緩み等様々な影響を受け複雑である．これら変形係数は，掘削による変形予測において，その結果に直接影響するため，解析の目的や着目する現象を考慮して，慎重に設定することが重要である．

解析において変形特性を入力する時に，過去の近傍の施工情報からの逆解析結果を用いると解析の精度が向上するが，一般には原位置試験や地山試料による力学試験結果を用いることが多い．

地山の変形係数は，ボーリング孔を利用した孔内水平載荷試験によって，地層毎の現位置において把握することが多いが，孔壁の乱れの影響，試験値のばらつきなどの問題もある上に，全地層，全ボーリングでの試験が行われることも稀であることから，一軸圧縮試験，標準貫入試験，PS検層等他の試験による設定法とあわせて総合的に判断する必要がある．特に，多くのボーリングで行われる標準貫入試験によるN値は，他の試験から求まる変形係数とよい相関があることから，変形係数としてN値から換算した値を用いることが多い．

なお，様々な試験方法による変形係数は，試験方法毎の載荷方法，ひずみレベル等が全く異なるため，一般には同じ値を示さない．そのため，解析で設定する変形係数の取り扱いには注意が必要である．各方法により算定された変形係数に対する相関関係については，種々比較試験により明らかにされてきており，「道路橋示方書・同解説　Ⅳ下部構造編」[23]などにおける地盤反力係数の算定においては，表-3.2.1 に示す換算係数 α を用いた補正を行っている．したがって，解析で変形係数を設定する場合においても，この相関関係に準ずる場合が多い．なお，良質な岩盤で既存の割れ目や潜在的な弱面の影響が少なく，より弾性的な挙動を示すであろう場合や引張り強度が大きい場合には，この相関関係は異なるもの（図-3.2.7 参照）になること，シールド掘削による変形挙動を解析する場合の地盤に発生するひずみや対象とする地盤の変形係数は，山岳工法

による掘削を対象とする場合より，小さい値の領域であることに留意する必要がある．

表-3.2.1 変形係数の算定方法と相関関係[23]

変形係数 E_0 の推定方法	地盤反力係数の換算係数 α 作用の組合せに地震の影響を含まない場合	作用の組合せに地震の影響を含む場合
直径 0.3m の剛体円板による平板載荷試験の繰返し曲線から求めた変形係数の 1/2	1	2
孔内水平載荷試験から求めた変形係数	4	8
供試体の一軸圧縮試験又は三軸圧縮試験から求めた変形係数	4	8
標準貫入試験の N 値より $E_0 = 2,800N$ で推定した変形係数	1	2

(出典：日本道路協会，道路橋示方書・同解説 Ⅳ下部構造編，p.188, 2017.)

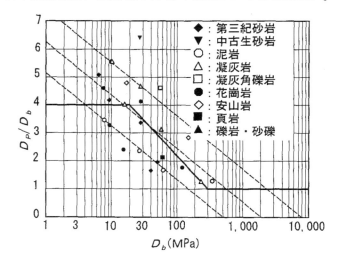

図-3.2.7 孔内水平載荷試験による変形係数 (Db) から平板載荷試験の変形係数 (Dp) への換算曲線[24]

(出典：土木学会，原位置岩盤試験法の指針，p.237，2000.)

変形係数の設定では，定まった方法がないのが現状であり，これまで述べた変形係数の特性を踏まえ，総合的に判断して設定している．「都市部鉄道構造物の近接施工対策マニュアル」[25]では，変形係数の入力の一例として下記が記されている．

・砂質土地山：E (kN/m^2) $=2500 \cdot N$
・粘性土地山：E (kN/m^2) $=210 \cdot c$

変形係数の設定は，掘削応力解放率や解析領域などと一体であり，現場計測結果からの再現により解放率を算定したような場合には，その前提となる変形係数を用いることが望ましいと考えられる．例えば，解放応力を算定する際に用いる 3.2.5 にて詳述する営団地下鉄（現：東京メトロ）の設定方法の手法は，補正係数が上記の式の変形係数を前提としたものであることに注意が必要である．

なお，変形係数が小さい方が，算定される変形が大きくなり安全側となる．標準貫入試験による N 値から $E=700 \cdot N$ (kN/m^2) としている例[26]もある．また，その値と表-3.2.1 による試験方法による補正を行い，$E=2800 \cdot N$ (kN/m^2) とする例[26]もある．砂質土については，大阪地盤における N 値と変形係数（N≦10 での $E=105 \cdot q_u$ (kN/m^2)，N≧20 での孔内水平載荷試験による変形

係数 E_p）との関係から，N 値が 50 以下では，$E＝500\cdot N＋7000$（kN/m^2）なる変形係数算定式も提案 [27] されている．

開削に伴うリバウンド現象では，除荷に伴う弾性係数およびひずみレベルから，通常の掘削解析で用いる変形係数より割増している場合もある [28]．

（2）ポアソン比 ν

ポアソン比は，土質によって異なる．変形解析にて設定するポアソン比は静ポアソン比が適切であると考えられ，一軸圧縮試験などで求まるが，シールドが対象とする地盤では難しく，一般値として設定された値を用いることが多い．

一般値としては，「トンネル掘削時地盤変状の予測・対策マニュアル（案）」では，「粘性土では 0.24〜0.48，砂質土では 0.28〜0.35，軟岩では 0.25〜0.35，硬岩では 0.1〜0.25 の値が使われることが多い」と紹介されている [29]．また，「都市部近接施工ガイドライン」[30] では，「①経験値，②試験値，③推定式等」が整理されている．また，経験値として設定された例を文献調査し，シールドを対象とした解析での最頻値は，「沖積砂質土では $0.3 \leqq \nu < 0.35$，沖積粘性土では $0.45 \leqq \nu < 0.5$，洪積砂質土では $0.3 \leqq \nu < 0.35$，洪積粘性土では $0.45 \leqq \nu < 0.5$」とされている．

なお，ポアソン比は，意識せずに入力される場合があるが，特に，初期応力算定，変形モード，トンネル周辺の応力状態に関わるため，慎重に設定する必要がある．特に，変形モードとの関連から，次項に示す初期応力状態の側圧係数 K_0 との関連に着目し

$$\nu ＝K_0/（1＋K_0）$$

によりポアソン比を逆算して設定することもある．

（3）側圧係数

地山の初期応力状態を設定するため間接もしくは直接設定されるものであり，トンネルの変形モードに大きく影響を与える重要なパラメータである．水平方向に拘束され，平坦かつ均質な弾性体の場合，ポアソン比との関係により側圧係数は下式の値となり，別途直接値として設定せず，初期応力状態を設定する自重解析により間接的に用いられている場合が多い．

$$K_0＝\nu/（1－\nu）$$

また，開削トンネルやその山留め壁など仮設構造物の設計では，静止土圧係数や静止側圧係数を算出する場合，土質に応じて表-3.2.2 のように設定しており，これらを用いて初期応力を算定する場合もある．

なお，シールド工法を対象とした解析では，前述の通り地山と水を一体として解析する全応力解析にて解析される場合が多く，土圧と水圧を含めた側圧を区別なく扱う場合もあるため，ここでは側圧係数と称した．

表-3.2.2 （静止）側圧係数の例 [31]

土　質		K_0の値
砂　質　土		$1－\sin\phi$
粘　性　土	$N \geqq 8$	0.5
	$4 \leqq N < 8$	0.6
	$2 \leqq N < 4$	0.7
	$N < 2$	0.8

ここに，ϕ：砂の内部摩擦角，N：N値

（出典：土木学会，トンネル標準示方書［開削工法編］・同解説，p.142，2016.）

3.2.4 構造物の剛性

解析対象として既設構造物をモデル化する場合,
①地盤の変位のみで評価する方法
②既設構造物と地盤を同時にモデル化して解析する方法
③既設構造物に与える変位,荷重を解析により算定し,他のモデルに与える方法
がある.

①の方法は,既設構造物をモデル化することなく,既設構造物の存在を無視して求めた地盤変位により,既設構造物の影響を評価するものである.この方法は,既設構造物の剛性が小さく既設構造物が地盤の変形挙動に影響を及ぼさないと見なされる場合や,既設構造物の地盤変位抑制効果を考慮せず既設構造物の変形を安全側かつ簡易的に評価する場合などに用いられる.

②のモデル化は,主にFEM解析時において構造物と地盤を同時に解析対象とし,その解析結果から求まる変位や応力で直接,評価する方法である.この方法は,既設構造物の剛性が大きく,地盤の変位挙動が抑制されると考えられる場合に用いられる.この方法では,既設構造物は2次元解析においては,面要素や梁要素でモデル化されるが,その剛性の評価,地盤と構造物の境界条件により,既設構造物への影響が異なったものとなるため注意を要する.図-3.2.8は,既設のシールドトンネルを線材として地盤と同時にモデル化し,開削工事の影響を解析するモデル化の例である.

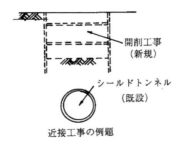 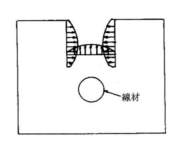

(a) 近接工事の例題　　　　　　　　(b) モデル化

図-3.2.8 既設構造物を同時にモデル化した例 [32]

(出典:(株)産業技術サービスセンター,近接施工総覧,p.84,1997.)

③の方法では,まず,①と同様に既設構造物の存在を無視した解析を主にFEM解析等で行った上で,その解析により求めた地盤変位や地盤応力から既設構造物に作用する変位や圧力変化を求める.そして,これを強制変位やばね先変位,荷重として既設構造物の別途モデルに入力し,変位や断面力等を算出して評価する.別途のモデルは,既設構造物の設計に用いられた骨組み構造解析などの設計モデルを用いて,既設構造物の断面力や応力の変化などの影響を算出することが多い.一方,この場合においても,既設構造物の剛性,および地盤の剛性との相関関係を考慮しなければならない.図-3.2.9は,新設構造物と直交する構造物を弾性床上の梁としてモデル化し,地盤変位をばね先変位として与えるものと等価な荷重を与えた例である.

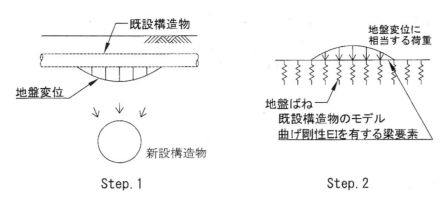

図-3.2.9 縦断交差する既設構造物を弾性床上の梁モデルで解析した例[33]
(出典:日本トンネル技術協会,都市部近接施工ガイドライン,p.参9-27,2016.)

3.2.5 応力解放率

トンネル掘削に伴う地盤変状の予測として,二次元有限要素法解析を行う場合,応力解放率を用いた手法が一般的に用いられる.

応力解放率は,トンネル掘削によって掘削前の地盤の応力状態が100%解放されずに,ある割合だけ解放されるという考えに基づき,解析に導入された係数である[34].

$$応力解放率\ \alpha = \frac{解放応力（＝掘削後に解放される応力）}{初期応力（＝掘削前の地盤の応力）}$$

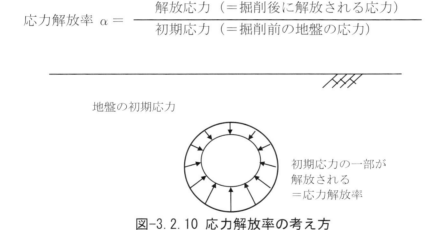

図-3.2.10 応力解放率の考え方

予測解析に用いる応力解放率(解放応力)の設定には,大きく2つの方法がある[35]. 一つ目は,掘削前の地盤に生じている初期応力に解放率を乗じて解放応力を設定する方法である.解放率を設定するにあたり,設計時は,既往工事における地盤条件(地盤の硬軟,沖積層,洪積層の違い)にもとづく実績値から設定することが多い (S6, S12, S24, S31, S36).二つ目は,初期応力からシールド掘削時の切羽圧や裏込め注入圧を差し引いた値を補正し,解放率を乗じて解放応力を設定する方法である.設計時は実績に基づいて提案された推定式により解放率を算定することが多いが,実工事の際には計測データを活用して逆解析により解放率を求めて設定することもある (S28).

解放応力の設定方法の例として,近年の大断面トンネルでは設計時における採用実績の多い営団地下鉄(現:東京メトロ)の設定方法[36],[37]を示す.この方法は,泥水式シールド工法における硬質地盤掘削時の現地計測結果より,設定泥水圧を現地盤の静止土圧と間隙水圧の和より大きくして施工した場合の地盤変形の要因はテールボイド部での応力の解放であるという考え方に基づいている.

ここで，テールボイド内の圧力は裏込注入圧から泥水圧の範囲の大きさと考えられるが，裏込注入圧は常時作用しているものではないため，テールボイド部での内圧は泥水圧と考える．その場合，テールボイド部で解放される応力は以下の式で表され，この解放応力により地盤変形が生ずるとしている．

［解放応力］＝［原地中応力］－［泥水圧による応力］

予測解析においては，テール部の3次元効果を考え，シールド周辺に作用させる解放応力は上式に補正係数を導入して修正した次式を用いる．

［計算に用いる解放応力］＝［補正係数］×［（原地中応力）－（泥水圧による応力）］

補正係数は，実測値に基づく検討と解析的手法による検証により0.3〜0.4の値が得られている．また，軟弱地盤掘削時の現場計測結果に対しても上記考えの適用性を検討[38]しており，その場合，テールボイド内の圧力は同時注入の場合は裏込注入圧とし，補正係数を 0.4 とすることで実測値とよく一致するとの結果が得られている．

設計時において二次元 FEM 解析により予測解析を行う場合，実際の掘削工事のおける施工条件を想定した上で，上記考えに基づきテールボイド部の応力と補正係数を設定し，次式により応力解放率の設定を行うことができる．

$$[応力解放率：\alpha] = \frac{[補正係数] \times [（原地中応力）－（テールボイド部の応力）]}{（原地中応力）}$$

3.2.6 許容値の設定
近接影響の予測において，対象となる既設構造物への影響を定量的に判断する基準として，許容値を設定する必要がある．

(1) 許容値の考え方
近接対象構造物の許容値は，既設構造物の施設としての機能を損なわないよう，また構造的な安全性を確保するよう考慮して設定する必要がある．施設の機能としては，鉄道では軌道の高低差や通り狂いならびに建築限界等，道路では路面の段差や建築限界等に相当し，構造的な安全性としては，構造物の変形や応力の増大に相当する．いずれもシールド施工に伴う地盤変状を介した構造物の変位に起因することから，許容値については構造物の許容変位量として設定される場合が多い．

(2) 許容値の設定方法
許容値の設定にあたっては，近接施工する構造物の設計者，施工者が許容値を一律に決めることは困難であるため，既設構造物の管理者に提示を求め，協議のうえ決定する．
許容値の設定方法は，次の3つに分類される．
①管理者が施設の機能を確保するために決定しているもの
②構造物の構造的な安全性から決定されるもの
③地盤変位も含めた変形解析等から決定されるもの
①施設としての機能を確保するための許容値は，施設の管理者が各施設の管理値として設定している場合がほとんどである．
②構造的な安全性を確保するための許容値は，施設の管理者が既往の構造検討結果を踏まえて定めている場合はそれを満足するよう設定し，ない場合は過去の実績に基づき設定する．
③供用開始から数十年経過している施設や，管理者側が個別に必要と判断した施設，管理者側

第Ⅱ編　シールドトンネル　　　3. 近接影響の予測手法

で許容値を定めていない施設については，構造検討により構造的な安全性を確保するための許容値（設計限界値）を設定する場合もある．その場合，地盤変状を外力とした構造物の変形解析により構造物に変位が生じた場合に発生する応力度が許容応力度相当となる変位量を許容値（設計限界値）として設定することが考えられるが，施設の管理者と十分に協議したうえで決定する必要がある．

3.3 近接影響予測に関する事例

3.3.1 シールド近接施工の代表解析事例

タイプ1-1（既設構造物に近接するシールドトンネルの影響）の代表的な解析事例を，影響予測結果の主な使用目的別に分類すると，下記のように表される．

- 施工時地盤変位の管理値の基準として適用（S6）
- 施工時地盤変位の許容値と比較（S12）
- 解析での地盤変位を用いて近接する洞道や躯体の応力度を算出（S24，S28）
- 切羽圧管理値の設定に使用（S28）
- 逆解析により地盤の変形係数の推定に使用（S31）

※2次元解析かつ応力解放率について記載のある事例を抽出

上記のうち，近接影響予測結果を管理値として採用した事例を以下に示す．

事例（S6）は，土被り約30mの洪積地盤を泥土圧（気泡）シールドにより近接構造物である地下鉄の直下を離隔2.2mで掘削した例である．

事前に応力解放率を10%とした2次元FEM解析により近接構造物（地下鉄）の沈下量の予測を行い，それを基に1次管理値，2次管理値を設定し，施工時の計測管理を行っている（**表-3.3.1**参照）．

シールド掘進時の地下鉄の沈下量は，種々の沈下抑制対策により，先行トンネル2.1mm，後行トンネル0.7mmと，1次管理値（先行トンネル±5.1mm，後行トンネル±8.3mm）以下の値となっている．

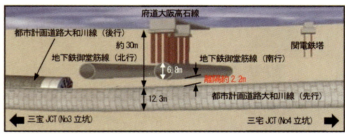

図-3.3.1 縦断面図[39]

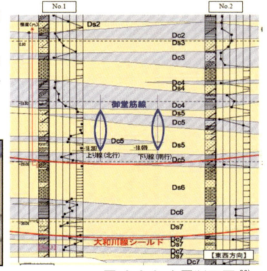

図-3.3.2 土層断面図[39]

（出典：島拓造ら，地下鉄営業線直下2.2mにおける大断面シールドの超近接施工，トンネル工学報告集，第27巻，II-10，pp.1-6，2017．）

表-3.3.1 計測管理値[39]

管理段階	先 行	後 行	備 考
1次管理値	±5.1 mm	±8.3 mm	管理限界値×50%
2次管理値	±7.6 mm	±12.4 mm	管理限界値×75%
管理限界値	±10.2 mm	±16.6 mm	解放率10%での変位量

（出典：島拓造ら，地下鉄営業線直下2.2mにおける大断面シールドの超近接施工，トンネル工学報告集，第27巻，II-10，pp.1-6，2017．）

なお，一般に計測管理値における限界値は，既設構造物の許容変位量や構造部材の許容応力度，走行安全性の確保など既設構造物の用途から設定される管理基準値，既設構造物の管理者が独自に定めた管理値などにより設定される．限界値は施工の即時中断や追加対策要否の重要な判断基

準となるため，本事例のように「予測値＝解析値」を限界値として設定する場合には，その限界値に過度な安全率が含まれていないか，その予測値は限界値として適切な値であるかを十分に検討したうえで決定する必要がある．計測管理値についての詳細は次章 4.2.2 節を参照されたい．

次に，事例（S28）は，土被り約 15m の洪積地盤（泥岩層）を泥水式シールドにより近接構造物である換気所の直下を離隔 2.3m で掘削した例である．

本事例では，事前の予測結果を基に，切羽圧の下限値の管理値を下記手順により設定している．
①2 次元 FEM 解析により地盤変位を算出．
②算出した地盤変位を換気所躯体の骨組み解析モデルに作用させて躯体を照査．
③換気所躯体に有害な沈下を与えない切羽圧の下限値として，営団式[40]により算出した 158 kPa 以上（応力解放率 α =21％以下）を採用した（図-3.3.3 参照）．

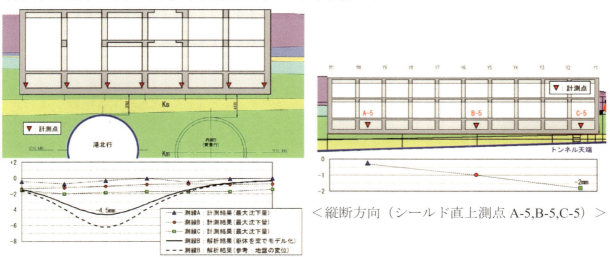

図-3.3.3 切羽圧設定の概念図[41]

（出典：盛岡諒平ら，換気所直下におけるシールドトンネルの施工監理と変位計測結果，第 74 回土木学会年次学術講演会概要集，VI-172，2019．）

事前解析で応力解放率 α =21％とした場合の躯体の沈下量は最大 4.5mm（図-3.3.4 側線 B：解析結果（躯体を梁でモデル化））であったが，計測結果は，最大 2mm（図-3.3.4 側線 C：計測結果（最大沈下量））程度であり，事前解析に対して小さな値であった．

＜横断方向（事前解析結果と計測結果）＞

＜縦断方向（シールド直上測点 A-5,B-5,C-5）＞

図-3.3.4 沈下計測結果[41]

（出典：盛岡諒平ら，換気所直下におけるシールドトンネルの施工監理と変位計測結果，第 74 回土木学会年次学術講演会概要集，VI-172，2019．）

3.3.2 シールド近接施工における施工時荷重の影響検討事例

（事例(1)：S2004, 事例(2)：S2016, S2017, S2018）

最近シールド施工技術の進歩により，近接構造物や，併設シールド等の離隔に対して超近接で施工できるようになり，その事例が増えている．そのようなケースにおける予測解析として，従来の FEM を用いた応力解放率による解析だけでは，検証ができないケースが増加している．具体的には，シールド掘進の影響は施工進捗（シールドとの位置関係）により，切羽圧力の影響，掘削の影響，テールボイド発生の影響，裏込め注入の影響など，近接影響は経時的に変化する．実際に，シールドマシン通過中は近接構造物側が押されるような挙動を示し，シールドマシン通過後には解放され，逆にシールド側に引っ張られるような挙動を示す事例もある．このような変形挙動を定性的にも定量的にも再現するには，従来の応力解放率による解析では難しく，施工状態を考慮した荷重（切羽圧，裏込め注入圧やピッチングなどシールドマシンの姿勢制御状態によって地盤への押し広げ荷重）を用いることが有効な手段の一つと言える．なお，シールドマシン通過後のみを再現する場合には，多くの場合は従来の応力解放率による解析でも再現可能である．

これらの課題に対して，新たな予測解析手法および現場の検証例が出てきているので，参考にすると良い．ただし，施工時荷重の取り方等，近接施工タイプごとに影響予測における課題があるので注意されたい．

ここでは，FEM 解析のみからシールド掘進に伴うトンネル周辺地盤に与える影響を検討した事例（事例(1)）と FEM 解析とはり－ばねモデルからシールド掘進に伴う併設トンネルに与える影響を検討した事例（事例(2)）を掲載する．

事例(1) シールド掘進に伴うトンネル周辺地盤に与える影響検討事例（FEM 解析），S2004

a) 解析条件

①影響を受ける構造物の諸元 ：シールドトンネル（φ5.3[m]，ダクタイルセグメント）

②影響を及ぼす施工法の諸元 ：泥水式シールド（掘削外径 5.44[m]）
　　　　　　　　　　　　　　　土被り＝19.3[m]（3.6D）

③近接施工位置関係 ：先行（南行線）トンネルと斜め併設で後行シールド（北行線）掘進（離隔1.1[m]）近接度（掘削外径比）＝0.20（＝1.1[m]/5.44[m]）

④地盤条件 ：沖積砂礫層【シールドトンネル上半通過地盤】
　　　　　　　沖積粘性土層【シールドトンネル下半通過地盤】

第Ⅱ編　シールドトンネル　　3. 近接影響の予測手法

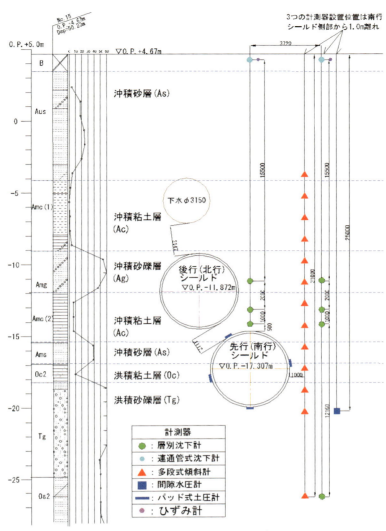

図-3.3.5　検討断面図 [42]

（出典：譽田孝宏ら，シールド掘進時の施工時荷重による影響を考慮した地盤変形解析，第48回地盤工学研究発表会，pp.1475-1476，2013.）

表-3.3.2 シールドトンネル諸元とシールド掘進条件 [42]

			先行トンネル	後行トンネル
シールド工法			泥水式	
シールド外径，セグメント外径（m）			5.44, 5.30	
セグメントタイプ（1リング幅）			ダクタイルセグメント（0.9m/Ring）	
ヤング率 E (kN/m^2)			1.70×10^7	
面積 A (m^2)			2.46×10^{-2}	
断面2次モーメント I (m^4)			1.30×10^{-4}	
全土被り圧 σ_v (kN/m^2)			340	240
切羽圧 (kN/m^2)	設定値		245	185
	実施工値		190〜280	170〜190
裏込め注入圧 (kN/m^2)	設定値		360	280
	実施工値	掘進中	100〜360	100〜300
		停止中	280〜310	—
ピッチング (%)	切羽〜テールばらつき範囲		-40.0〜-35.0	-8.0〜-6.8
	平均値		-35.5	-7.5
掘進線形（上下）(%)			-33.0	-10.0
余掘り量（mm）			15	

（出典：譽田孝宏ら，シールド掘進時の施工時荷重による影響を考慮した地盤変形解析，第48回地盤工学研究発表会，pp.1475-1476, 2013.）

b) 解析モデル

①解析モデル ：2次元FEM解析

②モデル範囲 ：【水平方向】100 [m]

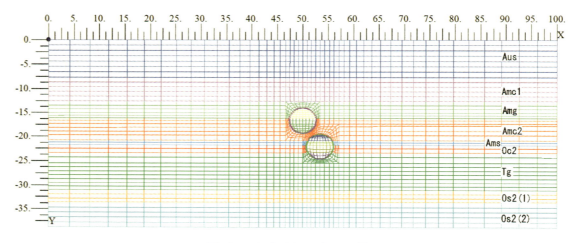

図-3.3.6 解析モデル図 [42]

（出典：譽田孝宏ら，シールド掘進時の施工時荷重による影響を考慮した地盤変形解析，第48回地盤工学研究発表会，pp.1475-1476, 2013.）

c) 地盤モデル

①地盤構成モデル ： Subloading t_{ij} model

②土質パラメータ設定方法 ：三軸圧縮試験および圧密試験に関する要素シミュレーションにより設定．

表-3.3.3 FEM 解析に用いた土質パラメータ一覧 [42]

土層名		下端深度 (GL-m)	N値	単位体積重量 γ_t (kN/m³)	変形係数 E (kN/m²)	ポアソン比 ν	弾塑性FEM解析用パラメータ (FEM tij-2D)						
							λ	κ	N	R_{cs}	β	a_{sF}	a_{fC}
沖積層	Aus	7.60	20	18	56000	0.30	0.07	0.01	0.68	3.50	1.50	200	100000
	Amc1	12.60	0	16	17745	0.45	0.16	0.02	1.23	2.25	1.57	40	500
	Amg	16.10	40	19	112000	0.30	0.07	0.01	0.68	3.50	1.50	200	100000
	Amc2	20.75	4	17.5	31500	0.45	0.25	0.04	1.50	3.55	1.70	130	500
	Ams	21.70	39	19	107800	0.30	0.07	0.01	0.68	3.50	1.50	200	100000
洪積層	Oc2	23.40	10	18	43750	0.45	0.10	0.02	1.85	4.00	1.71	3500	500
	Tg	31.00	90	20	252000	0.30	0.035	0.0023	1.10	3.20	2.00	30	500
	Os2-1	33.60	30	18	84000	0.30	0.007	0.0005	1.10	3.20	2.00	30	500
	Os2-2	38.70	90	20	252000	0.30							

（出典：譽田孝宏ら，シールド掘進時の施工時荷重による影響を考慮した地盤変形解析，第 48 回地盤工学研究発表会，pp.1475-1476，2013.）

d) 解析手法

①荷重モデル ：切羽圧や裏込め注入圧と地山側圧のバランスによって地盤変形が発生するという観点に立ち，またトンネル覆工の自重やシールド機の姿勢制御による付加荷重も合わせて考慮した.

Step	計算式	荷重モデル
1 step 切羽 到達時	$\Delta p_1 = (p_{ch} - p_h) \times \alpha$ p_{ch}：切羽圧力（中心位置） p_h：切羽面の地山側圧 α：切羽面の応力増加に対するシールド半径方向の応力増加割合（$\alpha = 0.15$）	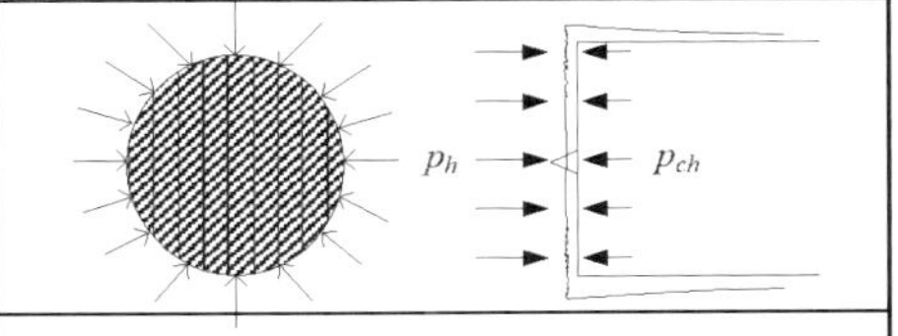
2 step マシン 前半部	$\Delta p_2 = p_G + (p_s - p_i) \times \beta_1$ p_G：浮力を考慮した自重 p_s：シールドマシンによる地山への作用圧力（＝泥水・泥土圧） p_i：1step 終了時の地山応力 β_1：3 次元応力状態の 2 次元応力状態への補正値（$\beta_1 = 0.75$）	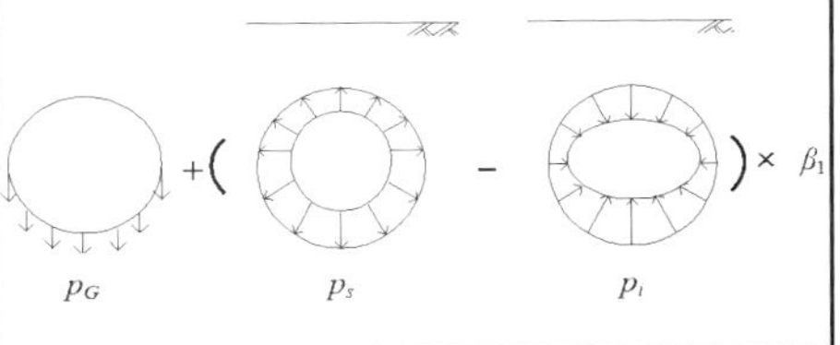
3 step マシン 後半部	$\Delta p_3 = p_G + (p_s - p_i') \times \beta_2 + p_p$ p_G：浮力を考慮した自重 p_s：裏込め注入圧 p_i'：2step 終了時の地山応力 p_p：シールド機姿勢制御による荷重 β_2：3 次元応力状態の 2 次元応力状態への補正値（$\beta_2 = 0.25$）	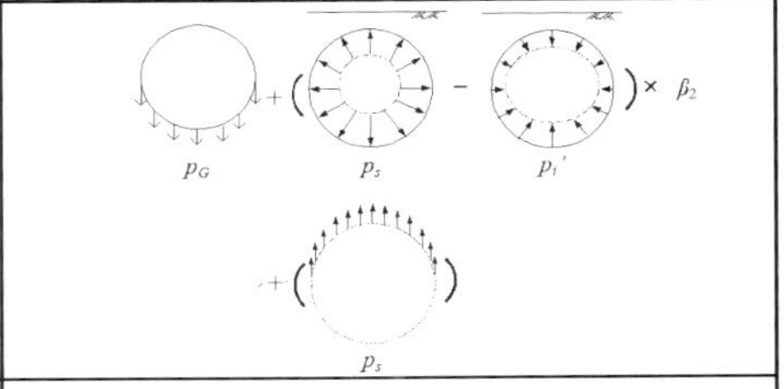
4 step テール 通過時	$\Delta p_4 = (p_s - p_i') \times \beta_3$ p_s：裏込め注入圧 p_i'：3step 終了時の地山応力 β_3：3 次元応力状態の 2 次元応力状態への補正値（$\beta_3 = 0.50$）	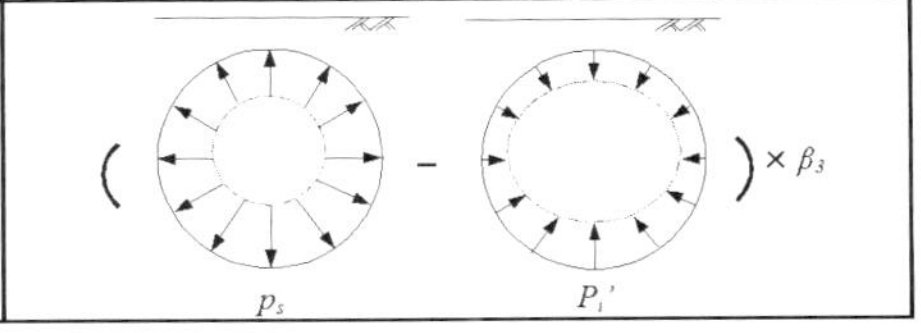

図-3.3.7 各シールド施工段階における荷重モデル概念図 [42]

（出典：譽田孝宏ら，シールド掘進時の施工時荷重による影響を考慮した地盤変形解析，第 48 回地盤工学研究発表会，pp.1475-1476，2013.）

e) 解析結果

①解析結果と計測結果の比較：

［マシン前半部］

【トンネル直上】解析結果：10.0[mm]の沈下，計測結果：4.7[mm]の沈下

【トンネル側方】解析結果：3.0[mm]の押し広げ，計測結果：3.0[mm]の押し広げ

［マシン後半部］
【トンネル直上】解析結果：4.0[mm]の隆起，計測結果：7.0[mm]の隆起
【トンネル側方】解析結果：5.0[mm]の押し広げ，計測結果：5.0[mm]の押し広げ

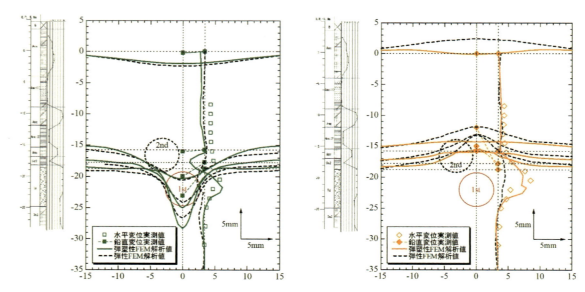

図-3.3.8 マシン前半部通過時（左側）およびマシン後半部通過時（右側）における
トンネル周辺地盤の変形挙動比較図[42)]

（出典：譽田孝宏ら，シールド掘進時の施工時荷重による影響を考慮した地盤変形解析，第48回地盤工学研究発表会，pp.1475-1476，2013.）

事例(2) シールド掘進に伴う併設トンネルに与える影響検討事例（FEM解析＋はりーばねモデル） S2016, S2017, S2018

a) 解析条件
①影響を受ける構造物の諸元　：シールドトンネル（φ12.3[m]，嵌合方式合成セグメント）
②影響を及ぼす施工法の諸元　：泥土圧式シールド（掘削外径 12.54[m]）
　　　　　　　　　　　　　　　土被り＝17.6[m]（1.4D）
③近接施工位置関係　：先行（東行線）トンネルと横併設で後行シールド（西行線）掘進（離隔 1.2[m]）近接度（掘削外径比）＝0.10（＝1.2[m]/12.54[m]）
④地盤条件　：洪積砂礫層と洪積粘性土層の互層

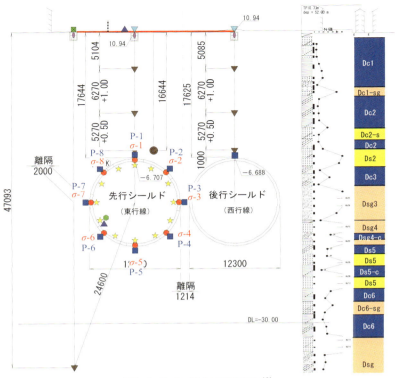

図-3.3.9 検討断面図[43]

（出典：崎谷淨ら，大断面，超近接併設シールドトンネル設計手法の提案，トンネル工学報告集，第24巻，II-8，2014.）

表-3.3.4 シールドトンネル諸元とシールド掘進条件[43]

施工概要	工法	泥土圧式シールド工法	
	シールドマシン	外径φ12 540[mm]，機長L 12 355[mm]	
	セグメント	筬合方式合成セグメン（外径φ12 300[mm]，内径φ11 580[mm]，幅B 1 800[mm]）	
線形条件	平面線形	R 1 400[m]〜13 000[m]	
	縦断線形	VR 9 500[m]（下り3%〜1%）	
その他施工条件		先行シールド	後行シールド
	ジャッキパターン	上部5本のジャッキ未使用	
	気泡材	使用	
	外周充填材	使用	未使用
	コピーカッター	使用（上側270°）	未使用
	切羽圧 設定条件	上部：0.23[MPa]，中央：0.31[MPa]	
	切羽圧 実施工時の状況	掘進時：上部 0.20〜0.30[MPa] 中央 0.30〜0.40[MPa] 静止土圧より大きい 停止時：上部 0.20〜0.26[MPa] 中央 0.30〜0.32[MPa]	掘進時：切羽圧はほぼ設定値 停止時：上部 0.12〜0.18[MPa] 中央 0.20〜0.28[MPa]

（出典：崎谷淨ら，大断面，超近接併設シールドトンネル設計手法の提案，トンネル工学報告集，第24巻，II-8，2014.）

b) 検討フロー

FEM解析ではシールド併設時の増分荷重を算定し，その増分荷重をはり－ばねモデルに作用させることでトンネル覆工に発生する断面力や内空変形を算出する．なお，はり－ばねモデルはセグメント継手部とリング継手部をモデル化し，千鳥組の添接効果を反映している．

T.L.34　都市における近接トンネル

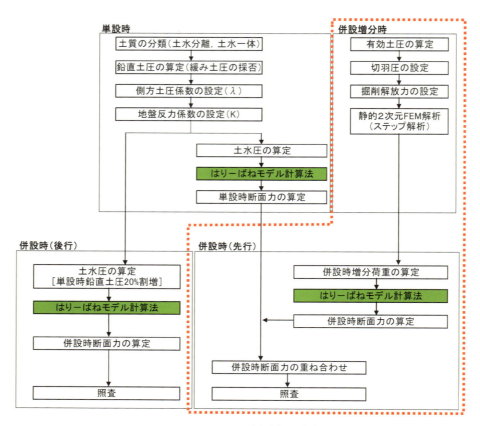

図-3.3.10　検討フロー[43]を改変（加筆修正）して転載

（出典：崎谷淨ら，大断面，超近接併設シールドトンネル設計手法の提案，トンネル工学報告集，第24巻，II-8，2014.）

c）FEM解析モデル

①解析モデル　　：2次元FEM解析
②モデル範囲　　：【水平方向】100［m］
　　　　　　　　：【鉛直方向】　50［m］

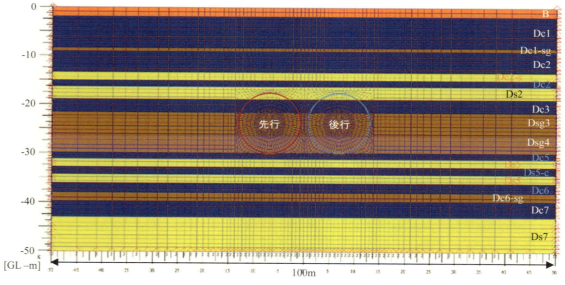

図-3.3.11　解析モデル図[43]

（出典：崎谷淨ら，大断面，超近接併設シールドトンネル設計手法の提案，トンネル工学報告集，第24巻，II-8，2014.）

d) FEM 解析手法

シールド掘進時の実際の地山状況を加味し，シールド掘進時の施工過程を考慮して，①切羽前面での応力解放，②シールド機通過時の応力解放，③裏込め注入時（テールボイド発生時）の応力解放，の大きく分けて3段階の応力解放を設定した．

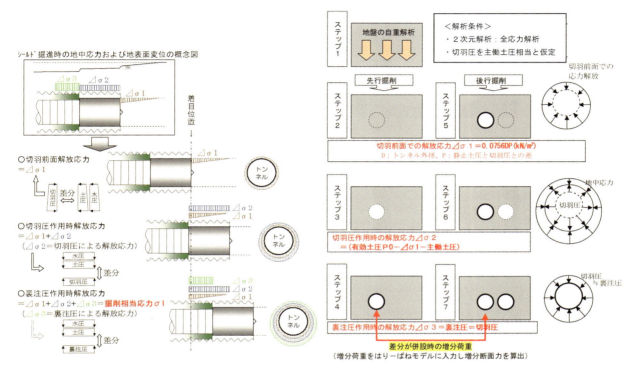

図-3.3.12 シールド掘進時の施工過程を考慮した掘削相当応力の概念およびFEM解析ステップ[43]

（出典：崎谷淨ら，大断面，超近接併設シールドトンネル設計手法の提案，トンネル工学報告集，第24巻，II-8，2014．）

e) FEM 解析結果

　FEM 解析では,「先行トンネル周辺地盤の応力」と「先行トンネル覆工内空変位」(いずれも後行シールド掘進に伴う変動量のみ) を抽出する.

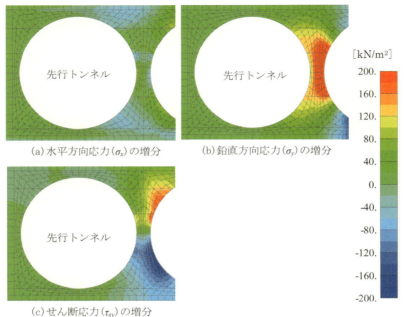

図-3.3.13 後行シールド掘進に伴う先行トンネル周辺地盤の応力変動状況 [43]

(出典:崎谷淨ら,大断面,超近接併設シールドトンネル設計手法の提案,トンネル工学報告集,第24巻,II-8,2014.)

f) はりーばねモデル

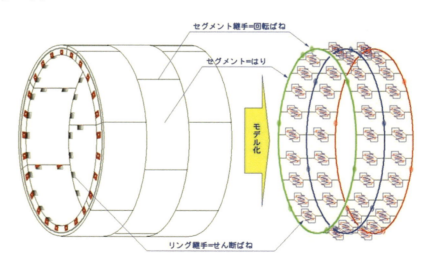

図-3.3.14 はりーばねモデルの概要 [43]

(出典:崎谷淨ら,大断面,超近接併設シールドトンネル設計手法の提案,トンネル工学報告集,第24巻,II-8,2014.)

g) はりーばねモデルに用いる併設時増分荷重

　はりーばねモデルに用いる併設時増分荷重は,FEM 解析により得られた「先行トンネルに隣接した地盤の応力変動に伴う荷重」と「先行トンネル覆工内空変位に地盤ばね定数を乗じて算出した荷重」を加算して作用させる.

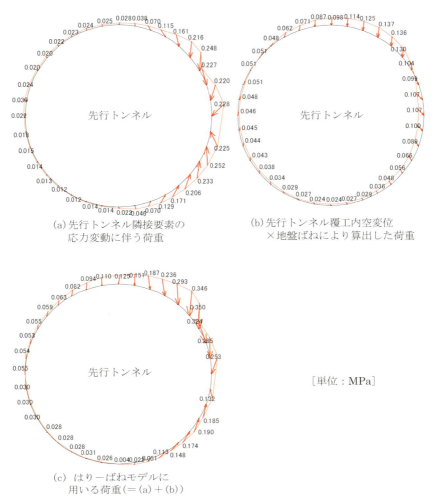

図-3.3.15 はりーばねモデルに用いる併設影響を考慮した先行トンネル覆工変動荷重分布[43]
（出典：崎谷淨ら，大断面，超近接併設シールドトンネル設計手法の提案，トンネル工学報告集，第24巻，II-8，2014．）

h）はりーばね解析結果

先行トンネル覆工断面力およびトンネル内空変位量に関する解析値と計測値の比較結果を示す．

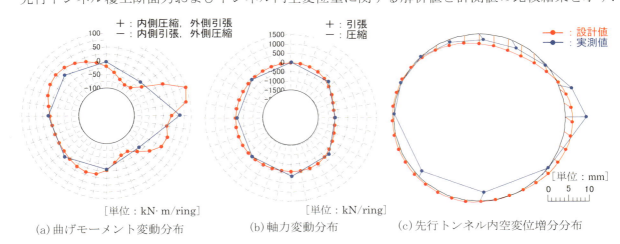

図-3.3.16 先行トンネル覆工断面力およびトンネル内空変位量に関する解析値と計測値の比較[43]
（出典：崎谷淨ら，大断面，超近接併設シールドトンネル設計手法の提案，トンネル工学報告集，第24巻，II-8，2014．）

3.3.3 シールドトンネルの開口・接続部の近接影響事例

シールドトンネルを開口・接続する場合，シールドトンネルを切開くこととなる．その際，安定した円形構造から構造上厳しい欠円構造に構造が変化する上に，荷重や地盤反力なども変化する．したがって，開口・接続部に関する解析は，切開くセグメントの構造等の耐力算定，切開く構造物の照査を主目的にした解析が多く，近接した他構造物への影響を予測する解析が少ない．

トンネルに関する解析手法としては，骨組み構造解析とFEM解析が多く用いられる．上記のような構造物の耐力照査を行う際は，構造物の耐荷力，すなわち，構造物に作用する荷重が明確であるため，構造物を梁，地盤を地盤ばねでモデル化し，荷重を作用させる骨組み構造解析を行う場合が多い．

開口・接続部で切開くセグメントの耐力算定は，開口部や開口補強桁，開口補強柱とその断面力分担がリングによって異なるため，通常のシールドトンネルでの設計手法であるはり－ばねモデルを多リング化したものが多く用いられている（図-3.3.17参照）．

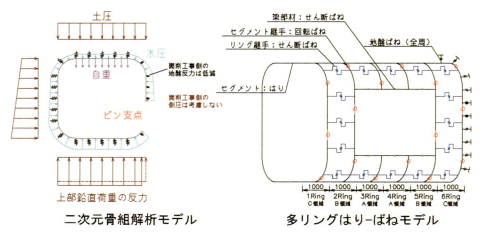

図-3.3.17 はり－ばねモデルを用いた切開き解析の事例[44]
（出典：牛垣ら，高速道路ランプ部の矩形シールドトンネルに適用する開口部セグメントの設計と施工，第73回土木学会年次学術講演会，VI-164，pp.327-328，2018．）

骨組み構造解析を用いるより比較的容易に，地盤変形に応じた荷重再配分，地盤による荷重分担などを考慮できるFEM解析を開口・接続する場合の影響解析に用いている例もある．図-3.3.18は，施工ステップを追った二次元FEM逐次解析による曲がり鋼管など先行支保や内部支保工を検討した例である．

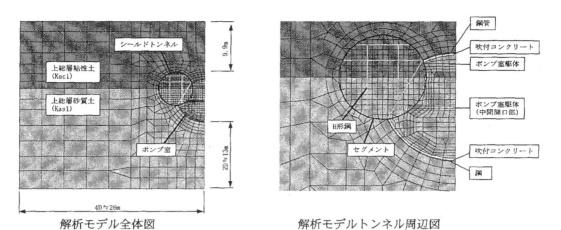

図-3.3.18 FEM解析を用いた切開き解析の事例[45]
（出典：辻雅行ら，地下40mの高被圧地下水下において非開削工法によるポンプ室築造工事，地下空間シンポジウム論文・報告集，第11巻，pp.243-250，2006.）

T.L.34 都市における近接トンネル

参考文献

1) トンネル技術協会：都市部近接施工ガイドライン，p.22，2016.
2) 鉄道総合技術研究所：都市部鉄道構造物の近接施工対策マニュアル，pp.154-156，2007.
3) 阪神高速道路株式会社：近接工事に関する設計施工指導要領書 平成21年6月，pp.62-64，2009.
4) トンネル技術協会：都市部近接施工ガイドライン，p.30，2016.
5) 土木学会：トンネル標準示方書[共通編]・同解説／[シールド編]・同解説，pp.217-219，2016.
6) 土木学会：トンネル標準示方書[シールド編]・同解説，1986.
7) トンネル技術協会：地中構造物の建設に伴う近接施工指針，p.132，1999.
8) チェッキー.K（島田隆夫訳）：トンネル工学，鹿島出版会，pp.650-660，1971.
9) 森麒，小林宗弘：粘土地盤でのシールド工事による圧密沈下について，第12回土質工学研究発表会，pp.1173-1176，1977.
10) Peck, R.B. : Deep Excavations and Tunneling in Soft Ground, State-of-the-art reports, 7th ICOSMFE, pp.225-290, 1969.
11) Attewell, P.B. : Engineering Contract, Site investigation and Surface Movements in Tunnelling Works, Soft-Ground Tunneling-Failures Displacements, A.A.Balkema, pp.5-12, 1981.
12) O'Reilly, M.P., New, B.M. : Settlements above Tunnels in the United Kingdom－Their Magnitude and Prediction, Tunnelling'82, The Institution of Mining and Metallurgy, pp.173-181, 1982.
13) Hanya, T. : Ground Movements due to Construction of Shields-Driven Tunnel, Vol.IV Case Histories, Proc.9th ICOSMFE, pp.759-790, 1977.
14) Fujita, K. : On the Surface Settlements Caused by Various Methods of Shield Tunnelling, Vol.IV, Proc.10th ICOSMFE, pp.609-610, 1981.
15) 村山朔郎，松岡元：粒状土地盤の局部沈下沈下現象について，土木学会論文報告集，第172号，pp.31-41，1969.
16) 島田隆夫：土被りの浅い山岳トンネルの地表面沈下，土木学会論文報告集，第296号，pp.97-109，1980.
17) 地盤工学会：地盤工学・実務シリーズ28 近接施工，pp.27-36，2011.
18) 土木学会：トンネルライブラリー24 実務者のための山岳トンネルにおける地表面沈下の予測評価と合理的対策工の選定，p.145，2012.
19) 土木工学社：山岳トンネルの新技術，pp.158-160，1991.
20) 小山昭，釼持芳輝，小野雄一郎，團昭博，斉藤正幸：シールド掘進に伴う地盤変位解析，トンネル工学研究発表会報告集，第15巻，pp.273-279，2005.
21) 水谷弘次，山本秀樹，木谷努，岡島正樹，海瀬忍：FEMによる地盤変状解析における下方領域の重要性について，土木学会第56回年次講演会，III-B066，pp.132-133，2001.
22) 建設省土木研究所トンネル研究室：土木研究所資料第3232号 トンネル掘削時地盤変状の予測・対策マニュアル（案），pp.13-15，1994.
23) 日本道路協会：道路橋示方書・同解説 IV下部構造編，p.188,2017.
24) 土木学会：原位置岩盤試験法の指針，p.237，2000.
25) 鉄道総合技術研究所：都市部鉄道構造物の近接施工対策マニュアル，p.160，2007
26) 建設省土木研究所トンネル研究室：土木研究所資料第3232号 トンネル掘削時地盤変状の予測・対策マニュアル（案），p.19，1994.
27) 竹山喬,葛野恒夫：鉄道シールドの施工に伴う地盤沈下とその予測,トンネルと地下,1983.9
28) 鉄道総合技術研究所：鉄道構造物等設計標準・同解説 トンネル・開削編，pp.276-277，2021.
29) 建設省土木研究所トンネル研究室：土木研究所資料第3232号 トンネル掘削時地盤変状の予測・対策マニュアル（案），p.20，1994.
30) 日本トンネル技術協会：都市部近接施工ガイドライン，pp.参8-13-参8-17，2016.
31) 土木学会：トンネル標準示方書［開削工法編]・同解説，pp.37-38，p.142，2016.
32) （株）産業技術サービスセンター：近接施工総覧，p.84，1997.
33) 日本トンネル技術協会：都市部近接施工ガイドライン，p.参9-27，2016.
34) 鉄道総合技術研究所：都市部鉄道構造物の近接施工対策マニュアル，pp.158-160，2007.
35) 日本トンネル技術協会：都市部近接施工ガイドライン，pp.33-35，2016.
36) 中山隆，中村信義，中島信：泥水式シールド掘進に伴う硬質地盤の変形解析について，土木学会論

文集, No.379/IV-9, pp.133-141, 1988.

37) 東日本旅客鉄道株式会社　構造技術センター編：設計マニュアル I 共通編　近接工事設計施工マニュアル, pp.130-132, 2016.

38) 藤木育雄, 横田三則, 米島賢二, 村田基代彦：軟弱地盤でのシールドトンネル掘進に伴う周辺地盤の変形について, トンネル工学研究発表会論文・報告集, 第 1 巻, pp.83-88, 1991.

39) 島拓造, 西森文子, 西木大道, 三宅翔太, 塚本健介, 河田利樹：地下鉄営業線直下 2.2m における大断面シールドの超近接施工, トンネル工学報告集, 第 27 巻, II-10, pp.1-6, 2017.11

40) 中山隆, 中村信義, 中島信：泥水式シールド掘進に伴う硬質地盤の変形解析について, 土木学会論文集, No.379/IV-9, pp.133-141, 1988.

41) 盛岡諒平, 森田康平, 上地勇, 入野克樹：換気所直下におけるシールドトンネルの施工監理と変位計測結果, 第 74 回土木学会年次学術講演会概要集, VI-172, 2019.

42) 譽田孝宏, 橋本正, 長屋淳一, SHAHIN Hossain M., 中井照夫：シールド掘進時の施工時荷重による影響を考慮した地盤変形解析, 第 48 回地盤工学研究発表会, pp.1475-1476, 2013.

43) 崎谷淨, 新名勉, 卜部賢一, 陣野員久, 長屋淳一：大断面, 超近接併設シールドトンネル設計手法の提案, トンネル工学報告集, 第 24 巻, II-8, 2014.

44) 牛垣勝, 戸川敬, 加藤淳司, 馬目広幸, 松川直史：高速道路ランプ部の矩形シールドトンネルに適用する開口部セグメントの設計と施工, 第 73 回土木学会年次学術講演会, VI-164, pp.327-328, 2018.

45) 辻雅行, 松村泰, 桐山雅生, 森崎泰隆：地下 40m の高被圧地下水下において非開削工法によるポンプ室築造工事, 地下空間シンポジウム論文・報告集, 第 11 巻, pp.243-250, 2006.

4. 近接影響計測手法

4.1 近接影響計測の目的

近接影響計測は，新設構造物の施工によって影響を受ける既設構造物等の先行構造物や周辺地盤，仮設構造物などの挙動を監視し，管理値や事前に予測した内容との比較によって必要に応じて対策を講ずるなど，先行構造物の安全性や耐久性を確認するために実施するものである．

4.2 近接影響計測の計画

近接影響計測の計画にあたっては，施工の規模や周辺環境などによって内容も大きく異なることになるが，基本的には影響を受ける構造物等の挙動を十分に評価できるものとする必要がある．また，影響を受ける構造物の用途や事業者によって計測項目や計測範囲，管理値の設定などが大きく異なるものであるため，基本的には対象構造物の管理者との協議に基づいて決定することとなることにも留意が必要である．

タイプ 1-1 のように供用中の既設構造物がシールドトンネルの施工によって影響を受ける場合には，計測内容として，既設構造物の沈下や隆起などの鉛直方向の変形に加えて，水平変位や傾きなどの 3 次元的な挙動を把握することが重要となる．また，タイプ 1-2 のように施工中の仮設構造物に近接してシールドトンネルが施工される場合には，土留杭や支保工の変位および応力，土留杭背面の地表面変位等を計測する必要があり，シールドの通過する位置によっては，掘削底面の隆起や沈下の変動を監視することも重要となる．

タイプ 2-1 のように併設するシールドトンネルの場合には，先行トンネルが後行トンネルの施工によって受ける影響を把握するために先行トンネルの覆工の変形や応力を計測する必要があり，影響範囲外についても計測し先行トンネルが影響を受けて絶対変位としてどのような挙動をしているかを監視することも重要となる．また，タイプ 2-2 のようにシールドトンネルを切拡げる場合には，切拡げられるトンネル覆工や支保工の変形および応力を計測する必要があるのは当然であるが，地下水位低下の可能性があり，その影響範囲に圧密沈下が懸念される土層が存在するような場合には，地下水位および広範囲にわたる地表面沈下計測も行うことが必要となる．

タイプ 3 のように既設のシールドトンネルに近接して開削工法等による掘削や高層ビルの建設等が行われる場合には，リバウンドや土留壁等の地盤の変形に伴う既設シールドトンネルの変形や変位を計測する必要があり，この場合もタイプ 2-1 と同様に影響範囲外まで計測し絶対変位を計測することが重要となる．

なお，すべてのタイプにおいて共通する内容として，地盤変位を計測することが必要となる場合が多い．

4.2.1 計測項目

計測管理する項目は，事前に予測される影響や既設構造物等の重要度に応じて計測する内容を設定する必要がある．また，立地条件や地盤条件に適合した計測項目を選択し，かつ経済性を考慮して策定する必要がある．**表-4.2.1**に既設構造物の計測項目と使用機器の一例を，**表-4.2.2**に地盤の計測項目と使用機器の一例を，**表-4.2.3**に新設構造物（開削工法）の計測項目と使用機器の一例を，**表-4.2.4**に新設構造物（シールド工法）の計測項目と使用機器の一例を示す．

第Ⅱ編　シールドトンネル　　　4. 近接影響計測手法

表-4.2.1 既設構造物の計測項目と使用機器の一例 [1]を改変（一部修正）して転載

計測項目	使用機器
変位	水盛式沈下計
	電子レベル
	デジタルレベル
	連結2次元変位計
	トータルステーション
	レーザー距離計
	光ファイバー式変位計
傾斜	固定式傾斜計
	トータルステーション
	下げ振り
応力	ひずみゲージ
ひび割れ／目開き	変位計
	亀裂変位計
	π型変位計
	クラックゲージ／すきまゲージ
温度	温度計，熱電対
軌道の通り，高低，水準，平面性	自動追尾トータルステーション

（出典：日本トンネル技術協会，都市部近接施工ガイドライン，参10-1，2016.）

表-4.2.2 地盤の計測項目と使用機器の一例 [2]を改変（一部修正）して転載

計測項目	使用機器
地盤	水盛式沈下計
	トータルステーション
	伸縮計
	層別沈下計
	多段式傾斜計
	挿入式傾斜計
地下水	水位計
	間隙水圧計
	pH計
	流向・流速計
その他	騒音計
	振動レベル計

（出典：日本トンネル技術協会，都市部近接施工ガイドライン，参10-22，2016.）

T.L.34 都市における近接トンネル

表-4.2.3 新設構造物（開削工法）の計測項目と使用機器の一例 [3]を改変（一部修正）して転載

計測対象	計測項目	使用機器
土留め壁	土圧	土圧計
	水圧	水圧計
	変形	挿入式傾斜計
		多段式傾斜計
	応力	ひずみ計
		コンクリート有効応力計
		鉄筋計
土留め支保工	支保工軸力	ひずみ計
		鉄筋計
	アンカー荷重	センターホール荷重計
	温度	温度計，熱電対
中間杭	変位	トータルステーション
	変形	挿入式傾斜計
		多段式変位計
	応力	ひずみ計

（出典：日本トンネル技術協会，都市部近接施工ガイドライン，参 10-32，2016.）

表-4.2.4 新設構造物（シールド工法）の計測項目と使用機器の一例 [4]を改変（一部修正）して転載

計測対象	計測項目	使用機器
掘進管理	総推力	シールドメーカー提供
	カッタートルク	シールドメーカー提供
	泥水圧・泥水品質	シールドメーカー提供
	切羽土圧	シールドメーカー提供
	掘削土量・排土量	ロードセル
		距離計
掘進線形	掘進線形 （平面・縦断）	ジャイロ
		レベル計，トータルステーション
	ピッチング・ヨーイング	シールドメーカー提供
裏込注入	裏込注入圧・注入量	裏込注入業者提供
覆工	内空変位	レーザー距離計
		ユニバーサル変位計

（出典：日本トンネル技術協会，都市部近接施工ガイドライン，参 10-41，2016.）

4.2.2 計測管理値および管理体制

　管理値については，一次管理値（警戒値），二次管理値（二次警戒値または工事中止値），限界値の 3 段階で設定することが一般的であるが，予想される変位が小さい場合などは一次管理値（警戒値），限界値の 2 段階で設定する場合もある.

　限界値については，既設構造物の許容変位量や構造物を構成する部材の変形量・許容応力度などから設定する場合と，鉄道の列車走行安全性を確保するための軌道変位の整備基準値や高速道

II-80

路の通行車両に対する走行安全性を確保するための路面高さなどのように既設構造物の用途から設定する場合があり，既設構造物の管理者によっては各管理者が独自に定めた管理値を限界値として設定する場合もある．一次管理値や二次管理値については，限界値に低減率（割引率）を乗じて設定する場合が多い．ここでは，管理値の設定や対応の一例として，前述の**第Ⅰ編 総論**における**2.5 計測管理の実施**および**第Ⅱ編 シールドトンネル**における**3.3.1 シールド近接施工の代表解析事例**にて記載した管理値の設定の事例とは異なる例を**表-4.2.5**に示す．また，計測管理フローの一例を**図-4.2.1**に示す．なお，管理者によっては，限界値を許容値として設定している事例もある．

表-4.2.5 計測管理値の区分と対応の一例 5)を改変（一部修正）して転載

区分	管理値の設定	対応	備考
一次管理値 （一次警戒値） （警戒値）	限界値×50%	・管理体制（計測頻度・巡回点検）の強化 ・施工方法の妥当性検討 ・対策工の検討，協議	50%は一例
二次管理値 （二次警戒値） （工事中止値）	限界値×80%	・施工の一時中断（注2） ・対策工の実施 ・管理体制の再強化	80%は一例
限界値（注1）	限界値×100%	・直ちに施工の中断（注2） ・追加対策工の検討，実施	
注1：限界値は計測管理上の指標として設定する最大値であり，構造物の許容変位量や構造物を構成する部材の変形量，許容応力などから既設構造物に現在すでに発生している変状等を考慮して設定する． 注2：施工の中断により逆に近接構造物におよぼす影響が大きくなる場合もあるので，事前に十分な検討を行っておくことが必要である．			

（出典：日本トンネル技術協会，都市部近接施工ガイドライン，p.40，2016.）

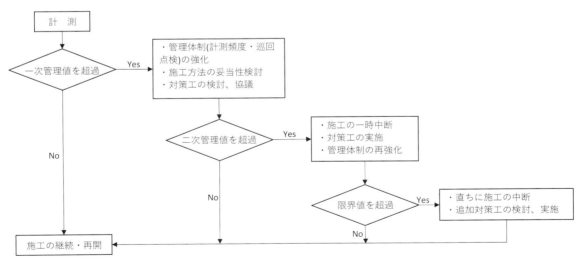

図-4.2.1 計測管理値の区分と対応の一例 6)を改変（一部修正）して転載

（出典：日本トンネル技術協会，都市部近接施工ガイドライン，p.36，2016.）

計測管理体制については，既設構造物の管理者と新設構造物の管理者，新設構造物の施工者および計測実施者で構成し，通常時の管理体制および管理値を超えた場合に適切な処置や対応が迅速に講じられるような非常時の管理体制を確立することが重要である．

管理体制の一例（既設構造物の管理者が管理する計測実施の場合）を図-4.2.2に示す．計測実施者は計測値が管理値を超えた場合や異常値を示した場合には，既設構造物の管理者に報告し，それに基づいて既設構造物と新設構造物の両管理者が協議を行い，必要に応じて施工者や計測実施者に適切な指示を行う流れとなる．図に破線で示すように，計測実施者から新設構造物施工者に連絡がある体制としておくことも一つの方法である．

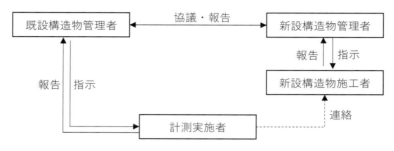

図-4.2.2 計測管理体制の一例 7) を改変（一部修正）して転載
（出典：地盤工学会，地盤工学・実務シリーズ28 近接施工，p.45，2011.）

4.2.3 計測期間

計測期間は，施工段階ごとに，近接施工前の事前計測，近接施工中の本計測，近接施工完了後の事後計測が考えられるが，近接工事の方法，規模，計測項目，工期などで異なるため，管理者との協議により決定する必要がある．

4.2.4 計測頻度

計測の頻度は，計測項目，計測対象となる構造物の種類，重要度や現況（もしくは変状状況，健全度，維持管理記録，損傷状況等），近接施工の施工状況や計測データの変化状況等に応じて，管理者との協議により決定する必要がある．

4.3 近接影響計測の事例と留意点

6.シールドトンネル近接施工事例に示す事例について計測に関する項目を取りまとめ，表-4.3.1および表-4.3.2に整理した．得られた近接影響計測の注意点や留意点等を以下に示す．

- シールドの掘進が近接構造物に影響を与える可能性のある工事においては，トライアル施工により地盤変状等を確認し，施工へフィードバックすることが望ましい．
- トライアル施工区間で得られた地盤の変状データと，切羽圧，裏込め注入方法，シールドマシン姿勢等の施工データの関連性を分析して，周辺地盤への影響の少ない掘進管理方法を検討することは，近接構造物への影響を低減するために非常に有効な手段となる．
- シールド通過前，通過時，通過後で近接構造物に及ぼす影響は異なり，軟弱地盤などでは通過後も長期間の圧密による影響を受ける場合などもあるため，各段階での影響度を見極め，計測期間については慎重に検討する必要がある．
- 事前解析と実計測で異なる結果が確認された場合には，計測結果を利用して逆解析によって実挙動を再現し，それをさらに施工管理にフィードバックさせることも有効な方法である．
- 計測結果を実施工の施工管理に反映させながら計測を行うことは，既設構造物への影響を低減するための有効な手段であるため，迅速に対応できるような管理体制を確立することが重要である．
- 開削施工中の土留めの計測管理とシールド掘進管理を同じ時系列で管理する手法は切羽土圧の確実な制御を行う上で有効である．

第Ⅱ編　シールドトンネル　　　4. 近接影響計測手法

表-4.3.1　シールドトンネル近接工事事例の計測に関する整理 (1)

分類	事例No.	工事名称	概要	計測内容	計測方法	計測結果	得られた知見	特筆すべき特徴的な計測技術	管理値・限界値
タイプ1-1	S1	(高負) 横浜環状北線馬場出入口・馬場換気所及び大田神奈川線街路構築工事	送電線鉄塔下部をシールド通過	シールドに近接する鉄塔の変位計測	鉄塔基礎をトータルステーションで自動計測	予測解析9.9mmの予測に対して5mm程度の変位	切羽圧、裏込め率の設定が妥当であった。	ー	ー
	S6	地下鉄御堂筋線近接に伴う大和川線シールド受託工事	地下鉄シールドトンネル直下を新設シールドが横断	①トライアル区間での地盤変状計測 ②既設トンネルの鉛直変位・内空変位計測	①層別沈下計 ②水盛式沈下計の自動計測および手動測量	先行シールド：予測 10.2 mmに対して最大 2.1 mm隆起 後行シールド：予測 16.6 mmに対して最大 0.7 mm隆起	層別沈下計の設置、トライアル計測及びリアルタイム計測による掘進管理（切羽圧力管理や塑性流動管理等）、同時裏込めの注入は、近接構造物への変位抑制を図る上で有効。	ー	FEMによる予測解析結果を限界値として利用
	S12	首都高速 横浜環状北線シールドトンネル工事	地下鉄シールドトンネル直下を新設シールドが横断	①トライアル区間での地盤変状計測 ②既設トンネルの鉛直変位・内空変位計測	①層別沈下計 ②鉛直変位計・水平変位計	解析値4.0mmに対して0.9mmの最大変位	計測管理をシールド掘進に反映させて最適な掘進管理を行うことによって、地下鉄に影響を与えることなく掘進できた。	ー	ー
タイプ1-2	S34	平成24年度302号鳴海共同溝工事	地下鉄シールドトンネル直下を新設シールドが横断	①施工前の土層構成および既設シールド施工時の緩み調査 ②トライアル計測 ③既設トンネルの軌道沈下量計測	①音響トモグラフィ ②記載なし ③デジタルレベル計	最大沈下量：0.6mm（予測2.8mm）10m改相対変位：0.2mm（予測0.3mm）	予測解析と施工を繰り返し行うことにより、影響を与えることなく掘進でき、事前調査で音響トモグラフィを採用したが、交通量の多い道路下では調査できため有効である。	音響トモグラフィ	ー
	S415	中央環状品川線大井地区トンネル工事	東電洞道直上を新設シールドが横断	鉛直・水平変位、内空縦目間き、温度	記載なし	鉛直変位 5mm（隆起）、水平変位2mm	上越し施工では、マシンが近接構造物を通過してテールが抜ける際に構造物直上の応力が解放されるため隆起傾向の挙動を示した。	ー	ー
	S1101	常磐工区開削トンネル工事	開削施工中の土留壁にシールドが近接通過	開削部の切梁軸力の自動計測と土留の変形計測	傾斜計、変位計、間隙水圧計、層別沈下計、光ファイバ計測器	土留の変形は2～4mm程度と微小。切羽土圧管理値を静的土圧＋予備圧から主働土圧＋予備圧まで抑えた結果、掘進に伴う土留壁からの漏水、出水は見られなかった。	土留の計測管理とシールド掘進管理を同じ時系列で管理する手法は、土留めへの影響が大きい掘進中の切羽土圧の確実な制御を行う上で有効。	光ファイバ計測器による軸力の可視化	ー
タイプ2-1	S2002	調布駅付近連続立体交差工事（土木）第2工区	地上営業線下を地下シールドが通過	①トライアル区間での地表面鉛直変位、地盤内鉛直変位 ②地表面沈下、セグメント作用土圧、セグメント応力	①層別沈下計、圧力式沈下計、多段式傾斜計、温度計、軌道変位プリズム、地盤プリズム ②軌道プリズム、地盤プリズム	先行トンネルは、最も近接した箇所で大きな正曲げが発生した。	トライアル掘進区間の実績より、管理手法を確立し、軌道・地盤計測結果をフィードバックしながら施工した結果、営業線直下で変位量を管理目標値の±5mm以内に抑制できた。	ー	ー
	S2003	小田急線複々線化 下北沢シールド（土木第3工区）	地上営業線直下を併設シールドトンネルが通過	地盤変位計測	層別沈下計、多段式傾斜計	初期掘進時にトンネル直上部で最大2mmの沈下、地表面を含むその他の計測箇所で1mm以下のわずかな沈下量となり、概ね解析値の1/2～1/3程度の沈下量となった。	トライアル掘進区間の計測結果に基づき施工管理値を定め、近接影響の低減を図っている。	ー	ー

II-83

T.L.34 都市における近接トンネル

表-4.3.2 シールドトンネル近接工事事例の計測に関する整理 (2)

分類	事例No.	工事名称	概要	計測内容	計測方法	計測結果	得られた知見	特筆すべき特徴的な計測技術	管理値・限界値
タイプ2-1	S2004	高速電気軌道第8号線 自 東淀川区瑞光三丁目 至 東淀川区大桐一丁目 間 地下鉄線路および豊里停車場北部工事（1工区）	後行シールドが先行シールドの斜め上方を近接して通過	①地盤変位（地表面沈下、地盤内鉛直・水平変位）②セグメント作用土圧、セグメント応力	①層別沈下計、連層式沈下計、連通管式沈下計、多段式傾斜計②パッド式土圧計、ひずみ計	シールド側部地盤はシールド通過時押し広げる方向に変位し、テール通過時にシールド側へ戻るような変位傾向を示した。先行シールドは後行シールド通過時に後行シールド側において正曲げが発生し、テール通過後に減少した。		—	—
	S2016～S2018	阪神高速 大和川線	後行シールドが先行シールドに横併設で近接して通過	①地盤変位②シールドトンネル変位③真円度	①層別沈下計、水盛り式沈下計②ひずみ計、ユニバーサル変位計、トータルステーション③回転式レーザー距離計	すべての計測断面において、後行シールド通過時に先行トンネル覆工は、後行シールド側において曲げモーメントは正曲げ、内空変位は縦長変形する傾向を示した。	—	回転式レーザー距離計	—
	S2103	（高負）横浜環状北線馬場出入口・馬場換気所及び大田神奈川線街路築構工事	本線シールドトンネルとの近接施工	本線シールドトンネル計測	トータルステーション	最大変位13.5mm（許容値15mm）	本線シールドの変形モードはシールド通過時と通過後で異なることが計測結果からも確認できた。	—	—
	S3007	（高負）横浜環状北線馬場出入口・馬場換気所及び大田神奈川線街路築構工事	セグメント切拡げ	本線シールド変位計測	—	許容値内に収まった。	施工が大きな支障なく無事に完了し、事前の構造解析や施工ステップを踏まえた逐次解析の手法は妥当であることが実証された。	—	—
タイプ2-2	S3204	中央環状品川線五反田出入口工事（非開削部）	セグメント切拡げ	パイプルーフアーチの鉛直絶対沈下量、躯体鉛直相対変位・水平相対変位、躯体応力・変位、内部支保工応力	変位計、トータルステーション	一次管理値以内であったが、パイプルーフアーチ構造体が全体的に沈下しながらアーチライズが大きくなる変形モードが確認され、事前の解析とは異なる挙動を示したため、実施工位置での土層構成を精査し、逆解析により実挙動の再現を確認した。	施工が大きな支障なく無事に完了し、事前の構造解析や施工ステップを踏まえた逐次解析の手法は妥当であることが実証された。	—	許容値から決まる限界値の8割を一次管理値
タイプ3	S4003	地下鉄13号線新宿三丁目二工区土木工事	既設シールド直上を開削施工	既設シールドの変位計測	水盛り式沈下計	10m改相対変位1.9mm（計測値0.9mm）、一次管理値3.5mm	既設地下鉄建設時に将来の計画を踏えて補強を行うことにより、今回の近接施工が実現したと考えられる（事後の補強は施工困難なことが多い）	—	一次管理値3.5mm、二次管理値5.0mm
	S4004	（仮称）OH-1計画	既設シールド側部を大規模掘削施工	既設シールド変位計測	沈下計、変位計、トータルステーション	計測値4.2mmの隆起（解析は3.01mm）	大規模な掘削や重量のある高層ビルを構築する場合などには、土留杭の下部の地盤も変形し、それに伴って近接する既設トンネルも変位する可能性があることを認識しておく必要がある。	—	—
	S4006	戸塚駅西口第1地区第二種市街地再開発事業 共同ビル横新築工事	既設シールド直上を開削施工	既設シールドの変位計測	連結二次元変位計、水盛り式沈下計、傾斜計、レーザー距離計	一次警戒値内に収まった。	計測結果を見ながら地下水の制御等を行い、営業線に影響を与えることなく施工できた。	—	一次警戒値は許容値の50%、二次警戒値は許容値の70%

第Ⅱ編　シールドトンネル　　4. 近接影響計測手法

次に，整理した計測事例における特筆すべき特徴的な計測方法について以下に紹介する．

・音響トモグラフィ

　ボーリング孔に設置した発振器から周波数と振幅を制御した縦波（P波）を発振し，地中を伝播してきた波を受信機で受信し，その波形や波の到達時間等から地層を判別する地盤探査方法の一つである．調査方法のイメージ図と調査結果例を図-4.3.1に示す．

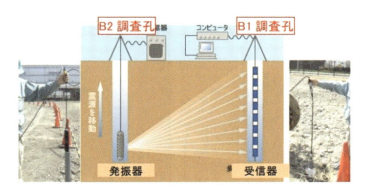

(a) 音響トモグラフィ調査方法イメージ図

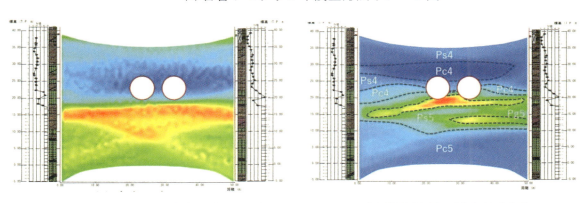

(b) 調査結果（速度分布図）　　　　　　　(c) 調査結果（減衰分布図）

図-4.3.1 音響トモグラフィ調査方法イメージおよび調査結果[8]

（出典：安藤嵩久ら，地下鉄営業線と近接施工をともなう共同溝シールドの施工事例－平成24年度302号鳴海共同溝工事－，第81回施工体験発表会（都市），pp.1-8，日本トンネル技術協会，2017.）

・光る計測器

　ひずみゲージ等と連動して，計測値をLED表示によりリアルタイムで可視化するものである．任意に設定した管理値（閾値）に応じて，LEDの発光色を変化させることが可能である．土留め切梁軸力計測に使用した事例を写真-4.3.1に示す．

写真-4.3.1 光る計測器使用事例[9]

（出典：鹿島建設株式会社提供）

Ⅱ-85

・回転式レーザー距離計

　レーザー距離計を測定断面に設置し，距離計からのレーザー光線を 360 度回転する小型ミラーで 90 度方向に屈折させることによりシールドトンネルセグメントの真円度を測定する仕組みである．システムのイメージを図-4.3.2 に，真円度変位のビジュアル化事例を図-4.3.3 に示す．

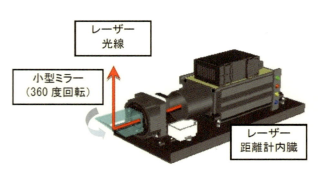 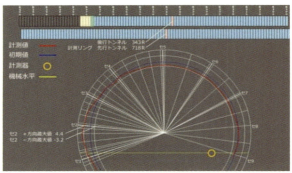

図-4.3.2 回転式レーザー距離計イメージ[10]　　図-4.3.3 真円度変位のビジュアル化事例[10]

（出典：牧野由依ら，回転式レーザー自動測定システムによる併設影響計測実績，土木学会第 72 回年次学術講演会講演概要集，VI-301，pp.601-602，土木学会，2017.）

4.4 近接影響計測における留意点のまとめ

　近接影響計測の計画にあたっては，影響を受ける構造物の用途や事業者によって計測項目や計測範囲，管理値の設定などが大きく異なるものであるため，基本的には対象構造物の管理者との協議に基づいて決定することとなる．計測方法に関し，計測項目や計測範囲の設定においては，シールドの近接施工に伴って先行構造物がどのような挙動を示すのかを正確に把握できるように，また事前に実施する影響予測結果との対比ができるように，シールドの切羽圧や裏込め注入方法，マシン姿勢等の施工データをよく踏まえた上で計測を計画する必要がある．仕様を定めるにあたっては，実績のある計測機器の中から目的に合致し，当該工事で必要な精度や頻度を考慮して効率よく測定できることに留意する．計測管理上の留意点として，計測管理値については既設構造物等の事業者の基準や管理値を超えた際にどのような対策を実施するのかを事前に管理体制も含めて検討しておくべきである．また，緊急時の連絡網や応急対策について十分に体制を整理するとともに関係者間での情報共有化に務めることが重要である．

　新設構造物の施工にあたり，近接する構造物に何らかの有害な変状が認められた場合，内外に対する説明責任を果たしつつ，的確な対策の検討を行う必要がある．このためには，近接構造物の変状を，本書で紹介するような近接施工タイプに応じて詳細に把握することのみならず，当該工事による影響を他の変状要因から明確に切り分けることが重要である．よって，近隣の他の工事や，比較的離れていても地下水位低下などによって影響を与える可能性がある大規模工事，対象となる近接構造物そのものにおける工事や添架物の付加，使用形態の変更などについても十分に留意し，必要に応じて関連する計測や監視も行って状況を把握することが望ましい．また，特に大規模かつ長期にわたる近接施工においては，過去の地下水位の変化による長期圧密沈下の継続など，広域にわたる地盤変状に関する調査も有益である．これに関しては，地方自治体などによって公表されている地下水位および水準測量のデータや，衛星画像解析などを活用し，過去に遡って地盤変状の傾向を把握することが可能である．

　以上のような他の要因による，当該近接施工期間中における近接構造物の変状傾向に対し，当該近接施工の影響が付加された場合に対象近接構造物の変状がどのように変化するのか，という

第Ⅱ編　シールドトンネル　　　4. 近接影響計測手法

観点から計測データ分析することが望ましい．それができなかった場合に，真に必要な対応レベルから逸脱し，的外れかつ過剰な対応となってしまう可能性があることに留意すべきである．

　また，計測機器の精度や安定性などの把握や，高頻度で行う自動計測を適宜手動計測でクロスチェックすることによる計測精度の向上，更には計測と解析を常に連動させ，情報化施工を行うことも重要である．具体的には，事前に実施した変状予測結果と信頼性の高い実測値の比較を行い，乖離が見られる場合は解析モデルやパラメータの調整により予測精度の向上を図るとともに，適宜予測値の見直しを実施する．また，必要に応じて工法や対策工の見直しも行い，明らかにオーバースペックと判断される変状対策や計測項目を変更することなども可能となる．

参考文献
1) 日本トンネル技術協会：都市部近接施工ガイドライン，参10-1，2016.
2) 日本トンネル技術協会：都市部近接施工ガイドライン，参10-22，2016.
3) 日本トンネル技術協会：都市部近接施工ガイドライン，参10-32，2016.
4) 日本トンネル技術協会：都市部近接施工ガイドライン，参10-41，2016.
5) 日本トンネル技術協会：都市部近接施工ガイドライン，p.40，2016.
6) 日本トンネル技術協会：都市部近接施工ガイドライン，p.36，2016.
7) 地盤工学会：地盤工学・実務シリーズ28 近接施工，p.45，2011.
8) 安藤嵩久，服部鋭啓：地下鉄営業線と近接施工をともなう共同溝シールドの施工事例－平成24年度302号鳴海共同溝工事－，第81回施工体験発表会（都市），pp.1-8，日本トンネル技術協会，2017.
9) 鹿島建設株式会社提供
10) 牧野由依，渡辺真介，松川直史，紀伊吉隆，橋村義人：回転式レーザー自動測定システムによる併設影響計測実績，土木学会第72回年次学術講演会講演概要集，VI-301，pp.601-602，土木学会，2017.

5. 近接影響低減対策

5.1 近接影響低減対策について

5.1.1 本章の内容

本章では，近接影響低減対策を検討フローや近接形態の分類ごとに整理し，対策工の項目に対応した具体的な工法事例とその成果を紹介する．

5.1.2 近接影響低減対策の分類

(1) 対策検討フローによる分類

近接影響低減対策を検討の流れで整理すると「施工法による対策」，「補助工法による対策」，「既設構造物の補強による対策」に分類される．

既設構造物への影響を防止するため第一に行うべきことは，影響を与える側のシールド側および立坑側での対応であり，地盤変状を最小限に抑えるような施工である．具体的には，切羽圧力の保持や裏込め注入，または，立坑底面のリバウンド対策などの施工方法が重要となる（Step-1）．しかし，シールド側および立坑側の対策を行っても既設構造物にとって有害な影響が懸念される場合には，シールド掘進および立坑掘削の影響をできる限り低減するために，既設構造物とシールドの間で補助工法により対策を講じる必要がある（Step-2）．また，以上の対策を行っても既設構造物への影響が懸念される場合には，「既設構造物の補強による対策」を施す必要がある（Step-3）．

表-5.1.1 検討フローによる分類

Step	対策の種類		対策工
1	施工法による対策		シールド切羽や立坑底面などの安定の検討
2	補助工法による対策	地盤の強化	シールド周辺の地盤強化
			既設構造物周辺の地盤強化
		地盤変状の遮断	応力および変形の遮断
3	既設構造物の補強による対策		直接補強
			アンダーピニング

(2) 近接形態による分類

一方，本書では第 2 章で述べたとおり近接の形態での分類としている（**表-5.1.2**）．

表-5.1.2 近接形態による分類

タイプ		タイプ 1		タイプ 2		タイプ 3
		タイプ 1-1	タイプ 1-2	タイプ 2-1	タイプ 2-2	
分類	概要	シールドトンネルの施工による近接構造物への影響		施工中のシールドトンネルに及ぼす近接施工の影響		シールドトンネルへの近接施工
	影響を受ける構造物	既設構造物（供用中のシールドトンネルを含む）	仮設構造物（施工中）	シールドトンネル（施工中）		シールドトンネル（供用中）
	影響を及ぼす構造物（施工法）	シールドトンネル（シールド工法）		シールドトンネル（シールド工法）	断面変化部・開口・接合部躯体（非開削工法）	新設構造物（開削工法，ケーソン工法等）

(3) 本章での分類方法

本章では対策工側からの視点を優先し，検討フローによる分類で整理し，事例紹介のところで近接形態による分類（タイプ1～3）との関連付けを行う．

5.2 近接影響低減対策の考え方

5.2.1 シールド近接施工における影響検討および対策工の基本的な考え方

都市部のシールドトンネル工事においては，多くの場所で既設構造物との近接施工が生じるほか，複数のシールドが併設して施工される事例が増加している．シールド施工においては，掘削に伴う周辺地盤の緩みや裏込め注入，偏向圧などの施工時荷重の影響によって土圧や地盤反力が増減し，近接する既設構造物や併設する先行トンネルに対して短期的または長期的な影響が生じることとなる．一般に，トンネル外径 D の 1.0 倍以上の離隔（>1.0D）があれば，その影響は小さいとされ，近接影響の検討や対策工が省略されることが多いが，近年の都市部のシールド工事においては，既設構造物や併設シールドの離隔がより小さく，近接影響がより厳しい条件となる傾向が見られることから，事前に近接影響を十分に検討し，その内容を適切に評価した上で，近接構造物の健全性を確保するために必要かつ有効な対策工を選定し，実施する必要がある．シールド近接施工における対策工の検討を含む実施フローを図-5.2.1に示す．

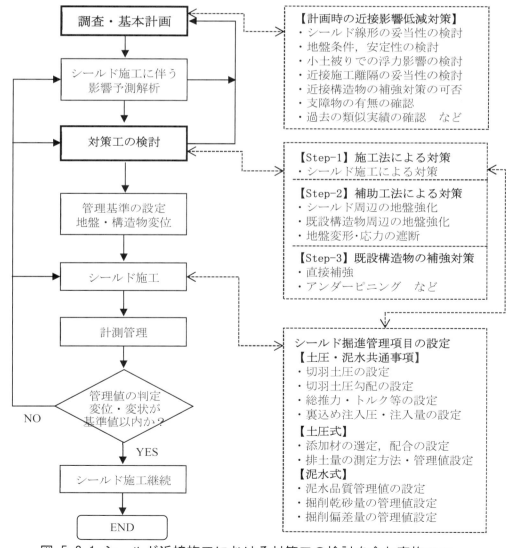

図-5.2.1 シールド近接施工における対策工の検討を含む実施フロー

5.2.2 調査・基本計画（計画時の近接影響低減対策）

　シールド工事の調査，基本計画段階においては，シールド線形と土質条件の関係や，既設構造物との位置関係を十分に把握した上でこれを決定する必要がある．軟弱地盤においては周辺地盤に与える影響が大きくなり，既設構造物との離隔が小さいほどその構造物に与える影響が大きくなることから，計画次第では重厚な近接影響対策工が必要となり，工事費の増大や工期の長期化につながる可能性がある．したがって，シールドの基本計画段階から，既設構造物や埋設物のほか併設シールドに与える影響等を考慮した上で，基本計画，基本設計を進める必要がある．シールド計画段階における近接影響に対する検討事項を表-5.2.1に示す．

表-5.2.1 シールド計画段階における近接影響に対する検討事項

検討項目	検討内容の例
●シールド工法 ●シールド線形 ●地盤条件 ●既設構造物との位置関係 ●併設シールドの位置関係 ●併設シールドの施工順序	➤シールド工法（土圧式または泥水式，円形または矩形等）の検討 ➤地盤条件を考慮したシールド通過位置，線形の検討 ➤小土被りとなる場合のシールド線形の妥当性の検討 ➤既設構造物との近接離隔距離，位置関係の検討 ➤既設構造物周辺地盤の補助工法（地盤改良等）の施工可否の検討 ➤既設構造物本体の補強対策の可否の検討 ➤併設シールドの配置計画，離隔の確保（上下，左右，斜め） ➤先行シールドと後行シールドの施工時期の検討（裏込め材強度，地盤の安定） ➤上下または斜め併設となる場合の施工順序の検討（下方シールドの先行など） ➤曲線併設施工の施工順序の検討（曲線内側シールド先行による偏向荷重対策） ➤既設構造物に付随する支障物の有無の確認 ➤過去の類似工事の施工実績の確認　など

5.2.3 シールドの施工法による対策（Step-1：掘進管理制御による影響低減対策）

　シールド施工による既設構造物等への近接影響低減対策においては，既設構造物に対する補助工法や直接補強の前段階として，シールド掘進の各施工プロセスにおける地盤変状防止対策とその施工管理の強化が非常に重要である．図-5.2.2にシールド施工が周辺地盤や近接構造物に与える影響概念図を，表-5.2.2に近接影響低減を目的とするシールド掘進管理項目と対策方法を示す．

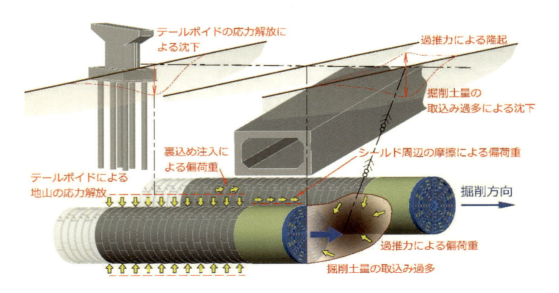

図-5.2.2 シールド施工が周辺地盤や近接構造物に与える影響概念図

第Ⅱ編　シールドトンネル　　　5. 近接影響低減対策

表-5.2.2 近接影響低減を目的とするシールド掘進管理項目と対策方法

管理項目	近接施工に対するリスク	具体的な対策方法または管理方法
(1)切羽の安定化対策	➤切羽圧力の低下または不足による掘削土砂の取り込み過多，地盤変状，近接構造物の変位・変形 ➤過大な切羽圧力による地盤隆起，地盤変状，近接構造物の変位・変形	➤土圧式シールドにおける添加材の品質や注入量（率）による調整 ➤泥水式シールドにおける泥水品質の確保と調整 ➤切羽圧力の制御および切羽圧力勾配の安定化
(2)シールド掘進制御	➤過大な推力（高いトルク，掘進速度）による近接構造物への偏荷重作用 ➤低速度または低トルクの掘進による掘削土砂の取り込み過多，地盤変状，近接構造物の変位・変形	➤総推力の制御 ➤カッタートルクの制御 ➤掘進速度の制御など
(3)周面摩擦低減	➤過大なシールド周辺の摩擦力の作用による地盤の引き込みや振動による近接構造物の変位・変形	➤滑剤の胴体注入 ➤掘進方向制御の安定化（蛇行の最小化）
(4)排土量の管理	➤掘削土砂の取り込み過多による地盤変状，近接構造物の変位・変形 ➤掘削土砂の取り込み不足による地盤隆起，地盤変状，近接構造物の変位・変形	➤土圧式シールド排土量の管理　　（土砂重量測定，体積測定） ➤泥水式シールド排土量の管理　　（掘削乾砂量，掘削偏差流量）
(5)裏込め注入管理	➤注入不足による地盤沈下，地盤変状，近接構造物の変位・変形 ➤過大な注入による地盤隆起，地盤変状，近接構造物の変位・変形	➤同時裏込め注入（機内注入） ➤早期強度発現型裏込め注入材 ➤余掘り量の制限，余掘り充填材（マシン胴体注入）の使用
(6)その他	➤シールド一時停止（夜間・休日・段取替え等）による切羽の不安定化や地盤変状・崩壊	➤シールド停止時の切羽保持管理（泥水または添加材の自動供給など） ➤土圧式シールドにおけるチャンバー性状の安定化，分離・圧密防止

T.L.34 都市における近接トンネル

シールド施工における掘進管理の留意点については,令和3年12月に国土交通省から公表された「シールドトンネル工事の安全・安心な施工に関するガイドライン」[1]の第4章「施工」にも記述があり,その中から近接施工の影響低減に関わる掘進管理の項目と内容を**表-5.2.3**に整理する.

表-5.2.3 「シールドトンネル工事の安全・安心な施工に関するガイドライン」[1]において近接施工の影響低減に関わる掘進管理の項目と内容

項　目	内　容
4-1 泥水・添加材の調整と管理	泥水式シールドでは泥水の適切な品質,泥土圧シールドではチャンバー内土砂の適切な状態が,切羽を安定させるための前提となることから,地盤の状況に応じ,泥水式シールドでは泥水の比重及び粘性等について所定の品質を確保すること.また,泥土圧シールドでは適切な添加材を混合撹拌して所定の塑性流動性と止水性を満足するようにすること.
4-2 切羽圧力の管理	切羽圧力は切羽の安定が保たれるように管理し,切羽圧力等に急激な変動があった場合は,直ちにその原因を究明し,適切に対応すること.
4-3 排土量管理	掘削土の過剰な取込みは,周辺地盤を緩めてシールドの掘進制御を困難にすることや地表面沈下等の周辺環境への影響につながるおそれがある.一方,取込み不足はジャッキ推力が上昇してセグメントに作用する施工時荷重が増大することや地盤隆起等の周辺環境への影響につながるおそれがある.このため,掘進時の土砂の取込み量の管理を適切に行い,過剰な取込みや取込み不足を防止すること.排土量管理においては,精度の維持・向上に取組み,異常の兆候等の早期把握に努めること.
4-4 裏込め注入工	裏込め注入はセグメントが早期に安定するように,テールボイドへの確実な充填をすみやかに実施すること.また,裏込め注入工の施工管理は,注入圧と注入量で行うこと.注入量が想定値を大幅に上回った場合,地山の部分的な崩落や空洞形成等も想定されるため,適切な調査を行い,充填等の対応を行うこと.
4-5 線形管理	線形管理は,要求される線形の誤差の範囲に収まるよう的確に実施する必要があるとともに,線形管理に問題が生じた場合は,急激なシールドの姿勢の変化や過大な余掘りを避け,計画的かつ緩やかに蛇行修正を行うこと.
4-7 シールドトンネルの浮上り	施工時においては,テールボイド内におけるセグメントリングの浮上りに対して,セグメントの継手や裏込め注入方法を適切に選定し,施工時の安全性を確保するとともに,シールドトンネルの浮上りについての確認を常に怠らないこと.
4-11 掘進停止時の対応	切羽の不安定化のおそれがある長時間の掘進停止は,セグメント組立,休工,段取り替え,夜間の掘進制限等やむを得ない場合を除きこれを極力回避すること.また,停止する場合には,掘進再開時も含め,切羽の安定を図ること.
4-12 異常の兆候の早期感知と迅速な対応	シールドの掘進は,地盤の条件,トンネルの断面の大きさ等を考慮し,地盤の安定が確実に保たれるように管理すること.その際,泥水式シールドでの泥水品質や泥水圧,泥土圧シールドのチャンバー内の土砂の塑性流動性・止水性と圧力を適切に管理し,排土量と掘削土量をできるだけ正確に計測・分析し,カッタートルクやジャッキ推力等を把握して,地盤を緩めることがないように施工管理を行うこと. 　複数の項目を総合的に計測・分析し,異常の兆候の早期感知に努め,確認された場合には,速やかに関係者間で共有しその解消に努めるとともに,兆候が継続する場合には,その要因を明らかにした上で対策を検討し講じること.なお,異常やトラブルの際は言うまでもなく,兆候を確認した際にも,情報共有等の対応をあらかじめルール化して関係者間で共有しておくこと. 　重大なトラブルが発生した場合に,直ちにシールドを停止し応急対策を実施すること.その上で,必要に応じて有識者に意見を求め,追加の調査を実施し,発生要因を明らかにするとともに,それを踏まえた対策を講じること.
6-2 新技術の活用	シールドトンネル工事の更なる安全性の向上と周辺地域の安心の確保のため,また,今後のシールド技術の発展に寄与するため,新技術の開発・活用が重要である. 1)調査・探査・測量 ・三次元CIM等による地質や近接構造物のリアルタイム可視化 ・超音波式・電磁波レーダー・貫入式等の地山崩壊探査装置による切羽での地盤の緩みの検知 ・カッタービット振動計内蔵支障物判定システム ・地盤内の支障物・空洞や地質の急変に対する切羽からの前方探査 2)施工安全性向上 ・チャンバー内塑性流動性と止水性,切羽管理の可視化 ・材料分離等が発生しにくい高性能な添加材の開発

II-92

第Ⅱ編　シールドトンネル　　5. 近接影響低減対策

5.2.4 補助工法による対策（Step-2：地盤の強化，地盤変状の遮断）

　シールドの近接影響低減対策のうち，Step-2 補助工法による対策として，地盤の強化および地盤変状の遮断による具体的な施工方法（概念図）を示す.

分　類	対策工の内容	参考図	具体事例
■既設構造物の間接的な補強による対策（地盤の強化）	➤シールド周辺地盤の地盤改良 ⇒高圧噴射撹拌工法，薬液注入工法など ➤シールドと既設構造物の境界部の地盤改良 ⇒同上 ➤既設構造物の周辺または支持地盤の改良 ⇒高圧噴射撹拌工法	シールド周辺地盤の強化　　既設構造物の支持地盤の強化 水道／水道／ガス　　　　工業用水／水道／ガス 地盤改良　　　　　地盤改良 近接構造物の地盤の強化　　近接杭地盤の強化 地盤改良　　　地盤改良	タイプ 1-1 S 7　S19 S24　S31 S32 タイプ 1-2 S1001 タイプ 2-2 S3101
■既設構造物の間接的な補強による対策（地盤変状の遮断）	➤地盤の変形影響の遮断（影響遮断壁） ⇒鋼矢板，地中連続壁など	応力および変形の遮断　　　　影響遮断壁 影響遮断構造体 影響遮断壁	タイプ 1-1 S20
■併設シールドにおける対策（地盤の強化）	➤併設トンネル間の地盤補強 ⇒高圧噴射撹拌工法，薬液注入工法など	超近接シールドの地盤強化 地盤改良	タイプ 2-1 S2005

II-93

T.L.34 都市における近接トンネル

5.2.5 既設構造物の補強による対策（Step-3：直接補強，アンダーピニング，小土被り対策）

シールドの近接影響低減対策のうち，Step-3 既設構造物の補強による対策として，直接補強，アンダーピニングおよび小土被り対策の具体的な施工方法（概念図）を示す．

分　類	対策工の内容	参考図	具体事例
■既設構造物の直接的な補強による対策	➤既設構造物の直接補強 ⇒鋼板補強など ➤アンダーピニングによる防護 ➤鉄道の軌道工事桁架設による防護 ⇒軌道工事桁，簡易工事桁 ➤支持杭等を直接切削する場合のアンダーピニング ⇒高圧噴射撹拌工法など	直接補強／アンダーピニング／工事桁／支持杭切削	タイプ 1-1 S 1　S19 S24 タイプ 2-1 S2001 タイプ 2-2 S3001
■併設シールドや切拡げにおける対策 （シールドに対する直接的な補強）	➤先行シールドのセグメント本体補強 ⇒RC セグメント鉄筋補強，合成または鋼製セグメントの採用 ➤先行シールドのセグメント継手の増強 ⇒セグメント継手部材の補強，仕様アップ ➤内部支保工による補強	併設シールドの補強対策／内部支保工（小土被り）	タイプ 2-1 S2001　S2003 S2005　S2006 S2018　S2021 タイプ 2-2 S3001　S3002 S3003　S3004 S3005　S3006 S3007　S3008 S3009　S3010 S3201　S3202 S3203　S3204

II-94

第Ⅱ編　シールドトンネル　　　5. 近接影響低減対策

分　類	対策工の内容	参考図	具体事例
■小土被りにおける地表面や埋設物の対策	➤重量物の載荷（浮き上り防止） ⇒盛土，コンクリート床板，鉄板載荷など ➤表層地盤の直接改良 ⇒高圧噴射撹拌工法，浅層混合改良，表層置換など ➤仮設構造物による補強 ⇒パイプルーフなど ➤トンネル内の荷重増加（浮き上り防止） ⇒鉄板載荷，インバート先行設置，重量コンクリートを用いたセグメントなど	盛土　　　コンクリート床板 パイプルーフ　　　内部荷重 　　　　　　　　　　鋼板等	タイプ 1-1 S16

II-95

T.L.34 都市における近接トンネル

5.2.6 開削工法が既設シールドに近接する場合の影響低減対策

既設シールドに近接する開削工法の施工における，既設シールドに対する影響低減対策として，具体的な施工方法（概念図）を示す．

分　類	対策工の内容	参考図	具体事例
■開削工法が既設シールドに近接する場合の対策	➤グラウンドアンカーによる既設シールドのリバウンドまたは盤ぶくれ防止	グラウンドアンカーによる盤ぶくれ低減	タイプ3 S4004
	➤部分掘削，部分構築（アイランド方式）による既設シールドのリバウンド防止	部分掘削、部分構築（アイランド方式）	タイプ3 S4003
	➤ディープウェルによる盤ぶくれ防止	ディープウェル	タイプ3 S4006
	➤周辺地盤の補強（地盤改良）による既設シールド変形防止対策	地盤改良	

II-96

5.3 対策工の具体事例

対策工の具体的例として，近接形態ごとに代表的な事例を以下に紹介する．

5.3.1 対策事例：近接形態 タイプ1-1

事例 No.	S 2	分類	1.施工法による対策（切羽土圧，裏込め注入圧）
対策内容	\multicolumn{3}{l}{Cランプシールド天端から鉄塔基礎までの離隔は14.9mであり，掘進に伴う影響が懸念された．既に施工を完了しているDランプシールドの施工実績を踏まえ，切羽土圧管理を「静止土圧+水圧+変動圧」とした．}
実施結果	\multicolumn{3}{l}{・鉄塔基礎への影響を管理値以内に収めることができた． ・沈下や隆起などの変状が発生した際は，頂部切羽圧および裏込め注入量・注入圧などの施工管理値を調整して対応した．}
図，表，写真			

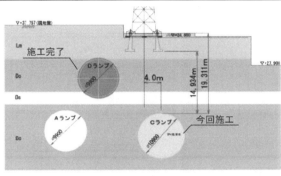

図-5.3.1 鉄塔付近断面図[2)]

[出典] 内海和仁，栗林伶二，岩居博文，田邉健太，安井克豊，武本怜真：横浜環状北線馬場出入口工事におけるCランプシールドの掘進報告，土木学会第72回年次学術講演会概要集，VI-292，pp.583-584，2017．

事例 No.	S 2	分類	1.施工法による対策（切羽土圧，裏込め注入圧）
対策内容	\multicolumn{3}{l}{Cランプシールドと既設Bランプシールドとの最小離隔は約5.5mであり，掘進に伴う影響が懸念された．そこで，Bランプシールド内に計測点を20箇所設置し，計測を実施した．切羽土圧について，「主働土圧+水圧+変動圧」で掘進した．}
実施結果	\multicolumn{3}{l}{・わずかに隆起傾向が見られたが，管理土圧を低減しながら調整して対応を実施した．その結果，構造物の変位を管理値以内に収めることができた． ・沈下や隆起などの変状が発生した際は，切羽土圧や裏込め注入量や注入圧などの管理値を調整して対応した．}
図，表，写真			

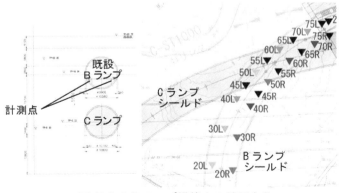

図-5.3.2 Bランプ構築内の計測点[2)]

[出典] 内海和仁，栗林伶二，岩居博文，田邉健太，安井克豊，武本怜真：横浜環状北線馬場出入口工事におけるCランプシールドの掘進報告，土木学会第72回年次学術講演会概要集，VI-292，pp.583-584，2017．

T.L.34　都市における近接トンネル

事例No.	S 2		分類	1.施工法による対策（切羽土圧，裏込め注入強度）
対策内容				到達部において，本線トンネルとの最小離隔が約900mmと近接するため，シールド通過時及び通過後の本線トンネルへの影響が懸念された．そのため，本線セグメントに変位計測点を設けて慎重に監視した．また，到達直前の切羽土圧低減範囲を極力短くし，裏込め注入材（初期強度発現型）の充填を確実に実施した．
実施結果				・最大変位量を5.8mmに抑えることができた. ・シールド機のテール部から裏込め注入を行う同時注入方式を採用. ・シールド通過後の変状に対応するためセグメントに予め貫通孔を設けて必要に応じて補足注入を実施.
図，表，写真				

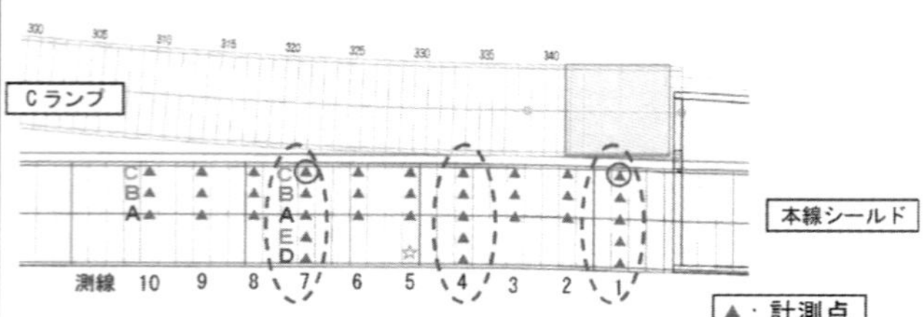

図-5.3.3　到達部平面図[2] 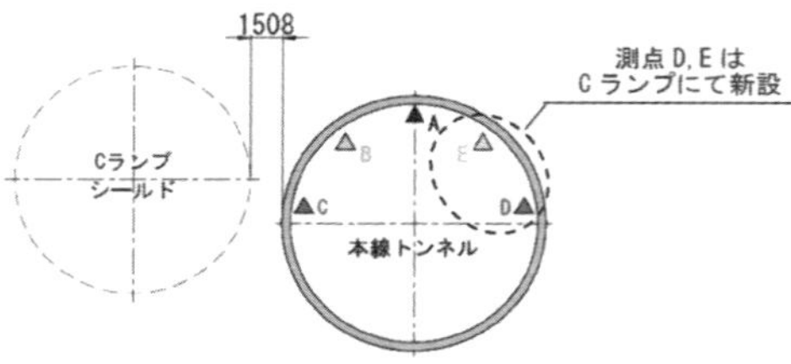　　　　図-5.3.4　到達部断面図（測線7）[2]

[出典]　内海和仁，栗林伶二，岩居博文，田邉健太，安井克豊，武本怜真：横浜環状北線馬場出入口工事におけるCランプシールドの掘進報告，土木学会第72回年次学術講演会概要集，VI-292，pp.583-584，2017.

事例No.	S28		分類	1.施工法による対策（切羽圧，裏込め注入圧）
対策内容				シールド掘削に伴う切羽圧の設定において，通常用いられる（TN中心高において）「上限値＝静止土圧+水圧+変動圧」，「下限値＝主働土圧+水圧+変動圧」にて設定した場合，下限値設定の際に換気所に有害な沈下が生じることが懸念された．そのため，2次元FEM解析により，地盤変位要因を応力解放率αに代表させる手法を用いて，下限値を算出して実施工で設定した．（応力解放率α＝21%以下で，下限値が158kPa以上）また，上限値は切羽泥水が地表面から噴発しない設定とした．（196kPa）
実施結果				・事前解析ではシールド掘進により横断方向に4.5mmの沈下が生じる結果となったが，計測結果は最大2mm程度の沈下であり，事前解析に対して小さな値であった．結果として，躯体に有害な沈下を与えることもなく，換気所下を通過することができた. ・FEM解析により事前に影響検討を実施し，切羽圧や裏込め注入圧を適切に設定し，躯体への影響を計測管理しながら実施工を行った.
図，表，写真				

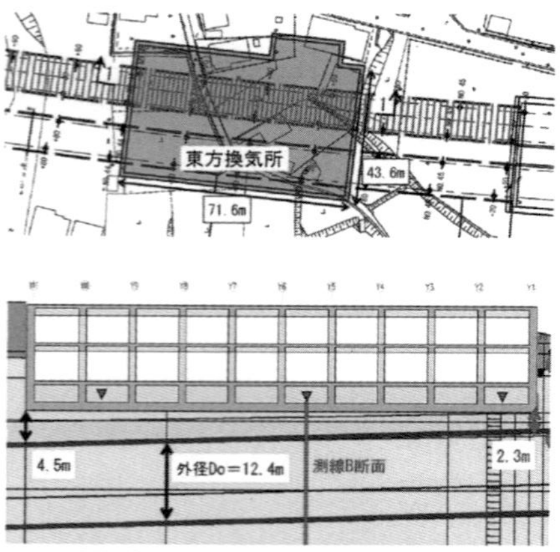

図-5.3.5　平面図・縦断図[3] 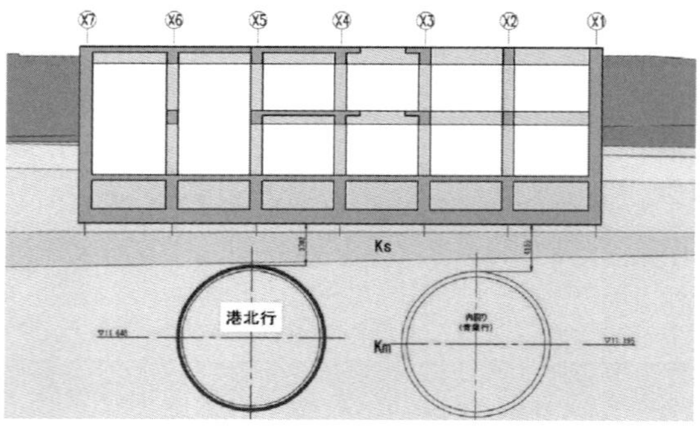　　　　図-5.3.6　横断図（測線B）[3]

[出典]　盛岡諒平，森田康平，上地勇，入野克樹：換気所直下におけるシールドトンネルの施工管理と変位計測結果，土木学会第74回年次学術講演会概要集，VI-172，2019.

事例 No.	S 7	分類	2.補助工法による対策（シールド周辺地盤の強化）
対策内容	\multicolumn{3}{l	}{有限要素法によるステップ解析の結果，既設洞道への影響（変位，洞道セグメントに対する応力度）を考慮し，高圧噴射撹拌工法による地盤改良を実施した．}
実施結果	\multicolumn{3}{l	}{・電力洞道をわずか 400mm の離隔で通過する必要があったが，事前解析やトライアル区間での事前計測による施工へのフィードバックにより，影響を与えることなく通過することができた． ・小土被りを周辺地盤に影響を与えることなく施工できるように切羽土圧管理を適切に実施した．（管理圧力：静止圧力＋地下水圧以上に設定．添加材の使用量や切羽圧力の調整をリアルタイムに実施）}
図，表，写真	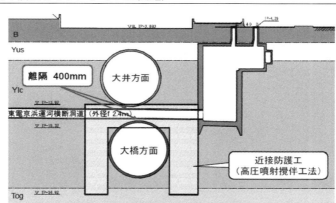 図-5.3.7 重要構造物近接状況図 [4]

[出典] 藤木仁成，井澤昌佳：地上発進・地上到達シールドの施工－中央環状品川線での URUP 工法の採用－，基礎工，vol39，No.3，pp.30-33，2011.3

事例 No.	S19	分類	2.補助工法による対策（シールド周辺地盤の強化）
対策内容	\multicolumn{3}{l	}{泥水の噴発防止，シールド直上の沈下抑制の観点から地盤改良を実施した．地盤改良はシールドを覆う形状で傘型に施工し，その両端はセメント系で改良し，施工深度などの関係で閉合が不可能な箇所については，薬液注入で補完した．適用した工法は，薬液注入工（二重管ダブルパッカー工法），超高圧噴射撹拌杭工（X-jet 工法，RJP 工法），噴射付機械撹拌工法（NS ジェット工法）である．}
実施結果	\multicolumn{3}{l	}{・各鉄道の安全確保を最重点に考え，その目的を①泥水の噴発防止②シールド直上の沈下抑制として地盤改良を実施した． ・事前の防護により，泥水の噴発を未然に防ぐことができたとともに，急激な地盤変状もなく掘進を完了した．}
図，表，写真	\multicolumn{3}{l	}{図-5.3.8 鉄道交差部防護工 [5]}

[出典] 佐々木幸一，坂巻清，阿部修三，岩本哲：常磐・日比谷線直下の大断面シールド－つくばエクスプレス 三ノ輪トンネル－，トンネルと地下，Vol.35，No.5，pp.15-22，2004.5

T.L.34 都市における近接トンネル

事例No.	S16	分類	2.補助工法による対策（シールド周辺地盤の強化）
対策内容	\multicolumn{3}{l|}{小土被り区間における地表面地盤変状及び高水位地下水による浮上り抑制対策として4対策を実施． ① RC床版（t=1.8m）重量による浮上り防止．シールド組立て時の500tクレーンの作業床としても活用． ② Φ800mmの鋼管内に無収縮モルタルを充填して重量による浮上り防止及び地盤変位防止（パイプルーフ工法） ③ 水平機械撹拌工法（HEMS工法）と高圧噴射撹拌工法（CCP工法）による門型の改良体で浮上り防止及び地盤変状防止． ④ 抑え盛土による重量で浮上り防止．}
実施結果	\multicolumn{3}{l|}{・小土被り区間の掘進は大きなトラブルもなく，無事に施工を完了した． ・自動計測による路面変状計測を常時実施し，掘進管理方法を工夫して施工を実施した．}
図，表，写真	\multicolumn{3}{l|}{図-5.3.9 小土被り対策工 平面・縦断図 [6]　　図-5.3.10 小土被り対策工 断面図 [6]}

[出典] 田村憲，金野正一，小島裕隆，石垣博将：大断面シールド（マシン外径13m）の小土被り掘進について，土木学会第72回年次学術講演会概要集，VI-322, pp.643-644, 2017.

事例No.	S32	分類	2.補助工法による対策（既設構造物の地盤強化）
対策内容	\multicolumn{3}{l|}{シールド掘進による影響を最小限とするため，既設地下鉄TN躯体下部に有効厚さ1.6mの地盤改良を施し，変位抑制した．まず深層工法により既設地下鉄TN側部に5m，深さ13mの注入用立坑を構築し，立坑内から水平削孔した上で恒久注入材（超微粒子セメント系懸濁型注入材）により行った．}
実施結果	\multicolumn{3}{l|}{・軌条の変位は営業線の運行に支障は無く，千代田線躯体についてもほとんど影響は発生しなかった．（最大沈下：-0.5mm，最大隆起：+1.2mm） ・施工時において，防護注入中の隆起及びシールド掘進の影響を管理しながら施工するために，千代田線躯体に水盛式沈下計を設置し，自動計測を実施した．}
図，表，写真	\multicolumn{3}{l|}{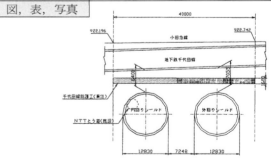　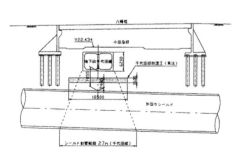 図-5.3.11 近接状況横断面図 [7]　　図-5.3.12 近接状況縦断面図 [7]}

[出典] 波津久義彦，松田満，則竹啓，森口敏美，長谷川勝哉：大断面泥水式シールドの通過に伴う橋梁・鉄道構造物への影響と対策－首都高速中央環状線山手トンネル神山町代々木シールド－，土木学会トンネル工学報告集，第18巻，II-7, pp.243-248, 2008.

第Ⅱ編　シールドトンネル　　5. 近接影響低減対策

事例 No.	S20	分類	2.補助工法による対策（応力及び変形の遮断）
対策内容			高速道路高架の橋脚間に，複線シールドを斜めに交差して，既設橋脚の基礎との離隔が約2.6mであることから，橋脚天端の変位量が許容値を超過するため，対策工としてシールドと橋脚の間に抑止壁（鋼矢板）を設置した．
実施結果			・シールド掘進が近接構造物に与える影響が懸念されるため，事前にFEM解析を行い，影響を検討した． ・土被りが約6〜21mと薄く，重要構造物が多く近接している沖積層の軟弱粘性土の中であったが，上記対策や適切な掘進管理により大きな沈下等なく施工を完了した．
図，表，写真			

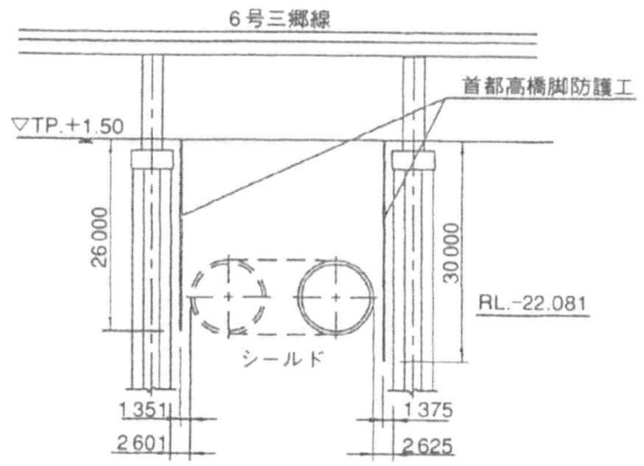

図-5.3.13 橋脚断面図 [8)]

[出典] 浅田元弘：既設構造物に近接する沖積軟弱粘性土層におけるシールド掘削－綾瀬川トンネル－，土木施工，vol.46，No.9，pp.76-80，2005.9

事例 No.	S24	分類	3.既設構造物の補強による対策（直接補強）
対策内容			既設構造物への影響評価した結果，シールド直上部分で軸方向鉄筋の応力度が許容値を超える結果となったため，引張り側となる既設構造物下半の側壁と中壁を鋼板で補強するとともに，構造物内部からの溶液型二重管複相薬液注入工法により，構造物直下に防護工を実施した．
実施結果			・工事に先立ち有限要素地盤変形解析により，地下鉄線既設構造物への影響を事前に評価．更に発進立坑から約100mの断面でトライアル計測を行い，地盤変位の実測値と解析値を比較して対策工の妥当性を事前に検証し，構造物の変状計測により安全性を確認した． ・地下鉄線など周辺構造物に有害な変位が発生することなく掘進完了した．
図，表，写真			

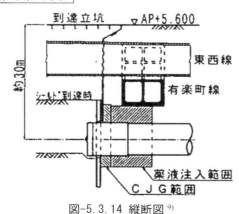

図-5.3.14 縦断図 [9)] 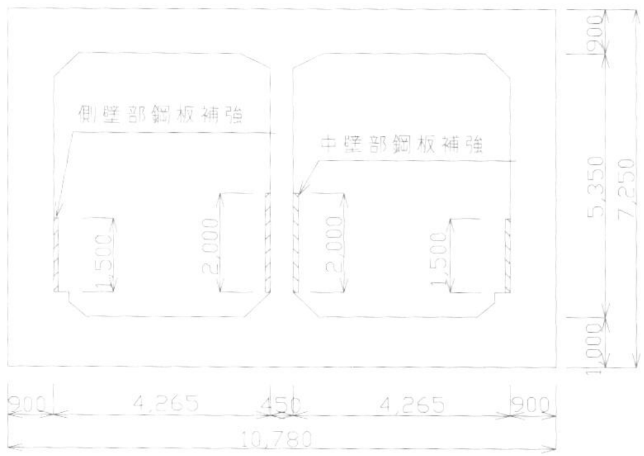　　　　図-5.3.15 有楽町線構築補強図 [10)]

[出典] 9) 梶山雅生，開米章，山森規安：3心円泥水式駅シールド掘進による地盤変状解析と計測結果，土木学会トンネル工学研究論文・報告集，第8巻，pp.383-388，1998.
　　　10) 株式会社熊谷組提供資料

T.L.34　都市における近接トンネル

事例No.	S19	分類	3.既設構造物の補強による対策（工事桁）
対策内容	\multicolumn{3}{l	}{JR常磐線について，その線形がR=300mの急曲線であることから，地盤改良とは別に，軌道工事桁による補強，電架柱基礎の根巻きによる補強を実施し，防護を強化．}
実施結果	\multicolumn{3}{l	}{・各鉄道の安全確保を最重点に考え，その目的を①泥水の噴発防止②シールド直上の沈下抑制として地盤改良とは別で補強や防護を実施した． ・事前の防護により，泥水の噴発を未然に防ぐことができたとともに，急激な地盤変状もなく掘進を完了した．}
図，表，写真	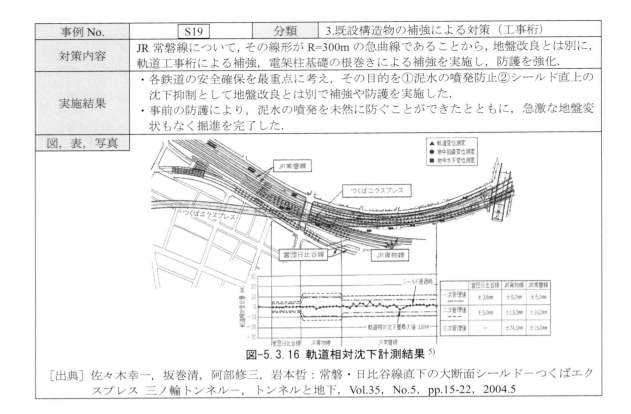 図-5.3.16 軌道相対沈下計測結果 5)

[出典] 佐々木幸一，坂巻清，阿部修三，岩本哲：常磐・日比谷線直下の大断面シールドーつくばエクスプレス 三ノ輪トンネルー，トンネルと地下，Vol.35，No.5，pp.15-22，2004.5

5.3.2 対策事例：近接形態タイプ 1-2

事例No.	S1101	分類	1.施工法による対策（切羽土圧，裏込め注入圧）
対策内容	\multicolumn{3}{l	}{施工中の開削トンネル（躯体構築前の土留め支保工の状況）への影響を低減するために，切羽土圧の制御，裏込め注入圧の制御，およびシールド掘進時の姿勢制御（矩形シールドで最小離隔 0.25m のためローリング影響を低減する目的）を実施．土留め壁の内面には裏込め材の噴出や土留め壁の局所変形を防止する目的で鋼板を貼り付け，土留め変形を低減する目的で支保工の補強を実施．}
実施結果	\multicolumn{3}{l	}{・シールド掘進外径と本線土留壁との離隔は最小 250mm の近接併走であったが，シールド通過前後で軸力がやや減少傾向にあったものの，土留壁の変位はほとんど変化なく影響を抑えることができた． ・施工中の土留め壁の変位影響を低減するために切羽土圧を抑制する制御を行ったが，シールド中心線上で5〜10mm，官民境界では1mm以下であった．}
図，表，写真	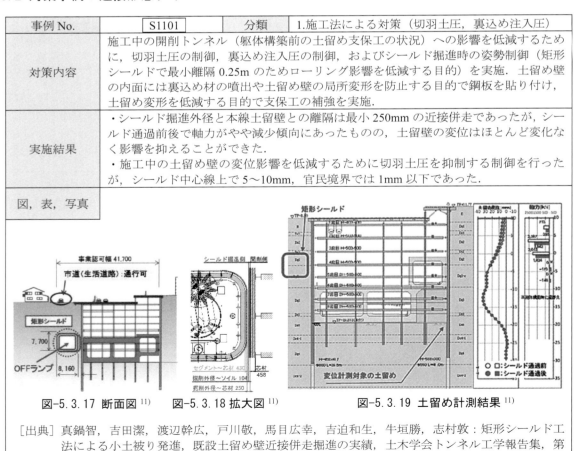 図-5.3.17 断面図 11)　図-5.3.18 拡大図 11)　図-5.3.19 土留め計測結果 11)

[出典] 真鍋智，吉田潔，渡辺幹広，戸川敬，馬目広幸，吉迫和生，牛垣勝，志村敦：矩形シールド工法による小土被り発進，既設土留め壁近接併走掘進の実績，土木学会トンネル工学報告集，第27巻，Ⅱ-12，2017．

II-102

第Ⅱ編　シールドトンネル　　5．近接影響低減対策

5.3.3 対策事例：近接形態タイプ 2-1

事例 No.	S2005	分類	1.施工法による対策（切羽土圧，滑材胴体注入） 2.補助工法による対策（高圧噴射撹拌工法）
対策内容	\multicolumn{3}{l	}{都市高速鉄道新線の単線並列のトンネル工事において，セグメントの最小離隔 300mm 以下の超近接（横併設）を土圧式シールドにより施工し，切羽土圧の自動保持や胴体からの滑剤注入の掘進対策を行ったほか，立坑付近の超近接部ではダクタイルセグメントを採用した．また，離隔 950mm 以下では高圧噴射による地盤補強対策を行った．}
実施結果	\multicolumn{3}{l	}{・切羽土圧の自動保持や胴体からの滑剤注入などの掘進対策により，超近接施工区間の地山の乱れを抑制した． ・超近接部の高圧噴射改良による地盤補強対策により，併設トンネルでの影響を抑制した．なお，後行シールドの通過時に先行トンネルは横方向に押し込まれ，テール通過後には後行側に引き込まれる傾向が見られた．}
図，表，写真	\multicolumn{3}{l	}{ }

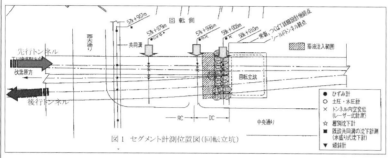

図-5.3.20 近接部（回転立坑）平面図 [12]

図-5.3.21 超近接部（発進到達立坑）[12]

［出典］大成建設株式会社提供資料

事例 No.	S2018	分類	1.施工法による対策（切羽土圧，裏込め注入圧） 3.既設構造物の補強による対策（合成セグメント）
対策内容	\multicolumn{3}{l	}{大断面道路トンネルの本線 2 本，ランプ 2 本，計 4 本が 0.2D 以下の超近接で横併設する泥土圧シールドの施工において，先行トンネルに合成セグメントを採用したほか，切羽土圧（静止土圧相当），裏込め注入圧（全土被り圧相当）を管理しながら施工を行った．}
実施結果	\multicolumn{3}{l	}{・後行シールド通過時に先行トンネル覆工は，後行側から正曲げの荷重作用を受け，内空変位は縦長に変形する傾向を示し，テール通過後は，傾向が逆転して負曲げおよび内空変位は横長の変形を生じた．内空変位は約-3mm〜約+2mm の範囲であった． ・シールド径の大きい本線トンネルのシールド掘進に伴うトンネル径の小さいランプトンネルへの併設影響は，比較的大きな断面力が作用する傾向が見られた．}
図，表，写真	\multicolumn{3}{l	}{ }

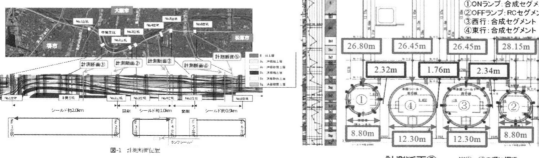

図-5.3.22 全体平面図・縦断図 [13]　　図-5.3.23 横断面図 [13]

［出典］伊佐政晃，藤原勝也，陣野員久，石原悟志，橋本正，長屋淳一，出射知佳：大断面シールドトンネル覆工挙動に与える超近接併設影響の検討，土木学会トンネル工学報告集，第 28 巻，Ⅱ-7，2018．

Ⅱ-103

T.L.34 都市における近接トンネル

事例 No.	S2021		1.施工法による対策（切羽土圧） 3.既設構造物の補強による対策（内部支保工）
対策内容	大断面道路シールドトンネルの本線2本，ランプ2本，計4本が0.2D以下の超近接で横併設するシールド施工において，切羽塑性流動状態の可視化管理を行い，後行トンネル施工時には先行トンネルへの対策として内部支保工および内空計測を実施した．			
実施結果	・小土被り条件に配慮した掘進管理により，周辺道路への周辺影響を抑制した．（計測結果の詳細不明） ・後行トンネル施工時の先行トンネルの内空変位を，内部支保工を設置しない場合の想定値の10%以下に抑制した．			
図，表，写真				

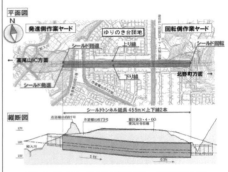
図-5.3.24 全体平面図・縦断図 [14]

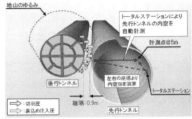
図-5.3.25 トンネル内空計測概要図 [14]

図-5.3.26 内部支保工設置状況 [14]

[出典] 西岡恭輔，蛭子延彦，新井直人，三宅達也：大断面シールドトンネルにおける小土被り・併設施工，土木学会第74回年次学術講演会概要集，VI-168，2019．

5.3.4 対策事例：近接形態タイプ 2-2

事例 No.	S3008	分類	3.既設構造物の補強による対策（内部支保工）
対策内容	切拡げ部の地盤改良，上下床版の先行構築による変位抑制に加え，多段分割掘削ステップに対応した3次元FEM解析によりトンネル間支保工や内部支保工を設計．		
実施結果	事前の予測値を大幅に上回るセグメント応力が計測された．斜梁設置の追加対策によりその後の変位を抑制でき，許容応力度内で施工できた． 硬質地盤（土丹層）では，残留した裏込注入圧により大きな荷重が切拡げ時に作用する場合があり，これを設計時に考慮する必要がある．		
図，表，写真			

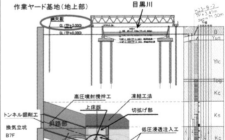
図-5.3.27 複合的な地盤改良の施工概要 [15]

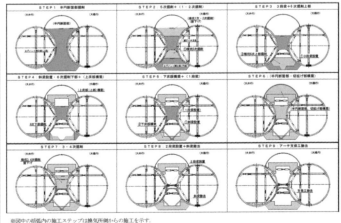
図-5.3.28 躯体構築の施工手順断面図 [15]

[出典] 熊谷幸樹，越後卓也，白石均，市川健：大深度併設シールドトンネル間のNATM切拡げ工事におけるシールド施工時荷重の影響，土木学会トンネル工学報告集，第25巻，I-11，2015．

5.3.5 対策事例：近接形態タイプ3

事例 No.	S4001		既設シールドトンネルに近接した開削
対策内容	掘削手順の変更（排水ピット部先行掘削）			
実施結果	事前解析段階で，遮断壁（SMW）や地盤改良（高圧噴射撹拌）に比べて掘削手順の変更（排水ピット部先行掘削）が変位最小と予測された． 8次掘削の中の5次掘削の段階で，実測値をもとに解析方法のキャリブレーション（地層毎の変形係数の調整）を行い，予測精度を向上させた． 施工結果は，相対変位（鉛直）予測値最大 4.8mm に対して実測値 4.1mm．			
図，表，写真	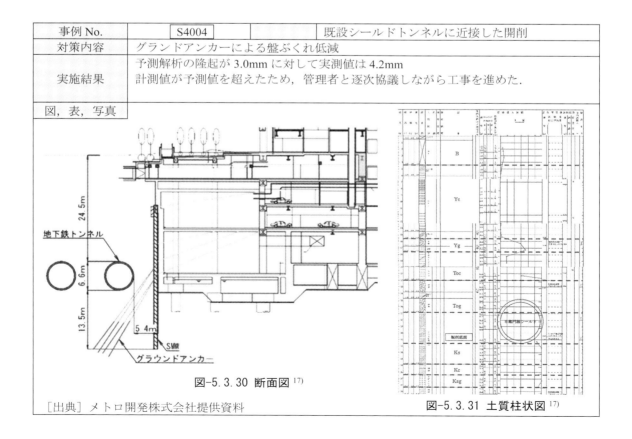 表-5.3.1 相対変位量の実測値と解析値 [16]　　　図-5.3.29 断面図 [16]			

[出典] 川田成彦，蔵治賢太郎，亀川信，三浦俊彦：地下鉄直上を掘削する開削トンネルのリバウンド対策-本町換気所-，基礎工，vol.35, No.12, pp.36-40, 2007.12

事例 No.	S4004		既設シールドトンネルに近接した開削
対策内容	グラウンドアンカーによる盤ぶくれ低減			
実施結果	予測解析の隆起が 3.0mm に対して実測値は 4.2mm 計測値が予測値を超えたため，管理者と逐次協議しながら工事を進めた．			
図，表，写真	図-5.3.30 断面図 [17]　　　図-5.3.31 土質柱状図 [17]			

[出典] メトロ開発株式会社提供資料

事例 No.	S4006		既設シールドトンネルに近接した開削
対策内容	ディープウェルによる盤ぶくれ対策		
実施結果	ディープウェルの他にも掘削形状の変更や地盤改良を併用することにより，床付け時点で一次警戒値を超えることはなかった．また，地下躯体の構築後にディープウェルによる揚水を停止ししたが，復水によるトンネルの浮き上がりは確認されなかった．リバウンド，地下水による影響に対しての適切な対策を行ったこと，掘削量に合わせた地下水位の制御を行ったことにより，営業線地下鉄に悪影響を与えずに施工ができた．また，二次覆工にクラックが生じることもなかった．		
図，表，写真			

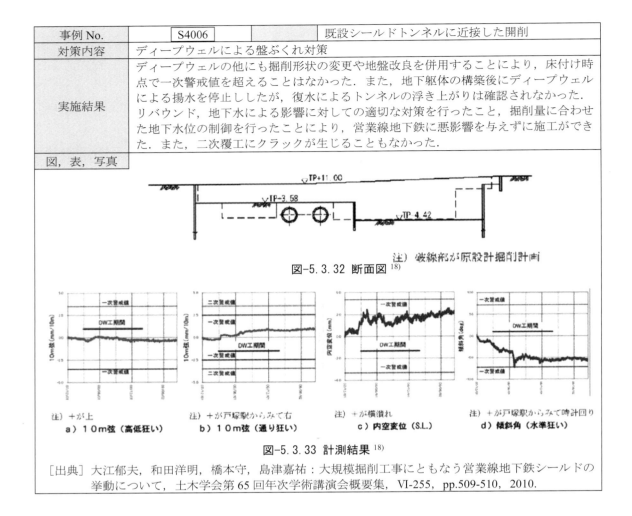

注）破線部が原設計掘削計画

図-5.3.32 断面図[18)]

注）＋が上　a）10m弦（高低狂い）
注）＋が戸塚駅からみて右　b）10m弦（通り狂い）
注）＋が横潰れ　c）内空変位（S.L.）
注）＋が戸塚駅からみて時計回り　d）傾斜角（水準狂い）

図-5.3.33 計測結果[18)]

［出典］大江郁夫，和田洋明，橋本守，島津嘉祐：大規模掘削工事にともなう営業線地下鉄シールドの挙動について，土木学会第 65 回年次学術講演会概要集，VI-255，pp.509-510，2010.

開削工事においては，通常の施工でも周辺地盤の影響を抑制するためのリバウンド防止や土留めの変形抑制などの対策を講じることがほとんどであり，既設構造物が近接する場合は，許容変位量などに応じて更なる防護工の追加などの検討が行われる．

また,位置関係として新設構造物が常に上側に位置するため，近接施工として最も影響の大きな沈下が無く，リバウンドによる隆起などが多くを占めることが特徴といえる．

このような背景のもと，シールドトンネル周囲の地盤改良や，シールドトンネルの直接補強を行った事例は少なく，予測解析と計測管理を対策の主体とするケースが多い．

予測解析の精度を向上させるためには，逐次解析を行い，施工中に計測結果と比較し，実態と合うように解析手法の見直しを行うことが効果的と思われる．そして常に最終掘削時の変状を把握し，既設構造物の安全性を確認しながら施工を行うことが重要と思われる．

5.4 影響低減ニーズと技術課題

　都市部では，膨大な地下インフラが道路下などの地下空間に構築または敷設されている．そこで，都市部の地下空間にトンネルなどの新たな構造物を建設する際には，既に供用されている建物や構造物の基礎，地下インフラなどへの近接影響は避けられず，輻輳した地下空間の中で厳しい離隔で近接施工を強いられる事例が増加している．

　そのような中で，シールド工法は，地上を占有することなく都市トンネルを構築でき，地上交通や地上の生活に与える影響が少ないため，輻輳した都市部の地下空間に上下水道や電力・ガス・通信インフラ用の都市トンネル，雨水貯留管や地下鉄道，道路トンネルを建設する手段として数多く適用されてきた．また，社会のニーズに合わせてシールドトンネルの断面は大断面化する傾向にあり，土被りや地下インフラとの離隔を確保するためにシールドトンネルを大深度に設置するケースも増えてきた．一方，従来は開削工法で構築してきた道路トンネルや鉄道トンネルの地上アクセス部の建設をできるだけ地上への影響を少なくする目的で極小土被りとなる非開削のシールド工法で構築するケース，シールドトンネル同士の接続や分岐・合流部を非開削工法で構築するケースも増えている．

　シールドトンネルの大断面化に伴い，例えば道路トンネルの上下線を並行して構築する場合，地上の道路幅（官民境界内）に道路トンネルを構築するためにトンネル同士の離隔を小さくせざるを得なくなる．特に，近年では高架構造として都市計画決定されていた道路計画が地上の生活環境への配慮からトンネル構造へと変更になるケースも増えており，その場合には円形断面となる道路トンネルを官民境界内に構築するためにトンネル同士の離隔が 1m 未満という極小離隔とならざるを得ないような厳しい近接施工条件となるケースも出てきている．

　また，シールドトンネルの大断面化・大深度化に伴い，地上や周辺地盤への掘削影響範囲が拡大すること，シールドを掘進するための推進力やカッタートルクが増大することから，シールド掘進に伴う周辺環境や近接する先行構造物への影響も大きくなる．さらに，施工条件の制約から土被りが小さくなる場合や，近接影響を考慮すべき先行構造物との離隔が小さい場合，トンネル同士の接合や分岐・合流に伴うトンネル開口率が大きい場合には，シールドトンネル建設中における周辺環境への影響はますます大きくなる．

　したがって，都市トンネルを新たに構築する場合や，シールドトンネルに開口部や切開き部を設ける場合，また，既設のシールドトンネルの近傍で地下工事を行う場合など，シールドトンネルとの近接施工の計画，設計，施工を行う場合には，今まで以上に近接施工に伴う影響を最小化するための影響低減技術が必要とされる状況になっている．

5.4.1 近接影響低減対策における留意点

　「5.2 近接影響低減対策」にて記載したとおり，シールドトンネルを建設する際の近接影響低減対策は，「(1) 調査・計画時点で実施すべきマシン仕様や線形計画上の対策」，「(2) シールド施工時の掘進管理を行う上での対策」，「(3) 地盤補強や地盤変状影響を遮断する対策」，「(4) 近接対象物の補強やアンダーピニングなどの対策」に大別される．一方，既設のシールドトンネル近傍での地下掘削の影響を低減する対策として，「(5) 掘削時の支保工仕様や掘削・構築手順の工夫による対策」，「(6) 地盤改良や地下水位コントロールなどの対策」がある．

　また，近接影響低減対策は，2 章で分類した近接施工タイプによって有効な影響低減策が異なる．具体的には，タイプ 1-1 では(1)〜(4)，タイプ 1-2 では(1)〜(5)，タイプ 2-1 では(1)〜(4)，タイプ 2-2 では(3)〜(6)，タイプ 3 では(5)〜(6)の近接影響低減対策が実施されている．

　ここでは，近接影響低減対策の種別ごとに，対策工を検討・適用する上での留意点について述べる．

T.L. 34　都市における近接トンネル

(1) 調査・計画時点で実施すべきマシン仕様や線形計画上の対策における留意点

シールド近接施工において近接影響低減対策が必要と判断された場合，事前調査および施工計画を行う時点で注意すべき点は次に示す2点である（対象：近接施工タイプ 1-1，1-2，2-1）．

- 近接対象物の構造・位置を試掘などの現地調査を含めて確認（基礎構造や残置仮設物などの有無を含む）し，基礎構造物や残置仮設物があった場合には，それらとの離隔や位置関係を事前に把握した上で影響低減対策について検討する．また，事前調査結果を踏まえたシールド線形計画とする．なお，万が一，残置仮設物とシールドが干渉せざるを得ない場合には，掘進支障物の事前撤去などについて別途検討する．

- シールド工事の近接影響を低減する対策として，既往の実績でほとんどの現場が採用している対策がシールドの掘進管理による対応である．シールド掘進管理による影響低減策とは，近接対象物におよぼす影響を最小化するように適切な掘進管理値を設定し，変動幅が管理値内となるよう計測データを監視しながら慎重な掘進管理を行うことである．このためには，シールドや仮設備の仕様を検討する時点において，近接掘進時の施工管理を念頭に置いた設備の装備や仕様検討をしておくことが望ましい．具体的には，切羽圧力バランスや掘削排土量の可視化，切羽圧力の変動抑制，掘削ボイド充填，切羽崩壊探査の装備などである．

このような検討を実施した上で，どのような影響低減対策が必要なのか，合理的な影響低減対策は何なのかについて，5.2～5.3 節にて整理した各種対応策の適用検討を行い，3 章に示す影響予測解析を行った上で，影響低減対策の適用について総合的に判断することになる．

(2) シールド施工時の掘進管理を行う上での対策における留意点

シールドによる近接施工時の掘進管理を行う際の影響低減対策を検討する上で，留意すべき点は次に示す3点である（対象：近接施工タイプ 1-1，1-2，2-1）．

- 近接対象物への影響程度を左右する主な掘進管理項目は，切羽圧力，掘削排土量，裏込め注入圧・注入量，シールド掘進線形である．一般に，近接対象物と最接近する地点で掘進影響は最大となることから，近接影響範囲に入る前に設定した掘進管理値およびその幅が適正かどうかについて，地表面や周辺地盤への掘進影響を確認するトライアル掘進を行い，計測結果に基づいて近接対象物への影響を最小化するように掘進管理値を見直すなどの対応が効果的である．なお，近接対象物の近傍で残置仮設物や古井戸，ボーリング孔跡などがある場合，泥水や添加材，裏込め注入材が残置物の周辺を通じて地上へ噴出するなどにより，切羽圧力や裏込め注入圧力が急激に低下することもあるため注意が必要である．

- 近接影響低減対策としてシールド掘進管理の監視強化を実施する場合，近接対象物や周辺地盤の挙動を的確かつ迅速に把握できる計測管理を行うことが重要となる．近年，シールド掘進管理状況はほとんどの現場でリアルタイムに可視化できる掘進管理システムを適用しているが，シールド掘進が実際に周辺地盤や近接構造物にどのような影響を及ぼしているかを把握できないと近接影響を最小化するための掘進管理にフィードバックできない．近接対象物の構造や位置関係，掘進地盤，想定される挙動などを考慮した上で，適切な計測計画および計測管理を実施する必要がある．なお，計測管理については4章を参照されたい．

- 近接対象物の影響範囲を掘進中に，切羽地盤や周辺地盤の緩みまたはその兆候が確認された場合には，迅速に原因究明をして掘進管理に反映させるとともに，周辺地盤の緩み拡大を防止するために，地盤の緩み想定範囲を掘進する際の裏込め注入量の増強などの対処を行うことが必要である．

(3) 地盤補強や地盤変状影響を遮断する対策における留意点

シールド工事などによる近接施工影響を低減する目的で近接対象物周辺地盤などを補強する場合や，地盤変状影響を遮断する対策を実施する際に留意すべき主な点は次に示す3点である（対

第Ⅱ編 シールドトンネル 5. 近接影響低減対策

象：近接施工タイプ 1-1，1-2，2-1，2-2）．

- 近接影響を低減する目的で地盤補強を実施する場合，補強対象地盤の土質や地盤構成，および施工方法によっては，シールドが近接掘進する前に実施する地盤補強の影響により，周辺地盤や近接対象物が思わぬ変状（隆起，沈下）を生じることがあるため注意が必要である．具体的には，地盤などの現地条件に適した施工法を選定すること，地盤補強工実施時の周辺影響モニタリング計画および地盤変状時の対処を事前に準備しておくことが必要となる．特に，薬液注入工法や地盤凍結工法を選択する場合には注意が必要となる．

- 近接影響を低減する目的で影響遮断工を実施する場合においても，影響遮断壁やトレンチなどの影響遮断工を造成する際に周辺地盤や近接対象物に影響を及ぼすことがあるため注意が必要である．具体的には，地盤などの現地条件に適した施工法を選定すること，影響遮断工実施時の周辺影響モニタリング計画および地盤変状時の対処を事前に準備しておくことが必要となる．

- 近接影響遮断のために施工した影響遮断壁については，シールドが近接掘進を完了した後に一部または全部を撤去する場合には，鋼矢板や土留め壁などの影響遮断壁を撤去する際に周辺地盤の変状を生じる場合もあるため，近接影響遮断工を適用する際には，対策工の撤去時も含めて周辺環境影響が最小となる対策工となるよう，施工法の選定には十分注意する必要がある．

(4) 近接対象物の補強やアンダーピニングなどの対策における留意点

シールド工事の近接影響を低減する方策として，近接対象物を事前に補強する場合，およびアンダーピニングするなどの対策を講じる場合の留意点は，次に示す 2 点である（対象：近接施工タイプ 1-1）．

- シールド工事の近接影響を低減する目的で近接対象物を補強する場合，現有の応力度や変形とそれぞれの許容値までの余裕度の把握が重要である．一般に，これらは建設当時の設計図書等から推定することになるが，実際の構造物に生じている応力度を把握するのは困難であり，また構造物の経年劣化なども考慮する必要があることから，必要に応じて原位置サンプリングにより発生応力度や部材の劣化程度を推定することもある．また，場合によっては，構造耐力のみでなく，防水上の配慮など，機能確保の観点からの補強も必要となる場合がある．

- シールド工事の近接影響を低減する目的で近接対象物のアンダーピニングをする場合，特に耐圧版方式を適用する場合には，シールド掘進進捗状況に応じて対策工自体（耐圧版）に不等沈下が生じる恐れがあるため，仮受け箇所ごとに個別制御が可能なジャッキアップシステム等を構築するなど，状況に応じてフレキシブルに対処できる計画とし，シールド掘進時にはリアルタイムに監視して迅速に対処できる体制を整えておく必要がある．

(5) 掘削時の支保工仕様や掘削・構築手順の工夫による対策における留意点

先行構築したシールドトンネルに対して，トンネルの開口や切開き，切拡げを行う際に影響低減対策工を行う際の留意点は，次に示す 3 点である（対象：近接施工タイプ 2-2）．

- 先行構築したシールドトンネルに対して，トンネルの開口や切開き，切拡げを実施する際は，施工の進捗に応じてシールドトンネルや周辺地盤の挙動が時々刻々と変化する．したがって，予め支保工建て込みやトンネル開口，周辺地盤掘削の手順など，施工ステップを明確にした上で，影響予測解析，および影響計測管理計画，影響低減対策などの検討を行い，施工ステップごとに施工管理項目や施工管理値，施工管理体制を決定し，関係者間で情報共有して慎重に施工を進めることが必要である．

- 先行構築したシールドトンネルに対して，トンネルの開口や切開き，切拡げを実施する際に

は，施工中に万が一，管理値を超過する傾向が顕在化した場合を想定し，追加の地盤改良，支保工や構造の補強，プレロードの導入・調整，施工ステップ変更などの追加対策を予め計画し，速やかに実行できる体制を整えておくことが重要である．特に，過大な変形や周辺地盤状況の緩み発生に伴う出水を生じた場合には，周辺環境に想定以上の影響を及ぼす可能性もあるため，施工中の挙動監視の強化と迅速な対処が必要となる．

・先行構築したシールドトンネルに対して，トンネルの開口や切開き・切拡げを実施する際，開口や切開き・切拡げに伴う急激な構造変化に伴う作用の再配分による局所的な荷重集中などによる仮設材や構造部材の座屈，変形に伴う出水（地下水の坑内浸出）などを生じる場合がある．したがって，トンネルの開口や切開き・切拡げを行う際には，一気に耐荷構造が変化するような急激な構造変化は避け，挙動モニタリングを徹底した上で慎重に施工および計測管理を進めることが重要である．

(6) 地盤改良や地下水位コントロールなどの対策における留意点

供用中のシールドトンネルの近傍で開削工事やケーソン工事などの近接施工を実施する際，地盤改良や地下水位コントロールなどの影響低減策を実施する場合には，次に示す 2 点に留意する必要がある（対象：近接施工タイプ 3）．

・影響低減対策として地盤補強を行う際には，地盤改良により周辺地盤や近接対象物に思わぬ変状（隆起，沈下）を生じることがあるため注意が必要である．具体的には，地盤などの現地条件に適した施工法を選定すること，地盤補強工実施時の周辺影響モニタリング計画および地盤変状時の対処を事前に準備しておくことが必要となる．特に，薬液注入工法や地盤凍結工法を選択する場合には注意が必要となる．

・影響低減対策として地下水低下工法を適用する場合，土層構成と近接対象物の位置関係によっては即時沈下や圧密沈下，土圧バランスの変化等により，近接対象物および周辺環境に悪影響を及ぼす恐れがあるため，事前にこれらの影響については慎重に検討する必要がある．また，周辺環境影響への影響を最小化するため，適切な位置および深度にリチャージウェルを計画することが有効となる場合もあるので，必要に応じて適用を検討する．

5.4.2 近接影響低減対策における今後の技術課題

近接影響低減対策を検討・適用する上で，まだまだ解決すべき技術課題は残されている．ここでは，近接施工形態ごとに，今後解決すべき主な技術課題について以下のとおり整理した．

(1) 近接施工タイプ 1-1 における今後の技術課題

シールド掘進時に先行構造物との離隔が非常に小さい近接施工事例，土被りが小さい事例も増加している．地盤条件や施工条件にもよるが，このような場合にはシールド掘進時における切羽圧力，掘削土量，裏込め注入圧力などの変動による影響を受けやすいため，シールド掘進中の大きな変動をできるだけ回避する必要がある．特に，切羽地盤の崩落や過大な沈下・隆起を生じると社会的に多大な影響を及ぼすこともあるため，シールドの掘進管理の高度化，厳格化による掘進影響低減対策へのニーズや期待は高まるばかりである．

シールド現場では，これまでも掘進管理の可視化や自動化が進められてきたが，シールド掘進管理のさらなる厳格化が求められている中，①シールド掘進中における切羽地盤や周辺地盤の崩落や空洞発生の早期検知と迅速な対処，②泥土圧シールドにおけるチャンバー内土砂性状の的確な把握，③泥土圧シールドにおける掘削排土量の的確な把握，などが今後の課題と考えられる．

また，近接対象物近傍との離隔や土被りが非常に小さいシールド掘進となる場合には，掘進障害物（仮設残置物，古井戸，調査ボーリング孔など）と干渉することも懸念されることから，シールド前方の掘進障害物の検知，および掘進障害物に対して地上を占有せずに地中からの作業で切削・撤去するなどの対処策などは，今後に残された技術課題であると判断する．

第Ⅱ編　シールドトンネル　　5. 近接影響低減対策

(2) 近接施工タイプ1-2における今後の技術課題

　施工中の開削トンネルのように，本設構造物である躯体が構築される前の仮設構造物の状態で近傍をシールドが掘進する場合には，近接対象物である仮設構造物はシールド掘進による影響を受けやすい．一方で，仮設の状態で一時的にシールド掘進影響を受けるということから，大規模な近接影響低減対策を実施することに対して抵抗を感じることもあるため，一般にはシールド掘進管理の厳格化のみを影響低減策として選択する場合が多い．ただし，掘進管理のみの対応で仮設構造物に悪影響を及ぼした場合，お互いの工事の進捗に大きな影響を及ぼすこともある．

　本タイプのように，近接対象物が施工中の仮設構造物の状態でシールドの近接施工が可能か，それとも構造物が完成するまでシールドの近接施工ができないのかでは，シールドトンネル完成に要する期間が大幅に異なる場合が考えられる．そのため，例えば，施工中の開削トンネルの直下をシールド掘進する場合，土被りをどの程度確保すれば開削トンネル直下のシールド掘進が可能か，どの程度の地盤補強や支保工の補強をすれば施工中のシールド近接施工が可能か，などについて定量的な評価ができれば，シールド工事および近接対象工事の双方を視野に入れた上で最適な方策を選択することが可能となる．

　まだまだ本タイプの近接施工の報告事例は少ないため，今後の近接施工事例における影響低減対策事例や挙動モニタリング結果を蓄積し，合理的な近接施工計画に資する近接影響予測手法を確立することが望まれる．

(3) 近接施工タイプ2-1における今後の技術課題

　先行構築されたシールドトンネルに並走してシールド掘進する本タイプの場合，鉄道トンネルや道路トンネルの上下線のような並列トンネルとなることが多いことから，近接影響範囲が非常に長いことが大きな特徴である．そのため，掘進地盤の土質や地盤構成，掘削断面の大きさにもよるが，どの程度の併設離隔において先行トンネル覆工の補強や地盤補強が必要になるのか，掘進管理の強化のみでどの程度の離隔まで対応可能なのか，という判断が重要となる．

　本ライブラリーでは，離隔の小さい併設シールドの施工実績，計測事例について報告されている．これらの事例では，シールド掘進に伴って先行シールド覆工が複雑な挙動をする（後行シールドの切羽通過時，シールド通過時，テール通過時，裏込め注入材の固結後で挙動が異なる）ことが確認されているが，こうした影響の程度は地盤条件や施工条件の他に掘進管理状況（切羽圧力，余掘りや蛇行状況，裏込め注入状況など）によって異なることから，さらに多くの併設施工シールドの施工実績の蓄積と分析により，このような影響を踏まえた併設シールド掘進時における近接影響程度を適切に評価できる予測解析技術の確立が望まれる．

　その結果，併設シールドの施工時における影響低減対策が必要な範囲，合理的な影響低減対策を定量的に設定できれば，限られた公共地下空間に効率的な地下インフラを構築することが可能になるものと判断する．

(4) 近接施工タイプ2-2における今後の技術課題

　地中接合工や地中拡幅工を含め，トンネルの開口，切開き，切拡げを行う際には，施工時に安定したリング構造であるトンネル覆工の安定性が損なわれること，完成後の地震時において一般部のトンネル覆工とは挙動が異なるため応力集中しやすく構造上の弱部となること，に注意する必要がある．

　近接影響低減対策工は，主に前者に対して施工時のトンネル覆工や周辺地盤の安定確保，変形に伴う出水対策を目的として実施されると考えられているが，後者に対しても影響低減対策工は重要な位置付けとなる場合がある．具体的には，トンネルの開口，切開き，切拡げを行う箇所のトンネル覆工は，施工ステップごとに地盤補強や支保構造の変化の影響を受けて施工時の応力履歴の影響を受けるため，効果的な影響低減対策工の適用や施工手順の工夫などにより，トンネル

II-111

の開口，切開き，切拡げを行う際には，影響低減対策工や施工手順を踏まえた合理的な構造の評価と施工時安全性を適切に評価できる予測解析技術の確立が望まれる．

また，当該タイプの施工は大深度地下で行われることが多く，影響低減対策として高水圧への適応性に優れる地盤凍結工法が用いられることが多い．地盤凍結工法は，地盤の凍上・沈下影響や想定以上の凍結膨張圧による悪影響が懸念される場合もあるため，これらの影響を適切に評価できる手法の確立も期待される．さらに，高水圧被圧地下水環境下で坑内からの水平施工が可能な高圧噴射工法や高強度の薬液注入工法の適用など，当該タイプを安全かつ効率的に実施可能な地盤補強工の実用化も期待される．

(5) 近接施工タイプ3における今後の技術課題

当該タイプは，近接影響を受ける構造物がシールドトンネルであるため，基本的にはリング構造で安定した構造となっており，トンネル縦断方向も比較的フレキシブルな構造である．ただし，近傍で大規模な開削工事やケーソン工事が行われる際には，近接対象物であるシールドトンネルは大きな偏圧やリバウンドなどに伴う掘削解放力が作用することにより，構造の安定性や部材の健全性に影響を与える場合がある．

したがって，当該タイプは，予測解析における変形係数の設定を含めて過去の実績を参考に予測精度を高めること，供用中のシールドトンネルの発生応力度や劣化程度を的確に把握することが困難な場合が多いことから施工時の挙動モニタリング結果を重視して影響判断をすることが重要である．さらに，想定以上の影響や挙動が生じた場合に迅速に対処できる供用中のシールドトンネルの補強工や追加支保工の実用化が望まれる．

参考文献

1) シールドトンネル施工技術検討会：シールドトンネル工事の安全・安心な施工に関するガイドライン，pp.17-31，2021.12

2) 内海和仁，栗林伶二，岩居博文，田邉健太，安井克豊，武本怜真：横浜環状北線馬場出入口工事におけるCランプシールドの掘進報告，土木学会第72回年次学術講演会概要集，VI-292，pp.583-584，2017.

3) 盛岡諒平，森田康平，上地勇，入野克樹：換気所直下におけるシールドトンネルの施工管理と変位計測結果，土木学会第74回年次学術講演会概要集，VI-172，2019.

4) 藤木仁成，井澤昌佳：地上発進・地上到達シールドの施工－中央環状品川線でのURUP工法の採用－，基礎工，vol39，No.3，pp.30-33，2011.3

5) 佐々木幸一，坂巻清，阿部修三，岩本哲：常磐・日比谷線直下の大断面シールド－つくばエクスプレス 三ノ輪トンネル－，トンネルと地下，Vol.35，No.5，pp.15-22，2004.5

6) 田村憲，金野正一，小島裕隆，石垣博将：大断面シールド（マシン外径１３ｍ）の小土被り掘進について，土木学会第72回年次学術講演会概要集，VI-322，pp.643-644，2017.

7) 波津久義彦，松田満，則竹啓，森口敏美，長谷川勝哉：大断面泥水式シールドの通過に伴う橋梁・鉄道構造物への影響と対策－首都高速中央環状線山手トンネル神山町代々木シールド－，土木学会トンネル工学報告集，第18巻，II-7，pp.243-248，2008.

8) 浅田元弘：既設構造物に近接する沖積軟弱粘性土層におけるシールド掘削－綾瀬川トンネル－，土木施工，vol.46，No.9，pp.76-80，2005.9

9) 梶山雅生，開米章，山森規安：3心円泥水式駅シールド掘進による地盤変状解析と計測結果，土木学会トンネル工学研究論文・報告集，第8巻，pp.383-388，1998.

10) 株式会社熊谷組提供資料

11) 真鍋智，吉田潔，渡辺幹広，戸川敬，馬目広幸，吉迫和生，牛垣勝，志村敦：矩形シールド工

法による小土被り発進，既設土留め壁近接併走掘進の実績，土木学会トンネル工学報告集，第27巻，II-12，2017.

12) 大成建設株式会社提供資料

13) 伊佐政晃，藤原勝也，陣野員久，石原悟志，橋本正，長屋淳一，出射知佳：大断面シールドトンネル覆工挙動に与える超近接併設影響の検討，土木学会トンネル工学報告集，第28巻，II-7，2018.

14) 西岡恭輔，蛭子延彦，新井直人，三宅達也：大断面シールドトンネルにおける小土被り・併設施工，土木学会第74回年次学術講演会概要集，VI-168，2019.

15) 熊谷幸樹，越後卓也，白石均，市川健：大深度併設シールドトンネル間のNATM切拡げ工事におけるシールド施工時荷重の影響，土木学会トンネル工学報告集，第25巻，I-11，2015.

16) 川田成彦，蔵治賢太郎，亀川信，三浦俊彦：地下鉄直上を掘削する開削トンネルのリバウンド対策-本町換気所-，基礎工，vol.35，No.12，pp.36-40，2007.12

17) メトロ開発株式会社提供資料

18) 大江郁夫，和田洋明，橋本守，島津嘉祐：大規模掘削工事にともなう営業線地下鉄シールドの挙動について，土木学会第65回年次学術講演会概要集，VI-255，pp.509-510，2010.

6. シールドトンネル近接施工事例

本章では，収集した近接施工事例からタイプ毎に数例ずつ選定し詳細に紹介する．

6.1 シールドトンネルの施工による近接構造物への影響

6.1.1 既設構造物（電力鉄塔）直下におけるシールド近接施工事例（タイプ1-1 S1）
(1) 近接施工の概要
a) 工事名称：（高負）横浜環状北線馬場出入口・馬場換気所及び大田神奈川線街路構築工事
b) 工期（施工時期）：2011年4月～2021年9月（2015年6月～2018年1月）
c) 工事の主要諸元：馬場出入口の4つのランプ（A～D）のうちのDランプ

　　延長　　　　　　706.3m
　　シールド外径　　φ10.13m
　　セグメント外径　φ9.9m
　　セグメント桁高　0.4m
　　セグメント種別　RCセグメントおよびコンクリート中詰鋼製セグメント
　　　　　　　　　　近接施工箇所はコンクリート中詰鋼製セグメント

図-6.1.1-1 全体平面図[1]

（出典：溝口孝夫，遠藤啓一郎，西田充，田邊健太，安井克豊，安部大紀：横浜環状北線馬場出入口工事における送電鉄塔下のシールド掘進報告，土木学会第71回年次学術講演会，VI-816, p.1631, 2016.）

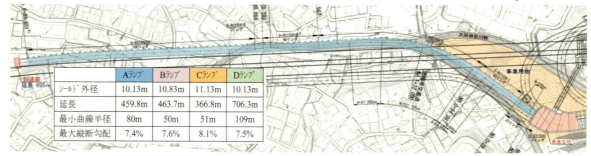

図-6.1.1-2 Dランプ平面図[2]

（出典：首都高速道路株式会社提供資料）

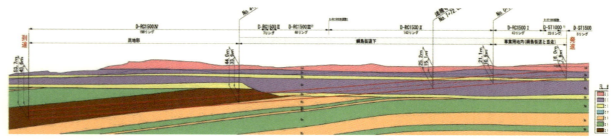

図-6.1.1-3 Dランプ縦断図[2]

（出典：首都高速道路株式会社提供資料）

d) 近接施工概要
1) 影響を受ける構造物の諸元　：送電鉄塔　4本の独立基礎
2) 影響を及ぼす施工法の諸元　：泥土圧（気泡）シールド　シールド外径 φ10.13m
3) 近接施工位置関係　：発進から約 15m の位置で送電鉄塔に近接（離隔 4.7m）
　　　　　　　　　　　近接施工部土被り 7.9m
　　　　　　　　　　　近接度（掘削外径比）＝0.46（＝4.7m/10.13m）
4) 地盤条件　：ローム層（設計 N 値=5），洪積粘性土（設計 N 値=8），洪積砂層（設計 N 値=34）
　　　　　　　の互層．近接施工部の掘進対象地盤は洪積粘性土が卓越
5) 地下水位　：G.L.-6.5m～G.L.-9.7m（近接部は G.L.-9.4m～G.L.-9.7m）

 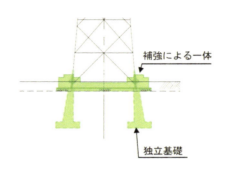

図-6.1.1-4 送電鉄塔基礎平面，断面図 [2]
（出典：首都高速道路株式会社提供資料）

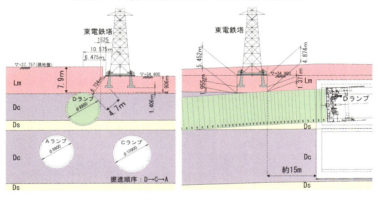

図-6.1.1-5 送電鉄塔とシールドの位置図 [3]

（出典：西田充，西丸知範，小島太朗，小土被り・急曲線・急勾配，重要構造物近接などの条件下における大断面シールド施工-横浜環状北線馬場出入口シールド-，第 83 回(都市)施工体験発表会，p.4，日本トンネル技術協会 2018.）

6) 影響低減対策
①鉄塔基礎の補強
　送電鉄塔の4本の独立した基礎をコンクリート版で一体化し不同沈下の発生を抑制．

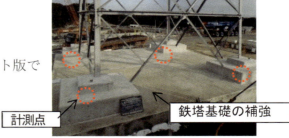

図-6.1.1-6 鉄塔基礎補強状況 [3]

（出典：西田充，西丸知範，小島太朗，小土被り・急曲線・急勾配，重要構造物近接などの条件下における大断面シールド施工-横浜環状北線馬場出入口シールド-，第 83 回(都市)施工体験発表会，p.4，日本トンネル技術協会 2018.）

②シールド施工上の工夫

先行して施工したBランプの実績と施工時の地盤変状状況から掘進管理値（切羽圧，裏込め注入量，注入圧）を設定．

Bランプシールドでの小土被り区間における切羽土圧の管理値を「静止土圧+水圧+変動圧」としたところ地盤の隆起現象が確認されたため，Dランプでは「主働土圧+水圧+変動圧」を管理値とした．

③初期強度発現型の裏込め材（材齢1日の圧縮強度 0.05N/mm²）の採用

7）その他特筆すべき事項

送電鉄塔に3本のランプシールド（Aランプ，Cランプ，Dランプが近接して施工するが，その施工順序は事前のFEM解析により鉄塔変位が最も小さくなる，Dランプ⇒Cランプ⇒Aランプとした．

(2) 近接影響予測
 a) 近接影響予測手法　　　　　：二次元FEM解析による送電鉄塔基礎の変位予測
　　　　　　　　　　　　　　　　（応力解放率10%）
 b) 近接影響予測結果　　　　　：Dランプ施工時の変位量 9.9mm（合成変位　発進部掘削による影響を含む）
 c) 期待する影響低減対策効果　：基礎の一体化による不同沈下抑制
　　　　　　　　　　　　　　　　4本の基礎の相対変位を 1mm 程度に抑制
　　　　　　　　　　　　　　　　適正な掘進管理値の設定と早期強度発現型裏込め材の使用による周辺地盤の変状抑制

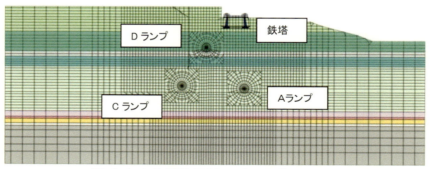

図-6.1.1-7 FEM 解析モデル図 [2]

（出典：首都高速道路株式会社提供資料）

(3) 近接影響計測
 a) 計測計画：送電鉄塔基礎の4か所の変位をトータルステーションにより自動計測
 b) 計測結果：最大 7mm の変位（合成変位）が発生したが 5mm 程度で収束．
　　　　　　　シールド掘進に伴い鉄塔基礎を隆起させる傾向が見受けられた．
　　　　　　　シールドマシン通過後も特に大きな沈下などは発生しなかった．
　　　　　　　4本の独立基礎の相対変位は 1mm 程度．

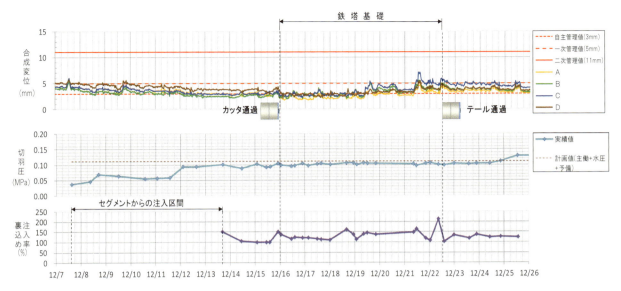

図-6.1.1-8 鉄塔基礎変状計測結果 [3]

(出典：西田充，西丸知範，小島太朗，小土被り・急曲線・急勾配，重要構造物近接などの条件下における大断面シールド施工-横浜環状北線馬場出入口シールド-，第83回(都市)施工体験発表会，p.7，日本トンネル技術協会 2018.)

(4) 近接施工事例の評価および考察

a) 近接影響予測と実績の比 ：5mm/9.9mm＝0.5（合成変位　発進部掘削からの累計）

b) 計画・設計に対する評価および考察

　事前の鉄塔補強対策により4つの独立基礎の相対変位を1mm程度に抑えることができ，有効な対策であった．

c) 計測・施工に対する評価および考察

　掘進により鉄塔をやや押しのける傾向があったものの先行施工したBランプの実績を踏まえた切羽圧の設定は妥当であったと判断できる．また，シールドマシンのテール通過後も大きな沈下などは発生しなかったことから裏込め注入率の設定も妥当であった．

d) 得られた知見および考察

　小土被りの場合には特に切羽圧や裏込め注入量，注入圧の影響が即時に鉄塔や地盤の変状（沈下および隆起）につながるため慎重な掘進管理が必要となる．事前の補強対策に加え，鉄塔変位計測を行い掘進管理値の妥当性を確認しながらの施工により影響を低減できた．

e) 近接施工における留意点および技術的課題

　事前対策に加え施工時の計測とその結果を掘進管理値に反映することが特に重要である．

参考文献

1) 溝口孝夫，遠藤啓一郎，西田充，田邊健太，安井克豊，安部大紀：横浜環状北線馬場出入口工事における送電鉄塔下のシールド掘進報告，土木学会第71回年次学術講演会,VI-816, pp.1631-1632，2016.
2) 首都高速道路株式会社提供資料
3) 西田充，西丸知範，小島太朗：小土被り・急曲線・急勾配，重要構造物近接などの条件下における大断面シールド施工-横浜環状北線馬場出入口シールド-，第83回(都市)施工体験発表会，pp.1-8，日本トンネル技術協会 2018.

6.1.2 既設構造物（地下鉄RCカルバート）直下のシールド近接施工事例（タイプ1-1 S6）

(1) 近接施工の概要

a) 工事名称：地下鉄御堂筋線近接に伴う大和川線シールド受託工事

b) 工期（施工時期）：2013年10月～2016年10月

c) 工事の主要諸元 ：

都市計画道路大和川線における地下鉄御堂筋線トンネル交差部のシールド工事

施工延長 先行350.4m，後行279.0m

セグメント外径 φ12.3m

セグメント桁高 0.36m（内，0.06mは耐火層）

セグメント種類 合成セグメント（NM）9分割

d) 近接施工概要

1) 影響を受ける構造物の諸元：地下鉄シールドトンネル（外径 φ6.8m）
2) 影響を及ぼす施工法の諸元：泥土圧（気泡）シールド

    シールド外径 φ12.54m セグメント外径 φ12.3m

3) 近接施工位置関係：離隔2.2m（地下鉄（単線）を4度下越し） 近接度（掘削外径比）＝0.16
4) 地盤条件：洪積粘土層（N値10～20），洪積砂層（N値60以上）
5) 地下水位：G.L.-4m
6) シールド土被り：約30m

a) 交差部平面図

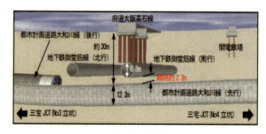

b) 交差部縦断図

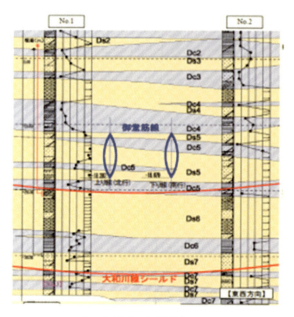

c) 交差部土層縦断図

図-6.1.2-1 近接施工概要図[1]

（出典：島拓造ら，地下鉄営業線直下2.2mにおける大断面シールドの超近接施工，トンネル工学報告集，第27巻，Ⅱ-10，pp.1-6，2017.）

7) 影響低減対策：沈下抑制

①切羽圧力及び塑性流動のリアルタイム管理

　切羽圧力はチャンバー内に10箇所設置した土圧計を活用し，上部の土圧計を正，中央部を副として管理．切羽圧力の下限値は静止土圧＋水圧＋予備圧，上限値は土被り圧．

　また，チャンバー内の塑性流動状態を確保するため添加材は気泡を使用．

②余掘充填（シールド外周部へのクレーショック実施）

シールド通過時沈下および胴締め現象の抑制を図るため，シールドマシン前胴の外周部の切羽から 3.0m，4.5m の位置に設置されている注入孔を用い，同時に最大 8 箇所からシールド外周部の余掘り充填（クレーショック）を実施．

③同時裏込充填（2 液型瞬結性エアー入り充填）

大断面であるためテールボイドも 120mm と大きく，さらに余掘りもある．確実な充填とセグメントと地山を早期に固定するため，裏込め注入材は，早期に強度発現する 2 液型瞬結性のエアー入り（A 液のエアー比率 15%）を使用．また，注入圧力は切羽圧力＋100〜200kPa．

8）その他特筆すべき事項

大断面（φ12.54m）かつ，先行と後行シールドの離隔 1.3〜2.2m，営業線直下（地下鉄御堂筋線）を離隔 2.2m での近接施工．

(2) 近接影響予測

a) 近接影響予測手法

2 次元 FEM 解析により地盤変位予想解析を実施．解析モデルを図-6.1.2-2 に示す．

b) 近接影響予測結果

応力解放率 10%とした場合，地下鉄御堂筋線の絶対沈下量（鉛直）は先行シールド 10.2mm，後行シールド 16.6mm．

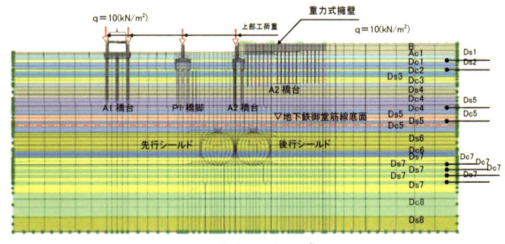

図-6.1.2-2 解析モデル図 [2]

（出典：南川真介ら，施工時荷重を考慮した大和川シールド掘進による地下鉄御堂筋線の変状解析，土木学会第 71 回年次学術講演会，VI-853，pp.1705-1706，2016．）

(3) 近接影響計測

a) 計測計画

地下鉄御堂筋線の挙動をリアルタイムに計測管理で把握しながら切羽圧力管理やチャンバー内の塑性流動性管理等，地下鉄への影響を最小限に抑える精度の高い掘進管理計画を立てて掘削．

・地盤変状計測（トライアル計測）

地下鉄御堂筋線の天端と下端および掘削外径 1D 相当の位置に層別沈下計を設置．計測結果に基づき，地盤変状とシールド掘進条件との関連性を分析し，最適な掘進管理方法を確立．

影響区間の約 50m 手前で地下鉄御堂筋線の下端を想定したトライアル計測を実施し，掘進管理計画に反映．

T.L.34 都市における近接トンネル

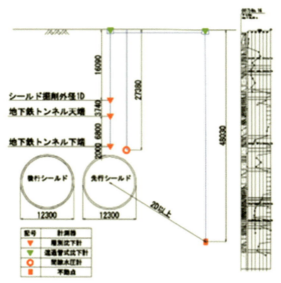

図-6.1.2-3 トライアル計測断面図[1]

(出典:島拓造ら,地下鉄営業線直下 2.2m における大断面シールドの超近接施工,トンネル工学報告集,第 27 巻,Ⅱ-10,pp.1-6,2017.)

b) 計測結果

地下鉄御堂筋線の鉛直変位は,水盛式沈下計で自動計測を行い,手動でも三次元ターゲットを設置し,鉛直変位・内空変位を測定.

管理値は表-6.1.2-1 に示すとおり,FEM 解析結果に基づき設定して計測管理.

表-6.1.2-1 計測管理値[1]

管理段階	先　行	後　行	備　考
1 次管理値	±5.1mm	±8.3mm	管理限界値×50%
2 次管理値	±7.6mm	±12.4mm	管理限界値×75%
管理限界値	±10.2mm	±16.6mm	解放率 10%での変位量

(出典:島拓造ら,地下鉄営業線直下 2.2m における大断面シールドの超近接施工,トンネル工学報告集,第 27 巻,Ⅱ-10,pp.1-6,2017.)

影響範囲の掘進結果を図-6.1.2-4 に示す.

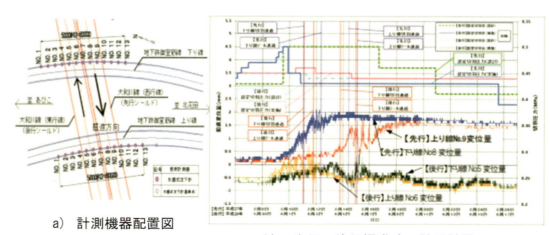

a) 計測機器配置図　　　　　b) 先行・後行掘進時の計測結果

図-6.1.2-4 掘進結果[1]

(出典:島拓造ら,地下鉄営業線直下 2.2m における大断面シールドの超近接施工,トンネル工学報告集,第 27 巻,Ⅱ-10,pp.1-6,2017.)

1) 先行シールドの掘進結果

先行シールドの掘進は，先に交差する地下鉄御堂筋線下り線構造物に切羽が接近する約30m手前から隆起傾向であったため，切羽圧力を0.50MPaから0.45MPaに修正し，構造物の挙動を見ながら掘進．次に交差する地下鉄御堂筋線上り線構造物も同様に隆起傾向であったことから切羽圧力を0.43MPaに修正．この結果，管理限界値±10.2mm（応力解放率10%での変位量）に対して，計測値は下り線No.8，9で+2.1mm（隆起），上り線No.9で+1.7mm（隆起）に抑制．

2) 後行シールドの掘進結果

後行シールドの掘進は，さらにリアルタイムの挙動に着目し，切羽圧をその都度調整しながら掘進．切羽圧力は0.45MPa（当初設定）→0.45MPa→0.46MPa→0.45MPa→0.44MPaに繰り返し修正して掘進．この結果，管理限界値±16.6mm（応力解放率10%での変位量）に対して，計測値は上り線No.6で+0.7mm（隆起），下り線No.5，6で+0.7mm（隆起）と，先行と比較し変位量をさらに抑制．

（4）近接施工事例の評価および考察

a) 近接影響予測と実績の比

・先行シールド：予測10.2mmに対して最大2.1mm隆起

・後行シールド：予測16.6mmに対して最大0.7mm隆起

b) 計画・設計に対する評価および考察

地下鉄御堂筋線の施工実績[3][4][5]から，切羽安定及び同時裏込め注入の適切な管理等が重要であることを踏まえ，地下鉄の挙動をリアルタイムに計測し，切羽圧力管理や塑性流動性管理等を行うことで，影響を最小限に抑える掘進管理計画を立案した．

c) 計測・施工に対する評価および考察

地下鉄御堂筋線の鉛直変位等の計測データ（挙動）を瞬時に判断して，切羽圧力等を調整したことやクレーショックによる余掘り充填等により，変位量を予測値よりも大幅に抑制することが可能となった．

d) 得られた知見および考察

層別沈下計の設置，トライアル計測及びリアルタイム計測による掘進管理（切羽圧力管理や塑性流動性管理等），同時裏込め注入は，近接構造物への変位抑制を図る上で有効であった．

参考文献

1) 島拓造，西森文子，西木大道，三宅翔太，塚本健介，河田利樹：地下鉄営業線直下2.2mにおける大断面シールドの超近接施工，トンネル工学報告集，第27巻，Ⅱ-10，pp.1-6，2017.

2) 島拓造，南川真介，西木大道，河田利樹，香川敦，菅野静：施工時荷重を考慮した大和川シールド掘進による地下鉄御堂筋線の変状解析，土木学会第71回年次学術講演会，Ⅵ-853，pp.1705-1706，2016.

3) 塩谷智弘：現場技術者のための土質工学大阪土質工学講習会－⑦地中構造物－，pp.63-77，地盤工学会関西支部，1997.11

4) 塩谷智弘，廣瀬秀男，山口博章：既成市街地下を縦横に縫って掘り進む　大阪市営地下鉄第8号線シールド工事，トンネルと地下，pp.27-38，2004.

5) 太田拡，伊藤博幸，村上考司，北岡隆司：2方向からの駅部急曲線進入・Uターンで4本のシールドを併設，トンネルと地下，pp.29-40，2007.

6.1.3 既設構造物（開削トンネル）直下におけるシールド近接施工事例（タイプ 1-1　S12）

(1) 近接施工の概要

a) **工事名称**：首都高速 横浜環状北線シールドトンネル工事

b) **工期（施工時期）**：2008 年 6 月～2015 年 6 月

c) **工事の主要諸元**

「横浜環状道路」の北区間，第三京浜「港北 IC」から首都高横羽線「生麦 JCT」をつなぐ自動車専用道路のシールド工事．

　　施工延長　外回り 5517m，内回り 5513m

　　掘削外径　φ12.49m

　　セグメント外径　φ12.30m

　　セグメント桁高　0.40m

　　セグメント種類　RC セグメント，鋼製セグメント

d) **近接施工概要**

1) 影響を受ける構造物の諸元：地下鉄シールドトンネル（外径 φ6.7m）

　　　　　　　　　　　　　　本線シールドトンネル（外径 φ12.49m）

2) 影響を及ぼす施工法の諸元：泥土圧シールド

　　　　　　　　　　シールド外径　φ12.49m　セグメント外径　φ12.30m

3) 近接施工位置関係：離隔　3.8m（2 本の地下鉄トンネルとの最少離隔（直行））

　　　　　　　　　　離隔　3.0m（先行，後行本線トンネルとの最少離隔（横併設））

　　　　　　　　　近接度（掘削外径比）=0.31（地下鉄トンネル）

　　　　　　　　　　　　　　　　　　　=0.24（本線トンネル）

4) 地盤条件：上総層群（泥岩，砂質泥岩，砂・砂岩の互層）

5) 地下水位：G.L.-6～7m

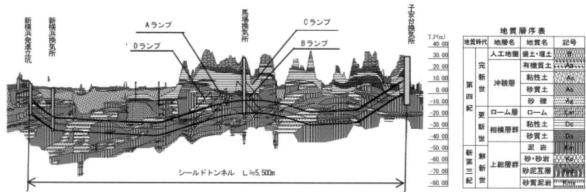

図-6.1.3-1　シールドトンネル縦断図 [1] を改変（一部抜粋）して記載

（出典：川田成彦ら，大断面併設泥土圧シールドトンネルにおける掘進管理と近接施工の実績について，地下空間シンポジウム論文・報告集，第 17 巻，pp.11-16，2012.）

6) 影響低減対策：沈下抑制

①土圧管理

・大断面併設シールドであることを考慮地山の緩みを極力抑制するために，チャンバー内に土圧計を 7 ヵ所装備して切羽の土圧分布を把握．

・管理土圧は，静止土圧＋水圧＋予備圧（0.03MPa）を基本とし，掘進土層に応じて静止土圧係数を変更．

②排土量管理

・レーザースキャンでベルトコンベア上の掘削土砂の体積を，ベルトスケールでベルトコンベア

上の掘削土砂の重量を連続的に計測し，計測値を統計処理して管理．

③裏込同時注入
・裏込め注入は，セグメントからの同時注入とし，テールボイドを早期に充填して地盤沈下を抑制．
・施工は，注入圧を優先とし，上限を「地下水圧＋0.15MPa」として，上限圧に達するまで注入を実施．また，目標注入量を「標準テールボイド量＋（オーバーカット量＋コピーカッターによる余掘量）×50%」として管理．

④土砂流動解析
・掘削土砂の塑性流動性の確保を目的とし，チャンバー内を三次元にモデル化して土砂流動解析を行い，チャンバー内に設置した検知装置「フラッパー」により計測されたトルク値とチャンバー内土砂のずり速度と流速をシミュレーションすることで塑性流動状態を評価し，掘削添加剤（気泡）の注入管理にフィードバック．

⑤トライアル計測
・掘進管理の妥当性を検証するために，図-6.1.3-2 に示すように 3 断面のシールド直上に層別沈下計を設置．
・最初の 2 断面での地中変位状況により，切羽圧，裏込め注入といった掘進管理の妥当性を確認・見直し．
・地下鉄近傍に設けた 3 断面目の状況を確認し，地下鉄下を掘進する際の掘進管理値を決定．

7）その他特筆すべき事項
①ほぼ全線にわたり民地下を通過し，また鉄道などの重要構造物にも近接して施工．
②2 台の泥土圧大断面シールドを並行して掘進．
③掘進地盤は，泥岩，被圧された砂層，軟弱な沖積層など多岐にわたる地盤の互層．

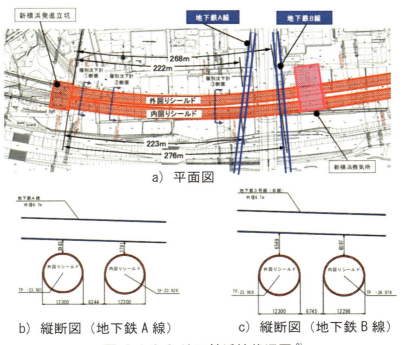

図-6.1.3-2 地下鉄近接状況図[2]

（出典：川田成彦ら，併設大断面泥土圧シールドと地下鉄トンネルとの近接施工，土木学会第 66 回年次技術講演会，VI-015，pp.29-30，2011．）

(2) 近接影響予測

a) 近接影響予測手法：2次元FEM解析

地下鉄トンネルとの離隔が小さい断面において，先行して掘削する外回りシールドの通過後と内回りシールドの通過後における地下鉄トンネルの鉛直変位を算定．

解析に用いた応力解放率は，洪積層地盤を掘削した大断面泥土圧シールドの施工実績を参考にして，α＝10％に設定．解析断面を図-6.1.3-3に示す．

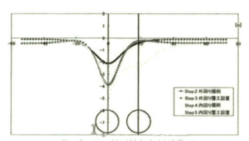

図-6.1.3-3 解析断面図[2]

（出典：川田成彦ら，併設大断面泥土圧シールドと地下鉄トンネルとの近接施工，土木学会第66回年次技術講演会，VI-015，pp.29-30，2011.）

b) 近接影響予測結果

両シールド通過後の地下鉄トンネルの鉛直変位は，先行の外回りシールド直上で3.9mm（沈下），後行の内回りシールド直上で4.0mm（沈下）．解析結果を表-6.1.3-1，図-6.1.3-4に示す．

これらの変位量は，いずれも地下鉄の許容値を下回る結果であったが，営業線の直下をシールドが掘削することを考慮して，上記に示す計測管理を実施し，シールド掘進に反映．

表-6.1.3-1 解析結果[1]

STEP	施工内容	最大沈下量 (mm)
STEP2	先行(外回り)シールド掘削	-2.1
STEP3	先行(外回り)セグメント設置	-3.9
STEP4	後行(内回り)シールド掘削	-4.3
STEP5	後行(内回り)セグメント設置	-4.0

図-6.1.3-4 解析結果[1]

（出典：川田成彦ら，大断面併設泥土圧シールドトンネルにおける掘進管理と近接施工の実績について，地下空間シンポジウム論文・報告集，第17巻，pp.11-16，2012.）

(3) 近接影響計測

a) 計測計画

図-6.1.3-5に示すように，シールド掘進の影響範囲に入る地下鉄内に鉛直変位計と水平変位計を設置し，近接施工時の掘進管理の妥当性を随時確認しながら施工．

b) 計測結果

③断面（図-6.1.3-2を参照）のトライアル計測の結果，地下鉄と同位置での地盤変位が小さいことから，地下鉄交差部においても同様の掘進管理を実施．

両シールド通過後の最大変位量は，解析結果と同様に後行（内回り）シールド直上で発生したが，その値は0.9mmと解析結果（4.0mm）の約1/4となった．また，相対変位量は解析結果2.6mmに対して0.8mmであった．

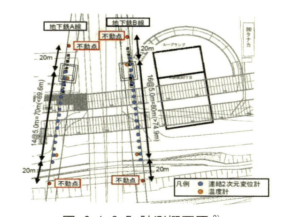

図-6.1.3-5 計測概要図[2]

（出典：川田成彦ら，併設大断面泥土圧シールドと地下鉄トンネルとの近接施工，土木学会第66回年次技術講演会，VI-015，pp.29-30，2011.）

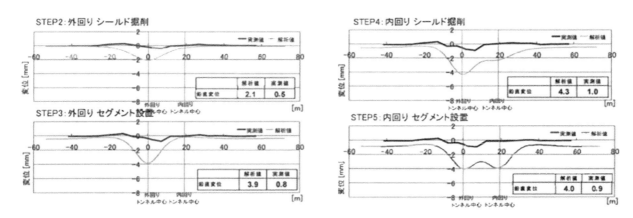

図-6.1.3-6 地下鉄鉛直変位計測結果と FEM 解析結果との比較 [1]

（出典：川田成彦ら，大断面併設泥土圧シールドトンネルにおける掘進管理と近接施工の実績について，地下空間シンポジウム論文・報告集，第17巻，pp.11-16，2012.）

(4) 近接施工事例の評価および考察

　本工事では，種々の計測管理をシールド掘進に反映させて最適な掘進管理を行うことによって，地下鉄に影響を与えることなく掘進できた．

　また，地下鉄の変位計測結果が解析値の約 1/4 という結果となった要因としては，①施工管理が良好であったこと，②掘進土質が硬質地盤であったことから想定よりも影響範囲が小さかったことなどが考えられる．

参考文献

1) 川田成彦，松原健太，新井直人，林成卓：大断面併設泥土圧シールドトンネルにおける掘進管理と近接施工の実績について，地下空間シンポジウム論文・報告集，第17巻，pp.11-16，2012.
2) 川田成彦，松原健太，新井直人，林成卓：併設大断面泥土圧シールドと地下鉄トンネルとの近接施工，土木学会第66回年次技術講演会，Ⅵ-015，pp.29-30，2011.

6.1.4 既設構造物（シールドトンネル）直下におけるシールド近接施工事例（タイプ 1-1　S34）

(1) 近接施工の概要

a) **工事名称**：平成 24 年度 302 号鳴海共同溝工事

b) **工期（施工時期）**：2013 年 3 月～2017 年 3 月（2014 年 11 月～2016 年 6 月）

c) **工事の主要諸元**：泥土圧シールド工法
- シールド掘削延長　3603m
- セグメント外径　φ5.8m
- セグメント桁高　0.25m
- セグメント種別　RC セグメントおよび鋼製セグメント

d) **近接施工概要**

1) 影響を受ける構造物の概要：地下鉄シールドトンネル（φ6.75m　RC セグメント）
2) 影響を及ぼす施工法の諸元：泥土圧シールド（セグメント外径 φ5.8m）
3) 近接施工位置関係：離隔約 6m　近接度（掘削外径比）=1.0
4) 地盤条件：矢田川累層（砂礫，砂，粘土の互層）
5) 地下水位：G.L.-2m
6) 影響低減対策：計測計画（トライアル計測）
7) その他特筆すべき事項：

音響トモグラフィにより土層構成および既設シールド施工時の緩みを調査．

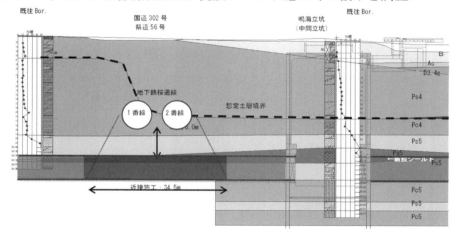

a) 地質縦断図

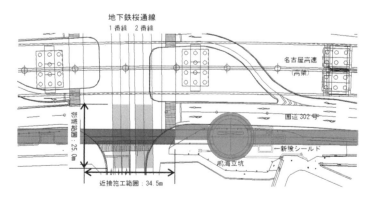

b) 交差部平面図

図-6.1.4-1 近接施工概要図 [1]

（出典：安藤嵩久ら，地下鉄営業線との近接施工をともなう共同溝シールド工事の施工事例—平成 24 年度 302 号鳴海共同溝工事—，日本トンネル技術協会，第 81 回施工体験発表会（都市），pp.1-8, 2017.）

(2) 近接影響予測
a) 近接影響予測手法：3次元FEM解析
b) 近接影響予測結果：最大沈下量2.8mm，10m弦相対変位0.3mm
c) 期待する影響低減対策効果：「トライアル計測」結果を検証し，地盤物性値，応力解放率の妥当性を確認．

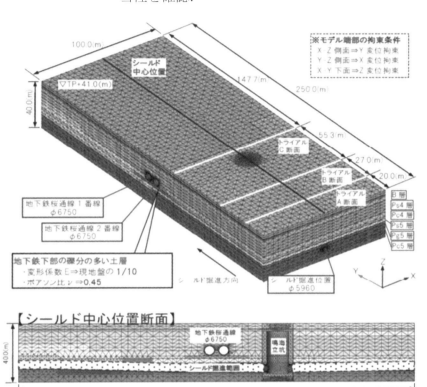

図-6.1.4-2 3次元FEM解析モデル[1]

（出典：安藤嵩久ら，地下鉄営業線との近接施工をともなう共同溝シールド工事の施工事例—平成24年度302号鳴海共同溝工事—，日本トンネル技術協会，第81回施工体験発表会（都市），pp.1-8, 2017.）

(3) 近接影響計測
a) 計測計画：【既設シールドトンネル】軌道沈下量（デジタルレベル計）
b) 計測結果：最大沈下量0.6mm，10m弦相対変位0.2mm．

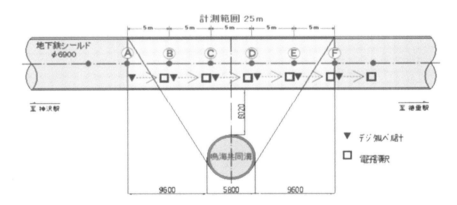

図-6.1.4-3 地下鉄計測器配置図[1]

（出典：安藤嵩久ら，地下鉄営業線との近接施工をともなう共同溝シールド工事の施工事例—平成24年度302号鳴海共同溝工事—，日本トンネル技術協会，第81回施工体験発表会（都市），pp.1-8, 2017.）

T.L.34　都市における近接トンネル

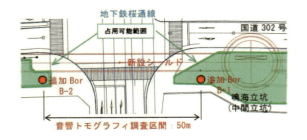

a) 音響トモグラフィ調査位置図

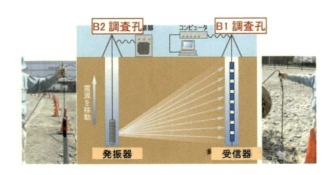

b) 音響トモグラフィイメージ図

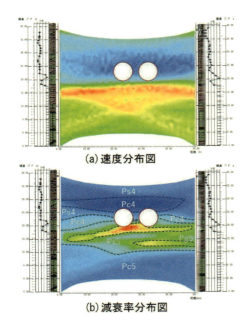

c) 音響トモグラフィ調査結果

図-6.1.4-4 音響トモグラフィ概要[1]

(出典：安藤嵩久ら，地下鉄営業線との近接施工をともなう共同溝シールド工事の施工事例—平成24年度302号鳴海共同溝工事—，日本トンネル技術協会，第81回施工体験発表会（都市），pp.1-8, 2017.)

(4) 近接施工事例の評価および考察

a) 近接影響予測と実績の比
【予測値】最大沈下量 2.8mm，10m 弦相対変位 0.3mm
【計測値】最大沈下量 0.6mm，10m 弦相対変位 0.2mm

b) 計画・設計に対する評価および考察
　地下鉄との交差区間は埋没谷形状を呈した複雑な土層構成が予測されていたことと，既設シールド施工時の周辺地盤の緩みも考えられたため，音響トモグラフィ調査により確認を行った．鉛直ボーリングでは把握できていなかった土層が確認できたので事前解析に反映した．

c) 計測・施工に対する評価および考察
　予測解析とトライアル計測および逆解析により施工計画と解析の妥当性を確認しながら掘進を行うことで，既設構造物に影響を与えることなく工事を進められた．

d) 得られた知見および考察
　事前調査で音響トモグラフィを採用したが，交通量の多い道路下や既設シールドの直下では音響トモグラフィ調査のように面的に調査できる手法が有効である．

e) 近接施工における留意点および技術的課題
　既設シールドとの近接施工では，シールド施工時の影響で周辺の土質条件が変化している可能性が考えられる．本工事では音響トモグラフィで既設シールド周辺の緩みの有無を調査した．結果として顕著な緩みは把握できなかったが，事前調査の一手法として評価できる．

参考文献
1) 安藤嵩久，服部鋭啓：地下鉄営業線との近接施工をともなう共同溝シールド工事の施工事例—

平成 24 年度 302 号鳴海共同溝工事―，日本トンネル技術協会，第 81 回施工体験発表会（都市），pp.1-8，2017.

6.1.5 既設構造物（電力洞道）の直下・直上におけるシールド近接施工事例（タイプ 1-1　S7）

(1) 近接施工の概要
a) 工事名称：中央環状品川線大井地区トンネル工事
b) 工期（施工時期）：2008 年 6 月～2012 年 1 月（2010 年 3 月～2011 年 5 月）
c) 工事の主要諸元：泥土圧シールド工法
　　　　　　　　　シールド掘削延長　895m
　　　　　　　　　セグメント外径　φ13.4m
　　　　　　　　　セグメント桁高　0.45m
　　　　　　　　　セグメント種別　RC セグメント
d) 近接施工概要
1) 影響を受ける構造物の概要：東電洞道（シールド）φ2.4m
2) 影響を及ぼす施工法の諸元：泥土圧シールド（セグメント外径 φ13.4m）
3) 近接施工位置関係：400mm（上越し），近接度（掘削外径比）＝0.03
4) 地盤条件：有楽町層粘性土（Ylc 層）
5) 地下水位：G.L.-3m
6) 影響低減対策：高圧噴射攪拌工法による防護．計測計画（トライアル計測）．
7) その他特筆すべき事項：先行シールドで離隔 400mm の下越し施工を実施．

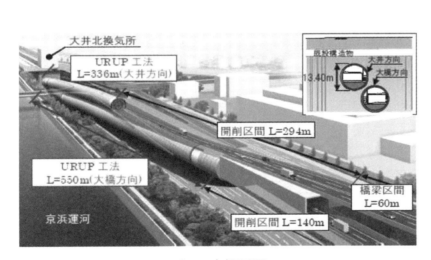

a) 工事概要図　　　　　　　　　　b) トライアル計測断面図
図-6.1.5-1　近接施工の概要 [1]

（出典：瀧本紅美，後藤広治，水内満寿美，河口琢哉，大断面泥土圧シールド掘進時の軟弱地盤の挙動について，土木学会第 66 回年次学術講演会，VI-029，pp.57-58，2011.）

(2) 近接影響予測
a) 近接影響予測手法
　【近接構造物鉛直方向】2 次元弾性 FEM 解析
　【近接構造物水平方向】3 次元弾性 FEM 解析
b) 近接影響予測結果
　【近接構造物鉛直方向】トライアル計測の結果から応力解放率を設定し，モデルに入力．得られた変位分布からリング継手応力を照査．

【近接構造物水平方向】切羽前面に押込み力（切羽圧－土水圧）マシン外周に地盤との摩擦力を作用させて水平変位を算出．得られた変位分布からリング継手応力を照査．

c) 期待する影響低減対策効果

防護無しでは応力が許容値をオーバーするため，高圧噴射撹拌工法による防護を実施．

(3) 近接影響計測

a) 計測計画：鉛直・水平変位，内空変位，傾斜，目開き，温度．

b) 計測結果：参考資料内での記載なし

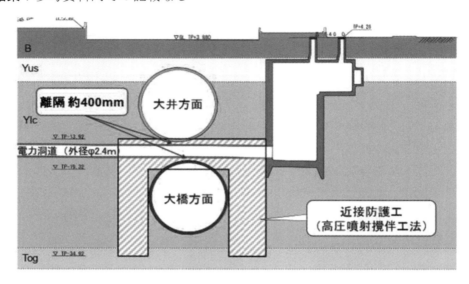

図-6.1.5-2 重要構造物近接状況図 [3]

（出典：藤木仁成，井澤昌佳，地上発進・地上到達シールドの施工－中央環状品川線での URUP 工法の採用－，基礎工 3 月号，pp.30-33，2011．）

(4) 近接施工事例の評価および考察

a) 近接影響予測と実績の比

参考資料内での記載なし

b) 計画・設計に対する評価および考察

トライアル計測断面で意図的に切羽圧を変化させ，地盤変状との相関を定量的に把握し，最適圧を設定した．

c) 計測・施工に対する評価および考察

東電洞道の下越しの後，上越しの施工があったため，先行施工のデータを有効利用した．

d) 得られた知見および考察

上越し施工では，マシンが近接構造物を通過してテールが抜ける際に構造物直上の応力が解放されるため隆起傾向の挙動を示した．

e) 近接施工における留意点および技術的課題

近接影響解析は通常応力解放により行うが，直行する線状構造物で離隔が小さい場合は切羽圧や引きずり込みの影響を考慮する必要がある．

第Ⅱ編　シールドトンネル　　6. シールドトンネル近接施工事例

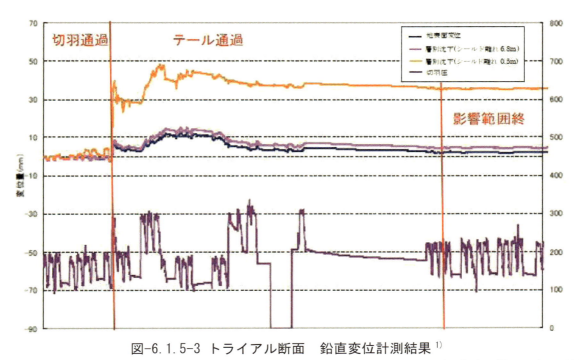

図-6.1.5-3　トライアル断面　鉛直変位計測結果[1]

（出典：瀧本紅美，後藤広治，水内満寿美，河口琢哉，大断面泥土圧シールド掘進時の軟弱地盤の挙動について，土木学会第66回年次学術講演会，VI-029，pp.57-58，2011.）

参考文献

1) 瀧本紅美，後藤広治，水内満寿美，河口琢哉：大断面泥土圧シールド掘進時の軟弱地盤の挙動について，土木学会第66回年次学術講演会，VI-029，pp.57-58，2011.

2) 藤木仁成，井澤昌佳：地上発進・地上到達シールドの施工－中央環状品川線でのURUP工法の採用－，基礎工3月号，pp.30-33，2011.

6.1.6 仮設構造物に対するシールド近接施工事例（タイプ1-2 S1101）

(1) 近接施工の概要

a) 工事名称　　　：常磐工区開削トンネル工事
b) 工期（施工時期）：2008年6月～2020年10月（2016年2月～2018年3月）
c) 工事の主要諸元：泥土圧シールド工法（矩形）
　　　　　　　　　延長225m，下り8%勾配，
　　　　　　　　　シールド本体：高さ8.09m×幅8.48m
　　　　　　　　　セグメント外形：高さ7.70m×幅8.16m（桁高400mm）

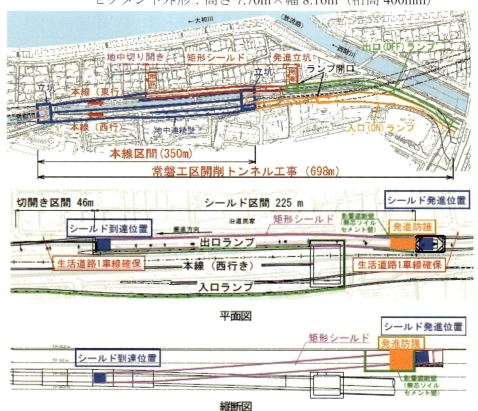

図-6.1.6-1 工事概要図[1]

（出典：真鍋ら，矩形シールド工法による小土被り発進，既設土留め壁近接並走掘進の実績，トンネル工学報告集，第27巻，II-12，p.2，2017.）

d) 近接施工概要

1) 影響を受ける構造物の諸元：到達部の土留め壁（TRD工法：芯材H428およびH458）
2) 影響を及ぼす施工法の諸元：矩形泥土圧シールド（全高8.09m×外幅8.48m）
　　　　　　　　　地上発進部土被り=1.5m（0.2D）
　　　　　　　　　到達部土被り=17m（2.2D）
3) 近接施工位置関係：開削中の土留め壁背面を延長150mにわたり，土留め壁芯材とシールド掘削外径の最小離隔250mmで超近接掘進
　　　　　　　　　【近接度（掘削外径比）=0.03（=0.25m/8.48m）】
4) 地盤条件：地表面付近の埋土層を除き，洪積層の砂礫層（N値50～200），粘性土層（$C=20\sim30kN/m^2$）の互層地盤（硬質地盤），地下水位：TP+8.0m（G.L.-1.2m）

第Ⅱ編　シールドトンネル　　6. シールドトンネル近接施工事例

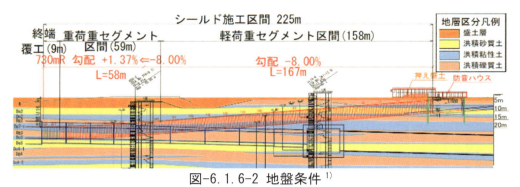

図-6.1.6-2 地盤条件[1]

（出典：真鍋ら，矩形シールド工法による小土被り発進，既設土留め壁近接並走掘進の実績，トンネル工学報告集，第27巻，II-12，p.2，2017.）

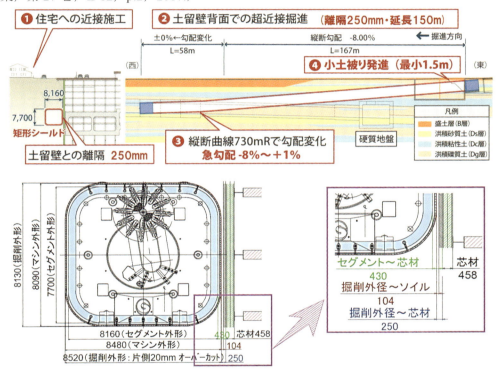

図-6.1.6-3 土留壁との近接状況[1]

（出典：真鍋ら，矩形シールド工法による小土被り発進，既設土留め壁近接並走掘進の実績，トンネル工学報告集，第27巻，II-12，p.3，2017.）

5) 施工ステップ：開削側の躯体が構築完了し，埋戻し開始前のため，支保工を残置した状態で，土留め壁側方を矩形の泥土圧シールドにて掘進．

6) 影響低減対策：

①開削部仮設構造の補強

・土留めの芯材および土留め支保工の仕様を変更し，剛性を向上（土留め芯材：中幅H588から広幅H428およびH458へ変更）．

・掘進時の切羽土圧による土留め壁ソイルモルタル部のひび割れ（噴出）防止を目的として，補強鋼板（t=3.2mm）を本線開削側の土留め壁内面に全面設置（図-6.1.6-4）．

図-6.1.6-4 土留め壁内面の鋼板補強[1]

（出典：真鍋ら，矩形シールド工法による小土被り発進，既設土留め壁近接並走掘進の実績，トンネル工学報告集，第27巻，II-12，p.7，2017.）

② シールド施工上の工夫
- 隔壁の 6 箇所の土圧計により切羽土圧分布をコンターで可視化することで、切羽土圧の変動を管理した（写真-6.1.6-1）.
- 掘進時は地表面沈下を抑制すると同時に、土留壁に過剰な影響を与えないよう切羽土圧管理値を極力低く設定する必要があった.
- そのため、地表面の変状を抑制する目的で掘進時にマシン前胴部からマシン外周部に 2～3 か月かけて一軸圧縮強度が 600～900kN/m² まで漸増する沈下抑止特殊充填材を余掘り部へ注入したトライアル施工の結果をもとに、主働土圧＋予備圧（10kN/m²）まで抑えて掘進した（図-6.1.6-5）.
- シールドと土留め壁との離隔確保のため、シールドの位置・姿勢の自動測量に加えて、ローリング状況の可視化管理して姿勢制御を行った（写真-6.1.6-2）.

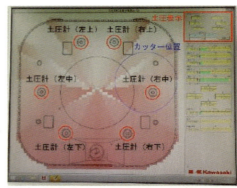

写真-6.1.6-1 切羽圧力の可視化画面[1]
（出典：真鍋ら，矩形シールド工法による小土被り発進、既設土留め壁近接並走掘進の実績，トンネル工学報告集，第 27 巻，II-12，p.7，2017.）

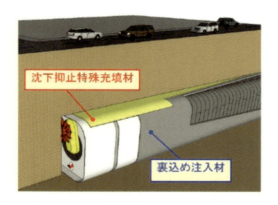 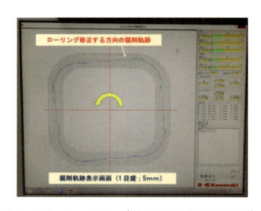

図-6.1.6-5 シールド余掘り部への充填注入[1]　写真-6.1.6-2 ローリング状況の可視化画面[1]
（出典：真鍋ら，矩形シールド工法による小土被り発進、既設土留め壁近接並走掘進の実績，トンネル工学報告集，第 27 巻，II-12，p.6，2017.）

7) その他特筆すべき事項

　本線と OFF ランプを同時開通させる方策として、住宅に近接し、本線から分岐する OFF ランプを開削工法で施工した場合、地上の一般道路が長期間通行止めとなるため、非開削工法による施工を採用した（なお、本線部は施工を止めることなく、通常の開削工法で施工）. また、用地幅の制約があるため、円形シールドではなく矩形シールドとし、剛性の高い六面鋼殻合成セグメントを採用した.

(2) 近接影響予測

a) 近接影響予測手法：

　土留め壁近接部はシールド掘進時の切羽土圧を考慮した土留めを検討した. 地表面の変状を最小限に抑制し、かつ土留めの変位抑制を目的として切羽土圧を極力抑えるために、FEM による地表面の沈下量予測を行った.

b) 近接影響予測結果：

　土留め壁近接部は、芯材・土留め支保工の仕様アップおよび補強切梁を追加した. 地表面沈下量は、土被り 4m 地点のシールド直上で 21mm の沈下が想定されたため、切羽土圧の可視化管理、沈下抑止充填材の注入などの沈下抑制対策を実施した.

(3) 近接影響計測
a) 計測計画

　開削部の切梁軸力の自動計測と土留めの変形計測（4断面）と光る計測器による軸力の入り具合の可視化管理を実施した．図-6.1.6-6に土留めの計測計画を示す．

　シールド掘進時には開削側の土留計測管理データも同時に取り込んで同じ時系列で監視を行い，シールド通過時の土留の変位と切梁軸力の変化を把握しながら切羽土圧や裏込め注入等の掘進管理値に反映させた．

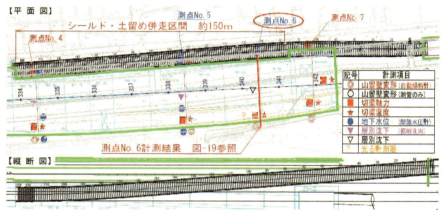

図-6.1.6-6 土留めの計測計画 [1]

（出典：真鍋ら，矩形シールド工法による小土被り発進，既設土留め壁近接並走掘進の実績，トンネル工学報告集，第27巻，II-12，p.7，2017.）

b) 計測結果

- 掘進前後の影響が最も現れた測点No.6での計測結果を図-6.1.6-7に示す．
- シールドの通過後で切梁軸力は減少したが，土留め壁の変形は，シールド位置より上部の範囲で見られたものの，数mm程度と非常に微小な範囲で収まっている．
- 地表面沈下を踏まえて，当初設定の切羽土圧管理値（静止土圧＋予備圧 $10kN/m^2$）からの主働土圧＋予備圧まで抑えた結果，掘進に伴う土留壁からの漏水，出水は見られなかった．

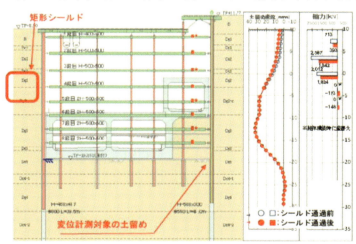

図-6.1.6-7 掘進前後の土留計測結果（測点No.6） [1]

（出典：真鍋ら，矩形シールド工法による小土被り発進，既設土留め壁近接並走掘進の実績，トンネル工学報告集，第27巻，II-12，p.10，2017.）

(4) 近接施工事例の評価および考察
a) 近接影響予測と実績の比

　土被り4m地点で予測沈下量21mmに対して，トライアル施工にて確認した沈下抑制対策を行うことで沈下量を2mm程度に抑制した．

b) 計画・設計に対する評価および考察

六面鋼殻合成セグメントの設計においては，本線トンネルの開削工事の土留め側方を通過することから，鉛直土圧はアーチング効果が得られないと判断し，全土被り荷重を採用した．本線トンネルの埋戻し材は自立性の高い軽量盛土となることから，本線トンネル側の側方土圧は作用しないものとし，地盤反力を低減させて設計を行った．

また，シールド掘進管理においては，掘進に伴い深度が連続的に増えることから，地下水位を勘案して段階的に切羽土圧管理を設定した．

c) 計測・施工に対する評価および考察．

沈下抑止特殊充填材（流動性（充填性）を有し，1ヵ月で地盤強度相当に硬化する材料）を注入して地表面沈下量を抑制することで，切羽土圧の管理値を主働土圧＋予備圧（10kN/m²）まで下げたことは，土留めへの影響抑制を図る上で有効であった．

d) 得られた知見および考察

土留の計測管理とシールド掘進管理を同じ時系列で管理する手法は，土留めへの影響が大きい掘進中の切羽土圧の確実な制御を行う上で有効である．

e) 近接施工における留意点および技術課題

シールド工事において土留めとの近接施工を行う場合，地表面や周辺埋設物に影響を与えない範囲で，切羽圧力や裏込め注入圧力を極力抑制することが土留めへの影響抑制には有効である．そのためには，地表面沈下量の予測とそれを抑制するための対策の有効性をトライアル施工において確認し，最適な管理値に設定することが重要と考えられる．

参考文献

1) 真鍋智，吉田潔，渡辺幹広，戸川敬，馬目広幸，吉迫和生，牛垣勝，志村敦：矩形シールド工法による小土被り発進，既設土留め壁近接並走掘進の実績，トンネル工学報告集，第 27 巻，II-12，2017.

6.2 施工中のシールドトンネルに及ぼす近接施工の影響

6.2.1 施工中の本線同士による立体交差事例（タイプ2-1）事例 S2002
(1) 近接施工の概要
 a) 工事名称
   調布駅付近連続立体交差工事（土木）第2工区
 b) 工期（施工時期）
   2006年11月～2013年3月
 c) 工事の主要諸元
   施工延長　　1,722m【本線シールド 861m×2本】
   最大勾配　　15‰【本線シールド下り線】
   　　　　　　35‰【本線シールド上り線】

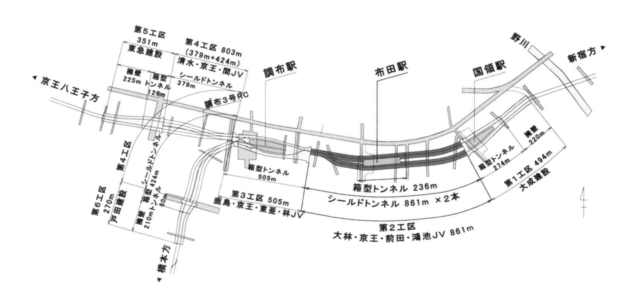

図-6.2.1-1 工事概要図 [1)]

（出典：岩村ら，鉄道営業線直下・小土被り条件における併設シールドの掘進と回転・扛上，土木建設技術発表会，pp.257-264, 2010.）

 d) 近接施工概要
  1) 影響を受ける構造物の諸元
   ・シールドトンネル（φ6.7m，SFRC セグメント，RC セグメント）
   ・営業線（在来線複線）
  2) 影響を及ぼす施工法の諸元
   ・泥土圧シールド（外幅：6.88m）
   ・営業線直下最小土被り=4.7m（0.69D）
  3) 近接施工位置関係
   ・本線先行トンネルと横併設で掘進（離隔 0.4m）
   ・本線先行トンネルと縦併設で掘進（離隔 0.55m）
   ・近接度（掘削外径比）【横併設】0.05（=0.4m/6.88m），【縦併設】0.07（=0.55m/6.88m）

4) 地盤条件
- 立川礫層：最大径 200mm 程度の玉石が 3～10 個/m^3 程度混入，バインダー分が 5%以下
- 上総層群砂質土層：概ね N 値 50 以上〔最上部：N 値 20～40 程度〕，所々に薄い粘土層が介在
- 上総層群粘性土層：N 値 35～50 以上，固結シルトと砂の互層

5) 地下水位
- GL-5.5m～-7.3m（トンネル断面の S.L.から天端の間を季節により変動）

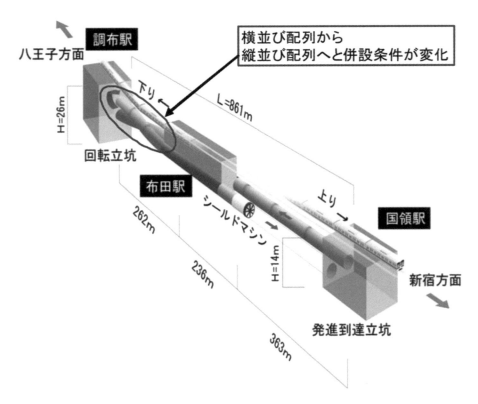

図-6.2.1-2 近接施工概要図[1]

（出典：岩村ら，鉄道営業線直下・小土被り条件における併設シールドの掘進と回転・扛上，土木建設技術発表会，pp.257-264，2010.）

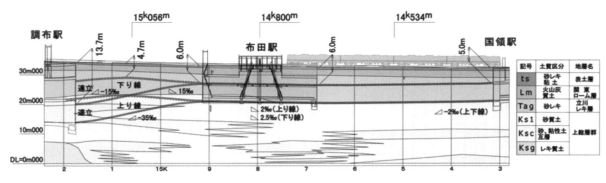

図-6.2.1-3 地質概要図[1]

（出典：岩村ら，鉄道営業線直下・小土被り条件における併設シールドの掘進と回転・扛上，土木建設技術発表会，pp.257-264，2010.）

第Ⅱ編　シールドトンネル　　6. シールドトンネル近接施工事例

6）施工ステップ

- ・営業線直下で本線シールド上り線を掘進し，回転立坑でUターン後，扛上
- ・その後，本線シールド下り線を上り線と上下併設の状態で発進し，左右の併設に漸次変化させながら掘進

7）影響低減対策

①計測計画

- ・トライアル計測を実施し，地盤変位および営業線への影響を把握した上で施工にフィードバック

②シールド施工上の工夫

- ・開口率を大きく確保できるスポークタイプを採用【地盤変状の抑制】
- ・大口径リボン式スクリューコンベアの採用【地盤変状の抑制】
- ・2次スクリューコンベアの採用【地盤変状の抑制】
- ・セグメントからの同時裏込め注入の採用【地盤変状の抑制】

8）その他特筆すべき事項

- ・本工事は，営業線直下を小土被りで縦断方向に連続して掘進する．
- ・シールドトンネルは，国領駅〜布田駅は横並び配置であるが，将来の線増線（急行線）を調布駅に接続する計画であることから，調布駅では縦並び配置（上り線ホームが地下3階，下り線ホームが地下2階）となる．そのため，布田駅〜調布駅間において，横並びから縦並びへと変化する線形計画となった．
- ・一般部のRCセグメントにおいても，トンネル覆工のはく離，はく落を防止するため，セグメントの内表面に「耐アルカリガラス繊維シート」を設置したEXP（エキスパート）セグメントを採用した．

(2)　近接影響予測

a）近接影響予測手法

- ・施工ステップを再現した2次元弾性FEM解析により，後行トンネル掘進時における先行トンネルへの影響を確認し，対策の要否について検討を実施．

b）近接影響予測解析結果

- ・後行トンネル施工後の先行トンネル本体部に発生する応力度を照査した結果，許容応力度以内に収まった．

(3)　近接影響計測

a）計測計画

【地盤変位】　　　　　　　　地表面沈下，地盤内鉛直・水平変位（トライアル掘進区間のみ）

【シールドトンネル】セグメント作用土圧，セグメント応力

b）計測結果

【地盤変位】　　　　　　　　営業線直下において変位量を概ね管理目標値の±5mm以内に抑制することができた．

【シールドトンネル】計測断面①（先行トンネルに対して左斜め上を通過，離隔：550mm）と計測断面③（先行トンネルに対して左横を通過，離隔：400mm）では，最も近接した箇所で大きな正曲げが発生した．
計測断面②（先行トンネルに対して左横を通過，離隔：1,400mm）で

Ⅱ-139

は，最も近接した箇所で負曲げが発生した．

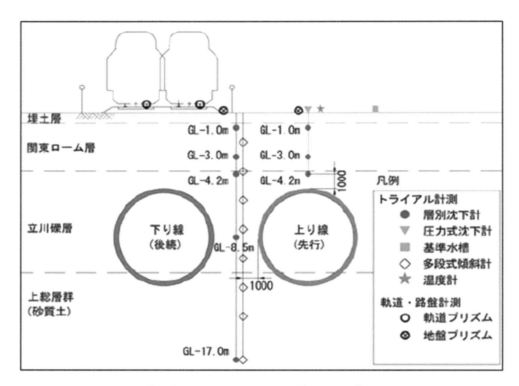

図-6.2.1-4 トライアル計測断面[1]

（出典：岩村ら，鉄道営業線直下・小土被り条件における併設シールドの掘進と回転・扛上，土木建設技術発表会，pp.257-264，2010.）

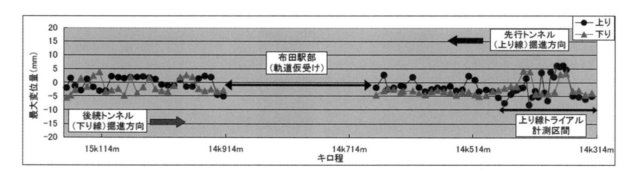

図-6.2.1-5 地盤変状管理結果[1]

（出典：岩村ら，鉄道営業線直下・小土被り条件における併設シールドの掘進と回転・扛上，土木建設技術発表会，pp.257-264，2010.）

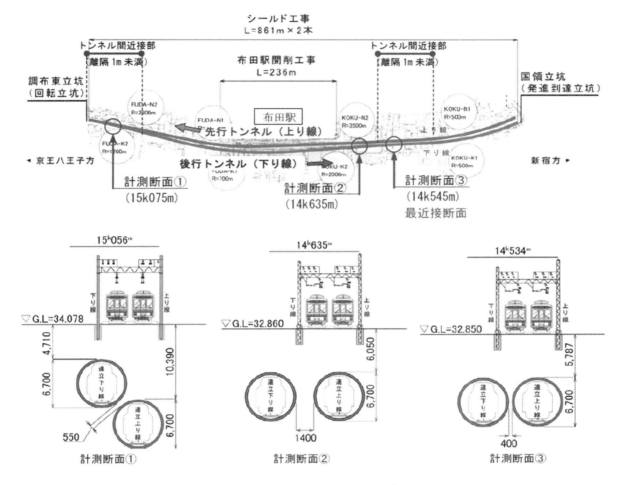

図-6.2.1-6 計測位置図[1]

(出典:岩村ら,鉄道営業線直下・小土被り条件における併設シールドの掘進と回転・扛上,土木建設技術発表会,pp.257-264,2010.)

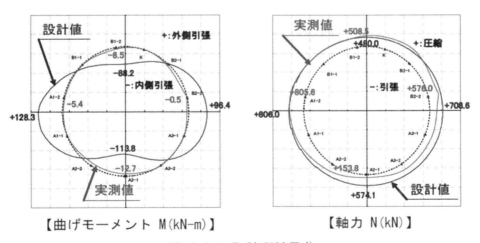

図-6.2.1-7 計測結果[1]

(出典:岩村ら,鉄道営業線直下・小土被り条件における併設シールドの掘進と回転・扛上,土木建設技術発表会,pp.257-264,2010.)

T.L.34 都市における近接トンネル

（4）近接施工事例の評価および考察

a）近接影響予測と実績の比

　・参考資料内での記載なし

b）計画・設計に対する評価および考察

　・トライアル掘進区間を設けることで周辺地盤および営業線に影響を与えない掘進管理手法を確立した．

c）計測・施工に対する評価および考察

　・トライアル掘進区間の実績より土圧管理手法を確立し，軌道・地盤計測結果をフィードバックしながら施工した結果，営業線直下で変位量を管理目標値の±5mm以内に抑制できた．

d）得られた知見および考察

　・先行シールドと後行シールドとの離隔が小さいと，後行シールドの施工時荷重が地盤を介して伝達し，併設する反対方向へ先行シールドが押される傾向がある．

　・先行シールドと後行シールドとの離隔が大きいと，後行シールドの施工時荷重が緩和され，地山が掘削されたことによって減少した先行トンネルの周辺の地盤応力が施工時荷重を上回り，併設する方向へ引っ張られる傾向がある．

e）近接施工における留意点および技術的課題

　・シールドの通過により先行トンネルへの影響は従来考えられている地盤応力の減少だけでなく，施工時荷重も大きく影響するが，併設位置の関係と離隔の影響によってその影響が異なる．

参考文献

1）岩村忠之，手塚洋平，足立邦靖，高橋寛：鉄道営業線直下・小土被り条件における併設シールドの掘進と回転・扛上，土木建設技術発表会，pp.257-264，2010.

6.2.2 営業線直下における併設掘進事例（タイプ2-1）事例 S2003
(1) 近接施工の概要
a) 工事名称

　　小田急線複々線化　下北沢シールド（土木第3工区）

b) 工期（施工時期）

　　2006年4月～2010年3月

c) 工事の主要諸元

　　施工延長　　　　1,290m【645m×2本（上下線）】
　　最小曲線半径　　700mR
　　最大勾配　　　　35‰

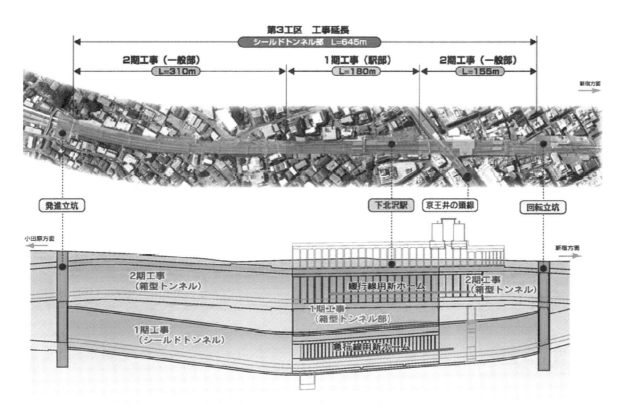

図-6.2.2-1　工事概要図[1]

（出典：大成建設株式会社提供資料）

d) 近接施工概要

　1) 影響を受ける構造物の諸元

　　・シールドトンネル（φ8.1m，鋼製セグメント，ダクタイルセグメント）

　2) 影響を及ぼす施工法の諸元

　　・泥水式シールド（シールド外径：8.26m）

　　・最小土被り=13.0m（1.6D）

　3) 近接施工位置関係

　　・先行トンネルと横併設で掘進（離隔0.9m）

　　・近接度（掘削外径比）=0.11（=0.9m/8.26m）【横併設】

4) 地盤条件
- 表土ならびに関東ローム層の下部に，東京層の砂層と礫層が分布し，さらにその下部に硬質な上総層群が分布している．トンネルが通過する地盤の大部分は上総層砂層部地盤である．

5) 地下水位
- GL-3.0m 程度

図-6.2.2-2 シールドトンネル併設状況図[2]

(出典：村松ら，営業線直下を貫く併列シールドの直接発進・直接到達施工報告(小田急小田原線連続立体交差事業および複々線化事業)，第15回地下空間シンポジウム，2010.)

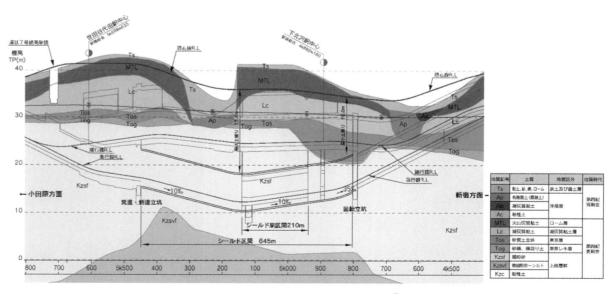

図-6.2.2-3 地質概要図[3]

(出典：村松ら，営業線直下を貫く延長645mの併列シールドトンネル工事に課せられた地盤挙動管理，土木技術，64巻12号，p.79，2009.)

6）施工ステップ
　　・シールド機 1 台による回転施工を実施.

7）影響低減対策
　①計測計画
　　・層別沈下計および多段式傾斜計による地盤変状を計測
　②シールド施工上の工夫
　　・セグメントリング剛性一様性の確保【トンネル変形の抑制】
　　・泥水圧管理値の設定（トライアル施工による検証）【地盤変状の抑制】
　　・掘削土量管理（掘削土量と理論土砂量の比較）【地盤変状の抑制】
　　・掘進線形管理（管理目標±50mm）【地盤変状の抑制】
　　・裏込め注入管理【地盤変状の抑制】

8）その他特筆すべき事項
　　・本工事は，全区間にわたって小田急小田原線の営業線直下を掘進することから，電車運行の安全性確保が重要課題であった.

(2) 近接影響予測
a）近接影響予測手法
　　・施工ステップを再現した 2 次元弾性 FEM 解析
b）近接影響予測解析結果
　　・2 次元弾性 FEM 解析による沈下量の最大値はトンネル直上部で最大 8.6mm. 水平方向の変位量の最大値は 1mm 以下.

(3) 近接影響計測
a）計測計画
　　【地盤変位】　　層別沈下計，多段式傾斜計
b）計測結果
　　【地盤変位】　　層別沈下計の計測結果より，初期掘進時にトンネル直上部で最大 2mm の沈下，地表面を含むその他の計測箇所では 1mm 以下のわずかな沈下量となり，概ね解析値の 1/2～1/3 程度の沈下量となった. また，多段式傾斜計の計測結果より，水平変位は最大 0.8mm となった. 水平変位については，当初の計測断面では解析値と実測値に乖離（実測値が解析値より小さい）が見られたため，地盤定数の評価見直しおよび掘削解放率についての検討を行った.

T.L.34 都市における近接トンネル

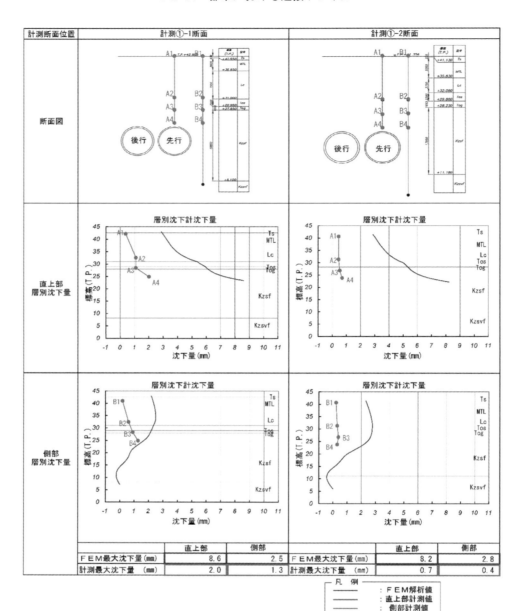

図-6.2.2-4 層別沈下計による地盤変状計測結果 [3]

(出典:村松ら,営業線直下を貫く延長 645m の併列シールドトンネル工事に課せられた地盤挙動管理,土木技術,64 巻 12 号,p.82,2009.)

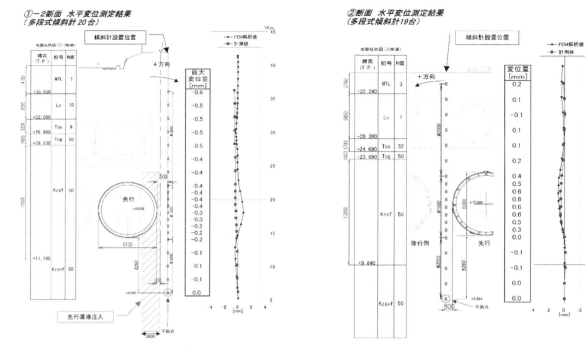

図-6.2.2-5 多段式傾斜計による地中変位計測結果 [3]

(出典:村松ら,営業線直下を貫く延長645mの併列シールドトンネル工事に課せられた地盤挙動管理,土木技術,64巻12号,p.83,2009.)

(4) 近接施工事例の評価および考察
 a) 近接影響予測と実績の比
  ・実測の沈下量は,解析値の 1/2〜1/3 となった.
 b) 計画・設計に対する評価および考察
  ・過去の実績に基づき施工管理値を定めることにより,近接影響の低減を図っている.また,事前解析を実施し,近接影響の程度を事前に把握している.
 c) 計測・施工に対する評価および考察
  ・トライアル掘進区間の計測結果に基づき施工管理値を定め,近接影響の低減を図っている.
 d) 得られた知見および考察
  ・離隔1m以下の近接トンネルにおいても,過去の実績に基づき施工管理値を定めることや,事前解析により近接影響程度を把握すること,また,トライアル区間で掘進管理値を設定することで,近接影響を最小限にして施工を完了している.
 e) 近接施工における留意点および技術的課題
  ・近接施工においては,事前に同種工事の実績に基づき施工管理値を定め,また,トライアル施工などによりその設定の妥当性を確認する必要がある.

参考文献
 1) 大成建設株式会社提供資料
 2) 村松泰,長野敏彦:営業線直下を貫く併列シールドの直接発進・直接到達施工報告(小田急小田原線連続立体交差事業および複々線化事業),第15回地下空間シンポジウム,2010.
 3) 村松泰,宮田浩平:営業線直下を貫く延長645mの併列シールドトンネル工事に課せられた地盤挙動管理,土木技術64巻12号,pp.76-83,2009.

6.2.3 シールド掘進地盤の異なる併設シールド近接施工事例（タイプ2-1）事例 S2004, S2007

■シールドトンネル通過地盤が沖積層の場合

(1) 近接施工の概要

a) 工事名称

　大阪市地下鉄今里筋線 本線シールドトンネル工事（瑞光四丁目～だいどう豊里間）

b) 工期（施工時期）

　2000年3月～2006年3月（2003年6月～2004年11月）

c) 工事の主要諸元

　施工延長　　　　南行線904m，北行線906m
　最小曲線半径　　南行線100mR
　最大勾配　　　　38‰

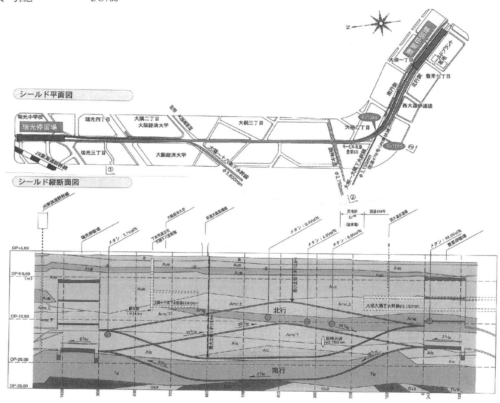

図-6.2.3-1 工事概要図および土質縦断図 [1]

（出典：前田建設工業株式会社提供資料）

d) 近接施工概要

1) 影響を受ける構造物の諸元
　・シールドトンネル（φ5.3m，ダクタイル鋳鉄製セグメント）

2) 影響を及ぼす施工法の諸元
　・泥水式シールド（外幅5.44m）
　・土被り=13.82m（2.5D）

3) 近接施工位置関係
　・先行（南行線）トンネルと斜め併設で後行シールド（北行線）掘進（離隔1.1m）
　　近接度（掘削外径比）=0.20（=1.1m/5.44m）

第Ⅱ編　シールドトンネル　　6. シールドトンネル近接施工事例

4）地盤条件
　　・沖積砂礫層【シールドトンネル上半通過地盤】
　　・沖積粘性土層【シールドトンネル下半通過地盤】
5）地下水位
　　・GL-2～3m
6）施工ステップ
　　・斜め下方の先行シールド掘進後，斜め上方の後行シールド掘進
7）影響低減対策
　①計測計画
　　ⅰ）トライアル計測
　　　・当初計画の掘進パラメータの妥当性の検証，以後の掘進管理に反映することを目的として実施.
　　　・発進から30m地点，60m地点の掘進開始初期の2断面で実施.
　　　・シールド直上1mから地上まで沈下計等を設置し，シールド掘進に伴う地盤変位等を計測.
　　　・切羽水圧，裏込め注入圧上限値を重点管理項目として選定し，参考に裏込め注入率を追加検証.
　　　・設定した管理値は2断面で設定値を変えて掘進.
　　ⅱ）特別計測
　　　・後行シールド施工による先行トンネルへの影響，両シールド施工による地盤変状について検証することを目的として実施.
　　　・シールド直上0.5mから地上まで沈下計，多段傾斜計等を設置し，シールド掘進に伴う地盤変位を確認.
　　　・先行トンネルにパッド式土圧計，内空変位計，ひずみ計等を設置し，シールド掘進に伴う先行トンネルが受ける影響を確認.
　②シールド施工上の工夫
　　ⅰ）課題
　　　・セグメント組立のためジャッキを引く際に切羽水圧が低下して沈下が発生する.
　　　・鉛直精度修正のためピッチング修正することで隆起が発生する.
　　　・掘進途中で裏込め注入圧上限値を超過により，裏込め注入できない事象が発生
　　ⅱ）対策
　　　・切羽水圧　　：切羽水圧＝主働土圧＋10～20kPa（特別計測での重点管理項目）
　　　・裏込め注入：裏込め注入圧上限値（自動裏込め注入装置停止圧力）
　　　　　　　　　　　＝全土被り圧＋20～40kPa（特別計測での重点管理項目）
　　　　　　　　　　　目標最大裏込め注入圧力＝全土被り圧
　　　　　　　　　　　※掘進中に圧高停止をしないように自動管理＋手動管理を実施
　　　・組立作業前の留意事項
　　　　　　　　　　：掘進終了後，切羽水圧保持のためPmポンプ・Cv1バルブ稼働を確認するまで，組立作業に入らないことを徹底
　　　　　　　　　　　上記のポンプ・バルブのメンテナンスルールを定める.

T.L.34 都市における近接トンネル

・シールド姿勢制御の留意事項
: 重要構造物の下越し時などには，隆起による影響を与えないようにするため，無理に縦断方向の姿勢を変えない．

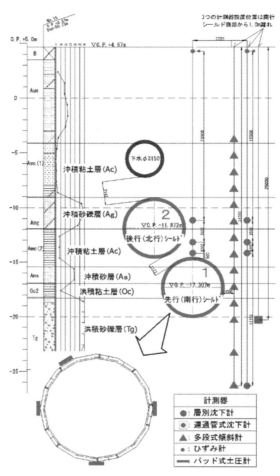

図-6.2.3-2 測器設計位置図（特別計測）[2]

（出典：太田ら，シールド掘進時の施工時荷重による地盤変形に関する計測結果とその分析，トンネル工学報告集 第16巻，pp.395-402，2006.）

(2) 近接影響予測
a) 近接影響予測手法
・参考資料内での記載なし
b) 近接影響予測解析結果
・参考資料内での記載なし

(3) 近接影響計測
a) 計測計画
【地盤変位】　　　　地表面沈下，地盤内鉛直・水平変位
【シールドトンネル】セグメント作用土圧，セグメント応力

b) 計測結果
【地盤変位】　　　　シールド直上地盤の鉛直変位は，切羽通過後に沈下が生じ，シールドマシン後半部で隆起が生じた．テール通過前後で再度沈下が生じた．
【地盤変位】　　　　シールド側部地盤の水平変位は，シールド通過とともに押し広げる方

向に変位し，テール通過時に若干シールド側へ引き戻るような変位傾向を示した．

【シールドトンネル】後行シールド通過時に先行トンネルの後行シールド近傍で土圧が上昇し，テール通過後に大きく減少した．

【シールドトンネル】先行トンネルの曲げモーメントは，後行シールド通過時の土圧上昇に呼応して正曲げが発生した．

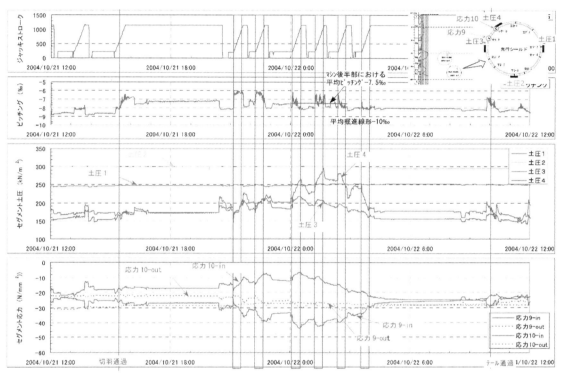

図-6.2.3-3 後行シールド通過時における先行セグメントの土圧と応力の経時変化図[2]
（出典：太田ら，シールド掘進時の施工時荷重による地盤変形に関する計測結果とその分析，トンネル工学報告集 第16巻，pp.395-402，2006.）

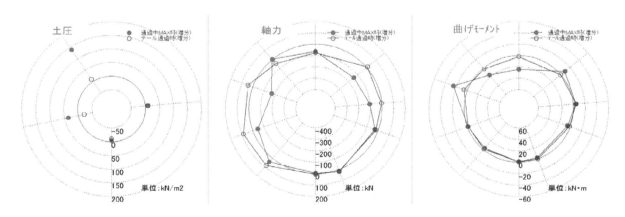

図-6.2.3-4 後行シールド通過時における先行セグメントの土圧および断面力の増分[2]
（出典：太田ら，シールド掘進時の施工時荷重による地盤変形に関する計測結果とその分析，トンネル工学報告集 第16巻，pp.395-402，2006.）

T.L.34 都市における近接トンネル

■シールドトンネル通過地盤が洪積層の場合

(1) 近接施工の概要

a) 工事名称

大阪市地下鉄今里筋線 本線シールドトンネル工事(清水～新森古市間)，出入庫線シールドトンネル工事

b) 工期（施工時期）

2000年3月～2006年3月（2003年12月～2005年4月）

c) 工事の主要諸元

施工延長　　　1,183m【本線シールド】
　　　　　　　1,753m【出入庫線シールド】

最小曲線半径　83mR【本線シールド】
　　　　　　　60m【出入庫線シールド】

最大勾配　　　20‰【本線シールド】
　　　　　　　32‰【出入庫線シールド】

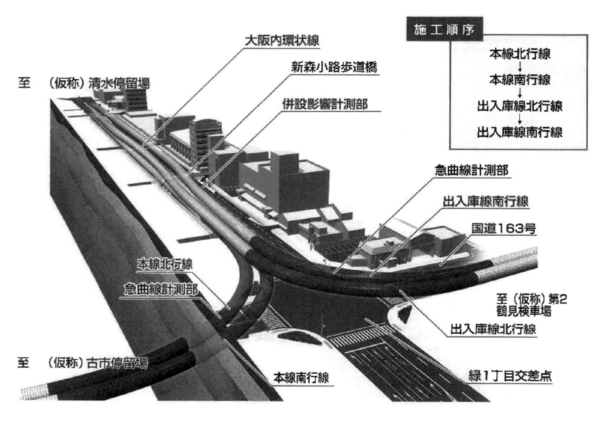

図-6.2.3-5 工事概要図 [3]

(出典：株式会社大林組提供資料)

d) 近接施工概要

1) 影響を受ける構造物の諸元

・シールドトンネル（φ5.4m，RCセグメント）

2) 影響を及ぼす施工法の諸元

・泥水式，泥土圧シールド（泥水式：外幅5.54m，泥土圧：外幅：5.44m）

・泥水式土被り=17.16 m（3.1D），泥土圧土被り=11.06 m（2.0D）

3）近接施工位置関係

・本線先行トンネルと横併設で掘進（離隔 2.0m）【泥水式シールド工法】
・本線先行トンネルと縦併設で掘進（離隔 1.3m）【泥土圧シールド工法】
・近接度（掘削外径比）=0.36（=2.0m/5.54m）【泥水式シールド工法】
　　　　　　　　　　=0.24（=1.3m/5.44m）【泥土圧シールド工法】

4）地盤条件

・沖積粘性土層（N 値 1～2，鋭敏性が高い）【シールドトンネル上位地盤】
・洪積砂礫層（N 値 40～60，地下水豊富）【シールドトンネル通過地盤】

5）地下水位

・参考資料内での記載なし

(a) 本線シールド

(b) 出入庫シールド

図-6.2.3-6　シールド全景[3]

（出典：株式会社大林組提供資料）

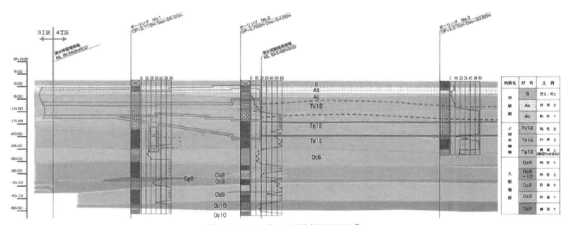

図-6.2.3-7　地質概要図[3]

（出典：株式会社大林組提供資料）

6）施工ステップ

・本線北行シールド掘進をし，駅部で U ターン後，併設掘進．その後，一定の養生期間をおいて出庫線シールド併設掘進をし，駅部で U ターン後，併設掘進．

II-153

T.L.34 都市における近接トンネル

7) 影響低減対策

①計測計画

- トライアル計測を実施し，地盤変位および既設構造物への影響を把握した上で施工にフィードバック．

②シールド施工上の工夫

- 高速掘進に対応した裏込め注入材の使用【地盤変状の抑制】
- 急曲線・併設区間セグメントに貫通型グラウトホールを採用
  【地盤変状・併設シールドへの影響低減】
- シールドの後方設備に後注入用設備を搭載【地盤変状・併設シールドへの影響低減】
- 泥水材料は，掘削土砂を試料とした実験を行い，泥膜形成状況，浸透距離などの項目を比較検討して最適な材料を選定【地盤変状への影響低減】

8) その他特筆すべき事項

- 工事路線付近には，工場や店舗などが立地しており，これら民地下をできるだけ横切らないために本線シールドは曲率半径 83m，出入庫線シールドは同 60m とした．また，水道管や電力管路など多くの地中構造物が存在し，かつ将来的に共同溝シールドトンネルが 2 本計画されていることから，これらを勘案して併設トンネルの線形計画を実施した．

(2) 近接影響予測

a) 近接影響予測手法

- 最適な掘進管理値を求めるため，2 次元 FEM 解析による切羽圧力の検討を実施．

b) 近接影響予測解析結果

- 出庫線シールドでは切羽圧 0.16MPa，入庫線シールドでは切羽圧 0.12MPa にそれぞれ設定することが最適と判断した．
- 出庫線シールドでは沈下増加量 1.0mm，入庫線シールドでは沈下増加量 1.0mm と予想された．

(3) 近接影響計測

a) 計測計画

【地盤変位】　　　　　　地表面沈下，地盤内鉛直・水平変位

【シールドトンネル】セグメント作用土圧，セグメント応力

b) 計測結果

【地盤変位】　　　　　　後行シールド直上付近で最大沈下が発生する傾向にあり，必ずしも単線で生じる沈下量の足し合わせではない．

【地盤変位】　　　　　　シールド通過に伴うシールド直上地盤の鉛直変位は沈下傾向にあり，シールド側部地盤の水平変位は押し広げる傾向にある．

【シールドトンネル】後行シールド通過時に先行トンネルの後行シールド近傍で土圧が上昇し，テール通過後に大きく減少した．

【シールドトンネル】先行トンネルの曲げモーメントは，後行シールド通過時の土圧上昇に呼応して正曲げが発生した．

第Ⅱ編 シールドトンネル　　6. シールドトンネル近接施工事例

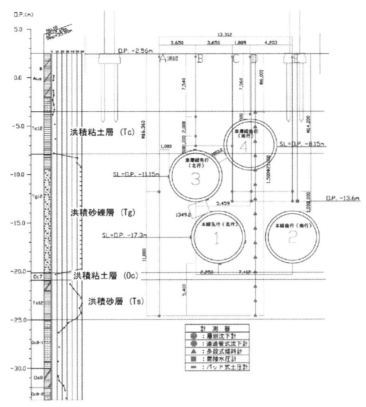

図-6.2.3-8 計測器設計位置図[2]

（出典：太田ら，シールド掘進時の施工時荷重による地盤変形に関する計測結果とその分析，トンネル工学報告集 第16巻，pp.395-402，2006.）

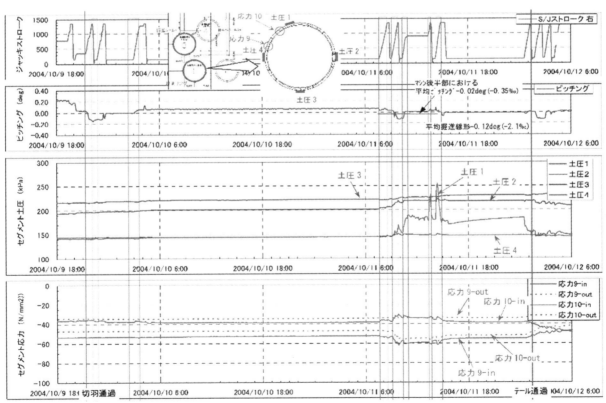

図-6.2.3-9 車庫線先行シールド通過時における本線先行セグメント土圧と応力の経時変化図[2]

（出典：太田ら，シールド掘進時の施工時荷重による地盤変形に関する計測結果とその分析，トンネル工学報告集 第16巻，pp.395-402，2006.）

T.L.34　都市における近接トンネル

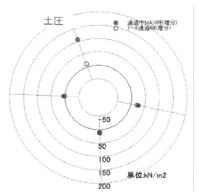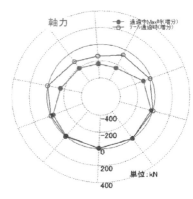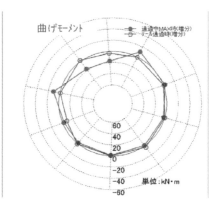

図-6.2.3-10　車庫線先行シールド通過時における本線先行セグメント土圧および断面力の増分 [2]
（出典：太田ら，シールド掘進時の施工時荷重による地盤変形に関する計測結果とその分析，トンネル工学報告集　第16巻，pp.395-402, 2006.）

(4) 近接施工事例の評価および考察
 a) 近接影響予測と実績の比
   【予測値】単線シールド掘進に伴う増分沈下量：1.0mm
   【計測値】単線シールド掘進に伴う増分沈下量：1.2～1.4mm
 b) 計画・設計に対する評価および考察
   ・FEM解析により設定した切羽圧で施工管理した結果，地表面への影響を最小限に抑制できた．
 c) 計測・施工に対する評価および考察
   ・余掘り，裏込め注入，排土量の各管理を適切におこなった結果，地表面への影響を最小限に抑制できた．

■大阪市地下鉄今里筋線全体を通しての知見および考察
 d) 得られた知見および考察
   ・先行シールドと比べて後行シールド通過による地表面沈下は若干大きく，併設区間における総沈下量は各トンネル掘進によって生じる沈下量の累計にならない．
   ・シールド通過に伴うシールド直上地盤の鉛直変位は沈下傾向にあり，シールド側部地盤の水平変位は押し広げる傾向にある．ただし，掘進土層が洪積砂礫層の場合，その変位量は微小であった．
   ・掘進土層に関わらず，後行シールド通過時に先行トンネルの後行シールド近傍で土圧が上昇し，先行トンネルの曲げモーメントは正曲げ(外側圧縮，内側引張)が発生する．
 e) 近接施工における留意点および技術的課題
   ・シールド掘進に伴う地盤変形予測において従来から用いられてきた応力解放力による解析では，現場計測データにみられる変形モードを表現できない．シールド掘進に伴う地盤変形解析を定性的かつ定量的に予測するには，施工状態を考慮した荷重（切羽圧，裏込め注入圧やピッチングなどシールドマシンの姿勢制御状態によって地盤への押し広げ荷重）により解析をおこなう必要がある．

第Ⅱ編　シールドトンネル　　6. シールドトンネル近接施工事例

参考文献

1) 前田建設工業株式会社提供資料
2) 太田拡，橋本昭雄，長屋淳一，管茜檬：シールド掘進時の施工時荷重による地盤変形に関する計測結果とその分析，トンネル工学報告集　第16巻，pp.395-402，2006.
3) 株式会社大林組提供資料
4) 鍋島寛之，柳川智道，橋本昭雄，長屋淳一，早川清，稼農泰嘉，上田健二郎：シールド掘進に伴う近接構造物への影響に関する現場計測，土木学会第61回年次学術講演会，2006.
5) 太田拡，伊藤博幸，村上考司，北岡隆司：2方向からの駅部急曲線進入・Uターンで4本のシールドを併設，トンネルと地下　Vol.38，No.9，pp.29-40，2007.

T.L.34　都市における近接トンネル

6.2.4　施工中の本線同士，または施工中の本線とランプの近接施工事例（タイプ 2-1）
　　　　事例 S2016, S2017, S2018
(1) 近接施工の概要
　a) 工事名称
　　　阪神高速　大和川線
　　　　　　　【事例❶】本線同士の近接施工
　　　　　　　【事例❷】本線同士の近接施工
　　　　　　　【事例❸】本線とランプの近接施工
　b) 工期（施工時期）
　　　工期（施工時期）を表-6.2.4-1 に示す．
　c) 工事の主要諸元
　　　工事の主要諸元を表-6.2.4-1 に示す．

表-6.2.4-1　工事情報[1]

		事例❶	事例❷	事例❸
	事業者	堺市および阪神高速道路（株）	大阪府および堺市	堺市
	発注者	阪神高速道路（株）	大阪府	大阪府
	施工者	鹿島・飛島建設工事共同企業体	大鉄工業・吉田組・森組・紙谷工務店共同企業体	森本組・ハンシン建設・久本組・ヤスダエンジニアリング共同企業体
	工期（施工時期）	2008年2月～2019年3月（2012年3月～2017年2月）	2007年12月～2017年2月（2011年1月～2016年9月）	2008年12月～2015年2月（2012年2月～2014年4月）
工事の主要諸元	施工延長	2044m【先行本線シールド】2034m【後行本線シールド】	1898m【先行本線シールド】1885m【後行本線シールド】	270m【ONランプシールド】270m【OFFランプシールド】
	最小曲線半径	400mR	382mR	897mR
	最大勾配	3%	3%	7%

（出典：阪神高速道路株式会社提供資料）

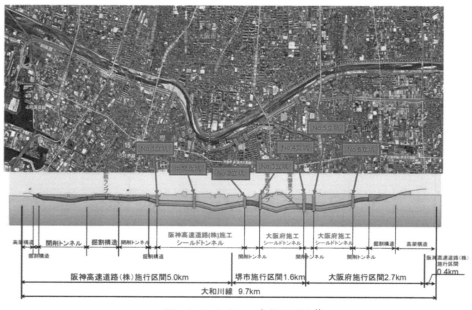

図-6.2.4-1　工事概要図[1]

（出典：阪神高速道路株式会社提供資料）

II-158

d) 近接施工概要
　1) 影響を受ける構造物の諸元
　　　❶本線シールドトンネル（φ12.23m，RC・合成セグメント）
　　　❷本線シールドトンネル（φ12.3m，合成セグメント）
　　　❸ランプシールドトンネル（φ8.8m，RC・合成セグメント）
　2) 影響を及ぼす施工法の諸元
　　　❶本線泥土圧シールド（φ12.47m），土被り=6.8m〜27.5m
　　　❷本線泥土圧シールド（φ12.54m），土被り=13.3m〜33.3m
　　　❸ランプ泥土圧シールド（φ8.98m），土被り=6.16m〜28.3m
　3) 近接施工位置関係
　　　❶本線先行トンネルと横併設で掘進（最小離隔1.0m）【泥土圧シールド工法】
　　　　近接度（掘削外径比）=0.08（=1.0m/12.47m）
　　　❷本線先行トンネルと横併設で掘進（最小離隔1.0m）【泥土圧シールド工法】
　　　　近接度（掘削外径比）=0.08（=1.0m/12.54m）
　　　❸本線トンネルがランプトンネルと横併設で掘進（最小離隔1.7m）【泥土圧シールド工法】
　　　　近接度（掘削外径比）=0.14（=1.7m/12.54m）
　4) 地盤条件
　　　・洪積層を主体とする地盤で，良く締まった砂質土および礫質土と硬質粘性土の互層状の地盤．
　5) 地下水位
　　　・GL-5.24m〜-12.38m
　6) 施工ステップ
　　　❶No.1立坑から発進してNo.2立坑でUターン後，併設掘進
　　　❷No.5立坑から発進してNo.6立坑でUターン後，併設掘進
　　　　その後，シールドをいったん解体し，No.4立坑で再度組立て，再発進しNo.3立坑でUターン後，併設掘進
　　　❸ランプ立坑からONランプシールドが発進してNo.4立坑でUターン後，OFFランプ掘進，その後上記❷の本線シールドがNo.4立坑からNo.3立坑への掘進およびNo.3立坑からNo.4立坑への掘進の際に併設掘進

❶本線シールド　　　　　❷本線シールド　　　　　❸ランプシールド

図-6.2.4-2　シールド全景 [1]

（出典：阪神高速道路株式会社提供資料）

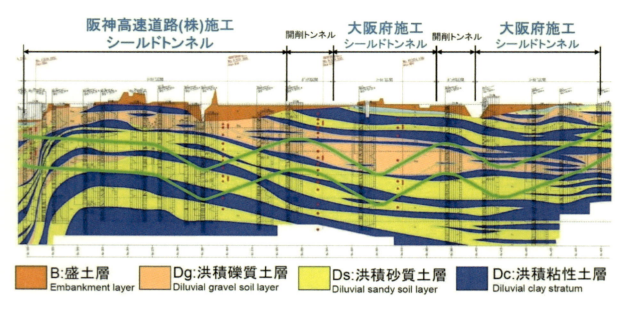

図-6.2.4-3 地質概要図[1]

(出典：阪神高速道路株式会社提供資料)

7) 影響低減対策

①計測計画
- トライアル計測を実施し，地盤変位および先行トンネルへの影響を把握した上で施工にフィードバック

②シールド施工上の工夫
- シールド4ヵ所からの同時裏込め注入【地盤変状の抑制】
- 複数(量および重量)の排土量管理【地盤変状の抑制】

8) その他特筆すべき事項
- 本路線のシールドトンネル区間は当初開削トンネルで都市計画決定されていたが，交差物件等の施工を考慮し，都市計画幅を変更することなく，シールドトンネルへ変更することとなった．そのため，上下線の最小離隔が1m（0.08D）の超近接・併設シールドトンネルとなった．

(2) 近接影響予測

a) 近接影響予測手法
- 実際の地山状況を加味し，シールド掘進時の施工過程を考慮した2次元FEM解析により，併設影響を評価

b) 近接影響予測解析結果
- 後述する設計値と計測値との比較にて示す．

(3) 近接影響計測

a) 計測計画

【地盤変位】　　　地表面沈下，地盤内鉛直変位
【シールドトンネル】セグメント作用土圧，セグメント応力

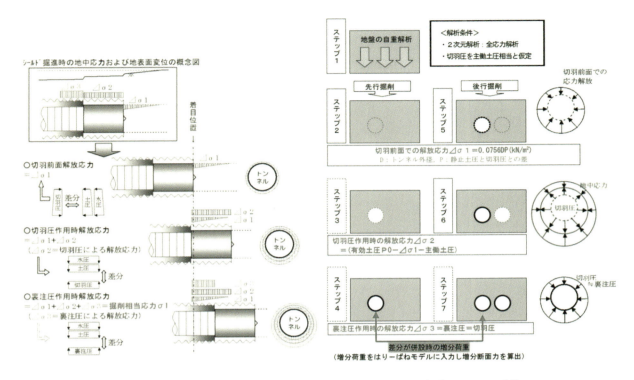

図-6.2.4-4 シールドの掘進過程を考慮したFEM解析ステップ[2]

(出典:崎谷ら,大断面,超近接併設シールドトンネル設計手法の提案,トンネル工学報告集 第24巻,II-8,pp.1-10,2014.)

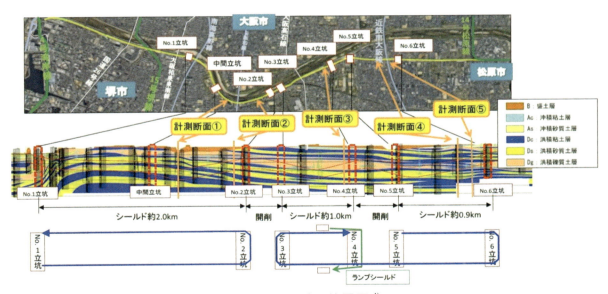

図-6.2.4-5 計測位置図[4]

(出典:伊佐ら,大断面シールドトンネル覆工挙動に与える超近接併設影響の検討,トンネル工学報告集 第28巻,II-7,pp.1-8,2018.)

II-161

T.L.34 都市における近接トンネル

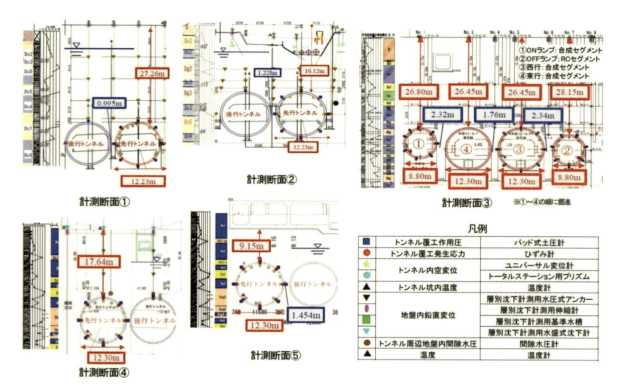

図-6.2.4-6 計測断面[4]

（出典：伊佐ら，大断面シールドトンネル覆工挙動に与える超近接併設影響の検討，トンネル工学報告集 第28巻，II-7，pp.1-8，2018．）

b) 計測結果

計測結果を図-6.2.4-7～図-6.2.4-9に示す．

(4) 近接施工事例の評価および考察

- すべての計測断面において，後行シールド通過時に先行トンネル覆工は，後行シールド側において曲げモーメントは正曲げ(外側圧縮，内側引張)，内空変位は縦長変形する傾向を示した．
- シールド掘進深度が比較的深い計測断面①③では，シールド通過中の施工時荷重が大きくなるため，後行シールド通過中およびテール通過1D後の断面力や内空変位の変化量が他計測断面に比べ大きかった．
- 片側併設および両側併設共に，他の計測断面と同様，シールド通過中は，先行トンネルが後行シールドに押されて正曲げ(外側圧縮，内側引張)および縦長変形になるのに対して，テール通過後は，傾向が逆転し，負曲げ(外側引張，内側圧縮)および横長変形となった．
- シールド掘削径の違いから，掘削径の大きい本線シールド掘進に伴うトンネル径の小さいランプトンネルへの併設影響については，比較的大きな断面力が発生し，一時的に長期許容力度を超過した．これは，後行シールド側から押されたためと考えられるが，上述のとおり，シールド通過後には傾向は逆転したため，すべて長期許容応力度内に収束しており，安全性が確保できていることを確認した．

第Ⅱ編　シールドトンネル　　6. シールドトンネル近接施工事例

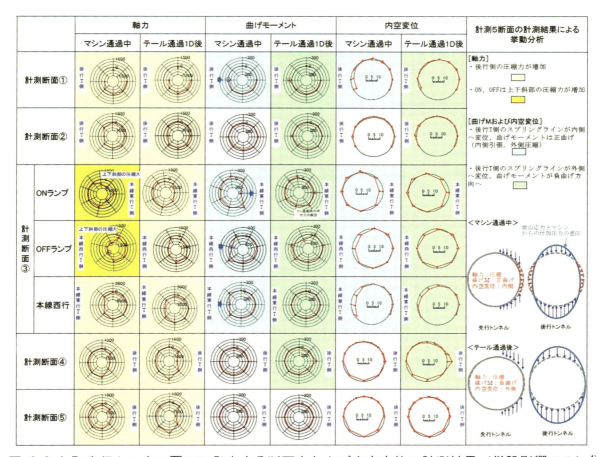

図-6.2.4-7　先行トンネル覆工に発生する断面力および内空変位の計測結果（併設影響のみ）[4]
（出典：伊佐ら，大断面シールドトンネル覆工挙動に与える超近接併設影響の検討，トンネル工学報告集　第28巻，Ⅱ-7，pp.1-8，2018．）

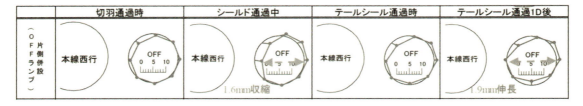

(a) 片側併設時の OFF ランプ

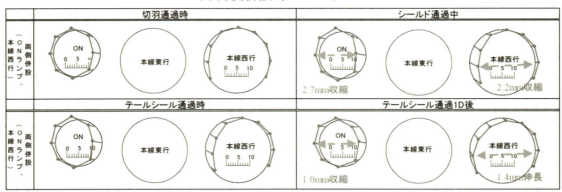

(b) 両側併設時の ON ランプトンネルと西行トンネル

図-6.2.4-8　先行トンネル覆工の内空変位（併設影響のみ）[4]
（出典：伊佐ら，大断面シールドトンネル覆工挙動に与える超近接併設影響の検討，トンネル工学報告集　第28巻，Ⅱ-7，pp.1-8，2018．）

Ⅱ-163

T.L.34 都市における近接トンネル

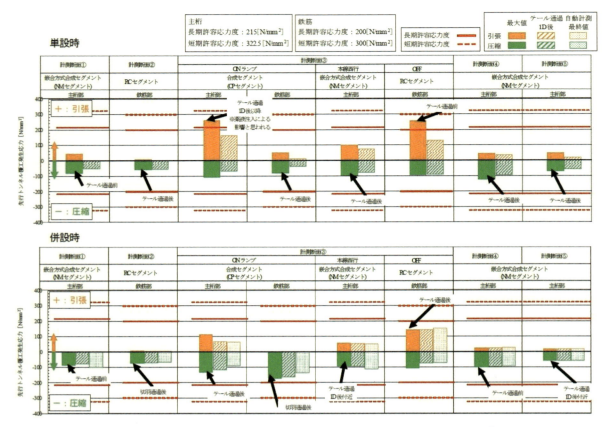

図-6.2.4-9 先行トンネル覆工発生応力と許容応力度の関係[4]

(出典：伊佐ら，大断面シールドトンネル覆工挙動に与える超近接併設影響の検討，トンネル工学報告集 第28巻，II-7，pp.1-8，2018.)

参考文献

1) 阪神高速道路株式会社提供資料
2) 崎谷淨，新名勉，卜部賢一，陣野員久，長屋淳一：大断面，超近接併設シールドトンネル設計手法の提案，トンネル工学報告集 第24巻，II-8，pp.1-10，2014.
3) 平野正大，藤原勝也，出射知佳，譽田孝宏，紀伊吉隆：大断面・超近接・併設シールドトンネルにおける後行シールド掘進時の併設影響に関する検討，トンネル工学報告集 第27巻，II-1，pp.1-8，2017.
4) 伊佐政晃，藤原勝也，陣野員久，石原悟志，橋本正，長屋淳一，出射知佳：大断面シールドトンネル覆工挙動に与える超近接併設影響の検討，トンネル工学報告集 第28巻，II-7，pp.1-8，2018.

6.2.5 Y字分合流に伴う並走事例（タイプ2-1）事例 S2103

(1) 近接施工の概要

a) 工事名称：（高負）横浜環状北線馬場出入口・馬場換気所及び大田神奈川線街路構築工事

b) 工期（施工時期）：2011年4月～2021年9月（2014年4月～2017年6月）

c) 工事の主要諸元：馬場出入口の4つのランプ（A～D）のうちのBランプ

　　延長　　　　　　463.7m
　　シールド外径　　φ10.83m
　　セグメント外径　φ10.6m
　　セグメント桁高　0.4m
　　セグメント種別　RCセグメントおよびコンクリート中詰鋼製セグメント

図-6.2.5-1　全体平面図[1]

（出典：副島直史ら，横浜環状北線馬場出入口工事におけるシールド到達部の併設影響，土木学会第71回年次学術講演会，VI-814，pp.1627-1628，2016.）

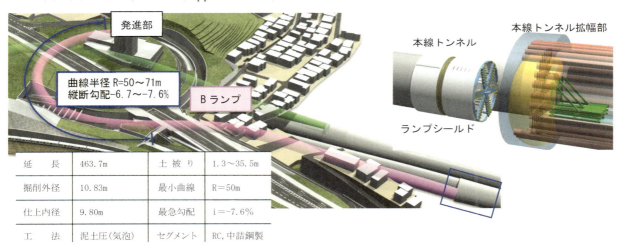

図-6.2.5-2　Bランプ概要図[1]

（出典：副島直史ら，横浜環状北線馬場出入口工事におけるシールド到達部の併設影響，土木学会第71回年次学術講演会，VI-814，pp.1627-1628，2016.）

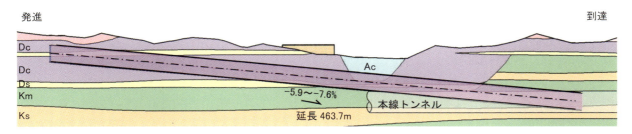

図-6.2.5-3　縦断図[1]を改変（一部修正）して転載

（出典：副島直史ら，横浜環状北線馬場出入口工事におけるシールド到達部の併設影響，土木学会第71回年次学術講演会，VI-814，pp.1627-1628，2016.）

T.L.34 都市における近接トンネル

d) 近接施工概要

1) 影響を受ける構造物の諸元

　　　本線シールドトンネル，外径φ12.3m，内径φ11.5m，RC セグメント

2) 影響を及ぼす施工法の諸元

　　　泥土圧（気泡）シールド，シールド外径φ10.83m

3) 近接施工位置関係

　　　本線シールドトンネルとの近接施工　最小離隔 0.35m

　　　近接度（掘削外径比）=0.03（=0.35m/10.83m）

4) 地盤条件

　　　洪積粘性土（設計 N 値=8），洪積砂質土（設計 N 値=34），
　　　沖積粘性土（設計 N 値=1），上総層泥岩，砂岩の互層（設計 N 値＞50）
　　　近接施工部の掘進対象地盤は上総層（設計 N 値＞50）が卓越

5) 地下水位

　　　G.L.-2.6m～G.L.-10.6m（近接部は G.L.-6.5m）

6) 影響低減対策

　　　シールド施工上の工夫を実施した．
　　　①本線トンネルの変形量をリアルタイムに把握し，その結果を切羽土圧および裏込め注
　　　　入圧・注入量に反映．
　　　②セグメントからの裏込め補足注入を実施．

7) その他特筆すべき事項

　　　ランプシールドは，徐々に本線トンネルに近づき最小離隔 350mm の近接併設施工となり，
　　本線トンネルをパイプルーフ工法にて拡幅された接合部に地中で到達する．

(2) 近接影響予測

a) 近接影響予測手法

　ランプシールド通過時と通過後を対象とし，はり-ばねモデルによる本線シールドの構造解析を
行った．

b) 近接影響予測解析結果

　構造解析より算出した変形量と応力度の関係から本線シールド変形量が 15mm 以下であれば長
期許容応力以下であることを確認した．

c) 期待する影響低減対策効果

　本線トンネルが許容応力内となる変形量を管理値とし，変形量のリアルタイム計測値を施工に
反映することで本線トンネルの健全性を確保した．

II-166

第Ⅱ編　シールドトンネル　　6. シールドトンネル近接施工事例

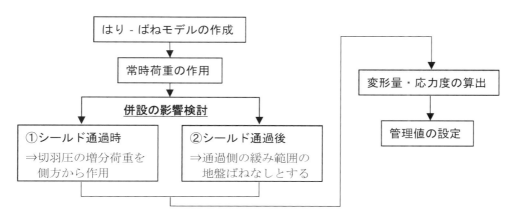

図-6.2.5-4　構造解析フロー[1]

（出典：副島直史ら，横浜環状北線馬場出入口工事におけるシールド到達部の併設影響，土木学会第71回年次学術講演会，Ⅵ-814，pp.1627-1628，2016.）

①シールド通過時
　ステップ1：設計土水圧を作用
　ステップ2：計画切羽圧の50%から70%を側方から作用

②シールド通過後
　ステップ1：設計土水圧を作用，
　ステップ2：通過側90度の範囲の地盤ばねをなくす

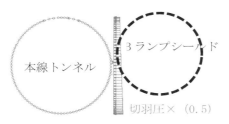
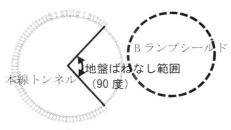

図-6.2.5-5　構造解析ステップ[2]
（出典：首都高速道路株式会社提供）

(3) 近接影響計測

a) 計測計画

　トータルステーションにて本線シールドの変位計測　1断面3測点×11断面

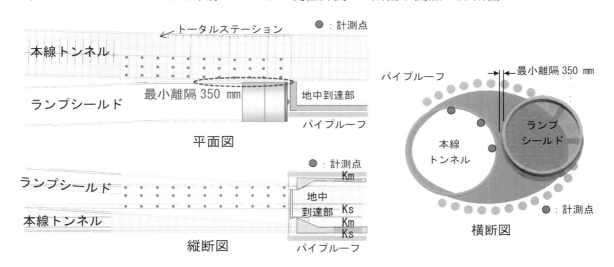

図-6.2.5-6　計測点配置図[1]

（出典：副島直史ら，横浜環状北線馬場出入口工事におけるシールド到達部の併設影響，土木学会第71回年次学術講演会，Ⅵ-814，pp.1627-1628，2016.）

b) 計測結果

計測結果の例（測線8）を示す．

- ランプシールド通過時の本線トンネルの変形は解析と同様に縦つぶれの変形傾向であった．
- 通過後は解析と同様に横つぶれの変形傾向であった．
- 本線セグメントの変形は許容値（15mm）内に収めることができた．
- 許容値内ではあったが，13.5mm の変形が計測された測点もあった．

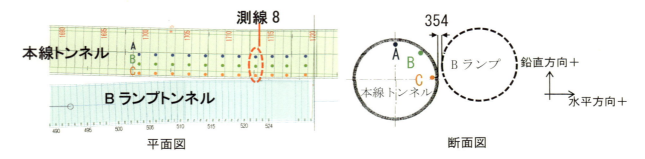

図-6.2.5-7 本線トンネル変位計測詳細位置[2]

（出典：首都高速道路株式会社提供）

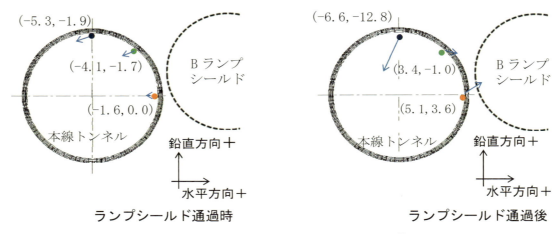

図-6.2.5-8 本線トンネル変位計測結果[2]

（出典：首都高速道路株式会社提供）

(4) 近接施工事例の評価および考察

a) 近接影響予測と実績の比

ランプシールド掘進時，通過後の本線シールドの変形の傾向は一致した．

b) 計画・設計に対する評価および考察

本線シールドのセグメントが許容応力内となる変形量を算出し管理値とすることで本線シールドの健全性を確保できた．

c) 計測・施工に対する評価および考察

本線シールドの変形モードはシールド通過時と通過後で異なることが計測結果からも確認できた．ランプシールド通過時の変形量は小さいが，これは，施工時の増分荷重が解析時の荷重（計画切羽圧の 50%）よりも小さかったためと考えられる．

d) 得られた知見および考察

シールド掘進時と通過後では併設する本線シールドの変形モードが変わることに留意し計画・設計・施工を行う必要がある.

e) 近接施工における留意点および技術的課題

本工事の対象地盤は N＞50 の自立性が高い上総層であったこともあり変形を抑制できた面もあると考える. 地盤条件が異なる場合には計画・設計・施工面でより一層の留意が必要と考える.

参考文献

1) 副島直史, 岩居博文, 朴仁渉, 鹿島竜之介, 小野塚直紘：横浜環状北線馬場出入口工事におけるシールド到達部の併設影響, 土木学会第 71 回年次学術講演会, VI-814, pp.1627-1628, 2016.

2) 首都高速道路株式会社提供

3) 西田充, 西丸知範, 菊地勇気, 小島太朗：小土被り・急曲線・急勾配, 重要構造物近接などの条件下における大断面シールド施工－横浜環状北線馬場ランプ出入口シールド－, 第 83 回（都市）施工体験発表会, pp.1-8, 2018.

6.2.6 シールドトンネル間およびその他躯体（換気所）との連絡部・躯体構築に伴うトンネル切拡げ施工事例（タイプ2-2）事例 S3007

(1) 近接施工の概要

a) 工事名称：（高負）横浜環状北線馬場出入口・馬場換気所及び大田神奈川線街路構築工事

b) 工期（施工時期）：2011年4月～2021年9月（2011年4月～2017年1月）

c) 工事の主要諸元：馬場換気所の地下躯体の構築（シールド切開き含む）

　　　　　　　　換気所地下躯体延長 62.5m，切開き開口 4 か所（図-6.2.6-1，図-6.2.6-2）

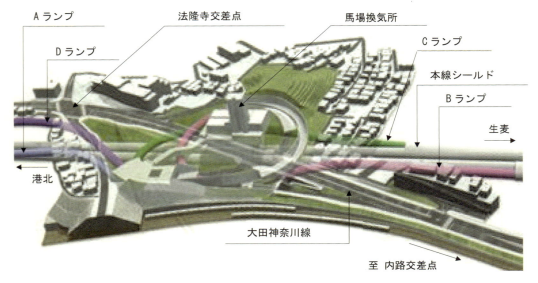

図-6.2.6-1 馬場地区全体概要図（出入口及び換気所）[1]

（出典：副島直史ら，急曲線シールド工事と切開き構造－馬場出入口・換気所工事の設計施工概要－，土木施工，第55巻，第5号，pp.19-22，2014.）

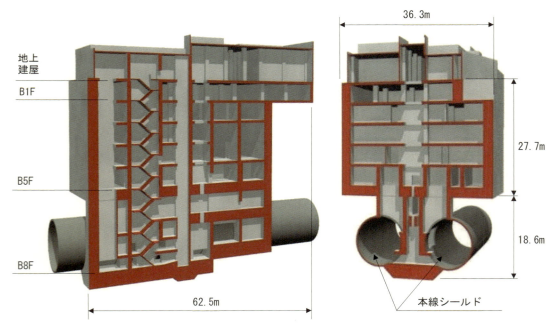

図-6.2.6-2 馬場換気所躯体概要図[1]

（出典：副島直史ら，急曲線シールド工事と切開き構造－馬場出入口・換気所工事の設計施工概要－，土木施工，第55巻，第5号，pp.19-22，2014.）

d) 近接施工概要
1) 影響を受ける構造物の諸元
    - 本線シールド掘削外径　φ12.49m
    - 本線シールドセグメント外径　φ12.3m
    - 本線シールドセグメント桁高　0.4m
    - 本線シールドセグメント種別　RCセグメントおよび鋼製セグメント
2) 近接施工・切拡げ概要
    - 地上からの開削にて本線シールド間まで掘削し，トンネル内無支保工で本線シールドを切り開き，Uターン路，送排気ダクト，配管スペース，避難通路等により換気所と接続（図-6.2.6-3，図-6.2.6-4）

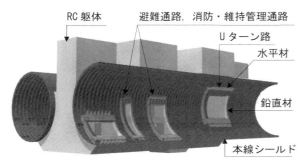 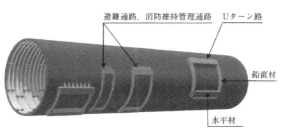

(a) シールドトンネル内空側からの俯瞰図　　(b) シールドトンネル外側からの俯瞰図

図-6.2.6-3 補強枠を設置するシールドトンネルの切開き部の構造概要[2]

（出典：佐藤成禎ら，本線シールドと接続する馬場換気所の設計施工，基礎工，第45巻，第3号，pp.48-51，2017．）

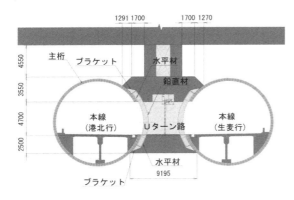 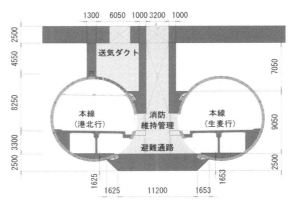

(a) Uターン路部　　　　　　　(b) 避難通路および消防維持管理通路部

図-6.2.6-4 切開き部断面図[2]

（出典：佐藤成禎ら，本線シールドと接続する馬場換気所の設計施工，基礎工，第45巻，第3号，pp.48-51，2017．）

3) トンネルとの位置関係・離隔
    - 換気所地下躯体と本線シールドを直接接続（トンネル離隔6m×延長48m）
    - 土被り約35m～45m付近での本線シールド切り開き
    - 掘削床付けは，土被り最大49mの位置となる大深度掘削

4) 切拡げ（開口）幅・高さ：幅 1.8m～7.5m，高さ 2.2m～5.75m
5) 開口率（開口・切拡げ径/トンネル径）：0.17～0.46
6) 地盤条件：切拡げ部の土質は上総層群泥岩（N 値≧50）
7) 地下水位：G.L.-6.5m
8) 影響低減対策
   ・本線シールド鋼製セグメントの主桁残置（送気・排気ダクト，配管・配線スペース）および開口補強枠（避難通路部，維持管理通路部，U ターン路）の設置
9) その他特筆すべき事項
   ・換気所地下躯体の平面寸法が大きく変わる位置まで掘削・スラブ構築後に，そのスラブを起点として上下同時施工（上方向：躯体構築，下方向：掘削後躯体構築）
   ・シールド間については切梁支保工を設置しながら掘削した．セグメントにブラケットを溶接し固定した後に開口補強枠を設置し，セグメントを溶断．
   ・開始当初は一般的な順巻き施工で行う計画であったが，工程を確保して横浜環状北線本線開業に間に合わせるため，施工途中で地下 5 階上下同時施工に変更した（図-6.2.6-5）．このため，仮設杭の打設が必要となり，本線トンネルと RC 躯体を一体化する開口部の施工は，さらに狭隘なスペースで行うことになった．これに伴い，開口補強枠や PBL の部材搬入計画やトンネル間支保工の配置計画を限られた工期の中で見直した．

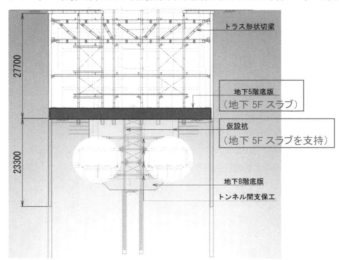

図-6.2.6-5 仮設構造断面図 [2) を改変（一部修正）して転載]

（出典：佐藤成禎ら，本線シールドと接続する馬場換気所の設計施工，基礎工，第 45 巻，第 3 号，pp.48-51，2017．）

(2) 近接影響予測

a) 近接影響予測手法

施工ステップを追った二次元 FEM 逐次解析による本線シールドの部材照査と変位予測を実施した（応力解放率：本線セグメント設置前 10%，設置後 90%，土留め壁内部掘削時は 100%）．
・解析モデル：解析領域を換気所掘削 B の 2 倍程度を側方にモデル化（図-6.2.6-6）
・要素：地盤・躯体はソリッド要素（平面ひずみ要素）
　　　　セグメント・土留壁・切梁・トンネル間支保工・仮設杭は梁要素

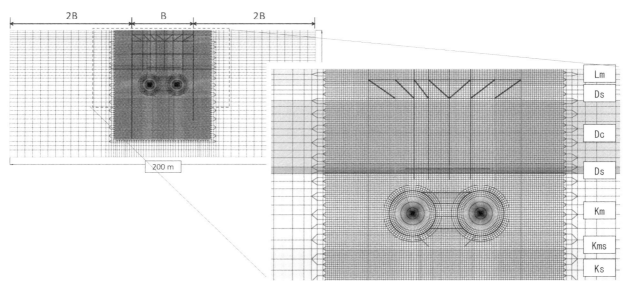

図-6.2.6-6 解析モデル図 [3]
(出典:首都高速道路株式会社提供)

b) 近接影響予測解析結果

想定した全ての施工ステップで,本線シールド鋼製セグメントが許容応力以下であることを確認した.また,曲げモーメント最大のステップは次のステップであった.

- ステップ8:地下5階以上の躯体構築による上載荷重の増加に加え,地下5階以下のシールドトンネル間の上部掘削による土圧バランスの変化により,鋼製セグメント外側の地盤がない箇所で負曲げが最大となった(図-6.2.6-7).
- ステップ12:地下5階以上の躯体構築による上載荷重がさらに増加したのに加え,地下5階以下のシールドトンネル間の掘削およびトンネル間支保工設置(全4段)を順次繰り返して床付けまで進んだ施工ステップにおいて,セグメント上部地盤の掘削ライン付近で正曲げが最大となった(図-6.2.6-8).

c) 期待する影響低減対策効果

- 本線シールド鋼製セグメントの主桁残置や開口補強枠により,本線シールドの鋼製セグメントの応力低減・変形抑制が図られた.

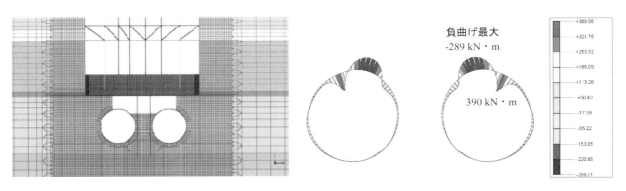

図-6.2.6-7 解析結果(ステップ8;負曲げ最大の施工ステップ) [3]
(出典:首都高速道路株式会社提供)

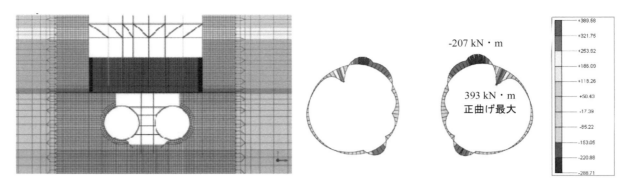

図-6.2.6-8 解析結果（ステップ12；正曲げ最大の施工ステップ）[3]
（出典：首都高速道路株式会社提供）

(3) 近接影響計測

a) 計測計画

本線シールド部の変位計測を実施した．

b) 計測結果

許容値内に収まっていることを確認した．

(4) 近接施工事例の評価および考察

a) 計画・設計に対する評価および考察

本線シールドの変位を許容値以内に抑えることができ，有効な対策であった．

b) 計測・施工に対する評価および考察

本線シールドの変位を許容値以内に抑えることができ，有効な対策であった．

c) 得られた知見および考察

施工が大きな支障なく無事に完了し，事前の構造解析や施工ステップを踏まえた逐次解析の手法は妥当であることが実証された．

d) 近接施工における留意点および技術的課題

切開き部の施工は狭隘部での施工を余儀なくされることが多いと考えられ，十分な施工性を確保しにくいことに留意が必要である．

参考文献

1) 副島直史，波多野正邦：急曲線シールド工事と切開き構造－馬場出入口・換気所工事の設計施工概要－，土木施工，第55巻，第5号，pp.19-22, 2014.
2) 佐藤成禎，栗林怜二，杉本高，波多野正邦：本線シールドと接続する馬場換気所の設計施工，基礎工，第45巻，第3号，pp.48-51, 2017.
3) 首都高速道路株式会社提供

6.2.7 シールドトンネル同士のY字分合流部構築に伴うトンネル切拡げ施工事例（タイプ2-2）

事例 S3204

(1) 近接施工の概要

a) 工事名称：中央環状品川線五反田出入口工事

b) 工期（施工時期）：2007年2月～2015年3月（2007年2月～2014年10月）

c) 工事の主要諸元：五反田出入口のトンネル躯体構築（シールド切開き含む）

　　　　　　　　　　非開削部延長 60.0m, 78.5m, 69.0m（図-6.2.7-1）

d) 近接施工概要

1) 影響を受ける構造物の諸元
   - 本線シールド掘削外径　　φ12.55m
   - 本線シールドセグメント外径　φ12.3m
   - 本線シールドセグメント桁高　0.45m
   - 本線シールドセグメント種別　RCセグメントおよび鋼製セグメント（切開き部）

2) 近接施工・切拡げ概要
   - 山手通り交差点部においては地上からの開削工事が困難であることから、直線パイプルーフを断面内にアーチ状に配置して構造的に一体化することにより、パイプルーフ支持杭・受け桁を省略する非開削工法を適用し、本線シールドを切開き、コの字の形状の切開き躯体を構築（図-6.2.7-1(c)）

3) トンネルとの位置関係・離隔
   - 出入口躯体（コの字型）と本線シールドを直接接続
   - トンネル離隔 4.3m×延長 60.0m, 78.5m, 69.0m
   - 土被り約 13m～15m 付近での本線シールド切り開き

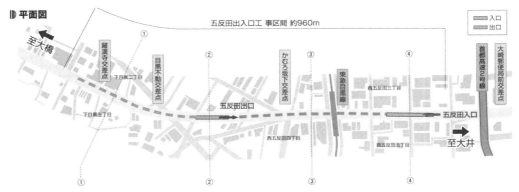

(a) 平面図

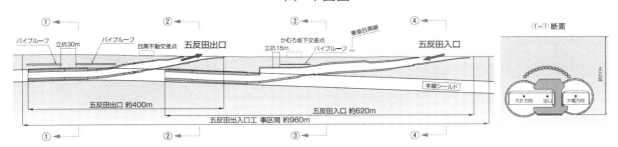

(b) 縦断図　　　　　　　　　　(c) 切拡げ断面図

図-6.2.7-1 五反田出入口全体概要図[1]

（出典：首都高速道路株式会社提供）

4) 切拡げ（開口）幅・高さ：幅 9.85m，高さ 11.91m
5) 開口率（開口・切拡げ径/トンネル径）：0.97
6) 地盤条件：切拡げ部の土質は上総層群泥岩・砂質（N値≧50）
7) 地下水位：G.L.-3.3m 程度
8) 影響低減対策
   ・直線パイプルーフ（パイプルーフアーチ），凍結工法，トンネル間支保工，トンネル内部支保工の設置
9) その他特筆すべき事項

以下に詳細な施工手順（①～⑥は**図-6.2.7-2** に記載の番号に対応）について記す．

① 発進立坑より掘進機でパイプルーフ鋼管のアーチ状に配置するように打設を行い，打設完了後，鋼管内に中詰めモルタルを充填

② アーチ構造完成までの期間の止水を目的とし，パイプルーフ鋼管内に設置した貼り付け凍結管によりパイプルーフ上部に凍土造成（鋼管内からの止水注入なども考えられたが，掘削時の安全性と工程短縮を考慮し凍結工法を採用）

③-1 奥行き 3m を 1 スパンとしてアーチ直下 3.5m を掘削

③-2 パイプルーフ鋼管間の凍土を超高圧洗浄機で洗浄掘削

③-3 止水兼用の鋼製型枠を点溶接（次のスパン施工以降に止水溶接）で設置し，パイプルーフ鋼管間にアーチモルタル（超速硬無収縮モルタル）を注入

④ 凍土解凍（アーチ端部の脚部は凍結維持運転を継続し，荷重支持機構の一端を担う）

⑤ トンネル間の掘削

⑥ パイプルーフ支持杭・受け桁を省略した状態で，切拡げ躯体の構築

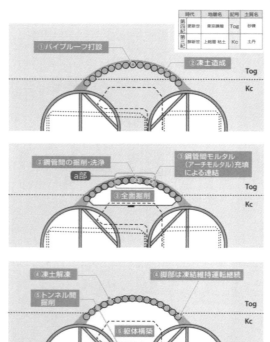

(a) 施工ステップ断面図

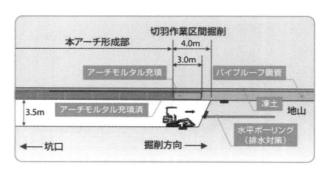

(b) 施工ステップ縦断図

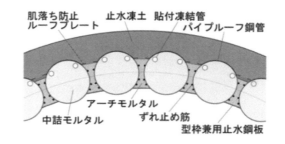

(c) パイプルーフアーチ構造体の詳細図

図-6.2.7-2 切拡げ構造の施工ステップとパイプルーフアーチ構造体の詳細 [1]
（出典：首都高速道路株式会社提供）

(2) 施工法検証（設計フローと解析モデル）

図-6.2.7-3にパイプルーフアーチ工法の設計検証フローを，図-6.2.7-4に解析モデル及び作用荷重評価を示す．パイプルーフアーチ構造体は，アーチが形成されるまでの掘削時には「①縦断方向フレーム解析」（図-6.2.7-4(a)）にてパイプルーフ鋼管の部材設計を実施した．その後，アーチ構造体の形成後を対象とした「②横断方向フレーム解析」（図-6.2.7-4(b)）でアーチモルタルを含む構造部材の設計を実施した．「②横断方向フレーム解析」にてアーチ構造体に作用する荷重は，設計上安全側に配慮して「①縦断方向フレーム解析」で得られた最大地盤反力とした（図-6.2.7-4(c)）．さらに，パイプルーフアーチ構造体を支保工としたアーチ下掘削時の地盤健全性を評価することを目的に「③2次元非線形FEM解析」（図-6.2.7-4(d)）を実施して施工時の地盤安定性を確認した．

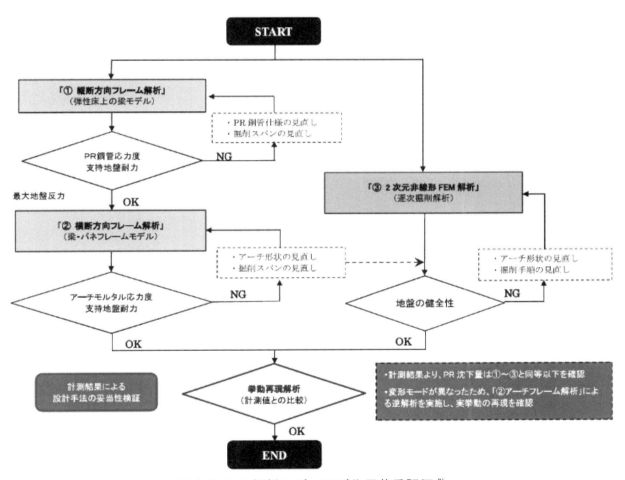

図-6.2.7-3 解析モデル及び作用荷重評価 [2]

（出典：西嶋宏介ら，中央環状品川線五反田出入口非開削仮設構造の施工実績報告，トンネル工学報告集 第23巻，IV-1，pp.395-402，2013.）

T.L.34 都市における近接トンネル

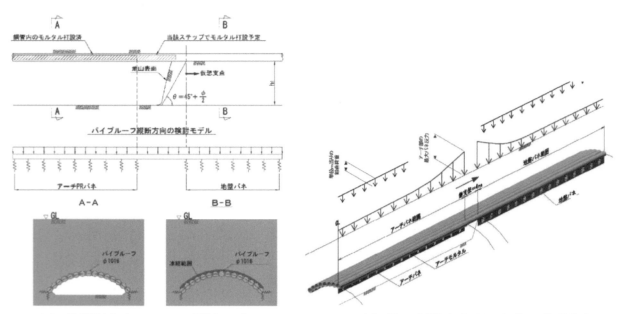

(a) ①縦断方向フレーム解析モデル　　　　(c) 施工段階を考慮した作用荷重評価

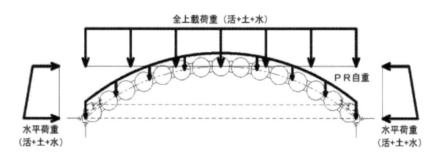

(b) ②横断方向フレーム解析モデル

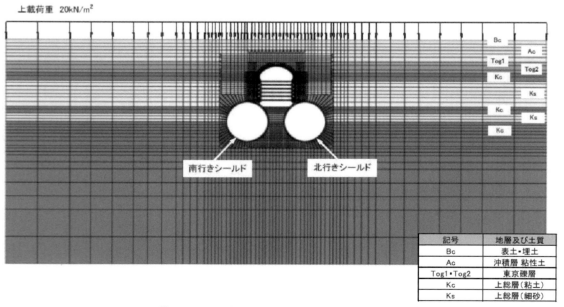

(d) ③2次元非線形FEM解析（逐次解析）モデル

図-6.2.7-4　解析モデル及び作用荷重評価[2]

（出典：西嶋宏介ら，中央環状品川線五反田出入口非開削仮設構造の施工実績報告，トンネル工学報告集　第23巻，IV-1，pp.395-402，2013.）

(3) 近接影響計測

a) 計測計画

- パイプルーフアーチの絶対沈下量，鉛直相対変位，水平相対変位
- 躯体応力，変位
- 内部支保工応力

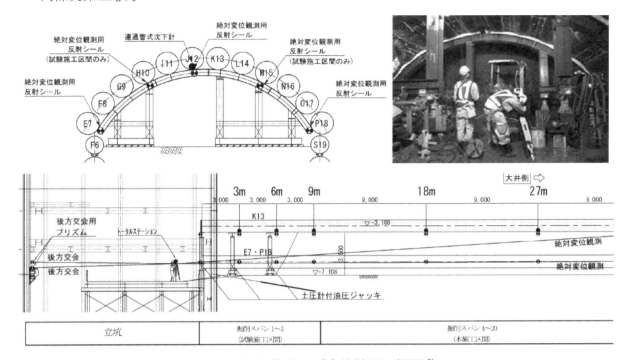

図-6.2.7-5 荷重及び変位計測の概要[2]

（出典：西嶋宏介ら，中央環状品川線五反田出入口非開削仮設構造の施工実績報告，トンネル工学報告集 第23巻，IV-1，pp.395-402，2013．）

b) 計測結果

　一次管理値（許容応力度から決まる限界値の8割）以内であったが，パイプルーフアーチ構造体が全体的に沈下しながらアーチライズが大きくなる変形モード（脚部が横断方向に縮まり，鉛直相対変位は増加）が確認され，事前の「②横断方向フレーム解析」とは異なる挙動を示した（図-6.2.7-6）．そこで，実施工位置での土層構成を精査し，逆解析により実挙動の再現性を確認した．

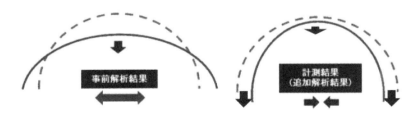

図-6.2.7-6 パイプルーフアーチ構造体の変形モード[2]

（出典：西嶋宏介ら，中央環状品川線五反田出入口非開削仮設構造の施工実績報告，トンネル工学報告集 第23巻，IV-1，pp.395-402，2013．）

(4) 近接施工事例の評価および考察

a) 計画・設計に対する評価および考察

- パイプルーフ構造体および切拡げ躯体について許容値以内に抑えることができ，有効な対策であった．

b) **計測・施工に対する評価および考察**

- 計測部位について許容値以内に抑えることができ，有効な対策であった．

c) **得られた知見および考察**

- 施工が大きな支障なく無事に完了し，事前の構造解析や施工ステップを踏まえた逐次解析の手法は妥当であることが実証された．

d) **近接施工における留意点および技術的課題**

- 切開き部の施工は狭隘部での施工を余儀なくされることが多いと考えられ，十分な施工性を確保しにくいことに留意が必要である．また，いかに施工空間を確保できるか，施工上の工夫が必要であり，工程短縮の鍵となる．

参考文献

1) 首都高速道路株式会社提供
2) 西嶋宏介，石橋正博，須田久美子，中川雅由：中央環状品川線五反田出入口非開削仮設構造の施工実績報告，トンネル工学報告集　第 23 巻，IV-1，pp.395-402，2013.

6.3 供用中のシールドトンネルに及ぼす近接施工の影響

6.3.1 供用中のシールドトンネル直上の影響範囲内を交差して開削した事例（タイプ3　S4003）
(1) 近接施工の概要
 a) 工事名称：地下鉄 13 号線新宿三丁目二工区土木工事
 b) 施工時期：2001 年 6 月～2006 年 9 月
 c) 工事の主要諸元：
  1) 新築建物　　地下鉄の駅舎（東京メトロ副都心線新宿三丁目駅）
  2) 構造物構造　2 層 2 径間
  3) 施工方法　　開削工法
       土留め　2 段土留：1 次せん孔鋼杭 A φ600，2 次坑内鋼矢板Ⅳ型
       支保工　腹起し H-350，切梁 H-300
 d) 近接施工概要：
  1) 影響を受ける構造物の諸元　　単線並列シールドトンネル（都営地下鉄新宿線）
                セグメント外径　φ7.3m，セグメント種別　RC
                土被り　16.5m 程度
  2) 影響を及ぼす施工法の諸元　　開削工法（上記参照）
  3) 近接施工位置関係　　新設地下躯体とシールドトンネルの離隔　最小 0.11m
                近接度　0.02（=0.11m/7.30m）
                近接延長　約 23m
  4) 地盤条件　　土質　東京層（Tog 層，Tos 層，Toc 層の互層）
         地下水位　自然水位 G.L.-約 4m
             Tos 層被圧水位 G.L.-約 10m
             Tog 層被圧水位 G.L.-約 19m

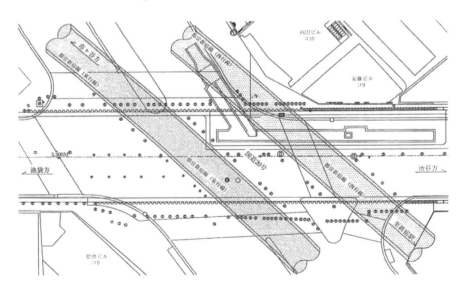

図-6.3.1-1 平面図 [1]

（出典：岡田龍二，シールドトンネル直上での開削工事 ―副都心線新宿三丁目駅―，
基礎工，p.81，2009.）

T.L.34 都市における近接トンネル

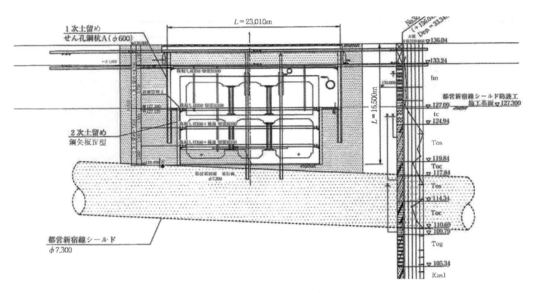

図-6.3.1-2 断面図 [1]

（出典：岡田龍二，シールドトンネル直上での開削工事－副都心線新宿三丁目駅－，
基礎工，p.80，2009．）

(2) 近接影響予測

当初計画であるアイランド工法による施工における「横断方向の解析によるトンネル構造の安全性」と「縦断方向の解析によるトンネル10mあたりの相対変位量」を確認した．

a) 横断方向
　ⅰ) 予測手法（リングばねモデル）

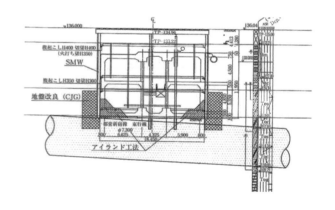
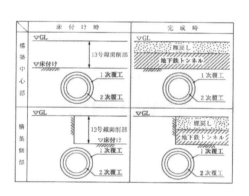

a) 対策工当初計画（アイランド工法）　　　　b) 横断方向解析ケース

図-6.3.1-3 横断方向の解析方法 [1]

（出典：岡田龍二，シールドトンネル直上での開削工事 －副都心線新宿三丁目駅－，
基礎工，p.82，2009．）

当初計画の対策，掘削と構築の分割施工（アイランド工法）におけるトンネル上載土砂除去時の影響解析を実施した．

検討ケースは「トンネル上部の土がすべて除去される構築中心部の断面」と「トンネル上部の土が半分除去され偏荷重がかかる構築側部」の二断面で実施した．

解析モデルは，一次覆工と二次覆工を一体化した全周ばね（掘削状況に応じて地盤ばねを設定）の剛性一様リングとした．

ⅱ）解析結果

横断方向の構造においては，すべてのケースで許容応力度以下となり，上載荷重除去によるシールドへの影響は問題ないという結果が得られた．

b）縦断方向

ⅰ）予測手法

「二次元FEMによるステップ解析」で算出した地盤変形量をもとにして「弾性支持の梁モデルによる構造解析」を実施した．

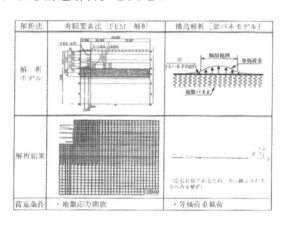

a) 縦断方向解析方法概念図　　　　b) 縦断方向検討フロー図

図-6.3.1-4 縦断方向の解析方法[1]

（出典：岡田龍二，シールドトンネル直上での開削工事 —副都心線新宿三丁目駅—，基礎工，p.82，2009．）

ⅱ）解析結果

トンネルの最大鉛直変位量は0.9mm（10m間の相対変位）で，構造物の一次管理値の3.5mm以下であった．

(3) 追加で実施した影響低減対策

解析結果よりシールドトンネルに対しては構造的に問題無く，変位量についても一次管理値以下であったが，根入れ不足の土留めの安定性に問題が確保できないため以下の対策を講じた．

a) 根入れ不足の土留めの安定性の確保に対する対策
- 土留め背面はCJG，シールド近接部は薬液注入による地盤改良を実施
- 土留め背面の地下水位低下を目的としてウェルポイントを実施

b) 既設シールドトンネル浮上り対策
- シールドトンネルに作用する被圧水を低下させるためにディープウェルを実施

c) リバウンド抑止対策
- 掘削，躯体構築の分割施工を実施

(4) 近接影響計測

a) 計測計画

シールドトンネルの変状計測は，水盛式沈下計を単線並列トンネルそれぞれに水盛式沈下計を10m間隔で設置し自動計測を行った．

b) 計測結果

トンネルは掘削に伴い浮上傾向を示し，下床版コンクリート打設後しばらくその傾向が続いた．その後10日程度で落ち着いたが，東行きシールドの最大変位は4.5mmまで達した．但し，掘削範囲外30m程度から徐々に変位しているため，10m間隔の相対変位は最大1.9mmで，一次管理値

の 3.5mm 以内であった.

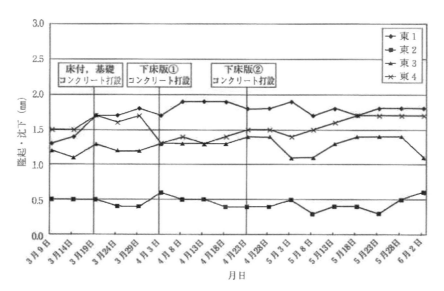

図-6.3.1-5 シールドトンネル相対変位経時変化図（東行き線）[1]
（出典：岡田龍二，シールドトンネル直上での開削工事－副都心線新宿三丁目駅－, 基礎工, p.84, 2009.）

(5) 近接施工事例の評価および考察
a) 近接影響予測と実績の対比
　縦断方向の 10m 間の相対変位の予測値は 0.9mm に対して, 実績値は 1.9mm であった.
　但し, 予測値は対策工追加前の条件での解析であるため, 単純には比較できない.
b) 計画・設計に対する評価および考察
　シールド施工時（1978年）の段階で, RC セグメントの内側に今回工事を前提とした RC による二次巻き補強を行っている.
　2004年には上記二次巻き補強の内側に, さらに鉄板巻きを追加施工している.
c) 計測・施工に対する評価および考察
　計画変更があったが, 経済性も含め最善の対策を実施している.
d) 近接施工における留意点および技術課題
　既設地下鉄建設時に将来の計画を踏まえて補強を行うことにより, 今回の近接施工が実現したと考えられる（事後の補強は施工困難なことが多い）.

参考文献
1) 岡田龍二：シールドトンネル直上での開削工事 ―副都心線新宿三丁目駅―, 基礎工, pp.80-84, 2009.

6.3.2 供用中のシールドトンネル側方の影響範囲内を並行して開削した事例（タイプ 3 S4004）
(1) 近接施工の概要
a) 工事名称：（仮称）OH-1 計画
b) 工期（施工時期）：2015 年 5 月 15 日～2019 年 9 月 30 日
c) 工事の主要諸元：
   1) 新築建物　A 棟：地上 31 階・高さ 160m，地下 5 階・深さ 32.2m
              B 棟：地上 40 階・高さ 200m，地下 5 階・深さ 29.8m
   2) 基礎構造　パイルド・ラフト基礎
   3) 施工方法　開削工法

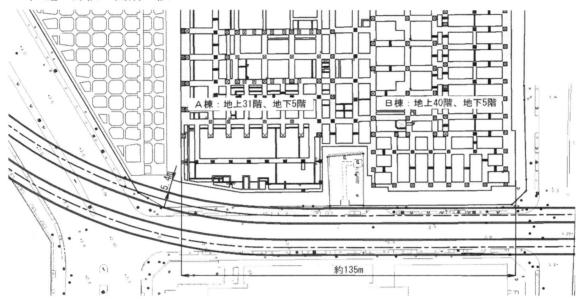

図-6.3.2-1 全体平面図[1]
（出典：メトロ開発株式会社提供）

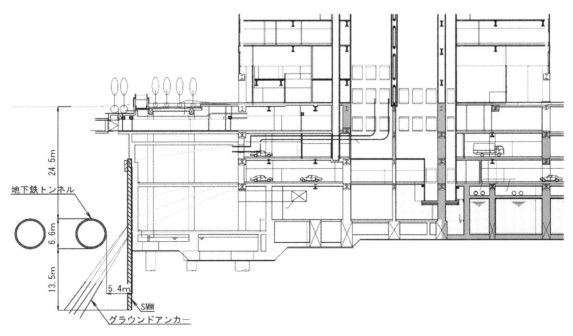

図-6.3.2-2 近接部の横断面図[1]
（出典：メトロ開発株式会社提供）

T.L.34 都市における近接トンネル

d) 近接施工概要：
1) 影響を受ける構造物の諸元：地下鉄シールドトンネル
　　　　　　　　　　　　　セグメント外径　φ6.6m
　　　　　　　　　　　　　セグメント桁高　350mm
　　　　　　　　　　　　　セグメント種別　RC中子型セグメント
　　　　　　　　　　　　　土被り　23m～25m程度
2) 影響を及ぼす施工法の諸元：開削工法（逆巻き施工）
3) 近接施工位置関係：新設地下躯体とシールドトンネルの離隔　5.4m
　　　　　　　　　　近接延長　135m程度
4) 地盤条件：東京層（シルト，砂，砂礫の互層）
5) 影響低減対策：地下鉄トンネル下方へのグラウンドアンカー打設

(2) 近接影響予測
a) 近接影響予測手法：土留杭の弾塑性解析と二次元弾性FEM解析にて最終掘削時の既設トンネルの変状を予測
b) 近接影響予測解析結果：地下鉄トンネルの最大鉛直変位　3.01mm（隆起）
　　　　　　　　　　　　　〃　　　　　　最大水平変位　3.26mm

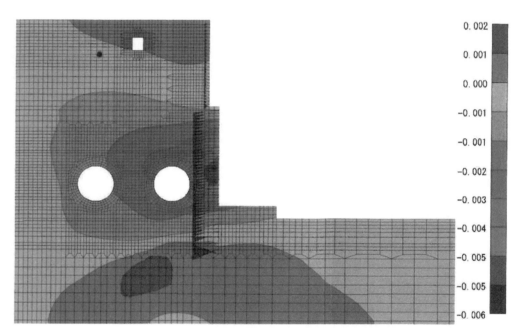

図-6.3.2-3　二次元弾性FEM解析（土留杭部強制変位＋リバウンド時のコンター図）[1]
（出典：メトロ開発株式会社提供）

(3) 近接影響計測
a) 計測計画：トンネルの変位測定（自動計測，手動計測）
　　　　　　トンネル内空断面測定（手動計測）
　　　　　　軌道測定（手動計測）
　　　　　　構築調査（目視および写真撮影）
b) 計測結果：掘削完了時にトンネルの鉛直変位が一次管理値を超えた4.2mmの隆起となったが，その後の建築工事の進行に伴って沈下傾向に転じ，建物完成時に最大で7.2mmの沈下となった．水平変位は最大で2.0mmの動きがみられた．

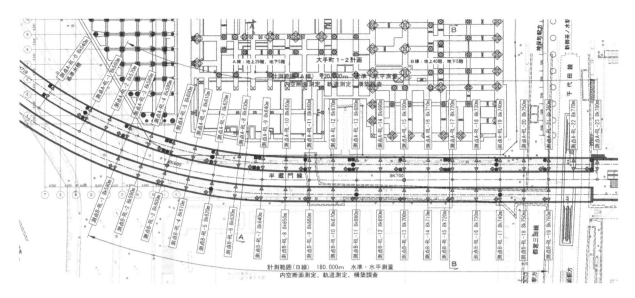

図-6.3.2-4 計測位置平面図 [1)]
(出典：メトロ開発株式会社提供)

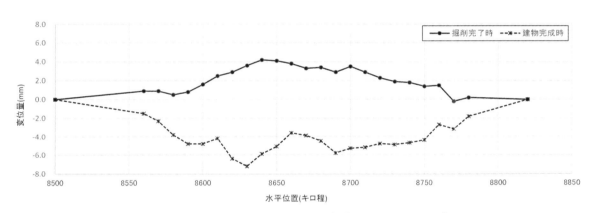

図-6.3.2-5 既設トンネルの鉛直変位の計測結果 [1)]
(出典：メトロ開発株式会社提供)

(4) 近接施工事例の評価および考察

a) 近接影響予測と実績の比：
　【予測値（掘削完了時）】鉛直変位量：3.01mm，水平変位量：3.26mm
　【計測値（掘削完了時）】鉛直変位量：4.2mm，水平変位量：2.0mm

b) 計画・設計に対する評価および考察：リバウンド対策として既設トンネル下部にグラウンドアンカーを施工しているが，この結果からはどの程度の効果があったのかは判断できなかった．

c) 計測・施工に対する評価および考察：予測値よりも若干大きい変位量となったが，概ね予測値と近い結果となった．

d) 得られた知見および考察：本工事のように既設トンネルに近接した箇所を掘削して構造物を構築する場合には，土留杭によって分断されているため，既設トンネルへの影響は小さくあまり問題がないと考えがちである．しかし，大規模な掘削や重量のある高層ビルを築造する場合などには，土留杭の下部の地盤も変形し，それに伴って近接する既設トンネルも変位する可能性があることを認識しておく必要がある．

e) 近接施工における留意点および技術的課題：既設トンネルの近傍の再開発事業等で大規模掘削し，高層ビル等を築造する場合には，掘削の際には土荷重が減となることによるリバウンドが

T.L.34 都市における近接トンネル

生じ，築造していく際には施工が進むにつれて荷重増となることによる沈下が生じることとなる．事前の検討や対策を入念に行い，施工中に制限値を超えた場合の対応方法などについても施工前に検討しておくべきである．

参考文献
1) メトロ開発株式会社提供

6.3.3 供用中のシールドトンネルの影響範囲内で施工した事例（タイプ3　S4006）

(1) 近接施工の概要
a) 工事名称：戸塚駅西口第1地区第二種市街地再開発事業　共同ビル棟新築工事
b) 工期（施工時期）：2007年12月4日～2010年9月30日
c) 工事の主要諸元：
  1) 新築建物　地上7階・地下2階，軒高29.2m，S造およびSRC造
  2) 建築面積　10,103.8m²
  3) 建物用途　ショッピングモール，自走式重層屋内駐車場，屋内駐車場

 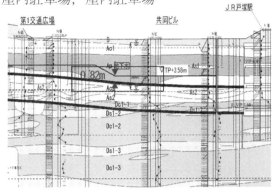

a) 全体平面図　　　　　　　　b) 地質縦断図

図-6.3.3-1　現場状況図[1]

（出典：大江郁夫，営業線地下鉄シールド直上の大規模近接掘削工事，地盤事故・災害における法地盤工学問題ワークショップ2012，2012．）

d) 近接施工概要：
  1) 影響を受ける構造物の諸元：地下鉄シールドトンネル
     セグメント外径　φ6.5m
     桁高　一次覆工300mm，二次覆工250mm
     セグメント種別　ダクタイルセグメント
     土被り　2.3m～0.82m
  2) 影響を及ぼす施工法の諸元：開削工法
  3) 近接施工位置関係：新設地下躯体とシールドトンネルの最小離隔　0.82m
     近接延長　180m程度
  4) 地盤条件：上部15m程度　砂とシルトの互層の沖積層
     15m程度以深　固結シルトと狭在砂層の洪積層
  5) 影響低減対策：ディープウェル工法によるトンネル浮き上がり対策
     機械室位置変更による掘削範囲の変更
     トンネル上部の地盤改良による浮き上がり対策

(2) 近接影響予測
a) 近接影響予測手法：

　本工事では，掘削時のリバウンドおよび浮力による営業線地下鉄への影響などが懸念された．具体的な課題は，以下のとおりである．

　【掘削中における課題】
　①地下水の浮力によるトンネルの浮き上がり（図-6.3.3-2 a)）
　②掘削時の応力解放によるトンネルの隆起（図-6.3.3-2 b)）

T.L.34 都市における近接トンネル

③掘削時の土被り減少によるトンネル断面形状の変形（図-6.3.3-2 c))
④トンネル側面の掘削によるトンネルの水平移動および変形（図-6.3.3-2 d))
⑤杭の施工によるトンネルの水平移動（図-6.3.3-2 e))
【建築工事完了後の地下水位回復時の課題】
⑥浮力によるトンネル上部の腐食土層の圧密に伴う浮き上がり（図-6.3.3-2 f))

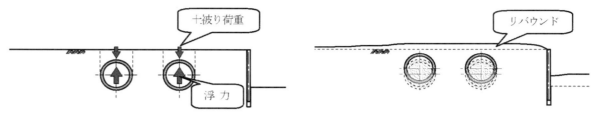

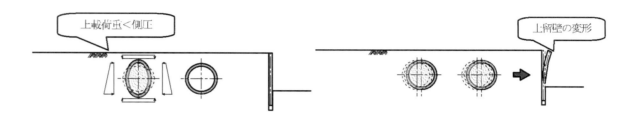

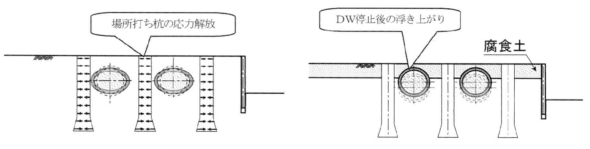

図-6.3.3-2 近接施工における課題[1]

（出典：大江郁夫，営業線地下鉄シールド直上の大規模近接掘削工事，地盤事故・災害における法地盤工学問題ワークショップ 2012，2012.)

b) 近接影響低減対策：
①地下水の浮力によるトンネルの浮き上がり対策
　　共同ビルの建物外周にSMWによる止水壁を構築し外部からの水の供給を遮断した．ただし，地下鉄トンネル東側妻は SMW の構築が困難であったため，薬液注入による止水壁を構築することとした．また，西側妻は地下鉄戸塚駅施工時の土留め壁（SMW）を利用することで，地下鉄トンネル周囲の止水性を確保した．排水処理工法にはディープウェル工法を採用した．
②④掘削時の応力解放によるトンネルの隆起およびトンネル側面の掘削による水平移動および変形への対策
　　トンネルの両脇に近接して配置されていた機械室（B2 階）を１つにまとめ，かつ，トンネル

から離すこととし応力の低減と土留め壁の変形抑制の効果を期待した．
③⑥掘削時の土被り減少によるトンネル断面形状の変形および腐食土層の圧密によるトンネルの浮き上がりへの対策

　土被り圧減少に伴うトンネルの縦つぶれを防止するため，トンネル上部の拘束を高めトンネルの変形を抑制することを狙い，トンネル上部を掘削工事の全長にわたり高圧噴射撹拌工（JEP工法）により地盤改良による補強を行った（図-6.3.3-3）．

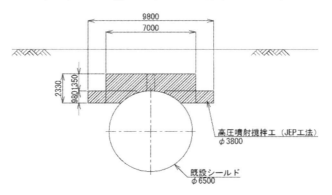

図-6.3.3-3　揚圧力対策工 [1)]

（出典：大江郁夫，営業線地下鉄シールド直上の大規模近接掘削工事，地盤事故・災害における法地盤工学問題ワークショップ2012，2012.）

⑤杭の施工によるトンネルの水平移動への対策
　トンネルの左右に配置される場所打ち杭は両側を交互に削孔することとし，トンネルの水平移動が片側だけに影響を及ぼさないように計画した．

(3) 近接影響計測
a) 計測計画：
　計測管理は，施工協議の結果により図-6.3.3-4に示す計測項目を実施した．また，表-6.3.3-1に示した管理値で管理を行った．なお，表-6.3.3-1に示す一次警戒値は許容値の50％，二次警戒値は許容値の70％で設定したものである．

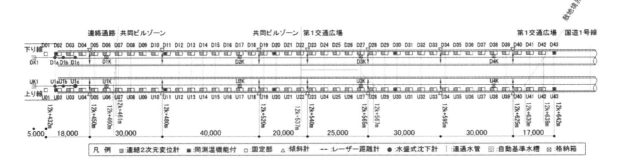

図-6.3.3-4　計測項目と計測位置 [1)]

（出典：大江郁夫，営業線地下鉄シールド直上の大規模近接掘削工事，地盤事故・災害における法地盤工学問題ワークショップ2012，2012.）

T.L.34 都市における近接トンネル

表-6.3.3-1 計測項目と管理値[1]

計器名	計測目的	一次警戒値	二次警戒値
連結2次元変位計	高低狂い	3.5mm/10m	5.0mm/10m
	通り狂い	2.5mm/10m	3.5mm/10m
水盛り式沈下計	絶対変位	3.5mm	4.9mm
傾斜計	水準狂い	7.18mm	10.1mm
レーザー距離計	内空変位	5.0mm	7.0mm

（出典：大江郁夫，営業線地下鉄シールド直上の大規模近接掘削工事，地盤事故・災害における法地盤工学問題ワークショップ 2012，2012.）

b) 計測結果：

　最小土被り部のうち北側にある上り線の計測結果を図-6.3.3-5に示す．掘削工事が進むにつれて，各種計測値は増加する傾向にあったが，床付け時点で一次警戒値を超えることはなかった．また，地下躯体の構築後にディープウェルによる揚水を停止したが，復水によるトンネルの浮き上がりは確認されなかった．

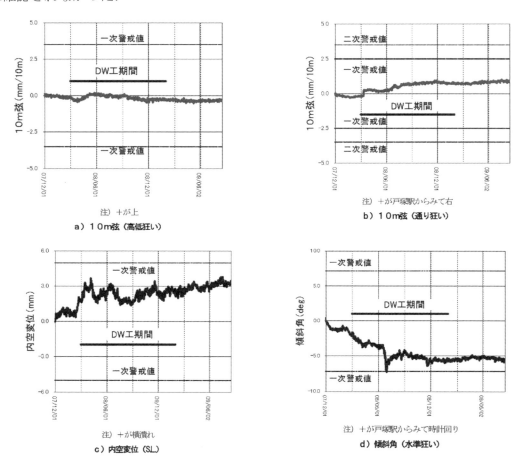

図-6.3.3-5 計測結果[1]

（出典：大江郁夫，営業線地下鉄シールド直上の大規模近接掘削工事，地盤事故・災害における法地盤工学問題ワークショップ 2012，2012.）

第Ⅱ編　シールドトンネル　　　6. シールドトンネル近接施工事例

(4) 近接施工事例の評価および考察

　計測・施工に対する評価および考察：掘削工では，部分掘削～構築とすればトンネルへの影響をより低減できると考えられるが，工期の制約により，全面同一レベルで掘削を進めていった．

掘削レベルが異なると高低狂い（10m 弦）に影響を与えることから隣接する第 1 交通広場の工事と調整を行ったこと，リバウンド，地下水による影響に対しての適切な対策を行ったこと，掘削量に合わせた地下水位の制御を行ったことにより，営業線地下鉄に悪影響を与えずに施工ができた．

参考文献

1) 大江郁夫：営業線地下鉄シールド直上の大規模近接掘削工事，地盤事故・災害における法地盤工学問題ワークショップ 2012，2012.

7. まとめ

7.1 シールドトンネル近接施工における計画・設計上の留意点

　本書の 3 章〜6 章で記載した事項や具体的な近接施工事例，および巻末に示すシールドトンネルの近接施工事例や当該部会委員の経験に基づく広範な意見交換を踏まえて，ここではシールドトンネルの近接施工を計画・設計する上での留意点について整理する.

　なお，シールドトンネルの近接施工といっても，2 章で整理した近接施工タイプによって事業計画や設計を行う上で留意すべき点も異なるため，まずは対象となるシールドトンネルの近接施工タイプを把握した上で，類似の計画・設計事例を参照にして検討を開始することを推奨する.

　以下，シールドトンネル近接施工のタイプ別に，事業計画や設計を実施する上での留意点について記載する.

7.1.1 近接施工タイプ 1-1（シールド掘進が既設構造物に影響を及ぼすタイプ）

　巻末資料の掲載事例に示すとおり，既設構造物とシールドトンネルとの位置関係から，既設構造物の直下や直上にシールドトンネルを構築する場合，既設構造物の側部にシールドトンネルを構築する場合があり，位置関係・離隔・構築するシールドトンネルの規模（掘削断面積），シールド掘進地盤などによって近接影響度は異なる. また，近接影響の対象は既設構造物にとどまらず，道路や河川を対象とする場合も多い.

　本タイプにおいて，近接影響を考慮した事業計画や設計を行う上で特に留意すべき点は次のとおりである.

(1) 近接対象物との離隔が小さい場合

　構築するシールドトンネルの外径を D，近接対象物との最小離隔を ℓ とした場合，一般に「$\ell \leqq 0.5D$」となる場合は近接施工による影響が大きいと考えられるため，定量的な近接影響評価を行った上で，適切な近接影響低減対策について検討すると共に，近接影響が大きい場合にはシールドトンネルの線形変更などによる離隔の見直しも含めて，安全で合理的な計画・設計となるよう心掛けることが肝要である.

　近接対象物との離隔が小さい実績を根拠として安易に計画を進めることなく，近接部の掘進地盤やトンネル線形，対象構造物の構造種別や基礎構造，地盤改良防護工の有無など施工事例の条件を確認した上で判断する必要がある. 特に，既設構造物の基礎構造・設置位置や残置されている仮設構造物の有無など，シールド掘進に支障することが無いか，さらには掘進影響評価モデルに反映すべき事項は無いかについて，離隔が小さい場合には図面や台帳による確認だけでなく事前に試掘調査を行うことも適宜検討されたい.

(2) シールドトンネルの掘進地盤が軟弱地盤または崩落しやすい地盤の場合

　シールド掘進地盤が軟弱な粘性土地盤，緩い砂・礫地盤，均等係数や細粒分含有率が小さく崩落しやすい砂地盤である場合，シールド掘進時に切羽地盤の安定を確保できずに近接対象物や地表面に大きな影響を及ぼす懸念があるため注意が必要である. このような地盤を掘進するシールドの近接影響評価を行う場合，一般に同様な地盤における既往の近接影響計測結果に基づいた掘削解放率の設定を行って，FEM 解析等により近接施工の影響を評価して影響低減対策の妥当性を評価することが多い. しかし，解析結果を踏まえた上で，万が一近接対象物に想定以上の悪影響が及んだ際の対処策についても予め検討するなど，近接対象物管理者と事前に協議を実施することが重要となる.

　また，未圧密状態の軟弱粘性土ではシールド掘進に伴う間隙水圧の変動により圧密沈下が促進

されて大きな地盤沈下を生じる場合もあり，また埋立地盤では掘進断面に現れる想定外の不明支障物の影響で地表面や近接対象物に思わぬ悪影響（地上への泥水・泥土・裏込め材の噴出や配管閉塞に伴う切羽圧力の急変動による過大な地盤変状）を及ぼす場合もあるため注意が必要である．

(3) 近接対象物への影響範囲におけるシールドトンネル線形・土被りが特殊な場合

近接対象物との離隔や近接部の地盤性状の他，近接施工影響範囲におけるシールドトンネルの線形が近接影響度に与える影響が大きい場合もある．シールドは急曲線掘進時にはコピーカッターにより大きな余掘り掘削をしながら掘進するため，シールドが通過するまでの間に余掘り部の掘削地盤が崩れて周辺地盤に想定以上の変状を生じる懸念があり，縦断勾配変化地点でも同様の懸念がある．掘進地盤など施工条件を考慮した上で，必要に応じて余掘り地盤の崩落防止対策などを計画・設計時点から見込んでおく等の対策についても適宜検討されたい．

また，シールド機が小土被りで発進・到達する計画の場合，浮力によるシールド機やセグメントの浮上り，ジャッキ推進反力に対する地盤変状影響などにより，FEM解析等によるシールド掘進時の影響解析では評価できない事象により近接対象物や地表面に悪影響を及ぼす懸念もあるため注意が必要である．

(4) 近接対象物の健全度・劣化度合いの評価が困難な場合

シールド工事に伴う近接対象物への影響評価を行う場合，現状における既設構造物の健全度や劣化度をどのように評価するのか問題となるケースもある．特に，対象構造物の詳細な図面や設計計算書が確認できない場合，現状で不等沈下・傾斜・ひび割れなどを生じている場合などについては，シールド掘進に伴う沈下・傾斜などの変形挙動や部材応力度の増加影響に対して，影響を受ける対象物の健全度をどのように評価し，剛性や耐力の低下をどのように考慮するのかの判断が困難となる場合もある．

このような場合，近接対象物の管理者との間でシールド掘進に伴う影響評価や影響低減対策の要否など，慎重な事前協議を行って，近接構造物の健全度や劣化度合いを計画・設計に反映する必要がある．特に，近接施工に際して必要となる管理項目や管理値の設定，および近接影響モニタリングの方法についても管理者に確認した上で，近接施工計画や設計に反映することが重要である．

7.1.2 近接施工タイプ1-2（シールド掘進が仮設構造物に影響を及ぼすタイプ）

巻末資料の掲載事例に示すとおり，多くの事例は報告されていないが，主に地上付近から小土被りでの発進，小土被りで到達するシールドトンネルを計画する場合に考えられる事例が報告されている近接施工タイプである．

近接対象物が施工中の仮設構造物となる場合，事業計画や設計を行う上で留意すべき点は次のとおりである．

(1) 近接対象物の施工状況の想定

近接対象物が施工中の仮設構造物である場合，シールドが近接影響範囲を掘進する際に仮設構造物の施工状況（掘削深度，仮設支保工，躯体構築の状況）を確認した上で，近接影響評価を実施し，必要に応じて影響低減対策やお互いの工事における施工制約条件の確認など，相互に理解した上で近接施工に伴う対応策について協議することが肝要である．なお，お互いの施工時期がずれることも考えられることから，近接対象物の施工者と協議した上で，場合によっては事前に幾つかの近接施工パターン（近接施工の際の位置関係，施工進捗度など）を想定した上で影響評価を行うことも有効と判断されるので検討されたい．

(2) 施工制約条件および掘進管理値・許容値などの確認

近接対象物が仮設構造物の場合，シールド掘進による影響が顕著となる場合があり，お互いの

T.L.34 都市における近接トンネル

施工状況が相互に影響を及ぼすことも考えられる．例えば，シールド掘進時の切羽圧力，裏込め注入圧力，掘削解放力が仮設構造物（支保工，掘削面など）に影響を及ぼすだけではなく，仮設工事における地盤掘削，地盤改良，土留め・杭の打設などがシールドトンネルに及ぼす影響も考えられる．

そこで，例えば，

・近接掘進時の切羽圧力・裏込め注入圧に上限管理値を設定する
・GL-10m まで掘削した時点で掘削を一旦中止してシールドの近接掘進を迎える
・上床版の構築が完了した後でシールド近接掘進を行う
・シールドが掘進影響範囲を抜けるまではケーソン沈設（圧気）を実施しない

など，綿密な事前協議による互いの施工制約条件の確認や管理値・許容値の確認が重要となる．

7.1.3 近接施工タイプ 2-1 （シールド掘進が施工中のシールド工事に影響を及ぼすタイプ）

巻末資料の掲載事例に示すとおり，本タイプは鉄道トンネルや道路トンネルに代表されるシールドトンネルが上下，左右，または斜めの位置に並列に構築される場合，あるいは Y 字型の分合流部に向けて離隔が変化しながら並列に構築される場合の事例が殆どである．

近接対象物が施工中のシールドトンネルの場合，基本的な留意事項は上述の「**7.1.2 近接施工タイプ 1-2**」に示した (1) (2) と同様である．

特に，双方のシールドトンネルが施工中である本タイプでは，相互のシールドトンネルの掘削順序，相互のシールド機の位置関係などにより，影響を受けるトンネル覆工の影響範囲が異なる場合もあり，本設構造物であるセグメントの構造や種別などの構造設計にも関わる可能性もあるので慎重に検討すべきである（セグメントの種別選定や構造補強などにより工事費に大きなインパクトを与えることもあるため，離隔や工事制約条件の設定により合理的な計画・設計とすることが望ましい）．

なお，相互のシールドトンネル位置関係や施工状況により切羽圧力，掘削解放力，裏込め注入圧などの作用タイミングが異なり，先行トンネルに及ぼす影響や影響範囲も異なる（一概に掘削解放力の影響だけではなく，施工時作用荷重の影響が及ぶ）ため，影響検討モデルの設定には注意する必要がある．

近年，シールドトンネルの併設工事において，離隔が小さい近接施工事例が増加している．今後，新たなシールドトンネル併設工事の計画・設計を進めるにあたり，施工可否の判断，施工計画上の留意点など，本ライブラリーに記載の類似施工事例は有用な参考資料になるものと判断する．

ただし，計画上の制約から併設トンネルの離隔が 0.1D 以下となるような非常に厳しい施工条件での施工実績があるからといって，安易にこれに倣って計画するのではなく，地盤条件，周辺環境条件，実施可能な近接影響低減対策，近接対象物のモニタリング方法，万が一の場合の対応策などについて慎重に検討した上で，計画上のシールド線形（離隔）を設定することが重要である．このような併設シールド工事の事例における計測データおよび施工データの蓄積が望まれる．

7.1.4 近接施工タイプ 2-2 （施工中のシールドトンネルに切開き・開口・分合流部を施工するタイプ）

巻末資料の掲載事例に示すとおり，本タイプはシールドトンネルの内空を拡げるための部分拡幅，人孔・立坑・換気所などの構造物との接続のためのトンネル開口部構築，および T 字分岐部・Y 字分合流部の構築に伴う施工中のシールドトンネルに対する近接施工タイプが対象となる．

近接対象物が施工中のシールドトンネルであり，一般にトンネルの切開きや開口に伴う基本的

II-196

な計画・設計はトンネル覆工設計の時点でセグメント仕様・割付けなどに反映されている. 一方, 実際にシールドトンネルの切開きや開口部の施工を実施する際の施工影響は, 詳細な施工手順を決めた上で施工ステップごとにトンネル覆工構造や仮設支保工に及ぼす挙動の履歴を考慮しないと適正に評価できない. つまり, 本タイプの近接施工影響を考慮した事業の計画・設計を進めるためには, 現実的な施工計画に基づいた近接影響評価を行って仮設工・本設構造体の設計を行う必要がある.

本近接施工タイプの計画・設計を実施する上での留意点は次に示すとおりである.

(1) トンネル切開き・開口を実施する前のシールドトンネル覆工発生応力の評価

施工中のシールドトンネルの切開き・開口を行う場合, 当該作業に取り掛かる前にトンネル覆工にどのような部材応力が発生しているかを適切に評価することが重要となる. 作業開始前におけるセグメント本体や継手部に発生している応力を適切に評価できなければ作業の安全性や作業計画の妥当性を適切に判断できないため, トンネルの切開き・開口を開始する時点で部材挙動や応力度等のモニタリングを開始するだけでなく, 作業前の部材変形や発生応力度についてもモニタリングする計画とする必要があるので注意が必要である.

(2) 施工手順・ステップを踏まえた設計および解析結果を考慮したモニタリング計画

一般に, トンネルの切開きや開口部構築を行う場合, トンネルの切開きや開口に伴って開口補強部材や仮設支保工を設置すること, 施工ステップに応じて本体構造や仮設構造が逐次変化していくことから, 施工ステップごとに部材の挙動や応力度の変動について照査し, 当該作業が完了するまで部材の健全性や作業の安全性が担保される構造・施工計画になっているかについて確認する必要がある. そのためには, 部材の健全性や作業安全性を担保するために必要な箇所のモニタリングを適切に行う必要があるが, 開口補強材や仮設支保工などについてはその施工後にモニタリング機材を設置することになるため, トンネルの開口・切開きなどの施工前にセグメント本体やセグメント継手部に発生している部材応力の評価も含め, 施工ステップごとの安全性について適切に評価することができるモニタリング計画を行うことが重要である.

(3) 各施工ステップにおける施工時の挙動を考慮した出水・地盤崩落抑止対策

トンネル切開きや開口を行う前のトンネル覆工はリング構造であるため, 一般に地盤中で軸力が卓越した安定構造となっている. 一方, トンネルの切開きや開口作業を行う過程においては, リングの欠損, 背面作用土圧や地盤反力の不均衡の影響により変形を伴う, 比較的不安定な構造となることから, 部材の健全性と作業の安全性を確保する目的で開口補強工や仮設支保工を設置する. また, 地盤条件や地下水の帯水・被圧条件にもよるが, 一般的に切開き部や開口部の周辺地盤の安定を図り, 作業時の大量出水を抑止する目的で地盤改良を施す場合が殆どである. 施工ステップごとの部材応力だけではなく, トンネル覆工, 仮設支保工や周辺地盤の変形挙動を考慮した上で, 変形や地盤応力変動に伴う出水や地盤崩落のリスクを抑止する計画となっているかについても確認が必要となるため, 注意が必要である.

なお, 併設シールドトンネルの切開き・切拡げや先行構造物との接続を行う場合, 先行構造物に対して後で施工する構造物が近い方が, 構造上および施工上で有利になることが多い. たとえば, 併設シールドの切開き・切拡げの場合では, シールドトンネルの離隔が小さい方が切開き・切拡げ構造がコンパクトとなる. ただし, 施工箇所の地盤条件や地下水条件においてどの程度の切開き・切拡げ施工可能であるか, 施工中の構造安定性を確保した上で施工時の安全性を確保できるのか, 周辺環境への影響を許容できる程度に抑制できるかなど, 切開き・切拡げ構造や施工方法は慎重に選定する必要がある. このような場合, 既存の類似事例を掲載した本ライブラリーは大いに参考となるものと考える.

7.1.5 近接施工タイプ3（供用中のシールドトンネルに対して近接工事の施工が影響するタイプ）

巻末資料の掲載事例に示すとおり，本タイプは供用中のシールドトンネルが近接工事の施工影響を受ける近接施工タイプである．

本近接施工タイプの計画・設計を実施する上で留意すべき点は次に示すとおりである．

(1) 近接施工を実施する前のシールドトンネル覆工発生応力の評価

本近接施工タイプの場合，近接施工の影響を受ける供用中のシールドトンネル覆工の部材発生応力の評価がポイントとなる．供用年数に応じて部材の劣化が進行することもあり，トンネル覆工の変形が進行していることも考えられるが，一般にトンネル覆工に発生している部材応力の評価に際しては設計計算上の仮定に基づいて設定するしかないのが現状である．

特に，シールドトンネルの詳細な図面や設計計算書が確認できない場合，現状でひび割れなどを生じている場合など，近接施工（掘削など）に伴う変形・移動などの変形挙動だけではなく，近接施工により生じる部材応力度の増加影響に対して，影響を受ける対象物の健全度をどのように評価すべきかの定量的な判断が困難な場合が多い．

このような場合，近接対象物の管理者との間で近接施工に伴う影響評価や影響低減対策の要否など，慎重な事前協議を行って計画・設計に反映する必要がある．特に，近接施工に際して必要となる管理項目や管理値の設定，および近接影響モニタリングの方法についても管理者に確認した上で，近接施工計画や設計に反映することが重要である．

(2) 近接施工の影響範囲および影響モード（挙動）を考慮したモニタリング計画

既設のシールドトンネルの近傍で開削工事，ケーソン工事，地盤改良工事や基礎工事などが行われる場合，当該近接工事が及ぼす影響範囲や影響モード（挙動）を考慮した既設シールドトンネル覆工のモニタリングが重要となる．トンネルの用途によっては近接施工に伴う影響をリアルタイムかつ的確に計測することが困難な場合もあるため，既設トンネルの管理者と綿密な協議を行った上で，近接施工影響の程度をできるだけ的確にかつ迅速に把握することができるモニタリング計画を策定すべきである．

(3) 既設のシールドトンネルに近接して大規模な開削工事やケーソン工事を行う場合

既設のシールドトンネルに近接して大規模な開削工事やケーソン工事を行う場合，施工状況・ステップによって影響モードが大きく異なることがあるため注意が必要である．例えば，既設シールドトンネルの上部で大規模な開削工事を行う場合，掘削の進捗に合わせて掘削底面のリバウンドの影響によりトンネルは上方に変形するが，その後の高層ビル建築の進捗に伴う荷重増大の影響により下方に変形する．したがって，当該ケースにおいても，近接施工状況によってトンネルへの影響が異なることを念頭においた上で影響解析やモニタリング計画を策定することが必要となる．特に，掘削リバウンドの影響予測においては，影響解析に用いる変形係数をどの程度に設定するか等の検証が行われてきており，これらも参考となる．

7.2 シールドトンネル近接施工における計測管理・施工管理上の留意点

本書の 4 章〜6 章で記載した事項や具体的な近接施工事例，および巻末に示すシールドトンネルの近接施工事例や当該部会委員の経験に基づく広範な意見交換を踏まえて，ここではシールドトンネルの近接施工における計測管理計画および施工時の施工管理を行う上での留意点について整理する．

なお，シールドトンネルの近接施工といっても，2 章で整理した近接施工タイプによって計測計画や施工管理を行う上で留意すべき点も異なるため，まずは対象となるシールドトンネルの近接施工タイプを把握した上で，類似の計測計画・施工管理事例を参照にして検討を開始することを推奨する．

第Ⅱ編　シールドトンネル　　7. まとめ

　以下，シールドトンネル近接施工のタイプ別に，計測計画や施工管理を実施する上での留意点について記載する．

7.2.1　近接施工タイプ1-1, 1-2（シールド掘進が既設および仮設構造物に影響を及ぼすタイプ）

　巻末資料の掲載事例を参考として，本タイプにおいて近接影響を考慮した計測計画や施工管理を行う上で留意すべき点について次のとおり整理した．

(1) シールド掘進が及ぼす周辺地盤への影響を的確に把握するためのモニタリング計画

　本タイプでは，設計上で考慮すべき切羽地盤の作用土圧や地下水圧，土質性状や地盤構成などに基づいて切羽圧力や裏込め注入圧力の設定を行い，事前にシールド掘進に伴う影響予測を行って影響低減対策を含めた計画・設計を行うことが一般的である．

　実際の施工においては，シールド掘進が周辺地盤にどのような影響を及ぼしているかを的確に把握することで近接対象物に及ぼす影響が想定した許容値の範囲内となる見込みであるかを早期に把握して施工管理にフィードバックすることが重要である．

　一般にシールド掘進による周辺地盤への影響をモニタリングする場合，地表面レベル測量を実施することが多い．ただし，シールドは舗装された道路の直下を掘進することが多いため，舗装仕様や地盤構成によっては地中の地盤変位が即座に地表面に現れない場合もある．したがって，重要な近接対象物との近接施工に際しては，事前にトライアル計測区間を設け，層別沈下計や傾斜計などを用いて舗装下地盤の挙動をモニタリングしてシールド掘進が周辺地盤に及ぼす影響を的確に把握することが肝要である．

(2) シールド掘進時のモニタリング結果に基づく施工管理への迅速なフィードバック

　シールド掘進が近接対象物に影響を及ぼすと考えられている施工管理項目は，切羽圧力管理，掘削土量管理および掘削ボイド充填管理である．掘削ボイド管理はテールボイドを充填する裏込め注入管理が基本となるが，曲線部における余掘り部の充填管理やシールド機のオーバーカット部ボイドの充填管理が地盤挙動に重大な影響を及ぼす場合もあるため注意が必要である．

　近接対象物の近傍をシールド掘進する場合，切羽前方地盤を通じて影響を及ぼす先行地盤への影響，掘削切羽面における切羽圧力バランスや排土量バランスの影響による切羽地盤への影響，シールド通過時の掘削ボイド発生およびボイド充填に伴う地盤への影響が考えられる．周辺地盤の適切なモニタリングにより，シールド掘進に伴う影響がどの時点でどの程度の影響を及ぼしているかを早期に把握し，シールド掘進管理（切羽圧力管理，掘削土量管理，掘削ボイド管理，泥水性状および掘削土砂性状管理など）に反映した上で近接施工を行うことが重要となる．

　なお，近接対象物との離隔が小さい範囲では，掘削ボイドに確実に裏込め注入材などを充填することが重要となるが，軟弱粘性土では過大な裏込め注入圧により過剰な間隙水圧上昇を生じ，有害な後続圧密沈下を引き起こす場合もあるので，注意が必要である．

(3) 近接対象物との離隔を確保するためのシールド掘進線形管理

　近接対象物付近を掘進する際，シールド機の掘進線形管理も重要となる．特に，近接影響範囲で曲線掘進や縦断勾配変化がある場合，軟弱地盤や自立性の低い崩壊性地盤を掘進する場合においては，余掘り部地盤の安定が確保できずに想定を上回る地盤変状が生じる，地盤反力を確保できずにシールド機がノーズダウンや大幅な蛇行を起こすなどにより，近接構造物に想定以上の影響を及ぼしたり，計画した離隔を確保できないなどのリスクもあるため，注意が必要である．

7.2.2　近接施工タイプ2-1（シールド掘進が施工中のシールド工事に影響を及ぼすタイプ）

　巻末資料の掲載事例を参考として，本タイプにおいて近接影響を考慮した計測計画や施工管理を行う上で留意すべき点について次のとおり整理した．

II-199

T.L.34　都市における近接トンネル

(1) 先行トンネルにおけるトンネル覆工挙動のモニタリング

本タイプでは，既にセグメント組立が完了したシールドトンネルの近接影響範囲をシールドが掘進するため，シールド掘進位置および掘進状況に応じて先行トンネル覆工には変形，移動，応力変動などの影響を生じる．

したがって，先行トンネル覆工の内空変位・変形挙動やひび割れ・漏水の状況，セグメント・継手・二次覆工などの内部構築物の変形挙動やひび割れ・漏水などの状況にどのような変化があるのか，シールド掘進位置との関係や裏込め注入などの施工タイミングも把握した上で適切にモニタリングして記録を残し，シールド掘進管理値の見直しを行うなど，掘進管理にフィードバックして近接掘進影響の最小化を図ることが重要である．

(2) 先行トンネルへの掘進影響計測結果を踏まえた掘進管理へのフィードバック

先行トンネルの近傍をシールド掘進する本タイプでは，先行トンネルへの影響に関するモニタリング結果をできるだけ迅速に把握し，切羽圧力管理，掘削土量管理，掘削ボイド管理，掘進線形管理などに的確にフィードバックすることで，先行トンネルに想定外の過大な影響を及ぼすことが無いよう，慎重な施工管理を行うことが重要となる．

特に，先行トンネルとの離隔が徐々に変化する場合や，近接影響範囲においてシールド掘進地盤構成や土質が変化する場合には，施工条件の変化・違いを踏まえたモニタリング箇所・測点数の選定，モニタリング項目の抽出を適切に行う必要がある．

なお，小土被りで併設シールドを施工する場合など，先行トンネルに対する後行シールド掘進の影響低減と小土被りに対する沈下対策というように，相反する近接影響低減対策を迫られるケースも考えられる．このように，シールドトンネルの近接施工における施工管理においては，施工による幾つかの近接影響を考慮した上でバランス良く管理することが望まれる場合もあるため注意が必要である．

7.2.3　近接施工タイプ2-2（施工中のシールドトンネルに切開き・開口・分合流部を施工するタイプ）

巻末資料の掲載事例を参考として，本タイプにおいて近接影響を考慮した計測計画や施工管理を行う上で留意すべき点について，次のとおり整理した．

(1) トンネル切開き・開口作業に伴う具体的な施工ステップおよび施工条件の明確化

施工中のシールドトンネルを切開く場合，開口を設ける場合においては，トンネル覆工や周辺地盤にどのような影響を及ぼすのか，事前に影響低減対策を考慮した施工手順を明確にし，施工条件を纏めた上で施工ステップ図を作成するなど，施工計画を可視化することが重要である．

(2) トンネル切開き・開口作業に伴う影響を早期かつ適切に評価できる計測の実施

施工中のシールドトンネルを切開く場合，開口を設ける場合においては，設定した施工ステップごとに，トンネル覆工や周辺地盤にどのような影響を及ぼすのかについて事前に実施する逐次影響解析の結果を確認し，施工に伴う影響を早期かつ的確に把握するためのモニタリング計画（計測項目，計測位置，計測管理値，計測タイミングなど）を立案・実施することが重要である．

なお，施工時のモニタリング実施に際しては，施工前の初期値を考慮した適切な計測管理値の設定，データ異常を示した際に計測データの妥当性を確認するためのキャリブレーション策などについても検討しておくことが望ましい．

(3) 施工時の挙動モニタリング結果に応じた対応策の事前準備と関係者への周知徹底

施工中のシールドトンネルを切開く場合，開口を設ける場合において，施工管理値を超過した際の具体的なアクション（対応策）を事前に明確にしておくことが重要である．

施工管理の要点は，施工管理フローおよび施工管理値を明確にした上で，モニタリング結果に

応じた具体的な部材補強策，仮設部材の追加設置，施工手順の変更による影響低減対策，作業中止規準などの具体的アクションなどについて関係者全員に情報展開し，情報共有した上で施工に臨むことである.

なお，トンネルの切開きや開口を行う場合，事前の解析では定量的に評価することが困難な出水および地盤崩落などを生じる場合もある. 近接施工モニタリングの中で，部材の変形，応力，ひび割れなどの損傷とは別に，出水や地盤の部分崩落などの監視も重要となるため，モニタリング計画の中でウェブカメラなどによる遠隔監視も効果的となる場合があるので，適宜検討されたい.

7.2.4 近接施工タイプ3（供用中のシールドトンネルに対して近接工事の施工が影響するタイプ）

本タイプにおいて近接影響を考慮した計測計画や施工管理を行う上で留意すべき点は，7.1.1に記載の近接施工タイプ 1-1 および 1-2 の項にて記載した内容と同様である. 対象となる既設構造物が供用中のシールドトンネルということで分類しているため，ここでは内容についての記載を省略する.

7.3 シールドトンネル近接施工における影響低減対策上の留意点

本書の 5 章〜6 章で記載した事項や具体的な近接施工事例，および巻末に示すシールドトンネルの近接施工事例や当該部会委員の経験に基づく広範な意見交換を踏まえて，ここではシールドトンネルの近接施工における近接影響低減対策工の検討を行う上での留意点について整理する.

なお，一口にシールドトンネルの近接施工といっても，2 章で整理した近接施工タイプによって近接影響低減対策を行う上で留意すべき点も異なるため，まずは対象となるシールドトンネルの近接施工タイプを把握した上で，類似の近接影響低減対策事例を参照にして検討を開始することを推奨する.

以下，シールドトンネル近接施工のタイプ別に，近接影響低減対策を実施する上での留意点について記載する.

7.3.1 近接施工タイプ 1-1，1-2，2-1 （シールド掘進が近接対象物に影響を及ぼすタイプ）

巻末資料の掲載事例を参考として，本タイプにおいて近接影響低減対策を行う上で留意すべき点について次のとおり整理した.

(1) シールド掘進制御および掘進管理値の最適化による影響低減対策

本タイプにおいて，既設構造物への影響を最小化するために第一に考慮すべきことは「シールド掘進制御および掘進管理値の最適化による影響低減対策」である. シールド掘進時における切羽安定対策，シールドの掘進制御，シールド外周面の摩擦低減，排土量管理，裏込め注入管理など，掘進管理方法および掘進管理値の最適化は近接影響低減策として有効である.

ただし，シールド掘進が周辺環境に及ぼす影響は，掘進地盤の土質や地盤構成，土被りや作用水圧，掘進線形や余掘り量などによって変化するため，ある地点でシールド掘進影響の最小化を実現できた掘進管理方法と同様の管理手法を用いて近接対象物の影響範囲を掘進すれば，同様に近接対象物への影響を最小化できるとは限らないことに留意する必要がある.

また，シールド掘進制御および管理値の最適化による対策を講じる場合，近接影響解析などによって設定する管理値の幅を極端に狭めるなど，現実的な対応が困難な対処策とならないよう注意する必要がある. シールド掘進時には，施工状況により掘進管理データが変動することを考慮した上で，幅を持った管理値の設定（上限管理値および下限管理値を設定）をする必要がある.

(2) 補助工法による影響低減対策

　本タイプにおいて，補助工法により近接対象物の周辺地盤を強化する，あるいは薬液注入工法，高圧噴射撹拌工法，地盤凍結工法などの補助工法を施工する場合，土質や土被り，近接対象物との離隔などによっては近接対象物が移動，変形するなどの影響を受けることがある．このため，その影響を考慮した上で補助工法の施工法や地盤強化範囲を設定する必要がある．

　また，近接対象物への影響を低減する目的で近接対象物とシールドとの間に予め地盤変位影響遮断壁（鋼矢板，地中連続壁など）を設置する場合，影響遮断壁を構築する際の近接対象物への影響を考慮して設置離隔や施工法を決定する場合がある．シールド掘進後に影響遮断壁を撤去する場合は，土質や設置深度によっては周辺地盤に多大な影響を及ぼすことがあるため，注意が必要である．

(3) 既設構造物の補強による影響低減対策

　本タイプにおいて，近接対象物を直接補強する場合，およびアンダーピニングや工事桁により支持する対策を講じる場合，近接対象物の変形や部材の損傷・経年劣化状況などを考慮し，実施する対策が期待する効果を十分に発揮できることを確認した上で，シールド掘進時の影響による近接対象物の影響を適切にモニタリングできる計測計画も一体として具体的な影響低減対策を決定する必要がある．

　近接対象となる既設構造物の構造，支持条件，作用荷重，変形，部材の損傷・劣化状況などについて十分に調査すると共に，躯体のひび割れや漏水などの状況についても確認し，近接施工に伴う既設構造物の安定性や構造安全性だけでなく，耐久性や使用性の確保も考慮した低減対策およびモニタリング計画とすべきである．

7.3.2 近接施工タイプ2-2（施工中のシールドトンネルに切開き・開口・分合流部を施工するタイプ）

　巻末資料の掲載事例を参考として，本タイプにおいて近接影響低減対策を行う上で留意すべき点について次のとおり整理した．

(1) シールドトンネルの切開き・開口を行うための補助工法

　本タイプでは，施工中のシールドトンネルの切開き・開口を行うに際し，地盤条件にもよるがほとんどの場合，事前に補助工法により当該施工箇所周辺の地盤補強を実施する．近接対象物となる施工中のシールドトンネルは，セグメントリングが閉合した状態で構造安定性と構造安全性を保っているが，切開きや開口を行う際にはトンネル周辺地盤の一部が開放・露出するとともに，トンネル覆工には変形・変位を生じる．そこで，施工中における露出地盤の崩落や過大な湧水・出水を回避するため，事前に坑内からの薬液注入工法や地盤凍結工法などによる地盤補強を実施する．

　シールドトンネル周辺地盤の土質や作用水圧によっては，補助工法を施工する際にトンネル覆工に過大な圧力が作用することがあり，場合によっては局所的な偏圧として作用することでトンネル覆工に変形や損傷（ひび割れ，漏水，欠け・剥離など）を生じることがあるため，補助工法の施工法および地盤補強範囲の選定に際しては注意が必要である．施工時においては，想定外の事象発生に備えて，追加の地盤補強（止水改良）対策やトンネル覆工の追加補強などの対策についても検討・準備しておくことが必要である．

　特に，高水圧作用下においてシールドトンネルの切開き・開口を行う場合，補助工法として地盤凍結工法を適用する場合が多いが，地盤凍結対象範囲の土質や地下水流速については，当該地点における地盤サンプリングを行った上で凍結融解試験を行って凍上や解凍沈下の影響，凍結膨張圧の評価を行うこと，凍土造成に支障がない地下水流速であることを確認して施工することが

重要となる．地盤補強対象地盤における地下水流速が凍土造成の限界流速（一般に1～2m/日）以上である場合，当該地盤の透水係数を低減するために凍土造成範囲の外側に薬液注入工法による地盤補強を行うことが必要となる．また，一般に凍結対象地盤が砂質土であれば凍結膨張圧は大きくないと判断する場合が多いが，砂質土地盤でも細粒分が多く含まれる場合には大きな凍結膨張圧を発生してトンネル覆工に多大な影響（ボルトの破断や鋼材の座屈など）を及ぼす場合もあるため，当該地点の土質サンプリングによる凍土性状の評価を行った上で近接影響対策（補助工法，内部補強）を行う必要がある．

また，坑内からの薬液注入工法による周辺地盤補強を行う場合，粘性土や泥岩中に帯水層が介在するような地盤では，坑内からの削孔による薬液注入で介在する帯水層を十分に止水改良できず，切開きや開口の施工時に想定外の坑内出水トラブルを生じる場合がある．このため，切開きや開口の前に周辺地盤の止水改良が十分になされているか慎重に確認しておく必要がある．特に，トンネルのスプリングライン付近に帯水層が介在する場合には，薬液注入のための削孔方向や止水確認のための削孔方向を工夫して帯水層を貫通する方向にするなどの対策を講じる必要がある．

なお，シールドトンネルの切開きや開口を行う場合，施工の進捗に合わせてトンネル覆工の変形が進行することから，施工完了までのトンネル覆工の変形および変位を考慮した上で地盤補強範囲（止水範囲）を適切に設定しないと施工中に出水する場合があるので注意が必要である．

(2) シールドトンネルの切開き・開口を行うためのトンネル覆工の補強および支保

本タイプでは，トンネル覆工の切開き・開口を行う際に，施工時におけるシールドトンネルの安定確保および部材の健全性確保を目的として，切開き・開口箇所および当該箇所周辺のトンネル覆工の補強および内部支保工の設置を行う．

トンネルの切開きや開口を行う場合，施工手順にしたがって施工を進める過程において，施工ステップごとにトンネル覆工の変形や変位を生じる．そのため，予め施工ステップを考慮した施工時挙動の予測解析を行った上でトンネル覆工の補強や内部支保工設置などの対策を講じることになるが，実際の施工段階においては，事前に想定していた挙動や事象と異なる想定外の事象が発生することがあるため注意が必要である．

したがって，本タイプの影響低減対策においては，施工時におけるモニタリングが非常に重要であり，想定外の事象を生じた場合の対応策として，施工ステップの変更，トンネル覆工の追加補強，追加の地盤改良などの方策について事前に検討・準備し，万が一の際には迅速に対処できるよう準備しておくことが重要となる．

7.3.3 近接施工タイプ3（供用中のシールドトンネルに対して近接工事の施工が影響するタイプ）

巻末資料の掲載事例を参考として，本タイプにおいて近接影響低減対策を行う上で留意すべき点について次のとおり整理した．

ここでは，供用中のシールドトンネルの近接影響範囲において開削工法を行う場合を念頭に置いた近接影響低減対策を行う上での施工上の留意点について述べる．

(1) 土留め壁の変位低減（主に既設シールドトンネルの側部を開削する場合）

既設のシールドトンネルの近接影響範囲内で開削工事を行う際に，土留め支保工の増強や土留め壁の剛性アップ，グラウンドアンカー等によるシールド近傍土留め壁の変形抑制策を行う場合がある．

このような方策を講じる場合には，土留め壁の変位や既設シールドトンネルの挙動モニタリング結果を踏まえて，管理範囲を逸脱する変形や挙動を生じた際に，迅速な追加対策を講じる準備をしておく必要がある．

(2) 掘削底面地盤の変位低減対策（主に既設シールドトンネルの上部を開削する場合）

T.L.34 都市における近接トンネル

　既設のシールドトンネルの近接影響範囲内で開削工事を行う際に，掘削底面地盤の盤ぶくれ発生などによる過大な変位を抑制する目的で，ディープウェルや掘削地盤の改良を行う場合，あるいは掘削過程において部分的な掘削と躯体構築を行うアイランド方式により施工を行う場合がある．

　このような方策を講じる場合には，掘削底面地盤や既設シールドトンネルの挙動モニタリング結果を踏まえて，管理範囲を逸脱する変形や挙動を生じた際に，迅速な追加対策を講じる準備をしておく必要がある．

7.4 シールドトンネル近接施工における技術データ蓄積の必要性と課題

　シールドトンネルに関する近接施工における最大の課題は，実際の施工事例における計画・設計時点での影響予測結果，影響低減策を考慮したモニタリング内容，施工管理値と実際に実施した施工手順，施工時のモニタリング結果，シールド掘進データなど，近接施工に伴う設計・施工実績やデータが保存されておらず，同様の計画・設計や施工を行う際に参考とすべき定量的かつ貴重な資料が殆ど残されていないことである．

　シールド近接施工事例に関する実績が学術論文や学協会で発表されている事例は散見されるが，そのほとんどが「適切な管理により影響を最小化できた」といった，いわゆる良好な近接施工影響結果の報告となっている場合である．また，計測結果が示されている事例においても，どういう状況における計測値なのか詳細を把握できない場合もあり，類似の計画・設計・施工を行う際の参考としてトラブル予測やリスク評価に活用することが出来ない場合も多い．

　施工条件が厳しいシールドトンネルの近接施工において，周辺地盤や既設構造物に想定外のトラブルを生じた事例が繰返し報告されているのは，貴重な設計・施工実績，特に想定以上の影響を及ぼした場合の実績が体系的に保存・展開されていないことが一因である可能性を否定できない．

　シールドトンネルの近接施工においては，個々の事例ごとに施工条件，施工状況，施工手順，挙動モニタリング実施内容などが異なる．どのような状況でどのような事象を生じたのかを適切に把握できるよう，計画・施工実績，計測計画・影響低減対策実績，近接施工時のシールド施工実績を体系的に保存し，類似事例計画・設計の参考としてフィードバックできる効果的なビッグデータの構築が望まれる．

　なお，シールド施工時における近接構造物や周辺地盤などへの影響実績については，計測対象となる近接構造物や周辺道路などの管理者に確認する必要があるが，対外的な影響に配慮せざるを得ないなどの理由により，実際の近接影響に関する定量的なデータを把握するのは困難というのが実状である．

　そのような観点から，本ライブラリーの掲載事例などが参考となれば幸いである．

7.5 シールドトンネル近接施工における技術課題と今後の展望

7.5.1 シールドトンネル近接施工に関する事業計画・基本設計について

　シールドトンネルの近接施工に関する事業計画および基本設計の段階において，条件が類似する既往の近接施工事例，近接施工実績は有用な参考資料となる．近年では，シールドトンネル同士の離隔が非常に小さい近接施工事例，既設構造物との離隔が非常に小さい近接施工事例も報告されているが，背景として「高架構造として計画された道路・鉄道が非開削工法で構築するシールドトンネルに変更されたため，土地利用可能な占用幅の中でやむを得ず極小離隔とせざるを得なかった事例である」など，特殊な事情でやむを得ず実施した近接施工事例も増えてきているこ

とから，既往の類似施工実績を参照する際には注意が必要である（近接施工のために合成セグメント構造としている場合，影響低減対策として広範な地盤改良を実施している場合などもある）．

　事業計画および基本設計の段階において，近接対象物に対する定量的な影響評価を実施すること，状況に応じて近接影響低減対策を講じておくこと，近接対象物の許容値を明確にしておくことが重要であり，近接対象物の管理者との間で事前の協議を行って施工時に必要となる対応策について合意を得た上で工事に臨むなど，円滑な協議が早期の事業推進に繋がる鍵となる場合も多い．

7.5.2 シールドトンネル近接施工に関する詳細設計について

　シールドトンネルの近接施工に関する詳細設計の段階では，近接対象物に対する影響解析結果と併せて，設定した地盤条件，水理条件，施工手順，施工条件，近接対象物の管理項目および許容値などを明確にしておくことが重要である．特に，本ライブラリーで取り上げた近接施工タイプ1-2，2-1，2-2においては，近接対象物の施工状況，相互の近接施工順序・相対位置，施工ステップなどにより，近接施工に伴う影響範囲や影響程度が大きく異なることもあるため，詳細設計時点で考慮した検討条件を明確にしておくことは非常に重要となる．

　また，詳細設計の中で，近接対象物管理者との協議結果，および近接対象物への影響低減対策や施工時モニタリング計画についても報告書として記録に残すことが望ましい．

7.5.3 シールドトンネル近接施工に関する施工管理について

　シールドトンネルの近接施工を実施する際，近接対象物に対してどのような影響があるのかについて，まず詳細設計結果を設定した前提条件も含めて細部まで理解することが重要となる．その上で，施工時にはどのようなタイミングで何をモニタリングすべきか（対象物のモニタリング，シールド施工状況のモニタリング）について検討し，施工管理項目ごとに施工管理値を明確にした上で，管理値超過の際の具体的なアクション（連絡・報告，掘進停止を含む掘進管理の変更，対策工など）についてのルールを明確（フローチャートの作成など）にして近接施工に臨むべきである．

　また，シールド掘進やトンネル開口・切開きなどの近接施工を実施する際には，近接対象物のモニタリング結果に応じてフィードバックすべき施工管理内容変更の具体化，施工管理内容を変更した際の施工記録と近接対象物への影響変化の記録の徹底を行い，実際に近接対象物に及ぼす影響を確認・把握しながら影響を最小化するために何がどの程度有効であるのか，事前の予測解析結果だけにとらわれず，実際に生じている現象に目を向けて，近接影響を低減して周辺環境に悪影響を与えない工事の円滑な進捗を図る必要がある．

　そのためには，施工に際して「近接対象物への影響の可視化」，「シールド施工状況の可視化」を徹底し，発注者を含めた工事関係者の間で常に施工状況・施工影響に関する情報共有を図り，想定外の影響が及ぶ前に迅速かつ的確な対処を講じる体制・状況を構築しておくことが肝要である．

7.5.4 シールドトンネル近接施工におけるリスク評価について

　近年，シールドトンネルの大断面化や小土被り施工，急曲線施工，急勾配施工など，施工条件が厳しくなる中で，先行構造物と極小離隔で近接施工を実施した施工実績も着実に増えてきている．

　シールドトンネルの近接施工においては，掘進地盤や先行構造物との離隔，シールド掘進による施工時荷重や周辺地盤挙動などにより，先行構造物に及ぼす影響は大きく異なる．既往の経験

に基づいた影響解析や影響モニタリング技術の進化と併せ，近接影響を及ぼさないための施工管理技術や影響低減対策技術の進化により，殆どの事例では先行構造物に大きな影響を及ぼすことなく無事に近接施工を行えたとの報告がなされている．

一方，上述のとおり，シールドトンネルは掘削断面の大型化，小土被り施工など厳しい施工条件下で先行構造物との離隔が非常に小さい状況での近接施工を行うケースが増加していることから，想定外の地盤改変や地中残置物による施工トラブル，またはモニタリングや施工管理の不具合を生じた場合，先行構造物および周辺環境に多大な悪影響を及ぼすリスクは確実に大きくなっている．

そこで，影響解析，および既往実績に基づいて策定したモニタリング計画，影響低減対策，施工管理対策に過信することなく，施工ステップごとに懸念されるリスクを全て抽出し，想定外の事象が生じた場合のフェイルセーフ策，バックアップ策についても事前に検討し，関係者間でリスク認識と対応策について共有しておくことが重要である．

7.5.5 シールドトンネル近接施工に伴う設計・施工記録について

土木学会トンネル工学委員会では，シールドトンネル DB 構築部会にてシールド掘進時におけるシールド工事の各種データを収集し，シールドトンネル DB 運営分科会が管理者となって会員にデータベースを提供している．ここで収集しているデータは，工事ごとの設計関連資料，施工関連資料，しゅん功関連資料，工事記録，掘進管理データ，計測管理データなど多岐にわたっており，会員の立場（発注者，大学・研究所，施工者）によってアクセス権の制限はあるが，新たにシールドトンネルの近接施工を計画・設計する場合に大いに有用なデータとして活用できるものと期待する．

また，本ライブラリーは詳細な設計・施工記録は掲載していないが，シールドトンネルの近接施工に関する既往の施工実績について体系的に網羅した内容となっている．巻末資料も含めて，本ライブラリーをシールドトンネルの近接施工を計画・設計，計測管理，施工管理する際の参考資料として活用していただきたい．

第Ⅲ編　特殊トンネル

1. 序論

1.1 特殊トンネル工法の概要
1.1.1 特殊トンネル工法とは

　新たな交通ネットワークの整備，放水路新設や河川の付替えなどにおいて，やむをえず既存のインフラ設備（道路，鉄道，上下水道など）と近接もしくは交差する場合，新設する構造物を地下に構築することが一般的である．その際，既存の構造物に対する影響を最小限にするため，特殊トンネル工法が採用されることが多い．特殊トンネル工法は，山岳トンネル工法，シールドトンネル工法，開削トンネル工法，管推進工法等から派生したもので，鉄道や道路の直下で施工される，あるいは既設構造物の近接施工として，直上部の鉄道や道路などへの影響を最小化にするために，補助工法や各工法の技術を追加した非開削工法による施工法である．詳細や変遷については，「トンネルライブラリー31　特殊トンネル工法（土木学会）」[1]を参照されたい．

　特殊トンネル工法の近接施工には，鉄道の軌道や道路の路面などの構造物の直下を小さな土被りで施工する場合と，既存橋脚などの基礎構造物や地中に埋設されているガス・水道・電力などの地下構造物などに近接して施工する場合があり，これまでの施工実績では，前者のものが多い．第Ⅲ編では，これらの2つの近接施工について示している．

1.1.2 構造形式の選定

　図-1.1.1，表-1.1.1は，特殊トンネル工法の構造形式について示したものである．特殊トンネル工法は，一般的に箱型ラーメン構造を採用する事例が多いが，施工条件によっては他の構造形式の方が優位となる場合もある．特殊トンネル工法は，さまざまな構造形式のトンネルに適用可能な施工法であり，供用後の目的に適したものを選定する．構造形式は，施工方法の選定や施工時の地表面変状リスク等にも影響するため，地質条件や施工条件を十分に考慮する必要がある．

(1) 箱型ラーメン構造（ボックスカルバート）（単径間，多径間）

　①スパンがあまり長くない場合（通常10m前後が限度）に有利となる．スパンが大きくなる場合や土被りが大きくなると（概ね5mを超える場合）部材厚を厚くする必要が生じる．

　②スパン，土被りおよび使用目的等の条件により一径間で目的に適合できない場合，中壁を設置し多径間とする．

　③地下水位以下の場合，施工時および完成時の躯体の浮上りの検討が必要である．

(2) 門型ラーメン構造

　①地盤条件が良好である（下床版が無くても支持力が確保できる）場合は，下床版の施工を省略し箱型ラーメンとすることで工期や工事費において有利になる場合がある．

　②箱型ラーメン構造に比べて，上床版および側壁の部材厚が大きくなる．

　③地下水位以下の場合，別途，止水対策が必要となる．

(3) リング構造（円形）

　①土被りの大きい場合や地盤が軟弱の場合は，他の構造型式よりも構造上は有利となる．

　②一般に内圧が作用する場合においては，最も有利となる．

　③流体の流路としては最適（有効断面の活用）であるが，道路等の用途においては，上部および下部に不要な断面が発生する．

　④地下水位以下の場合，躯体の浮上りの検討が必要である．

(4) アーチ構造（馬蹄形）

　①一般的には，土被りが大きい場合に適する．

T.L.34 都市における近接トンネル

②アーチと一体になったインバートコンクリートの施工を要する．
③地下水位以下の場合，躯体の浮上りの検討が必要である．

(5) 桁式構造

①下路桁形式とは，一般に桁と橋台とU型擁壁よりなる構造形式である．
②桁構造で沓があるため，メンテナンスフリーとはなり得ない．定期的に点検を行う必要がある．
③その他としては，橋台に作用する土圧に対し，桁をストラットとして働かせ，下部工をスリムにした事例もある．地下水位以下の場合，橋台，橋脚，擁壁型式の選定について検討が必要である．

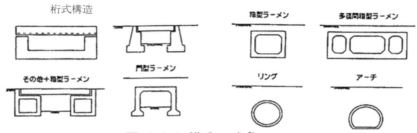

図-1.1.1 構造形式 [2]

（出典：東日本旅客鉄道株式会社，線路下横断工計画マニュアル，pp.14-16，2004．）

表-1.1.1 構造形式の選定例 [2] を一部修正して転載

条件		構造型式	箱型ラーメン	門型ラーメン	リング	アーチ	桁式 下路桁型式[7]	その他
目的	道路，地下通路		○	○	△	△	○	○
	線路		○	○	△	○	○	○
	水路(無圧)		○	○	○	○	○	○
	〃 （圧力）		△	×	○	△	×	×
単スパン	10m	未満	○	○	○	○	○	○
	10〜15m	〃	△	△	△	○	△	△
	15m	以上	×	×	△	○	△	△
横断延長	20m	未満	○	○	○	○	○	○
	20〜30m	〃	○	○	○	○	△	○
	30m	以上	○	○	○	○	△	○
土被り	0〜2m	未満	△	△	△	△	△	△
	2〜5m	〃	○	○	○[1]	○	△	○
	5〜10m	〃	△	△	○[1]	○	×	×
	10m	以上	×	×	○	○	×	×
地盤条件	構造物底面部	地盤が強い場合[3]	○	○	○	○	○	○
		地盤が中程度の場合[4]	○	△	○	○	△	△
		地盤弱[5]基礎杭(無)	×	×	○	○[6]	×	×
		地盤弱[5]基礎杭(有)	○	○	—	—	○	○
		著しい強弱不均質の地盤	△	△	△	△[6]	△	△
	地下水位	掘削底面より下	○	○	○	○	○	○
		掘削底面より上	○	△	○	○[6]	○	△
支承の無いメンテナンスフリー構造			○	○	○	○	×	△

○ ：一般的には適用
△ ：適用可能であるが問題があり，対策の検討を要する
× ：一般的には不適
1) ：シールド工法の場合は，直径により異なる．
2) ：土被りとは施工基面高より函体天端までの距離を示す．
3) ：砂質土N値30以上，粘性土N値20以上
4) ：砂質土N値10超30未満，粘性土N値4超20未満
5) ：砂質土N値10以下，粘性土N値4以下(液状化地盤は基礎杭が必要)
6) ：インバート付とする．
7) ：非開削による．

凡例

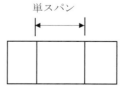

単スパン

（出典：東日本旅客鉄道株式会社，線路下横断工計画マニュアル，pp.14-16，2009．）

1.1.3 特殊トンネル工法の位置づけ

　都市部におけるトンネルの施工方法は，大別すると，開削工法と非開削工法（シールド工法，特殊トンネル工法，都市 NATM 工法など）がある．

　開削工法とは，表-1.1.2 に示すように既存のインフラを工事桁や路面覆工で仮受けしてから，掘削土留めを施工して開削し，新設構造物を構築する工法である．開削工法における近接構造物に対する影響は，直接的に支障する場合を除き，掘削時の仮土留めの変位による影響か，掘削に伴い発生するリバウンドによるものである．いずれも掘削に伴う列車運行や道路交通等への影響が大きいため，仮設物の設計，補助工法の併用，列車や道路を仮移設して構造物を施工するなどが必要となる場合が多い．

　非開削工法は，発進・到達立坑を構築し，水平方向に構造物を施工する工法である．特に土被りが小さい場合や近接構造物がある場合に，近接施工の影響を低減するために本章で扱う特殊トンネル工法を採用することが多い．特殊トンネル工法は，地盤等の条件により防護工や補助工法が必要となることも多いため，施工方法の選定においては，使用できる用地，土被りおよび地質条件などを考慮する他，交差する道路や鉄道等の管理者との十分な協議が必要となる．

表-1.1.2 線路下横断時の開削工法と特殊工法の比較

	開削工法	非開削工法
概要	※鉄道における工事桁のイメージ図	
特徴	鉄道や道路に工事桁や路面覆工を仮設し受け替えたうえで，桁下を掘削し構造物の施工を行う．	線路や道路脇に立坑を設置し，立坑から水平に構造物を掘進し，構造物を構築する．
長所	覆工や仮土留めが線路内や道路内での施工となるため施工時間等の制約を受ける．　工事桁，路面覆工を施工した後は，施工上の制約が少なくなる．	線路や道路内での作業が減る．
短所	仮土留め，支持杭，桁架設等の作業は線路や道路内での作業となることから，交通機能を阻害しないよう施工時間や空間に制約が生じる．　施工箇所に既存インフラがある場合には，移設や仮受け等の防護が必要となる．　地下水位が高い場合には，補助工法が必要となる．	線路や道路脇に立坑を施工するための用地が必要となる．　掘進に伴う軌道や道路面の変状や陥没等のリスクがあるため必要により補助工法を採用する必要がある．　地下水位が高い場合には，補助工法が必要となる場合がある．

1.2 特殊トンネル工法の計画

特殊トンネル工法の計画にあたっては，ルートを選定する際に鉄道や道路などとの交差の有無，位置や深度（離隔）などを十分考慮することが必要であり，鉄道や道路などと交差する場合には，可能であればルートの変更等により回避することが望ましい．また，地中に埋設されているガス・水道・電力などの既存インフラの有無と位置を把握することも重要となる．しかしながら，道路や鉄道などと，やむを得ず交差する場合には，少しでも影響を低減するために交差する距離を短くするように道路や鉄道となるべく直角に交差するよう平面線形を考慮することや，土被りを確保するため縦断線形を変更する等の対策を行うことが望ましい．しかしながら，土被りが大きくなると，交差箇所前後のアプローチ構造物の深度が深くなるとともに，アプローチの延長も大きくなることから，周辺環境への影響やトータルコストが高くなる可能性があることに注意が必要である．

1.3 近接程度の判定方法

既存の構造物と近接する場合には，新設構造物との近接程度を判定し，影響の有無を判断する．特殊トンネル工法の近接程度の判定方法に関しては，明確に定められたマニュアルや指針類はないが，**第Ⅰ編 2.3 近接程度の区分・判定** に記載の判定方法などを参考に行う場合もある．近接程度は，インフラを管理する事業者ごとに設定しているため確認が必要である．近接影響の大きい場合には，施工性や対策工などにより工事費や工期が増大する要因となるため，やむを得ず近接施工を行う場合には，あらかじめ対策により追加される工期や費用を見込んでおくことが必要となる．

1.4 近接施工の影響検討

近接施工影響の評価方法には，解析等により数値的に変位量や応力度などを評価することが望ましいが，かならずしも解析的検討により影響を評価することができないか，数値的に評価できたとしても十分な精度をもった解析手法が確立していないものもある．したがって，同種の施工事例を参考とする場合や定性的な評価を基に適切と思われる対策の採用を前提として解析的検討を省略する場合もある．解析的検討には，主に有限要素法（FEM）による解析，もしくは理論式や実験を基にした簡易計算法（Peck の式（統計データによる式），島田の式（実験式）および Limanov の式（理論式））などがある．これらは，過去の施工における計測データや実験データ等を基に，解析条件を設定している．また，実際の施工には，地盤条件，支障物の有無および作業手順など事前調査だけでは把握することが難しい場合も多い．

1.5 施工時のリスク評価

特殊トンネルの施工に伴う影響については，現場の条件について調査等により十分に把握した上で，施工により生じるリスクとその対応を体系的に整理し，設計や施工計画に配慮する必要がある．施工により生じるリスクは，特殊トンネルの施工や付帯する仮設物や補助工法による直接的な影響と掘削に伴う仮土留めの変位に伴う間接的な影響などが含まれるため，工種毎に影響の内容や施工手順を考慮して検討する．

① 特殊トンネルの施工による影響

特殊トンネル工法の施工が地表面および近接構造物に直接的に及ぼす影響である．

② 補助工法や仮設物による影響

特殊トンネルの工事に付随する仮土留めなどの仮設物，薬液注入や地下水低下等の補助工法による影響であり，トンネル施工とは影響のメカニズムが異なるため個別に影響を評価する．

近接施工の影響検討を行った場合でも，施工段階において予期せぬトラブルが発生することがあるため，施工に先立って工種や作業手順を洗い出し，個々の工種ごとに変状リスクを評価し，リスクが高いものには，リスク低減の対策を講じることが必要である．

1.6 特殊トンネル直上の構造物と日常管理

特殊トンネル工法の近接施工では，鉄道の軌道や道路の路面などの構造物の直下を小さな土被りで施工する場合が多く，各々の構造物を管理しながら施工を進めている．ここでは，鉄道の軌道および道路の路面における構造と日常管理について紹介する．

1.6.1 鉄道

鉄道は大きく「軌道構造」と「構造物」で構成されている．軌道構造とは，主にレール，まくらぎおよび道床（バラスト）で構成された部分であり，まくらぎ下面から線路等級によって定められた道床の厚さを差し引いた面を施工基面（F.L.）という．一般に，線路下横断工事における土被りとは，施工基面の高さと新設構造物の天端の差をいう．構造物とは，施工基面高さ以下の部分を指し，盛土等の土路盤や高架橋等の構造物などがある．

特殊トンネルは，主に土構造物または地盤に設置されることから，土構造物における舗装の構成や性質について概説する．図-1.6.1に一般的な軌道構造であるバラスト軌道の概念を示す．なお，列車運行頻度の高い線区では，線路の保守作業の省力化のために，道床部分をセメントミルクで固めた省力化軌道などが施工されている箇所もあり，このような軌道構造では変位量の管理値がより厳しく設定されている場合もあるため，計画・設計・施工にあたっては鉄道事業者に確認することが必要となる．

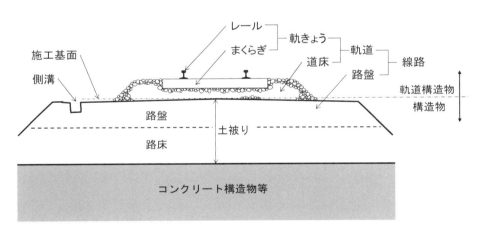

図-1.6.1 バラスト軌道における線路の基本構造

(1) レール・まくらぎ

レールとまくらぎを合わせて軌きょうという．レールは，線区ごとにサイズが異なる．

(2) 道床

道床は，粒度が均一な砕石（バラスト）を突き固めた層である．レールやまくらぎの位置を修正し，道床を突き固める補修を「軌道整備」といい，線路下における非開削施工では，重要な変位量対策の一つである．また，列車走行による繰り返し荷重を長期間受け続けるとバラストが粉砕され土砂状になるが，このような状態では軌道整備を実施できない．そのため，定期的にバラストを交換する作業が必要であり，これを「バラスト交換」という．

T.L.34　都市における近接トンネル

　バラストは，自立性が低いため，掘削時の土被りには考慮できない．そのため，鉄道における土被りは，施工基面から構造物の天端までの高さをいう．鉄道下横断構造物の土被りは，工事の安全のためや構造物との変化点における軌道支持ばね剛性の急変を避けるため，極力大きく確保することが望ましい．土被りが小さいと施工時の軌道変状や路盤陥没の要因となり，安定した列車運行を阻害することとなる．一方で，まくらぎの下端から施工基面高までのバラスト層の厚さ（道床厚）は，線区毎に各鉄道事業者の規定により決められているが，長年の軌道整備により実際の道床厚が規定よりも厚くなっている場合があり，その場合には構造物の土被りが小さくなるため，施工計画にあたっては実際のバラスト厚を事前に試掘等で確認する必要がある．近年では大都市周辺で列車運行頻度の高い路線においては，軌道保守作業の低減を目的として省力化軌道構造を採用している箇所も多い．省力化軌道にはいくつかの種類があるが，一般にバラスト部分を固化しているため，軌道整備による対策が難しい．したがって，線路下を横断する場合には，施工に先立って省力化軌道を壊しバラスト軌道に戻して軌道整備を可能にする事前工事を行う場合もあるため注意が必要である．

　軌道の変位量は，**表-1.6.1**に示す軌間変位，水準変位，高低変位，通り変位の4項目を測定し管理するが，合わせて平面性変位，複合変位，レールの張出しなども重要な管理項目である．管理項目毎の変位量の基準値は，各鉄道事業者が「軌道整備基準値」や「整備目標値」として「軌道施設実施基準」等により定めており，線区の条件により異なった値となっている．さらに工事施工時に許容される変位量についても，鉄道事業者毎に異なるため，検討にあたっては事前に確認する必要がある．

第Ⅲ編　特殊トンネル　　1. 序論

表-1.6.1 軌道変状の種類 [1]

軌道変状	内　容	略　図
軌間変位	レール面より 14 mm 下がった位置までのレール頭部内側面の最短距離（＝軌間）の基本寸法との差. スラックのある場合はそれを差し引く. スラックとは, 曲線部においてレールと車輪のきしみを抑制するために軌間を拡大する量.	軌間／レール面／14 mm／軌間の基本寸法:1067mm（狭軌）1435mm（標準軌）／軌間変位=軌間-軌間の基本寸法
水準変位	軌間の基本寸法あたりの左右レールの高さの差. 曲線部でカントのある場合は, 正規のカント量に対する増減量. カントとは曲線部において列車の遠心力の影響を緩和するために内側レールに対して外側レールを高くする量.	軌間の基本寸法／水準変位（＋の場合）／水平／左レール／右レール／（注）直線部では起点を背にして左レールを基準に右レールが高い場合を＋とする
高低変位	レール頂面の長さ方向の凹凸で, 一般に長さ 10 m 弦の中央でのレールとの垂直距離. 縦曲線のある場合はその正矢量を加減する. 凸形の状態を＋とする. 工事に伴って路盤を隆起あるいは沈下させた場合にも発生する.	10 m／5 m／5 m／レール／まくらぎ／高低変位（ーの場合）
通り変位	レール側面の長さ方向の凹凸で, 一般に長さ 10 m 弦の中央でのレールとの水平距離. 曲線部ではその正矢量を差し引く. 工事に伴って路盤を水平に移動させた場合にも発生する.	まくらぎ／10 m／5 m／5 m／左レール／右レール／通り変位（＋の場合）
平面性変位	2 本のレール面で構成される面の捩じりで, 一定間隔を隔てた水準狂いの差で表す. 緩和曲線区間ではカント逓減のため構造的な平面性狂いが存在する. 測定間隔は一般に 5 m で, 新幹線では 2.5 m である.	測定間隔（5 m）／水準変位＝ーy mm／左レール／右レール／水準変位＝＋x mm／平面性変位＝x-（-y）／$x,y>0$
複合変位	通りと水準が逆位相で複合している変位. 貨物列車の途中脱線を防止するために設けられた指標で, 次式で求める. 複合変位＝｜通り変位－1.5×水準変位｜	―
レールの張出し	温度変化によってレールに発生する軸圧縮力に対して, 道床バラストによる横抵抗力が不足する場合に, 軌きょうが横方向に座屈する現象. ロングレールだけでなく, 定尺レールでも遊間が詰まって発生することがある. 工事に伴って道床横抵抗力が低下した場合にも発生する.	拘束のない上方に軌きょうが少し持ち上がると, 道床横抵抗力が下がり, 軌きょうが側方（レールの弱軸方向）に座屈する. ／レール／軌きょう／まくらぎ

（出典：土木学会, トンネルライブラリー31 特殊トンネル工法－道路や鉄道との立体交差トンネル－, 2019.）

1.6.2 道路

道路は大きく「舗装」とそれを支える「構造物」で構成されている．道路における土被りは舗装表面から構造物の天端までの高さをいう．以下に土構造物における舗装の構成や性質について概説する．

(1) 舗装の基本構造

舗装には大きく「アスファルト舗装」と「コンクリート舗装」がある．アスファルト舗装は表層から下層に向かい交通荷重を分散させながら伝達することに対し，コンクリート舗装は剛性の高いコンクリート版（表層）で交通荷重を支持し，コンクリート版全体でほぼ均一に下層に伝達する（路盤面で均一にコンクリート版を支持させる）という違いがある．両者の舗装断面の違いを図-1.6.2に示す．

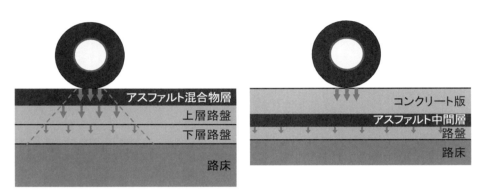

図-1.6.2 アスファルト舗装とコンクリート舗装の舗装断面の違い[3]
（出典：日本道路協会，舗装点検必携 平成29年度版，p.17，2017.）

アスファルト舗装は，材料・施工機械などの初期コストが低く，部分補修が容易で即日交通開放が可能である．コンクリート舗装は，コンクリート版の硬化に養生期間が必要となるため容易に打ち換え（コンクリート版の取替え等）ができない反面，コンクリート版が高耐久・長寿命であることから，大型車交通量の多い路線などに採用されている．この他に，アスファルト混合物に特殊セメントミルクを浸透させた半たわみ性舗装や，コンクリート版等の剛性の高い版の上にアスファルト混合物層を設けたコンポジット舗装等がある．以降は，舗装の大多数を占めるアスファルト舗装を中心に解説する．一般的な道路土工と舗装の基本的な構成を図-1.6.3に示す．

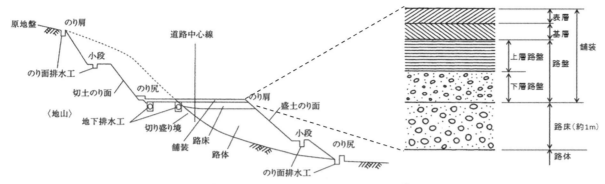

図-1.6.3 道路土工と舗装の基本的な構成 [4]
（出典：日本道路協会，道路土工構造物技術基準・同解説，p.15，2017.）

道路では，鉄道の「路盤」にあたる箇所を「路床」と呼んでいる．舗装の厚さは一般に路床の支持力と設計交通量等により決定され，高速道路においては，設計交通量（大型車交通量）に応じて，概ね 35〜55 cm の厚さとなっている．

a) アスファルト混合物層

アスファルト混合物層は表層，基層に分けられる．表層は，交通荷重を分散して下層に伝達する機能とともに，交通荷重による流動，摩耗ならびにひびわれに抵抗し，平坦ですべりにくく，かつ快適な走行が可能な路面を確保する機能が求められる．一般に密粒度系舗装の場合，雨水が下部に浸透することを防ぐ機能も有している．また，雨水を舗装内へ浸透させる機能を有したポーラスアスファルト舗装（高速道路では，高機能舗装という）もある．基層は表層に加わる荷重を路盤に均一に伝達する機能が求められる．

b) 路盤

路盤は，上層から伝達された交通荷重をさらに分散して路床に伝達する機能が求められる．路盤には砕石等の強度の強い良質な材料を用い，一般に粒度調整工法，瀝青安定処理工法，セメント安定処理工法，石灰安定処理工法により施工する．

c) 盛土（路床・路体）

盛土は路床と路体に分けられる．路床は，舗装下面の約 1m 下までの部分をいい，舗装と一体となって交通荷重を支持し，さらに路床の下部にある路体に対して，交通荷重を一定に分散する機能が求められる．路体は盛土の主たる構成部分であり，建設発生土の有効利用の観点から多種・多用な材料を用いて構築される．

(2) 舗装の補修要否判断の目安

舗装の損傷の発生要因には，舗装の材料に起因するもの，設計や舗装構造に起因するもの，施工に起因するもの，供用に伴う疲労に起因するもの等があり，これらの要因が相互に影響していることが多い．これらの要因に対して，ひびわれ，わだち掘れ，縦断方向の凹凸，すべり抵抗値の低下など舗装表面の損傷としてしか現れてこない．したがって，舗装表面を十分に観察し，損傷原因を特定する必要がある．

舗装の補修には，それぞれの道路管理者が設定している管理基準に照らし，構造的な健全性の回復を目的としたものや，走行性・快適性といった機能的な健全性の回復を目的としたものがある．さらにポットホール等，安全性に関連する損傷は緊急的に補修する必要がある．

舗装の補修要否の判断は，道路の役割や性格，大型車交通量の大小などにより異なる．舗装点検要領では，管理基準を，ひびわれ率，わだち掘れ量，IRI（International Roughness Index：国際ラ

T.L. 34　都市における近接トンネル

フネス指数）の 3 指標を使用することを基本としている．補修の判断の目標値として**表-1.6.2** に示す値が示されておりこれらの値が参考となる．また，それぞれの損傷の測定方法を**表-1.6.3** に示す．

表-1.6.2　維持修繕要否判断の目標値 [5]

項目 道路の種類	わだち掘れ (mm)	段差(mm)		すべり 摩擦係数 (μV)	縦断方向の凹凸 (mm)	ひびわ れ率(%)	ポット ホール径 (cm)
		橋	管渠				
自動車専用道路	25	20	30	0.25	8m プロフィル 90(PrI) 3m プロフィル 3.5(σ)	20	20
交通量の多い一般道路	30~40	30	40	0.25	3m プロフィル 4.0~5.0(σ)	30~40	20
交通量の少ない一般道路	40	30	—	—	—	40~50	20

（注 1）段差は自動車専用道路の場合 15m の水糸，一般道路の場合は 10m の水糸で測定する．
（注 2）すべり摩擦係数は，自動車専用道路の場合 80km/h，一般道路の場合は 60km/h で，路盤を湿潤状態にして測定する．
（注 3）PrI は，プロフィルメータで記録した凹凸の波の中央に±3 mm の帯を設け，この帯の外にはみだす部分の波の高さの総和を測定距離で除した値である．近年は，IRI を指標に用いる管理者が増えている．
（注 4）走行速度の高い道路ではここに示す価よりも高い水準に目標値を定めるとよい．
（出典：日本道路協会，道路維持修繕要綱，p.68，1978.）

第Ⅲ編　特殊トンネル　　1. 序論

表-1.6.3　舗装の損傷の種類と測定方法 [1)]

損傷の種類	測定方法	略　図　等
路面平坦性	平坦性（σ） 舗装路面の縦断方向の凹凸量の偏差値であり，①路面測定車による方法，②プロフィルメーターによる方法がある．	①路面測定車による方法　②プロフィルメーターによる方法 [6)]
	IRI（International Roughness Index） IRI は路面の平坦性を評価するための世界共通指標である．①水準測量による方法，②任意の縦断プロパイル測定装置による方法，③RTRRMS（レスポンス型道路ラフネス測定システム）による方法，④調査員の体感や目視による方法などがある．	IRI の算出方法 ①水準測量：間隔 250 mm 以下の水準測量で縦断プロファイルを測定し，QC シミュレーションにより算出する． ②任意の縦断プロパイル測定装置：任意の縦断プロパイル測定装置で縦断プロファイルを測定し，QC シミュレーションにより算出する． ③RTRRMS：任意尺度のラフネス指数を測定し，相関式により変換する． ④調査員の体感や目視：体感や目視により推測する．
ひびわれ	ひびわれは，アスファルト舗装路面に発生しているひびわれの面積の百分率で評価し①路面測定車による方法，②スケッチによる方法，③目視による方法がある．	―
わだち掘れ	わだち掘れは，舗装路面の横断方向の凹凸量であり，①路面測定車による方法，②横断プロフィルメーターによる方法，③目視による方法がある．	a) 塑性変形によって生じたわだち掘れの例 b) 摩耗によって生じたわだち掘れの例 わだち掘れ量の定義 [6)]
段差	段差は，構造物取り付け部や構造物の伸縮継手部に発生する．一度段差が発生すると，舗装に衝撃荷重が加わり，さらに段差が大きくなったり，ひびわれが生じやすくなったりする．特殊トンネルの工事ではしばしば発生する損傷であるため最も注意が必要な項目である．段差の測定位置は，OWP（外側車輪通過位置）を原則としている．	a) A-A'断面 b) 平 面 図 段差の測定方法 [6)]
ポットホール	ポットホールとは，アスファルト舗装表面に生じた直径 0.1～1m 程度の穴のことである．ポットホールが生じると通行車両の走行安全性を著しく低下させるため，直ちに補修する必要がある．	―

（出典：土木学会，トンネルライブラリー31 特殊トンネル工法－道路や鉄道との立体交差トンネル－，2019.）

（出典：日本道路協会，舗装調査・試験法便覧，第 1 分冊，pp.198-199，231，238，2019.）

1.7 施工時間の制約条件

1.7.1 鉄道

　鉄道下を横断する施工では，施工による影響が列車運行に支障を与えないことが前提となる．そのため，鉄道の建築限界内や近接判定における影響範囲における作業は，各鉄道事業者が定める保安に関するルールにより実施する．一般に作業時間は作業区間に列車が入らない手続きを行ったうえで線路内に立ち入る「線路閉鎖」もしくは列車通過後に次の列車通過までの時間内で線路に立ち入る「列車間合い」のいずれかとなるが，各鉄道事業者によってルールが異なるので確認が必要である．

　特殊トンネル工法（非開削工法）における作業は，必ずしも線路内に立ち入る必要がないが，仮に線路に変状が生じた場合でも列車運行に支障しないこと，発生した変状を列車運行開始（初電）までに軌道整備により解消することを想定して，夜間の線路閉鎖作業とする場合もある．なお，線路内の作業では，施工時間帯に制約があるため，事前に施工可能な時間内で可能な作業を完了するため，サイクルタイムを検討することが重要となる．

　また，夏季に気温が高くなるとレール温度による膨張で軸力が大きくなることでレールが横に張出す（レール張出し）の危険性が高くなる．軌道構造では，これをまくらぎ脇の道床の余盛りとまくらぎとバラストの摩擦力で抑えている（道床横抵抗力という）．そのため，鉄道事業者によっては夏季に道床を緩める作業（軌道整備やバラスト交換）を禁止している場合があり，工事工程上の制約となるため注意が必要である．

1.7.2 道路

　道路下を横断する工事では，施工により道路面や車両の走行に影響を与えないことが前提となる．したがって，道路の規制や通行止めを伴う作業がある場合には，施工を行う時期の選定が重要になる．夏季繁忙期や年末等は交通渋滞の増加を懸念して，車線規制や通行止めの実施が難しいことから，そのような時期を避けた上で施工計画を立案することが重要となる．また，重交通路線の場合，特に規制時間の制約が厳しい場合があるため（日中の規制は不可，夜間規制も規制可能時間が短い等），道路上を規制して作業する際は，1夜間での作業量の調整を行い，規制を実施しない方法で作業をする等の施工計画の立案が必要となる．

参考文献

1) 土木学会：トンネルライブラリー31　特殊トンネル工法−道路や鉄道との立体交差トンネル−，2019.
2) 東日本旅客鉄道株式会社：線路下横断工計画マニュアル，pp.14-16，2009.
3) 日本道路協会：舗装点検必携　平成29年度版，p.17，2017.
4) 日本道路協会：道路土工構造物技術基準・同解説，p.15，2017.
5) 日本道路協会：道路維持修繕要綱，p.68，1978.
6) 日本道路協会：舗装調査・試験法便覧，第1分冊，pp.198-199，231，238，2019.

第Ⅲ編　特殊トンネル　　2. 施工方法ごとの近接影響

2. 施工方法ごとの近接影響程度

2.1 共通事項

2.1.1 特殊トンネルの分類

　特殊トンネルは，構造および施工方法の特徴からタイプⅠ～Ⅳに分類した（**表-2.1.1 参照**）．シールドトンネルでは，「**Ⅱ編シールドトンネル　2. 近接施工タイプの分類**」にて説明したように近接施工の状況によって 3 つの区分に分けた．しかし，特殊トンネルについてシールドドンネルと同様の分類方法では，材料と構造が施工方法と不可分な形で発展してきた特殊トンネルの特徴を十分には表現できないことから，施工方法に着目して以下の 4 つのカテゴリに分類した．

　①「**タイプⅠ**」：JES 工法，URT 工法，PCR 工法など
　　・比較的小断面のエレメントを順次地中に挿入しながら，切羽が開放された状態でエレメント内部を掘削し，その後一体化することでトンネル本設構造物とする施工方法である．掘削時は切羽が開放された状態での施工となる．
　②「**タイプⅡ**」：パイプルーフ工法，パイプビーム工法など
　　・エレメントや鋼管を順次地中に挿入しながら切羽が開放された状態でエレメント内部を掘削し，これを仮設の防護工として，防護工内部を掘削した後に場所打ちにて躯体を構築する施工方法である．
　③「**タイプⅢ**」：ハーモニカ工法，MMST 工法，自由断面分割工法，R-SWING 工法など
　　・分割施工したセグメントを本設構造物として一体化する，もしくは仮設セグメントとして使用し，内部に躯体を構築する施工方法である．掘削方法には切羽開放型と密閉型の施工方法がある．
　④「**タイプⅣ**」：SFT 工法，アール・アンド・シー（R&C）工法，フロンテジャッキング（FJ）工法，ESA 工法
　　・エレメントや鋼管を防護工として順次地中に挿入し，明かり区間または立坑内で構築した函体をけん引または推進工法により地中に挿入する施工方法である．なお，掘削時における切羽面の開放の有無に関しては工法ごとに特徴がある．

　トンネル・ライブラリー第 31 号[1]では，仮設の防護工や本設の函体にエレメントを用いる工法としてタイプⅠおよびタイプⅡに加え，タイプⅢからハーモニカ工法，MMST 工法，自由断面分割工法をエレメント推進けん引工法としている．また，現場または工場で製作した函体を所定の位置に移動させてトンネルを構築する工法であるタイプⅣや，トンネル自体を本設セグメントを組立てて構築する工法であるタイプⅢの R-SWING 工法を函体推進けん引工法として記載している．

T.L.34　都市における近接トンネル

表-2.1.1　特殊トンネル工法のタイプ分類

トンネル・ライブラリー第31号の分類	エレメント推進けん引工法			函体推進けん引工法
タイプ	タイプI	タイプII	タイプIII	タイプIV
概要	比較的小口径なエレメントを順次地中に挿入し、その後一体化することでトンネル本設構造物とするもの	エレメントや鋼管を順次地中に挿入し、これを防護工として内部掘削した後、防護工内部に函体を構築するもの	分割施工したセグメントを本設構造物として一体化するもの。もしくは仮設セグメントとして使用し、内部に函体を構築するもの	エレメントや鋼管を防護工として順次地中に挿入し、明かり区間または立坑内で構築した函体を、けん引または推進工法により地中に挿入するもの
工法名	JES工法、URT工法、PCR工法　等	パイプルーフ工法、パイプビーム工法　等	ハーモニカ工法、MMST工法、自由断面分割工法　等／R-SWING工法　等	SFT工法、R&C工法、FJI工法、ESA工法
代表的な事例	東京都補助26号線　JR交差部アンダーパス[1]　[HEP&JES工法]事例[T117]（出典：吉井ら，構造物に近接した非開削工法の施工，トンネル工学報告集，第25巻，IV-5，2015.）	国道9号　京都西立体千代原トンネル[2]　[パイプルーフ工法]事例[T203]（出典：島田ら，長距離パイプルーフによるアンダーパス工事の設計と施工，土木学会第64回年次学術講演会概要集，VI-054，pp.107-108，2009.）	国道1号　原宿交差点立体交差[3]　[ハーモニカ工法]事例[T304]（出典：土木学会，トンネル・ライブラリー31，特殊トンネル工法―道路や鉄道との立体交差トンネル―，p.II-53，2019.）	東京外かく環状道路　京成押野アンダーパス[4]　[R&C工法]事例[T405]（出典：岸田，東京外かく環状道路（千葉区間）都市部での施工・周辺環境への配慮・省力化，土木学会誌，Vol.102，No.10，October，p.54，2017）
考慮すべき影響因子	新幹線橋脚基礎に近接したエレメント掘削の影響・エレメント掘進時・函体内部掘削時の影響（応力解放率、遮断壁効果等）	パイプルーフ（防護工）内の掘削・内部掘削時の地表面への影響・防護工内部掘削・支保工建込み時の影響（防護工、支保工・支保工の剛性・ピッチ、掘削部周辺地盤強度等）	鋼殻推進時の道路・埋設物への影響・鋼殻掘進時の影響（応力解放率、切羽圧、余掘り等）・内部鋼殻切断・撤去の影響	大断面函体を軌道下へけん引挿入する際の影響・箱形ルーフ推進時の影響・函体けん引・推進時の影響（応力解放率、防護工剛性、掘削部地盤強度等）
主な影響評価手法	・2次元FEM解析・刃口開放部円弧すべり解析	・2次元FEM解析・はり―ばねモデル	・2次元FEM解析・はり―ばねモデル	・2次元FEM解析・はり―ばねモデル
主な計測項目	・既設構造物の変位（沈下、傾斜）・地盤変位（近接構造物（下部工）、周辺地盤）	・既設構造物の変位（沈下、傾斜）・地盤変位（近接構造物（下部工）、周辺地盤）・切羽支保工	・既設構造物の変位（沈下、傾斜）・地盤変位（近接構造物（下部工）、周辺地盤）	・既設構造物の変位（沈下、傾斜）・地盤変位（近接構造物（下部工）、周辺地盤）・函体けん引・推進の推力
主な着目点	・土被り、近接度	・土被り、近接度・掘削・支保工建込みに伴う地表面経時変化・掘削に伴う支保工の軸力変動	・土被り、近接度・地表面変位	・土被り、近接度・函体けん引・推進時の地表面経時変化
備考	刃口掘削は、オーガー等の機械式（開放型）や人力が主	パイプビーム工法…防護工の継手剛性評価による面構造ルーフを形成	鋼殻掘進施工は密閉型、開放型の両方の使用実績あり	「都市部近接施工ガイドライン」（JTA，2016.）に一部事例あり

III-14

第Ⅲ編　特殊トンネル　　2. 施工方法ごとの近接影響

2.1.2 特殊トンネル（切羽開放型施工方法）における近接施工時のリスク

　特殊トンネルにおいては，止水のために行う薬液注入および地下水位の低下，立坑の施工，土留め用タイロッドのための水平ボーリング，エレメントの推進やけん引，けん引設置用の水平ボーリング，ガイド導坑，函体のけん引や推進等，多くの工種が近接する構造物に影響を与えるリスクがある．特殊トンネルの掘削方法について，タイプⅠ，Ⅱ，Ⅳは掘削切羽が開放された開放型の施工方法である．また，密閉型の施工方法を基本とするタイプⅢにおいても，施工環境によっては開放型の施工方法を採用する場合がある．特殊トンネルにおける開放型の施工方法では，表-2.1.2に示すような掘削に伴う周囲の地盤の緩みの発生や地下水位以下の切羽からの湧水および地盤の流動化等の共通のリスクがある．一方，タイプⅢの密閉型の施工方法における近接施工時のリスクについては，「2.4.4 近接施工時の変状リスク」を参照すること．

　このように，特殊トンネル工法の多くは切羽が開放されているため，地下水位以下での掘削の対策として薬液注入を施工している事例が多い．地盤強化のための注入は未改良部があっても周りの改良部である程度負担できるが，止水を目的とした薬液注入の場合には未改良部から湧水が始まり，流速の増加とともに周りの改良部まで崩壊させてしまうため，十分な注入厚さを確保し，斜め注入の場合には削孔長や各ステップでの注入量に留意する．また，注入対象地盤，周辺地盤や近接構造物等への影響を考慮して，適切な工法や薬剤を選定する必要があり，特に河川の近くなどで地下水流が想定される場合には注意を要する．なお，掘削に先立ってボーリングなどによって注入効果を確認することが望ましい．

T.L.34 都市における近接トンネル

表-2.1.2 特殊トンネル（切羽開放型施工方法）の近接施工時における共通のリスク [3]を基に改変転載（加筆修正して作表）

路盤変状の要因	対　策	摘　要	タイプ			
			I	II	III	IV
地下水位以下の切羽からの湧水に伴う路盤陥没や湛水	・薬液注入 ・地下水位低下工法	最小注入厚さ 2m を確保し，斜め注入では削孔長，注入量に留意する．掘削前に注入効果を確認する．	○	○	○	○
薬液注入の削孔や注入による路盤の沈下や隆起	・沈下：簡易工事桁（鉄道） ・隆起：低圧注入，限定注入	削孔時に路盤が隆起することもある．できるだけ土被りを確保する．	○	○	○	○
水平ルーフ直上土留めの変状による路盤の沈下や水平移動	・土留め工の切断前に両隣で支持し，設置後のエレメントに固定する．	水平ルーフの上部の土留め工を支えるタイロッドの位置は，この部分に作用する土圧の合力の作用位置を考慮する．	○	○	○	○
切羽における地盤の崩壊や流動化による路盤の陥没	・薬液注入 ・簡易工事桁（鉄道） ・刃口の圧入先行掘削 ・掘削停止時の切羽保持	粘着力が小さく均等係数の小さな砂質地盤，あるいは地下水によって流動化する地盤． 作業休止時には切羽保持（鏡止め）を行う．	○	○	○	○
切羽での支障物撤去や先掘りによる天端の緩みや崩壊に伴う路盤の沈下や陥没	・簡易工事桁（鉄道） ・圧入先行方式 ・支障物撤去の跡詰め ・地盤切削工法	作業休止時には刃口を地山内に貫入させる．	○	○	○	○
エレメントが地中の大礫や支障物等に当り上昇した推力が上方に解放されて路盤が隆起	・支障物調査と事前撤去 ・切羽の人力掘削と先掘り ・地盤切削工法	機械掘削の場合，圧入先行方式とすると隆起の恐れがあるため，鋼管先端からビットの先端を 50 mm 程度以下出す，掘削先行方式とすることが多い．	○	○		○
エレメントを推進することにより地山を隆起させる作用やエレメント先端での土砂の取り込みによる路盤の陥没	・地山の強化（薬液注入） ・推進速度の調整 ・掘削時の上部交通の規制 ・簡易工事桁の設置 ・軌道整備 ・オーバーレイ		○	○	○	○
エレメントの前進によってその上部の土塊がエレメントと一緒に水平移動する	・土被りの確保 ・簡易工事桁（鉄道） ・前進に合わせて刃口部でフリクションカット（FC）プレートを挿入設置すると，上部土塊とFCプレートの相対変位をなくすことができる．		○	○	○	○
2 本目以降の相対土被りの低下によるアーチ作用の阻害に起因した余掘り分の崩壊に伴うエレメント上部の路盤の沈下（複数のエレメントの並列前進や幅広エレメントを含む）	・土被りの確保 ・薬液注入 ・簡易工事桁（鉄道） ・上床エレメント裏込め注入（路盤隆起に注意）		○	○	○	○

第Ⅲ編　特殊トンネル　　　2. 施工方法ごとの近接影響

表-2.1.2　特殊トンネル（切羽開放型施工方法）の近接施工時における共通のリスク [3]を基に改変転載（加筆修正して作表）

リスク	対策	図				
エレメント施工に起因する地山の緩み部の活荷重の繰返し載荷による圧縮に伴う上床エレメント上部の路盤の沈下	・上床エレメント裏込め注入 ・自硬性滑材の使用	上部緩み部への活荷重による路盤の沈下　F.L.／下部余掘りによるエレメントの沈下	○	○	○	○
エレメント下部の地山の余掘りと緩み部の活荷重の繰返し載荷による圧縮に伴う上床エレメントの沈下	・上床エレメント下部への裏込め注入，セメント改良土の充填等．		○	○	○	○
タイロッドやけん引用ケーブルのための水平削孔による地盤の余掘りや緩みによる沈下	・けん引工法を推進工法に変更 ・タイロッドを切梁に変更	礫地盤や長距離削孔の場合には水平ボーリングの精度も低下する．	○			○
ルーフ下地盤の脱水圧縮による上床エレメントの沈下	・薬液注入	立坑やガイド導坑の施工に伴い掘削予定地盤が脱水する．特に地下水位以下の砂～シルト質地盤に注意．	○	○		
側壁エレメント施工による応力解放に伴う鉛直方向の圧縮による上床エレメントの沈下	・刃口の圧入先行方式 ・側壁エレメント裏込め注入（弾性的挙動は防げない．）	F.L.／ポアソン比効果による沈下／応力解放	○	○	○	○
側壁エレメントの余掘りによる路盤の沈下や陥没（特に円形エレメントの場合）	・安全ルーフの設置 ・エレメント裏込め注入 ・薬液注入による緩み防止	陥没／余掘り／施工中のパイプルーフ／安全ルーフ　F.L.／余掘りや緩みの発生	○	○	○	○
下床エレメントの施工による緩みに伴う上床エレメントの沈下	・下床エレメント裏込め注入 ・一体の上床版の先行形成	下床エレメント掘削による上床エレメントの沈下	○		○	○
裏込め注入時は，土被りが小さい場合，裏込めの注入圧力の急激な上昇により，土被り荷重を超える圧力がエレメント上部に作用し，路盤を持ち上げる．	・土被り荷重の80%程度を目安として試し注入を実施する．	隆起／裏込め注入	○	○	○	○
内部掘削時は，下路桁形式の場合で内部掘削後に地盤反力がなくなり，エレメントにたわみが生じ上部路盤が沈下する．	・地山の強化（薬液注入） ・簡易工事桁の設置 ・掘削時の上部交通の規制	主桁／エレメント（横桁）／主桁／たわみ量δ	○	○		

（出典：土木学会，トンネル・ライブラリー31，特殊トンネル工法－道路や鉄道との立体交差トンネル－，pp.Ⅰ-52-Ⅰ-53，2019.）

T.L.34 都市における近接トンネル

参考文献

1) 吉井恭一郎, 本田諭, 高橋俊徳, 糸井博之：構造物に近接した非開削工法の施工, トンネル工学報告集, 第25巻, IV-5, 2015.

2) 島田哲博, 玉木秀幸, 橋本麻未, 田中啓之：長距離パイプルーフによるアンダーパス工事の設計と施工, 土木学会第64回年次学術講演会講演概要集, VI-054, pp.107-108, 2009.

3) 土木学会：トンネル・ライブラリー31, 特殊トンネル工法－道路や鉄道との立体交差トンネル－, 2019.

4) 岸田正博：東京外かく環状道路（千葉区間）都市部での施工－周辺環境への配慮・省力化－, 土木学会誌, Vol.102, No.10, October, p.54, 2017.

2.2 タイプⅠ

2.2.1 概要

比較的小口径のエレメントを鉄道または道路下などに順次地中に挿入し，その後一体化することでトンネル本体構造物とするもので，代表的なものとして URT 工法，PCR 工法，JES 工法がある．

2.2.2 各工法の概要

(1) URT 工法（Under Railway/Road Tunnelling Method）下路桁形式

本工法は，矩形の鋼製エレメントを並列推進して活荷重を受ける横桁とし，その両端部を線路や道路方向に RC 構造等の主桁で支持した後，その両端を橋台で支える構造である（表-2.2.1）．

表-2.2.1 URT（下路桁形式）工法の構造形式[1]

構造形式	下路桁形式			【参考】トンネル形式
	主桁・U型橋台構造	門型ラーメン構造	ボックスラーメン構造	
概念図				
エレメントの役割	梁構造（横桁）	梁構造（横桁）	梁構造（横桁）	アーチ構造本体
トンネル長さ	最大 20 m 程度が標準寸法	最大 20 m 程度が標準寸法	最大 20 m 程度が標準寸法	最大 100 m 程度までは可能
土被り	きわめて小さい土被りに有効	きわめて小さい土被りに有効	きわめて小さい土被りに有効	大きい土被りに有効
維持管理	支承・ストッパーの管理が必要	支承・ストッパーの管理が必要	特になし	特になし

（出典：土木学会，トンネル・ライブラリー31，特殊トンネル工法－道路や鉄道との立体交差トンネル－，p.Ⅱ-1，2019．）

(2) URT 工法（Under Railway/Road Tunnelling Method）PC ボックス形式

本工法は，矩形の鋼製エレメントを横断方向に上床部，側壁部，底版部の順に推進して閉合させ箱型ラーメン構造ボックスを構築する．その後，エレメント直角方向に PC 鋼材を配置し，コンクリートを施工した後プレストレスを導入することにより一体化する構造である（表-2.2.2）．

表-2.2.2 URT（PC ボックス形式）工法の構造形式[1]

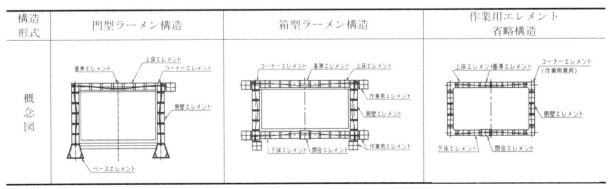

（出典：土木学会，トンネル・ライブラリー31，特殊トンネル工法－道路や鉄道との立体交差トンネル－，p.Ⅱ-10，2019．）

(3) PCR工法（Prestressed Concrete Roof method）下路桁形式

　本工法は，矩形のPCR桁を並列推進して活荷重を受ける横桁とし，構築した橋台・主桁とプレストレスを与えて一体化して下路桁式のPC橋梁を構築する形式である（図-2.2.1）．

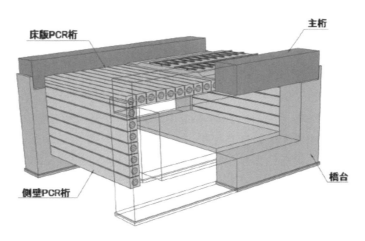

図-2.2.1　PCR（下路桁形式）工法の概要[1]

（出典：土木学会，トンネル・ライブラリー31，特殊トンネル工法－道路や鉄道との立体交差トンネル－，p.Ⅱ-21, 2019.）

(4) PCR工法（Prestressed Concrete Roof method）箱形トンネル形式

　本工法は，矩形のPCR桁を並列推進して上下床部，側壁部に配置し，隅角部にプレストレス導入の作業用空間として鋼製エレメントを設置し，下床版部に場所打ちコンクリートによる閉合部を設けた後，プレストレスを与えて一体化したボックスカルバートを構築する形式である（図-2.2.2）．

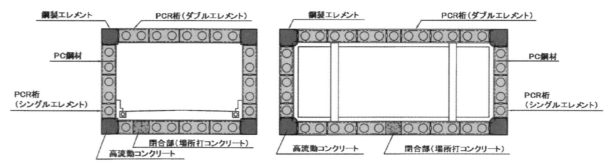

図-2.2.2　PCR（箱形トンネル形式）工法の構造形式[1]

（出典：土木学会，トンネル・ライブラリー31，特殊トンネル工法－道路や鉄道との立体交差トンネル－，p.Ⅱ-30, 2019.）

(5) JES工法（Jointed Element Structure method）

　軸直角方向に力の伝達が可能な特殊な継手（JES継手）を有する鋼製エレメントを，隣り合わせた継手に沿わせて地中に設置し，継手嵌合部の遊間にセメントミルクを充填した後，鋼製エレメント内にコンクリート充填することで連続した路線方向の構造部材として函体構造を形成する形式である（図-2.2.3）．エレメントの敷設は，一般にHEP工法（High speed Element Pull method）によるのが効果的である．HEP工法は，到達側に設置したけん引装置で，掘削装置に定着したPC鋼より線をけん引することにより，掘削装置に連結されたエレメントを発進側から土中に挿入する工法である．

第Ⅲ編　特殊トンネル　　2．施工方法ごとの近接影響

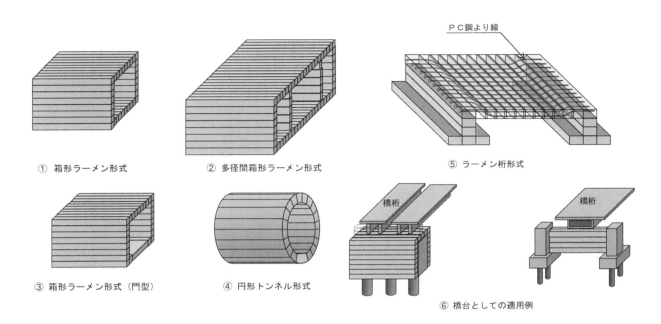

図-2.2.3　JES工法の構造形式 [1]

（出典：土木学会，トンネル・ライブラリー31，特殊トンネル工法－道路や鉄道との立体交差トンネルー，p.Ⅱ-40，2019.）

2.2.3 施工順序

HEP工法によるJES工法をタイプIの例として施工順序を示す．

STEP 1 水平ボーリング

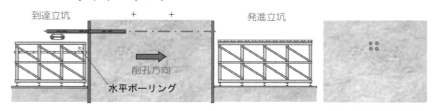

1本目の基準エレメントをけん引するために，水平ボーリングを行い，PC鋼より線を設置する（2本目以降のエレメントでは水平ボーリングは不要である）．

STEP 2 上床版エレメントのけん引

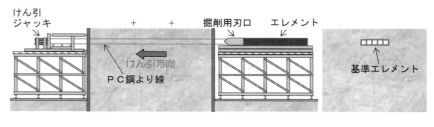

PC鋼より線を掘削用刃口に取り付け，到達側のけん引設備により，掘進けん引を行い，エレメントを設置する．初めに，基準エレメントをけん引し，2本目以降の一般部エレメントを順次けん引する．

STEP 3 上床版の構築

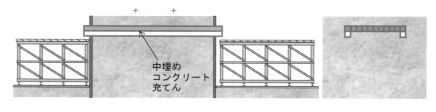

上床版エレメントの設置完了後，継手グラウト充てん，中埋めコンクリート充てんにより上床版を構築する．

STEP 4 側壁・下床版エレメントの施工，内部掘削

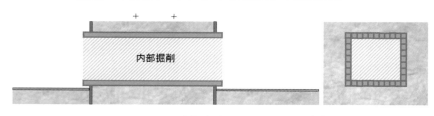

側壁，下床版と同様にエレメント掘進を行い，エレメントを閉合した後，内部を掘削し，トンネルが完成する．

図-2.2.4　HEP&JESを例とした施工順序[1]

（出典：土木学会，トンネル・ライブラリー31，特殊トンネル工法－道路や鉄道との立体交差トンネル－，p.II-45，2019．）

第Ⅲ編　特殊トンネル　　2. 施工方法ごとの近接影響

2.2.4 各工法の特徴

　タイプⅠはエレメントを本設として用いるもので，円形あるいは角形の小断面のエレメントを組み合わせて構造物を構築する．材質は JES 工法，URT 工法は鋼構造部材，PCR 工法は PC である．施工による路盤への影響を検討する必要があるが，開放型の切羽を人力または機械掘削を組み合わせて施工環境を考慮しながら設置する．そのため，小土被り部や沖積層での施工も可能である．各工法の特徴を表-2.2.3 に示す．

表-2.2.3　タイプⅠにおける各工法の近接施工影響に関する特徴 [1]を参考に編集作成

工法名	主な特徴
全工法共通	・エレメントは工場で製作されるため，高品質で信頼性の高い製品が得られる． ・小断面のエレメントを推進するため，地山を乱さず，土被りが小さい場合でも上部路盤への影響が小さい． ・推進力が小さいため，立坑規模や反力設備等が小規模で済む． ・線路下の推進が 1 回で，軌道や道路，地上構造物に与える影響が小さく，期間も短い． ・エレメントと躯体構築後，内部の土砂を掘削するため安全な施工ができる．
URT 工法 下路桁形式 URT 工法 PC ボックス形式	【共通】 ・鋼製エレメントなので加工の自由度が高い． ・鋼製エレメントは軽量であるため施工性に優れ，形状の自由度も高い． 【URT 工法 PC ボックス形式】 ・箱型ラーメン形式，門型ラーメン形式とも横断延長を長くできる． ・PC 鋼材の設置・緊張のための特殊工が必要となる．
PCR 工法 下路桁形式 PCR 工法 箱形トンネル形式	【共通】 ・主要材料が高強度コンクリートなので，耐腐食性・耐久性に優れる． ・PCR 桁上面にフリクションカットの薄鉄板（またはロール鉄板）を用いるため推進時の土砂の連行がない． ・礫・玉石・障害物等が想定される場合は，先行して角形鋼管を推進し PCR 桁に置き換える置換法で対応できる． 【PCR 工法下路桁形式】 ・下路桁形式の PCR 桁は 1 本ものが基本であるが，作業ヤードに制約のある場合には PCR 桁を桁軸方向にブロック化することで作業ヤードを小さくできる． 【PCR 工法箱形トンネル形式】 ・PCR 桁をセグメント化することで作業ヤードを小さくできる． ・桁軸方向に分割した PCR 桁は PC 接合のため，溶接に比べ工期が短縮される．
JES 工法	・横断延長が長い場合でも施工が可能である． ・一般部エレメントはコの字形状のエレメントを使用するため，施工性が良い． ・JES 継手によりエレメント軸直角方向の応力を伝達するため，一般的には PC 鋼より線の設置の必要がない． ・HEP 工法と併用する場合，掘進延長や土質条件などの施工条件に応じて，掘進方法，掘削方法および排土方法を適切に組み合せることにより，高速の掘進速度を確保できる． ・HEP 工法と併用する場合，施工管理のシステム化と先行エレメントの継手をガイドにして到達側の目的地点からけん引しながら掘進するため，施工精度が良い．

（出典：土木学会，トンネル・ライブラリー31，特殊トンネル工法－道路や鉄道との立体交差トンネル－，pp. Ⅱ-2，Ⅱ-11，Ⅱ-22，Ⅱ-30-31，Ⅱ-41，2019.）

2.2.5 近接施工時の変状リスク

タイプⅠの工法では大きく2つの段階で近接施工時のリスクが発生する．1つはエレメント推進時である．エレメント推進に伴い，上部や側部の地山が乱れることにより変状する．特に，低土被りで使用される場合は，陥没を生じるリスクがある．もう1つは函体内部の掘削時である．ただし，タイプⅠの工法ではエレメント推進後函体を構築させたのちに内部の掘削を実施するため後者のリスクは小さい．一方で，下路桁形式を採用する際はエレメント自体のたわみによって変状が発生するリスクがある．

2.2.6 施工事例
(1) URT工法PCボックス形式

東海道線吹田・東淀川間西吹田Bv新設工事[2] 事例 T106
 a) 函体寸法：幅14.460 m，高さ9.040 m（エレメント数合計42本）
 b) 推進延長：74 m
 c) 縦断勾配：0.3%（下り）
 d) 最小土被り：1.6 m
 e) 特徴：工法最大級の延長と仮壁エレメントの設置

図-2.2.5　内部掘削後の状況[2]

図-2.2.6　工事完成状況[2]

（出典：西日本旅客鉄道株式会社，西吹田Bv建設工事誌，工事写真集，2020.）

(2) PCR工法箱形トンネル形式

市川都市計画道路と京成本線の立体交差事業[3] 事例 T103
 a) 函体寸法：幅18.654 m，高さ8.054 m
 b) 推進延長：13.6 m
 c) 縦断勾配：レベル
 d) 最小土被り：0.4 m
 e) 特徴：中壁築造のため，内部に鋼製支保工設置し段階掘削

図-2.2.7 内部掘削後の状況[4]

図-2.2.8 工事完成状況[4]

（出典：京成建設株式会社提供）

(3) JES 工法

浜小倉・黒崎間汐井町牧山海岸線 Bv 新設他 [5] 事例 T124

a) 函体寸法：幅 14.750 m，高さ 7.860 m
b) 推進延長：35.0 m
c) 縦断勾配：レベル
d) 最小土被り：0.549 m
e) 特徴：下水道シールドの上部に近接した特殊な断面形状の線路下横断構造物を構築

図-2.2.9 内部掘削後の状況[6]

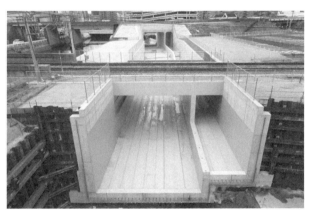
図-2.2.10 工事完成状況[6]

（出典：鉄建建設株式会社提供）

T.L.34　都市における近接トンネル

参考文献

1) 土木学会：トンネル・ライブラリー31，特殊トンネル工法－道路や鉄道との立体交差トンネル－，2019.

2) 西日本旅客鉄道株式会社：西吹田 Bv 建設工事誌，2020.

3) 源靖匡：市川都市計画道路と京成本線の立体交差事業－PCR 工法－，基礎工，Vol.47，No.4，pp.40-43，2019.

4) 京成建設株式会社提供

5) 山田宣彦，黒木悠輔，鎌田拓，今吉敏，矢島岳：既設下水道管に近接した特殊な断面形状の線路下横断構造物の計画と施工，土木学会第 31 回トンネル工学研究発表会，2021.

6) 鉄建建設株式会社提供

参考文献

2.3 タイプⅡ

2.3.1 概要

タイプⅡは，エレメントや鋼管を順次地中に挿入し，これを防護として内部掘削した後に，防護工内側に函体を構築するものであり，パイプルーフ工法やパイプビーム工法がある．

2.3.2 各工法の概要

(1) パイプルーフ工法

パイプルーフ工法は，仮設材の鋼管を地中に連続して押し込み，その下部の掘削と並行して支保工を建て込んで，上部地山を直接支持し，函体等を構築するものである（**図-2.3.1**）．函体の構築はトンネル内での作業となり，コンクリートは支保工を巻き込んで打ち込まれる．鋼管の挿入には一般にオーガー掘削鋼管推進工法が用いられる．また，パイプルーフ工法は，他の特殊トンネル施工時における掘削時の切羽面の崩壊に伴う地表面陥没の防止，変状範囲の拡大抑止のための補助工法（防護工）としても用いられている[1]．パイプルーフを一文字型で適用する場合は，切羽が自立する地山においては安全を考慮してトンネル底面から横断方向のすべり面を想定し，**図-2.3.2**に示すようにその延長内にパイプルーフを設置する．

図-2.3.1　パイプルーフ工法の概要[2]

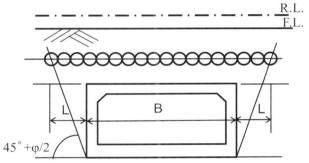
図-2.3.2　パイプルーフ工法の断面形状[2]

（出典：土木学会，トンネル・ライブラリー31，特殊トンネル工法－道路や鉄道との立体交差トンネル－，pp.Ⅱ-63-Ⅱ-64，2019.）

(2) パイプビーム工法

パイプビーム工法は，地表面下に継手付鋼管を水平または門型に連続して圧入し，鋼管両端を仮受け梁で支持したのちに鋼管下を掘削して函体を構築するものである（**図-2.3.3**）．従来二次的な防護工として用いられていた小口径パイプルーフを大口径鋼管ビーム材に変え，さらにこれらを一定の強度，剛性を持つ継手で相互に連結して鋼管を主梁とした面構造ルーフを形成し，これを仮受けする構造である．パイプルーフ工法との違いは，仮設材としてではあるが，継手の剛性を設計上評価することにより，荷重分散を考慮する点である．

図-2.3.3 パイプビーム工法の概要[2]

（出典：土木学会，トンネル・ライブラリー31，特殊トンネル工法－道路や鉄道との立体交差トンネル－，pp.Ⅱ-69，2019.）

2.3.3 施工順序

一例としてパイプルーフ工法の施工フローと施工状況を図-2.3.4および図-2.3.5に示す．施工手順は，①発進立坑内に架台を設置し，推進機をセットする．②あらかじめ立坑の外でカッターおよびオーガーを鋼管内に組み込んでおき，これを推進機にセットして推進を開始する．先頭管の③推進が完了したのち，推進機を後退させて次の鋼管をセットし，オーガーを接続したうえで鋼管を溶接し，再び推進する．この最初に推進する一本目の鋼管を基準管と称し，鋼管の接続ごとに入念に測量し，高い精度を確保する．これにより，二本目以降の鋼管の精度が確保される．④鋼管推進完了後，支保工を設置しながら鋼管を一次覆工としてトンネルの掘削を行い，その後躯体を構築する．

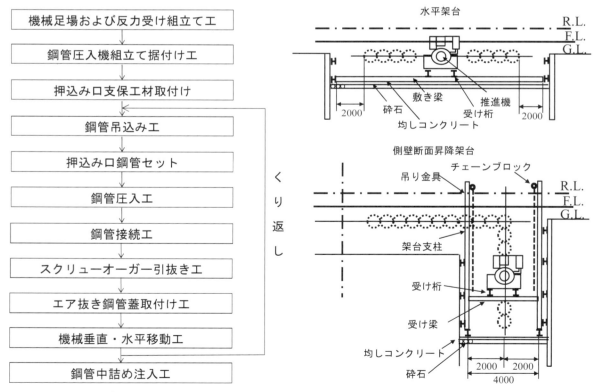

図-2.3.4 パイプルーフ工法の施工フロー[2]　　図-2.3.5 パイプルーフ工法の施工状況[2]

（出典：土木学会，トンネル・ライブラリー31，特殊トンネル工法－道路や鉄道との立体交差トンネル－，pp.Ⅱ-66-Ⅱ-67，2019.）

Ⅲ-28

2.3.4 各工法の特徴
(1)パイプルーフ工法

パイプルーフ工法は，φ300～1200 mm の鋼管を，マシン本体を交換することなく，カッタービットとオーガーを付け替えるだけで容易に管径を変更でき，異なった管径での組み合わせでパイプルーフの施工が可能である．また，パイプルーフの断面形状は，構造物の形状や土質によって，これに適合した様々な形状が用いられる．図-2.3.6 に，これまでに用いられたパイプルーフの断面形状を示す．

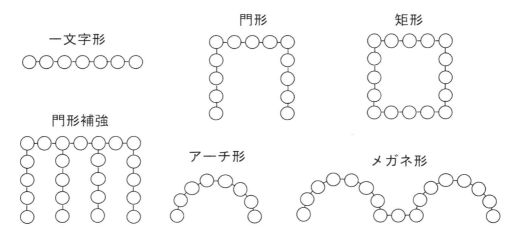

図-2.3.6　パイプルーフ工法の断面形状[2]

（出典：土木学会，トンネル・ライブラリー31，特殊トンネル工法－道路や鉄道との立体交差トンネル－，p.Ⅱ-63，2019．）

(2)パイプビーム工法

パイプビーム工法は，まず鋼管ビームを水平に連続的に地盤中に圧入し，その鋼管の両端を受け梁で支えることにより，既設の構造物の仮受けを行い，その後に鋼管ビーム材相互の継手部をモルタルグラウトで連結する．連結された鋼管ビーム材直下を機械掘削し，現場打ちコンクリートにより構造物を施工する方法であり，以下の特徴がある．

a) 鋼管ビーム材を主梁として用いて直接軌道部の仮受けを行うことから，鉄道の複線程度では中間支保工を必要としないため，経済的である．
b) 支保工を設置することにより横断延長を長くできるとともにパイプルーフ工法と比べて支保工を少なくすることが可能である．
c) 鋼管ビーム材直下の空間を機械掘削できるうえ，コンクリート構造物の場所打ち施工が可能なので工期が短縮できる．
d) 鋼管ビーム材相互の継手を連結することにより，列車荷重等の活荷重による隣接鋼管ビーム材間のたわみ差を小さくすることができる．
e) 鋼管ビーム材相互の継手を連結することにより，活荷重が隣接ビームに分配されるため，鋼管ビーム材の断面が小さくなり，経済的である．

2.3.5 近接施工時の変状リスク

パイプルーフ工法，パイプビーム工法ともにパイプ内の掘削，支保工建込み時の地表面への影響が懸念される．そのため，事前に掘削地盤の強度を確認し，地盤の自立性に応じて，支保工の間隔や補助工法の有無を検討する．また，パイプ推進時のリスクは，タイプⅠのエレメント推進時の変状リスクと同じであり，応力解放に伴う上方や側方地盤の変位が懸念される．また，過去の施工実績によると，側壁部のパイプルーフが施工時に大きな変状が生じることは少ない．これは，上床部のパイプルーフにより路盤が防護され，推進位置の土被りが上床部のパイプルーフに比べ大きいためと考えられる．しかしながら，推進位置の地盤の自立性が良好でない砂や砂礫，軟弱な粘性土の場合，パイプルーフ側部の空隙の発生に起因する路盤陥没の事例が報告されている（図-2.3.7）[3]．このような陥没が発生する原因として，円形エレメント同士の連結部，角形エレメントと円形エレメントの連結部においては，余掘り・緩み等により空洞が発生しやすいことがあげられる．

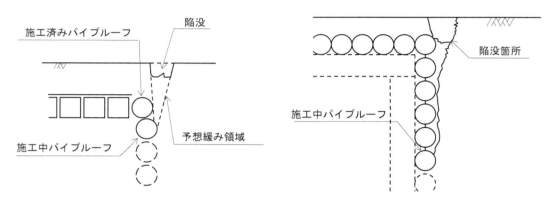

図-2.3.7　施工時の陥没事例[3]

（出典：東日本旅客鉄道，非開削工法設計施工マニュアル，p.19-3，2022.）

推進位置の地盤が砂，砂礫，軟弱粘性土の場合は，推進時に地盤の崩落が発生しやすい．このため，自立性の良好でない地盤の場合は，土被りに関係なく上床部に安全ルーフを施工することが望ましい（図-2.3.8）．パイプルーフの施工は早期に裏込め注入をすることが前提である．早期に裏込め注入を実施しない場合には，安全ルーフの範囲を超える大きな主働崩壊面により，路盤陥没が発生する可能性がある．

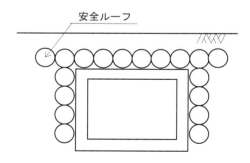

図-2.3.8　安全ルーフ略図[3]

（出典：東日本旅客鉄道，非開削工法設計施工マニュアル，p.19-4，2022.）

2.3.6 施工事例

(1) パイプルーフ工法

仙石線仙台・苦竹間地下化工事
（線路下工区）[4] 事例 T207

- a) 場所：宮城県仙台市
- b) 延長：72.0 m
- c) 内空：幅 15.97 m，高さ 10.30 m
- d) 最小土被り：1.5 m
- e) 特徴：長距離施工，分岐器下

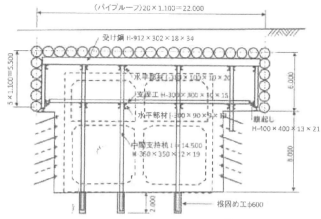

図-2.3.9 施工事例[2]
（出典：土木学会，トンネル・ライブラリー31，特殊トンネル工法－道路や鉄道との立体交差トンネル－，p.II-68，2019.）

(2) パイプビーム工法

つくばエクスプレス小菅交差部工事[5]
事例 T205

- a) 場所：東京都足立区
- b) 線路方向：55 m
- c) 線路直角方向：鋼管長 24.5 m，支間 23 m
- d) 最小土被り：4 m
- e) 特徴：鋼管内にコンクリートを充填したPC構造とし複々線を1支間で支持，交差角度が小さいため線路方向も延長が長く鋼管本数が多い

図-2.3.10 施工事例[2]
（出典：土木学会，トンネル・ライブラリー31，特殊トンネル工法－道路や鉄道との立体交差トンネル－，p.II-73，2019.）

参考文献

1) 「線路下横断工法」連載講座小委員会：線路下横断工法(7) PCR工法，パイプルーフ工法，トンネルと地下，土木工学社，Vo.32，No.4，pp.71-77，2001.
2) 土木学会：トンネル・ライブラリー31，特殊トンネル工法－道路や鉄道との立体交差トンネル－，2019.
3) 東日本旅客鉄道：非開削工法設計施工マニュアル，2022.
4) 松本岸雄，佐藤春雄：特集 最近の線路下横断構造物 報告 分岐器下を通るパイプルーフ工法による施工例，基礎工，Vol.22，No.4，pp.58-66，1994.
5) 築嶋大輔，有森芳弘，竹内一雄：「つくばエクスプレス」小菅交差部工事における PCパイプビームの設計・施工，土木技術，Vol.57，No.10，pp.93-98，2002.

2.4 タイプⅢ

2.4.1 タイプⅢの概要

タイプⅢは,「分割施工したセグメントを本体構造物として一体化するもの,もしくは仮設セグメントとして使用し,内部に函体を構築するもの」と分類されるもので,ハーモニカ工法,自由断面分割工法,MMST工法,R-SWING工法などがある.

2.4.2 各工法の概要
(1) ハーモニカ工法

事例 T303, T304, T306〜T311

ハーモニカ工法とは,アンダーパスなどの大断面トンネルを小断面に分割し,小型の矩形掘削機を用いて隣接する鋼殻同士を隣接させた状態で掘削し,内部に躯体を構築することで小断面トンネルを一体化し,トンネルを作り上げる工法である.図-2.4.1 にハーモニカ工法の概要図を示す.

掘削には切羽の安定性に優れている泥土圧式掘削機を用い,切羽土圧管理と排土量管理等を適切に行うことで,小土被りの施工でも地表面や上部埋設物への沈下などの影響を低減することが可能である.

図-2.4.1 ハーモニカ工法の概要[1]
(出典:土木学会,トンネル・ライブラリー31,特殊トンネル工法－道路や鉄道との立体交差トンネル－, p.Ⅱ-53, 2019.)

ハーモニカ工法で底版から施工する場合の施工順序を図-2.4.2 および以下に示す.

a) 基準となるトンネル①を掘削する(STEP1).
b) 基準トンネルに隣接するトンネル②〜③を掘削する(STEP2).
c) 上段トンネル④〜⑥を順次掘削し,複数の函体により大断面が完成する(STEP3).
d) 鋼殻を部分的に撤去しながら躯体を構築し,大断面のトンネルが完成する(STEP4〜8).

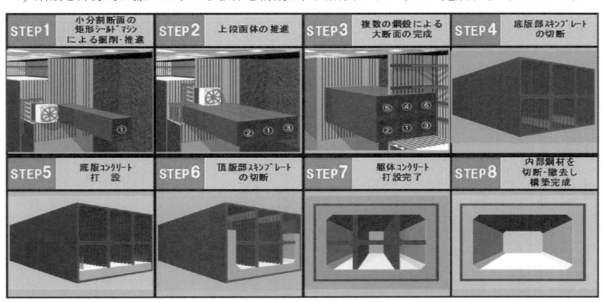

図-2.4.2 ハーモニカ工法施工順序図[1]

(出典:土木学会,トンネル・ライブラリー31,特殊トンネル工法－道路や鉄道との立体交差トンネル－, p.Ⅱ-54, 2019.)

(2) 自由断面分割工法　事例 T302

　自由断面分割工法は，用途に合わせた自由な断面・線形の大断面トンネルを地表面への影響を最小限に抑えて施工する非開削工法である．トンネル構造物を小さい断面に分割し，それぞれの断面をシールド工法により掘削する．地上発進・地上到達する URUP 工法の小土被り掘進技術を応用したものであり，道路や鉄道の分岐部や合流部などの複雑な断面形状や断面が変化するトンネルの施工が可能である．図-2.4.3 に施工イメージ図を示す．

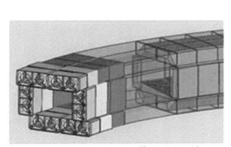
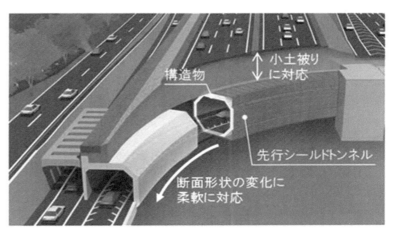

図-2.4.3　施工イメージ [2]

（出典：株式会社大林組「ソリューション/テクノロジー」
https://www.obayashi.co.jp/solution_technology/detail/tech_d159.html，最終閲覧日　2024/2/14）

　自由断面分割工法の施工手順を以下に示す（図-2.4.4）．
a) 構造物を包含する小断面に分割した先行シールドトンネルを施工する．
b) 先行シールドトンネル間を内部から切り開き，現場打ちコンクリートにより構造物を構築する．
c) 構造物構築後，先行シールドトンネルに囲まれた内部を掘削する．
d) 構造物の内側に残ったセグメントを撤去し，完成となる．

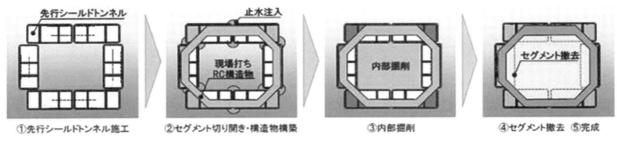

図-2.4.4　施工手順 [2]

（出典：株式会社大林組「ソリューション/テクノロジー」
https://www.obayashi.co.jp/solution_technology/detail/tech_d159.html，最終閲覧日　2024/2/14）

(3) MMST 工法　事例 T305

MMST 工法（Multi-Micro Shield Tunneling Method）は，まずトンネル外殻部を複数の小断面シールドマシンにより先行掘削し単体トンネルを鋼殻で構築する．単体トンネルの施工完了後，鋼殻の一部を撤去し，単体トンネル間の土砂掘削，配筋およびコンクリートの打込みを行い，単体トンネル同士を相互に接続する．この作業を順次繰り返し外殻部躯体を構築した後，立坑より内部断面を掘削し大断面トンネルを構築する工法である（**図-2.4.5**）．

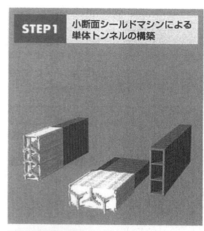
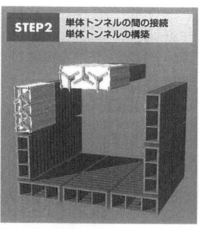

図-2.4.5　MMST 工法の施工手順[1]

（出典：土木学会，トンネル・ライブラリー31，特殊トンネル工法－道路や鉄道との立体交差トンネル－，p.Ⅱ-85，2019.）

(4) R-SWING 工法　事例 T301

R-SWING 工法（Roof & SWING cutting Method）は，矩形断面のアンダーパス工事用に矩形のマシンユニットをボルト接合した泥土圧式掘削機を用いてトンネルを構築する工法である．掘削機には，カッタスポークを左右に揺動して地山を切削する搖動式を採用し，矩形断面の掘削を行う．**図-2.4.6** に示すように，掘削機上部にはルーフマシンと称する可動式の屋根（ルーフ）を持つ機構を有しており，そのルーフが地山を先行掘削することで地盤沈下の防止や不測の支障物などの先進探査を行いながら掘削を行う．一般的な R-SWING 工法の施工手順を**図-2.4.7** に示す．

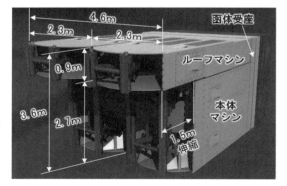

図-2.4.6　R-SWING 掘削機基本型[1]

（出典：土木学会，トンネル・ライブラリー31，特殊トンネル工法－道路や鉄道との立体交差トンネル－，p.Ⅲ-66，2019.）

STEP1：掘削機組立　　地上発進基地，または発進立坑内で組立て

普通車両で搬送可能な小型ユニットを順次クレーンにて投入する．ユニット間の締結はすべてボルト留めで行う．掘削機組立後，発進，掘進に必要な設備を順次組み立てる．

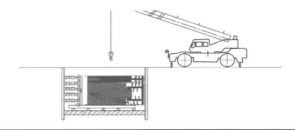

STEP2：通常掘進　　推進工法またはシールド工法で全断面を一括で掘削

安定した地山では，先行ルーフ掘削機を収納した状態で，シールド工法または推進工法により全断面を一括掘削し，1リング分の掘進が完了したらセグメントを組立てる．
掘進とセグメント組立を繰り返しながら前進して行く．

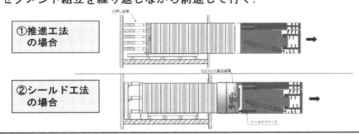

STEP3：先行ルーフ掘進　　先行ルーフ掘削機による先行掘進で地盤沈下を抑制

低土被りや重要構造物下での掘進では，あらかじめ先行ルーフ掘削機による先行掘進で地盤沈下抑制と地上構造物を保護したのちに，本体掘削機と先行ルーフ掘削機で同時に掘進する．

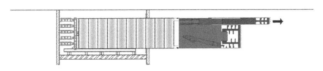

STEP4：到達掘進　　先行ルーフ掘削機を収納し全断面掘削で到達

先行ルーフ掘削機を本体掘削機内に収納し全断面掘削で到達する．

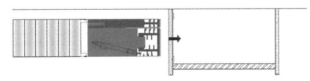

STEP5：掘削機解体　　地上到達地点，または到達立坑で解体，搬出

到達地点にて，順次ユニットに解体し，クレーンにて引揚げる．解体，搬出が機動的であるため，立坑が道路上にあるような占有時間や場所の課題がある場合でも，コンパクトで迅速な施工が可能である．

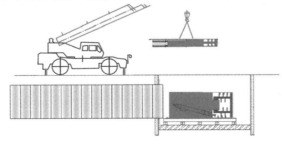

図-2.4.7　R-SWING工法の施工手順[1]

（出典：土木学会，トンネル・ライブラリー31，特殊トンネル工法－道路や鉄道との立体交差トンネル－，p.Ⅲ-70，2019．）

T.L.34 都市における近接トンネル

2.4.3 各工法の特徴
(1)ハーモニカ工法　事例 T303 , T304 , T306 ～ T311

ハーモニカ工法の主な特徴を以下に示す.

a) 小土被り施工にも対応可能

掘削機が 3～4 m と小型かつ矩形であるため，小土被りに対応可能である.

b) 地下水圧下での施工が可能.

密閉型のシールド機を使用するため，地下水位が高くて 10 m を超える深度にも対応可能である.

c) 曲線施工が可能

方向修正装置を備えたシールド機と曲線に沿った形状の鋼殻を使用するため，単曲線施工が可能である. また，鋼殻に備えた特殊継手により函体同士の離隔を制御することが可能で，曲線への追従性が高く構造物の線形に沿った最適な断面で掘削できる.

d) 掘進完了後は内部掘削が不要

函体を接触させて順次掘削するため，各函体の掘削が終了すると別途内部掘削を行う必要がない. また，鋼殻の主桁が中間杭や切梁支保工の役目を果たすため，新たな支保工の架設は不要である.

e) 小規模の作業帯での施工が可能

小断面掘削機の使用により，クレーンなどの立坑設備や土砂搬出設備の小型化が可能となるため，占用作業帯などが小規模となる. そのため交通渋滞の誘因を削減できる.

f) 鋼殻の本体利用が可能

単体トンネルの覆工体である鋼殻を本体利用した事例がある。

g) 近年の適用事例

一般的なハーモニカ工法のみならず，上床版，下床版あるいは側面のみの施工に部分的に使用した事例がある. また，2 m×2 m の小型矩形掘進機を縦・横に組合せ連結して利用することで，工程短縮ならびに施工の効率化を図った事例がある.

(2)自由断面分割工法　事例 T302

自由断面分割工法の特徴を以下に示す.

a) 地表面への影響を低減

一度に全断面を掘削するのではなく，小さく分割した断面をシールド工法により掘削し，内部はトンネルが完成した構造物で支持された状態で掘削するため，トンネル掘削時の地表面への影響を低減できる.

b)トンネル掘削断面の柔軟性と適応性

小断面シールドで分割して施工することにより，小土被り施工に対応可能である. また，先行シールドトンネルの線形は，構造物の形状に合わせて設定できるため，断面変化や曲線に対して柔軟に対応でき，周辺環境に合わせたトンネルを計画できるとともに掘削断面を最小限にできる.

c) 環境に優しい工法

トンネル掘削断面を必要最小限にできるため，トンネル全体の掘削土量を低減できる. 先行シールドトンネルに囲まれた部分は，一般残土として搬出が可能なため，建設汚泥の発生量を低減できる.

d) 長距離施工が可能

掘削機に小断面のシールド機を使用するため，長距離の施工が可能である.

III-36

(3) MMST工法　事例 T305

MMST工法の主な特徴を以下に示す．

a) 地表面および環境への影響を低減

　非開削工法であるため，周辺の環境保全に有利であり，供用中の道路下での施工が可能である．また，内部の掘削を通常の掘削機械で行えることから，産業廃棄物となる残土量が少ない．

b) トンネル断面の形状を自由に設定可能

　縦型・横型のシールド機の組合せで，用地に制限がある場合に単円のトンネル断面に比べで合理的な断面が確保することができる．また，単体シールド間の接続部間隔を変化させることによってトンネル断面をある程度変化させることが可能であり，道路線形への対応に有利である．（図-2.4.8）

c) 小土被り施工にも対応可能

　小断面シールドであるため，地盤変状に対して有利であり，土被りを小さくすることが可能である．

d) 長距離施工が可能

　小断面のシールド機を使用するため，長距離の施工が可能であり，延長 L=540m の実績がある．

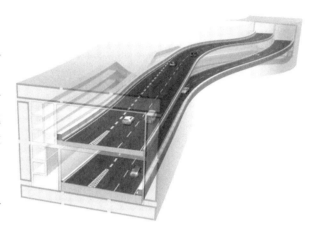

図-2.4.8　MMST工法を適用した変化する道路線形および幅員のイメージ[1]

（出典：土木学会，トンネル・ライブラリー31，特殊トンネル工法－道路や鉄道との立体交差トンネル－，p.II-87，2019.）

(4) R-SWING工法　事例 T301

R-SWING工法の主な特徴を以下に示す．

a) 地盤変状抑制と前方探査機構

　矩形トンネルを全断面掘削するが，頂部に設けられた掘進方向に前後するルーフマシンによる先行掘削により，直上の地盤沈下および隆起を抑制するとともに，埋設物等の探査機能も期待できるため，致命的なトラブルを未然に防ぐ機能を有した安全な矩形断面掘進工法である．

b) 工法およびセグメントの適用性

　掘削機前方はそのままで，後方の函体受座を変更することにより，推進工法だけではなくシールド工法への対応も可能である（図-2.4.7　STEP2）．また，鋼製セグメント，RCセグメントにも適用できるため，作用荷重や掘進延長などに対して柔軟な適用性を有する．

c) 掘削機のユニット化

　掘削機はユニットを組み合わせて矩形断面トンネルを一括掘削する．1つのユニット幅は2.3 mとしているため現場への搬入はトラックで運搬可能であり，すべてのユニット間をボルト結合としたことにより溶接作業がほとんど発生しないため，組立および解体作業の期間短縮に寄与している．また，ユニット内の揺動カッタ等の可動部位もボルトやピン締結にして取り外せる構造としたことで，使用後のメンテナンスも容易となっている．

　揺動カッタ方式の採用により掘削機構を簡素化したため，掘削機の製造コストの低減を可能とした．

d) 汎用性の高さ

　一般に，矩形トンネルでは現場ごとに微妙に幅や高さが異なるため，全断面を一括掘削する場合，推進機やシールド機は現場条件に合わせて新規製作していた．本工法は掘削断面形状に

応じてユニット化した掘削機にスペーサ等を挟み込んで寸法調整を容易にできる機構を持たせることで，掘削機の汎用性を高め，転用することで掘削機の製作費用の低減も可能としている．

2.4.4 近接施工時の変状リスク

タイプⅢにおいては，その施工段階に応じて，「分割施工するトンネルの施工時」および「内部鋼殻切断，撤去時」などにおける影響を考慮する必要がある．**表-2.4.1** に密閉型工法におけるセグメント推進時の近接施工時の変状リスクと，内部掘削時の変状リスクを示す．

セグメント推進時においては，切羽における土砂の取込み過ぎによる沈下の発生，密閉型においては，過大な切羽圧の作用による地盤の隆起が懸念される．また，テール部における過大な裏込め注入圧の作用，裏込め不足などによる沈下の発生が懸念される．内部鋼殻切断撤去，内部掘削時においては，躯体へ荷重が受け替わるタイミングでの増分変位の発生に留意する必要がある．

また，分割施工するセグメントの内部で躯体を構築する工法については，内部鋼殻を切断，撤去した後，隣接する鋼殻間の止水対策が適切に行われていないと，地下水と砂の流入による地盤のゆるみ，また躯体に漏水が発生する原因となるため注意が必要である．

表-2.4.1 リスク要因

施工段階	変状要因	対策	概念図
セグメント推進時	土砂の取込み過ぎ	掘削土量の適切な管理	
	過大な切羽圧の作用	切羽圧の適切な管理	
	過大な裏込め注入圧	裏込め注入圧の適切な管理	
	テールボイドの発生	裏込め注入圧および注入量の適切な管理	
内部鋼殻切断撤去，内部掘削時	躯体の変形	躯体の変形を加味した影響検討の実施	

2.4.5 各工法の実績
(1) ハーモニカ工法
(仮称) 外苑東通り地下通路③整備工事[2] 事例 T306

a) 函体寸法：幅 2,950 mm，高さ 2,670 mm×4 函体
　　（図-2.4.9）
b) 躯体寸法：幅 5,500 mm，高さ 4,000mm
c) 掘進延長：31.0 m
d) 横断延長：19.0 m（外苑東通り 4 車線道路横断）
e) 縦断曲線：190 mR
f) 最小土被り：3.5 m
g) 特徴：8%の勾配と踊り場で構成された地下通路の構造躯体を包括した単曲線で縦断線形を計画

図-2.4.9　施工事例[1]
（出典：土木学会，トンネル・ライブラリー31，特殊トンネル工法－道路や鉄道との立体交差トンネル－，p.Ⅱ-62，2019.）

(2) 自由断面分割工法
東関東自動車道谷津船橋インターチェンジ工事[3] 事例 T302

a) シールド外径：2.15 m×4.8 m×6 本（U ターン方式にて各々の立坑で発進・到達の繰り返し）
b) 内空断面：幅 7.25 m～8.56 m，高さ 6.75 m
c) 掘進延長：70 m
d) 平面曲線：50 mR
e) 縦断曲線：792 mR
f) 最小土被り：3.6 m
g) 特徴：非開削区間の両端に立坑を構築後，高速道路直下の浅い位置（最小土被り 3.6 m）に１車線道路トンネルを構築する．トンネルの構築では，本体構造物を包含する 6 つの小断面に分割し，各小断面を矩形シールドにより先行トンネルとして構築する．次に，先行トンネル間を接続し躯体を構築する．最後に，躯体内部を掘削し完成となる（図-2.4.10，図-2.4.11）．

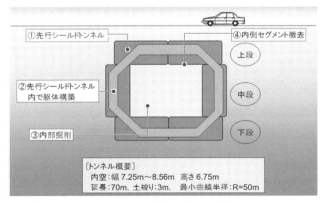

図-2.4.10　施工概要[4]

図-2.4.11　トンネル構築完了写真[4]

（出典：株式会社大林組「ソリューション/テクノロジー」
https://www.obayashi.co.jp/solution_technology/detail/tech_d159.html，最終閲覧日　2024/2/14）

(3) MMST 工法

MMST 工法は，これまで 1 件の施工実績がある．また，試験施工としての施工例もある．

首都高速道路 高速神奈川 6 号川崎線トンネル工事[5] 事例 T305

首都高速道路の高速神奈川 6 号川崎線のトンネル構造のうち，国道 409 号と産業道路の大師河原交差点を挟む約 540 m 区間に適用した．適用断面図を**図-2.4.12**に示す．

a) シールド外径：【横型】8,800 mmW×3,900 mmH ，【縦型】7,850 mmW×3,190 mmH
b) 内空断面：幅 21.397 m〜22.824 m，高さ 16.501 m〜18.050 m
c) 掘進延長：540 m
d) 縦断勾配：2.5%（最大）
e) 土被り：4.780 m〜12.578 m
f) 特徴：頂版および底版，側壁となる部分を複数の小型矩形シールドで掘りながら先行して単体トンネルを構築する．地中で単体トンネルを相互につなぎ合わせ外殻躯体を構築する．最後に，外殻躯体内部を掘削しトンネルを構築する（**図-2.4.12**，**図-2.4.13**）．

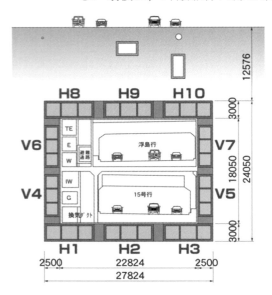

図-2.4.12 MMST 工法の適用断面（最大断面）[1]　　図-2.4.13 内部掘削後の状況[1]

（出典：土木学会，トンネル・ライブラリー31，特殊トンネル工法－道路や鉄道との立体交差トンネル－，p.Ⅱ-98，2019．）

(4) R-SWING 工法

日比谷連絡通路土木工事[6] 事例 T301

- a) セグメント外径：幅 7.25 m，高さ 4.275 m
- b) 内空断面：幅 6.55 m，高さ 3.575 m
- c) 掘進延長：42 m
- d) 平面曲線：直線
- e) 縦断曲線：水平
- f) 最小土被り：9 m
- g) 特徴：本工事においては，推進機として施工を行った．図-2.4.14 に示す推進機はルーフマシン 3 機と本体マシン 3 機によって構成され，各ユニットを組み合わせて一体化しており，それぞれ左右に揺動させながら幅 7.25 m，高さ 4.275 m の断面を一度に構築できる泥土圧式推進機とした．また，地下通路は，大断面かつ中柱を設置しない形状で計画されており，RC セグメントの適用は内空寸法および桁高等の諸条件から困難であった．そこで，諸条件を満足させるセグメントとして，近年採用が増えてきている六面鋼殻合成セグメントを採用した．図-2.4.15 にセグメント全体構造図を示す．

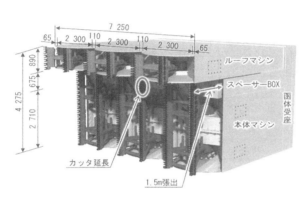
図-2.4.14 推進機概要図[1]

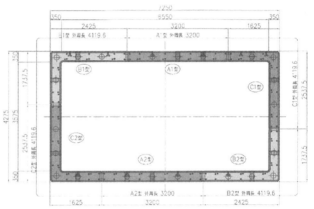
図-2.4.15 セグメント全体構造図[1]

（出典：土木学会，トンネル・ライブラリー31，特殊トンネル工法－道路や鉄道との立体交差トンネル－，p.Ⅲ-75，2019.）

参考文献

1) 土木学会：トンネル・ライブラリー31，特殊トンネル工法－道路や鉄道との立体交差トンネル－，2019.
2) 足立英明，三木洋人，門脇直樹，岩元篤史：大断面分割シールド工法（ハーモニカ工法）の施工実績，土木学会第 61 回年次学術講演会講演概要集，Ⅵ-239，pp.477-478，土木学会，2006.
3) 加藤哲，江原豊，宮元克洋，丹下俊彦：最小土かぶり 3.6m で高速道路を横断するトンネルを分割シールドで施工－東関東自動車道　谷津船橋インターチェンジ－，トンネルと地下，vol.45，no.5，pp.15-23，2014.
4) 株式会社大林組「ソリューション/テクノロジー」
https://www.obayashi.co.jp/solution_technology/detail/tech_d159.html，最終閲覧日　2024/2/14
5) 吉川直志，神木剛，水野克彦，佐藤充弘：MMST 工法による矩形大断面掘削トンネルの施工－首都高速神奈川 6 号線川崎線　大師トンネル－，トンネルと地下，vol.41，no.11，pp.15-24，2010.
6) 橋口弘明，久保田淳，川岸康人，上木泰裕：大断面地下通路を 3 連揺動型掘削機と六面鋼殻セグメントで築造－東京メトロ日比谷駅再開発連絡通路－，トンネルと地下，vol.48，no.2，pp.45-53，2017.

2.5 タイプⅣ

2.5.1 概要

函体推進・けん引工法とは，現場または工場で製作される RC 構造のボックスカルバート（あるいは，セグメント形式で製作）を鉄道，道路または河川下などの横断部直下に推進または，けん引してトンネル構造物を構築するもので，フロンテジャッキング（FJ）工法，ESA 工法，アール・アンド・シー（R&C）工法，SFT 工法がある．

2.5.2 各工法の概要

(1) フロンテジャッキング工法

本工法は，到達側の反力体と発進側の函体を PC 鋼より線で連結し，函体を地山内計画位置へ引き込む施工法である．地形条件や計画規模などにより，片引きけん引方式と相互けん引方式を選定する．工法概要図を図-2.5.1 に示す．以下，フロンテジャッキング工法を FJ 工法という．

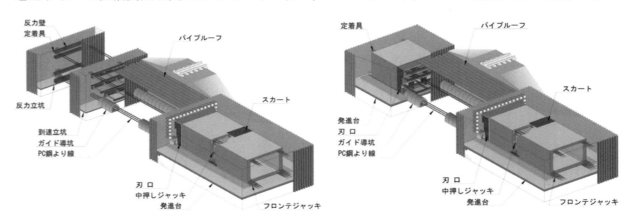

a) 片引きけん引方式概要図　　　b) 相互けん引方式概要図

図-2.5.1　FJ 工法概要図 [1]

（出典：土木学会，トンネル・ライブラリー31，特殊トンネル工法－道路や鉄道との立体交差トンネル－，p.Ⅲ-1，2019.）

(2) ESA 工法 (Endless Self Advancing Method)

本工法は，長い施工延長の地下トンネルを構築する施工法である（施工延長に制限がない．）．図-2.5.2 に示すように，複数の函体を PC 鋼より線で連結し，推進または，けん引する函体以外の函体を反力抵抗体として尺取虫のように前進する．

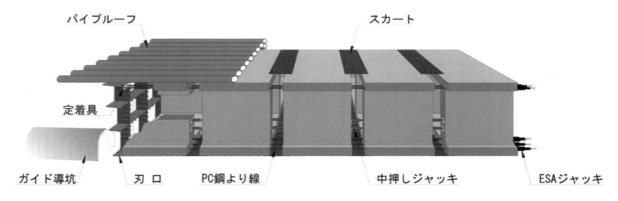

図-2.5.2　ESA 工法概要図 [1]

（出典：土木学会，トンネル・ライブラリー31，特殊トンネル工法－道路や鉄道との立体交差トンネル－，p. Ⅲ-12，2019.）

(3) アール・アンド・シー工法（Roof & Culvert Method）

本工法は，函体外縁に合わせて横断箇所に推進設置した箱形ルーフと函体とを置換設置することで，小土被りでのトンネル構造物を構築可能とした施工法である（図-2.5.3）．地形条件などによって，推進方式とけん引方式を選択できる．なお，施工延長が長い場合については，ESA工法との併用も可能である．以下，アール・アンド・シー工法をR&C工法という．

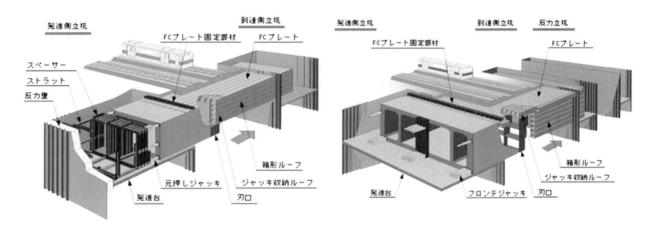

a）推進方式概要図　　　　　　b）けん引方式概要図
図-2.5.3　R&C工法概要図[1]

（出典：土木学会，トンネル・ライブラリー31，特殊トンネル工法－道路や鉄道との立体交差トンネル－，p. III-21, 2019.）

(4) SFT工法（Simple & Face-less Tunneling Method）

本工法は，R&C工法と同様に，函体外縁に合わせて横断箇所に推進設置した箱形ルーフと函体とを置換設置する施工法である（図-2.5.4）．箱形ルーフ配置形状は閉合配置であり，函体推進・けん引時は，箱形ルーフに内包された地山とともに切羽掘削を行うことなく到達側に押し出される．地形条件などによって，推進方式とけん引方式を選択できる．

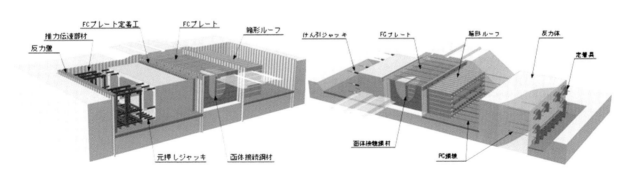

a）推進方式概要図　　　　　　b）けん引方式概要図
図-2.5.4　SFT工法概要図[1]

（出典：土木学会，トンネル・ライブラリー31，特殊トンネル工法－道路や鉄道との立体交差トンネル－，p. III-34, 2019.）

2.5.3 施工順序

図-2.5.5に函体推進・けん引工法を代表して「R&C工法 推進方式」の施工順序図を示す.

STEP 1

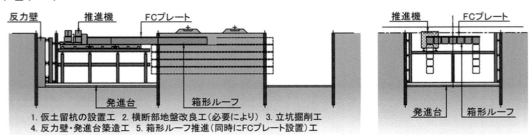

STEP 2

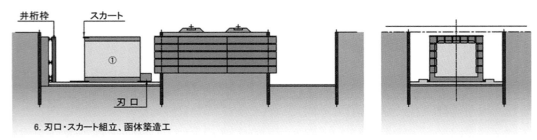

STEP 3

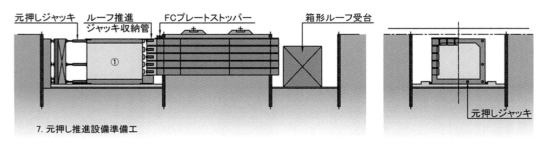

STEP 4

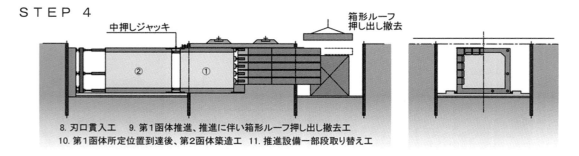

STEP 5

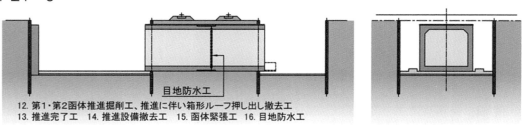

図-2.5.5 R&C工法(推進方式)施工順序図[1]

(出典:土木学会,トンネル・ライブラリー31,特殊トンネル工法－道路や鉄道との立体交差トンネル－, p. III-31, 2019.)

第Ⅲ編　特殊トンネル　　2. 施工方法ごとの近接影響

2.5.4 各工法の特徴

　前述の通り，函体推進・けん引工法では，現場または工場で製作される RC 構造のボックスカルバート（あるいは，セグメント形式で製作）を使用してトンネル構造物を構築する．各施工法における主な特徴を**表-2.5.1** に示す．

表-2.5.1　各施工法の特徴

工法名	函体設置方法	主な特徴
FJ 工法	けん引方式 （片引きけん引，相互けん引）	・一般にパイプルーフを防護に使用． ・相互けん引方式の場合，函体同士で反力を取り合うため，大きな反力設備が不要． ・PC 鋼より線を使用して函体をけん引する． ・PC 鋼より線は，水平ボーリング孔または，ガイド導坑内に設置する．
ESA 工法	推進および，けん引の併用	・一般にパイプルーフを防護工に使用． ・横断延長に制限がない． ・函体相互に反力を取り合い，推進，けん引を行うため，反力設備が不要となる．
R&C 工法	推進方式，けん引方式または，推進およびけん引の併用	・仮設防護に箱形ルーフを使用する． ・先行して設置した箱形ルーフと函体とを置換設置する． ・箱形ルーフと函体を置き換える施工法であるため，パイプルーフを防護工とするFJ 工法や ESA 工法と比べて，トンネル自体の土被りを小さくすることができる． ・FC（フリクションカット）プレートの効果により，周辺地山・構造物への影響を抑制できる． ・箱形ルーフは再利用が可能である． ・施工延長が長い場合は，ESA 工法との併用が可能である．
SFT 工法	推進方式または，けん引方式	・仮設防護に箱形ルーフを使用する． ・箱形ルーフ（閉合配置で地山を内包）と函体とを一体化して到達側へ押し出す． ・横断部直下での切羽掘削作業が不要である． ・箱形ルーフと函体を置き換える施工法であるため，パイプルーフを防護工とするFJ 工法や ESA 工法と比べて，トンネル自体の土被りを小さくすることができる． ・FC（フリクションカット）プレートの効果により，周辺地山・構造物への影響を抑制できる． ・函体断面の外周面（上面，側面，底面）に配置された FC プレート内面を，地盤に接することなく推進・けん引するため，対象地盤の制限がない． ・箱形ルーフは再利用が可能である．

T.L.34 都市における近接トンネル

2.5.5 近接施工時の変状リスク

函体推進・けん引工法特有の函体掘進時の変状リスク要因およびその対策について，施工方法で整理し**表-2.5.2**に示す．

表-2.5.2 函体前進時のリスク要因[1] **を改変（加筆修正）して転載**

施工方法	路盤変状の要因	対　策	摘　要
切羽で掘削しながら函体を前進させる場合 FJ工法 ESA工法 R&C工法	函体切羽での地盤の緩みや流動化による鋼管ルーフの沈下，たわみ	・函体前進時に掘削する土塊部への事前の薬液注入を行う． ・安全ルーフを設置する． ・切羽の安定性向上のため，薬液注入を行う．	―
	函体が到達部に近くなり地盤抵抗が急激に減少し，函体が必要以上に一度に進む．	・R&C工法では，ジャッキ収納管に設置したルーフジャッキをショックアブソーバーとして使用する． ・補助推進ジャッキを函体後部に設置して推進を行う．	
パイプルーフの下で函体をけん引する場合 FJ工法 ESA工法	パイプルーフの初期たわみ部を函体が持ち上げることによる路盤の隆起	・函体に支障する箇所のパイプルーフは，函体の前進時に切羽面からパイプルーフの部分的な除去および補強を行う． ・パイプルーフの剛性を高くする． ・パイプルーフと函体天端との離隔を確保する．	一般に，B=150(mm)＋L(mm)/300 B：函体天端とパイプルーフ下端との離隔 L：パイプルーフ施工長さ
	パイプルーフと函体間の土の掘削あるいは落下によるパイプの沈下	・空隙に対して，切羽側からの砂袋充填，発進側から砂の敷込み，または，滑材効果のある空隙充填材の注入	砂／パイプルーフ／函体
	パイプルーフと函体間にできた空隙に入れた砂の集塊化によるパイプの隆起	・パイプルーフの設置精度の向上 ・函体到達立坑側からパイプルーフを施工をするなどして，パイプルーフ推進設置から函体推進までの期間を短縮し，たわみの増加を抑制する．	隆起／砂／パイプルーフ／函体／隙間が少ない箇所で砂が団子状になる
	片引きけん引方式で反力壁が路盤に近接する場合に受働土圧により路盤が隆起	・到達立坑と反力立坑の分離 ・受働土圧範囲を考慮したけん引範囲の設定	到達立坑／隆起／発進立坑／反力／刃口／函体
箱形ルーフと函体とを置き換える場合 R&C工法 SFT工法	箱形ルーフの設置誤差による路盤の隆起，沈下 ・箱形ルーフの設置位置が所定より低い場合，函体前進時に路盤を隆起させる． ・箱形ルーフの設置位置が所定より高い場合，函体前進時に路盤が沈下する．	・手掘りによる精度向上 ・箱形ルーフの上げ越し（軌道整備の簡素化） ・函体前進時の路盤変状を予測し対応する． ・施工誤差の大きい箱形ルーフを入れ替える． ・函体前進直前にも箱形ルーフの設置精度（形状）を測量し水平部ルーフ上面を面的に管理する．	隆起／角形鋼管／FCプレート／函体／前進 沈下／角形鋼管／FCプレート／函体／前進
	函体とともにFCプレートが水平移動し，路盤も移動する．	・FCプレート定着工の実施 →桁式，タイロッド式，自動制御式	

（出典：土木学会，トンネル・ライブラリー31，特殊トンネル工法－道路や鉄道との立体交差トンネル－，p.I-53，2019.）

2.5.6 施工事例
(1) フロンテジャッキング工法（Fronte Jacking Method）

1967年，信越本線小諸で初実績．2024年1月現在で895件（国外，ESA工法併用含む）

最大施工断面実績（W.41.94 m×H.10.48 m，A=439.53 m2）

JR東海道線尼崎駅構内池田街道Bv新設工事[2] 事例 T414

 a）函体寸法：幅20.0 m，高さ7.60 m
 b）推進延長：46.5 m
 c）縦断勾配：level
 d）最小土被り：1.4 m
 e）特徴：3径間ボックスカルバート（RC造），片引きけん引方式（4分割）

写真-2.5.1 施工事例[3]   写真-2.5.2 施工事例[3]

（出典：植村技研工業株式会社提供）

(2) ESA工法（Endless Self Advancing Method）

1980年，仙台市国道45号線横断工事で初実績．2023年4月現在で55件（国外含む）

最延長実績（L=279.50m）

仙台貨物ターミナル駅移転に伴う函渠新設工事[4] 事例 T533

 a）函体寸法：幅12.2m，高さ7.6m
 b）推進延長：71.5m
 c）縦断勾配：level
 d）最小土被り：0.834m
 e）特徴：鉄道トンネル（新仙台貨物ターミナル駅接続線路を新設），国道4号線横断

写真-2.5.3 施工事例[5]   写真-2.5.4 施工事例[5]

（出典：株式会社奥村組提供）

(3) アール・アンド・シー工法（Roof & Culvert Method）

1984 年，柏市雨水幹線工事で初実績．2023 年 4 月現在で 410 件（国外，ESA 工法併用含む）
最大施工断面実績（W.43.80m×H.18.40m，A=805.92m2）
鹿児島本線笹原～南福岡諸岡 Bv 工事　事例 T493

    a）函体寸法：幅 35.0m，高さ 9.2m
    b）推進延長：19.0m
    c）縦断勾配：level
    d）最小土被り：1.009m
    e）特徴：大断面，FC プレート自動制御

写真-2.5.5　施工事例[6]

写真-2.5.6　施工事例[6]

（出典：植村技研工業株式会社提供）

(4) SFT 工法（Simple & Face-less Tunneling Method）

2006 年，富津火力発電所で初実績．2023 年 4 月現在で 37 件（国外含む）
最大施工断面実績（W.34.04m×H.8.00m，A=272.32m2）
市道桶狭間勅使線第 2 号道路改良工事 [7] 事例 T458

    a）函体寸法：幅 15.0m，高さ 7.20m
    b）推進延長：30.0m
    c）縦断勾配：i=0.5%
    d）最小土被り：愛知用水路～函体天端までの離隔=1.0m
    e）特徴：用水路下横断，FC プレート自動制御

写真-2.5.7　施工事例[8]

写真-2.5.8　施工事例[8]

（出典：大豊建設株式会社提供）

第Ⅲ編　特殊トンネル　　　2.　施工方法ごとの近接影響

参考文献

1)　土木学会：トンネル・ライブラリー31，特殊トンネル工法－道路や鉄道との立体交差トンネル－，2019.

2)　抜井崇介：鉄道踏切（8線区間）立体交差化のためのアンダーパス化技術－フロンテジャッキング工法－，基礎工，Vol.47，No.4，pp.48-51，2019.

3)　植村技研工業株式会社提供

4)　林威，北村貴洋，熊谷静花：国内最長のR&C工法を用いた非開削技術　国道直下，低土被りをESA工法との併用－仙台貨物－，土木施工，VOL.64，No.7，pp.170-173，2023.

5)　株式会社奥村組提供

6)　植村技研工業株式会社提供

7)　西川圭：愛知用水直下を非開削工法（SFT工法）によるアンダーパス築造工事－桶狭間勅使線桶狭間地区から国道302号へ－，土木施工，VOL.58，No.11，pp.106-109，2017.

8)　大豊建設株式会社提供

T.L.34 都市における近接トンネル

2.6 事例調査
2.6.1 調査概要

特殊トンネルの近接施工事例に関して，論文や土木関係の雑誌等をもとに事例を収集した．1次調査では，対象とする事例の施工法，近接する既設構造物，土被りの大きさ，新設構造物の構造諸元，影響解析，影響低減対策などを一覧表で整理した．その後に2次調査として影響解析や施工時の計測管理などの記録がある主な事例を1件1頁で整理した．また，その事例のうち，今後の施工の参考になるものを近接施工事例として，本編6章に詳細に取り纏めた．

表-2.6.1は調査対象とした事例をタイプごとに示したものであるが，1次調査の総数は178件，2次調査は32件，6章で取り上げる事例は12件である．なお，1次調査，2次調査の事例は巻末資料に添付している．

表-2.6.2は，調査した事例を近接するタイプおよび構造物ごとに分類を行ったものであり，1つの事例において，近接する構造物が2つ以上ある場合は近接する構造物の数量を計上している．特殊トンネルは，鉄道や道路などを立体交差させる工事に用いられる場合が多いため，なかでも軌道や道路の直下で近接して施工する事例が非常に多く，軌道は106件，道路は61件である．その他，構造物としてはボックスカルバートやトンネル，橋脚・橋台などに近接して施工している事例もある．

収集した近接施工事例は，タイプごとに事例の収集方法に違いがあるため，本節にて示す表やグラフはあくまで今回収集した事例の集計結果や分析結果である点にご留意願いたい．

表-2.6.1 調査対象の事例数

	1次調査 【巻末資料】	2次調査 【巻末資料】	近接施工事例 【6章】
タイプⅠ	27	11	4
タイプⅡ	7	1	1
タイプⅢ	11	2	2
タイプⅣ	133	18	5
合計	178	32	12

表-2.6.2 タイプごとの近接構造物の事例数

	軌道	道路	構造物					
			地下躯体 (ボックスカルバート)	トンネル (シールド・NATM)	管路 (電気・水路等)	橋脚 橋台	擁壁	その他
タイプⅠ	21	6	3	1	1	7	1	2
タイプⅡ	3	4	0	0	1	0	0	0
タイプⅢ	1	8	2	2	1	0	1	3
タイプⅣ	81	43	20	5	6	12	0	14
合計	106	61	25	8	9	19	2	19

III-50

図-2.6.1は，事例数の多い軌道や道路の直下において施工する事例に関して，土被りの大きさに応じて件数をまとめたものである．軌道の事例では，土被りが2m未満で施工しているものが多い傾向にあり，土被りの非常に小さい0.5mを下回る事例もある．また，軌道では道路に比べてタイプⅢの事例は少ない．

道路では軌道と同様に，土被りが2m未満で施工しているものが多い傾向にある．また，タイプⅢは軌道に比べて多い傾向にあり，土被りは1.5mよりも大きくなっている．

軌道や道路の直下に設ける構造物の土被りは，できるだけ大きく確保することが望ましい．鉄道の例[1]では，施工時の軌道変状や路盤陥没のリスクを小さくするため，交差構造物の施工上面から施工基面までの土被りは2m以上確保することを標準としている．また，高速道路の例[2]では，埋設物や高速道路の安全な通行を考慮して，交差構造物の土被りは施工上面から路面まで約2m確保することを基本としている．しかし，構造物の用途によっては，道路縦断線形や河川勾配等の制約により，十分な土被りが確保できない場合がある．このような場合は，鉄道や道路事業者がやむを得ず土被りの条件を緩和している事例であることに注意が必要である．

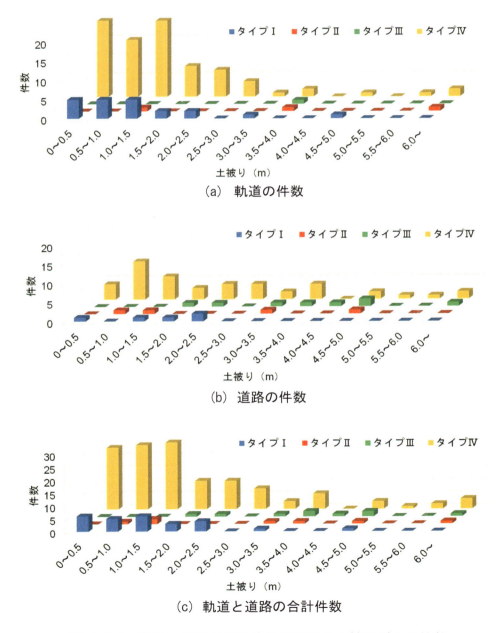

図-2.6.1　軌道・道路の施工事例における土被りごとの件数

図-2.6.2は，工事年と土被りの大きさについて，軌道，道路ごとにまとめたものである．今回調査を行った近接施工事例の中では，古いものでタイプⅣが1979年頃からある．土被りの大きさに着目すると，タイプⅣでは，はじめに軌道では土被り2m程度，道路では土被り3.5m程度の事例があり，その後，1993年頃から0.5mを下回るような土被りの小さい工事を行う傾向がみられる．これは，タイプⅠも同様の傾向があり，例えば軌道の事例では，はじめは2mを超える事例があり，その後，2010年頃から土被りが0.5mを下回るような工事を行っている．

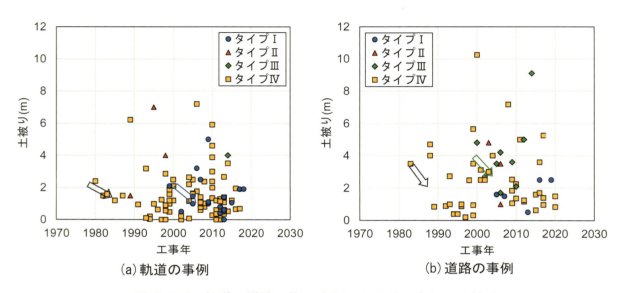

図-2.6.2 軌道・道路の施工事例における工事年と土被り

図-2.6.3は，新設構造物の高さ，幅，延長と土被りの関係をまとめたものである．高さに関しては，新設構造物の必要な内空高さが鉄道や道路の建築限界によって決定するため，歩道のような3〜4m程度のものと車道のような5〜9m程度のものが多い．タイプⅠは比較的に高さが大きい5〜9mの事例が多く，タイプⅡ，タイプⅢ，タイプⅣは高さの小さいものから大きなものまである．構造物の幅は土被りとの関係性は低く，設計される内空幅によって決まっているものと考えられる．また，構造物の延長に関しては，土被りのとの関係性は低く，工法の特性によって異なる傾向にある．タイプⅢやタイプⅣの一部の工法は，新設構造物の横断延長が長距離の施工実績がある．

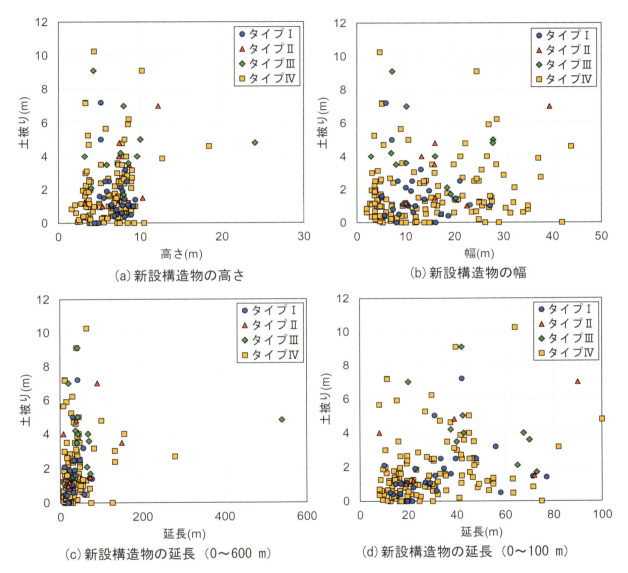

図-2.6.3 軌道・道路の施工事例における新設構造物の高さ・幅・延長

参考文献
1) 東日本旅客鉄道株式会社：線路下横断工計画マニュアル，p.13，2004.
2) 藤岡一頼：道路下横断構造物の計画・設計・施工における留意点，p.8，基礎工，Vol.47，No.4，2019.

3. 近接影響の予測手法

3.1 共通事項（一般）

　特殊トンネル工法は，土被りの小さい比較的軟弱な地盤条件下において，鉄道や道路直下，また，既設構造物に近接した狭隘な空間での施工になることが多く，近接構造物への影響予測が必要となることが多い．特殊トンネル工法には様々な施工方法があるため，近接影響予測を行うにあたっては，各工法の特徴に配慮した検討を行う必要がある．

　影響予測手法には類似事例からの予測，試験工事あるいは試施工による予測，理論式による予測，数値解析による予測などがあるが，本章では，近年影響予測手法として用いられることが多い，数値解析による予測手法について述べる．

　鉄道や道路下の横断構造物では，一般的には当該施設の管理者が受託して施工を行うことが多く，その場合，新設構造物の施工に伴う軌道や路面への影響予測は，主に類似した事例からの予測が行われ，数値解析による予測はあまり一般的ではない．施工中は軌道や路面の状態を定期的に測定し，必要に応じて補修を行いながら施工を進める．ただし，軌道や路面への影響の程度および軌道や路面以外の近接構造物への近接程度を考慮して，必要に応じて数値解析による影響予測を行うことがある．このような状況下では，特殊トンネル工法における数値解析を用いた影響予測に際して参考にできる文献が少ないという現状があるため，本章および本ライブラリーに掲載されている調査事例が参考となる他，軌道や路面以外の近接構造物への影響解析は「**第Ⅱ編シールドトンネル　3.近接影響の予測手法**」等も参考となる．

3.2 解析方法

　一般的に，特殊トンネル工法による影響予測手法はシールド工法と同様に，二次元 FEM 解析を用いることが多い．シールド工法における二次元 FEM 解析では，地盤の初期応力に地盤条件等に応じた解放率を乗じて解放応力を算定する方法や，地盤の初期応力状態と切羽圧の関係に補正率を乗じて解放応力を算定する方法を用いることが多い．なお，この方法により算定した地盤変状には，シールド掘進時から施工後の影響が収束するまでの全期間の影響が含まれるものとして，一般的には下記のように応力解放率を設定している．

　・地盤の初期応力に地盤条件等に応じた解放率を乗じて解放応力を算定する場合

$$応力解放率\alpha = \frac{解放応力（＝掘削後に解放される応力）}{初期応力（＝掘削前の地盤応力）}$$

　・地盤の初期応力状態と切羽圧の関係に補正率を乗じて解放応力を算定する場合

$$応力解放率\alpha = \frac{[補正係数]\times[(原地中応力)-(テールボイド部の応力)]}{(原地中応力)}$$

　特殊トンネル工法の影響予測を行う場合には，シールド工法に比べて蓄積されたデータ量が多くないため，同種の施工方法および現地の施工条件に十分配慮した検討を行う必要がある．特に応力解放率は，施工方法，施工条件，地盤条件などを考慮し，既往の実績を参考として適切な値を設定する必要がある．具体的には，施工法ごとに得られた応力解放率の実績値を参考とする場合，詳細には条件の近い現場の実測値を逆解析して求める場合などがある．

　今回の調査結果（**6. 特殊トンネルの近接施工事例**）によると，エレメント推進時の応力解放率として，密閉型の場合20%程度（施工実績の逆解析では6%）〜40%程度の応力解放率を設定して

第Ⅲ編　特殊トンネル　　3. 近接影響の予測手法

いる事例 T303, T531 が見られた．また，開放型の場合 40%～100%程度の応力解放率を設定している事例 T104, T126 が見られた．

　特殊トンネル工法において，タイプI,タイプII,タイプIVのようにトンネル断面を分割して施工する場合には，掘削の施工ステップを模擬した2次元FEM解析が行われることが多い．当該タイプにおける地表面への近接影響解析の事例 T303 として，図-3.2.1に解析モデル，図-3.2.2に解析ステップを示す．FEM解析は境界条件やモデル領域の設定が解析結果大きな影響を及ぼすため，解析の実施に当たっては，過去の事例を参考にするなど，解析条件の設定に留意する必要がある．

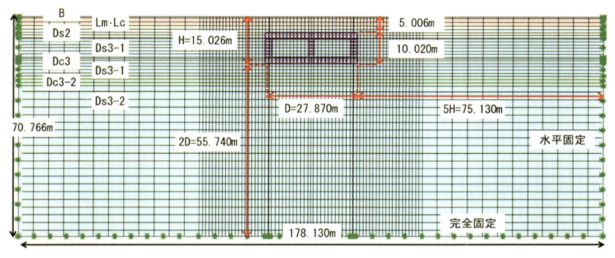

図-3.2.1 解析モデル[1)]

（出典：山田ら，国道直下におけるハーモニカ工法マルチタイプの施工実績－地表面の変状実績と解析－，土木学会第71回年次学術講演会講演概要集，VI-365，pp.729-730，2016.）

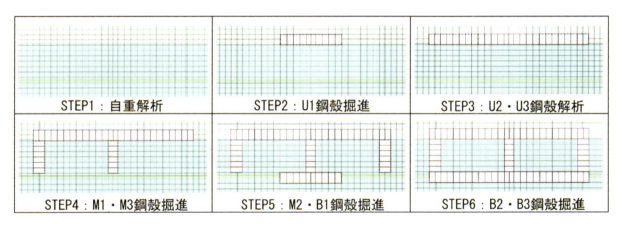

図-3.2.2 解析ステップ[1)]

（出典：山田ら，国道直下におけるハーモニカ工法マルチタイプの施工実績－地表面の変状実績と解析－，土木学会第71回年次学術講演会講演概要集，VI-365，pp.729-730，2016.）

T.L.34 都市における近接トンネル

　タイプⅡでは，3次元FEM解析を用いた事例 T202，パイプルーフの変形量をより正確に評価できる手法として，弾性逐次解析と斜面安定解析を組合わせた事例 T203 がある．

　また，タイプⅣのSFT工法やR&C工法では，エレメント推進時の解析とは別に，その後の函体推進時の影響解析として，トンネル縦断方向の2次元フレーム解析による箱形ルーフの変位を強制変位として2次元FEM解析を行い，軌道の変位量を求めた事例 T405 がある．また，別の方法として函体推進・けん引時に押し出される箱形ルーフの挙動と地盤の変位量を予測する手法が提案[2]されている．さらに，本手法を用いて軌道（地盤）変位の抑制を試みた事例[3] T412 が報告されている．ただし，本手法は先行施工する防護工としての箱形ルーフの施工精度（出来形）と，後に推進・けん引される函体の施工精度に着目したものであることから，検討時期に注意する必要がある．

　ただし，タイプⅣでもパイプルーフで防護した中を函体推進する場合は，パイプルーフ施工による影響と函体推進時の影響を足し合わせた事例 T429 がある．

　一方，近接構造物への影響予測を行う場合には，FEM解析時に構造物を梁要素でモデル化する方法，FEM解析で算出した変位量から別途フレーム解析を行う方法が適用されることが多い．図-3.2.3に，FEM解析から算出した変位量から別途フレーム解析を行った事例 T117 における解析モデル[4]を示す．なお，近接影響が大きくなることが想定される場合，対策工（**5. 近接影響低減対策**に詳述）を検討し，必要に応じてFEM解析でその効果を検証することがある．

　また，最近の研究では，小土被り条件におけるエレメント推進時の応力解放率について，模型実験と数値解析の比較を行い，計測値を再現可能な解析手法の提案[5]も行われているので参考にされたい．

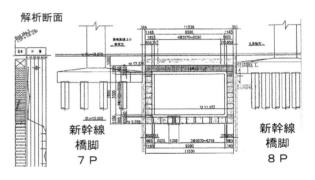
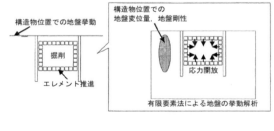
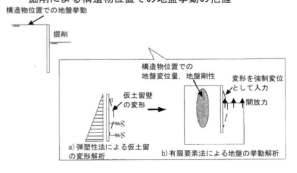
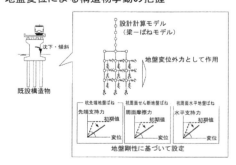

図-3.2.3 解析モデル[4]

（出典：中村ら，横須賀線品川〜西大井間住吉こ道橋の設計，STRUCTURAL ENGINEERING DATA(SED), No.39, pp.188-195, 2019.

3.3 近接影響予測における留意点（解析以外のリスク検討）

　近接影響予測を行う場合，トンネル本体施工時の影響以外にも，パイプルーフ工や地盤改良工など，補助工法の施工による影響も必要に応じて検討する必要がある．また，施工実績の少ない特殊な条件での施工になる場合は，4章を参考に，事前に十分な計測計画を立てる必要があるが，掘削の初期段階でトライアル施工を行うなど，解析モデルの見直しを行うことで，より安全に施工を実施することが可能となる．

　また，盛土地盤や土被りの小さい地盤を施工する場合などで，掘削地盤に埋設物が残置されている可能性がある場合には，埋設物の影響により施工時に大きな地盤変状を引き起こすリスクがあるため，事前に十分な調査を行う必要がある．

　さらに，各施工方法特有の留意点もあるので注意が必要である．例えば，エレメント，パイプルーフなどを推進する工法において，エレメントと地盤の間に発生する摩擦力が大きくなる場合にはエレメントのけん引または推進と同時に周辺地盤の横移動を引き起こす可能性があるが，解析には反映されていないのが実状である．また，密閉型の掘削機で施工する場合には，地盤に影響を与えないようにするためには，適切な切羽圧の管理，裏込め注入圧の管理が必要となる．このように，特殊トンネルにおいては，各施工方法の特徴を十分踏まえて，影響予測を行う必要がある．

参考文献

1) 山田亨，飯島知哉，真柴浩，森田康平：国道直下におけるハーモニカ工法マルチタイプの施工実績－地表面の変状実績と解析－，土木学会第 71 回年次学術講演会講演概要集，VI-365，pp.729-730，2016.

2) 中村智哉，山下康彦，丸田新市，遠藤宗仁，小山幸則，小宮一仁：函体推進・けん引工法における地表面変位予測法と逐次対策法の開発，土木学会論文集 F1（トンネル工学），Vol.72，No.3（特集号），pp. I -179- I -190，2016.

3) 近藤政弘，金井雄太，堀江厚平，中村智哉：函体推進・けん引工事における箱形ルーフに関する新たな試み─R&C 工法線路下横断工事, 新安原 Bv, 愛発 Bv─，基礎工，Vol.47，No.4，pp.52-55，2019.

4) 中村征史，清水満，桑原清，小池弘明，杉崎向秀：横須賀線品川～西大井間住吉こ道橋の設計，STRUCTURAL ENGINEERING DATA(SED)，No.39，pp.188-195，2019.

5) 日本鉄道施設協会：線路下横断工法の地盤変位予側法，日本鉄道施設協会誌，November　vol.59，pp.61-64，2021.

T.L.34 都市における近接トンネル

4. 計測管理

4.1 一般

鉄道や道路等の路線下を横断する比較的短いトンネルを構築する事業に適用されて発達してきた特殊トンネル工法は，平面交差等の解消を目的として開発が進められてきたことから，多くの場合，直上の鉄道や道路等に近接しての施工を行う必要がある．そのため，施工中は直上の鉄道や道路への影響を監視しながら慎重に施工を進めることが一般的である．また，鉄道や道路以外にもインフラ埋設物や既設構造物等，多岐にわたる構造物が近接することが多いため，それぞれの管理者と協議のうえ計測項目や管理値を設定し，これらの構造物への影響も監視する必要がある．

近接工事における計測では，近接工事による影響を監視し，各施工段階における周辺地盤や鉄道，道路を含む既設構造物の挙動を早期に把握する．施工中は，計測値が管理値を超えていないかどうかを確認するとともに，**3.近接影響の予測手法**に記載した影響解析に基づく既設構造物への影響予測結果の妥当性を検討する．つまり，計測管理は，施工段階ごとに計測値と予測値または管理値と比較し，施工管理，施工方法に反映させることを目的として実施するものである．

4.2 計測項目

計測項目は，既設構造物の重要度や近接の程度，新設構造物の施工方法や規模から予測される影響の程度，許容値や地盤特性等を総合的に勘案した上で決定する．計測対象ごとの一般的な計測項目の例を**表-4.2.1**に示す．計測項目および計測位置の選定にあたっては，影響解析により予測された既設構造物に発生する変位と，近接工事の施工の影響により発生する変位を比較するために，予測に用いたモデルと同じ断面で計測する必要がある．

表-4.2.1 一般的な計測項目の例 [1] を改変（加筆修正）して転載

用途	構造物	項 目
鉄道施設	軌道	軌間，通り，高低，水準，平面性，鉛直変位
	シールドトンネル	内空変位
	地中構造物	内空変位，鉛直変位
	高架橋	鉛直変位，傾斜，相対変位
道路施設	杭基礎	変形
	ボックストンネル	沈下，水平移動，傾斜
	橋脚	沈下
	道路	地表面変位，地表面相対変位，走行動感
下水道	シールド管渠	鉛直変位，傾斜，相対変位
	下水道	沈下，隆起
	地中構造物	天端沈下，内空変位
上水道	水道管	鉛直変位
電力、下水共同溝	共同溝（シールドトンネル）	内空変位
電力施設	洞道	鉛直変位，水平変位，内空変位
	鉄塔	基礎杭頭水平変位，脚間相対変位
通信施設	シールドトンネル	鉛直変位，内空変位
ガス施設	ガス管	ガス管直上変位，鉛直変位

（出典：土木学会，トンネル・ライブラリー第31号特殊トンネル工法，p.I-54，2019.）

III-58

第Ⅲ編　特殊トンネル　　4. 計測管理

4.3 計測管理値および管理体制

　既設構造物に近接して新設構造物が構築される場合，この施工に起因した周辺地盤の変位や変形により，既設構造物が影響を受ける場合がある．ただし，既設構造物の種類，基礎形式，地盤条件などは，構造物ごとに異なることから，計測管理値を一律に定めることは困難である．したがって，計測管理値は既設構造物を管理する各管理者の基準や，既設構造物の影響解析により検討した予測値を基に，管理者との協議により設定する．計測管理値は一般に一次管理値，二次管理値，限界値などの数段階に分けて設定する場合が多い．また，併せて各管理値に達した場合の，対応方法についても予め定めておく必要がある．そこで，**4.4 鉄道における計測**，**4.5 道路における計測**では，鉄道における軌道および道路における路面の計測管理値の設定例と，管理値の区分および管理値に達した場合の具体的対応の例を示すので参考にされたい．なお，鉄道，道路以外の計測は**第Ⅱ編　シールドトンネル　4.近接影響計測手法**を準用してよい．

4.4 鉄道における計測

　鉄道における計測管理では，計測項目，計測期間，管理値等を十分に検討し，計測管理計画を策定する必要がある．また，施工中も適切な計測管理を行い，新設・既設構造物の安全性や列車走行の安全性を確認する必要がある．本項では，列車の安全運行に直接影響する軌道変位の計測管理について述べる．

4.4.1 管理基準と管理体制

　計測に先立ち，列車の走行安全性および安定輸送，既設構造物の安全性を考慮して施工にあたり変状に対する管理値の設定と管理体制，管理値に達した場合の対応方法や関係各所との連絡体制の計画を行う必要がある．近接工事を安全に施工するために，鉄道工事における軌道および既設構造物の変位・変形については，一般に警戒値，工事中止値，限界値の 3 段階の管理値が設定される．ここで，警戒値および工事中止値は，限界値にそれぞれ割引率を乗じたものである．**表-4.4.1**に軌道計測管理における管理値の区分と対応方法の設定例を示す．

III-59

T.L.34 都市における近接トンネル

表-4.4.1 管理値の区分と対応方法の例[2]

管理値の区分および定義	管理値に達した場合の対応方法	
	作業中（線路閉鎖・列車間合い）	作業後（運行時間帯）
警戒値 （限界値×0.4[※1]） 重点監視を行う場合に設定する値	この値に達した場合は，直ちに工事を一旦中止し，軌道およびエレメント掘進等の作業状況確認を行い，関係箇所[※2]に連絡する. 　変状原因の究明を行い，必要により変状を抑止する対策を行い，軌道整備を行う体制，計測値の確認，点検を強化し，監督員の承認を受けて工事を再開する.	この値に達した場合は，軌道および計測値の確認を行うとともに，関係箇所[※2]に連絡する. 　変状原因の究明を行い，必要により対策を行い，軌道整備を行う体制，計測値の確認，点検を強化する.
工事中止値 （限界値×0.7） 施工中の工事を中止するとともに，軌道整備を行う値	この値に達した場合は，直ちに工事を中止し，軌道およびエレメントのけん引・推進等の作業の状況の確認を行い，計測値の確認を行うとともに関係箇所[※2]に連絡する. 　変状原因の究明を行い，必要により変状を抑止する対策を行い，軌道整備を行った後に監督員の承認を受けて工事を再開する. 　当分の間，軌道整備を行う体制，計測値の確認および点検をさらに強化する.	この値に達した場合は，軌道および計測値の確認を行うとともに，関係箇所[※2]に連絡する. 　また，直ちに軌道整備を行える体制を整えるとともに変状原因の究明を行い，必要により対策，軌道整備を行う.
限界値 （整備基準値[※3]） 施工中の工事を中止するとともに，必要により徐行または列車抑止等の手配を行う値	この値に達した場合は，直ちに工事を中止し，軌道およびエレメントのけん引・推進等の作業の状況の点検を行い，計測値の確認を行うとともに関係箇所[※2]に連絡する.ただし，軌道変位が表-4.4.3の値に達した場合には直ちに列車の徐行もしくは運転中止等の手配を行う.なお，変状が進行している場合には，表-4.4.3に関わらず，直ちに列車防護を行うとともに列車の抑止手配を行うものとする. 　その後，関係箇所と打合せを行い，施工状況の点検および変状原因の究明を行い，必要により対策を行うとともに，軌道整備を行い，徐行を解除または列車運転を再開した後，工事を再開する.	この値に達した場合は，軌道および計測値の確認を行うとともに関係箇所[※2]に連絡する.ただし，軌道変位が表-4.4.3の値に達した場合には直ちに列車の徐行もしくは運転中止等の手配を行う.なお，変状が進行している場合には，表-4.4.3に関わらず，直ちに列車防護を行うとともに列車の抑止手配を行うものとする. 　その後，関係箇所と打合せを行い，軌道計測および変状原因の究明を行い，必要により対策を行うとともに，軌道整備を行い，徐行を解除または列車運転を再開する.

※1：0.4を標準とする．ただし，現場の特性（線区，施工条件，軌道整備体制等）に応じて関係箇所と調整のうえ適宜設定しても良い.

※2：関係箇所とは，施設指令，輸送指令，保技セ，工事監督箇所等がある.

※3：整備基準値は，10m弦の軌道変位に対して定められたものであるが，絶対値の方が管理しやすい場合はこの値をそのまま読み替えてよい.

（出典：東日本旅客鉄道株式会社，非開削工法設計施工マニュアル，p.5-6，2022.）

　軌道変位（レールの正規の位置からのずれ）が大きくなると，列車の走行安全性が悪化することから，各鉄道事業者では軌道整備基準値を定め，軌道変位の管理を行っている．そのため，軌道変位の管理値は，各鉄道事業者で定められている軌道整備基準値以下に定めている．軌道の整備基準値の例を表-4.4.2に示す．なお，各鉄道事業者により用いられている整備基準値の値は，細部に違いがあることが多いため注意が必要である．また，近接工事に際して，動的軌道変位を常時監視することは不可能であることから，静的値で管理することになる.

　近接工事における軌道変位の管理値は，整備基準値等から定めた限界値に割引率を乗じて決定する．この考え方を適用して，整備基準値の例（表-4.4.2）を基に管理値を設定すると表-4.4.3のようになる.

第Ⅲ編　特殊トンネル　　4. 計測管理

表-4.4.2 軌道整備基準値（在来線）の例 [3]

（単位：mm）

最高速度 (km/h) 変位の種別	整 備 基 準 値					急曲線における緩和曲線区間
	120km/h 以上の 線区	95km/h を超える 線区	85km/h を超える 線区	45km/h を超える 線区	45km/h 以下の 線区	
軌　　間	・直線及び半径 600m を超える曲線　　　+20 (+14) ・半径 200m 以上 600m までの曲線　　+25 (+19) ・半径 200m 未満の曲線　　　　　　　+20 (+14)					電化区間及び軽量気動車運転線区で，半径 400m 以下，カント量 80mm 以上の曲線で列車進行に対して出口側の緩和曲線（緩和曲線の前後 10m を含む）については，以下によるものとする。 ・軌間　+10(+6) ・通り　14(8)
水　　準	（平面性に基づき整備を行う。）					
高　　低	23 (15)	25 (17)	27 (19)	30 (22)	32(24)	
通　　り	23 (15)	25 (17)	27 (19)	30 (22)	32(24)	
平 面 性	23(18)　　　　（カントのてい減量を含む。）					

（備考）
(1) 数値は，高速軌道検測車による動的値を示す。ただし，かっこ内の数値は，静的値を示す。
(2) スラック未整備の区間における軌間の整備基準値については，次の値とする。
　　・直線及び半径 200m 以上の曲線　　+20(+14)
　　・半径 200m 未満の曲線　　　　　　+15(+9)
(3) 平面性は，5m 当りの水準変化量を示す。
(4) 曲線部におけるスラック，カント及び正矢量(縦曲線を含む。)は含まない。
(5) 高規格線区及び高規格線区（幹）では，平面性変位は，2.5m の水準変化をいい，12(9)を整備基準値とする。
※　上表にかかわらず，工事用車横取装置設置個所，ガードレールのない踏切道，旅客通路及び作業通路における軌間の整備基準値については，動的値+12mm，静的値+7mm とする。

軌道施設実施基準（平 14.3 制定，平 25.1 改正）より

（出典：東日本旅客鉄道株式会社，近接工事設計施工マニュアル，p.90，2016.）

表-4.4.3 軌道管理基準値の例

（単位：mm）

	軌間	通り	高低	水準	平面性	記事
管理値	14	15	15	18	18	軌道施設実施基準
警戒値	5	6	6	7	7	管理値×0.4
工事中止値	9	10	11	12	12	管理値×0.7
限界値	14	15	15	18	18	管理値×1.0

　各線区の列車最高速度（km/h）から高低・通りの静的値にそれぞれ×0.4，×0.7，×1.0 に相当する割合を求め，管理値とした。計算値は安全側に見て小数点は切り捨てた値とした。

4.4.2 軌道監視方法

　軌道に近接して新設構造物を施工する際に発生が予想される軌道変位には，施工範囲全体にわたる緩やかな変状が発生する場合と，施工箇所近傍に局所的で急激な変状が発生する場合がある。したがって，これらの異なる変状発生形態に応じた監視方法をとる必要がある。**表-4.4.4** に計測監視方法の例を示す。異なる変状発生形態に対応するため，全体監視と重点監視の 2 通りの監視方法が用いられている。

T.L.34　都市における近接トンネル

表-4.4.4　計測監視方法の例 [2]

名　称	計測時間	計測頻度	計測項目	管理する値	計測初期値	計測装置の例 [※2]
全体監視 施工範囲全体にわたる計測	施工期間中 （24時間計測監視）	1時間以内/回	高低・通り	10m弦	軌道整備後の検測値	カネコ式 リンク式計測器 （重点監視と兼用）
重点監視 施工箇所近傍の計測	当該工事施工中	3分以内/回 ※1	左右レールの鉛直変位	10m弦 または 絶対値	当日作業開始前	トータルステーション リンク式計測器 画像解析による計測
	初列車より10本または2時間				軌道整備後の検測値	

※1：重点監視の計測頻度は，「当該工事施工中」では，軌道作業員が復旧可能な程度の変状に抑えるための計測間隔とし，「初列車より10本または2時間」では，高密度運転区間であっても列車間隔よりも短くなるように設定している．

※2：軌道計測装置の例を**表4.4.5軌道監視装置**の例に示す．

（出典：東日本旅客鉄道株式会社，非開削工法設計施工マニュアル，p.5-4，2022．）

(1) 全体監視（施工範囲全体にわたる計測）

施工範囲全体を，施工期間中継続的に監視するものである．全体の緩やかな変状を捕捉するための監視であるため，計測頻度は比較的長くてよいと考えられる．

(2) 重点監視（施工箇所近傍の計測）

施工箇所近傍において，リアルタイムで監視するものである．この監視は，施工に伴う局所的で急激な軌道の変状を捕捉するための監視であるため，計測頻度は短期間で行うことが望ましい．**図-4.4.1**に重点監視の概要（エレメント掘進の例），**図-4.4.2**に重点監視の測定方法の例を示す．

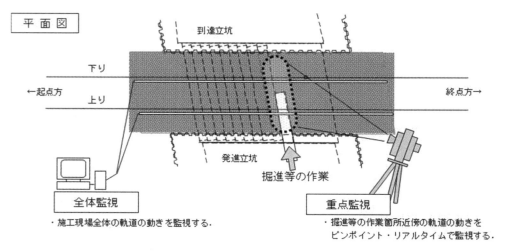

図-4.4.1　重点監視の概要（エレメント掘進の例）[2]

（出典：東日本旅客鉄道株式会社，非開削工法設計施工マニュアル，p.5-4，2009．）

第Ⅲ編　特殊トンネル　　4. 計測管理

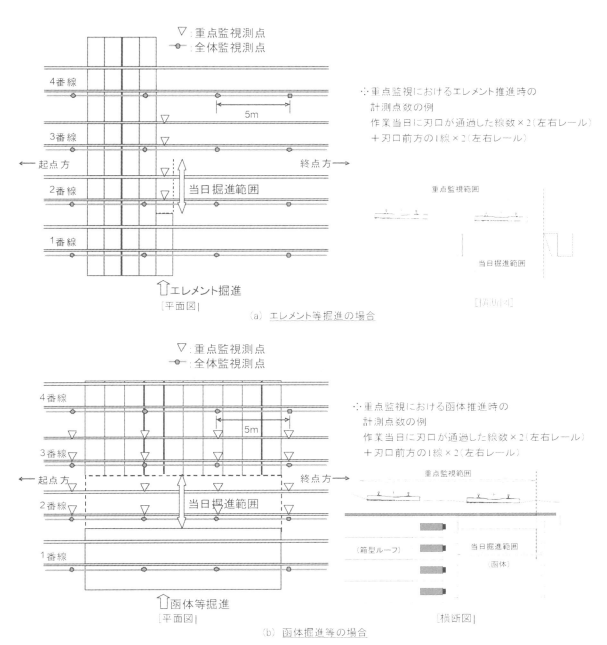

図-4.4.2 重点監視の測定方法の例[2]
（出典：東日本旅客鉄道株式会社，非開削工法設計施工マニュアル，p.5-5，2022.）

T.L.34 都市における近接トンネル

4.4.3 軌道監視機器の例

表-4.4.5，表-4.4.6に軌道監視機器の例を示す．

表-4.4.5 軌道監視機器の例（1）

種類	リンク型変位計を用いた計測	画像解析を利用した計測
概要	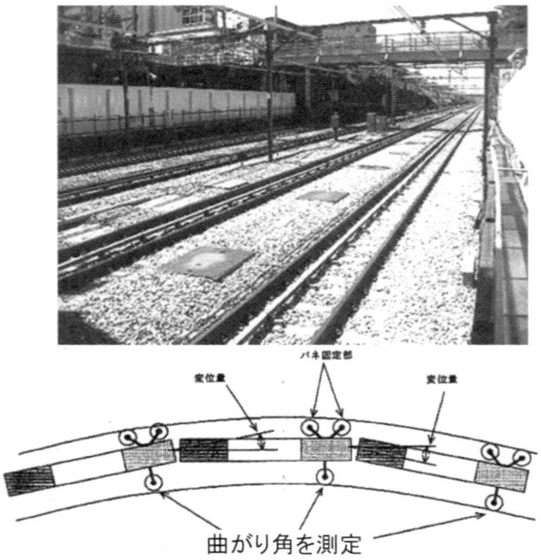 図-4.4.3 リンク型変位計を用いた計測の概要図 [2]	 図-4.4.4 画像解析を利用した計測の概要図 [4]
機構	複数のリンク型変位計ユニットを接続して設置し，節点の曲がり角をひずみゲージで測定する．リンク型変位計ユニットの変位と計測器基準位置を基に，それぞれのユニットの変位量を演算する．	レール，構造物に測定用ターゲットを取り付け，デジタルカメラで撮影する．連続的な画像処理および演算処理により，ターゲット位置の変位量を算出する．
採用事例	・八高線北八王子・小宮間石川 Bv 新設：T104 ・吹田貨物専用道路 Bv 新設工事：T113	・西武鉄道池袋ビル建替え計画に伴う土木工事(地下道新設その1・2)：T101 ・愛発 Bv 新設工事：T413
出典	2)東日本旅客鉄道株式会社：非開削工法設計施工マニュアル，p.付5-2，2022.	4)ジェイアール西日本コンサルタンツ株式会社提供

III-64

第Ⅲ編　特殊トンネル　　4. 計測管理

表-4.4.6 軌道監視機器の例（2）

種類	ワイヤー式計測器	トータルステーションを利用した計測
概要	図-4.4.5 ワイヤー式計測器の概要図[2]	図-4.4.6 トータルステーションを利用した計測の概要図[2]
機構	軌道側面の基準点間に一定張力をかけたワイヤーを張り，測点側に取り付けたセンサーによってセンサーとワイヤー間の距離を測定し，二次元的に変位を計測する．	レール，構造物に測定用ターゲットを取り付け，自動追尾式のトータルステーションにより，三次元の変位計測を行う．
採用事例	・新幹線 16k540 付近武蔵小杉連絡通路：T118	・京成菅野アンダーパス工事：T405
出典	2)東日本旅客鉄道株式会社：非開削工法設計施工マニュアル，p.付 5-3，2022.	2)東日本旅客鉄道株式会社：非開削工法設計施工マニュアル，p.付 5-2，2022.

III-65

T.L. 34 都市における近接トンネル

4.5 道路における計測

道路における計測管理では，供用中の道路直下で掘削を行うことから，安全な道路交通を確保するために，路面に対する変状を施工期間中継続的に計測管理する必要がある．車両は24時間途絶えることが無く，また原則として計測のために交通規制は行えないため，自動計測による管理方法が基本となる．

4.5.1 管理基準値と管理体制

路面に対する変状は，最も重要な管理項目である．管理基準値と管理体制は，道路管理者が設定した管理基準値に対して，計測方法や計測頻度，管理体制等を協議のうえ決定し，計測管理を行うことが一般的である．

管理基準について，舗装点検要領[5]では，ひび割れ率，わだち掘れ，IRIの3指標を使用とすることを基本としており，道路の特性に応じて管理基準が設定されており参考になる．一方，高速道路の例として，管理基準値は「保全点検要領」に記載されている舗装の判定の標準が参考となる．保全点検要領に示された，点検結果に対して行う構造物の個別の変状に対する判定区分を**表-4.5.1**に示す．また，舗装の変状に関する判定区分ごとの具体的な判定の標準を**表-4.5.2**に示す．

表-4.5.1 個別の変状に対する判定基準[6]

判定区分		定　義
変状に対する判定	AAA	変状が極めて著しく，緊急措置が必要な状態．
	AA	変状が著しく，速やかな措置が必要な状態．
	A1	変状があり，早期に措置が必要な状態．
	A2	変状があり，適切な時期に措置を行うことが望ましい状態．
	B	変状があり，変状の進行状態を継続的に監視する必要がある状態．
	OK	変状がない又は措置を必要としない変状がある場合．
	R	変状に対する判定を行うために，調査を実施する必要がある場合．
第三者等被害に対する判定	E	安全な交通又は第三者等に対し支障となるおそれがあるため，緊急的な措置が必要な状態．
	e	第三者等に対し影響を及ぼす場合．

（出典：東日本高速道路株式会社，保全点検要領　構造物編，p.39，2024．）

表-4.5.2　舗装の判定の標準 [6]

| 対象構造物 | 点検箇所 | 点検部位 | 変状の種類 | 判定区分 | | | |
				AA	A1	A2	B
舗装	舗装	アスファルト舗装 コンクリート舗装 コンポジット舗装	ポットホール・穴あき・はがれ	深さ2cm以上かつ径20cm以上の路面のはがれ等がある。	AAに至らない路面のはがれ等がある。	—	—
			骨材飛散（高機能舗装）	路面に骨材飛散が広範囲に渡って発生し、基層（下層）面が露出している。		路面に骨材飛散が広範囲に渡って発生している。	—
			段差 *コンクリート舗装の目地部段差を含む	構造物の取付け部等に、著しい段差があり、ハンドルが取られたり、走行車両の激しいバウンドをする場合。橋梁取付部において、20mm程度以上の段差がある。横断構造物取付部・切盛境界部において、30mm程度以上の段差がある。	構造物取付け部等において、10mm程度以上 20mm程度未満の段差がある。横断構造物取付部・切盛境界部において、10mm程度以上 30mm程度未満の段差がある。	—	—
			わだち掘れ	路面にわだち掘れがあり、ハンドルが取られたり、走行車両の激しいバウンドをする場合。《参考値》25mm程度以上	AAに至らない路面のわだち掘れ。《参考値》15mm程度以上 25mm程度未満	—	—
			ひび割れ	路面にポットホール・はがれ等の発生につながるひび割れが発生している場合。舗装本体の変状につながる大きなひび割れが発生している場合。《参考値》ひび割れ率20%程度以上 ※1	AAに至らない路面のひび割れ。《参考値》ひび割れ率10%程度以上 20%程度未満	—	—
			縦断の凹凸コルゲーション			縦断の凹凸が大きく（乗り心地が悪い）、コルゲーション（凹凸の差が30mm以上）	縦断の凹凸が認められる。コルゲーション（凹凸の差が10mm以上30mm未満）
			（ぼみ・より）	路面に（ぼみ・より）があり、ハンドルが取られたり、走行車両が激しいバウンドをする場合。	AAに至らない路面の（ぼみ・より）。	—	—
			簿層舗装のはく離	—	—	わだち部分がはがれて機能を失っている。	—
			滞水	—	—	局部的な滞水が降雨時ごとに見られる。	—
			ポンピング・局部沈下（高機能舗装Ⅰ型）	路面に路盤材・砕石等の微粒分の噴出しが見られ、かつ亀甲状のひび割れを伴い局部的な沈下がある。	路面に路盤材・砕石等の微粒分の噴出しが見られる。	—	—
			ブリスタリング *表層がアスファルト混合物の場合	—	AAに至らない路面のふくれ。	路面のふくれが大きい、あるいはブリスタリングの発生箇所に礫粒分の噴出した跡が見える。	—
			目地部の破損	目地部材の破損及び路面の飛び出し。			—
			すべり摩擦の低下		※2：異常等がある場合は、判定を「R：要調査」とし、路面性状等の調査を行う。		
			平坦性の低下		※2：異常等がある場合は、判定を「R：要調査」とし、路面性状等の調査を行う。		

※：数値はおおよその目安を示している。

※1：コンクリート舗装の場合は、ひび割れ度20cm/m²程度以上。

※2：異常等がある場合は、判定を「R：要調査」とし、路面性状等の調査を行う。

（出典：東日本高速道路株式会社、保全点検物要領　構造編, p.86, 2024.）

4.5.2 路面監視方法

路面の計測管理は，供用中の通行車両の安全を確保するための重要な管理項目である．路面の監視方法は，次の3項目が挙げられる．①路面の面的な変状を継続して把握する．②テスト走行により走行動感を確認する．③監視員による目視観察により通行車両の走行状態を確認する．

高速道路の例として**表-4.5.3**に路面計測の方法と頻度の目安を示す．なお，詳細な計測方法や範囲，頻度，期間等は，道路管理者との協議の上設定する必要がある．自動計測では，トータルステーションのノンプリズム測定機能を用いて，路面の面的な変状を連続して計測する例が多い．**写真-4.5.1**にトータルステーションによる計測状況の例を示す．ただし，定期的に自動で視準することから通行車両の影響による誤差や測定不能になることが考えられることから，比較的計測間隔を短くして計測値の取得回数を増やすこと（有効な計測データ数を確保すること）が望ましい．

表-4.5.3 路面計測の方法と頻度の例[7]

計測方法	計測期間	計測頻度
自動計測	高速道路直下施工時	3回/日以上
	その他施工時	3回/日
走行動感	施工期間中	2回/日
目視観察	高速道路直下の施工時	3回/日

（出典：藤岡一頼，道路下横断構造物の計画・設計・施工における留意点，p.8，基礎工，Vol.47，No.4，2019.）

写真-4.5.1 トータルステーションによる計測状況[8]

（出典：鉄建建設株式会社提供）

4.6 既設構造物の計測

既設構造物の計測に先立ち，**3. 近接影響の予測手法**で予測した既設構造物や地盤の変位，既設構造物等の重要度を考慮して，計測項目，計測位置，計測管理値，計測期間，計測頻度等および管理体制について検討する必要がある．具体的には，**第Ⅱ編シールドトンネル編4. 近接影響計測手法**を参照されたい．

参考文献

1) 土木学会：トンネル・ライブラリー第31号特殊トンネル工法，p.1-54，2019.

第Ⅲ編　特殊トンネル　　　4．計測管理

2）東日本旅客鉄道株式会社：非開削工法設計施工マニュアル，2022.

3）東日本旅客鉄道株式会社：近接工事設計施工マニュアル，p.90，2016.

4）ジェイアール西日本コンサルタンツ株式会社提供

5）国土交通省　道路局：舗装点検要領，pp.9-10，2016.

6）東日本高速道路株式会社：保全点検要領　構造物編，2024.

7）藤岡一頼：道路下横断構造物の計画・設計・施工における留意点，p.8，基礎工，Vol.47，No.4，2019.

8）鉄建建設株式会社提供

5. 近接影響低減対策

5.1 特殊トンネルの近接影響低減対策について

特殊トンネルの近接影響低減対策においては，トンネル掘削のための止水や切羽防護，および周辺地盤防護のため各々の工法独自のもの以外に，その現場状況に応じて計画するものもある．

特に近接施工に対する近接影響低減対策工は，対象となる既設構造物の構造や許容変位等の条件，または施工時の補修等での対応など，各種ある中から既設構造物の管理者とも協議のうえ適切な工法を選定することとなる．

5.2 近接影響低減対策の考え方と分類

特殊トンネルの近接施工に対する近接影響低減対策は，近接対象物，影響の度合，特殊トンネルの工法などにより各種存在するが，一般的な補助工法の分類を図-5.2.1に示す．

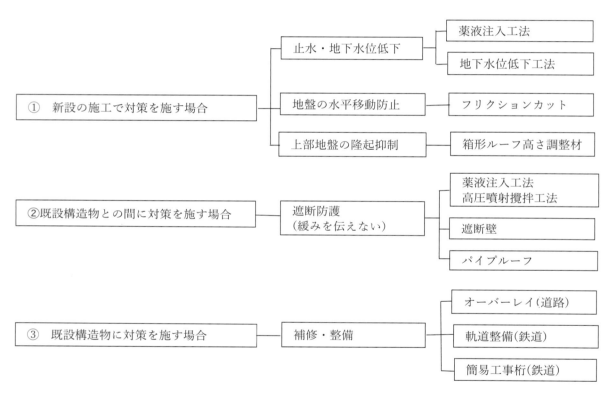

図-5.2.1 近接影響低減対策工の分類

当章では特殊トンネル工法における一般的な補助工法および対策工について述べる．

5.3 近接影響低減対策の具体事例と留意点

5.3.1 新設の施工で対策を施す場合
(1) 薬液注入工法
 a) 概　要

薬液注入工法は，土の間隙に任意に固化時間を調節できる薬液を注入し，地盤の止水性向上，または強度を増大させる工法である．

トンネル切羽の止水を目的として採用されることが多いが，地盤及び薬液によっては地盤強化も可能でありかつ安価であることから，補助工法として採用されることが多い．

工法の採用にあたっては，地下水の有無の確認や切羽地盤の自立性の検討などによることが多い．

b) 近接施工への採用例

吹田・東淀川間貨物専用道路 Bv 新設工事　タイプ I　T113

JR 東海道線（4 線）および JR 貨物線（2 線）の直下を URT 工法で施工．

推進延長 L=54.18m，側壁下には地下水を考慮しての止水注入を計画．

軌道沈下影響確認のため二次元 FEM 解析を実施し，無対策で地表面沈下量最大-4.8mm 確認され，施工中の一次管理値±5.0mm であることから，上床版への地盤補強注入も検討し，一次管理値の 50%程度まで低減させ施工した．

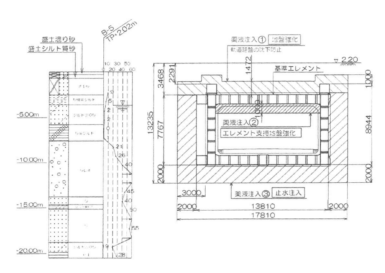

図-5.3.1 薬液注入工断面図[1]

（出典：西日本旅客鉄道株式会社，大鉄工業株式会社，吹田貨物専用道路 Bv 建設工事誌，2016．）

その他採用事例
　　タイプ I　　T115, T116, T118, T126
　　タイプ II　　T202
　　タイプ III　　T302
　　タイプ IV　　T405, T406, T412, T427, T434, T435, T444, T458, T465, T470, T471, T532

c) 留意点

土被りの小さい箇所での地盤への薬液の注入作業時には地盤隆起の危険性があり，逆に変状リスクを伴うため，採用にあたっては注意が必要である．

調査事例「吹田・東淀川間貨物専用道路 Bv 新設工事　タイプ I」T113 においては，施工時における変状対策として薬液注入工事に対しても軌道の変状計測管理を行い，立坑からの水平注入により注入順序を上段から下段に計画，吐出量や施工セット台数の低減，ゲルタイム調整などを行ってリスクに対応した．

(2) 地下水位低下工法
a) 概要

施工箇所周辺の地下水位を低下させトンネル切羽からの地下水位の流入を無くし，切羽崩壊によるトンネル上部の構造物への変状抑制を行う．

地下水低下工法には，真空ポンプによる強制排水方式（ウェルポイント），重力排水方式（ディープウエル）がある．また，周辺の地下水位低下抑止のために，揚水した水を周辺地盤に戻す復水工法（リチャージウエル）を併用することがある．

工法の採用にあたっては，地盤の適応性（透水層不透水層の分布状況）などを確認のうえ，FEMによる浸透流解析等にて井戸の配置計画等を実施している．

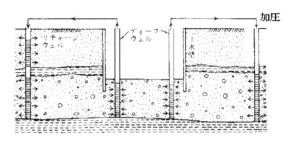

図-5.3.2 復水工法概要図[2]

（出典：東日本旅客鉄道株式会社，線路下横断工計画マニュアル，p.80，2015．）

b) 近接施工への採用例

採用件名事例
・品鶴線大崎駅構内住吉跨道橋他新設　タイプⅠ　T117

その他採用事例
　タイプⅣ　T427

c) 留意点

軟弱粘性土地盤においては地下水位の低下により圧密沈下が懸念されるため注意が必要となる．また，周辺の井戸枯れが発生しないように事前調査も必要である．

地盤中の地下水の動きは事前に把握することが困難なため，試験施工や施工中の情報化施工により，その都度見直しをかけながら工事を進める必要がある．

(3) フリクションカット
a) 概要

施工するトンネルに近接する既設構造物側の面に対し，土との摩擦低減対策（フリクションカット）を実施し，トンネルを施工する方向への周辺地盤の水平移動を防止する．

フリクションカットの方法としては，プレート方式（鋼板等），摩擦低減シート方式（ポリエチレンシート等），滑材塗布方式等がある．

第Ⅲ編　特殊トンネル　　5. 近接影響低減対策

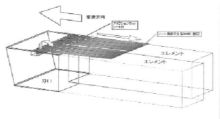

プレート（鋼板）　　　摩擦低減シート（ポリエチレンシート）　　　滑材塗布

図-5.3.3　フリクションカット（例）[3]

（出典：東日本旅客鉄道株式会社，非開削工法設計施工マニュアル，p.9-5，2009．）

　土被りが小さいトンネルなどのけん引，および推進と同時に周辺地盤の水平移動が懸念される場合に採用される．

　函体けん引力，または推進力に対し，函体天端と土の摩擦抵抗および土の側面抵抗で土の横移動についての確認をする方法も提案されている．

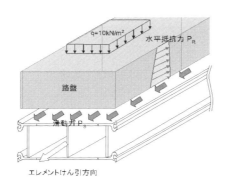

図-5.3.4　土の横移動検討モデル（例）[4]

（出典：東日本旅客鉄道株式会社，非開削工法設計施工マニュアル付属資料，付9-10，2009．）

b）近接施工への採用例

　土被りの小さい軌道や道路下，施工するトンネルに近接する既設の地下構造物（ボックスカルバートなど）の変状対策として採用．

　大断面函体をけん引，または推進するタイプⅣではフリクションカットプレート等を必須としている．

　また，非常に土被りが小さい場合では，計算結果によらず採用した事例もある．

採用件名事例
  ・西武鉄道池袋ビル建替え計画に伴う土木工事（地下道新設その1・2）　タイプⅠ　T101

その他採用事例
  タイプⅠ　T104，T127
  タイプⅣ　T403，T405，T406，T427，T428，T444，T458，T465，T470，T471，T532

(4) 箱形ルーフ高さ調整材

Ⅲ-73

T.L.34 都市における近接トンネル

a) 概要

R&C工法において先行して施工する箱形ルーフは，軌道下でたわんでしまうと，そのたわみ度合いにて本体の函体推進・けん引時に地盤隆起および沈下の原因になる．そのため，到達立坑側仮土留支点部，および箱形ルーフ受梁支点部に箱形ルーフの高さ調整材を設置し，端部の高さを調整することでルーフのたわみを解消する．

高さの調整量は事前に簡易な地表面変位予測法にて地盤の隆起および沈下量を予測して，調整量の計画をする．

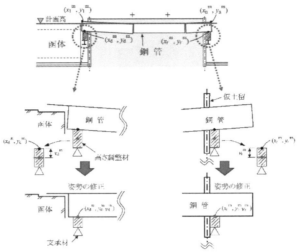

図-5.3.5 高さ調整材による支点操作概要図 [5]

（出典：中村ら，函体推進・けん引工法における地表面変位予測法と逐次対策法の開発，土木学会論文集F1（トンネル工学），Vol.72，No.3（特集号），I_179-I_190，2016．）

b) 近接施工への採用例

北陸本線西金沢・金沢間新安原Bv新設工事　タイプⅣ　T412

写真-5.3.1 高さ調整材 [5]

（出典：中村ら，函体推進・けん引工法における地表面変位予測法と逐次対策法の開発，土木学会論文集F1（トンネル工学），Vol.72，No.3（特集号），I_179-I_190，2016．）

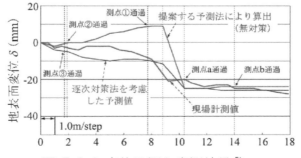

図-5.3.6 変位予測と実測結果 [5]

（出典：中村ら，函体推進・けん引工法における地表面変位予測法と逐次対策法の開発，土木学会論文集F1（トンネル工学），Vol.72，No.3（特集号），I_179-I_190，2016．）

c) 留意点

採用された事例が少なく，今後実績を増やして予測精度や施工の有効性を検証していく必要がある．

5.3.2 既設構造物との間に対策を施す場合
(1) 薬液注入工・高圧噴射攪拌工法
a) 概　要

既設構造物との間に対策を施す場合，薬液注入工を用いる場合と高圧噴射攪拌工法を用いる場合がある．薬液注入工法においては，図-5.3.1で示す止水および地盤強化を目的とした対策のほか，図-5.3.7で示すように，液状化対策のための恒久グラウトによる対策も実施されている．ここでは，高圧噴射攪拌工法について説明する．

高圧噴射攪拌工法は，地盤中に空気，水，改良材スラリーを高圧で噴射することにより地盤を切削し，改良体を造成させ，地盤の強度を増大させ遮水性を高める工法である．

トンネル回りの地盤強化や遮断防護工として採用されることが多い．

b) 近接施工への採用例

浜小倉・黒崎間汐井町牧山海岸線 Bv 新設他工事　　タイプⅠ　T124

JR鹿児島線貨物線(2線)直下を HEP&JES 工法で施工．

施工するトンネル下部に下水道管きょが近接する．

二次元弾性 FEM 解析にて下水道管きょへの影響解析を行い，セグメントリングのボルト耐力より逆算した鉛直変位(±13mm)以下となることを確認し施工した．

函体と下水道管きょの間には，函体の液状化対策を兼ねての恒久グラウト注入工法による地盤改良を施工している．恒久グラウト注入工法とは，恒久的に効果を持続することのできる恒久グラウト材料を使用した薬液注入工法の一つである．

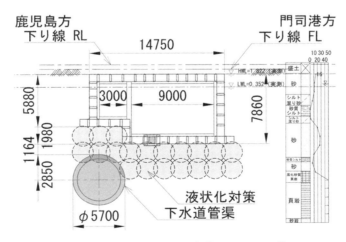

図-5.3.7　地盤改良施工断面図[6]

(出典：山田ら，既設下水道管に近接した特殊な断面形状の線路下横断構造物の計画と施工，
　　　土木学会　第31回トンネル工学研究発表会，2021．)

c) 留意点

地盤改良体は強度が大きいため，残置すると将来支障となる可能性があるので，事前に改良体残置についての確認が必要である．

調査事例「浜小倉・黒崎間汐井町牧山海岸線 Bv 新設他工事　タイプⅠ No.T124」においては恒久的な液状化対策と兼ねての地盤改良のため，残置が条件であった．

(2) 遮断壁
a) 概要

地盤改良工と同様，近接施工の対象となる構造物と施工するトンネルの間に遮断壁を設けて地盤の変形を抑制することで，トンネルの掘削による影響を対象構造物が許容できる範囲まで低減させる工法．

遮断壁としては既製品の鋼矢板を打設する方法，掘削して地中連続壁などを造成する方法などがある．

b) 近接施工への採用例

品鶴線大崎駅構内住吉跨道橋他新設　タイプⅠ　T117

JR東海道新幹線の橋脚間（並列しているJR横須賀線直下）にHEP&JES工法にて道路ボックスを施工．

二次元弾性FEM解析にて函体施工時の橋脚への影響を検討．

影響低減対策工として施工する函体と既設橋脚との間に先行して鋼矢板を打設，函体上床版はフーチングより上部の施工のため鋼矢板を利用した空伏せ施工，側壁以下は非開削工法での変位解析を実施，橋脚に梁-ばねモデルで変位を外力で作用させ，躯体への影響を確認し施工した．

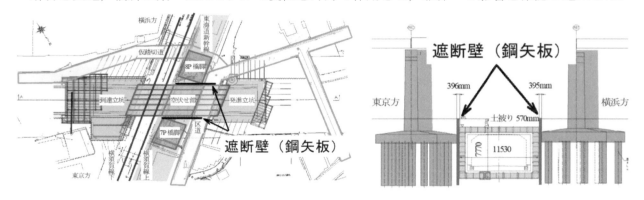

図-5.3.8　遮断壁施工[7]を一部改変

（出典：山田ら，構造物に近接した非開削工法の施工，第21回地下空間シンポジウム（B1-4），土木学会，2016.）

その他採用事例
　　タイプⅠ　T127

c) 留意点

近接構造物と施工するトンネルの間に，支障物等が無く，かつ施工機械が配置できる施工環境が必要である．

また，遮断防護工自体が近接施工となる場合には，防護工施工にて逆にリスクを伴うため注意が必要である．

(3) パイプルーフ
a) 概要

主にトンネル上部に近接施工の対象となる構造物がある場合，施工するトンネルと既設構造物との間に鋼管を連続して挿入し，対象構造物（軌道，道路など）を支持させ，トンネル掘削による影響を許容できる範囲まで低減させる工法．

ルーフの設置形状により，一文字型と門型がある．

b) 近接施工への採用例
・新東名高速道路　伊勢原 JCT 工事　タイプⅣ　T429

東名高速道路盛土部直下に密閉型ボックス推進工法（泥土圧式）にて市道トンネルを施工．

二次元弾性 FEM 解析にて路面への影響検討を実施，無対策にて 27.7mm の路面沈下に対し，パイプルーフによる防護工を行うことで 8.3mm まで抑制できることを確認し採用した．

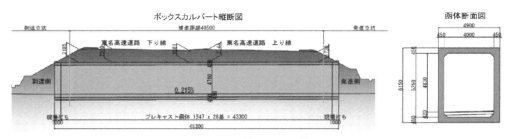

図-5.3.9　施工断面[8]

（出典：俊成ら，東名高速道路盛土部における低土かぶりボックス推進工事―新東名高速道路　伊勢原ＪＣＴ工事―　第 83 回（都市）施工体験発表会，日本トンネル技術協会，2018．）

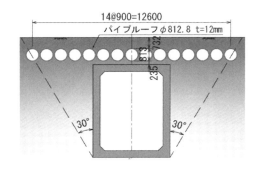

図-5.3.10　パイプルーフ　一文字型施工[8]

（出典：俊成ら，東名高速道路盛土部における低土かぶりボックス推進工事―新東名高速道路　伊勢原ＪＣＴ工事―　第 83 回（都市）施工体験発表会，日本トンネル技術協会，2018．）

その他採用事例
　　タイプⅣ　T434, T435

c) 留意点
パイプルーフ自体の施工においても地上面への影響が出る可能性があるため，補助工法施工時にも注意を要する．

5.3.3　既設構造物に対策を施す場合
(1) オーバーレイ
a) 概要

トンネルの上部が道路の場合，使用している道路の性能が保てるような変状に対する許容量（沈下量など）を設定し，施工しながら道路面の変状をリアルタイムに観測しながら，予め設定しておいた警戒値に近づいた段階で必要に応じ路面の補修工事をする．

たとえば，夜間の通行量が少ない時間帯における簡易なオーバーレイをかけ，変状量をその都度ゼロに戻すことでトンネル工事を進める．

T.L.34 都市における近接トンネル

b) 近接施工への採用例

二次元 FEM 解析等について実施している.

東北自動車道豊地地区函渠工事　タイプIV　T403

工事中のどの時点でも許容値オーバーに早急に対応できるよう警戒値を設定し計測を行い，補修工事の体制を整えておく必要がある.

(2) 軌道整備

a) 概要

トンネルの上部が鉄道営業線の場合，路線ごとに必要な性能が保てるよう軌道変状に対する許容量（沈下量など）を設定し，施工しながら変状をリアルタイムに観測，予め設定しておいた警戒値に近づいた段階で，線路閉鎖間合いの時間内で軌道整備をかけながらトンネル工事を進める.

軌道構造がバラスト軌道区間では鉄道営業線の始発前に軌道整備をかけることで，変状量をその都度一旦ゼロに戻すことが出来る.

b) 近接施工への採用例

軌道下のトンネル工事において鉄道事業者自ら軌道を管理しながら施工するケースにて採用されており，独自の軌道整備基準値等をもとに工事中止値や限界値を設定して，軌道計測により監視しながら随時軌道整備を行える体制をとって管理している.

採用件名事例
・西武鉄道池袋ビル建替え計画に伴う土木工事(地下道新設その1・2)　タイプI　T101

その他採用事例
タイプI　T124
タイプIV　T427

c) 留意点

工事中のどの時点でも許容値オーバーに早急に対応できるよう警戒値を設定し計測を行い，夜間線路閉鎖間合時間での軌道整備が可能なように体制を整えておく必要がある.

(3) 簡易工事桁

a) 概要

軌道の延長方向へマクラギの上に主桁を載せ，マクラギにUボルト等で固定することで軌道の剛性を向上させ，トンネル工事中の局所的な陥没等での一時的な不等沈下を抑制する.

他の近接影響低減対策を実施したうえでの補助的な対策として，過去の事例等から，軌道間に設置できるサイズの鋼材を複数本配置して補強する.

あくまでも補助的な軌道の補強であり，軌道を直接支持できる工事桁に属するものではない.

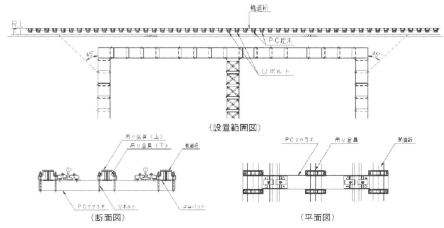

図-5.3.11 簡易工事桁（例）[2]

（出典：東日本旅客鉄道株式会社，線路下横断工計画マニュアル，p.74，2015．）

写真-5.3.2 簡易工事マクラギ固定写真[9]

（出典：鉄道 ACT 研究会，工事桁工法技術資料，2020．）

b) 近接施工への採用例

　北越谷～大袋間水路新設工事　タイプⅣ　T427

写真-5.3.3 簡易工事桁設置状況写真[10]

（出典：高橋ら，小土被り・高水位条件下における鉄道横断トンネルの非開削工法による施工，トンネル工学報告集，第 24 巻，IV-2，2014．）

その他採用事例
　　タイプⅠ　T106
　　タイプⅣ　T435

T.L.34 都市における近接トンネル

c) 留意点

軌道整備と併用した対策の場合，桁を設置したことにより軌道整備をする際の施工性が低下するのが欠点である．

軌道曲線区間，分岐器等の支障物がある箇所は設置が困難なため，事前に現地の確認が必要となる．

参考文献

1) 西日本旅客鉄道株式会社，大鉄工業株式会社：吹田貨物専用道路 Bv 建設工事誌，2016.

2) 東日本旅客鉄道株式会社：線路下横断工計画マニュアル，2015.

3) 東日本旅客鉄道株式会社：非開削工法設計施工マニュアル，2022.

4) 東日本旅客鉄道株式会社：非開削工法設計施工マニュアル付属資料，2022.

5) 中村智哉，山下康彦，丸田新市，遠藤宗仁，小宮一仁：函体推進・けん引工法における地表面変位予測法と逐次対策法の開発，土木学会論文集 F1（トンネル工学），Vol.72，No.3（特集号），I_179-I_190，2016.

6) 山田宣彦，黒木悠輔，鎌田拓，今吉敏，矢島岳：既設下水道管に近接した特殊な断面形状の線路下横断構造物の計画と施工，第 31 回トンネル工学研究発表会，2021.

7) 山田宣彦，本田諭，柳博文，齋藤貴：構造物に近接した非開削工法の施工，第 21 回地下空間シンポジウム（B1-4），2016.

8) 俊成安徳，小野聖久，今倉和彦，松元文彦：東名高速道路盛土部における低土かぶりボックス推進工事—新東名高速道路　伊勢原ＪＣＴ工事—，第 83 回(都市)施工体験発表会，日本トンネル技術協会，2018.

9) 鉄道 ACT 研究会：工事桁工法技術資料，2020.

10) 高橋正登，寺田正和，本杉方人，別当雄亮，今枝靖典：小土被り・高水位条件下における鉄道横断トンネルの非開削工法による施工，トンネル工学報告集，第 24 巻，IV-2，2014.

6. 特殊トンネルの近接施工事例

6.1 タイプⅠの事例

6.1.1 HEP&JES 工法の事例1（タイプⅠ　T104）
(1) 施工概要
 a) 工事名称
　　北八王子・小宮間 3k970m 付近石川こ道橋新設
 b) 工事期間
　　2013 年 1 月～2015 年 6 月（1 期施工）
　　2014 年 8 月～2019 年 1 月（2 期施工）
 c) 工事概要
　　本工事は，東京都が実施する八王子 3・4・28 号石川宇津木線の整備において，上空を NEXCO 中日本・中央自動車道，地上を JR 八高線が立体交差している地点の地下に HEP&JES 工法により線路下横断道路を新設するものである．道路計画箇所が JR 八高線(地上部)，中央自動車道高架部が交差する位置の下に計画されており，高架橋への影響を極力避けるため，HEP&JES 工法の施工延長 58m と長くし，立坑を橋りょう下部工から離した．
 d) 構造形式・構造寸法
　　1 層 3 径間ボックスカルバート　幅 17.22m　高さ 8.89m　延長 58.0m
 e) 施工工法
　　HEP&JES 工法
 f) 近接構造物
　　中央自動車道　小宮跨線橋　P1 橋脚・A2 橋台，JR 八高線

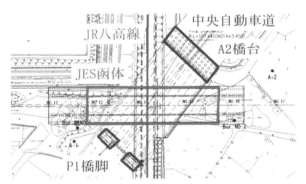

図-6.1.1 全体平面図[1)]

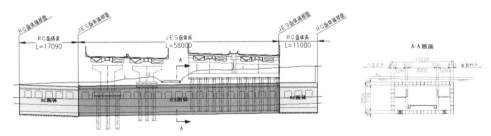

図-6.1.2 全体平面図[1)]

（出典：児島拓朗，本田諭，折居正和，岩井俊且，八高線北八王子・小宮間石川Bvの設計・施工，STRUCTURAL ENGINEERING DATA(SED)，No.52，pp.68-73，2018.）

T.L.34 都市における近接トンネル

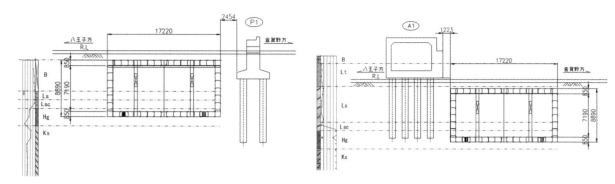

図-6.1.3 中央高速橋台・橋脚と函体の位置関係[1]

（出典：児島拓朗，本田諭，折居正和，岩井俊且，八高線北八王子・小宮間石川Bvの設計・施工，STRUCTUAL ENGINEERING DATA(SED)，No.52，pp.68-73，2018.）

(2) 地質条件

a) 土質条件

緩い傾斜地につき函体位置によって異なるが，上部に盛土層，トンネル自体はローム層内に位置する．床付け付近はN値30～50の礫層である．

b) 地下水位

礫層天端付近（函体下1/2～1/3付近）

c) 土被り

最小約0.8m(軌道部FL～)，最大約4.5m

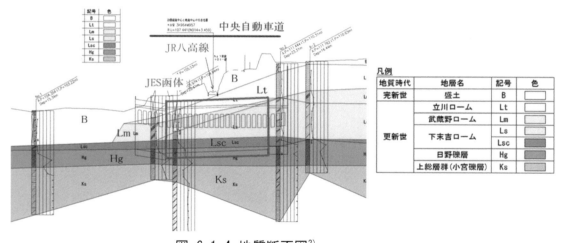

図-6.1.4 地質断面図[2]

（出典：東日本旅客鉄道株式会社　提供資料）

(3) 影響予測

a) 解析手法

2次元弾性FEM解析（変位解析），2次元骨組解析（応力度解析）

b) 解析ステップ

STEP1　2次元弾性FEM解析によりエレメント掘進時（応力解放率100%）の影響，エレメント閉合後の内部掘削（応力解放率100%）の影響を解析し，地盤変位を求める．

STEP2　2次元骨組み解析により，地盤ばねで支持された梁要素に対し，FEM解析で得られた地盤変位量を「地盤ばね×変位量＝荷重」として作用させ，杭部材の応力度と変位量を照査する．

第Ⅲ編　特殊トンネル　　　6．特殊トンネルの近接施工事例

c）境界条件

　下部：全方向固定，側部：水平のみ固定

d）解析結果

　中央高速の橋台および橋台の許容変位量は，近接施工技術総覧[3]より，許容変位量を水平変位±10mm，鉛直変位±10mm，傾斜±3分で設定した．また，照査の結果，既設構造物に近接する，杭部材の応力度，既設橋脚および橋台の変位量ともに許容値を満足する結果となった．

表-6.1.1 FEM解析結果（JES函体施工時）[1]

検討箇所	A2橋台橋軸平行方向			P1橋脚橋軸平行方向		
	制限値	解析値	判定	制限値	解析値	判定
水平変位量	±10.0 mm	3.6 mm	OK	±10.0 mm	-0.5 mm	OK
鉛直変位量	±10.0 mm	-1.3 mm	OK	±10.0 mm	-6.0 mm	OK
柱の傾斜角	±3/100	0.021/100	OK	±3/100	0.007/100	OK
柱応力度照査（コンクリート）	8.0 N/mm2	4.0 N/mm2	OK	8.0 N/mm2	2.6 N/mm2	OK
柱応力度照査（鉄筋）	160.0 N/mm2	10.0 N/mm2	OK	160.0 N/mm2	全断面圧縮	OK

（出典：児島拓朗，本田諭，折居正和，岩井俊且，八高線北八王子・小宮間石川Bvの設計・施工，STRUCTUAL ENGINEERING DATA(SED)，No.52，pp.68-73，2018.）

（4）影響低減対策

a）地表面（軌道・路面）

　軌道監視，軌道整備で対応．路面はなし．

b）近接構造物

　影響解析結果から影響低減対策は実施していない．

（5）計測概要

a）地表面変位

　計測項目：軌道計測

　計測範囲：函体下端から45°の範囲

　計測方法：軌道変位計，水準計

b）近接構造物

　計測対象：中央高速自動車道　P1橋脚，A2橋台

　計測項目：水平変位量（X,Y方向），鉛直変位量，傾斜角(X,Y方向)

　計測方法：水平変位：レーザー距離計による不動点からの距離計測

　　　　　　鉛直変位：水盛式沈下計による沈下量測定

T.L.34 都市における近接トンネル

(6) 施工結果

P1橋脚の水平変位など一部の数値で許容値を超えているが大型車両の通行時に発生する振動によるもので，立坑構築および躯体施工時とも制限値未満であった．

表-6.1.2 変位計測結果[1]

項目			最大値	最小値
P1橋脚	水平変位	X方向	11.80mm	-2.00mm
		Y方向	13.20mm	-4.50mm
	傾斜	X方向	2.46分	-2.67分
		Y方向	3.06分	-3.48分
	鉛直変位		0.54mm	-0.81mm
A2橋台	水平変位	X方向	5.20mm	-5.00mm
		Y方向	2.40mm	-12.20mm
	傾斜	X方向	0.57mm	-0.45mm
		Y方向	1.56mm	-0.27mm
	鉛直変位		0.14mm	-3.06mm

※X方向：橋脚・橋台の橋軸方向　Y方向：鉛直方向

（出典：児島拓朗，本田諭，折居正和，岩井俊且，八高線北八王子・小宮間石川Bvの設計・施工，
STRUCTUAL ENGINEERING DATA(SED)，No.52，pp.68-73，2018.）

参考文献

1) 児島拓朗，本田諭，折居正和，岩井俊且：八高線北八王子・小宮間石川Bvの設計・施工，
STRUCTUAL ENGINEERING DATA(SED)，No.52，pp.68-73，2018.

2) 東日本旅客鉄道株式会社　提供資料

3) 近接施工技術総覧編集委員会：近接施工技術総覧，産業技術サービスセンター，pp.59-64，1997.

6.1.2 品鶴線大崎駅構内住吉こ道橋他新設（タイプⅠ T117）

(1) 施工概要

a) 工事名
品鶴線大崎駅構内住吉こ道橋他新設

b) 工事期間
2011年6月～2015年2月

c) 工事概要
大崎駅構内住吉こ道橋は，東京都が整備を進めている都市計画道路補助第26号線は，品鶴線（JR横須賀線）品川・西大井間の住吉踏切付近において，横須賀線，東海道新幹線高架橋，および側道（区道）下を非開削にて道路トンネルを築造する工事である（図-6.1.5～図-6.1.7）．

d) 構造形式・構造寸法
1層1径間ボックスカルバート：幅11.5m，高さ7.7m，延長31.6m

e) 施工方法
HEP&JES工法

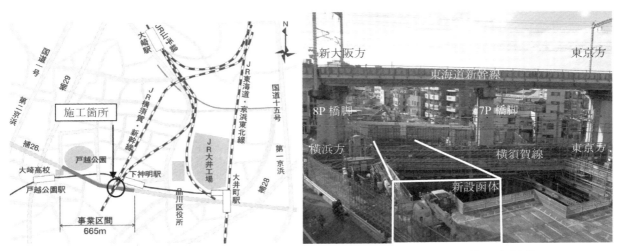

図-6.1.5 施工位置図[1]　　　図-6.1.6 施工箇所全景[1]

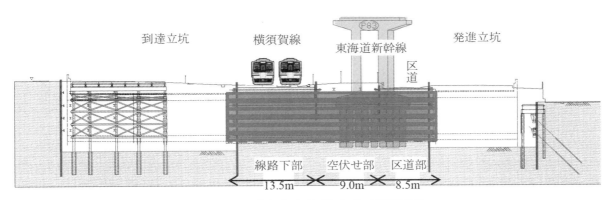

図-6.1.7 住吉Bv平面図[1]

（出典：山田宣彦，本田諭，柳博文，齋藤貴，構造物に近接した非開削工法の施工，土木学会 地下空間シンポジウム論文・報告集，第21巻，pp.99-104, 2016.）

f) 近接構造物
東海道新幹線高架橋，JR横須賀線

新設するJES函体と東海道新幹線の橋脚基礎フーチングが約400mm（図-6.1.8）と非常に近接していた．

T.L.34　都市における近接トンネル

(2) 地質条件
a) 土質条件

地質柱状図を（図-6.1.9）に示す．上部より関東ローム層（Lm, Lc），武蔵野段丘礫層（Mg），東京層（Tos1, Toc, Tos2）で構成されており，武蔵野礫層（Mg）までの地盤が本工事の掘削対象層であった．

b) 地下水位

地下水位については，下床版付近の武蔵野礫層が被圧されており，自然水位が GL-4.60m と側壁中段の高さであった．

c) 土被り

570mm（軌道部 FL～）

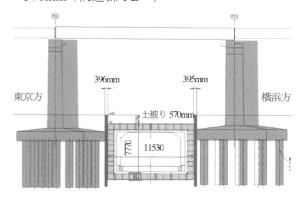
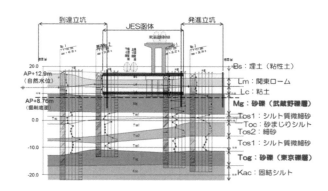

図-6.1.8　住吉 Bv 断面図[1]　　　　　　　図-6.1.9　地層断面図[1]

（出典：山田宣彦，本田諭，柳博文，齋藤貴，構造物に近接した非開削工法の施工，土木学会　地下空間シンポジウム論文・報告集，第 21 巻，pp.99-104，2016．）

(3) 影響予測
a) 解析手法

- 弾塑性法による仮土留めの変形解析
- 2次元弾性 FEM 解析による地盤の挙動解析
- 既設橋脚の設計計算モデル（梁－ばねモデル）による構造解析

b) 解析ステップ

解析は以下の通りである．

STEP1：上床版エレメント設置に伴う掘削土留め工の影響検討
　　　　掘削による構造物位置での地盤挙動の把握：弾塑性法による仮土留めの変形解析
　　　　構造物位置での地盤の挙動の把握：2次元弾性 FEM 解析により地盤変位量の算出

STEP2：エレメント推進時の影響検討
　　　　側壁・下床版エレメント推進による構造物位置での地盤挙動の把握：エレメント推進および内部掘削による応力解放の影響による地盤変位量を，2次元弾性 FEM 解析により算出

STEP3：函体施工による構造物の挙動の把握
　　　　既設橋脚の設計計算モデル（梁－ばねモデル）に，構造物位置での地盤変位を外力として作用させて，既設橋脚の応答値を算出

(4) 影響低減対策

a) 地表面（軌道）
HEP&JES 工法の採用

b) 近接構造物
東海道新幹線高架部について遮断壁を設置した．遮断壁は，鋼矢板IV型を基本としたが，新幹線橋脚のフーチングと新設函体の離隔が最小 395mm と狭隘であるため，**図-6.1.10** のように部分的に鋼矢板III型とした．

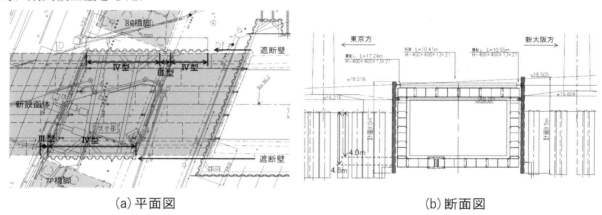

(a)平面図　　　　　　　　　　　(b)断面図

図-6.1.10 遮断壁配置図 [1)]

（出典：山田宣彦，本田諭，柳博文，齋藤貴，構造物に近接した非開削工法の施工，土木学会 地下空間シンポジウム論文・報告集，第 21 巻，pp.99-104，2016.）

(5) 計測概要

a) 地表面変位
計測項目：軌道計測
計測範囲：函体下端から 45°の範囲
計測方法：軌道変位計，水準計

b) 新幹線高架橋
新幹線橋脚の計測は，**図-6.1.11** に示す計測機器を配置して実施した．

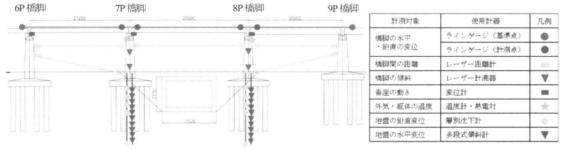

図-6.1.11 新幹線橋脚計測機器配置図 [1)]

（出典：山田宣彦，本田諭，柳博文，齋藤貴，構造物に近接した非開削工法の施工，土木学会 地下空間シンポジウム論文・報告集，第 21 巻，pp.99-104，2016.）

c) 計測管理値
計測管理値は**表-6.1.3** に示すとおりである．

表-6.1.3 計測管理値 [2]

管理項目			管理値		根拠	計測器
軌道	鉛直変位 軌道階	警戒値	4.8		0.8×保守計画値6mm	●ラインゲージ ○層別沈下計
		工事中止値	8.0		0.8×予防管理値10mm	
		限界値	19.0		徐行管理値19mm	
	水平変位 軌道階	警戒値	3.2		0.8×保守計画値4mm	●ラインゲージ ○多段式傾斜計(地中) ○傾斜計(橋脚)
		工事中止値	4.8		0.8×予防管理値6mm	
		限界値	11.0		徐行管理値11mm	
杭部材	水平変位 7P	警戒値	①空伏せ掘削 34.6	②エレメント函体内掘進 39.6	0.7×φc	●多段式傾斜計(地中) ○レーザー距離計 ○傾斜計(橋脚)
		工事中止値	42.0	48.0	ひび割れ発生φc	
		限界値	49.4	56.5	耐久性ひび割れφw=0.3mm	
	水平変位 8P	警戒値	35.6	37.7	0.7×φc	●多段式傾斜計(地中) ○レーザー距離計 ○傾斜計(橋脚)
		工事中止値	43.3	45.8	ひび割れ発生φc	
		限界値	50.9	53.9	耐久性ひび割れφw=0.3mm	
支承部	水平変位 可動支承	警戒値	6.9		0.5×δ	●支承部変位計 ○多段式傾斜計(地中) ○傾斜計(橋脚) ○レーザー距離計
		工事中止値	11.0		0.8×δ	
		限界値	13.8		余裕限界δ (=可動域2mm-温度変化6.2mm)	

凡例）●：管理値と比較する主計測　○：主計測値を検証するための副計測

（出典：吉井恭一朗，本田諭，高橋俊徳，糸井博之，構造物に近接した HEP&JES 工法の施工，STRUCTUAL ENGINEERING DATA(SED), No.45, pp.108-113, 2015.）

(6) 施工結果

a) 軌道変位量

上床版エレメントは，JR 横須賀線直下を 0.57m という低土被りで掘進したが，発生した軌道変位量，10m 弦の高低変位は，最大で上り線-4.6mm，下り線-5.4mm であった．定期的な軌道整備は行ったものの，軌道への影響を最小限に抑えてエレメント掘進を完了した．

b) 地中変位計

エレメント掘進に伴う周辺地盤への影響を把握するため，遮断壁背面と遮断壁の無い区道下で，多段式傾斜計により水平変位を測定した結果を図-6.1.12 に示す．工事の進捗に伴

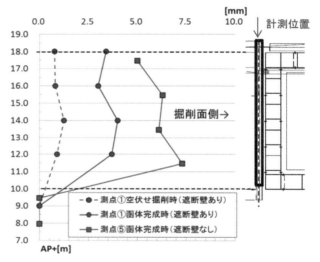

図-6.1.12 遮断壁の有無に着目した傾斜計計測値 [1]
（出典：山田宣彦，本田諭，柳博文，齋藤貴，構造物に近接した非開削工法の施工，土木学会 地下空間シンポジウム論文・報告集, 第21巻, pp.99-104, 2016.）

って，JES 函体側に地盤が変位している．また，遮断壁の有無による変位抑制効果を確認できる．

c) 新幹線高架橋の計測結果

図-6.1.13 にラインゲージによる桁の水平変位の計測結果および桁の鉛直変位の計測結果を示す．図中 A〜G は，各記号に対応するエレメントの掘進期間を記載しており，対応するエレメント名を図-6.1.14 に示す．下床版エレメント掘進時に，桁の水平変位 7P 新大阪方の計測値が一時的に警戒値（3.2mm）を超える事象があった．これは大雨による急激な地下水位の上昇があり，未閉合状態の函体が水圧の影響を受けたものと考えられる．それ以外は，警戒値を超えることはなく，問題となる変位は生じなかった．

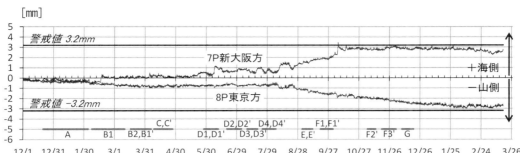

(a) 桁の水平変位

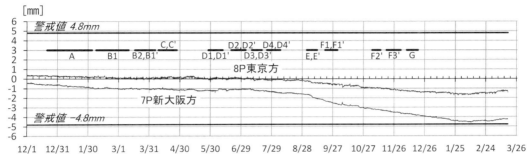

(b) 桁の鉛直変位

図-6.1.13 桁の変位（ラインゲージ）[1]

（出典：山田宣彦，本田諭，柳博文，齋藤貴，構造物に近接した非開削工法の施工，土木学会 地下空間シンポジウム論文・報告集，第21巻，pp.99-104，2016.）

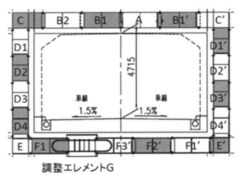

図-6.1.14 JESエレメント割付図[1]

（出典：山田宣彦，本田諭，柳博文，齋藤貴，構造物に近接した非開削工法の施工，土木学会 地下空間シンポジウム論文・報告集，第21巻，pp.99-104，2016.）

参考文献

1) 山田宣彦，本田諭，柳博文，齋藤貴：構造物に近接した非開削工法の施工，土木学会 地下空間シンポジウム論文・報告集，第21巻，pp.99-104，2016.

2) 吉井恭一朗,本田諭,高橋俊徳,糸井博之：構造物に近接したHEP&JES工法の施工, STRUCTUAL ENGINEERING DATA(SED), No.45, pp.108-113, 2015.

6.1.3 JES工法の事例（タイプⅠ　T124）

(1) 施工概要

a) 工事名
浜小倉・黒崎間汐井町牧山海岸線 Bv 新設他工事

b) 工事期間
2017年8月30日～2022年3月5日

c) 工事概要
北九州高速道路（戸畑枝光線）牧山ランプへの連絡道路として，都市計画道路汐井牧山海岸線が計画されている中，JR鹿児島貨物線浜小倉・黒崎間での交差部においてJES工法の推進形式によってアンダーパスを構築するものである．

アンダーパスから1.2m程度に近接して既設下水道管 φ4750mm（外径 φ5700mm）が存在するため事前に影響検討を行い，地盤改良を計画，変位計測を行い確認しながら施工を行った．

d) 構造形式・構造寸法
1層2径間ボックスカルバート
幅14.75m　高さ5.88m, 7.88m（左右非対称）

e) 施工方法
JES工法　推進形式

f) 近接構造物
下水道管渠（シールド）内径 φ4750mm（セグメント外径 φ5700 mm）

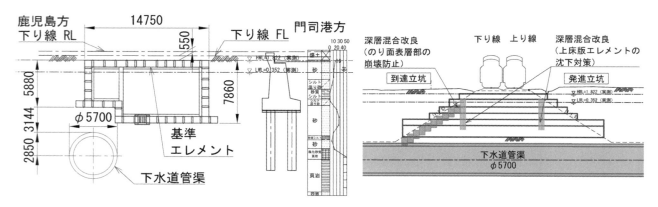

図-6.1.15 横断図・縦断図[1]

（出典：山田宣彦，黒木悠輔，鎌田拓，今吉敏，矢島岳，既設下水道管に近接した特殊な断面形状の線路下横断構造物の計画と施工，土木学会　トンネル工学報告集，第31巻，Ⅳ-5, 2021.）

(2) 地質条件

a) 土質条件
上部より埋土層（B），沖積層の互層（As，Ac），洪積砂質土層（Ds）

沖積層砂質土層のN値上部は10～16程度，下部は10～30，粘性土層は0～1程度，洪積層はN値50以上

b) 地下水位
GL-1.9m付近（函体上床版下付近）

c) 土被り
JR鹿児島貨物線からの土被り0.55m（バラスト下端から）

(3) 影響予測
a) 解析手法
2次元弾性FEM解析

影響解析は下水道シールド管に対して実施

許容値は既存設計計算書をもとに，セグメントリングのボルト耐力より逆算し，管天端鉛直変位にて13mmと設定した．

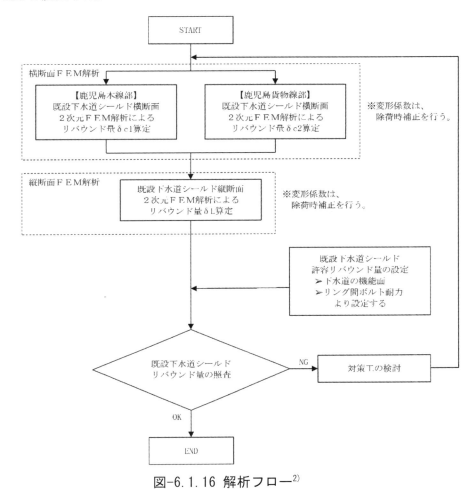

図-6.1.16 解析フロー[2]
（出典：九州旅客鉄道株式会社　提供資料）

なお，解析結果が既設下水道シールド縦断方向の変位が大きくなったので，以後は縦断方向の解析についてのみの記載する．

b) 解析ステップ
下水道延長方向の解析に対しては，立坑，特殊トンネル部，開削施工部におけるすべての箇所を網羅して，以下の順序で行った．

STEP1　初期応力解析
STEP2　立坑部掘削時（応力解放率100%）
STEP3　JES工法施工完了時（要素物性値の変更）
STEP4　開削部区間掘削時（応力解放率100%）

T.L.34 都市における近接トンネル

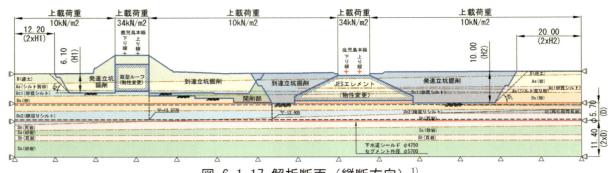

図-6.1.17 解析断面（縦断方向）[1]

（出典：山田宣彦，黒木悠輔，鎌田拓，今吉敏，矢島岳，既設下水道管に近接した特殊な断面形状の線路下横断構造物の計画と施工，土木学会 トンネル工学報告集，第 31 巻，IV-5，2021.）

c) 境界条件

　下部：全方向固定，側部：水平のみ固定

d) 解析結果

　管渠天端の鉛直変位は STEP3 において，JES 工法部は最大 2.47mm（沈下），到達立坑側開削部は最大 3.83mm（隆起）となり，許容値以下になることが確認できたため，無対策での施工が可能と判断した．

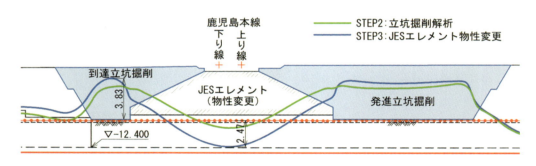

図-6.1.18 下水度管渠天端鉛直変位解析結果[1]

（出典：山田宣彦，黒木悠輔，鎌田拓，今吉敏，矢島岳，既設下水道管に近接した特殊な断面形状の線路下横断構造物の計画と施工，土木学会 トンネル工学報告集，第 31 巻，IV-5，2021.）

(4) 影響低減対策

a) 地表面（軌道・路面）

　軌道監視，軌道整備で対応．路面はなし．

b) 近接構造物

　施工時の影響解析の他，液状化による浮上り検討結果より，函体底面下の液状化層に対し地盤改良を行ったため，下水道管近接部分の地盤も補強することとなった．

　地盤改良は曲がりボーリング式薬液注入工法により耐久性グラウトを注入した．

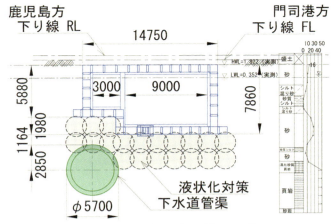

図-6.1.19 地盤改良工横断図[1]

(出典:山田宣彦,黒木悠輔,鎌田拓,今吉敏,矢島岳,既設下水道管に近接した特殊な断面形状の線路下横断構造物の計画と施工,土木学会 トンネル工学報告集,第31巻,IV-5,2021.)

(5) 計測概要

a) 地表面変位

　計測項目:軌道計測　(軌間,水準,高低,通り,平面性)
　計測方法:軌道変位計(プリズムミラーによる画像処理計測システム)

b) 近接構造物

　計測対象:既設下水道管渠(シールド)
　計測項目:管天端の鉛直変位
　計測方法:構造物沈下計(センサー式)

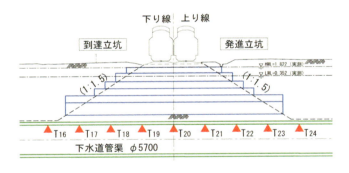

図-6.1.20 下水道天端センサー位置図[1]

(出典:山田宣彦,黒木悠輔,鎌田拓,今吉敏,矢島岳,既設下水道管に近接した特殊な断面形状の線路下横断構造物の計画と施工,土木学会 トンネル工学報告集,第31巻,IV-5,2021.)

(6) 施工結果

a) 軌道計測

　非開削工法施工中の軌道変状は,いずれの計測項目も警戒値(軌道整備基準値×0.4)以内で施工を完了した.

T.L.34 都市における近接トンネル

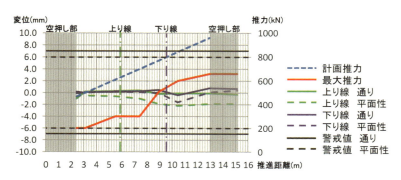

図-6.1.21 軌道計測結果 [1]

（出典：山田宣彦，黒木悠輔，鎌田拓，今吉敏，矢島岳，既設下水道管に近接した特殊な断面形状の線路下横断構造物の計画と施工，土木学会 トンネル工学報告集，第31巻，IV-5，2021.）

b) 下水道管渠天端計測

下水道管渠においては，事前に設定した許容変位量を超えることなく施工が完了した．

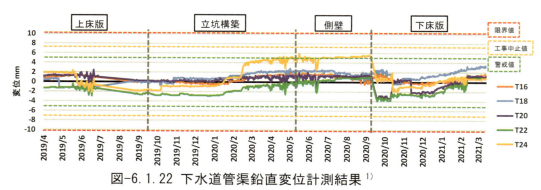

図-6.1.22 下水道管渠鉛直変位計測結果 [1]

（出典：山田宣彦，黒木悠輔，鎌田拓，今吉敏，矢島岳，既設下水道管に近接した特殊な断面形状の線路下横断構造物の計画と施工，土木学会 トンネル工学報告集，第31巻，IV-5，2021.）

(7) その他特記事項

a) 軌道変状対策

施工する函体直下に平行して下水道管渠が近接するため，通常の仮土留めによる発進および到達立坑が設置出来ず，図-6.1.23に示すような切土法面を補強した立坑から，函体端部を階段状に構築する特殊な形状にした．

上床版エレメント施工時の沈下対策として地盤改良を行ったことで，軌道への影響も抑制し，列車運行に支障することなく施工が可能となった．

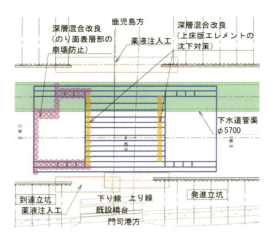 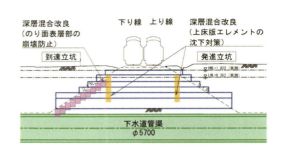

図-6.1.23 函体および立坑断面形状 [1]
(出典：山田宣彦，黒木悠輔，鎌田拓，今吉敏，矢島岳，既設下水道管に近接した特殊な断面形状の線路下横断構造物の計画と施工，土木学会 トンネル工学報告集，第31巻，IV-5，2021.)

参考文献

1) 山田宣彦，黒木悠輔，鎌田拓，今吉敏，矢島岳：既設下水道管に近接した特殊な断面形状の線路下横断構造物の計画と施工，土木学会 トンネル工学報告集，第31巻，IV-5，2021．
2) 九州旅客鉄道株式会社　提供資料

6.1.4 公共つくばエクスプレス沿線整備工事（十余二船戸線箱型函管築造）（タイプⅠ T126）

(1) 施工概要
a) 工事名
公共つくばエクスプレス沿線整備工事（十余二船戸線箱型函管築造）

b) 工事期間
2018年12月～2023年3月

c) 工事概要
本工事は，千葉県柏市正連寺における一般国道16号直下を横断する都市計画道路十余二船戸線函体（以下，函体）をHEP&JES工法により構築するものである（図-6.1.24～図-6.1.26）．十余二船戸線と国道16号は約74°で交差しているため，函体も平行四辺形の平面形状となっている．函体中央部の中壁はRC構造になっており，施工時は仮設エレメントで仮受けした状態で内部掘削を行い，場所打ちで中壁を構築した後受替えを行う．

d) 構造形式・構造寸法
1層2径間ボックスカルバート：幅21.07m，高さ8.37m，延長33.3m

e) 施工方法
HEP&JES工法

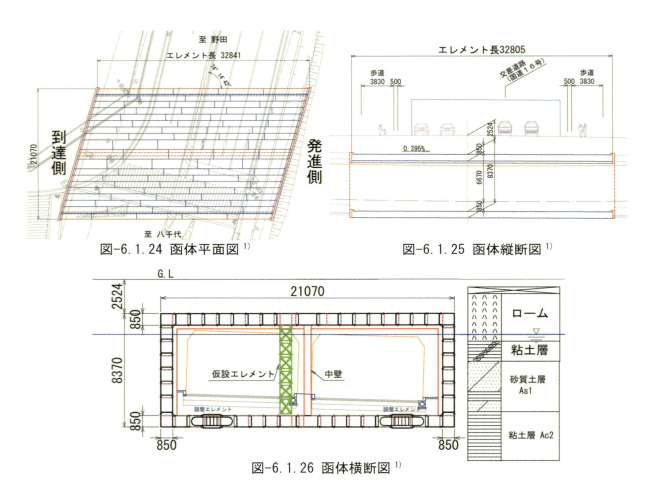

図-6.1.24 函体平面図[1]　　図-6.1.25 函体縦断図[1]

図-6.1.26 函体横断図[1]

（出典：矢島岳，山田一弘，猿田友樹，高山真揮，2次元FEMを用いた非開削アンダーパス施工が地表面に及ぼす影響の検討，土木学会 地下空間シンポジウム論文・報告集，第28巻，pp.23-28，2023．）

f) 近接構造物
国道16号

(2) 地質条件
a) 土質条件

地質柱状図を図-6.1.26に示す．施工箇所の地質は下総台地に位置し，函体構築範囲の地層は関東ロームをはじめとする火山性の粘性土および第四紀更新世の洪積層からなる．上床版部分は緩い粘性土層，側壁部分は緩い砂質土と粘性土の互層で構成されており，下床版部分は中位の粘性土層であった．

b) 地下水位

GL-3.5m付近

c) 土被り

約2.5m

(3) 影響予測
a) 解析手法

2次元弾性FEM解析

b) 解析ステップ

解析ステップは切羽掘削・エレメント掘進・コンクリート打設・内部掘削を考慮した．上床版のエレメント掘進が完了した後，エレメント内部に中埋めコンクリートの物性値を与えコンクリート打設とした．側壁・下床版も同様の順序でステップを設定した．最終ステップでは函体内掘削として函体内部の地盤要素を削除し，応力解放率を100%とした．解析フローの概略図を図-6.1.27に，解析ステップの抜粋を図-6.1.28に示す．

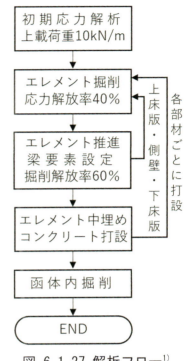

図-6.1.27 解析フロー[1]

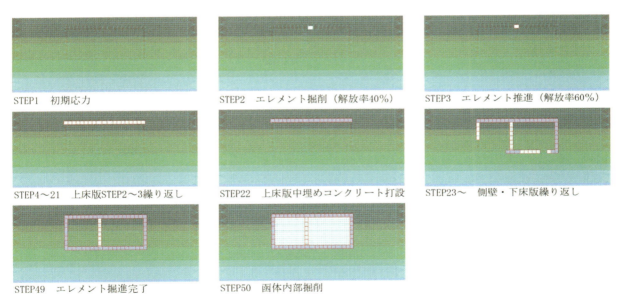

図-6.1.28 解析ステップ図（抜粋）[1]

(出典：矢島岳，山田一弘，猿田友樹，高山真揮，2次元FEMを用いた非開削アンダーパス施工が地表面に及ぼす影響の検討，土木学会 地下空間シンポジウム論文・報告集，第28巻, pp.23-28, 2023.)

(4) 影響低減対策
a) 地表面（路面）

エレメント施工時に切羽崩壊による局所的な陥没を防止するため，エレメント施工位置に薬液注入による地盤強化を行った．また，HEP&JES 工法は開放式の施工方法であるため，地下水位以下は止水を目的とした薬液注入を函体周面に行った．薬液注入工概要図を図-6.1.29 に示す．

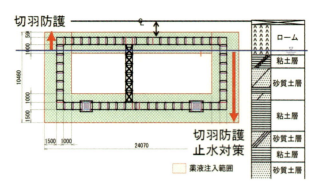

図-6.1.29 薬液注入工概要図[2]

(5) 計測概要
a) 地表面変位（図-6.1.30）

計測項目：路面計測
計測範囲：函体下端から 45°の範囲
計測方法：自動追尾式トータルステーション

b) 計測管理値

管理体制とその対応を表-6.1.4 に示す．路面管理基準に加え，早期対応のための自主管理基準を設定した．

(6) 施工結果

地表面に影響を与えやすい施工ステップについて，解析結果と実測値を比較した．図-6.1.31 に函体横断方向の解析結果と実測値の着目点を示す．

a) 上床版エレメント中埋めコンクリート打設前後

上床版エレメントコンクリート打設前後の鉛直変位グラフを図-6.1.32 に示す．コンクリート打設前の変位量は実測値がやや大きいが，解析結果とおおむね一致した．コンクリート打設後の実測値は，解析値よりも変位量が小さくなっている箇所があるが，おおむね同様の値を得ることができた．

b) 函体内部掘削前後

函体内部掘削前後の鉛直変位グラフを図-6.1.33 に示す．函体内部掘削前の時点で，実測値の変位量は解析値に比べ最大 10mm 程度小さい結果となった．しかし，内部掘削前後の変位量の差分は解析結果，実測値ともに，いずれも上方向への変位（リバウンド）であり，同程度のリバウンド量を算出することができた．

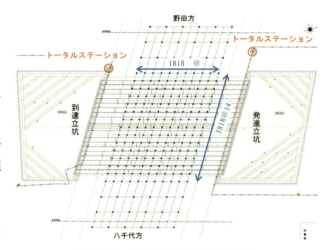

図-6.1.30 路面計測概要図[2]

表-6.1.4 管理体制とその対応[2]

	管理体制	管理値	対応
1	通常体制	±8mm未満	・計測管理の実施
2	警戒体制準備段階	±8mm以上	・計測工の強化と作業員への注意強化 ・原因の推定および変状予測 ・必要に応じ対策案の検討
3	警戒体制	±10mm以上	・計測工の強化と作業員への注意強化 ・発注者へ計測値を毎日報告 ・原因の推定および変状予測による対応協議 ・場合により対策
		±24mm以上	・さらなる変状状況の確認 ・路面補修・補強対策についての協議
4	緊急体制	±30mm以上	・直ちに工事を中断 ・さらなる変状状況の確認 ・交通規制による路面補修・補強対策実施
5	非常体制	著しい段差があり，交通の支障となっているか，その恐れがあるとき	・直ちに工事を中断 ・事前協議に従い，交通規制と復旧工事の実施

（出典：藤原直彦，高山真揮，山田一弘，国道16号直下における道路下横断構造物の上床版施工について，土木学会 地下空間シンポジウム論文・報告集，第27巻，pp.65-70, 2022.）

c) 施工完了後の地表面変位量

最終的な地表面変位量は最大で 7.5mm 程度であった．施工中は著大な変位などは生じず，道路交通に支障なく施工を完了することができた．

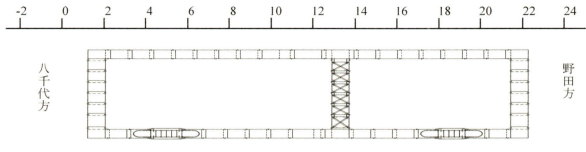

図-6.1.31 解析結果と実測値の着目点[1]

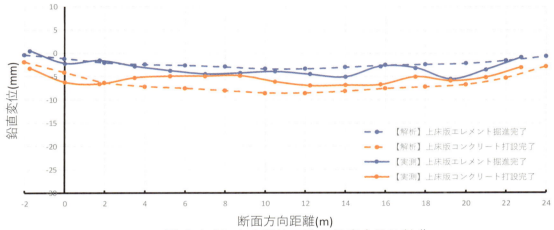

図-6.1.32 上床版施工時の鉛直変位比較[1]

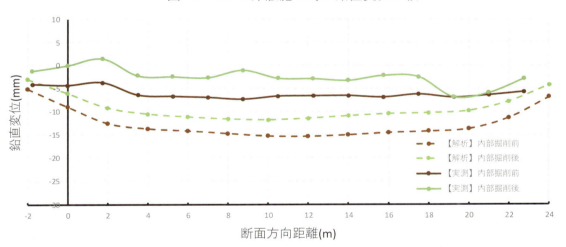

図-6.1.33 函体内部掘削前後の鉛直変位比較[1]

(出典：矢島岳，山田一弘，猿田友樹，高山真揮，2次元FEMを用いた非開削アンダーパス施工が地表面に及ぼす影響の検討，土木学会 地下空間シンポジウム論文・報告集，第28巻，pp.23-28，2023.)

参考文献

1) 矢島岳，山田一弘，猿田友樹，高山真揮：2次元FEMを用いた非開削アンダーパス施工が地表面に及ぼす影響の検討，土木学会 地下空間シンポジウム論文・報告集，第28巻，pp.23-28，2023.

2) 藤原直彦，高山真揮，山田一弘：国道16号直下における道路下横断構造物の上床版施工について，土木学会 地下空間シンポジウム論文・報告集，第27巻，pp.65-70，2022.

6.2 タイプⅡの事例

6.2.1 パイプルーフ工法の事例（タイプⅡ T202）
(1) 施工概要
 a) 工事名称
  阪神なんば線西九条交差点下トンネル工事
 b) 工事期間
  2013年1月～2019年1月
 c) 工事概要
  阪神なんば線の西九条駅－大阪難波駅間延伸における地下線工事のうち，阪神高速16号大阪港線と地下鉄中央線の高架橋をアンダーパスする西九条交差点下のトンネル工事では，土被りが浅く直上構造などへの影響が懸念された．本工事は掘削時の地盤変状防止のためにパイプルーフ工法と薬液注入による地盤改良を行った．
  パイプルーフ工法の施工は，水平パイプを人力の掘削により先行に施工し，その後に鉛直部分パイプをスクリューオーガーによる掘削とジャッキ推力による推進を組合わせた機械施工により実施した．
 d) 構造形式・構造寸法
  門型形状のパイプルーフ　幅15.979m，高さ7.458m，パイプ延長39m
 e) 施工工法
  パイプルーフ工法
 f) 近接構造物
  阪神高速16号大阪港線と地下鉄中央線の高架橋

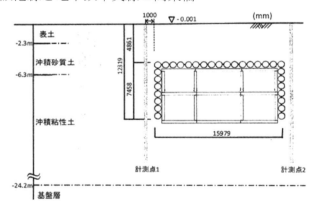

図-6.2.1 断面図

（出典：岡部安治，小宮一仁，赤木寛一，高橋博樹，宇井仁将，軟弱地盤におけるパイプルーフ施工に伴う地盤変位の計測，トンネル工学報告集，第20巻，pp.381-385，2010.）

(2) 地質条件
 a) 土質条件
  沖積砂質土層と沖積粘性土層で構成されるN値0～10の軟弱地盤
 b) 地下水位
 c) 土被り
  GL-4.861m

(3) 影響予測
a) 解析手法

3次元 FEM 解析

b) 解析ステップ

工事と同じパイプ推進力を外力とし，切羽における掘削が掘削要素と有限要素の再分割を用いる方法により解析を行った．パイプと地盤の間にはグットマン型のジョイント要素を配置し，推進時の摩擦抵抗を考慮した．

c) 解析結果

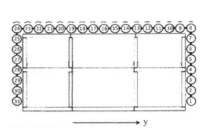
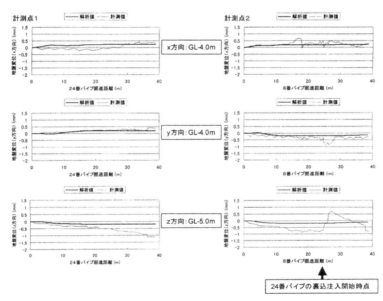

図-6.2.2 解析結果
(出典：岡部安治，小宮一仁，赤木寛一，高橋博樹，宇井仁将，軟弱地盤におけるパイプルーフ施工に伴う地盤変位の計測，トンネル工学報告集，第20巻，pp.381-385，2010.)

(4) 影響低減対策
a) 地表面（軌道・路面）

水平部分パイプと鉛直パイプ上半分の範囲を薬液注入により地盤改良した

b) 近接構造物

なし

(5) 計測概要
a) 地表面変位

計測項目：地表面・地盤内の水平・鉛直変位

計測範囲：パイプ発進地点から約10mの地点2点（計測点1・計測点2）

計測方法：水平変位計，沈下計

(6) 施工結果

- パイプ推進方向（x方向）の水平変位は概ねパイプの推進方向に発生した．
- パイプ推進と直角方向（y方向）の変位はパイプに向かう方向に発生した．パイプと地盤の間の隙間の発生による応力解放が一因であると考えられる．
- パイプ推進に伴い地盤沈下が発生する．
- 当該工事では，パイプ推進に伴う地盤変位は管理値に比べて極めて小さい値に抑えられた．

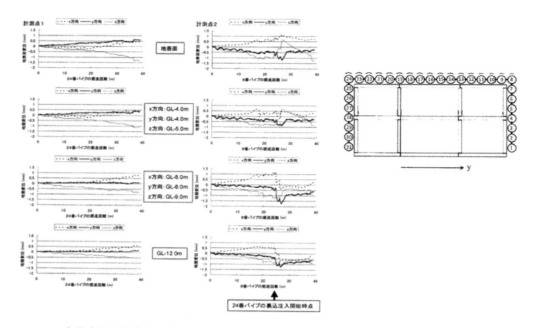

図-6.2.3 計測結果

（出典：岡部安治，小宮一仁，赤木寛一，高橋博樹，宇井仁将，軟弱地盤におけるパイプルーフ施工に伴う地盤変位の計測，トンネル工学報告集，第20巻，pp.381-385，2010.）

参考文献

1) 岡部安治，小宮一仁，赤木寛一，高橋博樹，宇井仁将：軟弱地盤におけるパイプルーフ施工に伴う地盤変位の計測，トンネル工学報告集，第20巻，pp.381-385，2010.

6.3 タイプⅢの事例

6.3.1 シールド分割工法の事例1（タイプⅢ　T302）
(1) 施工概要
 a) 工事名
　東関東自動車道谷津船橋インターチェンジ工事
 b) 工事期間
　2009年6月19日～2013年5月17日
 c) 工事概要
　本工事は，国道357号の交通を東関東自動車道に誘導するためのインターチェンジを築造するものである．工事の一部である東関東自動車道横断部において小断面シールドによる分割施工を行っている．
 d) 構造形式・構造寸法
　1層1径間ボックスカルバート　幅10.1m，高さ8.55m，延長70m
 e) 施工方法
　自由断面分割工法
 f) 近接構造物
　東関東自動車道路面
 g) その他
　当初計画では6本とも密閉型のシールドで施工する予定だったが，上部に支障物があることから上段の2本は開放型のシールドに変更となった．開放型シールドの補助工法として土被り部の地盤改良を併用した．

図-6.3.1.1 工事位置図[1]

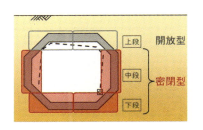

図-6.3.1.2 シールド区分[1]

（出典：東日本高速道路株式会社提供）

図-6.3.1.3 非開削区間施工手順[2]

（出典：土木学会，トンネル・ライブラリー第31号，特殊トンネル工法－道路や鉄道との立体交差トンネル－，図-9.1，p.Ⅱ-75，2019.）

(2) 地質条件
a) 土質条件

東関東自動車は，谷津干潟を埋め立てた場所に造成されている．シールド掘進部の上部はほぼ全線にわたり埋土層（Bk 層）で，沖積砂層（As 層），沖積粘性土層（Ac1，Ac2 層）と続き，シールド以深は洪積砂層（Ds1～Ds3）であった．東関東自動車の盛土法尻部において試掘調査を行ったところ，シールド路線内に護岸が残置されていることが確認された．

b) 地下水位
GL-0.8m

c) 土被り
約 3.6m

(3) 影響予測
a) 解析手法
二次元弾性 FEM 解析

b) 解析ステップ
STEP1：初期応力解析
STEP2～6：シールド掘進
STEP7：内部掘削

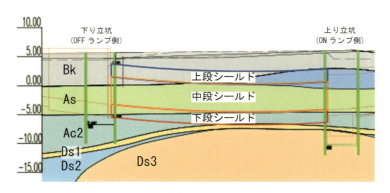

図-6.3.1.4 土質条件[1]
（出典：東日本高速道路株式会社提供）

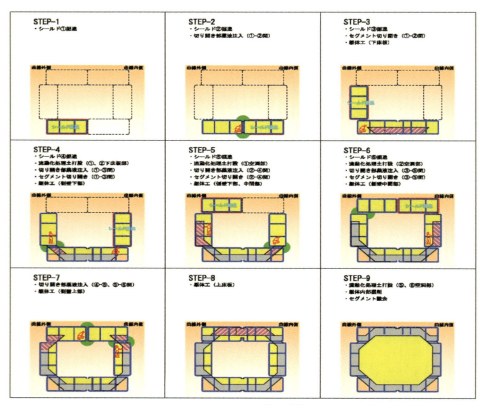

図-6.3.1.5 シールド掘進施工順序図[1]
（出典：東日本高速道路株式会社提供）

c) 解析結果

最大鉛直変位 8.0mm

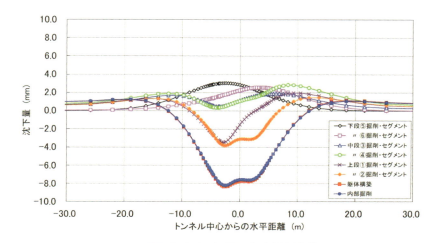

図-6.3.1.6 FEM解析結果[1]
(出典:東日本高速道路株式会社提供)

(4) 影響低減対策
a) 地表面(路面)
- フラッパー装置により掘削土砂の流れに対する回転抵抗を計測することで塑性流動状態を定量的に管理した.
- 開放型シールドのテールボイドについては,裏込め材の切羽への逸走を防止し,かつ確実に地山を保持するため,セグメント背面に設置し局所的な限定注入が可能なセグメント背面充填膨張袋(Eバッグ)を採用した.
- 開放型シールドの土被り部の地盤改良は道路を開放するために早期強度発現が必要であった(造成後3時間で200kN/m^2).JSG工法に硬化促進剤として3号ケイ酸ソーダを添加し早期強度発現を図った.

写真-6.3.1.1 フラッパー装置[3]　　　写真-6.3.1.2 E-バッグ[3]

(出典:加藤ら,小土被り・高速道路横断トンネルの分割施工－東関東自動車道横断シールドトンネル－,第73回施工体験発表会(都市),写真-7,p.15,日本トンネル技術協会,2013.)

(5) 計測概要
a) 地表面変位

計測項目:地表面変位

計測方法:トータルステーション,Webカメラによる変状監視,目視点検,走行動感点検

T.L.34 都市における近接トンネル

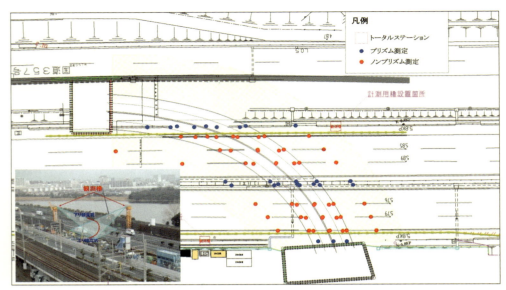

図-6.3.1.7 路面変状計測点図[1]
(出典：東日本高速道路株式会社提供)

(6) 施工結果

路面変状は，密閉型シールド施工時は±3mm程度，開放型シールド施工時は±1mm程度，内部構築時はほぼ発生しなかった．

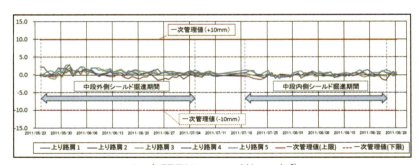

a) 密閉型シールド施工時[2]

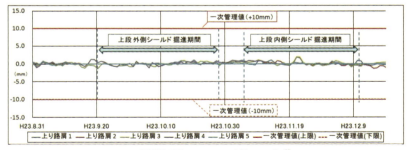

b) 開放型シールド施工時[2]

図-6.3.1.8 路面変状経時変化
(出典：土木学会，トンネル・ライブラリー第31号，特殊トンネル工法－道路や鉄道との立体交差トンネル－，図-9.16-17, p.Ⅱ-82, 2019.)

　　下段シールド（横・密閉）　　　中断シールド（縦・密閉）　　　上段シールド（横・開放）

写真-6.3.1.3 シールド到達状況[2]

（出典：土木学会，トンネル・ライブラリー第31号，特殊トンネル工法－道路や鉄道との立体交差トンネル－，図-9.10-12, p. II-80, 2019.）

(7) その他特記事項

a) 近接影響予測

　近接影響予測解析では，シールド掘削時は応力解放に起因するリバウンドによる隆起が生じ，一方，躯体構築時には沈下が生じている．しかし，実測値では，顕著にリバウンドや重量増加による沈下は生じていない．これはセグメント周面の摩擦抵抗により変状を抑制していたものと考えられる．

参考文献

1) 東日本高速道路株式会社提供
2) 土木学会：トンネル・ライブラリー第31号，特殊トンネル工法－道路や鉄道との立体交差トンネル－, p. II-75-84, 2019.
3) 加藤哲，江原豊，宮元克洋，丹下俊彦：小土被り・高速道路横断トンネルの分割施工－東関東自動車道横断シールドトンネル－, 第73回施工体験発表会（都市）, pp. 10-18, 日本トンネル技術協会, 2013.

6.3.2 圏央道桶川北本函渠その1工事（タイプⅢ T303）

(1) 施工概要
a) 工事名
圏央道桶川北本築函渠その1工事

b) 工事期間
2012年8月～2015年10月

c) 工事概要
本工事は，首都圏中央連絡自動車道（圏央道）を築造する工事のうち，国道17号と交差し，主要地方道東松山桶川線，桶川市道4号と平行する位置に大規模な道路トンネルを築造する工事である．（図-6.3.2.1）

d) 構造形式・構造寸法
1層2径間ボックスカルバート
幅27.9m，高さ10.0m，延長42.5m

e) 施工方法
ハーモニカ工法（マルチタイプ）

f) 近接構造物
国道17号

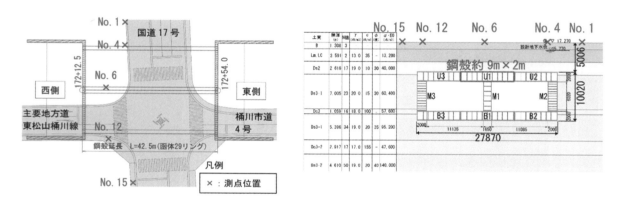

図-6.3.2.1 平面図・横断図 [1]
（出典：山田亨，飯島知哉，真柴浩，森田康平，国道直下におけるハーモニカ工法マルチタイプの施工実績－地表面の変状実績と解析－，土木学会第71回年次学術講演会講演概要集，Ⅵ-365，pp.729-730，2016．）

(2) 地質条件
a) 土質条件
上部より埋土層（B），ローム層（Lm，Lc），洪積砂質土層（Ds）．
埋土層のN値上部は3，ローム層のN値は2，洪積砂質土層のN値は17～34

b) 地下水位
GL-1.5m付近

c) 土被り

最小 5.0m

(3) 影響予測
a) 解析手法

二次元弾性 FEM 解析．ハーモニカ推進に伴う地盤変状を応力解放率 α で評価．

b) 解析ステップ

解析は以下の通りである．（図-6.3.2.2）

STEP1：初期応力解析（自重解析）
STEP2：U1 鋼殻掘進（掘削解放：6%，セグメント設置：94%）
STEP3：U2・U3 鋼殻掘進（同上）
STEP4：M1・M3 鋼殻掘進（同上）
STEP5：M2・B1 鋼殻掘進（同上）
STEP6：B2・B3 鋼殻掘進（同上）

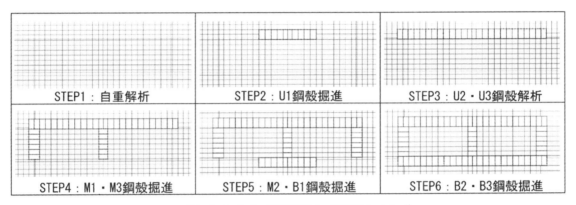

図-6.3.2.2 解析断面（横断方向）[1]

（出典：山田亨，飯島知哉，真柴浩，森田康平，国道直下におけるハーモニカ工法マルチタイプの施工実績－地表面の変状実績と解析－，土木学会第 71 回年次学術講演会講演概要集，VI-365，pp.729-730，2016.）

c) 境界条件

下部：鉛直・水平固定，側部：水平固定

d) 解析結果

函体中央部における計測結果をもとに，影響解析における応力解放率 α を逆解析により評価した．解析では応力解放率を α=6% とすることで，実測値を表現することができた．これは，一般的にシールドトンネル等の解析で用いられる応力解放率（地中応力から算定した応力解放率は α=17.9〜18.8% となる）よりも小さな数値となった．

この理由はハーモニカ工法では，シールド工法とは異なり，掘削機と後続函体の間にはテールボイドが生じず，余掘り量が小さいために，掘削時の影響を低減できたためと考えられる．

(4) 影響低減対策
a) 地表面（軌道・路面）

　特になし

b) 近接構造物

　特になし

(5) 計測概要
a) 地表面変位

　水準測量（1回/日以上）

b) 近接構造物

　なし

(6) 施工結果

　計測の結果，地表面の沈下量は全施工ステップを通して，一次管理である10mm未満となり，掘進最終STEPまでの累積で5～7mmの沈下量が発生した（**図-6.3.2.3 および 図-6.3.2.4**）．なお，外殻構築時のコンクリート打設および内部掘削時においては，地表面への影響が生じず，沈下量に変動は生じなかった．

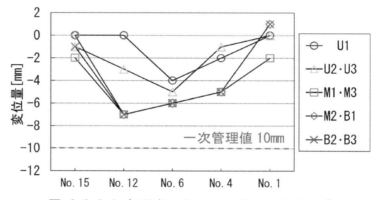

図-6.3.2.3 各測点における地表面計測結果 [1]

（出典：山田亨，飯島知哉，真柴浩，森田康平，国道直下におけるハーモニカ工法マルチタイプの施工実績－地表面の変状実績と解析－，土木学会第71回年次学術講演会講演概要集，VI-365, pp.729-730, 2016.）

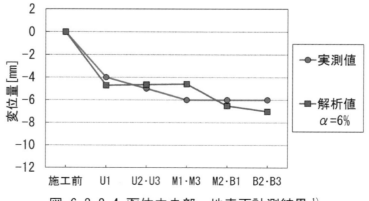

図-6.3.2.4 函体中央部　地表面計測結果 [1]

（出典：山田亨，飯島知哉，真柴浩，森田康平，国道直下におけるハーモニカ工法マルチタイプの施工実績－地表面の変状実績と解析－，土木学会第71回年次学術講演会講演概要集，VI-365, pp.729-730, 2016.）

(7) その他特記事項

　M1・M3 掘削完了後に各測点において最大変位量が発生している．頂部函体である U1〜U3 函体を先行して掘削することにより，底部函体である B1〜B3 函体掘削時については地表面への影響が小さくなったと考えられる．

参考文献

1) 山田亨，飯島知哉，真柴浩，森田康平：国道直下におけるハーモニカ工法マルチタイプの施工実績－地表面の変状実績と解析－，土木学会第 71 回年次学術講演会講演概要集，VI-365，pp.729-730，2016.

6.4 タイプⅣの事例

6.4.1 パイプルーフ併用ボックス推進工法の事例1（タイプⅣ T429）

(1) 施工概要

a) 工事名

新東名高速道路 伊勢原 JCT 工事

b) 工事期間

2013年4月～2019年11月

パイプルーフ施工期間：2016年9月～2016年11月

推進ボックス施工期間：2017年4月～2017年10月

c) 工事概要

本工事は，東名高速道路盛土部を横断している市道拡幅のため，既存のボックスカルバートに隣接する新たなボックスカルバートを推進工法で施工する工事である．

d) 構造形式・構造寸法

1層1径間ボックスカルバート

幅4.9m，高さ6.15m，延長45.3m

e) 施工方法

密閉型ボックス推進工法

f) 近接構造物

東名高速道路路面

写真-6.4.1.1 既存ボックスカルバート[1]

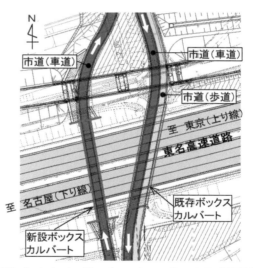

図-6.4.1.1 ボックスカルバート配置図[1]

（出典：俊成ら，東名高速道路盛土部における低土かぶりボックス推進工事－新東名高速道路 伊勢原 JCT 工事－，第83回(都市)施工体験発表会，写真-1，図-2，p.50，日本トンネル技術協会，2018.）

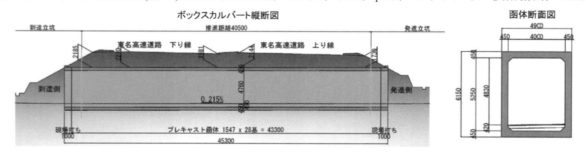

図-6.4.1.2 新設ボックスカルバート[1]

（出典：俊成ら，東名高速道路盛土部における低土かぶりボックス推進工事－新東名高速道路 伊勢原 JCT 工事－，第83回(都市)施工体験発表会，図-3，p.50，日本トンネル技術協会，2018.）

(2) 地質条件
a) 土質条件

地盤構成を下図に示す．盛土は東名高速道路建設時の礫混じり粘性土（Bs1）と東名高速道路拡幅工事時の礫混じり粘性土（Bs2），盛土施工時の排水層と推定される砂礫層（Bsg）で構成されている．発進立坑側の原地盤は洪積層である新期ローム層（Lm），古期ローム層（Lc）で構成されているが，到達立坑側に向かってローム層が沈み込み沖積層である有機質土（Apc），粘性土（Ac）が盛土の間に堆積している．

また，東名高速道路拡幅時の完成図には拡幅盛土部（Bs2）に円柱状の地盤改良体が記載されており，ボーリング調査で探査を行った結果，地盤改良体を確認し，地盤改良体の一軸圧縮強度は最大 19MN/m² であった．

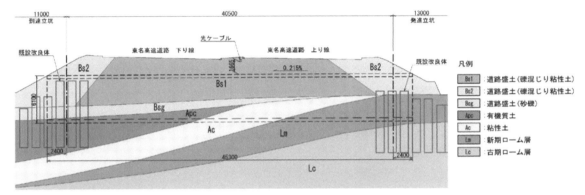

図-6.4.1.3 地層分布図[1]

(出典：俊成ら，東名高速道路盛土部における低土かぶりボックス推進工事－新東名高速道路 伊勢原JCT工事－，第83回(都市)施工体験発表会，図-4，p.50，日本トンネル技術協会，2018.)

表-6.4.1.1 地盤構成[1]

地層区分	記号	平均N値(回)	特徴
道路盛土	Bs1	—	東名高速の道路盛土 最大れき径は50mm程度 Bs2層に比べ締まる
道路盛土	Bs2	6.4	東名高速拡幅部の盛土 最大れき径は100mm程度
道路盛土	Bsg	8	盛土の基層・遮断層・排水層 最大れき径は150mm程度
有機質土	Apc	0.7	軟弱粘性土
粘性土	Ac	2.3	ローム層の二次堆積層

(出典：俊成ら，東名高速道路盛土部における低土かぶりボックス推進工事－新東名高速道路 伊勢原JCT工事－，第83回(都市)施工体験発表会，表-1，p.51，日本トンネル技術協会，2018.)

b) 地下水位
なし

c) 土被り
最小 1.7m

(3) 影響予測
a) 解析手法
二次元弾塑性FEM解析

b) 解析ステップ
STEP1：初期応力解析
STEP2：パイプルーフ設置

(ばね支承設定)
STEP3：ボックス推進掘進
（応力解放率：40%）

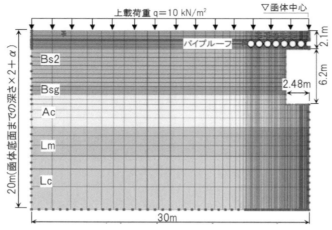

図-6.4.1.4 解析モデル図[1]

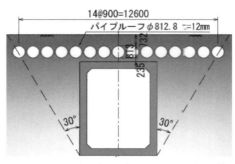

図-6.4.1.5 パイプルーフ配置図[1]

（出典：俊成ら，東名高速道路盛土部における低土かぶりボックス推進工事－新東名高速道路　伊勢原JCT工事－，第83回(都市)施工体験発表会，図-6，図-7，p.52，日本トンネル技術協会，2018.）

c) 境界条件

側部：水平固定，下部：水平・鉛直固定

d) 解析結果

ボックス推進による沈下量は，パイプルーフによる防護がない場合 27.7mm となり，沈下量が路面管理値の30mm以上となる恐れがあった．また，応力解放率が30%を超えると弾性挙動とかい離する傾向となり，矩形断面でアーチアクションが期待できないことを考慮すると，路面陥没が発生する可能性を排除できないため，パイプルーフによる防護工を採用した．

パイプルーフを配置した場合の路面沈下量は8.3mmで，応力解放率50%まで弾性挙動を示すことから，路面沈下量を30mm以下に抑制し，路面陥没を防止できると判断した．

(4) 影響低減対策

a) 地表面（路面）

パイプルーフによる防護（人力掘削）

パイプルーフ間の継手には，切羽から路面への逸泥と噴発防止も期待している．

隣接するパイプルーフ掘削開始前に裏込め注入を実施することで，路盤材剥落および周辺地盤の緩みの進行を防止した．

(5) 計測概要

a) 地表面変位

計測項目：路面変位，パイプルーフ変位

計測方法：・パイプルーフ内 圧力式沈下計（変状をリアルタイムに把握するため）

・ノンプリズムトータルステーション

・路面監視員による目視

・走行動感点検

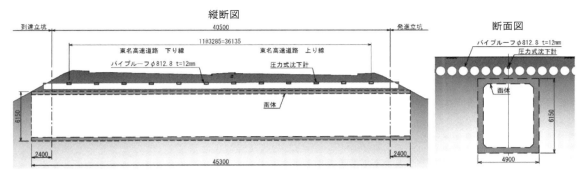

図-6.4.1.6 圧力式沈下計配置図[1]

(出典：俊成ら，東名高速道路盛土部における低土かぶりボックス推進工事－新東名高速道路　伊勢原JCT工事－，第83回(都市)施工体験発表会，図-9, p.54, 日本トンネル技術協会, 2018.)

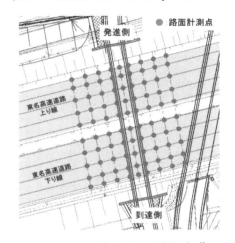

図-6.4.1.7 路面沈下計測点[1]

(出典：俊成ら，東名高速道路盛土部における低土かぶりボックス推進工事－新東名高速道路　伊勢原JCT工事－，第83回(都市)施工体験発表会，図-8, p.53, 日本トンネル技術協会, 2018.)

(6) 施工結果

路面沈下量：パイプルーフ施工時 7mm，函体推進時 15.2mm，最終 10.6mm

パイプルーフ沈下量：函体推進時 15.6mm　　（いずれも累計沈下量）

路面の一次管理値 20mm 以下で施工を完了した．

パイプルーフの施工時影響を考慮すると，路面沈下量は解析値と実測値は同等であった．

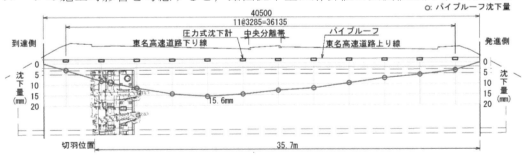

図-6.4.1.8 パイプルーフ沈下量分布図[1]

(出典：俊成ら，東名高速道路盛土部における低土かぶりボックス推進工事－新東名高速道路　伊勢原JCT工事－，第83回(都市)施工体験発表会，図-10, p.55, 日本トンネル技術協会, 2018.)

(7) その他特記事項
a) 推進工法の選定
　掘進範囲に自立しない有機質土や砂礫層が介在するため，密閉型推進工法（泥土圧式）を選定した．

b) 推進機のノーズダウン対策
　推進機長が短く，重心が前方にあるため，推進機底面地盤が到達側の軟弱な粘性土層，有機質土層となったときに，推進機がノーズダウンすることが懸念された．対策として，推進機と後続する5基の函体を緊結し一体化した．

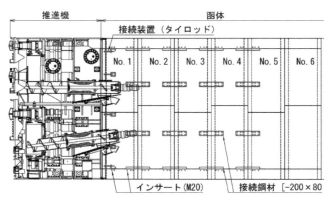

図-6.4.1.9　函体緊結範囲図 [1]

（出典：俊成ら，東名高速道路盛土部における低土かぶりボックス推進工事－新東名高速道路　伊勢原JCT工事－，第83回(都市)施工体験発表会，図-11, p.55, 日本トンネル技術協会，2018.）

c) 土質調査
　複雑な地盤構成を把握するために斜めボーリングによる土質調査を行った．

d) 路面下空洞調査
　事前に自走式電磁波地中レーダ探査車により舗装下の空洞調査を行った．

e) パイプルーフに設置した沈下計の活用
　掘進機前方のパイプルーフの沈下状況を確認しながら切羽土圧を 0.02～0.04MPa の範囲で管理した．

　推進機が中央分離帯を通過したあたりから推進機後方（テールボイド部）の沈下が進行したため，二次滑材（固結型滑材）を函体上部から注入しパイプルーフの沈下を防止した．

　また，裏込注入時は，裏込材がテールボイド内に充填されていることを確認する手段として利用し，パイプルーフが隆起傾向となるまで裏込注入を行った．

参考文献
1) 俊成安徳，小野聖久，今倉和彦，松元文彦：東名高速道路盛土部における低土かぶりボックス推進工事－新東名高速道路　伊勢原JCT工事－，第83回（都市）施工体験発表会, pp.49-56, 日本トンネル技術協会，2018.

第Ⅲ編　特殊トンネル　　6．特殊トンネルの近接施工事例

6.4.2 ESA 工法（フロンテジャッキング工法併用）の事例（タイプⅣ T437）

(1) 施工概要
a) 工事名称
　北総鉄道と交差する一般国道 298 号（東京外かく環状道路）新設工事に伴う函渠新設工事
b) 工事期間
　2007 年 2 月 23 日～2010 年 12 月 31 日
c) 工事概要
　本工事は，都心から半径 15km の地域を環状に結ぶ幹線道路であり，供用中の三郷南 IC から千葉県側に延伸する事業である．北総線交差部工事は，千葉県市川市の北総鉄道と交差する箇所に位置し，既設の北総鉄道（NATM トンネル）の直上に外環道・上下線（半地下掘割スリット構造）を構築する．
　北総鉄道トンネルとの離隔はわずか 2m 程度であるため，施工時の土被り撤去に伴うトンネルのリバウンドが懸念された．そのための対策として非開削の函体推進工法「フロンテジャッキング工法＋ESA 工法」を適用した．
d) 構造形式
　1 層 2 径間ボックスカルバート（半地下掘割スリット構造），幅 26.134～29.014m　高さ 9.25m　延長 75.0m
e) 施工方法
　ESA 工法（フロンテジャッキング工法併用）
f) 近接構造物
　北総鉄道トンネル（NATM トンネル）

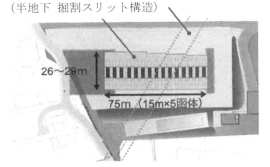
a) 図-6.4.2.1 工事平面図[1]

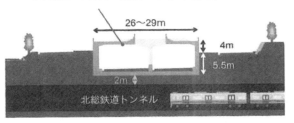
b) 図-6.4.2.2 工事断面図[1]

（出典：森崎義彦，鉄道営業線トンネル直上での函体推進施工－東京外かく環状道路　北総鉄道交差部工事－，図-2，p102，土木施工，vol.51，No.8，2010．）

(2) 地質条件
a) 土質条件
　下総台地に位置し，関東ローム層に覆われた洪積台地である．表層厚 15m～20m 程度の砂質土層と層厚 3～10m 程度の粘性土層が互層状を成し，各層はほぼ水平に分布している．
　外環道の構築位置は，洪積第一砂質土層（成田砂層，Ds1）と呼ばれる N 値 40 程度の砂質土層であり，既設の北総鉄道トンネルも同じ層に位置している．

b) 地下水位
　函体底面と北総鉄道トンネル天端との間付近
c) 土被り
　半地下掘割スリット構造のため土被り無し．北総鉄道トンネルとの離隔は 2m 程度

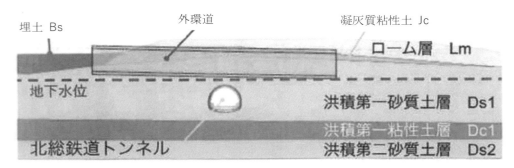

図-6.4.2.3 地質図 [1)]

（出典：森崎義彦，鉄道営業線トンネル直上での函体推進施工－東京外かく環状道路　北総鉄道交差部工事－，図-2，p.102，土木施工，vol.51，No.8，2010．）

(3) 影響予測
a) 解析手法
　2次元 FEM 解析および，一次掘削時の実績値に基づく逆解析
b) 解析ステップ
　　STEP1　トンネル浮上り量の抽出
　　STEP2　地山掘削状況を再現した FEM モデルの作成
　　STEP3　リバウンド時における地山変形係数の精査（逆解析）
　　STEP4　次工程におけるトンネル影響の再評価（予測解析）

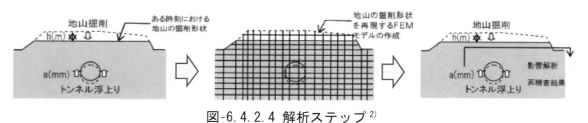

図-6.4.2.4 解析ステップ [2)]

（出典：鹿島建設株式会社提供）

c) 解析結果
　当初設計では除荷時の変形係数が載荷時の 8 倍と設定されていたが，再現解析の結果 $\alpha=11.2$ 倍となった．

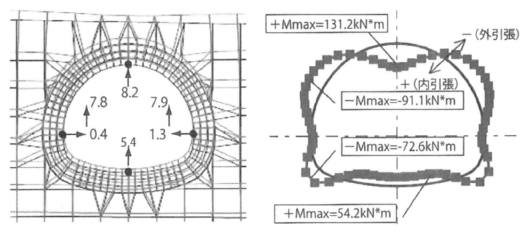

図-6.4.2.5 FEM解析結果の一例（変位図，断面図）[1]
（出典：森崎義彦，鉄道営業線トンネル直上での函体推進施工－東京外かく環状道路 北総鉄道交差部工事－，図-2，p.102，土木施工，vol.51，No.8，2010.）

(4) 影響低減対策
a) 近接構造物

開削工法のように上載土を一度に全て開放した後に躯体構築するのではなく，あらかじめ立坑にて構築した躯体（函体）を掘削とともに逐次推進させることにより，トンネルに作用する上載土荷重の減少を函体重量で補完しリバウンド抑制を図った．

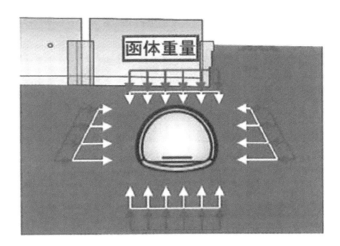

図-6.4.2.6 ESA工法（フロンテジャッキング工法併用）によるリバウンド抑制[1]
（出典：森崎義彦，鉄道営業線トンネル直上での函体推進施工－東京外かく環状道路 北総鉄道交差部工事－，図-2，p.102，土木施工，vol.51，No.8，2010.）

T.L.34　都市における近接トンネル

(5) 計測概要
a) 近接構造物
　計測範囲：北総鉄道トンネル内の交差中心から片側60m，計120m区間
　計測項目：軌道変位量，鉛直変位量，トンネル内空変位量，継ぎ目変位量，ひずみ量
　計測方法：軌道変位：トータルステーション
　　　　　　鉛直変位：水盛式沈下計
　　　　　　内空変位：トータルステーション
　　　　　　継ぎ目変位：パイゲージ
　　　　　　ひずみ応力：ひずみ計

(6) 施工結果
　北総線トンネル内は，水盛式沈下計を用いて函体推進に伴う浮上り量をリアルタイムに計測した．事前の解析では北総線の浮上り量が9.5mmであったが，実測値は6.8mmに収まった．

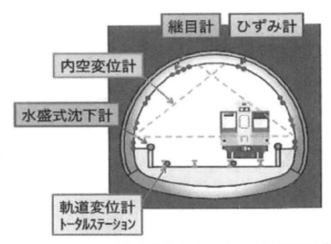

図-6.4.2.7　トンネル内計測項目 [1]
（出典：森崎義彦，鉄道営業線トンネル直上での函体推進施工－東京外かく環状道路　北総鉄道交差部工事－，図-2，p.102，土木施工，vol.51，No.8，2010.）

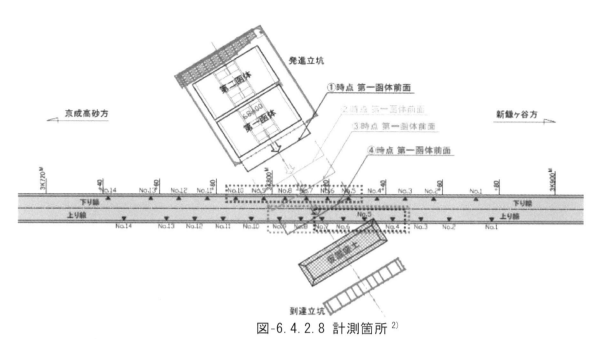

図-6.4.2.8 計測箇所[2]

(出典：鹿島建設株式会社提供)

参考文献

1) 森崎義彦：鉄道営業線トンネル直上での函体推進施工－東京外かく環状道路　北総鉄道交差部工事－，土木施工，vol.51，No.8，pp.102-105，2010.
2) 鹿島建設株式会社提供

6.4.3 ＳＦＴ工法の事例（タイプⅣ　T403）

(1) 施工概要
a）工事名称

　東北自動車道豊地地区函渠工事

b）工事期間

　2015 年 12 月 25 日～2018 年 5 月 22 日

c）工事概要

　本工事は，白河バイパス事業の一部として，東北自動車道路下に新たな横断トンネルを築造する工事である．トンネルは，高速道路盛土内に道路面から函体上床版上面までの土被りを最小 D=63cm で非開削施工するため，小土被りに適した函体推進工法の一つである SFT 工法を採用した．

d）構造形式

　1 層 1 径間ボックスカルバート，幅 6.0m　高さ 6.45m　延長 53.0m

e）施工方法

　SFT 工法（推進方式）

f）近接構造物

東北自動車道路

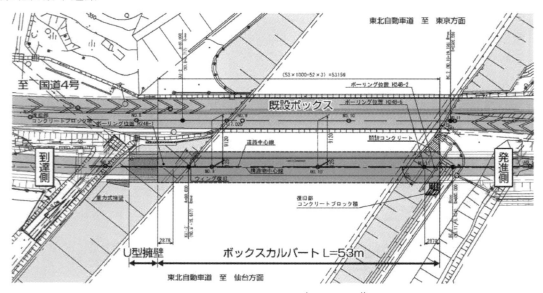

図-6.4.3.1　工事平面図 [1]

（出典：亀井ら，高速道路下横断トンネルの非開削施工，月刊推進技術，vol.31，No.11，2017.）

(2) 地質条件
a）土質条件

　函体断面下部（0～0.5m 程度）が地山層（沖積粘性土層）でその上部は高速道路盛土内に位置している．

b）地下水位

　無し．

c) 土被り

D=0.63m～1.22m（函体上面～G.L.）

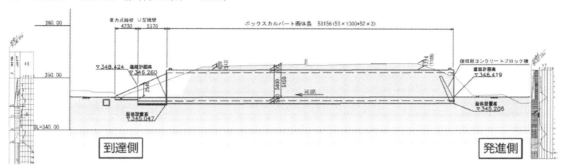

図-6.4.3.2 側面図[1]

（出典：亀井ら，高速道路下横断トンネルの非開削施工，月刊推進技術，vol.31，No.11，2017.）

(3) 影響予測

参考文献内に記載なし．

(4) 影響低減対策

a) 近接構造物

高速道路の安全確保のため，路面変状に対して対策を実施した．通常の推進工事では，推力の低減，周辺地盤の乱れを抑制するために滑材を注入する場合があるが，箱形ルーフの推進の場合，刃口推進であるため坑内から滑材を注入しようとしても切羽から漏洩してしまい，滑材を注入することが困難である．そこで，切羽を密閉した状態で注入できるよう箱形ルーフ先端部の内空形状に沿うエアバックを製作し，推進と並行して坑内から滑材注入を実施した．

写真-6.4.3.1 エアバック[1]　　　　**写真-6.4.3.2 作動状況**[1]

（出典：亀井ら，高速道路下横断トンネルの非開削施工，月刊推進技術，vol.31，No.11，2017.）

(5) 計測概要

a) 近接構造物

計測範囲：北総鉄道トンネル内に交差中心から片側 60m，計 120m 区間

計測項目：高速道路面鉛直変位，路面振動，高速道路監視，高速道路水平変位

計測方法：高速道路面鉛直変位：トータルステーション

　　　　　路面振動：環境振動計

　　　　　高速道路監視：ウェブカメラ

　　　　　高速道路水平変位：1素子プリズム

写真-6.4.3.3 計測塔[1]　　写真-6.4.3.4 トータルステーション[1]　　写真-6.4.3.5 モニタリング[1]
（出典：亀井ら，高速道路下横断トンネルの非開削施工，月刊推進技術，vol.31，No.11，2017.）

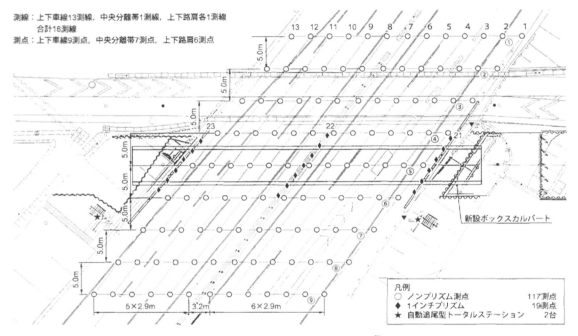

図-6.4.3.3 計測項目[2]
（出典：有賀しほり，川嶋英介，外木場康将，亀井寛功，東北自動車道下に最小土かぶり63cmでボックスカルバートを非開削施工－国道294号 豊地地区函渠－，トンネルと地下，Vol.49，No.10，pp.25-35，2018.10）

(6) 施工結果

　参考文献内に記載なし．

(7) 考察

　SFT工法は本工事のように，低土被り，かつ長距離施工という条件においても，安全に施工ができる工法である．また，函体推進時に坑内での掘削作業がなく施工性も良好であり，供用中の道路や鉄道のように，地下空間を非開削で施工する工法として今後も採用されていくものと考えられる．一方で現地条件に合わせた施工法の検討や，路面変状対策など，さらなる工法の改善や新たな施工法の開発が継続して行われていくことが望まれる．

第Ⅲ編　特殊トンネル　　6．特殊トンネルの近接施工事例

参考文献

1) 亀井寛功，川嶋英介：高速道路下横断トンネルの非開削施工，月刊推進技術，vol.31，No.11，pp.10-16，2017．

2) 有賀しほり，川嶋英介，外木場康将，亀井寛功：東北自動車道下に最小土かぶり 63cm でボックスカルバートを非開削施工－国道 294 号　豊地地区函渠－，トンネルと地下，Vol.49，No.10，pp.25-35，2018.10

6.4.4 R&C（アール・アンド・シー）工法の事例（タイプⅣ T405）

(1) 施工概要
a) 工事名称
東京外かく環状道路 京成菅野アンダーパス工事
b) 工事期間
～2016年3月
c) 工事概要
東京外かく環状道路は，都心から半径15kmの地域を環状に結ぶ，計画延長約85kmの幹線道路である．本工事は，外環のうち，京成電鉄本線との交差部である菅野駅直下にボックスカルバートによる地下トンネルを構築する工事である．

鉄道営業線線路下と交差する構造物を構築するため，軌道面への影響を最小限に抑制するため，R&C工法が採用された．
d) 構造形式
2層4径間ボックスカルバート（鋼製セグメント構造），幅43.8m　高さ18.4m　延長37.4m
e) 施工方法
R&C（アール・アンド・シー）工法　けん引形式
f) 近接構造物
横断部直上に京成電鉄本線（菅野駅）

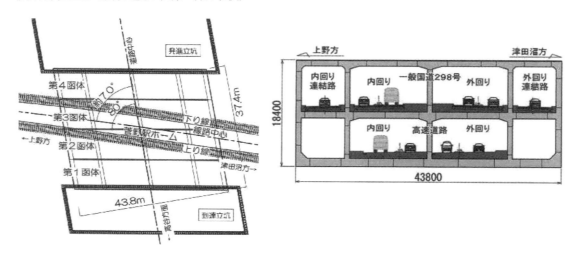

図-6.4.4.1 工事平面図・断面図 [1]
（出典：岸田正博，藤原英司，森本大介，藤田淳，世界最大級断面のR&C工法で鉄道営業線直下に道路トンネルを構築－東京外かく環状道路 京成菅野駅アンダーパス－，トンネルと地下，Vol.48，No.8，pp.33-44，2017.8）

(2) 地質条件
a) 土質条件
函体上面付近はAs3層であり，均等係数が小さく崩壊性が高い砂層である．Dc1層は硬質で粘着力が大きく透水係数が小さい．Ds2u層は透水性が高く，Ds2l層は細粒分が多く砂と粘性土の中間のような性質がある．
b) 地下水位
沖積層の自然地下水位はG.L.-3.0m程度，洪積層の被圧地下水位はG.L.-5.0m程度

c) 土被り

4.6m 程度

表-6.4.4.1 地質条件 [1]

土層名	下端深度 (GL-m)	層厚 (m)	N値	内部摩擦角 (°)	粘着力 (kN/m²)	備考
As3	7.0	7.0	15	36.7	—	均等係数3以下
Ac3	10.0	3.0	1	—	46	
Dc1	14.0(20.0)	4.0(10.0)	3	—	137	硬質粘性土
Ds2u	25.0	11.0(5.0)	35	36.0	24	—
Ds2l	33.0	8.0	35	37.0	70	中間土

( )内は津田沼方を示す

（出典：岸田正博，藤原英司，森本大介，藤田淳，世界最大級断面のR&C工法で鉄道営業線直下に道路トンネルを構築－東京外かく環状道路 京成菅野駅アンダーパス－，トンネルと地下，Vol.48，No.8, pp.33-44, 2017.8）

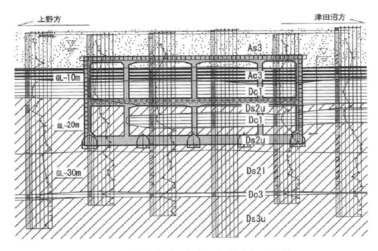

図-6.4.4.2 地質断面図 [1]

（出典：岸田正博，藤原英司，森本大介，藤田淳，世界最大級断面のR&C工法で鉄道営業線直下に道路トンネルを構築－東京外かく環状道路 京成菅野駅アンダーパス－，トンネルと地下，Vol.48，No.8, pp.33-44, 2017.8）

(3) 影響予測

a) 解析ステップ

　駅舎および軌道への影響については，上載荷重を考慮した刃口と箱形ルーフのフレーム解析を行った．算出された水平箱形ルーフの変位量を強制変位としてFEM解析を行い，軌道の地盤変位量を求めた．

　切羽の斜面安定解析：2次元骨組モデルとし，円弧滑りによる安全率を算出
　軌道変位量の解析　　：2次元FEM解析

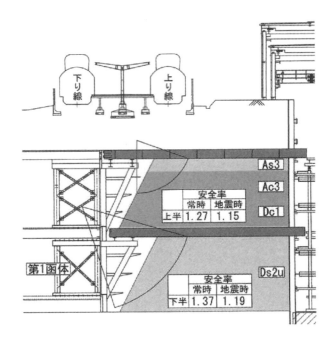

図-6.4.4.3 斜面安定解析 [1]
（出典：岸田正博，藤原英司，森本大介，藤田淳，世界最大級断面のR&C工法で鉄道営業線直下に道路トンネルを構築－東京外かく環状道路 京成菅野駅アンダーパス－，トンネルと地下 Vol.48，No.8，pp.33-44，2017.8）

b) **解析ステップ**

算出された箱形ルーフの変位量を強制変位として与えた1ステップのみ．

c) **境界条件**

土留め壁をローラー支点として設定

d) **解析結果**

鉄道事業者の高低に関する管理基準値（警戒値）4mm以下である3.64mmとなった．

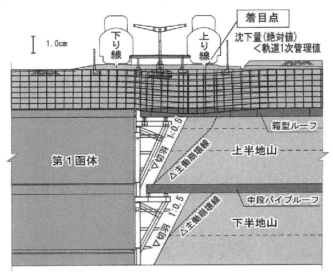

図-6.4.4.4 2次元FEM解析結果図 [1]
（出典：岸田正博，藤原英司，森本大介，藤田淳，世界最大級断面のR&C工法で鉄道営業線直下に道路トンネルを構築－東京外かく環状道路 京成菅野駅アンダーパス－，トンネルと地下，Vol.48，No.8，pp.33-44，2017.8）

(4) 影響低減対策
a) 近接構造物（軌道）

軌道への影響を最小限に抑制するために，函体けん引時の止水，切羽の崩壊防止の地山補強を目的として線路下への薬液注入工を計画した．

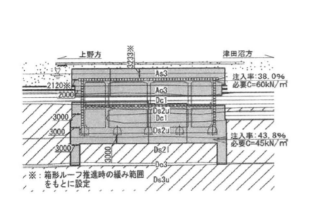

図-6.4.4.5 薬液注入範囲図[1)]

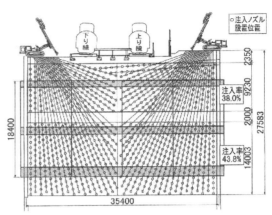

図-6.4.4.6 薬液注入状況図[1)]

（出典：岸田正博，藤原英司，森本大介，藤田淳，世界最大級断面のR&C工法で鉄道営業線直下に道路トンネルを構築－東京外かく環状道路 京成菅野駅アンダーパス－，トンネルと地下，Vol.48，No.8，pp.33-44，2017.8）

(5) 計測概要
a) 近接構造物（軌道）

計測範囲：影響範囲の線路延長約 120m 区間

計測項目：軌道，ホーム，電路柱等の鉄道施設，合計 142 箇所

計測方法：トータルステーション

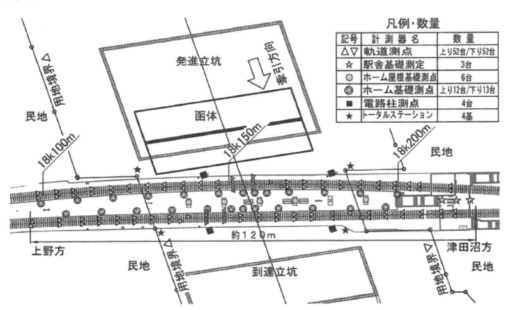

図-6.4.4.7 軌道計測平面図[1)]

（出典：岸田正博，藤原英司，森本大介，藤田淳，世界最大級断面のR&C工法で鉄道営業線直下に道路トンネルを構築－東京外かく環状道路 京成菅野駅アンダーパス－，トンネルと地下，Vol.48，No.8，pp.33-44，2017.8）

T.L.34 都市における近接トンネル

(6) 施工結果

施工後の計測管理は 10m 弦の相対変位による軌道管理を実施した．施工完了まで軌道整備基準値の 4mm を満足する結果となった．

(7) 考察

事前解析において地盤変形量を最小限とするために，刃口構造や箱形ルーフの検討とともに軌道変位解析を行ったが，実施工の軌道変位については他の要因も考えられるため，比較は困難と考えられる．

参考文献

1) 岸田正博，藤原英司，森本大介，藤田淳：世界最大級断面の R&C 工法で鉄道営業線直下に道路トンネルを構築－東京外かく環状道路 京成菅野駅アンダーパス－，トンネルと地下，Vol.48，No.8，pp.33-44，2017.8

6.4.5 フロンテジャッキング工法の事例1（タイプⅣ T416）

(1) 施工概要

a) 工事名称

東京外かく環状道路新宿線交差部建設工事

b) 工事期間

2011年8月8日～2016年8月31日

c) 工事概要

本工事は，都営新宿線（土被り約16.3m，外径Φ10.4mのシールドトンネル）と交差する形で掘割構造物（函体）を構築する．特徴として外環道構造物の底面と都営新宿線トンネル上端との離隔が約3.8mと非常に近接していることが挙げられる．このため函体の施工においては，通常の開削施工法では掘割に伴うリバウンドにより都営新宿線構造物に大きな影響を与える恐れがあった．この影響を軽減させることを目的として「フロンテジャッキング工法」を採用した．

d) 構造形式

1層3径間ボックスカルバート（半地下掘割スリット構造），幅41.94m　高さ10.48m　延長32.0m（函体けん引部）

e) 施工方法

フロンテジャッキング工法

f) 近接構造物

都営地下鉄新宿線トンネル（シールドトンネル）

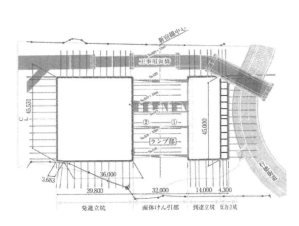 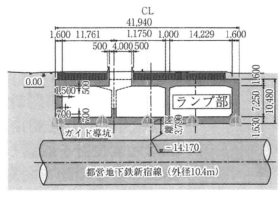

図-6.4.5.1　工事平面図・断面図[1)]

（出典：加藤ら，既設シールド上越しにおける函体推進計画－フロンテジャッキング工法・都営新宿線－，図-4，p.72，基礎工，vol.43，2015.）

(2) 地質条件

a) 土質条件

地質図（図-6.4.5.2）参照

b) 地下水位

G.L.-1.0m

c) 土被り

半地下掘割スリット構造のため土被り無し．都営新宿線トンネルとの離隔は約 3.8m 程度

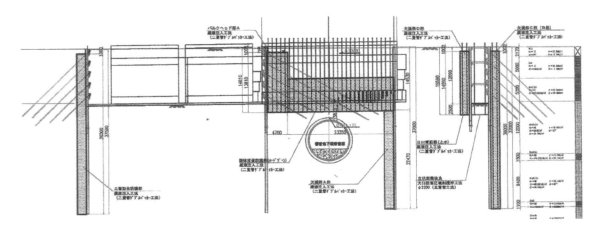

図-6.4.5.2 地質図（地盤改良図）[2]

（出典：加藤学，高野周二，上田勲，地下鉄直上 3.8m をフロンテジャッキング工法で函体築造－東京外かく環状道路 都営地下鉄新宿線交差部－，トンネルと地下，Vol.45，No.2，pp.29-38，2014.2）

(3) 影響予測

a) 解析手法

FEM 解析により施工時に発生する都営新宿線のシールドトンネルのリバウンド量を求めた．

b) 解析ステップ

不明（未記載）

c) 境界条件

不明（未記載）

d) 解析結果

都営新宿線シールドトンネルの縦断方向の変位量が±3.2mm/10m（許容値±7.0mm/10m）

(4) 影響低減対策

a) 近接構造物

開削工法のように上載土を一度に全て開放した後に躯体構築するのではなく，あらかじめ立坑にて構築した躯体（函体）を掘削とともに逐次推進させることにより，トンネルに作用する上載土荷重の減少を函体重量で補完しリバウンド抑制を図った．

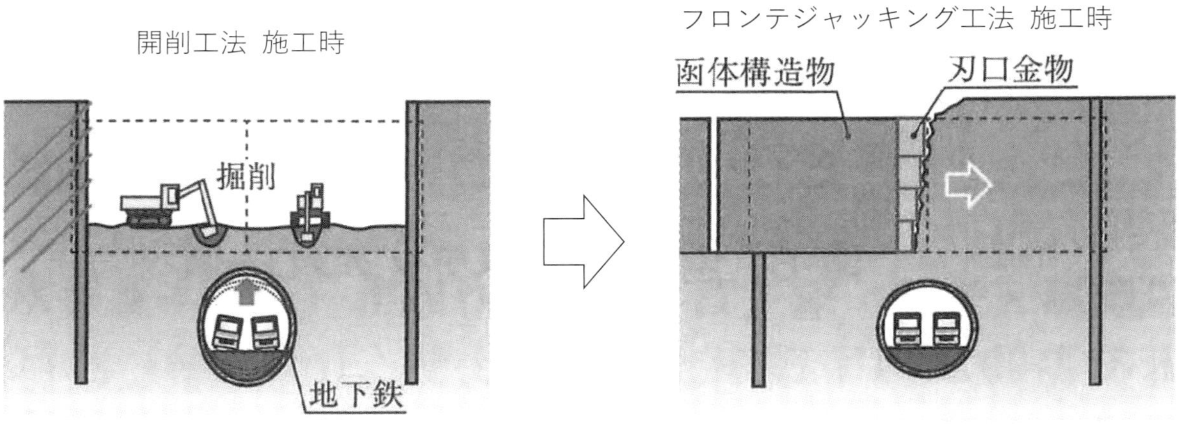

図-6.4.5.3 フロンテジャッキング工法によるリバウンド抑制イメージ[3]
(出典：小島ら，都営新宿線交差部建設工事 －フロンテジャッキング工法，図-5，p.63，基礎工，vol.47，2019.)

(5) 計測概要

a) 近接構造物

計測範囲：都営新宿線への影響範囲72mに余裕を含めた160m区間

計測項目：シールドトンネル縦断方向（鉛直，水平）

　　　　　10m間隔で計15箇所

　　　　：断面形状

　　　　　影響範囲72mに対して20m間隔で3断面にそれぞれ5ヶ所ずつの計15点

計測方法：シールドトンネル縦断方向（鉛直，水平）：連結二次元変位計

　　　　　シールドトンネル縦断方向（断面形状）　：光波測量

　　　　　シールドトンネル躯体　　　　　　　　　：レベル測量

　　　　　シールドトンネル躯体（二次覆工部クラック）：目視，写真撮影

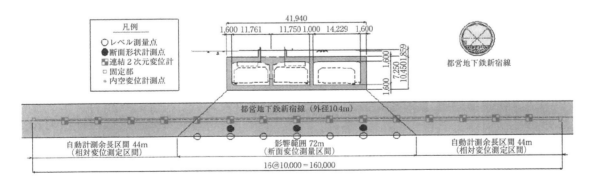

図-6.4.5.4 計測位置図[1]
(出典：加藤ら，既設シールド上越しにおける函体推進計画－フロンテジャッキング工法・都営新宿線－，図-4，p.72，基礎工，vol.43，2015.)

(6) 施工結果

　函体けん引期間中は軌道の高さ方向に最大1.1mm程度（軌道延長10m弦当り）の浮き沈みはあったものの，限界管理値の7mmおよび一次管理値3.5mm以内であった．シールド断面については，リバウンド変形特有の卵形変形などの変形は認められず，測点の変位量も水平・鉛直方向で最大8mm程度と，シールド直径に対して1/1,100程度のごく僅かな変形量であった．

参考文献

1）加藤学，上田勲：既設シールド上越しにおける函体推進計画－フロンテジャッキング工法・都営地下鉄新宿線－，基礎工，vol.43，pp.71-74，2015.

2）加藤学，高野周二，上田勲：地下鉄直上3.8mをフロンテジャッキング工法で函体築造－東京外かく環状道路　都営地下鉄新宿線交差部－，トンネルと地下，Vol.45，No.2，pp.29-38，2014.2

3）小島裕隆，漆山明：都営新宿線交差部建設工事－フロンテジャッキング工法－，基礎工，vol.47，pp.62-65，2019.

7. まとめ

第III編では，特殊トンネル工法の近接施工における近接影響や影響予測手法，計測管理方法および影響低減の対策について記載した．本編のまとめとして，計画・設計段階，および施工段階における留意点について記載し，最後に技術データ蓄積の必要性と今後の展望について示す．

7.1 特殊トンネル近接施工における計画・設計段階の留意点

特殊トンネルの計画・設計段階においては，ルートを選定する際に鉄道や道路などとの位置や深度（離隔），土被りの大きさ，既設構造物との位置関係などから，近接構造物への影響を十分考慮して行う必要がある．鉄道や道路などの直下で交差する場合は，影響低減のために交差する距離を短くするように直角に交差するよう平面線形を計画することや，土被りが確保できるように縦断線形を計画する等の対策を行うことが望ましい．しかしながら，土被りが大きくなることによって，交差箇所前後のアプローチ構造物の深度が深くなるとともに，アプローチの延長も長くなることから，周辺環境への影響やトータルコストが高くなる可能性があることに注意が必要である．

既設構造物に近接する場合には，新設構造物との近接程度を判定した上で，影響の有無を判断する．近接程度は，インフラを管理する事業者ごとに設定しているため確認が必要である．近接施工による影響が大きい場合には，施工性や対策工などにより工事費や工期が増大する要因となることがあるが，ルートや位置の変更により，工事費や工期の増大を回避できる合理化策の可能性がある．しかしながら，やむを得ず近接施工を行う場合には，近接構造物へ影響を小さくする施工法の選定を行うが，それでも厳しい場合には，あらかじめ近接施工により追加される影響低減対策や計測管理にかかる工期や費用を見込んでおくことが必要となる．

特殊トンネルは，直上の鉄道や道路の路線との近接程度が近く，近接影響が大きいため，開削工法に比べて事前の調査や計画の重要性が高く，地盤等の条件により防護工や補助工法が必要となることも多い．そのため，施工方法の選定においては，使用できる用地，土被りおよび地質条件などを考慮する他，交差する鉄道や道路等の事業者との十分な協議が必要となる．また，鉄道や高速道路の場合は，施工中，軌道や舗装面に影響があった場合，迅速に修繕を行えるよう，施工自体を各事業者に委託される場合が多い．また，鉄道では，列車運行に影響のある工事は列車が運行されていない時間帯に行い，道路では自動車通行に影響のある工事は，作業規制により作業内容に応じた規制範囲と時間帯を設定して作業を行っている場合が多い．そのため，工事全体の工期を設定する際は，そのことを考慮した上で計画する必要がある．

本編では，構造および施工方法の特徴から，カテゴリーをタイプIからIVの4つに分類したが，リスクに関しては非開削工法としての共通のリスクと，各タイプにおける特有のリスクがある．タイプI，II，IVは，掘削切羽が開放された開放型の施工方法であり，また，密閉型の施工方法を基本とするタイプIIIにおいても施工環境によっては開放型の施工方法を採用する場合がある．開放型の施工方法では，掘削に伴う周囲の地盤の緩みの発生や地下水位以下の切羽からの湧水および地盤の流動化などの共通のリスクがある．一方でタイプIIIの密閉型の施工方法におけるリスクには，掘進時における土砂の取込み過ぎによる沈下の発生や過大な切羽圧の作用による地盤の隆起などのリスクがある．したがって，各施工方法の特性を十分把握して，計画・設計段階からリスクに応じた影響検討および対策工の検討などが必要である．

近接影響の予測手法については，特殊トンネルは各施工方法の特徴に応じた方法を用いて検討を行っている．影響予測手法には類似事例からの予測，試験施工による予測，理論式による予想，数値解析による予測があるが，近年は数値解析（二次元有限要素解析）を用いる場合が多い．

T.L. 34　都市における近接トンネル

また，土被りが小さい場合など，影響検討を行うことが難しい場合は，事前の影響解析は行わず軌道整備，オーバーレイなど，修繕を行いながらの施工を選定する場合もある．

7.2 特殊トンネル近接施工における施工段階の留意点

　特殊トンネルの施工時のリスクには，非開削工法としての共通リスクと施工方法による工法独自のリスクがあり，各々のリスクに対して，施工中のリスク検討を行い，場合により影響低減対策の実施が必要となる．また，近接する構造物や直上に位置する鉄道や道路などに対しては，施工中の影響を把握するため，計測管理は必須となる．計測管理は，計測項目，計測位置，計測管理値および管理体制を定めて工事を進める必要がある．

　影響低減対策に関しては，対象となる既設構造物や許容変位等の条件，また，施工時の修繕で対応など，各種の中から既設構造物の管理者とも協議を行った上で適切な工法を選定する必要がある．影響低減対策工には，特殊トンネルを新設する施工において対策を施す場合，既設構造物との間に対策を施す場合，既設構造物に対策を施す場合の3点に大別され，各工法の特性や現場の状況に応じて総合的に判断して，対策工を選定することが重要である．新設の施工において対策を施す場合のものには，地盤の止水性向上や強度増加を目的として薬液注入工法や地盤との摩擦低減を図り，トンネル上部の地盤の滑動を防止するフリクションカットなどがある．既設構造物との間に対策を施すものには，掘削に伴う地盤の緩みを伝達させないように，地盤を強化する高圧噴射撹拌工法や遮断壁，パイプルーフなどがある．また，既設構造物に対策を施す場合のものには，鉄道の軌道整備や道路のオーバーレイのように補修を行うものや簡易工事桁のように軌道自体の剛性を向上させて陥没等の一時的な不等沈下を抑制するものもある．

7.3 特殊トンネル近接施工における技術データ蓄積の必要性と課題

　近接施工における計測管理においては，鉄道や道路のように修繕を行いながら施工する場合が多く，修繕作業を実施した後は，変位量をリセットするため，施工着手から完成までの累積変位が記録されていない場合が多い．施工時の影響の確認においては，どの作業によってどの程度の影響が発生したのかを確認することが重要であり，それには絶対変位での計測と累積変位データの蓄積が必要となる．

　施工中における鉄道や道路の状態を監視するため，軌道の計測ではリンク型変位計や画像解析を利用した計測などが，舗装面の計測ではトータルステーションなどが用いられており，近年，自動計測技術が進歩している．これらの計測技術は，常時，構造物の状態を監視し，計測データはハードディスクやサーバー等に保存されるため，これらの方法の採用が増加することで，計測データの蓄積につながる．今後は，類似施工の参考となるように，このような計測データを体系的に保存し，データを公開することが重要である．

　また，技術データに関しては，各施工方法によって独自で蓄積されており，設計施工マニュアル等で整理されている．今後も継続して技術データは蓄積するとともに，類似工法ではその施工データを比較分析していくことが重要である．

7.4 特殊トンネル近接施工における今後の展望

　特殊トンネルの近接施工における今後の展望を以下に示す．

・土被りが小さい場合は，その直上の軌道や道路を修繕しながら施工を行う場合が多いが，今後は道路や軌道への影響を小さく，修繕作業が不要となる影響低減対策工の改良や新たな対策工の開発が求められる．

・小断面のエレメントやパイプルーフなど施工において，施工範囲に支障物がある場合は，オー

III-136

第Ⅲ編　特殊トンネル　　　7. まとめ

ガータイプ掘削装置などを用いた機械掘削は行えない．そのため，エレメントなどの内部において熟練の作業者が掘削および支障物の撤去を行うため，作業時間が長くなる傾向にある．今後は，熟練の作業者の減少傾向にあるため，機械掘削による支障物撤去方法の開発などにより施工の効率化が求められる．

巻末資料

巻末資料

　今回のライブラリー編集にあたっては，シールドトンネルと特殊トンネルを対象として，過去の近接施工事例の調査を行った．調査結果については，巻末資料1〜6に「近接施工事例一覧表」，「近接施工事例概要調査票」および「概要調査票，近接施工事例　番号一覧表（INDEX）」としてとりまとめた．参考資料の構成は以下の通りである．

　　　巻末資料1　シールドトンネル　近接施工事例一覧表
　　　巻末資料2　シールドトンネル　近接施工事例概要調査票
　　　巻末資料3　シールドトンネル　概要調査票，近接施工事例　番号一覧表（INDEX）
　　　巻末資料4　特殊トンネル　　　近接施工事例一覧表
　　　巻末資料5　特殊トンネル　　　近接施工事例概要調査票
　　　巻末資料6　特殊トンネル　　　概要調査票，近接施工事例　番号一覧表（INDEX）

　なお，巻末資料1については，施工・計測データの有無を示しているが，記号の定義は，次の通りである．

　　　○：参考文献に記載あり，△：参考文献に一部記載あり，－：参考文献に記載なし

　また，巻末資料1および巻末資料4における，事例No.（例えばS1など）の標記の違いは，以下の通りである．

S1（ハッチングのもの）：
　　巻末資料2もしくは巻末資料5の近接施工事例概要調査票に記載のある事例
S1（太字のもの）：
　　Ⅱ編もしくはⅢ編6章の近接施工事例に記載のある事例
S1（太字かつハッチングのもの）：
　　巻末資料2もしくは巻末資料5の近接施工事例概要調査票およびⅡ編もしくはⅢ編6章の近接施工事例の両方に記載のある事例

T.L.34 都市における近接トンネル

巻末資料1　シールドトンネル近接施工事例一覧表

タイプ1-1　既設構造物の影響範囲内をシールド掘進【影響を受ける構造物（シールドトンネル含む）、影響を及ぼす構造物（施工法）≫シールドトンネル（シールド工法）】

既設構造物の直下をシールド工法で近接掘進

No.	発注者	施工者	施工場所	施工時期	新設構造物	施工法	先行構造物（施工法・構造）	位置関係（新設からみた先行構造物の位置）	離隔(m)	近接施工の特徴（施工条件、施工法、計測方法で特筆すべき事項）	地盤条件	影響軽減対策工の概要	施工データの整理・分析	地盤変位・変形の計測データ	構造物の変形・変位計測データ	主な文献名	主な出典
S1	首都高速道路㈱	清水・東急JV	横浜市	2011～2021	道路ランプトンネル（内径φ9.1m）ランプトンネル4本のうちD4本のうちらせんランプ	泥土圧シールド（φ10.13m）	電力鉄道（杭基礎）	①上方	4.7	・土被り7.9m、軟弱なロームの下での鉄塔直下を大断面泥土圧下でのシールド近接施工 ・鉄塔基礎一体化による補強	②洪積層	・分離していた鉄塔基礎直下と基礎の一体化補強	○	—	○	横浜環状北線出入口工事における送電鉄塔下のシールド推進報告	土木学会第71回年次学術講演会VI-816（2016.9）
S2	首都高速道路㈱	清水・東急JV	横浜市	2011～2021	道路ランプトンネル（内径φ10.1m）ランプトンネル4本のうちCらせんランプ	泥土圧シールド（φ11.3m）	①電力鉄道（杭基礎）②道路トンネル（Bランプ）	①上方	14.9 5.5	・Dc、Ds、Km互層	②洪積層	・コンクリート版施工	○	—	○	横浜環状北線出入口工事におけるCランプシールドの推進報告	土木学会第72回年次学術講演会VI-292（2017.9）
S3	東日本高速道路㈱	清水・前田・東洋JV	市川市	2011～2019	道路ランプトンネル（内径φ9.8m）A～D4本のうちらせんランプ	泥土圧シールド（φ10.83m）	道路	①上方	6.3	・Dc、Ds、Km互層 ・トライアル施工実施	②洪積層	・掘進管理（計測を含む）	○	○	○	急勾配・急曲線 小土被りにおける大断面シールドの推進管理	トンネル工学報告集第25巻（2015.11）
S4	東日本高速道路㈱	清水・前田・東洋JV	市川市	2011～2019	道路ランプトンネル（φ13.05m）	泥土圧シールド（φ13.26m）	インターチェンジ	①上方	4.5	・シールド掘削断面は、上半部が軟弱な洪積層（Ac1、As2）、下半部は洪積層（Dc1、Ds2u） ・盛土による浮き上がり対策 ・地盤改良（中層混合処理工法）	①沖積層	・地盤改良 ・カウンターウェイト ・掘進管理	○	○	—	県道と交差し土かぶり1.8mで到達する大断面シールドの施工	トンネルと地下（2017.10）
S5	日本下水道事業団	清水・大豊・京都JV	堺市	2015～2017	下水道幹線（外径φ5.10m）	泥土圧シールド（φ5.28m）	①防潮堤（杭基礎、中埋め工法）φ800鋼管杭	①上方	0.4	・沖積粘土と洪積層の砂質土と粘性土が主体で、砂質層も部分的に分布 ・地盤改良（シラウンカを用いたヒーニー重管ダブルパッカー工法）	②洪積層	・地盤改良 ・掘進管理	—	—	○	防潮堤基礎杭直下を35cmの離隔でシールド掘進	トンネルと地下（2018.2）
S6	大阪市交通局	㈱大林組	大阪府堺市	往路：2015 復路：2016	道路シールド（都市計画道路大和川線）（外径φ12.3m）	泥土圧シールド（φ12.54m）	地下鉄シールドトンネル	①上方	2.2	・大断面併設シールドトンネル（セグメント外径12.3m）が鉄道営業線シールドトンネル（トンネル外径6.8m×2本）直下を近接施工	②洪積層	・掘進管理（計測を含む）	○	—	○	・施工時荷重を考慮した大和川シールド推進による地下鉄御堂筋線の変状解析 ・地下鉄営業線直下2.2mにおける大断面シールドの超近接施工	・土木学会第71回全国大会講演会VI-853 ・トンネル工学論文集第27巻Ⅱ-10（2017.11）
S7	東京都建設局	大林・西武・京急JV	東京都品川区	2008～2011	道路シールド（首都高速中央環状品川線）（外径φ13.4m）	泥土圧シールド（φ13.8m）	電力洞道（シールド）	④その他（電力洞道の上下それぞれに位置する）	0.4	・事前解析 ・トンネル区間部を多重的計測 ・小土被りに既設周辺地盤に影響を与えることなく施工できる本工法の切羽土圧管理	有楽町層粘性土	・高圧噴射撹拌工法による地盤改良 ・地中変位の事前計測	○	○	○	地中発進・地下到達するシールドの施工─中央環状品川線でのURUP工法の採用例─	基礎工（2011.3）
S8	鍛治六丁目10地区市街地再開発組合	鹿島建設㈱	東京都	2014～2017	地下道路（ロードW7.05m×H4.45m）	泥土圧シールド（ロードW7.29m×H4.69m）	①東電送電管路（開削）	①上方	0.6	・発進直後の土被り：2.5m ・到達部の土被り：4.7m ・左右の官民境界：0.35m	①沖積層	・地表面レベル測量 ・掘進管理	○	○	—	大規模再開発施設と既存地下通路を矩形シールド既設再開発事業	トンネルと地下（2018.1）
S9	虎の門一丁目地区市街地再開発組合	㈱大林組	東京都港区虎ノ門/門一丁目	2018.6～11	歩行者道路	矩形泥土圧シールド（ロードW7.92m×H5.02m）	下水管渠φ900下り]、丸ビルΣ	①上方	0.3	・地表面の挙体手動測量 ・トライアル計測（層別沈下計の設置）	①沖積層	・全線にわたる門形地盤改良による地盤変状抑制の抑制	○	—	—	小土被り超軟弱地盤での大断面矩形シールド工法による施工実績	土木学会第75回年次学術講演会VI-960（2020.9）
S10	大阪府	本線：大鉄吉田・森・祐谷JV ランプ：森本・スマヤJV	堺市北区/松原市	往路：2014 復路：2016	道路本線・ランプトンネル（外径φ12.54m）	泥土圧シールド（φ12.54m）	下水処理場（今池水みらいセンター）	①上方	11.2	・大断面併設シールドトンネル（本線2本とオンランプ・オフランプ合わせて合計4本、本線・セグメント外径12.3m、ランプ・セグメント外径8.8m）が道路下を往復施工	②洪積層	・掘進管理（計測を含む）	○	○	○	都市計画道路大和川線シールド工事施工報告	土木学会第68回年次学術講演会VI-141（2013.9）

巻末資料　　　巻末資料1　シールドトンネル　近接施工事例一覧表

No.	発注者	施工者	施工場所	施工時期	近接施工概要								施工・計測データの有無			出典	
					新設構造物	施工法	先行構造物（施工法・構造）	位置関係（新設構造物からみた先行構造物の位置）	離隔(m)	近接施工の特徴（施工条件、施工法、計測方法で特筆すべき事項）	地盤条件	影響軽減対策工の概要	施工データの整理・分析	地盤変位・変形の計測データ	構造物の変形・歪計測データ	主な文献名	主な出典
S11	大阪府	大鉄・吉田・森・紙谷JV	松原市	往路:2011 復路:2012	道路本線シールド	泥土圧シールド（φ12.54m）	近鉄南大阪線	①上方	8.7	大断面併設シールドトンネル(セグメント外径12.3m)が直下で往復施工	②洪積層	・掘進管理(計測を含む)	○	○	○	都市計画道路 大和川線 シールド工事 施工報告	土木学会第68回年次学術講演会 VI-141 (2013.9)
S12	首都高速道路(株)	大林・奥村・西武JV	神奈川県横浜市	2008〜2015	道路シールド（横浜環状北線）	泥土圧シールド（φ12.49m）	地下鉄シールドトンネル	①上方	3.8	トライアル計測	上総層群	・掘進管理(計測を含む)	○	○	○	併設大断面泥土圧シールドと地下鉄シールドとの近接施工	土木学会第66回年次学術講演会 VI-15 (2011.9)
S13	京王電鉄(株)	大林・京王・前田・滝池JV	東京都調布市	2004〜2013	鉄道シールド	泥土圧シールド（φ6.85m）	国領駅〜調布間の営業線直下	①上方	4.7	営業線直下を小土被りで横断方向に連続掘進	②洪積層	・掘進管理(計測を含む)	○	○	—	営業線直下における近接シールドトンネルの超近接・超小土被り掘進と施工	土木技術トンネル工学報告集 第20巻 (2010.11)
S14	京王電鉄(株)	清水・京王・間JV	東京都調布市	2008〜2012	鉄道シールド（外径φ6.70m）	泥土圧シールド（φ6.85m）	京王線、相模原線	①上方	4.3	全線にわたり営業線直下を掘進	②洪積層	・簡易工事桁による軌道剛性向上 ・掘進管理	○	○	○	小土被り、営業線直下の泥土圧シールド到達掘進について	土木学会第66回年次学術講演会 VI-11(2011.9)
S15	東日本高速道路(株)関東支社千葉工事事務所	大成・戸田・大豊JV	千葉県市川市	2010〜2015	道路（外径φ13.07m）	泥土圧シールド（φ13.27m）	外環本線BOXカルバート(開削)・RC構造	①上方	2.0	水盛沈下計と固定式傾斜計を外環本線BOXカルバートに設置して面変位を計測	②洪積層	・掘進管理(計測を含む)	—	○	—	土被り1.3mで発生する大断面泥土圧シールドの施工 ー東京外環自動車道 京葉ジャンクションAランプー	トンネルと地下 (2017.9)
S16					道路（外径φ13.07m）	泥水式シールド（φ10.46m）	市川インターランプ	①上方	1.0	トータルステーション(プリズム、ノンプリズム)による面変位計測、ノン水盛沈下計による面変位計測	②洪積層	・パイプルーフ ・地盤改良 ・掘進管理	—	—	—	大断面シールドトンネル(直径13mの)小土被り掘進について	土木学会第72回年次学術講演会 VI-322 (2017.9)
S17	独立行政法人鉄道建設・運輸施設整備支援機構	大成・東急・コスミックティJV	神奈川県横浜市	2010〜2013	鉄道シールド（外径φ10.4m）西谷トンネル	泥土圧シールド, SENS	国道16号	①上方	6.6	国道16号(往復2車線w=12.6m)計測方法:光波(ノンプリ)レベルによる計測、SENS(シールド)を用いた場所打ち支保工システム	上総層(粘性土層、砂質土層)	・地盤改良・重道部下水人孔周辺 ・掘進管理	○	○	○	都市部内の小土被り区間におけるSENSを用いた場所打ち支保工システムの施工 道路管理計測結果	土木学会 トンネル工学報告集 第25巻 (2015.11)
S18					鉄道シールド（外径φ10.0m）	泥土圧シールド（φ10.2m）	帷子川	①上方	0.8	U型水路(帷子川):幅員5m、深さ5.3m、計測方法:圧力式沈下計、SENS(シールド)を用いた場所打ち支保工システム	上総層(粘性土層、砂質土層)	・U型水路浮き上り防止対策(カウンターウェイト施工) ・掘進管理	○	○	○	都市部でSENSを初適用した軌道直下の施工と実績	土木学会第70回年次学術講演会 VI-83(2015.9)
S19	日本鉄道建設公団	前田・五洋・竹中土木JV	東京都荒川区	2002〜2003	鉄道複線シールド（外径φ10.0m）	泥土圧シールド（φ10.2m）	鉄道	①上方	4.0	過密ダイヤの営業線下の掘進	軟弱粘性土	・地盤改良	○	○	○	常磐・日比谷線直下の大断面シールド掘進 スプレス三ノ輪シールド	トンネルと地下 (2004.5)
S20	日本鉄道建設公団	飛島・奥村・不動JV	埼玉県八潮市	2000〜2001	鉄道複線シールド（外径φ10.0m）	泥土圧シールド（φ10.2m）	高速道路橋脚（杭基礎）	①上方	2.6	橋脚基礎杭間の掘進	①沖積層	・鍋矢板の設置	○	○	—	・既設構造物に近接する沖積軟弱粘性土層における鉄道シールド掘削 ー帷川トンネルー ・軟弱沖積粘土層のシールド掘削ーシールドエクスプレス(米盤新幹線綾瀬川トンネル)ー	土木施工 (2005.9) ・土木技術57巻7号(2002.07)
S21	日本鉄道建設公団	清水・東洋・浅沼JV	千葉県流山市	2000〜2004	鉄道複線シールド	泥土圧シールド（φ10.2m）	鉄道	①上方	11.5	営業線直下の掘進	②洪積層	・掘進管理(計測を含む)	○	○	○	・大断面泥土圧シールドプレス高架下の掘進管理 ・大断面泥土圧加圧下で総武流山山ルンネル鉄道直下を横断	・土木技術60巻3号(2005:03) ・土木学会第59回年次学術講演会 VI-048 (2004.9)

巻末-3

T.L.34　都市における近接トンネル

No.	発注者	施工者	施工場所	施工時期	新設構造物	施工法	先行構造物（施工法・構造）	位置関係（新設側からみた先行構造物の位置）	離隔（m）	近接条件、施工法、計測方法で特筆すべき事項	地盤条件	影響軽減対策施工の概要	施工データの整理・分析	地盤変位・変形の計測データ	構造物の変形・変位計測データ	主な文献名	主な出典
S22	日本道路公団	奥村・大豊・鴻池JV	茨城県筑波郡伊奈町～谷和原村	2000～2003	鉄道単線並列トンネル	泥土圧シールド（φ7.3m）	高速道路	①上方	7.1	単線並列 高速道路との交差角22°	①沖積層	・掘進管理（計測を含む）	○	－	○	高速道路下の超低土被りシールド常磐道シールドトンネル	日本道路施設協会誌（2003.8）
S23	日本道路公団	西松・三井・青木JV	東京都品川区	1998～2001	鉄道単線並列トンネル（φ7.1m）	泥水式シールド（φ7.25m）	道路橋梁	①上方	2.7	最小離隔0.6mの単線並列シールド	②洪積層	・坑内からの薬液注入	○	○	○	・りんかい線東品川泥水シールドトンネル工事・超近接シールドトンネル掘進に伴う近接構橋脚の挙動について	・土木学会トンネル工学研究論文・報告集、第11巻（2001.11）・地盤工学会第38回地盤工学研究発表会（2003.7）
S24	東京地下鉄・建設協	熊谷・白石・森・坂田JV	東京都新宿区	1992～2000	地下鉄駅トンネル（外径φ8.5m×17.1m）	三心円泥水式シールド橋17.44m、高さ8.846m）	地下鉄（東西線、有楽町線）	①上方	4.0	地下鉄営業線下部約4mを幅約17mの3心円形シールドで掘進	②洪積層 江戸川砂層	・地盤改良・既設構造物直接補強	○	○	○	3心円泥水式駅シールド掘進による地盤変状解析と計測結果	土木学会研究論文集 第8巻（1998.11）
S25	独立行政法人鉄道建設運輸施設整備支援機構	大成・東急・大本・土志田JV	神奈川県横浜市	2014～2020	鉄道トンネル（外径φ10.26m）羽沢トンネル	泥土圧シールドSENS、セグメント複合（φ10.50m）	烏山川汚水幹線	④その他（支障物）	0.0	汚水幹線シールドで直接切削	③自律性の極めて高い地盤（土丹など）	・下水道管内をエアモルタルで充填	○	－	○	支障物移設後の汚水幹線をシールドで直接切削してトンネルを施工―相鉄・東急直通線 羽沢トンネル―	トンネルと地下（2017.4）
S26							環状2号線橋脚他	①上方	4.1	掘進速度による影響を計測	③自律性の極めて高い地盤（土丹など）	・掘進管理（計測を含む）	○	－	○	シールドによる地盤変位に対する掘進速度の影響について	土木学会第72回年次学術講演会Ⅲ-385（2017.9）
S27	阪神電気鉄道㈱	大成・戸田・熊谷組JV	大阪府大阪市	2007～2009	鉄道トンネル（外径φ6.8m）	泥土圧シールド（φ6.94m）	鉄道ボックスカルバート	①上方	0.8	鉄道シールドへの防護工として地盤改良を実施	軟弱粘性土	・地盤改良	○	－	○	地下構造物直下でのシールド工法の施工～阪神なんば線 第3工区～	土木学会第63回年次学術講演会VI-020（2008.9）
S28	首都高速道路㈱	大成・佐藤・東洋JV	神奈川県横浜市	2015～2019	高速道路トンネル（外径φ12.40m）	泥水式シールド（φ12.64m）	新設 東方換気所（開削RC造）	①上方	2.3	3%上り勾配 泥岩N層主体、砂質土K系が介在	上総層群（砂質層厚、泥岩層）	・掘進時の泥水圧管理・換気所内変位計測	○	○	○	換気所直下におけるシールドトンネルの施工管理 変位計測結果	土木学会第74回年次学術講演会VI-172（2019.9）
S29	首都高速道路㈱	大成・佐藤・東洋JV	神奈川県横浜市	2015～2019	高速道路トンネル（外径φ12.40m）	泥水式シールド（φ12.64m）	鉄道基礎 グリーンライン（杭基礎）	①上方	14.2	0.3%上り勾配 Km区Ks層の互層	上総層群（砂質層厚、泥岩層）	・掘進時の泥水圧管理・カウンターウェイト	○	○	○	北西線シールドトンネルの施工（港北区）	土木施工（2020.4）
S30							八幡橋	①上方	0.8	地盤の変形係数を7Nと28Nの2種類に基づき予測	東京礫層		○	○	○		
S31	首都高速道路㈱	鹿島・飛島・竹中土木JV 中日本・フジタ・戸田JV	東京都渋谷区・目黒区	2003～2007	道路トンネル	泥水式シールド（φ12.83m）	渋目陸橋	①上方	1.3	5径間のPC桁橋を内回りに迂回し線ぼし下併設の縦断方向で構造物に近接	東京礫層	・地盤改良（恒久グラウト）	○	○	○	大断面ボックスシールドの道路に併設橋梁・鉄道構造物への影響と対策	土木学会トンネル工学報告集 第18巻（2008.11）
S32	首都高速道路㈱		東京都				東京メトロ千代田線	①上方	6.4	営業線である既設構造物の直下0.5D(6.4m)をシールド推進	上総層群及び泥岩層	・地盤改良	○	○	○		
S33	東京都交通局	鹿島・大林・フジタ・三井・大日本JV	東京都	1998	都営三田線三出工区（外径φ7.2m）	泥水式シールド（φ7.35m）	建築物基礎	①上方	0.5	建築物（ヒルベンうエス 立体駐車場）の直下を掘進	上総層群（砂質土層、泥岩）	・地盤改良	○	－	－	民地下の縦横並行シールド―都営三田線三田シールド工事―	トンネルと地下（1999.3）
S34	国交省 中部地方整備局	大林・東急JV	愛知県名古屋市	2013～2016	共同溝（外径φ5.8m）	泥土圧シールド（φ5.96m）	地下鉄シールドトンネル	①上方	6.0	トライアル計測実施 三次元FEM解析で変状予測 音響・モニタリングで地盤調査	矢田川累層	・トライアル計測・音響モニタリング	○	○	○	地下鉄営業線との近接施工―既設構造物の直下同溝―平成24年度302号鳴海共同溝工事―	日本トンネル技術協会第81回（都市）施工体験発表会（2017.6）

巻末資料　　　巻末資料1　シールドトンネル　近接施工事例一覧表

No.	発注者	施工者	施工場所	施工時期	近接施工概要								施工・計測データの有無			出典	
					新設構造物	施工法	先行構造物（施工法・構造）	位置関係（新設側からみた先行構造物の位置）	離隔(m)	近接施工の特徴（施工条件、施工法、計測方法で特筆すべき事項）	地盤条件	影響軽減対策工の概要	施工データの整理・分析	地盤変位・変形の計測データ	構造物の変形・歪計測データ	主な文献名	主な出典
S35	台湾高雄地下鉄(株)	前田JV	台湾高雄市	2004～2005	鉄道シールド	泥土圧シールド（φ6.24m）	地下道	①上方	1.2	地下道の下を縦断曲線施工	①沖積層	・掘進管理（計測を含む）	○	－	○	台湾高雄地下鉄工事におけるシールドトンネル施工時の影響検討（その2）	土木学会第64回年次学術講演会 VI-008, VI-009 (2009.9)
S36	大阪市建設局	西松・青木あすなろ・福田JV	大阪府大阪市	2006～2010	共同溝（内径φ5.5m）	泥土圧シールド（φ6.14m）	大阪市営地下鉄（今里筋線）	①上方	4.7	近接区間が約600m縦断トライアル施工	天満礫層 天満粘土層	・掘進管理（計測を含む）	○	○	○	営業線地下鉄との長距離近接施工のための施工管理	土木学会第66回年次学術講演会 VI-014 (2011.9)
S37	高松市	西松・田村JV	香川県高松市	2010～2013	下水道（外径φ2.55m）	泥土圧シールド（φ2.88m）	琴平線、志度線（路面電車）	①上方	5.8	トライアル施工の実施	①沖積層	・掘進管理（計測を含む）	○	○	－	営業鉄道直下における シールド横断の施工結果	土木学会第67回年次学術講演会 VI-159 (2012.9)
S38	神戸市	大林・寄神JV	兵庫県神戸市	2010～2013	下水道（外径φ5.25m）	泥土圧シールド（φ5.49m）	JR東海道線（神戸線）	①上方	4.5	発進直後の近接施工	①沖積層	・掘進管理（計測を含む）	○	○	－	シールド発進直後における主要幹線下での鉄道横断施工	土木学会第68回年次学術講演会 VI-139 (2013.9)
S39	大阪市建設局	前田・南海建村JV	大阪府大阪市	2013～2017	共同溝（外径φ5.0m）	泥土圧シールド（φ5.13m）	送水管（φ1.5m）	①上方	3.4	シールド上部軟弱粘性土層（N=1～2）	沖積粘土層と洪積砂土層の互層	・掘進管理（計測を含む）	－	○	－	清水共同設置工事-4における重要構造物対策その(1)、その(2)	土木学会第70回年次学術講演会 VI-077, VI-078 (2015.9)
S40	大阪府	大林・鹿島・大日本土木・浅沼組JV	大阪府八尾市～大阪市	2000～2003	下水道（外径φ5.8m）	泥土圧シールド（φ5.95m）	府道2号線 跨線橋鋼製基礎杭	①上方	2.3	近接区間230m 直下を通過	②洪積層	・地盤改良	○	－	－	長距離にわたり重要構造物に近接する大阪府寝屋川流域中央南増補幹線工事	トンネルと地下 (2004.3)
S41	首都高速道路(株)	西松・鉄建・イサワJV	東京都中野区～新宿区	2001～2005	道路シールド（外径φ11.22m）	泥水式シールド（φ11.42m）	東京地下鉄東西線のスカルパート	①上方	5.4	地下鉄ボックスカルバート直下を水平主力で地盤改良	②洪積層	・地盤改良	○	○	○	大断面双設泥水式シールドによる近接施工 首都高速中央環状新宿線上	トンネルと地下 (2005.6)
S42	北海道空知総合振興局	大成・岩田地崎・豊織吉JV	北海道札幌市	2014～2019	地下河川・貯留管（外径φ5.25m）	泥土圧シールド（φ5.39m）	既設下水道管φ800mm	①上方	0.2	変位計測	②洪積層	・掘進管理（計測を含む）	－	－	－	800mm超の巨礫を含む砂礫地盤を芯配しバー中口径シールドの施工…望月寒川広域河川放水路トンネルバー	トンネルと地下 (2022.8)
S43	西大阪高速鉄道(株)	大成・戸田・洋JV	大阪府大阪市	2003～2009	鉄道シールド（外径φ6.8m）	泥土圧シールド（φ6.94m）	大阪市営地下鉄 鶴見緑地線	①上方	2.0	既設地下鉄シールドの直下を掘進	①沖積層	・地盤改良	○	○	－	既設地下重要構造物の下を二種類のシールド工法で貫通-西大阪線(阪神なんば線)第3工区	トンネルと地下 (2008.2)
S44	中之島高速鉄道(株)	大成・前田・五建・熊谷JV	大阪府大阪市	2003～2009	鉄道シールド（外径φ6.70m）	泥土圧シールド（φ6.68m）	大阪市営地下鉄 四つ橋線	①上方	1.8	地下鉄ボックスカルバートの直下を通過施工	①沖積層	なし	○	－	－	四つ橋線下の連絡通路の施工-中之島線第3工区	トンネルと地下 (2008.10)
S45	国土交通省中部地方整備局	大成・三井住友JV	静岡県静岡市	2006～2010	共同溝（外径φ3.40m）	泥土圧シールド（φ3.53m）	日之出町共同溝（開削、RC構造）	①上方	4.2	水盛式水下計、傾斜計	①沖積層	・掘進管理（計測を含む）	－	－	－	－	－
S46	京都市上下水道局	大成・金下JV	京都府京都市	2007～2009	上水道（外径φ2.00m）	泥土圧シールド（φ2.13m）	下水道管 内径φ5400mm	①上方	3.3	バーチカルで回避	①沖積層	・既設管モニタリング・モニター確認	－	－	－	－	－
S47	東京電力(株)	大成・佐藤・飛島・戸田JV	東京都品川区	2010～2013	電力（外径φ4.00m）	泥水式シールド（φ4.12m）	大井火力発電所 護岸立坑	①上方	10.8	縦断形で回避	②洪積層	・掘進管理（計測を含む）	○	－	－	－	－
S48	東京都建設局	大成・佐藤・高JV	東京都練馬区	2011～2014	地下河川・貯留管（外径φ10.60m）	泥水式シールド（φ10.80m）	道路構造物 高架橋	①上方	11.4	高架橋基礎杭直下を大断面泥水式シールドで近接施工	②洪積層	・掘進管理（計測を含む）	○	－	○	－	－
S49	川崎市上下水道局	大成・大豊・土志田JV	神奈川県川崎市	2012～2015	下水道（外径φ3.15m）	泥土圧シールド（φ3.29m）	鉄道橋脚（杭基礎）	①上方	3.0	構造物の動態計測工実施	③自律性の極めて高い地盤（土丹など）	・掘進管理（計測を含む）	○	－	○	－	－

巻末-5

T.L.34 都市における近接トンネル

No.	発注者	施工者	施工場所	施工時期	近接施工概要								施工・計測データの有無			出典	
					新設構造物	施工法	先行構造物（施工法・構造）	位置関係（新設側からみた先行構造物の位置）	離隔(m)	近接施工の特徴（施工条件、施工法、計測方法で特筆すべき事項）	地盤条件	影響軽減対策工の概要	施工データの整理・分析	地盤変位・変形の計測データ	構造の変位・変形の計測データ	主な文献名	主な出典
S50	独立行政法人鉄道建設・運輸施設整備支援機構	大成・東急・大本・土志田JV	横浜市	2014～2020	鉄道シールド（外径φ10.26m）羽沢トンネル	泥土圧シールド SENS（φ10.50m）	環状2号線（三枚高架橋P9橋脚）直接基礎	①上方	6.9	直接基礎	③自律性の極めて高い地盤（土丹など）	・掘進管理（計測を含む）	○	○	○	シールドによる地盤変位に対する掘進速度の影響について	土木学会第72回年次学術講演会 Ⅲ-385 (2017.9)
S51				2014～2017			小松千若雨水本線	①上方	6.1	交差物近接 φ=5.25m	③自律性の極めて高い地盤（土丹など）	・掘進管理（計測を含む）	○	○	-	-	-
S52							共同シールド	①上方	9.5	交差物近接 φ=3.95m	③自律性の極めて高い地盤（土丹など）	・掘進管理（計測を含む）	○	○	○	-	-
S53	大阪府都市整備部 東部流域下水道事務所	大成・村本・中林JV	大阪府東大阪市	2014～2017	下水道（外径φ6.00m）	泥水式シールド（φ6.15m）	高速道路橋脚基礎	①上方	5.9	・シールドは曲線半径R=30mの急曲線をS字で橋脚間を通過・対象橋脚は自動計測	②洪積層	・掘進管理（計測を含む）	○	○	○	-	-
S54							JR学研都市線橋脚基礎	①上方	3.0	・シールドは曲線半径R=60mの急曲線で橋脚間を通過・対象橋脚は自動計測	②洪積層	・掘進管理（計測を含む）	○	○	○	-	-
S55							LPガス大貯蔵庫	①上方	7.0	変位・傾斜計測	①沖積層	・掘進管理（計測を含む）	○	○	-	-	-
S56	北海道空知総合振興局	大成・岩田地崎・璧松吉JV	北海道札幌市	1990～1998	地下河川/貯留管（外径φ5.25m）	泥土圧シールド（φ5.42m）	地下鉄南北線高架橋	①上方	8.0	橋脚変位・傾斜計測	②洪積層	・掘進管理（計測を含む）	○	○	○	800mm超の巨礫地盤で砂礫地盤を克服した中口径シールドの施工	トンネルと地下 (2022.8)
S57							既設水道管 φ1800mm	①上方	1.0	変位計測予定	②洪積層	・掘進管理（計測を含む）	○	○	-	-	-
S58							橋台	①上方	3.0	変位計測予定	②洪積層	・掘進管理（計測を含む）	○	○	-	-	-
S59	三菱地所(株)	大成建設(株)	東京都千代田区	2015～2020	共同溝（外径φ0.360m）	泥土圧シールド（φ3.76m）	地下鉄駅及び防振杭	①上方	1.6	φ3.75m泥土圧シールド工法にて近接施工、外口軌道を次に計測	①沖積層	・掘進管理（計測を含む）	○	○	○	-	-
S60	関西高速鉄道(株)	西松・飛島・大鉄JV	大阪市	1990～1998	鉄道シールド（内径φ6.4m）	泥土圧シールド（φ7.25）	・阪神電鉄・共同溝・NTT洞道・JR環状線 等	①上方	1.0	・シールド施工全線に渡り既設構造物との近接・横断を伴う工事・掘進管理のみの近接施工	①沖積層		-	○	○	・工事報告書	-
S61	Land Transport Authority of Singapore	西松建設(株)	シンガポール	2011～2016	鉄道シンネル	泥土圧シールド（φ6.64m）	高速道路トンネル	①上方	3.9	36mにわたり通行交差する形で掘進	②洪積層	・掘進管理（計測を含む）	-	○	○	泥土圧シールドによる道路鉄道直下で3本近接伴設掘進などの施工	トンネルと地下 (2017.7)
S62	東京地下鉄(株)	佐藤・竹中土木JV	東京都	1998	東京メトロ南北線南麻布（外径φ13.94m）	抱き込み式親子泥水式シールド（φ14.18m）	橋脚基礎杭、河川構造	①上方	12.7	3線シールド部	②洪積層	・掘進管理（計測を含む）	○	○	○	世界最大泥水シールドを都心で掘る	トンネルと地下 (1998.4)
S63	鉄道運輸機構、埼玉高速鉄道(株)	熊谷・鴻池・大洋JV	埼玉県川口市	1999	埼玉高速鉄戸塚トンネル	泥土圧シールド（φ9.5m）	JR武蔵野線橋梁基礎、地下連絡通路	①上方	-	延長45mに渡って近接	②洪積層	・遮断壁SMW・薬液注入	○	○	○	JR武蔵野線横橋脚に近接するシールド	トンネルと地下 (2000.7)
S64	東京地下鉄(株)	清水・東亜JV	東京都	1996～1998	東京メトロ南北線谷町工区	泥水式シールド（φ9.98m）	NTT洞道	①上方	1.7	NTT洞道の直下を横断掘進構造	①沖積層		○	○	-	障害物を克服した泥水シールド	トンネルと地下 (2000.1)
S65							横断地下道	①上方	3.1	地下道の直下を横断掘進	①沖積層		-	-	-	障害物を克服した泥水シールド	トンネルと地下 (2000.1)
S66	船橋市	清水JV	船橋市	1998～2001	三山雨水幹線管渠	泥土圧（親子φ3.2m、2.6m）	水道管、汚水管	①上方	0.6	地下埋設物の直下を掘進	②洪積層	・掘進管理（計測を含む）	-	-	○	小口径帽子シールドによる地下埋設物の直下引抜きエ	トンネルと地下 (2000.8)
S67	東京地下鉄(株)	五洋JV	東京都	1998	東京メトロ南北線第一工区	泥土シールド（φ6.6m）	留置線トンネル	②下方 ③側方	1.6 1.3	Uシールド部での近接	上総層、礫層	・ソイルセメント壁	-	-	-	高被圧水下におけるシールド横の引抜きとリターン	トンネルと地下 (2000.11)

巻末資料　　巻末資料1　シールドトンネル　近接施工事例一覧表

No.	発注者	施工者	施工場所	施工時期	新設構造物	施工法	先行構造物（施工法・構造）	位置関係（新設側から見た先行構造物の位置）	離隔(m)	近接施工の特徴（施工条件、施工法、計測方法で特記すべき事項）	地盤条件	影響軽減対策工の概要	施工データの整理・分析	地盤変位・変形の計測データ	構造物の変形・歪計測データ	主な文献名	主な出典
S68	名古屋市交通局	ハザマ・清水・森本JV	名古屋市	1999～2003	名古屋市交通局	泥土圧複心円DOT(6.52×11.12m)	マンション基礎杭	①上方	0.6	R=300m曲線	②洪積層（礫層）	・掘進管理(計測を含む)	○	○	−	DOTシールドの姿勢制御と近接施工	トンネルと地下(2003.7)
S69	首都高速道路(株)	西松・鉄建・フジタJV	東京都	2001～2005	中央環状新宿線上落合(φ11.22m)	泥水式シールド	東京地下鉄東西線 NTT洞道	①上方	5.4	横供設(5.3m)	東京礫層、江戸川層	薬液注入	○	○	○	大断面泥水式シールドによる近接施工	トンネルと地下(2005.6)
S70	東京地下鉄(株)	大林・東亜・大日本土木、前田、戸田・五洋JV	東京都	2004～2007	東京メトロ副心線(Φ6.78m)	A工区泥土圧、B工区泥水	都営荒川線地下鉄有楽町線、首都高5号基礎	①上方	8.5	横供設(泥水、泥土)	上総層、礫層	−	△	△	△	親子シールドで駅前の駅間トンネルを築く	トンネルと地下(2007.3)
S71	東京都下水道局	(株)鴻池組	東京都墨田区	2020	下水道管渠(駒形幹線)内径3750mm 外径4300mm	泥土圧シールド(外径4440mm)	地下鉄浅草線口9300×7050	①上方	1.2	残置土留杭直下2.14m 地下鉄駆体内で変状を計測	①沖積層	−	○	○	○	−	−
S72	東京都下水道局	(株)熊谷組	東京都北区	2017	下水道管渠(主要幹線)内径1800mm 外径2100mm	泥水式シールド(外径2230mm)	水道管内径500mm	①上方	0.6	路面レベル測量	②洪積層	−	○	○	−	−	−
S73	東京都下水道局	(株)熊谷組	東京都北区	2007	下水道	泥水式シールド	排水室入孔	①上方	1.0	路面レベル測量	②洪積層	−	○	○	−	−	−
S74	西大阪高速鉄道(株)	大成、前田、五洋JV	大阪市	2007	西大阪延伸(阪神なんば線)第3工区(外径φ6.80m)	泥土圧シールド(φ6.94m)	7号線、引上げ線	①上方	0.8	土砂の壁も含む施工中の開削シールド駆体の直下を離隔0.8mでシールド掘進	①沖積層	・地盤改良 ・土留め壁内FU山材	○	○	○	既設地下重要構造物下を二種類のシールド工法で克服	トンネルと地下(2008.2)
S75	東京都水道局	大成・佐藤JV	東京都新宿区～中野区	2010～2014	下水道(外径φ2.006m)	泥水式シールド(φ2.13m)	首都高速中央状新宿線(シールドトンネル)	①上方	2.1	大断面シールド直下をφ2.13m/h 口径シールドが交差	②洪積層	・掘進管理(計測を含む)	○	−	−	小土被り条件下での泥圧シールドによる急曲線・鉄道横断の施工	日本トンネル技術協会第73回(都市)施工技術研究発表会(2013.6)
S76	桑名市上下水道部	熊谷・鴻JV	桑名市	2010～2013	下水道(雨水)トンネル(内径φ2.6m)	泥土圧シールド(φ3.08m)	鉄道軌道	①上方	3.0	鉄道営業線下部約3mを掘進 旧線直下の木杭を切削	①沖積層	・木杭切削用ビット	○	○	−	−	−
S77	日本鉄道建設公団関東支社	熊谷・滝池・東洋JV	埼玉県川口市	1996～2000	鉄道トンネル(内径φ8m)	泥水式シールド(φ9.73m)	橋脚基礎杭 地下連絡通路	①上方	2.5	横断基礎杭防護材との離隔約130mm 近接延長45m 地下連絡通路下部約2.5m	②洪積層	・遮断防護 ・地盤改良	○	○	○	JR武蔵野線横断制御に超近接するシールド	トンネルと地下(2000.4)
S78	東京都交通局(株)	熊谷・飛島JV	東京都新宿区	1992～1995	鉄道トンネル(内径φ8.5m)	泥水式シールド(φ9.70m)	地下鉄(有楽町線)	①上方	4.0	約130mの直の横断 営業線内を動態計測	②洪積層	・新設シールド坑内からのニ次注入	○	○	○	−	−
S79	関西高速鉄道(株)	熊谷・清水・大豊JV	大阪市	1991～1996	鉄道トンネル(内径φ6.4m)	泥水式シールド(φ7.15m)	地下鉄(御堂筋線 谷町線)、歩道橋、地下道	①上方	−	多数の重要構造物を横断	①沖積層、②洪積層	・掘進管理(計測を含む)	○	○	○	工事誌	−
S80	東京都下水道局	奥村土木・大豊建設共同企業体(株)	東京都千代田区	2020	下水道管渠(千代田幹線)	泥水式シールド(外径5480mm)	下水道管渠(第二溜池幹線)内径8000mm	①上方	3.0	最大土被り約59mの大深度掘進 供用中営業のため、地上部での沈下測量を実施	②洪積層	影響範囲内での連続施工	○	−	−	−	−
S81	東京都建設局	大成・佐藤錢高JV	東京都練馬区	2011～2016	地下河川・貯留管(外径φ10.66m)	泥水式シールド(φ10.80m)	共同溝トンネル	①上方	12.2	既設シールドトンネル直下を大断面大口径シールドが約1.1kmに旦って並走	②洪積層	・掘進管理(計測を含む)	−	−	○	大断面泥水式シールド掘進に伴う近接トンネルへの計測と影響解析と計測結果	土木学会第69回年次学術講演会(2014.9)
S82	東京都水道局	大成・不動テトラJV	東京都東村山市	2013～2016	上水道(外径φ2.956m)	複合式シールド(φ3.08m)	下水道管(シールドトンネル)	①上方	4.8	流体設備とスクリューコンベアにより、巨礫を取り込みながらの掘進	②洪積層	・掘進管理(計測を含む)	○	○	−	−	−
S83	大阪府都市整備部 東部流域下水道事務所	大成・村本・林JV	大阪府大阪市	2014～2017	下水道(外径φ6.00m)	泥水式シールド(φ6.15m)	けいはんな線躯体	①上方	3.7	土日、休日の連続施工 24時間断続掘進 管理者側で躯体及び動態を計測	①沖積層	・掘進管理(計測を含む)	○	○	○	−	−

巻末-7

T.L.34 都市における近接トンネル

No.	発注者	施工者	施工場所	施工時期	新設構造物	施工法	先行構造物(施工法・構造)	位置関係(新設側からみた先行構造物の位置)	離隔(m)	近接施工の特徴(施工条件、施工法、計測方法で特筆すべき事項)	地盤条件	影響軽減対策工の概要	施工データの管理・分析	地盤変位・変形の計測データ	構造物の変形・歪・計測データ	主な文献名	主な出典
S84	高松市	大成・村上JV	香川県高松市	2016～2020	下水道トンネル(外径φ3.80m)	泥土圧シールド(φ3.94m)	シールド(四国電力)(洞道)	①上方	4.0	新設シールドの通過範囲を門型の薬液注入で防護	①沖積層	・薬液注入工 ・掘進管理	○	-	○	-	-
S85	水資源機構	㈱フジタ	浦郡市	2009～2011	上水管	泥土圧シールド(φ1.96m)	上水管(開削工法)	①上方	5.4	既設管まわりの地盤は埋土	風化岩	・掘進管理(計測含む)	-	○	○	既設水路直下に近接する新設シールドトンネルの施工と地山挙動	第54回地盤工学研究発表会(2019.7)
S86	西日本旅客鉄道㈱	鉄建・三井・日本国土JV	大阪市	1990～1996	鉄道トンネル(内径φ6.4m)	泥水式シールド(φ7.15)	JR東海道本線	①上方	6.9	・営業線(5線)直下で単線併設シールドをR=250～435mの曲線施工 ・緩い沖積砂質土層	①沖積層	・薬液注入	○	○(軌道)	-	営業線直下でさかぶりDを切るシールド推進(JR東西線 御幣島立坑土砂)	トンネルと地下(1996.8)
S87	東京都下水道局	清水建設㈱	東京都品川区	2019	下水道管渠(立会川幹線雨水放流管)	泥水式シールド(外径5700mm)	品川川共同溝	①上方	5.0	既設共同溝と施工H&V工法により親2連シールドの横断施工	②洪積層	・掘進管理(計測含む)	○	○	○	H&Vシールド工法によるパイラル推進の施工報告	土木学会第74回年次学術講演会VI-170(2019.9)
S88	高松市	大成・村上JV	香川県高松市	2016～2020	下水道トンネル(外径φ3.80m)	泥土圧シールド(φ3.94m)	ボックスカルバート(JR)	①上方	5.7	沖積層(砂質シルト)のボックスカルバート直下をシールド掘進	①沖積層	・掘進管理(計測含む)	○	○	○	-	-
S89	東京都下水道局	大豊・鐵高JV	東京都江東区	2014～2018	下水道トンネル(内径φ6.0m)	泥水式シールド	単線シールド(外径φ6.75m、中子型)	①上方	5.0	・軟弱地盤 ・計測は水準測量、軌道四項目測定および構築調査を実施	①沖積層	・24時間連続施工 ・掘進管理	○	○	○	トライアル施工による構造物への影響解析の検証	トンネルと地下(2015.4)
S90						泥水式シールド	単線シールド(外径φ6.9m、中子型)	①上方	10.8	・軟弱地盤 ・計測は水準測量、軌道四項目測定および構築調査を実施	①沖積層	・24時間連続施工 ・掘進管理	○	○	○	-	-
S91	阪神高速道路㈱	鹿島・飛島JV	堺市堺区	住路:2012 複路:2017	道路本線トンネル	泥土圧シールド	南海電鉄高野線	②上方	15.8	大断面非円形トンネル(セグメント外径12.23m)が直下で往復施工	②洪積層	・掘進管理(計測含む)	○	○	○	大断面シールド後行掘進時における鉄道営業線横断解析	土木学会第73回年次学術講演会VI-121(2018.8)
S92						泥土圧シールド	JR阪和線	②上方	29.7	大断面併設シールドトンネル(セグメント外径12.23m)が直下で往復施工	②洪積層	・特になし	○	○	○	-	-
S93	下水道事業団	佐藤・前田JV	富山市	2012～2015	下水道貯留管(内径5.4m)	泥土圧シールド(φ6.15m)	ライトレール	①上方	11.3	路面電車直下の掘進	①沖積層	・余掘り際の充填 ・早強裏込め材 ・掘進管理	○	-	○	万全な地下対策によりライトレール直下をシールド掘進	トンネルと地下(2015.6)
S94	仙台市	佐藤・不動テ-ラ・アイサワ・伊藤組土建JV	仙台市	2006～2013	外径5.4mの地下鉄	泥土圧シールド(φ6.15m)	線路、構造物	①上方	12.0	軌道、RC構造物への影響計測	②洪積層	・掘進管理(計測含む)	-	-	○	-	-
S95	日本鉄道建設公団	佐藤・フジタ・青木・白石JV	大阪市	1990～1998	鉄道トンネル(内径φ6.4m)	泥水式シールド(φ7.15)	井筒基礎	①上方	11.8	基礎直下で11.8mを単線併設シールドで掘進 ・掘進管理のみでの近接施工	①沖積層	-	○	○	○	・片福連絡線淀川シールド(その01)(その02)(その3) ・2,325m先ピット無交換で貫通	・土木学会関西支部年次学術講演会(1996) ・トンネルと地下(1996.4)
S96	東京都交通局	熊谷・鐵建・竹中土木JV	東京都練馬区	1987～1990	鉄道トンネル(内径φ7.3m)	泥土圧シールド(φ8.77m)	鉄道軌道	①上方	13.0	層別沈下計測による事前計測	②洪積層	・地盤改良	○	○	○	営業線の線形を分岐併用大断面泥土圧シールドで掘る	トンネルと地下(1991.3)

巻末資料　　巻末資料1　シールドトンネル　近接施工事例一覧表

No.	発注者	施工者	施工場所	施工時期	近接施工概要								施工・計測データの有無			出典	
					新設構造物	施工法	先行構造物（施工法・構造）	位置関係（新設側からみた先行構造物の位置）	離隔(m)	近接施工の特徴（施工条件、施工法、計測方法で特筆すべき事項）	地盤条件	影響軽減対策等の概要	施工データの整理・分析	地盤変位・変形の計測データ	構造物の変形・変位・計測データ	主な文献名	主な出典
S97	東京都建設局	大成・大豊・鉄建JV	東京都品川区・目黒区	2008～2011	道路(外径φ12.30m)	泥土圧シールド(φ12.53m)	シールドトンネル	①上方	3.0	大断面シールド2本並走掘進の近接施工、(管理者へ計測委託)	②洪積層	・掘進管理(計測を含む)	○	－	－	大断面長距離シールドにおける一次覆工の高速施工と品質向上	土木学会トンネル工学報告集 第21巻(2011.11)
S98	日本鉄道建設公団	飛島・奥村・木動JV	埼玉県八潮市	1999～2003	鉄道複線トンネル	泥水式シールド(φ10.2m)	電力洞道(下り線トンネル)	④その他(下方～上方)	1.9	既設洞道との併走延長200m。	①沖積層	・掘進管理(計測を含む)	○	○	○	軟弱沖積粘土層のシールド掘削―つくばエクスプレス線・綾瀬川トンネル―	土木学会トンネル工学報告集 第12巻(2002.11)
S99	東京ガス(株)	大成・東急JV	神奈川県川崎市	2007～2011	ガス(外径φ2.40m)	泥土式シールド(φ2.54m)	東電洞道(φ2.2m)	①上方	5.2	20以上 路直接駆体測量	②洪積層	・掘進管理(計測を含む)	－	－	－	都市部における近接長距離小断面・急曲線シールドの高速施工	基礎工(2011.3)
S100	東京ガス(株)	大成建設(株)	茨城県日立市	2014～2019	ガス(外径φ2.20m)	泥水式シールド(φ2.34m)	高圧ガス導管(シールドトンネルφ2.25m)	①上方	8.1	軟弱地盤において下り4.8%の急勾配で近接掘進、地表面沈下計測	③自律性の極めて高い地盤(土丹など)	・掘進管理(計測を含む)	－	○	－	—	—
S101	国土交通省近畿地方整備局	大成・五洋JV	大阪府大阪市	2008～2012	共同溝(外径φ5.07m)	泥土圧シールド(φ5.20m)	鉄道:中ノ島線(シールドトンネルφ6700)	①上方	6.9	営業線の直下をシールド掘進	②洪積層	・掘進管理(計測を含む)	－	－	－		
S102							NTT洞道(シールドトンネルφ5700)	①上方	6.3	環状線直下のシールド掘進	②洪積層	・掘進管理(計測を含む)	－	－	－		
S103							鉄道:近鉄難波線(開削工法)	①上方	9.5	営業線駅舎の直下をシールド掘進	②洪積層	・掘進管理(計測を含む)	－	－	－		
S104							地下鉄駅舎:千日前線(開削工法)	①上方	12.0	地下鉄営業線の直下をシールド掘進、併せ掘進	②洪積層	・掘進管理(計測を含む)	○	○	○	情報化施工による地下鉄御堂筋線に近接したシールド管理事例	土木施工(2011.8)
S105							地下鉄:御堂筋線(開削工法)	①上方	5.9	地下鉄営業線の直下をシールド掘進、併せ掘進	①沖積層	・掘進管理(計測を含む)	○	－	○		
S106							地下鉄:鶴見緑地線(開削工法)	①上方	12.3	地下鉄営業線の直下をシールド掘進	②洪積層	・掘進管理(計測を含む)	○	－	○		
S107							地下鉄:中央線(開削工法)	①上方	17.5	地下鉄営業線の直下をシールド掘進	②洪積層	・掘進管理(計測を含む)	－	－	－		
S108	東京都水道局	大成・不動テトラJV	東京都東村山市	2013～2016	上水道(外径φ2.956m)	複合式シールド(φ3.08m)	JR武蔵野線(ボックスカルバート)	①上方	5.4	流体設備とスクリューコンベアにより、巨礫を取り込みながらの掘進	②洪積層	・掘進管理(計測を含む)	○	○	－	—	—
S109							水道用立坑φ1,100	①上方	4.8	流体設備とスクリューコンベアにより、巨礫を取り込みながらの掘進	②洪積層	・掘進管理(計測を含む)	－	－	－	—	—
S110	独立行政法人鉄道建設・運輸施設整備支援機構	大成・東急・木・土志田JV	横浜市	2014～2020	鉄道(外径φ10.26m)	SENS工法 泥土圧シールド(φ10.50m)	第三京浜鋼管直接基礎	①上方	5.2	交差物直下:スパン30.7m	③自律性の極めて高い地盤(土丹など)	・掘進管理(計測を含む)	○	○	○	支障移設後の汚水幹線をシールドで直接切り開いてトンネルを施工し高速道路高架橋部に近接施工	トンネルと地下(2017.4)
S111	東京都水道局	大成・佐藤JV	東京都新宿区・渋谷区・中野区	2010～2014	上水道(外径φ2.006m)	泥水式シールド(φ2.13m)	首都高速中央環状新宿線(橋台)	①上方	2.1	幹線道路横断部において高速道路下部構造物に近接施工	②洪積層	・掘進管理(計測を含む)	－	－	－	—	—
S112							電力洞道及び特殊人孔	①上方	4.1	幹線道路横断部において電力洞道に近接施工	②洪積層	・掘進管理(計測を含む)	○	○	○	—	—

T.L.34　都市における近接トンネル

No.	発注者	施工者	施工場所	施工時期	新設構造物	施工法	先行構造物（施工法・構造）	位置関係（新設側からみた先行構造物の位置）	離隔(m)	近接施工の特徴（施工条件、施工法、計測方法で特筆すべき事項）	地盤条件	影響軽減対策工の概要	施工データの整理分析	地盤変位・変形の計測データ	構造物の変形の計測・歪データ	主な文献名	主な出典
S113	東京都下水道局	村本建設(株)	東京都杉並区	2018～2020	下水道管渠（第二桃園川幹線）	泥土圧シールド（外径2980mm）	水道管	①上方	4.5	既設地下河川と地上シールドの横断施工	②洪積層	-	○	○	-	-	-
S114	東京都都建設局	大成・大豊・錢高JV	東京都品川区～目黒区	2008～2011	道路（外径φ12.30m）	泥土圧シールド（φ12.53m）	高架橋（杭基礎）	①上方	24.9	大断面シールド2本並走掘進の近接施工。（管理者へ計測委託）	②洪積層	・掘進管理計測を含む	○	○	-		
S115							高架橋（杭基礎）	①上方	6.4	大断面シールド2本並走掘進の近接施工。（管理者へ計測委託）	②洪積層	・掘進管理計測を含む	○	-	-		
S116							八潮共同溝	①上方	3.0	大断面シールド2本並走掘進の近接施工、自動計測	②洪積層	・掘進管理計測を含む	○	○	○		
S117							品川共同溝	①上方	27.2	大断面シールド2本並走掘進の近接施工、自動計測	②洪積層	・掘進管理計測を含む	○	○	○	大断面長距離シールドにおける一次覆工の高速施工と品質向上	土木学会トンネル工学報告集 第21巻 (2011.11)
S118							渋谷共同溝	①上方	14.6	大断面シールド2本並走掘進の近接施工、自動計測	②洪積層	・掘進管理計測を含む	○	○	○		
S119							高架橋（杭基礎）	①上方	23.3	大断面シールド2本並走掘進の近接施工、自動計測	②洪積層	・掘進管理計測を含む	○	○	○		
S120							BOXカルバート	①上方	18.3	大断面シールド2本並走掘進の近接施工、自動計測	②洪積層	・掘進管理計測を含む	○	○	○		
S121	国土交通省北陸地方整備局	大林・不動・本間JV	新潟県松浜町	2006～2007	下水管渠	泥土圧シールド（φ4.93m）	空港滑走路	①上方	10.8	トライアル計測実施	砂質土	・掘進管理計測を含む	○	○	-	空港施設下のシールド掘進と掘削土砂改質技術の採用	トンネルと地下 (2009.8)
S122	東京都下水道局	東急建設(株)	東京都北区	2019	下水道管渠（北区赤羽台一丁目、岩淵町付近枝線工事）内径4750mm 外径5350mm	泥水圧シールド（外径5490mm）	埼玉高速鉄道 外径9500mm	①上方	8.3	・計測は水準測量、水平測量、内空断面測定。軌道四項目測定および構築断面調査を実施	①沖積層	・通過時24時間管理。施工。掘進管理	○	○	○	-	トンネルと地下 (2017.4)
S123	独立行政法人鉄道建設・運輸施設整備支援機構	大成・東急・大本・土志田JV	横浜市	2014～2020	鉄道（外径φ10.26m）	泥土圧シールド、SENSとセグメントの複合（φ10.50m）	東神立坑	①上方	17.6	交差物躯体幅7.8m	③自立性の低い・高い地盤（土丹など）	・掘進管理計測を含む	○	○	○	支障物移設後の汚水幹線をシールドで直接切削してトンネルを施工	鉄道・東急直通線羽沢トンネル (2017.4)
S124						泥土圧シールド（φ4.58m）	東海道新幹線	①上方	47.7	東海道新幹線シールド近接施工	③自立性の低い・高い地盤（土丹など）	・掘進管理計測を含む	○	○	○		
S125	国土交通省近畿地方整備局	(株)大林組	京都府京都市	2002～2004	共同溝	泥土圧シールド（φ4.58m）	東海道本線	①上方	5.2	東海道本線を横断	①沖積層	・掘進管理計測を含む	○	○	○	鉄道営業線直下を貫くシールドトンネルが地盤内に及ぼす影響	土木学会第59回年次学術講演会 Ⅵ-045 (2004.9)
S126	横浜市下水道局	戸田・相鉄・イワキJV	神奈川県横浜市	2002～2006	下水道	泥水式シールド（φ3.49m）	JR横須賀線、東海道線、京浜東北線、横浜線	①上方	14.0	軌道を連続して横断施工	②洪積層	・掘進管理計測を含む	○	○	○	泥水シールド工法による砂礫層掘進を鉄道直下で施工	土木学会第59回年次学術講演会 Ⅵ-058 (2004.9)
S127	国土交通省北陸地方整備局	大林・不動・本間JV	新潟県新潟市	2006～2007	下水道	泥土圧シールド（φ4.93m）	新潟空港施設	①上方	10.3	各種空港施設を横断施工	④不明	・掘進管理計測を含む	○	○	-	砂質土における空港施設下のシールドトンネルの施工について	土木学会第63回年次学術講演会 Ⅵ-023 (2008.9)
S128	日本鉄道建設公団	鹿島・東亜JV	大阪市	1990～1996	鉄道シールド（内径φ6.1m）	泥水式シールド（φ7.16）	地下鉄（谷町線）	①上方	11.0	地下鉄と離隔11.0mで交差後、約250mの併走を伴う・掘進管理のみでの近接施工	①沖積層	-	○	○	○	既設幹線トンネル下を併進するシールド（片福連絡線十川トンネル）・片福連絡線大川シールド工事（下り線施工のみ）	トンネルと地下 (1993.3)、土木施工 (1993.5)

巻末資料　巻末資料1　シールドトンネル　近接施工事例一覧表

No.	発注者	施工者	施工場所	施工時期	新設構造物	施工法	先行構造物（施工法・構造）	位置関係（新設側からみた先行構造物の位置）	離隔(m)	近接施工の特徴（施工条件、施工工法、計測方法で特筆すべき事項）	地盤条件	影響軽減対策の概要	施工データの整理・分析	地盤変位・変形の計測データ	構造物の変形・歪計測データ	主な文献名	主な出典
S129	阪神高速道路（株）	鹿島・飛島JV	大阪府堺市	2008～2017	道路トンネル	泥土圧シールド（φ12.47m）	南海電鉄高野線	①上方	15.8	トライアル計測の実施　併設施工時の貫入度の影響	②洪積層	・地盤改良　・トライアル施工　・掘進管理	○	○	－	初期掘進区間の重要構造物直下1Dレベルでの大断面シールドで施工	トンネルと地下（2012.11）
S130	日本下水道事業団	戸田・沼田JV	広島県広島市	2015～2017	下水道	泥土圧シールド（φ3.29m）	JR阪和線	①上方	29.7	トライアル計測の実施　併設施工時の貫入度の影響	④不明	・掘進管理（計測を含む）	○	○	－	大断面シールド往還掘進　知見を活かした袋越掘進実績	土木学会第72年次学術講演会Ⅵ-306(2017.9)
S131	日本鉄道建設公団				下水道	泥土圧シールド（φ7.45m）	路面電車	①上方	11.0	軟弱層の掘進、坑内からの高圧噴射の施工	①沖積層	・地盤改良（Do-Jet工法）	－	－	○	路面電車直下をDo-Jet併用のシールドにより地盤改良して掘進	トンネルと地下（2019.5）
S132	日本鉄道建設公団	奥村・大豊・地崎JV	茨城県筑波郡伊奈町～谷和原村	2000～2003	鉄道トンネル	泥土圧シールド（φ7.45m）	常磐自動車道	①上方	7.1	斜めの交差で施工	④不明	・掘進管理（計測を含む）	○	○	－	つくばエクスプレス（常磐新線）常磐道特殊シールドにおける超低土被りシールドの良好な施工	土木学会第58年次学術講演会Ⅵ-159(2003.9)
S133	東京電力（株）	奥村・大林・鉄建・日本国土開発JV	埼玉県上尾市～さいたま市	2009～2013	地中送電管路	泥土圧シールド（φ2.64m）	JR高崎線	①上方	10.5	推進・シールドのハイブリッド工法	②洪積層	・掘進管理（計測を含む）	－	○	○	シールド工法を併用したハイブリッド推進工法による管路築造	土木学会トンネル工学報告集第23巻(2013.11)
S134	東京都下水道局	東急建設（株）	東京都墨田区	2019～2020	下水道管渠（京島幹線）内径3000mm　外径3350mm	泥土圧シールド（外径3490mm）	東武鉄道　亀戸線	①上方	7.1	水準測量、水平測量の軌道計測を実施	①沖積層	・薬液注入による地盤改良	○	○	○	－	－
S135	関西高速鉄道（株）	熊谷・清水・大豊JV	大阪市	1990～1998	鉄道トンネル（内径φ6.4m）	泥土圧シールド（φ7.25m）	地下鉄（御堂筋線）・NTT洞道等	①上方	14.0	シールド施工全線に渡り既設構造物との近接・横断を伴う工事　掘進管理のみでの近接施工	①沖積層		○	○	○	－	－
S136	建設省近畿地方建設局	清水・鹿島JV	大津市	1995～2004	放水路トンネル（シールド外径φ12.64m）	泥水式シールド（φ12.64m）	新幹線	①上方	20.0	シールド直上約10m洪積粘性土　砂礫、砂、シルト、粘土の互層	②洪積層	・掘進管理（計測を含む）	○	○	○	・工事報告書	トンネルと地下（2001.4）
S137	東京都下水道局	東急建設（株）	東京都足立区	2014～2019	下水道管（隅田川幹線）内径4750mm→8790mm　外径5500mm→9500mm（拡幅後）	凍結工法	京成本線（盛土・軌道）	①上方	33.4	凍結工法により、拡幅部周囲用に凍土を造成後、既設セグメント内部からの掘削により、切り拡げ（拡幅前：内径4750mm、拡幅後：内径8790mm、最大）	①沖積層	・凍結解凍時、強制解凍および東土充填（CB充填）を実施	○	○	○	新幹線直下を大断面シールドで貫く	土木学会トンネル工学報告集第29巻(2019.11)
S138	東京都下水道局	東急建設（株）	東京都豊島区		下水道管渠（千川増幹線）内径3750mm　外径4200mm	凍結工法	都道（墨堤通り）	①上方	34.8	凍結工法により、強制解凍および東土充填（CB充填）を実施	①沖積層	・凍結解凍時、強制解凍および東土充填（CB充填）を実施	○	○	○	大規模放射状凍土造成工に関する一考察	－
S139	東京都下水道局	大豊建設（株）	東京都豊島区	2019	下水道管渠　内径4355mm	泥水式シールド（外径4355mm）	水道管　内径1000mm	①上方	7.0	路面直下計測を実施	①沖積層	・影響範囲内での連続施工	○	○	○	－	－
S140	東京都下水道局	奥村・大豊建設・共同企業体（特）	東京都千代田区	2020	下水道管渠（千代田幹線）	泥水式シールド（外径5480mm）	日比谷共同溝　内径7000mm　外径7700mm	①上方	13.7	最大土被り約59mの大深度掘進　共同溝内での水準測量と構造物調査を実施	②洪積層	・影響範囲内での連続施工	○	○	○	－	－
S141	東京ガス（株）	大成・東急JV	神奈川県川崎市	2007～2011	ガス（外径φ2.40m）	泥水式シールド（φ2.254m）	市ヶ尾汚水幹線　φ1.5m	①上方	5.7	2D以上　路面測量	②洪積層	・掘進管理（計測を含む）	○	○	○	都市部における長距離小断面シールドの施工	基礎工（2011.3）
S142	吹田市下水道部	大成・橋本・エフアJV	大阪府吹田市	2016～2021	下水道（外径φ3.55m）	泥土圧シールド（φ3.71m）	JR東海道本線架道橋の橋台及び橋脚	①上方	10.2	構造物調査（通過前、通過後）・定点地表面近傍下測量とトータルステーション、傾斜計による構台と機脚の自動計測	②洪積層	・掘進管理（計測を含む）	○	○	○	－	－

T.L.34　都市における近接トンネル

近接施工概要 / 施工・計測データ / 出典

No.	発注者	施工者	施工場所	施工時期	新設構造物	施工法	先行構造物（施工法・構造）	位置関係（新設側からみた先行構造物の位置）	離隔（m）	近接施工の特徴（施工条件、施工法、計測方法で特筆すべき事項）	地盤条件	影響軽減対策工の概要	施工データの整理・分析	地盤変位・変形の計測データ	構造物の変形・歪計測データ	主な文献名	主な出典
S143	東京都建設局	大成・鹿島・大林・京急JV	東京都中野区 練馬区	2017～2027	地下河川・貯留管（外径φ13.20m）	泥水式シールド（φ13.45m）	鉄道構造物（抗基礎）	①上方	19.6	既設鉄道構造物の抗基礎下を大断面泥水式シールドがR=200mの曲線部で交差	②洪積層	・掘進管理（計測を含む）	○	○	○	―	―
S144	東京都下水道局	鉄建・東洋（企）（特）	東京都 練馬区	2017～2020	下水道管渠（第二田柄川幹線）	泥土圧シールド（外径4000mm）	鋼製共同溝（高徳橋部）	①上方	1.5	共同溝の残置杭を切削撤去しながら、共同溝下（0.4D（約1.5m））をシールド掘進	②洪積層	Do-jet地盤改良 通常の土圧で掘進管理	○	○	○	DO-Jet工法を装備したシールドマシンからの探査・地盤改良・切断撤去技術―第二田柄川幹線工事―	トンネルと地下（2020.6）
S145	中之島高速鉄道(株)	西松JV	大阪府大阪市	2003～2009	鉄道トンネル	泥土圧シールド（φ6.95m）	地下鉄6号線（堺筋線）	①上方	1.0	既設構造物直下を直近で掘起し	①沖積層		○	―	―	圧力式土圧下で用いたシールド掘進管理用のトライアル計測事例	土木学会第63回年次学術講演会VI-24(2008.9)
S146	東京都下水道局	鹿島・飛島・三井住友JV	東京都品川区	2005～2009	下水道	泥水式シールド（φ4.53m）	JR東海道新幹線 橋脚	①上方	16.5	高架線の影響範囲内に急曲線施工（R=30m）	②洪積層	・掘進管理（計測を含む）	―	○	○	新幹線など重要構造物直下で高水圧下での長距離シールド	トンネルと地下（2010.1）
S147	大阪市交通局	大成・間相JV	大阪府大阪市	1980～1983	鉄道トンネル	泥土圧シールド（φ6.93m）	②下水道ボックスカルバート	①上方	6.0	土圧式シールド施工管理および同時裏込め注入の採用	①沖積層	・掘進管理（計測を含む）	○	○	―	土圧式シールド掘削に伴う粘性土地盤の挙動と施工管理	土木学会論文集1985巻355号（1985.3）
S148	丸の内熱供給(株)	大成建設(株)	東京都千代田区	2006～2009	熱供給配管（外径φ2.75m）	泥土圧シールド（φ2.88m）	東京メトロ丸の内線（幅9.6m高さ6.4m）	①上方	4.3	水盛式下げ計により測定	①沖積層	・掘進管理（計測を含む）	○	―	○	―	―
S149							東京メトロ千代田線（幅12m高さ6.7m）	①上方	5.5	水盛式下げ計により鉛直変位を測定	①沖積層	・掘進管理（計測を含む）	○	―	○	―	―
S150							東京都交通局三田線（幅11m高さ7.1m）	①上方	4.5	トータルステーション、水盛式下げ計により測定	①沖積層	・掘進管理（計測を含む）	○	―	○	―	―
S151	独立行政法人 水資源機構	大成建設(株)	福岡県朝倉市	2015～2019	導水路（外径φ2.80m）	泥水式シールド（φ3.06m）	ボックスカルバート（道路横断水路）	①上方	2.2	発進部の直上で低土被り（5.3m）	③自律性の極めて高い地盤(土丹など)	・置換 ・掘進管理	○	○	○	地下水環境を配慮した高水圧下における泥水式岩盤シールド施工	建設機械施工 Vol.72 No.5（2020.5）
S152	名古屋市上下水道局	大成・りんかい・日産・本間JV	愛知県名古屋市	2016～2021	地下河川・貯留管（外径φ6.35m）	泥土圧シールド（φ6.51m）	地下鉄（開削部）	①上方	23.1	交差45°影響区間休業無しの連続暗渠改築	②洪積層	・掘進管理（計測を含む）	○	○	―	―	―
S153							高架橋基礎（抗基礎）	①上方	7.5	トライアル計測、掘進施工管理（切羽土圧、裏込め注入量等）	②洪積層	・掘進管理（計測を含む）	○	○	○	高架橋基礎直下の大深度・長距離シールド掘削工事における近接影響評価	土木学会トンネル工学報告集第33巻（2023.11）
S154	東京ガス(株)	大成・東急JV	神奈川県川崎市	2007～2011	ガス（外径φ2.4m）	泥水式シールド（φ2.54m）	企業団送水管φ2.0m	①上方	4.5	2D以上 路面測量	②洪積層	・掘進管理（計測を含む）	―	―	―	都市部における長距離小断面シールドの高速施工	基礎工（2011.3）
S155							樺串分岐ラインφ2.4m	①上方	5.2	2D以上 路面測量	②洪積層	・掘進管理（計測を含む）	―	―	―	―	―

巻末資料　　巻末資料1　シールドトンネル　近接施工事例一覧表

No.	発注者	施工者	施工場所	施工時期	新設構造物	施工法	先行構造物（施工法・構造）	位置関係（新設側からみた先行構造物の位置）	離隔(m)	近接施工の特徴（施工条件、施工法、計測方法で特筆すべき事項）	地盤条件	影響軽減対策工の概要	施工データの整理・分析	地盤変位・変形の計測データ	構造物の変位・変形・歪計測データ	主な文献名	主な出典
S156	東京都下水道局	大豊建設(株)	東京都江東区	2014～2017	下水道管（江東幹線）内径6000mm 外径6750mm	泥水式シールド（外径6840mm）	水道管 φ2000mm	①上方	2.3	土中自動計測(沈下計)	①沖積層	・トライアル計測 ・影響範囲内での連続施工・同時裏込注入	○	○	-		
S157							下水道管 本郷雨水幹流業 φ5500mm	①上方	11.3	路面レベル測量	①沖積層	・同時裏込注入	○	○	-		
S158							東京電力 外径1800mm	①上方	11.1	洞道内調査（亀裂・湧水）自動計測(沈下計・変位計) リアルタイムでの計測管理	①沖積層	・トライアル計測 ・影響範囲内での連続施工・同時裏込注入	○	○	○	・トライアル施工による重要構造物への影響解析の検証	トンネルと地下(2015.4)
S159							地下鉄東西線 外径6750mm	①上方	5.0	事前調査、軌道測定 自動計測(沈下計・変位計) リアルタイムでの計測管理	①沖積層	・トライアル計測 ・影響範囲内での連続施工・同時裏込注入	○	○	○	・泥水式シールド工法による地下30m重要構造物近接施工-江東幹線工事-	東京土木施工管理技士会機関誌 (2015.10)
S160							NTT φ3000mm	①上方	12.4	とう道内調査（亀裂・湧水）	①沖積層	・同時裏込注入	○	○	○		
S161							JR京葉線 外径7200mm	①上方	11.7	路面レベル測量	①沖積層	・同時裏込注入	○	○	-		
S162							地下鉄有楽町線 外径6900mm	①上方	10.8	事前調査、軌道測定 自動計測(沈下計・変位計) リアルタイムでの計測管理	①沖積層	・トライアル計測 ・影響範囲内での連続施工・同時裏込注入	○	○	○		
S163					下水道管【東大島幹線】内径6000mm 外径6950mm【南大島幹線】内径4500mm 外径5250mm	泥土圧シールド 親φ7100mm(外径) 子φ5340mm(外径)	都営地下鉄新宿線 口21625×口12150	①上方	7.0	地盤改良による防護 軌道計測(沈下計・変位計) リアルタイムでの計測管理	①沖積層	・地盤改良工(DoJet)	○	○	○		
S164	東京都下水道局	鹿島建設(株)	東京都江東区	2016～			東電、NTT共同溝	①上方	12.0	地盤改良による防護 洞道内調査（亀裂・湧水）自動計測(沈下計・変位計) リアルタイムでの計測管理	①沖積層	地盤改良工(DoJet)	○	○	○	地下駅右左及び共同溝下の残置杭のDO-Jet工法での切断除去	トンネルと地下(2022.8)
S165							下水道管渠 大島幹線 φ5500mm	①上方	1.0	路面レベル測量	①沖積層	・地盤改良工(DoJet) ・R=25の急曲線は、地盤改良による防護(曲線部のみ)	○	○	○		
S166	東日本高速道路(株)	鹿島・竹中土木・佐藤工業JV	神奈川県横浜市	2016～	道路 外径φ15.28m	泥土圧シールド（気泡シールド）	汚水幹線（馬路幅2m）	①上方	1.0	事前調査・入坑して位置確認測量 出来形品質・覆工厚調査 施工中調査・健全性確認（目視スケッチ、打音検査）、次下量計測	②洪積層	掘進管理・裏込め注入 入管理の強化	○	○	○	横浜環状南線公田笠間シールド工事の施工実績（その2）周辺環境特性	土木学会第78回年次学術講演会 Ⅵ-208 (2023.9)

巻末-13

T.L.34 都市における近接トンネル

No.	発注者	施工者	施工場所	施工時期	新設構造物	施工法	先行構造物(施工法・構造)	位置関係(新設側からみた先行構造物の位置)	離隔(m)	近接条件(施工条件、施工法、計測方法で特筆すべき事項)	地盤条件	影響軽減対策工の概要	施工データの整理・分析	地盤変位・変形の計測データ	構造物の変形・変位の計測データ	主な文献名	主な出典
河川・道路の直下をシールド工法で近接掘進																	
S201	中之島高速鉄道(株)	西松・大豊・森本・オリエンタル白石JV	大阪府大阪市	2003～2009	鉄道トンネル	泥土圧シールド(φ6.59m)	土佐堀川	①上方	4.4	1D以下の小土被りで河川下にトンネルを併設施工	②洪積層	・地盤改良	○	－	－	最小土被り14.4mで土佐堀川下をシールドで横断	トンネルと地下(2008.12)
S202	首都高速道路(株)	大成・佐藤・東洋JV	神奈川県横浜市	2015～2019	道路(外径φ12.40m)	泥土圧式シールド(φ12.64m)	鶴見川	①上方	12.6	5%下り勾配 KmとKsの互層	上総層群(砂質土層、泥岩層)	・掘進時の泥水圧管理 ・地盤状状計測 ・護岸傾斜計測	○	○	○	－	大成建設株式会社提供資料
S203	静岡市下水道局	大成・静和石・福JV	静岡県静岡市	2016～2018	下水道(外径φ2.95m)	泥土圧シールド(φ3.08m)	下水道(シールドトンネル)	①上方	1.5	家屋密集地域、道路幅5.0m	①沖積層	・地表面翻転に⊕50mmのコアを抜き目視確認	○	○	○	－	－
S204	独立行政法人鉄道建設・運輸施設整備支援機構	大成・東急・東ネ・ティディJV	神奈川県横浜市	2010～2013	相鉄・JR直結線西谷トンネル(外径φ10.40m)	SENS工法 泥土圧シールド(φ10.46m)	曽田川	①上方	0.8	U型水路(曽田川:幅5m、深さ5.3m)、計測方法:圧力式水圧計、SENS(シールドを用いた場所打ち支保システム)	上総層(粘性土層、砂質土層)	・U型水路浮き上り防止対策(カウンターウェイト施工)	○	－	○	都市部にSENSを初適用した鉄道トンネルの施工実績	土木学会第70回年次学術講演会 VI-083(2015.9)
S205	首都高速道路(株)	清水・東急JV	横浜市	2011～2021	道路ランプトンネル(内径φ9.8m)ランプシールド4本のうちBランプ	泥土圧シールド(シールド外径φ10.83m)	道路(地上部街路)	①上方	6.3	・Dc, Ds, Kmの互層 ・トライアル施工実施 ・はり-ばねモデルによる構造解析	②洪積層	・掘進管理(計測含む)	○	○	○	急勾配・急曲線小土被り川における大断面シールドの掘進管理	土木学会論文集 第25巻(2015.10)
S206	東日本高速道路(株)	鹿島・竹中土木・佐藤工業JV	神奈川県横浜市	2016～	道路 外径φ15.28m	泥土圧シールド(気泡シールド)	いたち川	①上方	6.7	事前調査ボーリング(ボアホールレーダー磁気探査)等にて護岸支持杭を検知、手がかり判明したため、干渉する土杭を撤去して地盤改良により直接基礎に変更	②洪積層	・掘進管理・高込み注入管理の強化	○	○	○	横浜環状南線公田笹下トンネルの施工実績(その2:周辺環境特性)	土木学会第78回年次学術講演会 VI-208(2023.9)
既設構造物の側方をシールド工法で近接掘進																	
S301	銀座六丁目10地区市街地再開発組合	鹿島建設(株)	東京都	2014～2017	地下通路(ロ―W7.05m×H4.45m)	泥土圧シールド(ロ―W7.29m×H4.69m)	③沿道ビル(建築)	③側方	0.5	・発進部の土被り:2.5m ・到達部の土被り:4.7m ・左右の官民境界0.35m	①沖積層	・地表面レベル測量 ・掘進管理	○	○	－	銀座六丁目10地区再開発事業に伴う地下連絡通路整備工事の施工実績	トンネルと地下(2018.1)
S302	国土交通省名古屋国道	大成・鴻池JV	名古屋市	1998	302号小田井山田共同溝	大鼓型泥土圧シールド	東名阪自動車道山田西ONランプ	③側方	1.2	・異形断面	②洪積層	・掘進管理(計測含む)	○	○	－	大鼓型シールドトンネルの施工貫通	トンネルと地下(1998.7)
S303	大阪市建設局	前田・南海辰村JV	大阪府大阪市	2013～2017	共同溝(外径φ5.00m)	泥土圧シールド(φ5.13m)	地下鉄今里筋線	③側方	1.5	450mにわたり近接施工	沖積粘土層と洪積土層の互層	・掘進管理(計測含む)	－	－	△	清水共同設置工事-4における重要構造物対策その(4)	土木学会第71回年次学術講演会 VI-855(2016)
S304	中之島高速鉄道(株)	大成・戸田・鉄建・熊谷JV	大阪府大阪市	2003～2010	鉄道トンネル(外径φ6.70m)	泥土圧シールド(φ6.94m)	阪神高速道路仮線(抗基礎)	③側方	3.0	阪神高速道路仮線の橋脚側方を近接度管理面Ⅲでシールド掘進	①沖積層	・なし	○	－	○	－	－
S305	神戸市	大成・北溝JV	兵庫県神戸市	2012～2014	下水道・放流渠(外径φ4.10m)	泥土圧シールド(φ4.24m)	中央堤・神戸西ポートタウン脚部基礎	③側方	4.8	歩道橋とポートタウンの基礎杭が掘進影響範囲に入る。(最小離隔4.75m)	②洪積層	・掘進管理(計測含む)	○	－	○	障害物は果順に足尻れシールド	トンネルと地下(2000.1)
S306	東京地下鉄(株)	清水・東亜JV	東京都	1996～1998	東京メトロ南北線今町工区	泥水式シールド(φ9.98m)	首都高環状線橋脚基礎壁	③側方	1.0	首都高速やNTT洞道と併走	①沖積層		－	－	－	－	－
S307	西大阪高速鉄道(株)	鹿島・清水・鉄高・中村JV	大阪市	2003～2009	阪神なんば線(Φ6.8m)	泥土圧シールド	阪神高速道橋脚	③側方	2.8	併設トンネル(離隔路0.6m)	①沖積層	・オーバーカット部への特殊充填材の注入・インバートコンクリートの早期打設	○	○	○	シールド新工法による地下鉄工事の実績	トンネルと地下(2010.1)

巻末資料　　巻末資料1　シールドトンネル　近接施工事例一覧表

No.	発注者	施工者	施工場所	施工時期	新設構造物	施工法	先行構造物（施工法・構造）	位置関係（新設側からみた先行構造物の位置）	離隔(m)	近接施工の特徴（施工条件、施工法、計測方法で特筆すべき事項）	地盤条件	影響軽減対策工の概要	施工データの整理・分析	地盤変位・変形の計測データ	構造物の変形・変形の計測データ	主な文献名	主な出典
S308	東京都下水道局	前田・鴻池・大日本JV	東京都	2008〜2014	東京都雨島ポンプ場流入管（φ10.1m）	泥土圧式シールド（φ10.1m）	首都高横浜線基礎	③側方	2.2	S字曲線区間	②洪積層	・余掘り充填材や袋付きセグメント	○	—	—	φ10.3mのシールドがR30mの急曲線で首都高の橋脚間を貫く	トンネルと地下(2011.12)
S309	東京都下水道局	清水建設㈱	東京都品川区	2019	下水道管渠（立会川幹線雨水坑流管）	泥水式シールド（外径5700mm）	京浜急行本線立会川陸橋杭	③側方	5.0	既設陸橋杭上H&V工法により縦2連シールドの近接施工	②洪積層	・掘進管理（計測を含む）	○	○	○	シールド推進力学モデルを用いたH&Vシールドスパイラル掘進解析	土木学会第73回年次学術講演会講演概要集VI-141(2018.9)
S310	京都市上下水道局	大成・金下・京都土木・寺尾道路JV	京都府京都市	2017〜2020	下水道（φ3.05m）	泥土圧シールド（φ3.19m）	営業線橋脚	③側方	10.0	・通常掘進 ・橋脚の計測	②洪積層	・掘進管理（計測を含む）	○	—	—	—	—
S311	東京ガス㈱	大成建設㈱	茨城県ひたちなか市	2017〜2020	ガス（外径φ2.95m）	複合式シールド（φ3.09m）	溝陸橋（杭基礎）	③側方	6.0	すべて供用中の国道・鉄道の近傍もしくは直下をシールド掘進	②洪積層	・掘進管理（計測を含む）	○	○	○	—	—
S312	東京電力㈱	大成・佐藤・飛島・昌田JV	東京都品川区	2010〜2013	電力（外径φ4.0m）	泥水式シールド（φ4.12m）	溝大橋（杭基礎）	③側方	6.1	すべて供用中の国道・鉄道の近傍もしくは直下をシールド掘進	②洪積層	・掘進管理（計測を含む）	○	○	○	—	—
S313	東京電力㈱	清水・前田・戸田・三井住友・佐藤JV	東京都江東区	2009〜2011	連絡管路（内径φ3.0m）	泥水式シールド（φ3.64m）	国道357号 東京港トンネル	③側方	31.2		①沖積層	・掘進管理（計測を含む）	—	—	—	—	—
S314	独立行政法人鉄道建設・運輸施設整備支援機構	清水・前田・戸田・三井住友・佐藤JV	江東区	2014〜2020	道路ランプトンネル（内径φ9.1m）ランプトンネル4本のうちAランプ	泥土圧シールド（シールド外径φ10.13m）	①橋脚基礎	③側方	1.1	・沖積粘土、沖積砂質土、洪積粘性土の互層	①沖積層	・掘進管理（計測を含む）	—	—	△	横桁直下および横梁基礎杭に近接したトンネル	トンネルと地下(2012.1)
S315	首都高速道路㈱	清水・東急JV	横浜市	2011〜2021	鉄道（外径φ10.26m）	SENS工法 泥土圧式（φ10.50m）	供用後の横浜環状北線本線トンネル（シールド外径φ12.5m）	③側方	1.2	・Ds、Ds、Ks、Km互層 ・プロテクタ（隔壁）設置	③自律性の極めて高い地盤（土丹など）	・プロテクタ（隔壁）設置 ・掘進管理	○	○	○	馬場出入口エ区における共用中本線トンネルの近接施工／重要構造物に近接した急曲線・急勾配の大断面シールドの施工	土木学会第73回年次学術講演会VI-140(2018.9)／トンネルと地下(2018.5)
S316	東京都水道局	大成・東急・大本・土志田JV	東京都新宿区〜渋谷区〜中野区	2010〜2014	上水道（外径φ2.006m）	泥水式シールド（φ2.13m）	環状2号線（三枚橋）高架橋P8橋脚	③側方	0.8	杭基礎	②洪積層	・掘進管理（計測を含む）	○	—	○	—	—
S317	日本下水道事業団	大成・佐藤JV	東京都品川区	2002〜2005	下水道	泥水式シールド（φ8.99m）	第二十二計幹線（シールドトンネル）	③側方	2.1	—	②洪積層	・掘進管理（計測を含む）	—	○	—	—	—
S318	日本下水道事業団	鹿島・前田・安藤JV	東京都品川区	2008〜2010	下水道（外径φ8.99m）	泥水式シールド（φ8.99m）	首都高速道路2号線橋脚	③側方	1.0	近接区間で急曲線施工（R=30m）	②洪積層	・掘進管理（計測を含む）	○	—	○	首都高橋脚で超近接した大断面急曲線施工	トンネルと地下(2004.7)
S319	前田・鴻池・大日本JV	前田・鴻池・大日本JV	東京都品川区	2008〜2010	下水道（φ10.3m）	泥水式シールド（φ10.3m）	首都高速道路橋脚	③側方	2.2	高架構近接部をS字の急曲線施工（R=30m）	②洪積層	・掘進管理（計測を含む）	○	○	○	φ10.3mのシールドがR30mの急曲線で首都高の橋脚間を貫く	トンネルと地下(2011.12)
S320	国土交通省近畿地方整備局	大成・五洋JV	大阪府大阪市	2011〜2014	共同溝立坑（EB立坑/外径φ3.30m）	上向きシールド 泥土圧式（φ3.45m）	地下鉄・御堂筋線（開削工法）	③側方	6.2	地下鉄営業線との離隔1.8D(6.2m)でGL−30mから上向きシールド掘進	①沖積層	・掘進管理（計測を含む）	○	○	—	分岐立坑における上向きシールド実績報告	土木技術(2014.1)
S321	国土交通省近畿地方整備局	大成・五洋JV	大阪府大阪市	2011〜2014	共同溝立坑（EB立坑/外径φ3.30m）	上向きシールド 泥土圧式（φ3.45m）	地下鉄御堂筋防線	③側方	3.0	上向きシールド	①沖積層	・掘進管理（計測を含む）	○	○	—	地下鉄に近接した分岐立坑を上向きシールドで施工	トンネルと地下(2014.1)
S322	国土交通省近畿地方整備局	大成・五洋JV	大阪府大阪市	2011〜2014	共同溝立坑（EB立坑/外径φ3.30m）	上向きシールド 泥土圧式（φ3.45m）	地下鉄・御堂筋防線（開削工法）	③側方	3.0	地下鉄営業線との離隔0.5D(3.0m)でGL−30mから上向きシールド掘進	②洪積層	・掘進管理（計測を含む）	○	○	○	一国道25号線 御堂筋共同溝	同左

T.L.34 都市における近接トンネル

No.	発注者	施工者	施工場所	施工時期	新設構造物	施工法	先行構造物（施工法・構造）	位置関係（新設側からみた先行構造物の位置）	離隔(m)	近接施工の特徴（施工条件、施工方法、計測方法で特筆すべき事項）	地盤条件	影響軽減対策工の概要	施工データの整理・分析	地盤変位・変形の計測データ	構造物の変位・変形・変計測データ	主な文献名	主な出典
S323	東京ガス㈱	大成・東急JV	神奈川県川崎市	2007～2011	ガス(外径φ2.40m)	泥水式シールド(φ2.54m)	東横鉄道	③側方	9.6	2D以上 路面・対象躯体測量	②洪積層	・掘進管理(計測を含む)	－	－	－	都市部における長距離・小断面シールドの高速施工	基礎工(2011.3)
S324	東京都下水道局	大豊建設㈱	東京都江東区	2015	下水道管(江東幹線) 内径φ6.00m 外径φ6.75m	泥土圧式シールド(φ6.84m)	東名高速道路脚	③側方	11.4	2D以上 路面・対象躯体測量	②洪積層	・掘進管理(計測を含む)	－	－	－	—	—
S325	東京都下水道局	大成建設㈱	東京都江東区			泥土圧式シールド	首都高速 場所打ちコンクリート杭 φ1.27m	③側方	3.8	自動計測(沈下計・変位計)リアルタイムでの計測管理	①沖積層	・同時裏込注入	○	○	○	—	—
S326	東京電力㈱	奥村・間・アイサコJV	東京都港区	2010～2012	地中送電管路	泥土圧式シールド(φ3.08m)	東京タワー基礎	③側方	7.0	基礎の側断を近接施工	②洪積層	・掘進管理	－	○	○	輻輳する地下構造物と近接するシールド工事-東京タワーなど4種の地下構造物に近接する飯倉芝公園新設工事-	日本トンネル技術協会第71回都市施工体験発表会(2012.6)
S327	丸の内熱供給㈱	大成建設㈱	東京都千代田区	2006～2009	熱供給配管(外径φ2.75m)	泥水式シールド(φ2.88m)	首都高速道路脚 φ2m	③側方	6.0	トータルステーション及び傾斜計計にて測定	①沖積層	・掘進管理(計測を含む)	○	－	○	—	—
S328	東京ガス㈱	大成建設㈱	茨城県日立市	2014～2019	ガス(外径φ2.20m)	泥水式シールド(φ2.34m)	橋梁下部工(杭基礎)	③側方	2.8	下り4.8%の急勾配で近接施工、下部工躯体水平鉛直変位計測	②洪積層	・掘進管理(計測を含む)	○	○	○	—	—
S329	北海道航空知総合振興局	大成・岩田地崎・豊松古JV	北海道札幌市	2014～2019	地下河川・貯留管(外径φ5.25m)	泥土圧式シールド(φ5.42m)	杭基礎	③側方	3.0	構造物の計測管理	②洪積層	・掘進管理(計測を含む)	○	○	○	800mm超の巨礫を含む砂礫地盤を克服したφ中口径シールドの施工	トンネルと地下(2022.8)
S330	東京都下水道局	㈱鉄建高組	東京都北区	2017	下水道管渠(主要枝線) 内径1800mm 外径2100mm	泥土圧シールド(φ2.23m)	水道管 内径1800mm	③側方	1.0	路面レベル測量	②洪積層	・掘進管理(計測を含む)	○	○	○	—	東京都下水道局提供資料
S331	東京ガス㈱	大成・東急JV	神奈川県川崎市	2007～2011	ガス(外径φ2.40m)	泥水式シールド(φ2.54m)	市ヶ尾高架橋脚	③側方	16.0	2D以上 路面・対象躯体測量	②洪積層	・掘進管理(計測を含む)	－	－	－	都市部における長距離・小断面シールドの高速施工	基礎工(2011.3)
S332	東京ガス㈱	大成・東急JV	神奈川県川崎市	2007～2011	ガス(外径φ2.40m)	泥水式シールド(φ2.54m)	市ヶ尾歩道橋 基礎φ1.5m	③側方	24.8	2D以上 路面・対象躯体測量	②洪積層	・掘進管理(計測を含む)	－	－	－	都市部における長距離・小断面シールドの高速施工	基礎工(2011.3)
S333	大阪市建設局	大成・東急・村本JV	大阪府大阪市	2012～2015	地下河川(φ5.50m)	泥土圧シールド(φ5.5m)	鉄道高架脚(杭基礎)	③側方	16.0	路面、横脚レベル測量	②洪積層	・掘進管理(計測を含む)	○	○	○	鉄筋な施工工ヤードにおける鉄道直下施工	土木学会第71回年次学術講演会VI-864(2016.9)
S334	大阪市交通局	大成・間組JV	大阪府大阪市	1980～1983	鉄道トンネル	泥土圧シールド(φ6.93m)	高速道路橋脚基礎	③側方	0.8	土圧式シールド施工管理および同時裏込め注入の採用	①沖積層	・掘進管理(計測を含む)	○	○	○	土圧式シールド照射に伴ううめ掘粘性土地盤の挙動と施工管理	土木学会論文集第355号VI-2(1985.3)

巻末資料　　　巻末資料1　シールドトンネル　近接施工事例一覧表

既設構造物の直上をシールド工法で近接掘進

No.	発注者	施工者	施工場所	施工時期	新設構造物	施工法	先行構造物（施工法・構造）	位置関係（新設側からみた先行構造物の位置）	離隔（m）	近接施工の特徴（施工条件、施工法、計測方法で特筆すべき事項）	地盤条件	影響軽減対策工の概要	施工データの整理・分析	地盤変位・変形の計測データ	構造物の変形・歪の計測データ	主な文献名	主な出典
S401	銀座六丁目10地区市街地再開発組合	鹿島建設㈱	東京都	2014〜2017	地下通路（ロー W7.05m×H4.45m）	泥土圧シールド（ロ－W7.29m×H4.69m）	熱供給管路（推進）	②下方	0.6	・発進部の土被り:2.5m ・到達部の土被り:4.7m ・左右の官民境界:0.35m	①沖積層	・地表面レベル測量 ・掘進管理	○	○	－	銀座六丁目10地区再開発事業に伴う地下通路整備工事の施工実績	トンネルと地下（2018.1）
S402	独立行政法人鉄道建設・運輸施設整備支援機構	大成・東急工・スケーティJV	神奈川県横浜市	2010〜2015	鉄道トンネル（外径φ10.46m）西倉トンネル	泥土圧シールド（外径φ10.46m SENS工法φ10.50m）	東電シールド	①下方	2.0	京浜洞道（φ4.9m、計測方法：トーラルゲージ、SENS（シールドを用いた場所打ち支保システム）	上総層（粘性土層、砂質土層）	・掘進管理計測を含む	○	－	○	都市部でSENSを初適用した鉄道トンネルの施工実績	土木学会第70回年次学術講演会 Ⅵ-083（2015.9）
S403	首都高速道路㈱	西松・鉄道・アイサJV	東京都中野区〜新宿区	2001〜2005	道路トンネル（φ11.42m）	泥水式シールド（φ11.42m）	NTTシールド（φ5.4m）	②下方	0.9	2次元弾性FEM解析で変位が許容値内で確認、補強等は対策無し	②洪積層	・リアルタイム計測（沈下、傾斜、トンネル内変位）	○	○	○	大断面双設泥水式シールドによる近接施工	トンネルと地下（2005.6）
S404	東京都下水道局	大豊建設㈱	東京都江東区	2014〜2017	下水道管（工事管路）内径6.00m 外径6.75m	泥土圧シールド（φ6.84m）	NTT φ3.95m	②下方	1.7	洞道内調査（亀裂・漏水）自動計測（沈下・変位計）リアルタイムでの計測管理	①沖積層	・影響範囲内での連続施工・同時裏込注入	○	○	○	－	－
S405	東京都下水道局	村本建設㈱	東京都杉並区	2018〜2020	下水道管（第二環八幹線）	泥土圧シールド（φ2.98m）	神田川・環状七号線地下調整池（シールドトンネル）	②下方	3.2	既設地下河川に近接シールドの横断施工	②洪積層	・掘進管理計測を含む	○	○	○	－	－
S406	独立行政法人鉄道建設・運輸施設整備支援機構	大成・東急工・スケーティJV	神奈川県横浜市	2010〜2015	鉄道（外径φ10.46m）	SENS工法（φ10.50m）	椎子川分水路	②下方	5.5	椎子川分水路（NATM A=108m2）、SENS（シールドを用いた場所打ち支保システム）	上総層（粘性土層、砂質土層）	・掘進管理計測を含む	○	－	○	都市部でSENSを初適用した鉄道トンネルの施工実績	土木学会第70回年次学術講演会 Ⅵ-083（2015.9）
S407	独立行政法人鉄道建設・運輸施設整備支援機構	大成・東急建設・本土志田JV	神奈川県横浜市	2014〜2020	鉄道シールド（外径φ10.46m）羽沢トンネル	泥土圧シールド、SENS工法、セグ＋場台（φ10.50m）	京浜洞道	②下方	2.0	京浜洞道（φ4.9m、計測方法：トータルゲージ、SENS（シールドを用いた場所打ち支保システム）	上総層（粘性土層、砂質土層）	・掘進管理計測を含む	○	－	○	シールドによる地盤変位に対する掘進速度の影響について	土木学会第72回年次学術講演会 Ⅲ-385（2017.9）
S408	独立行政法人鉄道建設・運輸施設整備支援機構	大成・東急建設・本土志田JV	神奈川県横浜市	2012〜2015	鉄道シールド（外径φ10.46m）羽沢トンネル	泥土圧シールド、SENS工法、セグ＋場台（φ10.50m）	東京電力カシールド	①下方	0.8	変位計測の実施	③自律性の極めて高い地盤（土丸など）	・掘進管理計測を含む	○	－	○		
S409	国土交通省近畿地方整備局	大成・玉洋JV	大阪府大阪市	2008〜2012	共同溝（外径φ5.07m）	泥水式シールド（φ5.20m）	鉄道：JR東西線（シールドトンネルφ7.10m）	②下方	2.8	営業線を上越しでシールド掘進	①沖積層	・掘進管理計測を含む	○	－	○	情報化施工による地下鉄留置線に近接したシールド管理事例	土木施工（2011.8）
S410	国土交通省近畿地方整備局	大成・玉洋JV	大阪府大阪市	2008〜2012	共同溝（外径φ5.07m）	泥水式シールド（φ5.20m）	既設共同溝（シールドトンネルφ7.80m）	②下方	1.7	既設共同溝を上越しでシールド掘進	①沖積層	・掘進管理計測を含む	○	－	○		
S411	大阪市建設局	大成・東急・村本JV	大阪府大阪市	2012〜2015	地下河川（外径φ5.50m）	泥土圧シールド（φ5.50m）	NTTシールド外径φ3.55m	②下方	5.2	洞道内事前事後レベル計測	②洪積層	・掘進管理計測を含む	○	－	○	狭隘な既設エヤーカード付による合理化施工	土木学会第71回年次学術講演会 Ⅵ-864（2016.9）
S412	大阪市建設局	大林JV	大阪府大阪市	2003〜2005	下水道幹線（内径φ5.5m）	泥土圧シールド（φ6.56m）	地下鉄シールドトンネル	②下方	3.8	「地下鉄トンネルφに水路式発進立坑下に計を10mピッチで設置し自動計測」	②洪積層	・地上からの地盤改良 ・発進坑口からの注入 性充填材の注入・裏込め注入材料の早強タイプ	△	△	△	計測管理により構造物に近接してシールド施工 ―大阪市深江中浜下水道幹線―	トンネルと地下（2008.2）
S413	東京都下水道局	㈱鴻池組	東京都墨田区	2020	下水道幹線（馬形管渠）内径3.75m 外径4.30m	泥土圧シールド（φ4.44m）	地下鉄半蔵門線外径9.40m	②下方	1.0	発進坑付近で低土被り（8.5m）地下鉄軌条体内で変状計測	①沖積層	－	○	○	○	－	－

巻末-17

T.L.34　都市における近接トンネル

No.	発注者	施工者	施工場所	施工時期	新設構造物	施工法	先行構造物・構造（施工工法・構造）	位置関係（新設側からみた先行構造物の位置）	離隔(m)	近接施工の特徴（施工条件、施工工法、計測方法で特筆すべき事項）	地盤条件	影響軽減対策工の概要	施工データの整理・分析	地盤変位・変形の計測データ	構造物の変形・歪計測データ	主な文献名	主な出典
S414	東京都下水道局	東急建設(株)	東京都墨田区	2019～2020	下水道管渠(京島幹線)内径3.00m 外径3.35m	泥土圧シールド(φ3.49m)	水道管 内径2.00m	②下方	4.5	—	①沖積層	・薬液注入による地盤改良	○	—	—	—	—
S415	東京都建設局	大林・西武・京急JV	東京都品川区	2008～2011	道路シールド(首都高速中央環状品川線)(外径φ13.4m)	泥土圧シールド(φ13.6m)	電力洞道(シールド)	④その他(電力洞道の上下にそれぞれ位置する)	0.4	・事前解析 ・トライアル反力壁による事前計測 ・小土留や先行周辺地盤に影響を与えることなく施工できる本工法の切羽土圧管理	有楽町層粘性土	・高圧噴射撹拌工法による地盤改良 ・地中変位の事前計測	○	○	○	地上発進・地上到達シールドの中央環状品川線でのURUP工法の採用ー	基礎工(2011.3)
S416	東日本高速道路(株)	鹿島・竹中土木・佐藤工業JV	神奈川県横浜市	2016～	道路 外径φ15.28m	泥土圧シールド(気泡シールド)	下水幹線(馬蹄形B3.15m×H2.8m)	②下方	0.9	事前調査:人坑にて位置確認測量、出来形計測、覆工厚調査、施工中調査:覆工品質・健全性確認(目視スケッチ、打音検査)、沈下量計測	②洪積層	掘進管理・裏込め注入管理の強化	○	○	○	横浜環状南線公田笹下トンネル工事の施工実績(その2:周辺環境特性)	土木学会第78回年次学術講演会 VI-208 (2023.9)
タイプI-2	施工中の仮設構造物の影響範囲内をシールド掘進 【影響を受ける構造物>仮設構造物>影響を及ぼす構造物(施工法)>シールドトンネル(シールド工法)】																
	施工中の開削トンネル(土留め支保工)の直下をシールド工法で近接掘進																
S1001	西日本高速鉄道(株)	大成・前田・五洋JV	大阪府大阪市	2003～2009	鉄道シールド(外径φ6.8m)	泥土圧シールド(φ6.94m)	地下鉄(開削工法)、施工中	①上方	0.8	土留め杭を含む施工中の開削トンネル杭体の直下を離隔0.8mでシールド掘進	①沖積層	・地盤改良 ・土留め壁FU芯材	○	○	○	地下構造物直下における大断面シールド工法の施工	土木学会第63回年次学術講演会 VI-020 (2008.9)
S1002	首都高速道路(株)	鹿島、熊谷・玉川JV	東京都品川区～目黒区	2011.5～7	地下道路トンネル(φ12.3m×2)	泥土圧シールド(φ12.55m×2)	道路ランプトンネル(開削工法)【施工中】	①上方	6.2	・シールド掘進上部の土留め掘削を土留め杭体の根入れ状態でシールド通過待ち ・開削土留め部の根入れ及び地盤改良体をシールド側から切削掘進して一体化	②洪積層	・Tog層を流動化処理土に置換 ・土留めN0.5D掘削	○	○	○	—	首都高速道路(株)提供資料
	施工中の開削トンネル(土留め支保工)の側部をシールド工法で近接掘進																
S1101	阪神高速道路(株)	鹿島・飛島JV	堺市	2016～2018	道路ランプトンネル(ロ=V7.7m×H8.16m)	泥土圧シールド(ロ=V8.09m×H8.48m)	道路シールド分合流部(開削工法)【施工中】	③側方	0.3	土留め壁に対して離隔0.25mで大断面矩形シールドを併走掘進	②洪積層	・補強鋼板(t=3.2mm)を本線開削側の土留(山留)壁内面に全面設置 ・芯材・土留めエの仕様アップ及び補強切梁の追加	○	○	○	短形シールド工法による小土留め発進、近接土留め壁近接併走掘進の実績	土木学会論文集第27巻(2017.11)
S1102	東日本高速道路(株)	鹿島・竹中土木・佐藤工業JV	神奈川県横浜市	2016～	道路 外径φ15.28m	泥土圧シールド(気泡シールド)	換気所	③側方	2.4	施工中の換気所の側方を土留め壁との離隔2.4m(換気所の躯体は底盤および側部下部2.3mのみ構造物)までで近接(換気所のみ構造物シールド側部は土留め壁のみ)	②洪積層	・作用側圧が大きな切梁を補強し、シールド通過完了まで切梁を現置(切梁架設は位置では撤去せず)	○	○	○	横浜環状南線公田笹下トンネル工事の施工実績(その2:周辺環境特性)	土木学会第78回年次学術講演会 VI-208 (2023.9)

巻末資料　　巻末資料1　シールドトンネル　近接施工事例一覧表

タイプ2-1　シールドトンネル同士の併設・近接掘進　[影響を受ける構造物＞シールドトンネル（施工中）＞シールドトンネル（施工中）＞シールドトンネル（施工法）＞シールドトンネル（施工中）]

シールドトンネル2本以上の併設に伴う併進掘進

No.	発注者	施工者	施工場所	施工時期	新設構造物	施工法	先行構造物（施工法・構造）	位置関係（新設側からみた先行構造物の位置）	離隔(m)	近接施工の特徴（施工条件、施工法、計測方法で特筆すべき事項）	地盤条件	影響軽減対策工の概要	施工データの整理・分析	地盤変位・変形の計測データ	構造物の変形・応力計測データ	主な文献名	主な出典
S2001	京王電鉄㈱	清水・京王JV	東京都調布市	2009～2010	鉄道トンネル	泥土圧シールド（φ6.85m）	鉄道トンネル	③側方	0.4	礫、砂、粘土　全線にわたり併設。2本または4本併設　簡易工事桁による営業線軌道剛性強化	②洪積層	急曲線部合成セグメント	○	○	○	営業線直下における小土被り、超近接シールドの計測管理と施工実績	土木学会トンネル工学報告集 第21巻(2011.11)
S2002	京王電鉄㈱	大林・京王・前田・鴻池JV	東京都調布市	2008～2012	鉄道トンネル	泥土圧シールド（φ6.85m）	国領駅～調布駅間の営業線直下	③側方	0.4	礫、砂、粘土　営業線直下上下R線が最小400mmで併設	②洪積層	SFRCセグメント、チャンバー塑性流動化対策	○	○	○	・営業線直下における小土被り、超近接シールドの計測管理と施工・営業線直下を1.7kmにわたり近接土圧シールドで掘進	・土木学会トンネル工学報告集 第20巻(2010.11)・トンネルと地下(2010.6)
S2003	小田急電鉄㈱	大成・前田・西松・鉄建・三井住友建設JV	東京都世田谷区	2006～2010	鉄道トンネル	泥水式シールド（φ8.26m）	鉄道トンネル	③側方	1.0	硬質砂層　トライアル計測実施	③自律性の極めて高い地盤（土丹など）	ダクタイルセグメント	○	○	－	営業線直下を貫く（延長645m）併列シールドトンネル工事に課せられた地盤変動管理（小田急小田原線連続立体交差事業および等々々線化事業）	土木技術(2009.12)
S2004	大阪市交通局	前田・大豊・日産JV	大阪府大阪市	2000～2006	鉄道トンネル	泥水式シールド（φ5.44m）	先行シールドと後行シールドが近接	④左斜め下	1.1	先行シールドの斜め上方で後行シールドを掘進	①沖積層	掘進管理計測を含む	○	－	○	シールド掘進に伴う近接構造物への影響に関する現場計測	土木学会第61回年次学術講演会VI-081(2006.9)
S2005	日本鉄道建設公団	大成・東急・アイサワJV	茨城県つくば市	2000～2003	鉄道トンネル	泥土圧シールド（φ7.45m）	鉄道シールドトンネル	③側方	0.3	電車線裏砂質層 N値5～50　発進到達立坑部で346m、回転立坑部で294mmの離隔	①沖積層	ダクタイルセグメントの使用、高圧噴射撹拌工法による防護工	○	○	○	・超近接の併設シールドトンネルの施工について・超近接併設シールドと泥土圧シールド	・土木学会第59回年次学術講演会VI-047(2004.9)・トンネルと地下(2004.2)・トンネルと地下(2003.5)
S2006	鉄道運輸機構	西松JV	東京都	2000～2001	単線並列（Φ7.1m）	泥水式シールド（Φ7.1m）	臨海線東品川シントンネル	③側方	0.6	沖積軟弱粘性土、洪積砂礫層	①沖積層②洪積層	計測結果を施工管理にリアルタイムに反映	○	○	○	・りんかい線東品川沈水シールド近接施工工事・超近接施工を自動計測システムムで克服	・トンネルと地下(2001.11)・トンネルと地下(2002.10)
S2007	大阪市交通局	大林JV	大阪市	2000～2006	本線φ5.4m×2本、出入庫線φ5.3m×2本、合計4本の併設	本線泥水式シールド（φ5.54m×2本）、出入庫線泥土圧シールド（φ5.44m×2本）	大阪市地下鉄今里筋線予防防線	④上下左右	1.0	本線、洪積砂礫層、出入庫線、沖積粘性土、洪積粘性土　4本併設、リターン施工	①沖積層②洪積層	計測結果のフィードバック、同時裏込め注入、切羽管理	○	○	○	・2方向からのフィード線導入、リターン（4本の）シールドを併設・シールド掘進による地盤変形に関する計測結果とその分析	・トンネルと地下(2007.9)・土木学会トンネル工学報告集 第16巻(2006.11)

T.L.34　都市における近接トンネル

No.	発注者	施工者	施工場所	施工時期	新設構造物	施工法	先行構造物（施工法・構造）	位置関係（新設側からみた先行構造物の位置）	離隔(m)	近接施工の特徴（施工条件、施工法、計測方法で特筆すべき事項）	地盤条件	影響軽減対策工の概要	施工データの整理・分析	地盤変位・変状の計測データ	構造物の変形・変状計測データ	主な文献名	主な出典
S2008	東日本高速道路(株)	大成・フジタ・鐵鋼JV	神奈川県横浜市	2015～	道路(外径φ15.0m)	泥土圧シールド(φ15.28m)	道路シールド(並列シールド)	③側方	0.4	砂岩、泥岩 上下線トンネル間の最小離隔380mm	③自律性の極めて高い地盤(土丹など)	合成セグメント	○	○	○	—	—
S2009	札幌市交通局	熊谷・鐵鋼・住友・白石・田中JV	札幌市	1990～1993	鉄道シールド(外径φ6.56m)	泥土圧シールド(φ6.69m)	単線並列先行トンネル	③側方	2.0	沖積世層状地盤地帯の巨礫を含む砂盤層 大礫混じり砂礫地盤の掘進	①沖積層	掘進管理(計測含む)	○	○	○	大径礫混じり砂礫地盤における併設シールドトンネルの影響計測	日本トンネル技術協会第31回(都市)施工技術発表会(1992.11)
S2010	Land Trasport Authority of Singapore	西松建設(株)	シンガポール	2011～2016	鉄道シールド	泥土圧シールド(φ6.64m)	高速道路トンネル	③側方	1.8	洪積土OA層 3本併設シールド	②洪積層	補強リング内1500の設置	○	—	○	泥土圧シールドによる3本近接施工による名道路躯体近接直下での施工	トンネルと地下(2017.7)
S2011	Land Trasport Authority of Singapore	佐藤工業(株)	シンガポール	2011～2017	地下鉄	泥土圧シールド(φ6.65m)	地下鉄(併設施工)	③側方	3.0	岩盤シールド併設施工	③自律性の極めて高い地盤(岩盤)	先行トンネルに補強材設置	—	—	—	剛性ブレロ構造とシンガポール固有条件下での地下鉄建設	トンネルと地下(2017.6)
S2012	Land Trasport Authority of Singapore	佐藤工業(株)	シンガポール	2011～2017	地下鉄	泥土圧シールド(φ6.65m)	地下鉄(併設施工)	④その他(横併設から上下併設に移行)	5.6	横併設～上下併設②地気立坑坑通～横併設に移行するシールド路線	③自律性の極めて高い地盤(岩盤)	先行トンネルに補強材設置	—	—	—		
S2013	Land Trasport Authority of Singapore	佐藤工業(株)	シンガポール	2013～2019	地下鉄	泥水式シールド(φ6.71m)	地下鉄(併設施工)	③側方	5.0	岩盤強度400MpaのΩ盤シールド施工	③自律性の極めて高い地盤(岩盤)	掘進管理(計測含む)	—	—	—	シンガポールMRTトンネル地盤掘削に面するROQ値シールド掘進速度管理付いて	土木工会トンネル工学報告集 第28巻(2018.11)
S2014	首都高速道路(株)	清水・飛島・東亜JV	東京都目黒区	2006～2009	道路シールド(外径12.65m)	泥水式シールド(φ12.94m)	①道路シールド ②橋脚	①上方	1.4	・全線にわたり固結シルト層 ・上下併設 ・曲線半径123.5mの重要構造物直下を掘進	③自律性の極めて高い地盤(土丹など)	ダクタイルセグメント、鋼製セグメント、計測管理	—	○	○	・上下大断面曲線シールドの掘進とUターン施工 ・上下段・大断面・急曲線シールド～大橋Uターントンネル	・トンネルと地下(2010.4) ・基礎工(2010.3)
S2015	首都高速道路(株)	大林・奥村・西武JV	神奈川県横浜市	2008～2017	道路シールド(横浜環状北線)	泥土圧シールド(φ12.49m)	道路シールド	③側方	6.3	・大断面併設シールド ・既設地下鉄シールド下方を最小離隔3.8mで掘進	③自律性の極めて高い地盤(土丹など)	計測結果の掘進管理への反映	—	○	○	併設シールド間と地下鉄シールドの近接施工	土木学会第66回年次学術講演会 VI-015(2011.9)
S2016	首都高速道路(株)	鹿島・飛島JV	堺市堺区～堺市北区	先行:2012～2013 後行:2016～2017	道路本線シールド(2本)	泥土圧シールド(φ12.54)	道路本線シールド(2本)	③側方	1.0	・大断面シールド(セグメント外径12.23m)2本が互いに小離隔で併走	②洪積層	掘進管理(計測含む)	○	○	○	・大断面、超近接併設シールドトンネル設計手法の提案	・土木学会トンネル工学報告集 第24巻(2014.12)
S2017	大阪府	大阪・吉田・森・紙谷JV	堺市北区～松原市	先行:2014～ 後行:2015～2016	道路本線シールド(2本)	泥土圧シールド(φ12.54)	道路本線シールド(2本)	③側方	1.0	・大断面シールド(セグメント外径12.3m)2本が互いに小離隔で併走	②洪積層	掘進管理(計測含む)	○	○	○	・大断面・超近接併設シールドトンネルにおける後行シールド本線通過時の併設影響に関する検討	・土木学報告集 第27巻(2017.11)
S2018	大阪府	本線・大阪・吉田・森 ランプ:藤本・紙谷 ランプ:スゞン・ルガキ・スゞンJV	堺市北区／松原市	ランプ:2012～2014 本線先行:2014～2015 神領後行:2015～2016	道路本線・ランプシールド	泥土圧シールド(本線φ12.54、ランプφ8.98)	道路本線シールド(2本)、道路ランプトンネル(2本)	③側方	1.7	大断面シールド4本(本線:セグメント外径12.3m、ランプ:セグメント外径8.8m)が互いに小離隔で併走掘進	②洪積層	掘進管理(計測含む)	—	○	○	・大断面シールドトンネル覆工事動に影響を与える超近接併設型シールドの影響の検討	・土木学報告集 第28巻(2018.11)
S2019	国交省 関東地方整備局	(株)大林組	神奈川県相模原市	2012～2013	道路シールド(さがみ縦貫道路)	開放型シールド(複合アーチ断面 W11.96m× H8.24m)	道路シールド	③側方	0.2	ローム層、洪積砂礫層 URUP工法、先行トンネルに近接走行	②洪積層	SFRCセグメント、トライアル計測、先行トンネルの施工管理へ計測のフィードバック	○	○	○	地上発進・地上到達シールドの施工・開放型アーチ断面・開放型シールドを採用したURUP工法の施工	基礎工(2013.3)

巻末資料　　巻末資料1　シールドトンネル　近接施工事例一覧表

No.	発注者	施工者	施工場所	施工時期	新設構造物	施工法	先行構造物（施工法・構造）	位置関係（新設側からみた先行構造物の位置）	離隔(m)	近接施工の特徴（施工条件、施工法、計測方法で特筆すべき事項）	地盤条件	影響軽減対策工の概要	施工データの整理・分析	地盤変位・変形の計測データ	構造物の変形・変位・変形の計測データ	主な文献名	主な出典
S2020	大阪府東部流域下水道事務所	大林,鹿島,銭高,大日本,浅沼 JV	大阪府八尾市～大阪市	2000～2003	下水管渠	泥土圧シールド（φ5.95m）	下水管渠（φ3.8m）	③側方	0.8	道路横横断坑下を通過、下水道トンネルと併設	②洪積層	セグメント補強、計測、フィードバック、地盤改良、補足裏込め注入	○	○	○	長距離にわたり重要構造物に近接したシールド	トンネルと地下(2004.3)
S2021	国交省関東地方整備局	大林・西武JV	東京都八王子市館町地先	2018～2019	道路トンネル	泥土圧シールド（φ11.18m）	道路トンネル	③側方	0.9	多段式傾斜計にて先行トンネルの変位を計測し、設計にフィードバック	②洪積層	内部支保工を設置、内空計測を実施	○	○	○	大断面シールドトンネルにおける小土被り・併設施工	土木学会第74回年次学術講演会 VI-168 (2019.9)
S2022	東日本高速道路(株)	鹿島・竹中土木・佐藤工業 JV	神奈川県横浜市	2016～	道路 外径φ15.28m	泥土圧シールド（気泡シールド）	道路トンネル（φ15m）	③側方	1.0	掘進延長約1.7kmにわたり、大断面シールドトンネルが併走	②洪積層	掘進管理（計測含む）	○	○	○	横浜環状南線公田笠間トンネル工事の施工実績（その2：周辺環境特性）	土木学会第78回年次学術講演会 VI-657 (2022.9)
	シールドトンネル同士のY字分合流に向けた近接・併走掘進																
S2101	首都高速道路(株)	清水・東急JV	横浜市	2011～2021	道路ランプトンネル（外径φ10.9m）ランプトンネルA～D（4本）のうちCランプ	泥土圧シールド（φ11.13m）	横浜環状北線本線 シールドφ12.5m	③側方	0.9	沖積層、洪積層、本線・ランプの最近接部は洪積層 本線シールドφ12.3mとの合流部施工	③自律性の極めて高い地盤（土丹など）	本線側、ランプ側セグメント補強（鋼殻）	○	○	○	・急勾配・急曲線・小土被りにおける大断面シールドの推進管理 ・横浜環状北線馬場出入口工事におけるシールド到達運用の併設影響	・土木学会シールド工学報告集 第25巻(2015.11) ・土木学会第71回年次学術講演会VI-814 (2016.9)
S2102	首都高速道路(株)	(株)安藤・ハザマ	東京都目黒区	2011～2012	道路トンネルの地下ランプ分合流部	泥土圧シールド（φ9.7m）	本線φ12.3m×上下2本、ランプφ9.5m×上下2本	④その他（本線×上下2本、ランプ×上下2本、計4本併設）	0.5	本線（φ12.3m）・ランプ（φ9.5m）の離隔0.5m併設区間を都市NATM工法で切拡げ[上り線210m、下り線180m]	③自律性の極めて高い地盤（土丹など）	切拡げ区間鋼製セグメント	○	○	○	都市部山岳工法による道路トンネル分合流部の設計・施工	土木学会シールド工学報告集 第23巻(2013.11)
S2103	首都高速道路(株)	清水・東急JV	横浜市	2011～2020	道路ランプトンネル（外径φ10.6m）A～D（4本）のうちBランプ	泥土圧シールド（φ10.83m）	横浜環状北線本線 シールドφ12.5m	③側方	0.4	本線シールドφ12.5mとの合流部施工	③自律性の極めて高い地盤（土丹など）	本線側、ランプ側セグメント補強（鋼殻）	○	○	○	・急勾配・急曲線・小土被りにおける大断面シールドの推進管理 ・横浜環状北線馬場出入口工事におけるシールド到達運用の併設影響 ・重要構造物に近接した急勾配の大断面シールドの施工	・土木学会第71回年次学術講演会VI-814 (2016.9) ・土木学会シールド工学報告集 第25巻(2015.11) ・トンネルと地下(2018.5)

T.L.34 都市における近接トンネル

タイプ2-2　シールドトンネルの切拡げ／開口／接続　[影響を受ける構造物＞シールドトンネル（施工中）、影響を及ぼす構造物＞シールドトンネル（施工中）]

シールドトンネル間及びその他躯体との連絡部・躯体構築に伴うトンネル切拡げ

No.	発注者	施工者	施工場所	施工時期	新設構造物	施工法	先行構造物（施工法・構造）	切拡げ（切口）幅・高さ(m)	開口率（開口・切拡げ径／トンネル径）	近接施工の特徴（施工条件、施工法、計測方法で特筆すべき事項）	地盤条件	影響軽減対策工の概要	施工データの整理・分析	地盤変位・変形の計測データ	構造物（切拡げられる構造物含む）の変形・変位計測データ	主な文献名	主な出典
S3001	京王電鉄㈱	大林・京王・前田・鴻池JV	東京都調布市	2004〜2013	鉄道地下駅(京王電鉄京王線布田駅)	開削切拡げ	鉄道シールド(泥土圧シールド、外径φ6.7m)	延長236m×高さ4.2m	0.62	ダウンタイムセグメント切断にウォーターヘルーを使用	②洪積層	中床版、下床版打設、フォーポーリングによる切断	○	−	○	駅構造に伴うシールドトンネルセグメント切り開きと駅の施工実績	土木学会第66回年次学術講演会Ⅵ-16(2011.9)
S3002	小田急電鉄㈱	大成・前田・西松・銭高・三井住友建設JV	東京都世田谷区	2010〜2011	鉄道トンネル換気塔部	非開削切拡げ(凍結工法、パイプルーフ)	鉄道トンネル(泥水式シールド、外径φ8.1m)	幅約11m×高約3m	0.37	凍結工法によりシールドトンネル間を切拡げ	②洪積層	凍結、パイプルーフ	○	○	○	・凍結工法による営業線直下のシールドトンネル切拡げの計画と施工 ・営業線直下でのシールド切拡げを非開削施工 -小田急小田原線 連続立体・複々線化事業-	・土木学会第18回地下空間シンポジウム(2013.1) ・トンネルと地下(2012.9)
S3003	東京地下鉄㈱	熊谷・鉄建・松村JV	東京都新宿区	2004〜2007	地下鉄ポンプ室	非開削切拡げ(曲線パイプルーフ)	鉄道トンネル(泥土圧シールド、外径φ6.6m)	高さ約2.6m	0.39	曲がり削進による先受けを用いて地下約40m位置を切拡げ	③自律性の極めて高い地盤(土丹など)	地下水位低下、地盤改良、曲がり削進先受け	○	−	○	地下40mの高被圧下水下において非開削工法によるポンプ室築造工事	土木学会第11回地下空間シンポジウム(2006.1)
S3004	関西高速鉄道㈱	熊谷・清水・奥豊JV	大阪市	1990〜1998	中間換気所	非開削切拡げ(都市NATM)	鉄道トンネル(シールド、外径φ7.0m)	高さ3.0m	0.42	既設のシールドトンネル間に地下連続躯体を凍結、トンネルと連続躯体間を凍結改良し切り広げを実施	②洪積層	凍結工法	−	−	○		片福連絡線桜橋シールドトンネル工事雑誌「都市直下を貫く」
S3005	日本鉄道建設公団	大林・戸田・東急JV	東京都品川区	1997〜2003	地下駅部および立坑とシールドトンネルとの連絡部	非開削切拡げ(パイプルーフ)	鉄道トンネル(泥水式シールド、外径φ10.1m)	幅4.3m、13.0m、30.0m、高さ7.4〜9.4m	0.73〜0.93	被圧帯水かつ透水性の高い砂礫層内での切拡げ	②洪積層	止水注入、パイプルーフ、ディープウェル	○	○	○	被圧地下水下における30mにわたるシールドトンネルの中間開口施工	土木学会報告集第12巻(2002.11)
S3006	国土交通省近畿地方整備局	大成・玉井JV	大阪市大阪区	2011〜2014	共同溝の排水ポンプと上水制御水弁設置箇所	非開削切拡げ(都市部山岳工法)	共同溝シールド(泥土圧シールド、外径φ5.1m)	全周、延長方向10.85m	1.4	地下鉄営業線(御堂筋線)-30mにおいて、トンネル法の直下GL-30m、トンネル外径φ5.07mからφ7.00mへ、延長11.0mにわたり切り拡げ	②洪積層	地盤改良	○	○	○	既設シールドトンネルの中切り拡げ工法について	土木学会第68回年次学術講演会Ⅵ-149(2013.9)
S3007	首都高速道路㈱	清水・東急JV	横浜市	2011〜2017	道路シールド換気所、Uターン路	開削切拡げ	道路トンネル(泥土圧シールド、外径φ12.3m)	幅1.8〜7.5m、高さ2.2〜5.75m	0.17〜0.46	・2本の大深度シールドを切り開き、換気所他で躯体本体を接続・補強材を本体上に設置して開口部補強	③自律性の極めて高い地盤(土丹など)	開口補強枠	−	○	−	急曲線シールド工事切り開きと開削施工	土木施工(2014.5)
S3008	東京都建設局	飛島JV	東京都	2013	避難連絡坑	非開削切拡げ(都市NATM)	道路トンネル(泥土圧シールド、外径φ12.3m)	幅8.6m、高さ7.85m	0.64	大深度併設シールドトンネル間の切り拡げ 地盤改良(高圧噴射攪拌、薬液注入)を実施	②洪積層	高圧噴射攪拌、薬液注入、凍結	○	○	○	シールド工事における近接中間トンネル接続について	土木学会第25回トンネル工学報告集 第25巻(2015.11)
S3009	東邦ガス㈱	㈱大林組	愛知県豊明市	2010〜2015	JR東海道本線1変更部(障害物回避)	非開削切拡げ(上下トンネル接続)	ガス導管トンネル(泥土圧シールド、外径φ2.0m)	軸方向3.0m、横断方向1.2m	0.6	トンネルのセグメントを切り開き、接続	②洪積層	薬液注入工法	−	−	−	シールド工事における名地中トンネル接続について	土木学会第70回年次学術講演会Ⅵ-082(2015.9)
S3010	首都高速道路㈱	大成・佐藤・東洋JV	神奈川県横浜市	2015〜2019	道路トンネル連絡路	非開削切拡げ(曲線パイプルーフ)	道路トンネル(泥水式シールド、外径φ12.4m)	幅10.4m×高さ8.9m	0.7	2本の大断面シールドトンネルを切り開き、連絡路を構築	②洪積層	パイプルーフ(直線、曲線)、薬液注入	○	○	○	併設シールド間の連絡路(4)トンネル間掘削に伴う計測管理計画と結果	土木学会第74回年次学術講演会Ⅵ-629(2019.9)

巻末資料　　巻末資料１　シールドトンネル　近接施工事例一覧表

No.	発注者	施工者	施工場所	施工時期	新設構造物	施工法	先行構造物（施工法・構造）	切拡げ（開口）幅・高さ(m)	開口率（開口・切拡げ径/トンネル径）	近接施工の特徴（施工条件、施工方法、計測方法で特筆すべき事項）	地盤条件	影響軽減対策工の概要	施工データの整理・分析	地盤変位・変形の計測・分析データ	構造物（切拡げられる構造物含む）の変形・歪計測データ	主な文献名	主な出典
シールドトンネル同士のT字接続部構築に伴うトンネル切拡げ																	
S3101	日本下水道事業団	戸田・沼田JV	広島県広島市	2015～2019	下水道管路接続部	泥土圧シールド（φ3.29m）、スライドフード	下水道トンネル（シールド、外径φ5.6m）	直径3.29m（シールド外径）	0.59	スライドフードを押し出し、既設管渠内から接合部を止水注入	①沖積層	スライドフード、止水注入	△	△	△	路面電車直下をDO-Jet併用等のシールドにより地盤改良して推進	トンネルと地下(2019.5)
S3102	千葉県	大林・岡本JV	千葉県市川市	2005～2008	下水道管路接続部	泥土圧シールド（φ2.48m）、スライドフード	下水道トンネル（シールド、外径φ5.7m）	直径2.48m（シールド外径）	0.44	機内からの接合部への薬液注入	③自立性の極めて高い地盤（土丹など）	スライドフード、止水注入、アーチ保工	○	—	—	供用中の下水道管渠への側面接合	トンネルと地下(2008.10)
S3103	東京都下水道局	東急建設㈱	東京都千代田区～港区	2012～2014	下水道管路接続部	泥水式シールド（φ2.84m）、切削リング貫入	下水道トンネル（シールド、外径φ7.75m）	直径2.72m（切削リング外径）	0.35	T-BOSS工法による到達置	②洪積層	防護コンクリート、切削リング、薬注	○	○	—	T-BOSS工法で既設下水道幹線にシールドを地中接合	トンネルと地下(2015.1)
S3104	東京都下水道局	東急建設㈱	東京都足立区	2014～2019	下水道管路接続部（既設外径拡幅）	地中拡幅（凍結工法）	下水道トンネル（泥水式シールド、φ6.5m）	既設φ5.5m全周	1.0（全周）	・接続管渠～シールド到達部を地盤凍結。既設セグメント解体・凍結前に拡幅セグメント組立により拡幅を図る。・鉄道、道路、ライフラインへの凍結土の影響が懸念された。	②洪積層 ③自立性の極めて高い地盤（土丹など）	凍結工法、凍土維持中は凍土周りに放射状注水管を設置し、解凍次下時はОB充填で対応	○	○	○	・大深度・高水圧下でのシールド地中接続（拡幅）工事の設計 ・大深度・高水圧下での凍結工法による中接合部の拡幅	トンネルと地下(2025.6) トンネルと地下(2018.1)
S3105	国交省関東地整	鹿島、飛島、西松JV	埼玉県春日部市	2000～2004	地下河川の流入トンネル接続部	地中接合（凍結工法）	地下河川トンネル（泥水式シールド、外径φ11.8m）	直径7.54m	0.64	大深度・高水圧下(0.6Mpa)での大開口施工、本管内部支保工	④不明	本管セグメント補強、本管側内部支保工、凍結	—	—	—	大深度・大口径地下河川を接続するための開口部補強の設計・施工	土木学会第58回年次学術講演会 VI-76(1995.9)
シールドトンネル同士のY字分合流部構築に伴うトンネル切拡げ																	
S3201	首都高速道路㈱	㈱安藤・間	東京都目黒区	2012～2014	道路トンネルの地下ランプ分合流部	非開削切拡げ（都市NATM）	道路トンネル（泥土圧シールド、本線外径φ12.3m、ランプ径φ9.5m、上下2段）	幅172～208m、高さ9.5～12.3m	1.0	本線（φ12.3m）、ランプ（φ9.5m）の離隔0.5mから都市NATM工法で切削施工【上層:合流部210m、下層:分流部180m】	③自立性の極めて高い地盤（土丹など）	山岳工法	○	○	○	都市部山岳工法による道路トンネル合流部の設計・施工	土木学会論文集 第23巻(2013.11)
S3202	首都高速道路㈱	大林・奥村・西武JV	神奈川県横浜市	2008～2017	道路トンネルの地下ランプ分合流部	非開削切拡げ（大口径パイプルーフ併用）	道路トンネル（泥土圧シールド、外径φ12.3m）	幅149～212m、高さ12.3m	1.0	パイプルーフ発進基地に拡大シールド施工	③自立性の極めて高い地盤（土丹など）	パイプルーフ、拡大シールド、薬注	○	○	○	都市部における大断面地中拡幅工事～横浜環状線シールドトンネル	トンネルと地下(2016.12)
S3203	首都高速道路㈱	鹿島、熊谷、五洋JV	東京都品川区～目黒区	2007～2015	道路トンネルの地下ランプ分合流部	開削切拡げ	道路トンネル（泥土圧シールド、外径φ12.3m）	工事延長約960m、高さ11.91m	0.97	本線（φ12.3m）トンネルが離隔4～5mで2本併設する区間を開削工法（土留め+上部土留め壁を銀り合工法で構築）で開削。トンネル上部はトンネル間支保工で支保して開削、トンネル内空変位と土桁歪み、及び支保工歪みを計測	③自立性の極めて高い地盤（土丹など）	・トンネル内部支保工で本桁の変位を抑制・トンネル間の離隔確保・トンネル間空間支保工は切開等に準拠	○	○	○	切開素工法における導入れの無い山留の仮設壁の設計	地盤工学会第50回発表会(2015.9)
S3204	首都高速道路㈱	鹿島、熊谷、五洋JV	東京都品川区～目黒区	2007～2015	道路トンネルの地下ランプ分合流部	非開削切拡げ（パイプルーフ・チ工法）	道路トンネル（泥土圧シールド、外径φ12.3m）	幅（切拡げ径）60.0m、78.5m、69.0m、高さ11.91m	0.97	本線（φ12.3m）トンネルが離隔4～5mで2本併設する区間をパイプルーフ+非開削工法で開削。上部はパイプルーフ・チ工法を用いて築造支保して内部を掘削。トンネル間はトンネル間支保工で支保して離隔確保。・パイプルーフ工でのトンネルの変位、トンネル内空変位と土桁歪み、及び支保工歪みを計測	③自立性の極めて高い地盤（土丹など）	・パイプルーフ工、止水工、鋼板・トンネル内部支保工でトンネル間の離隔確保・トンネル間支保工は切開等に準拠	○	○	○	中央環状品川線五反田出入口仮設構造の施工概要 / 中央環状品川線五反田出入口開削仮設構造の施工実績報告	土木学会報告集 第21巻(2011.11) / 土木学会論文集 第23巻(2013.11) / 基礎工(2015.3)

T.L.34　都市における近接トンネル

No.	発注者	施工者	施工場所	施工時期	新設構造物	近接施工概要							施工・計測データの有無			出典	
						施工法	先行構造物・構造（施工法・構造）	切拡げ（開口）幅・高さ(m)	開口率（開口・切拡げ径／トンネル径）	近接施工の特徴（施工条件、施工法、計測方法で特筆すべき事項）	地盤条件	影響軽減対策工の概要	施工データの整理・分析	地盤変位・変形の計測データ	構造物（切拡げられる構造物含む）の変形・歪計測データ	主な文献名	主な出典
S3205	阪神高速道路㈱	鹿島・飛島JV	堺市北区	2016～2017	道路ランプトンネル（矩形）の避難通路	非開削切拡げ（横坑接続）	・道路ランプトンネル（泥土圧シールド、矩形：縦7.7m×横8.17m）・道路本線トンネル土留め壁（開削工法）	高さ1.9m（避難開口内空）	0.25	避難通路接続部のセグメントを開口するとともに、本線開削シールド土留めした土留め壁を開口	④不明	地盤強度の確保および止水性向上のため（地盤改良（高圧噴射+薬注施工）	―	―	―	高速道路ランプ部の矩形シールドトンネルに適用する開口部セグメントの設計と施工	土木学会第73回年次学術講演会 Ⅵ-164(2018)

巻末資料　　巻末資料1　シールドトンネル　近接施工事例一覧表

タイプ3　既設シールドトンネルの影響範囲で近接施工 【影響を受ける構造物＞シールドトンネル（供用中、影響を及ぼす構造物（施工法）＞開削トンネル・ケーソンなど】

No.	発注者	施工者	施工場所	施工時期	新設構造物	施工法	先行構造物（施工法・構造）	位置関係（新設側からみた先行構造物の位置）	離隔(m)	近接施工の特徴（施工条件、施工工法、計測方法等で特筆すべき事項）	地盤条件	影響軽減対策工の概要	施工データの整理・分析	地盤変位・変形の計測データ	構造物の変形・変位計測データ	主な文献名	主な出典
S4001	首都高速道路（株）	住友建設（株）	東京都中野区	2001～2006	トンネル換気所	開削工法（開削幅33m、掘削深度25m）	地下鉄（シールドトンネル）	②下方	3.5	供用中の地下鉄シールドの直上を大規模開削	③自律性の極めて高い地盤(土丹など)	掘削手順変更（最深部の先行掘削）	○	−	○	地下鉄直上を掘削する開削トンネルのアンダーピニング対策	基礎工(2007.12)
S4002	小田急電鉄（株）	大成建設（株）	東京都世田谷区	2006～2018	地下鉄（ボックスカルバート）	開削工法	地下鉄シールド	②下方	0.6	供用中の地下鉄の直上を掘削	②洪積層	高圧噴射撹拌工法	−	−	○	営業線シールドトンネル直上における土留め計画と設計その1、その2	土木学会第69回年次学術講演会Ⅵ-701、Ⅵ-702(2014.9)
S4003	東京地下鉄（株）	（株）大林組	東京都新宿区	2001～2006	地下鉄（ボックスカルバート）	開削工法	地下鉄シールド	②下方	0.1	供用中の地下鉄の直上を掘削	②洪積層	アイランド掘削　地下水位低下	○	−	○	シールドトンネル工事 −副都心線新宿三丁目駅での開削工事	基礎工(2009.2)
S4004	三井不動産（株）三井不動産（株）	鹿島建設（株）	東京都千代田区	2016～2019	地上39階、地下5階の建築物	開削工法（SMW、開削幅133m、掘削深度32m）	単線シールド外（径φ6.6m、中子型）	③側方	5.4	半深礎門線より床深く掘削 既設シールドはN値50以上の硬質地盤に位置	②洪積層	グラウンドアンカー対策	−	−	−	−	−
S4005	首都高速道路（株）	鹿島・飛島JV	東京都目黒区	2008～2015	道路トンネルの地下ランプ分合流部	開削工法、特殊非開削工法	道路シールド（本線シールドと上併設：シールド工法）	③側方	0.0	供用中のシールドトンネルの開削部を地上から掘削、躯体を構築。計測は、既設シールドトンネル内にニアリスクシステムを設置、常時自動計測実施。	③自律性の極めて高い地盤(土丹など)	・NATM拡幅併用により開削幅縮小・先受けパイプルーフおよび床盤注入・逆巻工法による躯体構築	−	−	−	供用路線に接続する合流部の切り開きの設計施工	基礎工(2015.3)
S4006	東急不動産（株）（株）東急コミュニティー	西松建設（株）	神奈川県横浜市	2007～2010	商業施設ビル	開削工法（SMW 開削幅25m）	地下鉄シールド	②下方	0.8	供用中の地下鉄の直上を掘削	①沖積層	地下水位低下　地盤改良	○	−	○	大規模掘削工事にともなう営業線地下鉄シールドの挙動について	土木学会第65回年次学術講演会Ⅵ-255(2010.9)
S4007	JR東日本（株）	大林・大成・鉄建JV	東京都新宿区	2012～2013	商業施設ビル	地中連続壁による連壁杭	地下鉄シールド（φ7.3m）	③側方	1.1	シールドに近接した連続壁の施工	②洪積層	変位計測	○	−	−	地下鉄シールドトンネルに近接した基礎杭の施工について	土木学会第68回年次学術講演会Ⅵ-044(2013.9)
S4008	大阪市交通局	大成建設（株）	大阪府大阪市	1994～1995	公共地下街公共駐車場地下鉄7号線	開削工法(掘削幅38.4m)	NTTとう道（φ3.15m）	②下方	0.7	主要埋設物の直上を大規模掘削	②洪積層	二次覆工補強鋼板（事前）	○	○	○	大規模掘削における交差構造物とその周辺地盤の挙動	トンネルと地下(1997.9)
S4009	大阪市交通局	フジタ・淺沼・東海興業JV	大阪府大阪市	2003～2004	地下鉄8号線停留場	開削工法(掘削幅18.1m)	NTTとう道（φ4.75m）	②下方	1.0	リングビと土留め壁との抱き込みにより、とう道に調荷重が作用する厳しい施工条件	②洪積層	スチールライニング工法の採用	○	−	○	近接施工に伴う既設シールドトンネルの補強工事と長期変位監視	土木学会トンネル工学報告集第16巻(2006.11)
S4010	中之島高速鉄道（株）	鉄高JV	大阪府大阪市	2006	中之島新線地下鉄停車場	開削工法(掘削幅16m)	NTTとう道（φ5.7m）	②下方	1.0	軟弱な沖積粘性土地盤内にとう道が構築されている	①沖積層	リングビーム補強	○	−	○	地下鉄停留場の開削工事直下に位置するとう道の通信用トンネルの挙動	土木学会関西支部平成19年度施工技術報告会(2008.1)

T.L.34 都市における近接トンネル

巻末資料2 シールドトンネル近接施工事例概要調査票

【タイプ1-1】S1

<table>
<tr><td rowspan="10">① 近接施工概要</td><td colspan="2">工事名称</td><td>（高負）横浜環状北線馬場出入口・馬場換気所及び大田神奈川線街路構築工事</td></tr>
<tr><td colspan="2">工期(施工時期)</td><td>2011年4月～2021年9月</td></tr>
<tr><td colspan="2">概要</td><td>最小離隔4.7mで鉄塔基礎の傍をシールド掘進</td></tr>
<tr><td colspan="2">既設構造物（施工法・構造）</td><td>送電鉄塔（杭基礎）</td></tr>
<tr><td colspan="2">シールド離隔</td><td>最小4.7m</td></tr>
<tr><td colspan="2">シールド工法</td><td>泥土圧シールド</td></tr>
<tr><td colspan="2">シールド外径</td><td>φ10.13m</td></tr>
<tr><td rowspan="4">セグメント</td><td>種別</td><td>RC，中詰鋼製セグメント</td></tr>
<tr><td>外径</td><td>φ9.9m</td></tr>
<tr><td>桁高</td><td>RC:400mm，中詰鋼製:350mm</td></tr>
<tr><td>幅</td><td>不明</td></tr>
<tr><td rowspan="3">② 地盤条件</td><td colspan="2">通過部の土質</td><td>Lm(N=5)，Dc（N=8）
Ds（N=34）</td></tr>
<tr><td colspan="2">地下水位</td><td>G.L.-9.4～9.7m</td></tr>
<tr><td colspan="2">シールド土被り</td><td>7.9m</td></tr>
<tr><td rowspan="2">③ 近接影響予測</td><td colspan="2">解析手法</td><td>2次元FEM解析</td></tr>
<tr><td colspan="2">解析結果</td><td>Dランプ施工時の変位量9.9mm</td></tr>
<tr><td>④ 近接施工ステップ</td><td colspan="2">シールド併設の施工順序等</td><td>施工順序は事前のFEM解析により鉄塔変位が最も小さくなる，Dランプ⇒Cランプ⇒Aランプとした．</td></tr>
<tr><td rowspan="2">⑤ 影響低減対策</td><td rowspan="2">構造物</td><td>目的</td><td>隆起，沈下抑制</td></tr>
<tr><td>対策</td><td>鉄塔基礎一体化による補強
鉄塔の計測管理値の設定
掘進管理値の設定
初期強度発現型の裏込め材の採用</td></tr>
<tr><td rowspan="2">⑥ 計測概要</td><td rowspan="2">構造物</td><td>計測項目</td><td>基礎の変位</td></tr>
<tr><td>結果</td><td>最大7mmの合成変位が発生したが，5mm程度で収束</td></tr>
<tr><td>⑦ 近接施工設定理由</td><td colspan="3">地形的な制約や地上街路との接続位置，本線トンネルとの位置関係によりループ形状の道路線形となり，各ランプ同士や地上構造物に近接する結果となった．</td></tr>
</table>

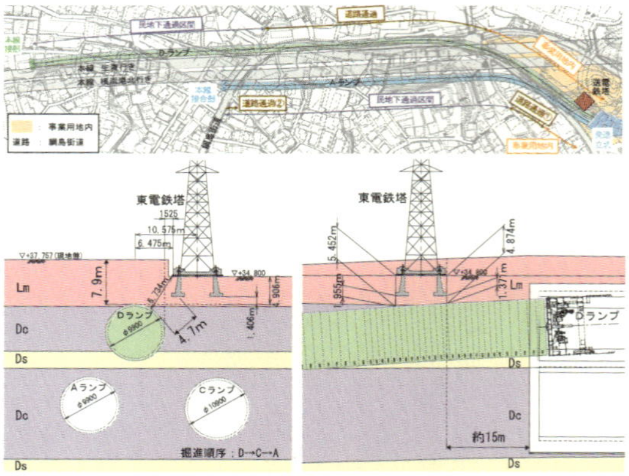

図-1 馬場ランプシールド平面・縦・横断図[3]

図-2 送電鉄塔基礎の補強状況[3]

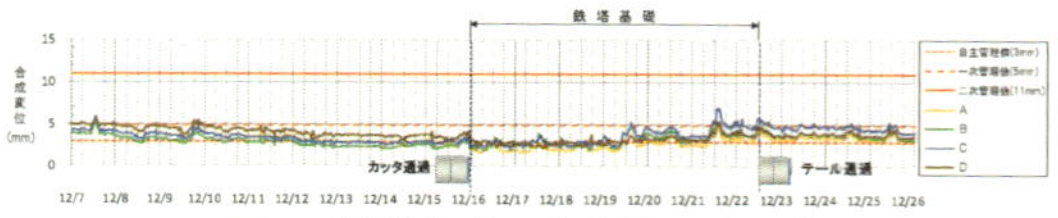

図-3 鉄塔基礎の変状計測結果[3]

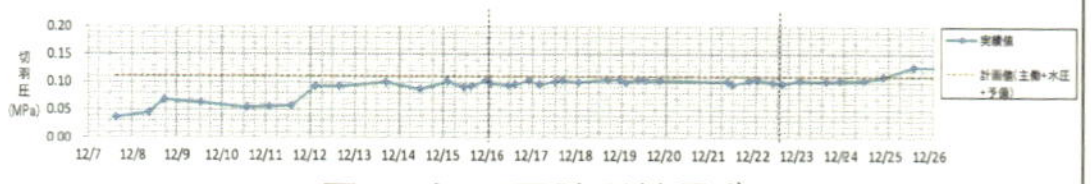

図-4 切羽圧計測結果[3]

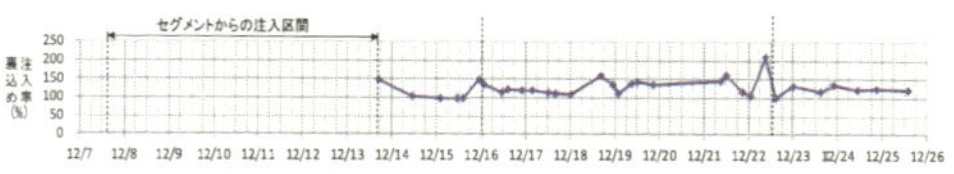

図-5 裏込め注入率計測結果[3]

<table>
<tr><td rowspan="3">⑧ 出典</td><td>1) 溝口孝夫，遠藤啓一郎，西田充，田邉健太，安井克豊，安部太紀：横浜環状北線馬場出入口工事における送電鉄塔下のシールド掘進報告，土木学会第71回年次学術講演会概要集，VI-816，pp.1631-1632，2016.9</td></tr>
<tr><td>2) 佐藤成禎，栗林怜二，西丸知範，安井克豊：小土被り・急曲線・急勾配の馬場出入口シールドの設計施工，基礎工，vol.45，No.3，pp.26-29，2017.3</td></tr>
<tr><td>3) 西田充，西丸知範，菊地勇気，小島太朗：小土被り・急曲線・急勾配，重要構造物近接などの条件下における大断面シールド施工-横浜環状北線 馬場出入口シールド-，日本トンネル技術協会第83回(都市)施工体験発表会，pp.1-8，2018.6</td></tr>
</table>

巻末-26

巻末資料　　巻末資料2　シールドトンネル　近接施工事例概要調査票

【タイプ1-1】S2

①近接施工概要	工事名称	（高負）横浜環状北線馬場出入口・馬場換気所及び大田神奈川線街路構築工事
	工期(施工時期)	2011年4月～2021年9月
	概要	最小離隔 5.5mで既設構造物（ランプシールド，開削躯体）の直下をシールド掘進
	既設構造物（施工法・構造）	ランプシールド 開削躯体
	シールド離隔	最小5.5m
	シールド工法	泥土圧シールド
	シールド外径	φ11.13m
	セグメント　種別	RC，中詰鋼製セグメント
	セグメント　外径	φ10.9m
	セグメント　桁高	400mm
	セグメント　幅	不明
②地盤条件	通過部の土質	Dc(N=8)，Ds(N=34) Km（N＞50）
	地下水位	G.L.-0.4～7.7m
	シールド土被り	22.5～23.0m
③近接影響予測	解析手法	FEM解析により影響把握
	解析結果	上記結果をセグメント設計に加味
④近接施工ステップ	シールド併設の施工順序等	Bランプ開削躯体⇒Bランプシールド⇒Cランプシールド
⑤影響低減対策	構造物　目的	隆起，沈下抑制
	構造物　対策	既設ランプシールド構築内に計測点を20箇所設置，開削躯体構築内に計測点を13箇所設置 計測結果を切羽土圧の設定にフィードバック
⑥計測概要	構造物　計測項目	鉛直変位
	構造物　結果	管理値内に収めることができた．
⑦近接施工設定理由		地形的な制約や地上街路との接続位置，本線トンネルとの位置関係によりループ形状の道路線形となり，各ランプ同士や地上構造物に近接する結果となった．
⑧出典		1) 内海和仁，栗林伶二，岩居博文，田邉健太，安井克豊，武本怜真：横浜環状北線馬場出入口工事におけるCランプシールドの掘進報告，土木学会第72回年次学術講演会概要集，VI-292，pp.583-584，2017.9 2) 西田充，西丸知範，菊地勇気，小島太朗：小土被り・急曲線・急勾配，重要構造物近接などの条件下における大断面シールド施工-横浜環状北線馬場出入口シールド-，日本トンネル技術協会第83回(都市)施工体験発表会，pp.1-8，2018.6

図-1 馬場ランプシールド平面・縦断図 1)2)

図-2 既設構造物の計測点 2)

図-3 近接ランプシールドの変状計測結果 2)

図-4 近接開削躯体の変状計測結果 2)

図-5 切羽圧計測結果 2)

T.L. 34　都市における近接トンネル

【タイプ1-1】S6

①近接施工概要	工事名称	地下鉄御堂筋線近接に伴う大和川線シールド受託工事
	工期(施工時期)	2013年10月～2016年10月
	概要	先行と後行シールドの離隔1.3～2.2m，営業線直下（地下鉄）を離隔2.2mでシールド掘進
	既設構造物（施工法・構造）	地下鉄（シールド）
	シールド離隔	最小2.2m
	シールド工法	泥土圧シールド
	シールド外径	φ12.54m
	セグメント 種別	合成セグメント（NM）
	セグメント 外径	φ12.3m
	セグメント 桁高	360mm（うち60mmは耐火層）
	セグメント 幅	不明
②地盤条件	通過部の土質	洪積粘土層（N値10～20）洪積砂層（N値60以上）
	地下水位	G.L.-4.0m
	シールド土被り	約30.0m
③近接影響予測	解析手法	2次元FEM解析により，地盤変位予想解析を実施
	解析結果	（鉛直）先行10.2mm　　　　後行16.6mm
④近接施工ステップ	シールド併設の施工順序等	1台のシールド機でUターン施工
⑤影響低減対策 構造物	目的	沈下抑制
	対策	余掘り充填：シールド外周部クレーショック実施同時裏込め注入：2液型瞬結性のエアー入り充填
⑥計測概要 地盤等	計測項目	鉛直変位，内空変位
	結果	先行シールド：予測10.2mmに対して最大2.1mm隆起後行シールド：予測16.6mmに対して最大0.7mm隆起
⑥計測概要 構造物	計測項目	切羽圧力，層別沈下，間隙水圧
	結果	切羽圧力：塑性流動管理トライアル計測：地盤変状とシールド掘進条件との関連を分析
⑦近接施工設定理由		道路線形を確保するため（本線の最急勾配と前後に取り付くランプの最急勾配から，道路の縦断線形が定まり，近接構造物との離隔が決定）
⑧出典		1) 島拓造，西森文子，西木大道，三宅翔太，塚本健介，河田利樹：地下鉄営業線直下2.2mにおける大断面シールドの超近接施工，土木学会トンネル工学報告集，第27巻，II-10，2017.11 2) 島拓造，南川真介，西木大道，河田利樹，香川敦，菅野静：施工時荷重を考慮した大和川線シールド掘進による地下鉄御堂筋線の変状解析，土木学会第71回年次学術講演会概要集，VI-853，pp.1705-1706，2016.9

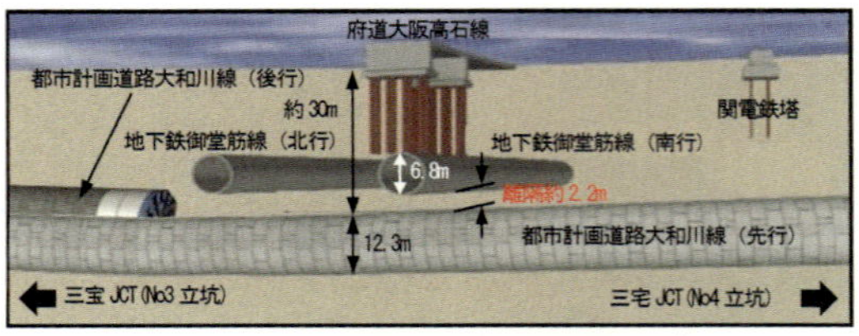

図-1　御堂筋線交差部　縦断面図 [1]

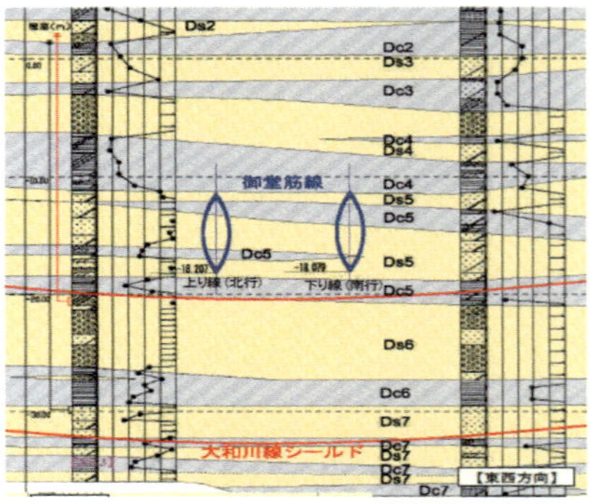

図-2　御堂筋線交差部の土層 [1]

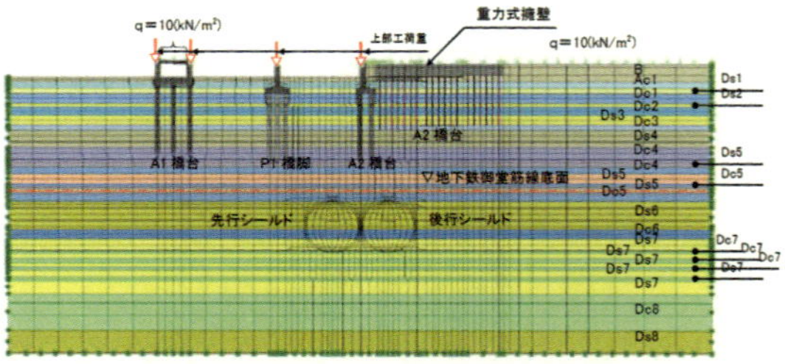

図-3　2次元FEM解析モデル図 [2]

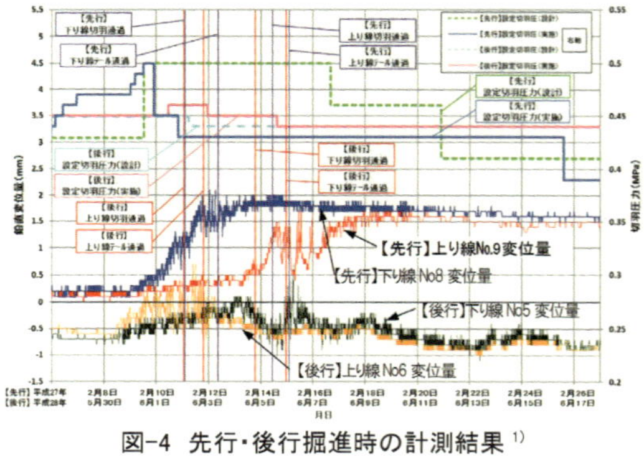

図-4　先行・後行掘進時の計測結果 [1]

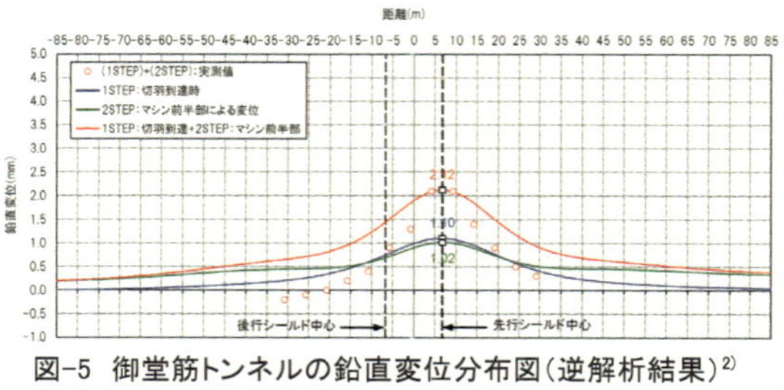

図-5　御堂筋トンネルの鉛直変位分布図（逆解析結果）[2]

巻末-28

巻末資料　　巻末資料2　シールドトンネル　近接施工事例概要調査票

【タイプ1-1】S7

①近接施工概要	工事名称		中央環状品川線大井地区トンネル工事
	工期(施工時期)		2008年6月～2011年11月
	概要		首都高中央環状品川線のうち，最も南側の大井ジャンクションから大深度地下へのアプローチ区間である．
	既設構造物（施工法・構造）		東電洞道（シールド）φ2.4m
	シールド離隔		0.4m
	シールド工法		泥土圧シールド
	シールド外径		φ13.6m
	セグメント	種別	RCセグメント
		外径	φ13.4m
		桁高	450mm
		幅	不明
②条件地盤	通過部の土質		有楽町層粘性土（Ylc）
	地下水位		G.L.-3.0m
	シールド土被り		大橋方面(下層)：0.0～25.0m
③近接影響予測	解析手法		3次元弾性FEM解析
	解析結果		トライアル計測の結果をモデルに入力し，既設シールドのリング継手応力を照査
④近接施工ステップ	シールド併設の施工順序等		大橋方面（下層）→大井方面（上層）
⑤影響低減対策	構造物	目的	電気洞道の変状抑制
		対策	高圧噴射撹拌工法による防護トライアル計測
⑥計測概要	構造物	計測項目	不明
		結果	不明
⑦近接施工設定理由			縦併設シールドトンネルの地上へのアプローチ区間に構造物が近接しており，道路線形を確保するために近接施工となった．
⑧出典			1) 藤木仁成，井澤昌佳：地上発進・地上到達シールドの施工ー中央環状品川線でのURUP工法の採用ー，基礎工，vol39, No.3, pp.30-33, 2011.3 2) 後藤広治，水内満寿美，河口琢哉，瀧本紅美：大断面泥土圧シールド掘進時の軟弱地盤の挙動について，土木学会第66回年次学術講演会概要集，VI-029, pp.57-58, 2011.9 3) 福田至，後藤広治，井澤昌佳，木村勉：今までに例のない地上発進・地上到達を可能としたシールド技術の施工事例，日本トンネル技術協会第69回(都市)施工体験発表会，pp.1-8, 2011.10

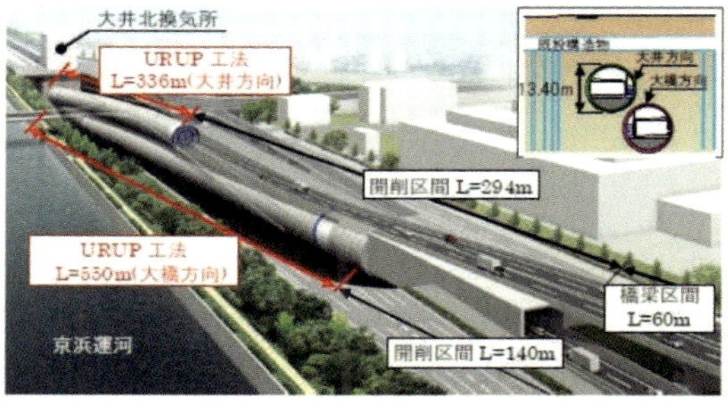

図-1　工事概要図[2]

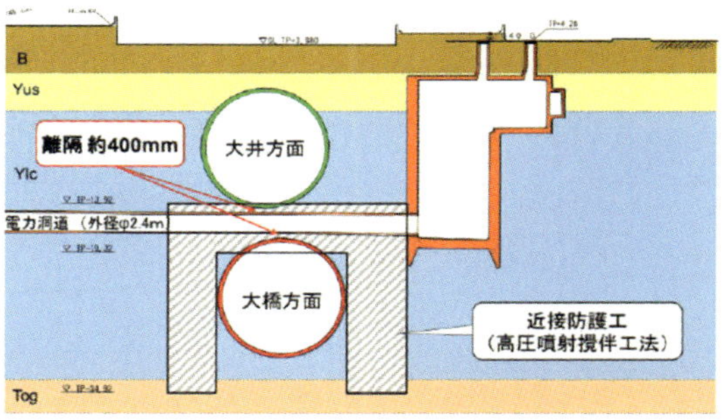

図-2　重要構造物近接断面図[3]

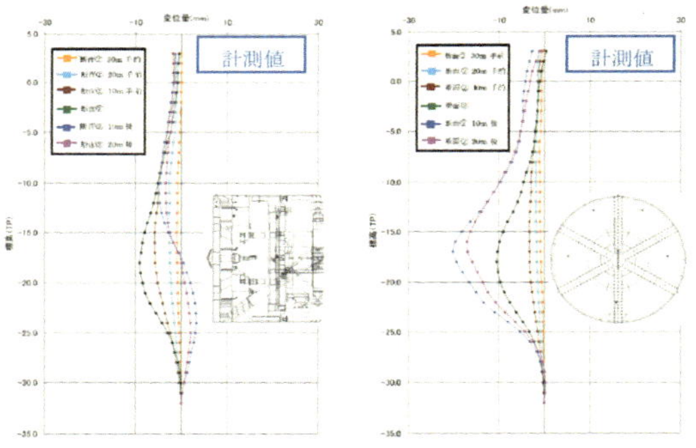

(a)軸方向　　(b)軸直角方向
図-3　トライアル断面における挿入式傾斜計計測結果[2]

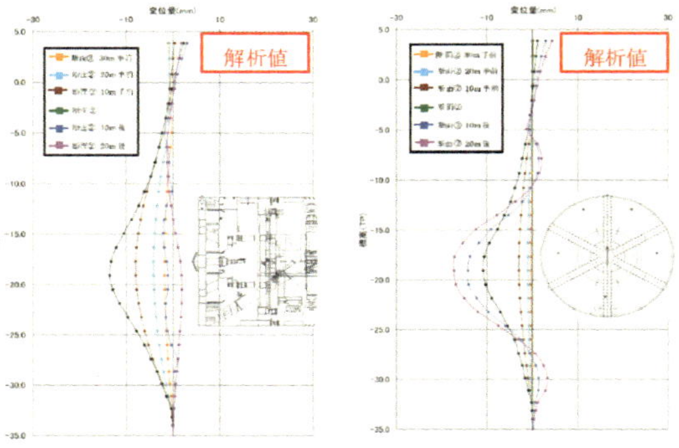

(a)軸方向　　(b)軸直角方向
図-4　トライアル断面における3次元FEM解析結果[2]

T.L.34 都市における近接トンネル

【タイプ1-1】S12

①近接施工概要		工事名称	横浜環状北線シールドトンネル工事
		工期(施工時期)	2008年6月～2015年6月
		概要	「横浜環状道路」の北区間，第三京浜「港北IC」から首都高横羽線「生麦JCT」をつなぐ，延長約8.2kmの自動車専用道路である．
		既設構造物（施工法・構造）	地下鉄シールド
		シールド離隔	3.8m
		シールド工法	泥土圧シールド
		シールド外径	φ12.49m
	セグメント	種別	RCセグメント
		外径	φ12.3m
		桁高	400mm
		幅	不明
②条件地盤		通過部の土質	上総層群（泥岩）
		地下水位	G.L.-6.0～7.0m
		シールド土被り	22.0～27.0m
③近接影響予測		解析手法	2次元弾性FEM解析
		解析結果	鉛直変位：4.0mm（沈下）相対変位：2.6mm（10m弦）
④近接施工ステップ		シールド併設の施工順序等	2台のシールド機で施工外回りシールドを先行
⑤影響低減対策	構造物	目的	沈下抑制
		対策	土圧管理：土圧計を7ヶ所装備して切羽の土圧分布を把握排土量管理：ベルトコンベア上の掘削土砂の重量と体積を連続的に計測し，計測値を統計処理して管理裏込同時注入：セグメントからの同時注入で早期に充填塑性流動管理：チャンバー内に設置したフラッパーの計測値を用いて土砂流動解析を行い塑性流動状態を評価・掘削添加材注入管理に反映トライアル計測
⑥計測概要	構造物	計測項目	連結2次元変位計，セグメント鉄筋計
		結果	鉛直変位：0.9mm（沈下）相対変位：0.8mm（10m弦）発生応力度 $\sigma=60N/mm^2$（設計値 $\sigma=137N/mm^2$）
⑦近接施工設定理由			道路線形計画による
⑧出典			1) 川田成彦，松原健太，新井直人，林成卓：併設大断面泥土圧シールドと地下鉄トンネルとの近接施工，土木学会第66回年次学術講演会概要集，VI-015, pp.29-30, 2011.9

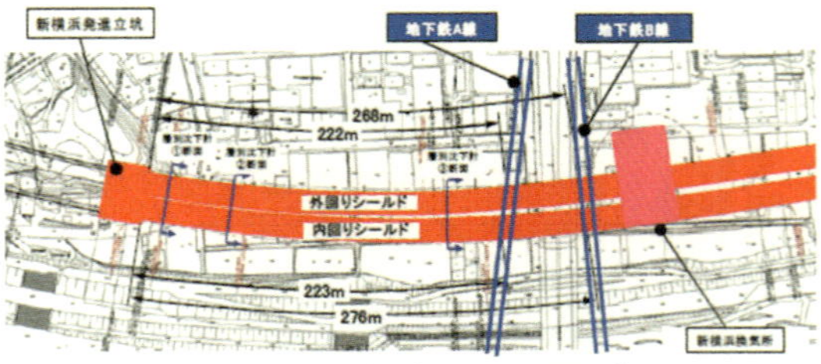

図-1 地下鉄近接状況平面図[1]

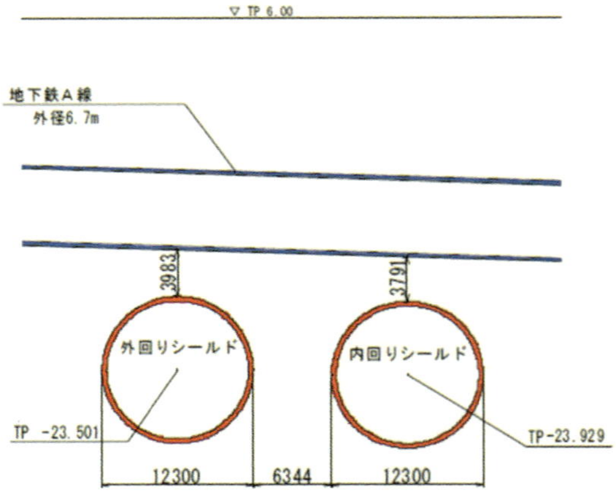

図-2 地下鉄近接状況横断図[1]

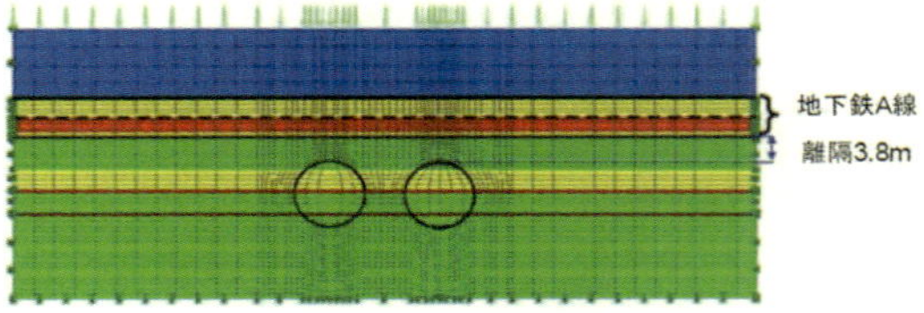

図-3 解析断面図[1]

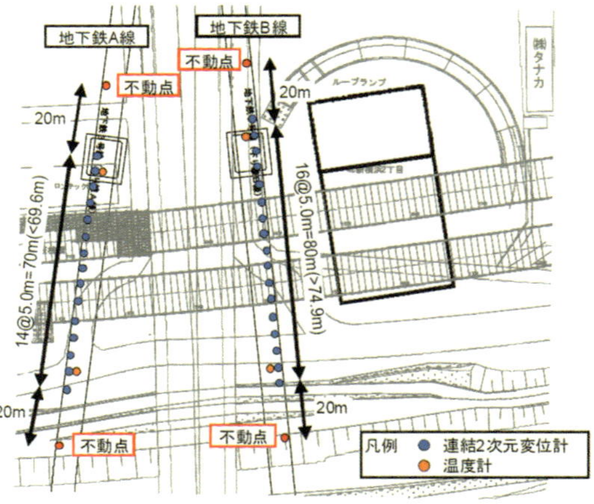

図-4 地下鉄計測概要図[1]

巻末資料　　　巻末資料 2　シールドトンネル　近接施工事例概要調査票

【タイプ 1-1】S17

<table>
<tr><td rowspan="11">① 近接施工概要</td><td colspan="2">工事名称</td><td>相鉄・JR 直通線，西谷トンネル他工事</td></tr>
<tr><td colspan="2">工期(施工時期)</td><td>2010 年 2 月～2013 年 9 月</td></tr>
<tr><td colspan="2">概要</td><td>離隔 6.8m で国道直下を SENS で施工</td></tr>
<tr><td colspan="2">既設構造物（施工法・構造）</td><td>国道 16 号</td></tr>
<tr><td colspan="2">シールド離隔</td><td>6.6m</td></tr>
<tr><td colspan="2">シールド工法</td><td>SENS（泥土圧シールド）</td></tr>
<tr><td colspan="2">シールド外径</td><td>φ10.46m</td></tr>
<tr><td rowspan="4">セグメント</td><td>種別</td><td>場所打ちコンクリート</td></tr>
<tr><td>外径</td><td>φ10.4m</td></tr>
<tr><td>桁高</td><td>一次覆工：300mm
二次覆工：300mm</td></tr>
<tr><td>幅</td><td>不明</td></tr>
<tr><td rowspan="3">② 地盤条件</td><td colspan="2">通過部の土質</td><td>上総層(粘性土層，砂質土層)</td></tr>
<tr><td colspan="2">地下水位</td><td>天端から上位 約 5m</td></tr>
<tr><td colspan="2">シールド土被り</td><td>6.95m</td></tr>
<tr><td rowspan="2">③ 近接影響予測</td><td colspan="2">解析手法</td><td>2 次元弾性 FEM 解析</td></tr>
<tr><td colspan="2">解析結果</td><td>全ステップでの変位量は最大で 5mm の沈下，9mm の隆起（リスクケースを考慮）</td></tr>
<tr><td rowspan="2">⑤ 影響低減対策</td><td rowspan="2">構造物</td><td>目的</td><td>沈下，隆起抑制</td></tr>
<tr><td>対策</td><td>切羽土圧と打設圧力の管理値の設定
路面での計測管理</td></tr>
<tr><td rowspan="2">⑥ 計測概要</td><td rowspan="2">構造物</td><td>計測項目</td><td>路面の鉛直変位</td></tr>
<tr><td>結果</td><td>最終的に 5.3mm の隆起となり，近接構造物への有害な影響を与えることはなかった.</td></tr>
<tr><td colspan="3">⑦ 近接施工設定理由</td><td>地上で駅舎に接続する関係で土被りが浅くなるため</td></tr>
<tr><td colspan="3">⑧ 出典</td><td>1) 加藤隆，和田幸治，中西孝治，水原勝由：SENS による都市部小土被りトンネルの周辺地盤への影響評価，土木学会第 70 回年次学術講演会概要集，VI-084，pp.167-168，2015.9
2) 松尾知明，阪田暁，中西孝治，和田幸治：都市部の小土被り区間におけるシールドを用いた場所打ち支保システムの掘進管理と計測結果，土木学会トンネル工学報告集，第 25 巻，II-4，2015.11</td></tr>
</table>

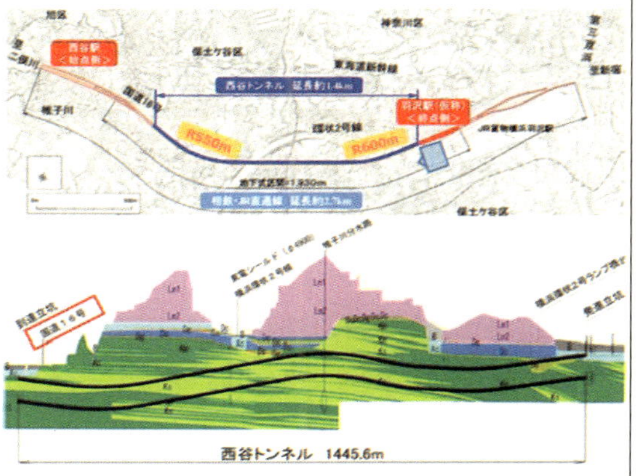

図-1 西谷トンネル平面図，縦断図 [1]

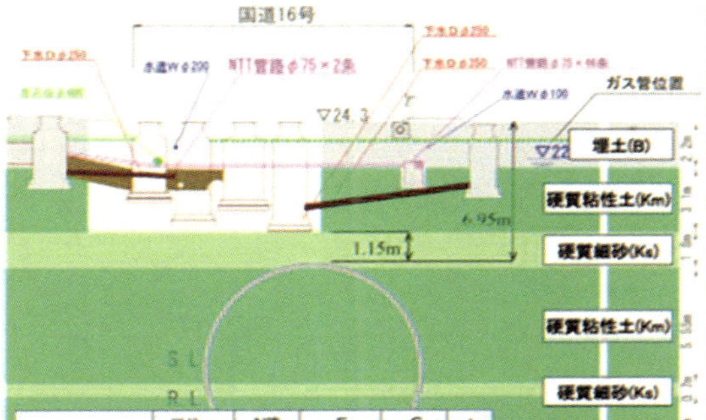

図-2 断面図（国道 16 号）[1]

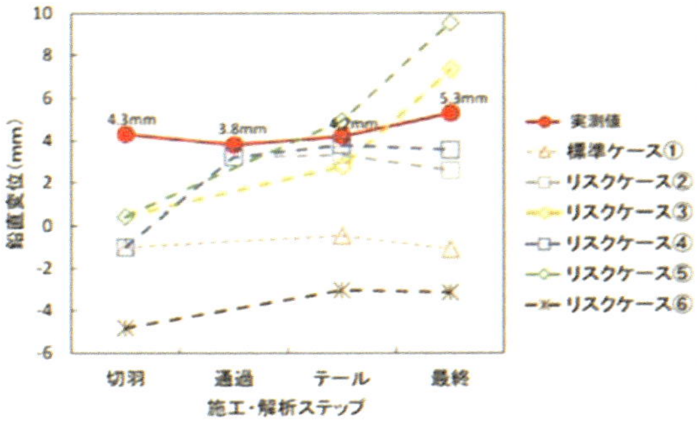

図-3 鉛直変位の予想結果と実測値 [1]

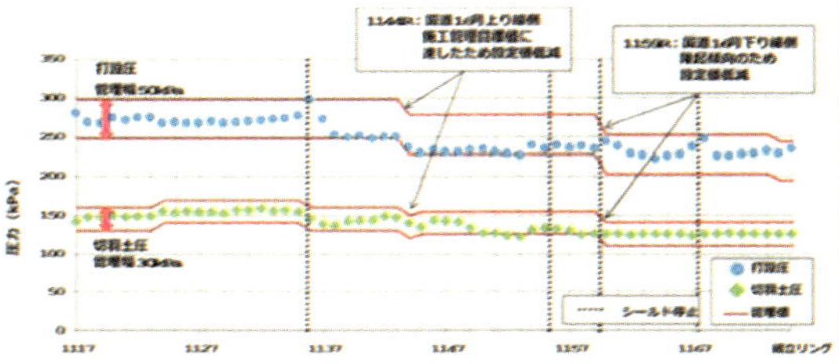

図-4 地表面，地盤内沈下測定結果の一例 [2]

T.L.34 都市における近接トンネル

【タイプ1-1】S19

<table>
<tr><td rowspan="10">① 近接施工概要</td><td colspan="2">工事名称</td><td>常新，三ノ輪T他1</td></tr>
<tr><td colspan="2">工期(施工時期)</td><td>2002年3月～2003年6月</td></tr>
<tr><td colspan="2">概要</td><td>約300mにわたり，最小土被り4.0mで3本の営業線直下（地下鉄，JR，貨物）をシールド掘進</td></tr>
<tr><td colspan="2">既設構造物（施工法・構造）</td><td>地下鉄・JR：盛土
貨物　　：高架</td></tr>
<tr><td colspan="2">シールド離隔</td><td>最小4.0m（常磐線）</td></tr>
<tr><td colspan="2">シールド工法</td><td>泥水式シールド</td></tr>
<tr><td colspan="2">シールド外径</td><td>φ10.2m（シールド工法協会）</td></tr>
<tr><td rowspan="4">セグメント</td><td>種別</td><td>RCセグメント</td></tr>
<tr><td>外径</td><td>φ10.0m</td></tr>
<tr><td>桁高</td><td>400mm</td></tr>
<tr><td>幅</td><td>不明</td></tr>
<tr><td rowspan="3">② 地盤条件</td><td colspan="2">通過部の土質</td><td>軟弱粘性土（N値0～6）</td></tr>
<tr><td colspan="2">地下水位</td><td>不明</td></tr>
<tr><td colspan="2">シールド土被り</td><td>15.9m</td></tr>
<tr><td rowspan="2">③ 近接影響予測</td><td colspan="2">解析手法</td><td>2次元FEM解析により，地盤変位予想解析を実施</td></tr>
<tr><td colspan="2">解析結果</td><td>（鉛直）改良あり30mm，
　　　　改良なし40mm</td></tr>
<tr><td>④ 近接施工ステップ</td><td colspan="2">営業線直下の施工順序</td><td>営団日比谷線，JR貨物線，JR常磐線の順番で直下をシールド掘進</td></tr>
<tr><td rowspan="2">⑤ 影響低減対策</td><td rowspan="2">構造物</td><td>目的</td><td>沈下抑制</td></tr>
<tr><td>対策</td><td>地盤改良：シールドの上部，側部を傘形状でセメント系，薬液注入にて改良
工事桁設置</td></tr>
<tr><td rowspan="4">⑥ 計測概要</td><td rowspan="2">地盤等</td><td>計測項目</td><td>沈下，傾斜（地中）</td></tr>
<tr><td>結果</td><td>地表面 7mm沈下
シールド直上 20mm沈下
シールド側部変位　3mm</td></tr>
<tr><td rowspan="2">構造物</td><td>計測項目</td><td>軌道沈下</td></tr>
<tr><td>結果</td><td>軌道相対沈下量
　地下鉄：1mm
　貨物　：2mm
　JR　　：3.6mm
（軌道整備5回実施）</td></tr>
<tr><td>⑦ 近接施工設定理由</td><td colspan="2"></td><td>駅への取り付け部のため既設路線と近接せざるを得なかったため</td></tr>
<tr><td>⑧ 出典</td><td colspan="2"></td><td>1) 佐々木幸一，坂巻清，阿部修三，岩本哲：常磐・日比谷線直下の大断面シールド－つくばエクスプレス 三ノ輪トンネル－，トンネルと地下，Vol.35，No.5，pp.15-22，2004.5</td></tr>
</table>

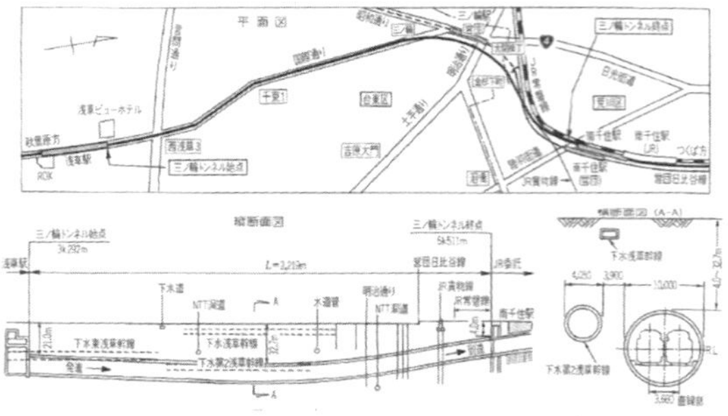

図-1 三ノ輪トンネル平面・縦横断図 [1]

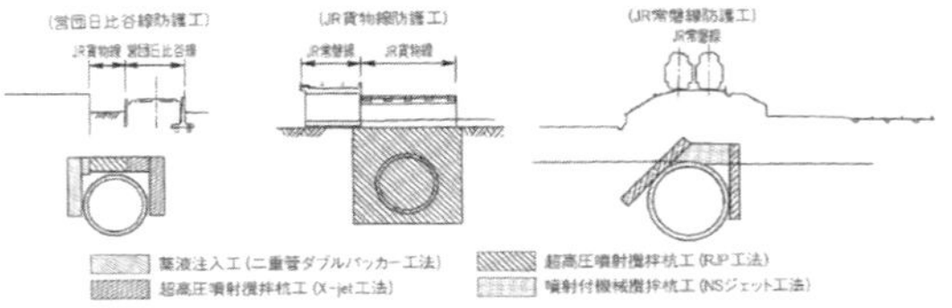

図-2 鉄道交差部防護工 [1]

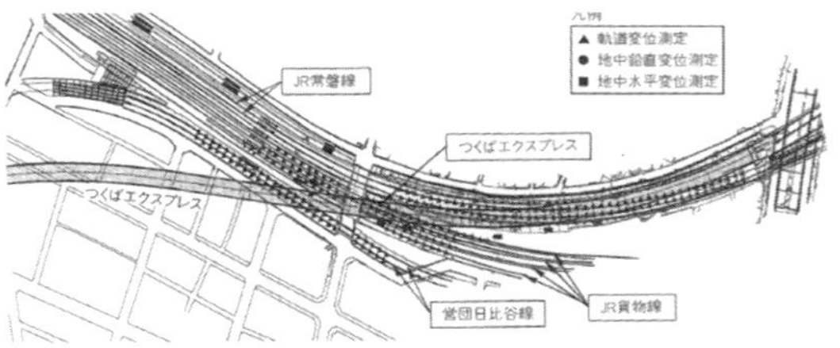

図-3 計測機器配置図 [1]

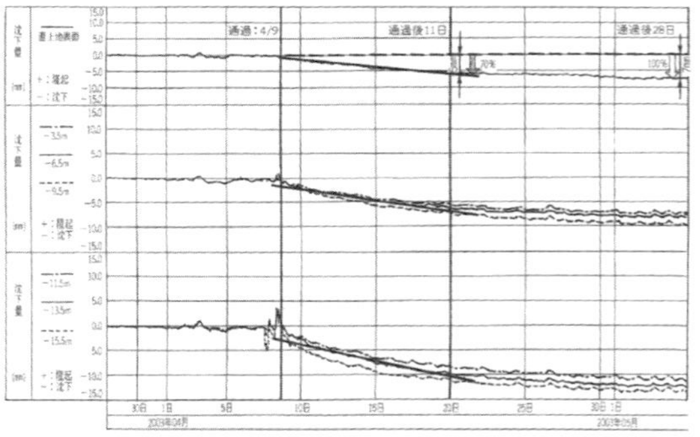

図-4 地表面，地盤内沈下測定結果の一例 [1]

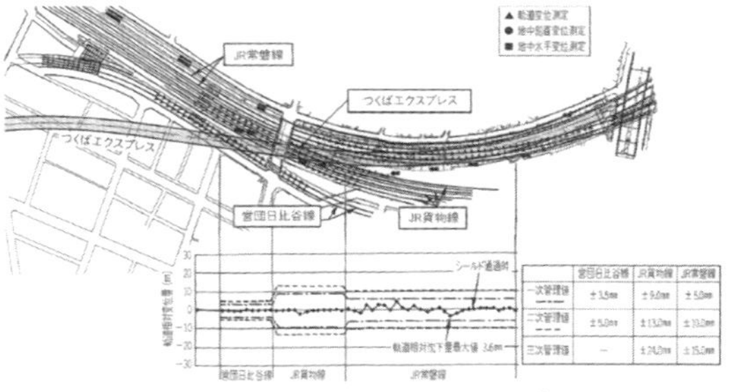

図-5 軌道相対沈下量計測結果 [1]

巻末-32

巻末資料　　　巻末資料 2　シールドトンネル　近接施工事例概要調査票

【タイプ 1-1】S20

<table>
<tr><td rowspan="12">①近接施工概要</td><td colspan="2">工事名称</td><td>常新，綾瀬川 T 他 1</td></tr>
<tr><td colspan="2">工期(施工時期)</td><td>2000 年 9 月～2001 年 10 月</td></tr>
<tr><td colspan="2">概要</td><td>首都高橋脚基礎と斜め交差し，電力洞道の斜め上方をシールド掘進</td></tr>
<tr><td colspan="2">既設構造物（施工法・構造）</td><td>首都高橋脚杭：基礎杭
電力洞道：シールドトンネル</td></tr>
<tr><td colspan="2">シールド離隔</td><td>最小 2.6m（杭），1.8m（洞道）</td></tr>
<tr><td colspan="2">シールド工法</td><td>泥水式シールド</td></tr>
<tr><td colspan="2">シールド外径</td><td>φ10.2m</td></tr>
<tr><td rowspan="4">セグメント</td><td>種別</td><td>RC セグメント</td></tr>
<tr><td>外径</td><td>φ10.0m</td></tr>
<tr><td>桁高</td><td>400mm</td></tr>
<tr><td>幅</td><td>不明</td></tr>
<tr><td rowspan="3">②地盤条件</td><td colspan="2">通過部の土質</td><td>軟弱粘性土（N 値 0～10）</td></tr>
<tr><td colspan="2">地下水位</td><td>不明</td></tr>
<tr><td colspan="2">シールド土被り</td><td>16.0m</td></tr>
<tr><td rowspan="2">③近接影響予測</td><td colspan="2">解析手法</td><td>2 次元 FEM 解析により，地盤変位予想解析を実施</td></tr>
<tr><td colspan="2">解析結果</td><td>（水平）橋脚 2.91mm
（鉛直）洞道 15.31mm 隆起</td></tr>
<tr><td rowspan="2">⑤影響低減対策</td><td rowspan="2">構造物</td><td>目的</td><td>橋梁天端の変位抑制</td></tr>
<tr><td>対策</td><td>首都高橋脚杭：抑止壁として鋼矢板を打設
電力洞道：防護工無し</td></tr>
<tr><td rowspan="4">⑥計測概要</td><td rowspan="2">地盤等</td><td>計測項目</td><td>沈下，傾斜（地中）</td></tr>
<tr><td>結果</td><td>地表面　杭：3.1mm 沈下
　　　　洞道：3.2mm 沈下
シールド直上（2m）
　　　　杭：7.8mm 沈下
　　　　洞道：7.0mm 沈下</td></tr>
<tr><td rowspan="2">構造物</td><td>計測項目</td><td>橋脚水平変位</td></tr>
<tr><td>結果</td><td>杭：1mm（水平）
洞道：2.8mm 隆起</td></tr>
<tr><td colspan="3">⑦近接施工設定理由</td><td>トンネル上部には河川が横断しており，河川施設との離隔を確保する必要があり，上記構造物と近接せざるを得なかったため</td></tr>
<tr><td colspan="3">⑧出典</td><td>1) 浅田元弘：既設構造物に近接する沖積軟弱粘性土層におけるシールド掘削－綾瀬川トンネル－，土木施工，vol.46，No.9，pp.76-80，2005.9</td></tr>
</table>

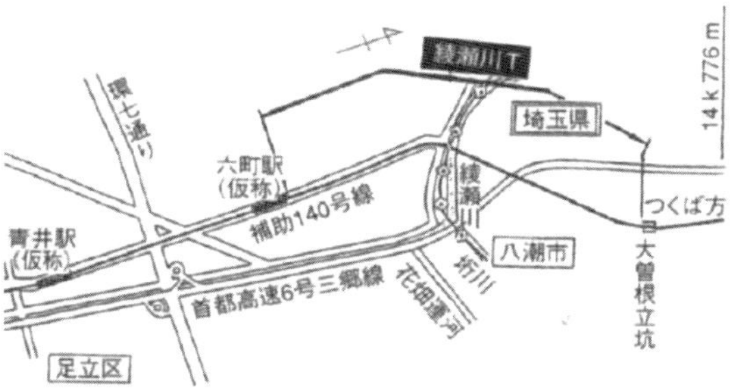

図-1　綾瀬川トンネル平面図[1]を基に改変転載（一部抜粋して作図）

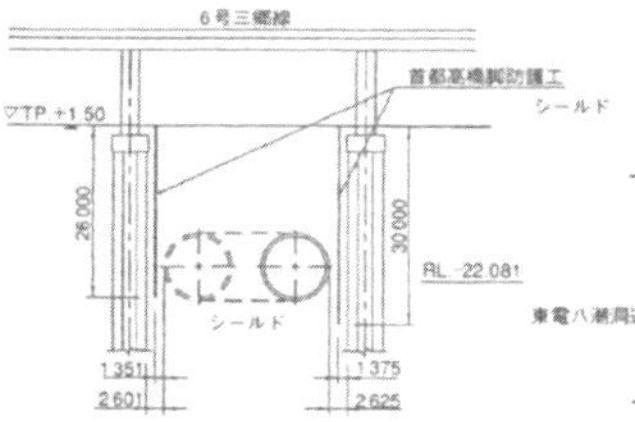

図-2　首都高橋脚杭防護工[1]　　　図-3　電力洞道近接図[1]

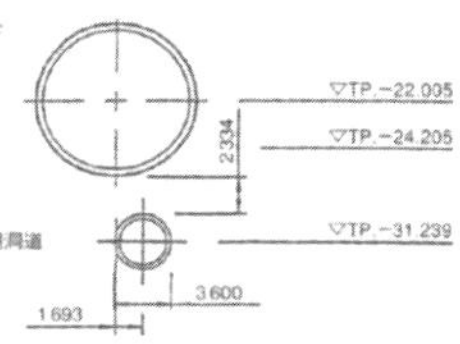

図-4　計測機器配置図[1]

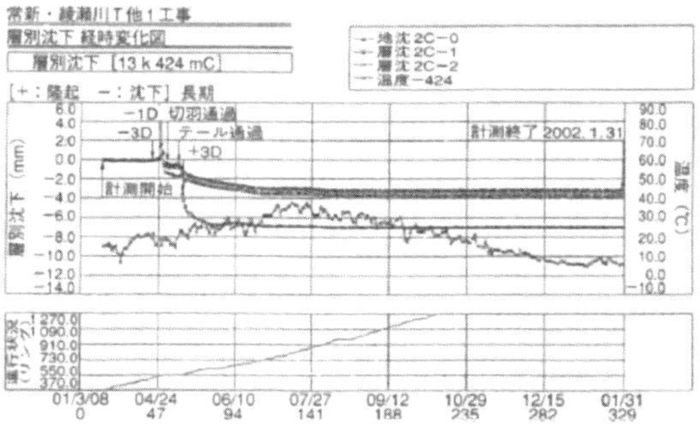

〔凡 例〕

記号	計測項目	使用計器	型式	数量
■	地盤鉛直変位	ワイヤー式変位計	PV-100-SG	3台
■	地盤水平変位	埋設型傾斜計	DC-120	40台
●	地表面沈下	連通管式沈下計	DVP-100	1台
■	地表面変位	基準装置	DV-1SL	1台
★	外 気 温	温度計	RT-100	1台

図-5　地盤内沈下測定結果の一例（洞道部）[1]

T.L.34　都市における近接トンネル

【タイプ 1-1】S23

<table>
<tr><td rowspan="9">①近接施工概要</td><td colspan="2">工事名称</td><td>臨海，東品川 T 他</td></tr>
<tr><td colspan="2">工期(施工時期)</td><td>1998 年 12 月～2001 年 10 月</td></tr>
<tr><td colspan="2">概要</td><td>橋脚基礎杭直下約 3m をシールド掘削</td></tr>
<tr><td colspan="2">既設構造物（施工法・構造）</td><td>東品川橋橋台橋脚：基礎杭
※他洞道等構造物多数</td></tr>
<tr><td colspan="2">シールド離隔</td><td>3.4m（橋台），2.7m（橋脚）</td></tr>
<tr><td colspan="2">シールド工法</td><td>泥水式シールド</td></tr>
<tr><td colspan="2">シールド外径</td><td>φ7.25m</td></tr>
<tr><td rowspan="5">セグメント</td><td>種別</td><td>RC セグメント
DC セグメント</td></tr>
<tr><td>外径</td><td>φ7.10m</td></tr>
<tr><td>桁高</td><td>300mm</td></tr>
<tr><td>幅</td><td>不明</td></tr>
<tr><td rowspan="3">②地盤条件</td><td colspan="2">通過部の土質</td><td>洪積砂質土（N 値 35～50）</td></tr>
<tr><td colspan="2">地下水位</td><td>不明</td></tr>
<tr><td colspan="2">シールド土被り</td><td>30.0m</td></tr>
<tr><td rowspan="2">③近接影響予測</td><td colspan="2">解析手法</td><td>FEM 解析</td></tr>
<tr><td colspan="2">解析結果</td><td>沈下量 7.9mm（橋台）</td></tr>
<tr><td>④近接施工ステップ</td><td colspan="2">シールド併設の施工順序等</td><td>上り線を先行掘削後，下り線を後行掘削</td></tr>
<tr><td rowspan="2">⑤影響低減対策</td><td rowspan="2">構造物</td><td>目的</td><td>後行トンネル施工時の緩み領域拡大の影響を低減するため</td></tr>
<tr><td>対策</td><td>先行トンネルのグラウト孔から薬液注入</td></tr>
<tr><td rowspan="4">⑥計測概要</td><td rowspan="2">地盤等</td><td>計測項目</td><td>沈下，傾斜（地中）</td></tr>
<tr><td>結果</td><td>先行⇒後行マシン通過後の沈下量
①上り線
　地表面：1mm⇒5mm
　シールド直上：4mm⇒7mm
②下り線
　地表面：1mm⇒5mm
　シールド直上：1mm⇒10mm</td></tr>
<tr><td rowspan="2">構造物</td><td>計測項目</td><td>沈下，傾斜</td></tr>
<tr><td>結果</td><td>4.0mm 沈下（橋台）
4.7mm 沈下（橋脚）</td></tr>
<tr><td>⑦近接施工設定理由</td><td colspan="2"></td><td>天王洲通直下にトンネルが構築され，橋の直下を通過するため</td></tr>
</table>

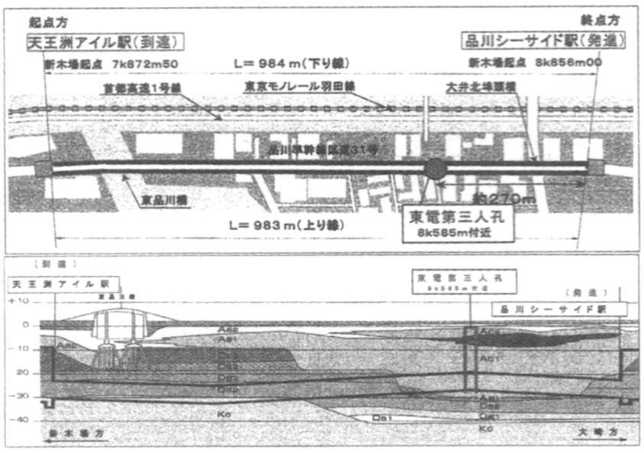

図-1　トンネル路線図 地質縦断図[1]

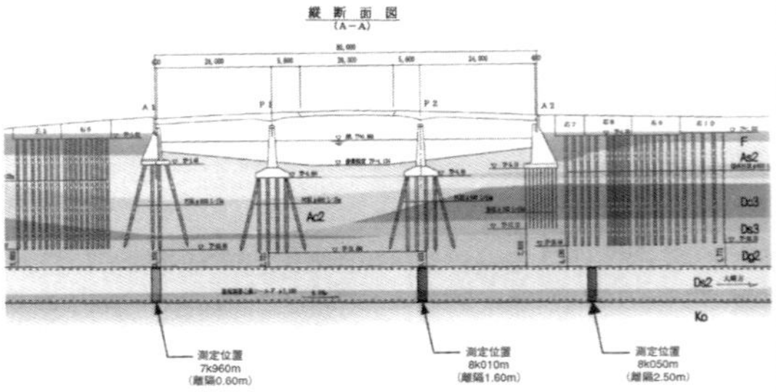

図-2　近接部縦断図[3]

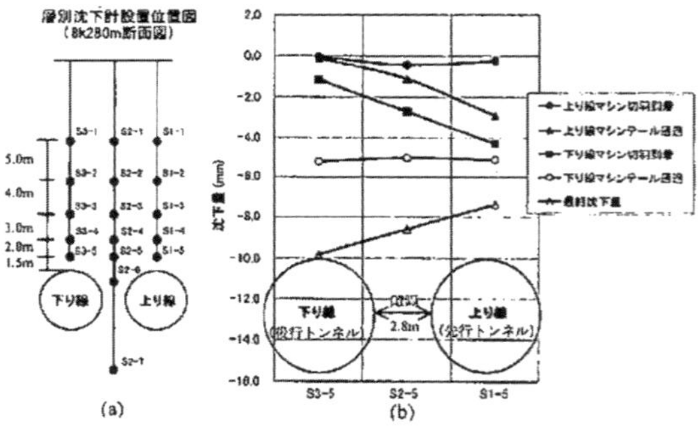

図-3　横断方向沈下（層別沈下計）[1]

表-1　東品川橋梁部計測工結果[1]

計測位置		傾斜角		沈下（mm）	
		掘進直後	最終値	掘進直後	最終値
東品川橋		1/4000	1/3800	2.7	4.7
天王洲南運河防潮護岸	右岸	—	—	1.1	1.6
	左岸	—	—	1.1	1.5
水道橋		1/4100	1/4000	1.5	2.4
東品川火力第三洞道		1/5100	1/5000	1.7	2.9

＊ 掘進直後：マシンテール通過直後

<table>
<tr><td rowspan="3">⑧出典</td><td>1）高久寿夫，松岡正幸，細田道敏，千田正裕，野本雅昭：りんかい線東品川泥水シールドトンネル工事，土木学会トンネル工学研究論文・報告集，第 11 巻，pp.303-308，2001.11</td></tr>
<tr><td>2）苫米地英俊，熊谷邦男，細田道敏，萩原敏行：超近接施工を自動計測システムで克服-りんかい線 東品川トンネル-，トンネルと地下，vol.33，No.10，pp.31-37，2002.10</td></tr>
<tr><td>3）千田正裕，山内悟，細田道敏，小寺直人：併設シールド超近接施工によるセグメントへの影響について，西松建設技報，Vol.25，pp.37-42，2002.</td></tr>
</table>

巻末資料　　巻末資料2　シールドトンネル　近接施工事例概要調査票

【タイプ1-1】S24

①近接施工概要		工事名称	地下鉄12号線環状部飯田橋駅工区建設工事
		工期(施工時期)	1992年11月~1997年3月 (1992年~2000年)
		概要	最小土被り4.0mで2本の営業線（地下鉄）直下をシールド掘進
		既設構造物（施工法・構造）	2本の地下鉄
		シールド離隔	最小4.0m
		シールド工法	泥水式シールド工法
		シールド外径	8.846m×17.44m（3連）
	セグメント	種別	不明
		外径	8.5m×17.1m（3連）
		桁高	250mm
		幅	不明
②条件 地盤		通過部の土質	江戸川砂層（N値50以上）
		地下水位	GL-4.0m程度
		シールド土被り	約27m
③予測 近接影響		解析手法	有限要素法で得られた値にトライアル計測結果を考慮して変位量を推定
		解析結果	有楽町線：3.8mm 東西線　：3.2mm
⑤影響低減対策	構造物	目的	沈下抑制
		施工方法	・防護工：溶液型二重管複相薬液注入工法を実施 ・既設構造物直接補強：構築下半の側壁と中壁の壁面を鋼板（厚さ9mm）で補強
⑥計測概要	構造物	計測項目	沈下
		結果	沈下量 有楽町線：最大2.5mm 2mm程度で収束 東西線　：最大4.1mm 3mm程度で収束
⑦近接施工設定理由		鉄道線形のため	
⑧出典		1）シールド工法技術協会 2）梶山雅生，開米章，山森規安：3心円泥水式駅シールド掘進による地盤変状解析と計測結果，土木学会トンネル工学研究論文・報告集，第8巻，pp.383-388，1998.11	

図-1　平面・縦横断図 2)

図-2　トライアル計測断面図および計算値と推定値 2)

図-3　有楽町線，東西線構築変位計測位置 2)

図-4　有楽町線構築変位 2)

図-5　東西線構築変位 2)

図-6　計測値と計算値の比率と実応力解放率 2)

T.L.34 都市における近接トンネル

【タイプ1-1】S26

<table>
<tr><td rowspan="13">① 近接施工概要</td><td colspan="2">工事名称</td><td>羽沢トンネル</td></tr>
<tr><td colspan="2">工期(施工時期)</td><td>2013年3月～2018年11月
（2014年～2020年）</td></tr>
<tr><td colspan="2">概要</td><td>鉛直離隔4.1～6.4m，平面離隔3.3～11.6mで橋脚直下をシールド掘進</td></tr>
<tr><td colspan="2">既設構造物（施工法・構造）</td><td>道路高架橋：直接基礎</td></tr>
<tr><td colspan="2">シールド離隔</td><td>橋脚A:平面9.5m 鉛直4.1m
橋脚B:平面11.6m 鉛直4.3m
橋脚C:平面7.5m 鉛直5.9m
橋脚D:平面3.3m 鉛直6.4m</td></tr>
<tr><td colspan="2">シールド工法</td><td>泥土圧シールド工法</td></tr>
<tr><td colspan="2">シールド外径</td><td>10.5m</td></tr>
<tr><td rowspan="4">セグメント</td><td>種別</td><td>HCCPセグメント</td></tr>
<tr><td>外径</td><td>10.26m</td></tr>
<tr><td>桁高</td><td>400mm</td></tr>
<tr><td>幅</td><td>不明</td></tr>
<tr><td rowspan="3">② 地盤条件</td><td colspan="2">通過部の土質</td><td>上総層群粘性土と砂質土の互層（N≧50）</td></tr>
<tr><td colspan="2">地下水位</td><td>—</td></tr>
<tr><td colspan="2">シールド土被り</td><td>8～10m</td></tr>
</table>

<table>
<tr><td rowspan="2">③ 近接影響予測</td><td>解析手法</td><td>2次元FEM解析により，地盤変位予想解析を実施</td></tr>
<tr><td>解析結果</td><td>橋脚B:-1.6mm
橋脚C:-2.5mm
橋脚D:-3.4mm</td></tr>
<tr><td rowspan="2">⑤ 影響低減対策</td><td rowspan="2">構造物</td><td>目的</td><td>—</td></tr>
<tr><td>施工方法</td><td>—</td></tr>
<tr><td rowspan="2">⑥ 計測概要</td><td rowspan="2">構造物</td><td>計測項目</td><td>橋脚の鉛直変位量</td></tr>
<tr><td>結果</td><td>橋脚A:-2mm, 橋脚B:-2mm
橋脚C:-2.1mm, 橋脚D:-1.5mm</td></tr>
<tr><td>⑦ 設定接近施工理由</td><td colspan="3">当該箇所はコントロールポイントとなる構造物が複数あり，上記構造物との近接施工が避けられなかったため</td></tr>
<tr><td>⑧ 出典</td><td colspan="3">1) シールド工法技術協会
2) 川原悠、田中淳寛、千代啓三、大森裕一：シールドによる地盤変位に対する掘進速度の影響について，土木学会第72回年次学術講演会概要集，Ⅲ-385，pp.769-770，2017.9</td></tr>
</table>

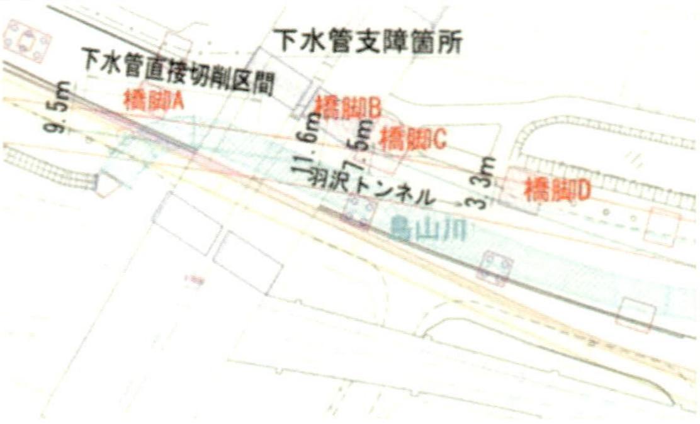

図-1 計画平面図[2]

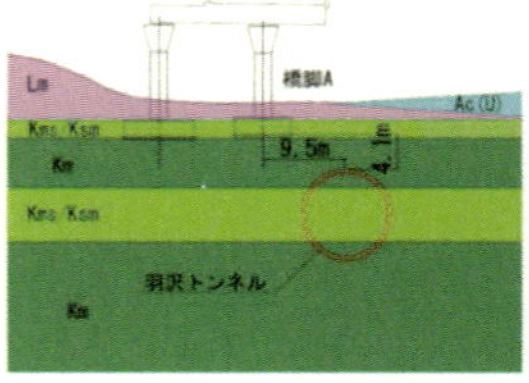

図-2 橋脚A横断面図[2] 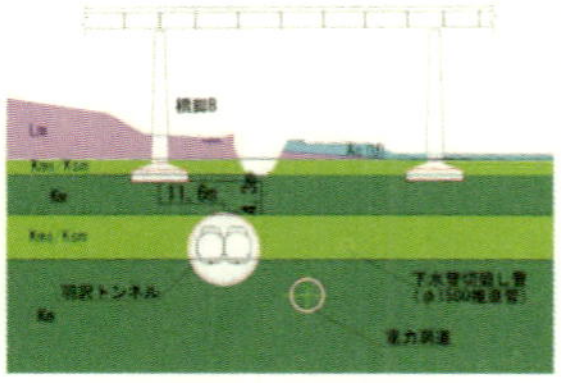　　図-3 橋脚B横断面図[2]

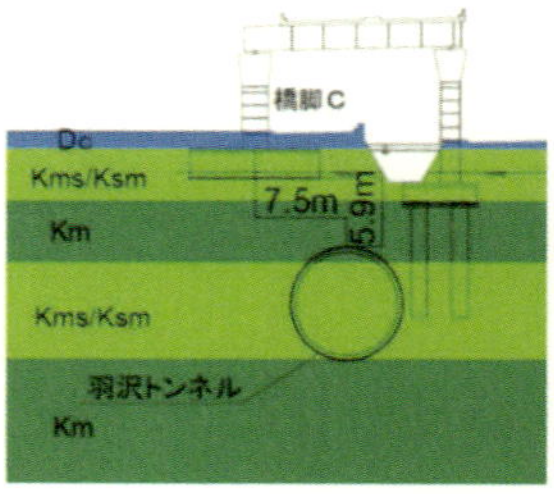

図-4 橋脚C横断面図[2] 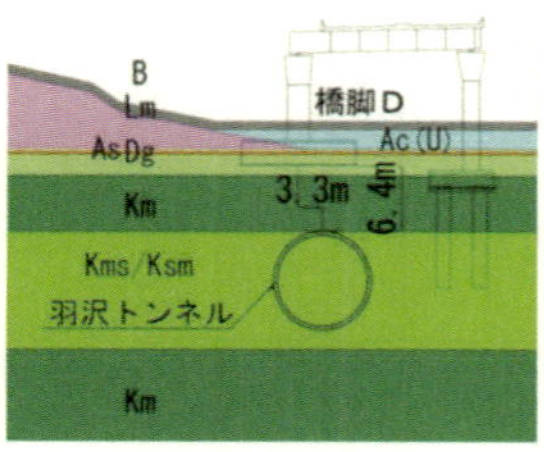　　図-5 橋脚D横断面図[2]

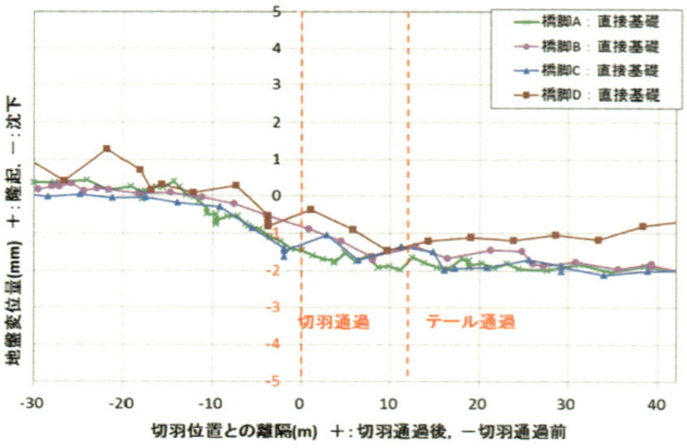

図-6 橋脚の鉛直変位[2]

	鉛直変位量（最大値）			掘進速度
	a解析値	b計測値	比率	平均
	mm	mm	b/a	mm/min
橋脚A	—	-2.0	—	10.4
橋脚B	-1.6	-2.0	1.26	14.3
橋脚C	-2.5	-2.1	0.86	16.8
橋脚D	-3.4	-1.5	0.43	18.9

図-7 橋脚変位量の解析値と計測値の変位量[2]

巻末資料　　巻末資料2　シールドトンネル　近接施工事例概要調査票

【タイプ1-1】S28

①近接施工概要	工事名称		（負）高速横浜環状北西線シールドトンネル（港北行）工事
	工期(施工時期)		2015年3月～2019年3月
	概要		最小離隔2.3mで換気所の直下を施工
	既設構造物（施工法・構造）		換気所
	シールド離隔		最小2.3m
	シールド工法		泥水式シールド
	シールド外径		φ12.64m
	セグメント	種別	合成セグメント
		外径	φ12.4m
		桁高	450mm
		幅	不明
②地盤条件	通過部の土質		上総層群　泥岩層
	地下水位		天端から上位　約7m
	シールド土被り		約15m
③近接影響予測	解析手法		2次元FEM解析
	解析結果		4.5mmの沈下
④近接施工ステップ	シールド併設の施工順序等		港北行き（外回り）→青葉行き（内回り）
⑤影響低減対策	構造物	目的	沈下抑制
		対策	切羽圧の上限値と下限値の設定レベルを用い水準測量による変位計測
⑥計測概要	構造物	計測項目	換気所の鉛直変位
		結果	最大2mm程度の沈下
⑦近接施工設定理由	道路線形及び換気所配置計画上の制約		
⑧出典	1) 盛岡諒平，森田康平，上地勇，入野克樹：換気所直下におけるシールドトンネルの施工管理と変位計測結果，土木学会第74回年次学術講演会概要集，VI-172，2019.9		

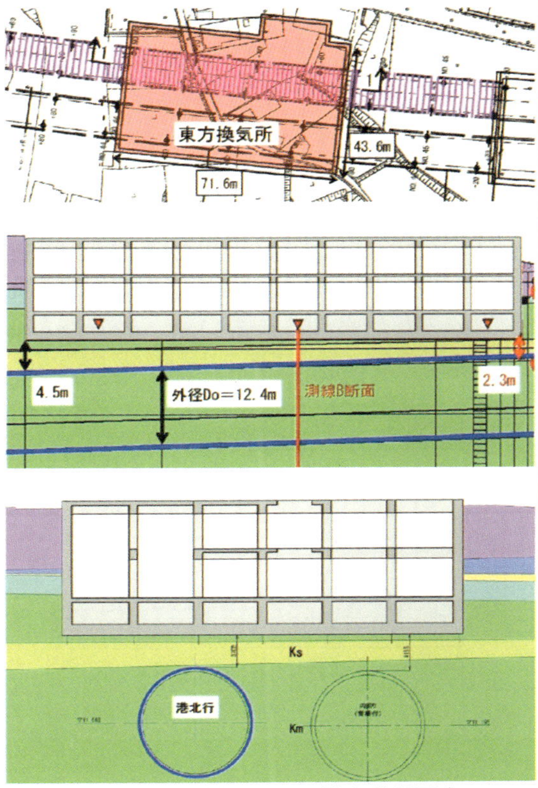

図-1　換気所部概要（平面・縦断・横断図）[1]

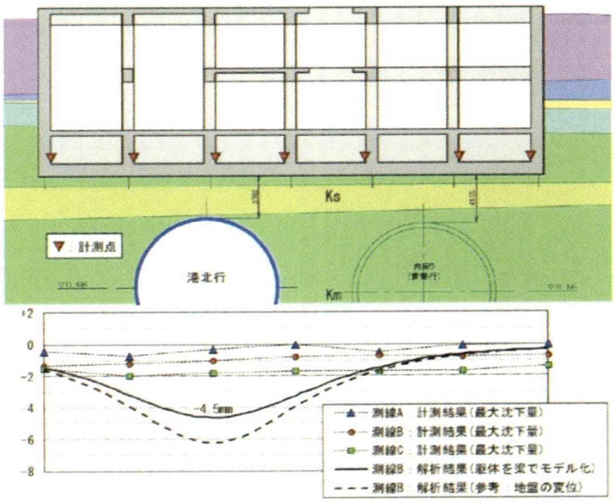

図-2　計測結果（横断面）[1]

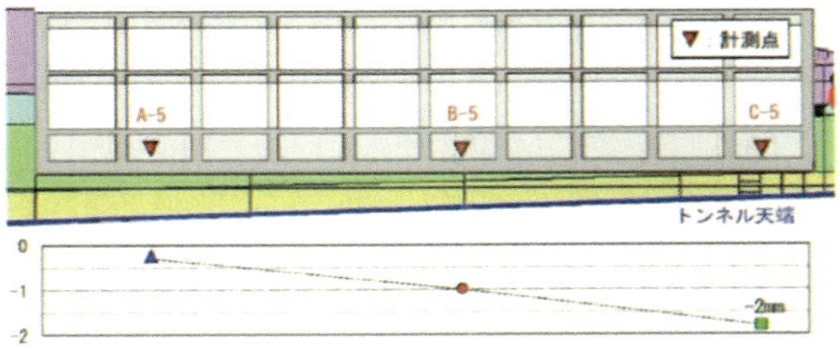

図-3　計測結果（縦断面）[1]

T.L. 34　都市における近接トンネル

【タイプ 1-1】 S31, S32

<table>
<tr><td rowspan="9">①近接施工概要</td><td colspan="2">工事名称</td><td>外回りシールド：SJ11 工区(4)〜SJ31 工区(外回り)トンネル工事
内回りシールド：SJ11 工区(4)〜SJ31 工区(内回り)トンネル工事</td></tr>
<tr><td colspan="2">工期(施工時期)</td><td>2003 年 2 月〜2007 年 3 月</td></tr>
<tr><td colspan="2">概要</td><td>地下鉄営業線直下離隔 6.4m 及び近接橋台(渋目陸橋)基礎杭先端離隔 1.3m をシールド掘進</td></tr>
<tr><td colspan="2">既設構造物(施工法・構造)</td><td>地下鉄：開削トンネル躯体
道路橋 橋台：杭基礎</td></tr>
<tr><td colspan="2">シールド離隔</td><td>地下鉄：6.4m，橋台：1.3m</td></tr>
<tr><td colspan="2">シールド工法</td><td>泥水式シールド</td></tr>
<tr><td colspan="2">シールド外径</td><td>外回り：φ13.05m
内回り：φ13.06m</td></tr>
<tr><td rowspan="5">セグメント</td><td>種別</td><td>RC，鋼製，ダクタイル，DRC</td></tr>
<tr><td>外径</td><td>φ12.83m</td></tr>
</table>

<table>
<tr><td></td><td>桁高</td><td>500mm ， 532mm ， 450mm ， 400mm</td></tr>
<tr><td></td><td>幅</td><td>不明</td></tr>
</table>

<table>
<tr><td rowspan="3">②地盤条件</td><td>通過部の土質</td><td>東京礫層(砂礫)：Tog 層
東京層(砂・シルト質砂)：Tos 層
上総層群砂質土：Ks 層</td></tr>
<tr><td>地下水位</td><td>TP+20.9m(地下鉄)
TP+29.2m(渋目陸橋)</td></tr>
<tr><td>シールド土被り</td><td>14.0〜53.0m</td></tr>
<tr><td rowspan="2">③近接影響予測</td><td>解析手法</td><td>2 次元弾性 FEM 解析(地下鉄開削トンネル，道路橋橋台)</td></tr>
<tr><td>解析結果</td><td>(鉛直)
　地下鉄(対策無)-2.56mm
　橋台(対策無)　-10.8mm
　橋台(対策有)　-9.1 mm</td></tr>
<tr><td>④近接施工ステップ</td><td>シールド併設の施工順序等</td><td>外回りシールドが先行掘削後，内回りシールドが後行掘削</td></tr>
<tr><td rowspan="3">⑤影響低減対策</td><td></td><td>目的</td></tr>
</table>

<table>
<tr><td rowspan="3">⑤影響低減対策</td><td rowspan="3">構造物</td><td>目的</td><td>橋台の沈下及び杭・フーチングの発生応力の抑制</td></tr>
<tr><td>対策</td><td>地下鉄躯体下部にダブルパッカ工法による厚さ 1.6m の地盤改良(超微粒子セメント系 p 懸濁型注入材)
道路橋橋台杭先端部 厚さ 6.8m，幅 20m の地盤改良</td></tr>
</table>

<table>
<tr><td rowspan="2">⑥計測概要</td><td rowspan="2">構造物</td><td>計測項目</td><td>橋台及び橋脚の沈下計測
(水盛式沈下計・トータルステーション)</td></tr>
<tr><td>結果</td><td>地下鉄躯体：最大沈下量-0.5mm，最大隆起 1.2mm
道路橋橋台：-5.3mm</td></tr>
<tr><td>⑦近接施工設定理由</td><td colspan="2"></td><td>(地下鉄)東京メトロとの協議により，営業中の鉄道施設構造物の安全性を最重視し決定. 注入効果の期待度が大きいダブルパッカ工法を採用.
(渋目陸橋)他社設計による.</td></tr>
<tr><td>⑧出典</td><td colspan="2"></td><td>1) 波津久義彦, 松田満, 則竹啓, 森口敏美, 長谷川勝哉：大断面泥水式シールドの通過に伴う橋梁・鉄道構造物への影響と対策－首都高速中央環状線山手トンネル神山町代々木シールド－, 土木学会トンネル工学報告集, 第 18 巻, II-7, pp.243-248, 2008.11</td></tr>
</table>

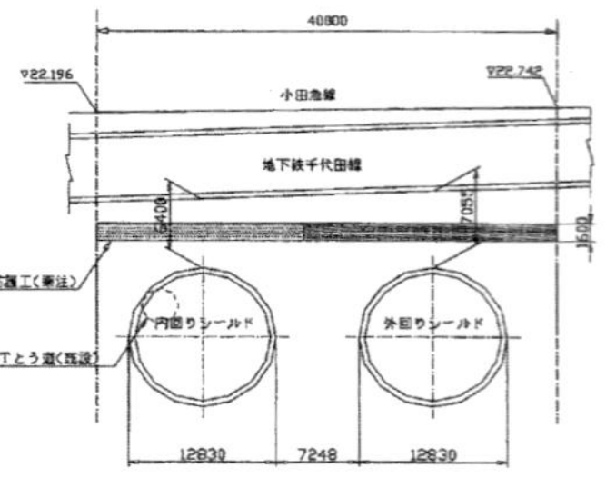

図-1　千代田線 近接状況図(横断面図)[1]

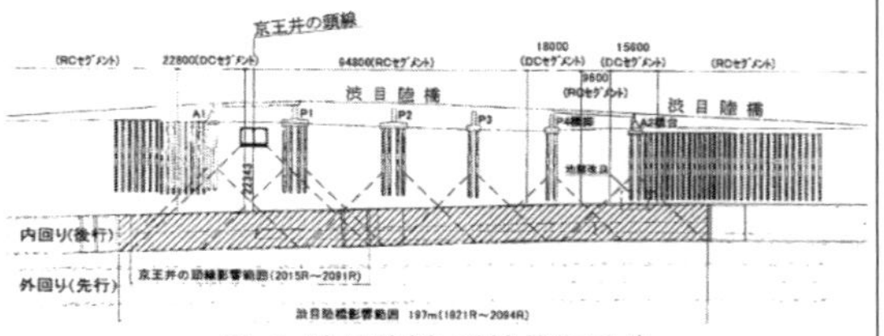

図-2　渋目陸橋 近接状況図[1]

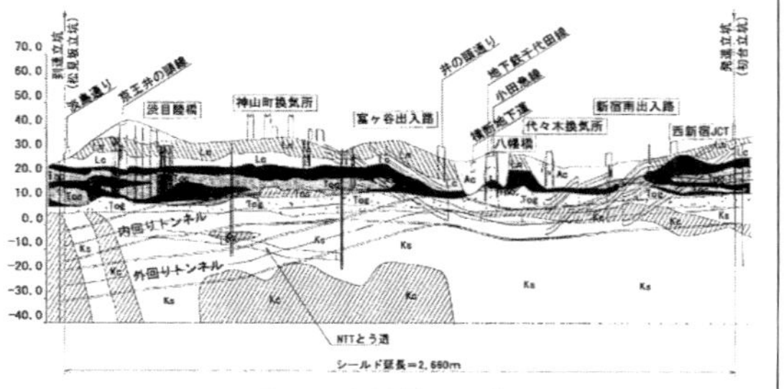

図-3　地質縦断図[1]

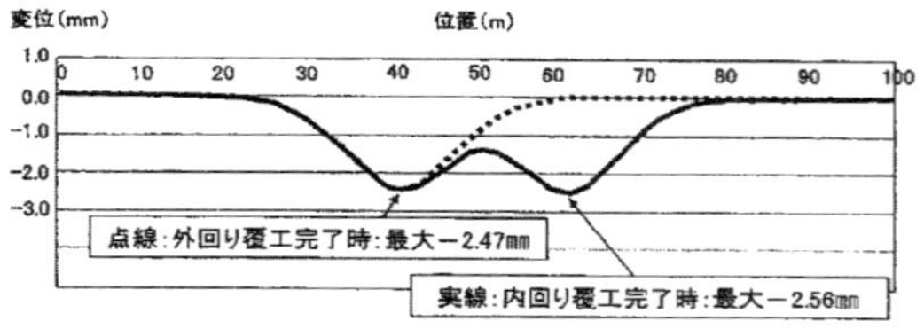

図-4　千代田線 影響解析結果[1]

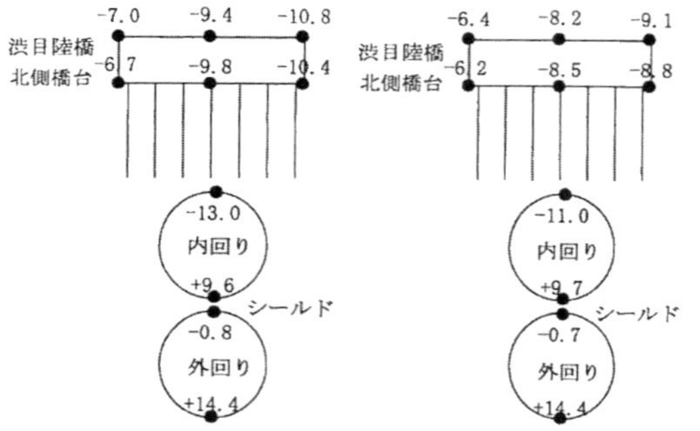

図-5　渋目陸橋北側橋台の影響解析結果[1]

(a)対策なし　　(b)対策あり

巻末資料　　巻末資料2　シールドトンネル　近接施工事例概要調査票

【タイプ1-1】S34

①近接施工概要	工事名称	平成24年度302号鳴海共同溝工事
	工期(施工時期)	2013年3月～2016年12月
	概要	既設地下鉄シールド（外径φ6.75m）の下を離隔約6mで直交施工
	既設構造物（施工法・構造）	地下鉄：シールド
	シールド離隔	約6m
	シールド工法	泥土圧シールド
	シールド外径	φ5.96m
	セグメント　種別	RCセグメント
	セグメント　外径	φ5.8m
	セグメント　桁高	250mm
	セグメント　幅	不明
②地盤条件	通過部の土質	砂礫，砂，粘土の互層
	地下水位	GL-2m
	シールド土被り	約30m
③近接影響予測	解析手法	3次元FEM解析 「トライアル計測」結果を検証し，地盤定数，応力解放率の妥当性を確認 音響トモグラフィ調査結果を解析に反映
	解析結果	最大沈下量2.8mm 10m弦相対変位0.3mm
⑤影響低減対策	構造物　目的	既設シールドの変状抑制
	構造物　対策	トライアル計測
⑥計測概要	構造物　計測項目	沈下（デジタルレベル計）
	構造物　結果	最大沈下量 0.6mm 10m弦相対変位0.2mm
⑦近接施工設定理由		不明
⑧出典		1) 安藤嵩久，服部鋭啓：地下鉄営業線との近接施工をともなう共同溝シールド工事の施工事例－平成24年度302号鳴海共同溝工事－，日本トンネル技術協会第81回(都市)施工体験発表会，pp.1-8，2017.6

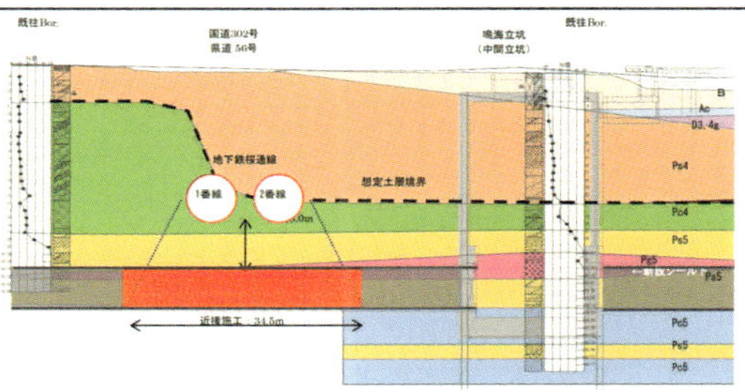

図-1 地質縦断図[1]

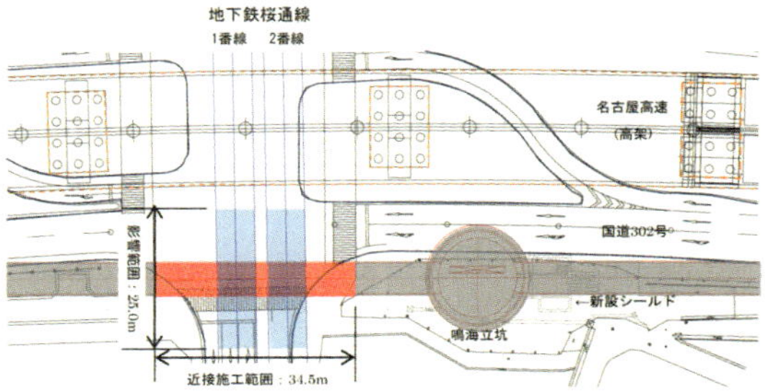

図-2 交差部平面図[1]

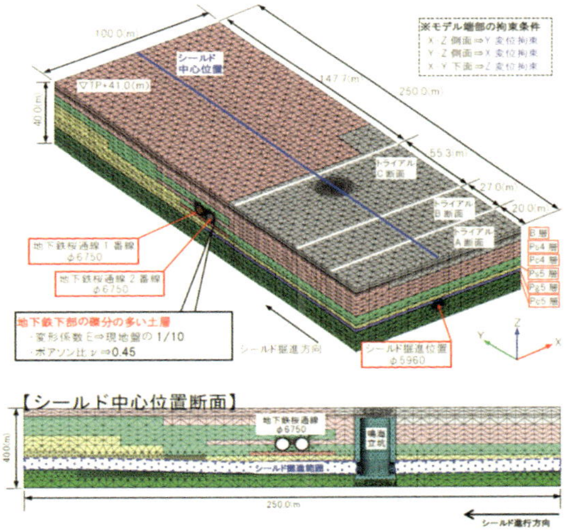

図-3 3次元解析モデル[1]

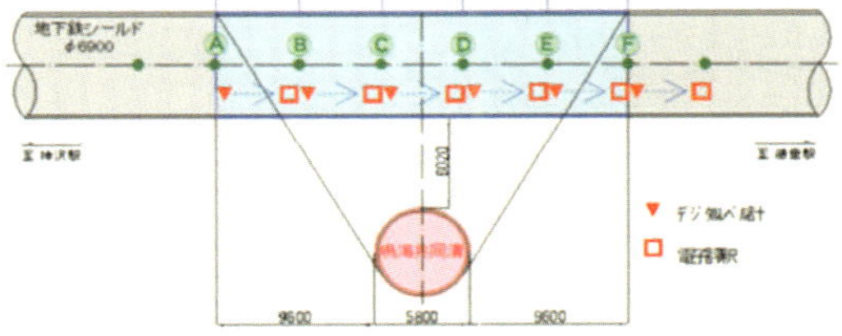

図-4 地下鉄自動計測位置[1]

T.L.34 都市における近接トンネル

【タイプ1-1】S202

		工事名称	（負）高速横浜環状北西線シールドトンネル（港北行）工事
①近接施工概要		工期(施工時期)	2015年3月～2019年3月
		概要	鶴見川の直下をシールドで掘進
		既設構造物（施工法・構造）	鶴見川
		シールド離隔	12.6m
		シールド工法	泥水式シールド
		シールド外径	12.64
	セグメント	種別	RC
		外径	12.4m
		桁高	450mm
②地盤条件		通過部の土質	上総層群(砂質土層,泥岩層)
		地下水位	不明
		シールド土被り	堤体位置で約20～22m
③近接影響予測		解析手法	2次元FEM
		解析結果	堤体天端位置での影響はなし
④近接施工ステップ		シールド併設の施工順序等	港北行き（外回り）→青葉行き（内回り）
⑤影響低減対策	構造物	目的	隆起，沈下抑制
		施工方法	堤体の地表面隆起・沈下量を，レベル測量により計測
⑥計測概要	構造物	計測項目	堤体の地表面隆起・沈下量
		結果	10mmの隆起
⑦近接施工設定理由			線形の制約
⑧出典			1) 大成建設株式会社提供資料

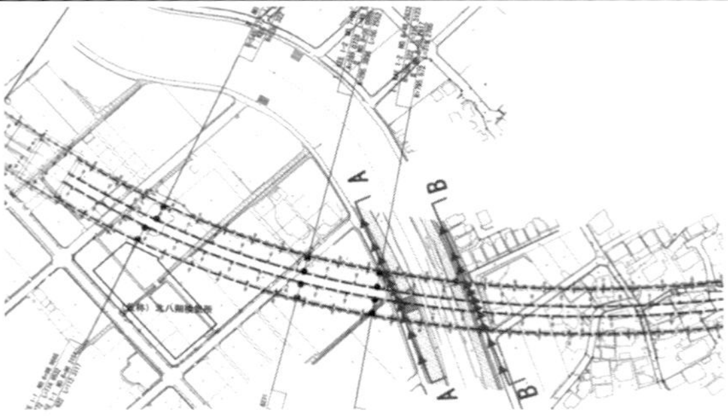

図-1 鶴見川堤体部の計測位置（平面図）[1]

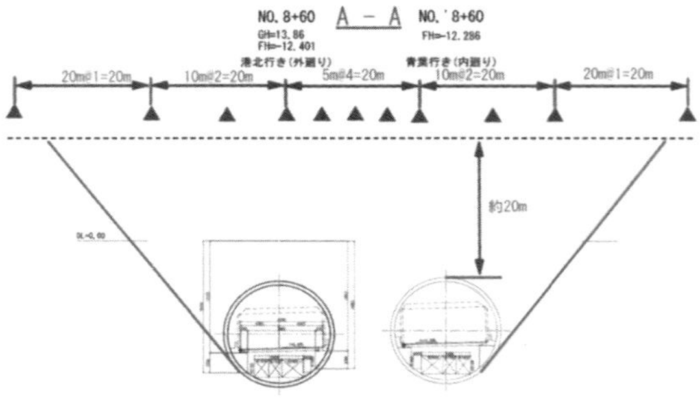

図-2 鶴見川堤体部の計測位置（A-A 断面図）[1]

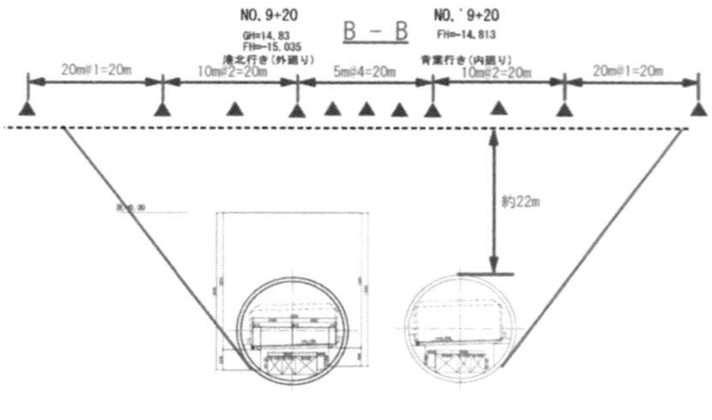

図-3 鶴見川堤体部の計測位置（B-B 断面図）[1]

巻末資料　　巻末資料2　シールドトンネル　近接施工事例概要調査票

【タイプ1-1】S204

①近接施工概要		工事名称	相鉄・JR 直通線，西谷トンネル他工事
		工期(施工時期)	2010 年 2 月～2013 年 9 月
		概要	最小離隔 0.8m で河川直下を SENS で施工
		既設構造物（施工法・構造）	菅田川
		シールド離隔	最小 0.8m
		シールド工法	SENS（泥土圧シールド）
		シールド外径	10.46m
	セグメント	種別	場所打ちコンクリート
		外径	10.4m
		桁高	一次覆工:300mm 二次覆工:300mm
②地盤条件		通過部の土質	上総層(粘性土層,砂質土層)
		地下水位	天端から上 約4m
		シールド土被り	5.9m
③近接影響予測		解析手法	2 次元弾性 FEM 解析
		解析結果	沈下 1.9mm, 隆起 1.8mm
④近接施工ステップ		シールド併設の施工順序等	不明
⑤影響低減対策	構造物	目的	沈下，隆起抑制
		施工方法	i.切羽土圧と打設圧力の管理値の設定 ii.近接構造物に設置した自動計測結果を施工条件に反映
⑥計測概要	構造物	計測項目	U 型水路の鉛直変位
		結果	コンクリート打設圧力の影響により隆起傾向を示したが，最大変位量は一次管理値以内となった.
⑦近接施工設定理由			線形の制約
⑧出典			1) 常田和哉，和田幸治，佐藤一義：都市部で SENS を初適用した鉄道トンネルの施工実績，土木学会第 70 回年次学術講演会概要集，VI-083，pp165-166，2015.9 2) 大成建設株式会社提供資料

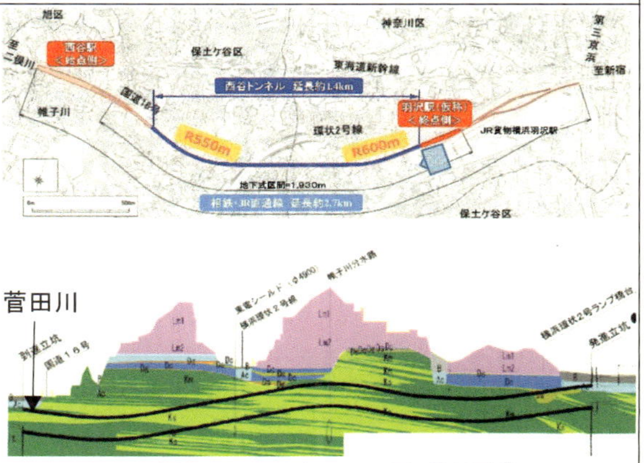

図-1 西谷トンネル平面図，縦断図 [2]

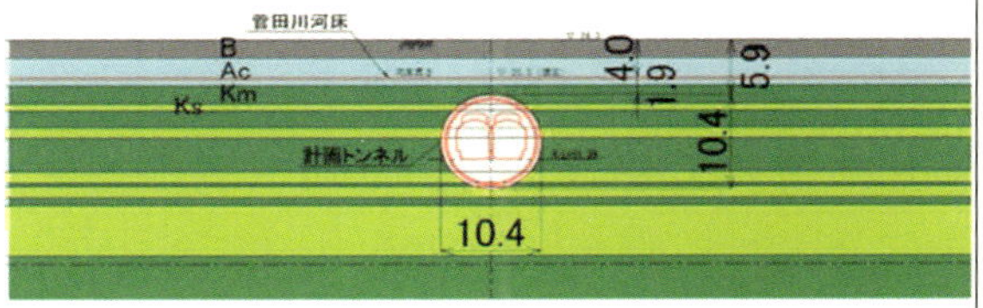

図-2 解析モデル図 [2]

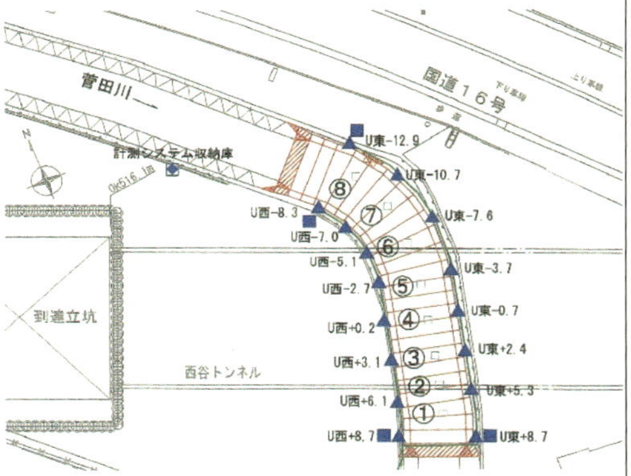

図-3 鉛直変位計測位置（平面図）[2]

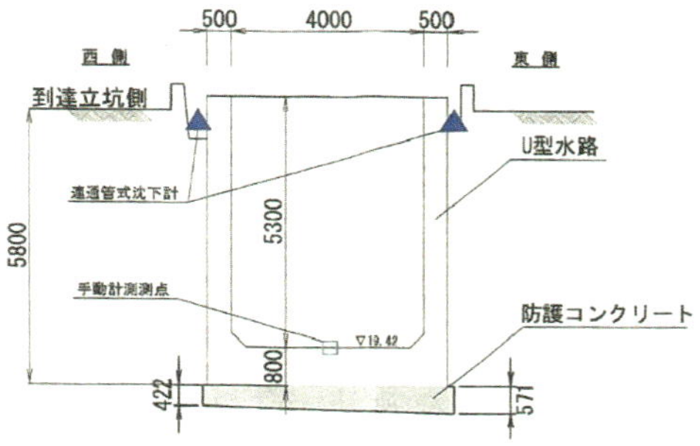

図-4 鉛直変位計測位置（断面図）[2]

巻末-41

T.L.34 都市における近接トンネル

【タイプ1-1】S330

		工事名称	北区十条台二丁目，十条仲原二丁目付近再構築工事	図-1 シールド平面図 [1)]
① 近接施工概要		工期(施工時期)	2017年6月	
		概要	既設水道管と近接してシールド工法により下水道管を布設	
		既設構造物（施工法・構造）	水道管(シールド工法)	
		シールド離隔	最小 1.0m	
		シールド工法	泥土式シールド工法	
		シールド外径	2.23m	
	セグメント	種別	鋼製セグメント	
		外径	2.05m	
		桁高	75mm	
② 地盤条件		通過部の土質	中礫(平均 N値11)	
		地下水位	GL-3.5m	
		シールド土被り	6.0m	
③ 近接影響予測		解析手法	2次元FEM解析(弾性)	
		解析結果	(水平)0.4mm(水道管A点)	
			(鉛直)0.1mm(水道管A点)	
④ 近接施工ステップ		シールド併設の施工順序等	既設→新設	
⑤ 影響低減対策	構造物	目的	対策なし	図-2 断面図 [1)]
		施工方法	—	
⑥ 計測概要	構造物	計測項目	路面測量	
		結果	路面最大沈下量：1mm(W2,W3,W4)(測点間隔：2m)	
	シールド	計測項目	路面測量	
		結果	路面最大沈下量：3mm(測点 D1,D2)(測点間隔：2m)	
⑦ 近接施工設定理由			東京都北区十条台および十条仲原地区の浸水対策のため．	
⑧ 出典			1) 東京都下水道局提供資料	図-3 測点配置図 [1)]

巻末-42

巻末資料　　巻末資料2　シールドトンネル　近接施工事例概要調査票

【タイプ1-1】S415

①近接施工概要	工事名称		中央環状品川線大井地区トンネル工事
	工期(施工時期)		2008年6月～2011年11月
	概要		首都高中央環状品川線のうち，最も南側の大井ジャンクションから大深度地下へのアプローチ区間である．
	既設構造物（施工法・構造）		東電洞道（シールド）φ2.4m
	シールド離隔		0.4m
	シールド工法		泥土圧シールド
	シールド外径		φ13.6m
	セグメント	種別	RCセグメント
		外径	φ13.4m
		桁高	450mm
		幅	不明
②地盤条件	通過部の土質		有楽町層粘性土，砂質土
	地下水位		G.L.-3.0m
	シールド土被り		大井方面(上層)：0.0～13.9m
③近接影響予測	解析手法		3次元弾性FEM解析
	解析結果		トライアル計測の結果をモデルに入力し，既設シールドのリング継手応力を照査
④近接施工ステップ	シールド併設の施工順序等		大橋方面(下層)→大井方面(上層)
⑤影響低減対策	構造物	目的	電気洞道の変状抑制
		対策	高圧噴射撹拌工法による防護トライアル計測
⑥計測概要	構造物	計測項目	不明
		結果	不明
⑦近接施工設定理由			縦併設シールドトンネルの地上へのアプローチ区間に構造物が近接しており，道路線形を確保するために近接施工となった．
⑧出典			1) 藤木仁成，井澤昌佳：地上発進・地上到達シールドの施工―中央環状品川線でのURUP工法の採用―，基礎工，vol39，No.3，pp.30-33，2011.3 2) 後藤広治，水内満寿美，河口琢哉，瀧本紅美：大断面泥土圧シールド掘進時の軟弱地盤の挙動について，土木学会第66回年次学術講演会概要集，VI-029，pp.57-58，2011.9 3) 福田至，後藤広治，井澤昌佳，木村勉：今までに例のない地上発進・地上到達を可能としたシールド技術の施工事例，日本トンネル技術協会第69回(都市)施工体験発表会，pp.1-8，2011.10

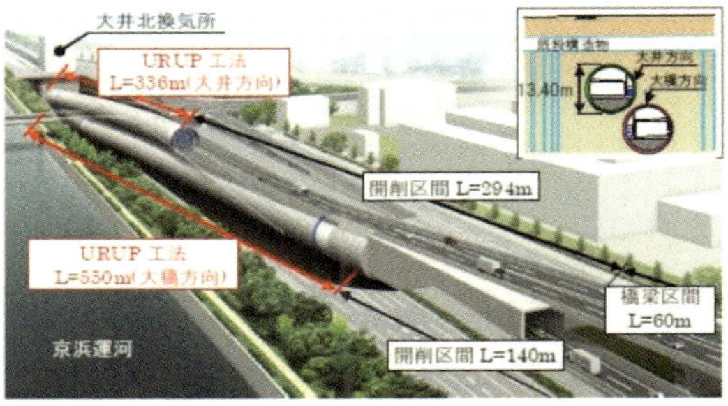

図-1　工事概要図[2]

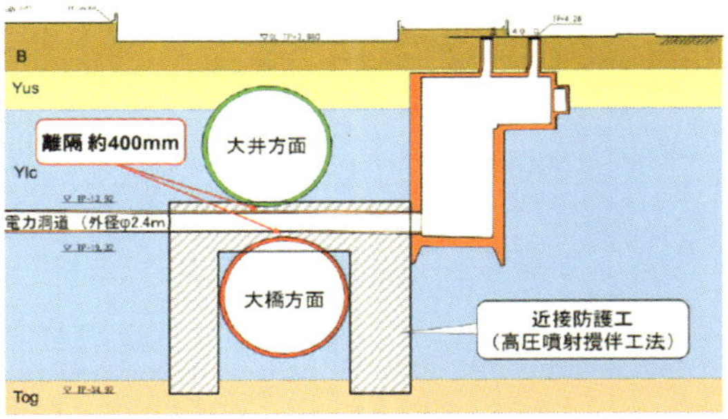

図-2　重要構造物近接断面図[3]

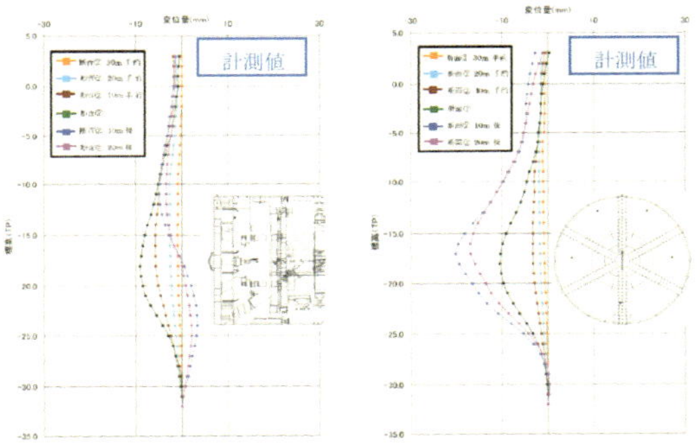

(a)軸方向　　　(b)軸直角方向
図-3　トライアル断面における挿入式傾斜計計測結果[2]

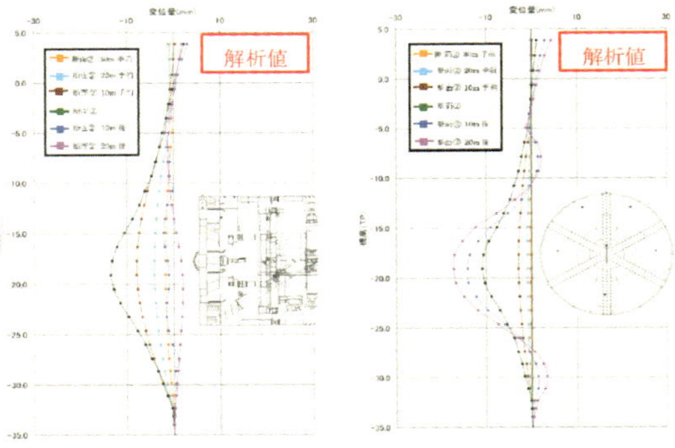

(a)軸方向　　　(b)軸直角方向
図-4　トライアル断面における3次元FEM解析結果[2]

T.L.34 都市における近接トンネル

【タイプ1-2】S1001

<table>
<tr><td rowspan="11">①近接施工概要</td><td colspan="2">工事名称</td><td>西大阪延伸線建設工事のうち土木工事(第3工区)</td></tr>
<tr><td colspan="2">工期(施工時期)</td><td>(2003年6月〜2009年9月)</td></tr>
<tr><td colspan="2">概要</td><td>地下鉄駅部西側の引上線(延長227m)の下部をシールドが交差横断</td></tr>
<tr><td colspan="2">シールド工法</td><td>泥土圧シールド</td></tr>
<tr><td colspan="2">シールド外径</td><td>6.94m</td></tr>
<tr><td rowspan="3">セグメント</td><td>種別</td><td>ダクタイル</td></tr>
<tr><td>外径</td><td>6.80m</td></tr>
<tr><td>桁高</td><td>250mm</td></tr>
<tr><td colspan="2">近接対象
仮設構造物諸元</td><td>地中連続壁(芯材 H-588×300, 交差部には切削可能なFFU素材を採用)</td></tr>
<tr><td colspan="2">開削部との離隔</td><td>躯体下面との離隔0.84m</td></tr>
<tr><td colspan="2">掘削径比
(離隔/掘削径)</td><td>0.12</td></tr>
<tr><td rowspan="3">②地盤条件</td><td colspan="2">通過部の土質</td><td>軟弱粘性土(N値1〜5)</td></tr>
<tr><td colspan="2">地下水位</td><td>OP-1.940m</td></tr>
<tr><td colspan="2">シールド土被り</td><td>15.9m</td></tr>
<tr><td rowspan="2">③近接影響予測</td><td colspan="2">解析手法</td><td>非線形2次元FEMにより,開削による地盤の残留応力とシールド通過時の剛性低下を検討</td></tr>
<tr><td colspan="2">解析結果</td><td>引上げ線躯体の予測沈下量4.6㎜</td></tr>
<tr><td>④近接施工ステップ</td><td colspan="2">近接施工時の開削部の状況</td><td>開削部掘削完了後,引上げ線の躯体構築完了</td></tr>
<tr><td rowspan="4">⑤影響低減対策</td><td rowspan="2">開削</td><td>目的</td><td>剛性の小さいFFU土留めの安定性確保と交差部掘進時の底面の防護</td></tr>
<tr><td>施工方法</td><td>高圧噴射攪拌工法により先行地中梁を造成</td></tr>
<tr><td rowspan="2">シールド</td><td>目的</td><td>地盤改良による掘進時の速度低下による周辺地盤の緩み防止</td></tr>
<tr><td>施工方法</td><td>高圧噴射攪拌工法</td></tr>
<tr><td rowspan="4">⑥計測概要</td><td rowspan="2">開削</td><td>計測項目</td><td>躯体の沈下および傾斜</td></tr>
<tr><td>結果</td><td>躯体の沈下量:1.5mm</td></tr>
<tr><td rowspan="2">シールド</td><td>計測項目</td><td>—</td></tr>
<tr><td>結果</td><td>—</td></tr>
<tr><td>⑦近接施工設定理由</td><td colspan="3">駅部と接続する引上げ線を開削工法で構築するため</td></tr>
<tr><td>⑧出典</td><td colspan="3">1) 丸山忠明, 原田大, 重光達, 小倉崇敬:地下構造物直下におけるシールド工法の施工 〜阪神なんば線 第3工区〜, 土木学会第63回年次学術講演会概要集, VI-020, pp39-40, 2008.9</td></tr>
</table>

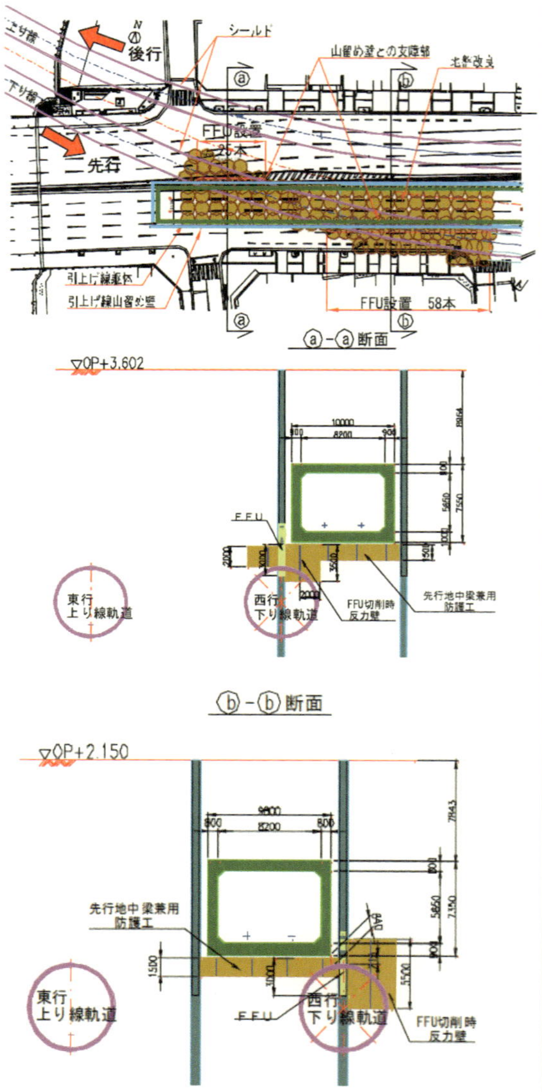

図-1 近接施工および影響低減対策の概要 [1]

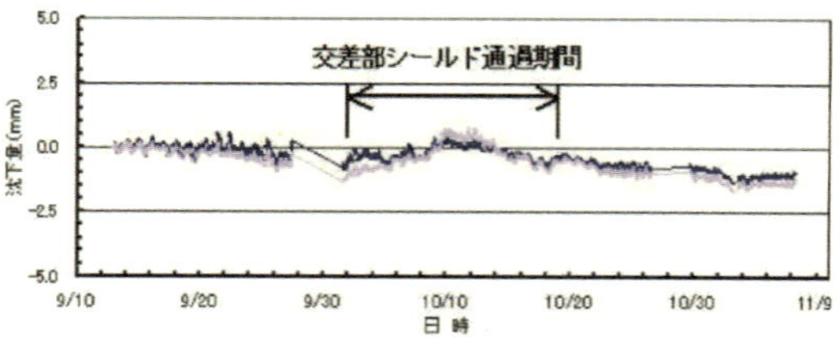

図-2 通過時の躯体沈下計測結果 [1]

巻末資料　　巻末資料2　シールドトンネル　近接施工事例概要調査票

【タイプ1-2】S1002

①近接施工概要		工事名称	中央環状品川線シールドトンネル（北行）工事
		工期(施工時期)	(2011年5月～2011年7月)
		概要	施工中の開削トンネルの下部を土被り 0.5Dでシールド掘進
		シールド工法	泥土圧シールド
		シールド外径	12.55m
	セグメント	種別	鋼製
		外径	12.3m
		桁高	400mm
		近接対象仮設構造物諸元	SMWφ600@450（芯材 H-400×200×8×13）
		開削部との離隔	立坑掘削底面から6.15m
		掘削径比（離隔/掘削径）	0.49
②条件地盤		通過部の土質	上総層群粘性土（N≧50）
		地下水位	GL-4.1m
		シールド土被り	14.086m
③近接影響予測		解析手法	未実施
		解析結果	未実施
④近接施工ステップ		近接施工時の開削部の状況	シールド通過部の土留め掘削を土被り 0.5Dを残した状態で通過
⑤影響低減対策	開削	目的	シールド通過時の切羽圧力・裏込め注入圧力に対する掘削底面の安定性確保
		施工方法	洪積粘性土層（Toc）を上部に残してシールド通過
	シールド	目的	開削部の掘削床付け地盤・土留めへの影響抑止
		施工方法	シールド掘進時の切羽圧制御および裏込め注入圧力制御（管理値の厳格化）
⑥計測概要	開削	計測項目	・土留め壁の変位 ・切梁軸力 ・底面の沈下・隆起
		結果	変状無し
	シールド	計測項目	・変形 ・円周方向応力 ・継手ボルト軸力 ・支保工軸力
		結果	セグメント・内部支保工に異常なし（許容値未満）
⑦近接施工設定理由			道路トンネル出入り口部ランプ部を開削工法で施工のため（シールド通過に支障のない範囲まで開削部を掘削してシールドを通過させた）
⑧出典			1) 首都高速道路株式会社提供資料

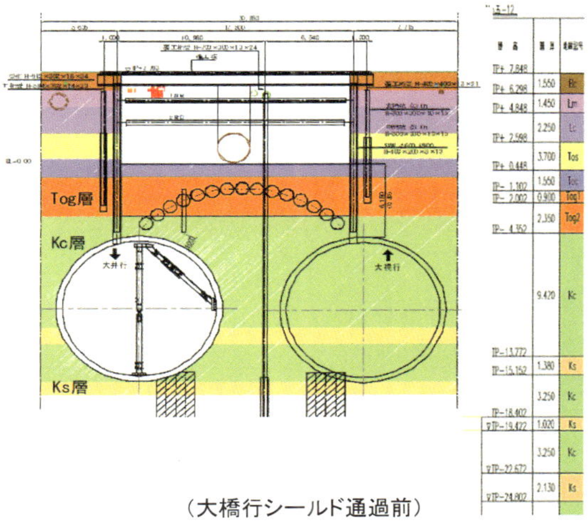

（大橋行シールド通過前）

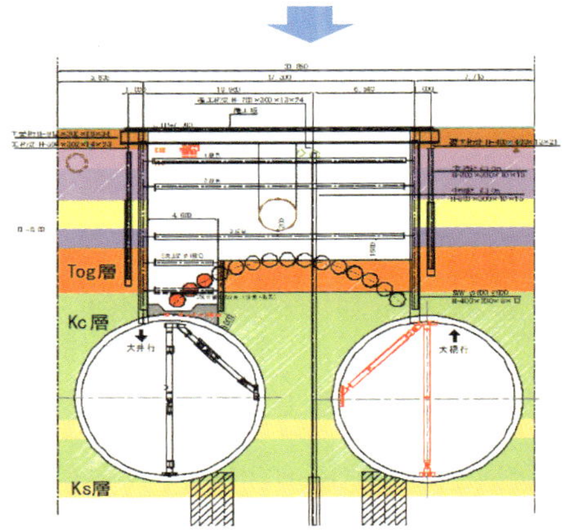

（大橋行シールド通過後）

図-1 近接施工のステップ[1]

巻末-45

T.L.34 都市における近接トンネル

【タイプ 1-2】S1101

①近接施工概要	工事名称		常磐工区開削トンネル工事
	工期(施工時期)		2008年6月～2020年10月 (2016年2月～2018年3月)
	概要		開削中の土留め壁背面での超近接掘進（離隔250mm,延長150m）
	シールド工法		泥土圧シールド （非円形シールド）
	シールド外径		全高 8.09m×外幅 8.48m
	シールド延長		掘進 220m
	セグメント	種別	六面鋼殻合成セグメント
		外径	7.70m×8.16m
		桁高	400mm
	近接対象 仮設構造物諸元		TRD工法（中幅H588から広幅H428,H458に変更）
	開削部との離隔		土留め壁芯材とシールド掘削外径の最小離隔 250mm
	掘削径比 (離隔/掘削径)		0.03 （＝0.25/8.16）
②地盤条件	通過部の土質		地表面付近の埋土層を除き，洪積層の砂礫層（N値50～200），粘性土層（C=20～30kN/m²）の互層地盤(硬質地盤)
	地下水位		TP+8.0m（GL-1.2m）
	シールド土被り		・地上発進部 1.5m（0.2D） ・到達部 17m（2.2D）
③近接影響予測	解析手法		(民家・一般道路近接部)FEMによる地表面沈下量の把握 (土留め壁近接部)シールド切羽圧を考慮した土留め検討
	解析結果		(民家・一般道路近接部)土被り4m地点でシールド直上(場内)21mm沈下 (土留め壁近接部)芯材・土留め支保工の仕様アップ，及び補強切梁の追加
④近接施工ステップ	近接施工時の開削部の状況		（開削側の状況）躯体構築が完了し，埋戻し開始前のため，土留め支保工残置の状態
⑤影響低減対策	開削	目的	・切羽圧による土留め壁ソイルモルタル部のひび割れ（噴出）防止 ・開削側の土留め構造の健全性確保
		施工方法	・補強鋼板(t=3.2mm)を本線開削側の土留め壁内面に全面設置 ・芯材・土留め支保工の仕様アップ，及び補強切梁の追加

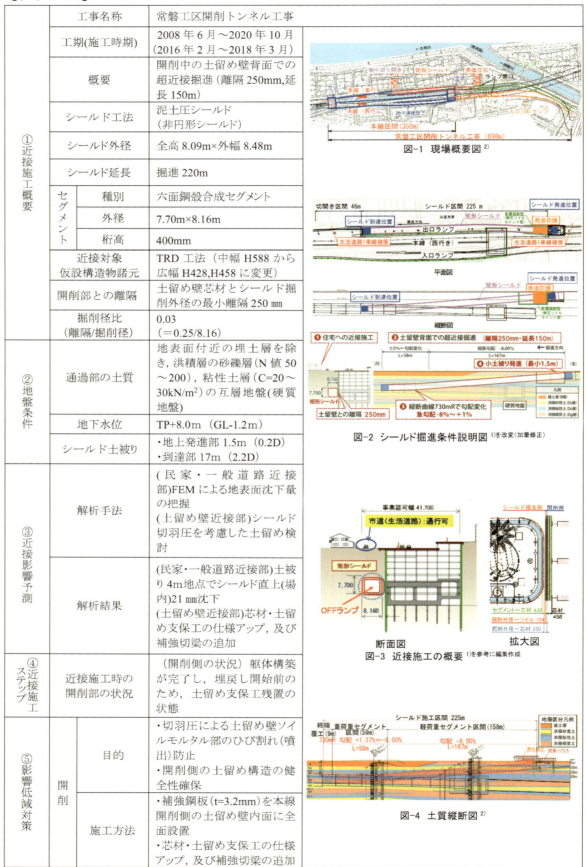

図-1 現場概要図[2]

図-2 シールド掘進条件説明図[1]を改変(加筆修正)

図-3 近接施工の概要[1]を参考に編集作成

図-4 土質縦断図[2]

巻末-46

巻末資料　　巻末資料 2　シールドトンネル　近接施工事例概要調査票

<table>
<tr>
<td rowspan="4">シールド</td>
<td>目的</td>
<td>・小土被りの発進施工に伴う地表面の沈下抑制，及び開削中の土留め近接施工に伴う空隙充填
・開削中の土留め近接施工，及び 8%の下り掘進施工時の適切な切羽圧管理
・離隔確保，ローリング管理</td>
<td rowspan="2"> 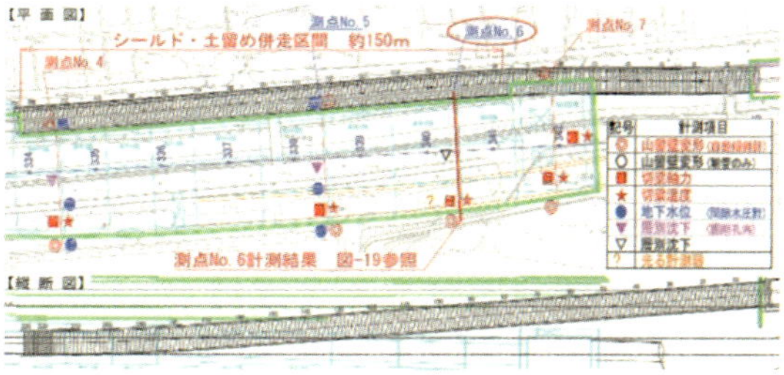図-5　近接部の計測概要 [1]</td>
</tr>
<tr>
<td>施工方法</td>
<td>・H=1.5m の押え盛土・地盤改良，掘進時にマシン前胴部からマシン外周部に沈下抑止特殊充填材を注入
・発進直後の場内施工時に適切な切羽土圧を検証し，8%で刻々と変わる深度に対応した切羽土圧を設定
・中折れジャッキの活用，ローリング修正掘削</td>
</tr>
</table>

<table>
<tr>
<td rowspan="6">⑥計測概要</td>
<td rowspan="2">開削</td>
<td>計測項目</td>
<td>・土留め壁の変形(自動計測, 監視カメラ)
・切梁軸力(自動計測)</td>
<td rowspan="4"> 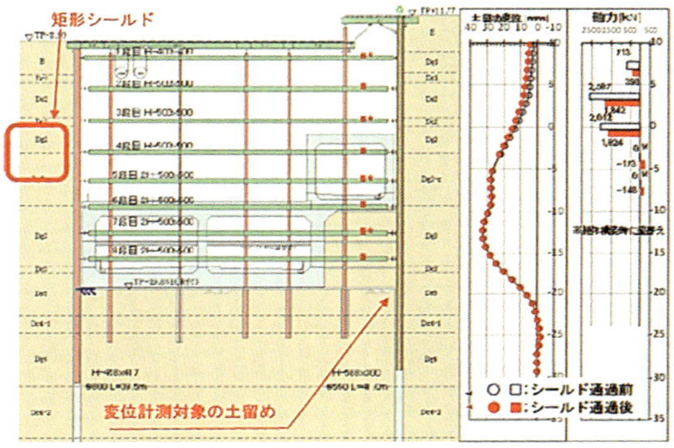図-6　土留め計測結果(測点 No.6) [1]</td>
</tr>
<tr>
<td>結果</td>
<td>・土留め壁の変形：変化なし
・シールドの通過前後で軸力がやや減少(光る計測器にて軸力の入り具合を可視化)</td>
</tr>
<tr>
<td rowspan="2">シールド</td>
<td>計測項目</td>
<td>・切羽土圧(6 箇所)の分布をコンターで可視化
・掘削の軌跡(ローリング状況の可視化)
・沈下計測(発進直後は自動計測)
・離隔(線形)</td>
</tr>
<tr>
<td>結果</td>
<td>・切羽土圧および線形・マシン姿勢を精度良く管理でき，土留め壁への影響を抑制</td>
</tr>
</table>

<table>
<tr>
<td>⑦近接施工の設定理由</td>
<td>本線とOFFランプを同時開通させる方策として，住宅に近接し，本線から分岐する OFF ランプを開削工法で施工した場合，地上の一般道路が長期間通行止めとなるため，非開削工法による施工を採用した(なお，本線部は施工を止めることなく，通常の開削工法で施工)．
また，用地幅の制約があるため，円形シールドではなく，矩形シールドとし，合わせて剛性の高い六面鋼殻合成セグメントを採用した．</td>
</tr>
<tr>
<td>⑧出典</td>
<td>1) 真鍋智，吉田潔，渡辺幹広，戸川敬，馬目広幸，吉迫和生，牛垣勝，志村敦：矩形シールド工法による小土被り発進，既設土留め壁近接併走掘進の実績，土木学会トンネル工学報告集，第 27 巻，II-12，2017.11
2) 鹿島建設株式会社提供資料</td>
</tr>
</table>

T.L.34 都市における近接トンネル

【タイプ 2-1】S2001

<table>
<tr><td rowspan="8">①近接施工概要</td><td colspan="2">工事名称</td><td>調布駅付近連続立体交差工事(土木)第4工区</td></tr>
<tr><td colspan="2">工期(施工時期)</td><td>2008 年〜2012 年
(2009 年 2 月〜2010 年 12 月)</td></tr>
<tr><td colspan="2">概要</td><td>調布駅から八王子方,橋本方への分岐区間の泥土圧式シールド工法による単線トンネル4 本の構築,総延長 1606m</td></tr>
<tr><td colspan="2">シールド併設</td><td>φ6.7m トンネル×2 列の併設を2 式</td></tr>
<tr><td colspan="2">シールド離隔</td><td>最小 0.424m(0.06D)</td></tr>
<tr><td colspan="2">シールド工法</td><td>泥土圧シールド</td></tr>
<tr><td colspan="2">シールド外径</td><td>φ6.85m</td></tr>
<tr><td rowspan="4">セグメント</td><td>種別</td><td>RC, 合成</td></tr>
<tr><td>外径</td><td>φ6.70m</td></tr>
<tr><td>桁高</td><td>300mm</td></tr>
<tr><td>幅</td><td>1200mm〜1400mm</td></tr>
<tr><td rowspan="3">②地盤条件</td><td colspan="2">通過部の土質</td><td>φ300 の玉石を含む砂礫層
砂質土と粘性土の互層</td></tr>
<tr><td colspan="2">地下水位</td><td>0〜0.1MPa 程度(中心位置)</td></tr>
<tr><td colspan="2">シールド土被り</td><td>4.3m〜約 15m</td></tr>
<tr><td rowspan="2">③近接影響予測</td><td colspan="2">解析手法</td><td>2 次元 FEM 解析</td></tr>
<tr><td colspan="2">解析結果</td><td>—</td></tr>
<tr><td>④近接施工ステップ</td><td colspan="2">シールド併設の施工順序等</td><td>・立坑で 3 回 U ターン
・横並列から縦並列へ変化する線形</td></tr>
<tr><td rowspan="4">⑤影響低減対策</td><td rowspan="2">地盤等</td><td>目的</td><td>万一,地表面沈下が発生した際の輸送障害の防止</td></tr>
<tr><td>対策</td><td>簡易工事桁による既設軌道の補強</td></tr>
<tr><td rowspan="2">構造物</td><td>目的</td><td>特になし</td></tr>
<tr><td>対策</td><td>特になし</td></tr>
<tr><td rowspan="4">⑥計測概要</td><td rowspan="2">地盤等</td><td>計測項目</td><td>軌道面変位量</td></tr>
<tr><td>結果</td><td>先行トンネル 0〜2mm
後行トンネル 1〜4mm</td></tr>
<tr><td rowspan="2">構造物</td><td>計測項目</td><td>先行トンネルのひずみ,鉄筋応力,土圧,水圧,変位</td></tr>
<tr><td>結果</td><td>鉄筋応力の変化量　0〜10N/mm²
変位量　最大 1.8mm 程度</td></tr>
<tr><td>⑦近接施工設定理由</td><td colspan="2"></td><td>鉄道線形計画による.</td></tr>
<tr><td>⑧出典</td><td colspan="2"></td><td>1) 寺田雄一郎,磯部哲,西田充:営業線直下における小土被り,超近接シールドの計測管理と施工実績,土木学会トンネル工学報告集第 21 巻, pp. 285-292, 2011.11</td></tr>
</table>

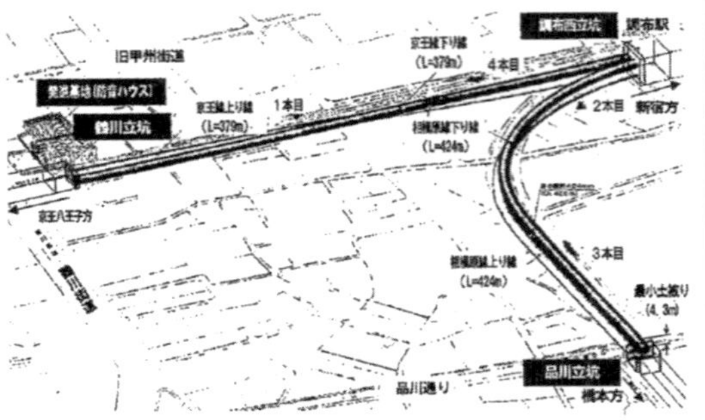

図-1 全体概要図 [1]

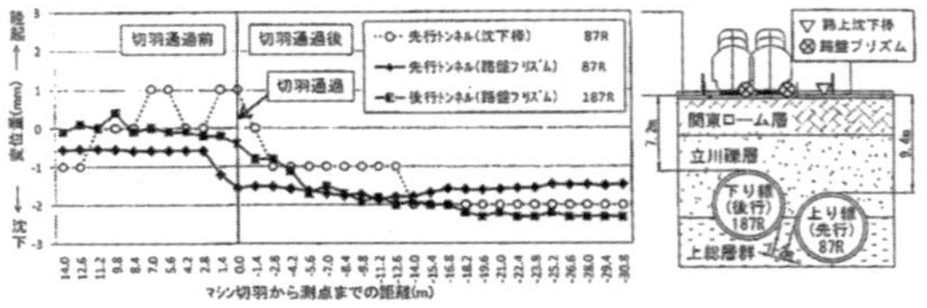

図-2 軌道面変位計測結果の例 [1]

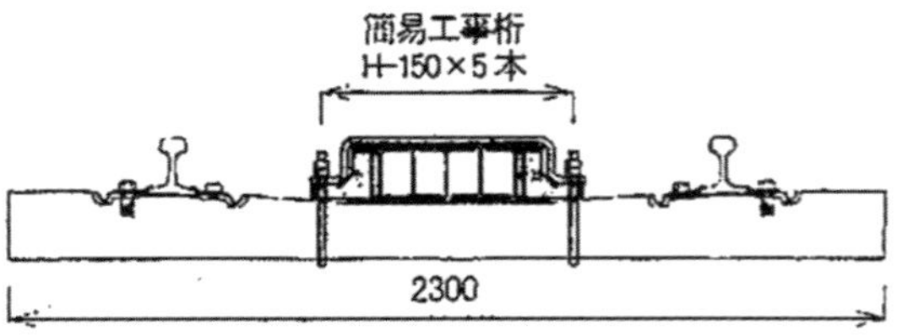

図-3 簡易工事桁 [1]

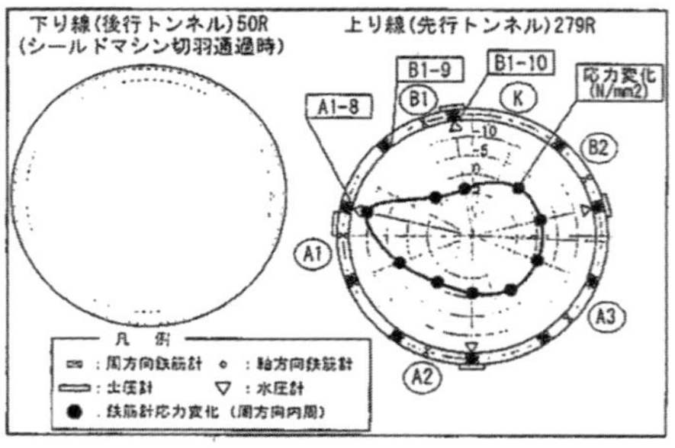

図-4 鉄筋応力発生図 [1]

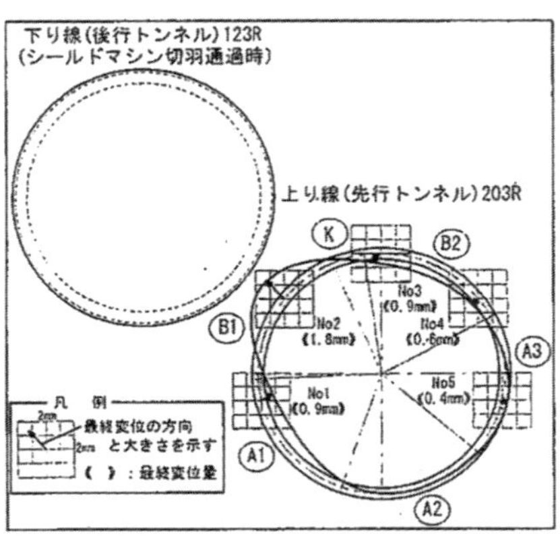

図-5 先行セグメント変位図 [1]

巻末資料　巻末資料2　シールドトンネル　近接施工事例概要調査票

【タイプ2-1】S2002

①近接施工概要	工事名称	調布駅付近連続立体交差工事(土木)第2工区	
	工期(施工時期)	2008年～2012年	
	概要	国領駅～調布駅間861mの泥土圧式シールド工法による単線並列トンネル2本の構築	
	シールド併設	φ6.7mトンネル×2列の併設を2式	
	シールド離隔	最小0.4m(0.06D)	
	シールド工法	泥土圧シールド	
	シールド外径	φ6.85m	
	セグメント 種別	RC(耐アルカリガラス繊維シート設置), SFRC, ダクタイル	
	外径	φ6.70m	
	桁高	300mm(RC, SFRC) 250mm(ダクタイル)	
	幅	1400mm(RC, SFRC) 1250mm(ダクタイル)	
②条件 地盤	通過部の土質	φ300の玉石を含む砂礫層が主体	
	地下水位	0～1.1MPa程度(中心位置)	
	シールド土被り	4.7m～13.7m	
③近接影響予測	解析手法	2次元FEM解析	
	解析結果	FEM解析に基づく後行トンネルの併設影響を先行トンネル構造に断面力増分を付加	
④近接施工ステップ	シールド併設の施工順序等	営業線直下の立坑でシールド機をUターン	
⑤影響低減対策	地盤等 目的	営業線への影響低減	
	対策	トライアル施工を含む施工管理	
	構造物 目的	特になし	
	対策	特になし	
⑥計測概要	地盤等 計測項目	上下線の内軌道レールとシールド機直上地盤との変位量	
	結果	-8mm～+7mm程度	
	構造物 計測項目	先行トンネルの曲げモーメント, 軸力	
	結果	特別な対策は不要	
⑦近接施工設定理由	鉄道線形計画による		
⑧出典	1) 寺田雄一郎, 手塚洋平, 沼澤憲二郎, 水上博之, 久末賢一：営業線直下における小土被り, 超近接シールドの計測管理と施工, 土木学会トンネル工学報告集, 第20巻, pp.337-344, 2010.11		

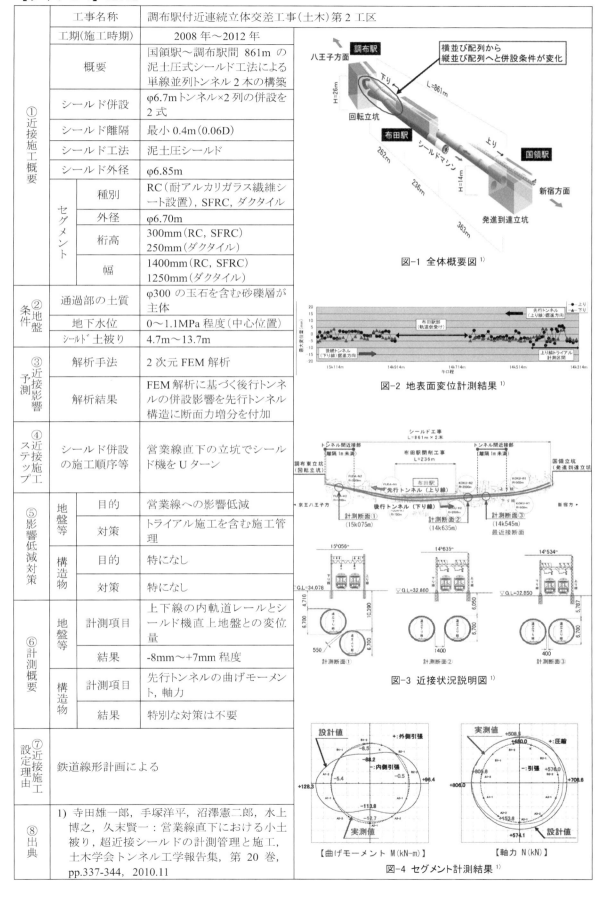

図-1 全体概要図[1]

図-2 地表面変位計測結果[1]

図-3 近接状況説明図[1]

図-4 セグメント計測結果[1]

T.L.34 都市における近接トンネル

【タイプ2-1】S2003

<table>
<tr><td rowspan="15">①近接施工概要</td><td colspan="2">工事名称</td><td colspan="2">代々木上原駅・梅ヶ丘駅間線増連続立体交差工事（下北沢シールド土木第3工区）</td></tr>
<tr><td colspan="2">工期(施工時期)</td><td colspan="2">2006年4月〜2010年3月
（シールド工事）</td></tr>
<tr><td colspan="2">概要</td><td colspan="2">小田急線下北沢駅付近の地下において，トンネル外径 φ8.1m，延長645mの上下線併設シールドトンネルを構築する工事</td></tr>
<tr><td colspan="2">シールド併設</td><td colspan="2">上下線トンネル（φ8.1m）</td></tr>
<tr><td colspan="2">シールド離隔</td><td colspan="2">上下線トンネル：0.98m(0.12D)</td></tr>
<tr><td colspan="2">シールド工法</td><td colspan="2">泥水式シールド</td></tr>
<tr><td colspan="2">シールド外径</td><td colspan="2">φ8.26m</td></tr>
<tr><td rowspan="4">セグメント</td><td>種別</td><td colspan="2">ダクタイル，鋼製セグメント</td></tr>
<tr><td>外径</td><td colspan="2">φ8.1m</td></tr>
<tr><td>桁高</td><td colspan="2">ダクタイルセグメント：300mm
鋼製セグメント：300mm</td></tr>
<tr><td>幅</td><td colspan="2">ダクタイルセグメント：1250mm
鋼製セグメント：1250mm</td></tr>
<tr><td rowspan="3" colspan="1">②地盤条件</td><td colspan="2">通過部の土質</td><td colspan="2">上総層群 硬質細砂〜シルト</td></tr>
<tr><td colspan="2">地下水位</td><td colspan="2">0.08MPa〜0.15MPa</td></tr>
<tr><td colspan="2">シールド土被り</td><td colspan="2">10〜17m</td></tr>
<tr><td rowspan="2">③近接影響予測</td><td colspan="2">解析手法</td><td colspan="2">2次元FEM解析</td></tr>
<tr><td colspan="2">解析結果</td><td colspan="2">構造解析により算出した変形量および応力度の関係から管理値を設定</td></tr>
<tr><td>④近接施工ステップ</td><td colspan="2">シールド併設の施工順序等</td><td colspan="2">シールド機1台による回転施工，上り線→下り線，水平併設，離隔0.98m(0.12D)</td></tr>
<tr><td rowspan="4">⑤影響低減対策</td><td rowspan="2">地盤等</td><td>目的</td><td colspan="2">—</td></tr>
<tr><td>対策</td><td colspan="2">特になし</td></tr>
<tr><td rowspan="2">構造物</td><td>目的</td><td colspan="2">セグメント構造の補強</td></tr>
<tr><td>対策</td><td colspan="2">セグメント間ボルトへの初期軸力導入によるリング剛性の増加</td></tr>
<tr><td rowspan="4">⑥計測概要</td><td rowspan="2">地盤等</td><td>計測項目</td><td colspan="2">地中変位計測（層別沈下計，傾斜計）</td></tr>
<tr><td>結果</td><td colspan="2">地表面最大変位-2.0mm（沈下，解析値-8.6mm）
地盤水平変位（往路 0.6mm，復路0.8mm，トンネル中心位置）</td></tr>
<tr><td rowspan="2">構造物</td><td>計測項目</td><td colspan="2">内空変位計測，ひずみ計測等</td></tr>
<tr><td>結果</td><td colspan="2">—</td></tr>
<tr><td>⑦近接施工設定理由</td><td colspan="2"></td><td colspan="2">鉄道線形計画による</td></tr>
<tr><td>⑧出典</td><td colspan="2"></td><td colspan="2">1) 村松泰，宮田浩平：営業線直下を貫く延長645mの併設シールドトンネル工事に課せられた地盤挙動管理（小田急小田原線連続立体交差事業および複々線化事業），土木技術，vol.64，No.12，pp.76-83，2009.12</td></tr>
</table>

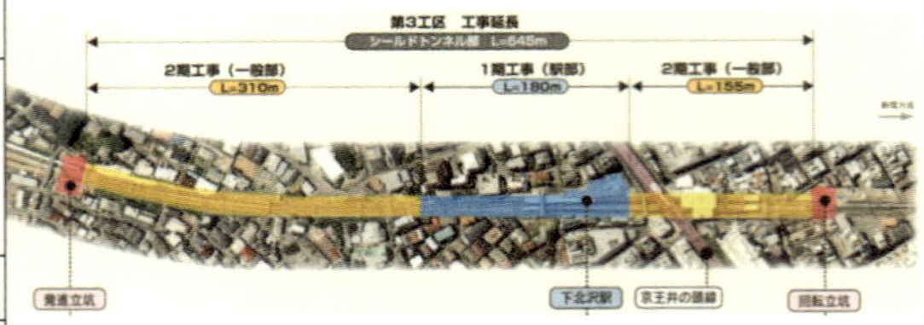

図-1 全体平面図[1]

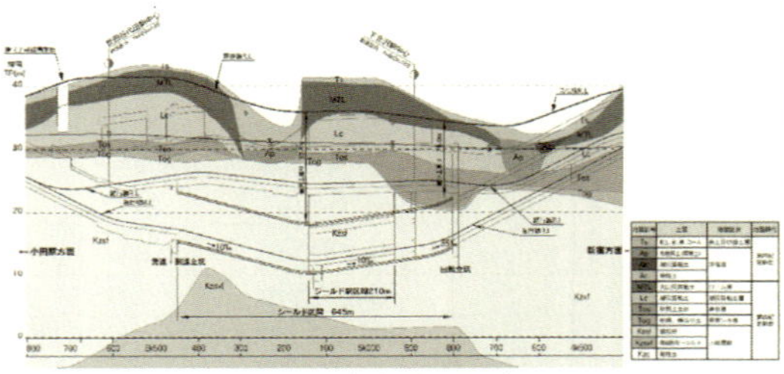

図-2 路線縦断図[1]

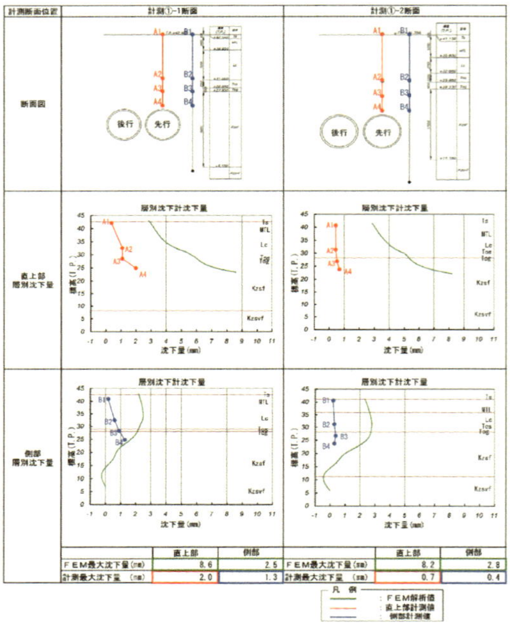

図-3 層別沈下計による地盤変状計測結果[1]

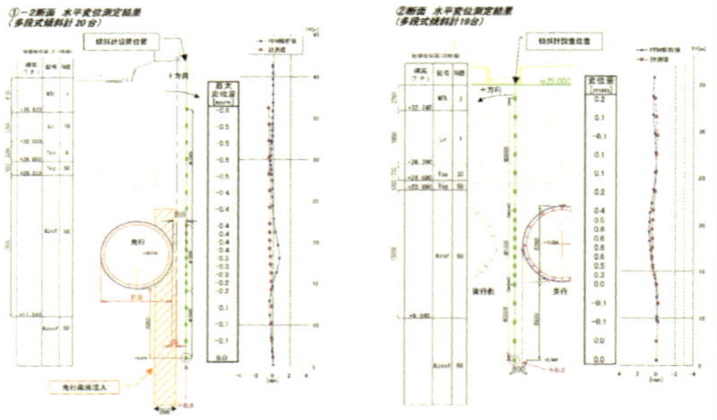

図-4 多段式傾斜計による地中変位計測結果[1]

巻末資料　　巻末資料2　シールドトンネル　近接施工事例概要調査票

【タイプ 2-1】 S2004

<table>
<tr><td rowspan="9">①近接施工概要</td><td colspan="2">工事名称</td><td>高速電気軌道第 8 号線　地下鉄線路および豊里停車場北部工事（1 工区）</td></tr>
<tr><td colspan="2">工期（施工時期）</td><td>2000 年 3 月〜2006 年 3 月</td></tr>
<tr><td colspan="2">概要</td><td>斜め上下のシールド併設</td></tr>
<tr><td colspan="2">シールド併設</td><td>φ5.3m トンネルの 2 本併設</td></tr>
<tr><td colspan="2">シールド離隔</td><td>1.1m（0.2D）</td></tr>
<tr><td colspan="2">シールド工法</td><td>泥水式シールド工法</td></tr>
<tr><td colspan="2">シールド外径</td><td>φ5.44m</td></tr>
<tr><td rowspan="4">セグメント</td><td>種別</td><td>ダクタイルセグメント</td></tr>
<tr><td>外径</td><td>φ5.3m</td></tr>
<tr><td>桁高</td><td>—</td></tr>
<tr><td>幅</td><td>0.9m</td></tr>
<tr><td rowspan="3">②地盤条件</td><td colspan="2">通過部の土質</td><td>沖積砂・砂礫層（N=40〜60）と沖積粘土層（N=8 程度）の互層</td></tr>
<tr><td colspan="2">地下水位</td><td>GL-2〜3m</td></tr>
<tr><td colspan="2">シールド土被り</td><td>13.82m</td></tr>
<tr><td rowspan="2">③近接影響予測</td><td colspan="2">解析手法</td><td></td></tr>
<tr><td colspan="2">解析結果</td><td>—</td></tr>
<tr><td>④近接施工ステップ</td><td colspan="2">シールド併設の施工順序等</td><td>斜め下方の先行シールド掘削後，斜め上方の後行シールド掘削</td></tr>
<tr><td rowspan="4">⑤影響低減対策</td><td rowspan="2">地盤等</td><td>目的</td><td>当初計画の掘進パラメータの妥当性検証</td></tr>
<tr><td>対策</td><td>トライアル計測</td></tr>
<tr><td rowspan="2">構造物</td><td>目的</td><td>—</td></tr>
<tr><td>対策</td><td>—</td></tr>
<tr><td rowspan="4">⑥計測概要</td><td rowspan="2">地盤等</td><td>計測項目</td><td>地表面変位（連通管式沈下計），地中変位（層別沈下計，多段式傾斜計）</td></tr>
<tr><td>結果</td><td>トンネル直上 0.5m 最大 7.0mm 隆起，トンネル側方 1m 最大水平変位量 5.0mm 外側へ</td></tr>
<tr><td rowspan="2">構造物</td><td>計測項目</td><td>セグメント作用土圧，セグメント応力</td></tr>
<tr><td>結果</td><td>後行シールドから押されるような荷重，曲げが発生</td></tr>
<tr><td>⑦近接施工設定理由</td><td colspan="2"></td><td>鉄道線形計画による</td></tr>
<tr><td>⑧出典</td><td colspan="2"></td><td>1) 鍋島寛之，柳川知道，橋本昭雄，長屋淳一，早川清，稼農泰嘉，上田健二郎：シールド掘進に伴う近接構造物への影響に関する現場計測，土木学会第 61 回年次学術講演会概要集，VI-081，pp.161-162，2006.9
2) 太田拡，橋本昭雄，長屋淳一，管茜檬：シールド掘進時の施工時荷重による地盤変形に関する計測結果とその分析，土木学会トンネル工学報告集，第 16 巻，pp.395-402，2006.11</td></tr>
</table>

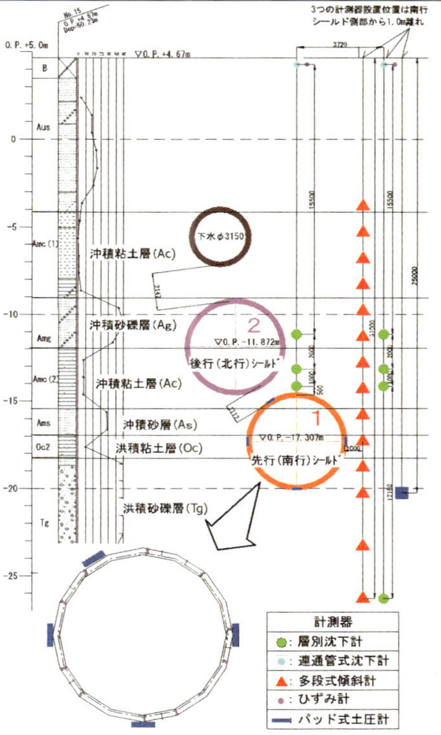

図-1 計測器設置位置図 [2]

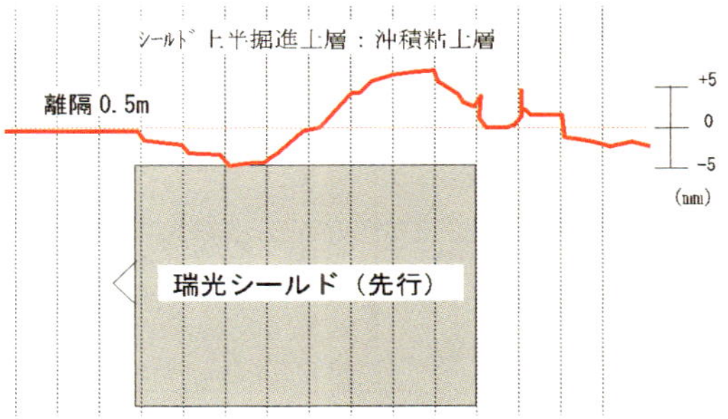

図-2 先行シールド掘進時におけるシールド直上 0.5m の鉛直変位 [2]

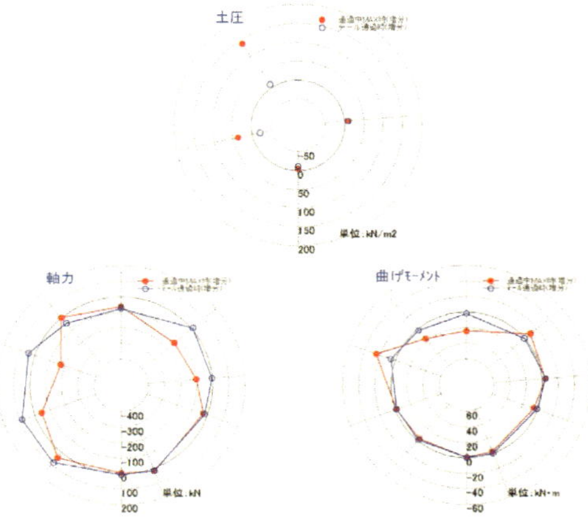

図-3 後行シールド掘進時における先行トンネルの土圧と断面力の増分 [2]

【タイプ 2-1】S2005

①近接施工概要	工事名称		常新，つくばT他工事
	工期(施工時期)		2000年10月～2003年10月
	概要		つくば駅手前，延長900m区間における泥土圧シールドによる単線並列トンネル築造
	シールド併設		φ7.3mトンネル×2列の水平併設
	シールド離隔		0.294m(0.04D)～4.0m(0.55D)
	シールド工法		泥土圧シールド
	シールド外径		φ7.45m
	セグメント	種別	RC，ダクタイル
		外径	φ7.30m
		桁高	300mm
		幅	RC1.5m，DC1.2m
②地盤条件	通過部の土質		洪積砂質土層を主体とする(N値おおむね30以上)
	地下水位		0.07～0.14MPa(中心位置)
	ｼｰﾙﾄﾞ土被り		6.3m～13.8m
③近接影響予測	解析手法		・2次元FEM解析(5断面) ・地盤ばね定数の低減を考慮した梁-ばねモデルによるセグメント解析
	解析結果		・地盤最大変位量-8.8㎜(沈下) ・RCセグメント変形量+9㎜
④近接施工ステップ	シールド併設の施工順序等		・シールド機1台による回転施工(下り線→上り線) ・発進立坑および回転立坑付近において超近接施工
⑤影響低減対策	地盤等	目的	発進，回転立坑最近接区間における地盤安定化対策
		対策	高圧噴射攪拌工法による併設トンネル間の地盤補強
	構造物	目的	回転立坑の最近接部15m区間のセグメント補強
		対策	RCからダクタイルセグメントへの仕様変更による補強
⑥計測概要	地盤等	計測項目	地中変位(層別沈下計，傾斜計)
		結果	地盤最大変位量-2.0mm(沈下，解析値-8.8mm)
	構造物	計測項目	セグメント応力度，土圧，水圧，トンネル内空変位
		結果	RCセグメント変形量-0.3mm(解析値+9mm)
⑦近接施工設定理由	※鉄道路線計画，用地条件によるものと思われる．		
⑧出典	1) 小野顕司，清水一郎，西田義則，廻田貴志：離隔30cm以下の併設泥土圧シールド（つくばエクスプレスつくばトンネル），トンネルと地下，vol.35，No.2，2004.2 2) 大成建設株式会社提供資料		

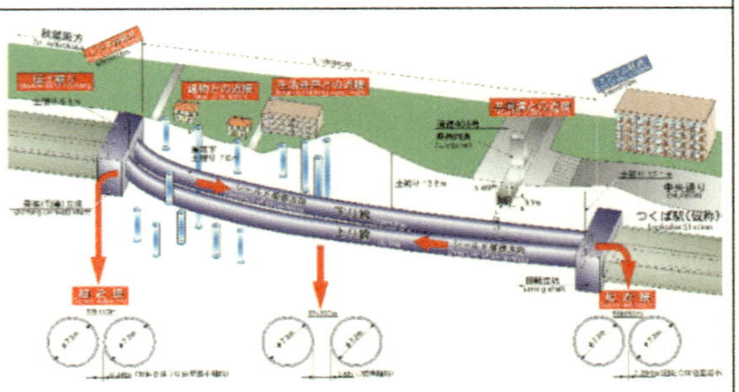

図-1　全体概要図[2)]

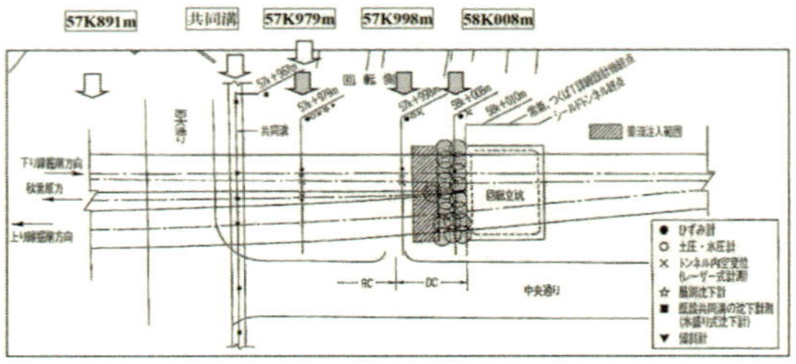
57K891m
共同溝
57K979m
57K998m
58K008m

図-2　回転立坑における計測位置図[2)]

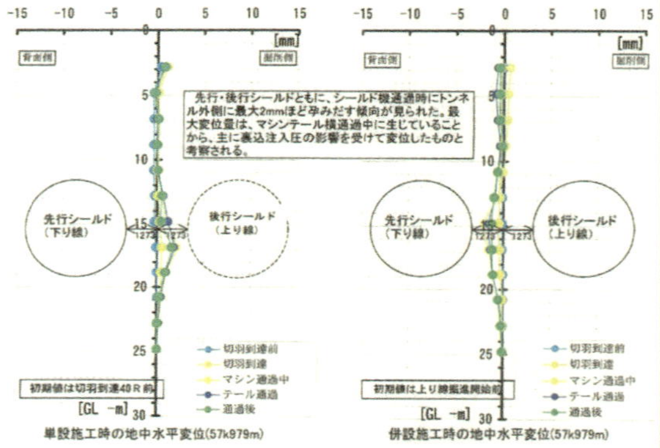
先行シールド（下り線）
後行シールド（上り線）
単設施工時の地中水平変位(57k979m)
併設施工時の地中水平変位(57k979m)

図-3　地中変位(傾斜計)計測結果[2)]

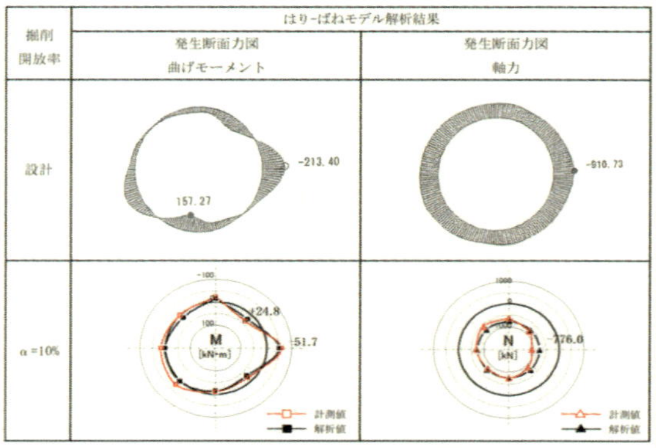
はり-ばねモデル解析結果
設計
α=10%

図-4　梁-ばねモデル解析結果
(設計と逆解析比較)[2)]

巻末資料　　巻末資料 2　シールドトンネル　近接施工事例概要調査票

【タイプ 2-1】 S2006

①近接施工概要	工事名称		臨海，東品川 T 他
	工期(施工時期)		2000 年 8 月～2001 年 5 月
	概要		天王洲アイル～品川シーサイド間，延長約 983m 区間における泥水式シールドによる単線並列トンネル築造
	シールド併設		φ6.7m トンネル
	シールド離隔		最小　0.6m　（0.08D） 平均　2.8m　（0.39D）
	シールド工法		泥水式シールド
	シールド外径		φ7.25m
	セグメント	種別	RC，ダクタイル
		外径	φ7.10m
		桁高	300mm
		幅	RC1.5m，ダクタイル 1.2m
②地盤条件	通過部の土質		沖積層，洪積層（砂質土，粘性土，砂礫）
	地下水位		不明
	シールド土被り		21m～28m
③近接影響予測	解析手法		不明
	解析結果		不明
④近接施工ステップ	シールド併設の施工順序等		シールド機 2 台による並列掘進（上り線約 150m 先行）
⑤影響低減対策	地盤等	目的	不明
		対策	不明
	構造物	目的	東品川橋基礎杭や近接施工による荷重
		対策	RC からダクタイルセグメントへの仕様変更による補強
⑥計測概要	地盤等	計測項目	地中変位（層別沈下計，多段式傾斜計）
		結果	地表面最大沈下量　沖積層 5.0mm 以下，洪積層 2.0mm　横断方向最大変位　上り 0.7mm，下り 2.1mm
	構造物	計測項目	不明
		結果	不明
⑦近接施工設定理由	鉄道線形計画による		
⑧出典	1) 高久寿夫，松岡正幸，細田道敏，千田正裕，野本雅昭：りんかい線東品川泥水シールドトンネル工事，土木学会トンネル工学研究・論文報告集，第 11 巻，pp.303-308，2001.11		

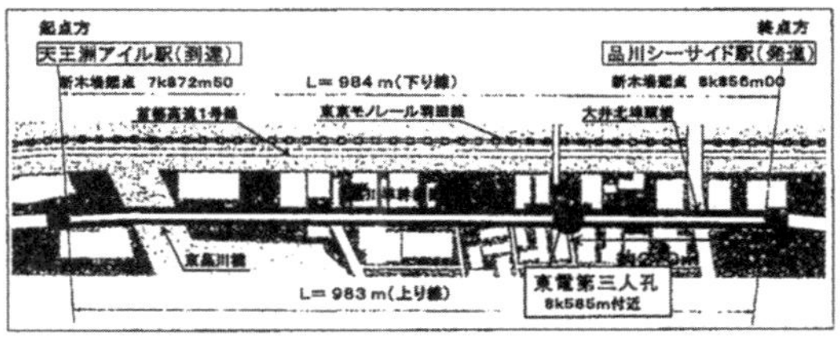

図-1　トンネル路線図 [1]

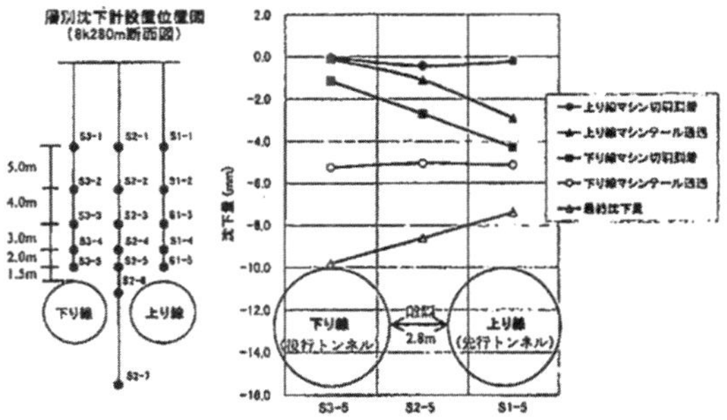

図-2　横断方向沈下 [1]

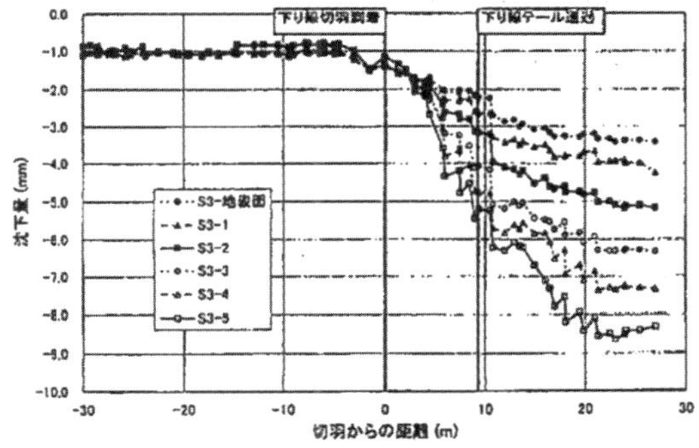

図-3　縦断方向沈下 [1]

T.L.34 都市における近接トンネル

【タイプ 2-1】S2007

<table>
<tr><td rowspan="11">① 近接施工概要</td><td colspan="2">工事名称</td><td>大阪市地下鉄今里筋線 本線シールドトンネル工事および出入庫線シールドトンネル工事</td></tr>
<tr><td colspan="2">工期(施工時期)</td><td>2000 年 3 月～2006 年 3 月</td></tr>
<tr><td colspan="2">概要</td><td>急曲線進入・U ターンで 4 本のシールド併設</td></tr>
<tr><td colspan="2">シールド併設</td><td>φ5.4m トンネル×2 と φ5.3m トンネル×2 の 4 本併設</td></tr>
<tr><td colspan="2">シールド離隔</td><td>1.05m（0.19D）～ 2.01m（0.36D）</td></tr>
<tr><td colspan="2">シールド工法</td><td>泥水・泥土圧シールド工法</td></tr>
<tr><td colspan="2">シールド外径</td><td>φ5.54m，φ5.44m</td></tr>
<tr><td rowspan="4">セグメント</td><td>種別</td><td>RC</td></tr>
<tr><td>外径</td><td>φ5.4m，φ5.3m</td></tr>
<tr><td>桁高</td><td>—</td></tr>
<tr><td>幅</td><td>1.2m</td></tr>
<tr><td rowspan="3">② 地盤条件</td><td colspan="2">通過部の土質</td><td>洪積砂礫(N=40～60)が主体</td></tr>
<tr><td colspan="2">地下水位</td><td>—</td></tr>
<tr><td colspan="2">シールド土被り</td><td>14.0～17.5m，6.0～11.5m</td></tr>
<tr><td rowspan="2">③ 近接影響予測</td><td colspan="2">解析手法</td><td>2 次元 FEM 解析</td></tr>
<tr><td colspan="2">解析結果</td><td>1.0mm の沈下</td></tr>
<tr><td>④ 近接施工ステップ</td><td colspan="2">シールド併設の施工順序等</td><td>・本線北行掘進→U ターン後，本線南行併設掘進
・出庫線併設掘進→U ターン後，入庫線併設掘進</td></tr>
<tr><td rowspan="4">⑤ 影響低減対策</td><td rowspan="2">地盤等</td><td>目的</td><td>地盤変位・ゆるみの抑制</td></tr>
<tr><td>対策</td><td>裏込め注入材の早期強度発現材料の使用</td></tr>
<tr><td rowspan="2">構造物</td><td>目的</td><td>地盤変位・ゆるみの抑制</td></tr>
<tr><td>対策</td><td>低比重型泥水の採用</td></tr>
<tr><td rowspan="4">⑥ 計測概要</td><td rowspan="2">地盤等</td><td>計測項目</td><td>地表面変位（連通管式沈下計），地中変位（層別沈下計，多段式傾斜計）</td></tr>
<tr><td>結果</td><td>地表面最大変位量-3.8mm 沈下，トンネル直上 1m 最大変位量-2.9mm 沈下</td></tr>
<tr><td rowspan="2">構造物</td><td>計測項目</td><td>セグメント作用土圧，セグメント応力</td></tr>
<tr><td>結果</td><td>後行シールドから押されるような荷重，曲げが発生</td></tr>
<tr><td>⑦ 近接施工設定理由</td><td colspan="2"></td><td>・工場や店舗などの民地下を避け，既設の水道管，歩道橋基礎，電力管路などの地中構造物や当時計画中の共同溝シールドトンネル 2 本等を勘案して計画したため.</td></tr>
<tr><td>⑧ 出典</td><td colspan="2"></td><td>1) 太田拡，伊藤博幸，村上考司，北岡隆司：2 方向からの駅部急曲線進入・U ターンで 4 本のシールドを併設，トンネルと地下 Vol.38，No.9，p.29-40，2007.
2) 太田拡，橋本昭雄，長屋淳一，菅茜檬：シールド掘進時の施工時荷重による地盤変形に関する計測結果とその分析，土木学会トンネル工学報告集，第 16 巻，pp.395-402，2006.11</td></tr>
</table>

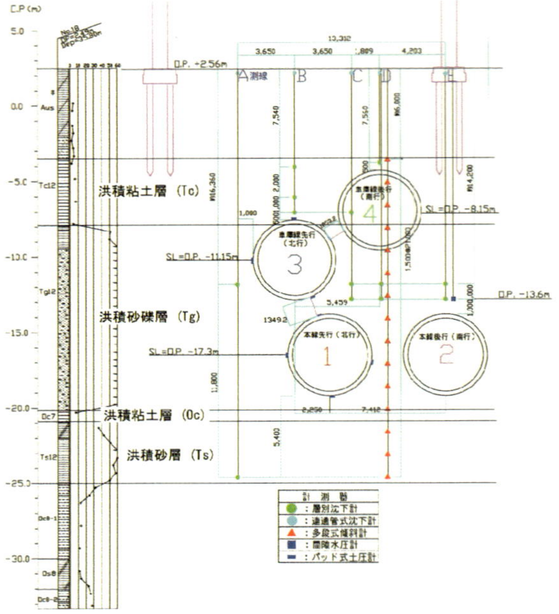

図-1 計測器設置位置図 [2]

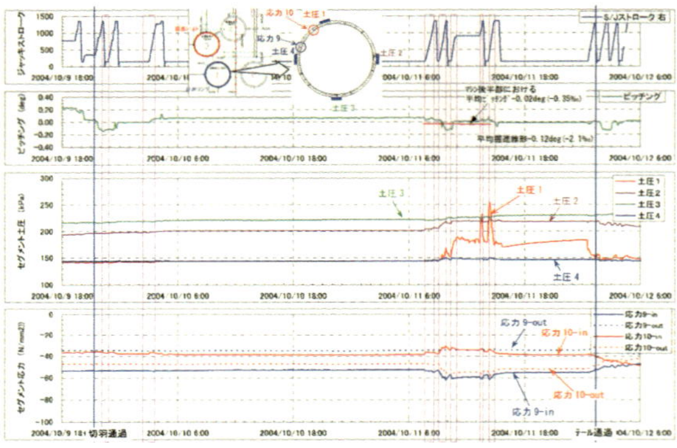

図-2 出庫線シールド通過時における本線北行トンネルの土圧と応力の経時変化 [2]

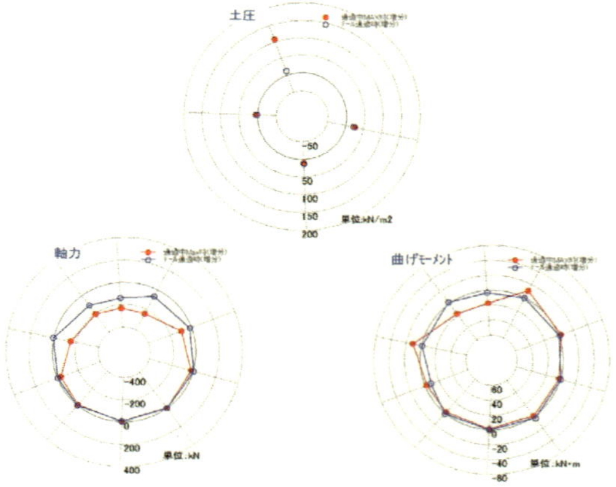

図-3 出庫線シールド通過時における本線北行トンネルの土圧と断面力の増分 [2]

巻末資料　　巻末資料2　シールドトンネル　近接施工事例概要調査票

【タイプ2-1】S2009

①近接施工概要	工事名称	高速電車豊平川地区一般部(北行線)構築工事　（札幌市営地下鉄東豊線）
	工期(施工時期)	1990年～1993年
	概要	豊水すすきの～学園前間 938mの泥土圧式シールド工法による単線並列トンネル2本の構築
	シールド併設	φ6.56mトンネル
	シールド離隔	2.0m(0.3D)～4.0m(0.6D)
	シールド工法	泥土圧式シールド
	シールド外径	φ6.69m
	セグメント　種別	RC，ダクタイル
	セグメント　外径	φ6.56m
	セグメント　桁高	300mm
	セグメント　幅	不明
②地盤条件	通過部の土質	沖積世扇状地堆積物　巨礫を含む砂礫層
	地下水位	不明
	シールド土被り	11.2m～23.1m
③近接影響予測	解析手法	不明
	解析結果	不明
④近接施工ステップ	シールド併設の施工順序等	・シールド機2台による並列掘進（上り線約150m先行）
⑤影響低減対策	地盤等　目的	不明
	地盤等　対策	不明
	構造物　目的	不明
	構造物　対策	不明
⑥計測概要	地盤等　計測項目	不明
	地盤等　結果	不明
	構造物　計測項目	先行セグメントの軸力，曲げモーメント
	構造物　結果	軸力　最大350kN 曲げモーメント　最大10kN・m
⑦近接施工設定理由		鉄道線形計画による
⑧出典		1) 野口槇男，吉村嘉記，岸谷真：大径礫混じり砂礫地盤における併設シールドトンネルの影響予測，日本トンネル技術協会第31回(都市)施工体験発表会，pp.67-72，1992.11

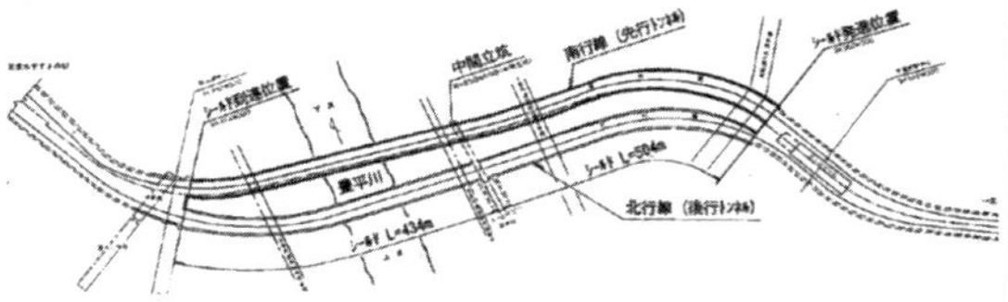

図-1　トンネルおよび地質縦断図 [1]

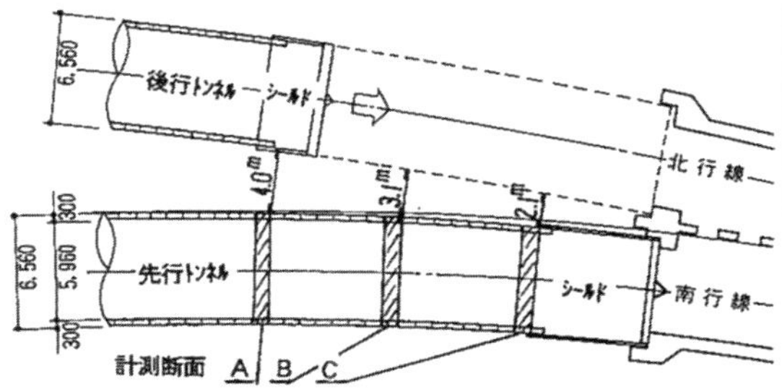

図-2　回転立坑における計測位置図 [1]

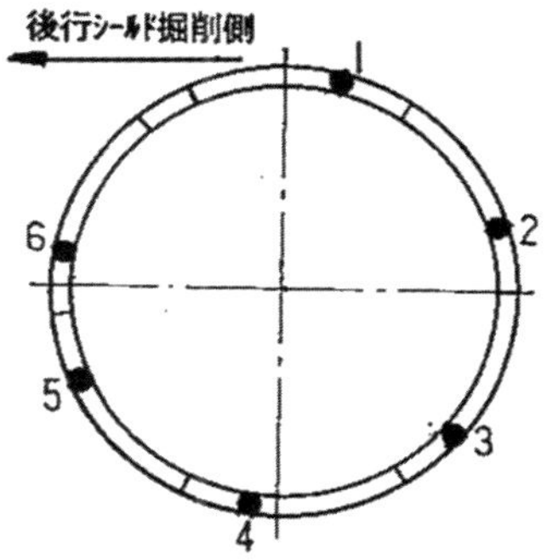

図-3　ひずみ計の配置図 [1]

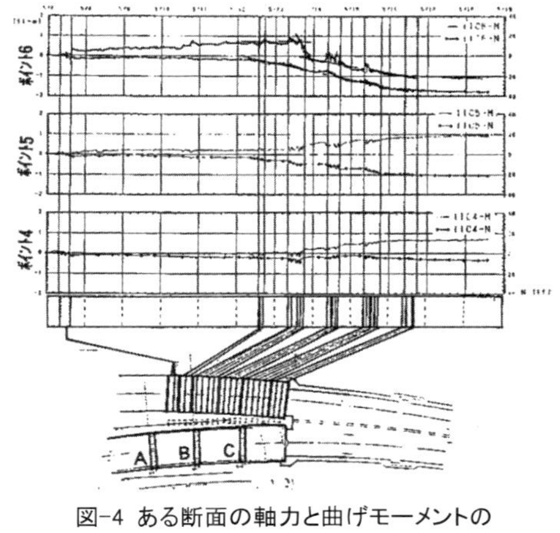

図-4　ある断面の軸力と曲げモーメントの経時変化 [1]

巻末-55

T.L.34 都市における近接トンネル

【タイプ 2-1】S2014

		工事名称	SJ11 工区（1・2）SJ13 工区トンネル工事 （首都高速大橋シールドトンネル）	
①近接施工概要		工期（施工時期）	2006 年〜2009 年	図-1 路線平面図と代表断面図 [1]
		概要	シールド外径 φ12.94m のシールドで延長 431.7m を併設施工	
		シールド併設	シールド外径 φ12.94mトンネル×2 列の上下併設	
		シールド離隔	1.4m(0.11D)〜4.3m(0.33D)	
		シールド工法	泥水圧シールド	
		シールド外径	φ12.94m	
	セグメント	種別	鋼製，ダクタイル	
		外径	φ12.65m	
		桁高	鋼製 700〜900mm ダクタイル 450mm	
		幅	鋼製 750〜900mm ダクタイル 900〜1200mm	
②地盤条件		通過部の土質	上総層群固結シルト層（Kc 層）	図-2 地質縦断図 [1]
		地下水位	0.1MPa〜0.4MPa	
		シールド土被り	13.1〜29.4m	
③近接影響予測		解析手法	2 次元非線形 FEM 解析により上下併設トンネル間の地盤の安定性を検討	
		解析結果	ゆるみ係数 R がすべて 1.0 を上回ることを確認，下段シールド掘削後もトンネル間の地盤は弾性領域にあると判定	図-3 解析モデル [2]
④近接施工ステップ		シールド併設の施工順序等	・シールド機 1 台による U ターン施工（上り線および下り線） ・上段トンネルを先行施工	
⑤影響低減対策	地盤等	目的	―	
		対策		
	構造物	目的	―	
		対策	―	
⑥計測概要	地盤等	計測項目	地盤変位（層別沈下計，圧力式沈下計，多段式傾斜計等）	
		結果	シールド通過後からおおむね 1 か月間で約 2mm の沈下を観測	
	構造物	計測項目	上段トンネルインバートの鉛直変位および内空（高さ，幅）	
		結果	内空変位 1mm 程度	図-4 周辺地盤変位計測機器配置例 [1]
⑦近接施工設定理由			道路線形計画による．	
⑧出典			1) 小島直之，長田光正，木ノ本剛，谷口禎弘：上下併設大断面急曲線シールドの掘進と U ターン施工―首都高速中央環状新宿線 大橋シールド―，トンネルと地下，Vol.41，No.4，pp.7-18，2010.4 2) 蔵治賢太郎，荒木尚幸，川原井裕子，谷口禎弘：上下併設・大断面・急曲線シールド-大橋シールドトンネル-，基礎工，vol.38，No.3，pp.33-39，2010.3	

巻末-56

巻末資料　巻末資料2　シールドトンネル　近接施工事例概要調査票

【タイプ2-1】S2015

①近接施工概要	工事名称	横浜環状北線シールドトンネル工事（首都高速横浜環状北線）	
	工期(施工時期)	2008年6月～2017年	
	概要	掘削外径 φ12.49m のシールドで延長約5.5kmを併設施工	
	シールド併設	φ12.49m トンネル×2列の水平併設と地下鉄シールドと最小離隔3.8mで交差	
	シールド離隔	併設：6.3m(0.5D)，地下鉄交差：3.0m(0.24D)～7.6m(0.61D)	
	シールド工法	泥土圧シールド	
	シールド外径	φ12.49m	
	セグメント	種別	RC，鋼製
		外径	φ12.30m
		桁高	400mm
		幅	RC2.0m，鋼製1.0～2.0m
②地盤条件	通過部の土質	泥岩(Km)，砂質泥岩(Kms)，砂・砂岩(Ks)の互層	
	地下水位	0.5MPa 程度(Ks層)	
	シールド土被り	11m～57m	
③近接影響予測	解析手法	(併設影響) ・2次元FEM解析で，梁-ばねモデルによる単設断面力にFEM解析から求められる併設時の増分断面力を加算してセグメント設計 (近接する地下鉄への影響) ・2次元FEM解析で，先行シールド通過後と後行シールド通過後における地下鉄の鉛直変位を算定	
	解析結果	地下鉄最大変位量4.0mm(沈下)	
④近接施工ステップ	シールド併設の施工順序等	・シールド機2台による施工(上り線および下り線) ・発進してから約200m後に，地下鉄の2本のトンネルと交差	
⑤影響低減対策	地盤等	目的	―
		対策	―
	構造物	目的	―
		対策	―
⑥計測概要	地盤等	計測項目	地中変位(層別沈下計)，地下鉄変位(鉛直変位計，水平変位計)
		結果	地下鉄最大変位量0.9mm(沈下)
	構造物	計測項目	セグメント応力度
		結果	鉄筋発生応力度 60N/mm^2(設計値137N/mm^2)
⑦近接施工設定理由	道路線形計画による		
⑧出典	1) 川田成彦, 松原健太, 新井直人, 林成卓：併設大断面泥土圧シールドと地下鉄トンネルの近接施工, 土木学会年次学術講演会概要集, VI-015, 2011.9 2) 落合栄司, 加藤瑞穂, 松原健太, 藤井剛, 津坂治：大断面拡大シールドの計画と施工, 土木学会トンネル工学報告集, 第24巻, II-9, 2014.12 3) 猪原拓也, 菊地勇気, 松原健太, 近藤由比：横浜北線本線シールドにおける大断面長距離掘進の設計施工, 基礎工, vol.45, No.3, pp.14-17, 2017.3		

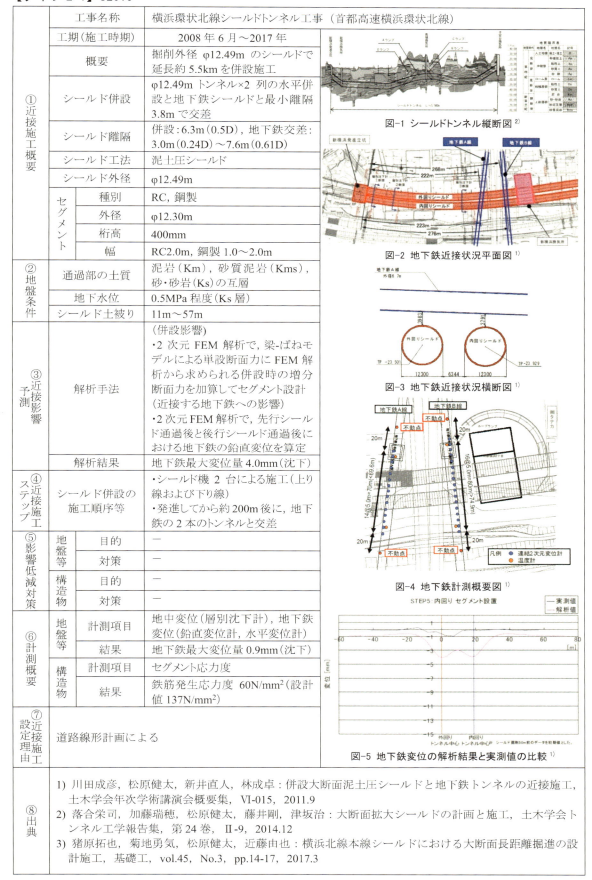

図-1 シールドトンネル縦断図[2]

図-2 地下鉄近接状況平面図[1]

図-3 地下鉄近接状況横断図[1]

図-4 地下鉄計測概要図[1]

図-5 地下鉄変位の解析結果と実測値の比較[1]

T.L.34 都市における近接トンネル

【タイプ2-1】S2016

<table>
<tr><td rowspan="11">①近接施工概要</td><td colspan="2">工事名称</td><td>大和川線シールドトンネル工事</td></tr>
<tr><td colspan="2">工期(施工時期)</td><td>2012.3～2013.11(先行トンネル)
2016.1～2017.2(後行トンネル)</td></tr>
<tr><td colspan="2">概要</td><td>セグメント外径 φ12.23m のシールドトンネル 2 本が互いに小離隔で併走掘進</td></tr>
<tr><td colspan="2">シールド併設</td><td>先行の本線トンネルに対し,後行の本線トンネルが併走掘進</td></tr>
<tr><td colspan="2">シールド離隔</td><td>1.0m(0.08D)～2.5m(0.20D)</td></tr>
<tr><td colspan="2">シールド工法</td><td>泥土圧シールド</td></tr>
<tr><td colspan="2">シールド外径</td><td>φ12.54m</td></tr>
<tr><td rowspan="4">セグメント</td><td>種別</td><td>RC,合成,鋼製</td></tr>
<tr><td>外径</td><td>φ12.23m</td></tr>
<tr><td>桁高</td><td>RC455mm 合成 325mm,鋼製 350mm</td></tr>
<tr><td>幅</td><td>RC2.0m,合成 1.8m,鋼製 1.1m</td></tr>
<tr><td rowspan="3">②地盤条件</td><td colspan="2">通過部の土質</td><td>洪積層を主体とする地盤で,良く締まった砂質土および礫質土と硬質粘性土の互層状の地盤</td></tr>
<tr><td colspan="2">地下水位</td><td>最大 0.33MPa(中心位置)</td></tr>
<tr><td colspan="2">シールド土被り</td><td>6.8m～27.5m</td></tr>
<tr><td rowspan="2">③近接影響予測</td><td colspan="2">解析手法</td><td>シールド掘進時の実際の地山状況を加味し,シールド掘進時の施工過程を考慮した 2 次元 FEM 解析により,併設影響を評価</td></tr>
<tr><td colspan="2">解析結果</td><td>(先行トンネルへの併設影響)
・覆工の併設増分断面力は,シールド施工過程を考慮した 2 次元 FEM 解析により増分地中応力を抽出し,はり－ばねモデルに作用させて算定
(後行トンネルへの併設影響)
・覆工作用圧は,単設時の緩み土圧よりも 20%割り増し</td></tr>
<tr><td>④近接施工ステップ</td><td colspan="2">シールド併設の施工順序等</td><td>・シールド機1台による U ターン施工(上り線および下り線)</td></tr>
<tr><td rowspan="4">⑤影響低減対策</td><td rowspan="2">地盤等</td><td>目的</td><td>特になし</td></tr>
<tr><td>対策</td><td>特になし</td></tr>
<tr><td rowspan="2">構造物</td><td>目的</td><td>特になし</td></tr>
<tr><td>対策</td><td>特になし</td></tr>
<tr><td rowspan="4">⑥計測概要</td><td rowspan="2">地盤等</td><td>計測項目</td><td>地中変位(層別沈下計,傾斜計)</td></tr>
<tr><td>結果</td><td>問題となるような変位は発生せず</td></tr>
<tr><td rowspan="2">構造物</td><td>計測項目</td><td>セグメント応力度,土圧,水圧,トンネル内空変位</td></tr>
<tr><td>結果</td><td>すべて長期許容応力度内</td></tr>
<tr><td>⑦近接施工設定理由</td><td colspan="3">都市計画時は開削トンネルで計画されていたが,計画幅を変更することなく,シールドトンネルへ構造変更を行ったため.</td></tr>
<tr><td>⑧出典</td><td colspan="3">1) 崎谷浄,新名勉,卜部賢一,陣野員久,長屋淳一:大断面,超近接併設シールドトンネル設計手法の提案,土木学会トンネル工学報告集,第 24 巻,Ⅱ-8,2014.12
2) 平野正大,藤原勝也,出射知佳,譽田孝宏,紀伊吉隆:大断面・超近接・併設シールドトンネルにおける後行シールド掘進時の併設影響に関する検討,土木学会トンネル工学報告集,第 27 巻,Ⅱ-1,2017.11
3) 伊佐政晃,藤原勝也,陣野員久,石原悟志,橋本正,長屋淳一,出射知佳:大断面シールドトンネル覆工挙動に与える超近接併設影響の検討,土木学会トンネル工学報告集,第 28 巻,Ⅱ-7,2018.11</td></tr>
</table>

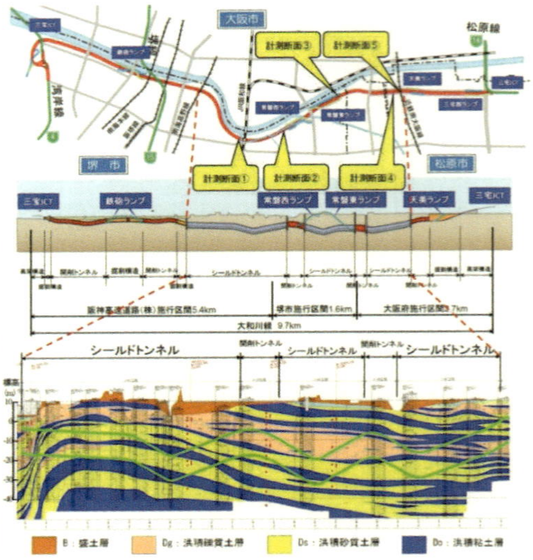

図-1 路線概要図・土質縦断図 [1]

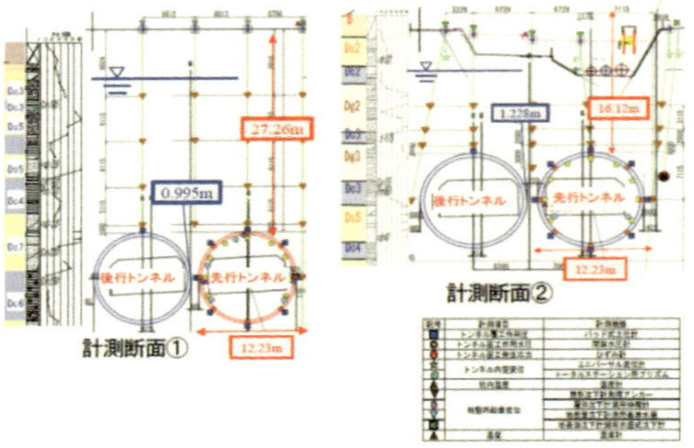

図-2 トンネル断面(計測断面・計測項目)[3]

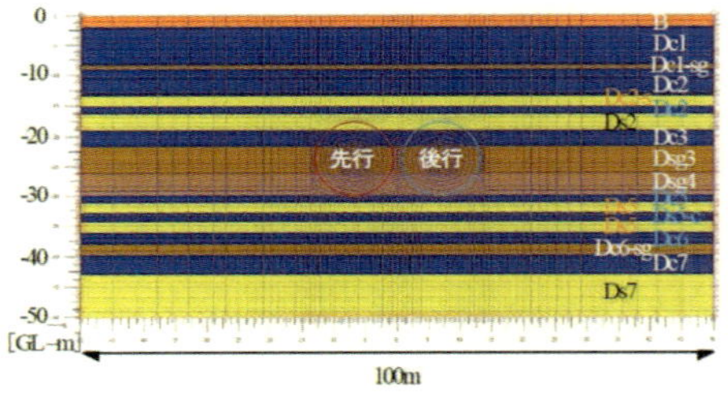

図-3 有限要素メッシュ図 [1]

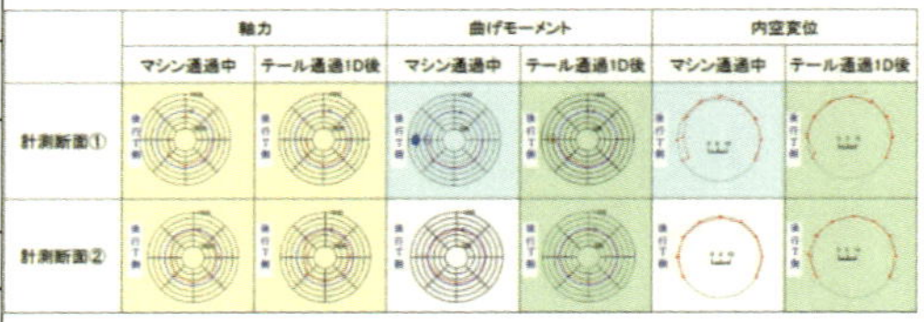

図-4 先行トンネル覆工軸力・曲げモーメント・内空変位計測値 [3]

巻末資料　　巻末資料2　シールドトンネル　近接施工事例概要調査票

【タイプ 2-1】 S2017

<table>
<tr><td rowspan="12">①近接施工概要</td><td colspan="2">工事名称</td><td>都市計画道路　大和川線シールド工事</td></tr>
<tr><td colspan="2">工期(施工時期)</td><td>2011 年 1 月～2016 年 9 月</td></tr>
<tr><td colspan="2">概要</td><td>セグメント外径 φ12.3m のシールドトンネル 2 本が小離隔で併走掘進</td></tr>
<tr><td colspan="2">シールド併設</td><td>先行の本線トンネルに対し，後行の本線トンネルが併走掘進</td></tr>
<tr><td colspan="2">シールド離隔</td><td>1.0m(0.08D)～3.0m(0.24D)</td></tr>
<tr><td colspan="2">シールド工法</td><td>泥土圧シールド</td></tr>
<tr><td colspan="2">シールド外径</td><td>φ12.54m</td></tr>
<tr><td rowspan="4">セグメント</td><td>種別</td><td>合成</td></tr>
<tr><td>外径</td><td>φ12.3m</td></tr>
<tr><td>桁高</td><td>360mm</td></tr>
<tr><td>幅</td><td>1.8m</td></tr>
<tr><td rowspan="3">②地盤条件</td><td colspan="2">通過部の土質</td><td>洪積層を主体とする地盤で，良く締まった砂質土および礫質土と硬質粘性土の互層状の地盤</td></tr>
<tr><td colspan="2">地下水位</td><td>最大 0.3MPa(中心位置)</td></tr>
<tr><td colspan="2">シールド土被り</td><td>13.3～33.3m</td></tr>
<tr><td rowspan="2">③近接予測影響</td><td colspan="2">解析手法</td><td>シールド掘進時の実際の地山状況を加味し，シールド掘進時の施工過程を考慮した 2 次元 FEM 解析により併設影響を評価</td></tr>
<tr><td colspan="2">解析結果</td><td>(先行トンネルへの併設影響)
・覆工の併設増分断面力は，シールド施工過程を考慮した 2 次元 FEM 解析により増分地中応力を抽出し，はり－ばねモデルに作用させて算定
(後行トンネルへの併設影響)
・覆工作用圧は，単設時の緩み土圧よりも 20%割り増し</td></tr>
<tr><td>④近接施工ステップ</td><td colspan="2">シールド併設の施工順序等</td><td>・シールド機 1 台による U ターン施工(上り線および下り線)</td></tr>
<tr><td rowspan="4">⑤影響低減対策</td><td rowspan="2">地盤等</td><td>目的</td><td>特になし</td></tr>
<tr><td>対策</td><td>特になし</td></tr>
<tr><td rowspan="2">構造物</td><td>目的</td><td>特になし</td></tr>
<tr><td>対策</td><td>特になし</td></tr>
<tr><td rowspan="4">⑥計測概要</td><td rowspan="2">地盤等</td><td>計測項目</td><td>地中変位(層別沈下計，傾斜計)</td></tr>
<tr><td>結果</td><td>問題となるような変位は発生せず</td></tr>
<tr><td rowspan="2">構造物</td><td>計測項目</td><td>セグメント応力度，土圧，水圧，トンネル内空変位</td></tr>
<tr><td>結果</td><td>すべて長期許容応力度内</td></tr>
<tr><td>⑦近接施工設定理由</td><td colspan="2"></td><td>都市計画時は開削トンネルで計画されていたが，計画幅を変更することなく，シールドトンネルへ構造変更を行ったため．</td></tr>
<tr><td>⑧出典</td><td colspan="3">1) 﨑谷浄，新名勉，卜部賢一，陣野員久，長屋淳一：大断面，超近接併設シールドトンネル設計手法の提案，土木学会トンネル工学報告集，第 24 巻，Ⅱ-8，2014.12
2) 平野正大，藤原勝也，出射知佳，譽田孝宏，紀伊吉隆：大断面・超近接・併設シールドトンネルにおける後行シールド掘進時の併設影響に関する検討，土木学会トンネル工学報告集，第 27 巻，Ⅱ-1，2017.11
3) 伊佐政晃，藤原勝也，陣野員久，石原悟志，橋本正，長屋淳一，出射知佳：大断面シールドトンネル覆工挙動に与える超近接併設影響の検討，土木学会トンネル工学報告集，第 28 巻，Ⅱ-7，2018.11</td></tr>
</table>

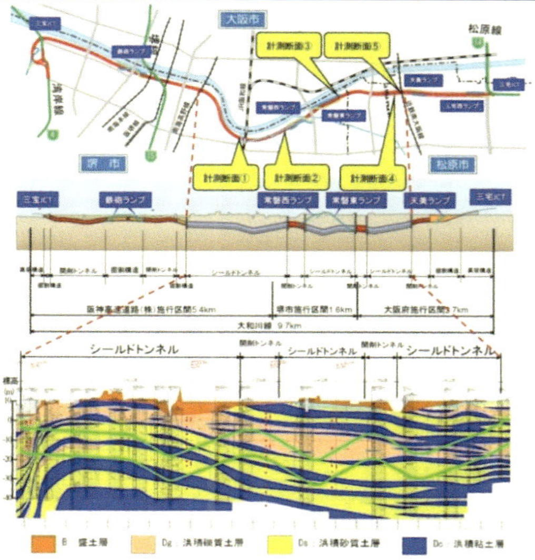

図-1 路線概要図・土質縦断図 [1]

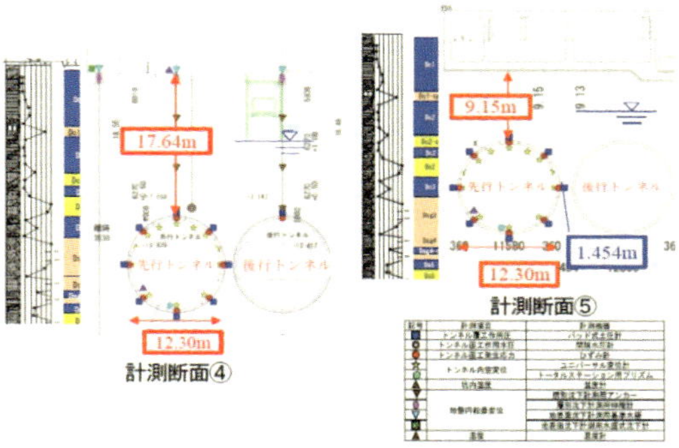

図-2 トンネル断面(計測断面・計測項目) [3]

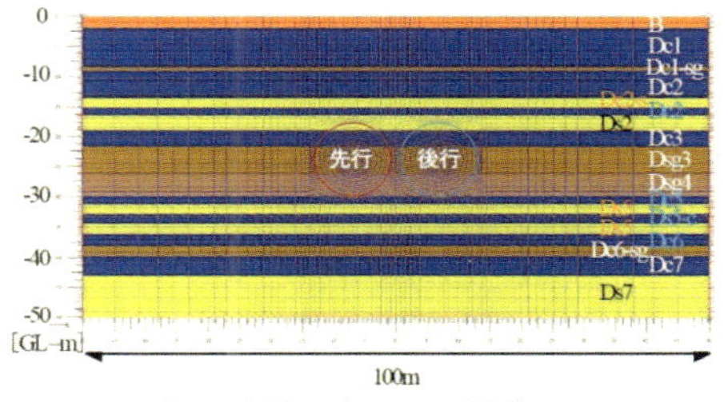

図-3 有限要素メッシュ図 [1]

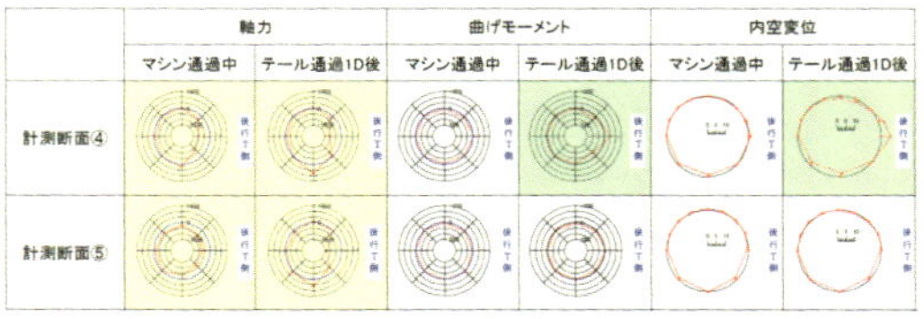

図-4 先行トンネル覆工軸力・曲げモーメント・内空変位計測値 [3]

巻末-59

T.L.34 都市における近接トンネル

【タイプ2-1】S2018

①近接施工概要	工事名称	都市計画道路 大和川線シールド工事，都市計画道路 大和川線ランプシールド工事
	工期(施工時期)	2012.2～2014.4(ランプトンネル) 2014.5～2015.6(本線先行トンネル) 2015.12～2016.9(本線後行トンネル)
	概要	ランプシールド2本と本線シールド2本が互いに小離隔で併走掘進
	シールド併設	大断面シールド4本(本線：セグメント外径12.3m, ランプ：セグメント外径(8.8m))が互いに小離隔で併走掘進
	シールド離隔	1.7m(0.14D)～2.3m(0.19D)
	シールド工法	泥土圧シールド
	シールド外径	ランプφ8.98m, 本線φ12.54m
	セグメント 種別	RC, 合成
	セグメント 外径	φ8.8m
	セグメント 桁高	400mm
	セグメント 幅	1.6m
②条件 地盤	通過部の土質	洪積層を主体とする地盤で，良く締まった砂質土および礫質土と硬質粘性土の互層状の地盤
	地下水位	最大0.3MPa(中心位置)
	シールド土被り	6～28m
③近接影響予測	解析手法	シールド掘進時の実際の地山状況を加味し，シールド掘進時の施工過程を考慮した2次元FEM解析により，併設影響を評価
	解析結果	(先行トンネルへの併設影響) ・覆工の併設増分断面力は，シールド施工過程を考慮した2次元FEM解析により増分地中応力を抽出し，はり－ばねモデルに作用させて算定 (後行トンネルへの併設影響) ・覆工作用圧は，単設時の緩み土圧よりも20%割り増し
④近接施工ステップ	シールド併設の施工順序等	・シールド機2台によるUターン施工(ランプおよび本線)
⑤低減影響対策	地盤等 目的	特になし
	地盤等 対策	特になし
	構造物 目的	特になし
	構造物 対策	特になし
⑥計測概要	地盤等 計測項目	地中変位(層別沈下計, 傾斜計)
	地盤等 結果	問題となるような変位は発生せず
	構造物 計測項目	セグメント応力度，土圧，水圧，トンネル内空変位
	構造物 結果	セグメント応力度が施工中一時的に長期許容応力度を超過したが，最終的に長期許容応力度内に収束
⑦近接施工設定理由		都市計画時は開削トンネルで計画されていたが，計画幅を変更することなく，シールドトンネルへ構造変更を行ったため．
⑧出典		1) 崎谷浄, 新名勉, 卜部賢一, 陣野員久, 長屋淳一：大断面, 超近接併設シールドトンネル設計手法の提案, 土木学会トンネル工学報告集, 第24巻, Ⅱ-8, 2014.12 2) 平野正大, 藤原勝也, 出射知佳, 譽田孝宏, 紀伊吉隆：大断面・超近接・併設シールドトンネルにおける後行シールド掘進時の併設影響に関する検討, 土木学会トンネル工学報告集, 第27巻, Ⅱ-1, 2017.11 3) 伊佐政晃, 藤原勝也, 陣野員久, 石原悟志, 橋本正, 長屋淳一, 出射知佳：大断面シールドトンネル覆工挙動に与える超近接併設影響の検討, 土木学会トンネル工学報告集, 第28巻, Ⅱ-7, 2018.

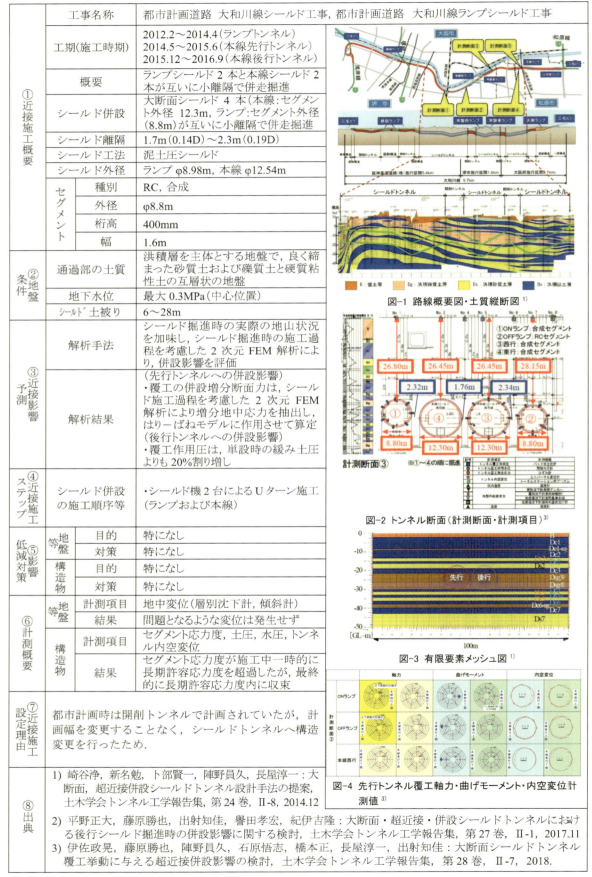

図-1 路線概要図・土質縦断図[1]

図-2 トンネル断面(計測断面・計測項目)[3]

図-3 有限要素メッシュ図[1]

図-4 先行トンネル覆工軸力・曲げモーメント・内空変位計測値[3]

巻末資料　　巻末資料2　シールドトンネル　近接施工事例概要調査票

【タイプ2-1】S2019

①近接施工概要		工事名称	さがみ縦貫川尻トンネル工事
		工期(施工時期)	2012年5月〜2013年9月（シールド工事）
		概要	相模原市住宅地において，片線2車線，延長417mの上下線道路トンネルを小土被り矩形シールド工法（URUP工法）の併設施工で行う
		シールド併設	上下線トンネル（矩形）
		シールド離隔	上下線トンネル：0.2m(0.017W)
		シールド工法	開放型シールド機
		シールド外径	矩形：幅φ11.96m×高さ8.24m
	セグメント	種別	RCセグメント
		外径	矩形：幅φ11.8m×高さ8.08m
		桁高	矩形SFRCセグメント：上下500mm，側部400mm
		幅	幅1800mm
②地盤条件		通過部の土質	ローム層，硬質砂礫層
		地下水位	0MPa（地下水位以浅）
		シールド土被り	0.6m〜4.8m
③近接影響予測		解析手法	2次元FEM解析
		解析結果	FEM解析に基づく後行トンネルの併設影響を断面力増分として先行トンネル構造に付加
④近接施工ステップ		シールド併設の施工順序等	矩形シールド機1台による回転施工，上り線→下り線，水平併設，離隔0.2m=0.017W)
⑤影響低減対策	地盤等	目的	とくになし
		対策	とくになし
	セグメント	目的	国道413号通過時の沈下防止
		対策	一部区間で袋付きセグメント採用
⑥計測概要	地盤等	計測項目	地表面計測（トータルステーション）トライアル計測
		結果	地表面沈下量すべて管理値±10mmを下回る
	セグメント	計測項目	土圧，鉄筋応力，内空変位，継手目開き
		結果	併設施工後の鉄筋応力：設計値89.2N/mm2→実測値56.5N/mm2（設計値の63%)
⑦近接施工設定理由			道路線形計画による．
⑧出典			1) 前田知就，大井和憲，蛭子延彦：地上発進・地上到達シールドの施工—複合アーチ断面・開放型シールドを採用したURUP工法の施工—，基礎工，vol.41，No.3，pp.39-45，2013.3

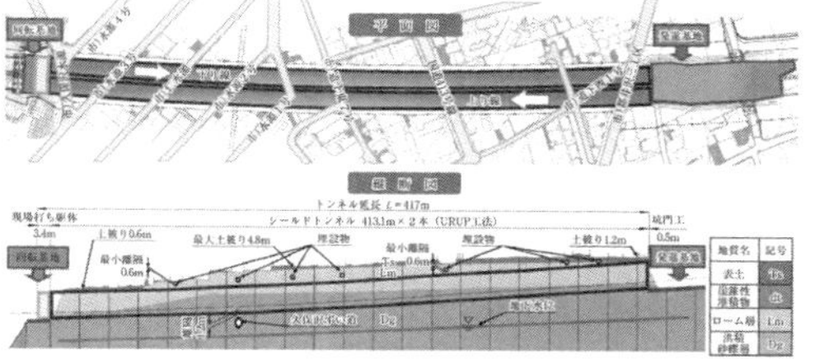

図-1　全体平面図・縦断図[1]

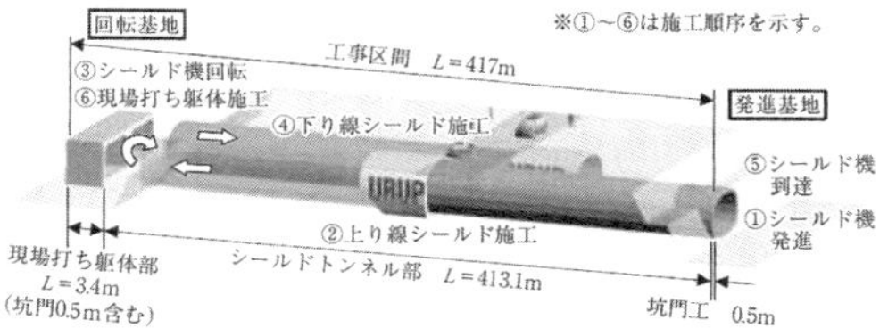

図-2　施工概要図[1]

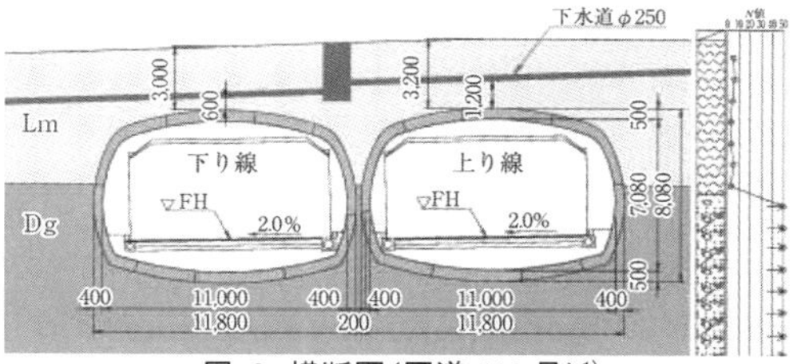

図-3　横断図（国道413号）[1]

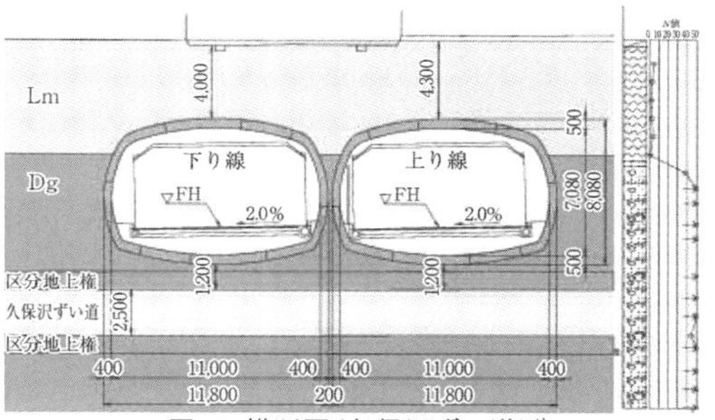

図-4　横断図（久保沢ずい道）[1]

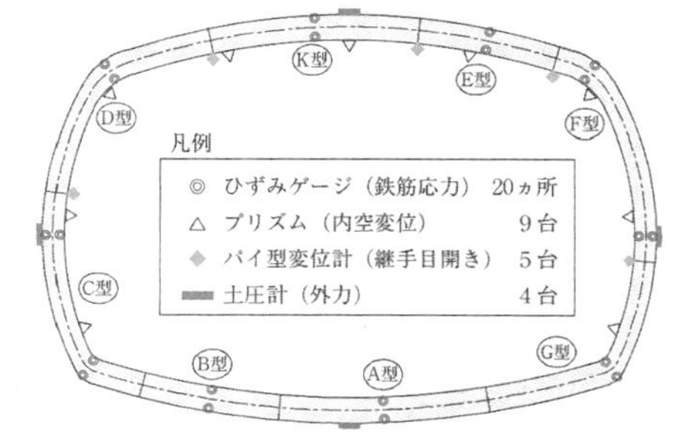

図-19　セグメント計測配置

表-3　鉄筋応力計測結果

側部鉄筋応力（N/mm²)	上り線施工後	下り線通過後
計測値（併設増分）	42.0	56.5（+14.5)
設計値（併設増分）	51.3	89.2（+37.9)

図-5　セグメント計測結果[1]

巻末-61

T.L.34　都市における近接トンネル

【タイプ 2-1】S2020

①近接施工概要	工事名称		寝屋川流域下水道 中央南増補幹線(一)(第2工区)下水管渠築造工
	工期(施工時期)		2000年3月〜2003年12月
	概要		平均離隔1.0m(最小離隔789mm)，約550mの併設
	シールド併設		φ5.8m トンネルと φ3.8m トンネルの併設
	シールド離隔		最小離隔0.789m(0.13D)
	シールド工法		泥土圧式シールド工法
	シールド外径		φ5.95m
	セグメント	種別	鋼製中詰めコンクリートセグメント
		外径	φ5.8m
		桁高	200mm
		幅	−
②地盤条件	通過部の土質		トンネル上半：N値50以上の洪積砂質土，下半：N値5以上の洪積粘性土
	地下水位		GL-3.5m付近
	シールド土被り		17〜19m
③近接影響予測	解析手法		FEM解析
	解析結果		−
④近接施工ステップ	シールド併設の施工順序等		先行トンネル施工完了6カ月後，後行シールドを併設掘進
⑤影響低減対策	地盤等	目的	−
		対策	−
	セグメント	目的	シールド管渠間の土層の緩み防止
		対策	同時裏込め注入に加え，即時注入装置による補足注入
⑥計測概要	地盤等	計測項目	−
		結果	−
	セグメント	計測項目	セグメント変位，ボルト軸力，セグメント目開き
		結果	内空変位：最大0.3mm，ボルト軸力：最大72.7kN，目開き：最大0.2mm
⑦近接施工設定理由			−
⑧出典			1) 三浦雅裕，津村忠昭，美馬健作，河田利樹：長距離にわたり重要構造物に近接したシールド−大阪府寝屋川流域中央南増補幹線工事−，トンネルと地下 Vol.35, No.3, pp.45-53, 2004.3

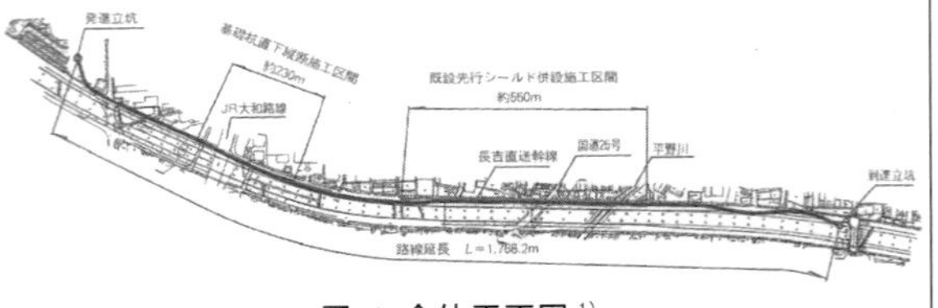

図-1 全体平面図 [1]

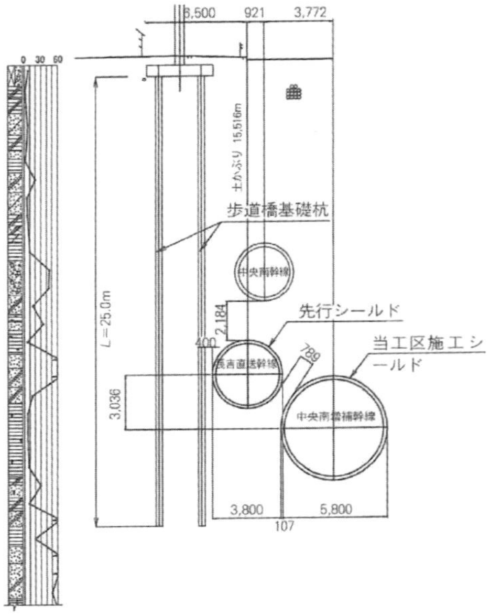

図-2 断面図 [1]

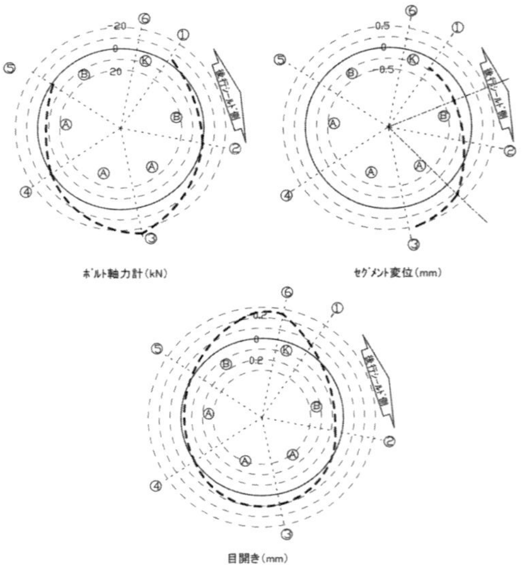

図-3 先行シールド断面返上模式図 [1]

巻末-62

巻末資料　　巻末資料2　シールドトンネル　近接施工事例概要調査票

【タイプ 2-1】S2021

<table>
<tr><td rowspan="10">①近接施工概要</td><td colspan="2">工事名称</td><td>八王子・南バイパス館第一トンネル工事</td><td rowspan="10">図-1　事業全体概要図[1]</td></tr>
<tr><td colspan="2">工期(施工時期)</td><td>2016年3月～2019年3月</td></tr>
<tr><td colspan="2">概要</td><td>一般国道20号八王子・南バイパスのトンネル工事,泥土圧シールド工法により延長455m×2本の上下線道路トンネルを併設して築造</td></tr>
<tr><td colspan="2">シールド併設</td><td>上下線トンネル</td></tr>
<tr><td colspan="2">シールド離隔</td><td>上下線トンネル:0.9m(0.08D)</td></tr>
<tr><td colspan="2">シールド工法</td><td>泥土圧シールド機</td></tr>
<tr><td colspan="2">シールド外径</td><td>φ11.18m</td></tr>
<tr><td rowspan="4">セグメント</td><td>種別</td><td>RCセグメント</td></tr>
<tr><td>外径(m)</td><td>外径φ10.95m</td></tr>
<tr><td>桁高(m)</td><td>500mm</td></tr>
</table>

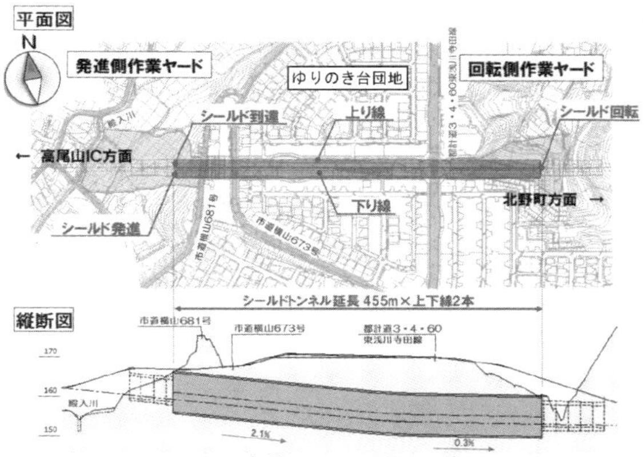

<table>
<tr><td rowspan="3">②条件地盤</td><td>通過部の土質</td><td>多摩ローム層,埋土</td></tr>
<tr><td>地下水位</td><td>不明</td></tr>
<tr><td>シールド土被り</td><td>2.6m～9.9m</td></tr>
</table>

（セグメント）幅(m)　幅1700mm

<table>
<tr><td rowspan="2">③近接影響予測</td><td>解析手法</td><td>・長期影響:2次元FEM解析
・短期影響:切羽圧と裏込め注入圧による荷重をモデル化した2次元FEM解析</td></tr>
<tr><td>解析結果</td><td>後行トンネル施工時に先行トンネルに仮設の内部支保工設置が必要</td></tr>
</table>

平面図
発進側作業ヤード　ゆりのき台団地　回転側作業ヤード
シールド到達　上り線　シールド回転
高尾山IC方面 ←　　　　　　　　　北野町方面 →
シールド発進　　　下り線
シールドトンネル延長　455m×上下線2本
縦断図

図-2　全体平面図・縦断図[2]

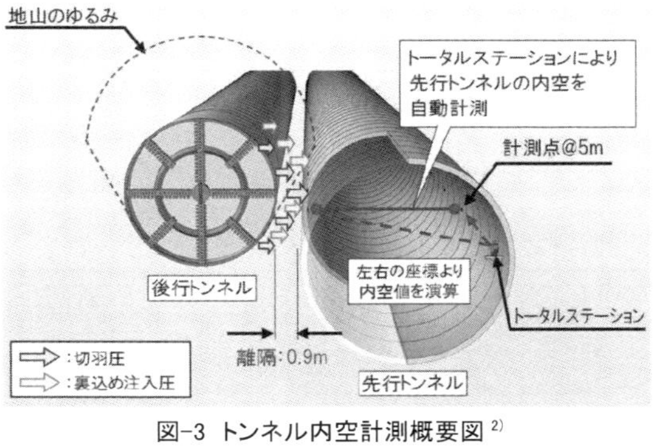

<table>
<tr><td>④近接施工ステップ</td><td>シールド併設の施工順序等</td><td>シールド機1台による回転施工,下り線→上り線,水平併設,離隔0.9m(0.08D)</td></tr>
</table>

<table>
<tr><td rowspan="4">⑤影響低減対策</td><td rowspan="2">地盤等</td><td>目的</td><td>とくになし</td></tr>
<tr><td>対策</td><td>とくになし</td></tr>
<tr><td rowspan="2">セグメント</td><td>目的</td><td>先行トンネルの変形防止対策</td></tr>
<tr><td>対策</td><td>トンネル内部支保工の設置</td></tr>
</table>

図-3　トンネル内空計測概要図[2]

<table>
<tr><td rowspan="4">⑥計測概要</td><td rowspan="2">地盤等</td><td>計測項目</td><td>地表面計測(トータルステーション)
トライアル計測</td></tr>
<tr><td>結果</td><td>地表面沈下は,すべての計測点で管理値以内</td></tr>
<tr><td rowspan="2">セグメント</td><td>計測項目</td><td>先行トンネルの内空変位(トータルステーション)</td></tr>
<tr><td>結果</td><td>内部支保工設置により無対策時の想定値(解析値)の10%以下に変位抑制(詳細不明)</td></tr>
</table>

<table>
<tr><td>⑦近接施工設定理由</td><td>道路線形計画による.</td></tr>
</table>

<table>
<tr><td>⑧出典</td><td>1) 林成卓,蛭子延彦,西岡恭輔,吉田公宏:小土被り・併設条件下における道路シールドトンネルの設計施工,土木学会地下空間シンポジウム論文・報告集,第25巻,B1-2,pp.103-110,2020.
2) 西岡恭輔,蛭子延彦,新井直人,三宅達也:大断面シールドトンネルにおける小土被り・併設施工,土木学会第74回年次学術講演会概要集,VI-168,2019.9</td></tr>
</table>

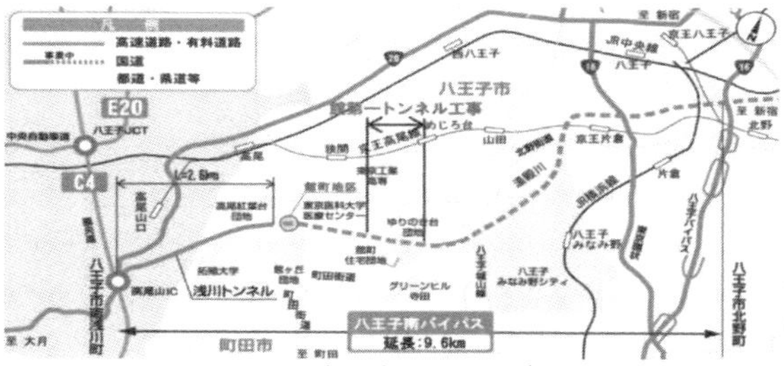

T.L.34　都市における近接トンネル

【タイプ 2-1】S2101

①近接施工概要	工事名称		横浜環状北線馬場出入口・馬場換気所及び大田神奈川線街路築造工事(C ランプシールド)
	工期(施工時期)		2011 年～2021 年
	概要		北線のほぼ中央に位置する馬場出入り口（4 本のランプシールド），馬場換気所を構築および大田神奈川線を整備する工事.
	シールド併設		本線トンネル(φ12.5m)
	シールド離隔		本線トンネル：0.9m(0.08D)
	シールド工法		泥土圧式シールド(気泡)
	シールド外径		φ11.13m
	セグメント	種別	RC，中詰鋼製セグメント
		外径	φ10.9m
		桁高	400mm
		幅	500mm～1500mm
②地盤条件	通過部の土質		洪積粘性土，洪積砂質土層 上総層泥岩
	地下水位		GL-0.4m～-10m
	シールド土被り		15.4～31.0m
③近接影響予測	解析手法		近接施工時における本線トンネルの健全性評価と掘進時の管理値を設定するために，はり-ばねモデルによる構造解析を実施
	解析結果		構造解析により算出した変形量および応力度の関係から管理値を設定
④近接施工ステップ	シールド併設の施工順序等		C ランプトンネルの到達掘進による本線トンネルとの近接施工（離隔 0.9m=0.08D）
⑤影響低減対策	地盤等	目的	変位抑制
		対策	計測値を踏まえた掘進管理
	セグメント	目的	変位抑制
		対策	計測値を踏まえた掘進管理
⑥計測概要	地盤等	計測項目	地表面変位計測
		結果	管理値以内
	セグメント	計測項目	本線トンネルの変形量計測
		結果	本線トンネルの変形量 5.8mm
⑦近接施工設定理由			道路線形計画による.
⑧出典			1) 内海和仁，栗林怜二，岩居博文，田邉健太，安井克豊，武本怜真：横浜北線馬場出入口工事における C ランプシールドの掘進報告，土木学会第 72 回年次学術講演会概要集，VI-292，2017.9

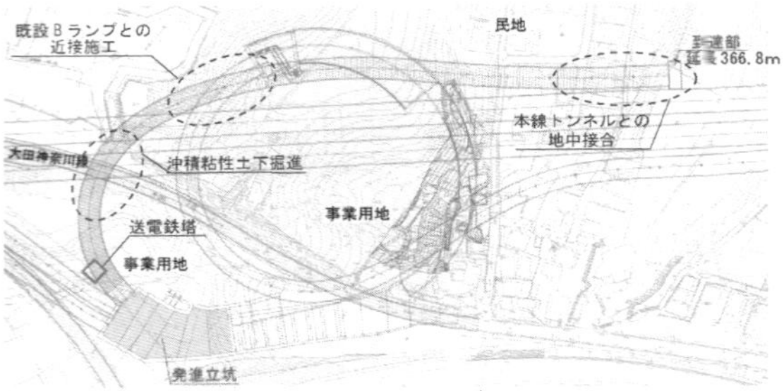

図-1　平面図 [1]

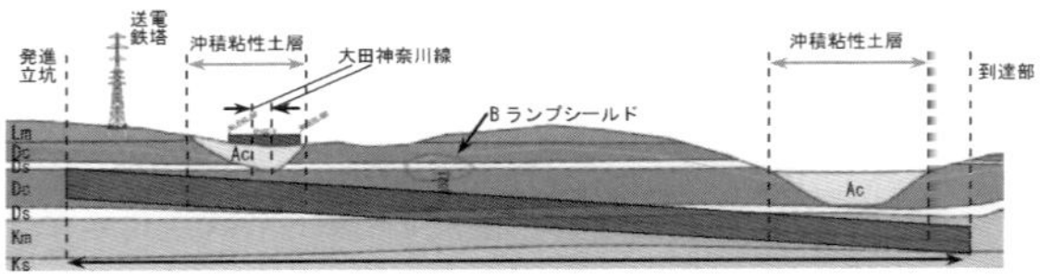

図-2　土質縦断図 [1]

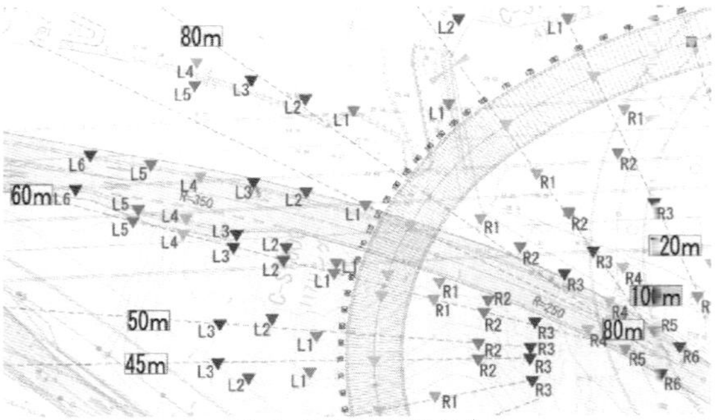

図-3　地表面計測点 [1]

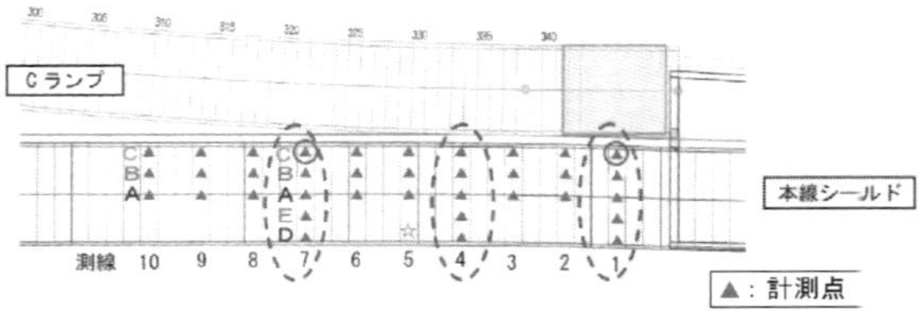

図-4　到達部平面図　計測点 [1]

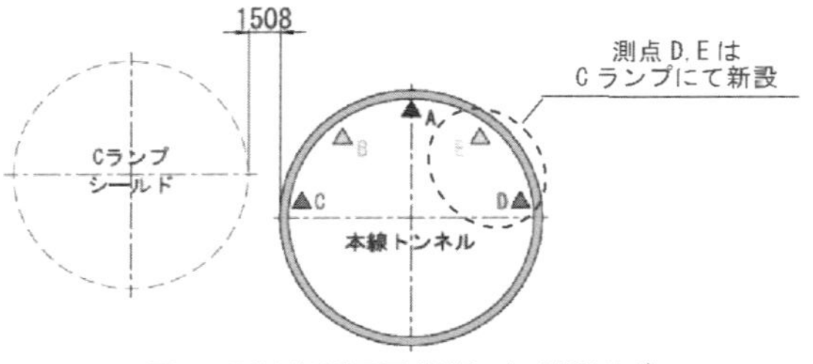

図-5　到達部断面図（側線 7）　計測点 [1]

巻末資料　　巻末資料 2　シールドトンネル　近接施工事例概要調査票

【タイプ 2-1】S2102

①近接施工概要	工事名称		首都高速中央環状品川線大橋連結路工事	
	工期(施工時期)		2007 年～2014 年 (2011 年～2012 年)	
	概要		上下 2 層ランプシールド工事	
	シールド併設		φ9.5m 連結路トンネル×上下 2 層と φ12.3m 本線トンネル×上下 2 層の計 4 本併設	
	シールド離隔		上下 5.9m(0.6D) 左右 0.5m(0.04～0.05D)	
	シールド工法		泥土圧シールド	
	シールド外径		φ9.7m	
	セグメント	種別	RC, 鋼製	
		外径	φ9.50m	
		桁高	350mm（RC） 700mm（鋼製）	
		幅	1500mm（RC） 1200mm（鋼製）	
②地盤条件	通過部の土質		上総層群の泥岩層（Kc）	
	地下水位		0.18～0.43MPa	
	シールド土被り		5.6m～36.7m	
③近接影響予測	解析手法		併設影響解析：二次元弾性FEM 解析	
	解析結果		不明	
④近接施工ステップ	シールド併設の施工順序等		連結路下層→本線上層→連結路上層→本線下層	
⑤影響低減対策	地盤等	目的	シールドトンネル切開き接続	
		対策	硬質粘性土層のため対策なし	
	セグメント	目的	シールドトンネル切開き接続	
		対策	切開き接続を考慮した鋼製セグメント	
⑥計測概要	地盤等	計測項目	層別沈下計	
		結果	下層後行トンネルの内空寸法が内側に 8 mm変形	
	セグメント	計測項目	鋼殻ひずみ計，内空変位ほか	
		結果	下層後行トンネルの内空寸法が内側に 8 mm変形	
⑦近接施工設定理由			道路線形計画による.	
⑧出典			1) 牛越裕幸，中西禎之，井上隆広，小倉靖之，花島常雄：道路トンネル分岐・合流部における超近接併設シールドの設計・施工, 土木学会トンネル工学報告集，第 22 巻，Ⅱ-17, pp.419-426, 2012.11	

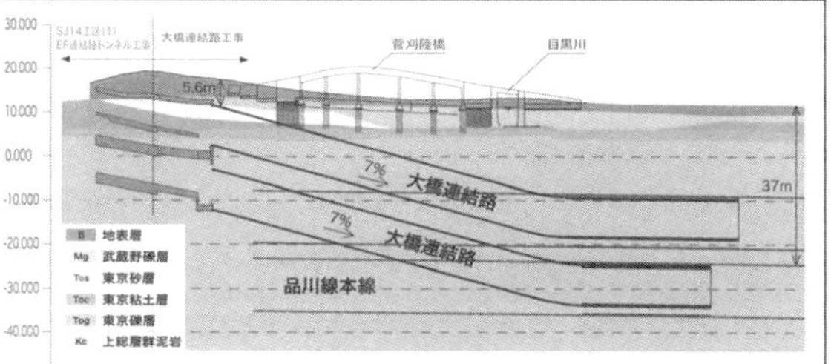

図-1　地質縦断図 [1]

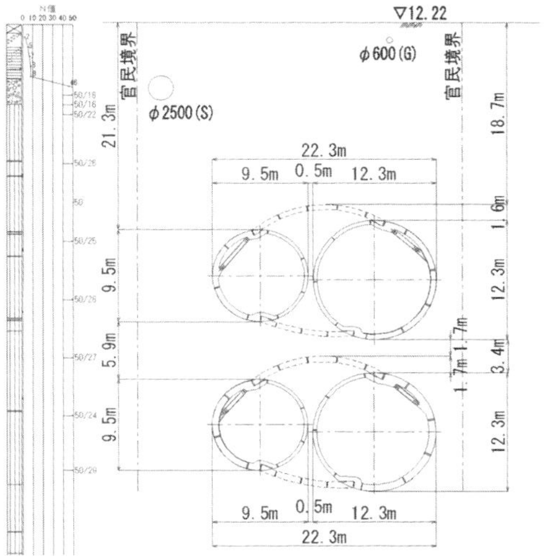

図-2　本線と連結路のシールド近接状況図 [1]

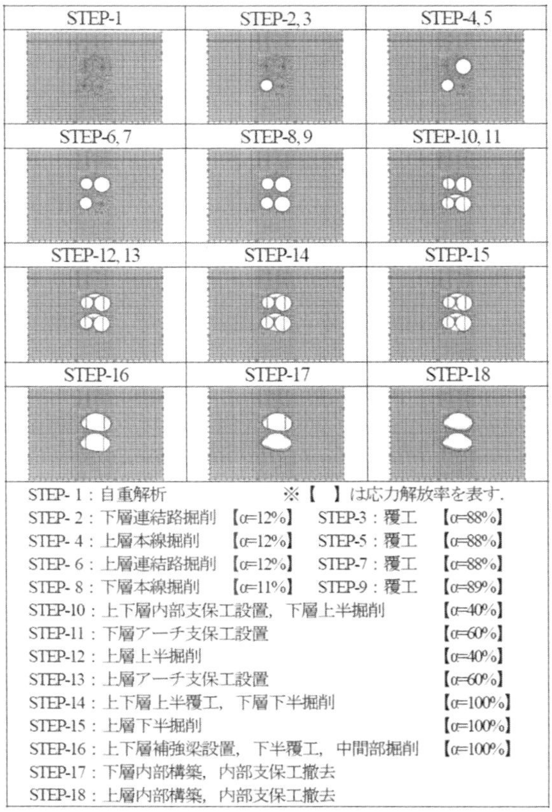

STEP- 1：自重解析　　　　※【 】は応力開放率を表す.
STEP- 2：下層連結路掘削　【α=12%】　STEP-3：覆工　【α=88%】
STEP- 4：上層本線掘削　　【α=12%】　STEP-5：覆工　【α=88%】
STEP- 6：上層連結路掘削　【α=12%】　STEP-7：覆工　【α=88%】
STEP- 8：上層本線掘削　　【α=11%】　STEP-9：覆工　【α=89%】
STEP-10：上下層内部支保工設置，下層上半掘削　【α=40%】
STEP-11：下層アーチ支保工設置　　　　　　　　【α=60%】
STEP-12：上層上半掘削　　　　　　　　　　　　【α=40%】
STEP-13：上層アーチ支保工設置　　　　　　　　【α=60%】
STEP-14：上下層上半覆工，下層下半掘削　　　　【α=100%】
STEP-15：上層下半掘削　　　　　　　　　　　　【α=100%】
STEP-16：上下層補強梁設置，下半覆工，中間部掘削【α=100%】
STEP-17：下層内部構築，内部支保工撤去
STEP-18：上層内部構築，内部支保工撤去

図-3　FEM 解析ステップ図 [1]

巻末-65

T.L.34 都市における近接トンネル

【タイプ 2-1】S2103

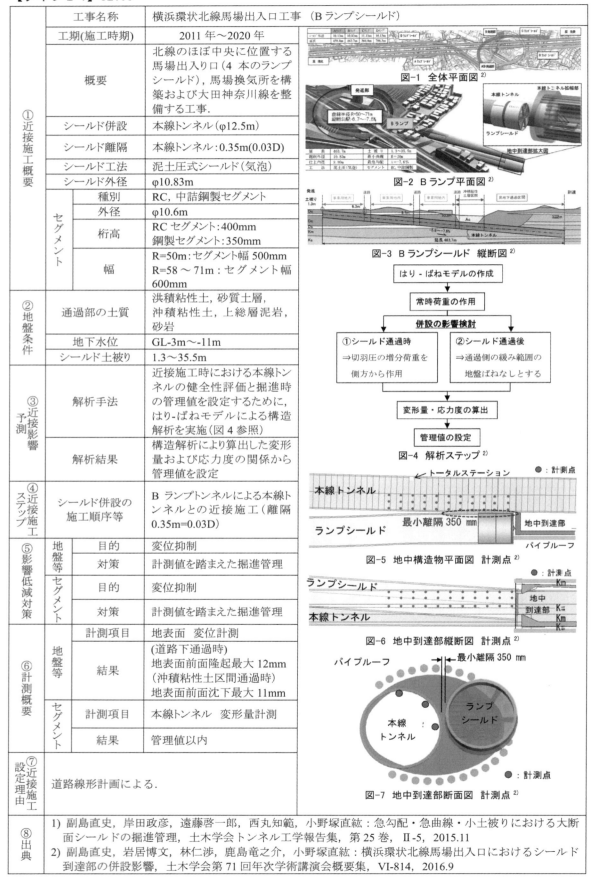

	工事名称	横浜環状北線馬場出入口工事（Bランプシールド）
①近接施工概要	工期(施工時期)	2011年～2020年
	概要	北線のほぼ中央に位置する馬場出入り口(4本のランプシールド)，馬場換気所を構築および大田神奈川線を整備する工事．
	シールド併設	本線トンネル(φ12.5m)
	シールド離隔	本線トンネル：0.35m(0.03D)
	シールド工法	泥土圧式シールド(気泡)
	シールド外径	φ10.83m
	セグメント 種別	RC，中詰鋼製セグメント
	セグメント 外径	φ10.6m
	セグメント 桁高	RCセグメント：400mm 鋼製セグメント：350mm
	セグメント 幅	R=50m：セグメント幅500mm R=58～71m：セグメント幅600mm
②地盤条件	通過部の土質	洪積粘性土，砂質土層，沖積粘性土，上総層泥岩，砂岩
	地下水位	GL-3m～-11m
	シールド土被り	1.3～35.5m
③近接影響予測	解析手法	近接施工時における本線トンネルの健全性評価と掘進時の管理値を設定するために，はり-ばねモデルによる構造解析を実施(図4参照)
	解析結果	構造解析により算出した変形量および応力度の関係から管理値を設定
④近接施工ステップ	シールド併設の施工順序等	Bランプトンネルによる本線トンネルとの近接施工(離隔0.35m=0.03D)
⑤影響低減対策	地盤等 目的	変位抑制
	地盤等 対策	計測値を踏まえた掘進管理
	セグメント 目的	変位抑制
	セグメント 対策	計測値を踏まえた掘進管理
⑥計測概要	地盤等 計測項目	地表面 変位計測
	地盤等 結果	(道路下通過時) 地表面前面隆起最大12mm (沖積粘性土区間通過時) 地表面前面沈下最大11mm
	セグメント 計測項目	本線トンネル 変形量計測
	セグメント 結果	管理値以内
⑦近接施工設定理由		道路線形計画による．
⑧出典		1) 副島直史，岸田政彦，遠藤啓一郎，西丸知範，小野塚直紘：急勾配・急曲線・小土被りにおける大断面シールドの掘進管理，土木学会トンネル工学報告集，第25巻，Ⅱ-5，2015.11 2) 副島直史，岩居博文，林仁渉，鹿島竜之介，小野塚直紘：横浜環状北線馬場出入口におけるシールド到達部の併設影響，土木学会第71回年次学術講演会概要集，VI-814，2016.9

巻末資料　　巻末資料2　シールドトンネル　近接施工事例概要調査票

【タイプ 2-2】S3001

①近接施工概要	工事名称	京王電鉄調布駅付近連続立体交差工事(土木)第2工区	
	工期(施工時期)	2004年～2013年	
	近接施工・切拡げ概要	上下線2本のシールドトンネルに挟まれる部分を開削し，島式ホームを構築するものであり，中床版，シールド内鉄骨，下床版を施工し切り開く.	図-1 施工順序[1]
	トンネルとの位置関係・離隔	1.65～6.46m	
	シールド工法	泥土圧シールド	
	切拡げ(開口)幅・高さ	延長236m, 高さ4.2m	
	セグメント 種別	ダクタイル	
	セグメント 外径	φ6.7m	
	セグメント 桁高	225mm	
	開口率(開口・切拡げ径／トンネル径)	0.62	
②地盤条件	通過部の土質	立川礫層, 上総層(砂)	
	地下水位	5.9～6.5m	
	シールド土被り	6.3～7.0m	
③近接影響予測	解析手法	FINAL(コンクリート構造物非線形FEM解析プログラム)	
	解析結果	セグメント, 躯体の応力と変形を照査し, 補強部材を決定	
④近接施工ステップ	近接施工時の切り開き状況	①シールド工事 ②シールド内鉄骨架設・中床版コン打設 ③下床版コン打設 ④セグメント切り開き(ウォールソーによる切断, 中央部ピース撤去, 下段ピース撤去, 上段ピース撤去, 撤去材運搬・搬出)	図-2 セグメント切断撤去要領[1]
⑤低減対策影響	トンネル切り拡げ・開口	・影響低減対策:内部支保工, セグメント補強, 躯体坂巻(RC中床版) ・補助工法:附番改良(底版改良, 止水注入)	
	周辺近接物	トンネル上部軌道(鉄道工事桁＋工事桁支持杭)	
⑥計測概要	トンネル 計測項目	セグメント応力(ひずみゲージ, ボルト軸力計), セグメント内空変位(トータルステーション) セグメント目開き(変位計), 鉄骨支柱軸力(ひずみ計), 新設床版応力(鉄筋計)	
	トンネル 結果	解析値を超過する部材はあったが, 許容値内に収まった.	
	周辺近接物 計測項目	―	
	周辺近接物 結果	―	
⑧出典	1) 寺山雄一郎, 岩村忠之, 重岡剛雄, 櫛谷洋史, 対馬俊治, 安岡大輔:駅築造に伴うシールドトンネル切り開き工事の施工実績, 土木学会第66回年次学術講演会概要集, VI-016, pp.31-32, 2011.9		

T.L.34 都市における近接トンネル

【タイプ 2-2】S3002

<table>
<tr><td rowspan="9">① 近接施工概要</td><td colspan="2">工事名称</td><td>小田急小田原線連続立体複々線化事業下北沢～世田谷代田区間地下化</td><td rowspan="9"></td></tr>
<tr><td colspan="2">工期(施工時期)</td><td>2010 年～2011 年</td></tr>
<tr><td colspan="2">近接施工・切拡げ概要</td><td>凍結工法, パイプルーフにより非開削切り拡げ工を実施, その後 B4F 躯体側壁と底版を構築しシールド間埋め戻す. 営業線を地下化した後に開削により B4F 頂版から上部を構築する.</td></tr>
<tr><td colspan="2">トンネルとの位置関係・離隔</td><td>本設シールドトンネル併設, 離隔約 2.5m</td></tr>
<tr><td colspan="2">シールド工法</td><td>泥水式シールド</td></tr>
<tr><td colspan="2">切拡げ(開口)幅・高さ</td><td>幅約 11m×高約 3m</td></tr>
<tr><td rowspan="3">セグメント</td><td>種別</td><td>鋼製</td></tr>
<tr><td>外径</td><td>φ8.1m</td></tr>
<tr><td>桁高</td><td>300mm</td></tr>
<tr><td colspan="3">開口率
(開口・切拡げ径／トンネル径)</td><td>約 0.4
(3m/8.1m)</td></tr>
<tr><td rowspan="3">② 地盤条件</td><td colspan="2">通過部の土質</td><td>堅固な細砂層</td><td></td></tr>
<tr><td colspan="2">地下水位</td><td>約 GL-1m～-5m</td></tr>
<tr><td colspan="2">シールド土被り</td><td>約 14m</td></tr>
<tr><td rowspan="2">③ 近接影響予測</td><td colspan="2">解析手法</td><td>はり-ばねモデルによるステップ解析</td><td></td></tr>
<tr><td colspan="2">解析結果</td><td>内部支保工と先行地中鋼管の設置, 凍結工による出水防止対策の必要性を確認</td></tr>
<tr><td>④ 近接施工ステップ</td><td colspan="2">近接施工時の切り開き状況</td><td>①シールド覆工完了②直線パイプルーフ推進施工・変形防止工設置完了③インバートコンクリート打設・凍結工・トンネル間掘削切拡げ④底版構築・切拡げ部復旧・流動化処理土充填・凍結解凍側壁構築⑤上部掘削・頂版構築・直線パイプルーフ⑥セグメント切断撤去・養生壁撤去</td><td></td></tr>
<tr><td rowspan="2">⑤ 影響低減対策</td><td colspan="2">トンネル切り拡げ・開口</td><td>・影響低減対策:鉛直支保工, セグメント補強
・開口補助工法:直線パイプルーフ工, 先行地中鋼管工</td><td></td></tr>
<tr><td colspan="2">周辺近接物</td><td>周辺影響低減策:地盤凍結工(出水, 陥没回避)</td></tr>
<tr><td rowspan="4">⑥ 計測概要</td><td rowspan="2">トンネル</td><td>計測項目</td><td>支保工応力, セグメント・ボルト応力, 目開き, 土水圧, 内部変位, コンクリート温度, 測温管, レベル測量</td><td></td></tr>
<tr><td>結果</td><td>+3mm 凍上, -3mm 沈下</td></tr>
<tr><td rowspan="2">周辺近接物</td><td>計測項目</td><td>営業線の変位など</td></tr>
<tr><td>結果</td><td>管理値以内</td></tr>
<tr><td>⑧ 出典</td><td colspan="3">1) 兜俊彦, 佐藤賢一郎, 上野修彦, 尾関孝人:凍結工法による営業線直下のシールドトンネル切拡げ工の計画と施工, 土木学会第18回地下空間シンポジウム論文・報告集, 第18巻, pp.15-22, 2013.1</td></tr>
</table>

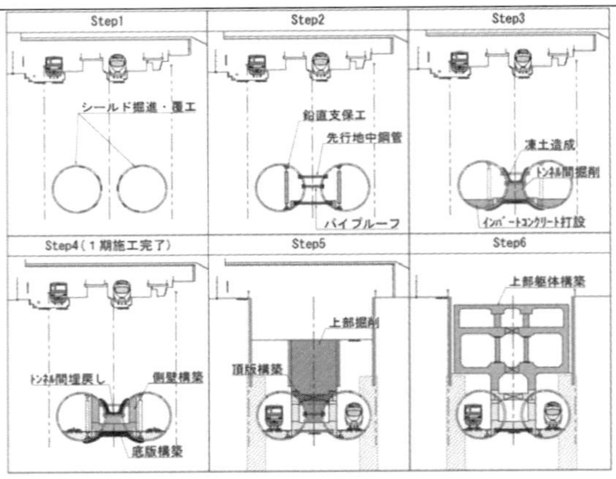

図-1 換気塔部施工手順図 [1]

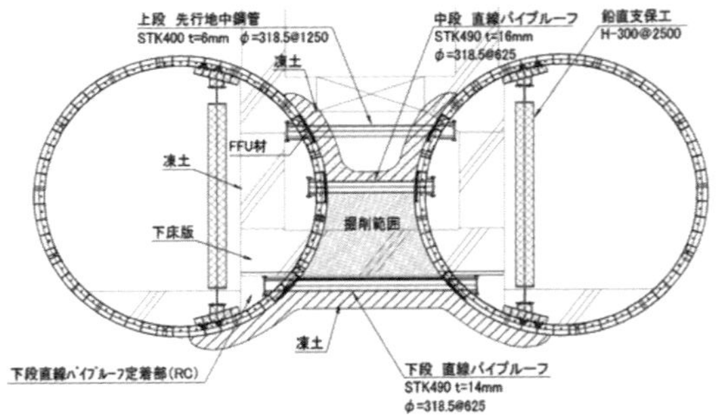

図-2 換気塔部仮設構造概略図 [1]

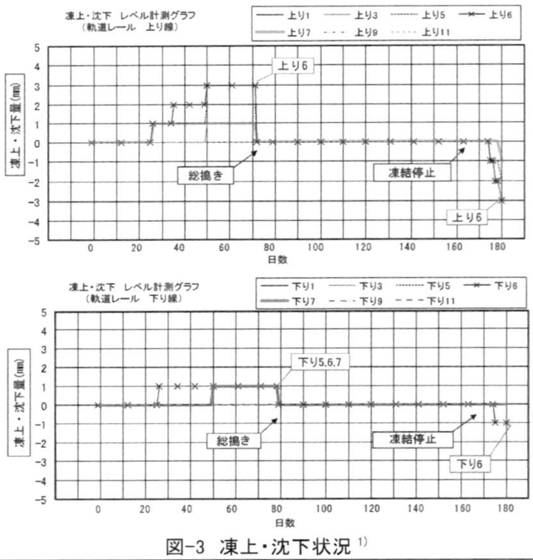

図-3 凍上・沈下状況 [1]

巻末-68

巻末資料　　巻末資料2　シールドトンネル　近接施工事例概要調査票

【タイプ2-2】S3003

①近接施工概要	工事名称		地下鉄13号線高田A線工区
	工期(施工時期)		2004年1月～2007年6月
	近接施工・切拡げ概要		地盤改良と地下水低下の後、かんざし桁と下部の土留め杭を曲線の鋼管で施工、両トンネル間下部にポンプ室を施工
	トンネルとの位置関係・離隔		上下線トンネル間離隔4.35m
	シールド工法		泥土圧
	切拡げ(開口)幅・高さ		高さ約2.6m
	セグメント	種別	鋼製
		外径	φ6.6m
		桁高	270mm
	開口率(開口・切拡げ径/トンネル径)		0.39
②地盤条件	通過部の土質		上部に上総層粘性土、下部に上総層砂質土
	地下水位		掘削底面から32m
	シールド土被り		30m
③近接影響予測	解析手法		二次元FEM(上部境界緩み高さ)、9Rはりばね(セグメント)
	解析結果		許容値内となるよう部材設計
④近接施工ステップ	近接施工時の切り開き状況		地盤改良・地下水低下・曲がり鋼管、裾部補強・内部支保工、上半一次掘削・上床版コンクリート、上半二次掘削・中床版コンクリート、下部曲がり鋼管部吹付、下床版コンクリート
⑤影響低減対策	トンネル切り拡げ・開口		・影響低減対策：内部支保工、セグメント補強 ・補助工法：地盤改良、地下水位低下、曲線パイプルーフ
	周辺近接物		NTTとう道、東電シールド
⑥計測概要	トンネル	計測項目	セグメントの応力、変位
		結果	・モーメントは解析より大 軸力は解析より小 ・セグメントの地山側はほとんど変化なし。内側は掘削に伴い負曲げが増加して内側に変位
	周辺近接物	計測項目	(切り広げ作業に対する周辺近接物の計測無し)
		結果	―
⑧出典	1) 辻雅行、村松泰、梶山雅生、森崎泰隆：地下40mの高被圧地下水下において非開削工法によるポンプ室築造工事、土木学会第11回地下空間シンポジウム論文・報告集、第11巻、pp.243-250、2006.1		

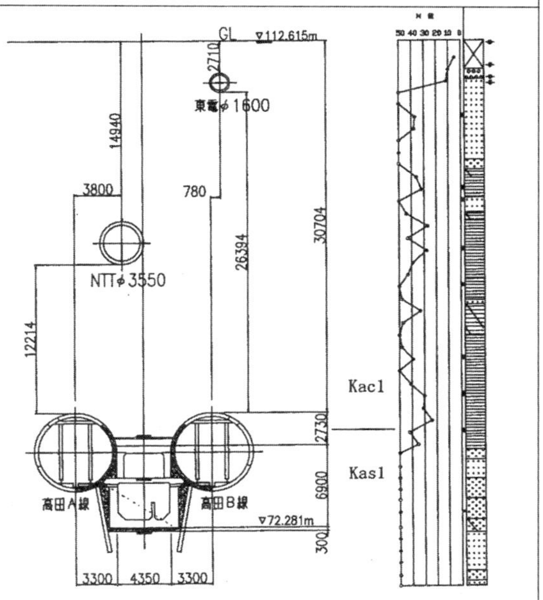

図-1 施工箇所の断面状況[1]

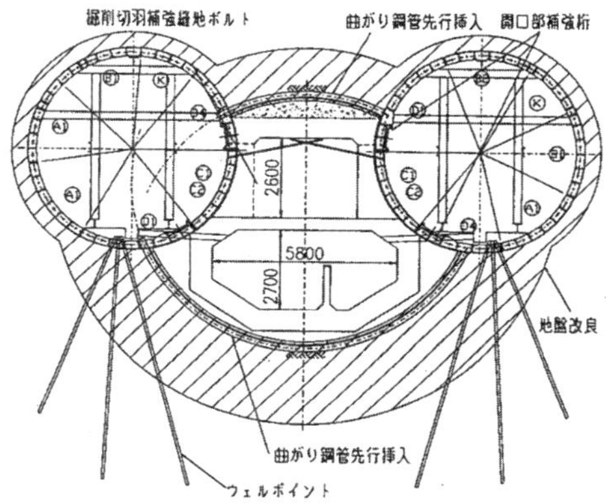

図-2 施工方法(補助工法)の概要[1]

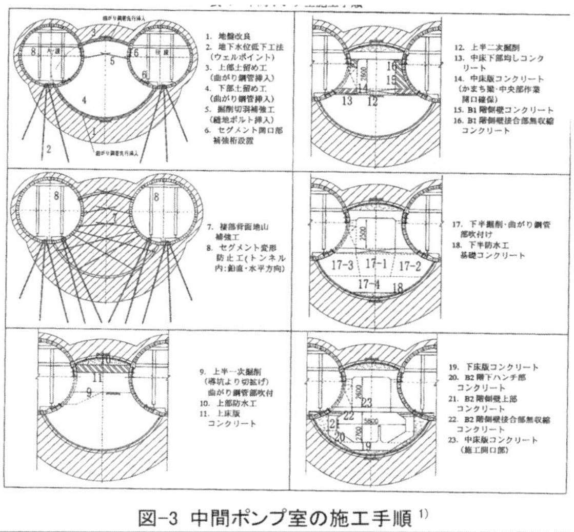

図-3 中間ポンプ室の施工手順[1]

T.L.34　都市における近接トンネル

【タイプ 2-2】S3004

<table>
<tr><td colspan="3">工事名称</td><td>片福連絡線桜橋シールド T 工事</td><td rowspan="17"></td></tr>
<tr><td rowspan="9">①近接施工概要</td><td colspan="2">工期(施工時期)</td><td>1990 年～1998 年</td></tr>
<tr><td colspan="2">近接施工・切拡げ概要</td><td>中間換気所・排水所立坑と上り線および下り線の接続</td></tr>
<tr><td colspan="2">トンネルとの位置関係・離隔</td><td>換気所とシールド間は 1.5 から 2.0m</td></tr>
<tr><td colspan="2">シールド工法</td><td>不明</td></tr>
<tr><td colspan="2">切拡げ(開口)幅・高さ</td><td>高さ 3.0m</td></tr>
<tr><td rowspan="3">セグメント</td><td>種別</td><td>切り開き部はダクタイルセグメント</td></tr>
<tr><td>外径</td><td>7m</td></tr>
<tr><td>桁高</td><td>250mm</td></tr>
<tr><td colspan="2">開口率
(開口・切拡げ径
／トンネル径)</td><td>0.42
(3m/7m)</td></tr>
<tr><td rowspan="3">②地盤条件</td><td colspan="2">通過部の土質</td><td>砂礫(N≧50)，粘土(N＞20)</td></tr>
<tr><td colspan="2">地下水位</td><td>不明</td></tr>
<tr><td colspan="2">シールド土被り</td><td>28.2m</td></tr>
<tr><td rowspan="2">③近接影響予測</td><td colspan="2">解析手法</td><td>二次元フレーム計算</td></tr>
<tr><td colspan="2">解析結果</td><td>縦断方向変位 1.2mm</td></tr>
<tr><td>④近接施工ステップ</td><td colspan="2">近接施工時の切り開き状況</td><td>①シールド通過
②換気所から凍結工施工
③切開き</td></tr>
<tr><td rowspan="2">⑤影響低減対策</td><td colspan="2">トンネル切り拡げ・開口</td><td>凍結工法</td><td rowspan="6">図-1 中間換気所・排水所接続部の施工概要 1)</td></tr>
<tr><td colspan="2">周辺近接物</td><td>同上</td></tr>
<tr><td rowspan="4">⑥計測概要</td><td rowspan="2">トンネル</td><td>計測項目</td><td>縦断方向変位</td></tr>
<tr><td>結果</td><td>最大 6mm</td></tr>
<tr><td rowspan="2">周辺近接物</td><td>計測項目</td><td>—</td></tr>
<tr><td>結果</td><td>—</td></tr>
<tr><td>⑧出典</td><td colspan="3">1) 関西高速鉄道株式会社, 熊谷・清水・大豊 JV：片福連絡線桜橋シールド T 工事　工事誌　都市直下を貫く</td></tr>
</table>

巻末資料　　　巻末資料 2　シールドトンネル　近接施工事例概要調査票

【タイプ 2-2】S3005

<table>
<tr><td colspan="3">工事名称</td><td colspan="2">臨海, 大井町 St 他 工事</td></tr>
<tr><td rowspan="9">①近接施工概要</td><td colspan="2">工期(施工時期)</td><td colspan="2">1997 年 3 月～2003 年 9 月</td></tr>
<tr><td colspan="2">近接施工・切拡げ概要</td><td colspan="2">ホームをシールドトンネル内に取込み, さらにトンネルを上下 1m の離隔を持つ 2 段とする変則構造とした. 避難出口は開削工法により側部を設け地中で連結させた.</td></tr>
<tr><td colspan="2">トンネルとの位置関係・離隔</td><td colspan="2">トンネルは上下 1m</td></tr>
<tr><td colspan="2">シールド工法</td><td colspan="2">泥水式シールド</td></tr>
<tr><td colspan="2">切拡げ(開口)
幅・高さ</td><td colspan="2">幅 4.3m, 13.0m, 30.0m
高さ 7.4～9.4m</td></tr>
<tr><td rowspan="3">セグメント</td><td>種別</td><td colspan="2">ダクタイル鋳鉄セグメント</td></tr>
<tr><td>外径</td><td colspan="2">φ10.1m</td></tr>
<tr><td>桁高</td><td colspan="2">350mm</td></tr>
<tr><td colspan="2">開口率
(開口・切拡げ径
／トンネル径)</td><td colspan="2">0.73～0.93</td></tr>
<tr><td rowspan="3">②地盤条件</td><td colspan="2">通過部の土質</td><td colspan="2">上段：N=10 程度洪積粘性土
下段：東京礫層, 江戸川砂層</td></tr>
<tr><td colspan="2">地下水位</td><td colspan="2">下段の東京礫層で GL-15m 程度</td></tr>
<tr><td colspan="2">シールド土被り</td><td colspan="2">上段：23m, 下段：34m</td></tr>
<tr><td rowspan="2">③近接影響予測</td><td colspan="2">解析手法</td><td colspan="2">三次元 FEM 解析</td></tr>
<tr><td colspan="2">解析結果</td><td colspan="2">開口に対して正規分布型</td></tr>
<tr><td>④近接施工ステップ</td><td colspan="2">近接施工時の切り開き状況</td><td colspan="2">開削部構築・シールド掘進完了, パイプルーフ工・坑内鉄骨柱および縦梁建込み・プレロード, 部分掘削・構成横梁建込み, 上床部掘削・状床版構築, 上床版下部掘削・下床横梁建込み, 下床版褄壁構築・インバート構築・プラットホーム構築</td></tr>
<tr><td rowspan="2">⑤影響低減対策</td><td colspan="2">トンネル切り拡げ・開口</td><td colspan="2">薬液注入, パイプルーフ（AGF-R）</td></tr>
<tr><td colspan="2">周辺近接物</td><td colspan="2">・影響低減対策：トンネル内部支保工(桁+鉄骨柱(ジャッキアップ+無収縮モルタル充填)
・補助工法：地盤改良(ダブルパッカー+二重管複相注入), 地下水位低下(DW), パイプルーフ(AGF-R)</td></tr>
<tr><td rowspan="4">⑥計測概要</td><td rowspan="2">トンネル</td><td>計測項目</td><td colspan="2">パイプルーフ沈下, 鉄骨柱軸力, シールド変位</td></tr>
<tr><td>結果</td><td colspan="2">上段粘性土では, 開口両端で大きな変位</td></tr>
<tr><td rowspan="2">周辺近接物</td><td>計測項目</td><td colspan="2">—</td></tr>
<tr><td>結果</td><td colspan="2">—</td></tr>
<tr><td>⑧出典</td><td colspan="2"></td><td colspan="2">1) 小林素一, 高橋浩一, 深沢成年, 高久寿夫, 阿部敏夫：被圧地下水下における 30mにわたるシールドトンネルと開削の地中連結工, 土木学会トンネル工学研究論文・報告集, 第 12 巻, pp.595-600, 2002.11</td></tr>
</table>

図-1 大井町駅（中央開削部）断面図および地質柱状図 1)

図-2 注入範囲 1)

図-3 施工順序 1)

T.L.34 都市における近接トンネル

【タイプ 2-2】S3006

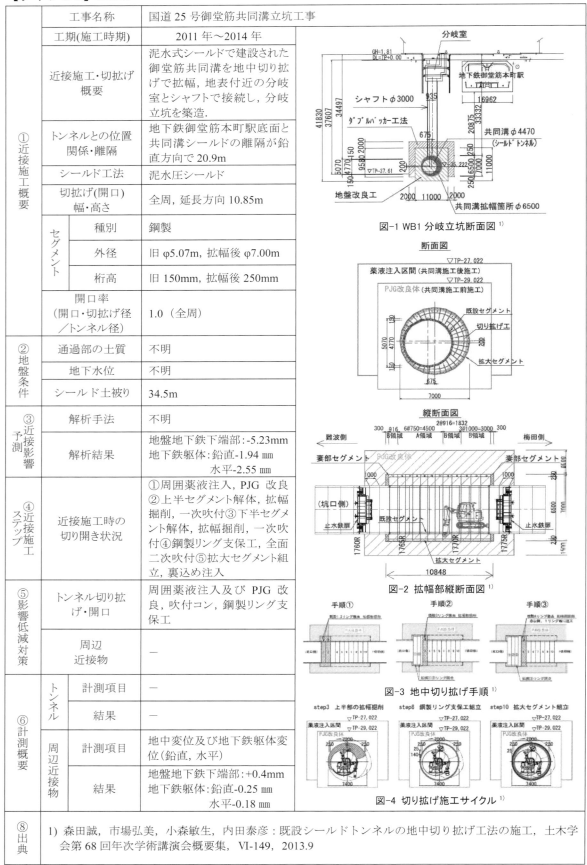

	工事名称	国道25号御堂筋共同溝立坑工事
①近接施工概要	工期(施工時期)	2011年～2014年
	近接施工・切拡げ概要	泥水式シールドで建設された御堂筋共同溝を地中切り拡げで拡幅,地表付近の分岐室とシャフトで接続し,分岐立坑を築造.
	トンネルとの位置関係・離隔	地下鉄御堂筋本町駅底面と共同溝シールドの離隔が鉛直方向で20.9m
	シールド工法	泥水圧シールド
	切拡げ(開口)幅・高さ	全周,延長方向10.85m
	セグメント 種別	鋼製
	セグメント 外径	旧 φ5.07m, 拡幅後 φ7.00m
	セグメント 桁高	旧 150mm, 拡幅後 250mm
	開口率(開口・切拡げ径/トンネル径)	1.0 (全周)
②地盤条件	通過部の土質	不明
	地下水位	不明
	シールド土被り	34.5m
③近接影響予測	解析手法	不明
	解析結果	地盤地下鉄下端部:-5.23mm 地下鉄躯体:鉛直-1.94㎜ 水平-2.55㎜
④近接施工ステップ	近接施工時の切り開き状況	①周囲薬液注入,PJG改良 ②上半セグメント解体,拡幅掘削,一次吹付 ③下半セグメント解体,拡幅掘削,一次吹付 ④鋼製リング支保工,全面二次吹付 ⑤拡大セグメント組立,裏込め注入
⑤影響低減対策	トンネル切り拡げ・開口	周囲薬液注入及びPJG改良,吹付コン,鋼製リング支保工
	周辺近接物	―
⑥計測概要	トンネル 計測項目	―
	トンネル 結果	―
	周辺近接物 計測項目	地中変位及び地下鉄躯体変位(鉛直,水平)
	周辺近接物 結果	地盤地下鉄下端部:+0.4mm 地下鉄躯体:鉛直-0.25㎜ 水平-0.18㎜
⑧出典	1) 森田誠,市場弘美,小森敏生,内田泰彦:既設シールドトンネルの地中切り拡げ工法の施工,土木学会第68回年次学術講演会概要集,Ⅵ-149,2013.9	

図-1 WB1 分岐立坑断面図[1]

図-2 拡幅部縦断面図[1]

図-3 地中切り拡げ手順[1]

図-4 切り拡げ施工サイクル[1]

【タイプ2-2】S3007

①近接施工概要	工事名称	（高負）横浜環状北線馬場出入口・馬場換気所及び大田神奈川線街路築造工事	
	工期(施工時期)	2011年4月～2021年9月 馬場換気所（2011年4月～ 2017年1月）	
	近接施工・切拡げ概要	本線シールド間を掘削し，トンネル内部支保工で本線シールドを切開き Uターン路，送排気ダクト，配管スペース，避難通路等により換気所と接続	
	トンネルとの位置関係・離隔	換気所とシールドを直接接続 （トンネル間6m×延長48m)	
	シールド工法	泥土圧シールド	
	切拡げ(開口) 幅・高さ	幅1.8～7.5m，高さ2.2～5.75m	
	セグメント	種別	鋼製
		外径	φ12.3m
		桁高	400mm
	開口率 （開口・切拡げ径 ／トンネル径）	0.17～0.46	
②地盤条件	通過部の土質	上総層群泥岩（N値≧50)	
	地下水位	G.L.-6.5m	
	シールド土被り	32.59～32.69m	
③近接影響予測	解析手法	二次元FEM逐次解析	
	解析結果	セグメント許容応力以下	
④近接施工ステップ	近接施工時の切り開き状況	切梁支保工を設置しながら掘削開口補強枠を設置し，セグメントにブラケットを溶接し固定した後に，セグメントを溶断	
⑤影響低減対策	トンネル切り拡げ・開口	開口補強枠を採用	
	周辺近接物	―	
⑥計測概要	トンネル	計測項目	変位計測
		結果	許容値内
	周辺近接物	計測項目	―
		結果	―
⑧出典	1) 副島直史，波多野正邦：急曲線シールド工事と切開き構造，土木施工，Vol.55，pp.19-22，2014. 2) 副島直史，岸田政彦，吉武謙二，仲山賢司，波多野正邦，興石正己：鋼製セグメントとRC躯体接合部を想定したフランジを有する孔あき鋼板ジベルのせん断実験，土木学会第70回年次学術講演会概要集，V-024，pp.47-48，2015.9 3) 佐藤成禎，栗林怜二，杉本高，波多野正邦：本線シールドと接続する馬場換気所の設計施工，基礎工，vol.45，No.3，pp.48-51，2017.3 4) 首都高速道路株式会社提供資料		

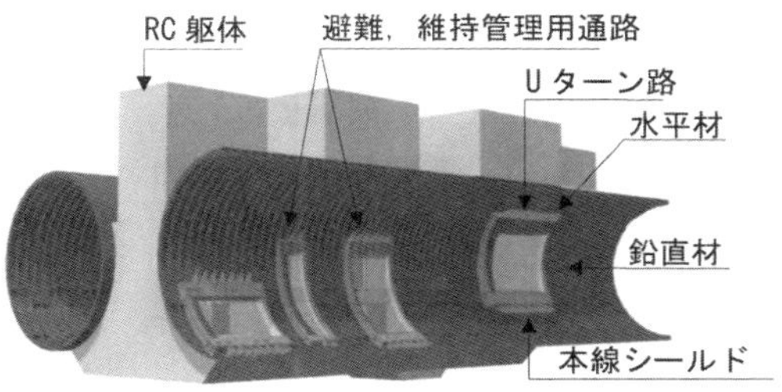

注）開口補強枠は本線シールドの外側に設置する.

図-1 馬場換気所と本線シールドとの接続開口 [1]

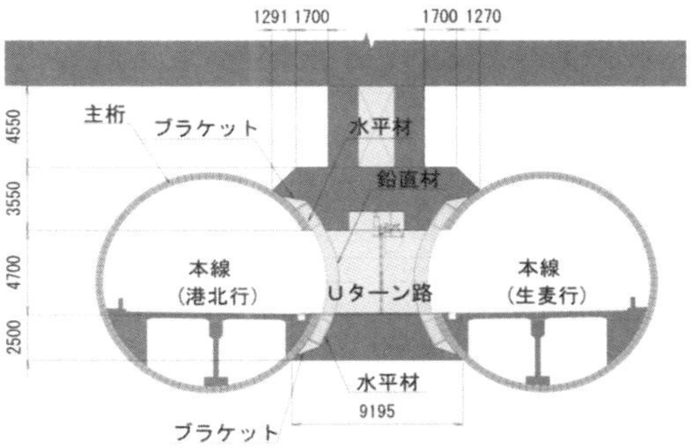

図-2 開口部断面図（Uターン路部）[3]

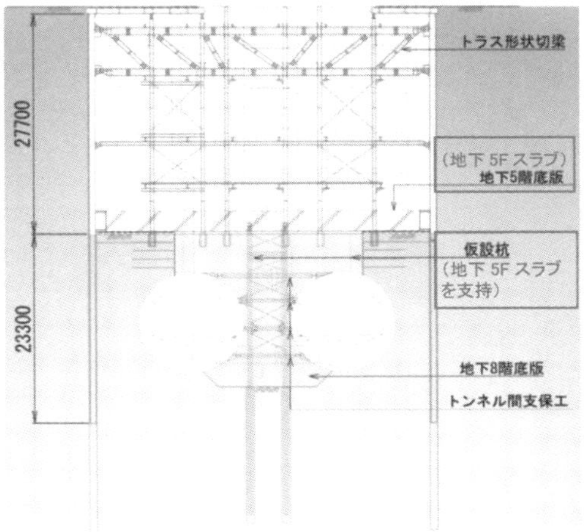

図-3 仮設断面図（地下5階スラブ構築時）[3]

T.L.34 都市における近接トンネル

【タイプ 2-2】S3008

<table>
<tr><td rowspan="9">①近接施工概要</td><td colspan="2">工事名称</td><td colspan="2">南品川換気所避難連絡路接続工事</td></tr>
<tr><td colspan="2">工期(施工時期)</td><td colspan="2">2013 年</td></tr>
<tr><td colspan="2">近接施工・切拡げ概要</td><td colspan="2">首都高速品川線の併設する二本の本線シールド間を NATM により切開き，避難路トンネルを構築</td></tr>
<tr><td colspan="2">トンネルとの位置関係・離隔</td><td colspan="2">トンネル併設離隔 3.5m</td></tr>
<tr><td colspan="2">シールド工法</td><td colspan="2">泥土圧シールド</td></tr>
<tr><td colspan="2">切拡げ(開口)幅・高さ</td><td colspan="2">幅 8.6m，高さ 7.85m</td></tr>
<tr><td rowspan="3">セグメント</td><td>種別</td><td colspan="2">鋼製</td></tr>
<tr><td>外径</td><td colspan="2">φ12.3m</td></tr>
<tr><td>桁高</td><td colspan="2">400mm</td></tr>
</table>

<table>
<tr><td>①</td><td colspan="2">開口率（開口・切拡げ径／トンネル径）</td><td>0.64</td></tr>
<tr><td rowspan="3">②地盤条件</td><td colspan="2">通過部の土質</td><td>土丹層（Kc 層：N 値≧50）</td></tr>
<tr><td colspan="2">地下水位</td><td>G.L.－2.0m</td></tr>
<tr><td colspan="2">シールド土被り</td><td>40.5m</td></tr>
<tr><td rowspan="2">③近接影響予測</td><td colspan="2">解析手法</td><td>三次元 FEM 解析</td></tr>
<tr><td colspan="2">解析結果</td><td>トンネル間支保工のサイズ変更，鋼製アーチ支保工の設置等安全対策</td></tr>
<tr><td>④近接施工ステップ</td><td colspan="2">近接施工時の切り開き状況</td><td>①半円断面部，下部掘削②上床版，下床版構築③つま部構築④中央部掘削</td></tr>
<tr><td rowspan="2">⑤影響低減対策</td><td colspan="2">トンネル切り拡げ・開口</td><td>高圧噴射撹拌，ダブルパッカ，凍結，低圧浸透注入</td></tr>
<tr><td colspan="2">周辺近接物</td><td>河川（目黒川）および護岸構造物</td></tr>
<tr><td rowspan="4">⑥計測概要</td><td rowspan="2">トンネル</td><td>計測項目</td><td>セグメント応力</td></tr>
<tr><td>結果</td><td>セグメント応力増分比率の平均154%</td></tr>
<tr><td rowspan="2">周辺近接物</td><td>計測項目</td><td>地表面変位</td></tr>
<tr><td>結果</td><td>—</td></tr>
</table>

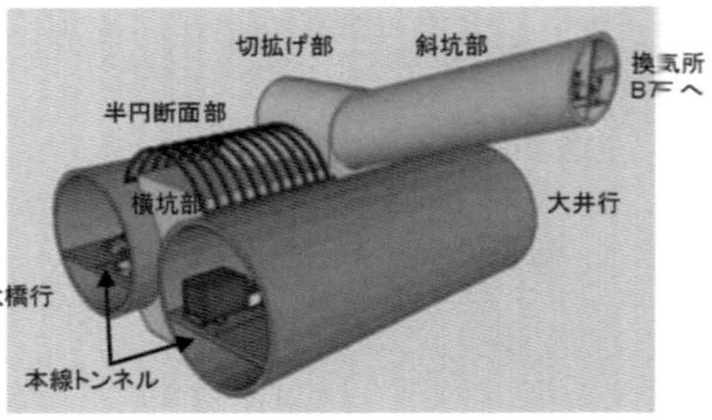

図-1 避難連絡路の構造概要図 [1]

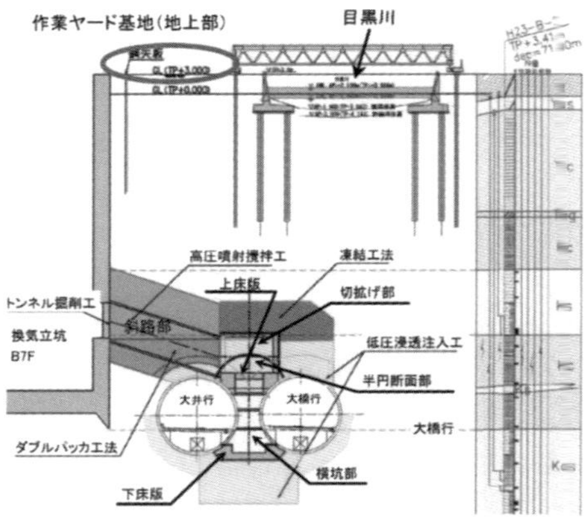

図-2 複合的な地盤改良工と薬液注入工の施工概要（断面図）[1]

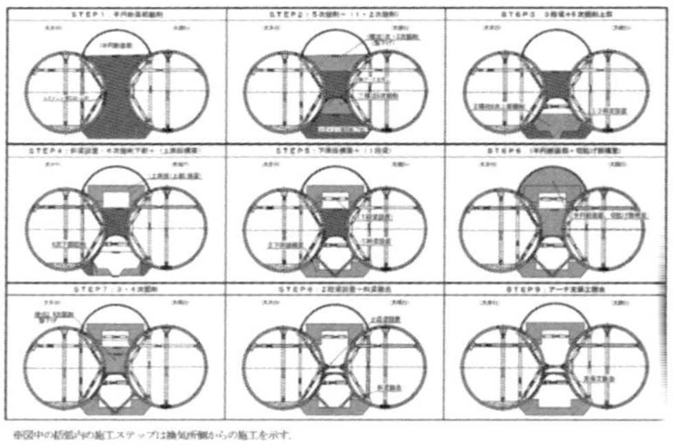

図-3 横坑部の多段分割掘削による掘削および躯体構築の施工手順 [1]

<table>
<tr><td>⑧出典</td><td>1) 熊谷幸樹，越後卓也，白石均，市川健：大深度併設シールドトンネル間の NATM 切拡げ工事におけるシールド施工時荷重の影響，土木学会トンネル工学報告集，第 25 巻，I -11，2015.11
2) 首都高速道路株式会社提供資料</td></tr>
</table>

巻末資料 　巻末資料 2 　シールドトンネル　近接施工事例概要調査票

【タイプ 2-2】S3009

①近接施工概要	工事名称		名南幹線II期「新大府 GS～豊明神明 VS」シールド土木工事
	工期(施工時期)		2010 年 4 月～2015 年 10 月
	近接施工・切拡げ概要		シールドが障害物に当たって停止したため，反対側の立坑から別線を構築して既設の直下に到達，切拡げて接続
	トンネルとの位置関係・離隔		上下併設，離隔 300mm
	シールド工法		泥水式シールド工法
	切拡げ(開口)幅・高さ		軸方向 3.0m，横断方向 1.2m
	セグメント	種別	鋼製セグメント
		外径	φ2.0m
		桁高	75mm
	開口率(開口・切拡げ径／トンネル径)		0.6
②地盤条件	通過部の土質		洪積砂礫層，砂層，シルト層の互層
	地下水位		G.L.-0.9m
	シールド土被り		10.5m～25.4m
③近接影響予測	解析手法		シールド掘進，上下併設，裏込め注入，薬液注入施工を二次元 FEM（弾性）で解析
	解析結果		併設掘進時，裏込め注入時，薬液注入時に補強リングが必要
④近接施工ステップ	近接施工時の切り開き状況		①薬液注入②上下トンネル間の掘削範囲を細かく区切って掘削，接続
⑤影響低減対策	トンネル切り拡げ・開口		薬液注入補強リング 150×150×7×10 @1.0m
	周辺近接物		－
⑥計測概要	トンネル	計測項目	開口補強桁の増加応力（ひずみ計）
		結果	増加応力 10N/mm² 以下
	周辺近接物	計測項目	－
		結果	－
⑧出典			1) 桜庭一，香川敦：シールド工事における地中トンネル接続について，土木学会第 70 回年次学術講演会概要集，VI-082，pp.163-164，2015.9

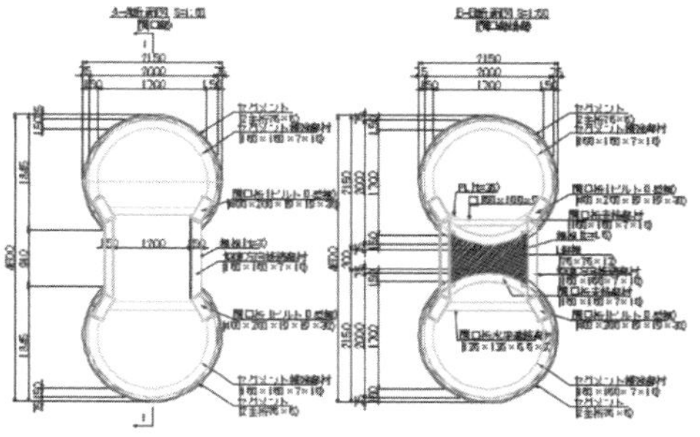

図-1 開口補強部詳細図 1[1]

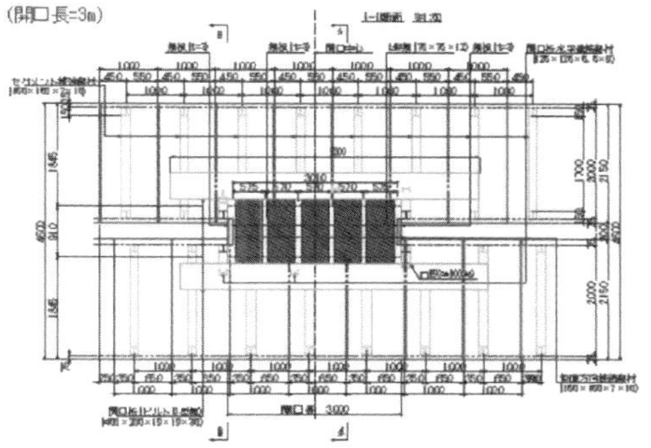

(開口長=3m)

図-2 開口補強部詳細図 2[1]

T.L.34 都市における近接トンネル

【タイプ 2-2】S3010

<table>
<tr><td colspan="3">工事名称</td><td colspan="2">(負)高速横浜環状北西線シールドトンネル（港北行）工事</td></tr>
<tr><td rowspan="10">① 近接施工概要</td><td colspan="2">工期（施工時期）</td><td colspan="2">2015 年〜2019 年</td></tr>
<tr><td colspan="2">近接施工・切拡げ概要</td><td colspan="2">併設シールドトンネル間を，上部に曲線パイプルーフ，下部に直線パイプルーフを用いて切開き，連結して U ターン路を構築する．</td></tr>
<tr><td colspan="2">トンネルとの位置関係・離隔</td><td colspan="2">本線シールドトンネル併設の離隔 6.35m</td></tr>
<tr><td colspan="2">シールド工法</td><td colspan="2">泥水式シールド</td></tr>
<tr><td colspan="2">切拡げ（開口）幅・高さ</td><td colspan="2">切拡げ幅 B=10.4m，高さ H=8.9m（セグメント撤去範囲延長，高さ）</td></tr>
<tr><td rowspan="3">セグメント</td><td>種別</td><td colspan="2">鋼製</td></tr>
<tr><td>外径</td><td colspan="2">φ12.4m</td></tr>
<tr><td>桁高</td><td colspan="2">450mm</td></tr>
<tr><td colspan="2">開口率（開口・切拡げ径／トンネル径）</td><td colspan="2">0.72（8.9m/12.4m）</td></tr>
<tr><td rowspan="3">② 地盤条件</td><td colspan="2">通過部の土質</td><td colspan="2">上総層粘土，上総層細砂</td></tr>
<tr><td colspan="2">地下水位</td><td colspan="2">G.L.-19m</td></tr>
<tr><td colspan="2">シールド土被り</td><td colspan="2">38m</td></tr>
<tr><td rowspan="2">③ 近接影響予測</td><td colspan="2">解析手法</td><td colspan="2">二次元 FEM 解析</td></tr>
<tr><td colspan="2">解析結果</td><td colspan="2">地表面沈下 15mm</td></tr>
<tr><td>④ 近接施工ステップ</td><td colspan="2">近接施工時の切り開き状況</td><td colspan="2">薬液注入→パイプルーフ工（上部曲線，側部直線）→シールド内部支保工〜上半掘削〜床付け掘削，主桁撤去→鋼枠組立下部→上部→柱部→鉄筋組立，コンクリート打設</td></tr>
<tr><td rowspan="2">⑤ 影響低減対策</td><td colspan="2">トンネル切り拡げ・開口</td><td colspan="2">曲線パイプルーフ，直線パイプルーフ，薬液注入，内部支保工</td></tr>
<tr><td colspan="2">周辺近接物</td><td colspan="2">道路，地表面埋設物</td></tr>
<tr><td rowspan="4">⑥ 計測概要</td><td rowspan="2">トンネル</td><td>計測項目</td><td colspan="2">湧水量，地表面変状，地下水位，トンネル動態観測，トンネル開口高さ，直線パイプルーフ内径，内部支保工の傾き，トンネル間距離，セグメント目違い，曲線パイプルーフ変位，切開き下部の座標，湧水，セグメント・内部支保工・曲線パイプルーフの応力</td></tr>
<tr><td>結果</td><td colspan="2">地表面沈下・勾配：0mm，湧水：29.6L/min，応力：許容値の40〜50%</td></tr>
<tr><td rowspan="2">周辺近接物</td><td>計測項目</td><td colspan="2">地表面沈下</td></tr>
<tr><td>結果</td><td colspan="2">変位なし 0mm</td></tr>
<tr><td>⑧ 出典</td><td colspan="4">1) 石田高啓，上村健太，吉田将大，入野克樹：併設シールド間の連絡路(4)トンネル間掘削に伴う計測管理計画と結果，土木学会第 74 回年次学術講演会概要集，VI-629，2019.9</td></tr>
</table>

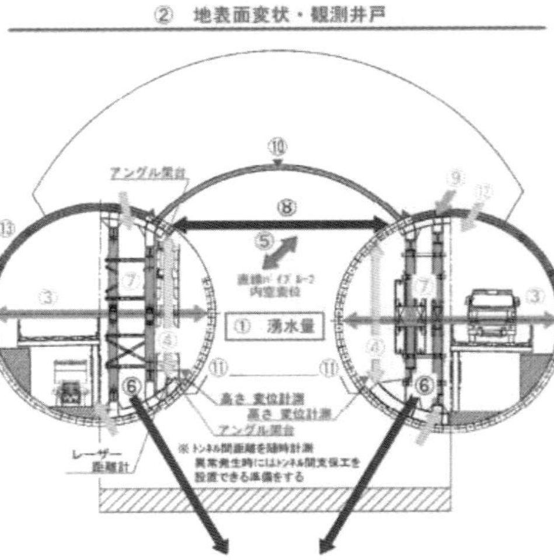

図-1 計測管理項目図[1]

巻末資料　　巻末資料2　シールドトンネル　近接施工事例概要調査票

【タイプ 2-2】S3101

<table>
<tr><td rowspan="9">①近接施工概要</td><td colspan="2">工事名称</td><td>広島市下水道　宇品雨水8号幹線建設工事</td></tr>
<tr><td colspan="2">工期(施工時期)</td><td>2015年3月～2019年3月</td></tr>
<tr><td colspan="2">近接施工・切拡げ概要</td><td>掘進延長1,045mの途中で路面電車軌道直下を横断した後に，先行して構築されている宇品雨水1号幹線（内径φ5.0m）へ幹線道路直下にてT字に地中接続．</td></tr>
<tr><td colspan="2">トンネルとの位置関係・離隔</td><td>路面電車軌道と8号幹線のシールドマシン外面が離隔10.98m
1号幹線へT字接続（中心高さ同じ）</td></tr>
<tr><td colspan="2">シールド工法</td><td>泥土圧シールド</td></tr>
<tr><td colspan="2">切拡げ（開口）幅・高さ</td><td>開口直径3.29m
（シールド外径）</td></tr>
<tr><td rowspan="3">セグメント</td><td>種別</td><td>鋼製</td></tr>
<tr><td>外径</td><td>φ3.15m（接続側 φ5.6m）</td></tr>
<tr><td>桁高</td><td>225mm（接続側 300mm）</td></tr>
<tr><td colspan="2">開口率
（開口・切拡げ径／トンネル径）</td><td>0.59
（3.29m/5.6m）</td></tr>
<tr><td rowspan="3">②地盤条件</td><td colspan="2">通過部の土質</td><td>沖積粘性土（N値2～3）</td></tr>
<tr><td colspan="2">地下水位</td><td>G.L.-1.5m付近</td></tr>
<tr><td colspan="2">シールド土被り</td><td>10.6～11.7m</td></tr>
<tr><td rowspan="2">③近接影響予測</td><td colspan="2">解析手法</td><td>―</td></tr>
<tr><td colspan="2">解析結果</td><td>―</td></tr>
<tr><td>④近接施工ステップ</td><td colspan="2">近接施工時の切り開き状況</td><td>【軌道直下の近接施工】
①シールド坑内から地盤改良＋薬液注入②掘進＋セグメント組立て
【T字接続】
①スライドフードの押出しにより接続部外面に接触・到達②シールド胴体部から裏込め注入③既設管渠坑内より接触境界部に止水注入④既設セグメント切開き⑤スライドフードと既設セグメントを溶接</td></tr>
<tr><td rowspan="2">⑤影響低減対策</td><td colspan="2">トンネル切り拡げ・開口</td><td>【T字接続】
スライドフードによる土留め・接合部周囲の止水注入</td></tr>
<tr><td colspan="2">周辺近接物</td><td>【軌道直下の近接施工】
シールド全周への地盤改良・薬液注入（軌道から45°範囲，改良厚800mm）</td></tr>
<tr><td rowspan="4">⑥計測概要</td><td rowspan="2">トンネル</td><td>計測項目</td><td>【T字接続】
既設セグメントの変形（変位観測）</td></tr>
<tr><td>結果</td><td>【T字接続】
既設セグメントの変形なし</td></tr>
<tr><td rowspan="2">周辺近接物</td><td>計測項目</td><td>【軌道直下の近接施工】
軌道</td></tr>
<tr><td>結果</td><td>【軌道直下の近接施工】
軌道への影響なし</td></tr>
<tr><td>⑧出典</td><td colspan="3">1) 広島市提供資料</td></tr>
</table>

【軌道直下の近接施工】

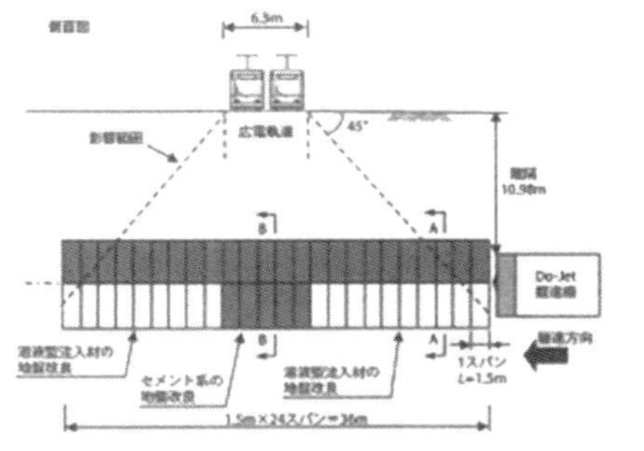

図-1 地盤改良範囲[1]

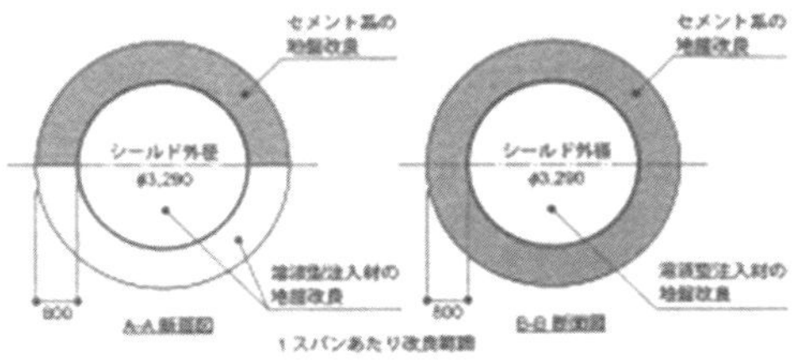

図-2 地盤改良範囲[1]

【T字接続】

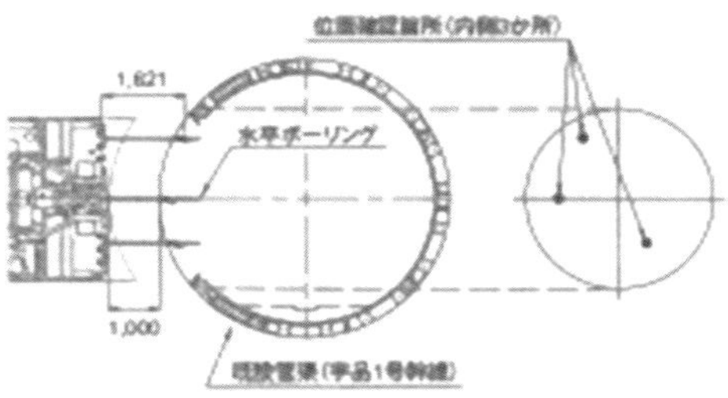

図-3 既設管渠側からのシールド位置確認方法[1]

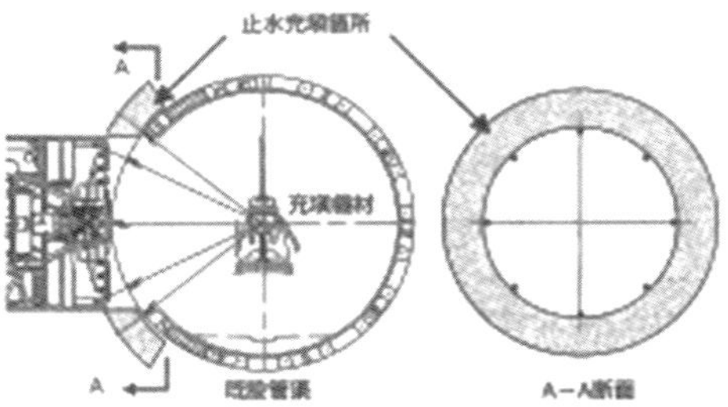

図-4 既設管渠側からの充填および止水注入[1]

T.L.34 都市における近接トンネル

【タイプ 2-2】S3102

<table>
<tr><td rowspan="8">① 近接施工概要</td><td colspan="2">工事名称</td><td>江戸川左岸流域下水道シールド工事（市川幹線 701 工区）</td></tr>
<tr><td colspan="2">工期（施工時期）</td><td>2005 年 12 月～2008 年 3 月</td></tr>
<tr><td colspan="2">近接施工・切拡げ概要</td><td>幹線道路交差点直下にて，既設の江戸川幹線（内径 φ4.75m）へ T 字に地中接続する</td></tr>
<tr><td colspan="2">トンネルとの位置関係・離隔</td><td>江戸川幹線の上半部へ T 字接続</td></tr>
<tr><td colspan="2">シールド工法</td><td>泥土圧シールド</td></tr>
<tr><td colspan="2">切拡げ（開口）幅・高さ</td><td>開口直径 2.48m（シールド外径）</td></tr>
<tr><td rowspan="3">セグメント</td><td>種別</td><td>RC</td></tr>
<tr><td>外径</td><td>φ2.35m（既設側 φ5.7m）</td></tr>
<tr><td>桁高</td><td>250mm（既設側 225mm）</td></tr>
<tr><td colspan="2">開口率
（開口・切拡げ径／トンネル径）</td><td>0.44
（2.35m/5.7m）</td></tr>
</table>

図-1 地中接合地点の土質柱状図 1)

<table>
<tr><td rowspan="3">② 地盤条件</td><td>通過部の土質</td><td>沖積砂質シルト（N 値 25 程度）
洪積粘性土（N 値 5～10）</td></tr>
<tr><td>地下水位</td><td>G.L.-1.4m 付近</td></tr>
<tr><td>シールド土被り</td><td>9.5m</td></tr>
</table>

図-2 シールド内からの薬液注入計画図 1)

<table>
<tr><td rowspan="2">③ 近接影響予測</td><td>解析手法</td><td>はり-ばねモデル</td></tr>
<tr><td>解析結果</td><td>許容応力度以下</td></tr>
</table>

<table>
<tr><td>④ 近接施工ステップ</td><td>近接施工時の切り開き状況</td><td>①既設管渠中心から 20m 手前の位置でシールド機内より接合部付近へ薬液注入②シールド到達③スライドフード押出しにより接合部外面に接触④隔壁設置⑤既設管の 2 次覆工部の一部を撤去しアーチ支保工により開口補強⑥切開き⑦RC による接合構造構築</td></tr>
</table>

図-3 開口部補強構造図 1)

<table>
<tr><td rowspan="2">⑤ 影響低減対策</td><td>トンネル切り拡げ・開口</td><td>スライドフードによる土留め・接合部周囲の止水注入</td></tr>
<tr><td>周辺近接物</td><td>—</td></tr>
</table>

<table>
<tr><td rowspan="4">⑥ 計測概要</td><td rowspan="2">トンネル</td><td>計測項目</td><td>接合用フード押出し用ジャッキのストロークと圧力
土圧計</td></tr>
<tr><td>結果</td><td>土圧計はフード押出し量とともに増加したが，チャンバー内の土砂を撤去することにより低下した</td></tr>
<tr><td rowspan="2">周辺近接物</td><td>計測項目</td><td>—</td></tr>
<tr><td>結果</td><td>—</td></tr>
</table>

図-4 接合部構造図 1)

<table>
<tr><td>⑧ 出典</td><td>1) 千葉県提供資料</td></tr>
</table>

巻末-78

巻末資料　　巻末資料2　シールドトンネル　近接施工事例概要調査票

【タイプ 2-2】S3103

<table>
<tr><td rowspan="10">①近接施工概要</td><td colspan="2">工事名称</td><td>東京下水道　千代田区永田町一丁目，港区赤坂一丁目付近再構築</td><td rowspan="20"></td></tr>
<tr><td colspan="2">工期（施工時期）</td><td>2012 年 3 月～2014 年 7 月</td></tr>
<tr><td colspan="2">近接施工・切拡げ概要</td><td>幹線道路直下にて，既設第二溜池幹線（内径 φ6.5m）へ T 字に地中接続する</td></tr>
<tr><td colspan="2">トンネルとの位置関係・離隔</td><td>既設第二溜池幹線へ T 字接続（中心高さ同じ）</td></tr>
<tr><td colspan="2">シールド工法</td><td>泥水式シールド</td></tr>
<tr><td colspan="2">切拡げ（開口）幅・高さ</td><td>開口直径 2.72m（切削リング外径）</td></tr>
<tr><td rowspan="3">セグメント</td><td>種別</td><td>RC（既設側：鋼製）</td></tr>
<tr><td>外径</td><td>φ2.7m（既設側：φ7.75m）</td></tr>
<tr><td>桁高</td><td>250mm（既設側：305mm）</td></tr>
<tr><td colspan="2">開口率
（開口・切拡げ径
／トンネル径）</td><td>035
（2.72m/7.75m）</td></tr>
<tr><td rowspan="3">②地盤条件</td><td colspan="2">通過部の土質</td><td>上総層群細砂（N 値 100～200）</td></tr>
<tr><td colspan="2">地下水位</td><td>G.L.-41m</td></tr>
<tr><td colspan="2">シールド土被り</td><td>42m</td></tr>
<tr><td rowspan="2">③近接影響予測</td><td colspan="2">解析手法</td><td>未実施</td></tr>
<tr><td colspan="2">解析結果</td><td>未実施</td></tr>
<tr><td>④近接施工ステップ</td><td colspan="2">近接施工時の切り開き状況</td><td>①既設管接続部の二次覆工撤去・防護コンクリート打設②接合部にシールド到達③シールド機内より接合部付近へ薬液注入④切削リングによる既設管切削工⑤シールド解体⑥防護コンクリート・既設管解体⑦接合部の二次覆工</td></tr>
<tr><td rowspan="2">⑤影響低減対策</td><td colspan="2">トンネル切り拡げ・開口</td><td>既設管開口部に防護コンクリートによる補強，切削リングによる土留め・接合部周囲の薬液注入</td></tr>
<tr><td colspan="2">周辺近接物</td><td>―</td></tr>
<tr><td rowspan="4">⑥計測概要</td><td rowspan="2">トンネル</td><td>計測項目</td><td>―</td></tr>
<tr><td>結果</td><td>―</td></tr>
<tr><td rowspan="2">周辺近接物</td><td>計測項目</td><td>―</td></tr>
<tr><td>結果</td><td>―</td></tr>
<tr><td>⑧出典</td><td colspan="3">1）東京都提供資料</td></tr>
</table>

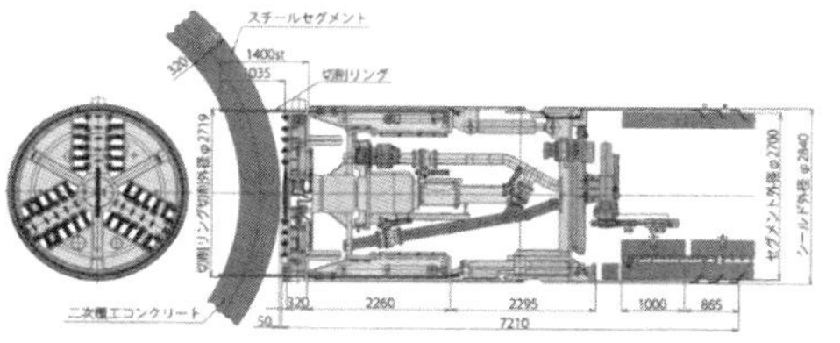

図-1 T-BOSS マシン図面[1]

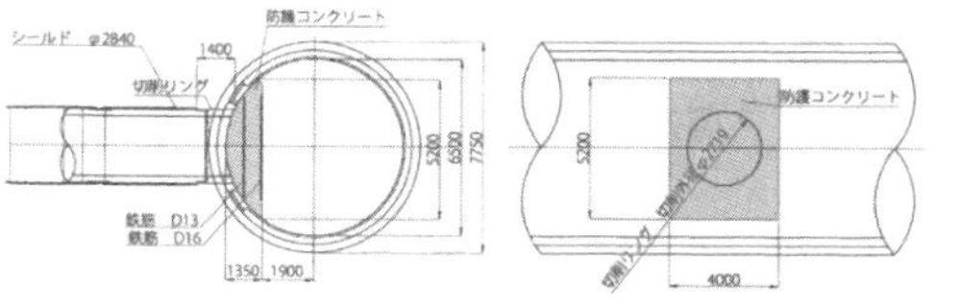

図-2 防護コンクリートの形状[1]

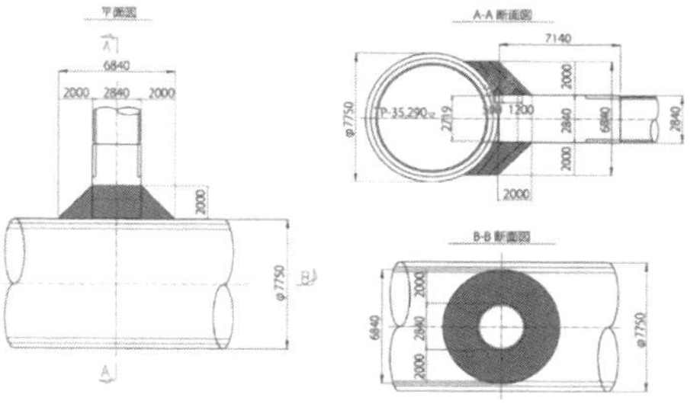

図-3 地盤改良範囲[1]

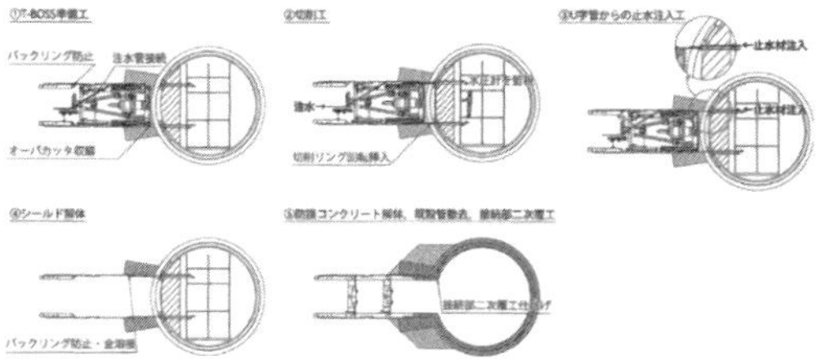

図-4 T-BOSS/S 方式施工順序[1]

巻末-79

T.L.34 都市における近接トンネル

【タイプ 2-2】 S3104

①近接施工概要	工事名称		東京下水道 隅田川幹線その3工事
	工期(施工時期)		2014年5月～2019年3月
	近接施工・切拡げ概要		外径φ5.5mの幹線に外径φ6.5mのシールドを接続するため外径φ9.5mに拡幅
	トンネルとの位置関係・離隔		トンネルを同心円状に拡幅
	シールド工法		―
	切拡げ(開口)幅・高さ		既設φ5.5m全周
	セグメント	種別	鋼製
		外径	φ5.5→φ9.5m
		桁高	通常部355mm，拡幅部605mm
	開口率(開口・切拡げ径／トンネル径)		1.0(全周)
②地盤条件	通過部の土質		一部砂礫層を除いて粘性土分を含む
	地下水位		GL-3.0m
	シールド土被り		34.7m（拡幅後）
③近接影響予測	解析手法		三次元凍上変位計算法
	解析結果		最大凍上予測変位量：11.3mm 最大解凍沈下予測変位量：51.2mm
④近接施工ステップ	近接施工時の切り開き状況		凍結→既設セグメント撤去→拡幅掘削→凍土面防熱→拡幅セグメント設置→真円保持・裏込め
⑤影響低減対策	トンネル切り拡げ・開口		凍結工法
	周辺近接物		計測管理
⑥計測概要	トンネル	計測項目	既設セグメント変位
		結果	凍上量：予測+10～+30mm 沈下量：最大21mm
	周辺近接物	計測項目	地表面，軌道面変位
		結果	凍上量：予測－7mm 沈下量：地表面最大8mm

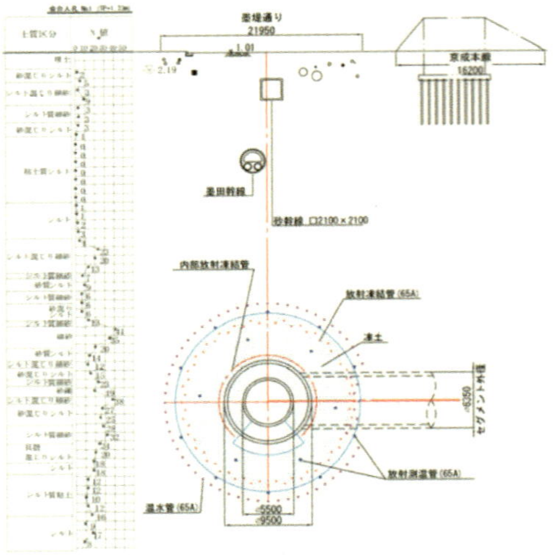

図-1 縦断図(A-A 断面)[1]

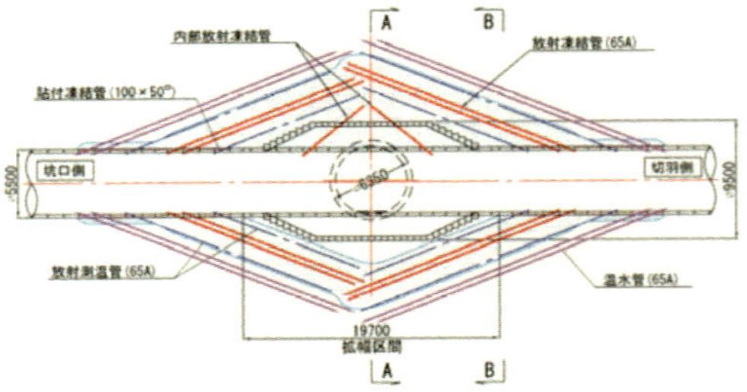

図-2 横断図[1]

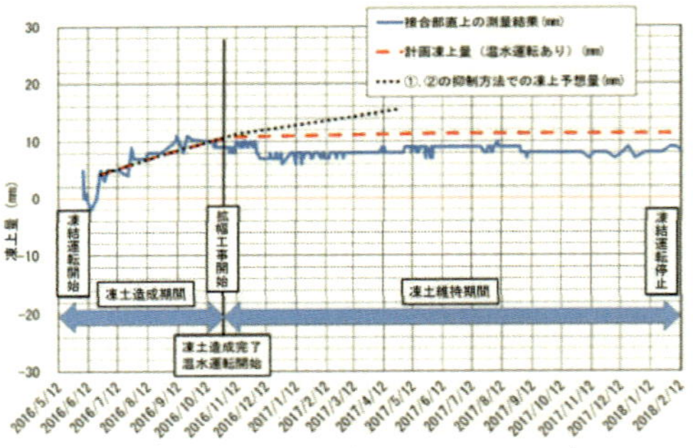

図-3 凍上量比較グラフ(A-A 断面)[1]

⑧出典
1) 大畝丈広，堀浩之，下村義直，高松信行：地盤凍結工法における温水管を用いた凍土成長の抑制とその効果，土木学会第74回年次学術講演会概要集，IV-180，2019.9
2) 中島義成，猪八重勇，葛西孝周，船倉崇弘，小泉淳：凍結工法を用いて既設一次覆工シールドにより口径の大きいシールドを直角に接合，土木学会トンネル工学報告集，第24巻，II-13，2014.12
3) 東急建設株式会社提供資料

巻末資料　　巻末資料 2　シールドトンネル　近接施工事例概要調査票

【タイプ 2-2】S3105

① 近接施工概要	工事名称		外郭放水路第 4 工区大落古利根川連絡トンネル接続部
	工期(施工時期)		2000 年 7 月～2004 年 3 月
	近接施工・切拡げ概要		外径 Φ11.8m シールドトンネルを開口補強メンブレンにより開口補強
	トンネルとの位置関係・離隔		スプリングライン中心に開口接続
	シールド工法		泥水式シールド工法（本管）
	切拡げ(開口)幅・高さ		セグメント開口：φ7.54m（φ7.14m トンネルと 82.3°接続）
	セグメント	種別	鋼製セグメント＋鋼製メンブレン
		外径	11.8m
		桁高	360mm（セグメント）＋220mm(補強材)（一般部：465mm）
	開口率(開口・切拡げ径／トンネル径)		0.64
② 地盤条件	通過部の土質		洪積砂層と洪積粘性土層の互層
	地下水位		最大 61.5m（作用水頭）
	シールド土被り		52.7m
③ 近接影響予測	解析手法		三次元逐次 FEM 解析
	解析結果		変形量 4mm セグメント・開口補強材の応力許容値未満（補強構造の設定）
④ 近接施工ステップ	近接施工時の切り開き状況		開口部鋼製セグメント組立→開口補強メンブレンの溶接・組立＋鋼製アーチ支保工組立→放射凍結さや管・貼付け凍結管設置→地盤凍結工→φ7.54m シールド斜め到達→接続管シールド解体→接続部鋼管設置→接続部止水処理→覆工コンクリート打設→接続部外注グラウト充填→凍結融解
⑤ 影響低減対策	トンネル切り拡げ・開口		鋼製メンブレン＋鋼製アーチ支保工，シールド到達接合時の止水のための地盤凍結工法
	周辺近接物		—
⑥ 計測概要	トンネル	計測項目	セグメント応力度，補強部材応力度，内空変位，土圧，水圧
		結果	—
	周辺近接物	計測項目	—
		結果	—
⑧ 出典			1) 荒木茂，吉田英信，玉田康一，宅間朗，滝本邦彦，横山弘善：大深度・大口径地下河川トンネルに大開口を構築するための補強構造-外郭放水路第 4 工区のうち大落古利根川連絡トンネル接続部の設計施工工事（その 1）-，土木学会第 58 回年次学術講演会概要集，VI-076，pp.151-152，2003.9
2) 鹿島建設株式会社提供資料

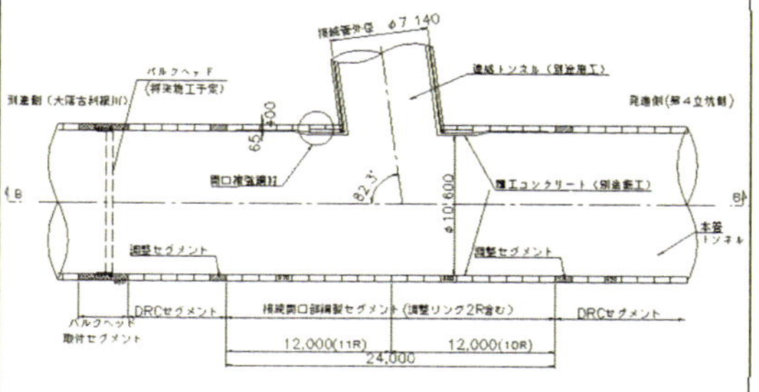

図-1　トンネル接続部の覆工構造概要図[1]

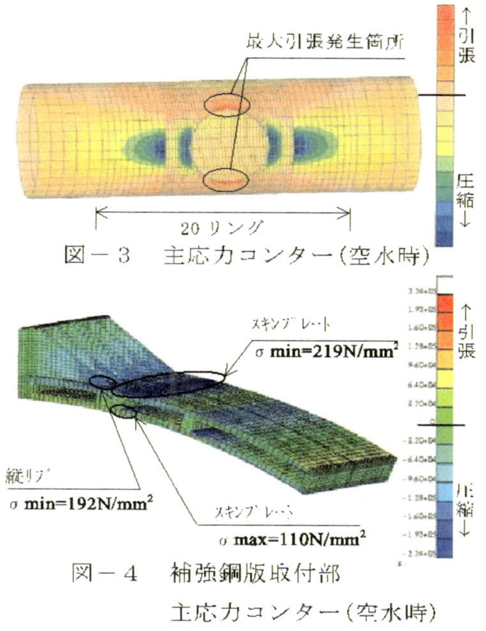

図－3　主応力コンター（空水時）

図－4　補強鋼版取付部主応力コンター（空水時）

図-2　トンネル開口完成時の三次元 FEM 解析結果[1]

巻末-81

T.L.34　都市における近接トンネル

【タイプ 2-2】S3201

<table>
<tr><td rowspan="10">①近接施工概要</td><td colspan="2">工事名称</td><td>首都高速中央環状品川線大橋連結路工事</td></tr>
<tr><td colspan="2">工期(施工時期)</td><td>2007 年～2014 年
(2012 年～2014 年)</td></tr>
<tr><td colspan="2">近接施工・切拡げ概要</td><td>外径 12.3m 本線シールドと外径 9.5m 連結路シールドを接続し，上下 2 層の分岐・合流部を構築</td></tr>
<tr><td colspan="2">トンネルとの位置関係・離隔</td><td>本線～連結路シールドを離隔 0.5m で並走</td></tr>
<tr><td colspan="2">シールド工法</td><td>泥土圧</td></tr>
<tr><td colspan="2">切拡げ(開口)幅・高さ</td><td>幅 208m（上層），172m（下層）
高さ 12.3m，9.5m</td></tr>
<tr><td rowspan="3">セグメント</td><td>種別</td><td>鋼製</td></tr>
<tr><td>外径</td><td>12.3m</td></tr>
<tr><td>桁高</td><td>350mm～700mm</td></tr>
<tr><td colspan="2">開口率
(開口・切拡げ径／トンネル径)</td><td>1.0
(9.5m/ 9.5m)
1.0
(12.3m/12.3m)</td></tr>
<tr><td rowspan="3">②地盤条件</td><td colspan="2">通過部の土質</td><td>上総層群泥岩</td></tr>
<tr><td colspan="2">地下水位</td><td>GL-2m</td></tr>
<tr><td colspan="2">シールド土被り</td><td>上層 18m，下層 34m</td></tr>
<tr><td rowspan="2">③近接影響予測</td><td colspan="2">解析手法</td><td>三次元有限差分法</td></tr>
<tr><td colspan="2">解析結果</td><td>地盤の破壊安全率が確保され，とくに地盤改良は不要</td></tr>
<tr><td>④近接施工ステップ</td><td colspan="2">近接施工時の切り開き状況</td><td>上半掘削→上半セグメント組立て→下半掘削→下半セグメント組立て→中間部撤去→構築工</td></tr>
<tr><td rowspan="2">⑤影響低減対策</td><td colspan="2">トンネル切り拡げ・開口</td><td>特にない山岳工法</td></tr>
<tr><td colspan="2">周辺近接物</td><td>菅刈陸橋</td></tr>
<tr><td rowspan="4">⑥計測概要</td><td rowspan="2">トンネル</td><td>計測項目</td><td>天端変位，支保工・吹付けモルタル応力，セグメント応力など</td></tr>
<tr><td>結果</td><td>天端変位 5～10mm
吹付けモルタル最大 4N/mm²</td></tr>
<tr><td rowspan="2">周辺近接物</td><td>計測項目</td><td>地表面沈下，層別沈下，陸橋擁壁沈下・傾斜</td></tr>
<tr><td>結果</td><td>地表面沈下 2～5mm</td></tr>
<tr><td>⑧出典</td><td colspan="3">1) 薮本篤，深山大介，井上隆広，小倉靖之，清水真人：都市部山岳工法による道路トンネル分岐合流部の設計・施工，土木学会トンネル工学報告集，第 23 巻，Ⅰ-21，pp.143-148，2013.11
2) 永井政伸，島越貴之，田原徹也，小倉靖之，清水真人：セグメントを用いた非開削切り開き工法による道路トンネル分岐・合流部の設計・施工，土木学会トンネル工学報告集，第 24 巻，Ⅱ-11，2014.12
3) 株式会社安藤・間提供資料</td></tr>
</table>

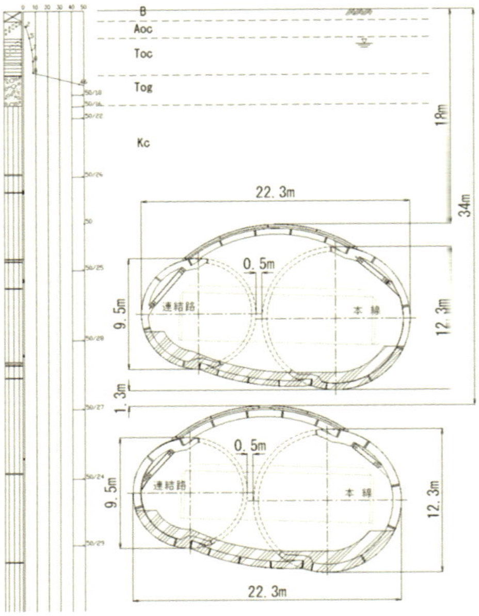

図-1　分岐合流部断面図 [1]

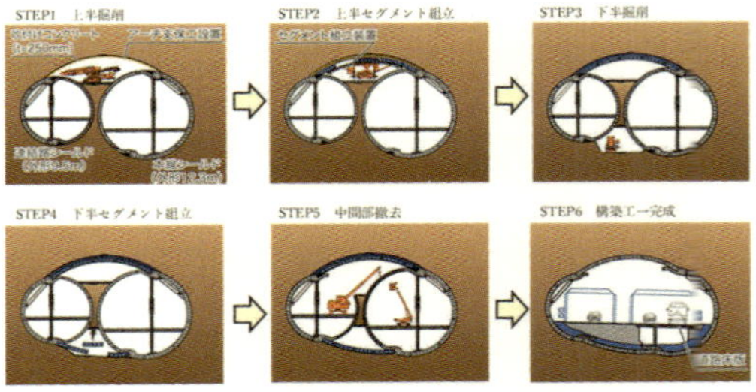

図-2　切開き施工ステップ（TYPE-C）[1]

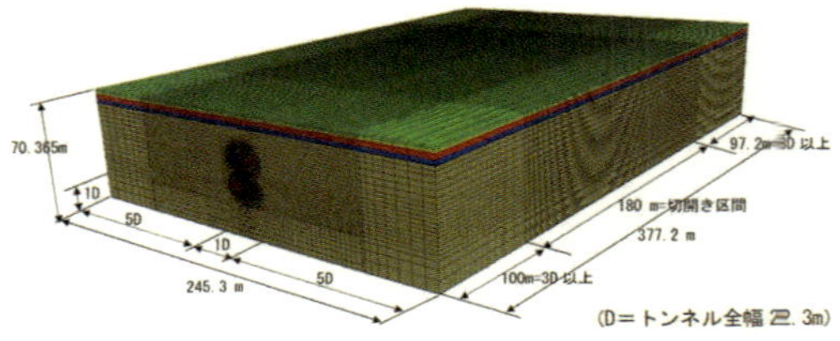

図-3　三次元 FDM 解析モデル [1]

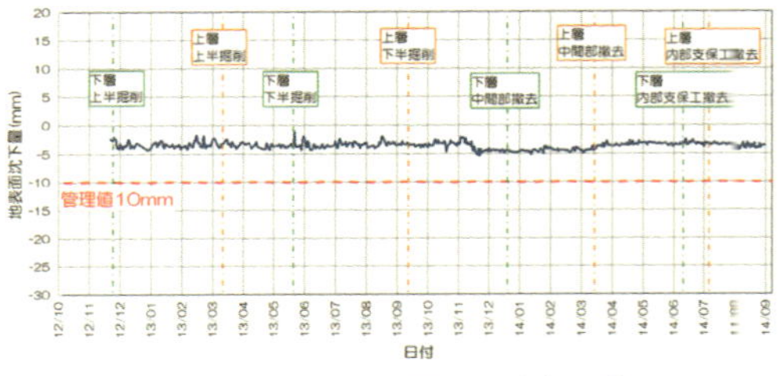

図-4　地表面沈下量の経時変化 [3]

巻末資料　　巻末資料2　シールドトンネル　近接施工事例概要調査票

【タイプ 2-2】 S3202

①近接施工概要		工事名称	首都高横浜環状北線シールドトンネル工事
		工期（施工時期）	2008 年 6 月〜2017 年 3 月
		近接施工・切拡げ概要	住宅密集地の直下における 4 カ所のランプシールド（内径 9.2m〜10.2m）接続のための本線シールドトンネル（内径 11.5m）の地中拡幅
		トンネルとの位置関係・離隔	本線とランプが併設離隔 0.5m，上下線が上下離隔 1.3m
		シールド工法	泥土圧シールド
		切拡げ（開口）幅・高さ	幅 149m〜212m，高さ 12.3m
	セグメント	種別	鋼製
		外径	φ12.3m と φ9.9m〜10.9m
		桁高	0.4m と 0.45m
		開口率（開口・切拡げ径／トンネル径）	1.0（12.3m/12.3m）
②地盤条件		通過部の土質	上総層群泥岩・砂質泥岩・砂岩（N 値≧50）
		地下水位	被圧水圧 0.5MPa 相当
		シールド土被り	28〜54m
③近接影響予測		解析手法	三次元有限要素解析
		解析結果	周辺地盤への影響は小さい
④近接施工ステップ		近接施工時の切り開き状況	①拡幅区間始終端部の薬液注入②拡大シールド③パイプルーフ施工④パイプルーフ間の薬液注入⑤部分切開き・掘削・躯体構築⑥⑤を繰返して完成
⑤影響低減対策		トンネル切り拡げ・開口	パイプルーフ・薬液注入，内部支保工
		周辺近接物	―
⑥計測概要	トンネル	計測項目	躯体応力・変位，内部支保工応力，パイプルーフ応力・変位
		結果	解析値を下回る
	周辺近接物	計測項目	地表面沈下・地表面傾斜・地下水位
		結果	全ての計測において管理値内

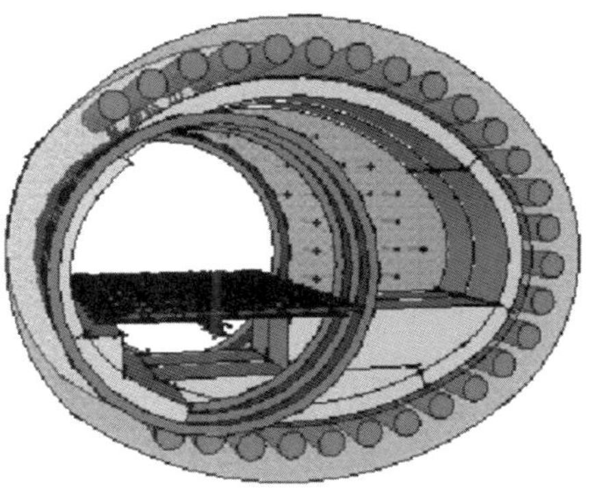

図-1 分合流拡幅部　概要図 [1]

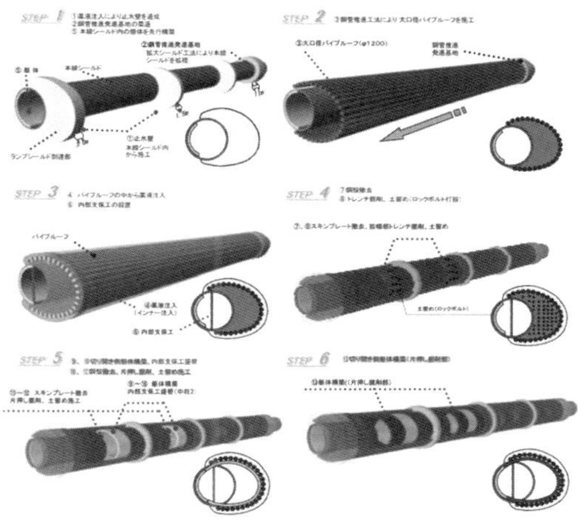

図-2 分合流施工ステップ図 [2]

⑧出典
1) 落合栄司，遠藤啓一郎，伊藤憲男，藤井剛，松原健太：シールドトンネルにおける非開削工法による大断面拡幅工事，土木学会第 71 回年次学術講演会概要集，IV-144，2016.9
2) 内海和仁，菊地勇気，藤井剛，大野了：大口径パイプルーフを併用した分合流部の非開削切開きの設計施工，基礎工，vol.45，No.3，pp.18-21，2017.3

T.L.34　都市における近接トンネル

【タイプ 2-2】S3203

<table>
<tr><td rowspan="11">① 近接施工概要</td><td colspan="2">工事名称</td><td>首都高中央環状品川線五反田出入口工事</td></tr>
<tr><td colspan="2">工期（施工時期）</td><td>2007 年 2 月～2015 年 3 月</td></tr>
<tr><td colspan="2">近接施工・切拡げ概要</td><td>幹線道路において開削工法により，併設する本線トンネル（内径 11.4m）同士を切拡げて，出入口の分合流部を構築</td></tr>
<tr><td colspan="2">トンネルとの位置関係・離隔</td><td>本線トンネル同士の離隔 4～5m の併設区間を切拡げ</td></tr>
<tr><td colspan="2">シールド工法</td><td>泥土圧シールド</td></tr>
<tr><td colspan="2">切拡げ（開口）幅・高さ</td><td>高さ 11.91m</td></tr>
<tr><td rowspan="3">セグメント</td><td>種別</td><td>鋼製</td></tr>
<tr><td>外径</td><td>φ12.3m と φ12.3m</td></tr>
<tr><td>桁高</td><td>0.45m</td></tr>
<tr><td colspan="2">開口率
（開口・切拡げ径／トンネル径）</td><td>0.97
（11.91m/12.3m）</td></tr>
<tr><td colspan="3"></td></tr>
</table>

② 地盤条件	通過部の土質	上総層群泥岩・砂礫（N 値≧50）
	地下水位	G.L.-3.3m 程度
	シールド土被り	13m 程度

③ 近接影響予測	解析手法	土留め：弾塑性ステップ解析
	解析結果	許容値内であることを確認

④ 近接施工ステップ	近接施工時の切り開き状況	①土留め②掘削・切梁設置③土留め下端部とシールドトンネルとの間を地盤改良④セグメント撤去⑤切拡げ躯体を構築

⑤ 影響低減対策	トンネル切り拡げ・開口	薬液注入，トンネル間支保工，内部支保工
	周辺近接物	－

<table>
<tr><td rowspan="4">⑥ 計測概要</td><td rowspan="2">トンネル</td><td>計測項目</td><td>土留め変位，切梁軸力，躯体応力・変位，内部支保工応力</td></tr>
<tr><td>結果</td><td>許容値内で施工完了
（土留め変位，切梁軸力は解析値の約半分であったため，逆解析により側圧係数を再設定し他工区に反映）</td></tr>
<tr><td rowspan="2">周辺近接物</td><td>計測項目</td><td>地表面沈下・地表面傾斜・地下水位</td></tr>
<tr><td>結果</td><td>概ね問題なく施工完了</td></tr>
</table>

⑧ 出典	1) 森田大介，渡邉洋介，寺島善宏，立石明：切開き工法における根入れの無い山留め壁の設計と施工時挙動，地盤工学会第 50 回地盤工学研究発表会，pp.1545-1546，2015.9

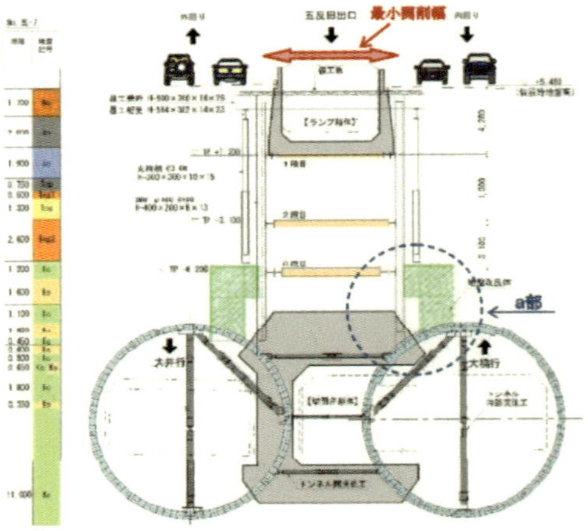

図-1 五反田出入口横断図 [1]

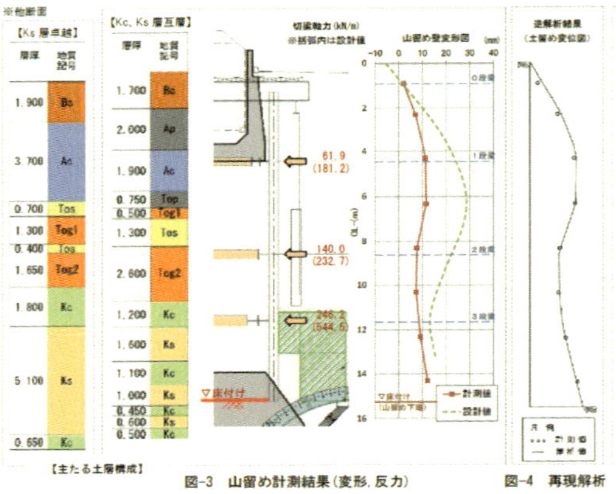

図-3 山留め計測結果（変形，反力）

図-4 再現解析

図-2 山留め計測結果（変形，反力）[1]

巻末-84

巻末資料　　巻末資料2　シールドトンネル　近接施工事例概要調査票

【タイプ2-2】S3204

<table>
<tr><td rowspan="10">①近接施工概要</td><td colspan="2">工事名称</td><td>首都高中央環状品川線五反田出入口工事</td></tr>
<tr><td colspan="2">工期(施工時期)</td><td>2007年2月〜2015年3月</td></tr>
<tr><td colspan="2">近接施工・切拡げ概要</td><td>幹線道路の交差点部において非開削工法により，併設する本線トンネル(内径11.4m)同士を切拡げて，出入口の分合流部を構築</td></tr>
<tr><td colspan="2">トンネルとの位置関係・離隔</td><td>本線トンネル同士の離隔 4〜5m の併設区間を切拡げ</td></tr>
<tr><td colspan="2">シールド工法</td><td>泥土圧シールド</td></tr>
<tr><td colspan="2">切拡げ(開口)幅・高さ</td><td>幅(切拡げ延長)60.0m，78.5m，69.0m，高さ11.91m</td></tr>
<tr><td rowspan="3">セグメント</td><td>種別</td><td>鋼製</td></tr>
<tr><td>外径</td><td>φ12.3m と φ12.3m</td></tr>
<tr><td>桁高</td><td>450mm</td></tr>
<tr><td colspan="2">開口率(開口・切拡げ径／トンネル径)</td><td>0.97 (11.91m/12.3m)</td></tr>
<tr><td rowspan="3">②地盤条件</td><td colspan="2">通過部の土質</td><td>上総層群泥岩・砂礫 (N値≧50)</td></tr>
<tr><td colspan="2">地下水位</td><td>G.L.-3.3m 程度</td></tr>
<tr><td colspan="2">シールド土被り</td><td>13m 程度</td></tr>
<tr><td rowspan="2">③近接影響予測</td><td colspan="2">解析手法</td><td>二次元フレーム解析
二次元非線形有限要素解析</td></tr>
<tr><td colspan="2">解析結果</td><td>許容応力度以下</td></tr>
<tr><td>④近接施工ステップ</td><td colspan="2">近接施工時の切り開き状況</td><td>①パイプルーフ工②パイプルーフ上の止水用の凍土造成③パイプルーフ間の連結・モルタル注入によりアーチ構造体形成④トンネル間掘削⑤セグメント撤去⑥切拡げ躯体を構築</td></tr>
<tr><td rowspan="2">⑤影響低減対策</td><td colspan="2">トンネル切り拡げ・開口</td><td>直線パイプルーフ(パイプルーフアーチ)，凍結工法，トンネル間支保工，内部支保工</td></tr>
<tr><td colspan="2">周辺近接物</td><td>—</td></tr>
<tr><td rowspan="4">⑥計測概要</td><td rowspan="2">トンネル</td><td>計測項目</td><td>パイプルーフアーチの絶対沈下量・鉛直相対変位・水平相対変位，躯体応力・変位，内部支保工応力</td></tr>
<tr><td>結果</td><td>パイプルーフアーチで変形モードが若干異なる傾向はあったが，管理値内で施工完了</td></tr>
<tr><td rowspan="2">周辺近接物</td><td>計測項目</td><td>地表面沈下・地表面傾斜・地下水位</td></tr>
<tr><td>結果</td><td>概ね問題なく施工完了</td></tr>
<tr><td>⑧出典</td><td colspan="3">1) 西嶋宏介，石橋正博，須田久美子，中川雅由：中央環状品川五反田出入口非開削仮設構造の施工実績報告，土木学会トンネル工学報告集，第23巻，IV-1，pp.395-402，2013.11
2) 平野秀一，松崎久倫，須田久美子，中川雅由：中央環状品川線五反田出入口非開削仮設構造の設計施工概要，土木学会トンネル工学報告集，第21巻，II-9，pp.329-333，2011.11
3) 首都高速道路株式会社提供資料</td></tr>
</table>

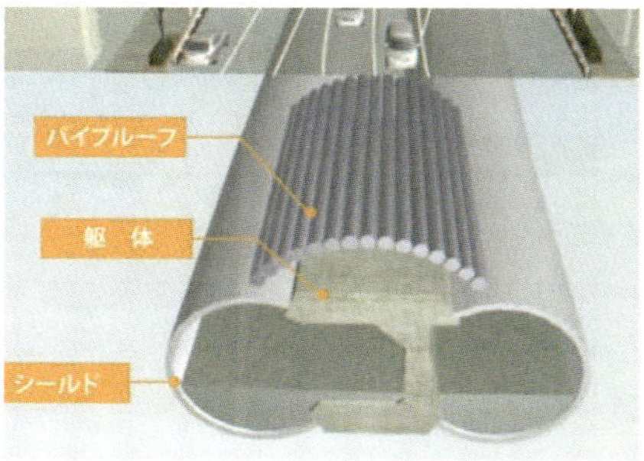

図-1 パイプルーフアーチの適用イメージ[3]

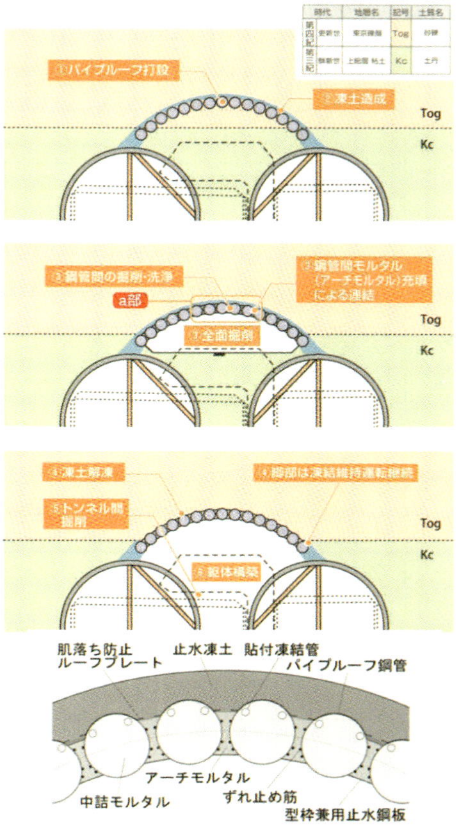

図-2 パイプルーフアーチ構造体の詳細[3]

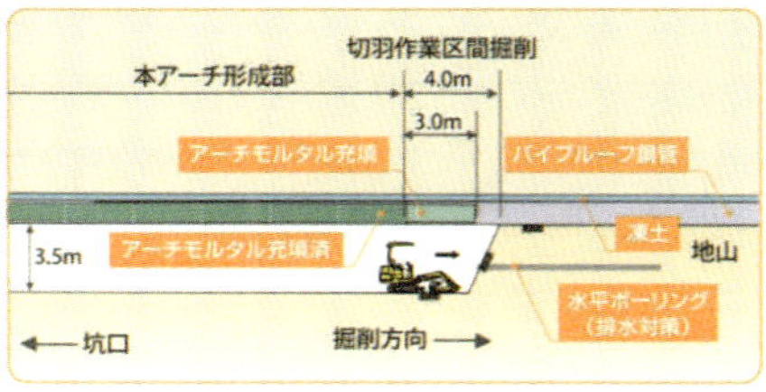

図-3 施工イメージ[3]

T.L.34 都市における近接トンネル

【タイプ 2-2】S3205

①近接施工概要	工事名称		大阪府道高速大和川線常磐工区
	工期(施工時期)		2008年6月～2020年10月
	近接施工・切拡げ概要		矩形セグメント(横8.17m×縦7.7m)に避難通路を接続
	トンネルとの位置関係・離隔		矩形セグメント側部に接続
	シールド工法		(泥土圧シールド工法)
	切拡げ(開口)幅・高さ		セグメント開口:1.40m×1.95m (避難開口内空は1.35m×1.90m)
	セグメント	種別	残置覆工:合成 撤去部 :鋼製
		外径	横8.17m×縦7.7m
		桁高	400mm
	開口率(開口・切拡げ径/トンネル径)		開口高さ/トンネル径比=0.25
②地盤条件	通過部の土質		洪積地盤(砂質土, 砂礫土, 粘性土)
	地下水位		最大約16m
	シールド土被り		最大約16m
③影響予測近接	解析手法		多リングはり-ばねモデル解析
	解析結果		予測変形量:約17mm
④近接施工ステップ	近接施工時の切り開き状況		地盤改良→シールド掘進→土留め芯材撤去→肌落ち防止鉄板→セグメント開口→接続部止水処理→避難路構築→軽量盛土埋戻し
⑤影響低減対策	トンネル切り拡げ・開口		高圧噴射地盤改良+薬液注入
	周辺近接物		—
⑥計測概要	トンネル	計測項目	—
		結果	—
	周辺近接物	計測項目	—
		結果	—
⑧出典	1) 牛垣勝, 戸川敬, 加藤淳司, 馬目広幸, 松川直史:高速道路ランプ部の矩形シールドトンネルに適用する開口部セグメントの設計と施工, 土木学会第73回年次学術講演会概要集, VI-164, 2018.10		

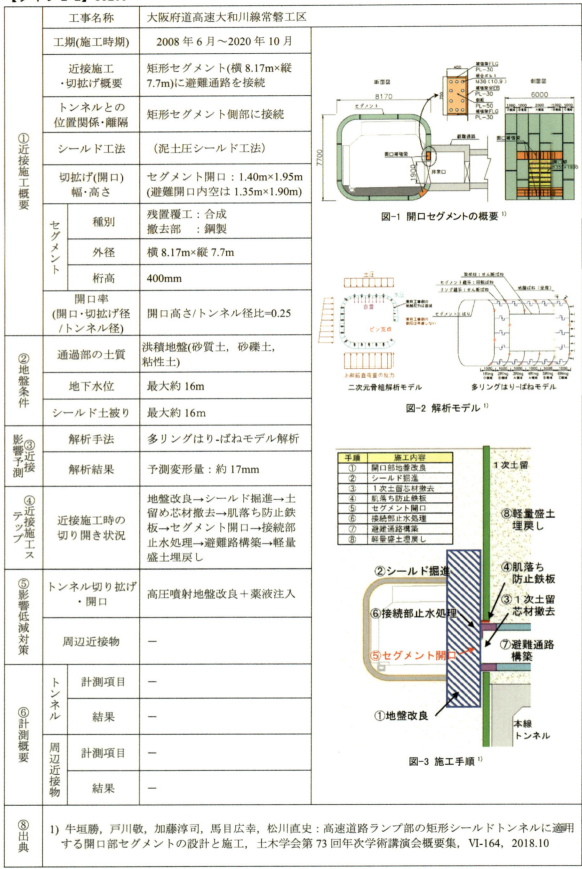

図-1 開口セグメントの概要[1]

図-2 解析モデル[1]

図-3 施工手順[1]

巻末資料　　巻末資料2　シールドトンネル　近接施工事例概要調査票

【タイプ3】S4001

①近接施工概要	工事名称		SJ35工区（2-1）トンネル工事
	工期（施工時期）		2001年8月～2006年10月
	概要		地下鉄直上を掘削する開削トンネル
	セグメント	種別	RC
		外径	φ5.400m
		桁高	300mm
	新設構造諸元	建物構造	首都高速の換気所（全長260mのうちの約160m）
		基礎構造	地下構造物
		施工方法	開削工法（掘削深さ：24.53m）
		土留め	SMW φ800（芯材 H-400×400×13×21　L=32.5m）
		支保工	支保工7段構造
	離隔		（一般部）床付け下方3.5m,（排水ピット部）土留め杭側部2m
	トンネル外径比		（一般部）0.65,（排水ピット部）0.37
②地盤条件	通過部の土質		上部から埋土層（B），段丘層（Lm，Lc,mg）上部東京層（Toc, Tos），東京礫層（Tog），下部東京層（Eds, Edc, Edg），上総層群（Ks1, Kc）
	地下水位		G.L.-2.5m
	シールド土被り		28.0m
③影響予測 近接	解析手法		二次元FEM解析
	解析結果		相対変位　最大4.8mm
④近接施工ステップ	近接施工時の開削部の状況		開削掘削完了時
⑤影響低減対策	開削	目的	－
		方法	－
	シールド	目的	リバウンド防止
		方法	掘削手順変更（排水ピット部先行掘削）
⑥計測概要	開削	計測項目	－
		結果	－
	シールド	計測項目	鉛直変位計測
		結果	相対変位　最大4.1mm
⑦近接施工設定理由			首都高速中央環状線の換気所施工のため
⑧出典			1) 川田成彦，蔵治賢太郎，亀川信，三浦俊彦：地下鉄直上を掘削する開削トンネルのリバウンド対策-本町換気所-，基礎工，vol.35，No.12，pp.36-40，2007.12 2) 首都高速道路株式会社提供資料

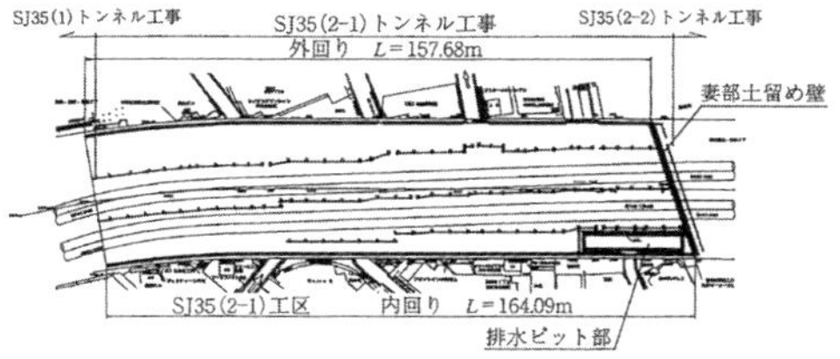

図-1 平面図[1]

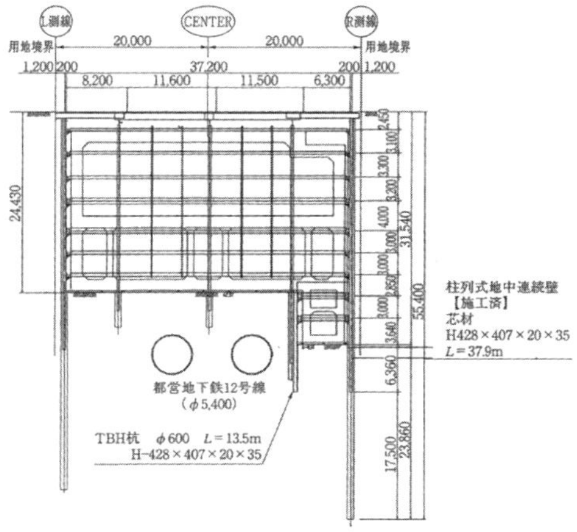

図-2 断面図[1]

表-1 実測値と解析値（27k890）[1]

施工段階	解析Step	掘削深さ(GL.-m)	計測値 左(B線)	計測値 右(A線)	解析値 左(B線) 左側	右側	平均	解析値 右(A線) 左側	右側	平均	備考
5次掘削	7	17.0	5.1	－	5.3	6.1	5.7				4段切梁設置後掘削
			－	5.6				5.9	4.9	5.4	
6次掘削	8	20.0	6.3	－	6.8	7.8	7.3				5段切梁設置後掘削
			－	5.6				7.6	6.2	6.9	
7次掘削	9	23.0	8.4	－	7.9	9.0	8.5				6段切梁設置後掘削
			－	7.5				8.6	7.0	7.8	
8次掘削	10	24.4	10.5	－	9.5	10.6	10.1				7段切梁設置後掘削
			－	9.3				10.1	8.2	9.2	

表-2 相対変位量の実測値と解析値[1]

施工段階 掘削次数	掘削深さ(GL.-m)	解析Step	変位量	左(B線) 27k890	27k900	27k910	評価	右(A線) 27k890	27k900	27k910	評価
6-1次	20.0	8	解析値	2.5	3.6		○	2.0	2.6		○
			計測値	2.0	2.3			1.1	1.5		
P-4（ピット床付）	20.0(31.5)	12	解析値	2.6	3.5		○	2.1	2.5		○
			計測値	1.9	2.4			0.5	1.6		
6-2次	20.0	13	解析値	2.2	3.9		○	2.0	2.6		○
			計測値	2.4	2.6			0.4	2.8		
7次	23.0	14	解析値	3.1	4.2		○	2.7	2.8		○
			計測値	1.7	3.2			0.2	3.5		
8次	24.4	15	解析値	4.1	4.8		○	3.6	3.3		○
			計測値	3.1	4.1			1.2	3.7		

巻末-87

T.L.34 都市における近接トンネル

【タイプ3】S4002

<table>
<tr><td rowspan="16">①近接施工概要</td><td colspan="2">工事名称</td><td>代々木上原駅・梅ヶ丘駅間線増連続立体交差工事（小田急下北沢第3工区）</td></tr>
<tr><td colspan="2">工期（施工時期）</td><td>2006年2月〜2018年3月</td></tr>
<tr><td colspan="2">概要</td><td>営業線シールドトンネル直上部における開削ボックスカルバートの構築</td></tr>
<tr><td rowspan="3">セグメント</td><td>種別</td><td>鋼製セグメント</td></tr>
<tr><td>外径</td><td>φ8.1m</td></tr>
<tr><td>桁高</td><td>300mm</td></tr>
<tr><td rowspan="5">新設構造諸元</td><td>建物構造</td><td>ボックスカルバート</td></tr>
<tr><td>基礎構造</td><td>地下構造物</td></tr>
<tr><td>施工方法</td><td>開削工法
（掘削深さ：11m〜17m）</td></tr>
<tr><td>土留め</td><td>L=23.014m（根入れ有部）
L=13.775m（根入れ無部）</td></tr>
<tr><td>支保工</td><td>支保工3段〜4段構造</td></tr>
<tr><td colspan="2">離隔</td><td>最小約0.6m</td></tr>
<tr><td colspan="2">トンネル外径比</td><td>0.07</td></tr>
<tr><td rowspan="3">②地盤条件</td><td colspan="2">通過部の土質</td><td>Ts，　MT，　Lc，　To，Kzs</td></tr>
<tr><td colspan="2">地下水位</td><td>TP+34.740m</td></tr>
<tr><td colspan="2">シールド土被り</td><td>約0.6m</td></tr>
<tr><td rowspan="2">③近接影響予測</td><td colspan="2">解析手法</td><td>二次元FEM解析</td></tr>
<tr><td colspan="2">解析結果</td><td>小土被りの影響による地盤の緩みを評価</td></tr>
<tr><td>④近接施工ステップ</td><td colspan="2">近接施工時の開削部の状況</td><td>開削掘削完了時</td></tr>
<tr><td rowspan="4">⑤影響低減対策</td><td rowspan="2">開削</td><td>目的</td><td>土留め部根入れ不足対策</td></tr>
<tr><td>方法</td><td>高圧噴射撹拌工法</td></tr>
<tr><td rowspan="2">シールド</td><td>目的</td><td>—</td></tr>
<tr><td>方法</td><td>—</td></tr>
<tr><td rowspan="4">⑥計測概要</td><td rowspan="2">開削</td><td>計測項目</td><td>変位および切梁軸力</td></tr>
<tr><td>結果</td><td>管理値内に収めることができた</td></tr>
<tr><td rowspan="2">シールド</td><td>計測項目</td><td>内空変位およびひずみ</td></tr>
<tr><td>結果</td><td>管理値内に収めることができた</td></tr>
<tr><td>⑦近接施工設定理由</td><td colspan="2"></td><td>鉄道在来線の複々線化のための地下化により</td></tr>
<tr><td>⑧出典</td><td colspan="2"></td><td>1) 宮原賢一，伊藤健治，中山佳久，村上達也，熊谷翼：営業線シールドトンネル直上における土留め工の計画と設計-その1，土木学会第69回年次学術講演会概要集，VI-701，2014.9
2) 兜俊彦，上野俊彦，小寺和己，大石憲寛，尾関孝人：営業線シールドトンネル直上における土留め工の計画と設計-その2，土木学会第69回年次学術講演会概要集，VI-702，2014.9
3) 小田急電鉄株式会社提供資料</td></tr>
</table>

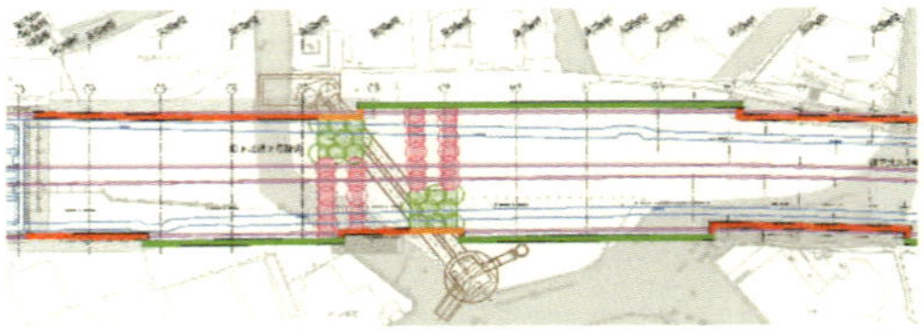

図-1 平面図 [1]

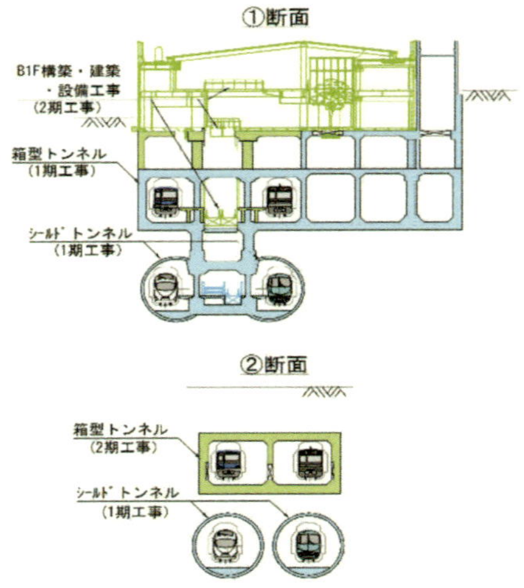

図-2 断面図 [1]

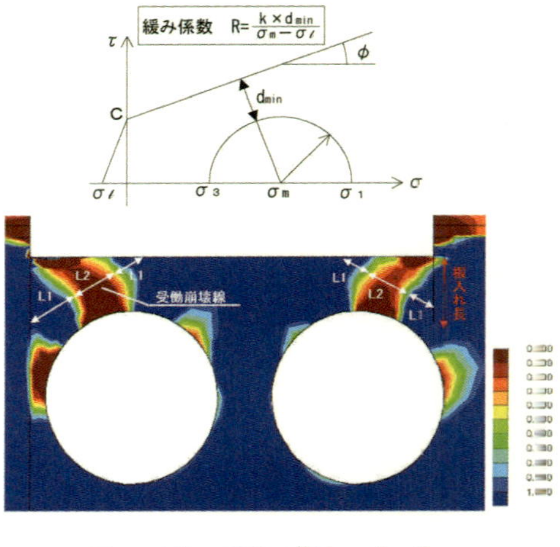

図-3 ゆるみ係数の算定モデル [2]

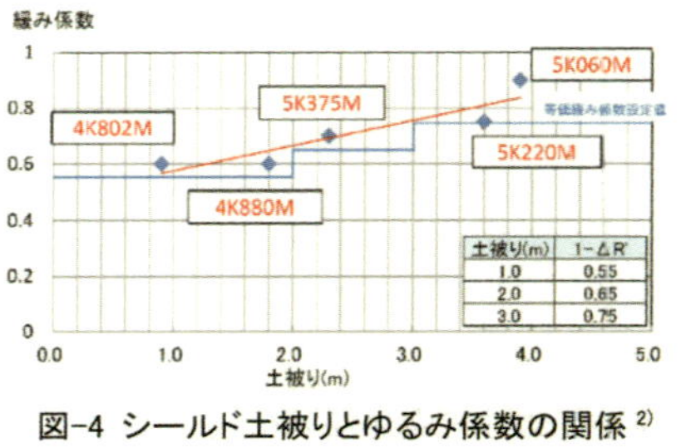

図-4 シールド土被りとゆるみ係数の関係 [2]

巻末資料　　巻末資料 2　シールドトンネル　近接施工事例概要調査票

【タイプ 3】S4003

<table>
<tr><td rowspan="18">① 近接施工概要</td><td colspan="2">工事名称</td><td>地下鉄 13 号線　新宿三丁目二工区</td></tr>
<tr><td colspan="2">工期（施工時期）</td><td>2001 年 6 月～2006 年 9 月</td></tr>
<tr><td colspan="2">概要</td><td>地下鉄直上を掘削する開削トンネル</td></tr>
<tr><td rowspan="3">セグメント</td><td>種別</td><td>—</td></tr>
<tr><td>外径</td><td>7.3m</td></tr>
<tr><td>桁高</td><td>—</td></tr>
<tr><td rowspan="5">新設構造物諸元</td><td>建物構造</td><td>地下鉄 13 号線新宿三丁目駅：2 層 2 径間</td></tr>
<tr><td>基礎構造</td><td>—</td></tr>
<tr><td>施工方法</td><td>開削工法</td></tr>
<tr><td>土留め</td><td>2 段土留：1 次－せん孔鋼杭 A φ600，2 次－坑内鋼矢板Ⅳ型</td></tr>
<tr><td>支保工</td><td>腹起し H-350，切梁 H-300</td></tr>
<tr><td colspan="2">離隔</td><td>最小 0.11m</td></tr>
<tr><td colspan="2">トンネル外径比</td><td>0.02</td></tr>
<tr><td rowspan="3">② 地盤条件</td><td colspan="2">通過部の土質</td><td>Tog 層，Tos 層，Toc 層</td></tr>
<tr><td colspan="2">地下水位</td><td>—</td></tr>
<tr><td colspan="2">シールド土被り</td><td>16.5m</td></tr>
<tr><td rowspan="2">③ 近接影響予測</td><td colspan="2">解析手法</td><td>FEM 解析</td></tr>
<tr><td colspan="2">解析結果</td><td>最大相対変化量 0.9mm</td></tr>
<tr><td>④ 近接施工ステップ</td><td colspan="2">近接施工時の開削部の状況</td><td>下床版コンクリート打設</td></tr>
<tr><td rowspan="4">⑤ 影響低減対策</td><td rowspan="2">開削</td><td>目的</td><td>リバウンド抑止</td></tr>
<tr><td>対策</td><td>アイランド掘削，地下水位低下</td></tr>
<tr><td rowspan="2">シールド</td><td>目的</td><td>特になし</td></tr>
<tr><td>対策</td><td>特になし</td></tr>
<tr><td rowspan="4">⑥ 計測概要</td><td rowspan="2">開削</td><td>計測項目</td><td>—</td></tr>
<tr><td>結果</td><td>—</td></tr>
<tr><td rowspan="2">シールド</td><td>計測項目</td><td>鉛直変位：水盛式沈下計</td></tr>
<tr><td>結果</td><td>最大相対変位 1.9mm</td></tr>
<tr><td>⑦ 近接施工設定理由</td><td colspan="2"></td><td>—</td></tr>
<tr><td>⑧ 出典</td><td colspan="3">1）岡田龍二：シールドトンネル直上での開削工事 -副都心線新宿三丁目駅-，基礎工，vol.37，No.2，pp.80-84，2009.2</td></tr>
</table>

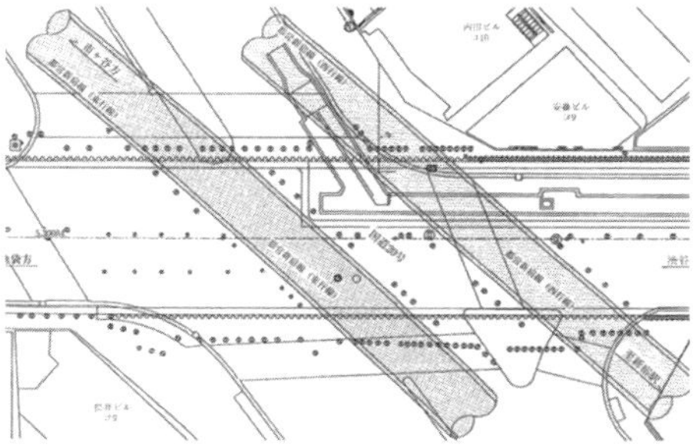

図-1　平面図 [1]

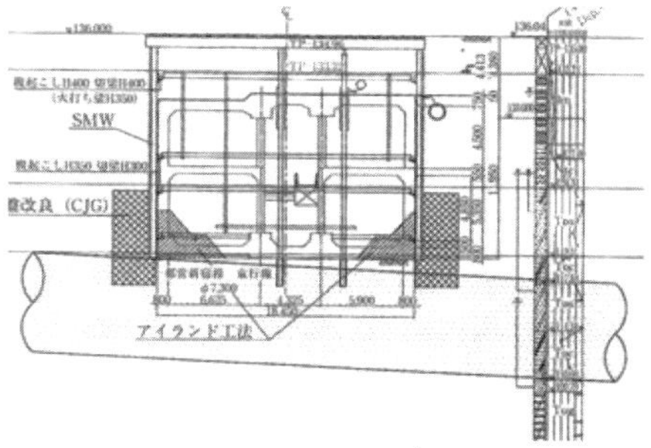

図-2　断面図 [1]

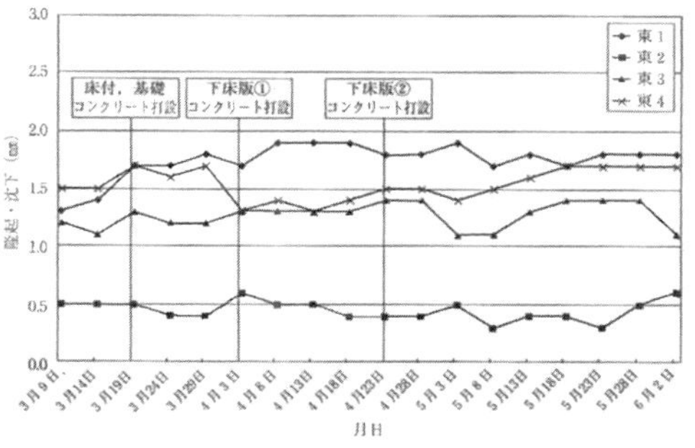

図-3　計測結果 [1]

巻末-89

T.L.34 都市における近接トンネル

【タイプ3】S4004

①近接施工概要		工事名称	（仮称）OH-1 計画
		工期（施工時期）	2015 年 5 月～2019 年 3 月 （2016 年 8 月～2019 年 3 月）
		概要	地下鉄営業線の側部に地下 5 階のオフィスビルを築造
	セグメント	種別	RC セグメント中子型
		外径	6.6m
		桁高	350mm
	新設構造物諸元	建物構造	地上 31 階，地下 5 階
		基礎構造	パイルド・ラフト
		施工方法	開削工法；根切り深さ 34.2m
		土留め	SMW(H-700×300，@600)，芯材 GL-26.5～29.5m
		支保工	逆巻き施工
		離隔	5.4m
		トンネル外径比	0.82
②地盤条件		通過部の土質	N 値 50 以上の砂質土層
		地下水位	GL-2.5m 程度
		シールド土被り	25m 程度
③近接影響予測		解析手法	2 次元 FEM 解析
		解析結果	水平 3.26 ㎜，鉛直 3.01 ㎜
④近接施工ステップ		近接施工時の開削部の状況	開削掘削完了時
⑤影響低減対策	開削	目的	盤ぶくれ低減
		対策	グラウンドアンカー
	シールド	目的	—
		対策	—
⑥計測概要	開削	計測項目	—
		結果	—
	シールド	計測項目	変位測量
		結果	鉛直：4.2 ㎜，内空断面：2.0 ㎜
⑦近接施工設定理由			オフィスビル新設
⑧出典			1) メトロ開発株式会社提供資料

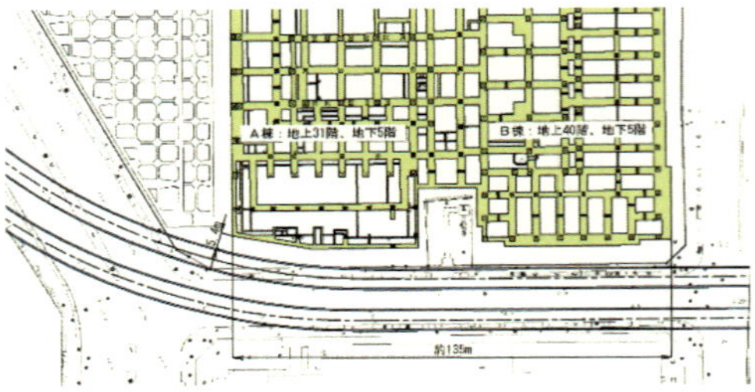

図-1 平面図 [1]

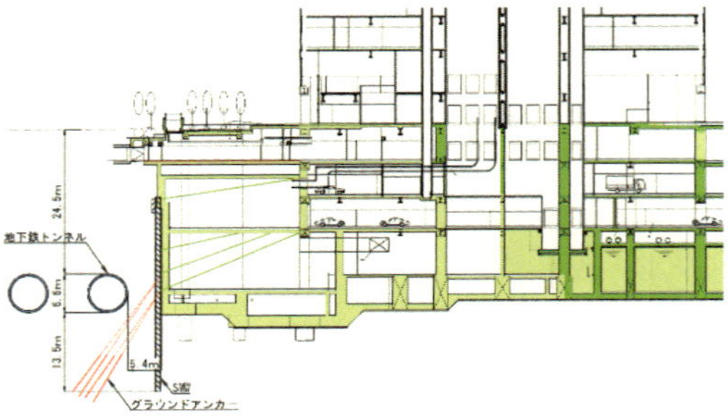

図-2 断面図 [1]

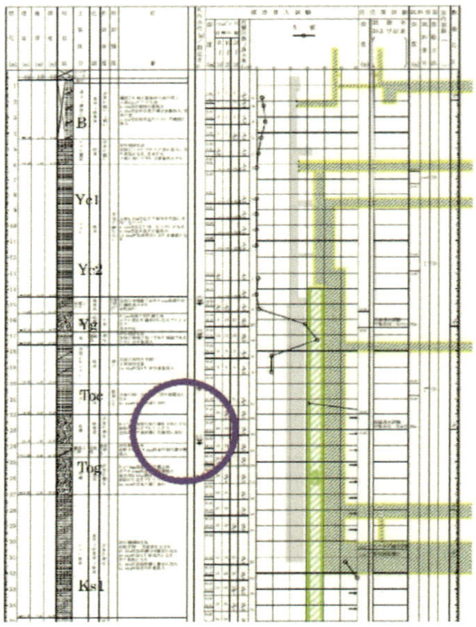

図-3 土質柱状図 [1]

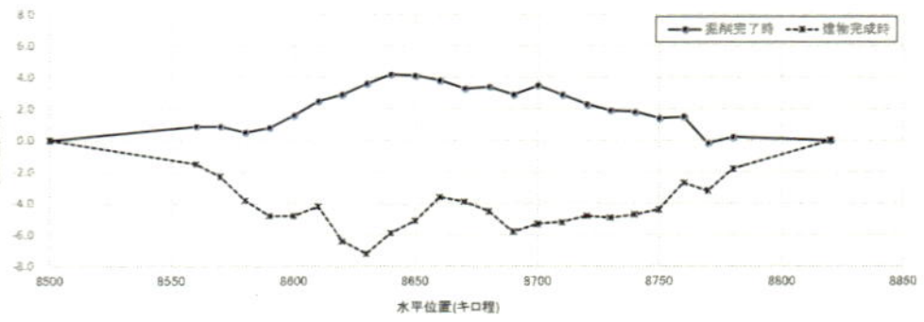

図-4 計測結果 [1]

巻末資料　　巻末資料2　シールドトンネル　近接施工事例概要調査票

【タイプ3】S4005

①近接施工概要		工事名称	首都高速中央環状新宿線大橋地区本線接続工事	
		工期（施工時期）	2008年8月〜2015年3月	
		概要	供用中の上下2本双設トンネルの拡幅工事	
	セグメント	種別	鋼製	
		外径	12.65m	
		桁高	900mm	
	新設構造物諸元	建物構造	分岐合流部：拡幅約250m	
		基礎構造		
		施工方法	開削工法とNATM工法の併用	
		土留め	水平多軸回転カッター方式	
		支保工	逆巻き工法	
		離隔	－	
		トンネル外径比	－	
②条件	地盤	通過部の土質	上総層群泥岩，東京礫層	
		地下水位	TP+16〜17m	
		シールド土被り	24.3〜25.4m	
③近接影響予測		解析手法	2次元FEM解析（セグメント・接合部），骨組み解析（躯体）	
		解析結果	上層：25.8㎜，下層：23.0㎜	
④近接施工ステップ		近接施工時の開削部の状況	セグメント切拡げ	
⑤影響低減対策	開削	目的	肌落ち防止および止水ゾーン形成	
		対策	先受パイプルーフ（φ114㎜）および薬液注入	
	シールド	目的	－	
		対策	－	
⑥計測概要	開削	計測項目	－	
		結果	－	
	シールド	計測項目	変位	
		結果	上層：25.8㎜，下層：19.0㎜	
⑦近接施工設定理由			道路トンネル分岐部の切拡げのため	
⑧出典			1) 土木学会：トンネルライブラリー第28号シールドトンネルにおける切拡げ技術，pp.147-156，2015.	

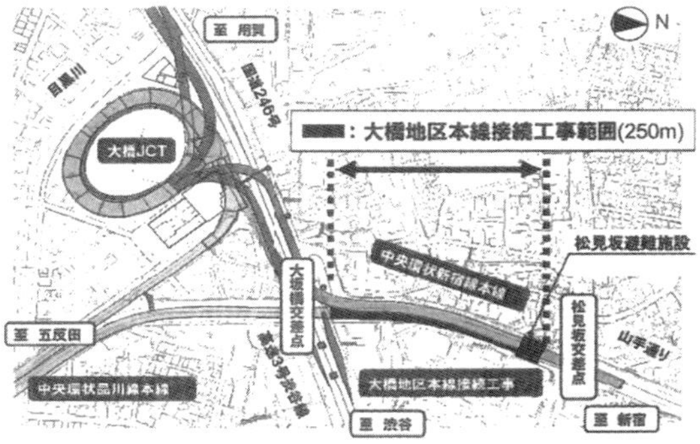

図-1　平面図[1]

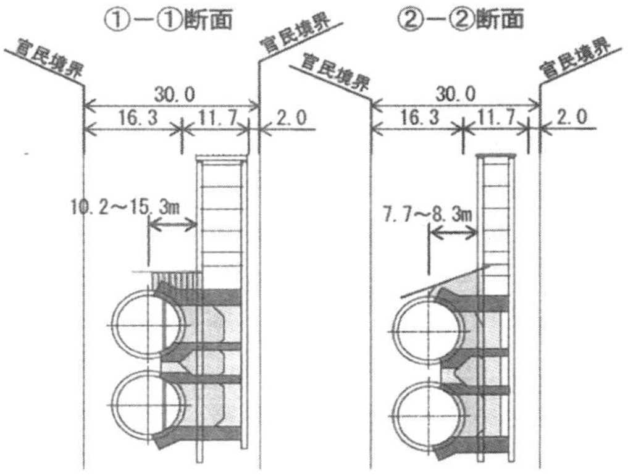

図-2　断面図[1]

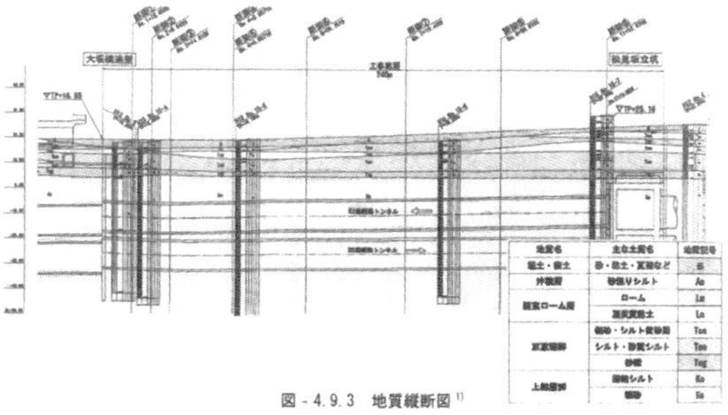

図-4.9.3　地質縦断図[1]

図-3　地質縦断図[1]

巻末-91

T.L.34 都市における近接トンネル

【タイプ3】S4006

①近接施工概要	工事名称		戸塚駅西口再開発共同ビル棟新築工事
	工期（施工時期）		2001年6月～2006年9月
	概要		既設シールドの直上に商業施設ビルを構築
	セグメント	種別	ダクタイルセグメント
		外径	6.5m
		桁高	300mm（二次覆工250m）
	新設構造物諸元	建物構造	SRC（地下）+S（地上）造
		基礎構造	場所打ち杭（拡径杭 φ0.8～3.2m）
		施工方法	開削工法
		土留め	SMW＋親杭横矢板
		支保工	除去式アンカー＋腹起
	離隔		0.82m
	トンネル外径比		0.13
②地盤条件	通過部の土質		上部15m沖積層
	地下水位		GL-7m程度
	シールド土被り		10m程度
③近接影響予測	解析手法		2次元弾性FEM解析＋弾性床状梁
	解析結果		高低狂い0.35mm/10m(最大) 通り狂い0.2mm/10m(最大)
④近接施工ステップ	近接施工時の開削部の状況		図-2の通り．ディープウェルは稼働．
⑤影響低減対策	開削	目的	揚圧力の低減
		対策	ディープウェル，遮水性土留，底盤改良
	シールド	目的	リバウンド防止
		対策	シールド頂部の地盤改良
⑥計測概要	開削	計測項目	近隣の地表面変位（測量）
		結果	一次警戒値を超えなかった
	シールド	計測項目	軌道高低狂い，通り狂い，水準狂い，内空変位，絶対変位
		結果	一次警戒値内を超えなかった
⑦近接施工設定理由	駅周辺再開発のため		
⑧出典	1) 大江郁夫，和田洋明，橋本守，島津嘉祐：大規模掘削工事にともなう営業線地下鉄シールドの挙動について，土木学会第65回年次学術講演会概要集，VI-255，pp.509-510，2010.9		

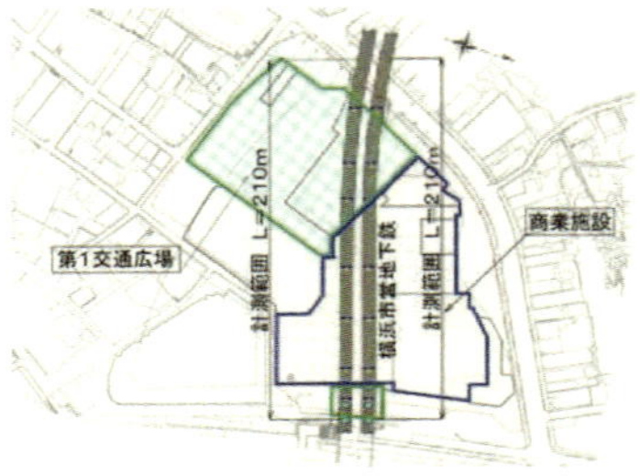

図-1 平面図[1]

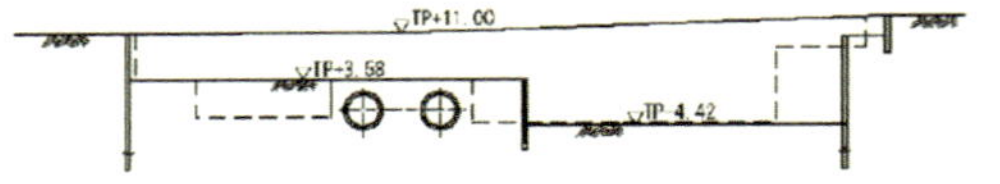

図-2 断面図[1]

（注）破線部が原設計掘削計画

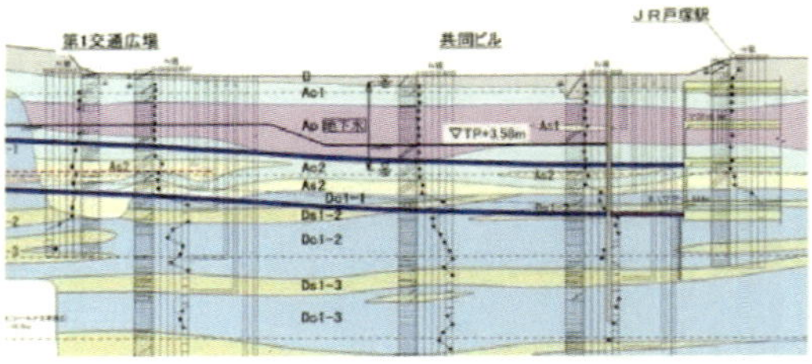

図-3 地質縦断図[1]

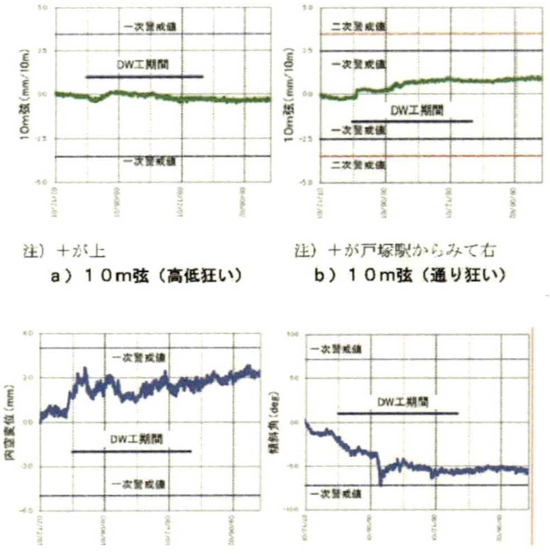

注）＋が上
a）10m弦（高低狂い）

注）＋が戸塚駅からみて右
b）10m弦（通り狂い）

注）＋が横溜れ
c）内空変位（S.L.）

注）＋が戸塚駅からみて時計回り
d）傾斜角（水準狂い）

図-4 計測結果[1]

巻末資料　巻末資料2　シールドトンネル　近接施工事例概要調査票

【タイプ3】S4007

①近接施工概要	工事名称		「新宿駅新南口ビル（仮称）」の建設工事
	工期（施工時期）		2012年8月～2013年8月
	概要		新南口ビル建設工事における地下鉄シールドトンネルに近接した基礎杭の施工とその管理
	セグメント	種別	—
		外径	7.3m
		桁高	—
	新設構造物諸元	建物構造	「JR 新宿駅新南口ビル（仮称）」地上33階, 地下2階
		基礎構造	連壁杭
		施工方法	地中連続壁工法
		土留め	泥水
		支保工	—
	離隔		1.107m（連壁杭とシールド）
	トンネル外径比		0.15
②地盤条件	通過部の土質		上部からローム質粘土層(Lc), 東京層(Tos, Toc), 東京礫層(Tog), 江戸川層(Edc)
	地下水位		T.P.+25m
	シールド土被り		16.6m
③近接影響予測	解析手法		2次元FEM解析
	解析結果		水平+1.1 mm, 鉛直-1.0 mm
④近接施工ステップ	近接施工時の開削部の状況		—
⑤影響低減対策	開削	目的	計測管理
		対策	連続地中壁に超音波孔壁測定器を設置し壁面変位を計測
	シールド	目的	計測管理
		対策	内空変位計測
⑥計測概要	開削	計測項目	壁面変位
		結果	+70mm程度
	シールド	計測項目	内空変位
		結果	水平0.0mm, 鉛直-2.0mm
⑦近接施工設定理由	—		
⑧出典	1) 西村嘉章, 星野正：地下鉄シールドトンネルに近接した基礎杭の施工について, 土木学会第68回年次学術講演会概要集, VI-044, pp.87-88, 2013.9		

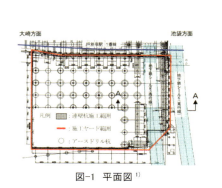

図-1　平面図[1]

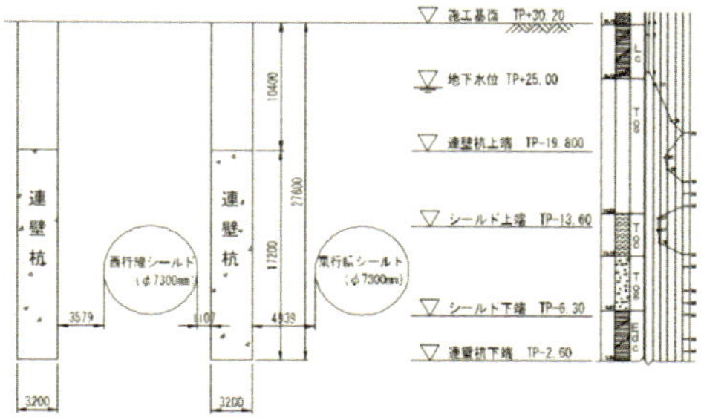

図-2　断面図[1]

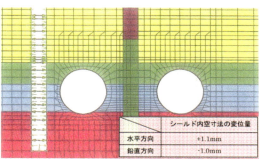

図-3　解析結果[1]

表-1　解析結果と計測値の比較[1]

	シールド内空寸法の変位量	
	解析値	計測値
水平方向	+1.1mm	0.0mm
鉛直方向	-1.0mm	-2.0mm

※鉛直方向の計測値測量誤差を含み、1mm単位の計測。

T.L.34 都市における近接トンネル

【タイプ3】S4008

①近接施工概要	工事名称		「長堀通整備事業」にともなう建設工事
	工期（施工時期）		（1994年～1995年）
	概要		とう道に近接し，地下四層にわたり地下街・駐車場・地下鉄を一体で整備
	セグメント	種別	鋼製セグメント
		外径	3.15m
		桁高	125mm
	新設構造物諸元	建物構造	地下街・駐車場・地下鉄
		基礎構造	―
		施工方法	開削工法，CJG改良
		土留め	切梁7段
		支保工	―
	離隔		0.7～1.2m
	トンネル外径比		0.22
②地盤条件	通過部の土質		上部から沖積層群，洪積層群（低位・中位段丘層），大阪層群
	地下水位		―
	シールド土被り		0.7～1.2m
③近接影響予測	解析手法		2次元FEM解析
	解析結果		65～87mm程度（隆起）
④近接施工ステップ	近接施工時の開削部の状況		―
⑤影響低減対策	開削	目的	計測管理
		対策	地盤内に沈下計，間隙水圧計を配置し計測
	シールド	目的	計測管理
		対策	とう道内に沈下計，内空変位，傾斜計，温度計を配置し計測
⑥計測概要	開削	計測項目	鉛直変位
		結果	80mm程度（隆起）
	シールド	計測項目	鉛直変位
		結果	52.9mm（隆起）
⑦近接施工設定理由	―		
⑧出典	1) 鎌田敏正，太田擴，小野沢潔，有本弘孝：大規模開削における交差線状構造物とその周辺地盤の挙動－大阪市地下鉄7号線延伸　長堀橋駅～心斎橋駅間－，トンネルと地下，Vol.28, No.9, pp.7-16, 1997.9		

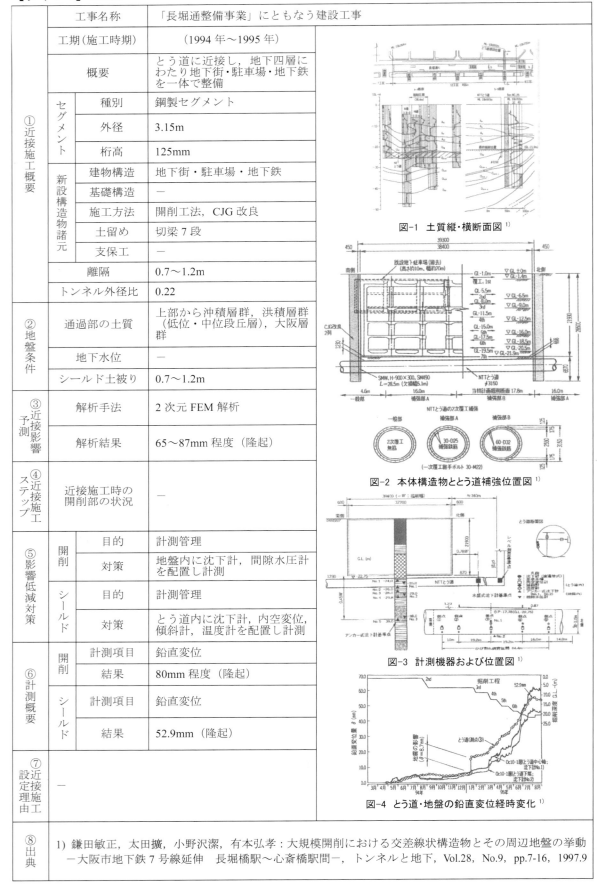

図-1　土質縦・横断面図[1]

図-2　本体構造物ととう道補強位置図[1]

図-3　計測機器および位置図[1]

図-4　とう道・地盤の鉛直変位経時変化[1]

巻末-94

巻末資料　　巻末資料2　シールドトンネル　近接施工事例概要調査票

【タイプ3】S4009

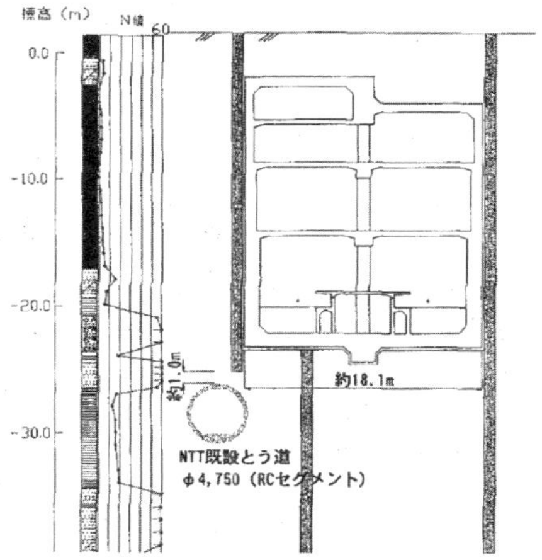

図-1　とう道補強部の横断面図[1]

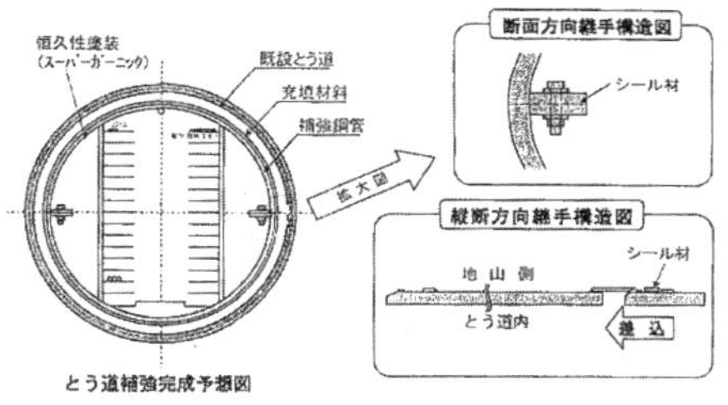

図-2　スチールライニング工法による補強例[1]

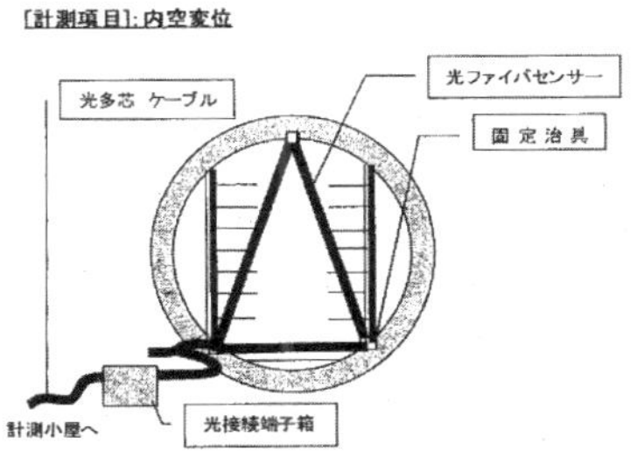

図-3　光ファイバセンサ配置[1]

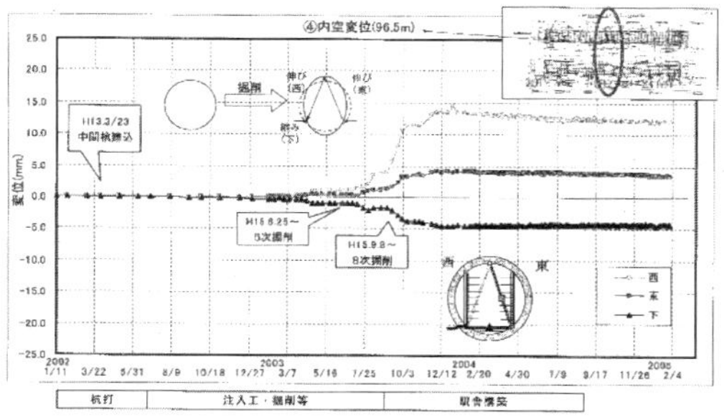

図-4　トンネル内空変位計測結果例[1]

①近接施工概要	工事名称		「大阪市営地下鉄8号線」の建設工事
	工期（施工時期）		（2003年～2004年）
	概要		とう道に近接し地下鉄駅を整備
	セグメント	種別	RCセグメント
		外径	4.75m
		桁高	—
	新設構造物諸元	建物構造	地下鉄駅舎
		基礎構造	土留め壁
		施工方法	—
		土留め	—
		支保工	—
	離隔		1.0m
	トンネル外径比		0.21
②条件 地盤	通過部の土質		軟弱沖積粘性土
	地下水位		—
	シールド土被り		25m程度
③近接影響予測	解析手法		—
	解析結果		—
④近接施工ステップ	近接施工時の開削部の状況		—
⑤影響低減対策	開削	目的	—
		対策	—
	シールド	目的	計測管理
		対策	とう道内に光ファイバセンサを配置し鉛直変位を計測
⑥計測概要	開削	計測項目	—
		結果	—
	シールド	計測項目	鉛直変位
		結果	15mm程度
⑦近接施工理由設定	—		
⑧出典	1) 奥野正富，太田拡，誉田孝宏，柳川真次，増田敏一：近接施工に伴う既設シールドトンネルの補強工事と長期変状監視，土木学会トンネル工学報告集，第16巻，pp.381-388，2006.11		

T.L.34 都市における近接トンネル

【タイプ3】S4010

<table>
<tr><td rowspan="11">① 近接施工概要</td><td colspan="2">工事名称</td><td>「中之島新線」の建設工事</td></tr>
<tr><td colspan="2">工期(施工時期)</td><td>(2006年)</td></tr>
<tr><td colspan="2">概要</td><td>とう道に近接し地下鉄を整備</td></tr>
<tr><td rowspan="3">セグメント</td><td>種別</td><td>RCセグメント</td></tr>
<tr><td>外径</td><td>5.7m</td></tr>
<tr><td>桁高</td><td>—</td></tr>
<tr><td rowspan="5">新設構造物諸元</td><td>建物構造</td><td>地下鉄</td></tr>
<tr><td>基礎構造</td><td>土留め壁</td></tr>
<tr><td>施工方法</td><td>遮水工法</td></tr>
<tr><td>土留め</td><td>SMW</td></tr>
<tr><td>支保工</td><td>—</td></tr>
<tr><td colspan="3">離隔</td><td>1.0m</td></tr>
<tr><td colspan="3">トンネル外径比</td><td>0.21</td></tr>
<tr><td rowspan="3">② 地盤条件</td><td colspan="2">通過部の土質</td><td>沖積粘土層(平均N値=1〜3,一軸圧縮強度 qu=75〜145kN/m²,液性指数 IL=0.45〜0.58,層厚13m程度)</td></tr>
<tr><td colspan="2">地下水位</td><td>—</td></tr>
<tr><td colspan="2">シールド土被り</td><td>25m程度</td></tr>
<tr><td rowspan="2">③ 近接影響予測</td><td colspan="2">解析手法</td><td>2次元弾性FEM</td></tr>
<tr><td colspan="2">解析結果</td><td>—</td></tr>
<tr><td>④ 近接施工ステップ</td><td colspan="2">近接施工時の開削部の状況</td><td>—</td></tr>
<tr><td rowspan="4">⑤ 影響低減対策</td><td rowspan="2">開削</td><td>目的</td><td>—</td></tr>
<tr><td>対策</td><td>—</td></tr>
<tr><td rowspan="2">シールド</td><td>目的</td><td>応力度増加対策</td></tr>
<tr><td>対策</td><td>リングビーム補強</td></tr>
<tr><td rowspan="4">⑥ 計測概要</td><td rowspan="2">開削</td><td>計測項目</td><td>鉛直変位</td></tr>
<tr><td>結果</td><td>17mm程度</td></tr>
<tr><td rowspan="2">シールド</td><td>計測項目</td><td>鉛直変位</td></tr>
<tr><td>結果</td><td>17mm程度</td></tr>
<tr><td>⑦ 近接施工設定理由</td><td colspan="2"></td><td>—</td></tr>
<tr><td>⑧ 出典</td><td colspan="2"></td><td>1) 鎌田敏正,上野和章,石本敦,森岡周,應治義人,譽田孝宏:地下鉄停留場の開削工事直下に位置する通信用トンネルの挙動,土木学会関西支部平成19年度施工技術報告会,pp.25-34,2008.1</td></tr>
</table>

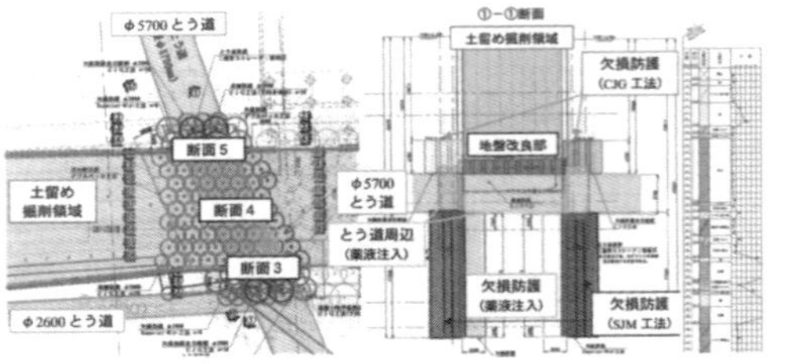

図-1 平面図および横断面図[1]

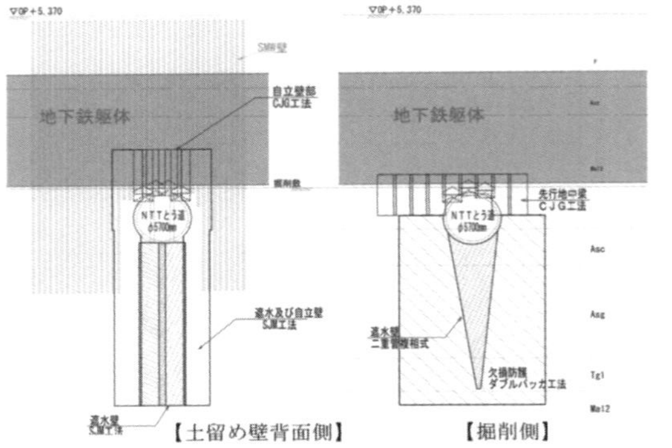

図-2 土留め壁欠損防護用の地盤改良工に関する横断面図[1]

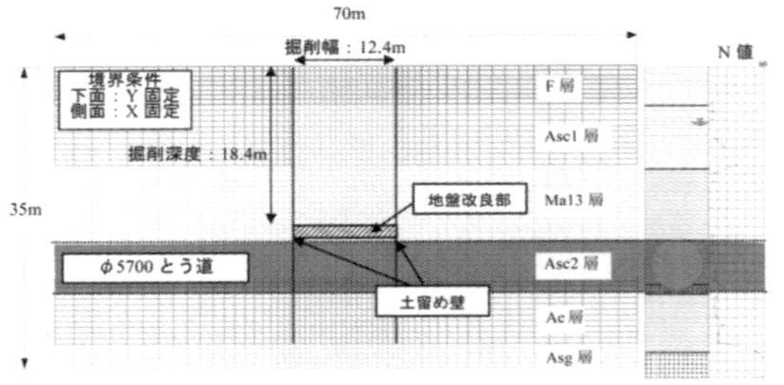

図-3 FEM解析用のメッシュ図[1]

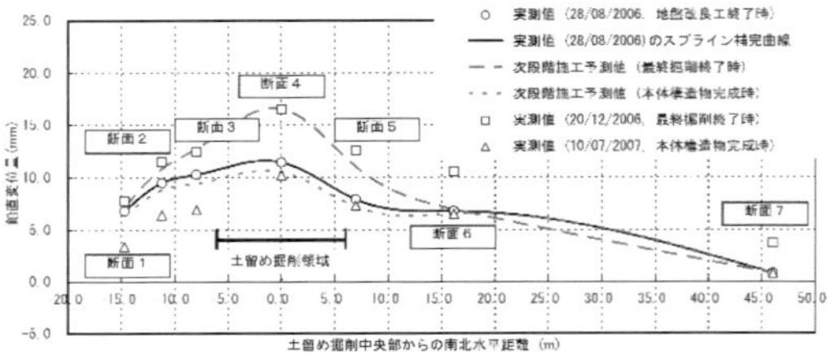

図-4 とう道縦断方向の鉛直変位量分布図[1]

巻末資料　　　巻末資料3　シールドトンネル　概要調査票，近接施工事例 番号一覧表（INDEX）

巻末資料3　シールドトンネル　概要調査票，近接施工事例　番号一覧表（INDEX）

巻末資料2 シールドトンネル 近接施工事例 概要調査票		第Ⅱ編　6章 シールドトンネル 近接施工事例		工事名	本文引用箇所 （頁　Ⅱ-）
番号	頁（巻末-）	有無	頁（Ⅱ-）		
S1	26	○	114-117	（高負）横浜環状北線馬場出入口・馬場換気所及び大田神奈川線街路構築工事	94
S2	27	－	－	（高負）横浜環状北線馬場出入口・馬場換気所及び大田神奈川線街路構築工事	97, 98
S6	28	○	118-121	地下鉄御堂筋線近接に伴う大和川線シールド受託工事	59, 62
S7	29	○	129-131	中央環状品川線大井地区トンネル工事	93, 99
S12	30	○	122-125	首都高速　横浜環状北線シールドトンネル工事	59, 62, 83
S19	32	－	－	常新，三ノ輪T他1	93, 94, 99, 102
S20	33	－	－	常新，綾瀬川T他1	93, 101
S24	35	－	－	地下鉄 12 号線環状部飯田橋駅工区建設工事	59, 62, 93, 94, 101
S28	37	－	－	（負）高速横浜環状北西線シールドトンネル（港北行）工事	59, 62, 63, 98
S31	38	－	－	S11 工区（4）～SJ31 工区（外回り）トンネル工事，S11 工区（4）～SJ31 工区（内回り）トンネル工事	59, 62, 93
S32	38	－	－	S11 工区（4）～SJ31 工区（外回り）トンネル工事，S11 工区（4）～SJ31 工区（内回り）トンネル工事	93, 100
S34	39	○	126-129	平成 24 年度 302 号鳴海共同溝工事	83
S1001	44	－	－	西大阪延伸線建設工事のうち土木工事（第 3 工区）	93
S1101	46-47	○	132-136	常磐工区開削トンネル工事	83, 102
S2001	48	－	－	調布駅付近連続立体交差工事（土木）第 4 工区	94
S2002	49	○	137-142	調布駅付近連続立体交差工事（土木）第 2 工区	83
S2003	50	○	143-147	代々木上原駅・梅ヶ丘駅間線増連続立体交差工事（下北沢シールド土木第 3 工区）	83, 94
S2004	51	○	148-157	大阪市地下鉄今里筋線　本線シールドトンネル工事（瑞光四丁目～だいどう豊里間）	64-68, 84
S2005	52	－	－	常新，つくばT他工事	93, 94, 103
S2006	53	－	－	臨海，東品川T他	94

T.L.34　都市における近接トンネル

S2007	54	○	148-157	大阪市地下鉄今里筋線 本線シールドトンネル工事（清水～新森古市間），出入庫線シールドトンネル工事	148
S2016	58	○	158-164	大和川線シールドトンネル工事	64, 68-73, 84
S2017	59	○	158-164	都市計画道路 大和川線シールド工事	64, 68-73, 84
S2018	60	○	158-164	都市計画道路 大和川線シールド工事，都市計画道路 大和川線ランプシールド工事	16, 18, 64, 68-73, 84, 94, 103
S2021	63	―	―	八王子南バイパス館第一トンネル工事	94, 104
S2103	66	○	165-169	横浜環状北線馬場出入口工事（Bランプシールド）	84
S3001	67	―	―	京王電鉄調布駅付近連続立体交差工事（土木）第2工区	94
S3002	68	―	―	小田急小田原線連続立体複々線化事業下北沢～世田谷代田区間地下化	94
S3003	69	―	―	地下鉄13号線高田A線工区	94
S3004	70	―	―	片福連絡線桜橋シールドT工事	94
S3005	71	―	―	臨海，大井町St他 工事	94
S3006	72	―	―	国道25号御堂筋共同溝立坑工事	94
S3007	73	○	170-174	（高負）横浜環状北線馬場出入口・馬場換気所および大田神奈川線街路築造工事	84, 94
S3008	74	―	―	南品川換気所避難連絡路接続工事	94, 104
S3009	75	―	―	名南幹線Ⅱ期「新大府GS～豊明神明VS」シールド土木工事	94
S3010	76	―	―	（負）高速横浜環状北西線シールドトンネル（港北行）工事	94
S3201	82	―	―	首都高速中央環状品川線大橋連結路工事	94
S3202	83	―	―	首都高横浜環状北線シールドトンネル工事	94
S3203	84	―	―	首都高中央環状品川線五反田出入口工事	94
S3204	85	○	175-180	首都高速中央環状品川線五反田出入口工事	84, 94
S4001	87	―	―	SJ35工区（2-1）トンネル工事	105
S4003	89	○	181-184	地下鉄13号線 新宿三丁目二工区	84, 96
S4004	90	○	185-188	（仮称）OH-1計画	84, 96, 105
S4006	92	○	189-193	戸塚駅西口再開発共同ビル棟新築工事	84, 96, 106

巻末資料　巻末資料4　特殊トンネル　近接施工事例一覧表

巻末資料4　特殊トンネル近接施工事例一覧表

タイプ1　比較的小口径なエレメントを順次地中に挿入し、その後一体化することでトンネル本設構造物とするもの

No.	発注者	施工者	施工場所	施工時期	新設構造物	施工法	既設構造物（施工法・構造）	新設〜既設構造物の位置関係	土被り(m)	近接施工の特徴	影響低減対策工の概要	幅B(m)	高さH(m)	延長L(m)	層	径間	文献名	出典
T101	西武鉄道（株）	西武・東急JV	東京都豊島区	2017〜2018	道路ボックスカルバート	HEP&JES工法	軌道	既設構造物（軌道）土被り約1.9mで土床版エレメント推進	1.9	横断線路は5線、ターミナル駅であるため、直上にはコンサスクロッシングなど分岐器あり	—	11.1	5.925	22.74	1	1	・ターミナル駅構内でHEP&JESにより地下通路を構築・ターミナル駅構内で線路下横断地下通路を構築	・トンネルと地下(2019.2)・基礎工(2019.4)
T102	阪神電気鉄道（株）・阪急電鉄（株）	（株）竹中土木	大阪府大阪市	2014〜2018	道路ボックスカルバート	URT工法	地下街体	既設構造物（地下街）と離れ（離隔最小300mm）で上床版エレメント推進	18.2〜10.3	直上には離隔0.3mの位置にボックスカルバート構造の大阪駅前ダイヤモンド地下街あり、その上部には道路分岐器がある	—	8.1	4.9	21.6	1	1	営業中の地下街直下における建物間のトンネル施工の事例	基礎工(2019.4)
T103	京成電鉄（株）	京成建設（株）	千葉県市川市	2012〜2013	道路ボックスカルバート	PCR工法	軌道（京成本線）	既設構造物（軌道）土被り0.4mで上床版エレメント推進	0.4	京成本線直下での角形鋼管・PC桁の推進	・フリクションカットのための角鉄板設置・路盤を透水性スラグモルタルにより改良・薬液注入（止水、地山崩壊防止）	18.7	8.1	13.6	1	3	市川都市計画道路と京成本線の立体交差事業	基礎工(2019.4)
T104	東日本旅客鉄道（株）	鹿島・佐藤JV	東京都八王子市	2013〜2019	道路ボックスカルバート	HEP&JES工法	・軌道・高速道路（中央高速道路）橋脚・橋台	既設構造物（軌道）土被り0.5mで床版エレメント推進	0.5	・八高線（1線）直下でのエレメント推進・中央自動車道側、橋台近接	仮土留めに柱列式連続壁を採用	17.22	8.89	58	1	3	高速道路と立体交差する線路直下にHEP&JES工法で道路を新設一部道石川宇津本線	トンネルと地下(2018.8)
T105	東海旅客鉄道（株）	ジェイアール東海建設・大鉄・竹中土木JV	愛知県名古屋市	2005〜2013	道路ボックスカルバート	HEP&JES工法	軌道	既設構造物（軌道）土被り1.45mで上床版エレメント推進	1.45	・擁壁撤去含む・関西本線他（9線）直下でのエレメント推進	・薬液注入・簡易工事桁	20.21	8.07	71.4	1	2	線路下の道路築造体71mをHEP&JES工法で施工─名古屋都市計画道路楠町線─	トンネルと地下(2016.10)
T106	西日本旅客鉄道（株）	大鉄工業（株）	大阪府吹田市	2013〜2018	道路ボックスカルバート	URT工法（PCボックス式）	軌道・工業用水管・雑壁等	既設構造物（軌道）土被り1.4mで上床版エレメント推進	1.4	貨物4線、東海道本線4線直下でのエレメント推進	薬液注入	13.8	9.4	77	1	2	・吹田Bv建設工事誌・URT工法では直下最長クラスの線路横断ボックス・URTエレメント推進時における推進構度、軌道管理等に関する報告	・西日本旅客鉄道株式会社・トンネルと地下(2017.2)・土木学会第73回年次学術講演会VI-050(2018)
T107	西日本旅客鉄道（株）	大鉄工業（株）	福井県坂井市	2013〜2017	河川ボックスカルバート	URT工法（下床版形式）	軌道	・既設構造物（軌道）土被り0で上床版エレメント推進	0	北陸本線（2線）直下でのエレメント推進	薬液注入	16.1	4.4	19.5	1	1	—	URT工法施工実績表
T108	西日本旅客鉄道（株）	大鉄工業（株）	石川県白山市	2009〜2012	道路ボックスカルバート	URT工法（PCボックス形式）	軌道	・既設構造物（軌道）土被り最小1.0mで上床版エレメント推進	1	北陸本線（2線）直下でのエレメント推進	薬液注入	11.95	8.6	16.837	1	1	・玉石混じり地盤におけるHEP&JES工法で直下最長クラスの線路横断ボックスと軌道状況対策に関する一考察・玉石混じり地盤におけるHEP&JES工法の幅広エレメント採用	・土木学会第66回年次学術講演会VI-051(2011)・日本鉄道施設協会誌(2011.12)
T109	西日本旅客鉄道（株）	大鉄工業（株）	石川県白山市	2009〜2012	道路ボックスカルバート	URT工法（PCボックス式）	軌道	・既設構造物（軌道）土被り最小1.0mで上床版エレメント推進	1	北陸本線（2線）直下でのエレメント推進	薬液注入	10.5	6.5	14.7	1	1	—	URT工法施工実績表
T110	西日本旅客鉄道（株）	大鉄工業（株）	石川県白山市	2009〜2012	道路ボックスカルバート	URT工法（PCボックス形式）	軌道	・既設構造物（軌道）土被り最小1.1mで上床版エレメント推進	1.1	北陸本線（2線）直下でのエレメント推進	薬液注入	9.5	6.5	19.2	1	1	・斜角を有するURT工法PCボックス大形式の設計に関する一考察	・土木学会第65回年次学術講演会VI-205(2010)
T111	西日本旅客鉄道（株）	大鉄工業（株）	大阪府高槻市	2012〜2015	道路ボックスカルバート	URT工法（PCボックス形式）	軌道	・既設構造物（軌道）土被り最小0.8mで上床版エレメント推進	0.8	東海道本線4線直下でのエレメント推進	—	7.4	7.1	22	1	1	—	URT工法施工実績表
T112	西日本旅客鉄道（株）	大鉄工業（株）	石川県白山市	2009〜2012	道路ボックスカルバート	HEP&JES工法	軌道	・既設構造物（軌道）土被り最小1.1mで上床版エレメント推進	1.1	北陸本線（2線）直下でのエレメント推進	薬液注入	10.25	8.5	27	1	1	—	HEP&JES施工実績

T.L.34　都市における近接トンネル

No.	発注者	施工者	施工場所	施工時期	新設構造物	施工法	既設構造物（施工法・構造）	新設～既設構造物の位置関係	土被り(m)	近接施工の特徴	影響低減対策工の概要	幅B(m)	高さH(m)	延長L(m)	層	径間	文献名	出典
T113	西日本旅客鉄道㈱	大鉄工業㈱	大阪府吹田市	2006～2012	道路ボックスカルバート	URT工法（PCボックス形式）	軌道	・既設構造物（軌道）土被り約3.2mで上床版エレメント推進	3.2	貨物2線、東海道線4線直下でのエレメント推進	・上床エレメント周辺：地盤改良・側方、下床エレメント周辺：止水注入	13.1	8.2	56	1	1	・吹田貨物専用道路BV建設・URT工法における鉄道横断工事法及び鉄道復旧工法について・JR東海道本線など6線直下横断するURTの施工	・西日本旅客鉄道株式会社、大鉄工業株式会社・土木学会第64回年次学術講演会Ⅵ-050（2011.）・基礎工（2015.2）
T114	西日本旅客鉄道㈱	広成建設㈱	広島県広島市	2007～2009	道路ボックスカルバート	URT工法（PCボックス形式）	軌道	・既設構造物（軌道）土被り約2.5mで上床版エレメント推進	2.5	山陽本線（2線）、貨物線（1線）でのエレメント推進	・薬液注入	11.3	6.2	39.5	1	1	・角型鋼管推進工法による鉄道下横断構造物の構築について	・土木学会第64回年次学術講演会Ⅵ-086（2009.）
T115	虎ノ門一丁目地区市街地再開発組合	㈱大林組	東京都港区虎ノ門一丁目	2016.4～2019.12	歩道ボックスカルバート	URT工法（PCボックス形式）	道路（都道）地下埋設物	・既設構造面から固体上床版上面までの土被り約2.5m	2.5	地表面の手動測量	止水のための全区間薬液注入を実施（掘削時の地山の自立および影響低減にも寄与）	8.4	5.7	48	1	1	虎ノ門周辺地区の地下歩行者道トンネルをURT工法を用いた施工	地下空間シンポジウム論文・報告集。第25巻（2020）
T116	赤坂一丁目地区市街地再開発組合	㈱大林組	東京都港区赤坂一丁目	2014.1～2017.9	歩道ボックスカルバート	PCR工法	首都高速道路脚	・新設固体本体と既設橋脚フーチングの最小離隔約2.5m	7.2	・首都高速道路の高架橋に近接した工事・水盛式水下計、固定式水斜計での計測管理	止水のための全区間薬液注入を実施（掘削時の地山の自立および影響低減にも寄与）	6	5.2	42.1	1	1	－	PCR工法施工実績表
T117	東日本旅客鉄道㈱	鉄建・アール東海道建設JV	東京都品川区	2013～2014	道路ボックスカルバート	HEP&JES工法	軌道新幹線橋脚	・新設構造物（軌道）土被り610mmで上床版エレメント推進・橋脚フーチング離隔395mm	0.61	東海道新幹線橋架梁築時環境計測管理	鋼矢板による影響遮断壁	11.526	7.77	31.6	1	1	構造物に近接した非開削工法の施工	トンネル工学報告集 第25巻 Ⅳ-5（2015.11）
T118	東海旅客鉄道㈱	名工建設・清水建設JV	神奈川県川崎市	2009～2010	歩道ボックスカルバート	HEP&JES工法	軌道	・既設構造物（軌道）土被り約5.0mで東海道新幹線直下でのHEP&JES工法	5	東海道新幹線直下	・エレメントけん引時を東海道地山に変更・薬液注入工	7.18	5.2	30.8	1	1	東海道新幹線盛土直下における軌道下に縦設構造物構築による軌道への影響について	土木学会第65回年次学術講演会Ⅳ-333（2010）
T119	東日本旅客鉄道㈱	鉄建・西武JV	東京都新宿区	2005～2013	道路ボックスカルバート	HEP&JES工法	軌道既設橋台	・既設構造物（軌道）土被り約1m～2m、既設橋台との離隔	1.5	・山手電車線、山手貨物線（6線）直下でのエレメント推進・既設橋台・部撤去	－	27.235	9.175	28.5	1	1	山手線新大久保・高田馬場間第Ⅱ期	SED No.46
T120	東日本旅客鉄道㈱	鉄建建設㈱	福島県本宮町	2007～2008	歩道ボックスカルバート	HEP&JES工法	高速道路既設道路ボックス	・高速道路土被り1.5m、既設ボックスとの離隔1.0m	1.5	東北自動車道直下		5.1	5.55	31	1	1	非開削工法による歩道カルバートボックスの施工	高速道路と自動車（2009.10.）
T121	東日本旅客鉄道㈱	鉄建建設㈱	福島県白河市	2005	歩道ボックスカルバート	HEP&JES工法	高速道路既設道路ボックス	・既設構造物（軌道）土被り1.6m、既設ボックスとの離隔2.0m	1.6	東北自動車道直下		5.1	5.035	37.5	1	1	非開削（HEP&JES工法）による歩道Boxの施工	EXTEC（2006.6.）
T122	日本道路公団	ジェイアール東海・鉄建JV	愛知県岡崎市	2002～2004	水路ボックスカルバート	JES工法	軌道既設橋台	・既設構造物（軌道）土被り0.5m、既設構造との離隔縮小	0.5	・既設ボックス・愛知環状鉄道分岐器直下		8.6	7.1	12.5	1	1	東海道本線下における歩道カルバートの設計・施工（江川橋架改築工事）	日本鉄道施設協会誌（2004.7.）
T123	東日本旅客鉄道㈱	鉄建建設㈱	千葉県富津市	1999～2000	道路ボックスカルバート	HEP&JES工法	軌道既設架道橋	・既設構造物（軌道）土被り2.1m、既設架道橋との離隔3.35m	2.1	内房線直下		10.04	7.65	10	1	1	東海道本線BV工法による特殊な断面形状の線路下横断構造物の計画と施工	SED No.15
T124	九州旅客鉄道㈱	鉄建・三軌JV	福岡県北九州市	2018～2022	道路ボックスカルバート	HEP&JES工法	軌道下水道管内径φ4750	・施工する固体下に下水道があり1.911m	1.91	施工する固体下に下水道がある	地盤改良による下水道シールド防護	14.75	7.86	34.6	1	1	既設下水道管に近接し特殊な断面形状の線路下横断構造物の計画と施工	トンネル工学研究発表会（2021.11）
T125	東日本旅客鉄道㈱	東鉄・井住友JV	茨城県	2015～2020	道路ボックスカルバート	HEP&JES工法	軌道電線鉄塔	・既設構造物（軌道）土被り106.2mmで上床版エレメント推進・新設固体本体と既設フーチングの最小離隔2800mm、杭との最小離隔3700mm	1.06	鉄塔は場所打ち杭にて支持されていたため固体施工の影響はないと判断し、立坑掘削時のみ影響解析のみ実施して施工		23.15	7.82	28.9	1	3		HEP&JES施工実績

巻末資料　　巻末資料4　特殊トンネル　近接施工事例一覧表

No.	発注者	施工者	施工場所	施工時期	新設構造物	施工法	既設構造物（施工法・構造）	新設～既設構造物の位置関係	土被り(m)	近接施工の特徴	影響低減対策工の概要	幅B(m)	高さH(m)	延長L(m)	層	経年	文献名	出典
T126	千葉県県土整備部	鉄建・石浜JV	千葉県柏市	2019～2023	道路ボックスカルバート	HEP&JES工法	道路（国道16号）	道路面からの土被り約2.5mで土床版エレメント施工	2.5	国道16号直下	－	21.07	8.37	33.305	1	2	2次元FEMを用いた非開削アンダーパス施工が地表面に及ぼす影響の検討	地下空間シンポジウム第28巻 A-1-1 (2023.1)
T127	東日本旅客鉄道（株）	佐藤工業（株）	西品川一丁目地区市街地再開発組合	2018～2022	道路ボックスカルバート	JES工法	軌道 新幹線橋脚	・既設構造物（軌道）の最小土被り0.44mで開削を併用した立土床版エレメント推進・新幹線橋脚との最小離隔0.8m	0.44	・横須賀線直下、東海道新幹線橋脚間の近接した狭隘空間での施工 ・上床版は桟土坡りのため、開削を併用した推進施工	・鋼矢板による影響遮断壁 ・フリクションカットプレート	5.72	6.85	16.6	1		・補助163号線鉄道交差部におけるJES函体施工	・SED No.59 ・トンネルと地下 (2022.6)
タイプII	エレメントや鋼管を順次地中に挿入し、これを防護工として内部掘削した後、防護工内部に函体を構築するもの																	
T201	新潟県	（株）福田組	新潟県阿賀野市	不明	水路ボックスカルバート	パイプルーフ工法	道路（国道49号）	道路面から水平部パイプルーフまでの土被り約1.2m	1.2	国道49号線直下での推進施工	薬液注入工	10.02	3.235	22	1	2	パイプルーフの補助工法を用いた主要国道直下の排水路布設工事	基礎工 (2019.4)
T202	阪神電鉄（株）	（株）奥村組	大阪府大阪市	2003～2009	鉄道ボックスカルバート	パイプルーフ工法	道路	道路面から水平部パイプルーフまでの土被り約4.8m	4.8	阪神高速16号大阪港線および地下鉄中央線の高架の直下	薬液注入工	15.98	7.46	39	2	3	軟弱地盤におけるパイプルーフ工施工に伴う地盤変位の計測と解析	トンネル工学報告集 第20巻 IV-4 (2010.11)
T203	国土交通省近畿地方整備局	鹿島・淺池JV	京都府西京区	2006～2009	道路ボックスカルバート	パイプルーフ工法	道路	道路面から水平部パイプルーフまでの土被り3.5m	3.5	京都府道千代原口交差点直下	薬液注入工	15.87	8.64	150	1	2	世界最長150mのパイプルーフで道路交差点直下一体変位で既設道路・パイプルーフロードアンダーを大スエ工事の設計と施工	・トンネルと地下 (2009.9) ・土木学会第64回年次学術講演会 (2009)
T204	東京地下鉄（株）	鴻池・青木・あすなろ・オリエンタル白石JV	東京都新宿区	2006～2009	道路ボックスカルバート	パイプルーフ工法	道路 埋設管	埋設管（幹線）下水平部パイプルーフまでの灌漑隔約1m	1	NTTとう道、東京電力洞道、下水道幹線直下	薬液注入工	22.5	5.4	19	2	2	副都心線新宿駅交差点直下でのパイプルーフ施工	トンネル工学報告集 第18巻 IV-3 (2008.11)
T205	東京都	鉄建建設（株）	東京都足立区	1998.10～2003.12	鉄道ボックスカルバート	PCパイプビーム工法	軌道	軌道面から水平部パイプルーフまでの土被り約4m	4	常磐快速線、地下鉄千代田線（4線）直下	－	13.232	7.4	8	1	2	「つくばエクスプレス」小管交差部工事におけるPCパイプビームの設計・施工	土木技術 (2002.10)
T206	東日本旅客鉄道（株）	鉄建・戸田JV	埼玉県さいたま市	1995.1～2001.3	道路ボックスカルバート	パイプルーフ工法	軌道	軌道面から水平部パイプルーフまでの土被り0.35m	7	高崎線、京浜東北、貨物線（16線）直下	管推工事桁	39.4	12.2	90	2	2	88mのパイプルーフで線路下横断さいたま新都心の東西中央幹線道路	トンネルと地下 (1998.11)
T207	東日本旅客鉄道（株）	鹿島建設（株）	宮城県仙台市	1989～1996	鉄道ボックスカルバート	パイプルーフ工法	軌道	軌道面から水平部パイプルーフまでの土被り1.5m	1.5	仙台駅構内の東北本線など、分岐器3線を含む12線の（直下、ホーム、電柱直下）	吊桁系、簡易工事桁	15.97	10.3	72	2	2	在来線直下における大口径長大パイプルーフ工法による線路下鉄トンネルの建設	・基礎工 (1994.4) ・土工技術 (1996.8)
タイプIII	分割施工したセグメントを本設構造物として一体化するもの、もしくは仮設セグメントとして使用し、内部に函体を構築するもの																	
T301	東京地下鉄（株）	鹿島建設（株）	東京都	2014～2018	歩道ボックスカルバート	R-SWING工法	道路	道路面から函体上床版上面までの土被り約9.1m	9.1	道路および東京電力人孔直下	東京電力人孔直下を地盤改良	7.25	4.28	42	1	1	・大断面地下通路を3連揺動型掘削機と六面着脱式セグメントで築造・非開削の指示断面地下通路工事における計測管理	・トンネルと地下 (2018.10) ・土木学会第72回年次学術講演会 VI-308 (2017)
T302	NEXCO東日本	（株）大林組	千葉県習志野市	2009.6～2013.5	道路ボックスカルバート	自由断面分割推進工法	道路（東関東自動車道）	・道路面直上床版上面までの土被り約3.6m	3.6	・高速道路直下を斜角八たすり36m ・供用中の東関東自動車道下での横断トンネル施工 ・最小土かぶり3.6m ・4.9m×22mの起土および凸による自由断面分割推進工法で6函体を構築	・障害物が多いため上部図版を開放型シールドに変更 ・補助工法として掘削部を載付シールドの高圧噴射撹拌工法で地改良	10.1	8.55	70	1	1	・URUP工法（Ultra Rapid UnderPass）形式・高速道路直下における土被り形シールドトンネルの施工について・供用中の東関東自動車道下での土かぶり3m分割シールドで施工・東関東自動車道・谷津船橋トンネルターチェンジ・供用下・高速道路横断シールド・東関東自動車道横断トンネル	・JSCEトンネル・ライブラリー31 特殊トンネル工法 (2019.1) ・土木学会第67回年次学術講演会 VI-160 (2012) ・基礎工 (2015.2) ・第73回土体験発表会（都市トンネル技術協会）(20013)

T.L.34 都市における近接トンネル

No.	発注者	施工者	施工場所	施工時期	新設構造物	施工法	既設構造物（施工法・構造）	土被り(m)	新設〜既設構造物の位置関係	近接施工の特徴	影響低減対策工の概要	幅B(m)	高さH(m)	延長L(m)	層	径間	文献名	出典
T303	国土交通省関東地方整備局	大成・三井住友・大豊JV	埼玉県桶川市	2012〜2015	道路ボックスカルバート	ハーモニカ工法	道路（国道17号線）	5.0	道路面から固体上床版上面までの土被り約5.0m	ハーモニカ工法マルチタイプ、6函殻本体利用	密閉型の掘削機を使用	27.87	10.02	42.5	1	2	国央道桶川北本地区函渠その1工事における大断面トンネルの施工事例―国道直下における大断面トンネル工法・国道直下での施工実績―地表面の変状実績と解析―	基礎工（2019.4）、土木学会第71回年次学術講演会VI-365（2016.）
T304	国土交通省関東地方整備局	大成建設㈱	神奈川県横浜市	2006〜2011	道路ボックスカルバート	ハーモニカ工法	道路（横浜市道環状4号線）、ガス、通信	1.7	道路面から固体上床版上面までの土被り約1.7m	交通量の多い交差点直下での施工	密閉型の掘削機を使用	19.19	7.97	73	1	1	1からぶり1.7mの国道交差点直下をハーモニカ工法でアンダーパス	トンネルと地下（2011.4.）
T305	首都高速道路㈱	大成、鹿島、戸田JV	神奈川県川崎市	2000〜2012	道路ボックスカルバート	MMST工法	①国道409号②横浜市道③下水道④カルバート⑤ガソリンスタンド地下タンク	4.8	①道路面から頂版上面までの土被り4.8〜12.6m②道路面から固体上床版上面までの土被り約6.5m③既設構造物下面からの離隔約2.0m④既設タンク直上及び地中での離隔約2.0m⑤既設構造物下面からの離隔約5.2m、水平離隔約8.1m	①地表面変位計測、トンネル中心位置に多段式水位計、層別沈下計を設置②④斜杭も直・水道を次下で設置⑤既設構造物直上及び地中の変位の計測点を設置	⑤既設構造物（緑地・保全板）を設置	27.8	24.05	540	2	2	首都高速川崎縦貫線のMMST工法・大断面ジャンクションおよび大師ランプの施工・MMST工法による矩形大断面トンネルの施工	土木技術（2009.12）、土木施工（2010.10）、トンネルと地下（2010.11.）、基礎工（2011.3.）
T306	特定目的会社	大成、竹中JV	東京都港区	2005〜2007	歩道ボックスカルバート	ハーモニカ工法	①道路（東京都道319号環状三号線）②東電洞道人孔③電力洞道（φ3350）	3.5	①道路面から固体上床版上面までの土被り約3.5m②③電力洞道（φ3350）との最小離隔700mm	曲線施工エリ上下にある近接構造物との離隔を確保	・薬液注入により孔周辺を地盤改良・密閉型の掘削機を使用	8.03	5.91	40	1	1	大断面分割シールド工事ハーモニカ工法の施工実績構	土木学会第61回年次学術講演会（2006）
T307	西大阪高速鉄道㈱	大成、前田、五洋JV	大阪市西区	2003〜2009	鉄道ボックスカルバート	ハーモニカ工法	下水道（RCボックス）	7.0	既設構造物の直下離隔1.6m	既設構造物の直下を離隔1.7mで6函同時の施工を行い、ハーモニカ工法で躯体構築	・地盤改良工・推進工法薬込め注入・密閉型の掘削機を使用	10.15	7.99	20	1	1	輻輳する埋設物下での大断面分割シールド工法の施工（都市トンネル技術協会）	第65回施工技術発表会（都市トンネル技術協会（2009.）
T308	成田国際空港㈱	大成、京成JV	千葉県成田市	2006〜2010	歩道ボックスカルバート	ハーモニカ工法	国際空港内連絡誘導路	4.2	連絡土被り4.2m	構築下部の基礎杭を切削にて力撤去	地盤改良工	7.06	7.6	37.5	1	1	ハーモニカ工法の施工事例について	土木学会（建設技術研究委員会）IT土木建設技術委員会2011」セッションⅠ トンネル・都市土木
T309	京王電鉄㈱	大成、京王建設JV	東京都府中市	2010〜2012	道路ボックスカルバート	ハーモニカ工法	下水道シールドトンネル（内径φ7.6m×2本）	4.0	道路ボックスカルバート下面と既設下水シールドとの離隔0.6m	既設構造物の直下となる躯体を既設躯体内の躯体のみ函体内を先行して構築	密閉型の掘削機を使用・地盤改良工	15.99	3.21	67.6	1	1	府中3・4・7号線と京王線の立体交差化工事―先行地中床版にハーモニカ工法を採用したアンダーパス	土木施工（2012.03.）
T310	東日本高速道路㈱	大成、戸田、大豊JV	千葉県市川市	2010〜2015	道路ボックスカルバート	ハーモニカ工法	道路（県道市川浦安線）	2.1	道路面から固体上床版上面までの土被り約2.1m	上床版を函体内で先行して構築し上床版をアンダーピンニングして器下での掘削を実施	密閉型の掘削機を使用・アンダーピニング	18.45	3.98	65	1	1	「ハーモニカ工法・アンダーピニングエ法」による外環東JCT-Dランプの施工（その他）	土木学会第71回年次学術講演会VI-208（2016.）
T311	京浜急行電鉄㈱	大成JV	神奈川県横浜市	2014	道路ボックスカルバート	ハーモニカ工法	①建築構造物②線路	4.0	最小土被り約4.0m程度で建築構造物・線路直下を通過	地盤改良工	密閉型の掘削機を使用・薬液注入工法	2.9	9.62	42.9	1	1	鉄道構造物直下におけるハーモニカ工法の施工実績―鉄道近接、地下水位下、軟弱地盤での施工〜	土木学会第70回年次学術講演会VI-075（2015）
タイプⅣ	エレメントや鋼管を防護工として順次地中に挿入し、明かり区間または立坑内で構築した函体をけん引または推進工法により地中に挿入するもの																
T401	九州旅客鉄道㈱	鹿島、佐藤工業、安藤ハザマJV	福岡県筑後市	2015〜2019	道路ボックスカルバート	SFT工法	軌道	1.202	既設構造物（軌道）から固体上床版上面までの最小土被り約1.2m	W字ジャッキングシステム牽引	水平上部、垂直部両形2ヶ所に薬液注入・FCプレート制御システム採用	15.9	8.5	15	1	3	JR九州鹿児島本線横路下横断工事事例―SFT工法―	基礎工（2019.4）

巻末資料　　　巻末資料4　特殊トンネル　近接施工事例一覧表

No.	発注者	施工者	施工場所	施工時期	新設構造物	施工法	既設構造物（施工法・構造）	新設～既設構造物の位置関係	土被り(m)	近接施工の特徴	影響低減対策工の概要	幅B(m)	高さH(m)	延長L(m)	層	径間	文献名	出典
T402	九州旅客鉄道㈱	大成・前田JV	大分県	2014～2018	道路ボックスカルバート	R&C工法	軌道・分岐器	既設構造物（軌道）から函体上床版上面までの最小土被り524mm	0.524	曙駅構内含む	・低速度注入・FCプレート制御システム採用	14.1	7.2	10.5	1	2	障害物（土留め壁）を切削しての線路下横断事例	基礎工(2019.4.)
T403	東日本高速道路㈱	㈱奥村組	福島県白河市	2015～2018	道路ボックスカルバート	SFT工法	道路・横断（東北自動車道）	道路面から函体上床版上面までの土被り630mm	0.63	高速道路直下での小土被り施工 小土被り施工 勾配施工0.3% 長延長施工(53.156m) 既設道路BOX近接 約3.0m離る	・箱形ルーフ推進時に滑材施工・FCプレート制御システム採用	6	6.45	53.156	1	1	東北自動車道豊地地区函渠工事における超低土被り事例・東北自動車道下に高い土被り63cmでのボックスカルバートを非開削施工	・基礎工(2019.4.)・トンネルと地下(2018.10.)
T404	茨城県	大豊・横田・軽井JV	茨城県ひたちなか市	2015～2017	道路ボックスカルバート	ボックスカルバート推進工法	道路（国道6号）	道路面から函体上床版上面までの土被り約1.6m	1.6	国道6号線直下での小土被り推進施工	・滑材2次注入・オーバーカット量の縮減(15mm)	5	6.3	35	1	1	国内最大級の泥土圧式ボックス推進工法で国道6号下を横断	トンネルと地下(2018.9.)
T405	京成電鉄㈱	清水・東急建設JV	千葉県市川市	2010～2016	道路ボックスカルバート	R&C工法	軌道	既設構造物（軌道）から函体までの土被り4.6m	4.605	京成菅野駅ホーム直下での施工	・切羽自立安定策として中段小パイプルーフ施工・FCプレート制御システム採用	43.8	18.4	37.4	2	4	東京外かく環状道路（千葉区間）都市部での施工 一周辺環境への配慮・省力化 一世界最大級断面のR&C立体交差で鉄道営業線直下で道路ボックスを構築	・土木学会(2017.10.)・トンネルと地下(2017.8.)
T406	国土交通省近畿地方整備局	西松建設㈱	滋賀県栗東市	2012～2014	水路ボックスカルバート	R&C工法	道路（国道1号）	・GL－1.171m・函体下床版から既設横台（東海道新幹線）：約7.0m・函体下床版端～ガス管(大阪ガス)：約6.0m	1.171	国道直下での小土被り施工 勾配施工10%	・薬液注入（圧力制御システム採用）・函体周囲への間詰材充填・FCプレート制御システム採用	9.9	5	52.5	1	1	・国道1号における R&C工法施工事例について 一水平主ジャッキ・国道1号線を土かぶり1mで函体推進 右手奥道路新山川横断函渠一	・平成25年度国土交通省全国会議 近畿地方整備局研究発表会表彰論文集No.21(2013.)・トンネルと地下(2014.8.)
T407	四国旅客鉄道㈱	大成工業㈱	愛媛県松山市	2012～	道路ボックスカルバート	SFT工法	軌道	既設構造物（軌道）から函体上床版上面までの最小土被り342mm	0.408	小土被り施工	・FCプレート制御システム採用	9.80	6.70	21.016	1	1	線絡直下40cmを函体R&Dで施工(SFT) 一水平主ジャッキ・予備鏡 石手寄架道橋新設一	トンネルと地下(2013.6.)
T408	小田急電鉄㈱	鹿島・奥村・フジタJV	東京都世田谷区	2004～2012	鉄道ボックスカルバート	R&C工法	道路・横断（環七号線）	道路面から函体上床版上面までの土被り約4m	4.0	2線鉄道を1函体にて2分割施工	・ガイド導坑を密閉式推進工法で施工	21.2	8.08	45	1	4	環状七号線直下7.4mを函体R&D推進で4径間鉄道トンネルを施工	トンネルと地下(2012.6.)
T409	九州旅客鉄道㈱	鉄建・大本・三軌JV	熊本県熊本市	2008～	道路ボックスカルバート	R&C工法	軌道	既設構造物（軌道）から函体上床版上面までの最小土被り2.3m	2.375	鉄道営業線直下での推進施工	・薬液注入・FCプレート	12.9	8.05	30.4	1	1	函体推進、けん引工法における施工データの分析	トンネル工学報告集 第21巻 IV-2(2011.11.)
T410	国土交通省福島県北九州整備局	鹿島JV	千葉県市川市	2007～2009	道路ボックスカルバート	FJ工法＋ESA工法	同時推進する函体・路面（ボックスカルバート）	函体高低差最大7m、離隔2.9m	5.34	函体高低差最大7m、離隔2.9m	・薬液注入・パイプルーフ	26.25	8.45	127	1	2	・2面以上同時推進のフロンティアツンネル グリム工法＋ESA工法 一東京外かく環状函体推進・八度U字工事 函体推進工法における近接トンネルの同時施工	・土木施工(2009.12.)・トンネル工学報告集 第21巻 IV-3(2011.11.)
T411	東京都交通局	熊谷・宗長建設JV	東京都港区	2006～2009	歩道ボックスカルバート	R&C工法	・共同溝（ボックスカルバート）・都営浅草線（シールド）	・共同溝下床版から函体上床版までの土被り約700mm・シールド上部から函体下床版までの離隔約3.5m	7.196	・国道部で土被り7.2m・地下鉄シールド部を提進・共同溝との離隔0.7m程度	・薬液注入	5.12	3.31	11.25	1	2	函体推進工法で共同溝下に連絡通路を建設 都営浅草線 高輪台駅	トンネルと地下(2009.6.)
T412	西日本旅客鉄道㈱	大鉄工業㈱	石川県金沢市	2013～2016	道路ボックスカルバート	R&C工法	軌道・横断（新幹線）	既設構造物（軌道）から函体上床版上面までの土被り約1m	1.079	北陸本線(2線)直下でのエレメント推進及び函体推進	・箱形ルーフ出来型（姿勢制御）・薬液注入	7.2	5.0	16.38	1	1	函体推進・けん引工法における箱型ルーフ工に関する新たな試み	基礎工(2019.4.)
T413	西日本旅客鉄道㈱	大鉄工業㈱	福井県敦賀市	2012～2018	道路ボックスカルバート	R&C工法(ESA工法併用)	軌道・横断（新幹線）	既設構造物（軌道）から函体上床版までの土被り1.3m～2.4m	1.3	北陸本線(2線＋1線(側線))直下でのエレメント推進及び函体けん引推進及び函体推進	・中押し管の配置	13.9	8.1	63	1	1	函体推進・けん引工法における箱型ルーフ工に関する新たな試み	基礎工(2019.4.)
T414	西日本旅客鉄道㈱	大鉄工業㈱	兵庫県尼崎市	2013～	道路ボックスカルバート	FJ工法	軌道・排水管（電気）	既設構造物（軌道）から函体上床版上面までの土被り約1.4m	1.4	東海道線、福知山線、貨物線(計8線)直下でのエレメント推進及び函体けん引	・薬液注入・ガイド箱体推進（精度向上）	20	7.6	46.5	1	3	鉄道直下(8線区間)立体交差化のためのアンダーパス工法	基礎工(2019.4.)
T415	近畿日本鉄道㈱	大成・池組・近畿土木・近鉄軌道エンジニアリングJV	愛知県名古屋市	2010～2016	道路ボックスカルバート	R&C工法 ESA工法	軌道・道路	既設構造物（軌道）から函体上床版上面までの最小土被り約1.3m	1.354	名古屋市道路1本と近畿日本鉄道の道路を線路下の道路函体を施工	・薬液注入工による地盤改良	20.32	7.52	55	1	2	・近鉄名古屋線下の道路函体施工・線路下の道路函体55mをR&C・ESA工法にて施工しC-BOX道路函体を施工 一名古屋市道路都市計画道路 椿町線一	・基礎工(2019.4.)・トンネルと地下(2017.2.)

T.L.34　都市における近接トンネル

No.	発注者	施工者	施工場所	施工時期	近接施工概要							構造諸元					出典	
					新設構造物	施工法	既設構造物（施工法・構造）	新設～既設構造物の位置関係	土被り(m)	近接施工の特徴	影響低減対策工の概要	幅B(m)	高さH(m)	延長L(m)	層	径間	文献名	出典
T416	東京都交通局	大成・鉄・高・大豊JV	千葉県市川市	2011~2014	道路ボックスカルバート	FJ工法	都営新宿線（シールド）	函体底面と都営新宿線トンネル上部との離隔が約3.8m	－	都営新宿線（シールド）上部に函体構築	カウンターウェイト対策	41.94	10.48	29.99	1	3	・既設シールド直上域における函体推進計画－フロンテジャッキング工法・都営新宿線－地下鉄建造上3.8mをフロンテジャッキング工法、都市域地下鉄新宿線交差部－	・基礎工(2015.2.)・トンネルと地下(2014.2.)
T417	西日本旅客鉄道（株）	大鉄工業（株）	大阪府大阪市	2011~	道路ボックスカルバート（道路）	R&C工法	軌道・ボックス（道路）	既設構造物（軌道）から函体土床版上面までの最小土被り331mm	0.331	関西線（2線）直下かつ急勾配=8.5%のエレメント推進及び函体推進	・簡易工事桁・ガイド環境に（艦体精度向上）	5.3	5.55	15	1	1	急勾配・小土かぶり条件下における艦体推進	トンネルと地下(2013.5)
T418	西日本旅客鉄道（株）	大鉄工業（株）	石川県白山市	2008~2014	道路ボックスカルバート	R&C工法	軌道	既設構造物（軌道）から函体土床版上面までの最小土被り0.8m	0.8	北陸線（2線）、側線（4線）直下でのエレメント推進及び函体推進	・薬液注入・簡易工事桁	14.0	8.0	48.5	1	3	－	アンダーパス技術協会施工実績表
T419	西日本旅客鉄道（株）	大鉄工業（株）	滋賀県彦根市	2008~2013	道路ボックスカルバート	R&C工法	軌道	既設構造物（軌道）から函体土床版上面までの最小土被り1.0m	1.02	東海道線（2線）直下でのエレメント推進及び函体推進	・薬液注入・簡易工事桁	16.4	8.2	20.5	1	3	－	アンダーパス技術協会施工実績表
T420	西日本旅客鉄道（株）	広成建設（株）	広島県福山市	2007~2010	歩道ボックスカルバート	R&C工法	軌道	既設構造物（軌道）から函体土床版上面までの最小土被り1.25m	1.255	山陽線（2線）直下でのエレメント推進及び函体推進	薬液注入	4.36	3.45	22	1	1	－	アンダーパス技術協会施工実績表
T421	西日本旅客鉄道（株）	大鉄工業（株）	兵庫県姫路市	2013~2016	歩道ボックスカルバート	R&C工法	軌道	既設構造物（軌道）から函体土床版上面までの最小土被り1.25m	1.371	東海道線（2線）直下でのエレメント推進及び函体推進	薬液注入、簡易工事桁	4.2	3.7	16.18	1	1	JR 神戸線姫路・姫路貨物駅（東姫路）路設設置工事	・日本国施設協会会誌(2016.4)
T422	西日本旅客鉄道（株）	広成建設（株）	山口県山陽小野田市	2014~2017	河川ボックスカルバート	R&C工法	軌道	既設構造物（軌道）から函体土床版上面までの最小土被り3.5m	3.511	山陽本線（2線）直下でのエレメント推進及び函体推進	・薬液注入・簡易工事桁	15.4	5.2	15.9	1	1	－	アンダーパス技術協会施工実績表
T423	西日本旅客鉄道（株）	大鉄工業（株）	富山県小矢部市	2010~	道路ボックスカルバート	R&C工法	軌道	既設構造物（軌道）から函体土床版上面までの最小土被り2.0m	2.0	北陸本線（2線）直下でのエレメント推進及び函体推進	薬液注入工	3.8	3.9	10.5	1	1	－	アンダーパス技術協会施工実績表
T424	西日本旅客鉄道（株）	広成建設（株）	大阪府堺市	2004~2007	道路ボックスカルバート	FJ工法	軌道	既設構造物（軌道）から函体土床版上面までの最小土被り2.2m	2.21	阪和線（3線）直下でのエレメント推進及び函体推進	・薬液注入・簡易工事桁	16.6	6.9	19.26	1	3	－	アンダーパス技術協会施工実績表
T425	西日本旅客鉄道（株）	大鉄工業（株）	大阪府和泉市	2007~2011	道路ボックスカルバート	FJ工法	軌道	既設構造物（軌道）から函体土床版上面までの最小土被り1.4m	1.41	阪和線（2線）直下でのエレメント推進及び函体推進	・薬液注入・簡易工事桁	20.7	7.15	15.0	1	3	－	アンダーパス技術協会施工実績表
T426	西日本旅客鉄道（株）	大鉄工業（株）	大阪府茨木市	2010~2015	道路ボックスカルバート	FJ工法+ESA工法	軌道	既設構造物（軌道）から函体土床版上面までの最小土被り3.0m	3	東海道線（4線）側線（2線）直下でのエレメント推進及びESA工法	・薬液注入・簡易工事桁	15.9	7.2	40.0	1	3	－	アンダーパス技術協会施工実績表
T427	東武鉄道（株）	（株）大林組	埼玉県越谷市	2011.12~2013.3	水路ボックスカルバート	R&C工法	軌道（東武スカイツリーライン）	既設構造物（軌道）から函体土床版上面までの最小土被り350mm	0.35	画像処理変位観測システム（カメラユニット）で軌道上計測	簡易軌道桁	3.0	3.0	15.0	1	1	トンネル工学報告集、第24巻、IV-2(2014.12.)	横断シールドの非開削工法による施工
T428	近畿日本鉄道（株）	大林・近鉄軌道エンジニアリング・渡沼組・戸田建設JV	愛知県海部郡	2012.2~2018.3	道路ボックスカルバート	R&C工法	軌道（近鉄名古屋線）	FL=0.40~0.73m	0.4	オーバーフロー式沈下計で軌道計測	羽口形状変更	9.15	7.0	9.8	1	1	アール・アンド・シー工法における軌道への影響低減	土木学会第70回年次学術講演会VI-696(2015)
T429	NEXCO中日本	大林・淺沼・池田建地地建設JV	神奈川県伊勢原市	2016.9~2017.10	道路ボックスカルバート	密閉型ボックス推進工法	道路面（東名高速道路）	道路面から函体土床版上面までの最小土被り1.7m	1.7	・パイプルーフ内に圧力式沈下計を設置・トンネルステーションで路面変状を計測	パイプルーフ鋼管発および地盤変状状況を低減	4.9	6.15	45.3	1	1	東名高速道路直下部における極小土かぶりパイプルーフ推進工事－新東名高速道路 伊勢原JCT工事－	第83回（都）施工体験発表会、日本トンネル技術協会(2018.6)
T430	奈良国道公団	大成・淺沼・大日本土木・矢作JV	奈良県	1993~1997	道路ボックスカルバート（第二阪奈有料道路）	ESA工法	ゴルフ場	GL-2.7~8.4m	2.7	・長距離施工=279.5m・函体21分割	－	21.60	7.80	279.50	1	2	ESA工法による宝来トンネル工事	土木施工(1995.3)
T431	日本道路公団 大阪建設局	鹿島・竹中JV	大阪府	1988~1992	道路ボックスカルバート（仮称自動車道）	ESA工法	道路	GL-4.0~7.0m	4.0	・長距離施工=156.0m・躯体(220.78m2)・曲線施工(R=1000m)・下り勾配(i=2.83%)	・道路下のみパイプルーフで防護・地中探査レーダーによる空洞調査	26.60	8.30	156.0	1	2	・近畿自動車道松筒南海機松尾工事・ESA工法による大断面ボックスカルバートの推進施工	・基礎工(1994.4)・土木施工(1991.12.)
T432	国鉄 長野鉄道管理局	佐藤工業（株）	長野県	1980~1983	歩道ボックスカルバート	ESA工法	軌道	FL-2.4m	2.4	・長距離施工=133.5m・函体10分割	薬液注入	7.48	5.20	133.50	1	1	FSA工法による横断路下横断通路の施工	土木施工(1983.3)

巻末資料　　　巻末資料4　特殊トンネル　近接施工事例一覧表

No.	発注者	施工者	施工場所	施工時期	新設構造物	施工法	既設構造物（施工法・構造）	新設～既設構造物の位置関係	土被り(m)	近接施工の特徴	影響低減対策工の概要	幅B(m)	高さH(m)	延長L(m)	層	径間	文献名	出典
T433	国土交通省関東地方整備局	鹿島、西松JV	千葉県市川市	2007～2010	道路ボックスカルバート	ESA工法 FJ工法併用	公園	GL-3.04～7.842m	3.04	延長施工L=133.0m 双方向けん引	薬液注入	11.68	8.094	133.0	1	1	・2函体同時推進のフロンテジャッキング工法+ESA工法－東京外かく環状道路 小塚山トンネル工事 ・函体推進工における近接トンネルの同時施工	・土木施工(2009.12) ・トンネルと地下(2011.11)
T434	台北市政府交通局	鉄建建設・大鉄工業JV	台湾（台北市内）	1996～2000	道路ボックスカルバート	ESA工法	滑走路	GL-4.779～5.821m	4.779	延長施工L=100.0m 函体10分割 滑走路下横断	薬液注入	22.20	7.80	100.0	1	2	・台北市松山空港滑走路直下・大断面地下構造物の施工－フロンテジャッキング工法を併用したESA工法－	土木施工(2004.5.)
T435	西日本旅客鉄道㈱	竹中土木・大鉄工業JV	大阪府大阪市	1993～	道路ボックスカルバート	ESA工法 FJ工法併用	軌道	FL-3.18m	3.18	延長施工L=82.0m 斜角施工71° 異形断面 大断面施工(229.5m2)	薬液注入 ・電気軌条	25.50	9.0	82.0	1	4	・ESA工法による線路下横断長大大断路の計画－東海道線 吹田～新大阪間庄内新庄東横断新設工事(大阪府)二種の函体推進で用他の突き先固設 ・フロンテジャッキング+ESA併用工法による大規模ジャングーバス工事総合技術講演会最優秀賞論文 土木工事 ・フロンテ-ESA併用工法による大大規模函体推進-東海道線庄内新立体交差工事	・日本鉄道施設協会誌(1993) ・日経コンストラクション(1998.8.8) ・日本鉄道施設協会誌(1999.) ・土木施工(1999.1)
T436	東日本旅客鉄道㈱	大成建設㈱	福島県郡山市	1987～1990	道路ボックスカルバート	ESA工法 FJ工法併用	軌道	FL-1.5m	1.5	大断面施工(215.88m2)	薬液注入	27.5	7.85	42.0	1	3	・東北本線盛山駅構内大町横家寮跨道橋新設工事（ESA併用のフロンテジャッキング工法のけん引についての一考察	・土木施工(1989.12) ・日本鉄道施設協会誌(1992)
T437	国土交通省関東地方整備局	鹿島・京成戸田JV	千葉県	2009～2010	道路ボックスカルバート	ESA工法 FJ工法併用	NATMトンネル直上	北総線トンネルとの離隔2.0m程度	—	NATMトンネル直上施工 浮き上がり防止 異種断面施工 大断面施工(268.38m2)	函体と地山との置換による浮上り防止	29.014	9.25	74.996	1	2	鉄道営業線トンネル直上の施工 フロンテジャッキング+ESA工法-東京外かく環状道路 北総鉄道交差部工事	土木施工(2010.8.)
T438	近畿日本鉄道㈱	大日本・大成・奥村・日本土建JV	三重県松阪市	1999～2001	歩道ボックスカルバート	ESA工法 R&C工法併用	軌道	FL-0.48m	0.48	小土被り施工	—	7.0	3.80	63.189	1	1	—	アンダーパス技術協会 施工実績表
T439	東日本旅客鉄道㈱	鉄建建設㈱	長野県	1996～1998	道路ボックスカルバート	ESA工法 R&C工法併用	軌道	FL-0.63m	0.63	小土被り施工 斜角施工65°	—	23.463	8.20	35.50	1	2	—	アンダーパス技術協会 施工実績表
T440	西日本旅客鉄道㈱	鉄建建設㈱	富山県魚津市	1991～1992	歩道ボックスカルバート	ESA工法 R&C工法併用	軌道	FL-0.95m	0.95	小土被り施工	—	4.30	3.65	31.0	1	1	—	アンダーパス技術協会 施工実績表
T441	神奈川県川崎市	㈱松尾工務店	神奈川県川崎市	1982～	河川ボックスカルバート	ESA工法	河川	GL-1.0m	1	小土被り施工 河川下横断	—	4.20	3.40	55.0	1	1	—	アンダーパス技術協会 施工実績表
T442	日本道路公団大阪建設局	日産建設・林建設JV	滋賀県東市	1993～1996	道路ボックスカルバート	ESA工法 R&C工法併用	道路	GL-1.0m	1.0	小土被り施工 斜角施工60°	—	7.10	6.15	49.14	1	1	—	アンダーパス技術協会 施工実績表
T443	中日本高速道路㈱	㈱間組	神奈川県海老名市	2009～2010	道路ボックスカルバート	ESA工法 R&C工法併用	道路	GL-1.066m	1.07	小土被り施工 斜角施工80°30' 勾配3‰	・薬液注入 ・FCプレート制御システム採用	15.70	6.60	41.80	1	3	・土かぶり1mで高速道路下を掘る 重交通道路での低土被りによる推進工法-推進工法における施工管理方法-	・NIKKEI CONSTRUCTION (2010.3.12) ・建設機械(2012.4.)
T444	東日本高速道路㈱	三井住友建設㈱	北海道森町	2009～2010	道路ボックスカルバート	ESA工法 R&C工法併用	道路	GL-2.534m	2.53	遺跡下横断施工	薬液注入	14.182	7.367	46.98	1	1	・開発との共存！北海道・北東北の縄文遺跡群の事例から ・幻の木造跡におけるトンネル(R&C工法)の施工計画－北海道鷲ノ木遺跡森～落部間	・第20回インド太平洋先史学協会大会イ(2014) ・EXTEC No.86-42(2008.9.)
T445	東日本旅客鉄道㈱	鉄建建設㈱	長野県長野市	1994～1995	道路ボックスカルバート	ESA工法 R&C工法併用	軌道	FL-0.20m	0.2	分岐器下施工	簡易工事桁	24.90	7.45	41.0	1	4	箱形ルーフを用いたESA工法による長野新幹線七瀬跨道橋新設工事	土木施工(1996.3)
T446	近畿日本鉄道㈱	大日本土木㈱	三重県松阪市	1982～1986	道路ボックスカルバート	ESA工法	軌道	FL-1.50m	1.5		薬液注入	15.20	7.05	28.50	1	3	ESA工法による線路下土下道の施工例	基礎工(1986)

T.L.34 都市における近接トンネル

No.	発注者	施工者	施工場所	施工時期	近接施工概要							構造諸元					出典	
					新設構造物	施工法	既設構造物(施工法・構造)	新設〜既設構造物の位置関係	土被り(m)	近接施工の特徴	影響低減対策工の概要	幅B(m)	高さH(m)	延長L(m)	層	径間	文献名	出典
T447	神戸市都市整備公社	西松建設㈱	兵庫県神戸市	2000〜	歩道ボックスカルバート	ESA工法	道路	GL-10.25m	10.25	既設ボックス近接0.8m	-	4.70	4.35	64.05	1	1	-	アンダーパス技術協会 施工実績表
T448	北海道旅客鉄道㈱	㈱岩間組	北海道江別市	2012〜	歩道ボックスカルバート	SFT工法	軌道	FL-0.00m	0	小土被り施工 凍上防止対策 斜角施工87°	凍上防止対策	5.30	3.80	12.60	1	1	-	アンダーパス技術協会 施工実績表
T449	九州旅客鉄道㈱	三軌・松尾JV	福岡県京都郡苅田町	2012〜	道路ボックスカルバート	SFT工法	軌道	FL-0.271m	0.271	小土被り施工 既設構造物近接:2.3m蔵れ	-	8.20	5.30	25.0	1	1	-	アンダーパス技術協会 施工実績表
T450	四国旅客鉄道㈱	㈱奥村組	愛媛県伊予市	2013〜	道路ボックスカルバート	SFT工法	軌道	FL-0.363m	0.363	小土被り施工	FCプレート制御システム採用	12.02	7.90	8.012	1	1	-	アンダーパス技術協会 施工実績表
T451	九州旅客鉄道㈱	九鉄・佐藤工業JV	鹿児島県薩摩川内市	2012〜	道路ボックスカルバート	SFT工法	軌道	FL-0.50m	0.5	小土被り施工 斜角施工81°43′21″	FCプレート制御システム採用	17.20	8.75	14.50	1	3	SFT工法による鉄道下函体推進 函体推進(けん引工法)による周辺施設の変位抑制方法	推進技術(2015.12)
T452	九州旅客鉄道㈱	福田・溝池組JV	福岡県福津市	2013〜	道路ボックスカルバート	SFT工法	軌道	FL-0.60m	0.6	小土被り施工 斜角施工78°33′57″	FCプレート制御システム採用	16.40	7.60	13.0	1	3	-	アンダーパス技術協会 施工実績表
T453	西日本旅客鉄道㈱	大佑工業㈱	富山県富山市	2011〜	水路ボックスカルバート	SFT工法	軌道	FL-0.613m	0.613	小土被り施工 勾配施工0.003%	-	2.0	2.15	16.50	1	1	-	アンダーパス技術協会 施工実績表
T454	四国旅客鉄道㈱	鹿島・四国開発JV	愛媛県松山市	2013〜	道路ボックスカルバート	SFT工法	軌道	FL-0.620m	0.62	斜角施工86°32′24″ 大断面施工(272.32m2) 既設構造物近接:約10m離れ	FCプレート制御システム採用	34.038	8.0	9.016	1	4	内部掘削を行わない鉄道横断トンネル技術—SFT工法:市坪架道橋—	基礎工(2015.2)
T455	長野電鉄㈱	長穂建設㈱	長野県長野市	2016〜	道路ボックスカルバート	SFT工法	軌道	FL-1.769m	1.769	斜角施工68°32′32″	FCプレート制御システム採用	24.40	7.70	11.604	1	4	函体推進・けん引工法における周辺縫い切り部の自動制御施工事例	第25回調査・設計・施工技術報告会発表論文集(2016)
T456	土佐くろしお鉄道㈱	㈱奥村組	高知県安芸市	2017〜	歩道ボックスカルバート	SFT工法	軌道	FL-0.696m	0.696	小土被り施工 勾配施工0.25% 既設構造物近接:2.6m離れ	-	3.70	4.20	8.0	1	1	-	アンダーパス技術協会 施工実績表
T457	みよし市	大豊建設(ループ)、柳建設(園体)	愛知県みよし市	2017〜	河川ボックスカルバート	SFT工法	道路	GL-970m	0.97	小土被り施工 既設構造物近接:2.6m離れ	-	5.10	3.40	24.07	1	1	-	アンダーパス技術協会 施工実績表
T458	名古屋市緑政土木局	大豊・森本・錢高JV	愛知県名古屋市	2016〜	道路ボックスカルバート	SFT工法	用水路	用水路下端〜BOX天端まで、離隔1.0m	-	小土被り施工 斜角施工63°45′ 勾配施工0.5%	・薬液注入 ・FCプレート制御システム採用	15.0	7.20	30.0	1	3	愛知用水直下を非開削工法(SFT工法)によるアンダーパス鉄道工事—補強間動使線・補強間地区から国道302号へ—	土木施工(2017.11)
T459	九州旅客鉄道㈱	九鉄工業㈱	宮崎県日向市	2006〜2007	道路ボックスカルバート	SFT工法	軌道	FL-1.769m	1.769	斜角施工81°10′ 勾配施工2.277%	FCプレート制御システム採用	18.50	6.90	14.0	1	3	-	日本鉄道施設協会誌(2008)・土木施工(2007.8)
T460	中日本高速道路㈱	㈱竹中土木	静岡県静岡市	2016〜2020	道路ボックスカルバート	SFT工法	道路	GL-360m	3.6	既設カルバート近接工事 離隔1.6m	-	9.30	7.25	43.0	1	3	東名高速道路直下における函体推進(SFT工法)工事—日本の大動脈となる高速道路直下で現場打ち4連函体推進をSFT工法にて施工—	推進技術(2019.3)
T461	中日本高速道路㈱	㈱奥村組	神奈川県横浜市	2010〜2011	歩道ボックスカルバート	SFT工法	道路	・GL-2.25m ・函体側端部〜既設BOX:	2.25	勾配施工0.02% 道路BOX近接	FCプレート制御システム採用	3.625	3.35	48.0	1	1	小野面連続施工で東名高速道路直下に地下空間を構築—切羽を提供しないSFT工法の施工事例—	推進技術(2011.12)
T462	九州旅客鉄道㈱	九鉄工業・奥村組JV	宮崎県日向市	2012〜	道路ボックスカルバート	SFT工法	道路	GL-1.248m	1.25	斜角施工76°38′28″ 勾配施工2.6%	・薬液注入 ・FCプレート制御システム採用	25.0	7.70	8.50	1	4	地下水位以下の細砂地盤での鉄道横断施工—SFT工法:JR日豊本線—	基礎工(2015.2)
T463	東日本高速道路㈱	清水・前田・東洋JV	千葉県	2017〜	道路ボックスカルバート	SFT工法	道路	・FL-1.40m ・既設構造物近接:2.8m	1.4	既設構造物近接:2.8m	-	6.04	6.94	14.30	1	1	-	アンダーパス技術協会 施工実績表
T464	東海旅客鉄道㈱	名工建設㈱	静岡県磐田市	2016〜	河川ボックスカルバート	R&C工法	軌道	FL-1.951m	1.95	小土被り施工	-	3.0	3.0	16.50	1	1	土地区画整理事業によるまちづくりと新駅設置工事—東海道本線袋井・磐田間新駅—	日本鉄道施設協会誌(2016)

巻末資料　　　巻末資料4　特殊トンネル　近接施工事例一覧表

No.	発注者	施工者	施工場所	施工時期	新設構造物	施工法	既設構造物（施工法・構造）	新設～既設構造物の位置関係	土被り(m)	近接施工の特徴	影響低減対策工の概要	幅B(m)	高さH(m)	延長L(m)	層	径間	文献名	出典
T465	小田急電鉄㈱	鹿島建設・奥村組・フジタJV	東京都世田谷区	2011～	道路ボックスカルバート	R&C工法	道路	・GL-5.00m ・既設構造物近接:上側（ガス管・道路排水管）下部（都内通）鉄道BOXとの離隔、胴部50mm	5	勾配施工-3.4%	薬液注入	10.575	8.084	45.0	1	2	・東北沢～世田谷代田間の複々線化事業および連続立体交差事業・連続立体交差による名開かずの踏切対策 小田急小田原線（代々木上原駅～梅ヶ丘駅間）の地下連続立体交差及び複々線化事業の概要について・R&C工法―小田急小田原線 代々木上原駅＆合成立体交差工事（土木第5工区）・深さ17号線直下 H4m左右同体地下4径間鉄道トンネルを縮る―小田急小田原線 連続立体交差工事―・複々線化事業―	基礎工(2016.10)・建設機械施工月報(2007.2.) 土木施工(2011.3.) トンネルと地下(2012.6.)
T466	北海道旅客鉄道㈱	大成建設・岩田地崎JV	北海道札幌市	2011～	道路ボックスカルバート	R&C工法	軌道	FL-1.20m	1.2	斜角施工70°34′	薬液注入	17.50	8.35	28.0	1	2	函館線-千歳線 苗穂・白石間 苗穂の道構新設工事	日本鉄道施設協会誌(2016.4)
T467	南海電気鉄道㈱	南海辰村・鴻池組・鉄建高垣JV	大阪府堺市	2010～	道路ボックスカルバート	R&C工法	軌道	・FL-3.88m ・函体側端～既設BOX:1.5m	3.88	大断面施工(471.30m2)	・薬液注入・FCプレート制御システム採用	37.111	12.70	41.50	1	2	・大和川線の事業概要と他事業との連携・高速道路 高規格堤防・まちづくりの一体整備・南海本線直下における大断面高速道路の構築・南海本線直下における大断面アンダーパスの構築・阪神高速大和川線と鉄道交差部における交差施工技術(R&C工法)・大阪府道高速大和川線と南海本線との大断面アンダーパス工事―R&C工法によるアンダーパス工事	土木施工(2016.4.) 土木施工(2016.4.) 推進技術(2015.12.) 基礎工(2015.2.) トンネルと地下(2014.1.)
T468	阪堺電気軌道㈱	南海辰村・奥村組JV	大阪府堺市	2010～	道路ボックスカルバート	R&C工法	軌道	FL-5.908m	5.908	大断面施工(229.16m2)ホーム直下	・薬液注入・FCプレート制御システム	26.961	8.50	15.28	1	3	阪神高速大和川線と鉄道交差部における大断面アンダーパス施工技術(R&C工法)	基礎工(2015.2.)
T469	首都高速道路公団	奥村組・千代田建設JV	東京都千代田区	1998～	歩道ボックスカルバート	R&C工法	道路	GL-4.70m	4.7	首都高速橋脚NTT人孔近接 勾配施工-3.4%	函形ループ推進を泥水式矩形掘進機で施工	5.50	3.70	33.0	1	1	泥水式矩形掘進機を採用した地下鉄出入口通路の施工―福岡外環状道路、西鉄北線・東X本大断面	土木施工(1998.11)
T470	東京都交通局	熊谷組・奈良建設JV	東京都港区	2008～	道路ボックスカルバート	R&C工法	道路	・GL-7.196m ・函体上床版端～既設BOX(共同溝):0.728m	7.169	共同溝、既設シールド近接施工 勾配施工-0.5%	薬液注入	5.12	3.31	11.25	1	1	・地下鉄出入口への軟弱地盤における連絡通路の建設―都営新宿線・之江駅～自転車駐車場間連絡通路通路 高輪台駅―	トンネルと地下(2009.6.)
T471	東京都交通局	清水建設・イワハJV	東京都江戸川区	2003～	歩道ボックスカルバート	R&C工法	道路	・GL-3.00m ・函体側端～駅舎基礎抗:0.2m	3	勾配施工-3.5%	薬液注入	3.10	3.30	10.50	1	1	・駅前に国内最大の地下駐輪場を整備	トンネルと地下(2005.5) 日経コンストラクション(2006.8.)
T472	東海旅客鉄道㈱	JR東海建設・三井住友JV	静岡県静岡市	2007～	道路ボックスカルバート	R&C工法	軌道	FL-0.60m	0.6	斜角施工60°	FCプレート制御システム採用	19.9	8.20	30.0	1	4	東海道本線大坪B町新設工事における 函体トンネル工	日本鉄道施設協会誌(2011.1.)
T473	西日本鉄道㈱	鹿島建設・ハザマ・松豊建設JV	福岡県福岡市	2007～	道路ボックスカルバート	R&C工法	軌道	FL-0.788m	0.788	斜角施工82°33′17″	・薬液注入・FCプレート制御システム採用	35.0	8.90	18.74	1	4	鉄道直下で最大クラスのアーバン井筋工事―福岡外環状道路、西鉄井筋立体交差化工事	土木施工(2009.8.)
T474	東日本旅客鉄道㈱	三井建設㈱	群馬県高崎市	1999～	道路ボックスカルバート	R&C工法	軌道	FL-1.60m	1.6	既設～道構橋梁交換 分岐器下施工	透水性スラグモルタルによる路盤置き換え・工事桁	16.60	7.30	33.02	1	3	R&C工法による大断面地下道の施工―JR高崎線	土木施工(2001.4)
T475	西武鉄道㈱	西武建設㈱	埼玉県狭山市	2000～	道路ボックスカルバート	R&C工法	軌道	FL-1.20m	1.2	大断面施工(200.0m2)	薬液注入	25.0	8.0	12.03	1	2	新要素技術によるR&C工法の施工―西武新宿線 狭山市・新狭山間立体交差工事―	土木施工(2002.3)
T476	西日本旅客鉄道㈱	大鉄工業㈱	新潟県糸魚川市	1997～	道路ボックスカルバート	R&C工法	軌道	FL-0.00m	0	斜角施工86° 小土被り施工	―	11.90	7.50	24.50	1	2	―	アンダーパス技術協会 施工実績表
T477	西日本旅客鉄道㈱	大鉄工業㈱	鳥取県	1998～	水路ボックスカルバート	R&C工法	軌道	FL-0.00m	0	小土被り施工	―	14.80	3.95	19.2	1	2	―	アンダーパス技術協会 施工実績表

T.L.34 都市における近接トンネル

No.	発注者	施工者	施工場所	施工時期	新設構造物	施工法	既設構造物（施工法・構造）	新設～既設構造物の位置関係	土被り(m)	近接施工の特徴	影響低減対策工の概要	幅B(m)	高さH(m)	延長L(m)	厚	径間	文献名	出典
T478	東日本旅客鉄道㈱	第一建設工業㈱	山形県山形市	1998～	水路ボックスカルバート	R&C工法	軌道	F.L.-0.00m	0	小土被り施工	―	9.20	4.50	16.35	1	1	―	アンダーパス技術協会 施工実績表
T479	九州旅客鉄道㈱	鉄建建設㈱	佐賀県佐賀市	2002～	水路ボックスカルバート	R&C工法	軌道	F.L.-0.00m	0	小土被り施工	―	10.0	4.14	17.0	1	2	―	アンダーパス技術協会 施工実績表
T480	西日本旅客鉄道㈱	大鉄工業㈱	石川県野々市町	1994～	水路ボックスカルバート	R&C工法	軌道	F.L.-0.040m	0.04	斜角施工75° 小土被り施工	―	12.20	5.55	11.40	1	1	―	アンダーパス技術協会 施工実績表
T481	東海旅客鉄道㈱	名工建設㈱	山梨県中央市	2004～	水路ボックスカルバート	R&C工法	軌道	F.L.-0.076m	0.076	小土被り施工	―	4.70	2.35	9.30	1	1	―	アンダーパス技術協会 施工実績表
T482	東日本旅客鉄道㈱	㈱植木組	長野県上田市	1993～	河川ボックスカルバート	R&C工法	軌道	F.L.-0.10m	0.1	小土被り施工	―	6.90	2.65	20.0	1	1	―	アンダーパス技術協会 施工実績表
T483	滋賀県大津市	今井建設㈱	滋賀県大津市	1997～	水路ボックスカルバート	R&C工法	道路	GL-0.20m	0.2	小土被り施工	―	3.80	2.50	13.0	1	1	―	アンダーパス技術協会 施工実績表
T484	滋賀県大津市	㈱奥村組	滋賀県大津市	1999～	水路ボックスカルバート	R&C工法	道路	GL-0.31m	0.31	小土被り施工	―	5.0	3.60	19.50	1	1	―	アンダーパス技術協会 施工実績表
T485	静岡県浜北市	住友建設㈱	静岡県浜北市	1994～	水路ボックスカルバート	R&C工法	道路	GL-0.40m	0.4	小土被り施工	―	4.70	3.30	16.6	1	1	―	アンダーパス技術協会 施工実績表
T486	大阪府東大阪市	㈱奥村組	大阪府東大阪市	1995～	歩道ボックスカルバート	R&C工法	道路	GL-0.40m	0.4	小土被り施工	―	5.70	3.05	32.0	1	1	―	アンダーパス技術協会 施工実績表
T487	山梨県甲府市	名工建設㈱	山梨県甲府市	1989～	水路ボックスカルバート	R&C工法	道路	GL-0.84m	0.84	小土被り施工	―	2.0	1.60	28.0	1	1	―	アンダーパス技術協会 施工実績表
T488	日本道路公団	大成建設・小田急建設JV	千葉県千葉市	1996～	道路ボックスカルバート	R&C工法	道路	GL-0.87m	0.87	小土被り施工 勾配施工=2.5% 異形断面凸	薬液注入	30.40	7.80	26.74	1	4	BR工法による高速道路横断トンネルの施工	土木施工(2001.3.)
T489	日本道路公団	㈱淺沼組	福島県本宮町	1992～	道路ボックスカルバート	R&C工法	道路	GL-0.89m	0.89	斜角施工83°30′ 小土被り施工	―	11.40	6.65	30.44	1	1	―	アンダーパス技術協会 施工実績表
T490	宮城県土木部	後藤工業㈱	宮城県名取市	1999～	水路ボックスカルバート	R&C工法	道路	GL-0.95m	0.95	斜角施工60° 勾配施工=0.125%	―	4.50	5.10	24.0	1	1	―	アンダーパス技術協会 施工実績表
T491	日本道路公団	日産建設㈱	滋賀県栗東市	1993～	道路ボックスカルバート	R&C工法 ESA工法併用	道路	GL-1.0m	1	斜角施工60° 小土被り施工 勾配施工=1.177%	―	7.10	6.15	49.14	1	1	―	アンダーパス技術協会 施工実績表
T492	日本道路公団	鴻池組・浅沼組JV	栃木県宇都宮市	1996～	道路ボックスカルバート	R&C工法	道路	GL-1.0m	1	小土被り施工	―	9.36	6.41	29.80	1	1	―	アンダーパス技術協会 施工実績表
T493	九州旅客鉄道㈱	鹿島・ハザマ・三軌JV	福岡県福岡市	2007～	道路ボックスカルバート	R&C工法	軌道	F.L.-1.009m	1.009	大断面施工(322.0m2) 斜角施工80°18′40″	―	35.0	9.20	19.0	1	4	―	アンダーパス技術協会 施工実績表
T494	北海道旅客鉄道㈱	㈱竹中土木	北海道千歳市	1998～	道路ボックスカルバート	R&C工法	軌道	F.L.-0.567m	0.567	大断面施工(252.77m2)	―	31.40	8.05	20.0	1	4	―	アンダーパス技術協会 施工実績表
T495	東日本旅客鉄道㈱	ハザマ・長田組土木JV	山梨県甲府市	1999～	道路ボックスカルバート	R&C工法	軌道	F.L.-1.00m	1	大断面施工(240.64m2) 斜角施工78°	―	25.60	9.40	18.70	1	3	―	アンダーパス技術協会 施工実績表
T496	東日本旅客鉄道㈱	第一建設工業㈱	山形県山形市	1998～	道路ボックスカルバート	R&C工法	軌道	F.L.-0.895m	0.9	大断面施工(221.67m2) 斜角施工61°3′	―	27.0	8.21	13.332	1	2	―	アンダーパス技術協会 施工実績表
T497	東日本旅客鉄道㈱	鉄建建設㈱	山形県山形市	1997～	道路ボックスカルバート	R&C工法	軌道	F.L.-1.25m	1.25	大断面施工(215.28m2) 斜角施工81°36′12″	―	27.60	7.80	14.50	1	4	―	アンダーパス技術協会 施工実績表
T498	東日本旅客鉄道㈱	仙建工業㈱	宮城県仙台市	1995～	道路ボックスカルバート	R&C工法	軌道	・F.L.-0.99m ・函体頂端部～既設構造物:約2.0m	0.99	小土被り施工	―	4.80	4.35	22.50	1	1	―	アンダーパス技術協会 施工実績表

巻末資料　　巻末資料4　特殊トンネル　近接施工事例一覧表

No.	発注者	施工者	施工場所	施工時期	新設構造物	施工法	既設構造物（施工法・構造）	新設～既設構造物の位置関係	土被り(m)	近接施工の特徴	影響低減対策工の概要	幅B(m)	高さH(m)	延長L(m)	層	径間	文献名	出典
T499	NHK 日本生命 第一生命 名古屋市 名鉄道	大成、鹿島、矢作JV 土木	愛知県 名古屋市	1999～	歩道ボックス カルバート	R&C工法	道路	・GL-5.65m ・函体上床版端～既設BOX(NTT洞道):約0.3m ・函体土床版端～既設BOX(中電人孔):約2.0m	5.65	到達側立坑無しでの施工、NHK地下2Fに向けて推進	―	9.0	5.80	8.0	1	1	―	アンダーパス技術協会 施工実績表
T500	西日本旅客鉄道(株)	大鉄工業(株)	奈良県 奈良市	2002～	道路ボックス カルバート	R&C工法	軌道	・FL-0.225m ・函体御嶽部～既設構台:約3.7m	0.225	小土被り施工	―	7.0	3.90	13.10	1	1	奈良駅付近高架化に伴う久保垣内Bv改築工事	日本鉄道施設協会誌 (2006.8)
T501	西日本旅客鉄道(株)	大鉄工業(株)	富山県 魚津市	2004～	水路ボックスカルバート	R&C工法	軌道	・FL-1.156m ・函体御嶽部～既設BOX:約2.6m	1.156	既設構造物近接施工	―	2.70	2.80	21.0	1	1	―	アンダーパス技術協会 施工実績表
T502	南海電気鉄道(株)	南海辰村建設(株)	大阪府 河内長野市	2005～	歩道ボックス カルバート	R&C工法	軌道	・FL-1.642m ・函体御嶽部～既設構台:約2.4m	1.642	既設構造物近接施工	―	3.6	3.25	11.0	1	1	―	アンダーパス技術協会 施工実績表
T503	東日本旅客鉄道(株)	東鉄工業(株)	茨城県 北茨城市	2007～	水路ボックス カルバート	R&C工法	軌道	・FL-1.085m ・函体御嶽部～既設構造物:2.48m	1.085	既設構造物近接施工	―	3.04	2.04	12.0	1	1	―	アンダーパス技術協会 施工実績表
T504	九州旅客鉄道(株)	九鉄工業(株)	福岡県 京都郡苅田町	2010～	道路ボックス カルバート	R&C工法	軌道	・FL-0.281m ・函体御嶽部～既設構台:0.36m	0.281	既設構造物近接施工	―	8.20	6.0	14.0	1	1	―	アンダーパス技術協会 施工実績表
T505	国土交通省 近畿地方整備局	名工建設(株)	兵庫県 加古川市	2009～	歩道ボックス カルバート	R&C工法	道路	・GL-1.84m ・函体御嶽部～既設BOX:約2.0m	1.84	既設構造物近接施工	―	3.60	3.40	23.256	1	1	―	アンダーパス技術協会 施工実績表
T506	西日本旅客鉄道(株)	大鉄工業(株)	石川県 白山市	2010～	道路ボックス カルバート	R&C工法	軌道	・FL-2.39m ・函体御嶽部～既設構台(北陸新幹線):約6.0m	2.39	既設構造物近接施工	―	13.80	7.50	19.50	1	2	―	アンダーパス技術協会 施工実績表
T507	南海電気鉄道(株)	南海辰村建設(株)	大阪府 狭山市	2012～	歩道ボックス カルバート	R&C工法	軌道	・FL-1.148m ・函体御嶽部～既設構台:1.81m	1.15	既設構造物近接施工	―	3.70	3.75	32.074	1	1	―	アンダーパス技術協会 施工実績表
T508	西日本旅客鉄道(株)	大鉄工業(株)	石川県 白山市	2011～	道路ボックス カルバート	R&C工法	軌道	・FL-2.45m ・函体御嶽部～既設構台(北陸新幹線):約4.7m ・函渠:約5.0m	2.45	既設構造物近接施工	―	13.80	7.50	19.50	1	2	―	アンダーパス技術協会 施工実績表
T509	九州旅客鉄道(株)	九鉄・前田建設JV	福岡県 北九州市	2011～	歩道ボックス カルバート	R&C工法	軌道	FL-0.355m	0.36	既設構造物取り壊し施工	―	3.70	7.28	23.24	1	1	―	アンダーパス技術協会 施工実績表
T510	西日本鉄道(株)	ハザマ・西鉄グリーン土木JV	福岡県 福岡市	2013～	歩道ボックス カルバート	FJ工法	軌道	FL-2.67m	2.67		―	6.80	6.10	19.48	1	1	THバイプルーフを用いた鉄道下の道路トンネル施工	基礎工(2015.2.)
T511	東海旅客鉄道(株)	JR東海建設・名工業設JV	愛知県 名古屋市	2005～	河川ボックス カルバート	FJ工法	軌道	FL-2.50m	2.5	―	薬液注入	24.0	7.40	42.0	1	2	JR中央本線内津川橋梁改良工事 事業概要を中心に	土木施工(2005.8.)
T512	日本道路公団	(株)錢高組	埼玉県 比企郡嵐山町	2001～	道路ボックス カルバート	FJ工法	道路	GL-2.50m	2.5	勾配施工=4.0%	スライド刃口採用(函体刃口頭部刃口篭)	24.90	7.70	46.27	1	4	関越道 嵐山小川ICの完成 ・関越自動車道下の大排気函ん引工事 嵐山小川鉄父道路線	EXTEC(2005) ・トンネルと地下(2003.3.)
T513	土佐くろしお鉄道(株)	(株)村中土木	高知県 中村市	2000～	道路ボックス カルバート	FJ工法	軌道	FL-2.50m	2.5	法面掘壁坑口撤去施工	薬液注入 既設構造物を安定させるため、発泡モルタルと固練りによる補強を施工	13.70	8.90	45.2	1	1	山岳斜面の鉄道と鋭角で交差する道路トンネル新設工事―フロンジャッキ 慶谷小川株父道路	日本鉄道施設協会誌 (2002.10)
T514	東海旅客鉄道(株)	名工建設(株)	岐阜県 不破郡関ヶ原町	2000～	道路ボックス カルバート	FJ工法	軌道	FL-2.10m	2.1	大断面施工	薬液注入	32.263	8.90	47.20	1	4	東海道本線垂井―関ヶ原間 新幹土実道標新設工事	日本鉄道施設協会誌(2002.8)
T515	県大沢しお地区画整理組合	鹿島建設・椎谷組JV	宮城県 仙台市	1999～	道路ボックス カルバート	FJ工法	道路	GL-3.51m	3.51	勾配施工=0.301%	薬液注入	19.80	7.33	47.0	1	2	フロンジャッキング工法による高速自動車道下の次断面シネルの施工工一大沢成田間シネル工事―	土木施工(2000.3.)

T.L.34　都市における近接トンネル

No.	発注者	施工者	施工場所	施工時期	新設構造物	近接施工概要						構造諸元					文献名	出典
						施工法	既設構造物（施工法・構造）	新設〜既設構造物の位置関係	土被り(m)	近接施工の特徴	影響低減対策工の概要	幅B(m)	高さH(m)	延長L(m)	層	径間		
T516	日本道路公団	鉄建・大豊JV	広島県広島市	1993〜1996	道路ボックスカルバート	FJ工法	道路	・GL-2.73m ・函体側端部〜既設 BOX:約1.0m	2.73	斜角施工79°30' 勾配施工i=6.435% 大断面施工(338.4m2)	—	37.60	9.00	41.70	1	2	・撤面日本一のフロンテジャッキング工法—幅37.6mで山陽自動車道直下を掘削— ・フロンテジャッキング工法による大断面築工事	・ハイウェイ技術(1996.4) ・土木施工(1997.8)
T517	東日本旅客鉄道㈱	鉄建建設㈱	岩手県一関市	1998〜	道路ボックスカルバート	FJ工法	軌道	FL-2.86m	2.86	大断面施工(252.0m2)	—	30.0	8.40	24.0	1	4	—	アンダーパス技術協会 施工実績表
T518	日本道路公団	鹿島建設㈱	愛知県名古屋市	1991〜	道路ボックスカルバート	FJ工法	河川	GL-9.10m	9.1	河川下横断 大断面施工(249.90m2)	薬液注入	24.50	10.20	39.6	1	2	・河川下を通る名名高速道路・東名阪自動車道近間区間に・東名阪自動車道 香流川工事の施工について	・土木学会誌(1992.4) ・EXTEC(1992.6.)
T519	東海旅客鉄道㈱	名工建設㈱	岐阜県不破郡関ケ原町	1989〜	道路ボックスカルバート	FJ工法	軌道	FL-6.22m	6.22	斜角施工60° 大断面施工(245.96m2)	薬液注入	28.6	8.60	29.6	1	2	大断面フロンテジャッキング工法の施工	・日本鉄道協会誌
T520	北海道札幌市	伊藤組土建㈱	北海道札幌市	1983〜	道路ボックスカルバート	FJ工法	道路	GL-3.50m	3.5	斜角施工81° 大断面施工(222.30m2)	—	28.50	7.80	36.0	1	2	大断面フロンテジャッキング工法(MPM工法用)の施工を見る。—3,2.75 羊ケ丘通第工区改良工事—	土木施工(1984.11.)
T521	九州旅客鉄道㈱	九鉄工業㈱	佐賀県三養基郡基山町	1985〜	道路ボックスカルバート	FJ工法	軌道	FL-1.20m	1.2	斜角施工80°07' 大断面施工(218.56m2)	薬液注入	32.0	6.83	20.5	1	4	鹿児島本線 基山〜原田町駅道稿の施工	土木施工(1986.2.)
T522	西日本旅客鉄道㈱	大鉄工業㈱	富山県富山市	1999〜	道路ボックスカルバート	FJ工法	軌道	FL-1.20m	1.2	大断面施工(209.30m2)	—	26.0	8.05	19.3	1	4	—	アンダーパス技術協会 施工実績表
T523	近畿日本鉄道㈱	大成建設㈱	奈良県橿原市	1983〜	道路ボックスカルバート	FJ工法	軌道	FL-1.60m	1.6	大断面施工(201.28m2)	—	27.20	7.40	16.0	1	2	—	アンダーパス技術協会 施工実績表
T524	日本道路公団	大成建設㈱	福島県須賀川市	1998〜	歩道ボックスカルバート	FJ工法	道路	・GL-2.48m ・函体側端部〜既設 BOX:0.4m	2.48	既設構造物の近接施工	—	4.80	3.95	29.50	1	1	—	アンダーパス技術協会 施工実績表
T525	東日本旅客鉄道㈱	ユニオン建設㈱	神奈川県大船市	1999〜	道路ボックスカルバート	FJ工法	軌道	・FL-1.87m ・函体下端部〜既設 台:約6.0m	1.87	既設構造物の近接施工	—	3.70	3.70	9.50	1	1	—	アンダーパス技術協会 施工実績表
T526	福島県福島市	鹿島建設・多田建設JV	福島県福島市	2001〜	歩道ボックスカルバート	FJ工法	道路	・GL-3.12m ・函体側端部〜既設 BOX:0.25m ・函体下端部〜既設 台:4.05m	3.12	既設構造物の近接施工	—	4.30	3.45	38.90	1	1	—	アンダーパス技術協会 施工実績表
T527	新潟市	鉄建建設㈱	新潟県新潟市	2002〜	歩道ボックスカルバート	FJ工法	道路	・GL-2.60m ・函体側端部〜既設 台:0.50m ・函体下端部〜既設 台:0.20m	2.6	既設構造物の近接施工	—	5.0	3.75	27.60	1	1	—	アンダーパス技術協会 施工実績表
T528	日本道路公団	三菱・日本土建JV	三重県亀山市	2002〜	歩道ボックスカルバート	FJ工法	道路	・GL-2.50m ・函体側端部〜既設 BOX:7.23m	2.5	既設構造物の近接施工	—	3.80	3.75	30.5	1	1	—	アンダーパス技術協会 施工実績表
T529	西日本旅客鉄道㈱	広成建設㈱	岡山県倉敷市	2004〜	道路ボックスカルバート	FJ工法	軌道	・FL-2.64m ・函体側端部〜既設 BOX:1.742m	2.64	既設構造物の近接施工	—	24.50	8.0	16.75	1	4	—	アンダーパス技術協会 施工実績表
T530	東海旅客鉄道㈱	名工建設㈱	岐阜県中津川市	2005〜	河川ボックスカルバート	FJ工法	軌道	・FL-1.61m ・函体側端部〜既設 BOX:1.20m	1.61	既設構造物の近接施工	—	21.60	7.90	16.80	1	1	—	アンダーパス技術協会 施工実績表
T531	藤沢市	鉄建建設㈱	神奈川県藤沢市	2017〜2018	歩道ボックスカルバート	ボックスカルバート推進工法	道路（国道1号）	幹線道路直下での推進施工 上面までの土被り約5.25m 既設構造台近傍	5.25	幹線道路直下での推進施工	—	3.6	3.6	27	1	1	矩形断面推進工法における応力解放率の異方性を考慮した地表面変位	・土木学会第73回年次学術講演会Ⅲ-362(2018)
T532	中日本高速道路㈱	清水建設㈱	静岡県焼津市	2020〜2023	道路ボックスカルバート	R&C工法 ESA工法併用	道路（東名高速道路）、既設函体	・GL-1.5m ・函体側端部〜既設 BOX:1.0m	1.5	・小土被り施工 ・既設函体近接施工	薬液注入	12.6	7.1	35.4	1	1	—	清水建設㈱提供
T533	日本貨物鉄道㈱	㈱奥村組	宮城県仙台市	2020〜2023	鉄道ボックスカルバート	ESA工法 R&C工法併用	道路	GL-0.834m	0.834	・国道下ル土被り施工	薬液注入	12.2	7.6	71.5	1	1	・国内最長のR&C工法を用いた非開削技術 国道直下、低土被りをESA工法との併用 —仙台貨物—	土木施工(2023.8.)

巻末資料　　巻末資料 5　特殊トンネル　近接施工事例概要調査票

巻末資料 5　特殊トンネル近接施工事例概要調査票

【タイプⅠ】T101

<table>
<tr><td colspan="3">工事名称</td><td colspan="2">西武鉄道池袋ビル建替え計画に伴う土木工事（地下道新設その 1・2）</td></tr>
<tr><td rowspan="7">①施工概要</td><td colspan="2">工期（施工時期）</td><td colspan="2">（2017 年 7 月〜2018 年 6 月）</td></tr>
<tr><td colspan="2">概要</td><td>本工事は，西武鉄道池袋駅の南側に位置する西武鉄道池袋旧本社ビル跡地で建設中のダイヤゲート池袋新築工事にあわせ，線路直下を横断する地下通路を新設するものである．1 日の乗降人員約 49 万人の西武鉄道の玄関口である池袋駅構内で，分岐器を含む複数の線路直下で HEP&JES 工法により非開削施工を行った．</td><td rowspan="3">図-1　平面図 1)</td></tr>
<tr><td colspan="2">構造形式・寸法</td><td>1 層 1 径間ボックスカルバート
幅 11.1m，高さ 5.925m，
函体延長 22.24m</td></tr>
<tr><td colspan="2">施工工法</td><td>HEP&JES 工法</td></tr>
<tr><td colspan="2">近接構造物</td><td>西武池袋線</td><td></td></tr>
<tr><td rowspan="3">②条件</td><td rowspan="3">地盤</td><td>土質条件</td><td>盛土，ローム</td><td rowspan="3"></td></tr>
<tr><td>地下水位（m）</td><td>FL-9.256m</td></tr>
<tr><td>土被り厚（m）</td><td>FL-1.881m</td></tr>
<tr><td rowspan="3">③近接影響予測</td><td colspan="2">解析手法</td><td>―</td><td rowspan="3"></td></tr>
<tr><td colspan="2">解析ステップ</td><td>―</td></tr>
<tr><td colspan="2">解析結果</td><td>―</td></tr>
<tr><td rowspan="2">④補助工法</td><td colspan="2">影響低減対策
地表面
（軌道・路面）</td><td>・軌道への影響が少ない人力掘削を選定．
・上床版エレメントおよび側壁 1 段目エレメントは，夜間線路閉鎖間合いでの施工．
・上床版エレメント掘進時，フリクションカットシートを採用し，軌道の水平変位を抑制．</td><td rowspan="2">図-2　縦断図 1)
図-3　対策工（フリクションカットシート）1)</td></tr>
<tr><td colspan="2">近接構造物</td><td>記載なし</td></tr>
<tr><td rowspan="6">⑤計測概要</td><td rowspan="3">地表面変位</td><td>計測項目</td><td>軌道変位計測</td><td rowspan="6"></td></tr>
<tr><td>計測範囲</td><td>施工の影響範囲</td></tr>
<tr><td>計測方法</td><td>デジタルカメラを用いた測定システム</td></tr>
<tr><td rowspan="3">近接構造物</td><td>計測対象</td><td>―</td></tr>
<tr><td>計測項目</td><td>―</td></tr>
<tr><td>計測方法</td><td>―</td></tr>
<tr><td rowspan="2">⑥施工結果</td><td colspan="2" rowspan="2"></td><td rowspan="2">工事の進捗に伴い緩やかな沈下傾向（8mm 程度）は見られたものの急激な変状はなかった．水平変位はフリクションカットシートを使用しエレメント上面との摩擦を軽減できたため，ほとんど変位（1〜2mm 程度）はなく，適宜軌道整備による列車運行に影響を与えることはなかった．
全工期を通して，分岐器の不具合は発生しなかった．</td><td rowspan="2"></td></tr>
<tr></tr>
<tr><td>⑦出典</td><td colspan="2"></td><td>1)　新井誠：ターミナル駅構内で線路下横断地下通路を構築－HEP&JES 工法－，pp.23-26，基礎工，Vol.47，No.4，2019.4.</td><td></td></tr>
</table>

図-1　平面図 1)

図-2　縦断図 1)

図-3　対策工（フリクションカットシート）1)

表-1　軌道変位管理値 1)

管　理　値		1 次管理値	2 次管理値	管理限界値
管理限界値との比		40%	70%	100%
高	低	3 ㎜	5 ㎜	8 ㎜
通	り	2 ㎜	4 ㎜	6 ㎜

T.L.34 都市における近接トンネル

【タイプⅠ】T104

①施工概要	工事名称	北八王子・小宮間 3k970m 付近石川跨道橋新設	
	工期(施工時期)	(2013年1月～2019年1月)	
	概要	本工事は都道八王子3・4・28号石川宇津木線の整備事業におけるJR八高線交差箇所に線路下横断函体トンネルを構築する工事である．JR八高線上にはNEXCO中日本の中央高速自動車道が立体交差している	
	構造形式・寸法	1層4径間ボックスカルバート 幅17.22m，高さ8.89m，函体延長58m	
	施工工法	HEP&JES工法	
	近接構造物	JR八高線，中央高速自動車道の橋脚・橋台	
②条件地盤	土質条件	埋め土，ローム，礫層	
	地下水位(m)	－	
	土被り厚(m)	0.8	
③近接影響予測	解析手法	二次元弾性FEM解析，二次元骨組解析	
	解析ステップ	STEP1 二次元弾性FEM解析によりエレメント掘進時（応力解放率100%），エレメント閉合後（応力解放率100%）の影響を解析し，地盤変位を算定 STEP2 二次元骨組解析においてFEM解析で得られた地盤変位量を「地盤ばね×変位量＝荷重」として作用させ，杭部材の応力度と変位量を照査	
	解析結果	無対策の条件において，橋台・橋脚は許容変位量（水平変位±10mm，鉛直変位±10mm，傾斜±3分）以内，杭部材も許容応力度内を確認	
④影響低減対策補助工法	地表面(軌道・路面)	軌道直下は刃口が影響範囲を超えるまでは夜間線路閉鎖作業で実施．軌道監視を行い変位量に応じて軌道整備を実施．摩擦低減対策としてフリクションカット鉄板をエレメント上部設置．路面への対策無し．	
	近接構造物	対策なし	
⑤計測概要	地表面 変位	計測項目	軌道変位
		計測範囲	函体下端から45度の範囲
		計測方法	リンク型変位計，水準計
	近接構造物	計測対象	橋脚・橋台
		計測項目	水平・鉛直変位，傾斜
		計測方法	レーザー距離計を用いた座標管理，水盛式沈下計を用いた沈下計測，桁受け面に傾斜計を用いた傾斜計測
⑥結果施工		P1橋脚の水平変位など一部の数値で許容値を超えているが大型車両の通行時に発生する振動によるもので，立坑構築および躯体施工時とも制限値を超えることはなかった	
⑦出典		1) 児島ら：八高線北八王子・小宮間石川町Bvの設計・施工，SED, No.52, pp.68-73, 2018.11	

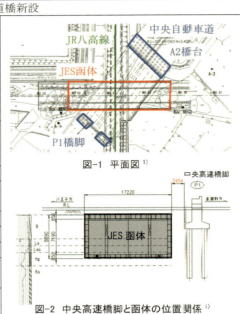

図-1 平面図[1]

図-2 中央高速橋脚と函体の位置関係[1]

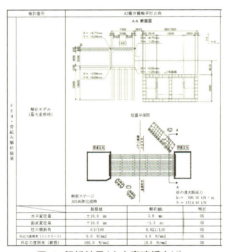

図-3 解析結果（中央高速橋台）[1]

表-1 既設構造物の計測管理値[1]

	警戒管理値	限界管理値
水平変位量（橋脚下端）	±3 mm	±10 mm
鉛直変位量	±3 mm	±10 mm
傾斜	±1.2分	±3.0分

表-2 変量計測結果[1]

項目			最大値	最小値
P1橋脚	水平変位	X方向	11.8mm	-2.00mm
		Y方向	13.2mm	-4.50mm
	傾斜	X方向	2.4分	-2.67分
		Y方向	3.0分	-3.48分
	鉛直変位		0.5mm	-0.81mm
A2橋台	水平変位	X方向	5.2mm	-5.00mm
		Y方向	2.4mm	-12.20mm
	傾斜	X方向	0.5分	-0.45分
		Y方向	1.5分	-0.27分
	鉛直変位		0.1mm	-3.06mm

巻末資料　　巻末資料5　特殊トンネル　近接施工事例概要調査票

【タイプⅠ】T106

<table>
<tr><td rowspan="7">①施工概要</td><td colspan="2">工事名称</td><td>吹田・東淀川間西吹田 Bv 新設他工事</td></tr>
<tr><td colspan="2">工期（施工時期）</td><td>（2012 年 11 月～2018 年 12 月）</td></tr>
<tr><td colspan="2">概要</td><td>大阪府吹田市において都市計画道路南吹田駅前線として JR 東海道本線 4 線および貨物線 4 線の計 8 線の線路下をアンダーパスする工事である．</td></tr>
<tr><td colspan="2">構造形式・寸法</td><td>1 層 2 径間ボックスカルバート幅 13.8m，高さ 9.4m，延長 77m</td></tr>
<tr><td colspan="2">施工工法</td><td>URT 工法 PC ボックス形式</td></tr>
<tr><td colspan="2">近接構造物</td><td>軌道（東海道本線），擁壁</td></tr>
<tr><td rowspan="3">②地盤条件</td><td colspan="2">土質条件</td><td>盛土，粘性土，砂質土，礫質土</td></tr>
<tr><td colspan="2">地下水位（m）</td><td>GL-1.6m</td></tr>
<tr><td colspan="2">土被り厚（m）</td><td>1.6m</td></tr>
<tr><td rowspan="3">③近接影響予測</td><td colspan="2">解析手法</td><td>—</td></tr>
<tr><td colspan="2">解析ステップ</td><td>—</td></tr>
<tr><td colspan="2">解析結果</td><td>—</td></tr>
<tr><td rowspan="2">④影響低減対策 補助工法</td><td colspan="2">地表面（軌道・路面）</td><td>上床エレメント：夜間線路閉鎖その他のエレメント：昼夜施工簡易工事桁の設置自動軌道検測システムの導入随時の軌道整備</td></tr>
<tr><td colspan="2">近接構造物</td><td>タイロッド施工による転倒防止</td></tr>
<tr><td rowspan="7">⑤計測概要</td><td rowspan="3">地表面変位</td><td>計測項目</td><td>軌道変位，地表面変位，列車動揺</td></tr>
<tr><td>計測範囲</td><td>函体下端から 45 度の範囲</td></tr>
<tr><td>計測方法</td><td>軌道検測，リンク式計測システム，レールレベル，地盤レベル，列車動揺測定</td></tr>
<tr><td rowspan="3">近接構造物</td><td>計測対象</td><td>擁壁</td></tr>
<tr><td>計測項目</td><td>擁壁高さ・水平変位・傾斜</td></tr>
<tr><td>計測方法</td><td>レベル・沈下計・傾斜計</td></tr>
<tr><td>⑥施工結果</td><td colspan="2"></td><td>1 次管理値を超過することもあったが適宜対策を実施し施工を完了した．</td></tr>
<tr><td>⑦出典</td><td colspan="2"></td><td>1）　西日本旅客鉄道株式会社：西吹田 Bv 建設工事誌，2020.3.</td></tr>
</table>

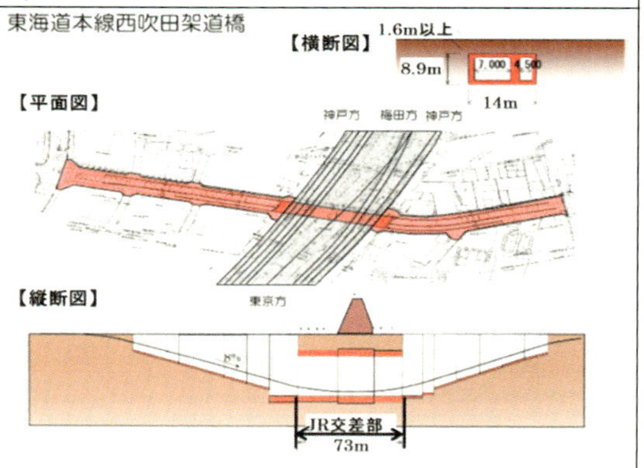

図-1　概要図[1]

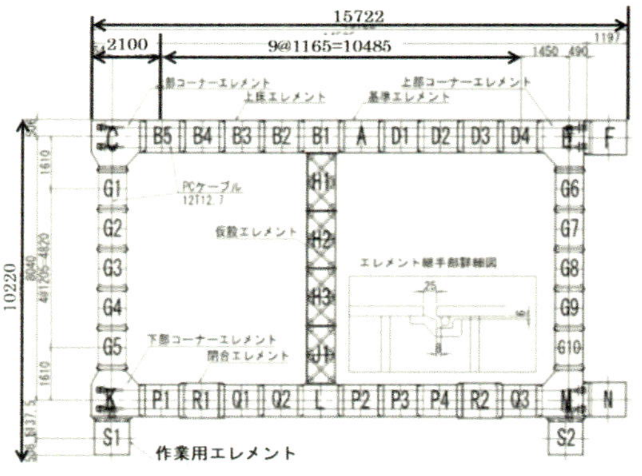

図-2　URT 工法断面図[1]

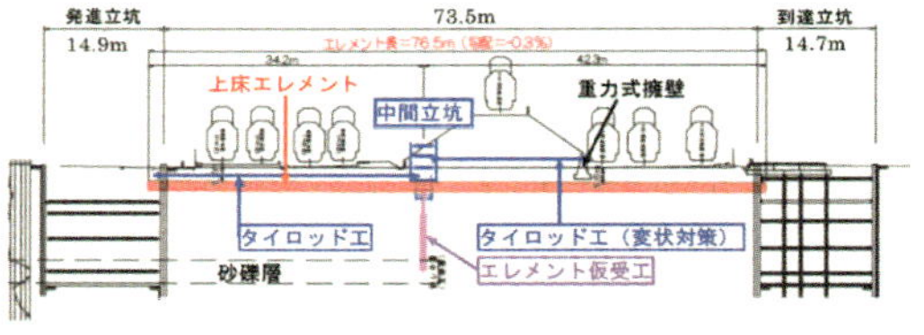

図-3　擁壁変状対策（タイロッド）[1]

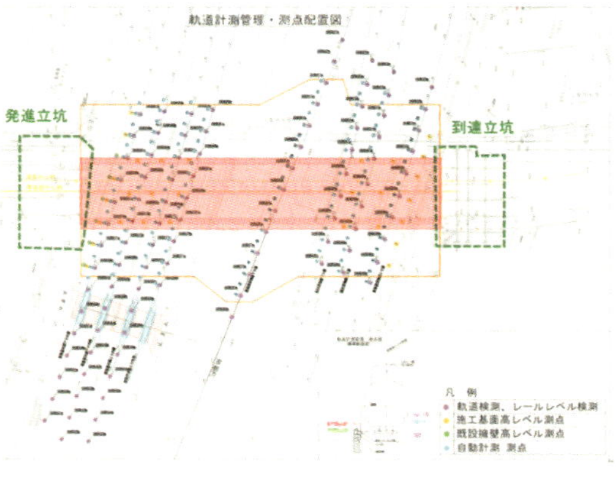

図-4　計測管理計画図[1]

巻末-113

T.L.34 都市における近接トンネル

【タイプ I】T113

①施工概要	工事名称	吹田・東淀川間貨物専用道路 Bv 新設工事
	工期(施工時期)	(2008 年 2 月～2013 年 3 月)
	概要	梅田駅・吹田信号場基盤整備事業として新設する吹田貨物ターミナル駅にアクセスする道路のうち JR 東海道本線 4 線, 貨物線 4 線の計 8 線を地下で横断する工事である.
	構造形式・寸法	1 層 1 径間ボックスカルバート 幅 13.1m, 高さ 8.2m, 延長 56m
	施工工法	URT 工法 PC ボックス形式
	近接構造物	軌道（東海道本線）
②地盤条件	土質条件	盛土, シルト, 砂質土, 礫質土
	地下水位(m)	GL-4.0m
	土被り厚(m)	3.2～5.2m (作業エレメント部：2.2～4.2m)
③近接影響予測	解析手法	二次元 FEM 弾性解析：軌道
	解析ステップ	エレメント推進前後
	解析結果	地盤改良無での検討の結果, 最大沈下量は 4.843mm であり, 一次管理値相当の影響があるため, 通常の止水対策に加え, 薬液注入による軌道路盤の安定効果とエレメント支持地盤の強化を期待し沈下量を低減させた.
④影響低減対策補助工法	地表面 (軌道・路面)	上床エレメント：夜間線路閉鎖 その他のエレメント：昼夜施工 簡易工事桁の設置 自動軌道検測システムの導入 随時の軌道整備 薬液注入による地盤強化
	近接構造物	－
⑤計測概要	地表面変位 計測項目	軌道変位, 地表面変位, 列車動揺
	地表面変位 計測範囲	函体下端から 45 度の範囲
	地表面変位 計測方法	軌道検測, リンク式計測システム, レールレベル, 地盤レベル, 列車動揺測定
	近接構造物 計測対象	－
	近接構造物 計測項目	－
	近接構造物 計測方法	－
⑥施工結果	1 次管理値を超過することもあったが適宜対策を実施し施工を完了した.	
⑦出典	1) 西日本旅客鉄道株式会社, 大鉄工業株式会社：吹田貨物専用道路 Bv 建設工事誌, 2016.2.	

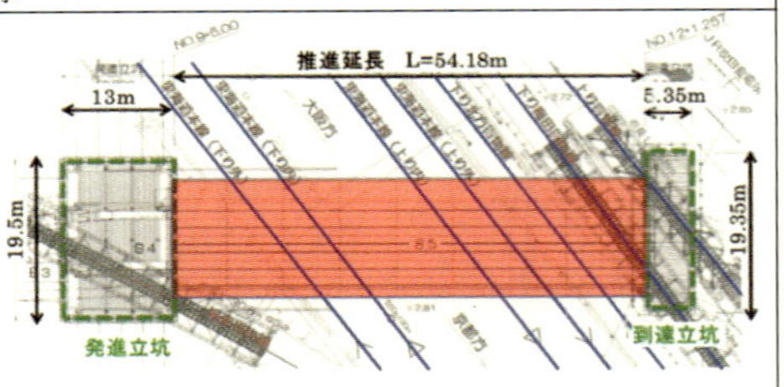

図-1 平面図[1]

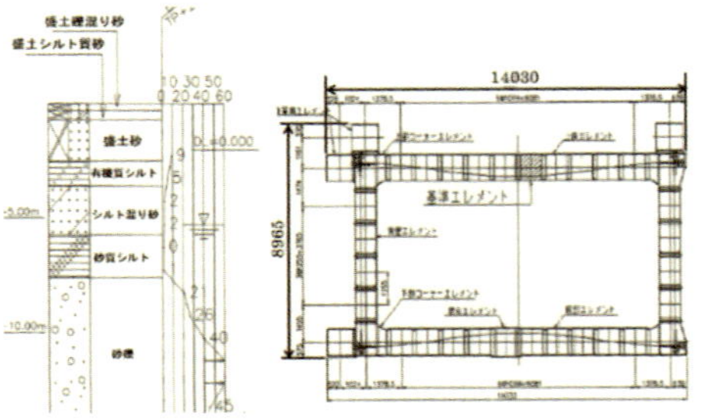

図-2 URT 工法断面図[1]

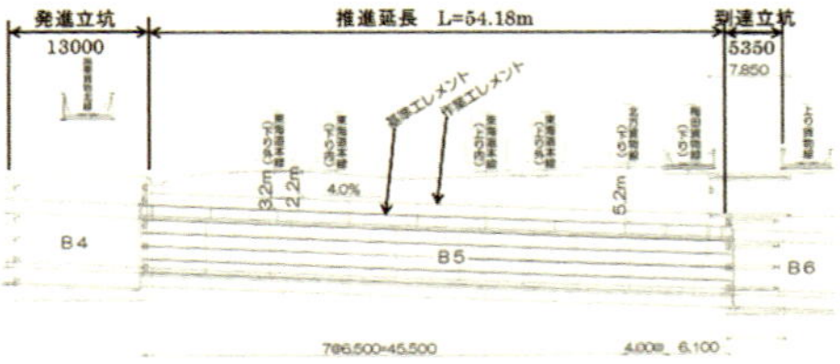

図-3 縦断図[1]

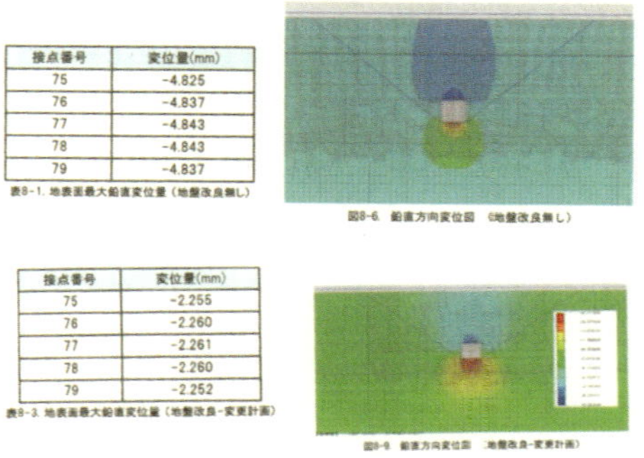

図-4 影響解析結果[1]

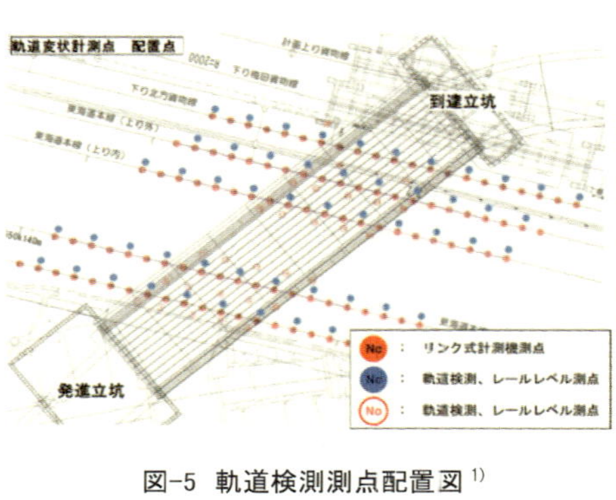

図-5 軌道検測測点配置図[1]

巻末資料　　　巻末資料 5　特殊トンネル　近接施工事例概要調査票

【タイプⅠ】T115

①施工概要	工事名称	虎ノ門一丁目地区第一種市街地再開発事業に伴う公共施設工事	
	工期(施工時期)	(2016 年 4 月〜2019 年 12 月)	
	概要	本工事は，日比谷線虎ノ門ヒルズ駅（新駅），再開発ビル，銀座線虎ノ門駅を接続するため，新設の地下歩行者通路を構築するものである．	図-1　計画概要[1)
	構造形式・寸法	1 層 1 径間ボックスカルバート幅 8.4m，高さ 5.7m，延長 48m（内空 6.7m×3.8m）	
	施工工法	URT 工法	
	近接構造物	都道	
②地盤条件	土質条件	盛土，粘性土，砂質土	図-2　計画概要[1)
	地下水位(m)	GL-1.5m	
	土被り厚(m)	2.4〜4.4m	
③近接影響予測	解析手法	—	図-3　計画概要[1)
	解析ステップ	—	
	解析結果	—	
④影響低減対策補助工法	地表面（軌道・路面）	止水のため全区間薬液注入を実施．（掘削時の地山の自立および影響低減にも寄与）	図-4　土質条件[2)
	近接構造物	—	
⑤計測概要	地表面変位　計測項目	地表面変位	
	地表面変位　計測範囲	函体下端から 45 度の範囲	
	地表面変位　計測方法	レベル	
	近接構造物　計測対象	—	
	近接構造物　計測項目	—	
	近接構造物　計測方法	—	
⑥施工結果		止水薬注および推進工による路面最大変位量は，隆起 11mm，沈下 13mm となり，路面へ大きな変状を与えることなく施工を完了した．	
⑦出典		1) 金野ら，虎ノ門周辺地区の地下道歩行者通路整備計画と URT 工法を用いた推進工事，地下空間シンポジウム論文・報告集，第 25 巻，p.111〜116，土木学会，2020. 2) 東京地下鉄株式会社提供	図-5　計測範囲[2)

T.L.34 都市における近接トンネル

【タイプⅠ】T116

	項目	内容
①施工概要	工事名称	赤坂一丁目地区再開発に伴う南北線溜池山王駅連絡出入口設置他工事
	工期(施工時期)	(2014年1月～2017年9月)
	概要	赤坂一丁目地区市街地再開発に伴い,再開発敷地内高層ビル B2F と東京メトロ南北線溜池山王駅の既設地下通路をつなぐ連絡通路を新設する工事である.
	構造形式・寸法	1層1径間ボックスカルバート 幅6.0m, 高さ5.2m, 延長42.1m (内空4.3m×3.5m)
	施工工法	PCR工法
	近接構造物	首都高速道路橋脚
②条件地盤	土質条件	盛土, 腐植土, 粘性土, 砂質土
	地下水位(m)	GL-6.9m
	土被り厚(m)	約7.2m
③近接影響予測	解析手法	二次元弾性FEM解析
	解析ステップ	STEP0 :初期応力解析 STEP1～21:角型鋼管掘進, PCR桁置換推進(応力解放率100%) STEP22, 23:閉合部・鋼製エレメント部コンクリート打設 STEP24 :内部掘削
	解析結果	水平・鉛直変位, 傾斜ともに一次管理値以下の予測
④影響低減対策補助工法	地表面(軌道・路面)	止水のため全区間薬液注入を実施.(掘削時の地山の自立および影響低減にも寄与)
	近接構造物	同上
⑤計測概要	地表面変位 計測項目	―
	計測範囲	―
	計測方法	―
	近接構造物 計測対象	首都高速道路橋脚
	計測項目	水平・鉛直変位, 傾斜
	計測方法	水盛式沈下計, 固定式傾斜計
⑥施工結果	水平変位0.3mm, 鉛直変位1.8mm, 傾斜0.8分 一次管理値以内で施工を完了した.	
⑦出典	1) 東京地下鉄株式会社・日鉄興和不動産株式会社提供	

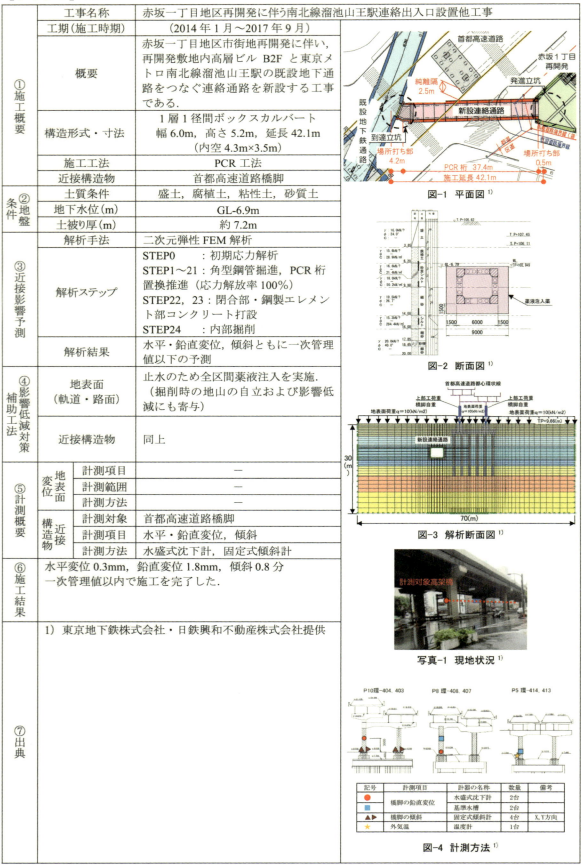

図-1 平面図[1]

図-2 断面図[1]

図-3 解析断面図[1]

写真-1 現地状況[1]

図-4 計測方法[1]

巻末資料　　巻末資料5　特殊トンネル　近接施工事例概要調査票

【タイプⅠ】T117

①施工概要	工事名称		品鶴線大崎駅構内住吉跨道橋他新設	
	工期(施工時期)		(2011年6月～2018年2月)	
	概要		都市計画道路補助第26号線の整備事業のうち，東海道新幹線高架橋とJR横須賀線との交差部に線路下横断構造物を構築する工事.	
	構造形式・寸法		1層1径間ボックスカルバート 幅11.53m，高さ7.77m，函体延長31.0m	
	施工工法		HEP&JES工法	
	近接構造物		東海道新幹線の橋脚，JR横須賀線	
②地盤条件	土質条件		埋土，ローム層，粘性土層，礫層	
	地下水位(m)		GL-4.6m	
	土被り厚(m)		FL-0.57m	
③近接影響予測	解析手法		二次元弾性FEM解析，二次元骨組解析	
	解析ステップ		STEP1：掘削土留め工による地盤への影響について，弾塑性法により算定した掘削時の仮土留め壁の変位を強制変位量として，二次元FEMにより地盤の変形量を算定 STEP2：函体施工時における地盤への影響については，函体と仮土留め壁を含めた地盤をモデル化した二次元FEMにより，各エレメント挿入および函体完成後の内部掘削を模擬した応力解放を行い，完成形での地盤の変位量を算定 STEP3：新幹線橋脚への影響は，既設橋脚の設計計算モデルを構築し，設計で考慮している作用に加えて解析で得られた地盤の変位量を作用外力として与えて，既設橋脚の変位，発生断面力を算定することで検討	
	解析結果		杭基礎の発生断面力は弾性範囲内であることから，新幹線橋脚の使用性に及ぼす影響は少ないと判断	
④影響低減対策補助工法	地表面(軌道・路面)		軌道直下における上床版および側壁1段目エレメントの施工は，夜間線路閉鎖作業で実施.	
	近接構造物		新幹線橋脚と函体の間に事前に影響遮断壁として鋼矢板を打設. 地下水対策として，地下水位低下工法を採用.	
⑤計測概要	地表面変位	計測項目	軌道変位	
		計測範囲	函体下端から45度の範囲	
		計測方法	軌道変位計，水準計	
	近接構造物	計測対象	新幹線橋脚	
		計測項目	水平・鉛直変位，傾斜，橋脚間距離	
		計測方法	ラインゲージを用いた橋脚の水平・鉛直変位の計測．レーザー距離計および計測器を用いた，橋脚間距離と橋脚の傾斜の測定.	
⑥施工結果	大雨の影響による突発的な値を除き，函体構築時に警戒値を越えることはなかった			
⑦出典	1) 山田ら：構造物に近接した非開削工法の施工，地下空間シンポジウム論文・報告集，第21巻，pp.99～104，土木学会，2016.			

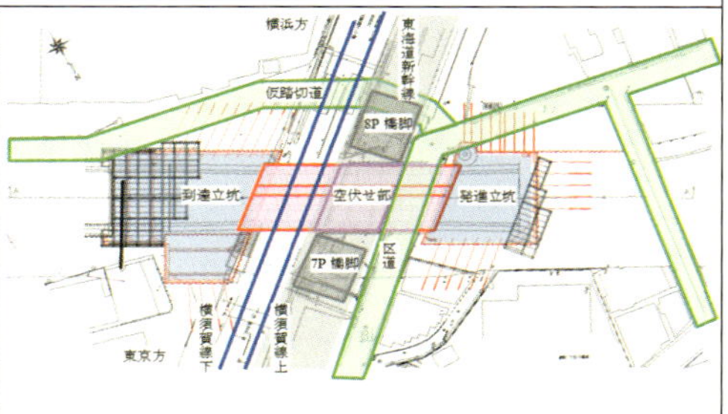

図-1　平面図 [1)]

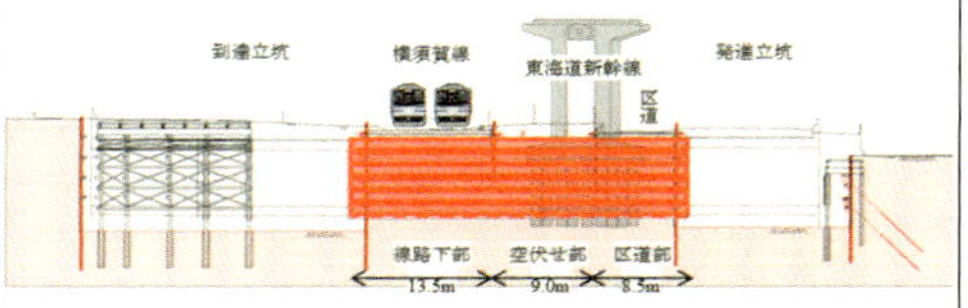

図-2　縦断図 [1)]

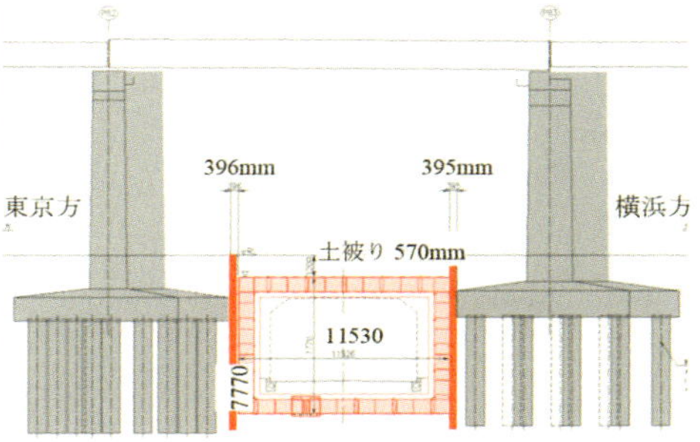

図-3　新幹線橋脚付近横断図 [1)]

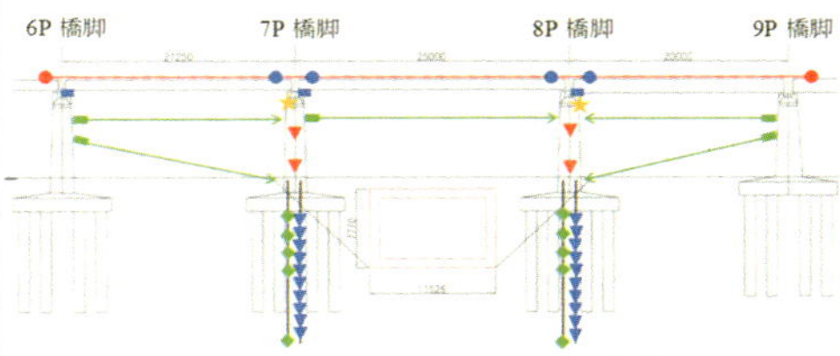

図-4　新幹線橋脚計測機器配置図 [1)]

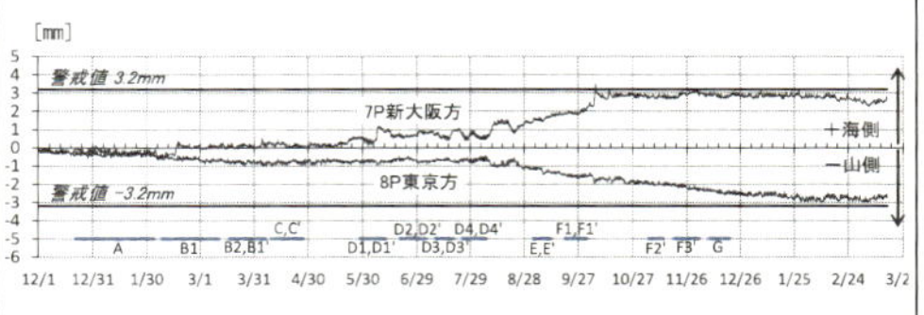

図-5　桁の水平変位(ラインゲージ) [1)]

T.L.34 都市における近接トンネル

【タイプ I】T118

<table>
<tr><td rowspan="6">① 施工概要</td><td colspan="2">工事名称</td><td>新幹線 16k540 付近武蔵小杉連絡通路</td></tr>
<tr><td colspan="2">工期（施工時期）</td><td>（2009 年 4 月～2010 年 8 月）</td></tr>
<tr><td colspan="2">概要</td><td>JR 横須賀線と JR 南武線を結ぶ武蔵小杉駅改札内連絡通路整備するために，東海道新幹線と横須賀線との交差部の盛土直下に，線路下横断構造物を構築する工事．</td></tr>
<tr><td colspan="2">構造形式・寸法</td><td>1 層 1 径間ボックスカルバート
幅 7.18m，高さ 5.2m，
函体延長 30.8m</td></tr>
<tr><td colspan="2">施工工法</td><td>HEP&JES 工法</td></tr>
<tr><td colspan="2">近接構造物</td><td>東海道新幹線，JR 横須賀線</td></tr>
<tr><td rowspan="3">② 地盤条件</td><td colspan="2">土質条件</td><td>盛土，ローム，粘土質シルト，シルト質微細砂</td></tr>
<tr><td colspan="2">地下水位(m)</td><td>側壁エレメント 3 段目上部付近</td></tr>
<tr><td colspan="2">土被り厚(m)</td><td>FL-5m</td></tr>
<tr><td rowspan="3">③ 近接影響予測</td><td colspan="2">解析手法</td><td>—</td></tr>
<tr><td colspan="2">解析ステップ</td><td>—</td></tr>
<tr><td colspan="2">解析結果</td><td>—</td></tr>
<tr><td rowspan="2">④ 影響低減対策補助工法</td><td colspan="2">地表面
（軌道・路面）</td><td>軌道への影響を少なくするため，連絡通路の計画高さを下げて，盛土中ではなく原地盤中にエレメントをけん引し函体を構築した．防護として上床版エレメント上部へ実施した薬液注入による地盤改良を施工した．</td></tr>
<tr><td colspan="2">近接構造物</td><td>対策なし</td></tr>
<tr><td rowspan="7">⑤ 計測概要</td><td rowspan="4">地表面変位</td><td>計測項目</td><td>軌道変位計測，盛土内沈下計測</td></tr>
<tr><td>計測範囲</td><td>図-2 参照</td></tr>
<tr><td>計測方法</td><td>軌道変位計測
ワイヤー式：2 箇所（上下）×5 測点
盛土内沈下計測
圧力式：4 箇所×6 測点</td></tr>
<tr><td></td><td></td></tr>
<tr><td rowspan="3">近接構造物</td><td>計測対象</td><td>—</td></tr>
<tr><td>計測項目</td><td>—</td></tr>
<tr><td>計測方法</td><td>—</td></tr>
<tr><td colspan="3">⑥ 施工結果</td><td>表-1 のとおり，エレメントけん引に伴う軌道および盛土内の 1 日当たりの平均沈下量は僅かであった．また，1 日当たりの最大沈下量は軌道および盛土内ともに-2mm であった．エレメントけん引により，周辺地盤を緩めることから軌道および盛土内の継続的な沈下が見られたが，その沈下量は僅かであり，沈下速度も緩やかであった．これは，エレメントけん引箇所を盛土ではなく原地盤にしたこと，防護工である地盤改良の効果と考えられた．</td></tr>
<tr><td colspan="3">⑦ 出典</td><td>1）日下部ら：東海道新幹線盛土直下における線路下横断構造物構築による軌道等への影響について，土木学会第 65 回年次学術講演会，IV-333，2010.</td></tr>
</table>

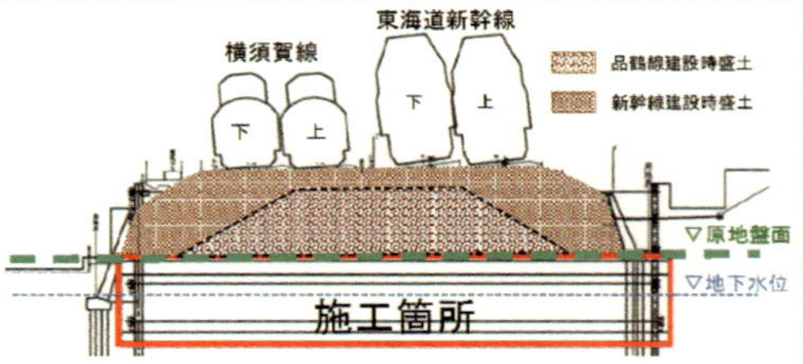

図-1 縦断図[1]

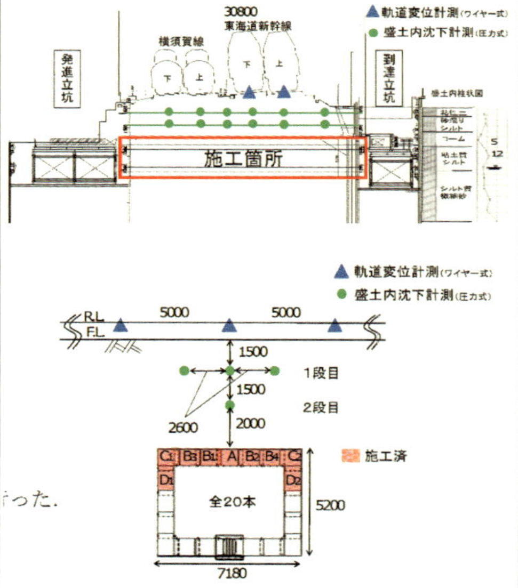

図-2 計測器の配置図[1]

表-1 1 日当たりの平均沈下量（軌道および盛土内）[1]

(mm)

計測項目	上床エレメント	側壁エレメント2段目
軌道	-0.2	-0.1
盛土内 1 段目	-0.2	-0.1
盛土内 2 段目	-0.3	-0.1

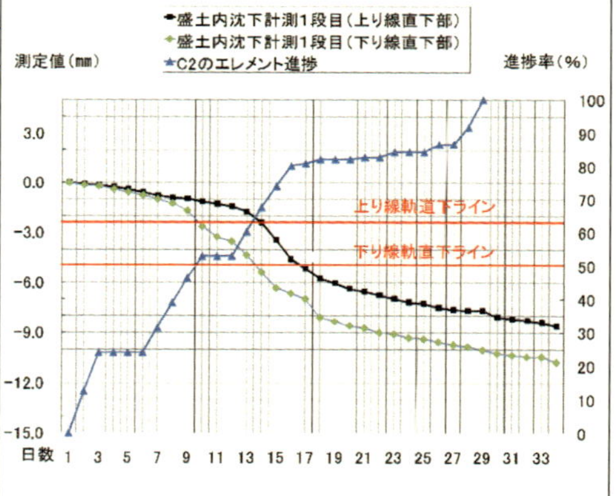

図-3 エレメントけん引時盛土内累積沈下量[1]

巻末資料　　巻末資料5　特殊トンネル　近接施工事例概要調査票

【タイプ I 】T119

		工事名称	山手線新大久保・高田馬場間第一戸塚 Bv 改築 1・2・3
①施工概要		工期（施工時期）	（2003 年 3 月〜2016 年 2 月）
		概要	JR 東日本の山手電車線，山手貨物線および並行する西武新宿線の線路下横断道路の拡幅・改修を HEP&JES 工法により施工するものである．I 期施工として，既設道路の品川方へ本線の半分と側道を構築し既設道路の切り換えを行った．II 期施工では，旧道路部を撤去し，残りの本線と側道を構築した．
		構造形式・寸法	1 層 3 径間ボックスカルバート　幅 27.24m，高さ 9.2m，函体延長 29.3m
		施工工法	HEP&JES 工法
		近接構造物	JR 東日本山手電車線，山手貨物線，西武新宿線および既設橋台
②地盤条件		土質条件	上部より埋土（Bs），武蔵野段丘礫層（Mg），東京層（Tos, Tog），上総層郡粘性土（Kac）で構成されており，東京層（Tog）までの地盤が本工事の掘削対象層となる．
		地下水位（m）	GL-3.5m
		土被り厚（m）	JR 東日本：1.0m，西武線：1.9m
③近接影響予測		解析手法	二次元弾性 FEM 解析により，施工に伴う既設橋台の変位を算出
		解析ステップ	図-3 に示すように側壁エレメント K1〜K5 の施工をモデル化
		解析結果	既設橋台変位の絶対量は異なるが，傾向を概ね再現することができた．
④補助工法 影響低減対策		地表面（軌道・路面）	I期施工で構築したボックスカルバートと，田端側既設橋台を活用して工事桁を架設した．上床版エレメントの敷設および，施工に伴う既設橋台の撤去を工事桁の下で行うことで，昼間に安全に施工できる計画とした．
		近接構造物	既設橋台の沈下防止を目的とした薬液注入工
⑤計測概要	地表面変位	計測項目	軌道変位計測
		計測範囲	—
		計測方法	リンク型軌道計測器（JR 側）トータルステーション（西武側）
	近接構造物	計測対象	既設橋台
		計測項目	鉛直変位および水平変位
		計測方法	傾斜計および沈下計（既設橋台に固定）
⑥結果 施工			エレメントけん引に伴う軌道変位量は僅かであった（図-5）．
⑦出典			1) 竹内ら：山手線新大久保・高田馬場間第一戸塚 Bv 拡幅工事II期，SED No.46, 2015.11.

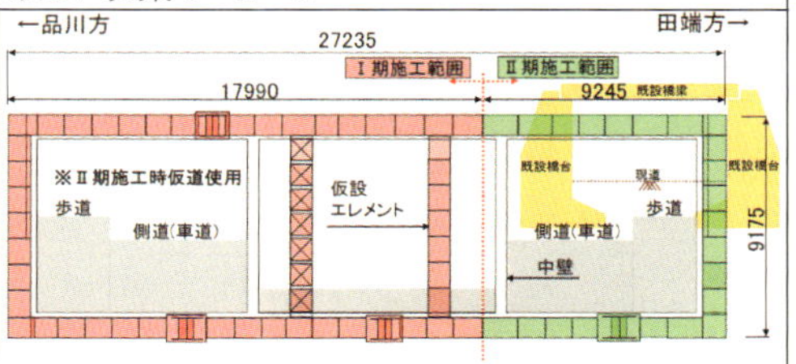

図-1　横断図 [1]

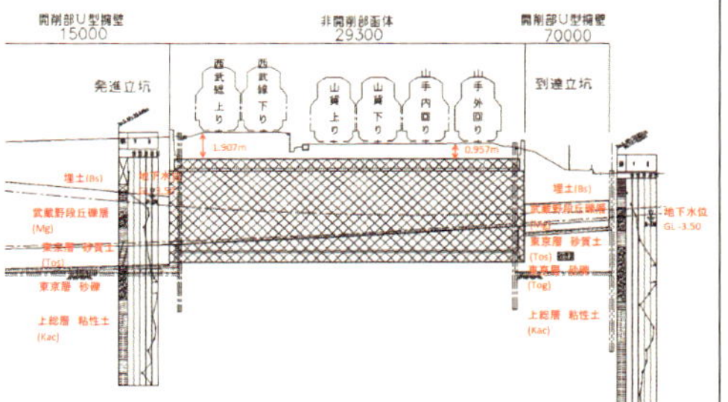

図-2　縦断図 [1]

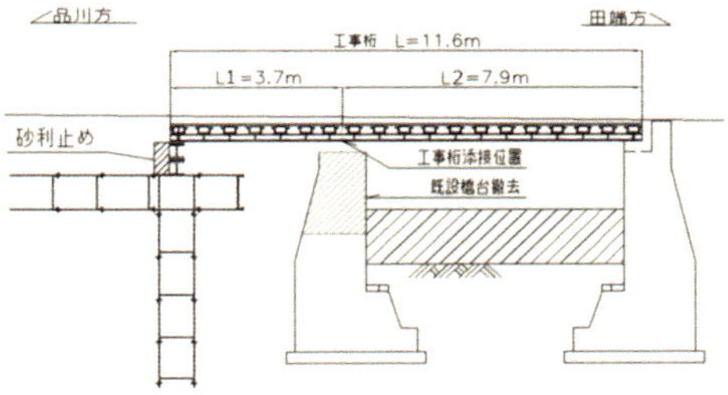

図-3　工事桁状況図 [1]

図-4　上床版エレメントけん引状況 [1]

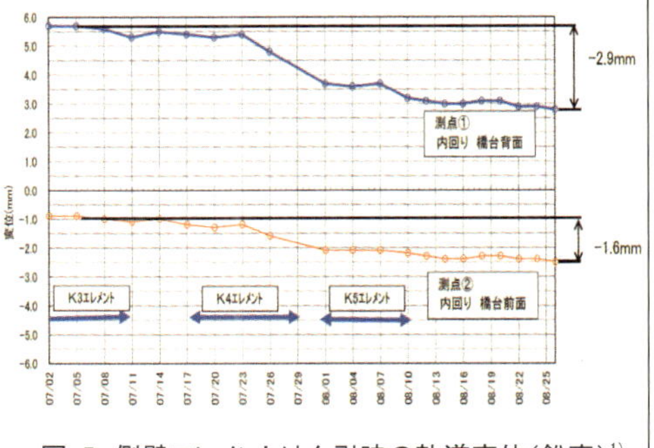

図-5　側壁エレメントけん引時の軌道変位（鉛直）[1]

T.L.34 都市における近接トンネル

【タイプⅠ】T124

①施工概要	工事名称	浜小倉・黒崎間汐井町牧山海岸線 Bv 新設他工事
	工期(施工時期)	(2017 年 8 月～2022 年 3 月)
	概要	北九州高速道路牧山ランプへの連絡道路となる都市計画道路汐井牧山海岸線において，鹿児島貨物線浜小倉・黒崎間の交差部に JES 工法によるアンダーパスを築造する工事である．
	構造形式・寸法	1 層 2 径間ボックスカルバート 幅 14.75m，高さ 5.88m および 7.88m，
	施工工法	HEP&JES 工法
	近接構造物	鹿児島貨物線，下水道管きょおよび既設橋台
②地盤条件	土質条件	埋め土，沖積層（互層），洪積砂層，
	地下水位(m)	GL-1.9m
	土被り厚(m)	0.549 m
③近接影響予測	解析手法	2 次元弾性 FEM 解析（下水道に対する影響解析のみ）
	解析ステップ	函体横断方向解析（図-2） STEP1：初期応力解析 STEP2：立坑掘削解析（応力解放率100%） 下水道縦断方向解析（図-3） STEP1：初期応力解析 STEP2：立坑掘削解析（SFT 工法部および JES 工法部） STEP3：箱型ルーフおよび JES エレメント物性変更 STEP4：開削部掘削解析（応力解放率%）
	解析結果	許容変位を下水シールドのセグメントリング継手ボルトの耐力より13mm（鉛直変位）とし，解析結果は，特殊トンネル部 2.27mm（沈下）となった．（立坑部 3.83mm 隆起）
④影響低減対策補助工法	地表面（軌道・路面）	軌道直下は軌道監視を行い変位量に応じて軌道整備を実施．
	近接構造物	函体への液状化対策として実施した地盤改良が下水道シールドの防護を兼ねる配置の計画となった．
⑤計測概要	地表面変位 計測項目	軌道変位
	地表面変位 計測範囲	－
	地表面変位 計測方法	軌道変位計
	近接構造物 計測対象	下水道シールド管きょ
	近接構造物 計測項目	沈下・隆起量
	近接構造物 計測方法	構造物沈下計
⑥施工結果		下水道管きょの施工時の管理値（鉛直変位）は限界値10mm，警戒値 5mm，工事中止値 7mm と定め計測しながら施工した結果,警告値を超える時期が生じたが，おさまり工事中止までは至らず工事が完了した．（図-5）
⑦出典		1) 山田ら：既設下水道管に近接した特殊な断面形状の線路下横断構造物の計画と施工, 土木学会トンネル工学報告集, 第 31 巻, IV-5, 2021.

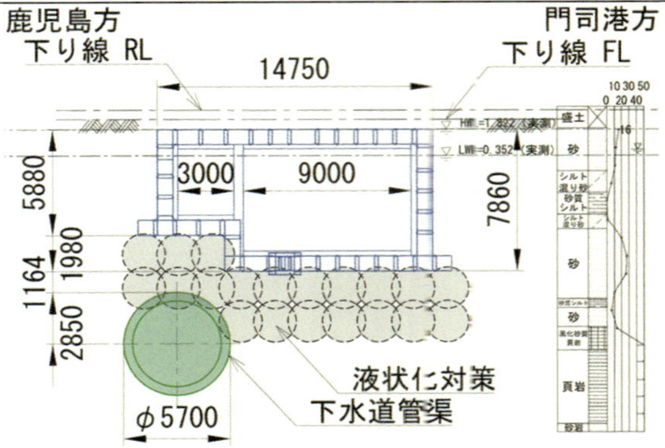

図-1 断面図（JES 工法部）[1]

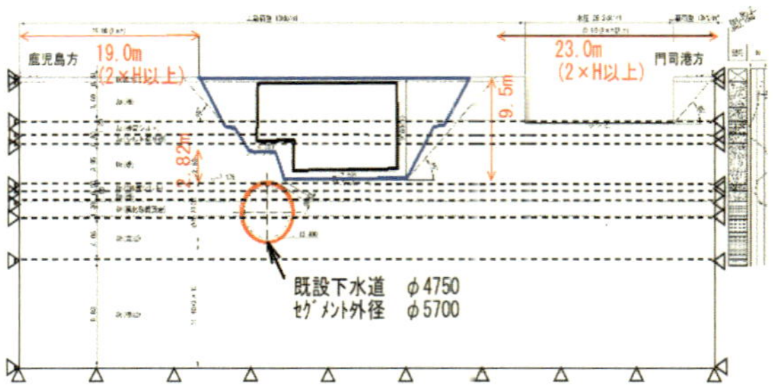

図-2 解析断面（函体横断方向）[1]

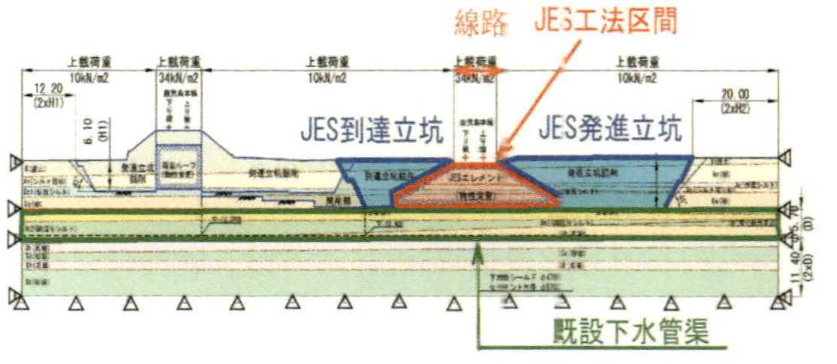

図-3 解析断面（下水縦断方向）[1]

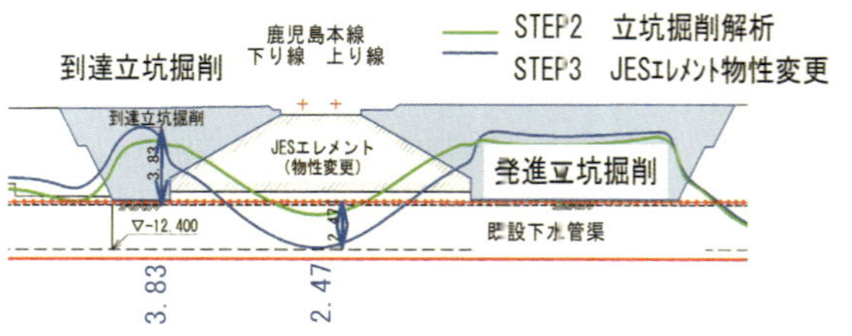

図-4 解析結果

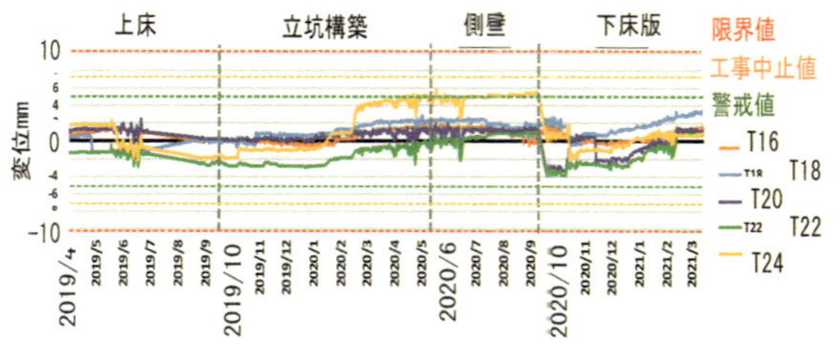

図-5 下水管きょ鉛直変位計測結果[1]

巻末資料　　巻末資料 5　特殊トンネル　近接施工事例概要調査票

【タイプⅠ】T126

		工事名称	公共つくばエクスプレス沿線整備工事（十余二船戸線箱型函渠築造）
①施工概要		工期（施工時期）	（2018 年 12 月〜2023 年 3 月）
		概要	千葉県柏市正連寺における一般国道 16 号直下を横断する都市計画道路十余二船戸線の箱型函渠を，非開削により構築を行う工事．
		構造形式・寸法	1 層 2 径間ボックスカルバート　幅 21.070m，高さ 8.370m，函体延長 32.805m
		施工工法	HEP&JES 工法
		近接構造物	国道 16 号
②条件	地盤	土質条件	ローム層，砂質土層，粘性土層
		地下水位（m）	GL-3.5m
		土被り厚（m）	GL-2.5m
③近接影響予測		解析手法	二次元弾性 FEM 解析
		解析ステップ	解析ステップを図-2 に示す．エレメント掘削は地盤要素の削除および応力解放率（40%）で表現した．エレメント推進は削除した地盤要素外縁にエレメントを模した梁要素を与え，応力解放率を 60% とした．頂版部のエレメント施工が完了した後，エレメント内部に中埋めコンクリートの物性値を与えコンクリート打設とした．側壁部・底版部も同様の順序でステップを設定した．最終ステップでは内部掘削として函体内部の地盤要素を削除し，応力解放率を 100% とした．
		解析結果	二次元 FEM で実施工と同様の施工手順で解析ステップを設定したことにより，高い精度で推定することができた．
④影響低減対策補助工法		地表面（軌道・路面）	エレメント施工時に切羽崩壊による局所的な陥没を防止するため，エレメント施工位置に薬液注入による地盤強化を行った．また，地下水位以下は止水を目的とした薬液注入を函体周面に行った．
		近接構造物	対策なし
⑤計測概要	地表面変位	計測項目	地表面変位
		計測範囲	図-5 参照
		計測方法	自動追尾式トータルステーション
	近接構造物	計測対象	―
		計測項目	―
		計測方法	―
⑥施工結果			地表面の沈下量は全施工ステップを通じて，一次管理値である 10mm 未満となり，最終ステップまでの累積で 7〜8mm の沈下が生じた．
⑦出典			1) 矢島ら：2 次元 FEM を用いた非開削アンダーパス施工が地表面に及ぼす影響の検討，地下空間シンポジウム論文・報告集，第 28 巻，pp.23〜28，土木学会，2023.1.

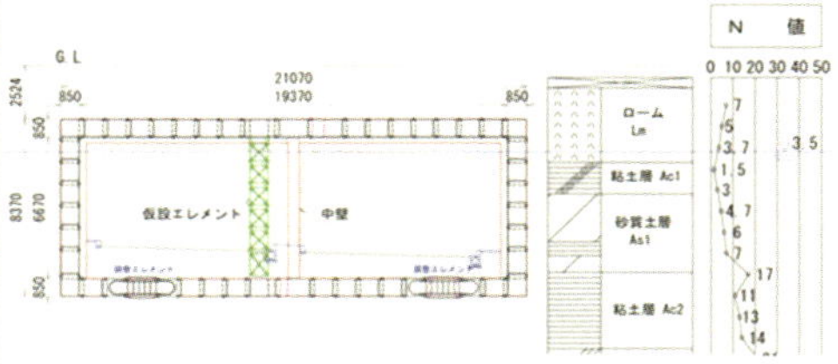

図-1　横断図 [1]

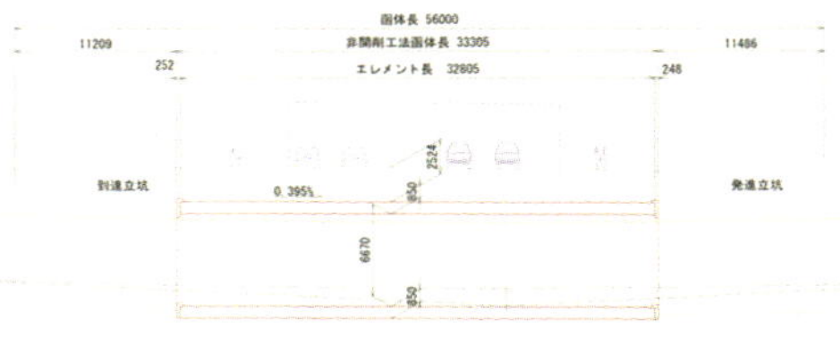

図-2　縦断図 [1]

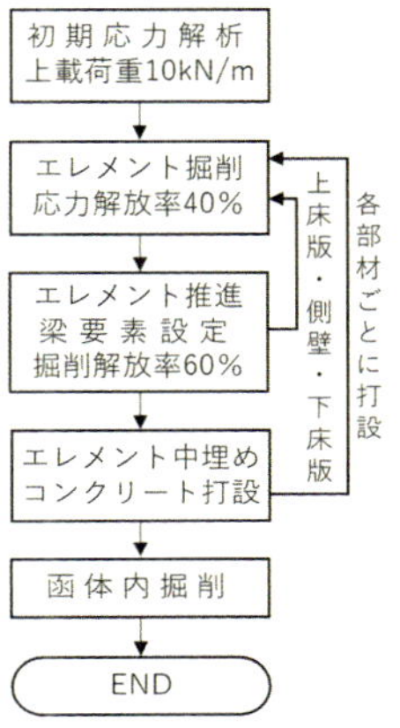

図-3　解析フロー概要図 [1]

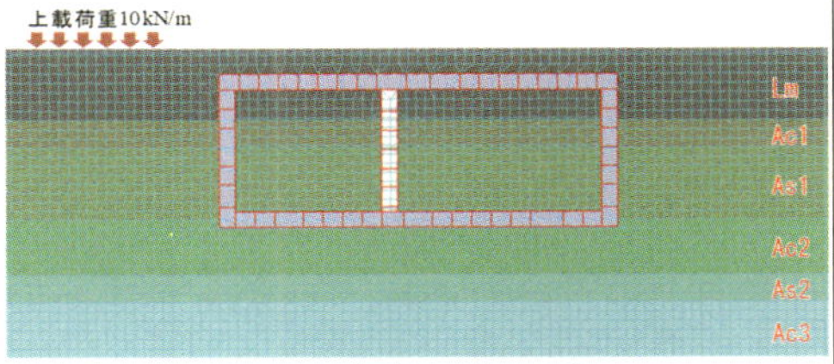

図-4　解析モデル図 [1]

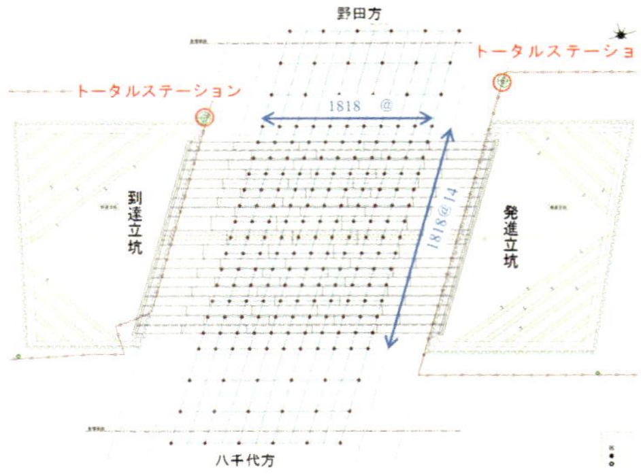

図-5　計測範囲 [1]

T.L.34 都市における近接トンネル

【タイプⅡ】T202

①施工概要		工事名称	阪神なんば線西九条交差点下トンネル工事
		工期（施工時期）	（2013年1月～2019年1月）
		概要	阪神なんば線の西九条駅－大阪難波駅間延伸における地下線工事のうち，阪神高速16号港線と地下鉄中央線の高架橋をアンダーパスする西九条交差点下のトンネル工事では、土被りが浅く直上構造物などへの影響が懸念された．本工事は掘削時の地盤変状防止のためにパイプルーフ工法と薬液注入による地盤改良を行ったものである．
		構造形式・寸法	門型形状 幅15.979m，高さ7.458m，パイプ全長39m
		施工工法	パイプルーフ工法
		近接構造物	阪神高速16号港線 地下鉄中央線の高架橋
②地盤条件		土質条件	沖積砂質土層，沖積粘性土層（N値0～10）
		地下水位(m)	施工基面（下床版よりも低い位置）
		土被り厚(m)	G.L.-4.861m
③近接影響予測		解析手法	3次元有限要素解析
		解析ステップ	工事と同じパイプ推進力を外力とし，切羽における掘削が掘削要素と有限要素の再分割を用いる方法により解析を実施した．パイプと地盤の間にはグットマン型のジョイント要素を配置し，推進時の摩擦抵抗を考慮した．
		解析結果	―
④影響低減対策補助工法		地表面（軌道・路面）	水平部分パイプと鉛直パイプ上半分の範囲を薬液注入により地盤改良
		近接構造物	―
⑤計測概要	地表面変位	計測項目	地表面・地盤内の水平・鉛直変位
		計測範囲	パイプ発進地点から約10mの地点2点（計測点1・計測点2）
		計測方法	水平変位計，沈下計
	近接構造物	計測対象	―
		計測項目	―
		計測方法	―
⑥施工結果			・パイプ推進方向（x方向）の水平変位は概ねパイプの推進方向に発生した． ・パイプ推進と直角方向（y方向）変位はパイプに向かう方向に発生した．パイプと地盤の間の隙間の発生による応力解放が一因であると考えられる． ・パイプ推進に伴い地盤沈下が発生する． ・当該工事では，パイプ推進に伴う地盤変位は管理値に比べて極めて小さい値に抑えられた．
⑦出典			1)岡部安治，小宮一仁，赤木寛一，高橋博樹，宇井仁将：軟弱地盤におけるパイプルーフ施工に伴う地盤変位の計測と解析，トンネル工学報告集第20巻，pp.381-385，2010.

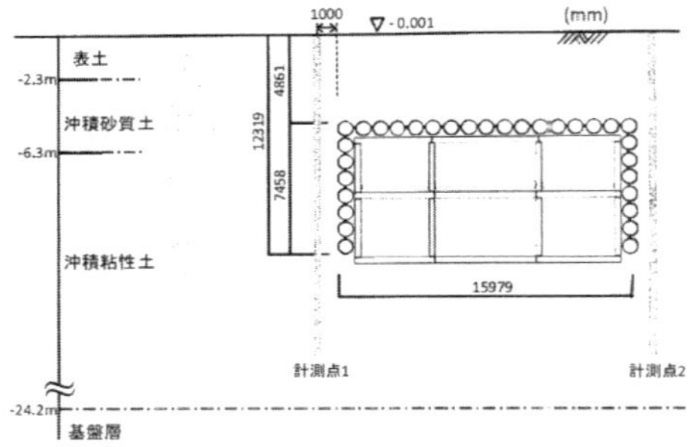

図-1 断面図[1]

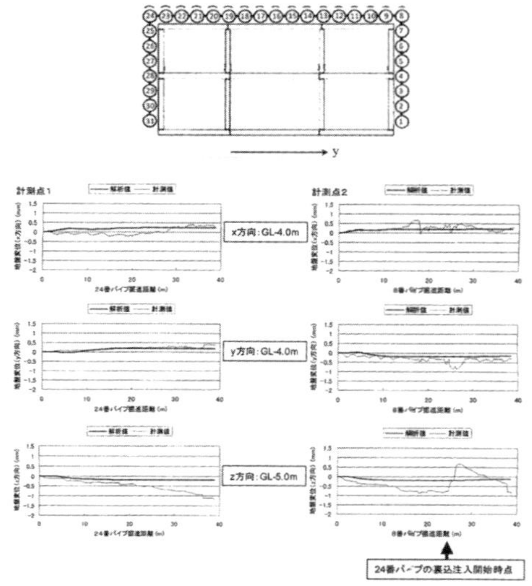

図-2 解析結果[1]

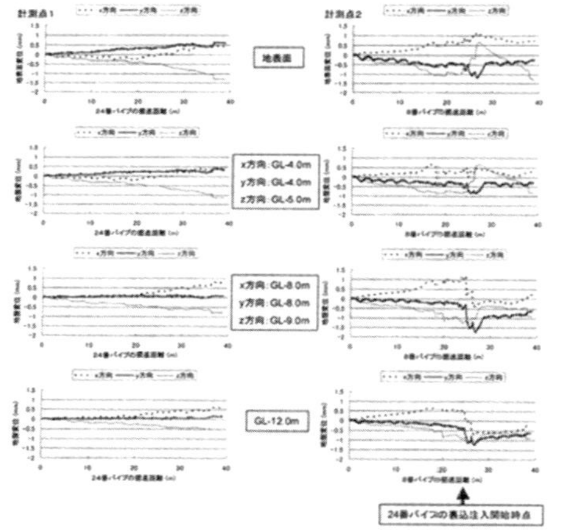

図-3 計測結果[1]

巻末資料　　巻末資料5　特殊トンネル　近接施工事例概要調査票

【タイプⅢ】T302

①施工概要	工事名称		東関東自動車道谷津船橋インターチェンジ工事
	工期(施工時期)		2009年6月〜2013年5月
	概要		本工事は，国道357号の交通を東関東自動車道に誘導するためのインターチェンジを築造するものである．工事の一部である東関東自動車道横断部において小断面シールドによる分割施工を行っている．
	構造形式・寸法		1層1径間ボックスカルバート 幅10.1m，高さ8.55m，延長70m
	施工工法		自由断面分割工法
	近接構造物		東関東自動車道路面
②条件 地盤	土質条件		埋土，粘性土，砂質土
	地下水位(m)		G.L.-0.8m
	土被り厚(m)		3.6m
③近接影響予測	解析手法		二次元弾性FEM解析
	解析ステップ		STEP0 　　：初期応力解析 STEP1〜8：シールド掘進，セグメント切り開き，躯体工 STEP9 　　：内部掘削
	解析結果		最大鉛直変位8.0mm
④影響低減対策 補助工法	地表面 (軌道・路面)		掘進前の調査の結果，東関道施工時の残置物の存在が確認されたため，上段の2本を掘削と支障物撤去を同時に行うことができる開放型シールドに変更．切羽の安定を目的に，上段シールドの周辺地山を硬化促進型JSG工法および薬液注入工法により改良．
	近接構造物		―
⑤計測概要	地表面変位	計測項目	地表面変位
		計測範囲	函体下端から45度の範囲
		計測方法	トータルステーション，Webカメラによる変状監視，目視点検
	近接構造物	計測対象	―
		計測項目	―
		計測方法	―
⑥施工結果			路面変状は，密閉型シールド施工時は±3mm程度，開放型シールド施工時は±1mm程度，内部構築時はほぼ発生しなかった．
⑦出典			1)土木学会：トンネルライブラリー第31号，特殊トンネル工法，2019. 2)東日本高速道路株式会社提供 3)加藤ら：高速道路直下における小土被り矩形シールドトンネルの施工について，土木学会第67回年次学術講演会，VI-160，pp.319-320，2012.

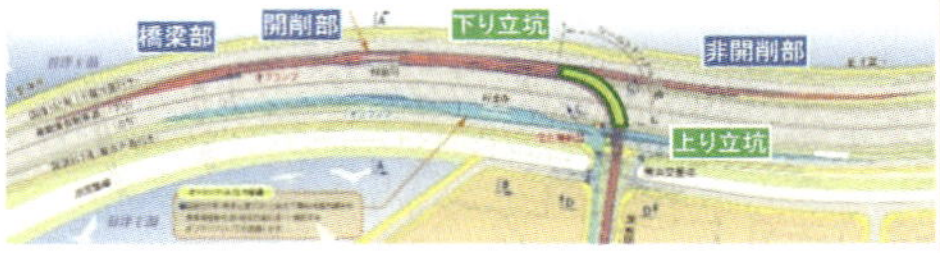

図-1 概要図 [1]

図-2 非開削部施工ステップ図 [1]

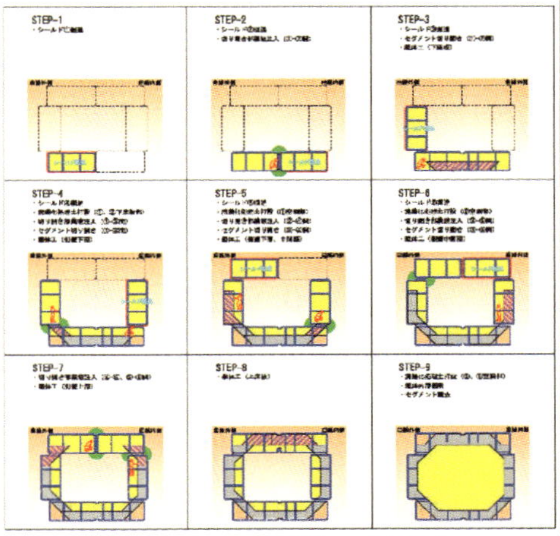

図-3 シールド掘進施工順序図 [2]

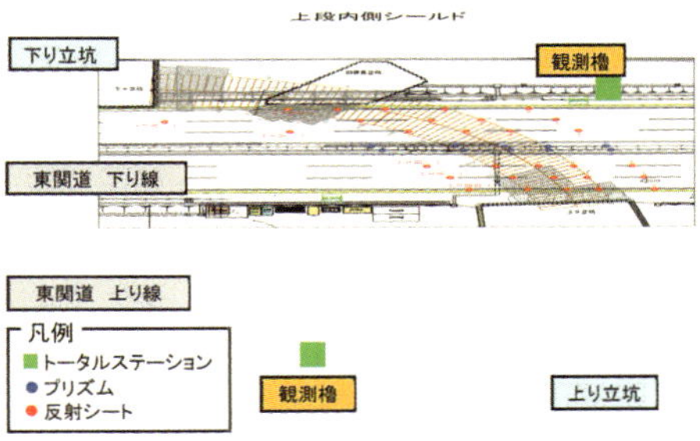

図-4 路面変状計測点図 [3]

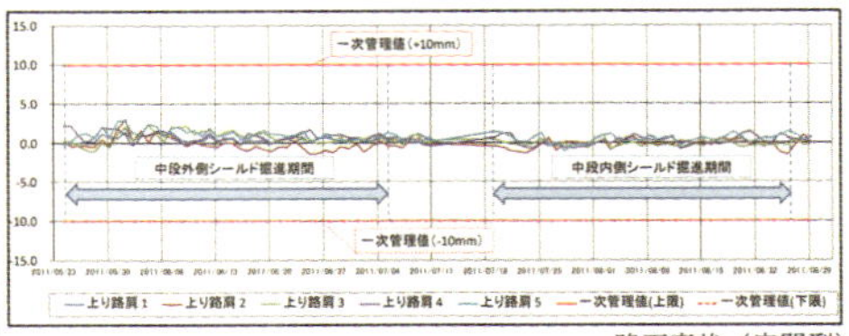

路面変状（密閉型）

図-5 施工結果 [1]

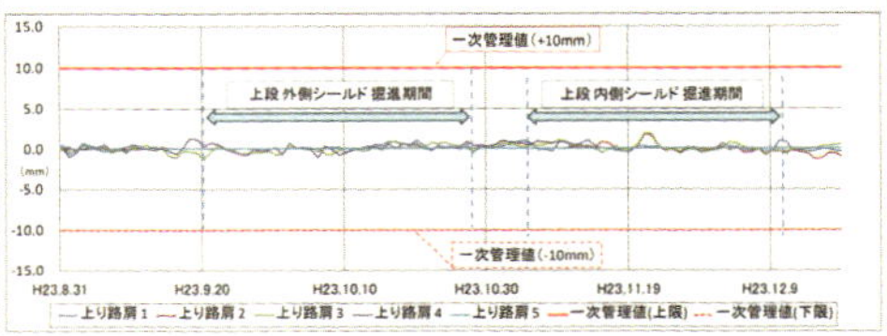

路面変状（開放型）

図-6 施工結果 [1]

巻末-123

T.L.34 都市における近接トンネル

【タイプⅢ】T303

①施工概要		工事名称	圏央道桶川北本地区函渠その1工事
		工期（施工時期）	2012年8月～2015年10月
		概要	首都圏中央連絡自動車道（圏央道）を築造する工事のうち，国道17号と交差し，主要地方道東松山桶川線，桶川市道4号と平行する位置に大規模な道路トンネルを築造する工事．
		構造形式・寸法	1層2径間ボックスカルバート 幅27.9m，高さ10.0m，函体延長42.5m
		施工工法	ハーモニカ工法（マルチタイプ）
		近接構造物	国道17号
②地盤条件		土質条件	埋土層（B），ローム層（Lm, Lc）洪積砂質土層（Ds），
		地下水位（m）	G.L.-1.5m付近
		土被り厚（m）	最小5.0m
③近接影響予測		解析手法	2次元弾性FEM解析．ハーモニカ推進に伴う地盤変状を応力解放率αで評価．
		解析ステップ	解析ステップを図-3に示す．STEP1：初期応力解析（自重解析）STEP2：U1鋼殻掘進（掘削解放：6%，セグメント設置：94%）STEP3：U2・U3鋼殻掘進（同上）STEP4：M1・M3鋼殻掘進（同上）STEP5：M2・B1鋼殻掘進（同上）STEP6：B2・B3鋼殻掘進（同上）
		解析結果	函体中央部における計測結果をもとに，影響解析における応力解放率αを逆解析により評価．解析では応力解放率α=6%とすることで，実測値を表現することができた．（図-4および図-5）
④影響低減対策補助工法		地表面（軌道・路面）	－
		近接構造物	－
⑤計測概要	地表面変位	計測項目	地表面変位
		計測範囲	－
		計測方法	水準測量（1回/日以上）
	近接構造物	計測対象	－
		計測項目	－
		計測方法	－
⑥施工結果			地表面の沈下量は全施工ステップを通して，一次管理である10m未満となり，掘進最終STEPまでの累積で5～7mmの沈下量が発生した．なお，外殻構築時のコンクリート打設および内部掘削時においては，地表面への影響が生じず，沈下量に変動は生じなかった．
⑦出典			1)国道直下におけるハーモニカ工法マルチタイプの施工実績－地表面の変状実績と解析－，土木学会第71回年次学術講演会，2016.

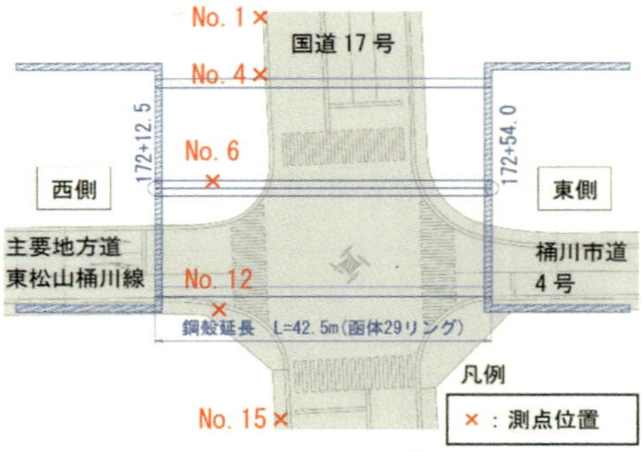

図-1 横断図[1]

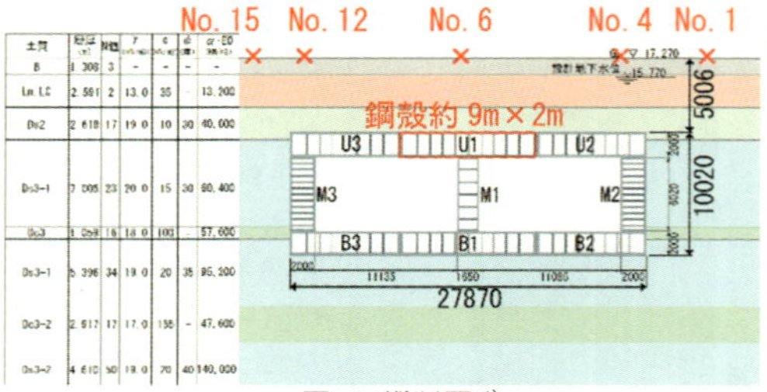

図-2 縦断図[1]

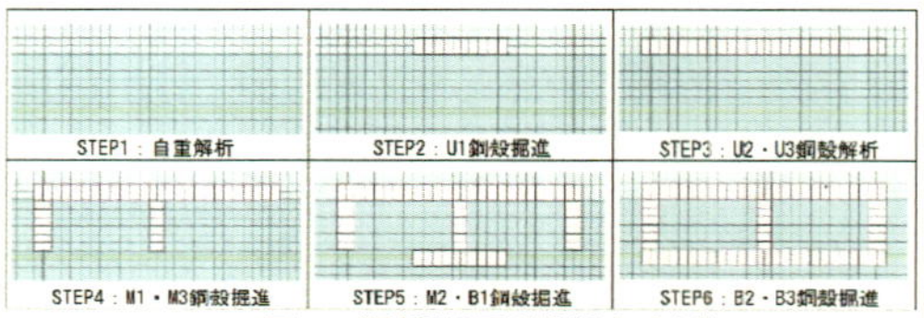

図-3 解析断面（縦断方向）[1]

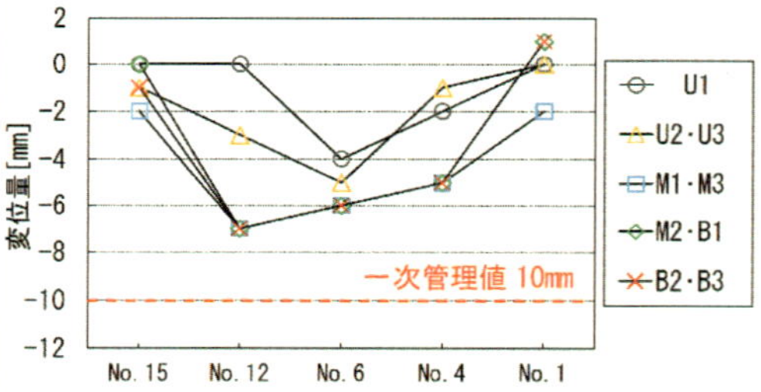

図-4 各測点における地表面計測結果[1]

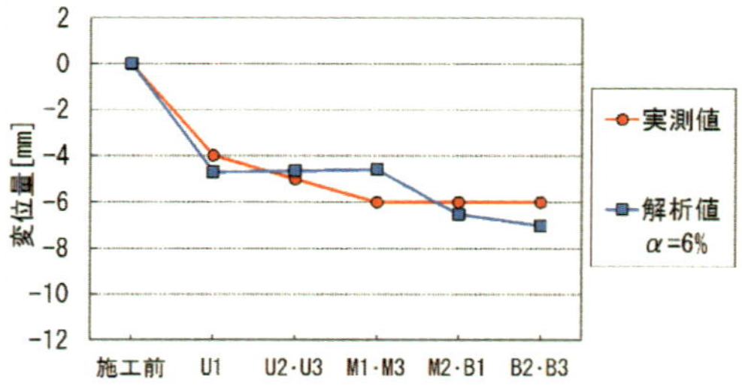

図-5 函体中央部 地表面計測結果[1]

巻末資料　　巻末資料5　特殊トンネル　近接施工事例概要調査票

【タイプⅣ】T403

①施工概要	工事名称		東北自動車道豊地地区函渠工事
	工期(施工時期)		2015年12月～2018年5月
	概要		本工事は，白河バイパス事業の一部として，東北自動車道下にあらたな横断トンネルを築造する工事である．このトンネルは，高速道路盛土内に道路面から函体上床版上面までの土被りを最小D=63cmで施工した．
	構造形式・寸法		1層1径間ボックスカルバート(工場製品)　幅6.0m，高さ6.45m，函体延長53.0m
	施工工法		SFT工法
	近接構造物		東北自動車道路，側部既設BOX
②地盤条件	土質条件		盛土，粘性土
	地下水位(m)		
	土被り厚(m)		D=0.63m～1.22m（函体上面～G.L.）
③近接影響予測	解析手法		―
	解析ステップ		―
	解析結果		―
④影響低減対策	地表面(東北自動車道路面)		箱形ルーフ推進時の周辺地盤の乱れによる路面変位を抑制するために滑材や間詰材を注入する場合があるが，先端の刃口部から漏洩してしまう．そこで切羽を密閉した状態で注入出来るようにエアバックを製作して対応した．また，道路変状に対してはオーバーレイをかけ対応している．
	近接構造物		―
⑤計測概要	地表面変位	計測項目	東北自動車道路面変位
		計測範囲	鉛直変位:道路直角方向に40m区間，117測点　水平変位：道路面19測点
		計測方法	鉛直変位：トータルステーション（2台），水平変位：1インチプリズム
	地表面振動・監視	計測項目	路面振動，高速道路監視
		計測範囲	東北自動車道路面
		計測方法	路面振動：環境振動計　高速道路監視：ウェブカメラ
⑥施工結果			施工後の路面変位状況については規定値内
⑦出典			1) 亀井寛功, 川嶋英介：高速道路下横断トンネルの非開削施工 ～土かぶり0.63m，トンネル延長53mのアンダーパスをSFT工法により施工～，月刊推進技術，Vol.31，No.11，2017. 2) 株式会社奥村組提供

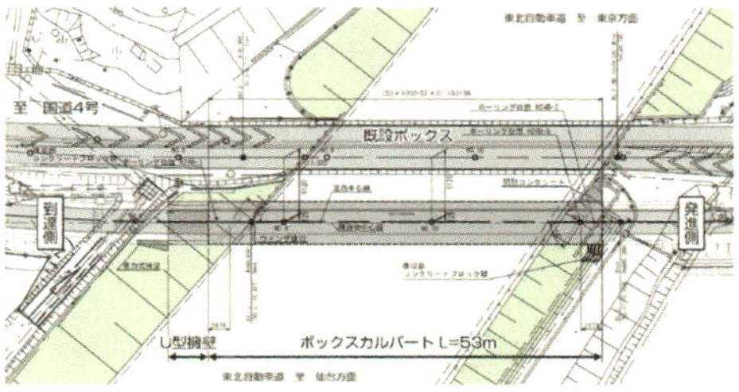

図-1 平面図[1]

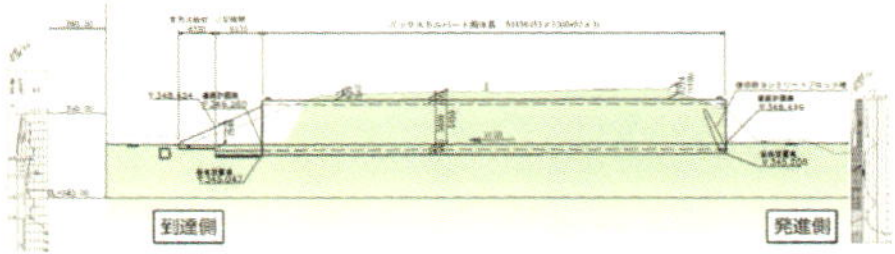

図-2 側面図[1]

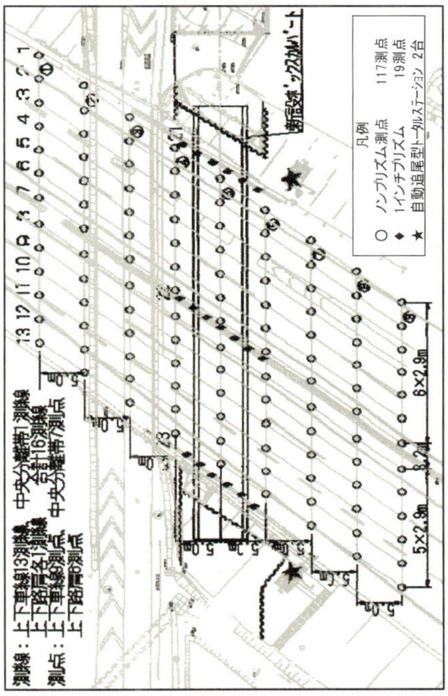

図-3 計測位置図[2]

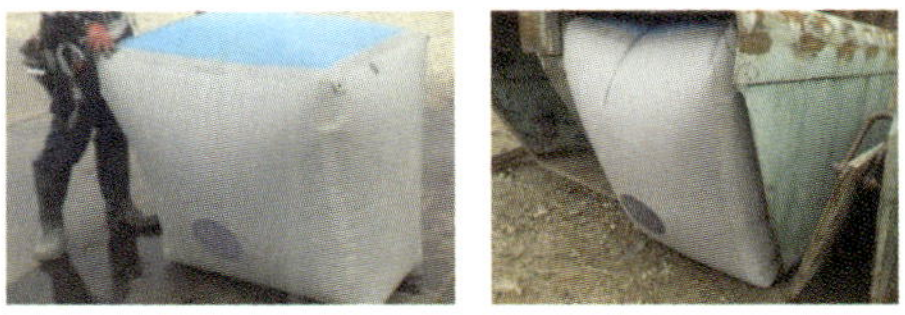

写真-1 エアバック(切羽密閉)[1]

写真-2 左:計測塔, 中央:T.S. 右:路面モニタリング[1]

巻末-125

T.L.34 都市における近接トンネル

【タイプⅣ】T405

<table>
<tr><td rowspan="6">①施工概要</td><td colspan="2">工事名称</td><td>東京外かく環状道路 京成菅野アンダーパス工事</td></tr>
<tr><td colspan="2">工期(施工時期)</td><td>(2013年10月〜2016年3月)</td></tr>
<tr><td colspan="2">概要</td><td>本工事は，東京外かく環状道路と京成電鉄本線との交差部である菅野駅直下にボックスカルバートによる地下トンネルを構築する工事である.</td></tr>
<tr><td colspan="2">構造形式・寸法</td><td>2層4径間ボックスカルバート
(鋼製セグメント構造)
幅43.8m，高さ18.4m，
函体延長37.4m</td></tr>
<tr><td colspan="2">施工工法</td><td>R&C工法
(けん引方式)</td></tr>
<tr><td colspan="2">近接構造物</td><td>・軌道(京成本線)および駅舎(菅野駅)</td></tr>
<tr><td rowspan="3">②地盤条件</td><td colspan="2">土質条件</td><td>As3層(砂層)，Ac3層(粘性土)，Dc1層(硬質粘性土)，Ds2u(中間土)，Ds2l層(中間土)</td></tr>
<tr><td colspan="2">地下水位(m)</td><td>G.L.-3.0m程度</td></tr>
<tr><td colspan="2">土被り厚(m)</td><td>G.L.-4.6m程度</td></tr>
<tr><td rowspan="3">③近接影響予測</td><td colspan="2">解析手法</td><td>2次元FEM解析</td></tr>
<tr><td colspan="2">解析ステップ</td><td>1ステップのみ
(箱形ルーフ変位量を強制変位として与えた).</td></tr>
<tr><td colspan="2">解析結果</td><td>δ=3.64mm</td></tr>
<tr><td rowspan="2">④影響低減対策補助工法</td><td colspan="2">軌道
(京成本線)</td><td>函体けん引時の止水，切羽の崩壊防止の地山補強を目的とした薬液注入工を実施した.</td></tr>
<tr><td colspan="2">—</td><td>—</td></tr>
<tr><td rowspan="6">⑤計測概要</td><td rowspan="4">軌道</td><td>計測項目</td><td>軌道，ホーム，電路柱</td></tr>
<tr><td>計測範囲</td><td>影響範囲の線路延長約120m</td></tr>
<tr><td>計測方法</td><td>トータルステーション</td></tr>
<tr><td>計測対象</td><td>—</td></tr>
<tr><td rowspan="2">—</td><td>計測項目</td><td>—</td></tr>
<tr><td>計測方法</td><td>—</td></tr>
<tr><td>⑥施工結果</td><td colspan="2"></td><td>4mm程度の変位(軌道整備基準値内)</td></tr>
<tr><td>⑦出典</td><td colspan="2"></td><td>1)岸田正博，藤原英司，森本大介，藤田淳：世界最大級断面のR&C工法で鉄道営業線直下に道路トンネルを構築−東京外かく環状道路 京成菅野駅アンダーパス，トンネルと地下，Vol.48，No.8，pp.33-44，2017.8</td></tr>
</table>

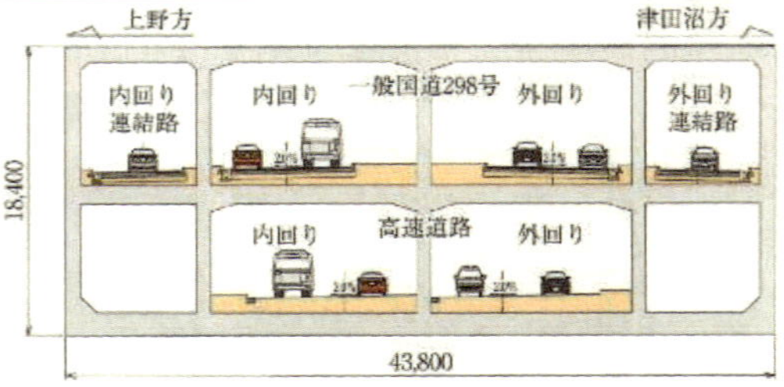

図-1 正面図 [1]

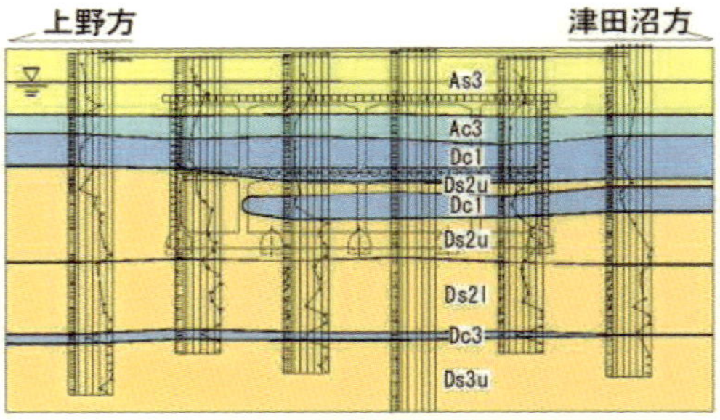

図-2 地質断面図 [1]

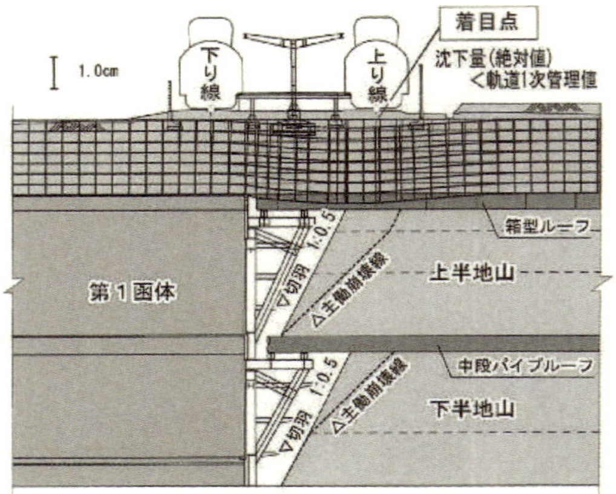

図-3 2次元FEM解析結果図 [1]

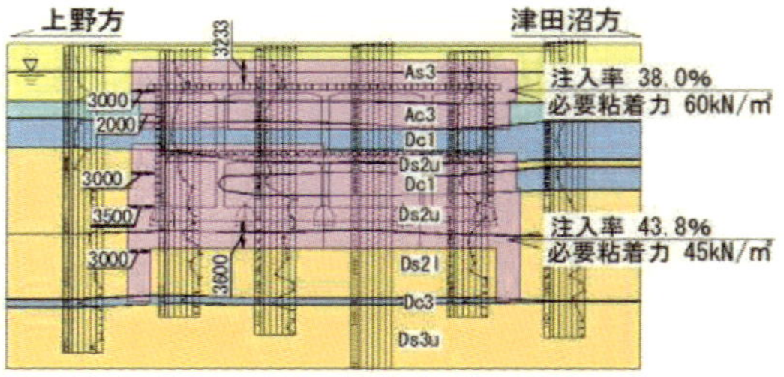

図-4 液注入範囲図 [1]

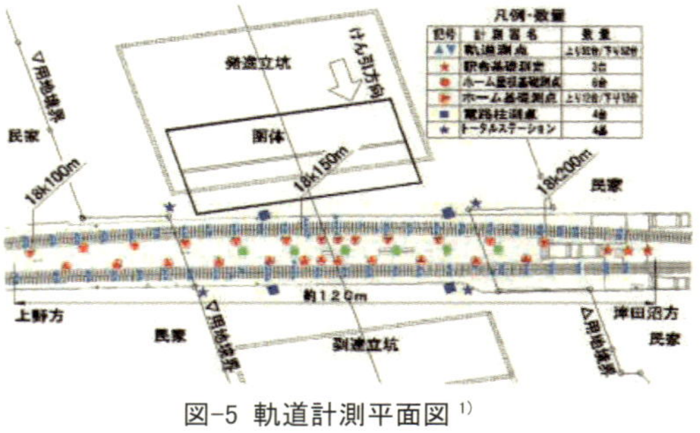

図-5 軌道計測平面図 [1]

巻末資料　　巻末資料5　特殊トンネル　近接施工事例概要調査票

【タイプⅣ】T406

<table>
<tr><td rowspan="9">①施工概要</td><td colspan="2">工事名称</td><td>国道1号線葉山川横断函渠設置工事</td></tr>
<tr><td colspan="2">工期（施工時期）</td><td>2012年2月～2014年2月</td></tr>
<tr><td colspan="2">概要</td><td>本工事は滋賀県が行う1級河川葉山川改修事業の一環で，国道1号線とJR東海道新幹線が交差する道路直下に函体を設置するものである．日交通量51,000台の国道の切回しが不可能であったため，非開削工法のR&C工法が採用された．</td></tr>
<tr><td colspan="2">構造形式・寸法</td><td>1層1径間ボックスカルバート
幅9.90m，高さ5.00m，
函体延長52.50m</td></tr>
<tr><td colspan="2">施工工法</td><td>R&C工法（けん引方式）</td></tr>
<tr><td colspan="2">近接構造物</td><td>・国道1号線
・東海道新幹線高架基礎
・関西電力高圧線</td></tr>
<tr><td rowspan="3">②地盤条件</td><td>土質条件</td><td>上半：沖積層（Ac層，As層）
下半：洪積層（Ds層，Dg層）</td></tr>
<tr><td>地下水位(m)</td><td>G.L.-3.5～4.0m</td></tr>
<tr><td>土被り厚(m)</td><td>国道1号線から函体天端までG.L.-1.0m程度</td></tr>
<tr><td rowspan="3">③近接影響予測</td><td>解析手法</td><td>—</td></tr>
<tr><td>解析ステップ</td><td>—</td></tr>
<tr><td>解析結果</td><td>—</td></tr>
<tr><td rowspan="2">④影響低減対策補助工法</td><td>国道横断部へ薬液注入工</td><td>注入時圧力上昇により路面隆起が懸念されたため，一定圧力が作用すると自動的に制御する機能を有する「COGMAシステム」を採用した．また，薬液注入工，箱形ルーフ工，ガイド導坑工，函体掘進工の期間において路面監視を行った．</td></tr>
<tr><td>近接構造物（新幹線基礎）（高圧線）</td><td>新幹線高架橋および高圧線近接時は施工機械転倒時に影響しない高さの機械を選定した．</td></tr>
<tr><td rowspan="6">⑤計測概要</td><td rowspan="3">地表面計測Ⅰ</td><td>計測項目</td><td>路面変状管理</td></tr>
<tr><td>計測範囲</td><td>範囲は不明．道路上2m間隔で格子状に測点を設定．計測点は，計129測点</td></tr>
<tr><td>計測方法</td><td>トータルステーション</td></tr>
<tr><td rowspan="3">地表面計測Ⅱ</td><td>計測項目</td><td>路面変状管理</td></tr>
<tr><td>計測範囲</td><td>範囲は不明．路面への事前影響把握のため，地中に14点沈下計を設置</td></tr>
<tr><td>計測方法</td><td>水盛式沈下計</td></tr>
<tr><td>⑥施工結果</td><td colspan="2">表-1を参照．
（路面1次管理値：±10mm，2次：±20mm）</td></tr>
<tr><td>⑦出典</td><td colspan="2">1）田中幸一：国道1号におけるR&C工法施工事例について，平成25年度国土交通省近畿地方整備局研究発表会論文集，施工安全管理対策部門，No.21，2013．</td></tr>
</table>

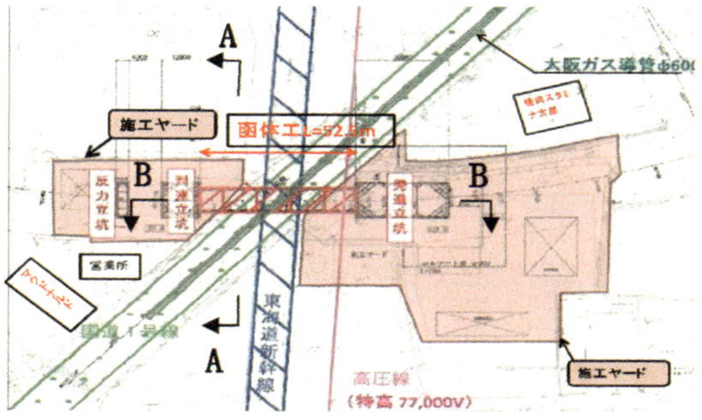

図-1 平面図 [1]

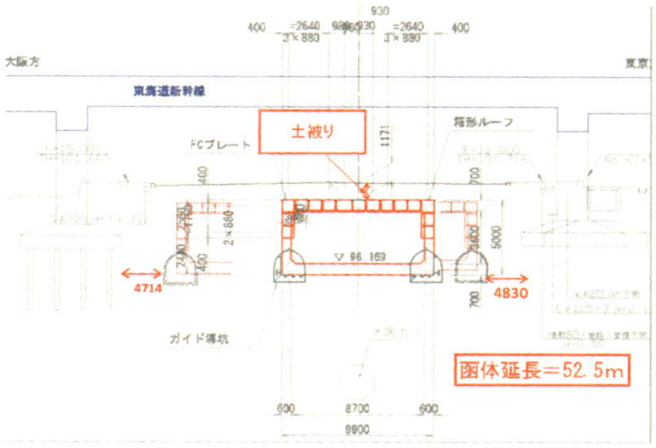

図-2 函体断面図（A-A断面）[1]

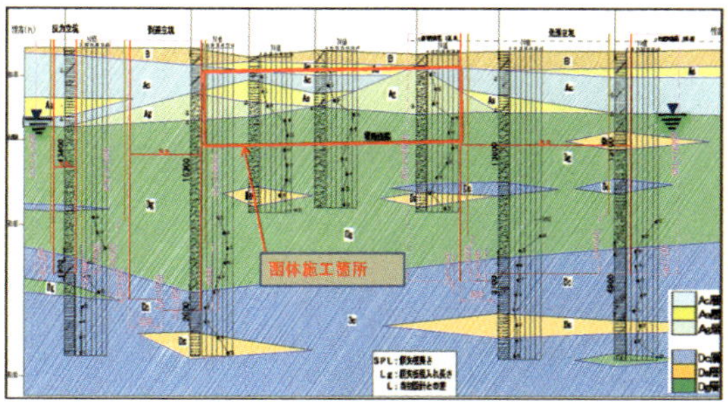

函体延長＝52.5m

図-3 土質縦断図 [1]

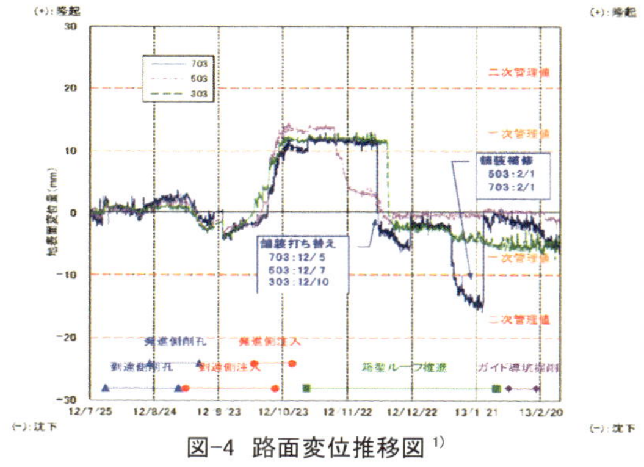

図-4 路面変位推移図 [1]

表-1 各工程における施工後の路面変位 [1]

工種	各工種前段階時からの路面変位量(mm)			工事前段階時からの路面変位量(mm)		
	最大	最小	平均	最大	最小	平均
薬液注入工	19.2	0.1	11.0	19.2	0.1	11.0
箱形ルーフ推進工	-17.5	-4.3	-10.2	11.3	-5.7	4.3
ガイド導坑掘削	-7.3	0.2	-3.0	9.3	-6.1	2.2

T.L.34　都市における近接トンネル

【タイプⅣ】T412

①施工概要	工事名称	北陸本線西金沢・金沢間新安原 Bv 新設工事	
	工期（施工時期）	2013 年 6 月～2016 年 2 月	
	概要	既設架道橋が狭小で自動車の行き違いができないため近接して新たな車道専用ボックスを構築する工事である。	
	構造形式・寸法	1 層 1 径間ボックスカルバート 幅 7.2m、高さ 5.0m、延長 16.4m	
	施工工法	R&C 工法（推進方式）	
	近接構造物	軌道（北陸本線）	
②地盤条件	土質条件	上部：盛土（砂質土）、下部：砂礫土	
	地下水位(m)	F.L-4.0m 程度（下床版上面付近）	
	土被り厚(m)	F.L.-1.0m	
③近接影響予測	解析手法	箱形ルーフ出来形からの軌道変位予測	
	解析ステップ	－	
	解析結果	ルーフ推進、函体推進に伴って隆起が 10mm 程度、沈下が 20mm 程度の軌道変位量を予測	
④影響低減対策補助工法	地表面（軌道・路面）	軌道変位予測結果を受けて箱形ルーフの高さ調整を実施 基準管推進は線路閉鎖工事 その他は夜間列車間合い作業 80km/h の徐行を実施 切羽崩壊防止のため薬液注入を実施	
	近接構造物	－	
⑤計測概要	地表面変位	計測項目	軌道変位、地表面変位
		計測範囲	－
		計測方法	軌道検測、リンク式自動計測システム
	近接構造物	計測項目	－
		計測範囲	－
		計測方法	－
⑥施工結果	高さ調整を行う場合の変位予測値と現場計測値はほぼ一致する結果となった。		
⑦出典	1) 近藤政弘, 金井雄太, 堀江厚平, 中村智哉：特集 道路・線路下横断構造物 報文 函体推進・けん引工事における箱型ルーフに関する新たな試み－R&C 工法線路下工事：新安原 Bv, 愛発 Bv－基礎工, 2019.		

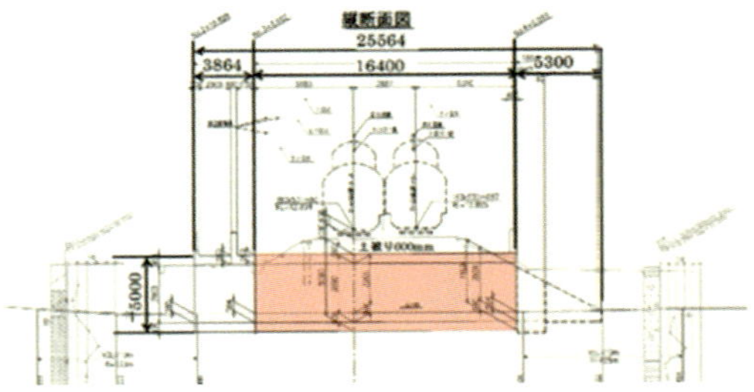

図-1　縦断図 [1]

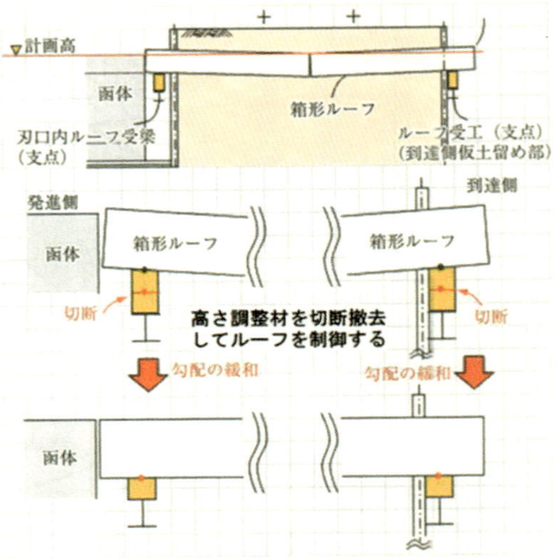

図-2　箱形ルーフ出来形（姿勢）制御の概要 [1]

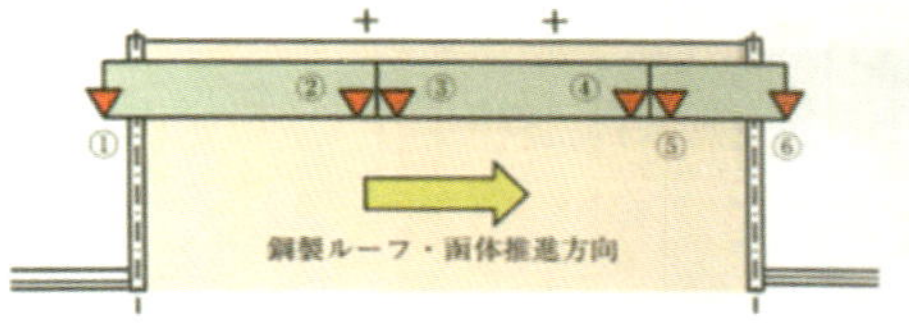

図-3　箱形ルーフ計測箇所（レベル）[1]

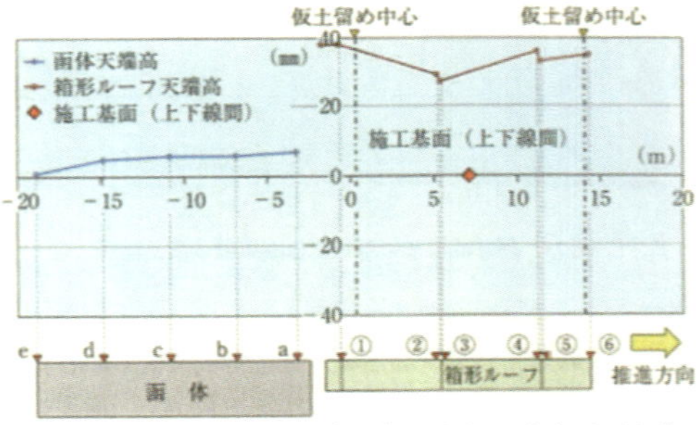

図-4　箱形ルーフおよび函体上床版の高さ（相対）[1]

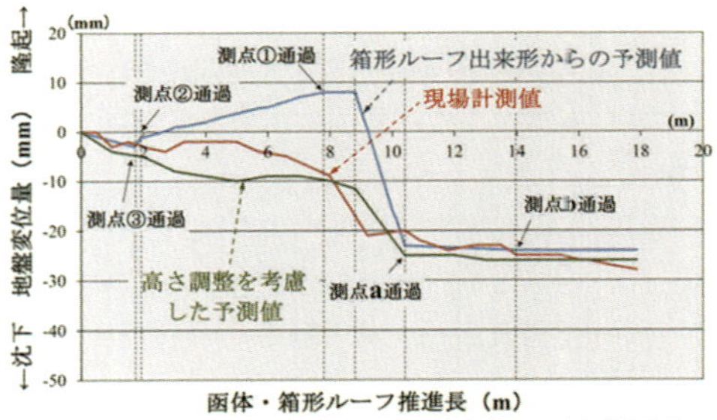

図-5　高さ調整を考慮した軌道影響予測と結果 [1]

巻末資料　　巻末資料5　特殊トンネル　近接施工事例概要調査票

【タイプⅣ】T413

①施工概要	工事名称	愛発 Bv 新設工事	
	工期(施工時期)	2012 年 11 月～2018 年 12 月	
	概要	福井県敦賀市において国道 161 号線の疋田地区に位置する疋田トンネル（JR 北陸本線との交差部）の幅狭による交通障害の解消のための事業である。	
	構造形式・寸法	1 層 1 径間ボックスカルバート　幅 13.9m、高さ 8.1m、延長 63.0m	
	施工工法	R&C 工法	
	近接構造物	軌道（北陸本線）	
②条件 地盤	土質条件	盛土（砂礫土）	
	地下水位(m)	―	
	土被り厚(m)	F.L.-1.3m	
③近接影響予測	解析手法	―	
	解析ステップ	―	
	解析結果	―	
④影響低減対策 補助工法	地表面（軌道・路面）	箱形ルーフの推進延長が長く，また，ルーフの存置期間が長期にわたるため、日々の列車荷重による影響などでルーフにクリープ的なたわみが生じ、ルーフ周面の摩擦力が増加することが想定された. 本現場も、函体けん引時における箱形ルーフの推進が困難となることが予想された. そこで、中押し管を設置して箱形ルーフを分割推進するとともに、函体先頭部（ジャッキ収納管内)のルーフ推進ジャッキ台数を増加させる対応とした.	
	近接構造物	―	
⑤計測概要	地表面変位	計測項目	軌道変位、地表面変位
		計測範囲	―
		計測方法	軌道検測,デジタルカメラを用いた測定システム
	近接構造物	計測対象	―
		計測項目	―
		計測方法	―
⑥施工結果		推進延長が 60m と長く，箱形ルーフの推進後から函体けん引時まで 1 年以上の期間があるため，函体けん引時における箱形ルーフ再推進が困難になることが予想されたため中押し管（1 箇所/列）を設置して箱形ルーフを分割推進するとともに函体先頭部のルーフ推進ジャッキ台数を増加し施工を完了した。	
⑦出典		1)近藤政弘，金井雄太，堀江厚平，中村智哉：特集 道路・線路下横断構造物 報文 函体推進・けん引工事における箱型ルーフに関する新たな試み－R&C 工法線路下工事：新安原 Bv，愛発 Bv－，基礎工，2019.4.	

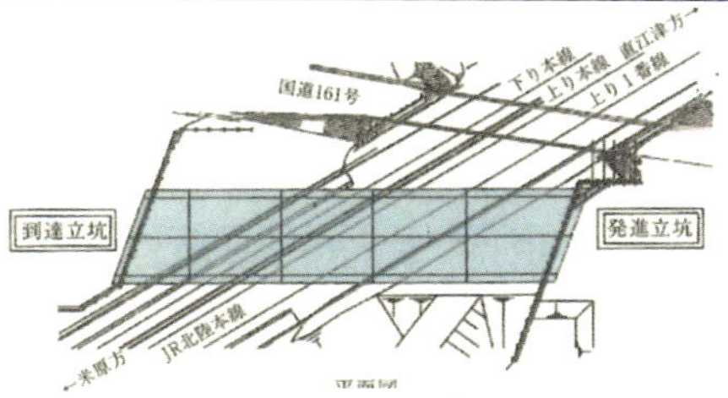

図-1　平面図 [1]

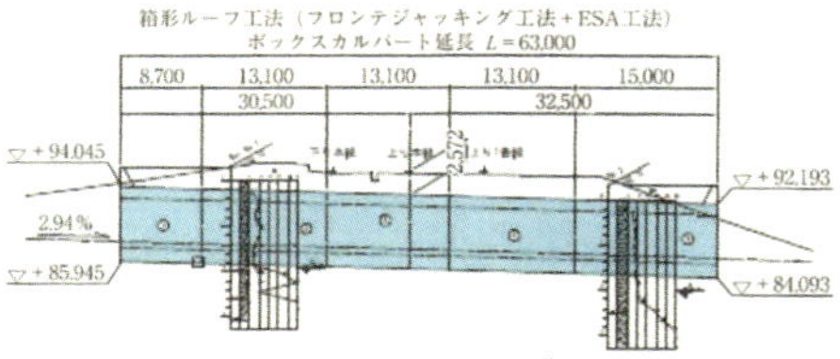

図-2　側面図 [1]

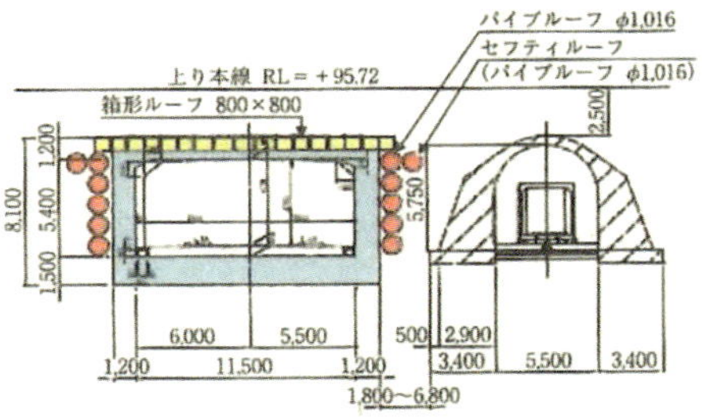

図-3　断面図 [1]

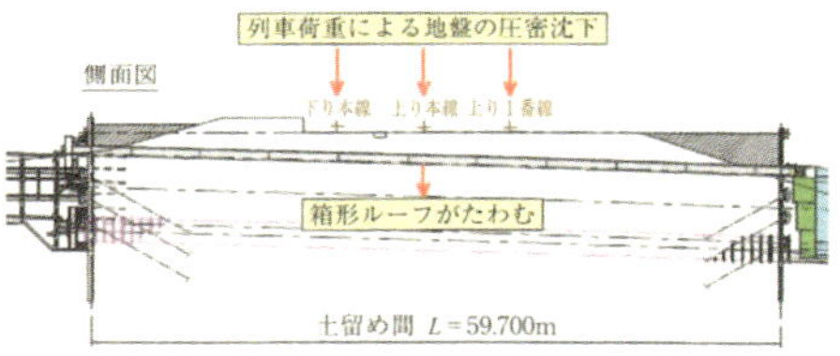

図-4　箱型ルーフの長期存置の影響（想定）[1]

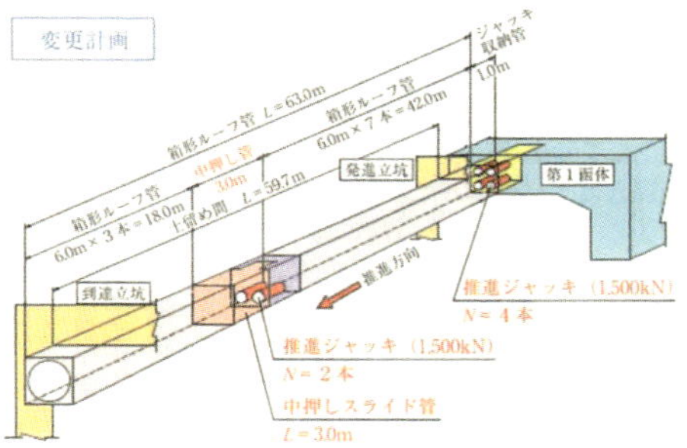

図-5　中押し管の設置およびジャッキの増加 [1]

巻末-129

T.L.34　都市における近接トンネル

【タイプⅣ】T416

<table>
<tr><td rowspan="6">① 施工概要</td><td colspan="2">工事名称</td><td colspan="2">東京外かく環状線新宿線交差部建設工事</td></tr>
<tr><td colspan="2">工期(施工時期)</td><td colspan="2">2011年8月～2014年8月</td></tr>
<tr><td colspan="2">概要</td><td colspan="2">本工事は都営新宿線と交差する掘割構造物(函体)を構築する.特徴として外環道構造物の底面と都営新宿線トンネルとの上端との離隔が約3.8mと近接していることが挙げられる.</td></tr>
<tr><td colspan="2">構造形式・寸法</td><td colspan="2">1層3径間ボックスカルバート 幅41.94m, 高さ10.45m, 函体延長29.99m</td></tr>
<tr><td colspan="2">施工工法</td><td colspan="2">フロンテジャッキング工法</td></tr>
<tr><td colspan="2">近接構造物</td><td colspan="2">都営新宿線トンネル</td></tr>
<tr><td rowspan="3">② 地盤条件</td><td colspan="2">土質条件</td><td colspan="2">盛土, 粘性土</td></tr>
<tr><td colspan="2">地下水位(m)</td><td colspan="2">G.L.-1.0m</td></tr>
<tr><td colspan="2">土被り厚(m)</td><td colspan="2">都営新宿線トンネル離隔：3.8m</td></tr>
<tr><td rowspan="3">③ 近接影響予測</td><td colspan="2">解析手法</td><td colspan="2">FEM解析</td></tr>
<tr><td colspan="2">解析ステップ</td><td colspan="2">—</td></tr>
<tr><td colspan="2">解析結果</td><td colspan="2">都営新宿線シールドトンネルの縦断方向の変位量が±3.2mm (許容量±7.0mm/10m)</td></tr>
<tr><td rowspan="2">④ 影響低減対策補助工法</td><td colspan="2">近接構造物(都営新宿線シールドトンネル)</td><td colspan="2">あらかじめ立坑にて構築した躯体(函体)を掘削とともに逐次推進させることにより, トンネルに作用する上載土荷重の減少を函体重量で補完しリバウンド抑制を行った.置き換え工法の採用</td></tr>
<tr><td colspan="2">—</td><td colspan="2"></td></tr>
<tr><td rowspan="6">⑤ 計測概要</td><td rowspan="3">近接構造物 シールドトンネル</td><td>計測項目</td><td colspan="2">シールドトンネル縦断(鉛直・水平)方向</td></tr>
<tr><td>計測範囲</td><td colspan="2">影響範囲72m+160m区間</td></tr>
<tr><td>計測方法</td><td colspan="2">連結2次元変位計</td></tr>
<tr><td rowspan="3">近接構造物線 シールドトンネル</td><td>計測項目</td><td colspan="2">シールドトンネル縦断(断面形状)</td></tr>
<tr><td>計測範囲</td><td colspan="2">影響範囲72m+160m区間</td></tr>
<tr><td>計測方法</td><td colspan="2">光波測量, レベル測量, 目視, 写真撮影</td></tr>
<tr><td>⑥ 施工結果</td><td colspan="4">函体けん引期間中は軌道の高さ方向に最大1.1mm程度(軌道延長10m弦当り)の浮き沈みはあったものの, 限界管理値の7mmおよび1次管理値3.5mm以内であった.シールド断面については, リバウンド変形特有の卵形変形などの変形は認められず, 測点の変位量も水平・鉛直方向で最大8mm程度と, シールド直径に対して1/1,100程度のごく僅かな変形量であった.</td></tr>
<tr><td>⑦ 出典</td><td colspan="4">1)加藤ら：既設シールド上越しにおける函体推進計画-フロンテジャッキング工法・都営新宿線-, 基礎工, vol.43, No.2, 2015.
2)小島ら：都営新宿線交差部建設工事-フロンテジャッキ工法-, 基礎工, vol.47, No.1, 2019.</td></tr>
</table>

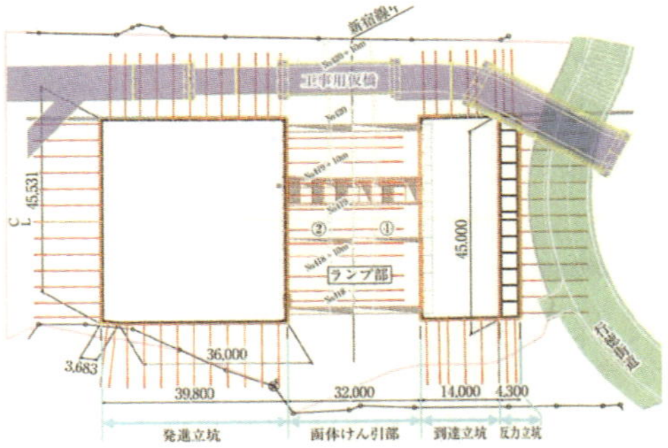

図-1 平面図 [1]

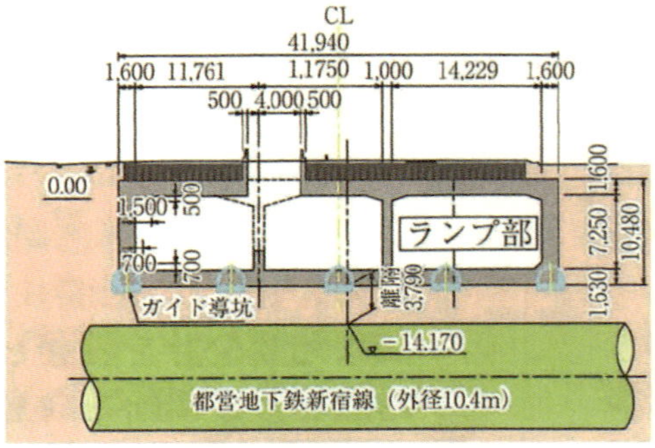

図-2 施工概要図(正面) [1]

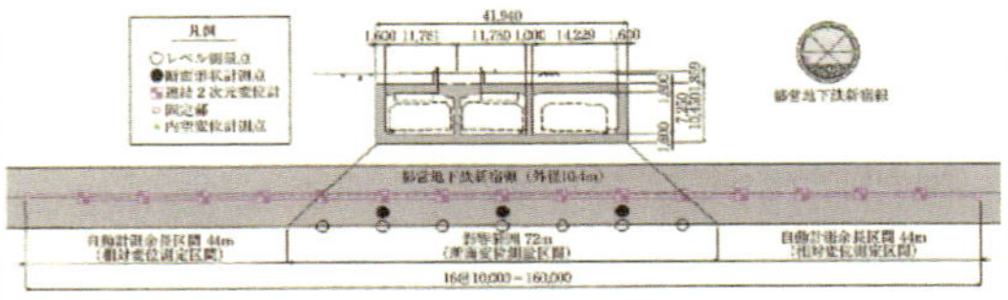

図-3 計測位置図 [1]

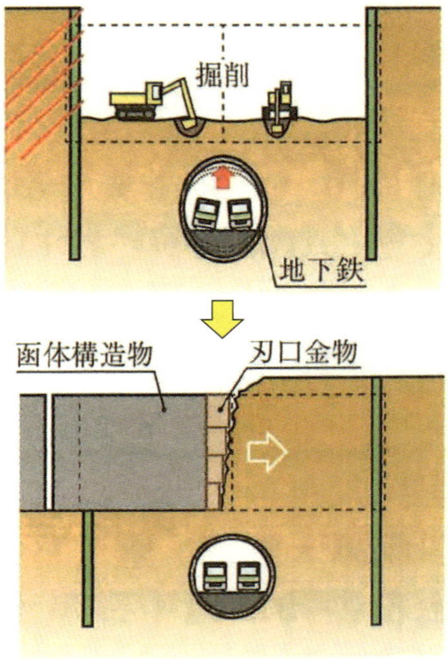

図-4 フロンテジャッキング工法によるリバウンド抑制イメージ図 [2]

巻末資料　　巻末資料 5　特殊トンネル　近接施工事例概要調査票

【タイプⅣ】T427

<table>
<tr><td rowspan="7">①施工概要</td><td>工事名称</td><td>北越谷〜大袋間水路新設工事</td></tr>
<tr><td>工期(施工時期)</td><td>2011 年 12 月〜2013 年 3 月</td></tr>
<tr><td>概要</td><td>雨水幹線水路整備工事の一環として、東武スカイツリーラインとの交差部において延長 15.0m の雨水用管渠を人力刃口推進による R&C 工法で設置するものである.</td></tr>
<tr><td>構造形式・寸法</td><td>1 層 1 径間ボックスカルバート
幅 3.0m, 高さ 3.0m, 延長 15.0m</td></tr>
<tr><td>施工工法</td><td>R&C 工法</td></tr>
<tr><td>近接構造物</td><td>東武鉄道軌道</td></tr>
<tr><td colspan="2"></td></tr>
<tr><td rowspan="3">②地盤条件</td><td>土質条件</td><td>盛土, 粘性土, 腐植土,
砂質土, 有機質粘性土</td></tr>
<tr><td>地下水位(m)</td><td>F.L.-1.5m</td></tr>
<tr><td>土被り厚(m)</td><td>最小 0.35m</td></tr>
<tr><td rowspan="3">③近接影響予測</td><td>解析手法</td><td>解析なし</td></tr>
<tr><td>解析ステップ</td><td>—</td></tr>
<tr><td>解析結果</td><td>—</td></tr>
<tr><td rowspan="2">④影響低減対策補助工法</td><td>地表面
(軌道・路面)</td><td>薬液注入工（線路閉鎖時間 1:00〜4:30 での実施）, 地下水低下工法（ウェルポイント）, 簡易工事桁の設置, 毎夜軌道検測による軌道整備の実施, 到達側小土被り部への盛土工（函体上部路盤の側方変位抑制）</td></tr>
<tr><td>近接構造物</td><td>—</td></tr>
<tr><td rowspan="6">⑤計測概要</td><td>地表面変位 計測項目</td><td>軌道変位</td></tr>
<tr><td>地表面変位 計測範囲</td><td>函体を中心に延長 50m</td></tr>
<tr><td>地表面変位 計測方法</td><td>画像処理変位観測システム（カメラユニット）</td></tr>
<tr><td>近接構造物 計測対象</td><td>—</td></tr>
<tr><td>近接構造物 計測項目</td><td>—</td></tr>
<tr><td>近接構造物 計測方法</td><td>—</td></tr>
<tr><td>⑥施工結果</td><td colspan="2">常に軌道の変状を把握することにより, 整備基準値を上回るような急激な軌道変状が発生する前に施工を中断し, 直ちに軌道整備に移れる体制を取った. その結果, 線路閉鎖時間内に軌道整備を完了し, 工事により始発列車が遅れる事態を防ぐことができた.
軌道整備基準値：鉛直変位(高低)±7.0mm, 水平変位(通り)±5.0mm</td></tr>
<tr><td>⑦出典</td><td colspan="2">1)高橋ら：小土被り・高水位条件下における鉄道横断トンネルの非開削工法による施工, トンネル工学報告集, 第 24 巻, IV-2, pp.1-6, 2014.</td></tr>
</table>

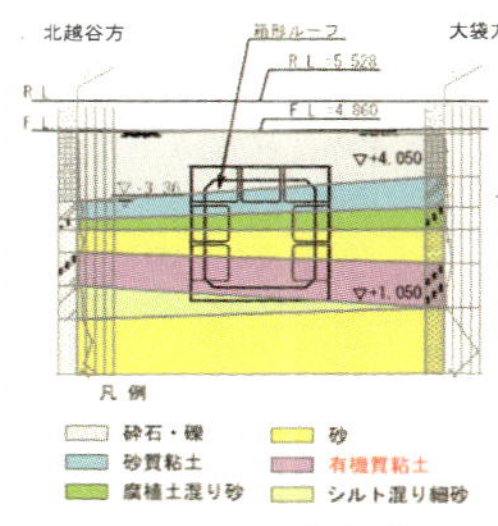

図-1　土層構成 [1]

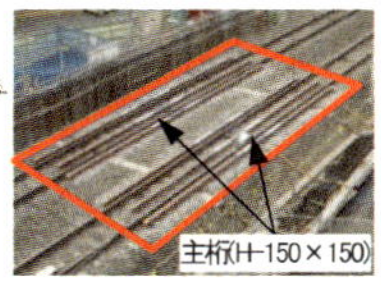

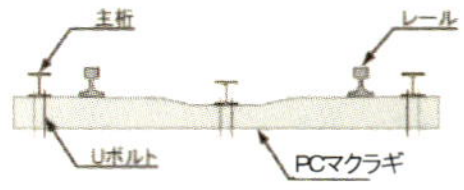

図-2　簡易工事桁の設置 [1]

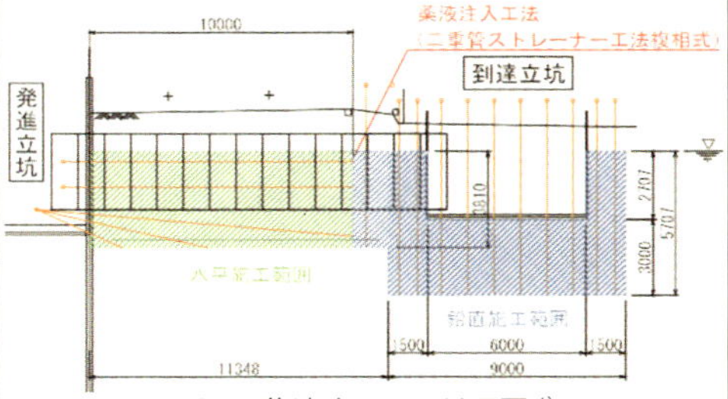

写真-1　簡易工事桁の設置 [1]

図-3　薬液注入工　断面図 [1]

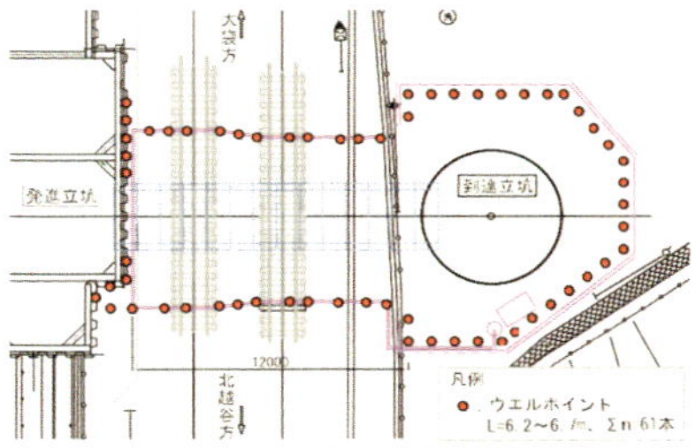

図-4　ウェルポイント設置範囲 [1]

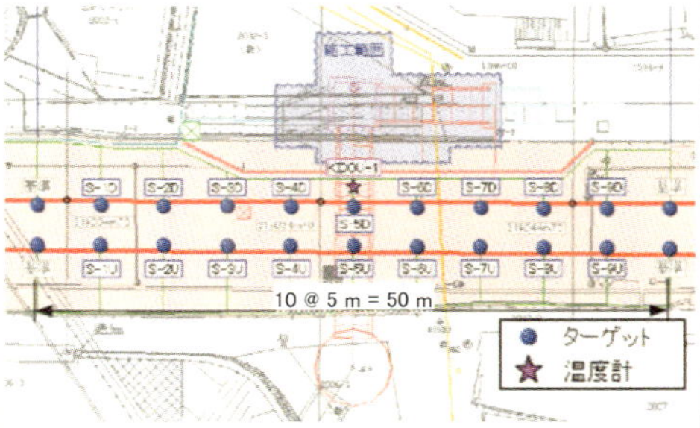

図-5　軌道計測ターゲット配置図 [1]

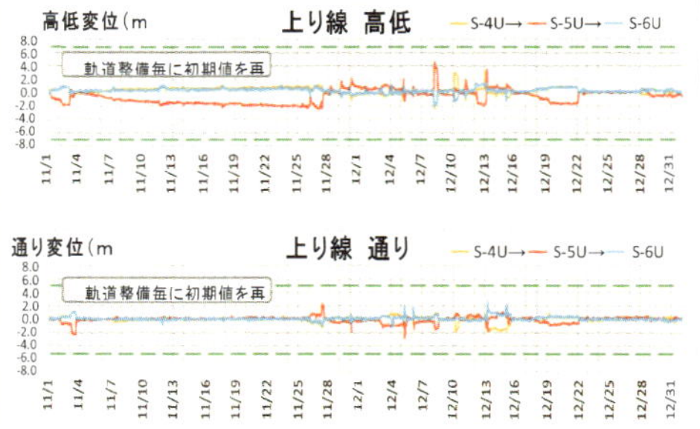

図-6　施工結果 [1]を改変(一部抜粋)して転載

巻末-131

T.L.34 都市における近接トンネル

【タイプⅣ】T428

①施工概要	工事名称	名古屋線富吉・近鉄蟹江間大海用第3橋梁改築(土木関係その17)工事
	工期(施工時期)	2012年2月～2018年3月
	概要	近鉄名古屋線蟹江・富吉間において非開削で地下道(県道平和蟹江線)を構築する工事である．
	構造形式・寸法	1層1径間ボックスカルバート 幅9.15m，高さ7.0m，延長9.8m
	施工工法	R&C工法
	近接構造物	近鉄名古屋線
②条件地盤	土質条件	盛土，粘性土，砂質土
	地下水位(m)	―
	土被り厚(m)	F.L.-0.40～0.73m
③近接影響予測	解析手法	解析なし
	解析ステップ	―
	解析結果	―
④影響低減対策補助工法	地表面(軌道・路面)	箱形ルーフは刃口勾配の変更，函体刃口の構造を上・中・下段の3段に小さく分割して掘削，摩擦低減対策としてフリクションカットプレートの制御を実施．箱型ルーフ推進時の当夜施工前に推進範囲のバラストを撤去，切羽土留め後にバラストを復旧．
	近接構造物	―
⑤計測概要	地表面変位	計測項目	軌道変位
		計測範囲	函体中心から15mの範囲
		計測方法	オーバーフロー式沈下計
	近接構造物	計測対象	―
		計測項目	―
		計測方法	―
⑥結果施工	通常時の計測値(ゼロ設定を反映)と長期的な計測値(絶対値)の2種類の計測結果で管理．箱形ルーフ刃口の先受け効果，函体の3段階掘削による切羽の解放時間の短縮効果，フリクションカットプレートの自動制御などにより，絶対値の最大鉛直変位量は5mmの沈下となり，管理基準値±7.0mm以下で施工を完了した．
⑦出典	1)近畿日本鉄道株式会社提供 2)前田ら：アール・アンド・シー工法における軌道への影響低減，土木学会第70回年次学術講演会，pp.1391-1392, 2015.

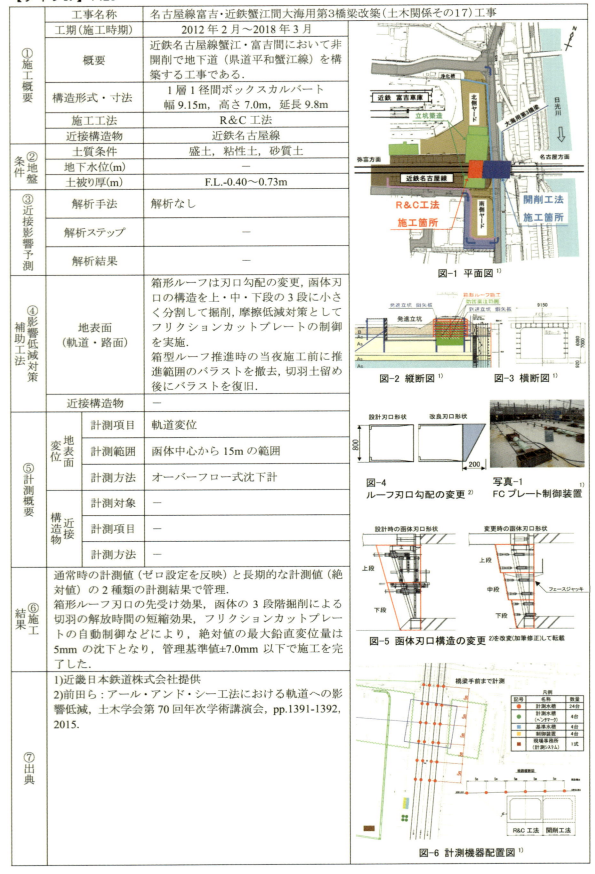

図-1 平面図[1]
図-2 縦断図[1]　図-3 横断図[1]
図-4 ルーフ刃口勾配の変更[2]　写真-1 FCプレート制御装置[1]
図-5 函体刃口構造の変更[2]を改変(加筆修正)して転載
図-6 計測機器配置図[1]

巻末資料　　　巻末資料5　特殊トンネル　近接施工事例概要調査票

【タイプⅣ】T429

①施工概要	工事名称	新東名高速道路 伊勢原 JCT 工事
	工期（施工時期）	（2016年9月～2017年10月）
	概要	本工事は，東名高速道路盛土部を横断している市道拡幅のため既存のボックスカルバートに隣接する新たなボックスカルバートを推進工法で施工する工事である．
	構造形式・寸法	1層1径間ボックスカルバート 幅4.9m，高さ6.15m，延長45.3m
	施工工法	密閉型ボックス推進工法
	近接構造物	東名高速道路路面
②地盤条件	土質条件	盛土，粘性土，砂質土，ローム，有機質土
	地下水位（m）	―
	土被り厚（m）	G.L.-1.7m
③近接影響予測	解析手法	2次元弾塑性FEM解析
	解析ステップ	STEP1：初期応力解析 STEP2：パイプルーフ設置（ばね支承設定） STEP3：ボックス推進掘進（応力解放率40%）
	解析結果	路面沈下量：8.3mm（パイプルーフの施工時影響は含まず）
④影響低減対策補助工法	地表面（軌道・路面）	パイプルーフによる防護
	近接構造物	―
⑤計測概要	地表面変位 計測項目	路面変位，パイプルーフ鉛直変位
	計測範囲	函体下端から45度の範囲
	計測方法	路面：ノンプリズムトータルステーション，路面監視員による目視監視，走行動感点検 パイプルーフ：圧力式沈下計
	近接構造物 計測対象	―
	計測項目	―
	計測方法	―
⑥施工結果	路面沈下量：パイプルーフ施工時 7mm，函体推進時 15.2mm 最終 10.6mm（いずれも累計沈下量） パイプルーフ沈下量：函体推進時 15.6mm 路面の一次管理値20mm以下で施工を完了した． パイプルーフの掘削地山が路盤および路床であり，地山の崩壊に留意して全区間人力掘削を行った．パイプルーフの施工時影響を考慮すると，解析結果と実測値は同等であった．
⑦出典	1)俊成ら：東名高速道路盛土部での低土かぶりボックス推進工事－新東名高速道路　伊勢原 JCT 工事－，第83回（都市）施工体験発表会，pp.49-56，日本トンネル技術協会，2018.

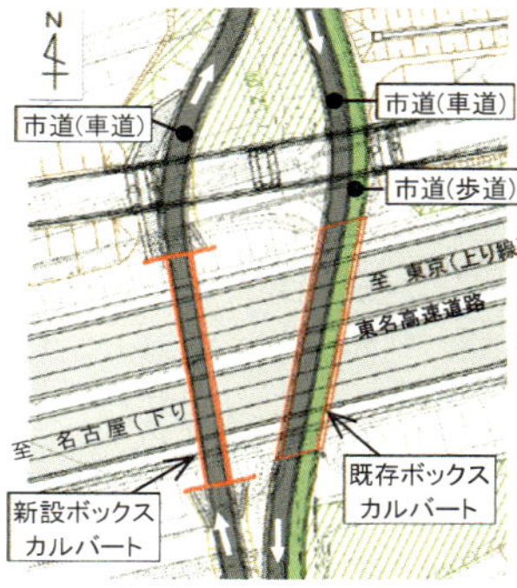

図-1　新設ボックスカルバート配置図[1]

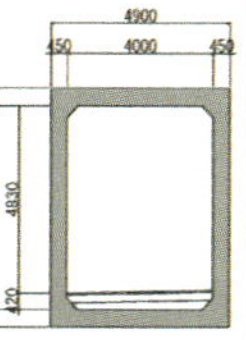

図-2　函体断面図[1]

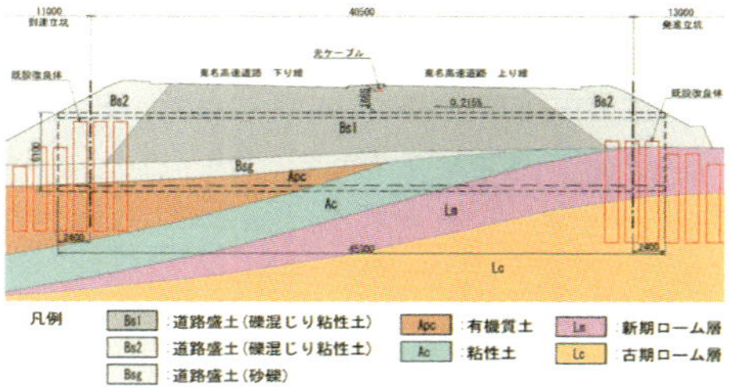

図-3　地層分布図[1]

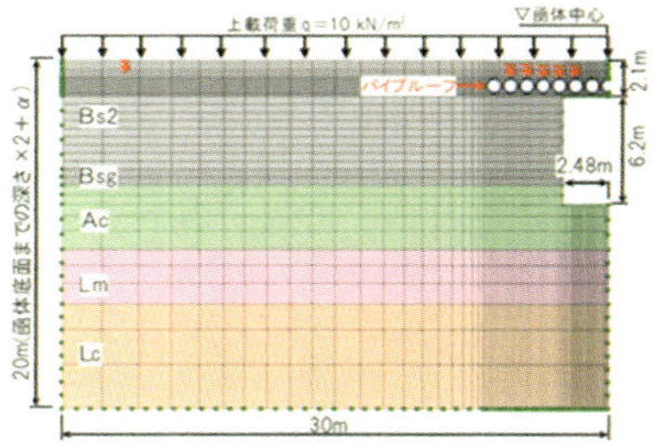

図-4　解析モデル図[1]

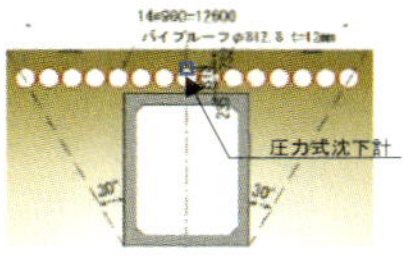

図-5　パイプルーフ配置図（圧力式沈下計設置）[1]

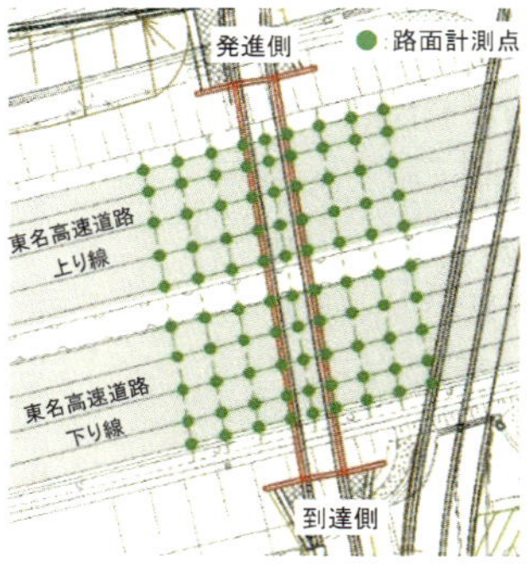

図-6　路面沈下計測点[1]

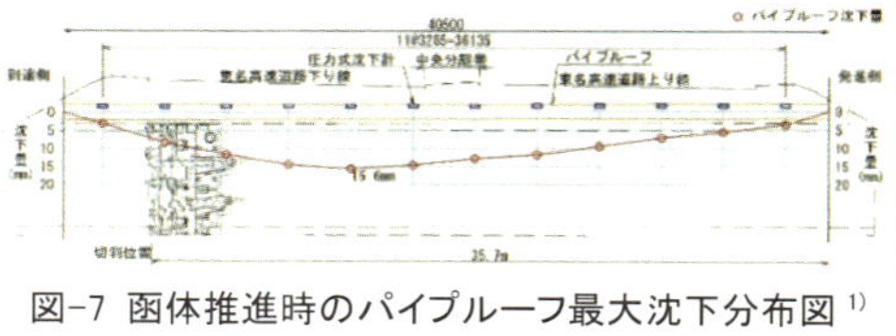

図-7　函体推進時のパイプルーフ最大沈下分布図[1]

巻末-133

T.L.34 都市における近接トンネル

【タイプⅣ】T434

①施工概要		工事名称	復興北路穿越松山機場地下道工程
		工期(施工時期)	1996年7月～2000年7月
		概要	本工事は, 台北市中央部を南北に通過する復興北路が市北部で国内線空港である松山空港で分断されている箇所に地下道を設ける工事である. 1日500回を超える航空機の離発着が行われる滑走路直下での工事となるため, 路面管理には細心の注意が要求された.
		構造形式・寸法	1層2径間ボックスカルバート 幅22.20m, 高さ7.80m, 函体延長100.0m
		施工工法	FJ+ESA工法
		近接構造物	空港滑走路(RUNWAY)
②地盤条件		土質条件	シルト, 粘性土(沖積層)
		地下水位(m)	G.L.-2.0m程度
		土被り厚(m)	G.L.-4.779～5.821m
③近接影響予測		解析手法	―
		解析ステップ	―
		解析結果	―
④影響低減対策 補助工法		地表面 (滑走路面-1)	◎掘削以前 現地盤0.04N/mm2を改良後強度0.1N/mm2に増強. 二重管ダブルパッカー工法にて全断面地盤改良を実施(注入率25%).
		地表面 (滑走路面-2)	◎函体掘進中 初期値からの絶対変位量±20mmで管理するものとし, 函体掘進時の沈下に対処するためパイプルーフ内から許容値以内で地盤改良LW工法による先行隆起を実施した. また, 掘進中の沈下量が10mmを超えた時点で掘削側に再注入を実施.
⑤計測概要	滑走路面	計測項目	滑走路面
		計測範囲	滑走路面60m幅に13列×9箇所=117箇所
		計測方法	レベル測量(夜間)
	地中横断部鋼管	計測対象	パイプルーフ (横断部地中内 水平部ルーフ)
		計測項目	鉛直変位計測 13箇所/列×9列=117箇所
		計測方法	―
⑥施工結果			初期値からの絶対変位量±20mm以内で終了
⑦出典			1)張郁慧ら:台北松山空港滑走路直下・大断面地下構造物の施工 -フロンテジャッキング工法を併用したESA工法-, 土木施工, Vol.45, No.5, 2004.

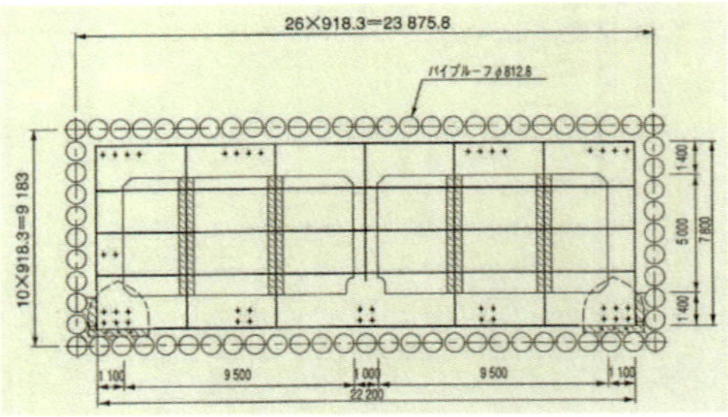

図-1 函体とパイプルーフ配置図[1]

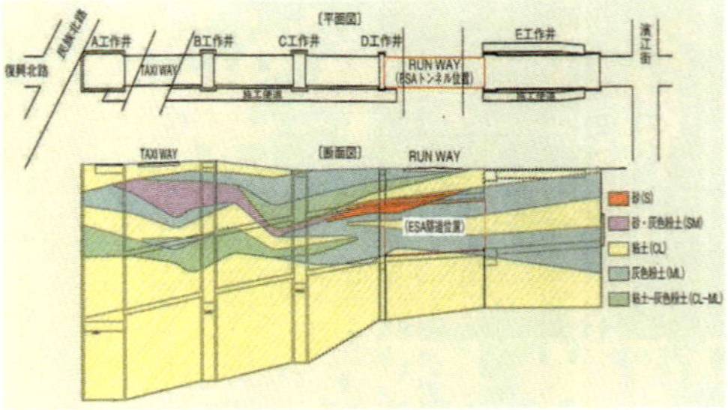

図-2 縦断図(地質)[1]

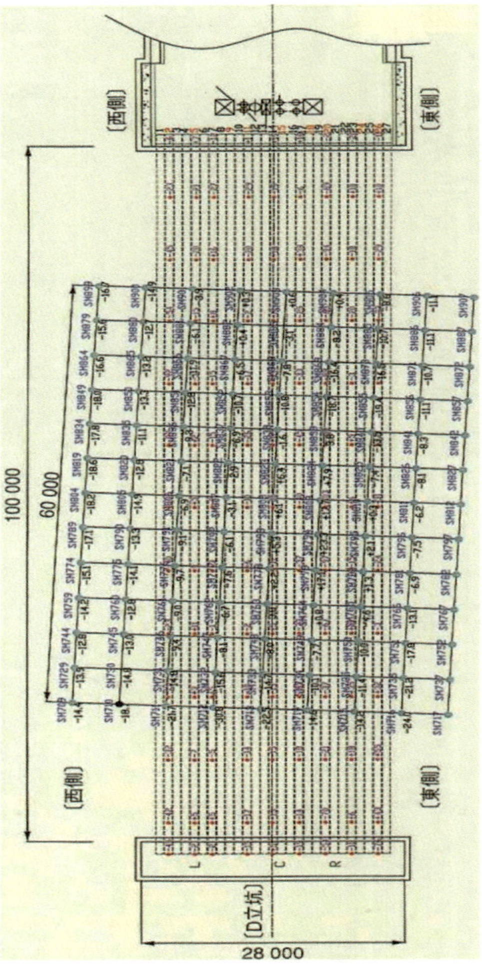

図-3 パイプルーフと最終路面変位図[1]

巻末資料　　巻末資料5　特殊トンネル　近接施工事例概要調査票

【タイプⅣ】T435

①施工概要		工事名称	東海道線庄内新庄 BV 新設工事
		工期（施工時期）	1993 年 3 月～1999 年 10 月
		概要	本工事は，JR 京都線 4 線と貨物線 4 線，計 8 線の直下を横断する都市計画道路をフロンテジャッキング工法と ESA 工法を併用して施工した．鉄道敷で分断されている「庄内新庄線」を立体交差化し周辺交通渋滞の緩和と町の一体化を図る事業である．
		構造形式・寸法	1 層 4 径間ボックスカルバート　幅 25.50m，高さ 7.70～9.0m，函体延長 82.0m
		施工工法	FJ+ESA 工法
		近接構造物	軌道（JR 東海道線．貨物線）
②地盤条件		土質条件	粘性土，砂質土
		地下水位(m)	－
		土被り厚(m)	F.L.-3.18m
③近接影響予測		解析手法	切羽掘削における地盤応力解放による地盤の弾性変形について解析．大小 2 通りの地盤定数を使用．
		解析ステップ	推進ステップは，推進方向に 5.0m ピッチとし，各ステップ（全 16 ステップ）の沈下量を求めた．
		解析結果	切羽がポイントの手前約 20m に到達する頃から沈下傾向が現れ始め，約 10m 手前で収束することが判明した．沈下量の解析結果は 10～25mm
④影響低減対策補助工法		軌道	・枕木を簡易工事桁で固定 ・全断面薬液注入
		近接構造物	
⑤計測概要	各軌道下	計測項目	軌道鉛直変位計測
		計測範囲	各軌道直下に 7 箇所（@10m）×8 軌道=56 箇所
		計測方法	水盛式沈下計
	地中内鋼管	計測対象	パイプルーフ鉛直変位
		計測項目	パイプルーフ 3 列に 11 箇所ずつ
		計測方法	差圧式沈下計
⑥施工結果			事前の予測解析結果に基づき，施工中の軌道変位をリアルタイムに計測．また常に予測解析値と対比を行いながら，段階ごとの変状を把握しながら施工管理を実施．
⑦出典			1)森ら：フロンテ・ESA 併用工法による大規模函体推進，土木施工，40 巻，1 号，1999. 2)青木淳：フロンテジャッキ+ESA 併用工法による大規模アンダーパス工事，日本鉄道施設協会誌，1999. 3)東海道線庄内新庄立体交差工事（大阪府）二種の函体推進で用地の狭さ克服：日経コンストラクション，1998.

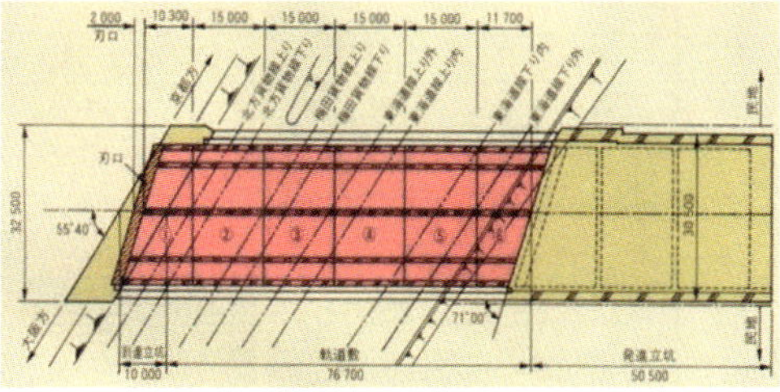

図-1　平面図 [1]

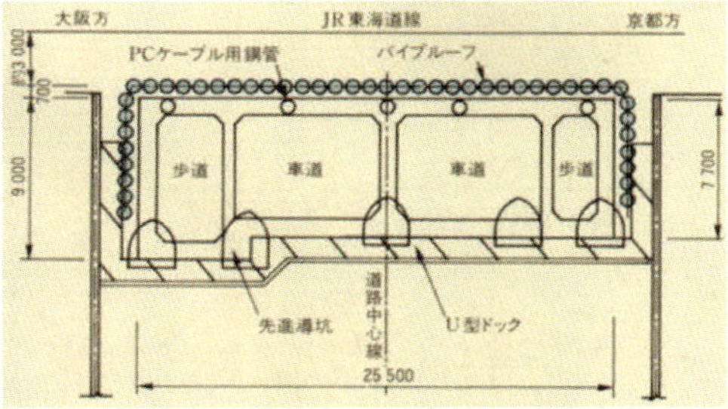

図-2　正面図 [1]

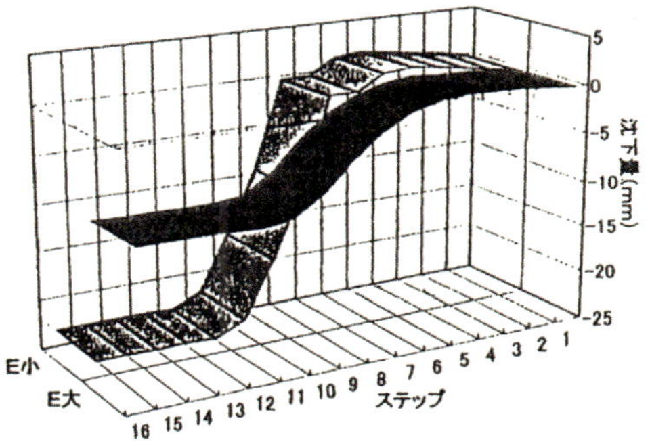

図-3　解析結果（横軸：ステップ，縦軸：累積沈下量）[2]

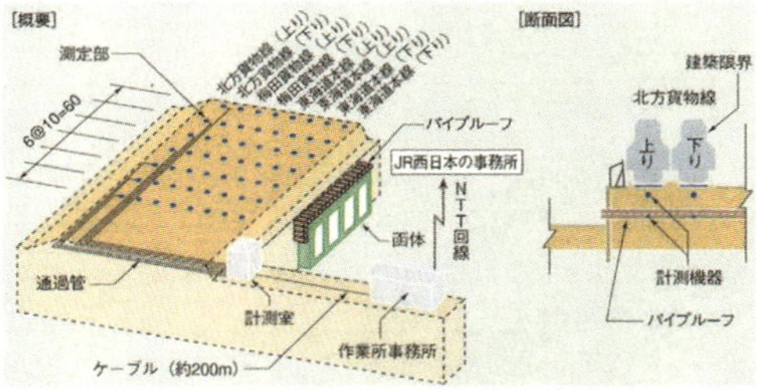

図-4　軌道変状の計測管理図 [3]

T.L.34 都市における近接トンネル

【タイプⅣ】T437

①施工概要	工事名称	北総鉄道と交差する一般国道298号（東京外かく環状道路）新設工事に伴う函渠新設工事	
	工期（施工時期）	2007年2月～2010年12月	
	概要	本工事は，供用中の三郷南ICから千葉県側に延伸する工事であり，既設の北総鉄道（NATMトンネル）の直上に外環道・上下線（半地下掘割スリット構造）を構築する．	
	構造形式・寸法	1層2径間ボックスカルバート 幅26.134m～29.014m，高さ9.25m，函体延長75.0m	
	施工工法	FJ＋ESA工法	
	近接構造物	北総鉄道（NATMトンネル）	
②地盤条件	土質条件	ローム層，砂質土（洪積台地）	
	地下水位(m)	函体底面付近	
	土被り厚(m)	北総線トンネルとの離隔：2m程度	
③近接影響予測	解析手法	FEM解析および一次掘削時の実績値に基づく逆解析	
	解析ステップ	STEP1：トンネル浮上がり量抽出 STEP2：掘削状況再現FEMモデル STEP3：リバウンド時の地山変形係数の精査（逆解析） STEP4：次工程におけるトンネル影響の再評価（予測解析）	
	解析結果	当初では，除荷時の変形係数が載荷時の8倍とされていたが，再現解析の結果 α=11.2倍となった．	
④影響低減対策補助工法	近接構造物（北総線NATMトンネル）	開削工法のように上載土を一度に全て開放した後に躯体構築するのではなく，あらかじめ立坑にて構築した躯体（函体）を掘削とともに逐次推進させることにより，トンネルに作用する上載土荷重の減少を函体重量で補完しリバウンド抑制を図った．	
	近接構造物	函体置き換え工法採用	
⑤計測概要	トンネル変位 計測項目	軌道変位量，軌道鉛直変位量，トンネル内空変位量，継ぎ目変位量，ひずみ応力	
	計測範囲	北総線トンネル内の交差中心から片側60m，計120m区間	
	計測方法	連結二次元変位計	
	近接構造物 計測対象	北総線（NATMトンネル）	
	計測項目	以下参照	
	計測方法	軌道変位：トータルステーション 軌道鉛直変位：水盛式沈下計 内空変位：トータルステーション 継ぎ目変位：パイゲージ ひずみ応力：ひずみ計	
⑥施工結果		北総線トンネル内は，水盛式沈下計を用いて函体推進に伴う浮上り量をリアルタイムに計測した．事前の解析では北総線の浮上り量が9.5mmであったが，実測値は6.8mmに収まった．	
⑦出典		1）森崎義彦：鉄道営業線トンネル直上での函体推進施工－東京外かく環状道路 北総鉄道交差部工事－，土木施工，Vol.51，No.8，2010．	

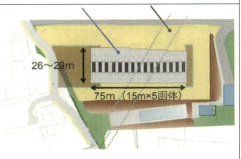

図-1 平面図[1]

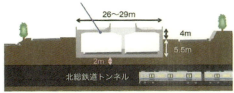

図-2 断面図[1]

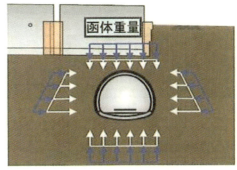

図-3 ESA工法によるリバウンド抑制イメージ図[1]

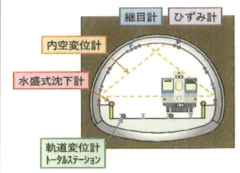

図-4 トンネル内計測項目[1]

巻末資料　　巻末資料5　特殊トンネル　近接施工事例概要調査票

【タイプⅣ】T444

①施工概要	工事名称		北海道縦貫自動車道　森工事
	工期（施工時期）		2009 年～2010 年
	概要		本工事は，建設中の北海道縦貫道森～落部間において，環状列石（ストーンサークル）が発見されたため，現状保存を前提として遺跡下を横過するトンネル工事が検討され，現場条件や施工実績からR&C 工法が採用された工事である．また，施工延長が長いことからESA 工法が併用された．この鷲ノ木遺跡はその後の平成 18 年 1 月に「国史跡指定」されている．
	構造形式・寸法		1 層 1 径間ボックスカルバート　幅 14.182m，高さ 7.367m，函体延長 46.980m
	施工工法		R&C+ESA 工法
	近接構造物		環状列石遺跡（ストーンサークル）
②地盤条件	土質条件		埋土層（B），ローム層（Lm，Lc）洪積砂質土層（Ds）
	地下水位（m）		不明（横断断面よりも下側）
	土被り厚（m）		G.L.-2.534m 程度
③近接影響予測	解析手法		―
	解析ステップ		―
	解析結果		―
④補助工法	影響低減対策	近接構造物（環状列石）	遺跡への影響を抑えるため，タイロッドの PC 鋼より線本数を増やし，腹起しサイズを上げることにより水平ボーリング削孔数を低減した．また，ガイド導坑掘削時の地山緩みによる遺跡への影響を抑えるため，導坑周囲に 1.5m の薬液による改良を実施した．
		近接構造物	―
⑤計測概要	列石変位	計測項目	環状列石（ストーンサークル）
		計測範囲	列石 1 個ずつ，あるいは連続している数個をまとめて土嚢等により固定．
		計測方法	列石は 5mm メッシュ，地表面 10mm メッシュで 3 次元レーザーによる計測を実施し事前に記録
	計測杭	計測対象	計測杭（地盤変位）
		計測項目	列石に影響を及ぼさない位置に計測杭を設置（17 箇所）
		計測方法	レーザーレベル
⑥施工結果			22mm の変位基準値に対して最大 10mm の沈下
⑦出典			1）NEXCO 東日本北海道支社函館工事事務所：鷲の木遺跡におけるトンネル（R&C 工法）の施工計画-北海道縦貫道 森～落部間-, EXTEC, No.86, pp. 42-44.

写真-1　環状列石（ストーンサークル）[1]

図-1　平面図 [1]

図-2　側面図 [1]

図-3　正面図 [1]

巻末-137

T.L.34 都市における近接トンネル

【タイプⅣ】T458

①施工概要	工事名称	市道桶狭間勅使線第2号道路改良工事
	工期（施工時期）	2014年12月～2018年2月
	概要	本工事は桶狭間地区を分断する愛知用水を通水しながら，その直下に非開削工法であるSFT工法でアンダーパスを構築する工事である．愛知用水は知多半島に水を供給する重要な用水で年間使用水量は約4.5億m³に達する．
	構造形式・寸法	1層3径間ボックスカルバート 幅15.0m，高さ7.20m，函体延長30.0m
	施工工法	SFT工法
	近接構造物	愛知用水路
②地盤条件	土質条件	シルト混り砂礫，砂礫混りシルト，粘土層の互層
	地下水位（m）	G.L.-12.40m （G.L.-0.0mは愛知用水管理道路天端としている．）
	土被り厚（m）	愛知用水構造物下端～函体天端までの離れが約1.0m
③近接影響予測	解析手法	―
	解析ステップ	―
	解析結果	―
④影響低減対策補助工法	近接構造物（愛知用水）	函体推進時外周摩擦力軽減のため，箱形ルーフ全外周にFC（フリクションカット）プレートを配置した．また，薬液注入工を実施した．
	近接構造物（愛知用水）	函体推進時の愛知用水水平変位を抑制するため，AJCS (Auto Jack control system) により，FCプレートの移動を制御した．
⑤計測概要 愛知用水	計測項目	a. 水路の鉛直変位 b. 水路の傾斜変位 c. 外気温 d. 目地の変動
	計測範囲	図-4参照
	計測方法	a. 連通管式変位計 b. 固定式傾斜計 c. 熱電対 d. π型変位計
―	計測対象	―
	計測項目	―
	計測方法	―
⑥結果施工	相対変位量の最大値1.2mm（許容変位量3mm）	
⑦出典	1) 西川圭：愛知用水直下を非開削工法（SFT工法）によるアンダーパス築造工事，土木施工，VOL.58，2017. 2) 西川圭：函体推進工施工時の周辺地盤挙動抑制対策：建設機械，第56巻，第6号，2020.	

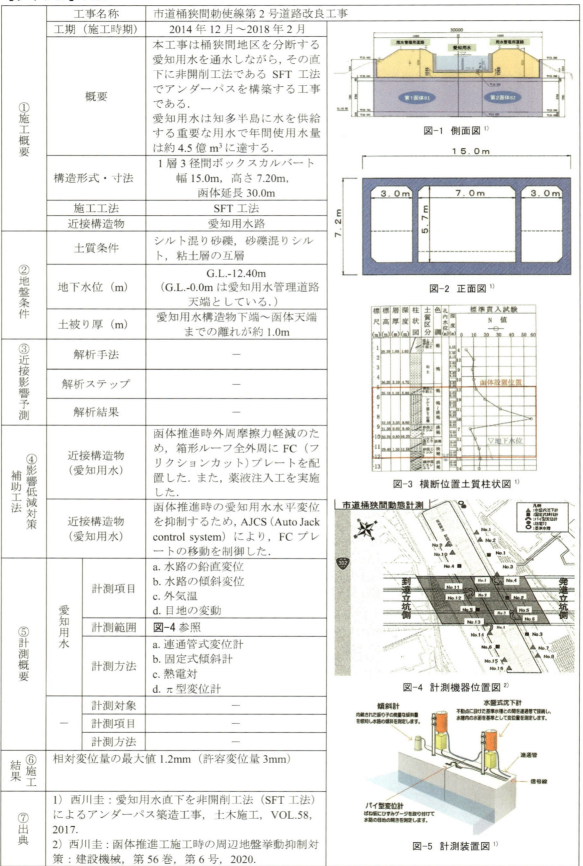

図-1　側面図[1]

図-2　正面図[1]

図-3　横断位置土質柱状図[1]

図-4　計測機器位置図[2]

図-5　計測装置図[1]

巻末資料　　巻末資料5　特殊トンネル　近接施工事例概要調査票

【タイプⅣ】T465

①施工概要		工事名称	小田急線代々木上原駅・梅ヶ丘駅間線増連続立体交差工事（二期工事）
		工期（施工時期）	2005 年 12 月～2007 年 6 月
		概要	本工事は，小田急電鉄小田原線の代々木上原～梅ヶ丘付近までの連続立体交差化事業であり，特に環状七号線直下において施工する R&C 工法は，函体を 2 つ並列に超近接して施工するものであり，土被り約 4m で被圧地下水環境下での施工である．
		構造形式・寸法	1 層 2 径間ボックスカルバート（矩形サンドイッチ型合成セグメント）幅 10.575m，高さ 8.084m，函体延長 45.0m
		施工工法	R&C 工法
		近接構造物	道路面（環状七号線）
②地盤条件		土質条件	細砂（函体掘進部土層）
		地下水位（m）	G.L.-5.0m
		土被り厚（m）	D≒4.0m（道路面～BOX 天端）
③近接影響予測		解析手法	－
		解析ステップ	－
		解析結果	－
④影響低減対策・補助工法		道路面（環状 4 号線）	被圧帯水層下での非開削人力解放型掘削のため，推進の切羽崩壊および地下水の流入を防ぐことを目的とした全断面地盤改良を行った．道路交通の阻害に考慮し，構築された立坑内から曲線状の削孔が可能な曲がりボーリングマシンを採用し注入を行った．
		－	－
⑤計測概要	道路面変位	計測項目	環状七号線車道部
		計測範囲	図-3 参照
		計測方法	ノンプリズムトータルステーション，レーザー距離計
	擁壁変位	計測対象	擁壁，橋台
		計測項目	図-3 参照
		計測方法	ノンプリズムトータルステーション，レーザー距離計
⑥施工結果			一期施工では，地盤改良施工で路面の隆起が管理値に達したが，推進時補助薬液注入対策を講じたことで道路および埋設物に大きな影響を与えず完成することが出来た． ◎一次管理値±15mm，二次管理値±20mm ・薬液注入工期間：+1.3mm～+19.9mm（max21.1mm） ・箱形ルーフ施工期間：+19.9mm～10.1mm ・トンネル推進工期間：+10.1mm～8.0mm（min+5.3mm）
⑦出典			1）伊藤健治，木元清敏：R&C 工法（箱形ルーフとボックスカルバートを置き替えるアンダーパス施工法）－小田急小田原線代々木上原駅～梅ヶ丘駅間線増連続立体交差工事[土木・第 5 工区]，土木施工，vol.52，No.3，2011.

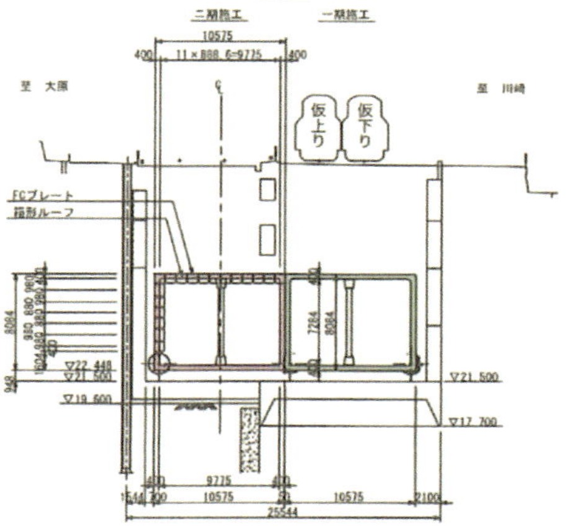

図-1　正面図[1]

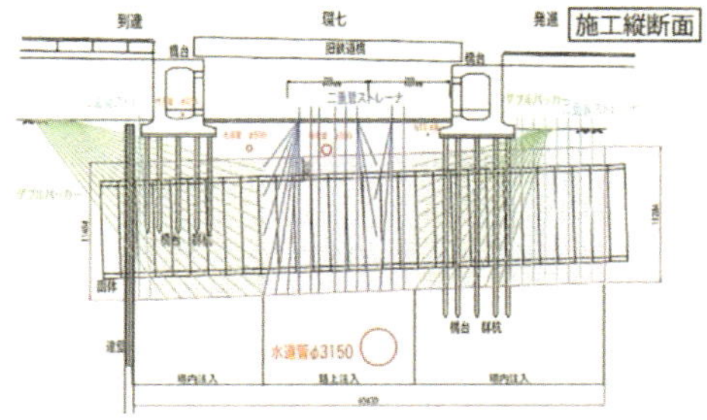

図-2　薬液注入工施工図[1]

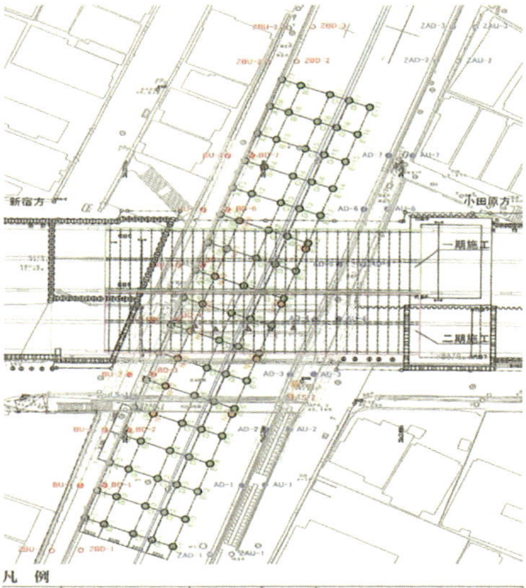

図-3　二期環七路面および擁壁変状計測[1]

巻末-139

T.L.34 都市における近接トンネル

【タイプⅣ】T470

<table>
<tr><td colspan="3">工事名称</td><td>浅草線高輪台駅防災改良及びエレベーター通路設置土木工事</td></tr>
<tr><td rowspan="6">①施工概要</td><td colspan="2">工期(施工時期)</td><td>2006 年 10 月～2009 年 7 月</td></tr>
<tr><td colspan="2">概要</td><td>本工事は都営地下鉄浅草線において，隣接して整備が進む民間再開発ビルと地下鉄を結ぶコンコースと排煙ダクトの築造により，地下鉄のバリアフリー対策と火炎対策を実施するものである．駅部と再開発建築物を結ぶ地下通路築造工事は非開削工法であるR&C工法が採用された．新設通路部直上には高輪共同溝，駅舎増築部直下には地下鉄軌道部トンネルが近接している．</td></tr>
<tr><td colspan="2">構造形式・寸法</td><td>1 層 1 径間ボックスカルバート
幅 5.12m，高さ 3.31m，
函体延長 11.25m（工場製品）</td></tr>
<tr><td colspan="2">施工工法</td><td>R&C 工法（推進方式）</td></tr>
<tr><td colspan="2">近接構造物</td><td>上部：国道，高輪共同溝
下部：地下鉄既設シールドトンネル</td></tr>
<tr><td rowspan="3">②地盤条件</td><td colspan="2">土質条件</td><td>ローム質シルト</td></tr>
<tr><td colspan="2">地下水位（m）</td><td>G.L.-5.0m 程度</td></tr>
<tr><td colspan="2">土被り厚（m）</td><td>国道部：G.L.-7.2m
高輪共同溝からの離隔：0.7m
既設シールドからの離隔：3.5m</td></tr>
<tr><td rowspan="3">③近接影響予測</td><td colspan="2">解析手法</td><td>－</td></tr>
<tr><td colspan="2">解析ステップ</td><td>－</td></tr>
<tr><td colspan="2">解析結果</td><td>－</td></tr>
<tr><td rowspan="2">④影響低減対策補助工法</td><td colspan="2">横断部</td><td>推進掘削地山の止水および強度増加を目的とする改良．</td></tr>
<tr><td colspan="2">近接構造物
（上部構造物）</td><td>函体推進時の影響低減のため，箱形ルーフ水平上部にFC（フリクションカット）プレートを配置</td></tr>
<tr><td rowspan="6">⑤計測概要</td><td rowspan="3">高輪共同溝</td><td>計測項目</td><td>高輪共同溝の変状計測
（鉛直，傾斜）</td></tr>
<tr><td>計測範囲</td><td>－</td></tr>
<tr><td>計測方法</td><td>・水盛式沈下計：5 台
・傾斜計：3 台
・温度計</td></tr>
<tr><td rowspan="3">地下鉄シールドトンネル部</td><td>計測対象</td><td>地下鉄シールド部の変状計測
（鉛直，水平変位）</td></tr>
<tr><td>計測項目</td><td>－</td></tr>
<tr><td>計測方法</td><td>・水準測量（軌道部，ホーム部）
・基線測量（軌道部，ホーム部）</td></tr>
<tr><td rowspan="2">⑥施工結果</td><td colspan="3">高輪共同溝：-1mm～+4.5mm</td></tr>
<tr><td colspan="3">地下鉄シールド部：-2mm～+3mm</td></tr>
<tr><td>⑦出典</td><td colspan="3">1）山口外志，山下賢司，井上邦夫，山田真大：函体推進工法で共同溝直下に連絡通路を建設－都営浅草線 高輪台駅－，トンネルと地下，Vol.40，No.6，pp.29-38，2009.6</td></tr>
</table>

図-1 工事概要平面図 1)

図-2 工事概要断面図 1)

表-1 管理基準値 1)

計測項目	一次管理値 （許容値の50%）	二次管理値 （許容値の70%）	許容値
鉛直変位	±5.0mm	±7.0mm	±10.0mm
傾　斜	±2.5min	±3.5min	±5.0min

図-3 駅シールド軌道部変状グラフ 1)

図-4 共同溝鉛直変位グラフ 1)

巻末資料　　巻末資料5　特殊トンネル　近接施工事例概要調査票

【タイプⅣ】T471

<table>
<tr><td rowspan="7">①施工概要</td><td colspan="2">工事名称</td><td>都営新宿線一之江駅自転車駐車場連絡通路等土木工事</td></tr>
<tr><td colspan="2">工期(施工時期)</td><td>2003 年 12 月～2004 年 11 月</td></tr>
<tr><td colspan="2">概要</td><td>本工事は都営新宿線一之江駅環状 7 号線側の出入口と江戸川区が施工中の地下自転車駐車場とをつなぐ連絡通路工事である．東京都交通局として初めて非開削工法の R&C 工法が採用された事例である．</td></tr>
<tr><td colspan="2">構造形式・寸法</td><td>1 層 1 径間ボックスカルバート　幅 3.10m，高さ 3.30m，函体延長 10.50m（工場製品）</td></tr>
<tr><td colspan="2">施工工法</td><td>R&C 工法（推進方式）</td></tr>
<tr><td colspan="2">近接構造物</td><td>・出入口部構造物
・横断部基礎杭</td></tr>
<tr><td rowspan="3">②地盤条件</td><td colspan="2">土質条件</td><td>シルト混じり微細砂</td></tr>
<tr><td colspan="2">地下水位（m）</td><td>G.L.-1.7m</td></tr>
<tr><td colspan="2">土被り厚（m）</td><td>出入口構造物から BOX 天端までの離隔：0.5m
出入口構造物の基礎杭から BOX 側端部までの離隔：0.2m</td></tr>
<tr><td rowspan="3">③近接影響予測</td><td colspan="2">解析手法</td><td>―</td></tr>
<tr><td colspan="2">解析ステップ</td><td>―</td></tr>
<tr><td colspan="2">解析結果</td><td>―</td></tr>
<tr><td rowspan="2">④影響低減対策補助工法</td><td colspan="2">横断部</td><td>函体推進に伴う周辺地盤の変状を抑制する目的と地下水による流砂現象防止のため，薬液注入により地盤強化と止水性向上を図った．</td></tr>
<tr><td colspan="2">近接構造物（上部構造物）</td><td>函体推進時の影響低減のため，箱形ルーフ水平上部および側部に FC（フリクションカット）プレートを配置</td></tr>
<tr><td rowspan="6">⑤計測概要</td><td rowspan="3">出入口部構造物</td><td>計測項目</td><td>―</td></tr>
<tr><td>計測範囲</td><td>―</td></tr>
<tr><td>計測方法</td><td>―</td></tr>
<tr><td rowspan="3">横断部基礎杭</td><td>計測対象</td><td>―</td></tr>
<tr><td>計測項目</td><td>―</td></tr>
<tr><td>計測方法</td><td>―</td></tr>
<tr><td>⑥施工結果</td><td colspan="2"></td><td>許容値内との記述あり．</td></tr>
<tr><td>⑦出典</td><td colspan="2"></td><td>1) 佐野正生，中村茂之，野中均，斉藤健司：地下鉄出入口直下の軟弱地盤における連絡通路の建設－都営新宿線一之江駅～自転車駐車場間連絡通路－，トンネルと地下，Vol.36，No.5，pp.17-24，2005.5</td></tr>
</table>

図-1　正面図 1)

図-2　側面図 1)

図-3　平面図 1)

図-4　土質柱状図および標準断面図 1)

巻末-141

T.L.34　都市における近接トンネル

【タイプⅣ】T532

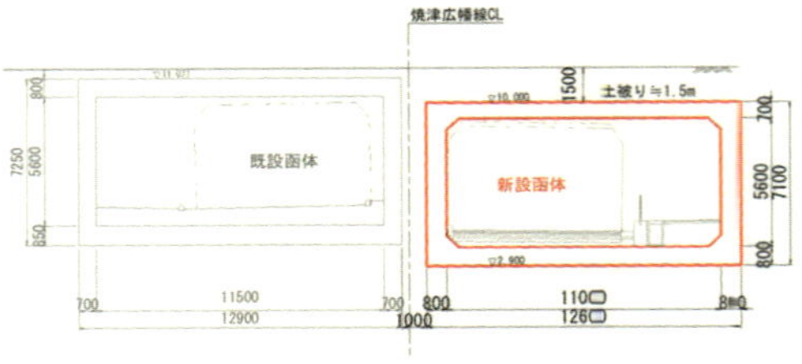

図-1　正面図[1]

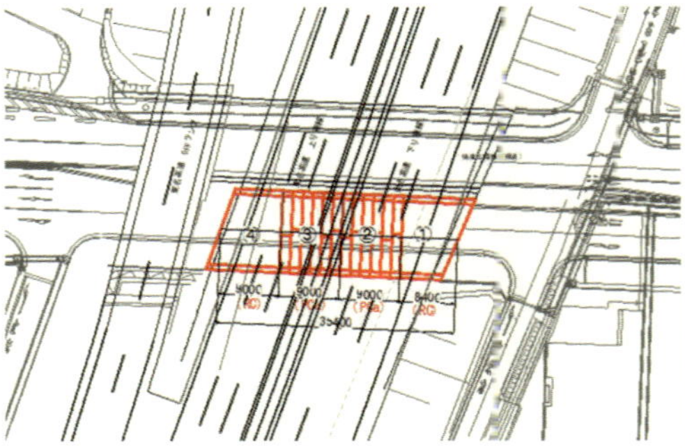

図-2　平面図[1]

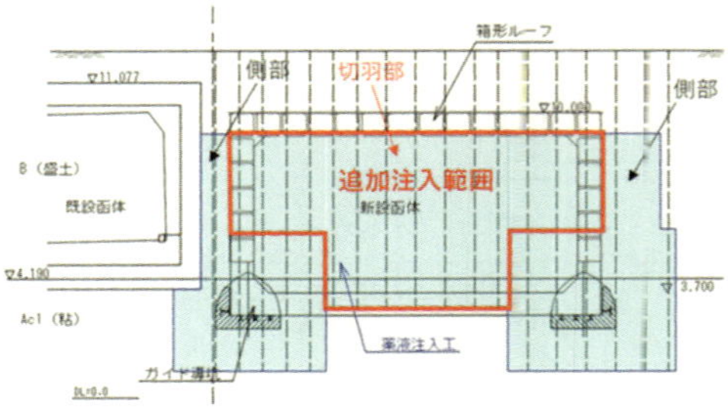

図-3　薬液注入範囲（正面）図[1]

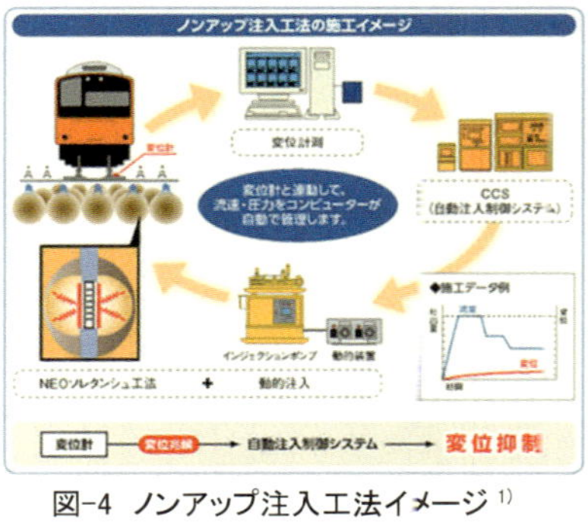

図-4　ノンアップ注入工法イメージ[1]

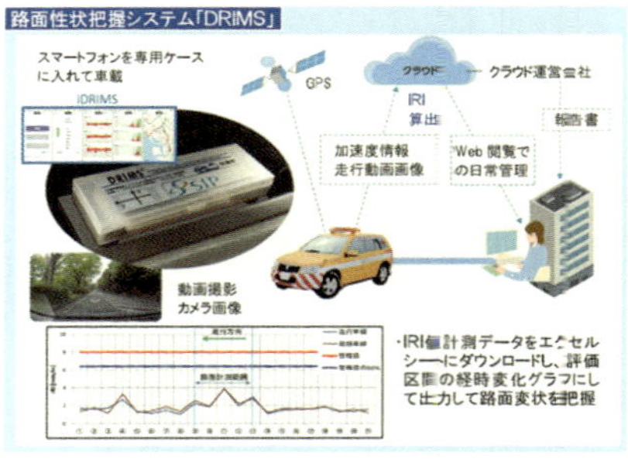

図-5　DRIMS システム概要[1]

①施工概要	工事名称		東名高速道路焼津インターチェンジ函渠工事
	工期（施工時期）		2020 年 4 月～2023 年 9 月
	概要		本工事は，都市計画道路焼津広幡線（県道 81 号）は主要幹線道路であり，時間帯によっては激しい渋滞が発生している．これらから焼津 I.C.付近の高速道路交差部に新設函体を築造し道路を現状の 2 車線から 4 車線に拡幅する．
	構造形式・寸法		1 層 1 径間㍍ボックスカルバート 幅 12.6m，高さ 7.1m，函体延長 35.4m
	施工工法		R&C＋ESA 工法
	近接構造物		東名高速道路，既設函体
②地盤条件	土質条件		盛土（礫，礫混り土）
	地下水位（m）		下床版上部付近
	土被り厚（m）		G.L.-1.50m
③近接影響予測	解析手法		－
	解析ステップ		－
	解析結果		－
④影響低減対策　補助工法	道路（東名高速）		函体掘進時の切羽崩壊による路面への影響を防ぐため，注入範囲を見直し，変位抑制注入工法を選定． ・低圧浸透注入工法を採用 ・注入速度と注入圧力を意図的に変化させた（動的注入）． ・自動注入制御システムによる注入管理の自動化
	道路（東名高速）		箱形ルーフ施工時は岩塊除去の空洞を速やかに充填するため，ルーフ管にから推進ごとに裏込め注入を行った． ・推進用固結型滑材
⑤計測概要	道路面	計測項目	道路面（路面モニタリング）
		計測範囲	施工範囲前面を網羅（常時）
		計測方法	トータルステーション（上下線両側：ノンプリズム測量 24 時間）
	道路面	計測対象	道路面（走行動感）
		計測項目	乗り心地指数（IRI 値：函体推進期間中 1 回/日計測）
		計測方法	路面変状把握システム（DRIMS）
⑥施工結果			路面沈下最大 40mm（箱形ルーフの上げ越し量 30mm，掘削による底面乱れ 10mm ＝ 40mm）
⑦出典			1）清水建設株式会社提供

巻末-142

巻末資料　　　巻末資料 6　特殊トンネル　概要調査票，近接施工事例 番号一覧表（INDEX）

巻末資料 6　特殊トンネル　概要調査票，近接施工事例　番号一覧表（INDEX）

巻末資料 5 特殊トンネル 近接施工事例 概要調査票		第Ⅲ編　6 章 特殊トンネル 近接施工事例		工事名	本文引用箇所 （頁　Ⅲ-）
番号	頁（巻末-）	有無	頁（Ⅲ-）		
T101	111	－	－	西武鉄道池袋ビル建替え計画に伴う土木工事（地下道新設その 1・2）	64, 73, 78
T104	112	○	81-84	北八王子・小宮間 3k970m 付近石川跨道橋新設	55, 64, 73
T106	113	－	－	吹田・東淀川間西吹田 Bv 新設他工事	24, 79
T113	114	－	－	吹田・東淀川間貨物専用道路 Bv 新設工事	64, 71
T115	115	－	－	虎ノ門一丁目地区第一種市街地再開発事業に伴う公共施設工事	71
T116	116	－	－	赤坂一丁目地区再開発に伴う南北線溜池山王駅連絡出入口設置他工事	71
T117	117	○	85-89	品鶴線大崎駅構内住吉跨道橋他新設	14, 56, 72, 76
T118	118	－	－	新幹線 16k540 付近武蔵小杉連絡通路	65, 71
T124	120	○	90-95	浜小倉・黒崎間汐井町牧山海岸線 Bv 新設他工事	25, 75, 78
T126	121	○	96-99	公共つくばエクスプレス沿線整備工事（十余二船戸線箱型函渠築造）	55, 71
T202	122	○	100-102	阪神なんば線西九条交差点下トンネル工事	56, 71
T302	123	○	103-107	東関東自動車道谷津船橋インターチェンジ工事	33, 36, 39, 71
T303	124	○	108-111	圏央道桶川北本地区函渠その 1 工事	32, 36, 55
T403	125	○	122-125	東北自動車道豊地地区函渠工事	73, 78
T405	126	○	126-130	東京外かく環状道路　京成菅野アンダーパス工事	14, 56, 65, 71, 73
T406	127	－	－	国道 1 号線葉山川横断函渠設置工事	71, 73
T412	128	－	－	北陸本線西金沢・金沢間新安原 Bv 新設工事	56, 71, 74
T413	129	－	－	愛発 Bv 新設工事	64
T416	130	○	131-134	東京外かく環状線新宿線交差部建設工事	－
T427	131	－	－	北越谷～大袋間水路新設工事	71, 72, 73, 78, 79
T428	132	－	－	名古屋線富吉・近鉄蟹江間大海用第 3 橋梁改築（土木関係その 17）工事	73
T429	133	○	112-116	新東名高速道路　伊勢原 JCT 工事	56, 77
T434	134	－	－	復興北路穿越松山機場地下道工程	71, 77
T435	135	－	－	東海道線庄内新庄 BV 新設工事	71, 77, 79
T437	136	○	117-121	北総線と交差する一般国道 298 号（東京外かく環状道路）新設工事に伴う函渠新設工事	－
T444	137	－	－	北海道縦貫自動車道　森工事	71, 73
T458	138	－	－	市道桶狭間勅使線第 2 号道路改良工事	48, 71, 73
T465	139	－	－	小田急線代々木上原駅・梅ヶ丘駅間線増連続立体交差工事（二期工事）	71, 73
T470	140	－	－	浅草線高輪台駅防災改良及びエレベーター通路設置土木工事	71, 73
T471	141	－	－	都営新宿線一之江駅自転車駐車場連絡通路等土木工事	71, 73
T532	142	－	－	東名高速道路焼津インターチェンジ函渠工事	71, 73

トンネル・ライブラリー一覧

	号数	書名	発行年月	版型：頁数	本体価格
	1	開削トンネル指針に基づいた開削トンネル設計計算例	昭和57年8月	B5：83	
	2	ロックボルト・吹付けコンクリートトンネル工法（NATM）の手引書	昭和59年12月	B5：167	
	3	トンネル用語辞典	昭和62年3月	B5：208	
	4	トンネル標準示方書（開削編）に基づいた仮設構造物の設計計算例	平成5年6月	B5：152	
	5	山岳トンネルの補助工法	平成6年3月	B5：218	
	6	セグメントの設計	平成6年6月	B5：130	
	7	山岳トンネルの立坑と斜坑	平成6年8月	B5：274	
	8	都市NATMとシールド工法との境界領域－設計法の現状と課題	平成8年1月	B5：274	
	9	開削トンネルの耐震設計（オンデマンド販売）	平成10年10月	B5：303	
	10	プレライニング工法	平成12年6月	B5：279	
	11	トンネルへの限界状態設計法の適用	平成13年8月	A4：262	
	12	山岳トンネル覆工の現状と対策	平成14年9月	A4：189	
	13	都市NATMとシールド工法との境界領域－荷重評価の現状と課題－	平成15年10月	A4：244	
※	14	トンネルの維持管理	平成17年7月	A4：219	2,200
	15	都市部山岳工法トンネルの覆工設計－性能照査型設計への試み－	平成18年1月	A4：215	
	16	山岳トンネルにおける模型実験と数値解析の実務	平成18年2月	A4：248	
	17	シールドトンネルの施工時荷重	平成18年10月	A4：302	
	18	より良い山岳トンネルの事前調査・事前設計に向けて	平成19年5月	A4：224	
	19	シールドトンネルの耐震検討	平成19年12月	A4：289	
※	20	山岳トンネルの補助工法 －2009年版－	平成21年9月	A4：364	3,300
	21	性能規定に基づくトンネルの設計とマネジメント	平成21年10月	A4：217	
	22	目から鱗のトンネル技術史－先達が語る最先端技術への歩み－	平成21年11月	A4：275	
	23	セグメントの設計【改訂版】 ～許容応力度設計法から限界状態設計法まで～	平成22年2月	A4：406	
	24	実務者のための山岳トンネルにおける地表面沈下の予測評価と合理的対策工の選定	平成24年7月	A4：339	
※	25	山岳トンネルのインバート－設計・施工から維持管理まで－	平成25年11月	A4：325	3,600
	26	トンネル用語辞典　2013年版	平成25年11月	CD-ROM	
	27	シールド工事用立坑の設計	平成27年1月	A4：480	
	28	シールドトンネルにおける切拡げ技術	平成27年10月	A4：203	3,000
	29	山岳トンネル工事の周辺環境対策（オンデマンド販売）	平成28年10月	A4：211	2,600
	30	トンネルの維持管理の実態と課題（オンデマンド販売）	平成31年1月	A4：383	3,500
※	31	特殊トンネル工法－道路や鉄道との立体交差トンネル－	平成31年1月	A4：238	3,900
※	32	実務者のための山岳トンネルのリスク低減対策	令和元年6月	A4：392	4,000
※	33	トンネルの地震被害と耐震設計	令和5年3月	A4：436	7,400
※	34	都市における近接トンネル－設計・施工法に関する検討－	令和7年1月	A4：532	7,000

※は、土木学会および丸善出版にて販売中です。価格には別途消費税が加算されます。

定価（本体 7,000 円＋税）

トンネル・ライブラリー34
都市における近接トンネル ―設計・施工法に関する検討―

令和 7 年 1 月 17 日　第 1 版・第 1 刷発行

編集者……公益社団法人　土木学会　トンネル工学委員会
　　　　　都市において構造物に近接したトンネルの設計・施工法に関する検討部会
　　　　　部会長　田嶋　仁志
発行者……公益社団法人　土木学会　専務理事　三輪　準二

発行所……公益社団法人　土木学会
　　　　　〒160-0004　東京都新宿区四谷一丁目無番地
　　　　　TEL　03-3355-3444　FAX　03-5379-2769
　　　　　https://www.jsce.or.jp/
発売所……丸善出版株式会社
　　　　　〒101-0051　東京都千代田区神田神保町 2-17　神田神保町ビル
　　　　　TEL　03-3512-3256　FAX　03-3512-3270

©JSCE2025／Tunnel Engineering Committee
ISBN978-4-8106-1095-6
印刷・製本・用紙：シンソー印刷（株）

・本書の内容を複写または転載する場合には、必ず土木学会の許可を得てください。
・本書の内容に関するご質問は、E-mail（pub@jsce.or.jp）にてご連絡ください。

未来をつくる未来

わたしたちから
次の世代へ
快適な生活と
安心な営みのために
社会インフラというバトンを
未来に渡し続ける

JSCE 公益社団法人 土木學會
Japan Society of Civil Engineers